Pearson

无 机 化 学
Inorganic Chemistry

原书第五版
Fifth Edition

〔美〕G. L. 米斯勒 〔美〕P. J. 费希尔 〔美〕D. A. 塔尔 编著

宋友 芦昌盛 何卫江 王佳 等 译

Gary L. Miessler, Paul J. Fischer, Donald A. Tarr

科 学 出 版 社

北 京

图字：01-2021-2578 号

内 容 简 介

本书译自 Miessler 等编著的 *Inorganic Chemistry*（Fifth Edition）。全书共 15 章，以原子结构、成键理论、对称性与群论、分子轨道理论、酸碱理论、配体场理论、角重叠模型、等瓣相似原理等理论为基础，利用晶态固体、主族元素化学、配位化学、金属有机化学等领域的示例对这些理论进行阐述，并通过主族化学和金属有机化学的类比、重要的物理性质等深入展开。除无机化学的传统知识外，书中还收录了以配合化学为主的当代无机化学前沿领域的最新成果，特别是增加了应用相关的热门主题，并以强化的视觉效果呈现给读者。

本书内容丰富但不冗沓，有深度但讲解深入浅出，适合作为化学、化工等专业大学本科高年级的无机化学教材，也可作为相关专业研究人员的无机基础知识参考书。

图书在版编目（CIP）数据

无机化学：原书第五版 /（美）G. L. 米斯勒（Gary L. Miessler），（美）P. J. 费希尔（Paul J. Fischer），（美）D. A. 塔尔（Donald A. Tarr）编著；宋友等译. —北京：科学出版社，2023.2

书名原文：Inorganic Chemistry（Fifth Edition）

ISBN 978-7-03-074713-6

Ⅰ. ①无⋯ Ⅱ. ①G⋯ ②P⋯ ③D⋯ ④宋⋯ Ⅲ. ①无机化学 Ⅳ. ①O61

中国国家版本馆 CIP 数据核字（2023）第 017904 号

责任编辑：李明楠 高 微 / 责任校对：彭珍珍
责任印制：赵 博 / 封面设计：图阅盛世

科 学 出 版 社 出版
北京东黄城根北街 16 号
邮政编码：100717
http://www.sciencep.com
三河市春园印刷有限公司印刷
科学出版社发行 各地新华书店经销
*
2023 年 2 月第 一 版 开本：787×1092 1/16
2025 年 1 月第三次印刷 印张：44 1/4
字数：1 050 000
定价：180.00 元
（如有印装质量问题，我社负责调换）

前　　言

随着无机化学的飞速发展，编写一本既符合时代要求又能满足读者需求的教科书变得越来越具有挑战性。感谢学生、教师和审阅人员提出的建设性意见，但考虑到本书的篇幅和范围，我们只采纳了其中的大部分建议。这一版的编纂重点在于内容更新，同时保持清晰简明以及对读者有帮助的各种特色。

第五版的新内容：

- 许多章节都纳入了新扩展的讨论，以反映当代关注的主题：例如，受阻 Lewis 酸碱对、定义氢键的 IUPAC 标准（第 6 章），13 族元素的多重键、石墨烯、稀有气体化学进展（第 8 章），金属有机框架、钳型配体（第 9 章），磁化学序列（第 10 章），光敏剂（第 11 章），聚炔和多烯碳导线（第 13 章），配体的埋藏体积分数、碳氢键活化的介绍、Pd-催化交叉偶联和 σ 键置换（第 14 章）。
- 为了更好地描绘分子轨道的形状，我们在第 5 章为所展示的大多数轨道提供了由分子建模软件生成的新图形。
- 同样，为了更准确地描述许多分子的形状，我们用 CIF 文件重新生成单晶结构图，希望读者能感受到这些图片与替换前的线条图和 ORTEP 图相比有显著改善。
- 第 3 章中，VSEPR 模型相关的电负性讨论已经有所扩展，并新增了基团电负性。
- 应读者要求，在第 5 章非线性分子轨道中增加了投影算符方法；第 8 章中详述了 Frost 图；第 10 章中整合了更多磁化率的内容。
- 第 6 章内容重组以突出当代酸碱化学的新特征，并包括更广泛的酸碱相对强度测量。
- 第 9 章增加了许多新图像，以展示最新配合物和配位框架几何构型的范例。
- 第 13 章中，引入了共价键归类方法和 MLX 图。
- 新增了约 15%的章末习题，它们大多基于最近的无机化学文献。为了鼓励深度参与文献修习，涉及文献信息提取和解释的习题也相应增多，习题总数超 580 个。
- 封底内的物理常数值已被修订为使用 NIST 网站上引用的最新值。
- 此版加大了颜色的使用，以彰显字里行间化学与美的结合，同时提高表格的可读性。（译者注：本译本均为黑白图）

在保持本书合理篇幅的同时，增添新内容以跟上无机化学的时代步伐，这极具挑战性，因此我们不得不对本书内容做出艰难的筛选。在不增加本书厚度的情况下，为了留出更多空间增添叙述性内容，我们将包含测量数据的附录 B 放在网上，以供免费使用。

希望这段文字能很好地为读者服务。展望第六版，我们期待并感谢您的反馈和建议。

补充信息

供主讲教师使用

《进阶化学》书籍网站　全新的《进阶化学系列丛书》由资深作者提供尖端内容和创新多媒体，为高级课程提供支持。化学可能是一个艰难的学习领域，但我们会尽力鼓励学生不仅要完成课程作业，更要为取得卓越的学术和专业成就奠定基础。Pearson 教育很荣幸能与化学老师以及未来的 STEM 专家成为伙伴。如需了解有关 Pearson《进阶化学系列丛书》的更多信息、浏览其他文章、获取与本书相关的其他系列丛书，请访问 www.pearsonhighered.com/ advchemistry。

供学生使用

方案手册（ISBN: 0321814134）　作者是 Gary L. Miessler、Paul J. Fischer 和 Donald A. Tarr。该手册中包含针对所有章节问题的完整答案。

致　　谢

在我们的博士生导师 Louis H. Pignolet（Miessler）和 John E. Ellis（Fischer）七十岁生日之际，谨以此书献给他们。这些化学家在他们的职业生涯中，始终以非凡的化学合成创新能力和对学术准则的奉献精神激励着我们。承蒙这些无机化学事业杰出见证者垂教，我们感激万分。

感谢 Kaitlin Hellie 为我们制作分子轨道图（第 5 章），Susan Green 制作模拟光电子能谱（第 5 章），Zoey Rose Herm 制作金属有机框架图（第 9 章），Laura Avena 利用 CIF 文件生成结构图。同时感谢 Sophia Hayes 对投影算符的合理建议，以及 Robert Rossi 和 Gerard Parkin 在此方面的有益研讨。我们也要感谢 Andrew Mobley（格林奈尔学院）、Dave Finster（威登堡大学）和 Adam Johnson（哈维·穆德学院）对本书内容的准确性所做的审阅。感谢 Pearson 的编辑 Jeanne Zalesky 和 Coleen Morrison，以及 GEX Publishing Services 的 Jacki Russell 所做的贡献。

最后，我们十分重视下列审阅人、教师，以及圣奥拉夫学院和玛卡莱斯特学院的学生们提出的改进建议。尽管由于受到本书篇幅和内容的限制而不能采纳所有的建议，但是我们由衷感谢所有提出建设性反馈意见的人。所有这些建议改进了我们在无机化学中的教学，并将在下一版中再行斟酌。

《无机化学》第五版的审阅者

Christopher Bradley　　　　　　　　Sheila Smith
Texas Tech University　　　　　　　*University of Michigan-Dearborn*
Stephen Contakes　　　　　　　　　Matt Whited
Westmont College　　　　　　　　*Carleton College*
Mariusz Kozik　　　　　　　　　　Peter Zhao
Canisius College　　　　　　　　　*East Tennessee State University*

Evonne Rezler
FL Atlantic University

《无机化学》以前版本的审阅者

John Arnold
University of California-Berkeley

Ronald Bailey
Rensselaer Polytechnic University

Robert Balahura
University of Guelph

Craig Barnes
University of Tennessee-Knoxville

Daniel Bedgood
Arizona State University

Kate Doan
Kenyon College

Charles Drain
Hunter College

Jim Finholt
Carleton College

Derek P. Gates
University of British Columbia

Daniel Haworth
Marquette University

Stephanie K. Hurst
Northern Arizona University

Michael Johnson
University of Georgia

Jerome Kiester
University of Buffalo

Katrina Miranda
University of Arizona

Michael Moran
West Chester University

Wyatt Murphy
Seton Hall University

Mary-Ann Pearsall
Drew University

Laura Pence
University of Hartford

Simon Bott
University of Houston

Joe Bruno
Wesleyan University

James J. Dechter
University of Central Oklahoma

Nancy Deluca
University of Massachusetts-Lowell

Charles Dismukes
Princeton University

Robert Pike
College of William and Mary

Jeffrey Rack
Ohio University

Gregory Robinson
University of Georgia

Lothar Stahl
University of North Dakota

Karen Stephens
Whitworth College

Robert Stockland
Bucknell University

Dennis Strommen
Idaho State University

Patrick Sullivan
Iowa State University

Duane Swank
Pacific Lutheran University

William Tolman
University of Minnesota

Robert Troy
Central Connecticut State University

Edward Vitz
Kutztown University

Richard Watt
University of New Mexico

Greg Peters
University of Memphis
Cortland Pierpont
University of Colorado

Tim Zauche
University of Wisconsin-Platteville
Chris Ziegler
University of Akron

Gary L. Miessler
圣奥拉夫学院
（St. Olaf College）
Northfield，Minnesota

Paul J. Fischer
玛卡莱斯特学院
（Macalester College）
St. Paul，Minnesota

译 者 的 话

"高等无机化学"是化学专业高年级学生在修完其他专业基础课后进阶的一门课程，同时也是衔接大学和研究生知识的纽带。在 20 世纪末，开设这门课的院校并不多，一直坚持作为必修课的学校包括北京大学、西北大学和南京大学。适应课程的需要，这些学校都编著了相应的教材，如北京大学的《中级无机化学》（项斯芬、姚光庆）和南京大学的《高等无机化学》（陈慧兰）。随着科技发展和学生们的进阶需求，"高等无机化学"逐渐在各大院校成为一门主干课程。然而，科技发展日新月异，尽管以前的教材在再版时有所改进，但主要内容布局和新颖性仍然显示出与时代的差距。作为"高等无机化学"的主讲老师，我们每年授课前都要查阅文献，追踪无机化学相关领域的最新动态，但学生们没有一本全新的教材方便翻阅相关的知识。在相关教材的选择中，我们曾考虑过自己编撰，并搜集了十几种国际通行的相关教材作为参考。经过几十名在校和往届本硕博学生对这些教材进行两轮的对比调研后，我们发现由 G. L. 米斯勒（Gary L. Miessler）等编著的 *Inorganic Chemistry* 非常适合当前阶段学生们的进阶需求。

该书英文版内容更新及时、文字浅显易懂、语言精炼，而很重要的一点是其包含了很多教科书欠缺的应用实例，这正是大学高年级学生提高专业知识水平衔接到研究生或工作岗位所需要的。三位作者一生中专注于教材编写工作，*Inorganic Chemistry* 每 4～5 年更新一次，现在更新至第五版，故书中内容跟得上时代发展的步伐，正符合教习该门课程的师生的共同需求。而且，该教材在世界各地受众很广，其中中国的多所大学都以此作为教材或教学参考书，而汉译本在我们国家尚未发行，因此，我们确定了翻译该教材第五版的想法。

2019 年末，突如其来的疫情极大地改变了我们正常的生活方式，其中包括教学和科研。2020 年初开学之际，大学三年级学生所修的"高等无机化学"适逢疫情以来的第一个学期，全国上下均推迟返校并采取线上教学的方式，我们亦如此。线上教学对授受知识的影响并不大，但如何考查教学效果，特别是如何了解学生掌握的程度着实是一大难题。根据当时具体情况，我们改变了以往以考查为主的想法，带着尝试的心理让学生更多地接触与"高等无机化学"相关的内容，以翻译该教材作为本门课程考核成绩的同时，让学生们了解近十几年来无机化学领域最基础的发展。多方的巧合，让学生们参与到本译著的工作中，我们希望通过译著的出版对学生们的工作表示肯定，更重要的是籍此献给疫情期间在家隔离抗疫的学子们。

南京大学 2021 届化学专业本科毕业生选修"高等无机化学"的学生均参与了本教材的翻译，并由芦昌盛、何卫江两位老师、王佳助教和我对每章轮流校译，终于在近期完成了本教材的翻译工作。

　　根据原著的特点，我们的翻译涉及以下几个方面：

　　（1）尊重原著。原著作者因求精炼，语句中省略了很多词，但不会影响读者的快速理解，所以我们首先沿袭了这一点。

　　（2）准确翻译。这是本译著的基本思想。为了充分表达原著的意思，对于一些较复杂的句子，我们采用拆分或组合的方法，但很少进行意译，以求意思上和原著一致。

　　（3）汉语习惯。以我国无机化学领域大家已形成的习语或专业名词对原著中的书写格式做了细微的调整，如 five-coordinate 在英文中由两个词构成一个组合形容词，所以中间加"-"，而汉译用"五配位"。

　　（4）新生词汇。一些新的英语专业词汇尚未发现对应的汉译文字，所以有些名词翻译尚需商榷，如 cumulenylidene 指具有连续双键的碳原子链，我们译为积烯。而有些词我们也无法给出一个比较满意的翻译，如 VSEPR 中的 steric number，指中心原子周围成键原子和孤对所占据的位置总数，它决定键对和孤对构成的空间构型，因找不到一个合适的词，我们用"空间位数"表示。这样的例子在译本中有多处，翻译是否恰当尚需进一步验证并修订。

　　翻译也是一项浩大的工程，由于水平所限，特别是语言文字方面的局限性，译本中可能有方方面面的问题，尽管我们为此投入了很多精力，但类似情况在所难免，所以希望广大读者、学生在阅读本书时如有发现，请及时与我们联系以便于更正。

　　网络时代为我们获取知识提供了方便，原著中一些文献和部分附录采取链接的方式请读者自己查阅，为了节省文字空间，我们采用了与原著同样的方法。索引部分和原著完全不同，我们只选用原著中的粗体和极个别我们认为需要展示的词汇。

　　时间飞逝，整个校译过程历时近一年，当中倾注了所有参与者的很多心血，我们从学生们的文字、构图和排版中可以看出他们对本工作的严肃认真态度。本书应该是大部分学生参与的第一部著作，我为他们感到骄傲，也为他们和校译老师的付出表示感谢！同时感谢科学出版社责任编辑在本书编辑过程中做出的努力，感谢科学出版社其他同仁给予的大力协助。非常感谢这部优秀的原著，并在此再次表达我们所有译者的心情：

　　谨以此译著献给所有曾在家隔离抗疫甚至仍需继续的学子、读者们，希望本译本能达到以飨读者的效果。

译　者

2021 年 8 月

目 录

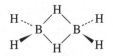

第 1 章

无机化学导论

1.1　什么是无机化学？

如果有机化学被定义为碳氢化合物及其衍生物的化学，那么无机化学可以被广义地描述为"其他所有一切"的化学，包括元素周期表中所有剩余的元素，以及在无机化学中日趋重要的碳元素。金属有机化学领域宽广，其中金属-碳键化合物在有机、无机化学之间建立了桥梁，同时对许多有机反应有着催化作用。生物无机化学是生物化学和无机化学的纽带，且着重关注于医学应用方面。环境化学包括对无机化合物和有机化合物的研究。简而言之，无机化学王国是广阔的，为研究和潜在的实际应用提供了无限的场所。

1.2　与有机化学的对比

无机和有机化合物之间的一些对比有规可循，二者中皆发现有单、双和三重共价键（图1.1），对无机化合物而言，这些键包括直接的金属-金属键和金属-碳键。两个碳原子间最多有三个键，而许多化合物中金属原子之间存在四重键。除了有机化学中常见的 σ 键和 π 键外，在金属原子四重键中还包含一个 δ 键（图1.2），即由一个 σ 键、两个 π 键和一个 δ 键组成。形成 δ 键的这种情形完全是可能的，因为碳原子只有 s 和 p 轨道能量匹配用于成键，而金属原子的 d 轨道也可参与成键。

过渡金属原子之间包含"五个"键的化合物也有报道（图1.3），但随之引发了这些键是否为"五重"的争论。

在有机化合物中，氢几乎总是和单个碳原子相连；而在无机化合物中，氢常作为两个或多个其他原子之间的桥联原子。在金属簇合物中，氢原子在金属原子多面体的棱或面上成桥。烷基在无机化合物中也可以充当桥联基团，这种角色在有机化学中很少见，除非作为反应中间体。无机化合物中端配或桥联的氢原子和烷基示例见图1.4。

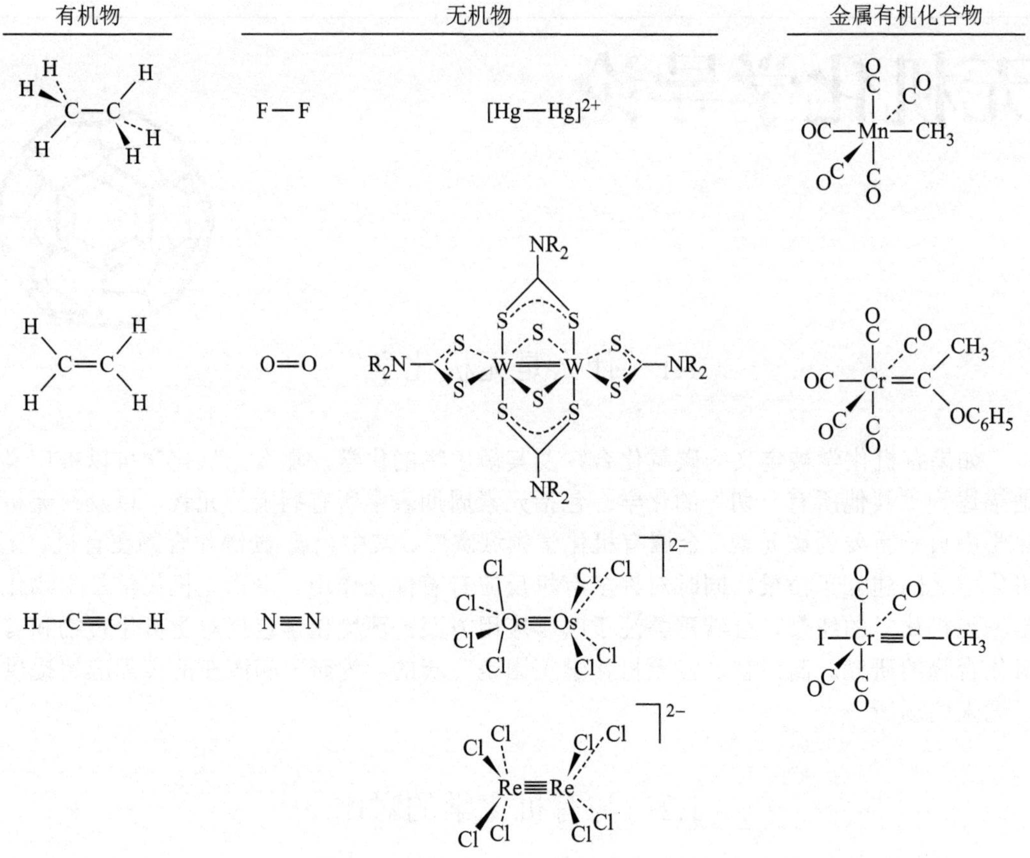

有机物	无机物		金属有机化合物

有机物：

H₃C—CH₃ (ethane structure with H atoms)

H₂C=CH₂ (ethylene structure)

H—C≡C—H

无机物：

F—F

$[Hg—Hg]^{2+}$

O=O

W≡W 复合物 (NR₂, S 配体)

N≡N

$[Os=Os (Cl配体)]^{2-}$

$[Re≡Re (Cl配体)]^{2-}$

金属有机化合物：

(OC)Mn—CH₃ 复合物

(OC)Cr=C(CH₃)(OC₆H₅) 复合物

I—Cr≡C—CH₃ 复合物

图 1.1 有机分子和无机分子中的单键和多重键

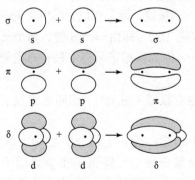

图 1.2 成键相互作用的例子

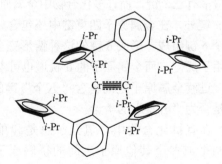

图 1.3 五重成键的例子

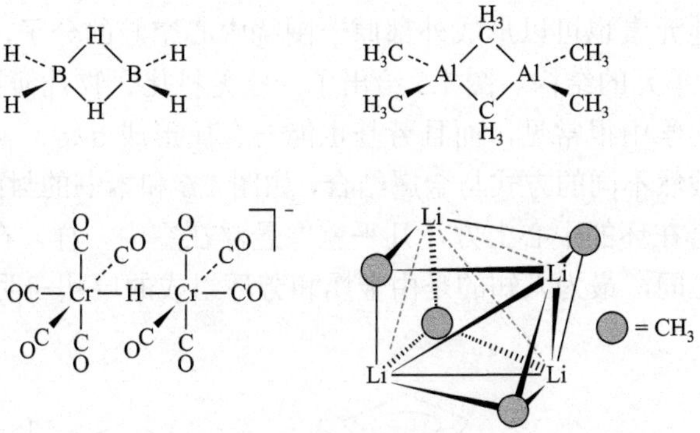

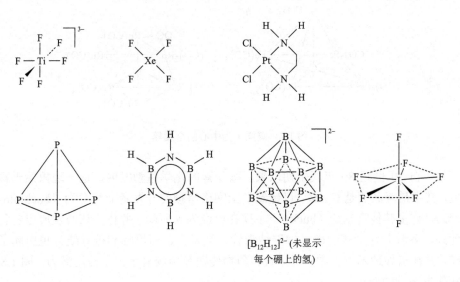

每个 CH_3 在 Li_4 四面体的一个面上成桥

图 1.4　含端配和桥联的氢或烷基的无机化合物示例

碳和许多其他元素在化学上最显著的区别在于配位数和几何构型。虽然碳的最大配位数通常限制为 4（如 CH_4 中，碳上最多连接 4 个原子），但许多无机化合物的中心原子配位数为 5、6、7 或更高。过渡金属最常见的配位构型是围绕中心原子形成的八面体，如 $[TiF_6]^{3-}$（图 1.5）。此外，无机化合物呈现出不同于碳的配位构型。例如，四配位碳几乎总是四面体型，但金属和非金属的四配位化合物均为四面体型和平面正方型。金属中心与阴离子或中性分子（配体）结合（通常通过 N、O 或 S）形成的化合物，称为配位化合物；当直接与金属原子或离子结合的是碳原子时，它们也被归类为金属有机配合物。

图 1.5　无机化合物的几何构型

$[B_{12}H_{12}]^{2-}$（未显示每个硼上的氢）

通常在碳的四配位化合物中呈现的四面体构型，也以不同的形式出现在一些无机分子中。甲烷包含四个氢，它们环绕在碳周围并形成正四面体。单质磷是四原子四面体（P_4），但无中心原子。其他元素也可以形成外部原子围绕中心空腔的分子，如硼，可以形成许多含有二十面体 B_{12} 单元的结构。图 1.5 给出了一些无机化合物几何构型的示例。

芳香环在有机化学中很常见，而且芳基也能与金属形成 σ 键。然而，芳环也可以通过其 π 轨道以一种截然不同的方式与金属结合，如图 1.6 和本书的封面插图所示，其结果是一个金属原子结合在环的中心上方，几乎就像悬浮在空中一样。在许多情况下，金属原子夹在两个芳环之间，最为人知的是由金属和芳环组成的层状三明治结构。

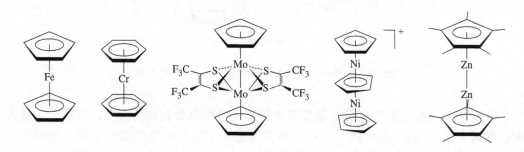

图 1.6　含芳环 π 键的无机化合物

碳在许多金属簇合物中扮演着不寻常的角色，在这些化合物中，单个碳原子位于金属原子的多面体中心。已发现五、六或更多金属原子围绕碳中心的团簇（图 1.7），碳在这些团簇中的显著作用给理论无机化学家带来了挑战。

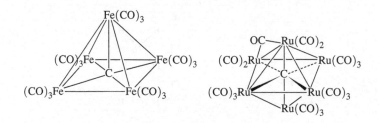

图 1.7　碳原子为中心的金属簇

此外，自 20 世纪 80 年代中期以来，碳元素的化学蓬勃发展，这一现象始于富勒烯的发现，其中最著名的是 C_{60} 簇，以建筑学上网格穹顶的开发者而得名为 "buckminster"（富勒烯）。许多其他富勒烯（bucky 球）现在已经为人所知，并作为核心发展出各种衍生物。此外，各种其他形式的碳（如碳纳米管、纳米带、石墨烯和碳导线）也引起了人们的兴趣，并在诸如纳米电子学、防弹衣和药物传输等领域显示出了应用潜力。图 1.8 给出了这些新形态碳的例子。

化学中各子领域之间泾渭分明的时代早已过去。本书中有许多内容，如酸碱化学和金属有机反应，是有机化学家非常感兴趣的。分析化学家对氧化还原反应、光谱以及溶解度关系等课题感兴趣。与结构测定、光谱、电导率及成键理论相关的学科对物理化学家很有吸引力。金属有机催化剂的使用为石油和聚合物化学提供了关联，配位化合物如

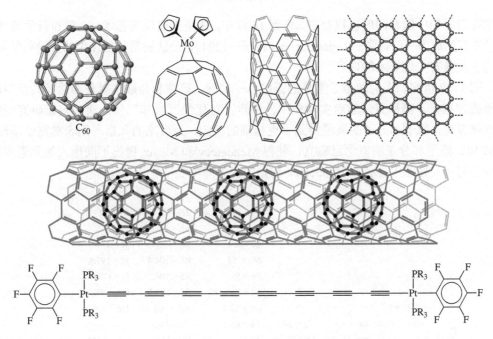

图 1.8　富勒烯 C_{60}、富勒烯化合物、碳纳米管、石墨烯、"碳荚"和连接铂原子的聚炔"导线"

血红蛋白和金属酶在生物化学中起着类似的纽带作用。许多无机化学家与其他领域的专业人员合作，将化学发现用于应对医学、能源、环境、材料科学和其他领域的现代挑战。简而言之，现代无机化学并不是一个零散的研究领域，而是与自然科学、医学、技术和其他学科有着千丝万缕的联系。

本章的其余部分将专门介绍无机化学起源的简史和对近期发展的展望，旨在将无机化学的某些方面置于更大的历史背景下，与过去的事件取得有意义的联系。在后面的章节中，简要的历史背景介绍都起这个作用。

1.3　无机化学史

在炼金术成为研究对象之前，许多化学反应及其产品已用于日常生活中。最早使用的金属可能是金和铜，它们在自然界中可以金属状态存在；孔雀石[碱式碳酸铜，$Cu_2(CO_3)(OH)_2$]经炭火还原，也很容易生成铜。早在公元前 3000 年，银、锡、锑和铅就已为人类熟知；到公元前 1500 年，铁出现在古希腊和地中海周围的其他地区；大约同一时期，出现有色玻璃和陶瓷釉，这些釉主要由二氧化硅（SiO_2，沙石的主要成分）和其他金属氧化物组成，它们被熔化并冷却成无定形固体。

公元一世纪初，炼金士活跃在中国、埃及和其他文明中心，尽管他们的大部分努力都是试图把"贱"金属"转化"成金，同时也描述了许多化学反应和操作，蒸馏、升华、结晶和其他技术被开发并用于他们的研究。由于当时的政治和社会变革，炼金术传入阿拉伯世界，大约公元 1000～1500 年重现欧洲。早在 1150 年火药就用于中国的烟花，炼金术在当时的中国和印度也很普遍。直到 1600 年，炼金士出现在艺术、文学和科学领域，化学便开始成为一门科学。Roger Bacon（1214—1294），公认的第一位伟大的实验科学家，也写了大量有关炼金术的内容。

到了 17 世纪，人们知道了常见的强酸——硝酸、硫酸和盐酸，对普通盐及其反应的系统描述也在不断积累。随着实验技术的进步，对化学反应和气体性质的定量研究变得越来越普遍，原子和分子的质量得到了更精确的测定，为后来的元素周期表奠定了基础。1869 年，原子和分子的概念已确立，使得 Mendeleev 和 Meyer 提出不同形式的元素周期表成为可能。图 1.9 展示了 Mendeleev 初始的元素周期表[*]。

			Ti = 50	Zr = 90	? = 180
			V =51	Nb = 94	Ta = 182
			Cr =52	Mo = 96	W = 186
			Mn = 53	Rh = 104.4	Pt = 197.4
			Fe = 56	Ru = 104.2	Ir = 198
			Ni = Co = 59	Pd = 106.6	Os = 199
H = 1			Cu = 63.4	Ag = 108	Hg = 200
	Be = 9.4	Mg = 24	Zn = 65.2	Cd = 112	
	B = 11	Al = 27.4	? = 68	Ur = 116	Au = 197?
	C = 12	Si = 28	? = 70	Sn = 118	
	N = 14	P = 31	As = 75	Sb = 122	Bi = 210?
	O = 16	S = 32	Se = 79.4	Te = 128?	
	F = 19	Cl = 35.5	Br = 80	J = 127	
Li = 7	Na = 23	K = 39	Rb = 85.4	Cs = 133	Tl = 204
		Ca = 40	Sr = 87.6	Ba = 137	Pb = 207
		? = 45	Ce = 92		
		?Er = 56	La = 94		
		?Yt = 60	Di = 95		
		?In = 75.6	Th = 118?		

图 1.9　1869 年的 Mendeleev 元素周期表，两年后，Mendeleev 对其进行了修改，使之类似于现在有八个区的短式周期表

自很早以来就存在的化学工业以提纯盐、冶炼和精炼金属的工厂形式出现，并随着制备相对纯净材料方法的普及而扩大。1896 年，Becquerel 发现了放射性，于是开辟了另一个研究领域。对亚原子粒子、光谱以及电的研究催生了 1913 年的 Bohr 原子理论，并很快在 1926 年和 1927 年被 Schrödinger 和 Heisenberg 的量子力学所修正。

无机化学作为一个研究领域，在早期矿产资源勘查开发中发挥了极其重要的作用。定性分析方法的开发有助于矿物鉴定，与定量方法相结合则可以评估其纯度和价值。随着工业革命的进行，化学工业也在发展；到 20 世纪初，大量生产氨、硝酸、硫酸、氢氧化钠和许多其他无机化学品的工厂已很普遍。

---

　　[*] 原表发布于 *Zeitschrift für Chemie*, **1869**, *12*, 405。英译本及德语文章的一个页面可见于 web.lemoyne.edu/～giunta/mendeleev.html，在 M. Laing, *J. Chem. Educ.*, **2008**, *85*, 63 文中有 Mendeleev 周期表不同版本的插图，包括他 1869 年周期表的手稿。

　　20 世纪初，Werner 和 Jørgensen 在认识过渡金属的配位化学方面取得了长足进步，并发现了许多金属有机化合物。然而，在 20 世纪上半叶的大部分时间里，无机化学作为一个研究领域的流行趋势逐渐下降。第二次世界大战期间，由于军事项目的需求，重新激起无机化学家对这一领域的兴趣。随着许多项目的完成（尤其是曼哈顿计划，科学家开发出核裂变炸弹），出现了新的研究领域，提出了新的理论，促进了实验工作的开展。第二次世界大战期间产生的热情和想法激发了 20 世纪 40 年代无机化学的大规模发展。

　　20 世纪 50 年代，早期用于描述晶体中负离子包围的金属离子光谱的方法［晶体场理论（crystal field theory）］[1]经由分子轨道理论[2]发展为配体场理论（ligand field theory），用金属离子被提供电子对的离子或分子包围来解释配位化合物，该理论为这些化合物的成键提供了更完整的描述。该理论框架的提出、新仪器装置的涌现以及重新唤起的对无机化学的研究兴趣，促使无机化学领域得到迅速发展。

　　1955 年，Ziegler 等[3]和 Natta[4]发现了金属有机化合物，这种化合物可以在比当时常用的工业方法更低的温度和压力下催化乙烯聚合。此外，形成的聚乙烯更可能是线型分子，而不是支链分子，因此更坚固耐用。其他催化剂也很快被开发出来，相关的研究促进了金属有机化学的迅速发展，而且时至今日，这仍然是一个快速发展的领域。

　　含金属原子的生物材料研究进展也很迅速，新实验方法的发展使该类研究更加深入彻底，而相关的理论工作提供了与其他研究领域间的联系。试制具有与天然产物相似的化学和生物活性的模型化合物也促成了许多新合成技术的开发。图 1.10 展示了其

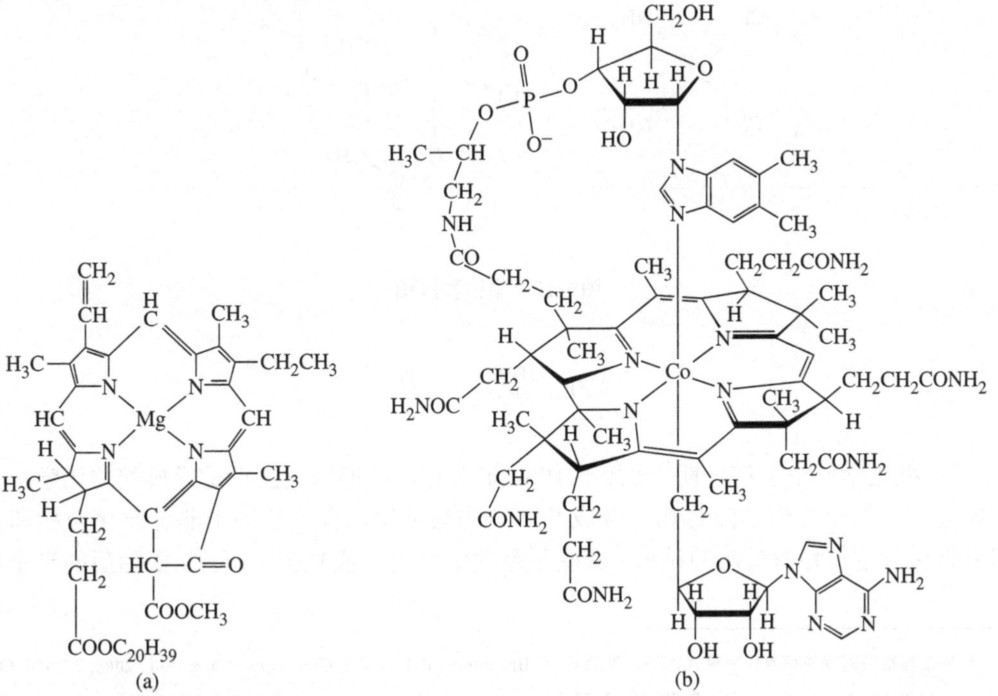

图 1.10　含有金属离子的生物分子。（a）叶绿素 a，光合作用的活性物质。（b）维生素 B_{12} 辅酶，一种天然的有机化合物

中两个含有金属的生物分子，虽然这些分子的功能非常不同，但它们拥有同一配位环体系。

目前，连接金属有机化学和生物无机化学的一个领域是氮到氨的转化：

$$N_2 + 3H_2 \longrightarrow 2NH_3$$

该反应是最重要的工业工艺之一，全世界每年主要用于化肥生产的氨超过 1 亿吨。尽管 1913 年在 Haber-Bosch 工艺中引入了金属氧化物催化剂，并随后得到改进，但该反应需要 350～550℃ 的温度和 150～350 atm 的压力，仍然只产生 15% 的氨。然而，细菌在室温和 0.8 atm 下就能将氮（转化为氨，然后转化为亚硝酸盐和硝酸盐）固定在豆科植物根瘤中，催化该反应的固氮酶是一种复杂的铁-钼-硫蛋白，其活性中心的结构已由 X 射线结晶学确定[5]。现代无机化学研究的一个活跃领域是通过设计模拟固氮酶，在温和条件下实现工业规模的氨的生产。据估计，目前全球多达 1% 的能源都消耗在 Haber-Bosch 工艺上。

无机化学亦用于医学，其中值得注意的是含铂抗肿瘤药物的开发，首选为 $Pt(NH_3)_2Cl_2$ 的顺式异构体——顺铂，约 30 年前首次被批准用于临床，它已成为多种抗癌药物的原型，例如沙铂，是第一个进入临床试验的口服铂抗癌药物*。两种化合物见于图 1.11。

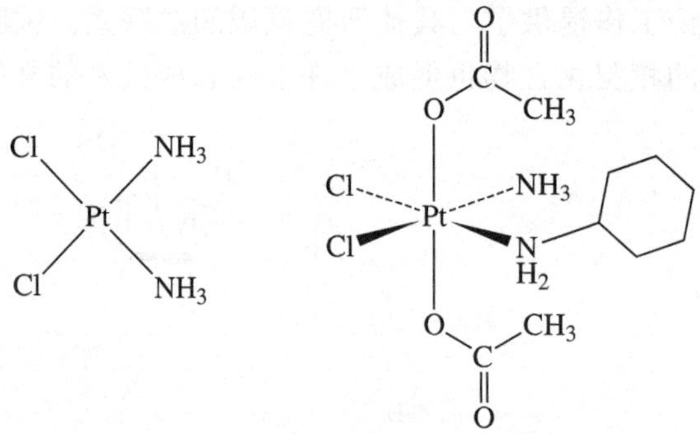

图 1.11　顺铂和沙铂

1.4　展　望

《无机化学》杂志第一期**发行于 1962 年 2 月，该期的关注点是经典配位化学，其中超过一半的论文涉及配合物的合成及其结构与性质，有些是关于非金属化合物和金属有机化学这一相对较新的领域，有些则是关于热力学或光谱学研究。在随后的半个世

---

* 顺铂与相关药物的相互作用模式综述，见 P. C. A. Bruijnincx, P. J. Sadler, *Curr. Opin. Chem. Bio.*, **2008**, *12*, 197 和 F. Arnesano, G. Natile, *Coord. Chem. Rev.*, **2009**, *253*, 2070.

** 本期《无机化学》的作者成绩斐然，其中包括美国化学学会授予的最高荣誉普里斯特利奖章（Priestley Medal）的五位获得者和 1983 年诺贝尔奖得主 Henry Taube。

纪中，所有这些课题都得到了长足的发展，而且许多进展已深入到 1962 年始料未及的领域。

1962 年，F. A. Cotton 和 G. Wilkinson 的里程碑著作《高等无机化学》[6]第一版出版，为当时无机化学的地位提供了一个方便的参考点。例如，尽管该书确实也提到了微晶石墨的"无定形态"，但它仅引用了两种众所周知的碳的形态：金刚石和石墨。直到 20 多年后的 1985 年，Kroto、Curl、Smalley 和他的同事[7]首次发现 C_{60}，碳化学才得以爆发，随后是富勒烯、碳纳米管、石墨烯和其他形式的碳（图 1.8），它们可能对电子、材料科学、医学以及其他科技领域产生重大影响。

直到 1962 年初，氦到氡等元素因稳定的电子结构还被称为"惰性"气体，据信"不会形成化学键合的化合物"。但是同年晚些时候，Bartlett 报道了氙与 PtF_6 的首个化学反应，启动了现已重命名为"稀有"气体，尤其是氙和氪[8]的合成化学。随后的几十年里，已经制备出许多这些元素的化合物，这是反映当时无机化学现状的另一个例子。

仍然是 1962 年，人们发现了许多四方型的铂配合物，此时铂化学的研究已经经历一个多世纪。然而，直到 20 世纪 60 年代后期，Rosenberg 才在其工作中发现 $cis\text{-}Pt(NH_3)_2Cl_2$（顺铂，图 1.11）具有抗癌活性[9]。随后，含有铂和其他过渡金属的抗肿瘤药物成为多种癌症治疗方案的主要工具[10]。

第一期《无机化学》仅有 188 页，且为季刊，只有纸质版。与会的研究人员仅来自四个国家，超过 90% 来自美国，其余来自欧洲。《无机化学》现在平均每期约 550 页，每年出版 24 期，在全球范围内发表（电子）研究工作，论文的增长和研究的多样性已经同发表无机及相关领域文章的许多其他期刊齐头并进。

在《高等无机化学》第一版的序言中，Cotton 和 Wilkinson 陈述道，"近年来，无机化学经历了一次令人印象深刻的复兴"，这种复兴尚无减弱的迹象。

在对极其复杂的无机化学领域进行简要概述之后，我们现在转向本书其余部分的细节；书中纳入的主题，对无机化学领域提供了广泛的介绍。然而，即便粗略查看化学图书馆或某种无机化学期刊，也会发现哪怕是中等厚度的教科书，由于篇幅限制也不得不省略无机化学的一些重要内容。本书引用的参考文献包括有用的附加材料的历史来源、正文和参考著作，便于进一步的研究溯源。

参 考 文 献

[1] H. A. Bethe, *Ann. Physik*, **1929**, *3*, 133.

[2] J. S. Griffith, L. E. Orgel, *Q. Rev. Chem. Soc.*, **1957**, *XI*, 381.

[3] K. Ziegler, E. Holzkamp, H. Breil, H. Martin, *Angew. Chem.*, **1955**, *67*, 541.

[4] G. Natta, *J. Polym. Sci.*, **1955**, *16*, 143.

[5] M. K. Chan, J. Kin, D. C. Rees, *Science*, **1993**, *260*, 792.

[6] F. A. Cotton, G. Wilkinson, *Advanced Inorganic Chemistry*, Interscience, John Wiley & Sons, **1962**.

[7] H. W, Kroto, J. R. Heath, S. C. O'Brien, R. F. Curl, R. E. Smalley, *Nature (London)*, **1985**, *318*, 162.

[8] N. Bartlett, D. H. Lohmann, *Proc. Chem. Soc.*, **1962**, 115; N. Bartlett, *Proc. Chem. Soc.*, **1962**, 218.

[9] B. Rosenberg, L. VanCamp, J. E. Trosko, V. H. Mansour, *Nature*, **1969**, *222*, 385.

[10] C. G. Hartinger, N. Metzler-Nolte, P. J. Dyson, *Organometallics*, **2012**, *31*, 5677 and P. C. A. Bruijnincx, P. J. Sadler, *Adv. Inorg. Chem.*, **2009**, 61, 1; G. N. Kaluderović, R. Paschke, *Curr. Med. Chem.*, **2011**, *18*, 4738.

一般参考资料

对 1798～1935 年以金属配合物为重点的无机化学历史发展感兴趣的人，可在 *Classics in Coordination Chemistry*（G. B. Kauffman, ed., Dover Publications, N.Y. **1968**, **1976**, **1978**）三卷中查阅包括翻译的关键研究论文副本。在众多的一般参考著作中，最有用和完整的三本书是 N. N. Greenwood 和 A. Earnshaw 的 *Chemistry of the Elements*, 2nd ed., Butterworth- Heinemann, Oxford, **1997**；F. A. Cotton, G. Wilkinson, C. A. Murillo, 和 M. Bochman 的 *Advanced Inorganic Chemistry*, 6th ed., John Wiley & Sons, New York, **1999**；A. F. Wells's *Structural Inorganic Chemistry*, 5th ed., Oxford University Press, New York, **1984**。G. Wulfsberg 的 *Principles of Descriptive Inorganic Chemistry*（Brooks/Cole, Belmont, CA, **1987**）从不同的角度对无机反应进行了有趣的研究。

第 2 章

原 子 结 构

几个世纪以来，如何理解原子结构一直是一项根本性挑战。然而事实上，仅使用一些简单的数学手段而不是复杂的量子力学理论，就可以对原子和分子结构有较为实际的理解。本章主要介绍用定性和半定量方法解释原子结构的基本知识。

2.1　原子理论发展史

尽管希腊哲学家 Democritus（公元前 460—前 370 年）和 Epicurus（公元前 341—前 270 年）早就提出包括原子学说的自然观，但是经过多个世纪的实验探究，我们才得到如今大家一致认可的原子理论。1808 年，John Dalton 在 *A New System of Chemical Philosophy*[1] 中提到：

"……所有均质物体的最小粒子在重量、形状等方面是完全相同的。换句话说，每个水粒子都和其他水粒子完全一样；每个氢粒子都和其他氢粒子完全一样，等等。"[2]

并提出原子是通过简单的数值比例结合而形成化合物。尽管所使用的术语后来得到修改，但他清晰地给出了原子和分子的概念，并对结合形成新物质时各物质的质量和体积进行了定量观察。例如，在描述氢气和氧气反应生成水的实验中，Dalton 说：

"当将两份氢气和一份氧气混合在一起并通过电火花点燃反应后，整个混合气体会转变成蒸汽；而在压力较大的情况下，蒸汽会完全凝结成水。那么，实际上最有可能的是，两份氢气和一份氧气具有相同的粒子数。"[3]

因为 Dalton 没意识到 H_2 和 O_2 的双原子特性，他认为是单原子的 H 和 O，所以未得到正确的水的分子式，因此他对气体"量度"中粒子相对数量的推测，与现在摩尔概念及化学方程式 $2H_2 + O_2 \longrightarrow 2H_2O$ 不符。

仅几年后，Avogadro 用 Gay-Lussac 的实验数据证明了，在相同温度和压力下等体积的气体含有相同数量的分子，但是对于硫、磷、砷、汞蒸气的性质不确定性导致这一观点未被接受。当时，广泛存在的对于原子量和分子式的模糊认识也多少阻碍了历史进程。1861 年，Kekulé 提出了 19 种不同的乙酸分子式[4]！在 20 世纪 50 年代，Cannizzaro 重提 Avogadro 的论点，并主张所有人都应使用统一的原子量，而不是各行其是；在 1860 年 Karlsruhe 的一次会议上，他给众人分发了小册子并表述了其观点[5]，该提议最终被接受，因此有了一套统一的原子量和分子式。Mendeleev[6]和 Meyer[7]分别于 1869 年和 1870 年提出了他们各自的周期表，和今天我们使用的相差无几。从这时开始，原子理论开始迅猛发展。

2.1.1　元素周期表

许多化学家都有过将元素排列到周期性表格中的想法，但是支持它的实验数据和分类方案都不完整。Mendeleev 和 Meyer 按照原子量来排序、组织元素，然后根据相似性质对元素分组。在将元素组按照行和列进行排序，并结合原子量考虑元素化学行为的相似性时，Mendeleev 发现表中存在空缺，且预测了一些尚未发现元素（镓、钪、锗、钋）的性质。当他的预测被证实后，元素周期表的概念很快被接受（图 1.9，译者注：原著错为图 1.11）。Mendeleev 时代其他未知元素的发现以及重元素的合成，催生了现代的元素周期表，正如本书附录所示。

在现代元素周期表中，元素的横行代表一个周期（period），竖列代表一个族（group）。之前，美国和欧洲对于"族"的定义是不同的，国际纯粹与应用化学联合会（IUPAC）建议将这些族编号为 1～18。本书中主要使用 IUPAC 的名称编号，但有些部分仍使用图 2.1 所示的传统命名。

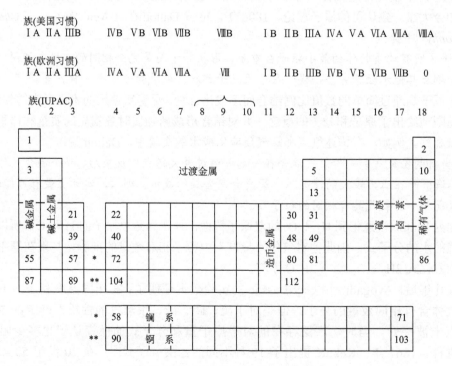

图 2.1　元素周期表各区的编号和名称

2.1.2 亚原子粒子的发现和 Bohr 原子论

在 Mendeleev 和 Meyer 提出周期表概念后的 50 年间，实验的进展十分迅速，其中一些重要发现列于表 2.1 中。

表 2.1 原子结构的探索

1896	H. Becquerel	发现铀的放射性
1897	J. J. Thomson	发现电子带有负电荷，荷质比 = 1.76×10^{11} C/kg
1909	R. A. Millikan	测得电子的电荷 = 1.60×10^{-19} C，因此，电子的质量 = 9.11×10^{-31} kg
1911	E. Rutherford	建立了原子的有核模型：核很小、很重，其周围几乎为空
1913	H. G. J. Moseley	通过 X 射线发射光谱确定核电荷，确立了比原子量更本质的原子序数

同期发现的原子光谱表明每种元素在受到电或热的激发时都会发出特定能量的光。1885 年，Balmer 证明，氢原子发出的可见光能量可由下式计算：

$$E = R_{\mathrm{H}} \left(\frac{1}{2^2} - \frac{1}{n_{\mathrm{h}}^2} \right)$$

式中，n_{h} = 大于 2 的整数；R_{H} = 1.097×10^7 m^{-1} = 2.179×10^{-18} J = 13.61 eV，是氢原子的 Rydberg 常数。同时，发射光能量和光的波长、频率、波数之间的关系可由下式给出：

$$E = h\nu = \frac{hc}{\lambda} = hc\overline{\nu}$$

式中，h = 6.626×10^{-34} J·s，是 Planck 常数；ν 是光的频率，s^{-1}；c = 2.998×10^8 m/s，是光速；λ 是光的波长，单位通常是 nm；$\overline{\nu}$ 是光的波数，单位通常是 cm^{-1}。

除了 Balmer 方程中描述的可见光区发射之外，氢原子光谱中红外区和紫外区同样有发射。这些发射光的能量可以把 Balmer 原方程中的 2^2 替换成整数 n_{l}^2，并在 $n_{\mathrm{l}} < n_{\mathrm{h}}$（l 指低能级，h 是高能级）的条件下进行计算，其中 n 称为量子数（quantum numbers）[即主量子数（principal quantum numbers）；有关其他量子数的讨论见 2.2.2 节]。直到 1913 年 Niels Bohr 关于原子的量子理论[8]第一次发表并在随后十年里不断被完善之前，这种能量的起源一直不清楚。Bohr 理论假设原子中带负电的电子围绕带正电的原子核做圆周运动时，不吸收或释放能量。但是，电子可以吸收特定能量的光而被激发到高能级轨道，也可以释放特定能量的光回落到低能级轨道。根据氢原子的 Bohr 模型，发射或吸收光的能量可由如下公式给出：

$$E = R \left(\frac{1}{n_{\mathrm{l}}^2} - \frac{1}{n_{\mathrm{h}}^2} \right)$$

式中，$R = \dfrac{2\pi^2 \mu Z^2 e^4}{(4\pi\varepsilon_0)^2 h^2}$，$\mu$ 是电子/核组合的折合质量，$\dfrac{1}{\mu} = \dfrac{1}{m_e} + \dfrac{1}{m_{nucleus}}$，$m_e$ 是电子质量，$m_{nucleus}$ 是核质量，Z 是核电荷数，e 是元电荷电量，h 是 Planck 常数，$4\pi\varepsilon_0$ 是真空介电常数；n_h 是高能量态的量子数；n_l 是低能量态的量子数。上式表明，Rydberg 常数依赖于核质量和各种基本常数。如果原子是氢，下标 H 通常加到 Rydberg 常数中变为 R_H。

图 2.2 展示了氢原子跃迁及相应能级的实例。电子从 n_h 能级落到 n_l 能级，能量以电磁辐射的形式释放。相反，如果原子吸收恰当能量的辐射，则电子从 n_l 能级跃迁到 n_h 能级。电子能量和能级 n 的平方呈反比关系，导致能级在 n 较小时能量相差甚远，而 n 较大时能量相近。在上限，当 n 趋近于无穷大时，能量接近于零，即单个电子具有更高的能量；但在该点上，电子不再是该原子的一部分。量子数趋近于无穷也就意味着电子和原子核是相互独立的实体。

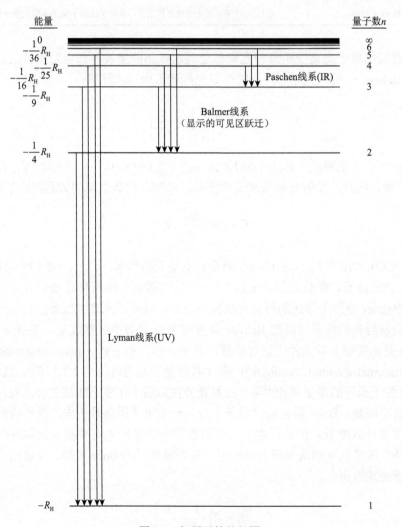

图 2.2　氢原子的能级图

练习 2.1　确定氢原子从 $n_h = 3$ 到 $n_1 = 2$ 的跃迁能量，单位为 J 和 cm^{-1}（光谱中常用单位，因为 $\bar{v}$ 正比于 E，故通常用作能量单位）。这种跃迁是氢原子可见光谱中出现红光谱线的原因。（练习的答案在附录 A 中）

应用于氢原子时，Bohr 理论行之有效；但当考虑含有两个或多个电子的原子时，该理论不再适用。在试图使数据符合 Bohr 理论的过程中，诸如将圆形轨道替换为椭圆轨道的修正都没成功[9]。原子光谱学实验技术的不断发展为检验 Bohr 理论及其修正提供了广泛的实验数据，尽管努力"修复"Bohr 理论，但该理论最终还是没能让人满意。上述 Bohr 公式预测并在图 2.2 中显示的能级，仅对氢原子和其他类氢原子*有效，如 He^+、Li^{2+} 和 Be^{3+}，电子的基本特征（其波动本质）需要考虑在内。

20 世纪 20 年代提出的 de Broglie 方程[10]解释了电子的波动本质。根据 de Broglie 的说法，所有运动的粒子都具有下述方程所决定的波动特性：

$$\lambda = \frac{h}{mu}$$

式中，λ 是粒子波的波长；h 是 Planck 常数；m 是粒子的质量；u 是粒子的速度。

粒子大到肉眼可见时波长很长，太小则无法测量；电子则因质量非常小而具有可观测的波动性。

Bohr 理论中，电子围绕原子核所做的圆周运动可以认为是驻波，可以用 de Broglie 方程来描述。然而，我们不再认为电子在原子中的运动能被如此精确地表述。这是现代物理学中另一基本原理 Heisenberg 不确定性原理[11]（Heisenberg's uncertainty principle）所描述的结论。该原理指出，电子的空间位置和动量之间具有内在的不确定性，其 x 分量可以描述为

$$\Delta x\, \Delta p_x \geqslant \frac{h}{4\pi}$$

式中，Δx 是电子位置的不确定性；Δp_x 是电子动量的不确定性。

光谱线的能量可以被高精度地测量（例如，最近日冕中氢原子的发射光谱数据表明，$n_h = 2$ 和 $n_1 = 1$ 的能量差为 $82258.9543992821(23)\ cm^{-1}$[12]，从而反过来精确地给出原子中电子的能量，即动量可实现高精度测量（Δp_x 小）。因此，根据 Heisenberg 不确定原理，电子的位置有很大的不确定性（Δx 大）。这意味着我们不能简单地把电子看成能够精确描述其运动的普通粒子，而必须考虑电子以位置不确定性为特征的波动性质。换言之，我们不能像 Bohr 理论那样精确地描述电子的轨道（orbit），而只能描述电子可能位置的轨迹（orbital），即电子可能"流连"的区域。至少理论上，可以计算空间某一点找到电子的概率（probability），亦称为电子密度（electron density）。

2.2　Schrödinger 方程

1926 年和 1927 年，Schrödinger[13]和 Heisenberg[11]发表了有关波动力学的论文，分别

---

* 将 R_H 乘以核电荷数的平方 Z^2，同时相应调节折合质量，可得到描述其他类氢原子的方程。

用截然不同的数学方法描述了原子中电子的波动性质。尽管方法不同，但两个理论随后就被证实是等效的，我们将循例以更加常用的 Schrödinger 微分方程来演绎量子理论。

Schrödinger 方程根据电子的位置、质量、总能量以及势能来描述其波动性。该方程基于波函数（wave function）Ψ 来描述空间中的电子波，即描述原子的轨道，其最简式可表示为

$$H\Psi = E\Psi$$

式中，H 是 Hamiltonian 算符（Hamiltonian operator）；E 是电子能量；Ψ 是波函数。

Hamiltonian 算符简称 Hamiltonian，包含对波函数的导数运算（operate）*，运算后得到 Ψ 的常数（能量）倍。该运算可以在任何描述原子轨道的波函数上进行，不同的轨道具有不同的波函数和 E 值，这是原子轨道定量描述的另一种方式。每个轨道都有其自身的本征函数，并对应于一个本征能量。

在用于能级计算时，单电子体系的 Hamiltonian 算符是

$$H = \frac{-h^2}{8\pi^2 m}\left(\frac{\partial^2}{\partial x^2}+\frac{\partial^2}{\partial y^2}+\frac{\partial^2}{\partial z^2}\right) - \frac{Ze^2}{4\pi\varepsilon_0\sqrt{x^2+y^2+z^2}}$$

描述电子动能（kinetic energy）　　　　描述电子势能部分，定义为 V，指
部分，指电子的运动能　　　　　　　电子和原子核间的静电引力

式中，h 是 Planck 常数；m 是电子的质量；e 是电子的电荷；$\sqrt{x^2+y^2+z^2}=r$ 是电子与原子核间距离；Z 是原子的核电荷数；$4\pi\varepsilon_0$ 是真空介电常数。该算符作用于波函数 Ψ，得到

$$\left[\frac{-h^2}{8\pi^2 m}\left(\frac{\partial^2}{\partial x^2}+\frac{\partial^2}{\partial y^2}+\frac{\partial^2}{\partial z^2}\right)+V(x,y,z)\right]\Psi(x,y,z)=E\Psi(x,y,z)$$

式中，$V=\dfrac{-Ze^2}{4\pi\varepsilon_0 r}=\dfrac{-Ze^2}{4\pi\varepsilon_0\sqrt{x^2+y^2+z^2}}$。

势能 V 是由电子与原子核间静电作用引起的。按惯例，带正电的原子核和带负电的电子之间的吸引力具有负势能。原子核附近的电子（r 较小）被核强烈吸引，具有较大的负势能；而距原子核较远的电子势能为很小的负值；当电子处于无限远时（$r=\infty$），核的吸引力为零，势能为零。图 2.2 中氢原子能级图给予了明确的解释。

因为 n 可以从 1 变到 ∞，且每个原子轨道都对应于唯一的 Ψ，所以单个原子 Schrödinger 方程的解没有数目限制。每个 Ψ 都描述了一个给定电子在一个特定轨道上的波动性，而在空间某点找到该电子的概率与 $|\Psi|^2$ 成正比（译者注：量子力学中表示粒子出现概率的物理量应为波函数的模平方而非波函数的平方，即应为 $|\Psi|^2$ 而非 Ψ^2，因为波函数的取值可能为复数，原文误为 Ψ^2）。Ψ 的客观实际的解，需要满足以下条件：

1. Ψ 必须是单值的　　　　　　电子在空间任一位置出现时，不能有两种概率。
2. Ψ 的一阶导数必须是连续的　电子在空间所有位置的概率都须有定义，且不能从一个点突变到另一点。

---

* 算符是表明如何处理函数的一个或者一组操作指令。它可以很简单，如"将函数乘以 6"，也可能比 Hamiltonian 更复杂。Hamiltonian 算符有时写作 $\hat{H}$，（帽子）符号 $\hat{\ }$ 代表算符。

3. $\varPsi$ 随 r 接近无穷大时要趋近于零 离核远处,其概率必越来越小(原子必须是有限的)。

4. 积分 $\int_{\text{all space}} \varPsi_A \varPsi_A^* \mathrm{d}\tau = 1$ 电子在空间中出现的总概率为 1,称为归一化(norm-alizing)波函数*。

5. 积分 $\int_{\text{all space}} \varPsi_A \varPsi_B^* \mathrm{d}\tau = 0$ $\varPsi_A$ 和 $\varPsi_B$ 是电子在同一原子不同轨道上的波函数。原子内所有轨道必须正交,意味着特定情况下,各轨道的轴必须垂直,如 p_x、p_y、p_z 轨道。

2.2.1 势箱中的粒子

波动方程的一个简单示例(一维势箱中的粒子)就展现了上述条件的应用。本书只给出方法概述,细节部分可参阅其他教材**。势箱如图 2.3 所示。箱内,即 $x = 0$ 到 $x = a$ 区域,势能 $V(x)$ 为 0;箱外则为无穷大。这意味着粒子完全被束缚在箱中,需要无限大的能量才能离开势箱,然而并没有力作用在箱中粒子上。势箱内粒子位置的波动方程为

$$\frac{-h^2}{8\pi^2 m}\left(\frac{\partial^2 \varPsi(x)}{\partial x^2}\right) = E\varPsi(x) \quad (\text{因为 } V(x) = 0)$$

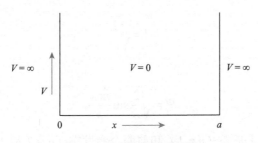

图 2.3 箱中粒子的势能阱

正弦和余弦函数有明确定义的波长和幅度,可以与波关联,因此我们可假想用正弦函数和余弦函数的组合来描述粒子的波动性。所以,势箱的波函数通解为

$$\varPsi = A \sin rx + B \cos sx$$

式中,A、B、r 和 x 是常数。代入波动方程可求得 r 和 s(参照本章末的习题 2.8a):

$$r = s = \sqrt{2mE}\,\frac{2\pi}{h}$$

因为 $\varPsi$ 是连续的且在 $x < 0$ 和 $x > a$ 时为 0(粒子束缚在箱中),所以 $\varPsi$ 在 $x = 0$ 和 $x = a$ 处取值必须是 0,则 $\cos sx = 1$,因此只有 $B = 0$,上述 $\varPsi$ 的通解才为 0。通解可简化为

---

* 由于波函数可能有虚数(含有 $\sqrt{-1}$),所以 $\varPsi$ 的共轭复数 $\varPsi^*$ 用于使积分为实数。多数情况下波函数本身是实数,所以积分可以写成 $\int_{\text{all space}} \varPsi_A^2 \mathrm{d}\tau$。

** G. M. Barrow, *Physical Chemistry*, 6th ed., McGraw-Hill, New York, **1996**, pp. 65, 430 称之为"线上粒子"问题,其他物理化学课本中也有关于该问题的解决方案。

$$\Psi = A \sin rx$$

在 $x = a$ 时 Ψ 也必须为 0，所以 $\sin rx = 0$，这仅当 ra 是 π 的整数倍时才有可能：

$$ra = \pm n\pi \text{ 或 } r = \frac{\pm n\pi}{a}$$

式中，n 为任意非零整数*。因为 n 的正负不影响结果，所以将正 r 代入解中得

$$r = \frac{n\pi}{a} = \sqrt{2mE}\,\frac{2\pi}{h}$$

上式对 E 求解，得

$$E = \frac{n^2 h^2}{8ma^2}$$

这是用势箱中粒子模型所预测的长度为 a 的一维势箱的能级，它们是根据量子数（quantum numbers）$n = 1, 2, 3, \cdots$ 进行量子化的。

将 $r = n\pi/a$ 代入波函数中可得

$$\Psi = A\sin\frac{n\pi x}{a}$$

然后应用归一化条件 $\int \Psi\Psi^* \mathrm{d}\tau = 1$ 得

$$A = \sqrt{\frac{2}{a}}$$

所以总的解为

$$\Psi = \sqrt{\frac{2}{a}}\sin\frac{n\pi x}{a}$$

图 2.4 显示了前三个态［基态（$n = 1$）和前两个激发态（$n = 2$ 和 3）］的波函数及波函数平方的图形。

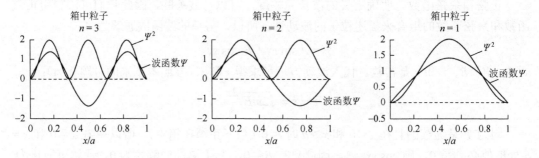

图 2.4　势箱中 $n = 1$、2 和 3 的波函数及波函数平方

波函数的平方是概率密度，它们展现了在势箱中电子的经典力学和量子力学行为之

---

* 如果 $n = 0$，则对所有位置 $r = 0$ 且 $\Psi = 0$，粒子出现的概率 $\int \Psi\Psi^* \mathrm{d}\tau = 0$。如果粒子为电子，则该位置根本不存在电子。

间的差别。经典力学预测，电子在势箱中任意点的概率均相同；而电子的波动性使其在势箱中不同位置的概率并不相同。电子波振幅的平方越大，则当电子处于由 Ψ 定义的量子化能量时，电子位于指定坐标的可能性就越大。

2.2.2 量子数和原子波函数

箱中粒子展示了波函数在一个维度上分布的情况。在数学上，原子轨道是三维 Schrödinger 方程的分立解，所以该方法也可以推广到三维空间。这些方程包含三个量子数：n、l 和 m_l，另外尚需第四个量子数 m_s 通过计算电子的磁矩对 Schrödinger 方程进行相对论校正。表 2.2 总结了量子数的性质，表 2.3 和表 2.4 总结了常见的原子轨道波函数。

表 2.2 量子数及其性质

符号	名称	取值	意义
n	主量子数	$1, 2, 3, \cdots$	决定能量的主要部分
l	角量子数*	$0, 1, 2, \cdots, n-1$	描述角度关系且对能量有贡献
m_l	磁量子数	$0, \pm 1, \pm 2, \cdots, \pm l$	描述空间取向（角动量在 z 方向的分量）
m_s	自旋量子数	$\pm 1/2$	描述电子自旋（磁矩）的方向

不同 l 值的轨道也经常用以下符号表示，这些符号来自早期表示不同谱线系列的光谱项

l	0	1	2	3	4	5, ⋯⋯
符号	s	p	d	f	g	按字母表顺序继续

*也称方位量子数。

表 2.3 氢原子波函数：角度函数

		角度部分			实波函数			
		角动量相关		θ 的函数	极坐标形式	直角坐标形式	形状	符号
l	m_l	Φ	Θ		$\Theta\Phi(\theta,\phi)$	$\Theta\Phi(x,y,z)$		
0(s)	0	$\dfrac{1}{\sqrt{2\pi}}$	$\dfrac{1}{\sqrt{2}}$		$\dfrac{1}{2\sqrt{\pi}}$	$\dfrac{1}{2\sqrt{\pi}}$		s
1(p)	0	$\dfrac{1}{\sqrt{2\pi}}$	$\dfrac{\sqrt{6}}{2}\cos\theta$		$\dfrac{1}{2}\sqrt{\dfrac{3}{\pi}}\cos\theta$	$\dfrac{1}{2}\sqrt{\dfrac{3}{\pi}}\dfrac{z}{r}$		p_z
		$+1\,\dfrac{1}{\sqrt{2\pi}}e^{i\phi}$	$\dfrac{\sqrt{3}}{2}\sin\theta$		$\dfrac{1}{2}\sqrt{\dfrac{3}{\pi}}\sin\theta\cos\phi$	$\dfrac{1}{2}\sqrt{\dfrac{3}{\pi}}\dfrac{x}{r}$		p_x
		$-1\,\dfrac{1}{\sqrt{2\pi}}e^{-i\phi}$	$\dfrac{\sqrt{3}}{2}\sin\theta$		$\dfrac{1}{2}\sqrt{\dfrac{3}{\pi}}\sin\theta\sin\phi$	$\dfrac{1}{2}\sqrt{\dfrac{3}{\pi}}\dfrac{y}{r}$		p_y
2(d)	0	$\dfrac{1}{\sqrt{2\pi}}$	$\dfrac{1}{2}\sqrt{\dfrac{5}{2}}(3\cos^2\theta-1)$		$\dfrac{1}{4}\sqrt{\dfrac{5}{\pi}}(3\cos^2\theta-1)$	$\dfrac{1}{4}\sqrt{\dfrac{5}{\pi}}\dfrac{2z^2-x^2-y^2}{r}$		d_{z^2}

续表

角度部分		实波函数			
角动量相关	θ 的函数	极坐标形式	直角坐标形式	形状	符号
$+1\ \dfrac{1}{\sqrt{2\pi}}e^{i\phi}$　$\dfrac{\sqrt{15}}{2}\cos\theta\sin\theta$		$\dfrac{1}{2}\sqrt{\dfrac{15}{\pi}}\cos\theta\sin\theta\cos\phi$	$\dfrac{1}{2}\sqrt{\dfrac{15}{\pi}}\dfrac{xz}{r^2}$		d_{xz}
$-1\ \dfrac{1}{\sqrt{2\pi}}e^{-i\phi}$　$\dfrac{\sqrt{15}}{2}\cos\theta\sin\theta$		$\dfrac{1}{2}\sqrt{\dfrac{15}{\pi}}\cos\theta\sin\theta\sin\phi$	$\dfrac{1}{2}\sqrt{\dfrac{15}{\pi}}\dfrac{yz}{r^2}$		d_{yz}
$+2\ \dfrac{1}{\sqrt{2\pi}}e^{2i\phi}$　$\dfrac{\sqrt{15}}{4}\sin^2\theta$		$\dfrac{1}{4}\sqrt{\dfrac{15}{\pi}}\sin^2\theta\cos2\phi$	$\dfrac{1}{4}\sqrt{\dfrac{15}{\pi}}\dfrac{x^2-y^2}{r^2}$		$d_{x^2-y^2}$
$-1\ \dfrac{1}{\sqrt{2\pi}}e^{-2i\phi}$　$\dfrac{\sqrt{15}}{4}\sin^2\theta$		$\dfrac{1}{4}\sqrt{\dfrac{15}{\pi}}\sin^2\theta\sin2\phi$	$\dfrac{1}{4}\sqrt{\dfrac{15}{\pi}}\dfrac{xy}{r^2}$		d_{xy}

来源：氢原子波函数：角度函数，Physical Chemistry, 5th ed., Gordon Barrow (c) 1988. McGraw-Hill Companies, Inc.

注：关系式$(e^{i\phi}-e^{-i\phi})/(2i)=\sin\phi$ 和$(e^{i\phi}-e^{-i\phi})/2=\cos\phi$ 可将指数虚函数转换为实三角函数，将两个$m_l=\pm1$ 的轨道组合给出两个具有$\sin\phi$ 和$\cos\phi$ 的轨道。同样，具有$m_l=\pm2$ 的轨道生成具有$\cos2\phi$ 和$\sin2\phi$ 的实函数。然后使用函数$x=r\sin\theta\cos\phi$、$y=r\sin\theta\sin\phi$ 和$z=r\cos\theta$ 将这些函数转换为笛卡儿形式。

表 2.4　氢原子波函数：径向部分

轨道	n	l	$R(r)$
1s	1	0	$R_{1s}=2\left[\dfrac{Z}{a_0}\right]^{\frac{3}{2}}e^{-\sigma}$
2s	2	0	$R_{2s}=2\left[\dfrac{Z}{2a_0}\right]^{\frac{3}{2}}(2-\sigma)e^{-\frac{\sigma}{2}}$
2p		1	$R_{2p}=\dfrac{1}{\sqrt{3}}\left[\dfrac{Z}{2a_0}\right]^{\frac{3}{2}}\sigma e^{-\frac{\sigma}{2}}$
3s	3	0	$R_{3s}=\dfrac{2}{27}\left[\dfrac{Z}{3a_0}\right]^{\frac{3}{2}}(27-18\sigma+2\sigma^2)e^{-\frac{\sigma}{3}}$
3p		1	$R_{3p}=\dfrac{1}{81\sqrt{3}}\left[\dfrac{2Z}{a_0}\right]^{\frac{3}{2}}(6-\sigma)e^{-\frac{\sigma}{3}}$
3d		2	$R_{3d}=\dfrac{1}{81\sqrt{15}}\left[\dfrac{2Z}{a_0}\right]^{\frac{3}{2}}\sigma^2 e^{-\frac{\sigma}{3}}$

注：径向函数 $R(r)$ 中，　$\sigma=Zr/a_0$。

　　原子轨道的总能量主要由量子数 n 决定，其他量子数对能量的影响较小。量子数 l 决定轨道的角动量和形状，m_l 决定轨道角动量在磁场中的取向或者轨道的空间伸展方向，如表 2.3 所示。量子数 m_s 决定电子磁矩在外磁场中的方向，即沿着磁场方向（$+1/2$）或反向（$-1/2$）。无外磁场时，所有与给定 n 相关的 m_l 对应的轨道（三个 p 轨道或五个 d 轨道）能量相同，且两种 m_s 对应的能量也相同。量子数 n、l、m_l 一起定义了一个原子轨道。

　　量子数 m_s 描述了轨道内的电子自旋，该量子数与下面这个著名实验的结果一致。当一束碱金属原子（每个都有一个价电子）穿过磁场时，原子束分裂为两部分；一半被磁场的一极吸引，而另一半被另一极吸引。在经典物理中，带电粒子旋转会产生磁矩，因此通常将电子的磁矩归结于其自旋，电子如同一个小磁棒，其磁矩方向和自旋方向（顺时针或逆时针）有关。不过，电子自旋是一种纯粹的量子力学性质，将经典力学行为用于电子是不准确的。

需要注意的是，在表 2.3 中，p 轨道和 d 轨道的波函数出现了虚数单位 i（$i = \sqrt{-1}$）。因为处理实函数比复函数更方便，我们经常会利用波动方程的另一个性质来处理虚数的问题，即对于这类微分方程而言，其解的任意线性组合（每个函数乘以任意系数后的加和或差减）仍然是方程的解。如 p 轨道，通常选择 $m_l = 1$ 和 -1 两个轨道组合，归一化后的系数分别为 $\frac{1}{\sqrt{2}}$ 和 $\frac{i}{\sqrt{2}}$：

$$\Psi_{2p_x} = \frac{1}{\sqrt{2}}(\Psi_{+1} + \Psi_{-1}) = \frac{1}{2}\sqrt{\frac{3}{\pi}}[R(r)]\sin\theta\cos\theta$$

$$\Psi_{2p_y} = \frac{i}{\sqrt{2}}(\Psi_{+1} - \Psi_{-1}) = \frac{1}{2}\sqrt{\frac{3}{\pi}}[R(r)]\sin\theta\sin\theta$$

相同的方法也用在 d 轨道波函数中，$m_l = \pm 1$ 和 ± 2 的轨道组合给出了表 2.3 中 $\Theta\Phi(\theta, \phi)$ 一列的函数，这是我们熟知的 d 轨道形式。d_{z^2} 轨道（$m_l = 0$），实际上使用的是函数 $2z^2 - x^2 - y^2$，方便起见简写为 z^{2*}。这些函数现在变成了实函数，因此 $\Psi = \Psi^*$，$\Psi\Psi^* = \Psi^2$。

对 Schrödinger 方程的深入了解可揭示原子轨道的数学来源。在三维情况下，Ψ 可以由直角坐标系（x, y, z）或球坐标系（r, θ, ϕ）来表示。球坐标系如图 2.5 所示，r 表示空间某点到原子核的距离；θ 是它与 z 轴的夹角，范围为 $0 \sim \pi$；而 ϕ 是它与 x 轴的夹角，范围为 $0 \sim 2\pi$，极其方便。直角坐标和球坐标之间的变换由以下公式给出：

$$x = r\sin\theta\cos\phi$$
$$y = r\sin\theta\sin\phi$$
$$z = r\cos\phi$$

球坐标系中，三个方向的单位元分别为 $rd\theta$、$r\sin\theta d\phi$、dr，微元的乘积是 $r^2\sin\theta drd\theta d\phi$，相当于 $dxdydz$。从 r 到 $r + dr$ 的薄壳层体积元是 $4\pi r^2 dr$，积分区间为 $\theta = 0 \sim \pi$、$\phi = 0 \sim 2\pi$。该积分可将电子密度描述为与原子核距离的函数。

Ψ 可以分解成一个径向函数和两个角度函数。径向函数（radial function）R 描述了离原子核不同距离处的电子密度；角度函数（angular function）Θ 和 Φ 描述了轨道的形状和空间取向。有时两个角度因子合二为一，用 Y 表示：

$$\Psi(r, \theta, \phi) = R(r)\Theta(\theta)\Phi(\phi) = R(r)Y(\theta, \phi)$$

R 仅是 r 的函数。Y 是 θ 和 ϕ 的函数，而且赋予 s、p、d 及其他轨道以不同的形状。R、Θ 和 Φ 的具体形式分别在表 2.3 和表 2.4 中列出。

角度函数

角度函数 Θ 和 Φ 决定了在距原子中心给定距离处，电子分布概率如何逐点变化，也

---

* 我们更应该称之为 $d_{2z^2-x^2-y^2}$ 轨道！

就是说，它们赋予原子轨道形状和取向，并由量子数 l 和 m_l 标识。s、p、d 轨道的形状如表 2.3 和图 2.6 所示。

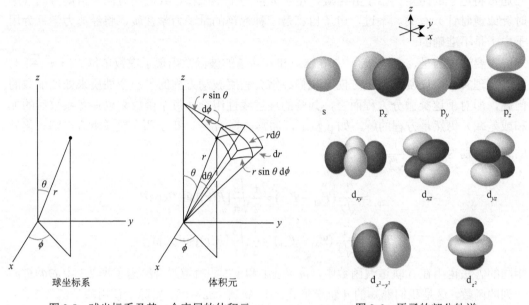

图 2.5　球坐标系及其一个壳层的体积元

图 2.6　原子的部分轨道

（Gary O. Spessard 和 Gary L. Miessler 选取的
原子轨道，经许可后转载）

　　表 2.3 中间栏中的图形是 Θ 部分的形状；当加入 Φ 部分且 ϕ 在 0～2π 间取值时，形成最右栏中的三维形状，其中阴影波瓣的轨道波函数取负值，波瓣的不同阴影代表着波函数 Ψ 的不同符号。我们将在第 5 章看到，辨识不同符号的区域有助于讨论成键情况。

径向函数

　　径向函数 $R(r)$（表 2.4）是由主量子数 n 和角量子数 l 确定的。

　　径向概率函数（radial probability function）为 $4\pi r^2 R^2$，它描述了核外给定半径的球面处电子出现的概率密度，$4\pi r^2$ 即为球面上所有角度积分的结果。$n = 1, 2, 3$ 时，轨道的径向波函数和径向概率函数示于图 2.7；$R(r)$ 和 $4\pi r^2 R^2$ 的标度都以 Bohr 半径 a_0 为单位，以便在图中数轴上给出直观的结果。Bohr 半径 $a_0 = 52.9$ pm，是量子力学中一个常用单位。它是氢原子 1s 轨道在 Ψ^2 最大时对应的 r 值（1s 电子到氢原子核的最概然距离），也是 Bohr 原子模型中 $n = 1$ 时的轨道半径。

　　在所有径向概率函数图中，电子密度或者说电子出现的概率，在其达到最大值后随着距原子核距离的增加迅速下降。1s 轨道下降得最快，当 $r = 5a_0$ 时，概率已接近于 0。相比之下，3d 轨道在 $r = 9a_0$ 处出现最大值，直到 $r = 20a_0$ 时才接近于 0。包括 s 在内的所有轨道在原子中心的概率均为 0，因为 $r = 0$ 时 $4\pi r^2 R^2 = 0$。径向概率函数是 $4\pi r^2$ 和 R^2 的组合，前者随 r 增大而快速增大；而后者可能有最大值和最小值，但总体上随 r 呈指数衰减。这两部分的乘积给出了图中典型的概率分布。因为化学反应依赖于远离核位置轨道的形状和伸展区域，所以径向概率函数能帮助我们确认哪些轨道最有可能参与反应。

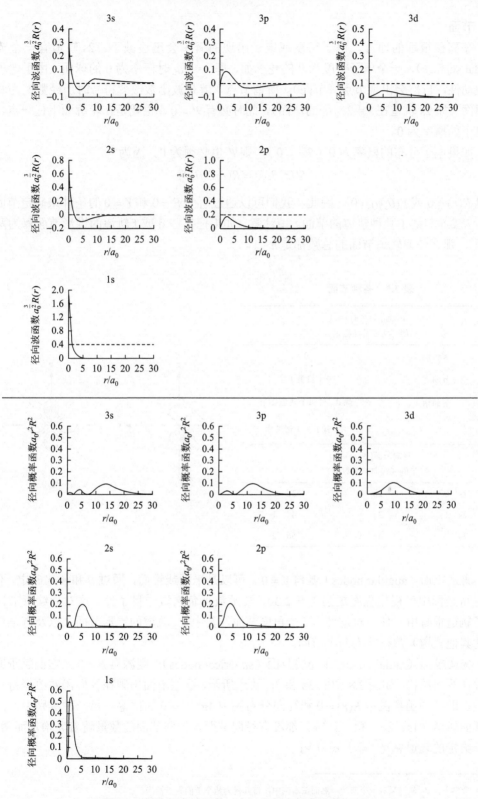

图 2.7 部分径向波函数（上）和径向概率函数（下）

节面

在离核很远的地方，电子密度或电子出现的概率会迅速减小。2s 轨道有一个节面（nodal surface），一个电子密度为 0 的轮廓面，即 $r = 2a_0$ 时概率为 0 的球面。由于电子具有波动性，自然会出现节点（节面）。所谓节点，就是波函数改变符号时历经数值为 0 的轮廓面（如 2s 轨道在 $r = 2a_0$ 处的球面），此时必有 $\Psi = 0$，也就是在轮廓面上任一点，找到电子的概率为 0。

如果电子分布的概率为 0（$\Psi^2 = 0$），则 Ψ 也必须为 0。因为

$$\Psi(r, \theta, \phi) = R(r)Y(\theta, \phi)$$

所以 $R(r) = 0$ 或 $Y(\theta, \phi) = 0$。因此，我们可以通过研究 $R = 0$ 和 $Y = 0$ 的条件来确定节面。

表 2.5 归纳了几种轨道的节面。请注意，如果把某些 d 或 f 轨道的锥形节面算为两个节面[*]，那么任何轨道节面的总数都是 $n - 1$。

表 2.5　各种节面

角节面[$Y(\theta, \phi) = 0$] 示例（角度节面数量）		
s 轨道	0	
p 轨道	每个轨道 1 个	
d 轨道	除 d_{z^2} 外每个轨道 2 个	
	d_{z^2} 有 1 个锥形节面	

径向节面[$R(r) = 0$] 示例（径向节面数量）					
1s	0	2p	0	3d	0
2s	1	3p	1	4d	1
3s	2	4p	2	5d	2

角度节面（angular nodes）源自 $Y = 0$，可以是平面或锥面，通过 θ 和 ϕ 来确定，但 Y 在直角坐标中可视化程度更强（表 2.3），波函数正负区域一目了然，这对后续章节讨论分子轨道很有用。任何轨道都有 l 个角度节面，其中 d_{z^2} 轨道的锥形节面（以及有锥形截面的其他轨道）都被视为两个节面。

径向节面（radial nodes）[壳层节面（spherical nodes）]则源自 $R = 0$，它们赋予原子一种洋葱状结构。如图 2.8 中的 3s 和 $3p_z$ 轨道所示，这些节面出现在径向函数改变符号的位置，即径向函数图中 $R(r) = 0$ 和径向分布图中 $4\pi^2 R^2 = 0$ 的位置。每一种类别中，能量最低的轨道（1s、2p、3d、4f 等）都没有径向节面。径向节面的数量随着 n 增加而增多，对于给定的轨道总是[**]等于 $n - l - 1$。

---

[*] 数学上，d_{z^2} 轨道只有一个节面。然而在本例中，将其视为两个节面则更恰当。

[**] 同样，将锥形节面（如 d_{z^2} 轨道）算作两个节面。

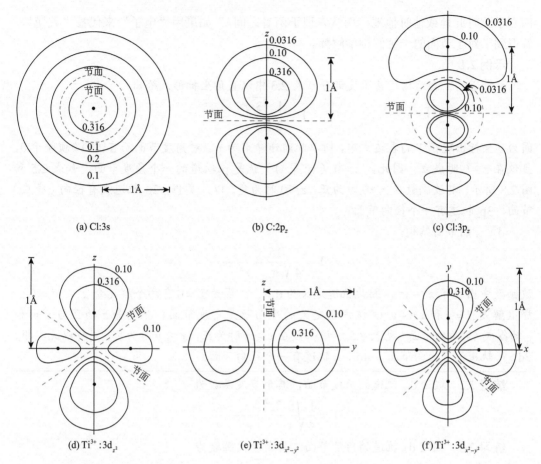

(a) Cl:3s (b) C:2p$_z$ (c) Cl:3p$_z$

(d) Ti^{3+}:3d$_{z^2}$ (e) Ti^{3+}:3d$_{x^2-y^2}$ (f) Ti^{3+}:3d$_{x^2-y^2}$

图 2.8 部分轨道的等电子密度面。(a~d) 横截面是任意含 z 轴的平面;(e) 横截面是 xz 或 yz 平面;(f) 横截面是 xy 平面 [图 (b~f) 经美国化学会版权许可转载于 E. A. Orgyzlo, G. B. Porter, *J. Chem. Educ.*, **1963**, *40*, 256]

　　节面有时很令人困惑。例如,p 轨道有一个包含原子核的节面;一个电子怎么可能在节面两侧同时出现,而不穿过概率密度为 0 的节面呢?一种解释是,根据相对论的论点,节面上电子的概率密度并不严格为 0[*]。

　　另一种解释是,考虑到电子具有波动性,这个问题确实没有问在点子上。回忆一维势箱的模型,图 2.4 显示 $n=2$ 时,节面在 $x/a=0.5$ 处;$n=3$ 时,节面在 $x/a=0.33$ 和 0.67 处。这些图形也可以表示振弦在基频($n=1$)和倍频(2 和 3 倍)时的振动幅度。一根拨动的小提琴弦在特定频率下振动,出现振幅为 0 的节点是很自然的;零振幅并不是说该点处琴弦就不存在,而只是说该处振幅大小为 0。电子波可以同时存在于节面两侧和节点上,就像琴弦能同时存在于零振幅的节点及其两侧一样。

　　还有一种解释是 R. M. Fuoss 在某一节关于成键的课堂上,以一种轻松愉快的方式对本书作者之一所提议的。他引述了 St. Thomas Aquinas 的一段话,"天使非实体,因此他

* A. Szabo, *J. Chem. Educ.*, **1969**, *46*, 678 认为,在节面的电子概率密度很小,但存在有限值。

们立于此时此地或他时他地，而从未现于两者之间。"如果用"电子"来代替"天使"，
就得到了对于节面的一种假神学解释。

示例 2.1

p_z 轨道的节面结构。其角度部分在表 2.3 中以直角坐标形式给出：

$$Y = \frac{1}{2}\sqrt{\frac{3}{\pi}}\frac{z}{r}$$

因为 z 坐标出现在 Y 的表达式中，所以此轨道命名为 p_z。对角度节面而言，Y 必须等于 0，
且仅在 $z = 0$ 时成立；因此，$z = 0$（xy 平面）就是 p_z 轨道的一个角度节面，如表 2.5 和
图 2.8 所示。其波函数在 $z > 0$ 时为正，$z < 0$ 时为负。以此类推，$2p_z$ 轨道没有径向（壳层）
节面，$3p_z$ 轨道有一个径向节面。

$d_{x^2-y^2}$ 的节面结构：

$$Y = \frac{1}{4}\sqrt{\frac{15}{\pi}}\frac{x^2-y^2}{r^2}$$

波函数中出现了 $x^2 - y^2$，因此轨道定义为 $d_{x^2-y^2}$。因为 $Y = 0$ 有两个解（令 $x^2 - y^2 = 0$，
那么解是 $x = y$ 和 $x = -y$），该方程定义的平面就是角度节面，即包含 z 轴且与 x 轴和
y 轴各成 45° 角的平面（见表 2.5）。该函数在 $x > y$ 时为正，$x < y$ 时为负。同样以此类推，
$3d_{x^2-y^2}$ 轨道没有径向节面，$4d_{x^2-y^2}$ 轨道有一个径向节面。

练习 2.2　描述 d_{z^2} 轨道的角度节面，其角度波函数为

$$Y = \frac{1}{4}\sqrt{\frac{5}{\pi}}\frac{2z^2-x^2-y^2}{r^2}$$

练习 2.3　描述 d_{xz} 轨道的角度节面，其角度波函数为

$$Y = \frac{1}{2}\sqrt{\frac{15}{\pi}}\frac{xz}{r^2}$$

以上计算的结果是化学家熟知的一组原子轨道。图 2.6 展示了 s、p 和 d 的轨道示意
图，图 2.8 展示了一些轨道的电子等概率密度面。图 2.6 中，轨道波瓣的不同阴影表明波
函数符号的不同，所示的外轮廓面内包含了该轨道中电子总密度的 90%，这些均是化学
家常用的轨道；其他轨道也是 Schrödinger 方程的解，可用于某些特殊目的[14]。

f 轨道的角度函数见附录 B.8。我们鼓励读者活用网络资源，上面有各种各样的原子
轨道（包括 f、g 和更高阶的轨道）展示有径向节面、角度节面，还有更多其他信息*。

2.2.3　构造原理

量子数数值的限制造就了构造原理（aufbau principle，德语 aufbau 意为构造），即按
照量子数不断增加的顺序在原子中填充电子而形成电子组态。图 2.2 的能级图描述了氢
原子中的电子行为，即只有一个电子的情况。但是，多电子原子中的电子相互作用，要
求电子填充在同一原子中时必须有特定的轨道顺序。我们从最小的 n、l 和 m_l 量子数（分

---

* 如 http://www.orbitals.com 和 http://winter.group.shef.ac.uk/orbitron。

别为 1，0，0）及任意一个 m_s（首选 $+\frac{1}{2}$）开启填充过程，依据下面三个规则按 m_l、m_s、l 和 n 增加的顺序填充电子。

1. 能量最低原理。即电子填充在轨道上时，确保原子中电子总的能量最低。这意味着先填充 n 和 l 最小的轨道，因为每个亚层中的轨道（p、d 等）能量相同，所以 m_l 和 m_s 的顺序尚不确定。

2. Pauli 不相容原理（Pauli exclusion principle）[15]。原子中的每个电子，对应一组唯一的量子数，即各电子之间的量子数至少有一个不同。该原理不是来自 Schrödinger 方程，而是来自电子结构的实验测定结果。

3. Hund 最大多重度规则（Hund's rule of maximum multiplicity）[16]。电子填充于轨道中时，必选产生最大的总自旋（最大平行自旋数）的方式。因静电作用（详见下文），处于同一轨道上的两个电子较处于不同轨道上时能量更高，因为电子之间的相互排斥在前者中比在后者中更强烈，所以此规则是能量最低原理（规则 1）的结果。当 p 亚层有 1～6 个电子时，正确的排布方式在表 2.6 中给出［自旋多重度（spin multiplicity）= 未成对电子数 + 1，或 $n + 1$］，任何其他排布方式都将导致更少的未成对电子*。

表 2.6 Hund 规则与自旋多重度

电子数	排布	未成对电子数	自旋多重度
1	↿ __ __	1	2
2	↿ ↿ __	2	3
3	↿ ↿ ↿	3	4
4	↿⇂ ↿ ↿	2	3
5	↿⇂ ↿⇂ ↿	1	2
6	↿⇂ ↿⇂ ↿⇂	0	1

Hund 规则是同一轨道中电子成对需要能量的结果。当两个带负电的电子占据原子中同一空间区域（同一轨道）时，它们彼此排斥，每一对电子产生一个库仑排斥能（Coulombic energy of repulsion）Π_c，该排斥力使电子倾向分占不同的轨道（空间的不同区域），而不是居于同一轨道中。

此外，还存在一个交换能（exchange energy）Π_e，它纯属量子力学范畴，这种能量由两个能量和自旋都相同的电子产生的交换次数所决定。例如，单个碳原子的电子构型是 $1s^2 2s^2 2p^2$，2p 电子在 p 轨道中有三种排布方式：

（1）↿⇂ __ __　（2）↿ ⇃ __　（3）↿ ↿ __

每种方式都对应于一特定的能量状态。状态（1）只包含库仑排斥能 Π_c，因为它是唯一一个有成对电子的轨道，此状态的能量因电子-电子互斥而比另外两种高出 Π_c。

在前两种状态中，仅有一种对应的电子排布方式，因为单个电子只能取 + 或-的自旋方式，因而两个电子可以彼此区分。但是在第三种状态中，两个电子自旋相同，从而是不可区分的，因此有两种可能的电子排布方式：

---

* 此仅为 Hund 规则之一，其他描述见第 11 章。

$$(1)\ \underline{\uparrow\downarrow}\ \underline{}\ \underline{}\ (2)\ \underline{\uparrow}\ \underline{\downarrow}\ \underline{}\ \ （电子互换一次）$$

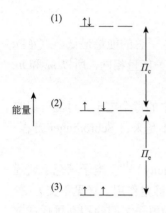

状态（3）有两种可能的电子排布方式，所以这些排布之间有一对可能的互换，定义为等价电子的交换，涉及等价电子交换的能量记作 Π_e。每次交换都能稳定（降低能量）电子状态，也就是倾向于更多的平行自旋状态（Hund 规则）。因此，状态（3）由于交换等价电子，能量比状态（2）低 Π_e。

对于 p^2 构型，考虑库仑排斥能和交换能的效果，可以用一张能级图来总结：状态（3）最稳定，它的电子处于不同轨道且自旋平行；由于等价电子的交换作用，它的能量比状态（2）低 Π_e。状态（1）能量最高，因为它有一对电子在同一轨道中，能量比状态（2）高 Π_c。状态（1）和状态（2）中都没有交换作用的稳定效应（ Π_e 为 0）。

综上所述：

库仑排斥能 Π_c 是同一轨道中电子彼此排斥的结果，成对电子越多，这种状态的能量就越高[*]。

交换能 Π_e 是自旋平行电子处在不同轨道中的结果，自旋平行的电子越多（因此交换次数越多），状态的能量越低。

比较不同电子组态的能量时，必须同时考虑库仑排斥能和交换能。

示例 2.2

氧原子有 4 个 p 电子，因此可以有两个未成对电子（ $\underline{\uparrow\downarrow}\ \underline{\uparrow}\ \underline{\uparrow}$ ）或没有未成对电子（ $\underline{\uparrow\downarrow}\ \underline{\uparrow\downarrow}\ \underline{}$ ）。

a. 给出每一种状态下可以交换的电子数，计算库仑排斥能和交换能。

$\underline{\uparrow\downarrow}\ \underline{\uparrow}\ \underline{\uparrow}$ 这种排布有一对成对电子，能量贡献为 Π_c。

$\underline{\uparrow\downarrow}\ \underline{\uparrow}\ \underline{\uparrow}$ 一个自旋为 ↓ 的电子，无法产生交换。

$\underline{\uparrow\downarrow}\ \underline{\uparrow}\ \underline{\uparrow}$ 自旋为 ↑ 的电子有四种可能的排布、三种可能的交换（1-2，1-3，2-3），如下所示，能量贡献为 $3\Pi_e$：

$$\underline{\uparrow1\ \uparrow2\ \uparrow3}\quad\underline{\uparrow2\ \uparrow1\ \uparrow3}\quad\underline{\uparrow3\ \uparrow2\ \uparrow1}\quad\underline{\uparrow1\ \uparrow3\ \uparrow2}$$

能量总和为 $3\Pi_e + \Pi_c$。

$\underline{\uparrow\downarrow}\ \underline{\uparrow\downarrow}\ \underline{}$ 有两对成对电子，每对自旋的电子有一种可能的交换。

能量总和为 $2\Pi_e + 2\Pi_c$。

b. $\underline{\uparrow\downarrow}\ \underline{\uparrow}\ \underline{\uparrow}$ 和 $\underline{\uparrow\downarrow}\ \underline{\uparrow\downarrow}\ \underline{}$ 哪一种状态能量更低？

状态 $\underline{\uparrow\downarrow}\ \underline{\uparrow}\ \underline{\uparrow}$ 能量更低，因为它有更小的库仑排斥能（ Π_c 相较于 $2\Pi_c$ ），而且有更多的交换能（ $3\Pi_e$ 相较于 $2\Pi_e$ ）起到稳定作用。

练习 2.4　第三种可能的 p^4 组态排布是 $\underline{\uparrow\downarrow}\ \underline{\uparrow}\ \underline{\downarrow}$ ，计算其库仑排斥能和交换能，并与前述示例中的状态能量相比较。画出氧原子 p^4 组态三种排布方式的能级图。

---

[*] 在多电子原子中，所有电子都具有一定的库仑排斥能，但是对于在原子轨道内成对的电子，这种贡献明显更高。

练习 2.5 氮原子有 3 个 2p 电子，可以有三个未成对电子（↑　↑　↑）或者一个未成对电子（↑↓　↑　＿）。

a. 确定每种状态下可以交换的电子数、库仑排斥能和交换能。哪一种状态能量更低？

b. $2p^3$ 构型中第三种可能的状态是 ↑　↑　↓，确定它的库仑排斥能和交换能，并与 **a** 中状态的能量相比较。

当轨道简并（degenerate，能量相同）时，库仑排斥能和交换能都倾向于不成对的电子排布，而不是成对电子组态。但是，如果所涉及的能级间出现能量差异，则该差异和库仑排斥能、交换能一起确定最终构型。能量最低的构型称为基态，其驱动力是能量的最小化。对原子而言，这通常意味着一个亚层（s、p、d）中要填满电子，之后才会填入下一亚层。但是，这种排布方式对于某些过渡元素不适用，因为 4s 和 3d 轨道（或更高的对应能级）能量非常接近，以至于库仑排斥能和交换能之和，与 4s 和 3d 轨道的能量差几乎相等。2.2.4 节会考虑这些情况。

很多模型被用来预测原子轨道的填充顺序。Klechkowsky 规则指出，填充顺序从 $n+l$ 最小的可用轨道开始；当两个轨道的 $n+l$ 值相同时，n 值小的轨道先填充。因此，4s（$n+l=4+0$）先于 3d（$n+l=3+2$）被填充（译者注：原著的"后于"有误）。结合其他规则，便给出了大多数轨道的填充顺序[*]。

一种最简单的适用于大多数原子的方法是使用图 2.9 所示的元素周期表。氢和氦的

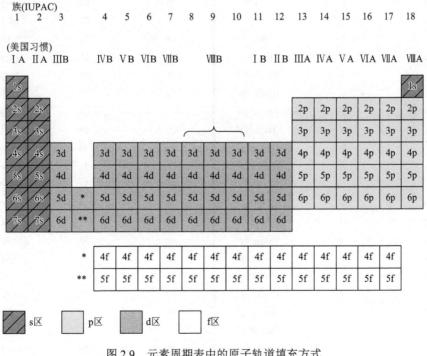

图 2.9 元素周期表中的原子轨道填充方式

---

* 有关电子构型、原子轨道的能量、元素周期系以及相关主题的最新观点，请参阅 S-G. Wang, W. H. E. Schwarz, *Angew. Chem. Int. Ed.*, **2009**, *48*, 3404。

电子构型显然是 $1s^1$ 和 $1s^2$。之后，左侧前两列（1 族和 2 族）中的元素填充 s 轨道，即 $l=0$；右侧 6 列（13～18 族）填充 p 轨道，即 $l=1$；中间 10 列（过渡元素，3～12 族）填充 d 轨道，即 $l=2$；镧系元素和锕系元素（原子序数 58～71 和 90～103）填充 f 轨道，即 $l=3$。在接下来的章节中，我们会知道这两种方法过于简化，但它们确实适用于大多数原子，并为其他原子复杂填充情况提供了借鉴。

2.2.4 屏蔽效应

在多电子原子中，特定能级的能量难以定量预测，一种有效的评估方法是运用屏蔽的概念：每个电子对离原子核更远的电子都起到了屏蔽的作用，减少了这些电子与原子核之间的吸引力。

尽管量子数 n 在确定能量中最重要，但在计算含有多于一个电子的原子能量时也必须考虑量子数 l。随着原子序数的增加，电子被拉向原子核，轨道的能量也变得更负。虽然能量随着 Z 的增大而减小，但由于外层电子受到内层电子的屏蔽，能量的变化多少有点不规则。根据轨道填充顺序，原子的电子构型会出现如表 2.7 的情况。

表 2.7 元素的电子组态

元素	Z	构型	元素	Z	构型
H	1	$1s^1$	Ti	22	$[Ar]4s^23d^2$
He	2	$1s^2$	V	23	$[Ar]4s^23d^3$
Li	3	$[He]2s^1$	Cr	24	$*[Ar]4s^13d^5$
Be	4	$[He]2s^2$	Mn	25	$[Ar]4s^23d^5$
B	5	$[He]2s^22p^1$	Fe	26	$[Ar]4s^2\underline{d}^6$
C	6	$[He]2s^22p^2$	Co	27	$[Ar]4s^23d^7$
N	7	$[He]2s^22p^3$	Ni	28	$[Ar]4s^23d^8$
O	8	$[He]2s^22p^4$	Cu	29	$*[Ar]4s^13d^{10}$
F	9	$[He]2s^22p^5$	Zn	30	$[Ar]4s^23d^{10}$
Ne	10	$[He]2s^22p^6$	Ga	31	$[Ar]4s^23d^{10}4p^1$
			Ge	32	$[Ar]4s^23d^{10}4p^2$
Na	11	$[Ne]3s^1$	As	33	$[Ar]4s^23d^{10}4p^3$
Mg	12	$[Ne]3s^2$	Se	34	$[Ar]4s^23d^{10}4p^4$
Al	13	$[Ne]3s^23p^1$	Br	35	$[Ar]4s^23d^{10}4p^5$
Si	14	$[Ne]3s^23p^2$	Kr	36	$[Ar]4s^23d^{10}4p^6$
P	15	$[Ne]3s^23p^3$			
S	16	$[Ne]3s^23p^4$	Rb	37	$[Kr]5s^1$
Cl	17	$[Ne]3s^23p^5$	Sr	38	$[Kr]5s^2$
Ar	18	$[Ne]3s^23p^6$			
			Y	39	$[Kr]5s^24d^1$
K	19	$[Ar]4s^1$	Zr	40	$[Kr]5s^24d^2$
Ca	20	$[Ar]4s^2$	Nb	41	$*[Kr]5s^14d^4$
Sc	21	$[Ar]4s^23d^1$	Mo	42	$*[Kr]5s^14d^5$

续表

元素	Z	构型	元素	Z	构型
Tc	43	$[Kr]5s^24d^5$	Pt	78	*$[Xe]6s^14f^{14}5d^9$
Ru	44	*$[Kr]5s^14d^7$	Au	79	*$[Xe]6s^14f^{14}5d^{10}$
Rh	45	*$[Kr]5s^14d^8$	Hg	80	$[Xe]6s^24f^{14}5d^{10}$
Pd	46	*$[Kr]4d^{10}$	Tl	81	$[Xe]6s^24f^{14}5d^{10}6p^1$
Ag	47	*$[Kr]5s^14d^{10}$	Pb	82	$[Xe]6s^24f^{14}5d^{10}6p^2$
Cd	48	$[Kr]5s^24d^{10}$	Bi	83	$[Xe]6s^24f^{14}5d^{10}6p^3$
In	49	$[Kr]5s^24d^{10}5p^1$	Po	84	$[Xe]6s^24f^{14}5d^{10}6p^4$
Sn	50	$[Kr]5s^24d^{10}5p^2$	At	85	$[Xe]6s^24f^{14}5d^{10}6p^5$
Sb	51	$[Kr]5s^24d^{10}5p^3$	Rn	86	$[Xe]6s^24f^{14}5d^{10}6p^6$
Te	52	$[Kr]5s^24d^{10}5p^4$			
I	53	$[Kr]5s^24d^{10}5p^5$	Fr	87	$[Rn]7s^1$
Xe	54	$[Kr]5s^24d^{10}5p^6$	Ra	88	$[Rn]7s^2$
			Ac	89	*$[Rn]7s^26d^1$
Cs	55	$[Xe]6s^1$	Th	90	*$[Rn]7s^26d^2$
Ba	56	$[Xe]6s^2$	Pa	91	*$[Rn]7s^25f^26d^1$
La	57	*$[Xe]6s^25d^1$	U	92	*$[Rn]7s^25f^36d^1$
Ce	58	*$[Xe]6s^24f^15d^1$	Np	93	*$[Rn]7s^25f^46d^1$
Pr	59	$[Xe]6s^24f^3$	Pu	94	$[Rn]7s^25f^6$
Nd	60	$[Xe]6s^24f^4$	Am	95	$[Rn]7s^25f^7$
Pm	61	$[Xe]6s^24f^5$	Cm	96	*$[Rn]7s^25f^76d^1$
Sm	62	$[Xe]6s^24f^6$	Bk	97	$[Rn]7s^25f^9$
Eu	63	$[Xe]6s^24f^7$	Cf	98	*$[Rn]7s^25f^96d^1$
Gd	64	*$[Xe]6s^24f^75d^1$	Es	99	$[Rn]7s^25f^{11}$
Tb	65	$[Xe]6s^24f^9$	Fm	100	$[Rn]7s^25f^{12}$
Dy	66	$[Xe]6s^24f^{10}$	Md	101	$[Rn]7s^25f^{13}$
Ho	67	$[Xe]6s^24f^{11}$	No	102	$[Rn]7s^25f^{14}$
Er	68	$[Xe]6s^24f^{12}$	Lr	103	$[Rn]7s^25f^{14}6d^1$
Tm	69	$[Xe]6s^24f^{13}$	Rf	104	$[Rn]7s^25f^{14}6d^2$
Yb	70	$[Xe]6s^24f^{14}$	Db	105	$[Rn]7s^25f^{14}6d^3$
Lu	71	$[Xe]6s^24f^{14}5d^1$	Sg	106	$[Rn]7s^25f^{14}6d^4$
Hf	72	$[Xe]6s^24f^{14}5d^2$	Bh	107	$[Rn]7s^25f^{14}6d^5$
Ta	73	$[Xe]6s^24f^{14}5d^3$	Hs	108	*$[Rn]7s^25f^{14}6d^6$
W	74	$[Xe]6s^24f^{14}5d^4$	Mt	109	$[Rn]7s^25f^{14}6d^7$
Re	75	$[Xe]6s^24f^{14}5d^5$	Ds	110	*$[Rn]7s^15f^{14}6d^9$
Os	76	$[Xe]6s^24f^{14}5d^6$	Rg	111	*$[Rn]7s^15f^{14}6d^{10}$
Ir	77	$[Xe]6s^24f^{14}5d^7$	Cn[a]	112	$[Rn]7s^25f^{14}6d^{10}$

* 该元素的电子组态不遵循简单的轨道填充顺序。

a. 113~118 号元素的存在证据已经被 IUPAC 审核，请参见 R. C. Barber, P. J. Karol, H. Nakahara, E. Vardaci, E. W. Vogt, *Pure Appl. Chem.*, **2011**, *83*, 1485。在 2012 年 5 月，IUPAC 给出了 114 号元素（铁，符号 Fl）和 116 号元素（铊，Lv）的官方命名。

来源：锕系元素的电子构型源于 J. J. Katz, G. T. Seaborg, and L. R. Morss, *The Chemistry of the Actinide Elements*, 2nd ed., Chapman and Hall, New York and London, **1986**。100~112 号元素的电子组态为预测值，非实验结果。

　　由于电子间的屏蔽和其他微妙的相互作用，仅凭 n 值对轨道能量进行排序（量子数 n 越大，能量越高）只适用于单电子物种，而多电子物种中只适用于 n 值最低的轨道（图 2.10）。在多电子原子（和离子）中，对于更大的 n 值，不同量子数 l 导致轨道能量裂分，且数值大小和不同 n 值导致的能量差相当，所以最简单的排序不再成立。

　　例如，考查图 2.10 中的 $n = 3$ 和 $n = 4$ 的序列。对于许多原子而言，4s 轨道能量比 3d 低，因此填充顺序是…3s，3p，4s，3d，4p…，而不是严格按照 n 增加的顺序…3s，3p，3d，4s，4p…。

　　类似地，5s 先于 4d 被填充，6s 先于 5d 被填充。其他例子参见图 2.10。

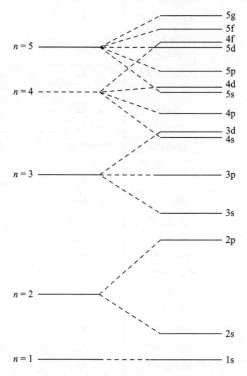

图 2.10　能级裂分和重叠（energy level splitting and overlap）。为了清楚起见，更高能级间的能量差被有意放大。本图提供了从氢到钒的明确电子组态

　　Slater[17]制定了一些规则，对屏蔽效应的近似评估有一定的指导意义。这些规则定义了有效核电荷 Z^* 作为原子核对某一特定电子吸引力的估量方法：

$$有效核电荷\ Z^* = Z - S$$

式中，Z 是核电荷；S 是屏蔽常数。

　　对于一个特定的电子，Slater 规则确定其 S 值如下*：

　　1. 原子的电子组态按照量子数 n 和 l 递增的顺序编写，分组如下：

$$(1s)(2s, 2p)(3s, 3p)(3d)(4s, 4p)(4d)(4f)(5s, 5p)(5d)(\cdots)$$

---

* 为了方便，对 Slater 的原始编号已做修改。

2. 队列中，右边组内的电子可视为不屏蔽左边组内的电子。

3. 这些分组中，电子的屏蔽常数 S 可以被确定，如对于 ns 和 np 价电子：

a. 同一组中，每个电子对其他电子的屏蔽常数 S 的贡献是 0.35。

例外：一个 1s 电子对另一个 1s 电子 S 的贡献是 0.30。

示例：对于电子构型 $2s^2 2p^5$，一个特定的 2p 电子，在（2s, 2p）组中还有 6 个其他电子，每个电子对该电子 S 的贡献 0.35，总的 S 是 $6 \times 0.35 = 2.10$。

b. n–1 组中的每个电子对 n 组的 S 贡献 0.85。

示例：对于钠的 3s 电子，在（2s, 2p）组中有 8 个电子，每个电子对其 S 值贡献 0.85，总的贡献是 $8 \times 0.85 = 6.80$。

c. n–2 或 n 值更低的组中的每个电子对 S 贡献 1.00。

4. 对于 nd 和 nf 价层电子：

a. 同一分组中，每个电子对其他电子的屏蔽常数 S 的贡献是 0.35（与 3a 规则相同）。

b. 其左侧各组中的每个电子对 S 的贡献是 1.00。

这些规则被用于计算价电子的屏蔽常数。总的核电荷 Z 减去 S，就能得到该电子的有效核电荷 Z^*：

$$Z^* = Z - S$$

计算下列的 S 和 Z^*。

示例 2.3

氧

用 Slater 规则计算一个 2p 电子的屏蔽常数和有效核电荷。

规则 1：用 Slater 分组法给出电子组态，按顺序：

$$(1s^2)(2s^2, 2p^4)$$

计算一个 2p 价电子的 S：

规则 3a：其他每个在 $(2s^2, 2p^4)$ 组的电子，对 S 贡献 0.35。

　　　　总贡献 $= 5 \times 0.35 = 1.75$

规则 3b：每个 1s 电子对 S 贡献 0.85。

　　　　总贡献 $= 2 \times 0.85 = 1.70$

　　　　总的 $S = 1.75 + 1.70 = 3.45$

　　　　有效核电荷 $Z^* = 8 - 3.45 = 4.55$

　　　　所以经计算，一个 2p 电子感应到 +4.55 的电荷，或者大约 57% 的总核电荷，而不是感应到全部的 +8 核电荷。

镍

用 Slater 规则计算一个 3d 电子和一个 4s 电子的屏蔽常数和有效核电荷。

规则 1：电子组态为 $(1s^2)(2s^2, 2p^6)(3s^2, 3p^6)(3d^8)(4s^2)$

对于一个 3d 电子：

规则 4a：其他每个在 $(3d^8)$ 组内的电子，对 S 贡献 0.35。

　　　　总贡献 $= 7 \times 0.35 = 2.45$

规则 4b: 每个在($3d^8$)组左边的电子，对 S 贡献 1.00。

总贡献 = $18 \times 1.00 = 18.00$

总共的 $S = 2.45 + 18.00 = 20.45$

有效核电荷 $Z^* = 28-20.45 = 7.55$

对于一个 4s 电子:

规则 3a: 另一个在($4s^2$)组内的电子，对 S 贡献 0.35。

规则 3b: 每个在（$n-1$）组($3s^2$, $3p^6$)($3d^8$)的电子，对 S 贡献 0.85。

总贡献 = $16 \times 0.85 = 13.60$

规则 3c: 其他每个在更左边各组的电子，对 S 贡献 1.00

总贡献 = $10 \times 1.00 = 10.00$

总共的 $S = 0.35 + 13.60 + 10.00 = 23.95$

有效核电荷 $Z^* = 28-23.95 = 4.05$

4s 电子的有效核电荷比 3d 电子小很多，相当于 4s 电子不如 3d 电子束缚得牢固，因此在电离时首先失去 4s 电子，这与镍化合物的实验结果一致。镍最常见的氧化态 Ni^{2+}，电子组态为[Ar] $3d^8$，而不是[Ar] $3d^6 4s^2$，即对应镍原子失去 4s 电子。所有的过渡金属原子，均遵循这种 ns 电子比（$n-1$）d 电子更容易失去的模式。

练习 2.6 计算锡原子 5s、5p 和 4d 电子的有效核电荷。

练习 2.7 计算铀原子 7s、5f 和 6d 电子的有效核电荷。

Slater 规则的合理性源于轨道的电子概率曲线。Slater 利用波函数方程拟合原子的实验数据后建模，半经验地构建了这些规则，这样所产生的规则为原子中一个电子受屏蔽效应后估算其有效核电荷提供了有用的近似。如图 2.7 所示，s 和 p 轨道在核附近出现的概率高于具有相同 n 值的 d 轨道。因此，(3s, 3p)电子对 3d 电子的屏蔽百分百有效，对 S 贡献为 1.00。同时，估算(2s, 2p)电子对 3s 或 3p 电子具有 85%有效屏蔽，贡献为 0.85；这是因为 3s 和 3p 轨道有大的近核概率区域，所以这些轨道中的电子不会被(2s, 2p)电子完全屏蔽。

在第一过渡系的 Cr（$Z = 24$）和 Cu（$Z = 29$），以及第二、三过渡系高原子序数的更多原子中，情况略显复杂。此时会有一个额外电子填充在 3d 轨道，并从 4s 轨道移除一个电子。例如，铬的电子构型为[Ar]$4s^1 d^5$，而不是[Ar]$4s^2 3d^4$。习惯上，这种现象通常被解释为源于"半满亚层的特殊稳定性"。事实上，如图 2.11 所示，半满和全满的 d 和 f 亚层相当普遍。一个更完整的解释是，同时考虑增加核电荷对 4s 与 3d 能级能量的影响，以及共享同一轨道的电子间相互作用[18]；此方法需要把电子组态能量（包括库仑能和交换能）的所有贡献相加。完整计算的结果与实验确定的电子组态是一致的。

Slater 规则已被反复完善，以提高与实验数据的匹配度。一种相对简单的改进是基于元素氢到氖的电离能，从这个角度得出的推算过程类似于 Slater 提出过的构想[19]。另一种稍详尽的方法是指数筛选，得出的能量与实验值吻合得更好[20]。

Na	Mg				半满d					全满d		Al	Si	P	S	Cl	Ar
K	Ca	Sc $3d^1$	Ti $3d^2$	V $3d^3$	Cr $3d^5$ $4s^1$	Mn $3d^5$ $4s^2$	Fe $3d^6$	Co $3d^7$	Ni $3d^8$	Cu $3d^{10}$ $4s^1$	Zn $3d^{10}$ $4s^2$	Ga	Ge	As	Se	Br	Kr
Rb	Sr	Y $4d^1$	Zr $4d^2$	Nb $4d^4$ $5s^1$	Mo $4d^5$ $5s^1$	Tc $4d^5$ $5s^2$	Ru $4d^7$ $5s^1$	Rh $4d^8$ $5s^1$	Pd $4d^{10}$	Ag $4d^{10}$ $5s^1$	Cd $4d^{10}$ $5s^2$	In	Sn	Sb	Te	I	Xe
Cs	Ba	La $5d^1$	* Hf $4f^{14}$ $5d^2$	Ta $4f^{14}$ $5d^3$	W $4f^{14}$ $5d^4$	Re $5d^5$ $6s^2$	Os $5d^6$	Ir $5d^7$	Pt $5d^9$ $6s^1$	Au $5d^{10}$ $6s^1$	Hg $5d^{10}$ $6s^2$	Tl	Pb	Bi	Po	At	Rn
Fr	Ra	Ac $6d^1$	** Rf $5f^{14}$ $6d^2$	Db $5f^{14}$ $6d^3$	Sg $5f^{14}$ $6d^4$	Bh $5f^{14}$ $6d^5$	Hs $5f^{14}$ $6d^6$	Mt $5f^{14}$ $6d^7$	Ds $6d^9$	Rg $6d^{10}$ $7s^1$	Cn $6d^{10}$ $7s^2$		Uuq		Uuh		Uuo

					半满f							全满f	
*	Ce $4f^1$ $5d^1$	Pr $4f^3$	Nd $4f^4$	Pm $4f^5$	Sm $4f^6$	Eu $4f^7$	Gd $4f^7$ $5d^1$	Tb $4f^9$	Dy $4f^{10}$	Ho $4f^{11}$	Er $4f^{12}$	Tm $4f^{13}$	Yb $4f^{14}$	Lu $4f^{14}$ $5d^1$
**	Th $6d^2$	Pa $5f^2$ $6d^1$	U $5f^3$ $6d^1$	Np $5f^4$ $6d^1$	Pu $5f^6$	Am $5f^7$	Cm $5f^7$ $6d^1$	Bk $5f^9$	Cf $5f^9$	Es $5f^{11}$	Fm $5f^{12}$	Md $5f^{13}$	No $5f^{14}$	Lr $5f^{14}$ $6d^1$

图 2.11　过渡金属的电子组态，包括镧系和锕系元素（electron configurations of transition metals, including Lanthanides and Actinides）。实线包围部分，代表亚层全满（d^{10} 或 f^{14}）或者半满（d^5 或 f^7）的元素。虚线包围部分，代表轨道填充顺序不规则的元素，其中有些也包含在实线内

还有一种更形象的由 Rich 提出考虑电子-电子相互作用的解释[21]。他通过考查某轨道中单个电子的能量和同一轨道上两个电子的总体能量之差来解释原子的电子组态。尽管通常假设轨道本身只有一个能量，但作为 Hund 规则的一部分，同一轨道上两个电子的静电排斥作用增加了 2.2.3 节中描述的电子成对能。如图 2.12 所示，我们可以看到两个平行的、被电子成对能分开的能级，每个能级上只有一个自旋电子。

例如 Sc 原子，价电子构型为 $4s^2 3d^1$。根据 Rich 的方法，假设第一个电子 $m_s = -\frac{1}{2}$，那么第二个电子的 $m_s = +\frac{1}{2}$，构成完整的 $4s^2$ 构型。但是由于库仑排斥能 Π_c，两个电子

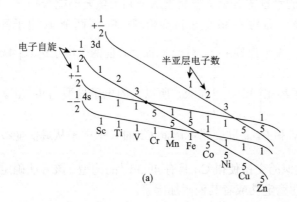

(a)

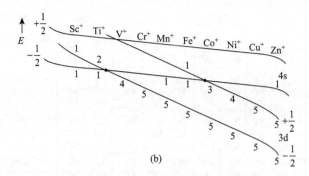

图 2.12　过渡金属的能级图。（a）从轨道内排斥作用和亚层能量趋势解释过渡金属原子的电子组态示意图。（b）类似的离子组态示意图，失去一个电子后交叉点发生移动；对于有着 2 + 或者更多电荷的金属离子，此移动更显著。因此，有着 2 + 或者更多电荷的过渡金属离子，在它们的外层能级中没有 s 电子，只有 d 电子。对于更重的过渡元素和镧系元素，可以画出类似的图，但是更为复杂

（Rich R. L., *Periodic Coorelate*, 1st ed.，© 1965，经 Pearson Education Inc, Upper Saddle River, NJ 07458 版权许可转载）

的总能量大于第一个电子能量的两倍。在图 2.12（a）中，Sc 有 3 个电子，按能量升序依次为 $4s\left(m_s = -\dfrac{1}{2}\right)$、$4s\left(m_s = +\dfrac{1}{2}\right)$ 和 $3d\left(m_s = -\dfrac{1}{2}\right)$。下一个元素 Ti，有两个自旋不同的 4s 电子，还有两个 $m_s = -\dfrac{1}{2}$ 的 3d 电子；根据 Hund 规则，两个 3d 电子自旋平行。

　　随着原子核中质子数的增加，所有电子的有效核电荷增加，能级的能量降低，电子变得更稳定。图 2.12 展示了随着第一过渡系原子序数增加，3d 亚层的能量比 4s 下降得更剧烈，这种趋势通常适用于 $(n-1)d$ 和 ns 轨道。对于该趋势的合理解释是，随着 Z 值增大，最概然距离处离核近的轨道相比离核远的轨道更加稳定。因为 3d 轨道的最概然距离比 4s 轨道短，所以随着核电荷的增加，3d 轨道变得比 4s 轨道更稳定。

　　电子感应到的有效核电荷通常随着该电子离核的最概然距离减小而增加，这些电子不易受到远离核的电子的屏蔽（例如 Slater 规则中，有着更大最概然距离的电子对所讨论的电子 S 值完全没有贡献）。既然随着 n 值增加距核的最概然距离增大（图 2.7），那么一旦 Z 变得足够大，3d 亚层终将比 4s 轨道更能稳定其电子。不管轨道的相对能量如何，观察到的电子组态能量总是最低。电子依次填满最低可用轨道的结果见图 2.12 和表 2.7。

　　图 2.12（a）中的示意图展示了按能量从下到上填充的能级顺序。例如，Ti 有两个 4s 电子各占一自旋能级，另两个 3d 电子自旋相同；Fe 有两个 4s 电子各占一自旋能级，3d 电子中 5 个自旋 $-\dfrac{1}{2}$，1 个自旋 $+\dfrac{1}{2}$。对于 V 而言，前两个电子进入 $\left[4s, -\dfrac{1}{2}\right]$ 和 $\left[4s, +\dfrac{1}{2}\right]$ 的能级，剩下 3 个电子都在 $\left[3d, -\dfrac{1}{2}\right]$ 能级，所以钒的电子构型为 $4s^2 3d^3$。$\left[3d, -\dfrac{1}{2}\right]$ 能级线与 $\left[4s, +\dfrac{1}{2}\right]$ 能级线在 V 和 Cr 之间交错，因此 Cr 的 6 个电子从最低能级进行填充时，其电子构型为 $4s^1 3d^5$；类似的交错使得 Cu 具有 $4s^1 3d^{10}$ 的构型。该方法确定过渡金属电子构型不依赖半满电子层的稳定性或者其他附加因素。

　　移去一个电子形成正离子会减少屏蔽效应，导致所有电子的有效核电荷都明显增加。根据之前讨论的最概然距离效应，如图 2.12（b）所示，阳离子的$(n-1)$d 轨道能量低于 ns 轨道，因此，待填充的电子优先占据 d 轨道。入门级化学中有个一般性规律，当过渡金属形成离子时，n 最大的电子（本段中指的是 s 轨道中电子）总是首先被移去。关于此，一个可能更成熟的观点是，无论失去哪个电子而形成过渡金属离子，最低能量的电子构型总是在离子的 ns 轨道上出现空缺。对于 2＋离子，有效核电荷更高，该效应甚至更强。过渡金属阳离子没有 s 电子，外层只有 d 电子。

　　类似地，能级交错也出现在镧系和锕系元素，但更加复杂。简单的理解是，从镧（57）或锕（89）元素开始填充 f 轨道，然而这些原子已有一个 d 电子，这些系列中的其他元素也显得偏离"正常的"顺序。Rich 用类似的图示解释了这些现象[21]。

2.3　原子的周期性

　　依据相似的电子构型，可以对元素周期表中的原子进行排列；这种排列的意义是：原子的位置可以提供有关其性质的信息。本节讨论其中一些性质，包括它们在不同周期和族中的变化规律。

2.3.1　电离能

　　电离能，也被称为电离势（ionization potential），是从气态原子或离子移出一个电子所需要的能量：

$$A^{n+}(g) \longrightarrow A^{(n+1)+}(g) + e^- \qquad 电离能（IE）= \Delta U$$

$n = 0$（第一电离能），$n = 1$（第二电离能），等等。

　　正如屏蔽效应预见的那样，电离能随原子核和电子数的不同而变化。元素周期表中排在前面的元素的第一电离能变化趋势见图 2.13。同一周期内，电离能总体变化趋势是随着核电荷的增加而增加，但是实验值显示该趋势在第二周期的硼和氧处出现异常。硼是第一个在能量更高的 2p 轨道填有电子的原子，该电子受 2s 电子屏蔽，所以比铍的 2s 电子更容易失去，电离能更低。

　　第 4 个 2p 电子的电离能也发生了类似下降。氧原子上的第 4 个 2p 电子与前 3 个电子之一共占一个轨道↑↓　↑　↑，成对电子之间的排斥作用（Π_c）降低了从氧原子移去一个电子所需的能量。氧的电离能比氮的小，氮的 2p 电子构型为↑　↑　↑。

　　其他周期也有类似现象，如从 Na 到 Ar 以及从 K 到 Kr（略去过渡金属）。由于屏蔽效应和核电荷增加引起的效果几近平衡，所以过渡金属的电离能差异不大。

　　在每个新周期的开始，电离能会出现非常大的下降，这是因为变化到下一个主量子数时，新增 s 电子具有更高的能量。元素越重，外围电子离核越远，因此稀有气体元素处的电离能极值随 Z 的增加而减小。总的来说，电离能数值在周期表中从左到右呈上升趋势（主要变化），从上往下呈下降趋势（次要变化）；上文中所描述的"异常"，叠加在这些总的变化趋势中。

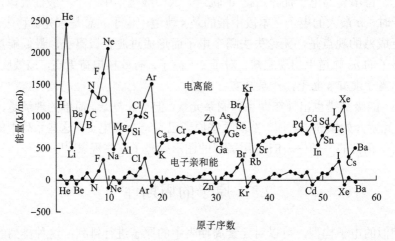

图 2.13　电离能和电子亲和能。对于反应 $M(g) \longrightarrow M^+(g) + e^-$，电离能 $= \Delta U$（数据源于 C. E. Moore, *Ionization Potentials and Ionization Limits, National Standards Reference Data Series*, U. S. National Bureau of Standards, Washington, DC, **1970**, NSRDSNBS 34）；对于反应 $M^-(g) \longrightarrow M(g) + e^-$，电子亲和能 $= \Delta U$（数据源于 H. Hotop, W. C. Lineberger, *J. Phys. Chem. Ref. Data*, **1985**, *14*, 731）。具体数值参见附录 B.2 和附录 B.3

2.3.2　电子亲和能

电子亲和能可被定义为从一个负离子移去一个电子所需的能量[*]：

$$A^-(g) \longrightarrow A(g) + e^- \qquad 电子亲和能(EA) = \Delta U$$

由于该反应与原子电离过程的相似性，电子亲和能有时也被称为第零电离能（zeroth ionization energy）。除稀有气体和碱土元素外，该反应都是吸热的（ΔU 为正）。如图 2.13 所示，电子亲和能随 Z 值变化的情况与电离能类似，但相应的 Z 值大 1（每个元素多一个电子），绝对数值也小很多；对于这两者（亲和能与电离能）中的任何一个来说，如果移去第一个电子后形成稀有气体电子组态，将会很容易，所以稀有气体元素有着最低的电子亲和能。同时，从负离子上移去一个电子（具有更强的核电荷屏蔽作用），比从中性原子移去一个电子更容易，因此电子亲和能比相应的电离能数值小得多。

比较图 2.13 中的电离能和电子亲和能，可以看出相似的锯齿走向，但是两张图相比错位了一个元素：例如，电子亲和能的峰值在 F 处，谷值在 Ne 处；而电离能的峰值在 Ne 处，谷值在 Na 处。通过绘制每个元素的能量与电子数的关系图，可以更容易地看出这两个量的变化规律，如图 2.14 所示的电子亲和能和第一、第二电离能。

在这三条数值线中，相应物种的电子构型一致，导致峰和谷的位置同步。例如，10 电子构型处是峰，11 电子构型处是谷。10 电子构型的三个物种（F^-、Ne 和 Na^+）具有同样

---

[*] 历史上，电子亲和能曾被定义为逆反应（中性原子得到电子）的 $-\Delta U$。本文使用的定义避免了更改符号。

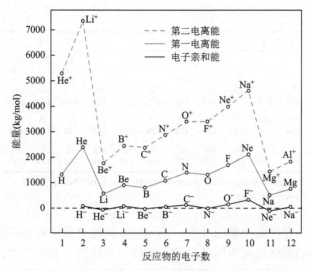

图 2.14　部分元素的第一、第二电离能和电子亲和能

（©2003 Beth Abdella and Gary Miessler，经许可转载）

的 $1s^2 2s^2 2p^6$ 组态，定义为等电子体。从这些电子组态移去一个电子，需要相对较高的能量，它们是典型的闭壳层电子构型。在 11 电子构型处继续增加一个电子，会首先占据更高能级的 3s 轨道，同时也更容易失去，所以处在每条数值线上谷底的位置，对应于从 11 电子构型的 Ne^-、Na 和 Mg^+ 移除一个电子的结局。

　　练习 2.8　图 2.14 中，三条数值线都在 4 电子构型处有最大值，在 5 电子构型处有最小值，请解释原因。

2.3.3　共价半径和离子半径

　　原子和离子的大小也与电离能和电子亲和能有关。随着核电荷的增加，电子被拉向原子的中心，同时任一轨道的半径都会减小；另外，核电荷增加导致更多的电子加入到原子中，它们的相互排斥使得外层轨道伸得更远。伴随着核电荷和电子数的增加，两种效应的共同结果导致每个周期中原子大小渐次收缩。表 2.8 中，根据非极性分子的键长给出了非极性共价半径。还有其他度量原子尺寸的方法，如根据与其他原子的触碰来确定范德华半径。因为各种化合物分子的极性、化学结构和物理状态差别很大，所以任何此类测量数据都难以一致。此处罗列的数据足以用于对不同元素进行一般性比较。

表 2.8　非极性共价半径（pm）

1	2	3	4	5	6	7	8	9	10	11	12	13	14	15	16	17	18
H 32																	He 31
Li 123	Be 89											B 82	C 77	N 75	O 73	F 71	Ne 69

续表

1	2	3	4	5	6	7	8	9	10	11	12	13	14	15	16	17	18
Na	Mg											Al	Si	P	S	Cl	Ar
154	136											118	111	106	102	99	98
K	Ca	Sc	Ti	V	Cr	Mn	Fe	Co	Ni	Cu	Zn	Ga	Ge	As	Se	Br	Kr
203	174	144	132	122	118	117	117	116	115	117	125	126	122	120	117	114	111
Rb	Sr	Y	Zr	Nb	Mo	Tc	Ru	Rh	Pd	Ag	Cd	In	Sn	Sb	Te	I	Xe
216	191	162	145	134	130	127	125	125	128	134	148	144	140	140	136	133	126
Cs	Ba	La	Hf	Ta	W	Re	Os	Ir	Pt	Au	Hg	Tl	Pb	Bi	Po	At	Rn
235	198	169	144	134	130	128	126	127	130	134	149	148	147	146	(146)	(145)	

来源：数据源于 R. T. Sanderson, *Inorganic Chemistry*, Reinhold, New York, **1967**, p. 74；E. C. Chen, J. G. Dojahn, W. E. Wentworth, *J. Phys. Chem. A*, **1997**, *101*, 3088。

　　确定离子的大小也面临类似的挑战。不同元素的稳定离子有着不同的电荷和不同的电子数，其化合物的晶体结构也因之不同，所以很难找到一套合适的数据进行比较。早期的数据基于 Pauling 的评估方法，即假设等电子离子的半径比等于它们的有效核电荷之比。最近的计算基于多种考虑，包括从 X 射线衍射数据得到的电子密度图；对比以前的结果，这些图显示出更大的阳离子和更小的阴离子。表 2.9 和附录 B.1 中的数据被 Shannon[22] 称为"晶体半径"，大体上与原先的"离子半径"数值相差 + 14 pm（阳离子）和–14 pm（阴离子），这些数值已被修订，以符合最新的测量结果，并且可用于大致评估晶体中离子的堆积和其他计算结果，只需记住原子和离子半径的本质即可。

表 2.9　部分离子在晶体中的半径

	Z	元素	半径（pm）
碱金属离子	3	Li^+	90
	11	Na^+	116
	19	K^+	152
	37	Rb^+	166
	55	Cs^+	181
碱土元素	4	Be^{2+}	59
	12	Mg^{2+}	86
	20	Ca^{2+}	114
	38	Sr^{2+}	132
	56	Ba^{2+}	149
其他阳离子	13	Al^{3+}	68
	30	Zn^{2+}	88
卤素离子	9	F^-	119
	17	Cl^-	167
	35	Br^-	182
	53	I^-	206
其他阴离子	8	O^{2-}	126
	16	S^{2-}	170

来源：六配位离子的数据源于 R. D. Shannon, *Acta Crystallogor.* **1976**, *A32*, 751。更长的表见附录 B.1。

影响离子大小的因素包括离子的配位数、键的共价性成分、晶体结构中规则几何构型的扭曲以及电子的离域效应（金属或半导体性质，详见第 7 章）。阴离子的半径也受阳离子的大小和电荷的影响；相反，阴离子对阳离子半径的影响较小[23]。配位数的影响，可参见附录 B.1。

表 2.10 中的数据表明电子数相似的阴离子通常比阳离子大。电子结构相同的离子，核电荷增加，离子半径减小，但核电荷对阳离子的影响更大，如 Na^+、Mg^{2+}、Al^{3+} 系列。同一族内，离子半径随着 Z 值增加而增大，是因为离子中的电子数更多；而对于同一元素，半径会随着阳离子电荷的增加而减小。表 2.10～表 2.12 列有这些趋势的相关示例。

表 2.10 晶体半径与核电荷

离子	质子数	电子数	半径（pm）
O^{2-}	8	10	126
F^-	9	10	119
Na^+	11	10	116
Mg^{2+}	12	10	86
Al^{3+}	13	10	68

表 2.11 晶体半径与电子总数

离子	质子数	电子数	半径（pm）
O^{2-}	8	10	126
S^{2-}	16	18	170
Se^{2-}	34	36	184
Te^{2-}	52	54	207

表 2.12 晶体半径与离子电荷

离子	质子数	电子数	半径（pm）
Ti^{2+}	22	20	100
Ti^{3+}	22	19	81
Ti^{4+}	22	18	75

参 考 文 献

[1] John Dalton, *A New System of Chemical Philosophy*, 1808; reprinted with an introduction by Alexander Joseph, Peter Owen Limited, London, 1965.

[2] Ibid., p. 113.

[3] Ibid., p. 133.

[4] J. R. Partington, *A Short History of Chemistry*, 3rd ed., Macmillan, London, 1957; reprinted, 1960, Harper & Row, New York, p. 255.

[5] Ibid., pp. 256-258.

[6] D. I. Mendeleev, *J. Russ. Phys. Chem. Soc.*, **1869**, *i*, 60.

[7] L. Meyer, *Justus Liebigs Ann. Chem.*, **1870**, *Suppl. vii*, 354.

[8] N. Bohr, *Philos. Mag.*, **1913**, *26*, 1.

[9] G. Herzberg, *Atomic Spectra and Atomic Structure*, 2nd ed., Dover Publications, New York, 1994, p. 18.

[10]　L. de Broglie, *Philos. Mag.*, **1924**, *47*, 446; *Ann. Phys. Paris*, **1925**, *3*, 22.

[11]　W. Heisenberg, *Z. Phys.*, **1927**, *43*, 172.

[12]　Ralchenko, Yu., Kramida, A.E., Reader, J., and NIST ASD Team (2011). *NIST Atomic Spectra Database* (ver. 4.1.0), [Online]. Available: *http://physics.nist.gov/asd* [2012, August 21]. National Institute of Standards and Technology, Gaithersburg, MD.

[13]　E. Schrödinger, *Ann. Phys.* (*Leipzig*), **1926**, *79*, 361, 489, 734; **1926**, *80*, 437; **1926**, *81*, 109; *Naturwissenshaften*, **1926**, *14*, 664; *Phys. Rev.*, **1926**, *28*, 1049.

[14]　R. E. Powell, *J. Chem. Educ.*, **1968**, *45*, 45.

[15]　W. Pauli, *Z. Physik*, **1925**, *31*, 765.

[16]　F. Hund, *Z. Physik*, **1925**, *33*, 345.

[17]　J. C. Slater. *Phys. Rev.*, **1930**, *36*, 57.

[18]　L. G Vanquickenborne, K. Pierloot, D. Devoghel, *J. Chem. Ed.*, 1994, 71, 468

[19]　J. L. Reed, *J. Chem. Educ.*, **1999**, *76*, 802.

[20]　W. Eek, S. Nordholm, G. B. Bacskay, *Chem. Educator*, **2006**, *11*, 235.

[21]　R. L. Rich, *Periodic Correlations*, W. A. Benjamin, Menlo Park, CA, 1965, pp. 9-11.

[22]　R. D. Shannon, *Acta Crystallogr.*, **1976**, A32, 751.

[23]　O. Johnson, *Inorg. Chem.*, **1973**, *12*, 780.

一般参考资料

原子理论历史的其他信息，参见 J. R. Partington，*A Short History of Chemistry*，3rd ed.，Macmillan，London，**1957**，reprinted by Harper & Row，New York，**1960** 和 *Journal of Chemical Education*。原子理论和轨道的介绍，参见 V. M. S. Gil，*Orbitals in Chemistry*：*A Modern Guide for Students*，Cambridge University Press，Cambridge，**2000**，UK，pp. 1-69。对原子电子结构更彻底的处理，参见 M. Gerloch，*Orbitals*，*Terms*，*and State*，John Wiley & Sons，New York，**1986**。原子轨道的图形、波函数、节点行为和其他性质，参见 http://www.orbitals.com/ 和 http:// winter.group.shef.ac.uk/orbitron。

习　　　题

2.1　计算下列物质的 de Broglie 波长：

a. 一个以 1/10 光速移动的电子。

b. 一个 400 g 以 10 km/h 速度运动的飞盘。

c. 一个 8 磅以 2 m/s 速度在球道上滚动的保龄球。

d. 一只 13.7 g 以时速 30 英里飞行的蜂鸟。

2.2　依据公式 $E = R_H \left(\dfrac{1}{2^2} - \dfrac{1}{n_h^2} \right)$，求算氢原子光谱中 $n_h = 4, 5, 6$ 可见发射谱带的能量和波长（$n_h = 3$ 对应的红光谱线，在练习 2.1 中）。

2.3　氢原子从 $n = 7$ 到 $n = 2$ 的跃迁，产生紫外区辐射，略微超出人类视觉感知范围，计算其相应的能量和波长。

2.4　383.65 nm 和 379.90 nm 波长下，观测到氢原子从激发态到 $n = 2$ 的跃迁，确定这些激发态的量子数 n_h。

2.5　氢原子中的某个电子，从各种可能激发态一步下降到 $n = 3$ 态，所释放的最小能量是多少？该激发态量子数 n 是多少？为什么以人类视觉无法观察到此过程产生的光子？

2.6　从日冕测得的氢原子发射光谱表明，在基态 1s 之上，4s 轨道能量为 102823.8530211 cm^{-1}，3s 为 97492.221701 cm^{-1}（这些能量的不确定度很小，可将其视为精确值）。根据这些数据，计算这些能级之间的能量差（单位 J），并将此能量差与 2.1.2 节中 Balmer 方程计算的结果进行对比，说明 Balmer 方程对于氢原子的计算精度如何？（数据源于 Y. Ralchenko, A. E. Kramida, J. Reader, and NIST ASD Team (**2011**). *NIST Atomic Spectra Database* (ver. 4.1.0)；http://physics.nist.gov/asd[**2012**, January 18]. National Institute of Standards and Technology, Gaithersburg，MD）

2.7　Rydberg 方程有两个因物种不同而异的项，即电子/原子核的约化质量与核电荷（Z）。

a. 确定等电子体 He$^+$（考虑丰度最高的 He-4 同位素）和 H 的 Rydberg 常数的近似比。电子、质子和 He$^+$核（He^{2+}是 α 粒子）的质量见封底。

b. 用该比值近似计算 He$^+$的 Rydberg 常数（J）。

c. He$^+$的 2s 与 1s 轨道的能量差为 329179.76197 (20)cm^{-1}；根据此谱线计算 He$^+$的 Rydberg 常数并与 **b** 中结果进行比较（数据来源同习题 2.6）。

2.8 我们在书中省略了势箱模型中几个步骤的推演细节，请详细计算下列步骤：

a. 如果波函数 $\Psi = A \sin rx + B \cos sx$（$A$、$B$、$r$、$s$ 是常数）是一维势箱问题的解，试证明：

$$r = s = \sqrt{2mE}\,\frac{2\pi}{h}$$

b. 试证明：如果波函数是 $\Psi = A \sin rx$，那么边界条件（$x = 0$ 和 $x = a$ 时，$\Psi = 0$）就必须是 $r = \pm \frac{n\pi}{a}$（n 是不为零的任意整数）。

c. 试证明：如果 $r = \pm \frac{n\pi}{a}$，粒子的能级可由

$$E = \frac{n^2 h^2}{8ma^2}$$ 给出。

d. 试证明：把 **c** 中给出的 r 值代入 $\Psi = A \sin rx$，应用归一化条件可得到 $A = \sqrt{\frac{2}{a}}$。

2.9 对于类氢原子的 3p$_z$ 和 4d$_{xz}$ 轨道，画出以下草图：

a. 径向函数 R。

b. 径向概率函数 $a_0 r^2 R^2$。

c. 电子密度的轮廓图。

2.10 把轨道变为 4s 和 5d$_{x^2-y^2}$，重复习题 2.9 的练习。

2.11 把轨道变为 5s 和 4d$_{z^2}$，重复习题 2.9 的练习。

2.12 4f$_{4(x^2-y^2)}$ 轨道的角度函数 $Y = $（常数）$z(x^2 + y^2)/r^3$。

a. 该轨道有几个径向节点？

b. 该轨道有几个角度节点？

c. 请写出定义角度节面的方程，再看看这些轮廓面是什么形状？

d. 请绘制轨道的形状草图，标出所有的径向和角度节点。

2.13 轨道改为 5f$_{xyz}$，角度函数 $Y = $（常数）$xyz/r^3$，重复习题 2.12 的练习。

2.14 f$_{z^3}$ 轨道和 d$_{z^2}$ 缩写符号相似，其实际的角度函数是 $Y = $（常数）$z(5z^2-3r^2)/r^3$，重复习题 2.12 的练习。

2.15 a. 写出 5d、4f、7g 电子的量子数 l、m_l 可能的取值。

b. 写出 3d 电子所有四个量子数可能的取值。

c. 写出 f 轨道的量子数 m_l 可能的取值。

d. 最多可以有多少个电子占据 4d 轨道。

2.16 a. 5d 电子的量子数 l 和 n 的值是什么？

b. 一个原子最多有多少个 4d 电子？这些电子中，最多有几个可以取值 $m_s = -\frac{1}{2}$？

c. 5f 电子的角量子数 l 的取值是什么？磁量子数 m_l 可能取哪些值？

d. $l = 4$ 的电子亚层的磁量子数 m_l 可能的值有哪些？

2.17 a. 原子中 $n = 5$ 和 $l = 3$ 的电子，最多有多少个？

b. 5d 电子的磁量子数 m_l 可能的取值有哪些？

c. p 轨道的角量子数 l 的值是多少？哪几个 n 值下会包含 p 轨道？

d. g 轨道的角量子数 l 的值是多少？g 电子亚层有多少个轨道？

2.18 请给出下列状态的库仑能和交换能，并判断电子更倾向于哪种状态（能量更低）。

a. ↑ ↑ ＿和↑↓ ＿ ＿。

b. ↑ ↑ ↑和↑↓ ↑ ＿。

c. 最多可以有多少个电子占据 4d 轨道？

2.19 下面是两个 d^4 电子构型的激发态，哪种状态有更低的能量？试用库仑能和交换能解释。

W：↑ ↑ ↓ ↓ ＿。

Y：↑ ↑ ↑ ↓ ＿。

2.20 下面是两个 d^5 电子构型的激发态，哪种状态有更低的能量？试用库仑能和交换能解释。

Y：↑ ↑ ↑ ↓ ↓。

Z：↑ ↑ ↑ ↑ ↓。

2.21 d^3 电子构型有哪几种状态？确定它们各自的库仑能和交换能，并根据能量大小排序。

2.22 请解释下列现象。

a. Cr 的电子组态为[Ar]4s^{1}3d^5，而不是[Ar]4s^{2}3d^4。

b. Ti 的电子组态为[Ar]4s^{2}3d^2，而 Cr^{2+}的电子组态为[Ar]3d^4。

2.23 请写出下列物种的电子组态。

a. V　**b.** Br　**c.** Ru^{3+}　**d.** Hg^{2+}　**e.** Sb

2.24 试预测下列金属阴离子的电子组态。

a. Rb^-。

b. Pt^{2-}（参见 A. Karbov, J. Nuss, U. Weding, M. Jansen, *Angew. Chem. Int. Ed.*, **2003**, *42*, 4818）。

2.25 径向概率图提到了屏蔽效应和有效核电荷的相关问题。试用图 2.7 中的径向概率函数解释，为什么轨道填充电子时一般依次按照 $n=$ 1、2、3 的顺序。用 3s、3p 和 3d 的图形，尝试合理地解释轨道的填充顺序。

2.26 请根据电子组态，简要说明：

a. 氟形成的离子电荷为 1−。

b. 锌的最常见离子所带电荷为 2+。

c. 钼原子的电子组态是 $[Kr]5s^1 4d^5$，而不是 $[Kr]5s^2 4d^4$。

2.27 请根据电子组态，简要说明：

a. 银的最常见离子所带电荷为 1+。

b. Cm 的外层电子构型为 $s^2 d^1 f^7$，而不是 $s^2 f^8$。

c. Sn 通常形成带 2+ 电荷的离子（亚锡离子）。

2.28 **a.** 哪个 2+ 离子有 2 个 3d 电子？哪个有 8 个 3d 电子？

b. 哪个更可能是 Mn^{2+} 的电子组态，$[Ar]4s^2 3d^3$ 还是 $[Ar]3d^5$？

2.29 利用 Slater 规则，尝试确定下列情况中的 Z^*：

a. P、S、Cl、Ar 的 3p 电子。Z^* 计算值与这些原子的相对大小是否一致？

b. O^{2-}、F^-、Na^+、Mg^{2+} 的 2p 电子。Z^* 计算值与这些离子的相对大小是否一致？

c. Cu 的 4s 和 3d 电子。当铜形成正离子时，哪种电子更易失去？

d. Ce、Pr 和 Nd 的 4f 电子。随着原子序数增大，镧系元素原子尺寸变小，被称为镧系收缩（lanthanide contraction）。Z^* 计算值是否与这个趋势一致？

2.30 本章中的一个计算示例表明，根据 Slater 规则，镍的 3d 电子比 4s 电子的有效核电荷更大。对于第一前过渡金属是否也成立？利用 Slater 规则，计算 Sc、Ti 的 4s 和 3d 电子的 S 和 Z^*，并判断与 Ni 的异同。

2.31 电离能应该取决于原子中吸引电子的有效核电荷。根据 Slater 规则，试计算 N、P 和

As 的 Z^*，并判断它们的电离能与有效核电荷是否吻合。如果不吻合，还有哪些因素影响电离能？

2.32 请为元素周期表中的第五周期从 Zr 到 Pd 的元素，画一个类似图 2.12（a）的图表，表 2.7 中的构型可用于确定能级线的交叉点。能否画出与表中电子构型完全一致的图？

2.33 为什么碱金属的电离能顺序是 Li＞Na＞K＞Rb？

2.34 碳的第二电离能（$C^+ \longrightarrow C^{2+} + e^-$）和硼的第一电离能（$B \longrightarrow B^+ + e^-$），均符合反应 $1s^2 2s^2 2p^1 \longrightarrow 1s^2 2s^2 + e^-$。比较两者电离能（分别为 24.383 eV 和 8.298 eV）和有效核电荷 Z^*，这足以解释电离能的差异吗？如果不够，请补充其他解释。

2.35 请解释，为什么图 2.14 中三条数值线均在 4 电子构型处有最大值、5 电子构型处有最小值。

2.36 **a.** 对于第三电离能和原子序数关系图，试预测在原子序数 12 的元素以内，数值线上峰和谷的位置在哪里？将这些峰谷的位置和图 2.13 中的第一电离能数值线进行比较。

b. 请将第三电离能和电子数关系图，与图 2.14 中的其他图形比较，并简要解释。

2.37 第二电离能涉及从气态阳离子上继续移去一个电子（参见之前的习题）。元素氢到氖，它们的第二电离能和原子序数的关系与图 2.13 的第一电离能图有何不同？请具体比较、说明峰和谷出现的位置。

2.38 下列每一对元素中，哪个电离能更大？请解释你的判断。

a. Fe, Ru　**b.** P, S　**c.** K, Br
d. C, N　**e.** Cd, In　**f.** Cl, F

2.39 根据电子组态，试解释以下原因：

a. 硫的电子亲和能比氯的小。

b. 碘的电子亲和能比溴的小。

c. 硼的电离能比铍的小。

d. 硫的电离能比磷的小。

2.40 **a.** 试解释 Na 到 Ar 的电离能与原子序数关系图（图 2.13）中，在 Mg 和 P 处的最大值，以及在 Al 和 S 处的最小值。

b. Na 到 Ar 的电子亲和能与原子序数关系图（图 2.13）中存在最高点和最低点，但是与电离能图相比错位一个元素。请解释为什么会这样错位？

2.41 He 的第二电离能几乎正好是 H 的电离能的 4 倍，Li 的第三电离能几乎正好是 H 的电离能的 9 倍：

	IE（MJ/mol）
$H(g) \longrightarrow H^+(g) + e^-$	1.3120
$He^+(g) \longrightarrow He^{2+}(g) + e^-$	5.2504
$Li^{2+}(g) \longrightarrow Li^{3+}(g) + e^-$	11.8149

根据类氢原子体系能级的 Bohr 方程，试解释此现象。

2.42 元素周期表中，过渡金属原子的大小从左往右缓慢降低。在解释该现象时，必须考虑哪些因素？尤其是为什么尺寸持续减小且减小幅度如此小？

2.43 试预测下面系列中最大和最小半径，并解释原因。

a. Se^{2-} Br^- Rb^+ Sr^{2+}

b. Y^{3+} Zr^{4+} Nb^{5+}

c. Co^{4+} Co^{3+} Co^{2+} Co

2.44 试选择最佳选项，并简要说明理由。

a. 最大半径： Na^+ Ne F^-

b. 最大体积： S^{2-} Se^{2-} Te^{2-}

c. 最高电离能： Na Mg Al

d. 失去一个电子所需最大能量： Fe Fe^{2+} Fe^{3+}

e. 最高的电子亲和能： O F Ne

2.45 试选择最佳选项，并简要说明理由。

a. 最小半径： Sc Ti V

b. 最大体积： S^{2-} Ar Ca^{2+}

c. 最低电离能： K Rb Cs

d. 最高电子亲和能： Cl Br I

e. 失去一个电子所需最大能量： Cu Cu^+ Cu^{2+}

2.46 许多网站都展示了原子轨道；请利用搜索引擎，找出一组完整的 f 轨道。

a. 一组中有多少个轨道？（如 4f 轨道）

b. 描述轨道的角度节点。

c. 随着主量子数增加，观察径向节点数量发生怎样的变化。

d. 打印含有网址的轨道草图（本书中两个可用的网站 orbitals.com 和 winter.group.shef.ac. uk/orbitron）。

2.47 选取 g 轨道，重复习题 2.46 的练习。

第3章

成 键 理 论

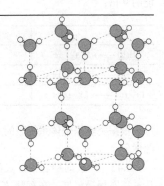

现在，我们从使用量子力学及其对原子的描述转向对分子的基本描述。尽管我们对化学键的讨论大多使用分子轨道方法，但也可用稍粗略的方法给出分子形状和极性的大致图形。本章对 Lewis 电子结构、价层电子对互斥理论（VSEPR）及相关主题进行概述，一些相同分子的分子轨道描述将在第 5 章及以后章节进行介绍，主旨是为更现代的处理方式提供一个起点。

最后，任何关于成键的描述都必须与键长、键角和键强度的实验数据相一致，确定键长和键角的方法通常有衍射（X 射线晶体学、电子衍射、中子衍射）或光谱（微波、红外）。对于多数分子而言，描述方法尽管不同，但人们对键的性质已达成了共识；而另有一些分子，在成键描述上仍然存在着很大的意见分歧。在本章和第 5 章中，我们将介绍成键方面一些有用的定性方法，其中还包括一些相反的观点。

3.1 Lewis 电子结构式

Lewis 结构式虽然过于简单，但它为分析分子中的成键提供了一个良好的起点。美国化学家 G. N. Lewis[1]最早提出并使用了该学说，他为 20 世纪早期对热力学和化学键的理解做出了很大贡献。在 Lewis 电子结构式中，两个原子共用一对或多对电子时，它们之间便形成键。此外，有些分子的原子上有未成键电子对，称为孤对电子。这些电子影响着分子的形状和反应活性，但不直接把原子键合在一起。大多数 Lewis 结构基于 8 个价电子（valence electron）这一概念，即对应于稀有气体核外 s 和 p 轨道电子，形成一个类似稀有气体 s^2p^6 构型的稳定结构。当然氢是一个例外，它有两个价电子就能稳定；还有一些分子，中心原子周围需要 8 个以上的电子稳定，而有些分子需要的电子少于 8 个。

水这样的简单分子遵循八隅体规则（octet rule），其中八个电子围绕中心原子，每个氢原子与氧原子共用两个电子，形成具有两个键的熟悉结构，O 原子上有两个成键电子对和两个孤电子对*：

---

* 我们将在第 5 章看到，利用分子轨道理论研究水分子时将产生一种电子结构，其中每个电子对都有其独特的能量。该模型得到了光谱学证据的支持，同时表明 Lewis 模型存在局限性。

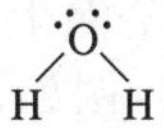

$$\overset{\cdot\cdot}{\underset{H\quad H}{O}}$$

共用电子对两个成键原子都有贡献，因此水分子中 H 和 O 共用的电子对被计入氧的 8 电子和氢的 2 电子中。Lewis 模型定义双键包含四个电子，三键则包含六个电子：

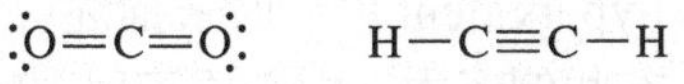

$$\ddot{O}{=}C{=}\ddot{O}\colon \qquad H{-}C{\equiv}C{-}H$$

3.1.1 共振结构式

在许多 Lewis 结构中，选择哪个原子来连接多个键具有随意性。当单键和多键交替排布可能都是有效的 Lewis 结构时，则需要绘制一个结构来展示出所有可能。例如，CO_3^{2-}（共振结构）有三种画法来显示双键在每种可能结构中的位置（图 3.1）。实验事实证明，这三种 C—O 键等长（129 pm），都介于典型的 C—O 双键和单键键长（116 ppm 和 143 pm）之间。所有三幅图描述这一结构时缺一不可，且每幅图对描述实际离子中的键合作用贡献相同，这就是共振（resonance），即 Lewis 结构式中价层电子的排布方式可能不止一种。需要注意的是，在共振结构中，正如图 3.1 中 CO_3^{2-} 那样，电子排列可以不同，但原子核的位置是固定的。

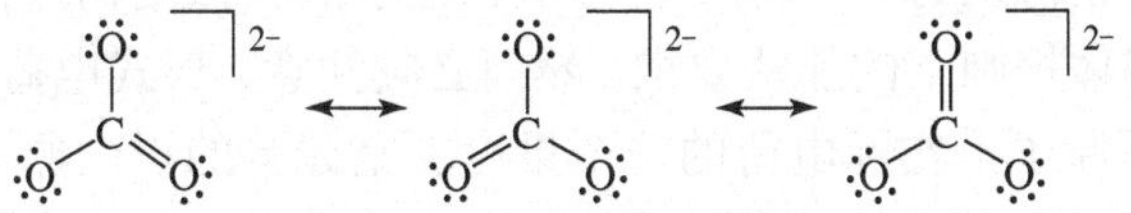

图 3.1 CO_3^{2-} 的 Lewis 电子结构图

CO_3^{2-} 和 NO_3^- 电子数相同［等电子体（isoelectronic）］，成键使用的轨道也相同，因此，除了中心原子属性和形式电荷（3.1.3 节），两种物质的 Lewis 图是相同的。

当分子具有多个共振结构时，总电子能会降低，从而使其更稳定。正如势箱中的粒子，箱子变大，能级降低；当电子占据更大的空间时，成键电子的能级也会降低。第 5 章将介绍这种效应的分子轨道依据。

3.1.2 更高的电子数

当所有原子已满足八隅体规则，但仍有多余的价电子需要分配时，就必须增加中心原子周围的电子数，这种结构不符合八隅体规则。有一种仅限于第三周期和更高周期元素的解决办法，即用 d 轨道分布多余的电子导致结构扩张，尽管理论研究表明，对于大多数主族分子而言，扩展到 s 和 p 以外的轨道是没必要的[2]。在大多数情况下，

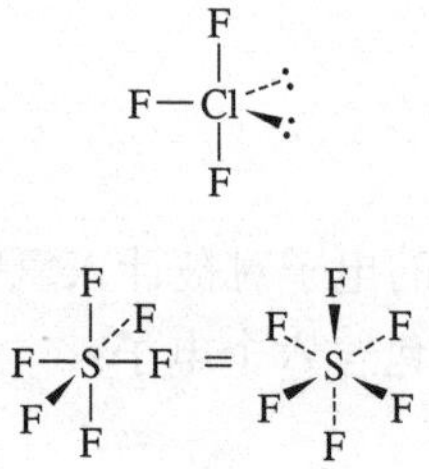

图 3.2　ClF_3 和 SF_6 的结构

添加 2 个或 4 个电子即可完成成键，但如果需要，也可以添加更多的电子。例如，ClF_3 中氯周围需要 10 个电子，SF_6 中硫周围需要 12 个电子（图 3.2）。增加的电子数通常被描述为扩张壳层（expanded shell）或扩增电子数（expanded electron count）。当中心原子价层电子数超过其电子需求时，就用高价（hypervalent）一词来描述。

有些例子中，中心原子周围的电子甚至更多，如 IF_7（14 个电子）、$[TaF_8]^{3-}$（16 个电子）和 $[XeF_8]^{2-}$（18 个电子）。在元素周期表的上半部分，原子周围的电子很少超过 18 个（s 轨道 2 个，p 轨道 6 个，d 轨道 10 个），原子外层的挤压通常会使价层电子数少于该数值，即使对于能量允许的 f 轨道的重原子也是如此。

3.1.3　形式电荷

形式电荷（formal charge）是基于 Lewis 结构的分子中每个原子的表观电荷。形式电荷有助于判定共振结构和分子拓扑结构，正如 Bohr 模型是描述原子中电子构型的简单方法一样，形式电荷被作为描述结构的一种简化方法。这两种方法都有局限性，其他方法更为精确，但只要注意扬长避短，它们就很有用。

形式电荷有助于消除对分子的电子基态贡献很小的共振结构，在某些情况下，意味着多重键超出了八隅体规则下的那些要求。然而必须注意，形式电荷只是用来判定 Lewis 结构的工具，而不是原子上实际电荷的一个量度。某元素的自由原子中可用的价电子数减去分子中该原子的价电子总数（孤对电子计为两个电子，成键电子均分给每个原子）即为原子上的形式电荷：

$$形式电荷 = 元素自由原子的价电子数 - 原子上未成键电子数 - 原子成键数$$

此外

$$分子或离子上的电荷 = 形式电荷总和$$

对物种电子基态贡献更大的共振结构，通常形式电荷量较小，负形式电荷处于电负性强的元素上（位于周期表的右上方），具有较小的电荷分离。下面用三个例子（SCN^-、OCN^- 和 CNO^-）说明形式电荷在描述电子结构中的应用。

示例 3.1

SCN^-

如图 3.3 所示，硫氰酸根离子 SCN^- 的三个共振结构与 Lewis 电子结构描述一致。结构 A 中，只在离子中电负性最强的 N 上有一负形式电荷。结构 B 中，S 电负性比 N 小，带一个负电荷。结构 C 中，N 和 S 上的电荷分别为 2-、1+，与它们的相对电负性一致，但与其他两个结构相比，正负电荷分离大。因此从这些结构可预测，结构 A

对 SCN⁻ 的电子基态贡献最大，B 次之，而用于描述 SCN⁻ 的电子基态时，C 的任何贡献都很小。

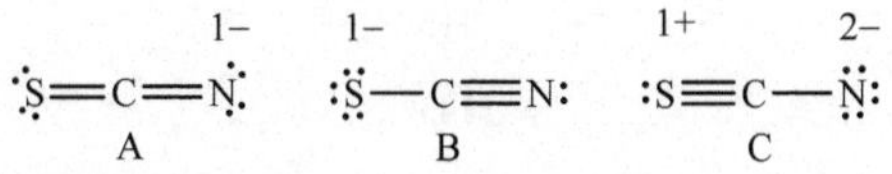

$$ \ddot{S}=C=\ddot{N}: \quad \ddot{S}-C\equiv N: \quad \ddot{s}=C-\ddot{N}: $$

	1−	1−	1+	2−

图 3.3　硫氰酸根离子 SCN⁻ 的共振结构

表 3.1 中的键长与这一结论基本一致，即 SCN⁻ 的键长介于结构 A 和结构 B 之间。离子质子化形式 HNCS 与 SCN⁻ 中 N 的负电荷一致。HNCS 中的键长接近于双键，与结构 H—N═C═S 一致。

表 3.1　S—C 和 C—N 键长（pm）

	S—C	C—N
SCN⁻（NaSCN 中）	165	118
HNCS	156	122
单键	181	147
双键	155	128（近似值）
三键		116

数据源于 A. F. Wells, *Structural Inorganic Chemistry*, 5th ed., Oxford University Press, New York, **1984**, pp. 807, 926, 934-936。

示例 3.2

OCN⁻

SCN⁻ 的等电子体氰酸根离子 OCN⁻ 的共振结构（图 3.4）有相同的可能性，但由于 O 的电负性更大，与硫氰酸根相比，结构 B 对氰酸根电子基态的贡献有望更大。氰酸根质子化产生两种异构体：97% 的 HNCO 和 3% 的 HOCN，与结构 A 主要贡献和 B 次要但重要的贡献一致。表 3.2 中 OCN⁻ 和 HNCO 的键长与此分析相当一致。形式电荷讨论为确定 Lewis 结构提供了一个很好的起点，而共振模式也有助于加深对电子分布的实验理解。

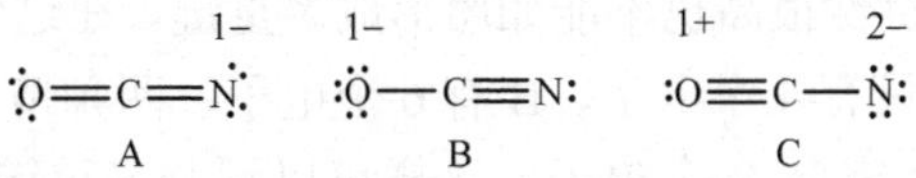

$$ \ddot{O}=C=\ddot{N}: \quad \ddot{O}-C\equiv N: \quad \ddot{o}=C-\ddot{N}: $$

	1−	1−	1+	2−

图 3.4　氰酸根 OCN⁻ 的共振结构

表 3.2 O—C 和 C—N 键长（pm）

	O—C	C—N
OCN⁻	126	117
HNCO	118	120
单键	143	147
双键	116（CO₂）	128（近似值）
三键	113（CO）	116

数据源于 A. F. Wells, *Structural Inorganic Chemistry*, 5th ed., Oxford University Press, New York, **1984**, pp. 807, 926, 933-934；S. E. Bradforth, E. H. Kim, E. W. Arnold, D. M. Neumark, *J. Chem. Phys*., **1993**, 98, 800。

示例 3.3

CNO⁻

OCN⁻ 的同分异构体雷酸根离子 CNO⁻（图 3.5）也有三种类似的结构，但产生的形式电荷比 OCN⁻ 大。由于电负性的顺序是 C<N<O，三种结构都不理想，所以该离子不稳定不足为奇。常见的雷酸盐只有汞盐和银盐，二者均是炸药，体现其极不稳定性。雷酸在气相中为线型分子 HCNO，与结构 C 产生的最大贡献一致；CNO⁻ 与过渡金属离子形成的配合物具有 MCNO 结构[3]。

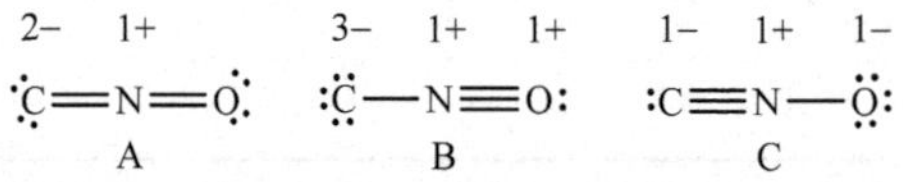

图 3.5 雷酸根离子 CNO⁻ 的共振结构

练习 3.1 利用 Lewis 结构式和形式电荷预测 POF₃、SOF₄ 和 SO₃F⁻ 中每个键的键级。

一些分子具有令人满意的八隅体电子结构，但在电子数扩增的情况下，其结构中的形式电荷分布更为合理。在图 3.6 中的每一种情况下，实际的分子和离子中心原子上的电子数都大于 8，而且利用多重键使形式电荷最小化，这样的共振结构贡献很大。同时，多重键也可能会影响分子的形状。

3.1.4 铍和硼化合物中的多重键

某些分子如 BeF₂、BeCl₂ 和 BF₃，Be 和 B 可能需要多重键才能满足八隅体规则，然而 F 和 Cl 等卤素即使电负性很高也不能如愿形成多重键。在这些分子的结构中，形式电荷最小化时 Be 的价层中只有 4 个电子，B 有 6 个电子，两种情况都比通常的八电子少。另一种方法是中心原子上需要 8 个电子，这样可以预测多重键的存在，如与 CO₂ 类似的 BeF₂，与 SO₃ 类似的 BF₃（图 3.7）。然而，这些结构常规上会产生非理想的形式电荷（BeF₂ 中 Be 是 2–，F 是 1 +，BF₃ 中 B 是 1–，双键 F 是 1+）。

分子	八隅体			扩增后			
	电子结构	原子	形式电荷	电子结构	原子	形式电荷	扩增到
SNF_3	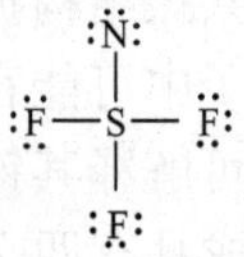 (Lewis 结构)	S N	2+ 2−	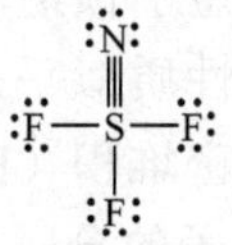 (Lewis 结构)	S N	0 0	12
SO_2Cl_2	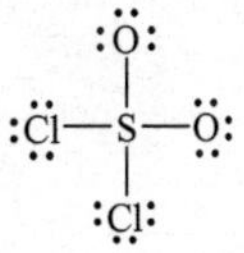 (Lewis 结构)	S O	2+ 1−	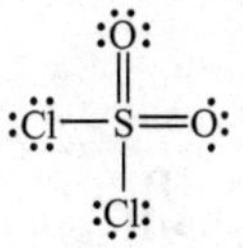 (Lewis 结构)	S O	0 0	12
XeO_3	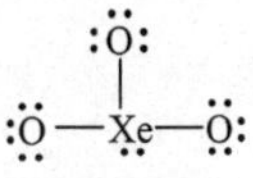 (Lewis 结构)	Xe O	3+ 1−	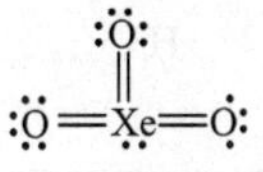 (Lewis 结构)	Xe O	0 0	14
SO_3^{2-}	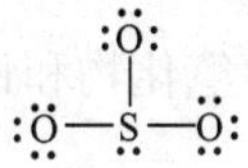 (Lewis 结构)	S O	1+ 1−	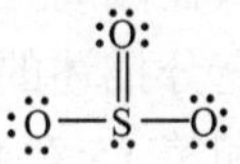 (Lewis 结构)	S O	0 0, 1−	10

图 3.6　中心原子上的形式电荷和扩增电子数

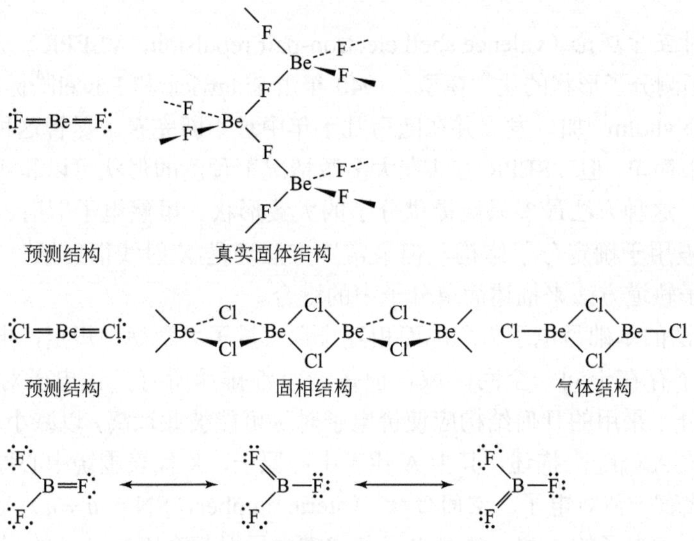

BeF₂ 预测结构 / 真实固体结构

BeCl₂ 预测结构 / 固相结构 / 气体结构

BF₃ 预测结构
B—F 键长为 131 pm；计算单键键长为 152 pm

图 3.7　BeF_2、$BeCl_2$ 和 BF_3 的结构（数据源于 A. F. Wells, *Structural Inorganic Chemistry*, 5th ed., Oxford University Press, New York, **1984**, pp. 412, 1047）

　　固态 BeF_2 具有复杂的网状结构，Be 原子为四配位（图 3.7）；气态 $BeCl_2$ 为三配位的二聚体，但在高温下形成线型单体。由于铍是缺电子体，其单体结构并不稳定。在二聚体或固态网状结构中，卤素原子与铍原子共用孤对电子，以填充铍的价电子层，此时的单体仍常被看作是只有四个电子围绕着铍的单键结构，并且通过接受其他分子的孤对电子来缓解其电子缺陷（Lewis 酸行为，在第 6 章中讨论）。

　　所有硼三卤化物中的键长都短于预期单键，因此，尽管这些共振结构拥有非理想的形式电荷，但预测的部分双键性质似乎是合理的。虽然这些分子中可能存在少量双键，但硼卤键的强极性和配体紧密堆积（LCP）模型（3.2.4 节）可解释其键短且非多键。三卤化硼易与其他有孤对电子的分子（Lewis 碱）结合，形成具有四个键的近四面体结构：

由于这一趋势，硼三卤化物通常只在硼周围画六个电子。

　　其他不能通过简单电子结构充分描述的硼化合物，包括 B_2H_6 等氢化物和许多更复杂的分子，它们的结构将在第 8 章和第 15 章介绍。

3.2　价层电子对互斥理论

　　价层电子对互斥理论（valence shell electron-pair repulsion，VSEPR）是一种基于电子对静电斥力来预测分子形状的化学模型，1940 年由 Sidgwick 和 Powell[4]提出，在 1957 年由 Gillespie 和 Nyholm[5]加以发展并在随后几十年中被不断完善。尽管这种基于 Lewis 电子结构的方法很简单，但 VSEPR 方法在大多数情况下预测的形状可以和实验确定的结果相媲美。然而，这种方法最多只能提供分子的大致形状。虽然电子衍射、中子衍射和许多光谱方法也被用于确定分子结构，但最常用方法还是 X 射线衍射法[6]。在第 5 章中，我们将介绍分子轨道方法来描述简单分子中的键合。

　　VSEPR 方法的基础是电子带负电而相互排斥。量子力学规则规定，电子可以以成键电子或孤对电子存在于同一空间区域，但每一对都排斥所有其他电子对。因此，根据 VSEPR 模型，分子采用的几何结构应使价电子对尽可能彼此远离，以减小电子间的排斥。分子可以用通式 AX_mE_n 来描述，其中 A 代表中心原子，X 代表围绕中心原子的任何原子或原子团，E 代表一孤对电子。空间位数*（steric number，$SN = m + n$）是中心原子周围成键电子对和孤对电子的总和；孤对电子和成键电子对都会影响分子的形状。

　　二氧化碳是由两个原子（$SN = 2$）通过双键连接到中心原子的分子。每个双键中的电子必须在 C 和 O 之间，电子间的斥力使分子呈线型结构。三氧化硫中有三个氧原子和硫原子键合（$SN = 3$），通过对分子共振形式的分析可知，硫和氧之间具有等效的部分双键性质。为了使分子中电子间相互排斥最小，氧原子最佳位置是正三角

---

*　空间位数也称电子对畴（域）数。

形的顶点，O—S—O 的键角为 120°。因为三个键的键级相等，所以多重键并不影响其几何构型。

当空间位数为 4、5、6、7 和 8 且每个分子中的外围原子都相同时遵循同样的分析模式，先找出 Lewis 结构，然后与成键电子排斥能最小的几何结构匹配，如图 3.8 所示。

空间位数	几何构型	示例	键角计算值	
2	直线型	CO_2	180°	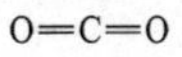 O=C=O
3	三角形	SO_3	120°	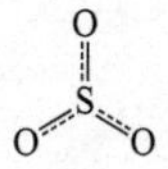
4	四面体	CH_4	109.5°	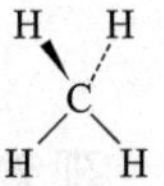
5	三角双锥	PCl_5	120°，90°	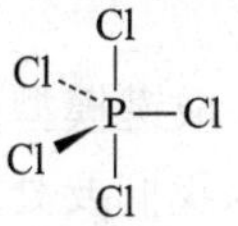
6	八面体	SF_6	90°	
7	五角双锥	IF_7	72°，90°	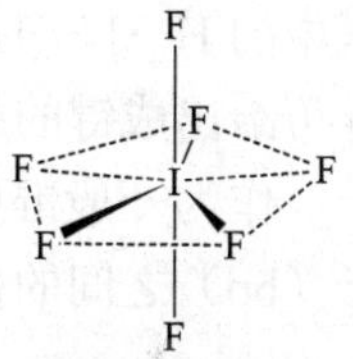
8	反四棱柱	$[TaF_8]^{3-}$	70.5°，99.6°，109.5°	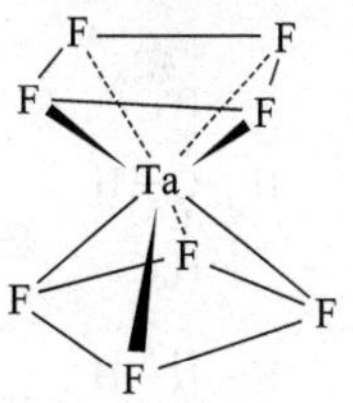

图 3.8　VSEPR 预测结果

在具有 2、3、4 和 6 对电子的结构中，键角和键长都各自相等。而在相应的五配位和七配位的结构中，由于不存在具有这些顶点数的正多面体，键长和键角不一致。五配位分子具有三角双锥结构，其中三个位点构成中心三角平面，另两个位点分别处于中心平面的两侧。类似地，七配位的分子具有五角双锥结构，五个位点构成正五边形，平面上下各有一个位点。规则的反四棱柱构型（SN＝8）就像把立方体的一个顶面扭转 45°形成的反棱柱，如图 3.9 所示，相邻的氟原子之间形成三种不同的键角。$[TaF_8]^{3-}$具有反四棱柱几何构型，但在固态下偏离了该理想结构。

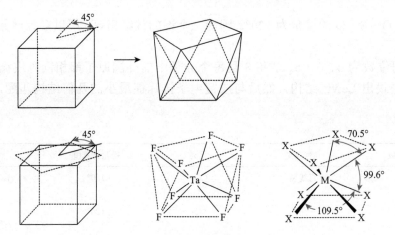

图 3.9 立方体转换为反四棱柱

3.2.1 孤对电子排斥作用

成键模型只有在实验数据与解释一致时才成立，为此新的理论不断地被提出并检验。因为我们要处理如此众多的原子和分子结构，单一的方法不太可能对它们都适用。原子和分子结构的基本概念相对简单，但它们不能用于复杂的分子。总体而言，预测分子形状时，孤对电子、单键、双键和三键可用类似的方法处理，然而，若要更好地预测整体形状，则需要考虑孤对电子和键对电子之间的一些重要差异。例如，合理地解释为什么氨中的 H—N—H 键角小于甲烷中的四面体角，而又大于水中的 H—O—H 键角，这些差异可给出成键的趋势。

作为一般准则，VSEPR 模型预测涉及孤对电子（lp）的电子对排斥作用大于键对电子（bp）之间的排斥作用。

$$lp\text{-}lp \text{ 排斥} > lp\text{-}bp \text{ 排斥} > bp\text{-}bp \text{ 排斥}$$

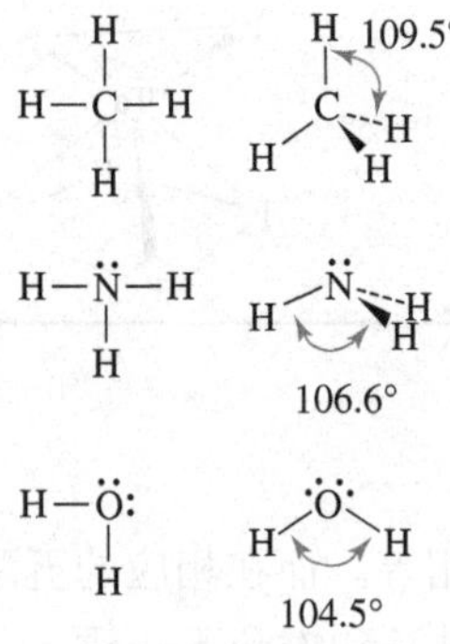

空间位数 = 4

等电子体 CH_4、NH_3 和 H_2O（图 3.10）就说明了孤对电子对分子形状的影响。甲烷的碳和氢形成了四个相同的键，当四对电子排列得尽可能远时，就是我们所熟悉的四面体构型。四面体中所有四个键相同，并且 H—C—H 键角均为 109.5°。

氨的中心原子周围也有四对电子，但三对是 N 和 H 之间的成键电子对，第四对是氮上的孤对电子。N 和三个键对形成三角锥；孤对电子占据空间第四个区域，导致四对电子呈四面体排布。由于每一个键对都被两个带正电的原子核（H 和 N）所吸引，所以它们很大程度上被束缚在 H 和 N 原子之间的区域。另一边，孤对电子只受氮原子核的吸引，没有第二个原子核对它进行空间限制，因此，孤对电子比成键电子倾向于分散在氮周围更多的空间，结果 H—N—H 键角呈 106.6°，比甲烷中的键角小近 3°。

图 3.10 甲烷、氨和水分子的形状

同样的原理也适用于水分子。两个孤对和两个键对相互排斥，电子对采用近似四面体的排列，原子呈 V 形。两个孤对之间的最大排斥角是无法测量的，但是孤对电子-键对电子（lp-bp）斥力大于键对电子-键对电子（bp-bp）斥力，因此，H—O—H 键角仅为 104.5°，比氨中 H—N—H 键角又小了 2.1°。最终的结果是，我们可以通过为孤对电子分配更多的空间来预测分子可能的形状；孤对电子由于只受一个核而不是两个核的吸引，因此能够扩展并占据更多的空间。

空间位数 = 5

对三角双锥构型而言，孤对电子只能占据两种位置：轴向或赤道平面。如果有一个孤对，它将占据赤道平面，如 SF_4。该排布提供给孤对电子最大的空间，并且使孤对和键对之间的相互作用最小化。如图 3.11 所示，如果孤对电子处于轴上，它将与键对电子存在三个 90° 的相互作用；而处于赤道平面，它只有两个类似的相互作用。孤对电子在空间中扩展并有效地将分子的其余部分挤压到一起，因此真实的分子结构是扭曲的。

孤对对空间位数为 5 的分子产生影响的第二个例子是 ClF_3。如图 3.12 所示，ClF_3 有三种可能的结构。

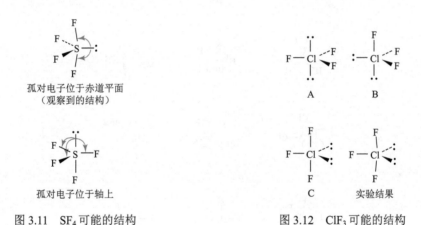

图 3.11　SF_4 可能的结构　　　　　　图 3.12　ClF_3 可能的结构

在确定不同结构的可行性时，应首先考虑孤对-孤对相互作用，然后再考虑孤对-键对相互作用。通常认为 90° 或更小角度形成的相互作用不稳定；角度越大，结构越稳定。例如在 ClF_3 中，由于 lp-lp 间成 90°，可以很快排除结构 B。对于结构 A 和结构 C，lp-lp 夹角较大，因此必须从 lp-bp 和 bp-bp 夹角做出选择。因为 lp-bp 夹角更重要，所以只有四个 90° lp-bp 相互作用的结构 C 优于有六个此类相互作用的结构 A。实验证明，该结构是结构 C，只是因有孤对电子而略有变形。lp-bp 排斥导致 lp-bp 夹角大于 90°、bp-bp 夹角小于 90°（实际为 87.5°）。Cl—F 键的键长也表现出排斥效应，轴向 Cl—F（lp-bp 夹角约 90°）为 169.8 pm，赤道 Cl—F（有两个孤对电子的平面）为 159.8 pm[8]。涉及孤对电子的角度无法通过实验确定。

图 3.13 显示了包含孤对的其他结构示例。中心原子周围电子对以三角双锥结构排列时，孤对总是置于赤道平面，如 SF_4、BrF_3 和 XeF_2，由此产生的形状使 lp-bp 和 lp-lp 间的排斥变得最小。这些形状被称为跷跷板型（SF_4）、T 型（BrF_3）和线型（XeF_2）。

相互作用	可能结构中的电子对夹角			实验
	A	B	C	
lp-lp	180°	90°	120°	未确定
lp-bp	6 个 90°	3 个 90°	4 个 90°	未确定
		2 个 120°	2 个 120°	
bp-bp	3 个 120°	2 个 90°	2 个 90°	2 个 87.5°
		1 个 120°		轴向 Cl—F 169.8 pm
				赤道 Cl—F 159.8 pm

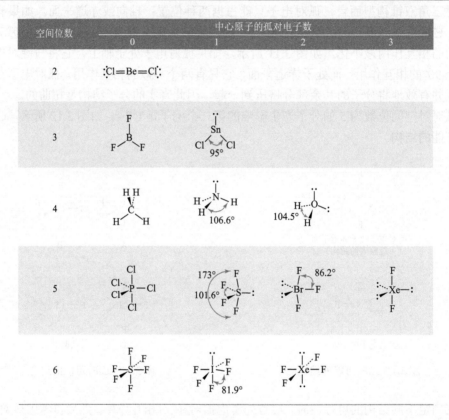

空间位数	中心原子的孤对电子数			
	0	1	2	3

图 3.13 包含孤对的结构

空间位数 = 6 和 7

在八面体结构中，所有六个位置都是等价的。当存在一个孤对时，它一定会排斥相邻的键对电子，键角则相应变小，如图 3.13 中的 IF_5。八面体结构中出现两个孤对时，孤对电子反式排列斥力最小，因此分子为反式构型，如图 3.13 中的平面四边形 XeF_4。最近有报道称，气相中 XeF_3^- 的空间位数为 6，有 3 个孤对，但尝试制备该离子的盐并未成功[9]。

在空间位数为 7 的情况下，图 3.8 中的五角双锥是电子对斥力最小的形状。IF_7 和 TeF_7^{2-} 具有这种构型，同时含有轴向和赤道平面的 F 原子。如果只有一个孤对，在某些情况下，孤对电子会使分子结构畸变，但如何畸变并不容易确定，典型如 XeF_6[10]。其他结构为八面体（见习题 3.26）的情况，孤对电子不具备立体化学活性*。两个孤对电子时，它们通过占据轴向位置（反式）减小斥力，而原子都在赤道平面，已有的例子是 XeF_5^- 和 IF_5^{2-}。

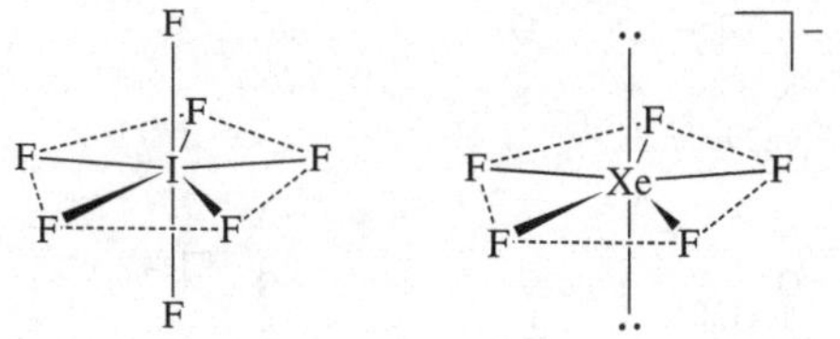

示例 3.4

SbF_4^- 的 Sb 上有一个孤对，因此它的结构类似于 SF_4，孤对占据赤道位置。该孤对引起相当大的结构畸变，使 F—Sb—F（轴向）键角为 155°和 F—Sb—F（赤道）为 90°。

SF_5^- 有一个孤对，其结构以八面体为基础向远离孤对的一边偏离，类似于 IF_5。

SeF_3^+ 有一个孤对，孤对使 F—Se—F 键角显著降低到 94°。

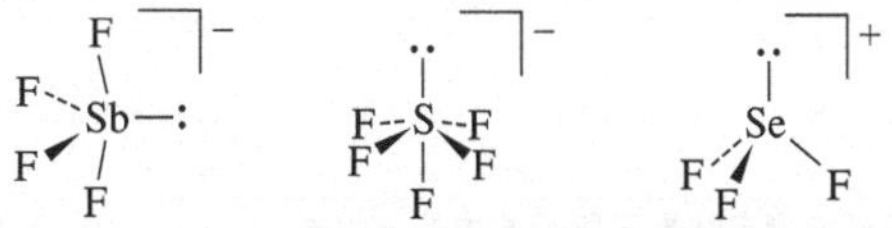

练习 3.2　预测下列离子的结构，包括偏离理想角度的描述（例如，小于 109.5°是因为······）。

$$NH_2^- \quad NH_4^+ \quad I_3^- \quad PCl_6^-$$

3.2.2　多重键

VSEPR 模型认为双键和三键的斥力略大于单键，因为 π 电子的排斥效应使成键原子间的电子密度增加，超过了 σ 键。例如，$(CH_3)_2C{=}CH_2$ 中的 H_3C—C—CH_3 键角较小，而 H_3C—C$=$$CH_2$ 的键角大于正三角形的 120°（图 3.14）[11]。

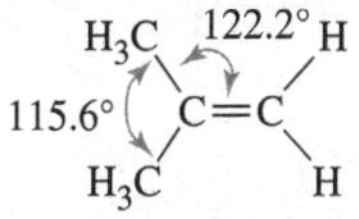

图 3.14　$(CH_3)_2C{=}CH_2$ 中的键角

图 3.15 显示了多重键影响分子几何构型的其他示例。比较图 3.13 和图 3.15 发现，多重键所占位置与孤对相同。例如，SOF_4、ClO_2F_3、XeO_3F_2 中的双键氧都位于赤道位置，和空间位数为 5 的对应化合物 SF_4、BrF_3、XeF_2 中孤对位置相同。多重键和孤对一样，也倾向比单键占据更多的空间，从而将分子的其他部分挤压在一起导致构型畸变。在既有孤对又有多重键的分子中，这些特征可能会像图 3.16 中那样争夺空间。总体上，在决定分子的几何构型方面，孤对往往比多重键影响更大。

---

* Lewis 结构中的孤对如果对分子几何形状没有明显影响，则归为没有立体化学活性。VSEPR 模型假设所有孤对都具有立体化学活性，所以会影响分子构型。

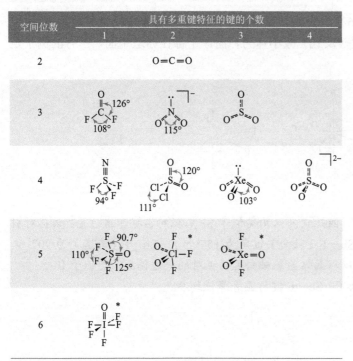

空间位数	具有多重键特征的键的个数			
	1	2	3	4
2		O=C=O		
3				
4				
5				
6				

* 这些分子的键角未被精确确定，但光谱测定结果和所示结构是一致的。

图 3.15　含有双键的结构　　　　图 3.16　同时含有双键和孤对的结构

示例 3.5

HCP，与 HCN 相同，结构为线型，有一个三键：$H—C≡P:$。

IOF_4^- 在氧原子对面有一孤对，由于孤对对氧的排斥作用略大于双键，所以 O—I—F 键角为 89°（I＝O 键额外的斥力使其与孤对相对）。

$SeOCl_2$ 既有一孤对又有硒氧双键，孤对的作用大于双键，因此，Cl—Se—Cl 键角为 97°，Cl—Se—O 键角为 106°。

练习 3.3　预测下列化合物结构并指出其畸变方向：

$XeOF_2$　　$ClOF_3$　　$SOCl_2$

3.2.3　电负性与原子尺寸效应

电负性是衡量一个原子从与之结合的相邻原子吸引电子的能力，可被看作一个原子在吸引共用电子的竞争中获胜的能力。前面提到电负性被用于计算形式电荷，它还在确定中心原子周围原子的排列和合理化键角方面起到重要作用。电负性和原子大小的影响常常是等效的，但有些情况下，外围原子或基团的尺寸可能起着更重要的作用。

电负性标度

20 世纪 30 年代 Linus Pauling 引入电负性的概念以作为描述键能的一种手段。Pauling 认为极性键比由相同元素形成的非极性键有着更高的键能。例如，他观察到，HCl 的键能（432 kJ/mol）远高于 H_2（436 kJ/mol）和 Cl_2（243 kJ/mol）[*]的平均键能。他将实际键能和平均键能之间的差异与所涉元素之间电负性的差异相关联。为了方便起见，他做了一些调整，最明显的是给出了 C 到 F 的电负性值为 2.5～4[**]。一些早期的 Pauling 电负性值见表 3.3，其中氟的电负性值 4.0 仍然是常用的参考值。

表 3.3 早期的 Pauling 电负性值

H 2.1			
C 2.5	N 3.0	O 3.5	F 4.0
Si 1.8	P 2.1	S 2.5	Cl 3.0
Ge 1.8	As 2.0	Se 3.5	Br 2.8

更新的数值来源于分子和原子其他性质的推导结果，如电离能和电子亲和力。表 3.4 总结了用于标度电负性的各种方法，了解这些方法的差异超出了本书的范围。在大多数情况下，不同的方法给出的电负性值相似，过渡金属偶尔会例外[12]。我们选用 Mann、Meek 和 Allen 报道的基于组态能（CE）得到的值（表 3.5），即基态自由原子中价电子的平均电离能。对于 s 和 p 区元素，组态能定义如下：

$$CE = \frac{n\varepsilon_s + m\varepsilon_p}{n + m}$$

其中，n 为 s 电子数；m 为 p 电子数；ε_s、ε_p 分别为实验测得 s、p 单电子能量[***]。

表 3.4 电负性标度

主要作者	计算方法或说明
Pauling[14]	键能
Mulliken[15]	电子亲和力和电离能的平均值
Pearson[18]	正比于 Z^*/r^2 的静电引力

[*] Pauling 曾用值，换算为 kJ/mol。L. Pauling, *The Nature of the Chemical Bond*, 3rd ed., 1960, Cornell University Press, Ithaca, NY, p. 81。

[**] Pauling 早期曾将氟的电负性定为 2.00，参见 L. Pauling, *J. Am. Chem. Soc.*, **1932**, 54, 3570。

[***] 多电子平均值。C. E. Moore, *Ionization Potentials and Ionization Limits Derived From the Analyses of Optical Spectra*, NSRDS-NBS-34, Washington, D.C., **1971**；Atomic Energy Levels, NSRDS-35, Washington，D.C., **1971**, Vol. III。

续表

主要作者	计算方法或说明
Allen[19]	原子的电子密度
Jaffé[20]	电子亲和力和电离能的平均值
Pauling[14]	价壳层电子的平均能量，组态能
Mulliken[15]	轨道电负性

表 3.5　电负性（Pauling 单位）

1	2	12	13	14	15	16	17	18
H								He
2.300								4.160
Li	Be		B	C	N	O	F	Ne
0.912	1.576		2.051	2.544	3.066	3.610	4.193	4.787
Na	Mg		Al	Si	P	S	Cl	Ar
0.869	1.293		1.613	1.916	2.253	2.589	2.869	3.242
K	Ca	Zn	Ga	Ge	As	Se	Br	Kr
0.734	1.034	1.588	1.756	1.994	2.211	2.424	2.685	2.966
Rb	Sr	Cd	In	Sn	Sb	Te	I	Xe
0.706	0.963	1.521	1.656	1.824	1.984	2.158	2.359	2.582
Cs	Ba	Hg	Tl	Pb	Bi	Po	At	Rn
0.659	0.881	1.765	1.789	1.854	(2.01)	(2.19)	(2.39)	(2.60)

源自：J. B. Mann, T. L. Meek, L. C. Allen, *J. Am. Chem. Soc.*, **2000**, *122*, 2780, Table 2。

便于标度值之间的对比，组态能乘以一个常数，得到的值与 Pauling 标度相当。基于组态能的电负性完整表见附录 B.4*，电负性的图形表示见图 8.2。

Pauling 从键能计算电负性需要对多个化合物进行平均，以尽量减少实验不确定性和其他细微影响；用电离能和其他原子性质的方法计算更直接。本章和附录 B.4 中的电负性适用于大多数情况，但不同分子中原子的实际电负性值可能不同，这取决于原子所处的特定电子环境。电负性的概念根据给定原子在分子中的特定键而变化，在入门级化学中通常不做介绍，而只作为现代电负性标度的结果。

必须强调的是，所有的电负性都是衡量一个原子从与其结合的相邻原子吸引电子的能力。对所有电负性标度（尤其是 Pauling 标度）做一评价，每种标度都不能成功地应用于所有情况；所有这些标度在其发展过程中建立的特定假设都存在缺陷[21]。

氦和氖具有很高的电负性计算值且没有稳定的化合物，除了它们之外，氟的值最大，并朝着周期表左下角递减。尽管氢通常归为第一主族（ⅠA）元素，但其电负性及许多其他化学和物理性质均与碱金属截然不同，事实上氢的化学性质不同于其他所有元素。

---

　* 解决 Allen 方法局限性的最新措施，见 P . Politzer, Z. P . Shields, F. A. Bulat, J. S. Murray, *J. Chem. Theory Comput.*, **2011**, 7, 377。

用电离能比键能更容易计算稀有气体的电负性。由于稀有气体的电离能高于卤素，计算表明其电负性可能超过卤素（表 3.5）[22]。稀有气体有效核电荷较大，其原子比相邻的卤素原子稍小，如 Ne 小于 F。核电荷能将稀有气体电子强烈向原子核吸引，也可能对邻近原子的电子产生强烈的吸引力，因此，预测稀有气体高电负性是合理的。

电负性和键角

通过 VSEPR 方法，可以用电负性解释许多键角的变化趋势。如以下分子的键角：

分子	X—P—X 角（°）	分子	X—P—X 角（°）
PF_3	97.8	OSF_2	92.3
PCl_3	100.3	$OSCl_2$	96.2
PBr_3	101.0	$OSBr_2$	98.2

卤素随着电负性的增加，会对其与中心原子共用的电子对产生更强的吸引，这种吸电子效应降低了中心原子附近的电子密度，在一定程度上降低了中心原子附近键对之间的排斥力。孤对使卤素-中心原子-卤素键角变小的影响更大，因此有最高电负性外围原子的 PF_3 和 OSF_2 键角最小。

若中心原子保持不变，它与外围原子之间电负性差越大，分子的键角则越小，具有较大电负性的原子将共用电子拉向自身并远离中心原子，从而减小这些电子间的排斥。表 3.6 中的卤化物表明了这种效果，含氟化合物的键角小于含氯化合物，而含氯化合物的键角又小于含溴化合物。随着外围原子电负性的增大，孤对发挥的作用相应更大，迫使键角更小。该趋势的另一解释是原子尺寸：外围原子以 F＜Cl＜Br 的顺序变大，键角随之增大。表 3.6 中还列出了其他化合物，也显示电负性对键角的影响。

表 3.6　键角和键长

分子	键角（°）	键长（pm）	分子	键角（°）	键长（pm）	分子	键角（°）	键长（pm）	分子	键角（°）	键长（pm）
H_2O	104.5	97	OF_2	103.3	96	OCl_2	110.9	170			
H_2S	92.1	135	SF_2	98.0	159	SCl_2	102.7	201			
H_2Se	90.6	146				$SeCl_2$	99.6	216			
H_2Te	90.2	169				$TeCl_2$	97.0	233			
NH_3	106.6	101.5	NF_3	102.2	137	NCl_3	106.8	175			
PH_3	93.2	142	PF_3	97.8	157	PCl_3	100.3	204	PBr_3	101.0	220
AsH_3	92.1	151.9	AsF_3	95.8	170.6	$AsCl_3$	98.9	217	$AsBr_3$	99.8	236
SbH_3	91.6	170.7	SbF_3	87.3	192	$SbCl_3$	97.2	233	$SbBr_3$	98.2	249

源自：N. N. Greenwood, A. Earnshaw, *Chemistry of the Elements*, 2nd ed., Butterworth-Heinemann, Oxford, **1997**, pp. 557, 767；A. F.Wells, *Structural Inorganic Chemistry*, 5th ed., Oxford University Press, Oxford, **1987**, pp. 705, 793, 846, and 879；R. J. Gillespie, I. Hargittai, *The VSEPR Model of Molecular Geometry*, Allyn and Bacon, Needham Heights, MA, **1991**。

在外围原子保持不变、中心原子改变的情况下，也可以有类似的考虑，例如：

分子	键角（°）	分子	键角（°）	分子	键角（°）
H_2O	104.5	H_2Se	90.6	PCl_3	100.3
H_2S	92.1	NCl_3	106.8	$AsCl_3$	98.9

这样的情况下，随着中心原子电负性的增大，对成键电子的吸引力加强，会增大中心原子附近的电子密度。最终结果是中心原子附近的键对-键对斥力增加，导致键角增大，在这种情况下，中心原子电负性最强的分子具有最大的键角。其他示例见于表 3.6，其中具有相同外围原子但中心原子不同的分子显示在同一列。

练习 3.4 下列每组中，哪个分子的键角最小？

a. $OSeF_2$ $OSeCl_2$ $OSeBr_2$（卤素-硒-卤素键角）

b. $SbCl_3$ $SbBr_3$ SbI_3

c. PI_3 AsI_3 SbI_3

尺寸效应

在目前所展示的例子中，电负性最高的原子同时也是最小的，例如，最小的卤素 F 同时也是电负性最大的。而且最小的原子能够最紧密地聚集在一起，因此我们可以根据原子大小来预测键角的趋势。同时我们也要考虑尺寸和电负性可能产生相反影响的情况，即较小的外围基团电负性比结合在中心原子上的较大基团小，例如：

分子	C—N—C 键角（°）
$N(CH_3)_3$	110.9
$N(CF_3)_3$	117.9

图 3.17 PCl_5、SF_4 和 ClF_3 中的键长（单位：pm）

该情况用 VSEPR 可预测，电负性较强的 CF_3 基团将导致键角更小，因为它们比 CH_3 基团吸电子能力强。$N(CF_3)_3$ 中的键角实际上比 $N(CH_3)_3$ 大 7°，表明该情况下尺寸是更重要的因素，较大的 CF_3 基团需要更多的空间。至于原子或基团的大小和电负性哪个占主导，我们无法预测，但不应该忽视占据空间较大的外围原子和基团对分子形状的影响。

空间位数为 5 的分子

对于空间位数为 5 的主族原子，需要考虑轴向和赤道位置的相对键长。例如，在图 3.17 中的 PCl_5、SF_4 和 ClF_3，中心原子距轴向原子比距赤道原子长，该效应归因于轴向原子（三个 90°斥力）上孤对和键对的斥力大于赤道位置的原子（两个 90°斥力）。

还有一种趋势，即电负性较小的基团占据赤道位置，类似于孤对和多重键原子。例如，在含有氟和氯原子的磷化合物中，每种情况都是氯占据赤道位置（图 3.18）。同样的趋势出现在

PF_4CH_3、$PF_3(CH_3)_2$ 和 $PF_2(CH_3)_3$ 化合物中，CH_3 基团电负性小，所以也位于赤道位置（图 3.19）。在这种情况下可以预见，A 为电负性较小的原子时，P—A 键的电子密度会集中靠近磷的位置，类似于孤对和多重键的推理，可以得出 A 偏好赤道位置。

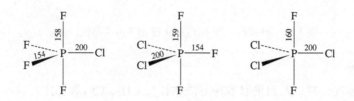

图 3.18 $PClF_4$、PCl_2F_3 和 PCl_3F_2

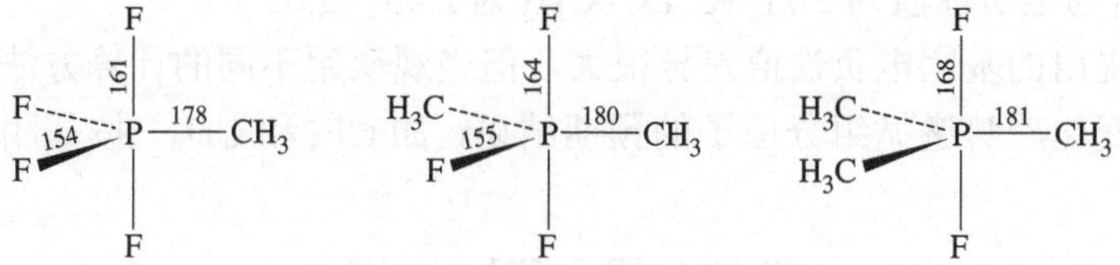

图 3.19 PF_4CH_3、$PF_3(CH_3)_2$ 和 $PF_2(CH_3)_3$（单位：pm）

然而，具有较小电负性的原子对键角的相对影响通常小于孤对和多重键。例如，在 PF_4Cl 中，Cl 原子对位的赤道位置键角仅略小于 120°，而在 SF_4 和 SOF_4 中，相同位置的键角减小很多（图 3.20）。

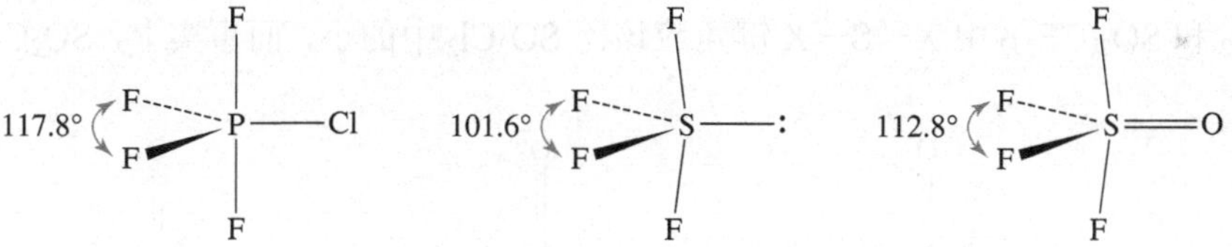

图 3.20 PF_4Cl、SF_4 和 SOF_4 中的键角

在某些情况下，预测分子结构极具挑战性，同时含有氟原子和 CF_3 基团的磷化合物就是一个很好的例子。CF_3 是一个吸电子基团，经计算，其电负性可与负电性更强的卤素原子相媲美[*]，那么 CF_3 是否比 F 更倾向于赤道位置？三角双锥膦化物中含有不同数量的 F 和 CH_3 基团，且 CF_3 基团可占据轴向或赤道位置（图 3.21）。当分子有两个或三个 CF_3 基团时，确定位置确实很难，它们在 $PF_3(CF_3)_2$ 中处于轴向，而在 $PF_2(CF_3)_3$ 中则处于赤道！在这两种情况下，均首选赤道基团相同的高对称结构[**]。

---

[*] 确定 CF_3 电负性的不同分析方法见 J. E. True, T. D. Thomas, R. W. Winter, G. L. Gard, *Inorg. Chem.*, **2003**, *42*, 4437。

[**] 相关结构讨论参见 H. Oberhammer, J. Grobe, D. LeVan, *Inorg. Chem.*, **1982**, *21*, 275。

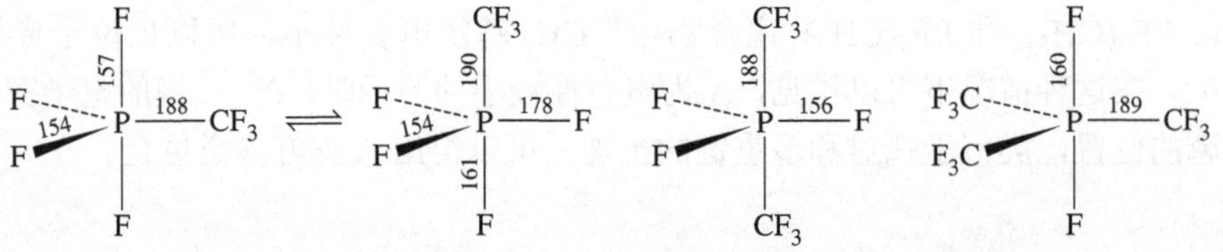

图 3.21　PF_4CF_3、$PF_3(CF_3)_2$ 和 $PF_2(CF_3)_3$（单位：pm）

基团电负性

和单原子情况一样，人们采取多种方法估计如 CH_3、CF_3 和 OH 可以与中心原子结合的基团的吸电子能力。例如，CF_3 的吸电子能力比 CH_3 强，可能影响分子的形状和反应性，所以 CF_3 的电负性应高于 CH_3，已发表的基团电负性值和该结论一致，然而报道值之间差异很大，CF_3 的电负性值为 2.71~3.45，CH_3 为 2.45~3.05[*]。

尽管目前提出的基团电负性值差异很大，但当观察用不同的计算方法确定的任一组值时，电负性变化趋势遵循组分原子的预期结果，如 CF_3 和 CH_3。按基团电负性降序的例子如下：

$$CF_3 > CHF_2 > CH_2F > CH_3$$

$$CF_3 > CCl_3 \qquad\qquad CH_3 > SiH_3$$

$$F > OH > NH_2 > CH_3 > BH_2 > BeH$$

基团电负性概念引发了一个有趣的问题：一组相关分子，既有基团也有单个原子与中心原子结合，根据电负性的差异能可靠地对键角进行排序吗？以图 3.22 中的分子为例，S—F 键有着最大的电负性差，毋庸置疑，SOF_2 中的 F—S—F 在 X—S—X 中键角最小。OH（3.5 Pauling 单位）、CF_3（3.1）和 CH_3（2.6）与 Cl（2.869）的电负性值相比较可知，$SO_2(OH)_2$ 和 $SO_2(CF_3)_2$ 中 X—S—X 键角应该比 SO_2Cl_2 中的小，而事实上，SO_2Cl_2 中的键

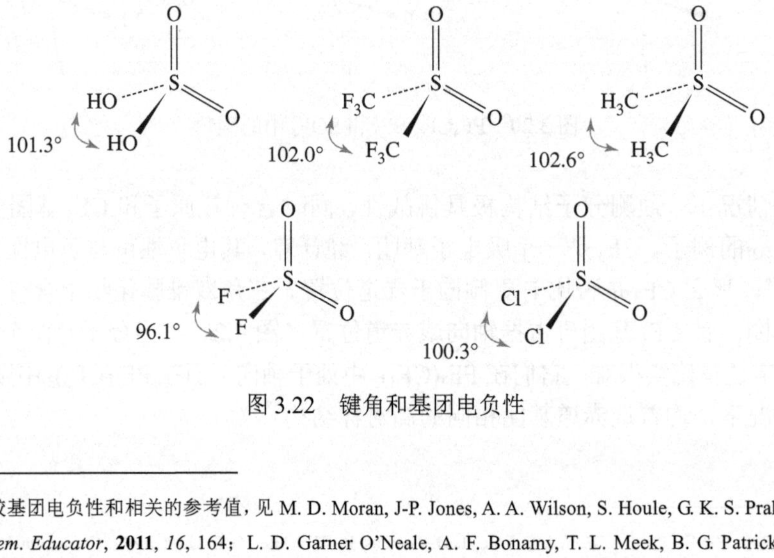

图 3.22　键角和基团电负性

---

[*] 用于比较基团电负性和相关的参考值，见 M. D. Moran, J-P. Jones, A. A. Wilson, S. Houle, G. K. S. Prakash, G. A. Olah, N. V asdev, *Chem. Educator*, **2011**, *16*, 164；L. D. Garner O'Neale, A. F. Bonamy, T. L. Meek, B. G. Patrick, *J. Mol. Struct. (THEOCHEM)*, **2003**, *639*, 151。

角更小，这证明了在预测键角时考虑原子或基团大小的重要性。尽管键角排序 $SO_2(OH)_2 <$ $SO_2(CF_3)_2 < SO_2(CH_3)_2$ 与基团电负性排序一致，但是对应于相当宽的基团电负性值变化范围（约 0.9），这些键角的微小差异（1.3°）实在令人诧异。相反，F 和 Cl（1.324 Pauling 单位）之间的电负性差仅稍微大些，结果二者 X—S—X 键角却相差 4.2°。键角的预测显然取决于多种因素，外围原子和基团的大小及其之间可能的氢键也会影响键角和键长。

练习 3.5　简要地解释以下现象：

a. NCl_3 的键角比 NF_3 大将近 5°。

b. SOF_4 中 S—F 的轴向键长比赤道键长长（译者注：原著误为 SOF_3）。

c. $Te(CH_3)_2I_2$ 中的甲基处于赤道位置而不是轴向位置。

d. $FSO_2(OCH_3)$ 中的 O—S—O 键角比 $FSO_2(CH_3)$ 中的大。

3.2.4　配位原子密堆积模型

由 Gillespie[23] 开发的配位原子密堆积（ligand close-packing，LCP）模型是通过分子中外围原子之间的距离描述分子形状。对于具有相同中心原子的一系列分子，外围原子之间的非键距离*是一定的，但键角和键长可以发生变化。LCP 方法在许多方面与 VSEPR 模型的结果一致，但其主要集中在外围原子而非中心原子所处环境。

例如，在一系列硼化合物 BF_2X 和 BF_3X 中，如表 3.7 所示，即使空间位数从 3 变成 4，氟-氟间距仍几乎不变。对于其他各种中心原子而言也有类似的结果：中心原子为碳的化合物中，氯-氯非键距离相近；中心原子为铍时，氧与氧非键距离相近，以此类推[24]。

表 3.7　配位原子密堆积数据

分子	B 的配位数	B—F 距离（pm）	FBF 角（°）	F···F 距离（pm）
BF_3	3	130.7	120.0	226
BF_2OH	3	132.3	118.0	227
BF_2NH_2	3	132.5	117.9	227
BF_2Cl	3	131.5	118.1	226
BF_2H	3	131.1	118.3	225
BF_2BF_2	3	131.7	117.2	225
BF_4^-	4	138.2	109.5	226
$BF_3CH_3^-$	4	142.4	105.4	227
$BF_3CF_3^-$	4	139.1	109.9	228
BF_3PH_3	4	137.2	112.1	228
BF_3NMe_3	4	137.2	111.5	229

* 三个点（···）将用于表示未直接共价键合的原子间距。

在 LCP 模型中，配体（外围原子）被视为与某中心原子结合时会有特定的半径[*]。如果外围原子紧密堆积在一起，则如该模型所假设的，原子核间距就是这些配体半径之和。例如，当氟原子与中心硼相连时，其配体半径为 113 pm。如果像表 3.7 中的例子那样，两个氟原子连接一个硼，核间距为配体半径之和，这种情况下则为 226 pm，该值和表中 F···F 距离相当。下面的讨论将举例说明如何使用这种方法描述分子形状。

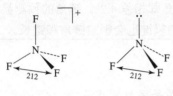

图 3.23　NF$_4^+$ 和 NF$_3$（单位：pm）

配位原子密堆积和键长

LCP 模型预测，即使中心原子周围的键角发生变化，分子中非键原子间距仍保持大致相同，如 NF$_4^+$ 和 NF$_3$ 中，即使 F—N—F 键角明显不同，F···F 距离都是 212 pm（图 3.23）。

VSEPR 预测 NF$_3$ 的键角比 NF$_4^+$ 的小，事实确实如此，前者为 102.3°，后者为四面体夹角 109.5°。因为 F···F 距离基本不变，NF$_3$ 中的 N—F 键必然长于 NF$_4^+$ 中的 130 pm，这可以用图 3.23 中的简单三角函数解释。在 NF$_3$ 中，由于

$$\sin\left(\frac{102.3°}{2}\right) = \frac{F···F距离}{2x}，\quad x = N—F \text{ 键长} = \frac{106 \text{ pm}}{\sin 51.15°} = 136 \text{ pm（实验值：136.5 pm）。}$$

正如预测的那样，F—N—F 键角越小，N—F 键越长。

简言之，LCP 模型是对 VSEPR 方法的补充。VESPR 预测一个孤对将导致对位的键角变小；而 LCP 预测外围-外围原子间距应基本保持不变，要求中心-外围原子键更长。与中心原子以多重键结合的原子具有类似的效果，如下例所示。

示例 3.6

PF$_4^+$ 中的 F···F 距离和 P—F 键长分别为 238 pm 和 145.7 pm，预测 POF$_3$ 中 P—F 键长，其中 F—P—F 键角为 101.1°。

方法：

根据 LCP 预测两种结构的 F···F 距离应该大致相同，可绘制类似图 3.23 中的图，以说明双键对位的角度，该情况下，

$$x = P—F \text{键长} = \frac{119 \text{ pm}}{\sin 50.55°} = 154 \text{ pm（实验值：152 pm）}$$

---

[*] 配位原子半径值参见 R. J. Gillespie, E.A. Robinson, *Compt. Rend. Chimie*, **2005**, *8*: 1631。

（实际上，POF_3 中的 $F \cdots F$ 距离为 236 pm，略短于 PF_4^+ 中的值，若将此数据代入公式，计算的结果应为 153 pm，更接近实验值。）

本例中，LCP 模型预测这两个结构中氟三角形基底大小近似相等；较长的 P—F 键和较小的 F—P—F 键角与 VSEPR 方法一致，后者通过双键中电子排斥预测出键角较小。

练习 3.6 该方法适用于不同的空间位数吗？BCl_3 中 B—Cl 和 $F \cdots F$ 分别为 174 pm 和 301 pm，利用 LCP 模型预测 BCl_4^- 中 B—Cl 键长，并与 183 pm 的实验值进行比较。

Gillespie 和 Popelier 还介绍了描述分子结构的其他几种方法及其优缺点[25]，在一次采访中，除有趣的历史背景外，Gillespie 还提供了 VSEPR、LCP 及相关概念的更多观点[26]。

3.3 分 子 极 性

当不同电负性的原子键合时，所得分子便拥有极性键，键上电子（可能非常轻微的）集中在电负性较大的原子上；电负性差越大，键极性越强。因此键有偶极，具有相对的正负端。这种极性可以引起分子间特定的相互作用，具体取决于整个分子结构。

实验上，通过测量介电常数间接测量分子的极性。介电常数是指电极间填有待测物质的电池电容与真空时同一电池电容的比值。极性分子在电场中的取向部分抵消了电场的作用，导致更大的介电常数。利用变温测试值可以计算分子的偶极矩（dipole moment），定义为 $\mu = Qr$，r 是正负电荷中心间距，Q 是这些电荷之差*。

双原子分子的偶极矩可以直接计算。对于复杂分子，单键偶极矩的矢量和给出分子净偶极矩。然而，从键偶极通常无法直接计算分子偶极。表 3.8 给出了氯甲烷的偶极矩实验值和计算值。利用键偶极矩分别为 1.3×10^{-30} C·m 和 4.9×10^{-30} C·m 的 C—H 键长和 C—Cl 键长及四面体键角进行矢量计算，显然计算偶极矩比简单的单键偶极矩矢量和更为复杂，但在诸多场合，定性计算已足够。

表 3.8 氯甲烷的偶极矩

分子	实验值（D）	矢量计算值（D）
CH_3Cl	1.90	1.77
CH_2Cl_2	1.60	2.008
$CHCl_3$	1.04	1.82

实验数据来源：*CRC Handbook of Chemistry and Physics*, 92nd ed., Taylor and Francis Group, LLC, 2011-2012, pp. 9-54, 9-55, and 9-59.

---

* 偶极矩的 SI 单位是库仑·米（C·m），但常用的单位是德拜（D），$D = 3.33564 \times 10^{-39}$ C·m。

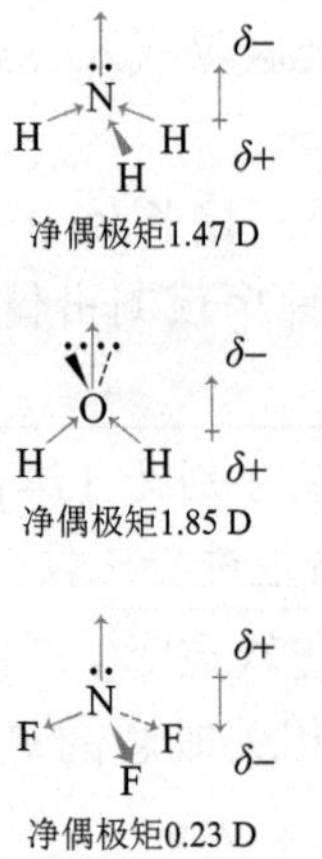

净偶极矩1.47 D

净偶极矩1.85 D

净偶极矩0.23 D

图 3.24　键偶极矩和
分子偶极矩

孤对对偶极矩经常产生显著的影响，以 NH_3、H_2O 和 NF_3 为例（图 3.24）。在 NH_3 中，三个 N—H 键的总极性和孤对指向相同，导致大的偶极矩。H_2O 中 O—H 键和两个孤对间极性相互增强，所以偶极矩甚至更大。相反，NF_3 偶极矩很小，因为三个 N—F 键的总极性和富电子孤对方向相反，它们的偶极矩之和大于孤对作用，孤对是分子的正极。在诸如 NF_3 和 SO_2 极性相反的情况下，偶极方向不易预测。SO_2 偶极矩较大（1.63 D），其孤对的极性大于 S—O 键，尽管氧更具负电性，但是硫原子也有部分为负。

极性分子彼此之间会产生静电相互作用。当偶极矩足够大时，分子会以正极朝向另一个分子的负极取向，导致高的熔沸点。具体细节会在本章后和第 6 章的氢键讨论中给出。

另外，如果分子结构高度对称或者不同键的极性能够相互抵消，即使单个键极性很强，整个分子也可能无净偶极矩。四面体分子如 CH_4 和 CCl_4，三角形分子和离子如 SO_3、NO_3^- 和 CO_3^{2-}，以及具有 5、6 位相同外围原子的分子如 PCl_5 和 SF_6，它们都是非极性的。C—H 键的极性很小，但在其他分子和离子中这些键的极性相当明显。在所有这些情况下，由于分子的对称性，所有键偶极矩之和为零，如图 3.25 所示。

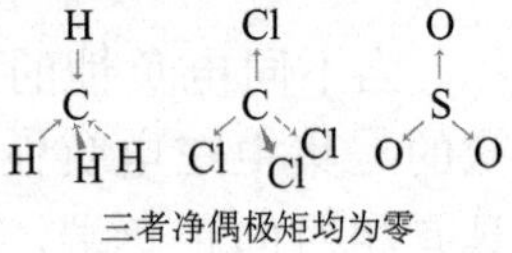

三者净偶极矩均为零

图 3.25　由于分子对称性
键偶极矩抵消

非极性分子甚至也参与分子间的吸引。这些分子中电子密度的微小波动会产生寿命极短的小偶极，这些偶极又会吸引或排斥相邻分子中的电子，并在其中也诱导出偶极，最终在分子间形成整体吸引力。这些吸引力称为 London 力（London forces）或色散力（dispersion forces），它们使稀有气体和非极性分子（如氢、氮和二氧化碳）的液化成为可能。通常，分子中电子数量增加，对核电荷的屏蔽会增加，使电子云更易极化，并且容易受到外部偶极的干扰，London 力发挥的作用也越大。

3.4　氢　　键

如图 3.26 所示，氨、水和氟化氢的沸点都比其他类似分子高得多。在这些分子中与氮、氧或氟键合的氢原子同时与另一个氮、氧或氟上的孤对形成较弱的键，即氢键，导致这些物质沸点高。氢与这些强电负性原子之间形成极性键，氢上带有部分正电荷，所以被邻近分子中带负电的氮、氧或氟强烈地吸引。在过去，这些分子间引力被认为本质上是静电作用，但是分子轨道理论（将在第 5 章和 6 章中描述）为该现象给出了另一种更完整的解释。无论对氢键作用力的详细解释如何，强正电的氢和强负电的孤对都倾向于有序排列并将分子绑在一起。其他具有高电负性的原子，如氯，也能在氯仿（$CHCl_3$）极性分子中形成氢键。第 6 章中大大扩展了氢键的定义，可参与氢键的原子已经超越了传统的 N、O 和 F。

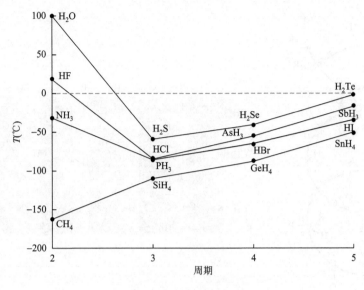

图 3.26 氢化物的沸点

通常而言，由于额外的质量需要较高温度驱动分子快速运动，同时高分子量的分子中大量电子可提供较大的 London 力，因此沸点随着分子量的增加而升高。水的实际沸点和高分子量的类似化合物沸点外推值相差近 200℃，而氨和氟化氢的实际沸点与其类似物沸点外推值相差较小。因为每个水分子可以有多达四个氢键（两个通过孤对，两个通过氢原子），氢键作用大；而氟化氢只有一个氢，平均不会超过两个氢键。

由于存在氢键，水还具有其他不寻常的特征。例如，水的冰点远高于类似分子，其更显著的特征是水结成冰密度降低。在四面体结构中，每个氧原子与氢有两个正常键，与其他分子有两个氢键，因此要求冰分子之间有一大的空间形成非常开放的结构（图 3.27），使得固态冰密度低于周围的液态水，从而浮于水面。如果不是这样，地球上的生命将大不相同，湖泊、河流和海洋将从下而上冻结，冰块会下沉，破冰钓鱼将不可能。其结果很难想象，但肯定需要截然不同的生物学和地质学过程。氢键会引起蛋白质（图 3.28）和多核酸分子的卷曲，与其他偶极作用共同作用于这些大分子可形成相当大的二级结构。在图 3.28（a）中，羰基氧原子与氮原子上的氢形成氢键保持分子的螺旋结构；在图 3.28（b）中，相似的氢键将平行肽链连接成片，链的键角使之呈现出褶状外观。上述结构是由肽形成的众多结构中的两种，具体情况则取决于侧链基团 R 和周围环境。

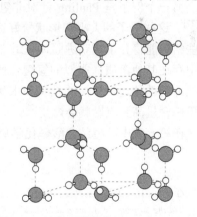

图 3.27 冰的开放结构（Brown & Lemay, *Chemistry*: *Central Science*, 4th ed., © 1988, pp. 628, 946。经 Pearson Education Inc, Upper Saddle River, NJ 07458 版权许可转载），引入虚线帮助可视化，所有键都在氢和氧原子之间

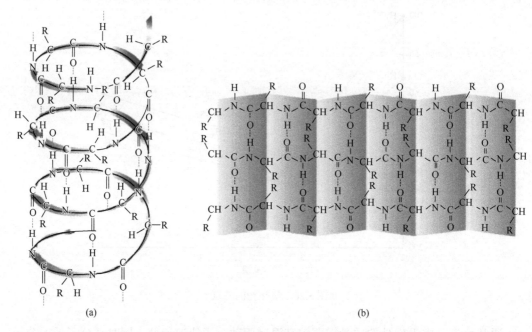

(a)

(b)

图 3.28　富含氢键的蛋白结构。（a）蛋白质是螺旋结构，肽羰基（peptide carbonyls）和邻近螺旋上的 N—H 的氢构成氢键（Brown & Lemay，Chemistry: Central Science, 4th ed., © 1988, pp. 628, 946. Reprinted and Electronically reproduced by permission of Pearson Education Inc, Upper Saddle River, NJ 07458）。

（b）蛋白质呈褶状外观，每个肽羰基都与相邻肽链上的一个 N—H 氢成键（Wade L. G., Organic Chemistry, 1st ed., © 1988. Reprinted with permission and Electronically reproduced by permission of Pearson Education Inc., Upper Saddle River NJ.）

　　另一个例子是 Pauling 针对非氢键分子如环丙烷、氯仿和一氧化二氮提出的麻醉理论[27]。这些分子的大小和形状恰好适合于氢键水结构，其开放空间甚至比普通冰还大。这些结构能将分子捕获进固体孔道中，被称为包合物（clathrate）。Pauling 提出，由于组织中存在其他溶质，类似的氢键合微晶在神经组织中更容易形成，这些微晶可能会干扰神经冲动的传递。甲烷的结构和水相似，在极地冰盖中得以容纳大量甲烷，此类晶体中的甲烷含量高到点燃就会燃烧[28]。

　　在第 6 章中，将结合酸碱化学更具体地讨论分子间共用电子对的相互作用。

参 考 文 献

[1] G. N. Lewis, *J. Am. Chem. Soc.*, **1916**, *38*, 762; *Valence and the Structure of Atoms and Molecules*, Chemical CatalogueCo., New York, 1923.

[2] L. Suidan, J. K. Badenhoop, E. D. Glendening, F. Weinhold, *J. Chem. Educ.*, **1995**, *72*, 583; J. Cioslowski, S. T. Mixon, *Inorg. Chem.*, **1993**, *32*, 3209; E. Magnusson, *J. Am. Chem. Soc.*, **1990**, *112*, 7940.

[3] A. G. Sharpe, "Cyanides and Fulminates, " in G. Wilkinson, R. D. Gillard, and J. S. McClevert, eds., *Comprehensive Coordination Chemistry*, Vol. 2, Pergamon

Press, New York, 1987, pp. 12-14.

[4] N. V. Sidgwick, H. M. Powell, *Proc. R. Soc.*, **1940**, *A176*, 153.

[5] R. J. Gillespie, R. S. Nyholm, *Q. Rev. Chem. Soc.*, **1957**, *XI*, 339; R. J. Gillespie, *J. Chem. Educ.*, **1970**, *47*, 18; and R. J. Gillespie, *Coord. Chem. Rev.*, **2008**, *252*, 1315. 最后一篇参考文献提供了 VSEPR 50 年的有用概要。

[6] G. M. Barrow, *Physical Chemistry*, 6th ed., McGraw-Hill, New York, 1988, pp. 567-699; R. S. Drago, *Physical Methods for Chemists*, 2nd ed., Saunders

College Publishing, Philadelphia, 1977, pp. 689-711.

[7] J. L. Hoard, W. J. Martin, M. E. Smith, J. F. Whitney, *J. Am. Chem. Soc.*, **1954**, *76*, 3820.

[8] A. F. Wells, *Structural Inorganic Chemistry*, 5th ed., Oxford University Press, New York, 1984, p. 390.

[9] N. Vasdev, M. D. Moran, H. M. Tuononen, R. Chirakal, R. J. Suontamo, A. D. Bain, G. J. Schrobilgen, *Inorg. Chem.*, **2010**, *49*, 8997.

[10] See, for example, S. Hoyer, T. Emmler, K. Seppelt, *J. Fluorine Chem.*, **2006**, *127*, 1415, 以及其中关于 XeF_6 的各种结构修饰的参考文献。

[11] R. J. Gillespie and I. Hargittai, *The VSEPR Model of Molecular Geometry*, Allyn & Bacon, Boston, 1991, p. 77.

[12] J. B. Mann, T. L. Meek, E. T. Knight, J. F. Capitani, L. C. Allen, *J. Am. Chem. Soc.*, **2000**, *122*, 5132.

[13] L. C. Allen, *J. Am. Chem. Soc.*, **1989**, *111*, 9003.

[14] L. Pauling, *The Nature of the Chemical Bond*, 3rd ed., 1960, Cornell University Press, Ithaca, NY; A. L. Allred, *J. Inorg. Nucl. Chem.*, **1961**, *17*, 215.

[15] R. S. Mulliken, *J. Chem. Phys.*, **1934**, *2*, 782; **1935**, *3*, 573; W. Moffitt, *Proc. R. Soc.* (*London*), **1950**, *A202*, 548; R. G. Parr, R. A. Donnelly, M. Levy, W. E. Palke, *J. Chem. Phys.*, **1978**, *68*, 3801; R. G. Pearson, *Inorg. Chem.*, **1988**, *27*, 734; S. G. Bratsch, *J. Chem. Educ.*, **1988**, *65*, 34, 223.

[16] A. L. Allred, E. G. Rochow, *J. Inorg. Nucl. Chem.*, **1958**, *5*, 264.

[17] R. T. Sanderson, *J. Chem. Educ.*, **1952**, *29*, 539; **1954**, *31*, 2, 238; *Inorganic Chemistry*, Van Nostrand-Reinhold, New York, 1967.

[18] R. G. Pearson, *Acc. Chem. Res.*, **1990**, *23*, 1.

[19] L. C. Allen, *J. Am. Chem. Soc.*, **1989**, *111*, 9003; J. B. Mann, T. L. Meek, L. C. Allen, *J. Am. Chem. Soc.*, **2000**, *122*, 2780; J. B. Mann, T. L. Meek, E. T. Knight, J. F. Capitani, L. C. Allen, *J. Am. Chem. Soc.*, **2000**, *122*, 5132.

[20] J. Hinze, H. H. Jaffé, *J. Am. Chem. Soc.*, **1962**, *84*, 540; *J. Phys. Chem.*, **1963**, *67*, 1501; J. E. Huheey, *Inorganic-Chemistry*, 3rd ed., Harper & Row, New York, 1983, pp. 152-156.

[21] L. R. Murphy, T. L. Meek, A. L. Allred, L. C. Allen, *J. Am. Chem. Soc.*, **2000**, *122*, 5867.

[22] L. C. Allen, J. E. Huheey, *J. Inorg. Nucl. Chem.*, **1980**, *42*, 1523.

[23] R. J. Gillespie, *Coord. Chem. Rev.*, **2000**, *197*, 51.

[24] R. J. Gillespie and P. L. A. Popelier, *Chemical Bonding and Molecular Geometry*, Oxford, New York, 2001, pp. 113-133, 以及其中引用的参考文献。

[25] R. J. Gillespie and P. L. A. Popelier, *Chemical Bonding and Molecular Geometry*, Oxford University Press, New York, 2001, pp. 134-180.

[26] L. Cardellini, *J. Chem. Educ.*, **2010**, *87*, 482.

[27] L. Pauling, *Science*, **1961**, *134*, 15.

[28] L. A. Stern, S. H. Kirby, W. B.L. A. Stern, S. H. Kirby, W. B. Durham, *Science*, **1996**, *273*, 1765 (cover picture), 1843.

一般参考资料

键长和键角的高值资料源自 Wells、Greenwood 和 Earnshaw 以及第 1 章引用的 Cotton 和 Wilkinson 的著作，Lewis 电子结构和形式电荷的相关评论可见于大多数普通化学课本。关于 VSEPR 的最好文献之一仍然来自 R. J. Gillespie 和 R. S. Nyholm 早期发表在 *Q. Rev. Chem. Soc.*, **1957**, *XI*, 339-380 上的论文，有关该理论的最新解释见 R. J. Gillespie and I. Hargittai, *The VSEPR Model of Molecular Geometry*, Allyn & Bacon, Boston, **1991** 和 R. J. Gillespie and P. L. A. Popelier, *Chemical Bonding and Molecular Geometry: From Lewisto Electron Densities*, Oxford University Press, New York, 2001。

后者对配位原子密堆积（LCP）模型也做了有价值的介绍。Gillespie 还在 R. J. Gillespie, *Coord. Chem. Rev.*, **2008**, *252*, 1315 上对 VSEPR 进行了回顾，他和 Robinson 在 R. J. Gillespie and E. A. Robinson, *Chem. Soc. Rev.*, **2005**, *34*, 396 里比较了 VSEPR、LCP 和价键对分子几何形状的描述。R. J. Gillespie 在 L. Cardellini, *J. Chem. Ed.*, **2010**, *87*, 482 访谈中提供了 VSEPR、LCP 和相关主题的其他观点。许多相同分子形状的分子轨道论据见 B. M. Gimarc, *Molecular Structure and Bonding*, Academic Press, New York, 1979；J. K. Burdett, *Molecular Shapes*, John Wiley & Sons, New York,

1980。关于 Lewis 结构的两个有趣的观点见于 G. H. Purser, *J. Chem. Educ.*, **1999**, *76*, 1013 和 R. F. See, *J. Chem. Educ.*, **2009**, *86*, 1241。

习　题

3.1　二甲基二硫代氨基甲酸根离子[$S_2CN(CH_3)_2$]$^-$具有以下骨架结构：

$$
\begin{array}{c}
S \\
\diagdown \\
C-N \\
\diagup \diagdown \\
S CH_3 \\
\end{array}
\quad CH_3
$$

a. 请画出该离子重要的共振结构，如果有形式电荷请标出。给出该离子共振结构的最佳描述。

b. 若为二甲基硫代氨基甲酸根离子[$OSCN(CH_3)_2$]$^-$，重复 **a** 中问题。

3.2　下述离子都有几种共振结构，请画出每种离子的共振结构以及所带的形式电荷，并选出该离子共振结构的最佳描述。

a. 硒氰酸根离子 $SeCN^-$。

b. 硫代甲酸根离子 $H-C\begin{smallmatrix}O\\ \\S\end{smallmatrix}$。

c. 二硫代碳酸根离子[S_2CO]$^{2-}$（C 为中心）。

3.3　画出等电子离子 NSO^- 和 SNO^- 的共振结构并标出其形式电荷。哪种可能更稳定？

3.4　已知 N_2CO 有三种异构体：ONCN（氰化亚硝酰）、ONNC（异氰化亚硝酰）、NOCN（氰化异亚硝酰）。请画出这三种异构体最重要的共振结构，并确定其形式电荷。哪种异构体最稳定（能量最低）？（参见 G. Maier, H. P. Reinsenauer, J. Eckwert, M. Naumann, M. De Marco, *Angew. Chem.*, Int. Ed., **1997**, *36*, 1707）

3.5　请给出一氧化二氮 N_2O（中心原子为氮）可能的共振结构并注明非零的形式电荷。哪种共振结构是该分子的最佳描述？

3.6　在没有水的条件下，硝酸以 HNO_3 分子的形式存在，其骨架结构如下图所示。画出 HNO_3 重要的共振结构，并标注每个原子上的形式电荷。

$$
\begin{array}{c}
 O \\
 \| \\
H-O-N \\
 \diagdown \\
 O
\end{array}
$$

3.7　L. C. Allen 提出考虑关联原子的电负性可以得到更有意义的形式电荷，这类电荷被称为 Lewis-Langmuir（L-L）电荷，原子 A 和原子 B 成键时该类电荷的 Allen 表达式为

L-L电荷 = A的基团数（US）− A上未被共用电子数

$$-2\sum_B \frac{\chi_A}{\chi_A+\chi_B}(A和B成键数)$$

其中 χ_A 和 χ_B 表示电负性（译者注：原文献中没有 US，猜测为美国用法的意思）。请利用该方程计算 CO、NO^- 和 HF 的 L-L 电荷，并将结果与相应的形式电荷进行比较。你认为 L-L 电荷更能反映电子分布吗？（参见 L. C. Allen, *J. Am. Chem. Soc.*, **1989**, *111*, 9115；L. D. Garner, T. L. Meek, B. G. Patrick, *THEOCHEM*, **2003**, *620*, 43）

3.8　给出下列分子或离子的 Lewis 结构式，并简单描述其几何构型：

a. $SeCl_4$　　　　　　　**b.** I_3^-

c. $PSCl_3$（P 为中心）　**d.** IF_4^-

e. PH_2^-　　　　　　　**f.** TeF_4^-

g. N_3^-　　　　　　　　**h.** $SeOCl_4$（S 为中心）

i. PF_4^+

3.9　给出下列分子或离子的 Lewis 结构式，并简单描述其几何构型：

a. ICl_2^-　　　　　　**b.** H_3PO_3（一个 H—P 键）

c. BH_4^-　　　　　　**d.** $POCl_3$

e. IO_4^-　　　　　　**f.** $IO(OH)_5$

g. $SOCl_2$　　　　　　**h.** $ClOF_4^-$

i. XeO_2F_2

3.10　给出下列分子或离子的 Lewis 结构式，并简单描述其几何构型：

a. SOF_6（一个 F—O 键）　　**b.** POF_3

c. ClO_2　　　　　　　　　　**d.** NO_2

e. $S_2O_4^{2-}$（对称结构，一个 S—S 键）

f. N_2H_4（对称结构，一个 N—N 键）

g. $ClOF^{2+}$　　　　　　　　**h.** CS_2

i. $XeOF_5^-$

3.11　解释以下离子的键角和键长的变化趋势：

	X—O（pm）	O—X—O 角（°）
ClO_3^-	149	107
BrO_3^-	165	104
IO_3^-	181	100

3.12 从每组中选出具有最小键角的分子或离子，并简要说明理由：

a. NH_3、PH_3 和 AsH_3

b. O=S—Cl　　O=S—F （卤素-硫-卤素角）
　　　Cl　　　　　F

c. NO_2^- 和 O_3^-

d. ClO_3^- 和 BrO_3^-

3.13　a. 比较叠氮离子 N_3^- 和臭氧分子 O_3 的结构。

b. 你认为臭氧离子 O_3^- 和臭氧分子 O_3 的结构有何不同？

c. 写出 f 轨道的量子数 m_l 可能的取值。

d. 最多可以有多少个电子占据 4d 轨道。

3.14 已知 OCl_2、$O(CH_3)_2$ 和 $O(SiH_3)_2$ 在氧原子上的键角分别为 110.9°、111.8°和 144.1°。请解释这一变化趋势。

3.15 已知 N_5^+ 和 $OCNCO^+$ 是二氧化三碳（C_3O_2）的等电子体，但 C_3O_2 为线型结构，而 N_5^+ 和 $OCNCO^+$ 均在中心原子氮处弯曲，请给出解释。同时预测 N_5^+ 和 $OCNCO^+$ 哪个的外围原子—N—外围原子角更小，解释你的推理。（参见 I. Bernhardi, T. Drews, K. Seppelt, *Angew. Chem., Int. Ed.*, **1999**, *38*, 2232；K. O. Christe, W. W. Wilson, J. A. Sheehy, J. A. Boatz, *Angew. Chem., Int. Ed.*, **1999**, *38*, 2004）

3.16 解释下列现象：

a. 乙烯（C_2H_4）是平面分子，但肼（N_2H_4）却不是。

b. ICl_2^- 是线型的，但 NH_2^- 是弯曲的。

c. 化合物汞（Ⅱ）氰酸盐 $Hg(OCN)_2$ 和汞（Ⅱ）雷酸盐 $Hg(CNO)_2$，一个是高爆炸性的，另一个不是。

3.17 解释下列现象：

a. PCl_5 是稳定的分子，但 NCl_5 不稳定。

b. 存在 SF_4 和 SF_6，但 OF_4 和 OF_6 暂未被发现。

3.18 已确定 $ClOF_3$ 和 $BrOF_3$ 的 X 射线晶体结构。

a. 你认为中心卤素上的孤对电子位于轴向还是赤道位置？为什么？

b. 你认为哪个分子具有更小的 $F_{equatorial}$—中心原子—O 键角？给出你的理由（参见 A. Ellern, J. A. Boatz, K. O. Christe, T. Drews, K. Seppelt, *Z. Anorg. Allg. Chem.*, **2002**, *628*, 1991）。

3.19 对下列分子进行如下比较，并简要说明你的选择理由。

a. 哪个分子的 H_3C—15 族原子—CH_3 键角更小？

b. 哪个分子的 H_3C—Al—CH_3 的键角更小？

c. 哪个分子 Al—C 键长更小？

3.20 预测并画出假想离子 IF_3^{2-} 的结构。

3.21 含有 $IO_2F_2^-$ 离子的溶液与过量的氟离子缓慢反应生成 $IO_2F_3^{2-}$。

a. 画出与离子 $IO_2F_3^-$ 所匹配的同分异构体。

b. 在上述的这些结构中，你认为哪种存在的可能性最大，给出你的理由。

c. 请写出一个和 $IO_2F_3^-$ 互为等电子体的氙化物分子或离子。

3.22 最近报道了 $XeOF_3^-$ 阴离子（参见 D. S. Brock and G. J. Schrobilgen, *J. Am. Chem. Soc.*, **2010**, *133*, 6265）。

a. 画出该离子可能存在的结构。选择其中最有可能的结构，并证明你的选择是正确的。

b. 对于该离子的结构需要注意什么？

3.23 预测 $I(CF_3)Cl_2$ 的结构。你认为 CF_3 基团处于轴向还是赤道位置？为什么？（参见 R. Minkwitz, M. Merkei, *Inorg. Chem.*, **1999**, *38*, 5041）

3.24　a. $PF_2(CH_3)_3$ 和 $PF_2(CF_3)_3$ 哪个轴向 P—F 键较长？请简要解释。

b. Al_2O 以氧为中心原子，预测该分子中键角的近似值并给出解释。

c. 预测 CAl_4 的结构（参见 X. Li, L-S. Wang, A. I. Boldyrev, J. Simons, *J. Am. Chem. Soc.*, **1999**, *121*, 6033）。

3.25 有报道用电子衍射法研究了气相中 TeF_4 和 $TeCl_4$ 的结构（参见 S. A. Shlykov, N. I. Giricheva,

A. V. Titov, M. Szwak, D. Lentz, G. V. Girichev, *Dalton Trans.*, **2010**, *39*, 3245）。

a. 你认为这些分子中轴向 Te—X 键比赤道位置的长还是短？并做简单解释。

b. 你认为哪种化合物具有更小的 X_{axial}—Te—X_{axial} 角？哪个又具有更小的 $X_{equatorial}$—Te—$X_{equatorial}$ 键角？简要说明理由。

3.26 $SeCl_6^{2-}$、$TeCl_6^{2-}$ 和 ClF_6^- 均为八面体，但由于中心原子上的孤对对形状的影响， SeF_6^{2-} 和 IF_6^- 发生畸变。请指出这两组离子形状不同的原因（参见 J. Pilmé, E. A. Robinson, R. J. Gillespie, Inorg. *Chem.*, **2006**, *45*, 6198）。

3.27 当 XeF_4 与 CH_3CN 溶剂中的水反应时，形成产物 $F_2OXeN \equiv CCH_3$。真空下，该产品的晶体缓慢除去 CH_3CN：

$$F_2OXeN \equiv CCH_3 \longrightarrow XeOF_2 + CH_3CN$$

请预测 $F_2OXeN \equiv CCH_3$ 和 $XeOF_2$ 的结构。

3.28 二氯化硫氮离子（$NSCl_2^-$）和二氯亚砜（$OSCl_2$）是等电子体。

a. 哪个物种 Cl—S—Cl 键角更小，简要说明理由。

b. 哪个的 S—Cl 键更长，为什么？（参见 E. Kessenich, F. Kopp, P. Mayer, A. Schulz, *Angew. Chem.*, Int. Ed., **2001**, *40*, 1904）

3.29 画出 PCl_3Br_2 最可能的结构，并解释你的推理。

3.30 **a.** $PCl_3(CF_3)_2$ 的 CF_3 基团处于轴向还是赤道位置？简要说明理由。

b. $SbCl_5$ 中轴向键和赤道键哪个更长？简要说明理由。

3.31 $ClSO_2CH_3$、$ClSO_2CF_3$ 和 $ClSO_2CCl_3$ 分子中，哪一个的 X—S—X 键角最大？简要说明理由。

3.32 FSO_2F、$FSO_2(OCH_3)$ 和 FSO_2CH_3 分子中，哪一个的 O—S—O 键角最大？简要说明理由。

3.33 元素 Se 和 Te 与 4-四氟吡啶基银（Ⅰ）反应生成 $Se(C_5F_4N)_2$ 和 $Te(C_5F_4N)_2$。每个化合物在固态中都有两个独立的非线型分子，C—Se—C 键角分别为 95.47(12)° 和 96.16(13)°，C—Te—C 键角分别为 90.86(18)° 和 91.73(18)°。（参见 S. Aboulkacem, D. Naumann, W. Tyrra, I. Pantenburg, *Organometallics*, **2012**, *31*, 1559）

a. 解释为什么 Te 化合物的角度比 Se 的小。

b. 这些键角和相应的五氟苯基（C_6F_5）化合物相比小 0.8°（Se）和 2.0°（Te），根据基团电负性差异，4-四氟吡啶基化合物的键角压缩程度更大。请解释与之相关的逻辑。

3.34 PF_4^+ 或 PF_3O，哪个具有较小的 F—P—F 角？哪个氟-氟键更长？简要说明理由。

3.35 说明 $PF_4(CH_3)$、$PF_3(CH_3)_2$ 和 $PF_2(CH_3)_3$ 中 P—F_{axial} 的键长变化趋势（见图 3.19）。

3.36 尽管在 $F_2C = CF_2$、F_2CO、CF_4 和 F_3CO^- 中 C—F 键长和 F—C—F 键角差异很大（C—F 键从 131.9 pm 到 139.2 pm；F—C—F 键角从 101.3° 到 109.5°），四种结构的 F···F 距离非常接近（215～218 pm）。请使用 Gillespie 的 LCP 模型进行解释（参见 R. J. Gillespie, *Coord. Chem. Rev.*, **2000**, *197*, 51）。

3.37 CCl_4 的 Cl···Cl 距离为 289 pm，C—Cl 键为 171.1 pm。利用 LCP 模型，计算 Cl—C—Cl 键角为 111.8° 的 Cl_2CO 中 C—Cl 的键长。

3.38 如图所示，F_2CO 中 F—C—F 键角为 109.5°，C—F 键长为 131.7 pm，F···F 距离为 215 pm。基于 LCP 模型，预测 CF_3^+ 离子中 C—F 键长。

$$\underset{F}{\overset{F}{\diagdown}} C = O$$

3.39 以氢为外围原子的化合物对化学键理论提出了挑战。考虑以下分子，使用本章中描述的一种或多种方法，为下列三种分子中具有最小键角的 HOF 提供理论依据。

$$\underset{\substack{152\ pm}}{H\overset{\overset{\textstyle O}{104.5°}}{\quad}H} \qquad \underset{\substack{183\ pm}}{H\overset{\overset{\textstyle O}{97.2°}}{\quad}F} \qquad \underset{\substack{220\ pm}}{F\overset{\overset{\textstyle O}{103.3°}}{\quad}F}$$

3.40　对于以下每个键，请指出哪个原子电性更负，然后按极性顺序对它们进行排序。

a. C—N　　**b.** N—O　　**c.** C—I

d. O—Cl　　**e.** P—Br　　**f.** S—Cl

3.41　给出下列物种的 Lewis 结构式和几何构型：

a. $VOCl_3$　　**b.** PCl_3　　**c.** SOF_4

d. SO_3　　**e.** ICl_3　　**f.** SF_6

g. IF_7　　**h.** XeO_2F_4　　**i.** CF_2Cl_2

j. P_4O_6（P_4O_6 是磷原子按四面体排列的封闭结构，一个氧原子连接一对磷原子）

3.42　给出下列物种的 Lewis 结构式和几何构型：

a. PH_3　　**b.** H_2Se　　**c.** SeF_4

d. PF_5　　**e.** IF_5　　**f.** XeO_3

g. BF_2Cl　　**h.** $SnCl_2$　　**i.** KrF_2

j. $IO_2F_5^{2-}$

3.43　在习题 3.41 的分子中哪些是有极性的？

3.44　在习题 3.42 的分子中哪些是有极性的？

3.45　请解释以下现象：

a. 甲醇（CH_3OH）的沸点比甲基硫醇（CH_3SH）高得多。

b. 一氧化碳的熔点和沸点略高于 N_2。

c. 羟基苯甲酸[$C_6H_4(OH)(CO_2H)$]的邻位异构体熔点远低于间位异构体和对位异构体。

d. 稀有气体的沸点随原子序数的增加而增加。

e. 气相乙酸的压力比理想气体定律所预测的压力低得多（接近极限值的一半）。

f. Raoult 定律指出挥发性液体的蒸气压与它的摩尔分数成正比，而丙酮和氯仿的混合物表现出与 Raoult 定律有显著的负偏差，丙酮和氯仿等摩尔混合物的蒸气压比这两种纯液体的任何一种都低。

g. 一氧化碳的键裂解能（1072 kJ/mol）大于氮分子的键裂解能（945 kJ/mol）。

3.46　随着设计新的实验来提高精度和准确性，经典分子的结构数据得以更新。考虑三氟甲基化合物 E(CF$_3$)$_3$，其中 E = P，As 和 Sb，以下数据是在 20 世纪中叶通过电子衍射确定的气相 E(CF$_3$)$_3$ 的 C—E—C 键角：E = P，99.6(25)°；E = As，100.1(35)°；E = Sb，100.0(35)°。（R. J. F. Berger, N. W. Mitzel, *J. Mol. Struc.*, 2010, 978, 205）

a. 上面键角变化趋势看起来合理吗？解释理由。

b. 通过更严格的气相电子衍射实验，发现 As(CF$_3$)$_3$ 的 C—As—C 键角为 95.4(3)°，较计算所确定的 95.9°角更加吻合。其他两个 C—E—C 键角你觉得哪个更值得怀疑？是否需要用现代技术重新研究？解释理由。

第4章

对称性与群论

对称是自然界的一种现象，同时也存在于人类发明中（图 4.1）。自然界中，雪花、花草、昆虫、果蔬以及各种各样的微生物，都表现出特有的对称性。许多工程杰作也在一定程度上运用对称以求至臻至美，如立体交叉路口、古埃及金字塔、埃菲尔铁塔等。

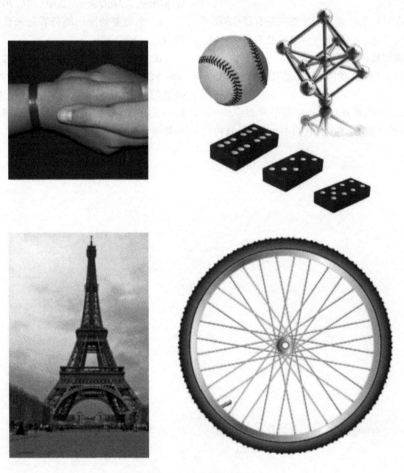

图 4.1 对称性实例

对称概念在化学中非常有用。通过分析分子的对称性，我们可以预测其红外光谱、旋光性，描述轨道成键，解释电子光谱，以及研究分子许多其他性质。在本章中，我们首先通过 5 种最基本的对称操作，非常具体地定义对称性；然后讨论如何根据分子的对称类型对其进行分类；最后举例说明如何运用对称性来预测分子的旋光性，并确定红外和拉曼活性分子振动的数量与类型。

对称性将是解释后面章节内容的有效工具，如构建分子轨道（第 5、10 章）、解释配位化合物电子光谱（第 11 章）以及金属有机化合物的振动光谱（第 13 章）。

在本章的学习中，分子模型是一个非常有用的辅助工具。即使对于那些三维空间想象力很好的同学，我们依然鼓励使用这些模型*。

4.1 对称元素与对称操作

即使某些分子本身不是对称的，所有分子仍可以用对称性来描述。分子或任何其他物体都可能包含对称元素（symmetry element），如镜面、旋转轴和反演中心；其对应的反映、旋转或反演操作，称为对称操作（symmetry operation）。若分子含有给定的对称元素，则其形状在对称操作后必须与之前完全相同。换句话说，对称操作前后，在同一位置拍摄的分子照片（如果能拍摄到）将无法区分。如果对称操作产生的分子，可以以任意方式区别于原分子，那么该分子就不具备此项对称操作。图 4.2～图 4.6 中的示例描绘了分子的这些对称操作和对称元素。

恒等操作（identity operation，E），指不对分子做任何改变，定义它仅仅是为了数学完备性。恒等操作是每个分子的固有特征，即便分子没有其他对称元素也包含该操作。

旋转操作（rotation operation，C_n），也称为真转动（proper rotation），指绕轴旋转 $360°/n$，我们将逆时针旋转定义为正旋转。例如，$CHCl_3$ 分子具有三重轴（C_3），其旋转轴与 C—H 键轴重合，旋转角度为 $360°/3 = 120°$。两个连续的 C_3 操作，可以得到一个新的 $240°$ 旋转，记为 C_3^2，这也是分子的一种对称操作；3 个连续的 C_3 操作等效于恒等操作（$C_3^3 \equiv E$）。

许多分子和物体包含多个旋转轴。例如雪花（图 4.2）几乎总是呈现六边形且近似平面的复杂形状，经雪花中心且垂直于其平面的线包含一个二重轴（C_2）、一个三重轴（C_3）和一个六重轴（C_6）；旋转 $240°$（C_3^2）和 $300°$（C_6^5），也是雪花的对称操作。

在雪花平面内还有两套 C_2 轴，每套 3 个，如图 4.2 所示：一套经雪花平面的相对顶点，而另一套为相邻顶点之间的中线。在拥有多个旋转轴的分子中，n 值最大的 C_n 轴为最高阶旋转轴（highest order rotation axis）或主轴（principal axis）。雪花的最高阶旋转轴是 C_6 轴（设定坐标时，最高阶 C_n 轴通常选作 z 轴）。必要时，垂直于主轴的 C_2 轴加"撇"标记，C_2' 表示旋转轴穿过分子中的原子，而 C_2'' 表示旋转轴穿行于原子之间。

---

* Dean Johnston 开发了一个非常好的网站：symmetry.otterbein.edu，利用动画可以生动地讨论分子对称性。

旋转角（°）	对称操作
60	C_6
120	$C_3 (\equiv C_6^2)$
180	$C_2 (\equiv C_6^3)$
240	$C_3^2 (\equiv C_6^4)$
300	C_6^5
360	$C_6^6 (\equiv E)$

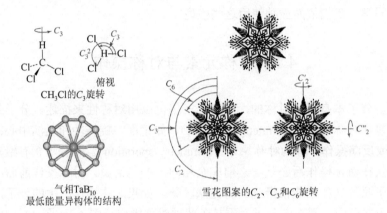

图 4.2　旋转操作

在一些三维图形中寻找旋转轴可能比较困难，但方法是一样的。就对称性而言，客观世界更加非比寻常——气相 TaB_{10}^- 能量最低的异构体（图 4.2）拥有十重旋转轴[*]！

反映操作（reflection operation，σ）需要镜面。如果忽略发型、内脏位置等细节，人体即含有左右镜像平面（图 4.3）。许多分子都具有不易觉察到的镜面。反映操作使得左右交换，即每个点都垂直穿过该镜面，移动到它原来离平面一样远的位置。对于线型物体或分子，如圆木铅笔、乙炔和 CO_2 分子，存在无限个经过其中线的镜面。

垂直于主轴的镜面，记为 σ_h［h 代表水平（horizontal）］；其他包含主轴的镜面，被标记为 σ_v 或 σ_d。

反演（inversion，i）操作更复杂，即每个点都穿过分子中心，移动到与原始位置相反的位置[**]。如图 4.4 所示，交错型构象的乙烷分子就含有反演中心。

许多分子乍看似乎有反演中心，其实并没有。例如，甲烷和其他四面体分子都不具备反演对称性。以图 4.4 为例可以认清这一点：甲烷中碳原子右侧两个氢原子位于垂直面内，而左侧氢原子位于水平面内；反演后，右侧两个氢原子位于水平面内，另两个氢原子则位于左侧的垂直面内。由于在反演操作前后，分子的取向发生改变，因此反演不是甲烷的对称操作。

---

[*] 关于该特殊气相阴离子的观察，参见 T. R. Galeev, C. Romanescu, W.-L. Li, L.-S. Wang, A. I. Boldyrev, *Angew. Chem., Int. Ed.*, **2012**, *51*, 2101。

[**] 此操作必须与四面体碳在 SN_2 反应中的反转加以区别（译者注：英文也为 inversion），后者更像大风中的雨伞。

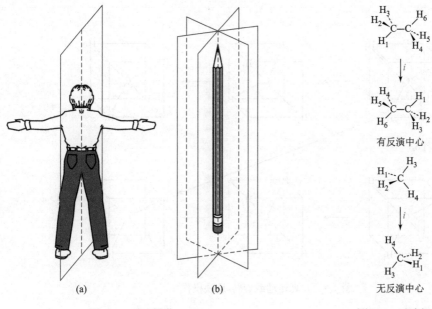

图 4.3　反映操作　　　　　　　　　　　　图 4.4　反演操作

正方形、长方形、平行四边形、长方体、八面体和雪花图案，都有反演中心；四面体、三角形和五边形则没有（图 4.5）。

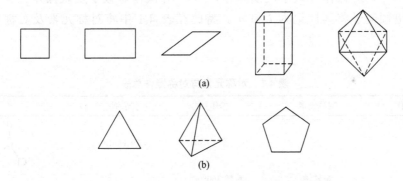

图 4.5　（a）有反演中心；（b）无反演中心

旋转-反映操作（rotation-reflection operation，S_n）或非真转动（improper rotation），需要先旋转 $360°/n$，接着过垂直于该转轴的平面进行反映。例如甲烷中，过碳原子的 H—C—H 角平分线是 S_4 轴，这样的直线有 3 条，共有 3 个 S_4 轴；四面体有 6 条棱，每个 S_4 轴平分一对相对棱边。S_4 操作要求分子先旋转 90°，然后垂直于该轴平面的反映。两个连续 S_n 操作产生一个 $C_{n/2}$ 操作，如甲烷中，两个 S_4 操作相当于一个 C_2 操作。这些操作可参见图 4.6，以及甲烷中的等效 C 和 S 表。

旋转角度	对称操作
90°	S_4
180°	$C_2(=S_4^2)$
270°	S_4^3
360°	$E(=S_4^4)$

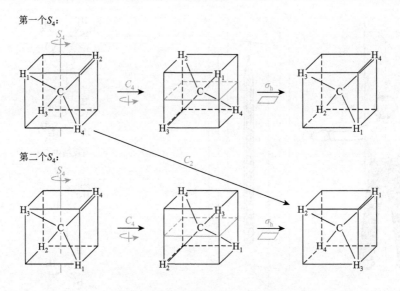

图 4.6　非真转动或旋转-反映操作

有时分子的 S_n 轴和 C_n 轴会重合，例如雪花，除了前面提到的旋转轴，还有 S_2（$\equiv i$）、S_3 和 S_6，都与 C_6 轴重合。分子中 S_{2n} 轴也可能与 C_n 轴重合，如图 4.6 中甲烷的 S_4 轴和 C_2 轴重合。

注意：一个 S_2 操作等效于反演操作，一个 S_1 操作等效于反映操作，在这些情况下，我们更倾向于将其标记为 i 和 σ^*。特此在表 4.1 中将对称元素及对称操作予以总结。

表 4.1　对称元素与对称操作总表

对称操作	对称元素	操作	示例	
E	无	所有原子不动	CHFClBr	
C_n	旋转轴	旋转 $360°/n$		
C_2			对二氯苯	
C_3			NH_3	
C_4			$[PtCl_4]^{2-}$	

---

* 这一偏好源于群论裹性，即分子对称操作种类数最大化，将在 4.3.3 节予以讨论。

续表

对称操作	对称元素	操作	示例	
C_5			C_5H_5	
C_6			苯	
σ	镜面	通过镜面反映	水	
i	反演中心（点）	通过中心反演	二茂铁	
S_n	旋转-反映轴（非真轴）	旋转 $360°/n$，再过垂直于该轴的平面反映		
S_4			甲烷	
S_6			乙烷（交错型）	
S_{10}			二茂铁（交错型）	

示例 4.1

找出下列分子中所有的对称元素。指认对称性时只考虑原子，因为孤对电子仅影响分子的形状，而分子对称性是基于原子构成的几何构型。

水

H_2O 有两个对称面（见表 4.1），一个在分子平面内，另一个垂直于分子平面；它还有 1 个 C_2 轴与两镜面的交线重合；没有反演中心。

对二氯苯

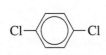

该分子有 3 个镜面：分子平面；过两个氯原子且垂直于分子的平面；垂直于前两个的平面，在分子中间将之二等分。它还有 3 个 C_2 轴：一个垂直于分子平面（见表 4.1），另两个在分子平面内（一个穿过两个氯原子；另一个与之垂直）。最后，对二氯苯有反演中心。

乙烷（交错型）

交错型乙烷有 3 个镜面，每个都包含 C—C 键轴并穿过分子两端处于反位的两个氢。它有 1 个与 C—C 键重合的 C_3 轴和 3 个平分镜面间夹角的 C_2 轴（用模型有助于观察 C_2 轴）。交错型乙烷也有反演中心，还有与 C_3 轴共线的 S_6 轴（见表 4.1）。

练习 4.1 用三维笛卡儿坐标系中的一个点，证明 $S_2 \equiv i$，$S_1 \equiv \sigma$。

练习 4.2 找出下列分子中所有的对称元素：

NH_3、环己烷（船式构象）、环己烷（椅式构象）、XeF_2

4.2 点 群

每个分子都有一组描述其整体对称性的对称操作，称为分子的点群（point group）。群论（group theory）是对点群性质的数学处理，可用于确定分子轨道、振动和分子的其他性质。点群可以通过一系列的步骤推导出，具体流程如图 4.7 所示。

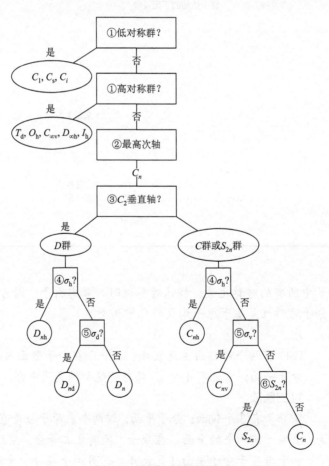

图 4.7 图示点群归属流程

1. 如表 4.2 和表 4.3 所述，先确定分子是否表现非常低的对称性（C_1、C_s、C_i）或高对称性（T_d、O_h、$C_{\infty v}$、$D_{\infty h}$ 或 I_h）。

2. 若非上述点群，则找出分子的 n 重最高次轴，作为分子的主轴。

3. 分子是否有垂直于 C_n 主轴的 C_2 轴？如果有，这种 C_2 轴应该有 n 个，它属于 D 类群；如果没有，则属于 C 或 S 类群。

4. 分子是否有垂直于主轴 C_n 的镜面（σ_h）？如果有，则属于 C_{nh} 或 D_{nh}；如果没有，请转至步骤 5。

5. 分子是否有包含主轴 C_n 的镜面（σ_v 或 σ_d）？如果有，则属于 C_{nv} 或 D_{nd}；如果没有，在 D 类群中，则归属为 D_n；如果在 C 或 S 类群中，请转至步骤 6。

6. 分子是否有与主轴 C_n 重合的 S_{2n} 轴？如果有，则属于 S_{2n}；如果没有，则属于 C_n。

每一步，都可通过对图 4.8 中分子的点群归属来说明。低、高对称性的分子，因其特殊性而被区别对待；其他分子，可以按照步骤 2～6 来确定所属点群。

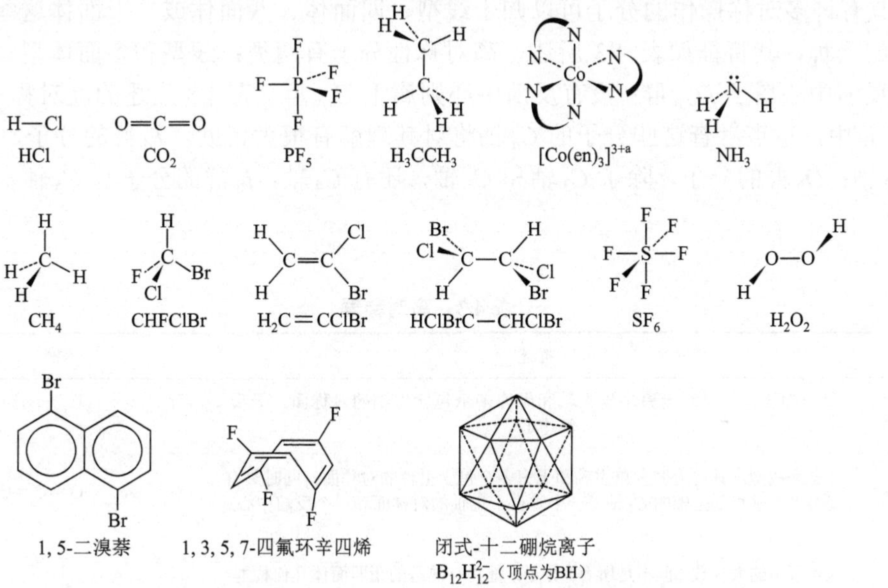

图 4.8　待归属的分子。a. en $=$ NH$_2$CH$_2$CH$_2$NH$_2$，用 N $\widehat{}$ N 表示

4.2.1　高、低对称性点群

1. 判断分子是否属于特殊高对称或低对称情况中的一种。

检查分子是否符合低对称性情况之一：这些群（表 4.2）没有对称操作或很少。

表 4.2　低对称群

群	对称性	示例	
C_1	除恒等操作外，没有其他对称性	CHFClBr	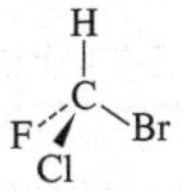

续表

群	对称性	示例	
C_s	只有一个对称面	$H_2C=CClBr$	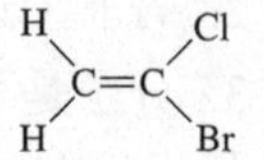
C_i	只有一个反演中心；相应的分子很少	HClBrC—CHClBr（交错型构象）	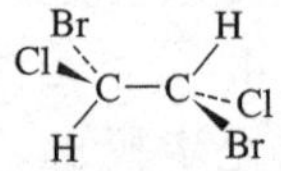

低对称性

CHFClBr 除了恒等操作之外，没有其他对称性，因此属于 C_1 群；$H_2CCClBr$ 只有一个对称面，属 C_s 群；交错型 HClBrC—CHClBr 只有一个反演中心，属 C_i 群。

高对称性

具有许多对称操作的分子可以归于线型、四面体、八面体或二十面体这些高对称情况的一种，其特征如表 4.3 所述。高对称性分子有两类：线型和多面体型。线型分子有反演中心属于 $D_{\infty h}$ 群；没有反演中心则属于 $C_{\infty v}$ 群。表 4.3 描述的高对称点群 T_d、O_h 和 I_h 中，重点考查这些分子的 C_n 轴将对其理解有很大帮助。T_d 群的分子，只有 C_3 和 C_2 轴；O_h 群的分子，除了 C_3 轴和 C_2 轴，还有 C_4 轴；I_h 群的分子有 C_5 轴、C_3 轴和 C_2 轴。

表 4.3　高对称群

群	描述	示例
$C_{\infty v}$	分子为线型，具有无穷多重主轴和无穷多个包含主轴的对称面，无反演中心。	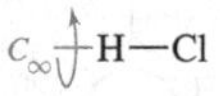 C_∞ H—Cl
$D_{\infty h}$	分子为线型，具有无穷多重主轴和无穷多个包含主轴的对称面；同时具有无穷多个垂直于主轴的 C_2 轴、一个垂直于主轴的对称面和一个反演中心。	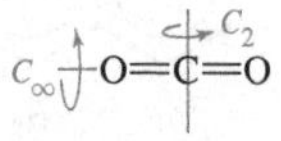 C_∞ O=C=O C_2
T_d	该点群中的大多数（但不是所有）分子，都具有熟悉的正四面体几何构型；它们有 4 个 C_3 轴、3 个 C_2 轴、3 个 S_4 轴和 6 个 σ_d 平面，无 C_4 轴。	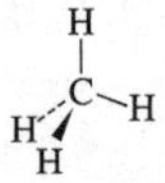 H C H
O_h	分子具有八面体构型；一些其他形式的分子，如立方体，也拥有同样一套对称操作。它们的 48 个对称操作中，有 4 个 C_3 旋转操作、3 个 C_4 旋转操作和一个反演操作。	 F—S—F
I_h	二十面体最佳的识别方法，是其具有 6 个 C_5 轴，而且拥有许多其他对称操作，共计 120 种。	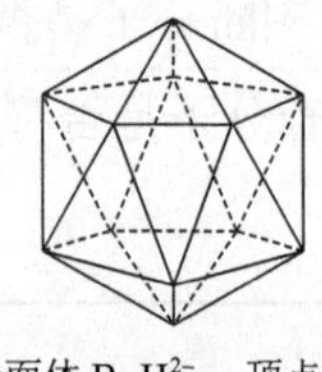 二十面体 $B_{12}H_{12}^{2-}$，顶点为 BH

此外，还有 4 个自然界中不常见的点群，T、T_h、O 和 I，将于本节末讨论。

HCl 具有 $C_{\infty v}$ 对称性，CO_2 有 $D_{\infty h}$ 对称性，CH_4 有四面体（T_d）对称性，SF_6 有八面体（O_h）对称性，$B_{12}H_{12}^{2-}$ 有二十面体（I_h）对称性。

在上面的 15 个分子中，现在尚有 7 个需要进行点群归属。

4.2.2　其他点群

2. 找出这 7 个分子的 n 重最高次轴作为主轴。

图 4.9 显示了这些分子的相关旋转轴。有些分子拥有多个等效的最高阶旋转轴，该情况下可任选一个作为主轴。

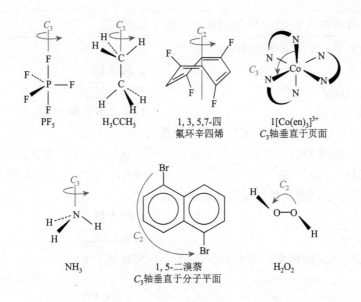

图 4.9　旋转轴

3. 判断分子是否有垂直于 C_n 主轴的 C_2 轴。

图 4.10 给出了有 C_2 垂直轴分子中垂直于主轴的 C_2 轴。

有 C_2 垂直轴：D 群

PF_5，H_3CCH_3，$[Co(en)_3]^{3+}$

无 C_2 垂直轴：C 或 S 群

NH_3，1, 5-二溴萘，H_2O_2，1, 3, 5, 7-四氟环辛四烯

有垂直于主轴的 C_2 轴的分子，属于由字母 D 代表的群之一；这种 C_2 垂直轴有 n 个。

无垂直于主轴的 C_2 轴的分子，属于由字母 C 或 S 代表的群之一。

虽然还未完成点群归属，但分子现已被分为两大类：D 类和 C 或 S 类。

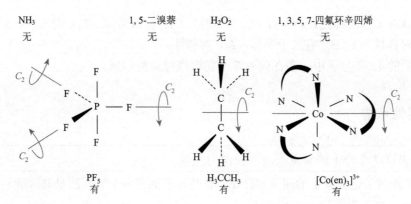

图 4.10　C_2 垂直轴。PF_5 中标出了所有 3 个 C_2 垂直轴；H_3CCH_3 和 $[Co(en)_3]^{3+}$ 中仅标出了 3 个轴中的 1 个

> 4. 分子是否有垂直于 C_n 主轴的对称面（水平镜面 σ_h）。

图 4.11 给出了分子的水平镜面 σ_h。

D 群	**C 和 S 群**
有 σ_h：$\boxed{D_{nh}}$	有 σ_h：$\boxed{C_{nh}}$
PF_5 属于 D_{3h}	1, 5-二溴萘属于 C_{2h}

对这些分子进行点群归属，它们都有水平镜面。

无 σ_h：D_n 或 D_{nd}	无 σ_h：C_n，C_{nv} 或 S_{2n}
H_3CCH_3，$[Co(en)_3]^{3+}$	NH_3，H_2O，1, 3, 5, 7-四氟环辛四烯

它们都没有水平镜面，所以还需之后进一步讨论。

D 群	**C 和 S 群**
有 σ_h：$\boxed{D_{nd}}$	有 σ_h：$\boxed{C_{nv}}$
H_3CCH_3（交错构象）属于 D_{3d}	NH_3 属于 C_{3v}

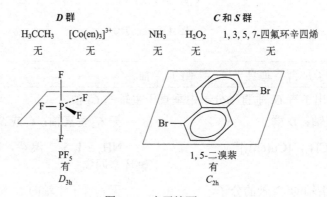

图 4.11　水平镜面

> 5. 分子是否有包含 C_n 主轴的镜面。

图 4.12 给出了分子中的镜面包含主轴的情况。

这些分子有包含主轴 C_n 的镜面，但没有水平镜面，被归属到相应的点群，它们有 n 个对称面。

无 σ_d: $\boxed{D_n}$ 　　　　　　　　　　　无 σ_d: C_n 或 S_{2n}

[Co(en)₃]³⁺属于 D_3 　　　　　　　　H₂O₂，1, 3, 5, 7-四氟环辛四烯

这些分子因为没有任何对称面，所以属于较简单的旋转群 D_n、C_n 和 S_{2n}。D_n 和 C_n 点群只有 C_n 轴；S_{2n} 点群具有 C_n 和 S_{2n} 轴，且可能有反演中心。

---

6. 是否具有与 C_n 主轴重合的 S_{2n} 轴。

D 群

此类中含 S_{2n} 轴的所有分子都有其相应的点群归属，无需考虑其他点群。

C 和 S 群

有：$\boxed{S_{2n}}$ 1, 3, 5, 7-四氟环辛四烯属于 S_4

无：$\boxed{C_n}$

H₂O₂ 属于 C_2

如图 4.12 所示，列表中只有 1 个例子归属于 S_{2n} 群。

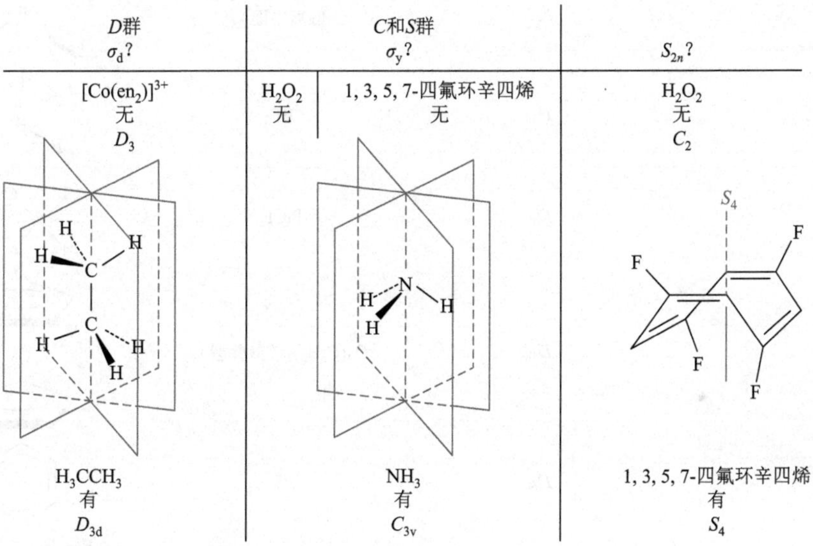

图 4.12 垂直镜面、二面角镜面或 S_{2n} 轴

图 4.7 用流程图总结了点群的归属方法，表 4.4 列出了更多的示例。

表 4.4 更多属于 C 和 D 点群的分子实例

点群类型	点群	实例	
C_{nh}	C_{2h}	N₂F₂	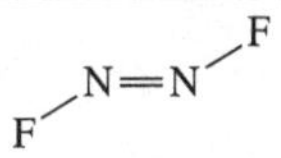
	C_{3h}	B(OH)₃	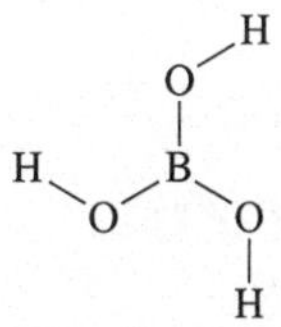

点群类型	点群	实例	
C_{nv}	C_{2v}	H_2O	
	C_{3v}	PCl_3	
	C_{4v}	BrF_5	
	$C_{\infty v}$	HF, CO, HCN	
C_n	C_2	N_2H_4（邻位交错）	
	C_3	$P(C_6H_5)_3$（就像一个三叶螺旋桨被磷上的孤对电子扭曲、偏离平面）	
D_{nh}	D_{3h}	BF_3	
	D_{4h}	$PtCl_4^{2-}$	
	D_{5h}	$Os(C_5H_5)_2$（重叠型）	
	D_{6h}	苯	
	$D_{\infty h}$	F_2, N_2, 乙炔	
D_{nd}	D_{2d}	丙二烯 $H_2C=C=CH_2$	
	D_{4d}	二环丁二烯合镍（交错型）	
	D_{5d}	$Fe(C_5H_5)_2$（交错型）	

续表

点群类型	点群	实例
D_n	D_3	$[Ru(NH_2CH_2CH_2NH_2)_3]^{2+}$（将乙二胺基团视为平面） 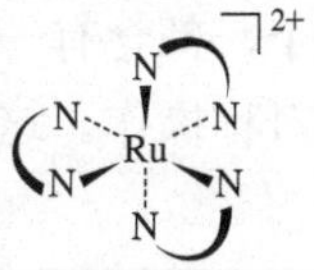

示例 4.2

根据图 3.13 和图 3.16，确定下列分子的点群。

XeF₄

1. 它不属于高或低对称群。

2. 它的最高阶旋转轴是 C_4。

3. 它有四个垂直于 C_4 轴的 C_2 轴，因此属于 D 类群。

4. 它有一个垂直于 C_4 轴的水平面。因此，它归属 D_{4h} 点群。

SF₄

1. 它不属于高或低对称群。

2. 它的最高阶（也是唯一的）旋转轴是通过孤对电子的 C_2 轴。

3. 该分子没有其他 C_2 轴，因此在 C 或 S 类群中。

4. 没有垂直于 C_2 的镜面。

5. 有两个包含 C_2 轴的镜面。因此，它归属 C_{2v} 点群。

IOF₃

该分子仅有一个镜面。它归属 C_s 点群。

练习 4.3 用前面描述的流程，验证表 4.4 中分子所属点群。

C 群与 D 群的对比

所有属于这两类群的分子都有 C_n 轴。如果有多个 C_n 轴，则使用最高阶（主）轴（n 的最大值）作为参考轴。通常我们把这个轴竖直摆放。

	D 类	C 类
一般情况：		
寻找垂直于最高阶 C_n 轴的 C_2 轴。	n 个 C_2 轴垂直于 C_n 轴	无 C_2 轴垂直于 C_n 轴
详细归类：		
有水平对称面	D_{nh}	C_{nh}
有 n 个含主轴对称面（竖直对称面）	D_{nd}	C_{nv}
无对称面	D_n	C_n

注意：

1. 竖直平面通常包含最高阶 C_n 轴。在 D_{nd} 点群中，此类平面因位于 C_2 轴之间，故称为二面角（dihedral，因此下标为 d）镜面。

2. 存在 C_n 轴并不保证分子就属于 D 或 C 类；高对称 T_d、O_h 和 I_h 及相关群，都包含大量 C_n 轴。

3. 当有疑问时，请查阅特征标表（附录 C），以获得任何点群对称元素的完整列表。

与 I_h、O_h 和 T_d 相关的群

高对称点群 I_h、O_h 和 T_d 在化学中无处不在，典型分子为 C_{60}、SF_6 和 CH_4。它们中的每一个，都含有一个纯旋转子群（分别为 I、O 和 T），即除恒等操作外只有真轴转动这一类对称操作。这些点群的对称操作列于表 4.5。

表 4.5　高对称性点群的对称操作以及它们的纯旋转子群

点群				对称操作						
I_h	E	$12C_5$	$12C_5^2$	$20C_3$	$15C_2$	i	$12S_{10}$	$12S_{10}^3$	$20S_6$	15σ
I	E	$12C_5$	$12C_5^2$	$20C_3$	$15C_2$					
O_h	E	$8C_3$	$6C_2$	$6C_4$	$3C_2\,(\equiv C_4^2)$	i	$6S_4$	$8S_6$	$3\sigma_h$	$6\sigma_d$
O	E	$8C_3$	$6C_2$	$6C_4$	$3C_2\,(\equiv C_4^2)$					
T_d	E	$8C_3$		$3C_2$			$6S_4$			$6\sigma_d$
T	E	$4C_3 \quad 4C_3^2$		$3C_2$						
T_h	E	$4C_3 \quad 4C_3^2$		$3C_2$		i	$4S_6$	$4S_6^5$	$3\sigma_h$	

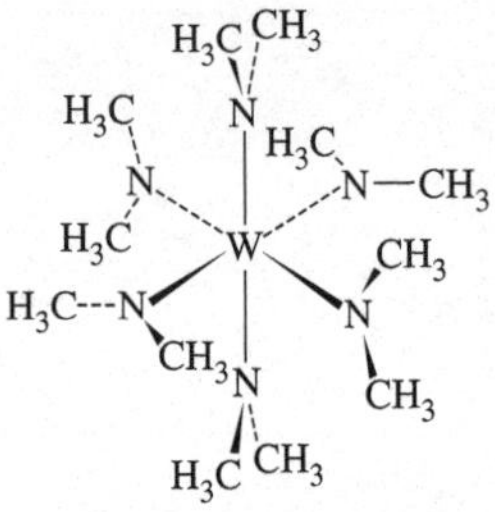

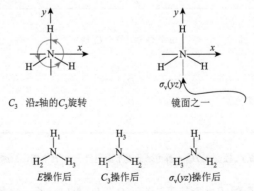

图 4.13　具有 T_h 对称性的分子 $W[N(CH_3)_2]_6$

现在还剩下一个高对称点群，T_h。该群通过在 T 点群上加上一个反演中心而得，并因此衍生出附加对称操作 S_6、S_6^5 和 σ_h。已知具有 T_h 对称性的分子很少，图 4.13 中的化合物是一个实例。在化学领域中，很少遇到 I、O、T 点群。

关于点群就介绍这么多！想要学好点群，需要大量的练习，最好是使用分子模型；一旦你认识了点群，它们就会非常有用。本章讨论了点群的几个实际应用，后续章节还会介绍其他应用。

4.3　群属性与群表示

所有的数学群（包括点群）都必须具有某些属性。以图 4.14 中 NH_3 的对称操作为例，这些属性列于表 4.6 并加以说明。

C_3　沿 z 轴的 C_3 旋转　　　　镜面之一

E 操作后　　　C_3 操作后　　　$\sigma_v(yz)$ 操作后

图 4.14　NH_3 分子的对称操作。其点群归属 C_{3v}（俯视图），对称操作包括 E、C_3、C_3^2、σ_v、σ_v' 和 σ_v''，通常写为 E、$2C_3$ 和 $3\sigma_v$（注意 $C_3^3 \equiv E$）。

表 4.6　点群的属性

群的性质	点群中的例子
1. 每个群必须包含一个恒等（identity）操作；该操作可与群中所有其他元素交换，并保持它们不变（$EA = AE = A$）。	C_{3v} 所属分子（实际上所有分子），包含恒等操作 E。
2. 每个操作都必须有一个逆（inverse）操作；当与逆操作结合时，产生恒等操作（有时，逆操作即为其自身）。注意：循例，我们按书写的从右到左顺序，执行对称操作。	$C_3^2 C_3 = E$（C_3 和 C_3^2 互为逆操作） $\sigma_v \sigma_v = E$（镜面以虚线表示；σ_v 是其自身的逆操作）
3. 群中任意两个操作相乘的结果，必定是群中的一个元素；任何操作与其自身的乘积，也包括在内。	$\sigma_v C_3$ 和 σ_v'' 总体效果相同，写为 $\sigma_v C_3 = \sigma_v''$。可以证明，$C_{3v}$ 中任两种操作的乘积也是 C_{3v} 的元素。
4. 操作组合，遵守结合律，即 $A(BC) = (AB)C$。	$C_3(\sigma_v \sigma_v') = (C_3 \sigma_v)\sigma_v'$

4.3.1　矩阵

　　关于点群对称性方面的重要信息，汇总在本章末的特征标表中。为了掌握特征标表的构建及其使用，我们必须考虑矩阵的性质——它们是特征标表的基础*。

　　矩阵（matrix）是一个有序的数字组，例如

$$\begin{bmatrix} 3 & 7 \\ 2 & 1 \end{bmatrix} \text{ 或 } \begin{bmatrix} 2 & 0 & 1 & 3 & 5 \end{bmatrix}$$

　　虽然用分子可以检验组成一个群的对称操作性质（如前所述），但最严格的测试须用矩阵定义操作。若要矩阵相乘，第一个矩阵的列数必须等于第二个矩阵的行数。矩阵乘积须将第一个矩阵每一行与第二个矩阵每一列的乘积逐项相加（一行中的每一项必须与第二个矩阵相应列中的对应项相乘），所得之和置于乘积矩阵中，其行数由第一个矩阵的行数确定，而列数由第二个矩阵的列数确定：

$$C_{ij} = \Sigma A_{ik} \times B_{kj}$$

其中，C_{ij} 是 i 行 j 列的乘积矩阵；A_{ik} 是 i 行 k 列的初始矩阵；B_{kj} 是 k 行 j 列的初始矩阵。

　　示例 4.3

$$i\begin{matrix} k & & j \\ \begin{bmatrix} 1 & 5 \\ 2 & 6 \end{bmatrix} & \times & \begin{bmatrix} 7 & 3 \\ 4 & 8 \end{bmatrix}k \end{matrix} = \begin{bmatrix} (1)(7)+(5)(4) & (1)(3)+(5)(8) \\ (2)(7)+(6)(4) & (2)(3)+(6)(8) \end{bmatrix} = \begin{bmatrix} 27 & 43 \\ 38 & 54 \end{bmatrix}i$$

---

* 有关矩阵及其操作的更多详细信息，参见 F. A. Cotton, *Chemical Applications of Group Theory*, 3rd ed., John Wiley & Sons, New York, 1990 的附录 1，以及线性代数和有限数学方面的教科书。

此例中，每个初始矩阵有两行两列，因此乘积矩阵也有两行两列，$i=j=k=2$。

$$i\begin{bmatrix}1 & 2 & 3\end{bmatrix}\overset{k\qquad\qquad j}{\begin{bmatrix}1 & 0 & 0 \\ 0 & -1 & 0 \\ 0 & 0 & 1\end{bmatrix}}k$$

$$=\overset{j}{[(1)(1)+(2)(0)+(3)(0)\quad (1)(0)+(2)(-1)+(3)(0)\quad (1)(0)+(2)(0)+(3)(1)]}\; i=\overset{j}{[1\quad -2\quad 3]}i$$

此处 $i=1$，$j=3$，$k=3$，所以乘积矩阵有一行（i）三列（j）。

$$i\overset{k\quad j}{\begin{bmatrix}1 & 0 & 0 \\ 0 & -1 & 0 \\ 0 & 0 & 1\end{bmatrix}\begin{bmatrix}1 \\ 2 \\ 3\end{bmatrix}}k=\overset{j}{\begin{bmatrix}(1)(1)+(0)(2)+(0)(3) \\ (0)(1)+(-1)(2)+(0)(3) \\ (0)(1)+(0)(2)+(1)(3)\end{bmatrix}}i=\overset{j}{\begin{bmatrix}1 \\ -2 \\ 3\end{bmatrix}}i$$

此处 $i=3$，$j=1$，$k=3$，所以乘积矩阵有三行（i）一列（j）。

练习 4.4　做下列乘法：

a. $\begin{bmatrix}5 & 1 & 3 \\ 4 & 2 & 2 \\ 1 & 2 & 3\end{bmatrix}\times\begin{bmatrix}2 & 1 & 1 \\ 1 & 2 & 3 \\ 5 & 4 & 3\end{bmatrix}$　　b. $\begin{bmatrix}1 & -1 & -2 \\ 0 & 1 & -1 \\ 1 & 0 & 0\end{bmatrix}\times\begin{bmatrix}2 \\ 1 \\ 3\end{bmatrix}$　　c. $[1\quad 2\quad 3]\times\begin{bmatrix}1 & -1 & -2 \\ 2 & 1 & -1 \\ 3 & 2 & 1\end{bmatrix}$

4.3.2　点群的表示

对称操作：矩阵表示

现在我们考查 C_{2v} 点群对称操作如何变换一组 x、y 和 z 坐标。水分子具有 C_{2v} 对称性：分子平面内有 1 个穿过氧原子的 C_2 轴，无垂直的 C_2 轴和水平镜面；但确有两个垂直镜面，如表 4.1 和图 4.15 所示。通常选择旋转对称性最高的轴作为 z 轴；对于 H_2O，这是唯一的旋转轴，其他坐标轴是任意的。我们取分子平面*作为 xz 面，坐标系取向遵循右手法则（右手的大拇指和前两个手指互相垂直，分别标记为 x、y 和 z 轴方向）。

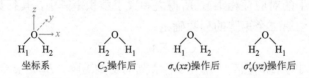

图 4.15　水分子的对称操作

每个对称操作可用变换矩阵（transformation matrix）表示，如：

[新坐标] = [变换矩阵][旧坐标]

以 C_{2v} 点群为例，观察如何用变换矩阵表示对称操作：

---

* 有些资料用 yz 作为分子平面。4.3.3 节中 B_1 和 B_2 的定义就与此相反。

C_2： 绕 $C_2(z)$ 轴旋转具有坐标 (x, y, z) 的点。新的坐标变为

$$x' = \text{new } x = -x$$
$$y' = \text{new } y = -y \qquad \begin{bmatrix} -1 & 0 & 0 \\ 0 & -1 & 0 \\ 0 & 0 & 1 \end{bmatrix} \quad C_2 \text{ 的变换矩阵}$$
$$z' = \text{new } z = z$$

矩阵方程为

$$\begin{bmatrix} x' \\ y' \\ z' \end{bmatrix} = \begin{bmatrix} -1 & 0 & 0 \\ 0 & -1 & 0 \\ 0 & 0 & 1 \end{bmatrix} \begin{bmatrix} x \\ y \\ z \end{bmatrix} = \begin{bmatrix} -x \\ -y \\ z \end{bmatrix} \quad \text{或} \quad \begin{bmatrix} x' \\ y' \\ z' \end{bmatrix} = \begin{bmatrix} -x \\ -y \\ z \end{bmatrix}$$

$$[\text{新坐标}] = [\text{转换矩阵}][\text{旧坐标}] = \begin{bmatrix} \text{以旧坐标表} \\ \text{示的新坐标} \end{bmatrix}$$

$\sigma_v(xz)$： 以 xz 平面反映具有坐标 (x, y, z) 的点。新的坐标变为

$$x' = \text{new } x = x$$
$$y' = \text{new } y = -y \qquad \begin{bmatrix} 1 & 0 & 0 \\ 0 & -1 & 0 \\ 0 & 0 & 1 \end{bmatrix} \quad \sigma_v(xz) \text{的变换矩阵}$$
$$z' = \text{new } z = z$$

矩阵方程为

$$\begin{bmatrix} x' \\ y' \\ z' \end{bmatrix} = \begin{bmatrix} 1 & 0 & 0 \\ 0 & -1 & 0 \\ 0 & 0 & 1 \end{bmatrix} \begin{bmatrix} x \\ y \\ z \end{bmatrix} = \begin{bmatrix} x \\ -y \\ z \end{bmatrix} \quad \text{或} \quad \begin{bmatrix} x' \\ y' \\ z' \end{bmatrix} = \begin{bmatrix} x \\ -y \\ z \end{bmatrix}$$

依此类推，该群 4 个对称操作的变换矩阵为

$$E\text{:} \begin{bmatrix} 1 & 0 & 0 \\ 0 & 1 & 0 \\ 0 & 0 & 1 \end{bmatrix} \quad C_2\text{:} \begin{bmatrix} -1 & 0 & 0 \\ 0 & -1 & 0 \\ 0 & 0 & 1 \end{bmatrix} \quad \sigma_v(xz)\text{:} \begin{bmatrix} 1 & 0 & 0 \\ 0 & -1 & 0 \\ 0 & 0 & 1 \end{bmatrix} \quad \sigma_v'(yz)\text{:} \begin{bmatrix} -1 & 0 & 0 \\ 0 & 1 & 0 \\ 0 & 0 & 1 \end{bmatrix}$$

练习 4.5　验证 C_{2v} 点群的 E 和 $\sigma_v'(xz)$ 操作的变换矩阵。

这组矩阵满足数学群（group）的性质，称为 C_{2v} 点群的矩阵表示（matrix representation）。其中，每个矩阵都对应该群的一个操作，这些矩阵的组合方式与操作本身相同。例如，两个矩阵相乘等于执行两个相应操作得到一个直接转换坐标的矩阵，与对称操作的组合一致（从右到左进行操作，所以以 $C_2 \times \sigma_v$ 意味着先 σ_v 再 C_2 的操作）：

$$C_2 \times \sigma_v(xz) = \begin{bmatrix} -1 & 0 & 0 \\ 0 & -1 & 0 \\ 0 & 0 & 1 \end{bmatrix} \begin{bmatrix} 1 & 0 & 0 \\ 0 & -1 & 0 \\ 0 & 0 & 1 \end{bmatrix} = \begin{bmatrix} -1 & 0 & 0 \\ 0 & 1 & 0 \\ 0 & 0 & 1 \end{bmatrix} = \sigma_v'(yz)$$

表示 C_{2v} 群的矩阵同样描述了图 4.15 所示的群操作。C_2 和 $\sigma_v'(yz)$ 操作交换 H_1 和 H_2 位置，而 E 和 $\sigma_v(xz)$ 操作则保持它们不变。

特征标

特征标（character）仅定义于方阵，是该矩阵的"迹"，指沿对角线从左上至右下的数字总和。对于 C_{2v} 点群，由前几个矩阵得到如下特征标：

E	C_2	$\sigma_v(xz)$	$\sigma'_v(yz)$
3	–1	1	1

这组特征标还形成了一种表示（representation），即矩阵表示的简写版，称为可约表示（reducible representation），是下文中更加基本的不可约表示（irreducible representation）的组合。可约表示通常记为 Γ（大写的 γ）。

可约表示和不可约表示

C_{2v} 集中的每个变换矩阵都可以"分块对角化"，即将其沿对角线分解为更小的矩阵，而其他矩阵元素均为零：

$$E: \begin{bmatrix} [1] & 0 & 0 \\ 0 & [1] & 0 \\ 0 & 0 & [1] \end{bmatrix} \quad C_2: \begin{bmatrix} [-1] & 0 & 0 \\ 0 & [-1] & 0 \\ 0 & 0 & [1] \end{bmatrix} \quad \sigma_v(xz): \begin{bmatrix} [1] & 0 & 0 \\ 0 & [-1] & 0 \\ 0 & 0 & [1] \end{bmatrix} \quad \sigma'_v(yz): \begin{bmatrix} [-1] & 0 & 0 \\ 0 & [1] & 0 \\ 0 & 0 & [1] \end{bmatrix}$$

所有的非零元素变成了沿着主对角线的 1×1 矩阵。

这样对矩阵进行分块对角化时，x、y、z 坐标也被分块对角化，因此它们相互独立。在 $(1,1)$ 位置（数字分别表示行和列）的矩阵元素，描述 x 坐标在对称操作后的结果；在 $(2,2)$ 和 $(3,3)$ 位置的矩阵元素，则分别描述 y 和 z 坐标在对称操作后的结果。x 坐标在 4 个矩阵中的对应元素，构成了群的一种表示；而 y 和 z 的 4 个相应矩阵元素，则构成群的第二、第三种表示，如下表所示：

	E	C_2	$\sigma_v(xz)$	$\sigma'_v(yz)$	所用坐标
	1	–1	1	–1	x
	1	–1	–1	1	y
	1	1	1	1	z
Γ	3	–1	1	1	

C_{2v} 点群的这些不可约表示相加，构成可约表示 Γ。

表中的每一行都是一个不可约表示，无法进一步简化。这 3 个不可约表示的特征标在每个操作（列）下加和，即组成可约表示特征标 Γ，正如 x、y 和 z 坐标的所有矩阵组合构成可约表示的矩阵一样。例如，C_2 操作下，x、y 和 z 的 3 个特征标之和是 –1，即为同样操作下可约表示 Γ 的特征标。

从 H_2O 得到的 3×3 矩阵集称为可约矩阵表示，因为它是不可约表示之和（分块对角化 1×1 矩阵），不能被约化为更小的组成部分；基于同样原因，这些矩阵的特征标也构成了可约表示 Γ。

4.3.3　特征标表

C_{2v} 中已确定的 3 个表示，标记为 A_1、B_1 和 B_2；第四个表示 A_2，可以通过表 4.7 中描述的群属性确认。

表 4.7 点群中不可约表示的特征标性质

性质	示例：C_{2v}
1. 群中对称操作的总数称为阶（order，h）。想要确定一个群的阶数，只需将特征标表中第一行列出的对称操作数加和。	阶数 = 4 4 个对称操作：E、C_2、$\sigma_v(xz)$ 和 $\sigma_v'(yz)$
2. 对称操作按类（class）排列。同一类中所有操作的转换矩阵特征标相同，这些操作在特征标表中被列为同一列。	每个对称操作在不同的类中，因此特征标表有 4 列。
3. 不可约表示的数目等于类数。这意味着特征标表具有相同的行数和列数（它们是正方形的）。	因为有 4 种"类"，所以必然也有 4 种不可约表示。
4. 每个不可约表示的维数（dimension）（E 行以下的特征标）的平方和，等于群的阶数。 $$h = \sum_i [\chi_i(E)]^2$$	$1^2 + 1^2 + 1^2 + 1^2 = 4 = h$，群的阶数。
5. 对于任意不可约表示，特征标平方和乘以类中操作的数目（示例见表 4.8），等于群的阶数。 $$h = \sum_R [\chi_i(R)]^2$$	对于 A_2，$1^2 + 1^2 + (-1)^2 + (-1)^2 = 4 = h$，每个操作都是群中自己的类。
6. 不可约表示彼此正交（orthogonal）。对于任一对不可约表示，每个类的特征标乘积之和为 0。 $i \neq j$ 时，$$h = \sum_R \chi_i(R)\chi_j(R) = 0$$ 取任意一对不可约表示，将每个类的特征标相乘，再乘以类中的操作数（示例见表 4.8），然后将乘积相加，得到 0。	B_1 和 B_2 相互正交： $(1)(1) + (-1)(-1) + (1)(-) + (-1)(1) = 0$ $\quad E \qquad C_2 \qquad \sigma_v(xz) \quad \sigma_v'(yz)$ 每个操作都是群中自己的类。
7. 群都有一个完全对称表示（totally symmetric representation），其所有操作的特征标都为 1。	C_{2v} 有一个 A_1，其中所有特征标都为 1。

点群不可约表示的完整集合，称为该群的特征标表（character table），每个点群的特征标表是唯一的；常用点群的特征标表列于附录 C。

按不可约表示的常用顺序，C_{2v} 的完整特征标表为

C_{2v}	E	C_2	$\sigma_v(xz)$	$\sigma_v'(yz)$		
A_1	1	1	1	1	z	x^2, y^2, z^2
A_2	1	1	−1	−1	R_z	xy
B_1	1	−1	1	−1	x, R_y	xz
B_2	1	−1	−1	1	y, R_x	yz

特征标表中使用的符号：

x, y, z	x、y、z 坐标的变换或它们的组合
R_x, R_y, R_z	绕 x、y 和 z 轴旋转
R	任意对称操作，如 C_2 或 $\sigma_v(xz)$
χ	操作的特征标
i 和 j	指定不同的表示，如 A_1 或 A_2
h	群的阶数（群中对称操作的总数）

左列中指定不可约表示的符号将在本节后面进行描述，其他有用的术语定义见表 4.7。

　　关于 C_{2v} 群的 A_2 表示，特征标表有 4 列，对应于 4 类对称操作（表 4.7 中性质 2），因此，它必须有 4 个不可约表示（性质 3）。因为任意两个表示的特征标乘积之和为 0（正交性，性质 6），所以 A_1 和 A_2 特征标乘积必须有两个为 1，而另两个为–1。A_2 的恒等操作的特征标必须是 $1[\chi(E)=1]$，才能使这些特征标的平方和等于 4（性质 4）。而且，因为没有两个表示是相同的，所以 A_2 必须有 $\chi(E)=\chi(C_2)=1$，$\chi(\sigma_{xz})=\chi(\sigma_{yz})=-1$。正如所要求的那样，$A_2$ 也与 B_1 和 B_2 正交。

　　对称操作、矩阵表示、可约和不可约表示以及特征标表之间的关系，可以方便地用流程图说明，如表 4.8 中 C_{2v} 对称性。

表 4.8　群表示流程图：H_2O（C_{2v}）

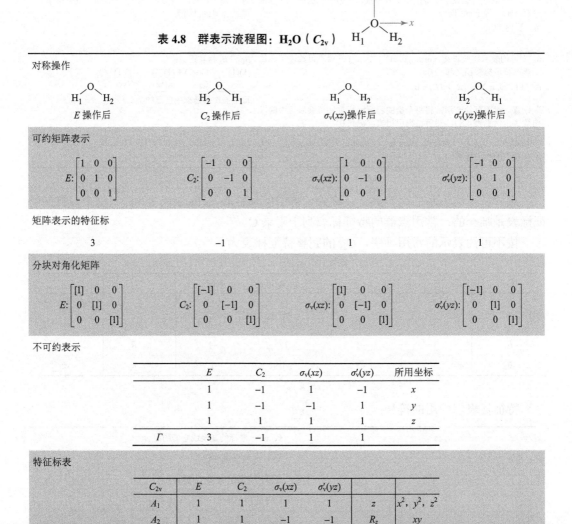

练习 4.6　*trans*-N_2F_2 具有 C_{2h} 对称性，请按照表 4.8 的格式，为其制作一份群表示流程图。

另一个示例：C_{3v}（NH_3）

对于该群中的操作矩阵，此处不再给予完整描述，但是可以通过使用群的属性来找到特征标。以图 4.16 所示的 C_3 旋转为例，逆时针旋转 120° 会产生新的坐标（x', y'），可以用三角函数表示转换关系：

$$x' = x\cos\frac{2\pi}{3} - y\sin\frac{2\pi}{3} = -\frac{1}{2}x - \frac{\sqrt{3}}{2}y$$

$$y' = x\sin\frac{2\pi}{3} + y\cos\frac{2\pi}{3} = \frac{\sqrt{3}}{2}x - \frac{1}{2}y$$

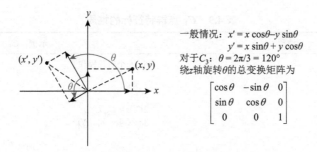

一般情况：$x' = x\cos\theta - y\sin\theta$
$y' = x\sin\theta + y\cos\theta$
对于 C_3：$\theta = 2\pi/3 = 120°$
绕 z 轴旋转 θ 的总变换矩阵为

$$\begin{bmatrix} \cos\theta & -\sin\theta & 0 \\ \sin\theta & \cos\theta & 0 \\ 0 & 0 & 1 \end{bmatrix}$$

图 4.16　旋转操作对坐标点的影响

对称操作的变换矩阵是

$$E:\begin{bmatrix} 1 & 0 & 0 \\ 0 & 1 & 0 \\ 0 & 0 & 1 \end{bmatrix} \quad C_3:\begin{bmatrix} \cos\dfrac{2\pi}{3} & -\sin\dfrac{2\pi}{3} & 0 \\ \sin\dfrac{2\pi}{3} & \cos\dfrac{2\pi}{3} & 0 \\ 0 & 0 & 1 \end{bmatrix} = \begin{bmatrix} -\dfrac{1}{2} & -\dfrac{\sqrt{3}}{2} & 0 \\ \dfrac{\sqrt{3}}{2} & -\dfrac{1}{2} & 0 \\ 0 & 0 & 1 \end{bmatrix} \quad \sigma_v(xz):\begin{bmatrix} 1 & 0 & 0 \\ 0 & -1 & 0 \\ 0 & 0 & 1 \end{bmatrix}$$

C_{3v} 点群中，$\chi(C_3^2) = \chi(C_3)$，意味着它们在同一个类中，在特征标表中记为 $2C_3$。此外，3 个平面反映操作具有相同特征标，也在同一类中，记为 $3\sigma_v$。

C_3 和 C_3^2 的变换矩阵不能分块对角化为 1×1 矩阵（存在非对角项），但可以分块对角化为 2×2 和 1×1 两个矩阵，而使其他矩阵元均为 0：

$$E:\begin{bmatrix} 1 & 0 & 0 \\ 0 & 1 & 0 \\ 0 & 0 & [1] \end{bmatrix} \quad C_3:\begin{bmatrix} -\dfrac{1}{2} & -\dfrac{\sqrt{3}}{2} & 0 \\ \dfrac{\sqrt{3}}{2} & -\dfrac{1}{2} & 0 \\ 0 & 0 & [1] \end{bmatrix} \quad \sigma_v(xz):\begin{bmatrix} 1 & 0 & 0 \\ 0 & -1 & 0 \\ 0 & 0 & [1] \end{bmatrix}$$

C_3 矩阵必须这样分块，因为新的点（x', y'）需要用（x, y）组合，即每个变换后的坐标 x' 和 y' 都需要两个原始坐标 x 和 y 来确定。如同图 4.16 中一般变换矩阵所定义的那样，大多数旋转操作都有类似情况。C_{3v} 的其他矩阵表示，必须遵循相同模式以确保彼此之间的一致性；在该情况下，x 和 y 不能相互独立。

矩阵的特征标，是主对角线上（从左上到右下）各数之和。2×2 矩阵集的特征标对应于下列特征标表中的 E 表示；1×1 矩阵的集与 A_1 表示匹配；第三个不可约表示 A_2 可以用数学群定义的属性找到，如之前 C_{2v} 所述。表 4.9 给出了 C_{3v} 点群特征标的性质。

C_{3v}	E	$2C_3$	$3\sigma_v$		
A_1	1	1	1	z	$x^2+y^2,\ z^2$
A_2	1	1	-1	R_z	
E	2	-1	0	$(x, y),\ (R_x, R_y)$	$(x^2-y^2, xy),(xz, yz)$

表 4.9　C_{3v} 点群特征标的性质

性质	示例：C_{3v}
1. 阶数	6（6 个对称操作）
2. 类	3 类： E $2C_3\ (= C_3, C_3^2)$ $3\sigma_v\ (= \sigma_v, \sigma_v', \sigma_v'')$
3. 不可约表示数目	3 (A_1, A_2, E)
4. 维数平方和等于群的阶数	$1^2 + 1^2 + 2^2 = 6$
5. 特征标的平方乘以每个类中的操作数目之和，等于群的阶数	$\quad\quad E \quad 2C_3 \quad 3\sigma_v$ $A_1:\ 1^2 + 2(1)^2 + 3(1)^2 = 6$ $A_2:\ 1^2 + 2(1)^2 + 3(-1)^2 = 6$ $E:\ 2^2 + 2(-1)^2 + 3(0)^2 = 6$ （平方乘以每个类中的对称操作数）
6. 正交表示	任意两种表示的乘积乘以每个类中的操作数，加和等于 0。 $A_2 \times E$ 的例子： $\quad (1)(2) + 2(1)(-1) + 3(-1)(0) = 0$
7. 完全对称的表示	A_1，所有特征标都为 1。

特征标表的其他特性

1. 当操作如 C_3 和 C_3^2 属于同一类时，在特征标表中共同列为 $2C_3$，这表示无论顺时针或逆时针方向旋转，对应的特征标都相同（C_3 和 C_3^2 对应相同的特征标），相当于表中的两列汇为一列显示。类似的表示也用于多次反映操作。

2. 必要时，垂直于主轴的 C_2 轴（在 D 群中）加"撇"表示；单撇表示轴穿过分子的对称原子，而双撇表示轴穿行于原子之间。

3. 当镜面垂直于主轴或为水平面时，记作 σ_h；其他对称面标为 σ_v 或 σ_d（参见附录 C 中的特征标表）。

4. 列在特征标右边的符号，指点群的对称性基于 x、y、z 轴、其他数学函数及围绕这些轴的旋转（R_x、R_y、R_z），用于查找对称性与群表示匹配的原子轨道。例如，x 轴的正负方向与 p_x 轨道匹配（其节点在 yz 平面内）；函数 xy 在 xy 平面四个象限中符号交替，与 d_{xy} 轨道的波瓣匹配，图 4.17 显示了这些对应关系。完全对称的 s 轨道总是和群中第一个表示（A 集合中的一个不可约表示）相匹配。描述绕坐标轴（R_x、R_y、R_z）旋转的不可约表示，也描述了分子绕这些轴的转动。关于讨论水分子的旋转和其他运动，详见 4.4.2 节。

在 C_{3v} 的例子中，x 和 y 坐标同时出现在 E 不可约表示中。为此，在表中将它们分组为（x, y），意即"x 和 y 一起"与 E 不可约表示具有相同对称性。因此，在这个点群中，p_x 和 p_y 轨道也一起有与 E 不可约表示相同的对称性。

5. 将分子的对称操作与特征标表第一行内容进行匹配，可将任意点群进行符号标记。

6. 不可约表示根据以下规则赋于符号，其中对称表示特征标为 1，反对称表示特征标为 –1（见附录 C 特征标表中的例子）。

a. 字母用于标记不可约表示的维数（恒等操作的特征标）。

维数	对称性符号
1	A 绕主轴旋转操作为"对称"的群表示（$\chi(C_n) = 1$）。 B 为"反对称"的群表示（$\chi(C_n) = -1$）。[*]
2	E
3	T

b. 下标 1 和 2，区分垂直于主轴的 C_2 旋转操作的群表示，"对称"时为 1，反之为 2。如果没有垂直的 C_2 轴，用垂直镜面代替进行区分，"对称"为 1，"反对称"为 2。

c. 下标 g，代表反演操作时为"对称"的群表示；下标 u 则反之。

d. 当需要区分群表示（C_{3h}、C_{5h}、D_{3h}、D_{5h}）时，单撇代表 σ_h 操作时为"对称"，而双撇代表对于 σ_h 操作反对称。

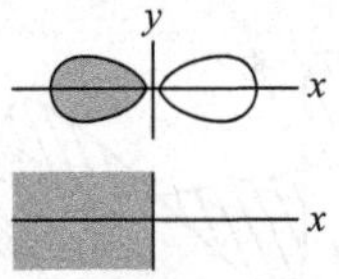

p_x 轨道与 x 坐标（一半象限为正，另一半象限为负）
对称性相同。

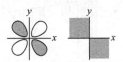

d_{xy} 轨道与函数 xy（函数在四个象限中的符号）
对称性相同。

图 4.17　轨道和表示

4.4　对称性的实例与应用

本节中，我们将考查对称性和群论在手性和分子振动领域中的两种应用。第 5 章中，还将探讨如何利用对称性来理解化学键，这也许是对称性在化学中最重要的应用。

---

[*] 在少数情况下，如 D_{nd}（n = 偶数）和 S_{2n} 点群，最高阶轴为 S_{2n}。这个轴具有优先级，所以即使特征标对 C_n 轴的最高阶为 + 1，但特征标对 S_{2n} 操作为 –1，则归为 B 类。

4.4.1 手性

许多分子不能与其镜像重叠，它们被称为手性（chiral）或不对称（dissymmetric）分子。由于其与镜像不可重叠的性质，此类分子可能具有重要的化学性质。CBrClFI 是一个手性分子。另外，还有许多宏观的手性物体，如图 4.18 所示。

图 4.18 手性分子和手性物体

手性物体被称为不对称物体，但该术语并不意味着这些物体一定不具有对称性。例如，图 4.18 中的一对螺旋桨都有 C_3 轴，但它们是不重叠的（如果两者均沿顺时针方向旋转，它们将导致飞机相向而行）。通常而言，如果分子或物体没有对称操作（E 除外），或者仅有真旋转轴，则它是手性的。

练习 4.7 手性分子可能归属于哪些点群？（提示：参考附录 C 中的特征标表）

空气流经图 4.18 中的静态螺旋桨后，将沿着顺时针或逆时针的方向旋转。类似地，平面偏振光在透过手性分子时也会偏转（图 4.19）。顺时针偏转，称为**右旋**（dextrorotatory）；逆时针偏转，称为**左旋**（levorotatory）。手性分子旋转平面偏振光的能力，称为**光学活性**（optical activity），可以通过实验测量。

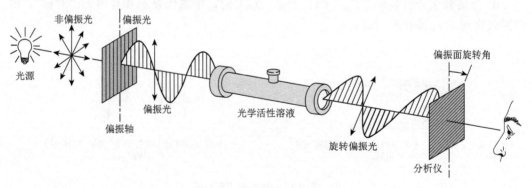

图 4.19 平面偏振光的转动

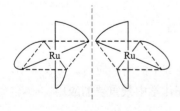

图 4.20 [Ru(NH₂CH₂CH₂NH₂)₃]²⁺ 的手性异构体

许多配合物是手性的，如果能被拆分为两个异构体，就能显示出光学活性。$[Ru(NH_2CH_2CH_2NH_2)_3]^{2+}$ 是其中的一种，具有 D_3 对称性（图 4.20）。该分子与其镜像看起来非常像左、右手的三叶螺旋桨。更多示例将在第 9 章中讨论。

4.4.2　分子振动

通晓对称性有助于确定分子的振动模式。如下文所述，对称性可用于简单处理水分子振动模式和羰基配合物中 CO 的伸缩模式，同样的方法也可用于对其他分子的研究。

水（C_{2v} 对称性）

因为研究振动就是研究分子中原子的运动，所以必须先给每个原子定义一组 x、y 和 z 坐标。为了方便，我们指定 z 轴平行于分子的 C_2 轴，x 轴在分子平面内，y 轴垂直于该平面（图 4.21）。每个原子可以在 3 个方向上运动，因此必须考虑共有 9 种位置变换。分子中有 N 个原子时，总共有 $3N$ 个原子运动，称之为自由度（degrees of freedom）。表 4.10 总结了不同几何结构的自由度。因为水分子中有 3 个原子，所以必然有 9 个不同运动。

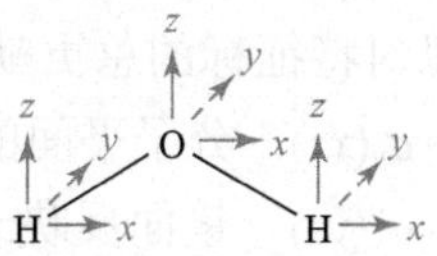

图 4.21　水分子的一组坐标轴

表 4.10　自由度

原子数	总自由度	平动模式	转动模式	振动模式
N（线型）	$3N$	3	2	$3N-5$
3（HCN）	9	3	2	4
N（非线型）	$3N$	3	3	$3N-6$
3（H_2O）	9	3	3	3

我们将使用变换矩阵，以确定 C_{2v} 点群内所有 9 种运动的对称性，可将它们归类为平动、转动和振动。幸运的是，我们只需确定变换矩阵的特征标即可（对于特定类别的对称操作，只有一个变换矩阵），而不是单个的矩阵元素。

在这种情况下，初始坐标轴构成一个列矩阵，含有 9 个元素。每个变换矩阵为 9×9 矩阵，其中非零项只出现在位置不变的原子的矩阵对角线上。如果原子在对称操作期间改变了位置，则输入 0；如果原子保持在原来的位置，并且向量方向没有改变，则输入 1；如果原子保持不变，但向量反向，则输入 -1（在 C_{2v} 点群中，所有改变向量方向的操作均为 0° 或 180°，则这是唯一的结果）。当 9 个向量加和时，得到可约表示符号 Γ 的特征标。以 C_2 的完整 9×9 矩阵为例，只有对角线项用于查找特征标。

$$
\begin{array}{c}
\mathrm{O} \left\{\begin{array}{c} x' \\ y' \\ z' \end{array}\right. \\
\mathrm{H_a} \left\{\begin{array}{c} x' \\ y' \\ z' \end{array}\right. \\
\mathrm{H_b} \left\{\begin{array}{c} x' \\ y' \\ z' \end{array}\right.
\end{array}
=
\begin{bmatrix}
-1 & 0 & 0 & 0 & 0 & 0 & 0 & 0 & 0 \\
0 & -1 & 0 & 0 & 0 & 0 & 0 & 0 & 0 \\
0 & 0 & 1 & 0 & 0 & 0 & 0 & 0 & 0 \\
0 & 0 & 0 & 0 & 0 & 0 & -1 & 0 & 0 \\
0 & 0 & 0 & 0 & 0 & 0 & 0 & -1 & 0 \\
0 & 0 & 0 & 0 & 0 & 0 & 0 & 0 & 1 \\
0 & 0 & 0 & -1 & 0 & 0 & 0 & 0 & 0 \\
0 & 0 & 0 & 0 & -1 & 0 & 0 & 0 & 0 \\
0 & 0 & 0 & 0 & 0 & 1 & 0 & 0 & 0
\end{bmatrix}
\begin{array}{c}
\left.\begin{array}{c} x \\ y \\ z \end{array}\right\} \mathrm{O} \\
\left.\begin{array}{c} x \\ y \\ z \end{array}\right\} \mathrm{H_a} \\
\left.\begin{array}{c} x \\ y \\ z \end{array}\right\} \mathrm{H_b}
\end{array}
$$

因为在 C_2 转动中 H_a 和 H_b 彼此交换，所以它们的矩阵元不在主对角线上；同时 $x'(H_a) = -x(H_b)$，$y'(H_a) = -y(H_b)$，$z'(H_a) = z(H_b)$。只有氧原子对此操作的特征标有贡献，总计为–1。

也可以在不写出矩阵的情况下找出 Γ 的其他矩阵元，如下所示：

E：9 个向量在全同操作中不发生变化，所以特征标为 9。

C_2：氢原子在 C_2 旋转操作下改变位置，所以它们所有的向量对特征标的贡献为 0。氧原子在 x 和 y 方向上的向量相反，每个贡献–1；而在 z 方向的向量保持不变，贡献为 1，所以对特征标的总贡献为–1。主对角线之和 = $\chi(C_2) = (-1) + (-1) + (1) = -1$。

$\sigma_v(xz)$：分子平面的反映改变所有 y 向量的方向，而 x 和 z 向量不变，即 3–3 + 3 = 3。

$\sigma_v'(yz)$：镜面反映改变了氢原子位置，所以它们的贡献为 0；氧原子的 x 向量改变方向，而 y 和 z 方向不变，总计为 1。

练习 4.8　写下 C_{2v} 对称中 $\sigma(xz)$ 和 $\sigma(yz)$ 相应的 9×9 变换矩阵。

因为所有 9 个向量都包含在该群表示中，所以代表了分子的所有运动：3 个平动、3 个转动和 3 个振动。可约表示 Γ 的特征标为 C_{2v} 特征标表中不可约表示下面的最后一行。

C_{2v}	E	C_2	$\sigma_v(xz)$	$\sigma_v'(yz)$		
A_1	1	1	1	1	z	x^2, y^2, z^2
A_2	1	1	–1	–1	R_z	xy
B_1	1	–1	1	–1	x, R_y	xz
B_2	1	–1	–1	1	y, R_x	yz
Γ	9	–1	3	1		

将群表示约化为不可约表示

下一步是如何将不可约表示求和确定可约表示。群的另一个属性是任何不可约表示对可约表示做出贡献的次数，等于可约表示与不可约表示的特征标乘积之和乘以该类中的操作次数（一次执行一个操作），再除以群的阶。这可以用方程表示，即对群的所有对称操作进行求和[*]。

$$(给定类型的不可约表示的数目) = \frac{1}{阶} \sum_R [(类中的操作数) \times (可约表示的特征标)$$
$$\times (不可约表示的特征标)]$$

以水为例，C_{2v} 的阶数为 4，每个类（$E, C_2, \sigma_v, \sigma_v'$）中有一次操作。结果如下：

$$n_{A_1} = \frac{1}{4}[(9)(1) + (-1)(1) + (3)(1) + (1)(1)] = 3$$

$$n_{A_2} = \frac{1}{4}[(9)(1) + (-1)(1) + (3)(-1) + (1)(-1)] = 1$$

$$n_{B_1} = \frac{1}{4}[(9)(1) + (-1)(-1) + (3)(1) + (1)(-1)] = 3$$

---

[*] 对每种类型的不可约表示，此过程应该产生一个整数；如果得到分数则计算错误。

$$n_{B_2} = \frac{1}{4}[(9)(1) + (-1)(-1) + (3)(-1) + (1)(1)] = 2$$

因此，水分子所有运动的可约表示可以约化为 $3A_1 + A_2 + 3B_1 + 2B_2$。

查看特征标表中最右列可以发现，沿着 x、y 和 z 方向的平动是 $A_1 + B_1 + B_2$（平动是沿着 x、y 和 z 方向的运动，因此类似于 3 个坐标轴的转换）。3 个方向（R_x, R_y, R_z）的旋转是 $A_2 + B_1 + B_2$。从前面给出的运动方式中减去这些，得到 $2A_1 + B_1$，即表 4.11 中的 3 种振动模式。如前所述，振动模式的数目为 $3N-6$。其中，两种模式是完全对称的（A_1），不改变分子对称性；但另一种模式对 C_2 旋转及垂直于分子平面的反映呈反对称（B_1）。这些模式如表 4.12 所示，为对称伸缩、对称弯曲和反对称伸缩。值得注意的是，水分子在三维空间中的复杂运动（气相分子在振动同时通常还会转动和平动），可以用这些基本模式的不同贡献来描述。

表 4.11　水的分子运动对称性

所有运动	平动 (x, y, z)	转动 (R_x, R_y, R_z)	振动（剩余模式）
$3A_1$	A_1		$2A_1$
A_2		A_2	
$3B_1$	B_1	B_1	B_1
$2B_2$	B_2	B_2	

表 4.12　水分子振动模式

A_1	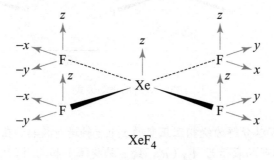	对称伸缩：偶极矩改变；正氢和负氧的间距同时变长或变短，有红外活性
B_1		反对称伸缩：偶极矩改变；正氢和负氧间距改变，有红外活性
A_1		对称弯曲：偶极矩改变；H—O 键角改变，有红外活性

示例 4.4

利用 XeF_4 中每个原子的 x, y, z 坐标，确定分子所有运动的可约表示；将可约表示约化为不可约表示，并将其归类为平动、转动和振动模式。

首先，标出每个原子的 x, y, z 轴，见图 4.22。

XeF_4

图 4.22　XeF_4 的坐标轴

必须认识到，当进行对称操作时，只有坐标不变的原子才能产生沿变换矩阵对角线的非零元素。例如，如果对 XeF_4 进行对称操作，使所有 F 原子位置改变，则它们不能沿对角线生成矩阵元素，因此可以忽略，只考虑 Xe 的坐标便可。

另外，如果对称操作保持坐标的方向不变，则在对角线上产生特征标贡献为 1。

例如，对 XeF_4 进行恒等操作时，x, y, z 坐标保持不变，每个原子的对角元为"1"。

$$x \longrightarrow x \quad y \longrightarrow y \quad z \longrightarrow z$$
$$1 \qquad\quad 1 \qquad\quad 1$$

如果对称操作使坐标轴反向，相应对角元为 –1。对 XeF_4 进行 σ_h 操作，会使每个原子的 z 轴方向坐标反向：

$$z \longrightarrow -z$$
$$-1$$

如果对称操作使坐标种类发生改变，对角元为 0。当 XeF_4 绕 C_4 轴旋转时，它的 x 和 y 坐标相互转换，它们对特征标贡献为 0。

查看 D_{4h} 中每一个对称操作，为 XeF_4 分子的所有运动依次生成以下可约表示：

D_{4h}	E	$2C_4$	C_2	$2C_2'$	$2C_2''$	i	$2S_4$	σ_h	$2\sigma_v$	$2\sigma_d$
Γ	15	1	–1	–3	–1	–3	–1	5	3	1

E 操作的特征标揭示有 15 种可能的运动需要考虑。按照上述示例过程，可约化为

$$\Gamma = A_{1g} + A_{2g} + B_{1g} + B_{2g} + E_g + 2A_{2u} + B_{2u} + 3E_u$$

它们可以进行如下的归类。

平动：有 x, y, z 分量的空间运动。与这些分量匹配的不可约表示在 D_{4h} 特征标表右侧，标有 x, y 和 z：A_{2u}（匹配 z）和 E_u（双重简并，同时匹配 x 和 y）。这三种运动见图 4.23。

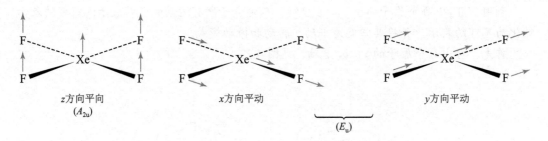

图 4.23　XeF_4 的平动模式

转动：这类运动可以分解为绕相互正交的 x, y, z 轴进行旋转，在特征标表中匹配的表示为 R_x、R_y 和 R_z。不可约表示为 A_{2g}（R_z，绕 z 轴旋转）和 E_g [(R_x, R_y)，绕 x 或 y 轴的双重简并旋转]，见图 4.24。

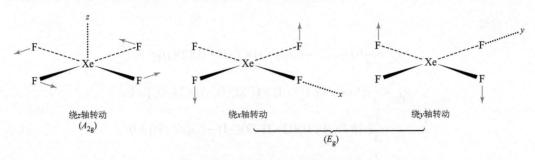

图 4.24　XeF_4 的转动模式

振动：剩余的 9 种运动（总 15−平动 3−转动 3）为振动模式，包括键长、键角的改变和分子平面内外的运动。例如，所有 4 个 Xe—F 键对称伸缩匹配 A_{1g} 不可约表示，同一对角线方向键的对称伸缩匹配 B_{1g}，而同时打开相反的键角则匹配 B_{2g}，见图 4.25。

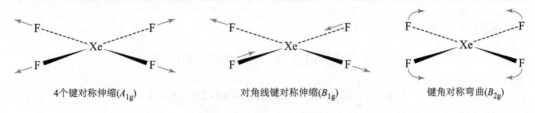

图 4.25　XeF_4 的选择振动模式

表 4.13 根据运动模式，总结了不可约表示的归类。

表 4.13　XeF_4 分子运动的对称性

	Γ（所有模式）	平动	转动	振动
	A_{1g}			A_{1g}
	A_{2g}		A_{2g}	
	B_{1g}			B_{1g}
	B_{2g}			B_{2g}
	E_g		E_g	
	$2A_{2u}$	A_{2u}		A_{2u}
	B_{2u}			B_{2u}
	$3E_u$	E_u		$2E_u$
总数	15	3	3	9

练习 4.9　N_2O_4 是平面构型且有氮-氮键。利用其每一个原子的 x, y, z 坐标，写出分子运动的所有可约表示；将可约表示约化为不可约表示，并归类为平动、转动、振动模式。

示例 4.5
将下列点群的可约表示，约化为不可约表示（参考附录 C 的特征标表）：

C_{2h}	E	C_2	i	σ_h
Γ	4	0	2	2

解答

$$n_{A_g} = \frac{1}{4}[(1)(4)(1) + (1)(1) + (1)(2)(1) + (1)(2)(1)] = 2$$

$$n_{B_g} = \frac{1}{4}[(1)(4)(1) + (1)(-1) + (1)(2)(1) + (1)(2)(-1)] = 1$$

$$n_{A_u} = \frac{1}{4}[(1)(4)(1) + (1)(1) + (1)(2)(-1) + (1)(2)(-1)] = 0$$

$$n_{B_u} = \frac{1}{4}[(1)(4)(1) + (1)(-1) + (1)(2)(-1) + (1)(2)(1)] = 1$$

因此，$\Gamma = 2A_g + B_g + B_u$。

C_{3v}	E	$2C_3$	$3\sigma_v$
Γ	6	3	-2

解答

$$n_{A_1} = \frac{1}{6}[(1)(6)(1) + (2)(3)(1) + (3)(-2)(1)] = 1$$

$$n_{A_2} = \frac{1}{6}[(1)(6)(1) + (2)(3)(1) + (3)(-2)(-1)] = 3$$

$$n_E = \frac{1}{6}[(1)(6)(2) + (2)(3)(-1) + (3)(-2)] = 1$$

因此，$\Gamma = A_1 + 3A_2 + E$。

在特征标表的类（列）中确保所含对称操作的数量，这意味着 C_{3v} 计算的第二项必须乘 2，第三项必须乘 3，如解题过程所示。

练习 4.10 将下列点群的可约表示，约化为不可约表示：

T_d	E	$8C_3$	$3C_2$	$6S_4$	$6\sigma_d$
Γ_1	4	1	0	0	2
D_{2d}	E	$2S_4$	C_2	$2C_2'$	$2\sigma_d$
Γ_2	4	0	0	2	0
C_{4v}	E	$2C_4$	C_2	$2\sigma_v$	$2\sigma_d$
Γ_3	7	-1	-1	-1	-1

红外光谱

只有在振动时发生分子偶极矩变化，该振动才具有红外活性（即振动模式的激发可以通过其红外吸收光谱进行测量）。可以用此方法分析水的三种振动模式（表 4.12）以确定它们的红外特性。

原则上讲，群论可以解释一个分子所有振动模式的可能红外活性。在群论中，如果一个振动模式对应于与笛卡儿坐标 x, y, z 具有相同对称性（或变换）的不可约表示，则该振动模式具有红外活性。因为该振动使 x, y, z 中任何一方向的分子电荷中心移动，从而导致偶极矩的变化。否则，振动模式不具有红外活性。

练习 4.11 XeF_4 的 9 种振动模式中（表 4.13），哪种具有红外活性？

练习 4.12 分析 NH_3 每一个原子的 x, y, z 坐标，给出下列表示：

C_{3v}	E	$2C_3$	$3\sigma_v$
Γ	12	0	2

a. 将 Γ 化为不可约表示。

b. 将不可约表示归类为平动、转动、振动模式。

c. 证明自由度总数 $= 3N$。

d. 哪种振动模式具有红外活性？

选择振动模式

考查化合物的特定振动模式通常很有用。例如，在含有 CO（羰基）配体的金属配合物的红外光谱中，C—O 伸缩振动峰往往可以提供我们需要的信息。在下列顺式和反式二羰基方型平面配合物中，反映了这种情况。

对于这些配合物*，常规红外光谱便可区分样品的 *cis-* 或 *trans-*$ML_2(CO)_2$ 构型；同时，配合物的几何形状决定了 C—O 伸缩峰的数量（图 4.26）。

***cis-*$ML_2(CO)_2$，C_{2v} 群。** 主轴（C_2）为 z 轴，xz 平面被指定为分子平面。C—O 键可能的伸缩振动如图 4.27 中的箭头所示，使用 C_{2v} 点群的对称操作，随后用这些向量创建可约表示。如果 C—O 键通过对称操作保持不变，其特征标将为 1；如果发生改变，则特征标为 0（参见图 4.27）。两个伸缩振动在恒等操作和分子平面反映中均未改变，因此每一个对特征标

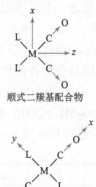

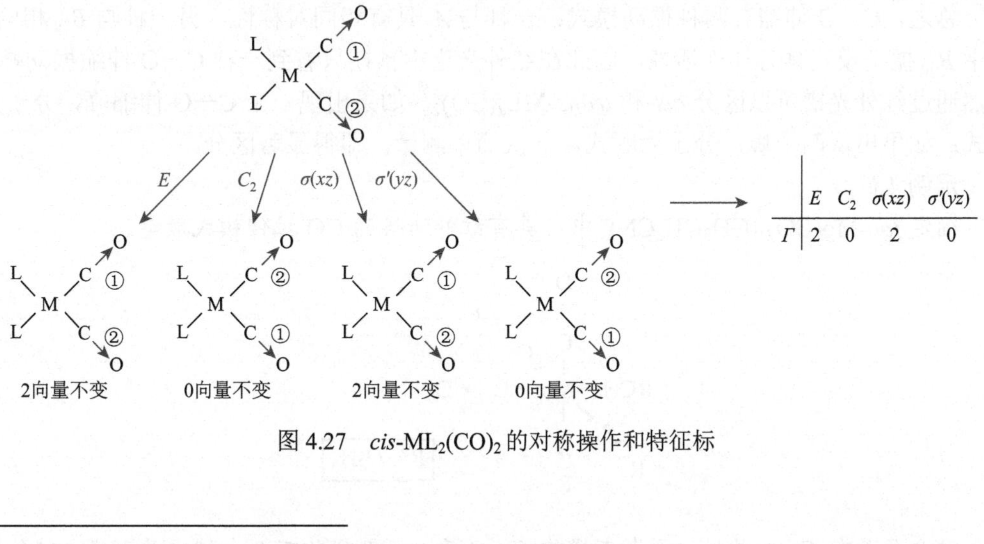

图 4.26 顺式和反式二羰基四方型平面配合物的羰基伸缩振动

图 4.27 *cis-*$ML_2(CO)_2$ 的对称操作和特征标

	E	C_2	$\sigma(xz)$	$\sigma'(yz)$
Γ	2	0	2	0

---

* 在这些结构中，M 代表任意金属，L 代表除了 CO 以外的任意配体。

值的贡献为 1，每次操作的总贡献为 2；在垂直于分子平面的旋转或反映方向上，两个向量都移动到新位置，所以特征标为 0。

Γ 约化为 $A_1 + B_1$：

C_{2v}	E	C_2	$\sigma_v(xz)$	$\sigma'_v(yz)$		
Γ	2	0	2	0		
A_1	1	1	1	1	z	x^2, y^2, z^2
B_1	1	−1	1	−1	x, R_y	xz

A_1 正是一个可用来描述红外吸收带的不可约表示，因为它的对称性如同笛卡儿坐标 z 的转换。同理，与 B_1 对应的振动模式也应该具有红外活性。

总之，C—O 伸缩有两种振动模式：一种具有 A_1 对称性，另一种具有 B_1 对称性。两种模式均具有红外活性，如果 C—O 伸缩所需能量的红外光谱不发生重叠，我们预期可看到 C—O 的两个伸缩振动峰。

trans-ML$_2$(CO)$_2$，D$_{2h}$ 群。再次选择 C_2 主轴作为 z 轴，分子平面变为 xy 平面。使用 D_{2h} 点群进行对称操作，得到 C—O 伸缩的可约表示，约化为 $A_g + B_{3u}$：

D_{2h}	E	$C_2(z)$	$C_2(x)$	$C_2(y)$	i	$\sigma(xy)$	$\sigma(xz)$	$\sigma(yz)$	
Γ	2	0	0	0	0	2	2	0	
A_g	1	1	1	1	1	1	1	1	x^2, y^2, z^2
B_{3u}	1	−1	−1	1	−1	1	1	−1	x

A_g 振动模式无红外活性，因为与笛卡儿坐标 x、y 或 z 的对称性不匹配（无红外活性的对称伸缩）；B_{3u} 对称模式则显示红外活性，因为具有与坐标 x 一致的对称性。

总之，C—O 伸缩有两种振动模式：一种与 A_g 具有相同对称性，另一种与 B_{3u} 相同，其中 B_{3u} 振动模式具有红外活性，因此在红外光谱中预期只看到一种 C—O 伸缩振动峰。显然通过红外光谱可以区分 cis- 和 trans-ML$_2$(CO)$_2$。如果出现一个 C—O 伸缩峰，分子为反式；如果出现两个峰，分子为顺式。一次简单测量，即得显著区分。

示例 4.6

确定 fac-Mo(CO)$_3$(CH$_3$CH$_2$CN)$_3$ 中，具有红外活性的 CO 拉伸模式数量。

该分子具有 C_{3v} 对称性，须考查操作 E、C_3 和 σ_v。E 操作下 3 个键向量不变，特征标为 3；C_3 改变所有 3 个向量，特征标为 0；每个 σ_v 平面穿过一个 CO 基团使其保持不变，同时交换另外两个，特征标为 1。

因此，约化表示如下：

E	$2C_3$	$3\sigma_v$
3	0	1

约化结果为 $A_1 + E$。A_1 与笛卡儿坐标 z 的对称性相同，因此具有红外活性。E 与 x 和 y 坐标的对称性相同，也具有红外活性；它代表一对简并振动，如图 4.28 中表现为一个吸收峰。与特定键相关的红外吸收通常记作 $\nu(XY)$，其中 XY 是对引起吸收的振动模式贡献最大的键。在图 4.28 中，$\nu(CO)$ 光谱在约 1920 cm^{-1} 和 1790 cm^{-1} 处有特征吸收。

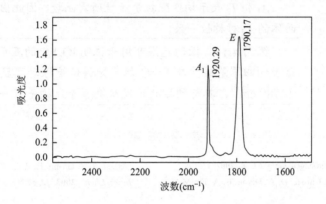

图 4.28　fac-Mo(CO)$_3$(CH$_3$CH$_2$CN)$_3$ 的红外光谱

练习 4.13　确定 Mn(CO)$_5$Cl 具有红外活性的 C—O 伸缩振动模式个数。

拉曼光谱

拉曼光谱是观察分子振动的另一种方法。区别于红外光谱法中直接观察红外辐射的吸收，在拉曼光谱法中，通常由激光的高能辐射将分子激发到更高能态（设想为短暂的"虚拟"态），而从这些激发态衰减到各振动态的散射辐射提供振动能级的信息，与从红外光谱获得的信息互补。一般来说，如果振动引起极化率变化，它可以在拉曼光谱中产生一条谱线*。从对称性角度来看，如果振动模式与函数 xy、xz、yz、x^2、y^2、z^2 的对称性或其任意线性组合匹配，则具有拉曼活性。如果振动与这些函数匹配，振动就会发生，并伴随分子极化率的变化这些函数普遍存在于特征标表中。在某些情况下，即当分子振动同时满足这些函数以及 x、y 或 z 时，分子振动可能兼具红外和拉曼活性。

示例 4.7

振动光谱在证明高爆性 XeO$_4$ 四面体构型时发挥了作用。拉曼光谱显示在 Xe—O 伸缩振动区域出现两个峰，分别在 776 cm^{-1} 和 878 cm^{-1} 处[1]。这是否与四面体的 T_d 结构一致？

---

* 更多细节，请参阅 D. J. Willock, *Molecular Symmetry*, John Wiley & Sons, Chichester, UK, 2009, pp. 177-184.

要解决这个问题，我们需要再次创建一个表示，使用 Xe＝O 伸缩作为 T_d 点群的基，结果表示为

	E	$8C_3$	$3C_2$	$6S_4$	$6\sigma_d$
Γ	4	1	0	0	2

约化为 $A_1 + T_2$：

A_1	1	1	1	1	1		$x^2 + y^2 + z^2$
T_2	3	0	-1	-1	1	(x, y, z)	(xy, xz, yz)

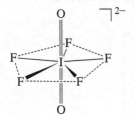

A_1 和 T_2 表示均匹配拉曼活性所需函数，因此出现两条谱带与四面体的 T_d 对称性一致。

　　练习 4.14　振动光谱可用于证明 $IO_2F_5^{2-}$ 的五角双锥构型[2]。该离子的四甲基铵盐在 I＝O 拉曼光谱伸缩振动区显示单吸收峰，位于 789 cm^{-1}，其与预期的反式双氧原子结构是否一致？

参 考 文 献

[1]　M. Gerken, G. J. Schrobilgen, *Inorg. Chem.*, **2002**, *41*, 198.

[2]　J. A. Boatz, K. O. Christe, D. A. Dixon, B. A. Fir, M. Gerken, R. Z. Gnann, H. P. A. Mercier, G. J. Schrobilgen, *Inorg. Chem.*, **2003**, *42*, 5282.

一般参考资料

　　有助于理解分子对称性和应用的较好书籍：D. J. Willock, D. J. Willock, *Molecular Symmetry*, John Wiley & Sons, Chichester, UK, 2009；F. A. Cotton, *Chemical Applications of Group Theory*, 3rd ed., John Wiley & Sons, New York, 1990；S. F. A. Kettle, S. F. A. Kettle, *Symmetry and Structure：Readable Group Theory for Chemists*, 2nd ed., John Wiley & Sons, New York, 1995；I. Hargittai, I. Hargittai, and M. Hargittai, M. Hargittai, *Symmetry Through the Eyes of a Chemist*, 2nd ed., Plenum Press, New York, 1995。后两部书同时提供了固态结构中对称性使用的空间群信息，并且都介绍了这门学科的数学，相对简单易懂。特征标表中涉及复数的解释参阅 S. F. A. Kettle, *J. Chem. Educ.*, **2009**, *86*, 634.

习　　题

4.1　确定下列物质所属点群：

a. 乙烷（交错型构象）

b. 乙烷（重叠型构象）

c. 氯乙烷（交错型构象）

d. 1, 2-二氯乙烷（交错型反式构象）

4.2　确定下列物质所属点群：

a. 乙烯

b. 氯乙烯

c. 二氯乙烯可能的异构体

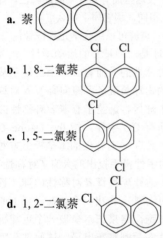

4.3　确定下列物质所属点群：

a. 乙炔

b. $H-C≡C-F$

c. $H-C≡C-CH_3$

d. $H-C≡C-CH_2Cl$

e. $H-C≡C-Ph$（Ph = 苯基）

4.4　确定下列物质所属点群：

a. 萘

b. 1, 8-二氯萘

c. 1, 5-二氯萘

d. 1, 2-二氯萘

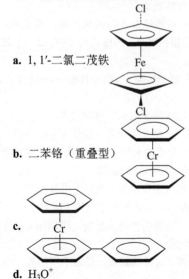

4.5　确定下列物质所属点群：

a. 1, 1′-二氯二茂铁

b. 二苯铬（重叠型）

c.

d. H_3O^+

e. O_2F_2

f. 甲醛 H_2CO

g. S_8（折叠环）

h. 硼嗪

i. $[Cr(C_2O_4)_3]^{3-}$

j. 网球（忽略标签，但包括表面上的图案）

4.6　确定下列物质所属点群：

a. 环己烷（椅式构象）

b. 四氯丙二烯 $Cl_2C=C=CCl_2$

c. 一片雪花

d. 二硼烷

e. 三溴苯的可能异构体

f. 刻在立方体中的四面体，其中立方体和四面体共顶点

g. B_3H_8

h. 山燕尾蝶

i. 加利福尼亚州旧金山的金门大桥

4.7　确定下列物质所属点群：

a. 一张打印纸

b. 锥形瓶（无标签）

c. 螺钉

d. 数字 96

e. 选日常生活中的 5 个物体分属 5 个不同的点群

f. 一副眼镜，假设镜片度数相等

g. 五角星

h. 没有装饰的叉子

i. 戴单片眼镜的威尔金斯·米卡伯（Wilkins Micawber），大卫·科波菲尔（David Copperfield）的角色扮演者

j. 金属垫圈

4.8　确定下列物质所属点群：

a. 平坦的椭圆形跑道

b. 蒺藜形儿童玩具

c. 一个人的双手（掌心对掌心）

d. 长方形毛巾（正面蓝色，背面白色）

e. 带圆形橡皮的六棱柱铅笔

f. 三维环形标识

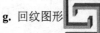

g. 回纹图形

h. 打开的直柄八角雨伞

i. 圆形牙签

j. 四面体（一面绿色，其他面红色）

4.9　确定下列物质所属点群：

a. 三棱柱

b. 加号

c. 胸前有字母 T 的 T 恤

d. 三叶片风力发动机

e. 扑克牌上的黑桃

f. 海胆

g. 巴黎卢浮宫的雕塑：《飞翔的赫尔墨斯》

h. 正八面体（一面蓝色，其他面黄色）

i. 呼啦圈

j. 螺旋弹簧

4.10　为图 4.1 中对称的示例确定所属点群。

4.11　确定第 3 章末习题中分子的点群：

a. 习题 3.40　　**b.** 习题 3.41

4.12　确定下列分子或离子的点群：

a. 图 3.8　　**b.** 图 3.15

4.13　确定下列原子轨道的点群，包括轨道波瓣的符号：

a. p_x　　　　**b.** d_{xy}　　　　**c.** $d_{x^2-y^2}$

d. d_{z^2}　　　**e.** f_{xyz}

4.14　**a.** 证明立方体和八面体有相同对称元。

b. 假设一个立方体的每个面上有 4 个点排列成正方形，如图所示。点群是什么？

c. 假设这组点在每个面上以 10°顺时针方向旋转。现在点群是什么？

4.15　设想一个八面体每个面都是蓝色或黄色。

a. 如果恰好有两个面是蓝色，这是什么点群？

b. 如果恰好有三个面是蓝色，这是什么点群？

c. 现在假设这些面有四种不同的颜色。如果相对的面颜色相同，那它属于什么点群？

4.16　哪些点群可以用化学元素符号代表？

4.17　棒球是一项精彩的运动项目，尤其是对那些喜欢对称性的人而言。一个击球手从有着 a 对称性的击球员准备区跑向有着 b 对称性的长方形的击球区，调整了有着 c 对称性的帽子（帽子前面有 OO 字样，指 the Ozone City Oxygens），在具有 e 对称性的本垒板上方对着由 g 对称性的手性投手投出的具有 f 对称性（同样忽略标签）的棒球挥舞 d 对称性的球（忽略标签和木头的纹理），击出一个弹在围栏上的高飞球并绕着垒跑，结果在本垒被一个可能根本不欣赏对称性的裁判宣布出局。试问你在哪儿能见到这种情况？

4.18　本题涉及多国国旗图案，暂删除。

4.19　根据表 4.8 的格式为 SNF_3 做一个表示的流程图。

4.20　对于具有 C_{2h} 对称性的 *trans*-1, 2-二氯乙烯，

a. 写出该分子的全部对称操作。

b. 写出一组变换矩阵，描述 C_{2h} 群中每个对称操作对一个点的坐标 x, y, z 的作用（答案应该由 4 个 3×3 变换矩阵组成）。

c. 利用对角项，从变换矩阵中获得尽可能多的不可约表示。用这种方法应该可以得出 3 个不可约表示，但是两个是重复的。可以用 C_{2h} 特征标表检验结果。

d. 使用 C_{2h} 特征标表，验证不可约表示是相互正交的。

4.21 乙烯具有 D_{2h} 对称性。

a. 写出该分子的全部对称操作。

b. 为每个对称操作编写一个转换矩阵，描述该操作对点 x, y, z 坐标的作用。

c. 利用变换矩阵的特征标，给出一个可约表示。

d. 使用矩阵的对角元，给出 3 个 D_{2h} 的不可约表示。

e. 验证不可约表示是相互正交的。

4.22 利用 D_{2d} 特征表，

a. 确定群的阶数。

b. 证明 E 不可约表示与其他不可约表示正交。

c. 对于每个不可约表示，验证特征标的平方和等于群的阶数。

d. 将下列表示约化为它的不可约表示（译者注，不可约表示是可约表示的组成部分）。

D_{2d}	E	$2S_4$	C_2	$2C_2'$	$2\sigma_d$
Γ_1	6	0	2	2	2
Γ_2	6	4	6	2	0

4.23 将下列可约表示约化为不可约表示。

C_{2v}	E	$2C_3$	$3\sigma_v$
Γ_1	6	3	2
Γ_2	5	−1	−1

O_h	E	$8C_3$	$6C_2$	$6C_4$	$3C_2$	i	$6S_4$	$8S_6$	$3\sigma_h$	$6\sigma_d$
Γ	6	0	0	2	2	0	0	0	4	2

4.24 对于 D_{4h} 对称性，用示意图说明 d_{xy} 轨道有 B_{2g} 对称性，$d_{x^2-y^2}$ 轨道有 B_{1g} 对称性。（提示：选择一个具有 D_{4h} 对称性的分子作为参考进行 D_{4h} 点群的对称操作，观察轨道波瓣上的符号变化）

4.25 习题 4.5～习题 4.9 中哪些物质具有手性？请列出 3 个不属于本章内容的手性物质。

4.26 在稀有气体化合物中，$XeOF_4$ 的结构比较有趣。基于其对称性，

a. 根据 $XeOF_4$ 中原子的所有运动，给出它的表示。

b. 将此表示约化为其不可约表示。

c. 将这些表示分类，指出哪些对应平动、转动和振动。

d. 确定对应于氙氧伸缩振动的不可约表示。该振动是红外活性的吗？

4.27 对 SF_6 分子重复习题 4.26 从 a 到 c 的步骤，确定哪些振动模式是红外活性的。

4.28 对于下列分子，确定具有红外活性的 C—O 伸缩振动的数目：

a   **b**   **c.** $Fe(CO)_5$

4.29 重复习题 4.28 以确定具有拉曼活性的 C—O 伸缩振动的数目。

4.30 1, 1, 2, 2-四碘二硅烷的结构如图所示（参考文献：T. H. Johansen, K. Hassler, G. Tekautz, K. Hagen, J. *Mol. Struct.*, **2001**, 598, 171）。

a. 该分子属于何种点群？

b. 预测具有红外活性的 Si—I 伸缩振动数目。

c. 预测具有拉曼活性的 Si—I 伸缩振动数目。

4.31 $IO_2F_4^-$ 具有顺式和反式两种异构体，能否用红外光谱进行区分？请用群论的原理进行解释（参考文献：K. O. Christe, R. D. Wilson, C. J. Schack, *Inorg.Chem.*, **1981**, 20, 2104）。

4.32 白磷单质由四面体 P_4 分子组成，是合成磷的重要来源。相反，四面体 As_4（黄砷）不稳定，且会分解为具有片状结构的灰色的同素异形体。然而，先前只在高温气相中观察到的 AsP_3 在常温下被分离出为白色固体，其中一个 As 原子取代了四面体的一个顶点。

a. AsP_3 的拉曼光谱如下所示，有四个吸收峰。这与提出的结构是否一致？（Facile Synthesis of AsP_3, Brandi M. Cossairt, MariamCéline Diawara, Christopher C. Cummins. © 2009. The American Association for the Advancement of Science. Reprinted with permission from AAAS）

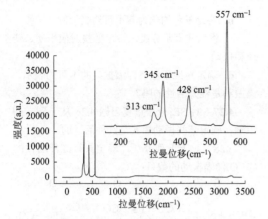

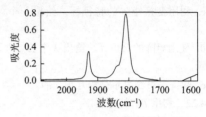

溶液中测得红外光谱图如下[$\nu(CO)$：1932 cm^{-1}，1810 cm^{-1}]，该化合物的 4 个 CO 配体与钛结合，形成平面方形结构还是四方锥结构？谱图是否能排除这些可能的几何形状？

b. 如果 As$_2$P$_2$ 作为纯物质分离出来，预计会有多少个拉曼吸收谱带？（参考文献：B. M. Cossairt, C. C. Cummins, *J. Am. Chem. Soc.*, **2009**, 131, 15501）

c. 仅凭拉曼吸收峰个数就能区分纯 P$_4$ 样品和纯 P$_3$ 样品吗？请解释。

4.33 通式 Fe(CO)$_{5-x}$(PR$_3$)$_x$ 的配合物早已为人所知。双金属 Fe$_2$(CO)$_9$ 在回流乙醚中与三苯基膦反应，生成单取代产物 Fe(CO)$_4$(PPh$_3$)，该产物在己烷中显示在 2051 cm^{-1}、1978 cm^{-1} 和 1945 cm^{-1} 处有 $\nu(CO)$ 吸收峰（N. J. Farrer, R. McDonald, J. S. McIndoe, *Dalton Trans.*, **2006**, 4570）。这些数据可否用于确定 PPh$_3$ 配体结合在该三角双锥化合物的赤道或轴向位置？通过异构体的红外活性 C—O 伸缩振动模式数目对结果进行判断。

4.34 在习题 4.33 描述的反应中，同时生成双取代 Fe(CO)$_3$(PPh$_3$)$_2$（$\nu(CO)$：1883 cm^{-1}；M. O. Albers, N. J. Coville, T. V. Ashworth, E. J. Singleton, *Organomet. Chem.*, **1981**, 217, 385）。光谱支持下列哪一种分子结构？通过异构体的红外活性 C—O 伸缩振动模式数目对结果进行判断。对于 Fe(CO)$_3$(PPh$_3$)$_2$（R. L. Keiter, E. A. Keiter, K. H. Hecker, C. A. Boecker, *Organometallics*, **1988**, 7, 2466）关于群论 CO 伸缩振动模式红外光谱预测的可靠性提出了什么观点？

4.36 D. J. Darensbourg, J. R. Andretta, S. M. Stranahan, J. H. Reibenspies, *Organometallics* **2007**, 26, 6832 一文对与习题 4.34 中类似的一个反应，即 *cis*-Mo(CO)$_4$(POPh$_3$)$_2$ 重排为 *trans*-Mo(CO)$_4$(POPh$_3$)$_2$，进行了机理上的探究。该反应在一氧化碳气氛下进行时，不发生顺反异构，反而生成一种新化合物［$\nu(CO)$（己烷）：2085 cm^{-1}，2000 cm^{-1}（非常弱），1972 cm^{-1}，1967 cm^{-1}］（D. J. Darensbourg, T. L. Brown, *Inorg. Chem.*, **1968**, 7, 959）。写出与 $\nu(CO)$ 红外光谱数据一致的羰基钼分子式，将化合物预期的 CO 伸缩振动模式与已经发表的光谱比较进行判断。

4.37 W$_2$Cl$_4$(NHEt)$_2$(PMe$_3$)$_2$ 已有 3 种异构体被报道，异构体的核心结构如下。确定每一个异构体的点群（参考文献：F. A. Cotton, E. V. Dikarev, W-Y. Wong, *Inorg. Chem.*, **1997**, 36, 2670）。

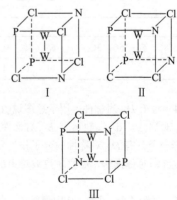

4.38 用其他原子如 F、Cl、Br，取代甲烷的一个或多个氢原子，可以获得甲烷衍生物。假设有甲烷、必要的试剂和设备，制备包含 H、F、Cl、Br 所有可能组合的甲烷衍生物，产物的点群可能是什么？（有多种可能的分子，可被归类为 5 种点群）

4.39　确定以下分子的点群：

a. 含 S—C 三重键的 F_3SCCF_3

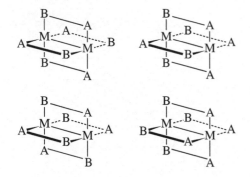

b. 环己烷衍生物 $C_6H_6F_2Cl_2Br_2$，椅式构象

c. $M_2Cl_6Br_4$，M 为金属原子

d. $M(NH_2C_2H_4PH_2)_3$，$NH_2C_2H_4PH_2$ 和金属成平面环

e. PCl_2F_3（最有可能的异构体）

4.40　写出以下 4 种不对称双齿配体以"桨轮"方式桥连两个金属的可能结构所属的点群（参考文献：Y. Ke, D. J. C ollins, H. Zhou, *Inorg. Chem.*, **2005**, *44*, 4154）：

4.41　确定下列物质的点群：

a. 阴离子簇$[Re_3(\mu_3\text{-S})(\mu\text{-S})_3Br_9]^{2-}$（参考文献：H. Sakamoto, Y. Watanabe, T. Saito, *Inorg. Chem.*, **2006**, *45*, 4578）

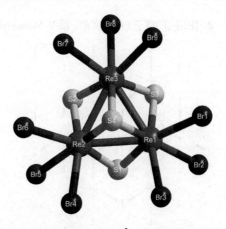

b. 阴离子簇$[Fe@Ga_{10}]^{3-}$（参考文献：B. Zhou, M. S. Denning, D. L. Kays, J. M. Goicoechea, *J. Am. Chem. Soc.*, **2009**, *131*, 2802）

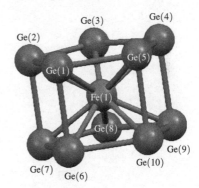

c. "顶角"和"平面四方型"结构（参考文献：W. H. Otto, M. H. Keefe, K. E. Splan, J. T. Hupp, C. K. Larive, *Inorg. Chem.*, **2002**, *41*, 6172）

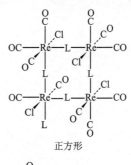

正方形

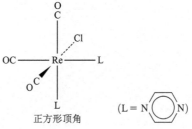

正方形顶角　　　$(L = $ N◯N$)$

d. $[Bi_7I_{24}]^{3-}$ 离子（参考文献：K. Y. Monakhov,

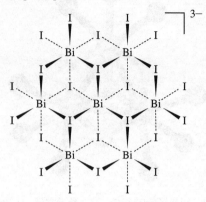

C. Gourlaouen, R. Pattacini, P. Braunstein, *Inorg. Chem.*, **2012**, *51*, 1562。此文献对该结构的描述有所不同）

4.42　利用互联网搜索具有以下对称性的分子：

a. I_h 点群　　　　**b.** T 点群

c. O_h 点群　　　　**d.** T_h 点群

写下分子、该分子的网站的 URL 以及所使用的搜索策略。

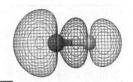

第 5 章

分 子 轨 道

分子轨道理论是用群论的方法描述分子的成键情况，它补充和拓展了第 3 章中介绍的化学键模型。在分子轨道理论中，原子轨道的对称性和相对能量决定了这些轨道如何相互作用形成分子轨道。2.2.3 节和 2.2.4 节中描述电子占据原子轨道所遵循的规则，同样适用于分子轨道。将分子轨道中电子的总能量与成键前原子轨道中的电子总能量进行比较，如果前者较低，则该分子比单个原子稳定；反之，则该分子不稳定，且可能根本无法形成。本章中，我们将首先讨论周期表前 10 种元素的同核双原子分子（H_2 至 Ne_2）成键情况，然后进一步拓展到异核双原子分子及两个以上原子的分子。

简单的图示法足以描述许多小分子的成键情况，并且可以为更完整地描述较大分子的成键提供线索。基于对称性的群论描述方法更为精细，它对理解复杂分子结构中的轨道相互作用至关重要。在本章中，我们将介绍图示法和处理复杂情况所需的对称性法。

5.1   原子轨道形成分子轨道

与处理原子轨道相同，薛定谔方程也可以描述分子轨道中电子的运动状态，其近似解可以表示为原子轨道的线性组合（linear combinations of atomic orbitals，LCAO），即原子的波函数之和与之差。对于 H_2 类的双原子分子，分子轨道波函数有如下形式

$$\Psi = c_a \psi_a + c_b \psi_b$$

式中，Ψ 是分子波函数；ψ_a 和 ψ_b 是原子 a 和 b 的原子波函数；c_a 和 c_b 是可调系数，用于量化每个原子轨道对分子轨道的贡献。根据各个轨道及其能量，系数可以相等或不等，为正或为负。随着原子间距的不断缩短，原子轨道逐渐重叠，在重叠区极可能发现来自两个原子的电子，最终形成分子轨道（molecular orbitals，MO）。成键分子轨道上的电子常常占据两个原子核之间的区域，依靠电子和两个原子核间的静电力将原子维系在一起。

原子轨道重叠成键时必须遵循以下 3 个原则：①原子轨道对称性相同，即具有相同正负号的 ψ 的区域可以重叠。②原子轨道能量相近，如果能量相差很大，则生成分子轨

道时总的电子能量变换很小，不足以产生成键作用。③原子间距足够短，以保证轨道之间有效重叠，但又不能太短，以免其他电子或原子核的排斥力干扰成键。当满足这 3 个条件时，分子轨道中填充电子的总能量低于初始原子轨道中的电子总能量，即分子总能量比单独原子的总能量低。

5.1.1　由 s 轨道形成分子轨道

以 H_2 为例讨论两个 s 轨道之间的相互作用。为了方便起见，我们将两个原子分别标记为 a 和 b，它们的原子轨道波函数则为 $\psi(1s_a)$ 和 $\psi(1s_b)$。可以看到，当两个原子彼此接近时，它们的电子云会相互重叠，并合并成更大的分子电子云；产生的分子轨道，是两个原子轨道的线性组合，分别为两个轨道之和与之差。

通式　　　　　　　　　　　　　　H_2 分子

$$\Psi(\sigma) = N[c_a\psi(1s_a) + c_b\psi(1s_b)] = \frac{1}{\sqrt{2}}[\psi(1s_a) + \psi(1s_b)](H_a + H_b)$$

$$\Psi(\sigma^*) = N[c_a\psi(1s_a) - c_b\psi(1s_b)] = \frac{1}{\sqrt{2}}[\psi(1s_a) - \psi(1s_b)](H_a - H_b)$$

式中，N 为归一化因子，以使 $\int \Psi\Psi^* d\tau = 1$；$c_a$ 和 c_b 为可调系数。

此时，两个原子轨道相同，系数也几乎相等[*]，相应轨道能级如图 5.1 所示。循本书惯例（如表 2.3 和图 2.6），在该图中，轨道波函数的符号用阴影表示，其中浅色和深色的波瓣分别表示 Ψ 的正、负号。对于特定原子轨道，正、负号是任选的，重要的是它们如

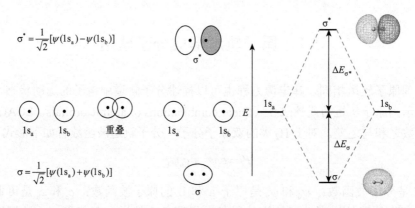

图 5.1　H_2 中由 1s 轨道组成的分子轨道。σ 是成键轨道，能量低于初始的原子轨道，这种组合导致两个原子核之间电子云密度增加；σ^* 是能量较高的反键轨道，这种组合导致原子核之间出现电子云密度为零的节点

---

[*] 精确计算表明，σ^* 轨道的系数略大于 σ 轨道；但为简化公式，通常忽略两者差异。对于相同的原子，使用 $c_a = c_b = 1$ 且 $N = \dfrac{1}{\sqrt{2}}$。σ 与 σ^* 轨道的系数差，还导致原子轨道与 σ^* 轨道间的能量差，比其与 σ 轨道间的能量差大，即 $\Delta E_{\sigma^*} > \Delta E_\sigma$，如图 5.1 所示。

何组合形成分子轨道。如图 5.2 所示,能级图上方的轨道示意图和计算得到的分子轨道图像中[*],不同的颜色表示波函数符号相反。

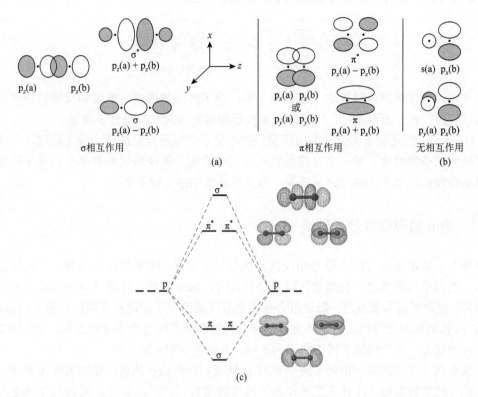

图 5.2 p 轨道的相互作用。(a)分子轨道的形成;(b)不能形成分子轨道的情况;(c)能级图
[Kaitlin Hellie 的 p 轨道相互作用图(经许可转载)]

由于 σ 分子轨道是两个原子轨道之和:$\frac{1}{\sqrt{2}}[\psi(1s_a) + \psi(1s_b)]$,并导致两个原子核间的电子云密度增加,因此是一个成键分子轨道(bonding molecular orbital)且能量低于初始的原子轨道。σ^* 分子轨道是两个原子轨道之差:$\frac{1}{\sqrt{2}}[\psi(1s_a) - \psi(1s_b)]$,由于两个波函数相互抵消,原子核之间存在一个电子云密度为零的节点,且能量高于初始的原子轨道,因此被称为反键轨道(antibonding orbital)。成键轨道上的电子在两核间密度大,将核吸引在一起。反键轨道在两核间有一个或多个节点,电子无法进入此区间(原子核对电子产生最大吸引的区域),因此电子在反键轨道上比填充在初始原子轨道上更不稳定。非键轨道(nonbonding orbital)也有可能形成,它在本质上等同于原子轨道,且二者能量相等。形成原因,可能是一个原子轨道的对称性与另一个原子的任何轨道都不匹配,或者两个

---

[*] 本章中所使用的分子轨道图像源自 Scigress Explorer Ultra 7.7.0.47, ©2000-2007 Fujitsu Limited, ©1989-2000 Oxford Molecular Ltd。

原子轨道对称性匹配但轨道能级不匹配。（译者注：轨道波函数对称性相同或者相反都称为"匹配"，因此本章中，对称性相同时多用"匹配"代替，请读者注意）

σ 符号表示相对于原子核连线呈旋转对称的轨道：

星号（*），通常标识反键轨道。在大分子中，分子轨道的成键、非键和反键特征并不总是可以直接归属，所以星号仅用于区分那些已明确的成键和反键分子轨道。

H_2 分子是描述轨道组合的常用模型：两个原子轨道组合形成两个分子轨道，一个是能量较低的成键轨道，另一个是能量较高的反键轨道。无论轨道数有多少，分子轨道的数量总是与初始原子轨道的数量相等，即轨道总数始终保持不变。

5.1.2 由 p 轨道形成分子轨道

每个 p 轨道都包含两个符号相反的波函数独立区域，因此组合而成的分子轨道更加复杂。当两个轨道重叠并且重叠区域符号相同时，轨道加和，使重叠区域的电子出现概率增加；而两者符号相反时，则该组合导致重叠区域的电子出现概率降低。图 5.1 显示了 H_2 中 1s 轨道的相互作用，而 p 轨道符号交替的波瓣重叠时会产生类似结果，如图 5.2 所示。方便起见，我们将原子核连线作为 z 轴，并指定 x 和 y 轴方向。

选定两个原子的同一指向 z 轴[*]，此时 p_z 轨道相减形成 σ 轨道，相加形成 $σ^*$ 轨道，两者均绕 z 轴旋转对称，且节点连线和原子核连线垂直。p_x 或 p_y 轨道之间相互作用会形成 π 和 $π^*$ 轨道；π 符号表示绕键轴进行 C_2 旋转时波函数的符号发生变化：

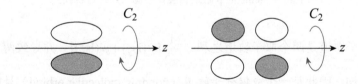

与 s 轨道情况一样，符号相同的两个区域重叠导致电子出现概率增加，而符号相反时重叠则产生电子出现概率为零的节点；同时，原子轨道的节点改称分子轨道中的节点。如图 5.2（c）所示，$π^*$ 反键轨道会出现 4 个波瓣，与 d 轨道的外观相似。

p_x、p_y 和 p_z 轨道各自重叠时，需要分别考查。已选择 z 轴作为键轴，所以 p_z 轨道组合而成的分子轨道绕键轴旋转对称，且成键和反键轨道分别被标记为 σ 和 $σ^*$。类似地，p_y 轨道组合形成的波函数绕 C_2 键轴旋转时改变符号，标记为 π 和 $π^*$；p_x 轨道也形成 π 和 $π^*$ 分子轨道。

---

[*] z 轴方向任意选择。当两个 z 轴正向相同时，两个 p_z 轨道相减组合成新轨道；当两个 z 轴的正向指向彼此时，两个 p_z 轨道之和组合成新轨道。我们选择两个 p_z 轨道同向，以确保与三原子和更大分子的处理方法一致。

不同原子的 s 和 p 轨道能量足够相近时，可以考虑它们的组合；但如果轨道对称性不匹配，则无法组合。例如，当轨道间同时发生同号和反号重叠且重叠程度相等时［如图 5.2（b）中 "$s + p_x$"］，则成键和反键效应相互抵消，不形成分子轨道。如果一个原子轨道的对称性与另一原子的任何轨道都不匹配，则称其为非键轨道。同核双原子分子只有成键和反键分子轨道，非键轨道将在 5.1.4 节、5.2.2 节和 5.4.3 节中做进一步介绍。

5.1.3　由 d 轨道形成分子轨道

在重元素（特别是过渡金属）中，d 轨道可以参与成键。图 5.3 展现了各种可能的组合。当 z 轴共线时，两个 d_{z^2} 轨道可以通过末端结合形成 σ 键；d_{xz} 和 d_{yz} 轨道则分别形成 π 轨道。当原子轨道所在平面平行且面对面结合时，将形成 δ 轨道（如图 1.2 所示）（δ 符号，表示绕 C_4 键轴旋转时波函数的符号发生变化）；具有共线 z 轴的 $d_{x^2-y^2}$ 或 d_{xy} 轨道，即是如此。在原子核连线方向上，σ 轨道没有节点，π 轨道有一个节点，而 δ 轨道则有两个节点。同样地，由于对称性匹配需求，一些轨道无法相互作用。例如，以 z 轴为键轴，p_z 和 d_{xz} 的净重叠为零，因为 p_z 沿着 z 轴逼近 d_{xz} 轨道的节点（参见示例 5.1）。值得注意的是，在这种指定坐标系情况下，p_x 和 d_{xz} 轨道可以组合形成 π 轨道；该示例强调了在分析轨道相互作用时，坐标系保持一致的重要性。

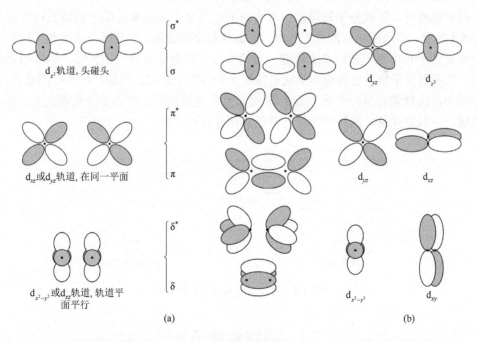

图 5.3　d 轨道的相互作用。（a）可形成的分子轨道；（b）不能形成分子轨道的组合

示例 5.1　绘制下列轨道组合的重叠区域示意图（均以 z 轴为键轴），并对其成键类型进行分类。

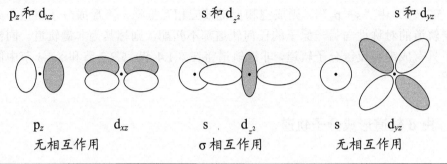

| p_z 和 d_{xz} | s 和 d_{z^2} | s 和 d_{yz} |

p_z　　　　d_{xz}　　　　　　s　　d_{z^2}　　　　　s　　d_{yz}

无相互作用　　　　　　σ 相互作用　　　　　　无相互作用

练习 5.1　仍以 z 轴为键轴，对下列轨道组合重复上述示例中的过程。

p_x 和 d_{xz}　　　　　　p_z 和 d_{z^2}　　　　　s 和 $d_{x^2-y^2}$

5.1.4　非键轨道和其他因素

如上所述，非键分子轨道的能量基本上等于原子轨道的能量，它们常出现在更大的分子体系中。例如，当体系中存在 3 个能量相近且对称性匹配的原子轨道时，需要形成 3 个分子轨道，最常见的是，形成一个低能级的成键轨道、一个高能级的反键轨道和中间能级的非键轨道。具体示例将在 5.4 节及后续章节中讨论。

除对称性外，形成分子轨道时必须考虑的第二个主要因素是原子轨道的相对能量。如图 5.4 所示，当原子轨道能量相同时，轨道相互作用很强，并且所得成键和反键轨道能量分别远低于和远高于初始原子轨道。当两个原子轨道能量差相当大时，轨道相互作用很弱，且所得分子轨道的能量和形状更接近于初始原子轨道。例如，在 N_2 这类同核双原子分子中，1s 轨道和另一个原子的 2s 轨道虽然对称性相同，但由于能量差太大，不能显著成键。一般规律是，两轨道能级越接近，相互作用越强。

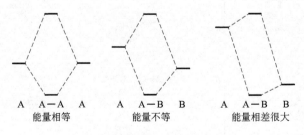

A　A—A　A　　　A　A—B　B　　　A　A—B　B

能量相等　　　　　　能量不等　　　　　　能量相差很大

图 5.4　能级匹配和分子轨道形成

5.2　同核双原子分子

双原子分子是最简单的分子，为讨论单个原子的轨道如何相互作用形成分子轨道提供了便利。在本节中，我们将考查诸如 H_2 和 O_2 等同核（homonuclear）双原子分子；在 5.3 节中，继续考察异核（heteronuclear）双原子分子，如 CO 和 HF。

5.2.1　分子轨道

尽管 N_2、O_2 和 F_2 的 Lewis 结构令人满意，但 Li_2、Be_2、B_2 和 C_2 却并非如此，它们违反八隅体规则。此外，Lewis 结构预测 O_2 是含有双键的抗磁性分子 $\overset{..}{\underset{..}{O}}=\overset{..}{\underset{.}{O}}$（所有电子成对），而实验表明 O_2 中存在两个未成对电子，为顺磁性分子。正如我们将看到的，分子轨道理论可以描述其顺磁性，且更符合实验结果。基于 O_2 的能级，图 5.5 显示了周期表前 10 种元素同核双原子分子的完整分子轨道，图中标识了能级顺序，并假设只有相同能量原子轨道之间才存在明显相互作用。存在相互作用的那些原子轨道的能量，在同一周期内逐渐下降（如图 5.7 所示），因此分子轨道的能量随着原子序数的变化而发生周期性变化，但总体上能级顺序基本相同（有一些细微的变化，将在后面几个示例中进行讨论），这些特征甚至适用于周期表下方的较重原子。电子填充分子轨道时，遵循在原

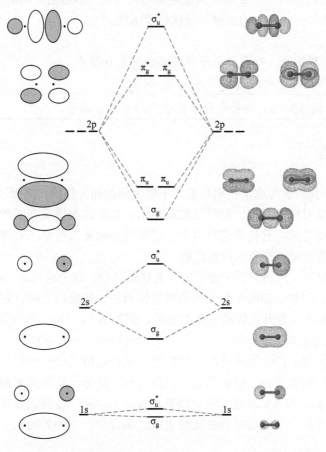

图 5.5　仅在相同能量的原子轨道之间存在明显相互作用时，周期表前 10 种元素的分子轨道
（Kaitlin Hellieh 绘制的前 10 种元素的分子轨道图，经许可转载）

子轨道中相同的规则：①先低能级后高能级进行填充（Aufbau 原理）；②按照满足最大自旋多重度的方式进行填充，保证体系净能量最低（Hund 规则）；③任何两个电子不可拥有完全相同的量子数（Pauli 不相容原理）。分子轨道中能量最低且电子净稳定性最高的构型，一定最稳定。

成键和反键电子的总数决定了键级：

$$键级 = \frac{1}{2}(成键轨道上的电子总数 - 反键轨道上的电子总数)$$

一般只需考虑价电子。例如，O_2 在成键轨道上有 10 个电子，在反键轨道上有 6 个电子，键级为 2（双键）；如果仅计算价电子，则有 8 个成键电子和 4 个反键电子，最终结果相同。由于 1s 轨道形成的分子轨道具有相同数量的成键电子和反键电子，因此它们对键级没有净贡献。通常认为，能量低于价轨道的电子主要处于初始原子轨道上，对成键和反键的贡献都很小。如图 5.5 中的 1s 轨道所示，σ_g 和 σ_u^* 轨道间的能量差很小。因为内层轨道间的相互作用很弱，我们无需把它们绘制进分子轨道能级图中。

其他用于描述轨道的符号：下标 g（gerade，偶态）表示轨道呈中心对称；u（ungerade，非偶态）表示呈中心反对称[*]。g 和 u 只描述轨道对称性，不能用于判断轨道的相对能量。图 5.5 给出了一些带有 g 和 u 的成键和反键轨道示例。

示例 5.2

在图 5.2 的能级图中，给每个分子轨道添加 g 或 u 符号。

从上到下，轨道符号分别是 σ_u^*、π_g^*、π_u 和 σ_g。

练习 5.2　给图 5.3（a）中每个分子轨道添加 g 或 u 符号。

5.2.2　轨道混合

在图 5.5 中，我们仅考虑了相同能量原子轨道间的相互作用，然而，能量相近但不相等的原子轨道如果对称性匹配，也可以相互作用。处理这类情况有两种方法：其一，在考虑其他相互作用之前，首先考虑对每个分子轨道贡献最大的原子轨道；其二，同时考虑对称性匹配的所有原子轨道的相互作用。

图 5.6（a）显示了同核双原子分子的常见轨道能级，仅考虑简并（degenerate，能量相等）原子轨道。但是，当两个分子轨道对称性相同、能量相近时，它们会相互作用，以进一步降低较低能级并升高较高能级的能量。例如图 5.6（b），在同核双原子分子中，$\sigma_g(2s)$ 和 $\sigma_g(2p)$ 轨道都具有 σ_g 对称性（呈无穷次旋转轴和中心对称）；它们相互作用，导致 $\sigma_g(2s)$ 能量降低和 $\sigma_g(2p)$ 能量升高。类似地，$\sigma_u^*(2s)$ 和 $\sigma_u^*(2p)$ 轨道相互作用，导致前者能量降低和后者能量升高。能量相近、对称性相同的分子轨道发生相互作用的现象，称为混合（mixing），图 5.5 忽略了这一因素。当两个对称性相同的分子轨道混合时，能量高的会进一步升高，而能量低的会变得更低；混合会产生额外的电子稳定性，使成键作用更强。

---

[*] 有关对称符号的更多详细信息，参见 4.3.3 节的结尾部分。

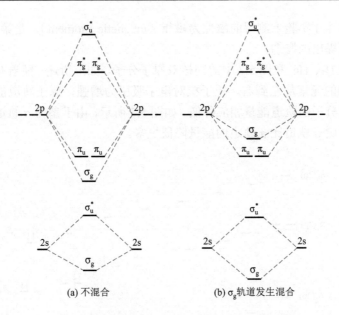

图 5.6 分子轨道间的相互作用。对称性相同的分子轨道混合导致能量差增大。σ 轨道混合程度高；σ* 轨道因能量差大，故混合程度低

轨道混合的更严谨解释：4 个能量相近的原子轨道（两个 2s 和两个 $2p_z$）组合形成 4 个 σ 分子轨道（MO）。生成的分子轨道满足下式（a 和 b 标记不同原子，原子轨道都乘以适当的归一化系数）：

$$\Psi = c_1\psi(2s_a) + c_2\psi(2s_b) + c_3\psi(2p_a) + c_4\psi(2p_b)$$

对于同核双原子分子，4 个分子轨道中均有 $c_1 = c_2$ 和 $c_3 = c_4$。能量最低的分子轨道，c_1 和 c_2 值较大；能量最高的分子轨道，c_3 和 c_4 值较大；居中两个分子轨道的 4 个系数均为中间值。这 4 个轨道的对称性在混合前后没有变化，但是它们的形状由于 s 和 p 轨道的显著贡献而有所改变。此外，如果高能量的两个分子轨道只来自 $2p_z$ 的贡献，而低能量两个分子轨道也仅有 2s 的贡献，则能级会出现（图 5.6 中的）相对位移。

很明显，s-p 混合对分子轨道能量的影响通常是可预测的。例如，第二周期轻元素同核双原子分子（$Li_2 \sim N_2$）中，由 $2p_z$ 轨道形成的 σ 轨道的能量高于由 $2p_x$ 轨道和 $2p_y$ 轨道形成的 π 轨道，与不考虑 s-p 混合时的预期分子轨道能级顺序相反（图 5.6）。对于 B_2 和 C_2，s-p 混合还会影响它们的磁性。此外，混合还改变了某些轨道的成键-反键性质；s-p 混合可以使中等能量分子轨道获得微弱成键或反键特征，对成键作用产生微弱贡献。当然，每个轨道都应依据其能量和电子分布单独进行考虑。

5.2.3 第一、二周期的双原子分子

在继续讨论同核双原子分子的例子之前，需要定义两种类型的磁特性——顺磁性（paramagnetic）和抗磁性（diamagnetic）。顺磁性化合物会被外部磁场吸引，这是分子中一个或多个未成对电子形成微小磁铁所致。相反，抗磁性化合物则没有未成对电子，故

会被磁场轻微排斥 [实验上测得的磁性为磁矩（magnetic moment），是第 10 章讨论配位化合物磁性时所提出的概念]。

本节将讨论 H_2、He_2 和图 5.7 中的同核双原子分子。如上所述，随着有效核电荷数的增加，同一周期的元素从左到右，原子核对电子吸引力增强，原子轨道能量逐渐降低，导致同核双原子分子的轨道能量相应降低。如图 5.7 所示，由于参与 σ 轨道的原子轨道重叠程度更大，因此 σ 轨道比 π 轨道的能量降低更多。

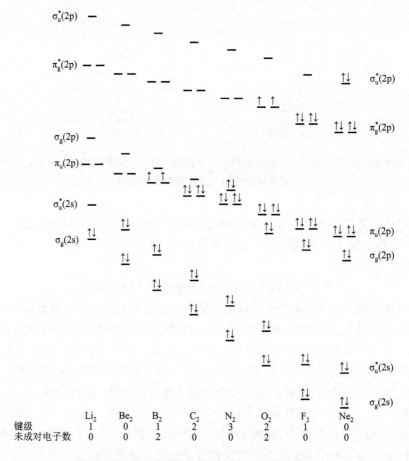

图 5.7　第二周期同核双原子分子的轨道能级

$H_2[\sigma_g^2(1s)]$

H_2 是最简单的双原子分子，只有一个含一对电子的 σ 分子轨道（图 5.1），键级为 1，代表一个单键。在低压气体放电系统中已检测到 H_2^+ 物种，单电子位于 σ 轨道上，键级为 $\frac{1}{2}$，与预期相符。H_2^+ 键强度弱于 H_2，键长比后者大得多（105.2 pm 和 74.1 pm）。

$He_2[\sigma_g^2\sigma_u^{*2}(1s)]$

He_2 的分子轨道，包括一个成键轨道和一个反键轨道，各自有两个电子，键级为 0，即没有成键。实验结果显示，He 和其他稀有气体一样，没有形成双原子分子的明显趋势，而以游离态原子的形式存在；只有在非常低压、低温条件下的分子束中才检测到 He_2，它的键能极低[1]，约为 0.01 J/mol（H_2 的键能为 436 kJ/mol）。

$Li_2[\sigma_g^2(2s)]$

如图 5.7 所示，分子轨道模型预测，Li_2 中存在 Li—Li 单键，与气相中观测结果相符。

$Be_2[\sigma_g^2\sigma_u^{*2}(2p)]$

Be_2 的成键和反键电子数相等，故键级为 0。因此，Be_2 和 He_2 一样不稳定*。

$B_2[\pi_u^1\pi_u^1(2p)]$

此例体现了分子轨道模型相比于 Lewis 电子模型所具有的明显优势。B_2 是气态物质；而固态硼则存在多种形式，成键复杂，如二十面体的 B_{12} 分子。

B_2 为顺磁性，因为分子中能量最高的两个 π 轨道各自填充 1 个电子（如图 5.7 所示），而 Lewis 电子模型不能解释该分子的顺磁性行为。

s-p 混合引起的能级偏移对于理解 B_2 分子的成键情况至关重要。无混合时，$\sigma_g(2p)$ 轨道的能量应该低于 $\pi_u(2p)$ 轨道，分子可能为抗磁性**。但是，$\sigma_g(2s)$ 与 $\sigma_g(2p)$ 轨道发生混合 [图 5.6（b）]，使前者能量降低并将后者的能量提高至比 π 轨道更高，从而给出图 5.7 中的能级顺序。此时，根据 Hund 规则，能量最高的两个电子填充在简并 π 轨道而不成对，导致该分子为顺磁性，即两个 π 电子分占不同轨道，键级为 1。

$C_2[\pi_u^2\pi_u^2(2p)]$

C_2 的分子轨道模型预测其为双键分子，所有电子均成对，但两个最高占据分子轨道（highest occupied molecular orbitals，HOMO）均为 π 轨道。C_2 很不寻常，因为该分子中只有两个 π 键而无 σ 键。作为碳的同素异形体，虽然 C_2 很罕见（金刚石、石墨、富勒烯以及第 8 章中介绍的碳的其他多原子形式，都比 C_2 更稳定），但乙炔离子 C_2^{2-} 却为人熟知，尤其在碱金属、碱土金属、镧系元素化合物中。根据分子轨道模型，C_2^{2-} 的键级为 3（电子构型 $\pi_u^2\pi_u^2\sigma_g^2$），乙炔和碳化钙（乙炔化钙）相似的 C—C 键长证明了这一点[2, 3]。

C—C 键长	键长（pm）
C≡C（气相）	124.2
H—C≡C—H	120.5
CaC_2	119.1

$N_2[\pi_u^2\pi_u^2\sigma_g^2(2p)]$

根据 Lewis 模型和分子轨道模型，N_2 包含三键，与其极短的键长（109.8 pm）和极高的键解离能（942 kJ/mol）相吻合。原子轨道的能量会随着核电荷数 Z 的增加而降低，在 2.2.4 节已讨论并在 5.3.1 节将做进一步介绍。随着有效核电荷的增加，所有轨道的能量都会降低。电子在不同轨道上的屏蔽效应以及电子之间的相互作用，都会导致 2s 和 2p 轨道间的能量差随着核电荷数的增加而增大，从硼的 5.7 eV，到碳的 8.8 eV，再到氮的 12.4 eV

---

* 当计算过程中考虑高能量未占轨道的影响时，Be_2 分子显示非常弱的键。参见 A. Krapp, F. M. Bickelhaupt, and G. Frenking, *Chem. Eur. J.*, **2006**, *12*, 9196。

** 本章中对分子轨道的讨论预设了一个重要前提，即假定 $\sigma_g(2p)$ 和 $\pi_u(2p)$ 之间的能量差大于 Π_c（见 2.2.3 节）；但有时在过渡金属配合物中并非如此，详见第 10 章。

（这些差值列于 5.3.1 节的表 5.2）。原子轨道的径向分布函数（图 2.7）表明，2s 电子比 2p 电子更有机会接近原子核，使前者更易受到核电荷数增加所产生的影响。因此，N_2 的 $\sigma_g(2s)$ 和 $\sigma_g(2p)$ 间混合作用比 B_2 和 C_2 中的更弱，同时，N_2 的 $\sigma_g(2p)$ 和 $\pi_u(2p)$ 的能量十分接近。这些轨道的能量顺序一直以来都有争议，我们将在 5.2.4 节中对此进行更详细的讨论。

$O_2[\sigma_g^2\pi_u^2\pi_u^2\pi_g^{*1}\pi_g^{*1}(2p)]$

O_2 是顺磁性的，与 B_2 一样，这种性质不能用 Lewis 结构式 $:\!\ddot{O}\!=\!\ddot{O}\!:$ 解释，但是通过分子轨道能级图可以看出，简并的 π_g^* 轨道中有两个电子填充。将液氧导入强磁体两极之间，可以验证其顺磁性，O_2 将停留在两极之间直至蒸发。O_2 存在几种带电离子，包括 O_2^+、O_2^- 和 O_2^{2-}。如下表所示，O—O 的键长可以直接与 MO 模型预测得到的键级相关联[*]。

	键级	核间距（pm）
O_2^+（二氧正离子）	2.5	111.6
O_2（氧分子）	2.0	120.8
O_2^-（超氧负离子）	1.5	135
O_2^{2-}（过氧负离子）	1.0	150.4

注：O_2^- 和 O_2^{2-} 中 O—O 键长受到阳离子的影响是导致键长超长的一个因素，对于 O_2^{2-} 尤为明显，所以表中核间距应视为近似值。在六酰亚胺穴型分子（第 8 章中介绍类似分子）存在时，KO_2 歧化为 O_2 和 O_2^{2-}，O_2^{2-} 通过氢键相互作用被包进穴型分子中；通过该方法，可以确定过氧化物中 O—O 键长为 150.4(2) pm[4]。

O_2 中轨道混合程度不足以使 $\sigma_g(2p)$ 轨道能量超过 $\pi_u(2p)$ 轨道，其分子轨道能级顺序与 5.2.4 节中讨论的光电子能谱结果一致。

$F_2[\sigma_g^2\pi_u^2\pi_u^2\pi_g^{*2}\pi_g^{*2}(2p)]$

分子轨道模型显示 F_2 是含有 F—F 单键的抗磁性分子，这与实验结果一致。

无论考虑轨道混合与否，N_2、O_2 和 F_2 的键级都不改变，但是在 N_2 中 $\sigma_g(2p)$ 和 $\pi_u(2p)$ 轨道的顺序与在 O_2 和 F_2 中不同。如前所述并将在 5.3.1 节中更深入地讨论，第二周期主族元素的 2s 和 2p 轨道之间的能量差随着核电荷数的增加而增大（从 B 的 5.7 eV 到 F 的 21.5 eV）。随着此差异增加，s-p 作用（混合）降低，并且在 O_2 和 F_2 中分子轨道的顺序恢复"正常"。在许多异核双原子分子中，$\sigma_g(2p)$ 的能量高于 $\pi_u(2p)$，如 5.3.1 节中的 CO。

$Ne_2[\sigma_g^2\pi_u^2\pi_u^2\pi_g^{*2}\pi_g^{*2}\sigma_u^{*2}(2p)]$

所有分子轨道全充满，成键与反键轨道的电子数目相等，因此分子的键级为 0。Ne_2 分子即使存在，也只会是一个瞬态物种。

分子轨道理论成功之一在于对 O_2 中两个未成对电子的预测。人们早就发现了 O_2 的顺磁性，但是对此现象的早期解释却不尽人意，譬如特殊的"三电子键"[5]；而分子轨道理论直接解释了出现两个未成对电子的原因。在其他实例中，σ_g 轨道需要提高到 π_u 轨道上（发生能量移动），以解释实验观测结果（如 B_2 的顺磁性及 C_2 的抗磁性），但无需对模型进行重大修改。

---

* 参见表 5.1。

同核双原子分子的键长

图 5.8 显示了第二周期 p 区元素同核双原子分子（价电子数 6～14）键长随价电子数的变化情况。从左侧开始，随着价电子数增加，成键轨道数也在增加，导致键强度变大、键长变短。这种趋势持续到的 N_2（10 个价电子）后发生逆转，因为增加的电子开始占据反键轨道。图中还显示出，N_2^+、O_2^+、O_2^- 和 O_2^{2-} 离子遵从类似的趋势。

尽管从硼到氟，自由原子的半径稳步减小，但依然出现键长最小值（图 5.8）。图 5.9 显示，它们的共价半径（以单键中数值来定义）随着价电子数增加而减小，主要源自不断增加的核电荷将电子拉近原子核所致。从硼到氮元素，图 5.8 和图 5.9 所示的趋势相似：原子共价半径减小，相应的双原子分子的键距也减小；然而之后，两种趋势并不相同。即使自由原子的共价半径持续减小（$N>O>F$），但随着反键轨道电子数增加，它们双原子分子中的键长也会增加（$N_2<O_2<F_2$）。通常，键级比组分原子的共价半径更重要。同核及异核双原子物种的键长列于表 5.1。

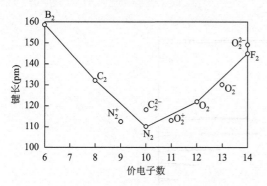
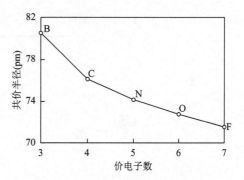

图 5.8　同核双原子分子及离子的键长　　　　图 5.9　第二周期原子的共价半径

表 5.1　双原子物种的键长 [a]

分子式	价电子	核间距（pm）	分子式	价电子	核间距（pm）
H_2^+	1	105.2	O_2^-	13	135
H_2	2	74.1	O_2^{2-}	14	150.4[c]
B_2	6	159.0	F_2	14	141.2
C_2	8	124.2	CN	9	117.2
C_2^{2-}	10	119.1[b]	CN^-	10	115.9[d]
N_2^+	9	111.6	CO	10	112.8
N_2	10	109.8	NO^+	10	106.3
O_2^+	11	111.6	NO	11	115.1
O_2	12	120.8	NO^-	12	126.7

a. 除脚注外，数据源于 K. P. Huber and G. Herzberg, *Molecular Spectra and Molecular Structure. IV. Constants of Diatomic Molecules*, Van Nostrand Reinhold Company, New York, 1979。关于双原子物种的其他数据，参见 R. Janoscheck, *Pure Appl. Chem.*, **2001**, *73*, 1521。

b. 在 CaC_2 中的键长，参见 M. J. Atoji, *J. Chem. Phys.*, **1961**, *35*, 1950。

c. 参考文献[4]。

d. 低温 NaCN 斜方晶系中键长，参见 T. Schräder, A. Loidl, T. Vogt, *Phys. Rev. B*, **1989**, *39*, 6186。

5.2.4　光电子能谱

除了键长和能量数据外，可以由光电子能谱[6]确定轨道中电子能量的具体信息。在该技术中，紫外光（UV）或 X 射线会从分子中激发出电子：

$$O_2 + h\nu \ (光子) \longrightarrow O_2^+ + e^-$$

发射的电子动能可测，而入射光能量与此动能的差值等于电子的电离能（结合能）：

电离能 = $h\nu$（光子能量）– 被发射电子的动能

紫外光可以移除外层电子，而能量更高的 X 射线可以挪动内层电子。图 5.10 和图 5.11 分别给出了 N_2 和 O_2 的光电子能谱，以及离子最高占据分子轨道的相对能量。较低能量峰（在图中上部）对应较高能量的轨道（移除电子所需能量较少）。假定离子化分子和中性分子的能级基本相同*，那么观察到的能量就与分子轨道直接相关。N_2 光谱中的能级间隔

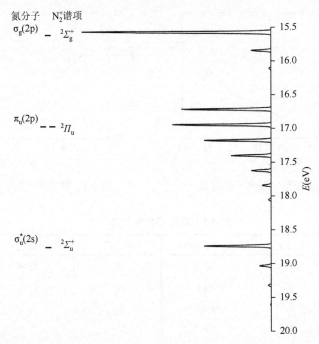

图 5.10　N_2 的光电子能谱和分子轨道能级。Susan Green 用 FCF 程序模拟的光谱，参见 R. L. Lord, L. Davis, E. L. Millam, E. Brown, C. Offerman, P. Wray, S. M. E. Green, *J. Chem. Educ.*, **2008**, *85*, 1672, ©2008, American Institute of Physics，经版权许可转载。数据源于 K. P. Huber 和 G. Herzberg 的 "Constants of Diatomic Molecules"（由 J. W. Gallagher 和 R. D. Johnson III 提供），收录在 NIST Chemistry WebBook，NIST Standard Reference Database Number 69，Eds，主编 P. J. Linstrom 和 W. G. Mallard，National Institute of Standards and Technology，Gaithersburg MD，20899，http://webbook.nist.gov（检索日期：2012 年 7 月 22 日）。（*J. Chem Phys.*, **1975**, *62*（4），1447, Copyright 1975, American Institute of Physics，经版权许可转载）

---

　* 光电子能谱的这一观点过于简单，对该技术的严格处理超出了本书范围。解释光电子能谱具有挑战性，因为这些光谱提供了中性分子基态电子的能级与电离分子基态、激发态能级之间的差异。对光电子能谱的严格解释，需要考虑中性和电离物种之间的能级及轨道形状如何变化。

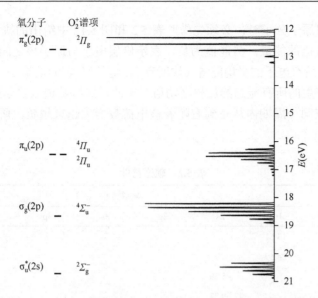

图 5.11　O_2 的光电子能谱和分子轨道能级。图和数据来源同图 5.10

比 O_2 的小，且某些理论计算结果与 N_2 中最高占据分子轨道的现有顺序不同。Stowasser 和 Hoffmann[7]对不同的计算方法进行比较后发现，不同的能级顺序仅与计算方法有关，他们所认可的方法，与实验结果一致，即 σ_g 能量高于 π_u。

光电子能谱显示，N_2 中 π_u 低于 σ_g（图 5.10）。除了轨道的电离能外，能谱还定量地提供了分子中电子能级和振动能级的证据。因为振动能级间隔要比电子能级小得多，所以即使处于电子基态，任何被测样品都将包含具有不同振动能的分子。因此，电子可以向不同的振动能级跃迁，从而导致单个电子跃迁出现多重峰。强烈参与成键的轨道，具有振动精细结构（多重峰）；弱成键轨道，在每个能级上只有少数峰[8]。N_2 谱图表明，π_u 轨道比任一 σ 轨道更多地参与成键；CO 谱图（图 5.13）与此类似。O_2 能谱（图 5.11）中，所有能级上都有许多振动精细结构；和其他轨道相比，π_u 轨道参与成键更多。O_2 和 CO 的光电子能谱中，能级顺序与预期相同。

5.3　异核双原子分子

上节讨论的同核双原子分子是非极性分子，被占轨道中的电子密度均匀分布在每个原子上。异核双原子分子是极性分子，电子密度在被占轨道中分布不均匀。本节将利用分子轨道理论，介绍处理极性分子的过程。

5.3.1　极性键

分子轨道理论在异核双原子分子中的应用与其在同核双原子分子中相似，但是，原子核电荷不同、相互作用的轨道间能量不相等，形成的分子轨道能量则发生相对偏移。

在处理这些异核双原子分子时，必须先借助表 5.2 和图 5.12 中给出的轨道势能*预估可能发生作用的原子轨道的能量。势能值为负，表示价层电子与原子核之间呈吸引作用，这些值是相同能级上所有电子的平均能量（如所有 3p 电子），它们是第 11 章中讨论的电子-电子相互作用而产生的所有能态的加权平均值。因此，这些数值未显示图 2.10 中所示的电离能变化，但在同一周期内从左到右随着核电荷数增大越来越负，所有电子都被更加强烈地吸引。

表 5.2 轨道势能

原子序数	元素	轨道势能（eV）						
		1s	2s	2p	3s	3p	4s	4p
1	H	−13.61						
2	He	−24.59						
3	Li		−5.39					
4	Be		−9.32					
5	B		−14.05	−8.30				
6	C		−19.43	−10.66				
7	N		−25.56	−13.18				
8	O		−32.38	−15.85				
9	F		−40.17	−18.65				
10	Ne		−48.47	−21.59				
11	Na				−5.14			
12	Mg				−7.65			
13	Al				−11.32	−5.98		
14	Si				−15.89	−7.78		
15	P				−18.84	−9.65		
16	S				−22.71	−11.62		
17	Cl				−25.23	−13.67		
18	Ar				−29.24	−15.82		
19	K						−4.34	
20	Ca						−6.11	
30	Zn						−9.39	
31	Ga						−12.61	−5.93
32	Ge						−16.05	−7.54
33	As						−18.94	−9.17
34	Se						−21.37	−10.82
35	Br						−24.37	−12.49
36	Kr						−27.51	−14.22

J. B. Mann, T. L. Meek, L. C. Allen, *J. Am. Chem. Soc.*, **2000**, *122*, 2780。所有负能量值表明，对于特定轨道的所有项，电子和原子核之间均为平均吸引势能。其他轨道势能值，参见附录 B.9。

* 更完整的轨道势能表，参见附录 B.9，可在 pearsonhighered.com/advchemistry 查阅。

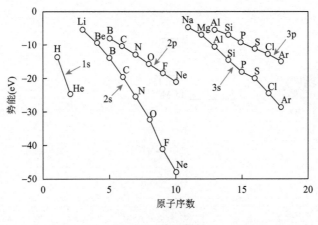

图 5.12　轨道势能

形成同核双原子分子的对应原子轨道能量相同，两个原子对分子轨道的贡献相等，因此，在分子轨道的方程中，每个原子相应原子轨道（如 $2p_z$）的相关系数是一样的。在异核双原子分子（如 CO 和 HF）中，原子轨道能量不同，它们对给定分子轨道的贡献不相等，则分子轨道方程中对应各原子轨道的系数不同。随着原子轨道间能量差变大，相互作用逐渐减小。波函数中，能量越接近分子轨道的原子轨道对其贡献越大，其系数也越大。

一氧化碳

在异核双原子分子中，最有效的成键方法与同核双原子分子的策略相同。唯一的例外是，电负性大的元素在低能级分子轨道中保持其原子轨道特征，而电负性小的元素不可以。一氧化碳如图 5.13 所示，就表现出这种特性。氧原子 2s 和 2p 轨道能量低于与之匹配的碳原子轨道。结果导致尽管 CO 的轨道相互作用图与同核双原子分子的相似（图 5.5），但相对于左侧能级，右侧（电负性较大）能级被拉低。在 CO 中，因为 2p 亚层贡献很大（图 5.13 中 3σ），最低 π 轨道（图 5.13 中 1π）的能量低于最低 σ 轨道；N_2 分子中有同样的轨道顺序。这是氧原子 $2p_z$ 和碳原子 2s、$2p_z$ 轨道显著相互作用的结果：前者 $2p_z$ 轨道能量（$-15.85\,\text{eV}$）介于碳原子 2s（$-19.43\,\text{eV}$）和 $2p_z$（$-10.66\,\text{eV}$）之间，能量匹配有利于两者相互作用。

氧原子 2s 轨道能量较低，对 2σ 轨道的贡献大（因此两者能量更接近）；高能级碳原子 2s 轨道对 $2\sigma^*$ 贡献大（二者能量相近）[*]。在最简单情况下，成键轨道的能量和形状类似于低能级原子轨道，而反键轨道则与高能级原子轨道相似；在较复杂情况下，如 CO 的 $2\sigma^*$ 轨道，其他原子轨道（氧原子 $2p_z$）也有贡献，分子轨道的形状及能量难再预测。实际上，能级差大于 $10\sim14\,\text{eV}$ 的原子轨道通常不发生显著相互作用。

---

[*] 分子轨道可用不同的方式标记。大多数情况下，本书对相同对称的一组进行编号（$1\sigma_g$、$2\sigma_g$ 和 $1\sigma_u$、$2\sigma_u$）。在同核双原子分子的一些能级图中，由 1s 原子轨道生成的 $1\sigma_g$ 和 $1\sigma_u$ 分子轨道的能量比价轨道得到的分子轨道低，因此被省略。值得注意的是，靠近核的轨道间相互作用通常非常弱，轨道重叠程度很低，因此形成的分子轨道的能量与初始原子轨道基本相同。

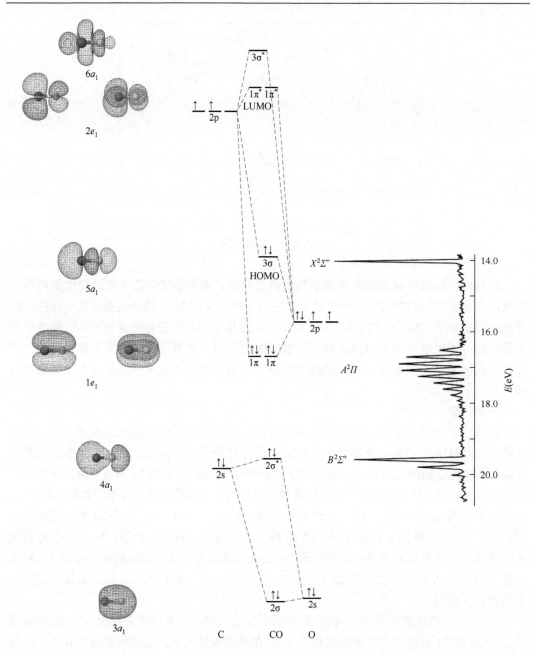

图 5.13　CO 的分子轨道和光电子能谱。分子轨道 1σ 和 1σ* 来自 1s 轨道，未被显示（Molecular Orbitals and Photoelectron Spectrum of CO, Kaitlin Hellie。经许可转载）

　　如同在同核双原子分子 σ$_g$ 和 σ$_u$ 轨道上看到的那样，σ 和 σ* 能级的混合导致 2σ* 和 3σ 间能级分裂更大，3σ 能级高于 1π 能级。3σ 轨道的形状很有趣，C 端波瓣很大，这是碳的 2s、2p$_z$ 轨道和氧的 2p$_z$ 轨道相互作用的结果（如前所述，这两种能量匹配最为有利）。碳原子贡献两个轨道，而氧原子只贡献一个轨道，所以 C 端波瓣更大。3σ 轨道的电子对与 CO 的 Lewis 电子结构中碳上的孤对很相似，但电子密度仍然离域在两个原子上。

p_x 和 p_y 轨道形成 4 个分子轨道，即两个成键（1π）和两个反键轨道（$1\pi^*$）。成键轨道中，较大的波瓣集中在电负性更大的氧原子一侧，表明这些轨道与 O 的 $2p_x$ 和 $2p_y$ 轨道之间能量匹配更好。相反，π^* 轨道的较大波瓣位于碳原子上，说明这些反键轨道与 C 的 $2p_x$ 和 $2p_y$ 轨道有更好的能量匹配。电子密度在 3σ 和 $1\pi^*$ 轨道上的分布对理解 CO 如何与过渡金属键合至关重要，本节将进一步讨论这一主题。当电子填充时（如图 5.13 所示），价轨道形成 4 个成键电子对及 1 个反键电子对，净键级为 3[*]。

示例 5.3

利用处理 CO 的方法可以得出 HF 的分子轨道。氟原子的 2s 轨道比氢原子的 1s 轨道低 26 eV 以上，所以它们之间相互作用很小。然而，氟 $2p_z$ 轨道（–18.65 eV）和氢 1s 轨道（–13.61 eV）能量相近，可结合为 σ 和 σ^* 轨道。氟 $2p_x$ 和 $2p_y$ 轨道保持非键状态，各有一对电子。总的来说，有 1 个成键电子对和 3 个孤对电子；然而孤对电子是不等价的，与 Lewis 电子结构不一致。由于所有这些轨道都偏向氟原子，HF 的占有轨道预测它具有极性键。毫无疑问，相对于氢原子，HF 中的电子密度更多集中分布在氟原子上，氟是分子的富电端。

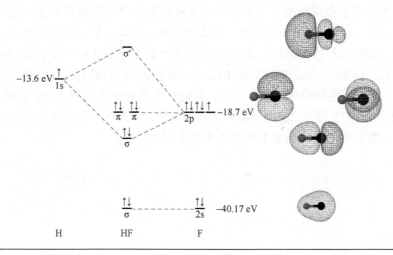

练习 5.3　用讨论 HF 类似的方法解释氢氧根离子（OH⁻）中的键（Kaitlin Hellie 提供，经许可转载）。

对化学反应最相关的分子轨道，通常是最高占据分子轨道（highest occupied molecular orbital，HOMO）和最低未占分子轨道（lowest unoccupied molecular orbital，LUMO），统称为前线轨道（frontier orbital），因为它们位于占据-未占据轨道的前沿。CO 的分子轨道图有助于解释其与过渡金属的化学反应，这与电负性预测（氧原子有更高电子密度）的结果不同；仅凭电负性差异（不考虑分子轨道图）预测，CO 上电负性大的氧原子应该与电正性金属以 M—O—C 方式结合，形成羰基配合物。这种电负性差异，若表现在分子轨道模型中，即为 CO 中 2σ 和 1π 分子轨道在电负性大的氧原子上应该具有更高电子密度

---

　[*] 在 CO 中，填充轨道作为"成键"和"反键"进行分类，并不像 H_2 那么简单，因为 2σ 和 $2\sigma^*$ 轨道的能量仅分别相对于氧和碳的 2s 轨道发生了适度的变化。然而，这些轨道的分类与 CO 的三重键级是一致的。

（图 5.13）。然而，绝大多数金属羰基配合物[如 $Ni(CO)_4$ 和 $Mo(CO)_6$]的结构中，原子以 M—C—O 顺序成键。CO 的 HOMO 为 3σ，碳原子端具有较大波瓣，因此电子密度更高（上文 s-p 轨道混合的解释）；该轨道中的电子对集中在碳原子上，可以与金属的空轨道成键。对于具有空轨道的其他反应物来说，HOMO 中电子在反应物分子中能量最高（最不稳定），通常是最容易引发化学反应的能量起点。CO 的 LUMO 是 $1\pi^*$ 轨道，与 HOMO 类似，电子也集中在电负性较小的碳原子上，这一特征可使 CO 通过碳原子与金属原子配位。事实上，前线轨道在反应中既可以提供电子（HOMO），也能接受电子（LUMO）。这些在金属有机化学中极为重要的作用和影响，将在第 10 章和第 13 章中详细讨论。

5.3.2　离子化合物和分子轨道

离子化合物可以被认为是异核双原子中分子极性的极限形式。如前文所述，由于成键原子电负性之差的增大，相互作用的原子轨道之间能量差随之增加，而且在成键分子轨道中，电子密度越来越集中偏向于电负性大的原子；在极限情况下，电子完全转移到电负性更大的原子上形成负离子，留下一个具有高能量空轨道的正离子。当两种电负性差异很大的元素（如 Li 和 F）结合时，形成离子键。然而，就分子轨道而言，仍可以像处理共价化合物那样描述离子对。图 5.14 给出了 LiF 原子轨道和分子轨道的近似表示。在形成 LiF 时，Li 的 2s 电子转移到由 Li 的 2s 与 F 的 $2p_z$ 轨道相互作用形成的成键轨道上。事实上，因为这两种轨道能量差很大，所以产生的 σ 轨道主要由 $2p_z$ 贡献。最终，来自 Li 原子 2s 轨道和 F 原子 $2p_z$ 轨道的电子均被稳定。请注意，图 5.14 中用于描绘轨道轮廓面的理论计算表明，在双原子 LiF 中基本上没有共价性。

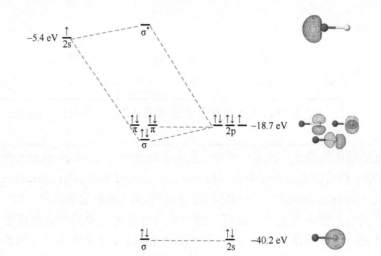

图 5.14　LiF 原子轨道和分子轨道的近似表示（Kaitlin Hellie 提供，经许可转载）

氟化锂以晶态固体存在，这种形态的能量明显低于双原子 LiF。在含有许多化学式单元的盐类三维晶格中，离子通过静电吸引和共价键两种作用结合在一起。所有离子化合物中都有一些共价键成分，但与 VSEPR 模型预测的几何结构中具有高度共价键的分子相比，盐类没有方向性的化学键。在高度离子化的 LiF 中，每个 Li^+ 被 6 个 F^- 包围，每个 F^- 又被 6 个 Li^+ 包围。晶格中的轨道形成能带，详见第 7 章的介绍。

从固态 Li 和气态 F_2 开始，我们增加了形成相应气相离子的基本步骤，得出总化学变化的净焓变：

基本步骤	化学/物理变化	ΔH（kJ/mol）*
$Li(s) \longrightarrow Li(g)$	升华	161
$Li(g) \longrightarrow Li^+(g) + e^-$	电离	520
$\frac{1}{2} F_2(g) \longrightarrow F(g)$	键断裂	79
$F(g) + e^- \longrightarrow F^-(g)$	负电子亲和势	−328
$Li(s) + \frac{1}{2} F_2(g) \longrightarrow Li^+(g) + F^-(g)$	从元素的标准状态形成气相离子	432

自由能变（$\Delta G = \Delta H - T\Delta S$）必须为负，反应才能自发进行。形成这些气相离子的 ΔH 大且为正值（432 kJ/mol），尽管此时 ΔS 为正值，仍然得到正的 ΔG。然而，如果我们让这些孤立的离子结合，它们之间的强库仑吸引力会导致电子能量急剧下降，其中形成气态 Li^+F^- 离子对时释放 755 kJ/mol，形成离子均为 1 mol 的 LiF 晶体时释放 1050 kJ/mol。

基本步骤	化学变化	ΔH（kJ/mol）
$Li^+(g) + F^-(g) \longrightarrow LiF(g)$	形成气态离子对	−755
$Li^+(g) + F^-(g) \longrightarrow LiF(s)$	形成晶态固体	−1050

形成晶体的晶格焓（lattice enthalpy）足够大且为负值，使反应 $Li(s) + \frac{1}{2} F_2(g) \longrightarrow$ LiF(s)的 ΔG 为负值。因此，尽管母体元素生成气态离子是净吸热，气相离子结合形成晶态固体的焓变为负，但该反应仍是自发的。

5.4　多原子分子轨道

前面对于双原子分子的描述方法可以扩展到 3 个或更多原子组成的分子，但是随着分子更加复杂，这种方法变得越来越具挑战性。我们将首先以几个线型分子为例来说明群轨道概念，然后应用形式群论方法对其进行讨论。

---

* 尽管电离能和电子亲和能在形式上是内能变化（ΔU），但它们就等于焓变，因为 $\Delta H = \Delta U - p\Delta V$ 且 $\Delta V = 0$。

5.4.1　FHF⁻

线型离子 FHF⁻（强的氢键可以描述为共价作用[9]）方便了我们引入群轨道（group orbitals，外围原子的匹配轨道的组合）概念。为了生成一组群轨道，我们将使用图 5.15 所示氟原子价层轨道，研究哪些中心原子轨道具有适当的对称性，能够与群轨道相互作用。

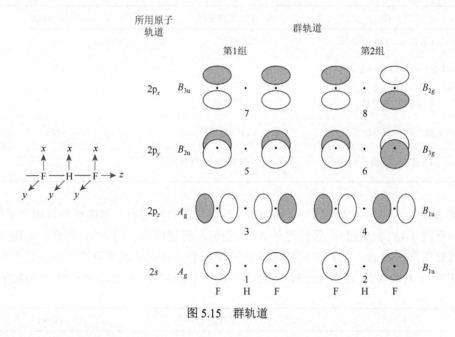

图 5.15　群轨道

最低能级群轨道由氟原子的 2s 轨道组成，这些轨道有其波函数的匹配符号（群轨道 1）或相反符号（群轨道 2），它们应视为可能与中心原子轨道发生相互作用的轨道组合。群轨道继续组合，采用双原子分子中成键及反键轨道形成时的相同方式（例如，$P_{xa} + P_{xb}$，$P_{xa}-P_{xb}$），只是现在被中心氢原子隔开。氟原子 2p_z 轨道组合有两种：相同符号的波瓣指向中心（群轨道 3），或者相反符号的指向中心（群轨道 4）。群轨道 5～群轨道 8 来自氟原子 2p_x 和 2p_y 轨道，它们相互平行，可根据波函数符号相同（群轨道 5 和群轨道 7）或相反（群轨道 6 和群轨道 8）进行配对。

FHF⁻ 的中心氢原子只有 1s 轨道可用于成键，基于其对称性，它能够与群轨道 1 和群轨道 3 相互作用，而与其他群轨道不能成键。这些成键和反键组合，示于图 5.16。

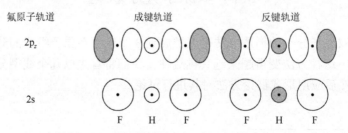

图 5.16　氟原子群轨道与氢 1s 轨道的相互作用

氢 1s 轨道与群轨道 1 或群轨道 3 的相互作用，哪一种可能更强？氢 1s 轨道的势能（−13.61 eV）和氟 $2p_z$ 轨道（−18.65 eV）的匹配程度高于氟的 2s 轨道（−40.17 eV），因此，我们认为与 $2p_z$ 轨道（群轨道 3）的相互作用比 2s 轨道（群轨道 1）强。氢的 1s 轨道不能与群轨道 5～群轨道 8 相互作用，这些群轨道是非键的。

FHF^- 的分子轨道如图 5.17 所示。在绘制分子轨道能级图时，习惯上将中心原子的轨道置于最左边，周围原子的群轨道在最右边，中间为生成的分子轨道。

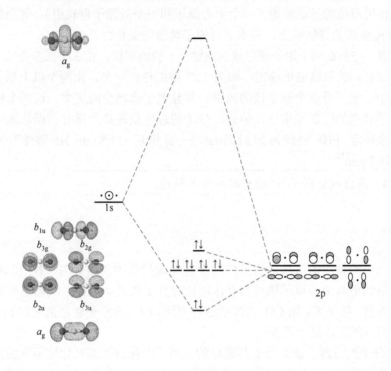

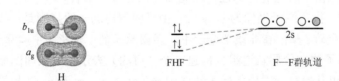

图 5.17 FHF^- 的分子轨道图（Kaitlin Hellie，经许可转载）

源自氟 2p 轨道的 6 个群轨道中，有 5 个与中心原子不产生相互作用，它们基本上保持为非键状态，并含有孤对电子。

有一点很重要：每个孤对都离域在两个氟原子上，这与 Lewis 结构中认为孤对仅与单个原子关联的观点不同。在不相邻氟原子轨道之间存在微弱相互作用，但由于氟原子间距太远（229 pm，是 HF 中键长 91.7 pm 的两倍多），不足以显著地改变它们的能量。如上文所述，第六个 2p 群轨道，即剩下的 $2p_z$（群轨道 3）与氢 1s 轨道相互作用，得到两个分子轨道（一个成键轨道和一个反键轨道），电子对占据成键轨道。氟原子 2s 轨道的群轨道能量比氢原子 1s 轨道低得多，基本为非键轨道。群轨道 2 和群轨道 4，虽然本质上为非键轨道，但由于类似于 s-p 混合的现象，分别显示出轻微的稳定性或不稳定性。这些群轨道对称性相同，有相互作用的基础，这一普遍性问题将在本章后面讨论。

Lewis 模型需要两个电子来表示原子间的一个单键，这将导致 FHF^- 中氢原子周围有 4 个电子。而分子轨道模型认为，在 3 个原子上有离域的两电子键（三中心两电子键）。图 5.17 中，由群轨道 3 形成的成键分子轨道显示了如何描述这种键：两个电子占据一个三原子相互作用形成的低能轨道（一个中心原子和一个双原子群轨道）；其余的电子在氟的 2s、p_x 和 p_y 生成的群轨道上，基本上与原子轨道能量相同。

一般而言，与只在两个原子间形成的成键分子轨道相比，由 3 个或多个原子形成的成键分子轨道比它们的源轨道更稳定，如图 5.17 中的任何一个。由两个以上原子组成的成键分子轨道中，电子受多个原子核的吸引，并且电子离域空间更大，这两个特征都提供了多原子分子体系的附加稳定性；但是，分子的总能量还是由所有占据轨道中所有电子的能量之和来决定。FHF^- 键能为 212 kJ/mol，F—H 键长 114.5 pm；HF 键能为 574 kJ/mol，F—H 键长 91.7 pm[10]。

练习 5.4　画出线型离子 H_3^+ 的能级和分子轨道。

5.4.2　CO_2

到目前为止所使用的方法，也可以用于其他线型物种（如 CO_2、N_3^- 和 BeH_2）以考虑如何基于群轨道与中心原子轨道相互作用构建分子轨道。然而，我们也需要理解复杂分子成键的方法；接下来，用 CO_2 来演示这种方法。CO_2 的分子轨道描述比 FHF^- 更复杂，我们采取下列方法逐步进行考察：

1. 确定分子的点群。如果分子是线型的，用一个保持轨道对称性不变的简单点群来替换（忽略波函数符号）会使分析过程更容易。例如，D_{2h} 代替 $D_{\infty h}$、C_{2v} 代替 $C_{\infty v}$ 都非常实用。这种替代保留了轨道的对称性，而无需使用无限重旋转轴*。

2. 为了方便，指定原子坐标为 x、y、z。由经验得出的一般规则是，将分子最高阶旋转轴定为中心原子的 z 轴；在非线型分子中，周围原子的 y 轴指向中心原子。

3. 为周围原子的 s 价层轨道组合构建一个（可约）表示。如果周围原子不是氢，则重复该过程，找出其他每一组周围原子轨道的表示（如 p_x、p_y 和 p_z）。与第 4 章中描述的向量一样，任何轨道经对称操作改变位置，则对所得表示的特征标贡献为 0；任何轨道保持其原有位置（如 1 个 p 轨道保持其位置和方向——其轨道波瓣的符号）则贡献值为 1；轨道保留在原始位置但其波瓣符号反转，贡献值为–1。

4. 将步骤 3 中的每个可约表示约化为不可约表示，这相当于找到群轨道的对称性或轨道的对称性匹配线性组合（symmetry-adapted linear combinations，SALC）。此时，群轨道是与不可约表示的对称性相匹配的周围原子的轨道组合。

5. 确定中心原子的轨道对称性（不可约表示），使它们与步骤 4 中的群轨道相匹配。

---

* 这种方法有时被称为"对称下降"。

6. 中心原子的原子轨道和对称性匹配、能量相近的群轨道组合，形成分子轨道。形成的分子轨道总数必须等于所有原子的参与轨道数之和[*]。

总之，建立分子轨道的过程是，用它们的不可约表示将群轨道的对称性与中心原子轨道的对称性进行匹配，如果对称性匹配且能量相近，则有相互作用（既有成键也有反键），否则就没有相互作用。

在 CO_2 中，氧原子的群轨道与 FHF^- 中氟原子群轨道相同（图 5.15），但 CO_2 中的中心碳原子同时具有 s 轨道和 p 轨道，都能与氧原子发生作用。与前面讨论 FHF^- 时一样，CO_2 的群轨道-原子轨道间相互作用将成为关注重点。

1. 点群：CO_2 具有 $D_{\infty h}$ 对称性，所以可以使用 D_{2h} 点群进行替代。

2. 坐标系：选择 z 轴与 C_∞ 轴重合，x 和 y 坐标（译者注：原文误为 y 和 z）的选择和前面讨论 FHF^- 时相似（图 5.18）。

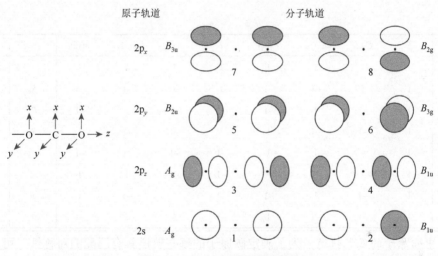

图 5.18　CO_2 中的群轨道对称性

3. 周围原子轨道的可约表示：CO_2 中指的是氧原子的 2s 和 2p 轨道，它们可分为四组（图 5.18）。以两个氧原子的 2s 轨道为例，具有如下表示：

D_{2h}	E	$C_2(z)$	$C_2(y)$	$C_2(x)$	i	$\sigma(xy)$	$\sigma(xz)$	$\sigma(yz)$
$\Gamma(2s)$	2	2	0	0	0	0	2	2

其他的群轨道具有如下表示：

D_{2h}	E	$C_2(z)$	$C_2(y)$	$C_2(x)$	i	$\sigma(xy)$	$\sigma(xz)$	$\sigma(yz)$
$\Gamma(2p_z)$	2	2	0	0	0	0	2	2
$\Gamma(2p_x)$	2	−2	0	0	0	0	2	−2
$\Gamma(2p_y)$	2	−2	0	0	0	0	−2	2

[*] 我们通常用小写字母标记分子轨道的对称性，大写字母标记原子轨道的对称性和表示。这种做法很常见，但并不普遍。

4. 可约表示的群轨道：可通过 4.4.2 节介绍过的步骤，约化步骤 3 中的每个可约表示。以 $\Gamma(2s)$ 约化成 $A_g + B_{1u}$ 为例：

D_{2h}	E	$C_2(z)$	$C_2(y)$	$C_2(x)$	i	$\sigma(xy)$	$\sigma(xz)$	$\sigma(yz)$
A_g	1	1	1	1	1	1	1	1
B_{1u}	1	1	-1	-1	-1	-1	1	1

当每一个可约表示都被约化后，这些不可约表示可以描述 CO_2 分子中氧原子群轨道的对称性特征，对应 D_{2h} 群的不可约表示符号显示在图 5.18。值得注意的是，这些群轨道的不可约表示和 FHF⁻ 中氟原子的群轨道是相同的。

练习 5.5 使用下面的 D_{2h} 特征标表，验证图 5.18 中的群轨道与它们的不可约表示相匹配。

D_{2h}	E	$C_2(z)$	$C_2(y)$	$C_2(x)$	i	$\sigma(xy)$	$\sigma(xz)$	$\sigma(yz)$		
A_g	1	1	1	1	1	1	1	1		x^2, y^2, z^2
B_{1g}	1	1	-1	-1	1	1	-1	-1	R_z	xy
B_{2g}	1	-1	1	-1	1	-1	1	-1	R_y	xz
B_{3g}	1	-1	-1	1	1	-1	-1	1	R_x	yz
A_u	1	1	1	1	-1	-1	-1	-1		
B_{1u}	1	1	-1	-1	-1	-1	1	1	z	
B_{2u}	1	-1	1	-1	-1	1	-1	1	y	
B_{3u}	1	-1	-1	1	-1	1	1	-1	x	

5. 中心原子的匹配轨道：为了确定碳原子的哪些轨道具有匹配的对称性，可以与群轨道相互作用，我们将对每个群轨道逐个进行讨论。图 5.19 是以 D_{2h} 点群对称性进行标记的碳原子轨道。

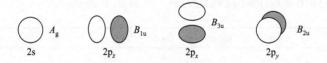

图 5.19　D_{2h} 点群中碳原子轨道的对称性

D_{2h} 特征标表显示了这些轨道的对称性。如，B_{1u} 有 z 轴和氧 p_z 轨道的对称特征，在 E、$C_2(z)$、$\sigma(xz)$、$\sigma(yz)$ 操作下符号不变，而在 $C_2(y)$、$C_2(x)$、i 和 $\sigma(xy)$ 操作下符号相反。

（6）分子轨道的形成：图 5.20 中，两个氧的 2s 轨道相加或相减形成群轨道 1 和群轨道 2，对称性分别为 A_g 和 B_{1u}。群轨道 1 与碳 2s 轨道匹配（均具有 A_g 对称性），群轨道 2 与碳 $2p_z$ 轨道匹配（均具有 B_{1u} 对称性）。

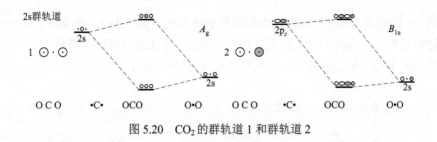

图 5.20 CO$_2$ 的群轨道 1 和群轨道 2

如图 5.21 所示，两个氧的 2p$_z$ 轨道相加或相减得到群轨道 3 和群轨道 4，同样具有 A_g 和 B_{1u} 对称性。所以，群轨道 3 可以和碳 2s 轨道作用，群轨道 4 和碳 2p$_z$ 轨道作用。

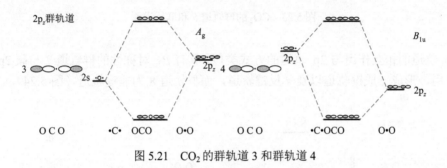

图 5.21 CO$_2$ 的群轨道 3 和群轨道 4

实际上，碳的 2s 和 2p$_z$ 轨道各有两组可能与之作用的群轨道。图 5.20 和图 5.21 中所有 4 个相互作用都是对称的；评估最强作用则需要从图 5.22 给出的轨道势能进行判断。

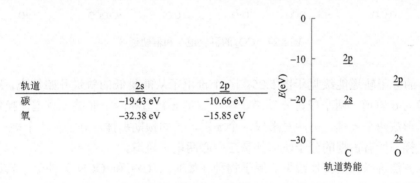

轨道	2s	2p
碳	−19.43 eV	−10.66 eV
氧	−32.38 eV	−15.85 eV

图 5.22 碳和氧的轨道势能

具有相近能量的轨道之间相互作用最强。群轨道 3 和碳 2s 轨道之间的能量匹配程度（能量差为 3.58 eV），比群轨道 1 和碳 2s 轨道之间（能量差为 12.95 eV）好很多，因此主要相互作用在氧 2p$_z$ 轨道和碳 2s 轨道之间。群轨道 2 的能量太低，无法与碳 2p$_z$ 强烈作用（能量差为 21.72 eV），因此图 5.25 中最终的分子轨道图仅显示了群轨道 2 与碳原子轨道的微弱相互作用。

练习 5.6 利用轨道能量说明，群轨道 4 比群轨道 2 更有可能与碳 2p$_z$ 轨道发生强烈相互作用。

碳的 $2p_y$ 轨道具有 B_{2u} 对称性，并与群轨道 5 作用（图 5.23），形成两个 π 分子轨道：一个成键轨道和一个反键轨道。但是，碳没有 B_{3g} 对称性的轨道可与群轨道 6 作用，形成的分子轨道只来源于氧 $2p_y$ 轨道，因此群轨道 6 是非键轨道。

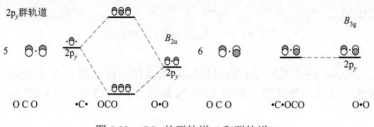

图 5.23　CO_2 的群轨道 5 和群轨道 6

$2p_x$ 轨道的相互作用与 $2p_y$ 轨道的方式类似。具有 B_{3u} 对称性的群轨道 7 与碳 $2p_x$ 轨道相互作用，形成 π 成键轨道以及 π 反键轨道，而群轨道 8 为非键轨道（图 5.24）。

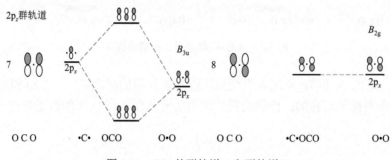

图 5.24　CO_2 的群轨道 7 和群轨道 8

CO_2 的分子轨道能级见于图 5.25。16 个价电子从能量低的轨道开始填充，形成两个基本非键的 σ 轨道、两个成键 σ 轨道、两个成键 π 轨道和两个非键 π 轨道。换句话说，两对电子形成两个 σ 键，另两对形成两个 π 键，正如预期那样，分子有 4 个键。与 FHF⁻ 中情况一样，所有占据的分子轨道都是三中心两电子轨道。

类似方法可以确定其他线型三原子物种（如 N_3^-、CS_2 和 OCN^-）的分子轨道，甚至更长的多原子分子。线型和环形 π 体系中的成键示例将在第 13 章中介绍。

练习 5.7　画出叠氮根离子 N_3^- 的分子轨道图。

练习 5.8　画出 BeH_2 的分子轨道能级图（假设 Be 的 2p 轨道势能为 -6.0 eV。即使自由 Be 原子中该轨道为空，也应考虑其对分子轨道的贡献）。

扩展上述过程可以得到组成分子轨道时原子轨道的归一化系数[11, 12]，该系数可大可小，可正可负，可相近也可相差很大，完全取决于轨道的特性。可以通过软件计算这些系数，并绘制出分子轨道的图形。在本章末和后续章节中有使用分子建模软件计算和生成各种分子的分子轨道示例，不过这些方法超出了本节范围。

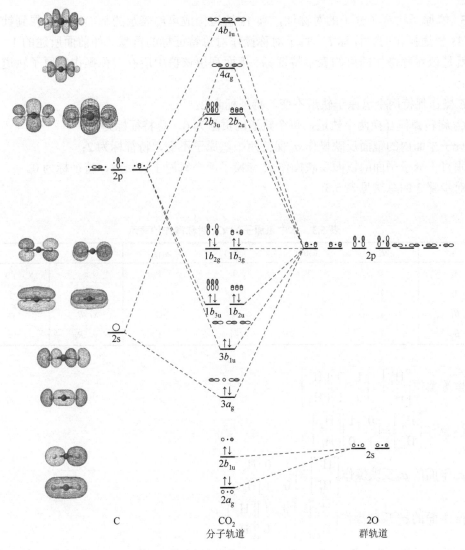

图 5.25 CO_2 的分子轨道（Kaitlin Hellie，经版权许可转载）

5.4.3 H₂O

非线型分子的分子轨道也可以通过类似方法确定。水分子是一个很好的例子：

1. 水分子为折线型分子，其 C_2 轴穿过氧原子，两个镜面的交线与该轴重合（图 5.26），属于 C_{2v} 点群。

2. 选择 C_2 旋转轴作为 z 轴，分子所在平面作为 xz 平面[*]。因为氢原子 1s 轨道没有方向性，所以没必要为其定义坐标系。

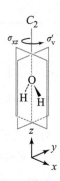

图 5.26 水分子的对称性

---

[*] 也可选择 yz 平面作为分子的平面，因此 $\Gamma = A_1 + B_1$ 并互换分子轨道的 b_1 和 b_2 标记。

3. 氢原子决定了分子的对称性，其 1s 轨道构成可约表示的基，很容易得到针对氢原子 1s 轨道操作的特征标 Γ。每个对称操作对总特征标的贡献（如前面所述的 1、0 或 –1）就是该对称操作的可约表示特征标。下面列出该群中所有对称操作的原子轨道可约表示：

E 操作保持两个氢原子轨道不变，特征标为 2；

C_2 旋转操作互换两个轨道，每个轨道的贡献为 0，总特征标为 0；

分子平面内的镜面反映操作 σ_v 保持两个氢原子不变，特征标为 2；

垂直于分子平面的镜面反映操作 σ'_v 交换了两个氢原子的轨道，特征标为 0。

对步骤 3 的总结见表 5.3。

表 5.3　水中氢原子的 C_{2v} 对称操作的表示

C_{2v}	E	$C_2(z)$	$\sigma(xz)$	$\sigma(yz)$		
A_1	1	1	1	1	z	$x^2,\ y^2,\ z^2$
A_2	1	1	–1	–1	R_z	xy
B_1	1	–1	1	–1	$x,\ R_y$	xz
B_2	1	–1	–1	1	$y,\ R_x$	yz

恒等操作 $\begin{bmatrix} H'_a \\ H'_b \end{bmatrix} = \begin{bmatrix} 1 & 0 \\ 0 & 1 \end{bmatrix}\begin{bmatrix} H_a \\ H_b \end{bmatrix}$

C_2 操作 $\begin{bmatrix} H'_a \\ H'_b \end{bmatrix} = \begin{bmatrix} 0 & 1 \\ 1 & 0 \end{bmatrix}\begin{bmatrix} H_a \\ H_b \end{bmatrix}$

xz 平面的 σ_v 反映操作 $\begin{bmatrix} H'_a \\ H'_b \end{bmatrix} = \begin{bmatrix} 1 & 0 \\ 0 & 1 \end{bmatrix}\begin{matrix} H_a \\ H_b \end{matrix}$

yz 平面的 σ'_v 反映操作 $\begin{bmatrix} H'_a \\ H'_b \end{bmatrix} = \begin{bmatrix} 0 & 1 \\ 1 & 0 \end{bmatrix}\begin{bmatrix} H_a \\ H_b \end{bmatrix}$

可约表示 $\Gamma = A_1 + B_1$：

C_{2v}	E	$C_2(z)$	$\sigma_v(xz)$	$\sigma'_v(yz)$	
Γ	2	0	2	0	
A_1	1	1	1	1	z
B_1	1	–1	1	–1	x

4. 可约表示 Γ 约化为不可约表示 $A_1 + B_1$，代表群轨道的对称性。在步骤 5 中，将这些群轨道与对称性匹配的氧原子轨道进行作用。

5. 推导分子轨道的第一步是将两个氢 1s 轨道组合得到群轨道。它们之和 $\frac{1}{\sqrt{2}}[\Psi(H_a) + \Psi(H_b)]$ 具有 A_1 对称性（1s 波函数具有相同符号的群轨道）；它们之差 $\frac{1}{\sqrt{2}}[\Psi(H_a) - \Psi(H_b)]$

具有 B_1 对称性（1s 波函数具有相反符号的群轨道），如图 5.27 所示。这些方程定义了群轨道或对称匹配线性组合。在该情况下，组合的 1s 轨道相同，对每个群轨道贡献相等，意味着群轨道方程中每个唯一的 1s 轨道的系数大小相等，这些系数也反映了 2.2 节中讨论的归一化要求。当考虑包括给定原子轨道的所有群轨道时，每个原子轨道的系数的平方和必须等于 1，本例中归一化因子为 $\dfrac{1}{\sqrt{2}}$。通常，群轨道的归一化因子（N）为

$$N = \frac{1}{\sqrt{\sum c_i^2}}$$

式中，c_i 为原子轨道的归一化系数。每个群轨道均可视为与氧原子轨道线性组合的单一轨道。

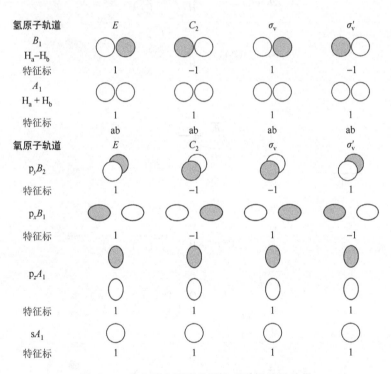

图 5.27　水分子中原子轨道和群轨道的对称性

氧的 2s 和 2p 轨道的对称性可以用 C_{2v} 特征标表进行归属和确认，x、y 和 z 轴以及更复杂的函数有助于将表示归属到原子轨道。该情况下：

s 轨道在所有操作中均不变，因此具有 A_1 对称性，s 轨道是完全对称的；

p_x 轨道具有 x 轴的 B_1 对称性；

p_y 轨道具有 y 轴的 B_2 对称性；

p_z 轨道具有 z 轴的 A_1 对称性。

6. 如表 5.4 和图 5.28 所示，将具有相同对称性的原子轨道和群轨道组合为分子轨道，它们按能量顺序从 $\varPsi_1$ 到 $\varPsi_6$ 编号，其中 $\varPsi_1$ 最低、$\varPsi_6$ 最高。

表 5.4　水的分子轨道

对称性	分子轨道		氧原子轨道		氢原子的群轨道	描述
B_1	Ψ_6	=	$c_9\Psi(p_x)$	+	$c_{10}[\Psi(H_a)-\Psi(H_b)]$	反键（c_{10} 为负）
A_1	Ψ_5	=	$c_7\Psi(s)$	+	$c_8[\Psi(H_a)+\Psi(H_b)]$	反键（c_8 为负）
B_2	Ψ_4	=	$\Psi(p_y)$			非键
A_1	Ψ_3	=	$c_5\Psi(p_z)$	+	$c_6[\Psi(H_a)+\Psi(H_b)]$	弱成键（c_6 很小）
B_1	Ψ_2	=	$c_3\Psi(p_x)$	+	$c_4[\Psi(H_a)-\Psi(H_b)]$	成键（c_4 为正）
A_1	Ψ_1	=	$c_1\Psi(s)$	+	$c_2[\Psi(H_a)+\Psi(H_b)]$	成键（c_2 为正）

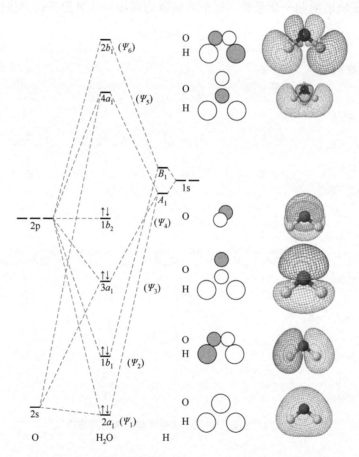

图 5.28　H_2O 的分子轨道（Kaitlin Hellie，经版权许可转载）

　　A_1 群轨道与氧的 2s 和 $2p_z$ 轨道组合，形成 3 个分子轨道 Ψ_1、Ψ_3 和 Ψ_5（3 个原子轨道或群轨道形成 3 个分子轨道）。分子轨道 Ψ_1 比氧 2s 轨道的能量略低，可认为是相对非键的[13]。占据 Ψ_1 的电子代表水分子的 Lewis 结构中的一个孤对，该电子对极可能出现在氧原子上。正如所期，因为氧 2p 亚层与氢群轨道之间能量相对接近，氧 $2p_z$ 对 Ψ_3 贡献很大，Ψ_3 为成键轨道。Ψ_5 是反键轨道，并且相比于氧的 2s，其 $2p_z$ 的贡献更大。

　　氢的 B_1 群轨道与氧 $2p_x$ 轨道组合形成两个分子轨道：一个成键轨道和一个反键轨道

（Ψ_2 和 Ψ_6）。氧 $2p_y$（Ψ_4，具有 B_2 对称性）与氢 1s 群轨道不匹配，因此为非键轨道；轨道中的一对电子代表水分子 Lewis 结构中的第二个孤对。值得注意的是，水分子的分子轨道模型提供的孤对电子并不等同于 Lewis 模型。综上所述，水分子中存在两个成键轨道（Ψ_2 和 Ψ_3）、一个非键轨道（Ψ_4）、一个基本不成键的轨道（Ψ_1）和两个反键轨道（Ψ_5 和 Ψ_6）。氧 2s 轨道（$-32.38\ eV$）比氢 1s 轨道（$-13.61\ eV$）能量低约 20 eV，因此与群轨道作用很小。氧 2p 轨道（$-15.85\ eV$）与氢 1s 能量非常匹配，可以组合成键的 b_1 和 a_1 分子轨道。当填充 8 个价电子时，两对占据成键轨道，另两对占据非键轨道，在 Lewis 结构中补足了两个键和两个孤对。

如前所述，分子轨道的视角不同于水分子的一般概念，通常认为 H_2O 具有两个等效的孤对和两个等效的 O—H 键。在分子轨道模型中，被标识为 b_2 的最高能量电子对实际上不成键，占据氧 $2p_y$ 轨道，它的轴向垂直于分子平面。能量次高的是两对成键电子，由氧的 $2p_z$ 和 $2p_x$ 轨道与氢原子的 1s 轨道重叠引起。最低能量的电子对集中在氧的 2s 轨道上。4 个被占据的分子轨道各不相同。

5.4.4　NH_3

VSEPR 模型将 NH_3 分子描述为具有一个孤对和 C_{3v} 对称性的锥形分子。为了便于用分子轨道描述 NH_3，我们沿 C_3 轴或 z 轴观察该分子，并使 yz 平面穿过其中某个氢原子，如图 5.29 所示。3 个氢原子 1s 轨道的可约表示列于表 5.5，约化为 A_1 和 E 的不可约表示。3 个氢的 1s 轨道必然组合成 3 个群轨道，其中一个具有 A_1 对称性，两个具有 E 对称性。

对于前面考察的多原子案例（FHF^-、CO_2、H_2O），群轨道推导相对简单，中心原子均只连接两个原子，可以通过成键和反键的方式与末端原子上相同的原子轨道组合获得群轨道。但是，该方法不适用于 NH_3。为了处理诸如 NH_3 之类的情况，首选策略是投影算符法（projection operator method），这是一种用于推导群轨道的系统性方法。

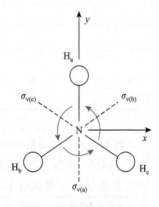

图 5.29　NH_3 的坐标系

表 5.5　氨分子中原子轨道的表示

C_{3v} 特征标表

C_{3v}	E	$2C_3$	$3\sigma_v$		
A_1	1	1	1	z	$x^2+y^2,\ z^2$
A_2	1	1	-1		
E	2	-1	0	$(x,y),\ (R_x,R_y)$	$(x^2-y^2,\ xy),\ (xz,\ yz)$

可约表示 $\Gamma = A_1 + E$:

C_{3v}	E	$2C_3$	$3\sigma_v$		
Γ	3	0	1		
A_1	1	1	1	z	$x^2+y^2,\ z^2$
E	2	-1	0	$(x,y),\ (R_x,R_y)$	$(x^2-y^2,\ xy),\ (xz,\ yz)$

投影算符法可以阐明原子轨道应该如何组合，以得出定义群轨道的对称性匹配线性组合（SALC）结果。这种方法需要确定在一组相同的原子轨道（图 5.29 中的 3 个氢原子 1s 轨道的组合）中，每个点群对称操作对某个原子轨道（如 H_a 的氢原子 1s 轨道）的影响。例如，E 操作使氢 H_a 的 1s 轨道保持不变，而 C_3 将 H_a 转化为 H_b，可用如下表格表示。请注意，每个对称操作单独考查，而没有像表 5.5 那样将它们分组并分别归类。

原始轨道	E	C_3	C_3^2	$\sigma_{v(a)}$	$\sigma_{v(b)}$	$\sigma_{v(c)}$
H_a 变成	H_a	H_b	H_c	H_a	H_c	H_b

这些符合 A_1、A_2 和 E 对称性不可约表示的氢 1s 轨道的线性组合可以通过以下方式获得：

（1）对于每个不可约表示，将每个结果与对应每个操作的特征标相乘。

（2）计算结果相加。此方法给出：

	E		C_3		C_3^2		$\sigma_{v(a)}$		$\sigma_{v(b)}$		$\sigma_{v(c)}$	
A_1	H_a	+	H_a	+	H_c	+	H_a	+	H_c	+	H_b	$= 2H_a + 2H_b + 2H_c$
A_2	H_a	+	H_b	+	H_c	−	H_a	−	H_c	−	H_b	$= 0$
E	$2H_a$	−	H_b	−	H_c	+	0	+	0	+	0	$= 2H_a - H_b - H_c$

练习 5.9　无论用哪种原子轨道进行考察，都能得到相同的通用 SALC。这说明如果选择 1s 轨道的 H_b（而非 H_a）作为基，那么得到的 A_1 和 A_2 线性组合应该与之前结果一致，并且 E 线性组合与通过 H_a 生成 SALC（E）的 3 个波函数将具有相同的相对贡献及符号。

与 A_2 相关的计算结果之和为 0，说明用这 3 个氢原子的 1s 轨道不能得到此种对称的群轨道，这与群轨道的 $A_1 + E$ 可约表示一致。对称匹配线性组合[SALC(A_1)]表明，每个 1s 轨道对该群轨道贡献均等，与预期一致，但是 E 的情况并非如此。

回想一下，SALC 中每个独立的原子轨道系数的平方和必须等于 1。为满足这一要求，需要对每个群轨道方程进行归一化，这就要求 H_a、H_b 和 H_c 的 1s 轨道波函数在归一化的 A_1 群轨道中各有 $\dfrac{1}{\sqrt{3}}$ 的贡献。

$$\frac{1}{\sqrt{3}}[\Psi(H_a) + \Psi(H_b) + \Psi(H_c)]$$

如 5.4.3 节所述，归一化因子形式上可用 $N = (\sqrt{(c_a^2 + c_b^2 + c_c^2)})^{-1} = (\sqrt{(1^2 + 1^2 + 1^2)})^{-1} = \dfrac{1}{\sqrt{3}}$ 进行计算，其中 c_a、c_b 和 c_c 是 SALC(A_1)中氢 1s 轨道波函数的最小公共整数系数（common integer coefficients）。对于一个完全对称的群轨道，每个原子轨道贡献应均等。SALC(A_1) 方程 $\dfrac{1}{\sqrt{3}}[\Psi(H_a) + \Psi(H_b) + \Psi(H_c)]$ 也表明，所有 3 个项的符号均为正，因此 A_1 群轨道中每个 1s 轨道将显示相同的波函数符号。

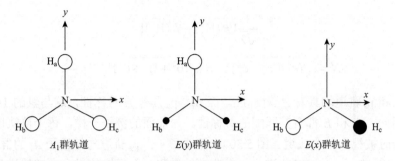

A_1群轨道 $E(y)$群轨道 $E(x)$群轨道

从投影算符法得到的 SALC(E)，其归一化必须满足 H_a 相当于 H_b 和 H_c 的双重贡献，同时使 H_a 相对于 H_b 和 H_c 具有相反的波函数符号。

$$\frac{1}{\sqrt{6}}[2\Psi(H_a)-\Psi(H_b)-\Psi(H_c)]$$

$$N=(\sqrt{(c_a^2+c_b^2+c_c^2)})^{-1}=(\sqrt{(2^2+(-1)^2+(-1)^2)})^{-1}=\frac{1}{\sqrt{6}}$$

借助中心原子轨道（本例中为 N 原子）的对称性必须和群轨道相匹配以形成分子轨道，可以推断出第二个 E 群轨道。C_{3v} 特征标表中 E 描述了一对原子轨道 p_x 和 p_y 的对称性，所以 E 群轨道必须与这些轨道相兼容。根据图 5.29 所定义的坐标系，上文所示的第一个 E 群轨道与 p_y 具有相同对称性（xz 平面定义一个节点），它将与 N 的 p_y 轨道相互作用，形成分子轨道。由此可见，由氢的 1s 轨道 H_a 推导 SALC 最为便捷，因为该轨道位于 y 轴上，所以第一个 E 群轨道与 y 轴相匹配。另一个 E 群轨道必须匹配 x 的对称性，因为 yz 平面定义的正交节点，所以 H_a 的贡献为零，这意味着第二个 E 群轨道只有 H_b 和 H_c 的贡献，而该 H_b 和 H_c 波函数的贡献可通过对归一化方程的系数平方进行分类得出（表 5.6）。为满足归一化条件，H_b 和 H_c 的系数必须分别为 $\frac{1}{\sqrt{2}}$ 和 $-\frac{1}{\sqrt{2}}$，同时要保持 3 个群轨道上所有 3 个 1s 波函数的总贡献相等。正、负系数必须与 p_x 轨道的对称性相匹配。

表 5.6 SALC 系数和归一化证据

	归一化 SALC 中的系数			SALC 系数的平方			归一化要求下平方和 = 1
	c_a	c_b	c_c	c_a^2	c_b^2	c_c^2	
A_1	$\frac{1}{\sqrt{3}}$	$\frac{1}{\sqrt{3}}$	$\frac{1}{\sqrt{3}}$	$\frac{1}{3}$	$\frac{1}{3}$	$\frac{1}{3}$	1
$E(y)$	$\frac{2}{\sqrt{6}}$	$-\frac{1}{\sqrt{6}}$	$-\frac{1}{\sqrt{6}}$	$\frac{2}{3}$	$\frac{1}{6}$	$\frac{1}{6}$	1
$E(x)$	0	$\frac{1}{\sqrt{2}}$	$\frac{1}{\sqrt{2}}$	0	$\frac{1}{2}$	$\frac{1}{2}$	1
每个 1s 波函数的平方和必须为 1，以使每个原子轨道对群轨道的贡献相同				1	1	1	

$$\frac{1}{\sqrt{2}}[\Psi(H_b) - \Psi(H_c)]$$

$$N = (\sqrt{(c_a^2 + c_b^2 + c_c^2)})^{-1} = (\sqrt{(0^2+1)^2 + (-1^2)})^{-1} = \frac{1}{\sqrt{2}}$$

氮的 s 和 p_z 轨道均具有 A_1 对称性，而 p_x、p_y 具有 E 对称性，这与氢的 1s 群轨道的表示完全相同，A_1 和 E 都有其匹配的对称性。与前面的例子一样，每个群轨道在与氮原子轨道组合时被视为单个轨道（图 5.30）。氮原子 s 和 p_z 轨道与氢原子 A_1 的群轨道组合，形成 3 个 a_1 轨道，一个成键轨道、一个非键轨道和一个反键轨道。非键轨道几乎就是氮的 p_z 轨道，而氮的 s 轨道与氢原子的 A_1 群轨道组合得到成键轨道和反键轨道。氮的 p_x 和 p_y 与氢原子的 E 群轨道组合形成 4 个 e 轨道，两个成键轨道和两个反键轨道（e 的维数为 2，需要一对简并轨道）。

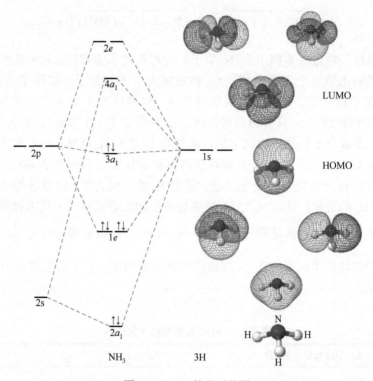

图 5.30　NH_3 的分子轨道

当将 8 个价电子填充到最低能级时，显示出 3 个成键和一个基本非键的电子对。氢原子 1s 轨道（-13.61 eV）与氮的 2p 轨道（-13.18 eV）能量匹配很好，导致成键轨道与反键轨道间能量差很大。氮的 2s 具有足够低的能量（-25.56 eV），与氢原子轨道的作用非常小，而 $2a_1$ 分子轨道具有与氮原子 2s 轨道几乎相同的能量。

NH_3 的 HOMO 弱成键，因为氮的 $2p_z$ 轨道与氢 1s 轨道（零节面的 A_1 群轨道）相互作用产生的轨道中填充一对电子，但 $2p_z$ 轨道与 A_1 群轨道只有较弱重叠。$2p_z$ 轨道的一瓣指向远离氢原子，而另一瓣指向由 3 个氢原子的原子核组成的三角形中心。HOMO 轨道中的电子对，即为 Lewis 结构和 VSEPR 模型中的孤对电子，也是当 NH_3 作为 Lewis 碱时作为供体所提供的电子对（将在第 6 章中讨论）。

5.4.5 从投影算符再现 CO_2

5.4.2 节概述了在周围原子同时使用 s 和 p 轨道线性组合情况下确定群轨道的过程；图 5.18 分别展示了由 $2p_x$、$2p_y$、$2p_z$ 和 2s 轨道组成的群轨道。可以通过它们的对称性与相应不可约表示的匹配来推导这些轨道，投影算符可以用作该过程的互补性方法。例如，由氧 2s 原子轨道组成的群轨道，在 D_{2h} 点群中具有 A_g 和 B_{1u} 对称性[*]，而在 NH_3 示例中，要考虑每个 D_{2h} 对称操作对一组两个 2s 轨道中之一（如氧 O_A 的 2s 轨道）的影响。对于线型分子，波瓣符号匹配（相同）且指向中心的群轨道常作为基，本例中为 A_g 轨道。5.4.4 节中以 A_1 群轨道（图 5.29）为基时也采用了这种通行方法。

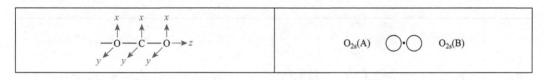

原始轨道	E	$C_2(z)$	$C_2(y)$	$C_2(x)$	i	$\sigma(xy)$	$\sigma(xz)$	$\sigma(yz)$
$O_{2s(A)}$变为	$O_{2s(A)}$	$O_{2s(A)}$	$O_{2s(B)}$	$O_{2s(B)}$	$O_{2s(B)}$	$O_{2s(B)}$	$O_{2s(A)}$	$O_{2s(A)}$

与 C_{3v} 点群不同，D_{2h} 中的每个操作都自成一类，而且上表中的列数与 D_{2h} 特征标表中列数相同。将表中的每个结果乘以不可约表示中相关的特征标，可以得到氧的这些 2s 波函数 $SALC(A_g)$ 和 $SALC(B_{1u})$，下表是它们的加和：

	E	$C_2(z)$	$C_2(y)$	$C_2(x)$	i	$\sigma(xy)$	$\sigma(yz)$	$\sigma(xz)$		
A_g	$O_{2s(A)}$ +	$O_{2s(A)}$ +	$O_{2s(B)}$ +	$O_{2s(B)}$ +	$O_{2s(B)}$ +	$O_{2s(B)}$ +	$O_{2s(A)}$ +	$O_{2s(A)}$ =	$4(O_{2s(A)})$ +	$4(O_{2s(B)})$
B_{1u}	$O_{2s(A)}$ +	$O_{2s(A)}$ −	$O_{2s(B)}$ −	$O_{2s(B)}$ −	$O_{2s(B)}$ −	$O_{2s(B)}$ +	$O_{2s(A)}$ +	$O_{2s(A)}$ =	$4(O_{2s(A)})$ −	$4(O_{2s(B)})$

（译者注：原著 B_{1u} 中最后一项错）

归一化后产生预期的群轨道。在具有两个相同周围原子的所有分子中，由于两个原子轨道对不同的 SALC 具有相同贡献，归一化后总会产生 $\pm\sqrt{\dfrac{1}{2}}$ 的系数。

A_g	$O_{2s(A)}$		$O_{2s(B)}$	$\dfrac{1}{\sqrt{2}}[\Psi(O_{2s(A)}) + \Psi(O_{2s(B)})]$
B_{1u}	$O_{2s(A)}$		$O_{2s(B)}$	$\dfrac{1}{\sqrt{2}}[\Psi(O_{2s(A)}) - \Psi(O_{2s(B)})]$

[*] 方便起见，我们将 $D_{\infty h}$ "对称下降"至 D_{2h}。

$2p_z$ 群轨道也具有 A_g 和 B_{1u} 对称性。投影算符法的基仍是 A_g 群轨道，指向中心的轨道波瓣符号相同。

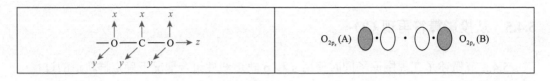

原始轨道	E	$C_2(z)$	$C_2(y)$	$C_2(x)$	i	$\sigma(xy)$	$\sigma(xz)$	$\sigma(yz)$
$O_{2p_z(A)}$ 变为	$O_{2p_z(A)}$	$O_{2p_z(A)}$	$O_{2p_z(B)}$	$O_{2p_z(B)}$	$O_{2p_z(B)}$	$O_{2p_z(B)}$	$O_{2p_z(A)}$	$O_{2p_z(A)}$

对 SALC 的扩展得到了预期的波函数方程和群轨道，轨道的符号由它们相对于中心原子的方向决定。

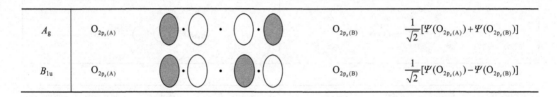

A_g	$O_{2p_z(A)}$		$O_{2p_z(B)}$	$\frac{1}{\sqrt{2}}[\Psi(O_{2p_z(A)}) + \Psi(O_{2p_z(B)})]$
B_{1u}	$O_{2p_z(A)}$		$O_{2p_z(B)}$	$\frac{1}{\sqrt{2}}[\Psi(O_{2p_z(A)}) - \Psi(O_{2p_z(B)})]$

$2p_x$ 轨道的 SALC 呈现 B_{3u} 和 B_{2g} 对称性。当以 B_{3u} 轨道为基时，我们会遇到与确定 π 键群轨道时类似的情况，原始轨道[此处指 $O_{2p_z(A)}$]在通过一些对称操作变换后变为自身或另一种轨道的反键轨道。

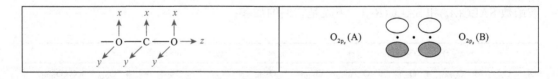

原始轨道	E	$C_2(z)$	$C_2(y)$	$C_2(x)$	i	$\sigma(xy)$	$\sigma(xz)$	$\sigma(yz)$
$O_{2p_x(A)}$ 变为	$O_{2p_x(A)}$	$- O_{2p_x(A)}$	$- O_{2p_x(B)}$	$O_{2p_x(B)}$	$- O_{2p_x(B)}$	$O_{2p_x(B)}$	$O_{2p_x(A)}$	$- O_{2p_x(A)}$
B_{3u}	$O_{2p_x(A)}$	$+ O_{2p_x(A)}$	$+ O_{2p_x(B)}$	$+ O_{2p_x(B)}$	$+ O_{2p_x(B)}$	$+ O_{2p_x(B)}$	$+ O_{2p_x(A)}$	$+ O_{2p_x(A)}$ = $4(O_{2p_x(A)}) + 4(O_{2p_x(B)})$
B_{2g}	$O_{2p_x(A)}$	$+ O_{2p_x(A)}$	$- O_{2p_x(B)}$	$- O_{2p_x(B)}$	$- O_{2p_x(B)}$	$- O_{2p_x(B)}$	$+ O_{2p_x(A)}$	$+ O_{2p_x(A)}$ = $4(O_{2p_x(A)}) - 4(O_{2p_x(B)})$

B_{3u}	$O_{2p_x(A)}$		$O_{2p_x(B)}$	$\frac{1}{\sqrt{2}}[\Psi(O_{2p_x(A)}) + \Psi(O_{2p_x(B)})]$
B_{2g}	$O_{2p_x(A)}$		$O_{2p_x(B)}$	$\frac{1}{\sqrt{2}}[\Psi(O_{2p_x(A)}) - \Psi(O_{2p_x(B)})]$

练习 5.10 以 $2p_y$ 轨道为基，用投影算符法推导 CO_2 群轨道的归一化 SALC。

5.4.6 BF₃

三氟化硼是一种电子受体及 Lewis 酸，BF_3 的分子轨道理论必须给出一个能作为受体的轨道才与其化学性质一致。VSEPR 理论预测其为三角型，这与实验结果一致。

由于中心硼周围的氟原子同时有 2p 和 2s 电子，使得描述 BF_3 分子轨道的方法与 NH_3 不同。我们将最高阶的 C_3 轴定为 z 轴，使氟的 p_y 轴指向硼原子，p_x 轴处在分子平面。图 5.31 描绘了 D_{3h} 点群中的群轨道及其对称性，分子轨道示于图 5.32。

如第 3 章所述，在分析 BF_3 的所有共振结构之后，可以得出该分子 B—F 键部分含有双键特征。BF_3 的分子轨道图中，a_2'' 对称性的 π 成键轨道中有一对电子，它们在 4 个原子上离域分布，该轨道能量略低于 5 个未成键轨道。总体而言，BF_3 有 3 个成键 σ 轨道（a_1' 和 e'），1 个被一对电子占据的弱成键 π 轨道（a_2''）；硼和氟原子的 p 轨道能量差大于 10 eV，使得该 π 键轨道的成键能力很弱，但这无关紧要。同时，3 个氟原子上共保留 8 对电子，为非键孤对电子。

BF₃

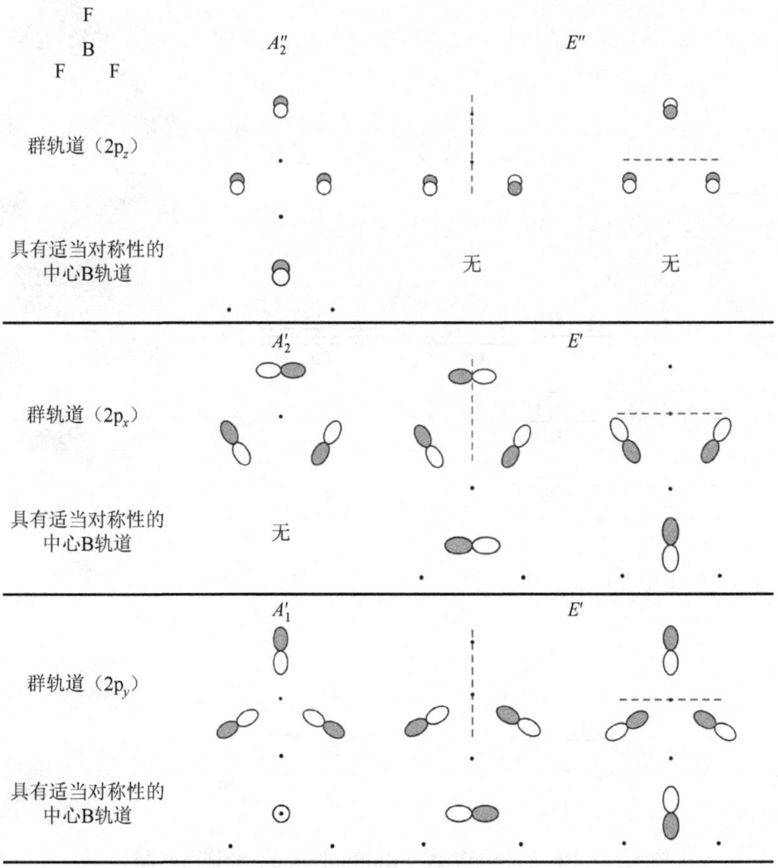

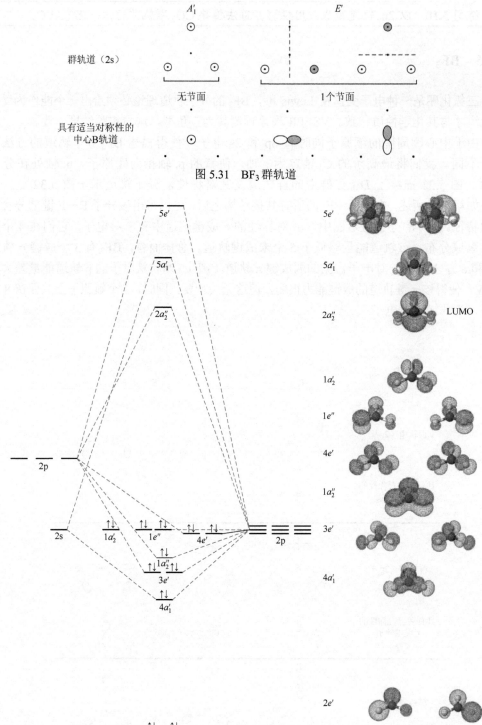

图 5.31　BF$_3$群轨道

图 5.32　BF$_3$的分子轨道（Kaitlin Hellie，经许可转载）

请注意 BF_3 的 LUMO，它是一个空的 π 轨道（a_2''），由硼和周围氟原子的 $2p_z$ 轨道之间的反键作用形成。该空轨道在硼原子处呈现较大波瓣，并能在 Lewis 酸碱反应中作为电子受体（例如，接受 NH_3 的 HOMO 的电子）。

其他三角形结构的物种也可使用分子轨道理论这样处理。平面三角形的 SO_3、NO_3^- 和 CO_3^{2-} 是 BF_3 的等电子体，因此有 3 对电子占据 σ 成键轨道，1 对电子占据 π 成键轨道，并且 4 个原子对这些轨道均有贡献。这些含氧物种的共振形式都预示着离域 π 电子密度对其电子基态有重要影响。

由于 π 相互作用中轨道重叠程度通常小于大多数 σ 作用，所以由满填的一个 σ 轨道加上一个 π 轨道组成的双键，强度小于一个单键的两倍。同样，不同分子中因化学环境差别，即便是相同原子之间的单键，能量可以相差很大。一般认为，C—C 键的"平均"键能为 345 kJ/mol，是大量具有不同环境的分子的平均结果；不过其个体值差异非常大，低至六苯基乙烷[$(C_6H_5)_3C$—$C(C_6H_5)_3$]中的 69 kJ/mol，高到联乙炔（H—C≡C—C≡C—H）中的 649 kJ/mol[14]。C—C 键附近的空间位阻和化学键，会导致这样的极端个例。

本章中描述群轨道时尽管对群论的运用有限，但它为定性讨论简单分子的成键提供了方便。对于更复杂的分子，获取分子轨道和波函数方程式需要计算化学的方法，这些更加先进的理论同样用到分子对称性和群论的概念。

虽然定性的群轨道方法无法确定分子轨道的准确能量，但我们通常能根据其形状和重叠情况将其大致排序，只是很难处理中等能量的非键能级。熟练地估算轨道能量只能依靠练习，并尝试将分子轨道与其在实验中的性质相关联。本章描述的定义分子基本形状的相互作用只是一个基础，只有掌握了才能拓展到其他分子的几何结构中。

5.4.7　杂化轨道

杂化轨道（hybrid orbital）是一种根植于化学领域的极简成键模型，它同样用到分子对称性和群论，但其优点一直存在争议[15]。尽管如今的无机化学文献几乎都使用分子轨道理论来寻求对结构和化学键的理解，但为了便于可视化，化学家们仍会使用杂化轨道的模型。在杂化轨道理论中，中心原子的轨道重组为一系列等价轨道，然后与其他原子的轨道形成化学键。杂化理论在有机化学中尤为有用，如预测了甲烷中的 4 个 C—H 键是等价的。然而杂化轨道理论受到了传统观念的质疑，因为它与甲烷的电子光谱的数据不一致；但实际上，与这些质疑相关的假设都受到了批评，因为已经证明杂化轨道理论可以有效地解释甲烷的电子光谱[16]。杂化轨道理论与所有的成键模型一样，只要认识到它们的局限性，就非常可用。

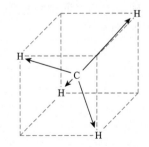

图 5.33　甲烷中的键矢量

杂化轨道具有空间取向，指向特定的方向。通常，这些杂化轨道由中心原子指向周围的原子或孤对电子。因此，杂化轨道对称性与源于中心原子核而指向周围原子的矢量性质相同。

例如，在甲烷中，矢量指向四面体的角或立方体的不相邻角（图 5.33）。

利用 T_d 点群，这 4 个矢量构成可约表示的基。与之前一样，如果对称操作后该矢量保持不变则其特征标为 1，位置改变（杂化轨道不存在反演操作）则为 0。这 4 个矢量的不可约表示为 $\Gamma = A_1 + T_2$：

T_d	E	$8C_3$	$3C_2$	$6S_4$	$6\sigma_d$		
Γ	4	1	0	0	2		
A_1	1	1	1	1	1		$x^2 + y^2 + z^2$
T_2	3	0	−1	−1	1	(x, y, z)	(xy, xz, yz)

在杂化轨道中，这意味着用于杂化的碳原子轨道必须具有 $A_1 + T_2$ 对称性，具体而言，一个轨道必须符合 A_1 对称性，另一组的 3 个（简并）轨道必须符合 T_2 对称性。

A_1 为完全对称表示，与碳原子 2s 轨道对称性相同；T_2 与 3 个简并的 2p 轨道 (x, y, z) 或简并的 d_{xy}、d_{xz}、d_{yz} 轨道对称性相同。由于碳原子的 3d 轨道能量更高，与氢原子 1s 轨道能量不匹配，因此甲烷的杂化轨道必定是 sp^3，即由 4 个原子轨道（1 个 2s 轨道和 3 个 2p 轨道）组合为 4 个等价杂化轨道，它们各自指向一个氢原子。

NH_3 分子中以同样的方式成键。NH_3 成键时使用了氮原子所有的价轨道，为 sp^3 杂化，由 1 个 s 轨道和 3 个 p 轨道组合而成，具有四面体对称性。预计 H—N—H 键角为 109.5°，但由于孤对的排斥作用，实际键角减小至 106.6°，孤对被视为也占据一个 sp^3 轨道。

对于水分子，有两种杂化轨道描述。普通化学课堂上常讲授的观点是，氧原子周围的电子对呈四面体对称分布（两个孤对和两个键对同等处理），氧原子的全部 4 个价轨道参与杂化，杂化类型是 sp^3。预测键角为 109.5°，而实验值为 104.5°，同样用孤对的排斥作用解释键角减小。

另一种描述相当于对 5.4.3 节中分子轨道的补充。分子在平面内弯曲说明水分子中用于成键的氧原子轨道为 2s、$2p_x$ 和 $2p_z$（在分子平面内），故而为 sp^2 杂化，由一个 s 轨道和两个 p 轨道组合，3 个 sp^2 轨道呈三角对称性。模型预测的 H—O—H 键角为 120°，远远大于实验值。氧原子的孤对（一对在 sp^2 轨道，另一对保留在 p_y 轨道）的排斥作用使键角减小。注意，H_2O 分子轨道图（图 5.28）中 $1b_2$ 轨道是被填充的 $2p_y$ 非键轨道。

同样，CO_2 为 sp 杂化，SO_3 为 sp^2 杂化。用杂化确定分子轨道时，只需考虑 σ 键；杂化中未被使用的 p 轨道可形成 π 键。杂化轨道理论中所用的原子轨道数通常与 VSEPR 理论中的空间位数相等。图 5.34 给出了常见的杂化类型。杂化的群论描述方法详见以下示例。

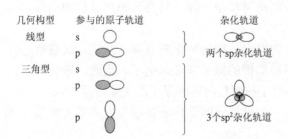

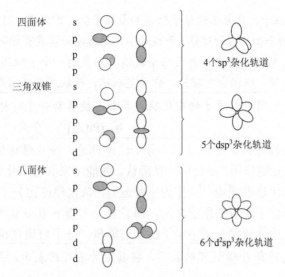

图 5.34　杂化轨道。每个杂化轨道都有大致相同的形状（ ）。图中展示了所有杂化轨道组合，
省略了 sp^3 及更高阶杂化轨道的较小波瓣

示例 5.11

确定 BF_3 中硼的杂化轨道。

对于 BF_3 这样的平面三角形分子，可能参与成键的轨道为 2s、$2p_x$ 和 $2p_y$。指向 3 个氟的矢量构成 D_{3h} 点群，从中找出可约表示并约化为不可约表示即可确定。步骤如下：

步骤 1　确定分子的形状（VSEPR），中心原子上的每个 σ 键和孤对电子视为由中心指向外的矢量。

步骤 2　确定矢量的可约表示，并将其化为不可约表示。

步骤 3　与不可约表示匹配的原子轨道即为用于杂化的轨道。

通过对 D_{3h} 点群的对称操作，我们可以得到其可约表示为 $\Gamma = A_1' + E'$。

D_{3h}	E	$2C_3$	$3C_2$	σ_h	$2S_3$	$3\sigma_v$		
Γ	3	0	1	3	0	1		
A_1'	1	1	1	1	1	1		x^2+y^2, z^2
E'	2	−1	0	2	−1	0	(x, y)	(x^2-y^2, xy)

组合并参与杂化的原子轨道必须与 A_1' 和 E' 的对称性相同，因此我们必须选择一个有 A_1' 对称性的轨道和一对有 E' 对称性的轨道。检查特征标表中右侧列中的函数，我们看到 s 轨道（未列出，但可理解为完全对称表示）和 d_{z^2} 轨道具有 A_1' 对称性。但是，与 2s 轨道相比，BF_3 中最低的 d 轨道（3d）能量依然太高，因此 A_1' 对称性的 2s 轨道参与成键。

列出的具有 E' 对称性函数，与 p_x、p_y 和 $d_{x^2-y^2}$、d_{xy} 两组轨道匹配。d 轨道能量相差太大，中心原子用 $2p_x$ 和 $2p_y$ 轨道进行杂化[*]。

总体而言，2s、$2p_x$ 和 $2p_y$ 是硼原子参与杂化的轨道，采用常见的 sp^2 杂化。杂化理论与

---

[*]　杂化时不能用一个 p 轨道和一个 d 轨道组合，因为只能用括号中的轨道才能进行组合。

分子轨道理论的区别在于，在考虑硼原子轨道和氟原子轨道作用前，这些轨道须先组合形成杂化轨道。由于整体为平面三角形对称，形成的杂化轨道也必须具有相同的对称性，因此 3 个 sp^2 杂化轨道指向三角形的 3 个角，并且每个轨道都与氟的一个 p 轨道作用，共形成 3 个 σ 键。$2p_z$ 轨道不参与成键，根据杂化理论，它是空轨道，该轨道在酸碱反应中充当电子受体。

练习 5.11　确定下列中心原子的杂化轨道类型，使其与分子对称性相匹配。

a. PF_5 　　　　　　　　　　　　　　　　**b.** $[PtCl_4]^{2-}$，平面四方型离子

确定杂化轨道的程序某些方面类似于分子轨道理论。杂化理论使用指向周围原子的矢量，通常也只处理 σ 键作用。σ 杂化一旦确认，就能用未参与杂化的轨道得出 π 键。在形成 π 键时也可用杂化轨道理论[17]。作为一种近似，杂化理论比分子轨道理论更加便捷，因为分子轨道理论考虑了所有的原子轨道，而且直接考查 σ 和 π 两种成键作用。不过，因其比杂化理论更成功地预测分子中电子的相对能量，分子轨道理论倍受关注[17]。

练习 5.12　确定所有 σ 键的可约表示，将其变为不可约表示，并确定 $SOCl_2$ 中用于成键的硫原子轨道。

参 考 文 献

[1] F. Luo, G. C. McBane, G. Kim, C. F. Giese, W. R. Gentry, *J. Chem. Phys.*, **1993**, *98*, 3564; L. L. Lohr, S. M. Blinder, *J. Chem. Educ.*, **2007**, *84*, 860，以及其中引用的参考文献。

[2] M. Atoji, *J. Chem. Phys.*, **1961**, *35*, 1950.

[3] J. Overend, H. W. Thompson, *Proc. R. Soc. London*, **1954**, *A234*, 306.

[4] N. Lopez, D. J. Graham, R. McGuire, Jr., G. E. Alliger, Y. Shao-Horn, C. C. Cummins, D. G. Nocera, *Science*, **2012**, *335*, 450.

[5] L. Pauling, *The Nature of the Chemical Bond*, 3rd ed., Cornell University Press, Ithaca, NY, 1960, pp. 340-354.

[6] E. A. V. Ebsworth, D. W. H. Rankin, and S. Cradock, *Structural Methods in Inorganic Chemistry*, 2nd ed., CRC Press, Boca Raton, FL, 1991, pp. 255-279. 第 274 页和第 275 页讨论了 N_2 和 O_2 的光谱。

[7] R. Stowasser, R. Hoffmann, *J. Am. Chem. Soc.*, **1999**, *121*, 3414.

[8] R. S. Drago, *Physical Methods in Chemistry*, 2nd ed., Saunders College Publishing, Philadelphia, 1992, pp. 671-677.

[9] J. H. Clark, J. Emsley, D. J. Jones, R. E. Overill, *J. Chem. Soc.*, **1981**, 1219; J. Emsley, N. M. Reza, H. M. Dawes, M. B. Hursthouse, *J. Chem. Soc. Dalton Trans.*, **1986**, 313; N. Elghobashi, L. González, *J. Chem. Phys.*, **2006**, *124*, 174308，以及其中引用的参考文献。

[10] M. Mautner, *J. Am. Chem. Soc.*, **1984**, *106*, 1257.

[11] F. A. Cotton, *Chemical Applications of Group Theory*, 3rd ed., John Wiley & Sons, New York, 1990, pp. 133-188.

[12] D. J. Willock, *Molecular Symmetry*, John Wiley & Sons, Chichester, UK, 2009, pp. 195-212.

[13] R. Stowasser, R. Hoffmann, *J. Am. Chem. Soc.*, **1999**, *121*, 3414.

[14] A. A. Zavitsas, *J. Phys. Chem. A*, **2003**, *107*, 897.

[15] (a) A. Grushow, *J. Chem. Educ.*, **2011**, *88*, 860. (b) R. L. DeKock, J.R. Strikwerda, *J. Chem. Educ.*, **2012**, *89*, 569. (c) D. G. Truhlar, *J. Chem. Educ.*, **2012**, *89*, 573.

[16] C. R. Landis, F. Weinhold, *J. Chem. Educ.*, **2012**, *89*, 570.

[17] F. A. Cotton, *Chemical Applications of Group Theory*, 3rd ed., John Wiley & Sons, New York, 1990, pp. 227-230.

（译者注：原著文献 15 和 16 只有 doi 号，翻译过程中补加期刊卷和页码）

一般参考资料

描述成键和分子轨道的书很多，有的比本章内容描述得更具体和定性化，有的则是为那些对新方法感兴趣的理论学家量身定做。R. McWeeny 修订的 *Coulson's Valence*, 3rd ed., Oxford University Press, Oxford, 1979 是一本经典著作，本章开始和

一些更详细的内容出自该著作。J. G. Verkade 用另一种方法生成轨道见于 *A Pictorial Approachto Molecular Bonding and Vibrations*, 2nd ed., Springer-Verlag, NewYork, 1997。本章中群论讨论与 F. A. Cotton 的 *Chemical Applications of Group Theory*, 3rd ed., John Wiley & Sons, New York, 1990 内容相似。拓展性的最新书籍有 Y. Jean and F. Volatron, *An Introduction to Molecular Orbitals*, Oxford University Press, Oxford, 1993，由 J. K. Burdett 翻译和编辑；J. K. Burdett 的 *Molecular Shapes*, John Wiley &

Sons, New York, 1980 和 B. M. Gimarc 的 *Molecular Structureand Bonding*, Academic Press, New York, 1979，对成键的分子轨道描述都做了很好的介绍。

本章首次涉及分子建模软件的问题，对这类软件的讨论超出了本章范围。E. G. Lewars, *Computational Chemistry*, 2nd ed., Springer, New York, 2011 介绍了分子建模理论和应用。此外，L. E. Johnson, T. Engel, *J. Chem. Educ.*, **2011**, *88*, 569 和其中引用的参考文献描述了分子建模在化学课程体系中的应用。

习　　题

5.1 用 A 原子所有 3 个 p 轨道以及 B 原子所有 5 个 d 轨道拓展图 5.2 和图 5.3 的轨道列表。它们中哪些轨道具有成键和反键所必需的对称性？这种组合在简单分子中很少见，但对于过渡金属配合物非常重要。

5.2 运用分子轨道理论预测最短的键，并给出简要的理由。

a. Li_2^+ 　　　　　Li_2

b. F_2^+ 　　　　　F_2

c. He_2^+ 　　　HHe^+ 　　　H_2^+

5.3 运用分子轨道理论预测最弱的键，并给出简要的理由。

a. P_2 　　　　S_2 　　　　Cl_2

b. S_2^+ 　　　　S_2 　　　　S_2^-

c. NO^- 　　　NO 　　　NO^+

5.4 比较 O_2^{2-}、O_2^- 和 O_2 中的成键情况。从 Lewis 结构、分子轨道结构、键长和键强度的角度展开讨论。

5.5 虽然过氧根离子 O_2^{2-} 和乙炔离子 C_2^{2-} 早为人知，但重氮离子 N_2^{2-} 最近才被制得。通过与其他双原子离子对比，预测 N_2^{2-} 的键级、键长和未成对电子数。（文献：G. Auffermann, Y. Prots, R. Kniep, *Angew. Chem., Int. Ed.*, **2001**, *40*, 547）

5.6 高分辨电子光谱给出了 Ar_2^+ 离子能级和键长的相关信息，请绘制该离子的分子轨道能级图。Cl_2 的键长为 198.8 pm，与其相比，你认为 Ar_2^+ 键长会有什么变化？（文献：A. Wüst, F. Merkt, *J. Chem. Phys.*, **2004**, *120*, 638）

5.7 a. 绘制 NO 的分子轨道能级图，要明确指出原子轨道如何作用形成分子轨道。

b. 在图中如何展示 N 和 O 之间的电负性差？

c. 预测其键级和未成对电子数。

d. NO^+ 和 NO^- 已知，比较这些离子和 NO 的键级，预测三者中谁的键最短，为什么？

5.8 a. 绘制氰根离子的分子轨道能级图，明确指出原子轨道如何作用形成分子轨道。

b. 氰根的键级是多少？含有多少未成对电子？

c. 在反应 $CN^- + H^+ \longrightarrow HCN$ 中，预测 CN^- 的哪一分子轨道与氢原子的 1s 轨道作用最强并能形成 H—C 键？请加以解释。

5.9 NF 是一种已知的分子！

a. 绘制 NF 的分子轨道能级图，确保图中有 N 和 F 的价轨道如何作用形成分子轨道。

b. NF 最可能的键级是多少？

c. 该分子的分子轨道所属点群是什么？（关于许多具有 N_xF_y 分子式的小分子和离子的参考文献和理论计算，参见：D. J. Grant, T-H. Wang, M. Vasiliu, D. A. Dixon, K. O. Christe, *Inorg. Chem.*, **2011**, *50*, 1914）

5.10 次氟酸根离子（OF⁻）很难被观测到。

a. 绘制该离子的分子轨道能级图。

b. 该离子的键级是多少，有多少未成对电子？

c. 当 H⁺ 离子与 OF⁻ 离子相结合时，氢离子最可能结合在哪儿？请加以解释。

5.11 如图所示，KrF₂ 与 AsF₅ 在 -78～-53℃ 时反应生成 [KrF][AsF₆]，该化合物中 KrF⁺ 与 AsF₆⁻ 通过氟桥相互作用结合。比较 KrF⁺ 和 KrF₂ 中哪一个 Kr—F 键更短，简要给出理由。（文献：J. F. Lehmann, D. A. Dixon, G. J. Schrobilgen, *Inorg. Chem.*, **2001**, *40*, 3002）

$$
\begin{array}{c}
F \\
| \\
F - As - F \\
F \quad | \quad F \\
F \\
| \\
Kr \\
| \\
F
\end{array}
$$

5.12 虽然 KrF⁺ 和 XeF⁺ 都已被研究，但 KrBr⁺ 还未制备成功。对 KrBr⁺：

a. 绘制分子轨道图，说明价层 s 和 p 轨道如何通过相互作用形成分子轨道。

b. HOMO 将会向哪个原子极化？为什么？

c. 预测键级。

d. Kr 和 Br 谁的电负性更大？为什么？

5.13 绘制 SH⁻ 的分子轨道能级图，包括轨道形状和每个轨道上电子数。如果有用于计算分子轨道的软件，请用它判断你的预测，或者解释计算结果与该预测之间的差异。

5.14 亚甲基（CH₂）在许多反应中充当重要的角色，其一种可能的结构为线型。

a. 绘制分子轨道能级图，须包括群轨道，并指出它们如何与碳的轨道相互作用。

b. 你认为线型亚甲基有抗磁性还是顺磁性？

5.15 氢化铍（BeH₂）在气相中为线型结构。

a. 绘制分子轨道能级图，须包括群轨道，并指出其如何用 Be 的轨道相互作用。

b. 如果已完成问题 5.14，请比较这两个问题的结果。

5.16 气相中 BeF₂ 为线型单分子。绘制其分子轨道能级图，写出哪些原子轨道参与成键，哪些没有。

5.17 对于化合物 XeF₂，请完成：

a. 绘制氟原子的价层群轨道（以分子主对称轴为 z 轴）。

b. 对于每个群轨道，确定氙的最外层 s、p 和 d 轨道中哪个具有匹配的对称性用以成键。

5.18 已知 TaH₅ 具有 C_{4v} 对称性，计算的轴向 H—Ta—H 角约为 117.5°。用 5.4.2 节中的六步法，根据群轨道和中心原子轨道的对称性匹配，解释 TaH₅ 中的成键情况。（文献：C. A. Bayse, M. B. Hall, *J. Am. Chem. Soc.*, **1999**, *121*, 1348）

5.19 根据群轨道和中心原子轨道的对称性匹配，解释臭氧（O₃）的成键情况，包括 σ 和 π 两种作用，并尝试将分子轨道按能量排序。

5.20 用群论描述 SO₃ 中的分子轨道和成键情况，包括 σ 和 π 两种作用，并尝试将分子轨道按能量排序。（因轨道混合，实际结果更加复杂，但用本章的方法可以找到简单的描述）

5.21 已经观测到 H₃⁺ 离子，但其结构尚存在争议。假设其为环状结构，绘制其分子轨道能级图。（其线型结构的相同问题，参见 5.4.2 节中的练习 5.4）

5.22 用分子轨道理论预测 SCN⁻、OCN⁻ 和 CNO⁻ 的结构，并与第 3 章中的 Lewis 结构图比较。

5.23 硫氰酸根离子和氰酸根离子均通过氮原子与 H⁺ 成键（HNCS 和 HNCO），而 SCN⁻ 的氮或硫都能与金属离子成键，取决于配合物其他部分的性质。在 SCN⁻ 的分子轨道中，这种 S 和 N 原子轨道的相对重要性说明了什么？（提示：参考 5.4.2 节中关于 CO₂ 成键的讨论）

5.24 硫氰酸根离子（SCN⁻）可以通过 S 或 N 与金属成键（见习题 5.23）。氰根（CN⁻）通过 N 或 C 与金属成键的可能性有多大？

5.25 NSO⁻（thiazate）及其异构体 SNO⁻（thionitrite）已被报道。（S. P. So, *Inorg. Chem.*, **1989**, *28*, 2888）

a. 根据这些离子的共振结构，预测哪种结构更稳定。

b. 绘制这些离子的 π 和 π* 轨道大致形状。

c. 预测哪个离子的 N—S 键更短，哪个离子的 N—S 键伸缩振动能量更高（强键振动能量更高）。

5.26 采用投影算符法，推导 5.4.3 节中给出的 H₂O 群轨道 SALC；利用系数的平方，验证群轨道波函数方程已归一化，并且每个 1s 轨道对两个群轨道的贡献相同。

5.27 根据图 5.31 中 2s、$2p_x$、$2p_y$ 和 $2p_z$ 轨道的不可约表示，运用投影算符法推出 BF_3 群轨道的 SALC。以一组 3 个等价轨道为起点，它们的基相同（即图 5.31 中具有 A_1'、A_2' 和 A_2'' 对称性的群轨道），对于每个结论做一个类似于 5.4.4 节中的表格，列出波函数归一化系数、系数的平方，以及这些值如何同时满足归一化要求，并使每个原子轨道对每组群轨道的贡献相等。

5.28 为确定平面四方型配合物 $[PtCl_4]^-$ 的成键情况，需要一组由 4 个 3s 原子轨道形成的群轨道。从这些群轨道的不可约表示出发，使用图中指定 3s 的标记导出这 4 个 SALC 的波函数方程。绘制类似 5.4.4 节中的轨道表达式、对称性、不可约表示的特征标和归一化系数表，推出不能从原始图表中获得的 SALC。给出每个群轨道的归一化方程和群轨道图。

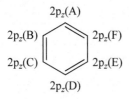

5.29 投影算符法的应用范围不局限于群轨道 SALC 的推导。通过指定每个 $2p_z$ 轨道的标记，推导苯的 6 个 π 分子轨道的波函数方程。首先用 D_{6h} 点群的每种表示导出最初的 SALC，一些组合的贡献为 0。绘制类似 5.4.4 节中的轨道表达式、对称性、不可约表示的特征标和归一化系数表，推出不能从原始图表中获得的 SALC。给出每个 π 轨道的归一化方程和轨道图。

5.30 虽然尚未分离出 Cl_2^+ 离子，但 UV 光谱已经检测到它存在于气相中。曾尝试用 Cl_2 和 IrF_6 反应制备该离子，但未产生 Cl_2^+，而得到了矩形离子 Cl_4^+。（文献：S. Seidel, K. Seppelt, *Angew. Chem., Int. Ed.*, 2000, 39, 3923）

a. 比较 Cl_2^+ 和 Cl_2 的键长和键能。

b. 思考 Cl_4^+ 中的成键情况。该离子含有两个 Cl—Cl 短键和两个长得多的 Cl—Cl 键。你认为 Cl_4^+ 中短的 Cl—Cl 键长与 Cl_2 键长相比，是更短还是更长？请给出理由。

5.31 BF_3 通常被描述为硼原子缺电子的分子，其价电子数为 6。然而可以画一种共振结构，硼是一个有离域 π 电子的八隅体。

a. 绘出这种结构。

b. 在图 5.32 中找出离域电子所在的分子轨道，并给出理由。

c. BF_3 是经典的 Lewis 酸，能够从含有孤对电子的分子中接受一对电子。在图 5.32 中找出该受体轨道，给出理由，解释它为何是一个好的电子受体。

d. b 和 c 中所确定的轨道间有何关系？

5.32 SF_4 具有 C_{2v} 对称性。预测 SF_4 中硫原子可能的杂化类型。

5.33 对于四方锥形的 AB_5 分子，用 C_{4v} 特征标表确定中心原子 A 可能的杂化类型。可能性最大的是哪种？

5.34 在配位化学中，已知有多种平面四方型分子（如 $[PtCl_4]^{2-}$）。选取某个平面四方型分子，用适当的特征标表确定被 4 个配体配位的金属原子的杂化类型，仅考虑 σ 成键中的杂化轨道。

5.35 对于 PCl_5 分子：

a. 用 PCl_5 所属点群的特征标表，确定 P 和 5 个 Cl 原子形成 σ 键的杂化轨道的可能类型。

b. 哪种杂化可用于轴向氯原子的成键？哪种用于赤道面的氯原子？

c. 根据对 b 的回答，解释实验中观察到轴向 P—Cl 键长（219 pm）比赤道面内更长（204 pm）的现象。

以下习题需使用分子建模软件。

5.36 a. 在图 5.32 中确定 $1a_2''$、$2a_2'$、$1a_2'$ 和 $1e''$ 分子轨道的点群。

b. 使用分子建模软件计算并观察 BF_3 的分子轨道。

c. 是否有分子轨道能显出 B 和 F 之间的相互作用？

d. 指出原子轨道对 $3a_1'$、$4a_1'$、$1a_2''$ 和 $2a_2''$ 分子轨道的贡献，验证（如果有能）图 5.32 中所示的原子轨道组合。

5.37 NO^+、CN^-和 CO 是 N_2 的等电子体。改变核电荷数同样会改变 2p 原子轨道形成的分子轨道（1π、3σ 和 $1\pi^*$）能级。使用分子建模软件进行以下操作：

a. 计算 3 个分子中每类分子轨道的形状（本章中已有 CO 和 N_2 的示例）。

b. 比较分子间同类分子轨道的形状（如每个分子的 1π 轨道），能观察到什么趋势？

c. 比较每个轨道的能量，哪种轨道有混合的证据？

5.38 分子建模软件通常能够对假想分子进行计算，即使其结构看上去很怪异。从 N_2 开始，计算等电子体 CO、BF 和 BeNe（纯粹假想分子！）的分子轨道，比较它们相应的分子轨道形状，可观察到什么趋势？

5.39 计算线型分子 BeH_2 的分子轨道。解释周围原子群轨道如何与中心原子的轨道相互作用。将结果与习题 5.15 的答案进行比较。

5.40 计算线型分子 BeF_2 的分子轨道。与习题 5.39 中 BeH_2 的分子轨道及相互作用分别进行比较，特别要指出不与中心原子轨道作用的群轨道。

5.41 叠氮离子（N_3^-）是一种线型三原子离子，计算该离子的分子轨道，并将 3 个最高能量的占有轨道与 BeF_2 的相应轨道作对比，观察周围原子群轨道与中心原子轨道的相互作用有何不同？与 5.4.2 节中讨论的 CO_2 的轨道相比如何？

5.42 计算臭氧分子（O_3）的分子轨道。哪些轨道显示 π 相互作用？将结果与习题 5.19 中的答案相比较。

5.43 **a.** 计算线型和环型 H_3^+ 的分子轨道。

b. 哪种结构更有可能存在（更稳定）？

5.44 乙硼烷 B_2H_6 具有如下结构：

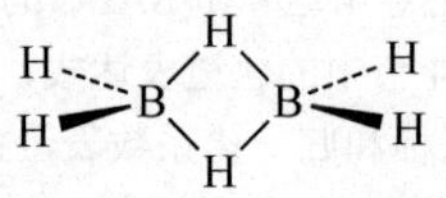

a. 以 6 个氢原子的 1s 轨道为基，利用分子点群建立可约表示。约化该表示，并画出与每个不可约表示相匹配的群轨道。（建议：桥氢和端氢分开处理）

b. 计算分子轨道，将软件生成图与 a 中群轨道图比较，解释氢如何在两个 B 原子间形成"桥"。（这类成键讨论详见第 8 章）

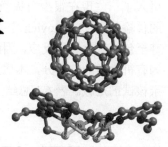

第 6 章

酸碱和给体-受体化学

6.1 酸碱模型的演进

长期以来，化学的一个目标是利用模型来组织化学反应以评估反应趋势，并预判反应物的哪些性质是该化学变化的先决条件。推敲相似反应的共同趋势可以得到构效关系（例如，分子几何结构和电子构型如何影响反应活性？），并指导分子设计应用于实际。

自古以来，将物质分为酸和碱就十分重要。炼金术士们使用中和——常见的酸和碱生成盐和水的反应来总结不同物质参与相似反应的观察结果。在缺乏如 X 射线晶体学、核磁共振谱等现代结构分析手段的情况下，炼金术士仅凭感觉：他们尝到酸（酸）和碱（苦）的味道，看到指示剂的颜色变化。人们提出过许多酸碱定义，但只有少数被普遍接受。

本章将讨论几种主要的酸碱模型及其在无机化学中的应用。在历史背景介绍之后，我们将按照其大致发展顺序进行讲解，包括 Arrhenius（6.2 节）、Brønsted-Lowry（6.3 节）以及 Lewis（6.4 节）提出的模型，这几节特别关注酸碱度定量化时的难题，以及酸/碱强度与分子结构之间的关系。20 世纪 60 年代，人们利用分子轨道理论（即 HOMO/LUMO 相互作用）描述 Lewis 酸碱反应（6.4.1 节），其思路渗透进无机化学领域，极大地扩展了酸碱反应理念。6.5 节介绍了将 HOMO/LUMO 相互作用扩展至分子间作用力，如以酸碱分子轨道的概念促进主客体相互作用（6.5.2 节）的合理化解释（包括 C_{60}，见章标图*）。最后，在 6.6 节将讨论软硬酸碱。

6.1.1 酸碱模型的发展史

化学史上打上了过多酸碱模型的印记，多数早期模型的局限性在于它们只适用于特定种类的化合物或非常有限的反应条件。18 世纪的一种局限观点认为，所有的酸都含有

---

* 使用 CIF 数据绘制的分子结构，引自 E. C. Constable, G. Zhang, D. Häussinger, C. E. Housecroft, J. A. Zampese, *J. Am. Chem. Soc.*, **2011**, *133*, 10776，为清晰起见省略了氢原子。

氧元素，氮、磷、硫和卤素的氧化物都能形成酸的水溶液。然而，到 19 世纪初，人们认为这一定义太过狭隘，许多化合物并不含氧，但仍表现出与酸相关的行为。直到 1838 年，Liebig 将酸的定义扩展为"含氢化合物，且氢可以被金属取代"[1]。20 世纪早期，人们引入了一些现在很少再提及的模型。Lux 和 Flood 定义[2]用氧离子（O^{2-}）作为酸碱之间的传输单元；Usanovich 定义[3]提出酸碱反应的界定只需生成盐便可，该说法包罗万象，甚至包括氧化还原反应，因而被批评过于宽泛。Ingold[4]和 Robinson[5]的亲电-亲核定义作为有机化学的一部分，本质上是 Lewis 理论，只是术语上和反应性相关：亲电试剂是酸，亲核试剂是碱。表 6.1 总结了酸碱定义的发展史。

表 6.1　酸碱定义的发展史

描述	年份或年代	定义		实例	
		酸	碱	酸	碱
Liebig	约 1776 年	N、P、S 的氧化物	与酸反应	SO_3	NaOH
	1838 年	可以被金属取代的 H	与酸反应	HNO_3	NaOH
Arrhenius	1894 年	形成水合氢离子	形成氢氧根离子	HCl	NaOH
				H_3O^+	H_2O
Brønsted-Lowry	1923 年	氢离子给体	氢离子受体	H_2O	OH^-
				NH_4^+	NH_3
Lewis	1923 年	电子对受体	电子对给体	Ag^+	NH_3
Ingold-Robinson	1932 年	亲电试剂（电子对受体）	亲核试剂（电子对给体）	BF_3	NH_3
Lux-Flood	1939 年	氧离子受体	氧离子给体	SiO_2	CaO
Usanovich	1939 年	电子受体	电子给体	Cl_2	Na
溶剂体系	20 世纪 50 年代	溶剂阳离子	溶剂阴离子	BrF_2^+	BrF_4^-
前线轨道	20 世纪 60 年代	受体的 LUMO	给体的 HOMO	BF_3	NH_3

6.2　Arrhenius 学说

19 世纪末，Ostwald 和 Arrhenius 确定了水溶液中存在离子之后，酸碱化学才首次从分子层面得到了令人满意的解释（Arrhenius 获得 1903 年诺贝尔化学奖）。Arrhenius 酸在水溶液中生成氢离子*，Arrhenius 碱在水溶液中生成氢氧根离子，氢离子与氢氧根离子中和生成水，即下述反应的净离子方程式

---

　* 最初的 Arrhenius 学说并不包括溶剂化作用。按照今天的习惯，H_3O^+（水合氢离子）常被用作 H^+(aq)的缩写，本书也采用这种表示。国际纯粹与应用化学联合会（IUPAC）推荐的 H_3O^+名称为氧鎓。人们也常用简写 H^+ 来表示，对此 IUPAC 推荐的名称是"氢离子"而不是"质子"。

$$HCl(aq) + NaOH(aq) \xrightarrow{\quad H_2O(l) \quad} NaCl(aq) + H_2O(l)$$

该反应是一个经典的 Arrhenius 酸碱反应，生成物为盐（NaCl）和水。Arrhenius 学说在水溶液体系中很实用，但不适用于许多在非水溶剂、气相或固态中发生的反应。

6.3　Brønsted-Lowry 理论

Brønsted[6] 和 Lowry[7] 将酸（acid）定义为趋于失去氢离子的物质，将碱（base）定义为趋于获得氢离子的物质。例如，水溶液中亚硝酸盐作为弱碱与某一强酸发生反应：

$$H_3O^+(aq) + NO_2^-(aq) \rightleftharpoons H_2O(l) + HNO_2(aq)$$

用 Brønsted-Lowry 理论解释该反应为：作为强酸的水合氢离子失去（提供）H$^+$ 给作为碱的 NO$_2^-$ 形成 H$_2$O（H$_3$O$^+$ 的共轭碱）和 HNO$_2$（NO$_2^-$ 的共轭酸）。

一般来说通常 HB 的 Brønsted-Lowry 酸度可以用气相反应的平衡常数来确定

$$HB(g) \rightleftharpoons H^+(g) + B^-(g)$$

然而该反应 $\Delta G^\ominus$ 值太大且正，因此这种酸度测量存在问题。此外，由于溶剂化作用，溶液中并不存在独立的 H$^+$ 离子，因此在溶剂中测量上述 HB 电离反应也是不可能的。

Brønsted-Lowry 理论明确指出，酸在不同的溶剂中会生成不同的共轭酸。例如，H$_2$SO$_4$ 在水中电离产生 H$_3$O$^+$，但在硫酸中电离则产生 H$_3$SO$_4^+$，溶液中的酸强度与溶剂紧密相关。因此，一系列溶质在一种溶剂中测得的酸度或碱度序列，在另一种溶剂中可能不同。Brønsted-Lowry 理论的策略是，比较共轭酸和碱，它们之间仅区别于有无一个质子，并将反应描述为发生于强酸与强碱之间形成弱酸与弱碱的过程，如 H$_3$O$^+$ 与 NO$_2^-$ 反应。强酸比弱酸更容易给出氢离子，而强碱比弱碱更容易接受氢离子，因此平衡总是倾向于生成弱酸和弱碱。在上面的示例中，H$_3$O$^+$ 的酸性强于 HNO$_2$，而 NO$_2^-$ 的碱性强于 H$_2$O，因此平衡向右偏移。

两性（amphoteric）溶剂既可作为酸，也可作为碱，其共轭酸碱在反应中起着至关重要的作用，所以可作为 Brønsted-Lowry 理论的示例。两性溶剂的例子见表 6.2。

表 6.2　几种两性溶剂的性质

溶剂	酸阳离子	碱阴离子	pK_{ion}（25℃）	沸点（℃）
硫酸（H$_2$SO$_4$）	H$_3$SO$_4^+$	HSO$_4^-$	3.4（10°）	330
氢氟酸（HF）	H$_2$F$^+$	HF$_2^-$	～12（0°）	19.5
水（H$_2$O）	H$_3$O$^+$	OH$^-$	14.0	100

溶剂	酸阳离子	碱阴离子	pK_{ion}（25℃）	沸点（℃）
乙酸（CH_3COOH）	$CH_3COOH_2^+$	CH_3COO^-	14.45	118.2
甲醇（CH_3OH）	$CH_3OH_2^+$	CH_3O^-	16.6	64.7
氨（NH_3）	NH_4^+	NH_2^-	27	−33.4
乙腈（CH_3CN）	CH_3CNH^+	CH_2CN^-	34.4	81

数据源于 W. L. Jolly, *The Synthesis and Characterization of Inorganic Compounds*, Prentice Hall, Englewood Cliffs, NJ, 1970, pp. 99-101；M. Rosés, *Anal. Chim. Acta*, **1993**, *276*, 223（乙腈的 pK_{ion}）。

练习 6.1 计算 25℃时，CH_3CN 溶剂中 CH_3CNH^+ 的浓度。

首先考虑强酸（HCl）和强碱（NaOH）在水溶液中反应的净离子方程式。在水中，HCl 电离产生的酸 H_3O^+ 和 NaOH 产生的碱 OH^- 进行 Brønsted-Lowry 质子转移形成 H_2O，其净离子反应方程式以水的共轭酸和碱为反应物生成溶剂本身，可表达为

$$H_3O^+(aq) + OH^-(aq) \rightleftharpoons H_2O(l) + H_2O(l)$$

这类 Brønsted-Lowry 反应可以在任何两性溶剂中进行。作为溶剂，液氨 NH_3（共轭酸 NH_4^+ 和共轭碱 NH_2^-。译者注：原著误颠倒了酸碱分子式）常用于因水氧化性过强而无法进行的反应。在水中 NH_2^- 与 H_2O 剧烈反应生成其共轭酸 NH_3 和 OH^-（H_2O 的共轭碱），而在液氨中 NH_4Cl 和 $NaNH_2$ 发生的 Brønsted-Lowry 净离子反应为

$$NH_4^+ + NH_2^- \xrightarrow{NH_3(l)} 2NH_3(l)$$

由于 NH_4^+ 是比其共轭碱（NH_3）更强的酸，而 NH_2^- 是比其共轭酸（仍是 NH_3）更强的碱，所以平衡倾向于生成产物一侧。

Brønsted-Lowry 理论可以应用于任何溶剂，不管它们是否含有活性氢。例如，金属有机化学中常见的环戊二烯负离子$[C_5H_5]^-$，可在四氢呋喃（THF，C_4H_8O）中通过氢化钠和环戊二烯（C_5H_6）的反应制备。C_5H_6 的 Brønsted-Lowry 酸性较强，因为其共轭碱是芳香性的$[C_5H_5]^-$，负电荷发生离域而稳定；金属氢化物是极强的碱，与水剧烈反应，因此该反应必须在无水条件下进行。

值得注意的是，此反应中 H_2 被归类为共轭酸，其共轭碱是强碱 H^-。它强调了任何含氢分子原则上都能起到 Brønsted-Lowry 酸的作用，即使一些分子（如脂肪族碳氢化合物和 H_2）仅在特殊条件下才能视为酸*。

* 溶剂四氢呋喃是另一种具有极低 Brønsted-Lowry 酸度的分子，不会被氢化钠脱去质子。

练习 6.2 在非水介质中有机锂试剂是强 Brønsted-Lowry 碱，可以通过 Brønsted-Lowry 理论来预测烃类和有机锂试剂之间的化学反应平衡。如果 C_6H_6 是比正丁烷更强的酸，则下列 Li/H 交换反应中平衡应偏向哪一方[*]？

$$C_6H_6 + n\text{-}C_4H_9Li \rightleftharpoons C_6H_5Li + n\text{-}C_4H_{10}$$

6.3.1 非水溶剂和酸碱强度

在 $H_3O^+/H_2O/OH^-$ 参考体系下，只有酸性弱于 H_3O^+ 或碱性弱于 OH^- 的物质才能定量得到相对酸/碱强度。H_3O^+ 和 OH^- 离子分别是在水中能够存在的最强酸和碱，本身比 H_3O^+ 强的酸，不能通过在水中的电离来比较它们的酸度，称为拉平效应（leveling effect）。由于此效应，硝酸、硫酸、高氯酸、盐酸在稀的水溶液中是同等强酸，根本上，它们都定量电离为 H_3O^+ 和相应的共轭碱，在这些情况下，需要更强的酸性溶剂来区分它们。例如，乙酸和水一样是两性溶剂，可以接受在水中被列为强酸的质子，导致部分电离。$CH_3COOH_2^+$ 离子是冰醋酸（100%乙酸）中能存在的最强酸，所以酸的有效强度受限于溶剂。

$$H_2SO_4 + CH_3COOH \xrightarrow{CH_3COOH} CH_3COOH_2^+ + HSO_4^-$$

在冰醋酸中，可以确定 $HClO_4 > HCl > H_2SO_4 > HNO_3$ 这一相对酸强度。同样，碱性较强的溶剂才可以区分碱性物质的碱性强度。

拉平效应中很重要的一点是物质酸碱性的"强"或"弱"与溶剂密切相关。在水中的弱碱在酸性强的溶剂中可能就是强碱；而在水中的弱酸在碱性溶剂中就表现为强酸。例如，对于反应

$$NH_3 + CH_3COOH(l) \xrightarrow{CH_3COOH} NH_4^+ + C_2H_3O_2^-$$

比起在水中的相应过程，其电离平衡在冰醋酸中的位置大大偏向右侧。

非两性溶剂，以 Brønsted-Lowry 定义既无酸性也无碱性，因为它们不与溶质交换质子，也不会对溶质的酸碱性作出限制，因而这些溶剂不具有拉平效应，溶质的反应性由其自身的酸碱强度决定。例如，氢化物（如 $LiAlH_4$、NaH）通常用作有机溶剂（如 Et_2O、烃类）中的 Brønsted-Lowry 碱或还原剂，而不会与这些溶剂发生酸碱反应。在这些情况下，反应往往是非均相的，氢化物与溶剂无明显相互作用而不易溶解。因此，在设计反应时，必须始终考虑溶剂的酸碱效应以及反应物与预定溶剂的相溶性。

6.3.2 Brønsted-Lowry 超强酸

从 Brønsted-Lowry 理论观点来看，只要能设计出具有超弱共轭碱的分子，便可得到超强的酸，这些酸可以明显质子化那些无法被 H_3O^+ 或 $H_2SO_4^+$ 质子化的物种。George Olah 因超强酸（superacid，比硫酸酸性更强的酸溶液）的发现和应用而获 1994 年诺贝尔化学

---

[*] 在这一反应条件下，Brønsted-Lowry 酸碱反应极慢；加入四甲基乙二胺（TMEDA）后，$n\text{-}C_4H_9Li$ 反应性增强，会发生快速的 Li/H 交换反应。

奖。Olah 提出，用超强酸质子化单阳离子（如下述 NO_2^+）可产生具有适用浓度的双阳离子（电荷 = 2 +），并拥有更强的反应活性。他创造了超亲电活化一词，来描述高正电荷的小型有机离子的制备过程[8]。

$$[O=N=O]^+ \xrightarrow{\text{超强酸HA}} [O=N=OH]^{2+} A^-$$

已经合成出多种双阳离子的超亲电试剂[9]，最近还报道了由三芳基甲醇质子化形成的三阳离子[10]。这些物种因受到密集指向的正电荷作用而发生新的反应。

超强酸可以用 Hammett 酸度函数来衡量[11]：

$$H_0 = pK_{BH^+} - \log \frac{[BH^+]}{[B]}$$

其中 B 和 BH^+ 分别为指示剂硝基苯胺及其共轭酸，酸性越强，H_0 越负。按此标度，100% 硫酸的 H_0 为 −11.9（表 6.3）。

表 6.3　常见的超强酸和它们的 Hammett 酸度

酸		H_0
氢氟酸 [a]	HF	−11.0
硫酸	H_2SO_4	−11.9
高氯酸	$HClO_4$	−13.0
三氟甲磺酸	HSO_3CF_3	−14.6
氟磺酸	HSO_3F	−15.6
魔酸 [b]	$HSO_3F\text{-}SbF_5$	−21～−25 [c]
氟锑酸	$HF\text{-}SbF_5$	−21～−28 [c]

a. 氢氟酸并非超酸，仅用于比较。请注意，HF 在稀水溶液中是弱酸，而浓的 HF 酸性明显增强。

b. 魔酸是 Cationics 公司的注册商标。

c. 取决于浓度（SbF_5 的加入量）。

实验中观察到五氟化锑和氟磺酸的混合物能溶解蜡烛，证实该酸能使烃类质子化，因此产生了魔酸一词。超强酸通过质子化烃类（特别是甲烷）而将其活化的能力备受关注，因为甲烷是天然气的主要成分且丰度很高，作为原料合成复杂的分子很具吸引力。理论计算认为存在二中心三电子键的 CH_5^+、CH_6^{2+} 甚至 CH_7^{3+} 的结构，但是尚未分离出这些物种[*]。

在自由基引发剂的作用下，在硫酸或三氟甲磺酸溶剂中由 CH_3 和 SO_2Cl_2 可制备甲磺酰氯 CH_3SO_2Cl[12]；在 H_2SO_4 中用 SO_3 可将 CH_4 磺化为甲磺酸（CH_3SO_3H）[13]。将 SO_3 溶解在硫酸中可得到"发烟硫酸"，该超强酸溶液中含有 $H_2S_2O_7$ 和高级多磺酸，它们都比 H_2SO_4 强。

在魔酸和 $HF\text{-}AF_5$（A = As，Sb）的溶液中可生成复杂的氟化阴离子，用作超亲电阳离子的抗衡离子。

---

[*] G. Rasul, G. A. Olah, G. K. Surya Prakash, *J. Phys. Chem.* A., **2012**, *116*, 756 中报道了超强酸溶液中存在质子化的甲烷 CH_5^+。

$$2HF + 2SbF_5 \Longleftrightarrow H_2F^+ + Sb_2F_{11}^-$$

$$2HSO_3F + 2SbF_5 \Longleftrightarrow H_2SO_3F^+ + Sb_2F_{10}(SO_3F)^-$$

作为超强酸介质，溶解有 AsF_5 和 SbF_5 的 HF 可质子化 H_2S、H_2Se、AsH_3、SbH_3 和 H_2O_2[14]。此类反应的一个应用实例是 H_2S 在超强酸介质中被质子化产生$[H_3S][SbF_6]$，可作为合成第一个含三个 RS 取代基的叔硫鎓盐$[(CH_3S)_3S][SbF_6]$的试剂[15]。

水在超强酸介质中是强碱，$HF\text{-}AsF_5$ 或 $HF\text{-}SbF_5$ 中的 H_2O 会定量地转化为氧鎓盐$[H_3O][AsF_6]$和$[H_3O][SbF_6]$[16]，如果体系含微量水，则通过转化可创造无水环境（但并非无氢离子环境！）。该功能可用于金属（Ⅱ）氧化物制备低氧化态金属阳离子溶液，氧化物与酸反应生成水，而水立即被质子化形成氧鎓盐。二价金属离子在 $HF\text{-}AsF_5$ 介质中通过它们的氧化物转化为$[H_3O][M][AsF_6]_3$（M = Mn, Co, Ni）被分离出[17]，类似反应也适用于 Ln_2O_3（Ln 为镧系元素[18]）和 CdO[19]，生成的盐含有氟离子、SbF_6^- 和 $Sb_2F_{11}^-$。

6.3.3　溶液中的热力学测量

多种热力学方法已被用于探究溶液的酸碱度，在设计这些实验时，必须始终考虑到溶剂效应的影响。

酸度的比较

任何酸的决定性属性是它的酸性强度。评估水中酸性强度的方法是测定以下反应的焓变。

$$HA(aq) + H_2O(l) \longrightarrow H_3O^+(aq) + A^-(aq)$$

这一焓变的直接测量很复杂，因为弱酸在水中不完全电离（即上述反应处于平衡状态，相当高浓度的 HA 未电离）。传统方法是利用 Hess 定律，通过测量其他基本达到完全反应的热力学数据确定反应焓变。例如，可以通过测量 HA 与 NaOH 反应的焓变（1）及 H_3O^+ 与 NaOH 反应的焓变（2），来计算弱酸 HA 的电离焓（3）：

(1) $HA(aq) + OH^-(aq) \longrightarrow A^-(aq) + H_2O(l)$　　　　ΔH_1

(2) $H_3O^+(aq) + OH^-(aq) \longrightarrow 2H_2O(l)$　　　　ΔH_2

(3) $HA(aq) + H_2O(l) \longrightarrow H_3O^+(aq) + A^-(aq)$　　$\Delta H_3 = \Delta H_1 - \Delta H_2$

此方法并不简单，因为在加入 OH^- 之前 HA 已部分电离，使 ΔH_1 测试复杂化，但这种策略的热力学基础可靠，因而可以测量不同温度下的 K_a（通过滴定曲线），经由 van't Hoff 方程

$$\ln K_a = \frac{-\Delta H_3}{RT} + \frac{\Delta S_3}{R}$$

同时确定 ΔH_3 和 ΔS_3，即 $\ln K_a$ 对 $\dfrac{1}{T}$ 图中的斜率 $\dfrac{-\Delta H_3}{R}$ 和截距 $\dfrac{\Delta S_3}{R}$。出于准确性考虑，这种方法要求在测量温度范围内，酸电离反应的 ΔH_3 和 ΔS_3 不发生明显变化。乙酸的 $\Delta H^\ominus$、$\Delta S^\ominus$ 和 K_a 数据列于表 6.4。

练习 6.3　利用表 6.4 中的数据计算乙酸在水中电离过程的焓变与熵变（即表中第三个方程式），并通过绘制 $\ln K_a$ 对 $\dfrac{1}{T}$ 的关系图来考察 K_a 的温度依赖性。对比这两种方法得到的 $\Delta H^\ominus$ 之间的差异？

表 6.4 乙酸电离反应的部分热力学性质

	$\Delta H^{\ominus}$(kJ/mol)	$\Delta S^{\ominus}$[J/(mol·K)]
$H_3O^+(aq)+OH^-(aq) \longrightarrow 2H_2O(l)$	−55.9	80.4
$CH_3COOH(aq)+OH^-(aq) \longrightarrow H_2O(l)+C_2H_3O_2^-(aq)$	−56.3	−12.0

		$CH_3COOH(aq)+OH^-(aq) \rightleftharpoons H_2O(l)+C_2H_3O_2^-(aq)$		
T(K)	303	308	313	318	323
$K_a(\times 10^{-5})$	1.750	1.728	1.703	1.670	1.633

注：$\Delta H^{\ominus}$ 和 $\Delta S^{\ominus}$ 随着温度变化而改变，因此仅在给定温度范围内进行计算。

碱度的比较

奎宁碱　　吡啶　　苯胺

人们通过测量弱碱和强酸之间质子转移反应的焓变来研究碱度，并通过测量氟磺酸（HSO_3F，一种超强酸，见 6.3.2 节）中弱碱质子化的焓变建立了 Brønsted 碱标度。一系列含氮碱的质子化焓变（表 6.5，ΔH 值越负，其相对于 HSO_3F 的碱性越强）与其共轭酸的 pK_{BH^+} 值（水溶液中）相比排序更方便[20]。pK_{BH^+} 越正，共轭酸越弱，其共轭氮碱则越强*。这些数据意味着分子的各种特性，如诱导效应和立体效应（6.3.6 节），都对酸/碱行为有重要影响。

表 6.5 一些含氮碱在水中及氟磺酸中的碱度顺序

碱	水中 pK_{BH^+}	与 HSO_3F 反应的 $-\Delta H$（kJ/mol）
二丁胺	11.25	194.1
奎宁环	11.15	191.6
二乙胺	11.02	199.5
二甲胺	10.78	197.4
三乙胺	10.72	205.7
乙胺	10.68	195.9
甲胺	10.65	193.9
三丁胺	9.93	189.2
三甲胺	9.80	196.8
2, 4, 6-三甲基吡啶	7.43	178.5
2, 6-二甲基吡啶	6.72	170.3

---

* 注意：这些碱度顺序是根据其在水中的碱性强度排列的；若根据在 HSO_3F 中测得的碱性进行排序，则得到另一种顺序。这是碱度测定中所遇到的一个挑战，排序结果通常会因使用的溶剂不同而改变。

续表

碱	水中 pK_{BH^+}	与 HSO_3F 反应的 $-\Delta H$（kJ/mol）
4-甲基吡啶	6.03	163.4
吡啶	5.20	161.3
苯胺	4.60	142.3
3-溴代吡啶	2.85	144.9
2-溴代吡啶	0.90	126.2
2-氯代吡啶	0.72	132.5
3, 5-二氯吡啶	0.67	128.4

数据源于 C. Laurence, J. F. Gal, *Lewis Basicity and Affinity Scales Data and Measurement*, John Wiley and Sons, United Kingdom, 2010, p. 5。氢的 pK_{BH^+} 是 9.25。

6.3.4　气相中 Brønsted-Lowry 酸度和碱度

最纯粹的酸碱强度测量方法是测气相中的酸度和碱度参数，因为无溶剂效应。

$$HA(g) \longrightarrow A^-(g) + H^+(g) \qquad \Delta G = 气相酸度(gas\text{-}phase\ acidity,\ GA)$$
$$\Delta H = 质子亲和能(proton\ affinities,\ PA)$$
$$BH^+(g) \longrightarrow B(g) + H^+(g) \qquad \Delta G = 气相碱度(gas\text{-}phase\ basicity,\ GB)$$
$$\Delta H = 质子亲和能(PA)$$

已测定了数千种中性有机碱的气相碱度和质子亲和能，有关这些参数的文献比气相酸度的文献广泛得多。对于大多数碱，其热力学参数 PA 和 GB 大且为正，因为反应本质上是键断裂，溶剂化产物无任何优势。质子亲和能和气相碱度增加表明脱去氢的难度在增大，它们越正，气相中 B 的碱性就越强，共轭酸 BH^+ 的酸性就越弱[21]。Laurence 和 Gal 曾对质子亲和能及气相碱性有关的术语做出过批评，因为亲和能（英语本义，译者注）本应是一种化学势，但质子亲和能则被定义为焓变。通过上述反应直接测量 PA 和 GB 实际上是不可能的，但它们确有估值，而且随着测量仪器的升级，数值精度越来越高。20 世纪初，人们用 Born-Haber 热力学循环估算质子亲和能，与所有基于热力学的方法一样（5.3.2 节），组成循环的任一项数据的不准确度都会累计到计算结果（本例中的质子亲和能）中*。

现代质谱、光电离技术和离子回旋共振光谱[22]彻底改变了气相碱度测定，这些技术允许利用电子亲和能和电离能数据[23]通过热力学循环极其精确地获得了几个分子的绝对气相碱度**。由于直接测试困难，纵然是这几个分子的绝对气相碱度数据，也能为 GB 值提供宝贵的参考。这些测量的数学处理逻辑上很简单。考虑两种碱 B_1 和 B_2 的 GB 定义：

---

* 化学势的定义是 $\left(\dfrac{\partial G}{\partial n}\right)_{P,T}$。

** 测量细节超出本书范围。由于测量需要在电离电子束中进行，被测分子常处于激发态，导致许多物种的 PA 和 GB 测量结果具有很大的不确定性；而且对于某些物种，必需的气态共轭酸碎片无法获得。因此，适合这种方法的分子相对较少。

$$(1) \quad B_1H^+ \longrightarrow B_1 + H^+ \quad \Delta G_1 = B_1 的气相碱度$$

$$(2) \quad B_2H^+ \longrightarrow B_2 + H^+ \quad \Delta G_2 = B_2 的气相碱度$$

（1）减去（2），得

$$B_1H^+ + B_2 \longrightarrow B_1 + B_2H^+ \quad \Delta G = \Delta G_1 - \Delta G_2$$

此反应的 ΔG 可由其平衡常数算出：

$$B_1H^+ + B_2 \rightleftharpoons B_1 + B_2H^+$$

$$\Delta G = \Delta G_1 - \Delta G_2 = -RT \ln K_{eq}$$

离子阱和流动反应器质谱法，将气相离子和中性分子限制在一个区域内，并使二者在足够多的碰撞后达到平衡。平衡常数可以通过测量气体分压（对于 B_1 和 B_2）或质谱离子强度（对于气态的 B_1H^+ 和 B_2H^+）来推算，得到 ΔG，进而给出 B_1 和 B_2 的气相碱度之差。只要任一方的绝对气相碱度已知，另一方的 GB 值就可确定，用量子化学方法确定其近似"碱度熵"，随后通过 $\Delta G = \Delta H - T\Delta S$ 即可确定其 PA。表 6.6 列出了几种含氮碱的 PA 和 GB，按 GB 由高到低排列。大多数有机碱的 GB 值在 $700 \sim 1000$ kJ/mol 之间，文献中已对 PA 和 GB 值进行汇编[24]。

表 6.6 含氮碱类的 GB 和 PA 值

碱	GB（kJ/mol）	PA（kJ/mol）
三丁胺	967.6	998.5
奎宁环	952.5	983.3
三乙胺	951.0	981.8
二丁胺	935.3	968.5
2,6-二甲基吡啶	931.1	963.0
二乙胺	919.4	952.4
三甲胺	918.1	948.9
4-甲基吡啶	915.3	947.2
吡啶	898.1	930.0
二甲胺	896.5	929.5
3-溴代吡啶	878.2	910.0
乙胺	878.0	912.0
2-溴代吡啶	873.0	904.8
2-氯代吡啶	869.0	900.9
甲胺	864.5	899.0
苯胺	850.6	882.5
氨	819.0	853.6

数据来源与表 6.5 一致。

6.3.5　Brønsted-Lowry 超强碱

从奎宁（1-氮杂二环[2.2.2]辛烷，PA = 983.3 kJ/mol）及其在水中共轭酸（pK_a = 11.15）的热力学数据，可知其相对较高的碱度。Brønsted-Lowry 碱度上限是多少仍能保持脱质子的高选择性？虽然拉平效应限制了所有强于 OH⁻ 的 Brønsted-Lowry 碱在水中的强度，但在有机合成中，碱性极强的碳负离子（如格氏试剂和有机锂试剂）是常见的。碳负离子亲核性很强，使许多官能团对其耐受性变差，这促使人们合成脱质子反应中具更广泛耐受性和极高选择性的 Brønsted-Lowry 强碱[25]。相比于上述既是 Brønsted-Lowry 强碱又有强亲核性的碳负离子，不带电荷的有机碱一大优势在于其较低的亲核性。此外，人们也在寻找无机氢氧化物以外的试剂和方法，用来脱去质子[26]。

气相中，PA＞1000 kJ/mol 的碱归类为超强碱（superbase）[27]，表 6.6 中所列均不满足这一标准。几例有机超强碱如图 6.1 所示，它们在水中是弱碱，但在有机溶剂中表现为超强碱。

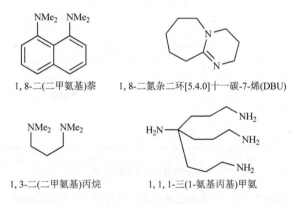

图 6.1　有机超强碱

1, 8-二氮杂二环[5.4.0]十一碳-7-烯（DBU，PA = 1048 kJ/mol）是有机合成的重要原料。1, 8-二（二甲氨基）萘（PA = 1028 kJ/mol）有时称为"质子海绵"，其超强的 Brønsted-Lowry 碱性被认为源于两种效应：①质子化消除了两个二甲氨基的空间位阻（若孤对电子处于反位以减少 lp-lp 排斥，则甲基必然被拉近）；②质子化后形成强的分子内氢键[23]。给人以启发的是，有宽松空间的 1, 3-二（二甲氨基）丙烷，尽管不存在 1, 8-二（二甲氨基）萘中那种敏感的 lp-lp 排斥作用，但也是一个超强碱（PA = 1035 kJ/mol）。两者比较发现，在导致超强碱性方面，烷基和芳基的空间诱导效应似乎比消除孤对电子排斥更重要。在甲胺中加入氨基丙基得到 $NH_2C(CH_2CH_2CH_2NH_2)_3$（PA = 1072 kJ/mol）[28]。质子化后，推测氨基丙基臂会蜷曲，从而使更多氮原子与质子接触，稳定该共轭酸。

2, 6-二取代吡啶和 2, 6, 7-三取代奎宁环，在取代基上引入带有孤对的远程原子以在质子化时稳定氢，被认为是超强碱且已通过理论计算探究[29]。此外，合成大环质子螯合剂构筑有催化活性的有机超强碱也令人感兴趣[30]，一类具有笼状仲胺结构特征的超强碱已被报道[31]。水溶液中，碱金属氢氧化物具有同等强度碱性，其 PA*顺序为 LiOH（1000 kJ/mol）＜NaOH＜KOH＜CsOH（1118 kJ/mol），此顺序与 M—OH 键离子性程度的递增相吻合。

6.3.6　Brønsted-Lowry 碱度的变化趋势

气相与水溶液碱度数据的相关性为质子转移反应中考虑电子效应、立体效应和溶剂效应的重要性提供了一个研究起点。图 6.2 和图 6.3 通过绘制表 6.5 和表 6.6 中所列含氮碱的气相碱度与水溶液碱度（基于共轭酸的 pK_a），给出了这一相关性。物种在 y 轴上坐标越高，表示其气相碱性越强；共轭酸的 pK_a 越大，表示其水溶液碱性越强。初步检视表明，气相碱度高，在水溶液中的碱度不一定高（如三正丁胺和二正丁胺）；同样水溶液碱度高，气相碱度也不一定高（如氨和 2,6-二甲基吡啶）。这些数据凸显了溶剂对碱度的重要作用，同时也揭示了 Brønsted-Lowry 碱度的变化趋势。

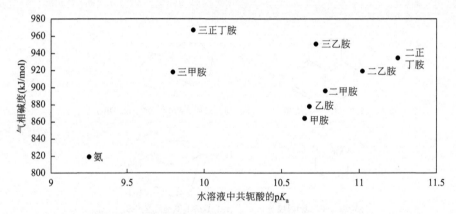

图 6.2　氨和烷基胺的水溶液中共轭酸 pK_a 及气相碱度

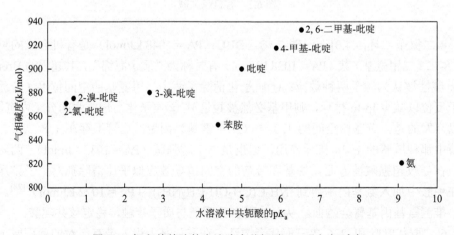

图 6.3　氨和芳基胺的水溶液中共轭酸 pK_a 及气相碱度

---

* 无机氢氧化物的 PA 无法通过直接测量质子转移反应获得，而是从 Born-Haber 循环中利用其他热力学数据获取。

诱导效应（inductive effect）可用于解释上图中的趋势。例如，气相和水溶液碱度排序如下：

$$NH_3 < NH_2Me < NH_2Et < NHMe_2 < NHEt_2 < NHBu_2$$

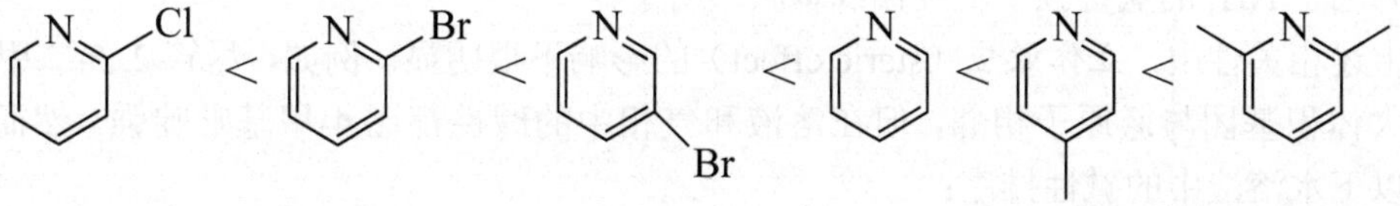

从氨、伯胺到仲胺，烷基增多，氮原子上电子云密度升高，Brønsted-Lowry 碱性增强；烷基链越长，该效果越明显。同理，甲基吡啶的碱性比吡啶强。高电负性原子或基团（如氟、氯、CF_3 或 CF_3SO_2）的取代从碱性原子上吸引电子，导致碱性变弱，如卤代吡啶的碱性比吡啶弱得多。表 6.7 中的气相酸度数值说明了 CF_3SO_2 取代个数带来的影响。

表 6.7　CF_3SO_2 取代对气相酸度的影响

$$HA(g) \longrightarrow A^-(g) + H^+(g) \quad \Delta G = 气相酸度(GA)$$

酸	GA（kJ/mol）
$CF_3SO_2CH_3$	1422
$CF_3SO_2NH_2$	1344
$(CF_3SO_2)_2NH$	1221
$(CF_3SO_2)_2CH_2$	1209

数据源于 J.-F Gal, P.-C. Maria, E.-D. Raczyńska, *J. Mass Spectrom.*, **2001**, *36*, 699。

诱导效应为下列气相碱性排序提供了合理的解释：

$$NMe_3 < NHEt_2 < NHBu_2 < NEt_3 < NBu_3$$

三正丁胺在气相中的碱性比三乙胺强，据此推测，三甲胺的碱性比仲胺弱，因为两个较长烷基和氢在氮原子上富集电子的能力强于三个甲基。更有趣的也许是下列的水溶液碱性排序，叔胺比预期的弱，似乎与气相中的诱导效应顺序相矛盾：

$$NMe_3 < NBu_3 < NEt_3 < NHEt_2 < NHBu_2$$

此外，如表 6.5 和图 6.2 所示，水溶液中甲基取代胺的碱性排序为 $NHMe_2 > NH_2Me > NMe_3 > NH_3$，乙基取代胺的碱性排序为 $NHEt_2 > NEt_3 > NH_2Et > NH_3$。在这些系列中，叔胺碱性都比预期的弱，这是因为质子化阳离子的溶解性较差。对于溶剂化过程

$$NH_{4-n}R_n^+(g) \xrightarrow{H_2O} NH_{4-n}R_n^+(aq)$$

其焓变顺序为 $NH_3R^+ > NH_2R_2^+ > NHR_3^{+*}$。溶剂化取决于与水形成 O···H—N 氢键时共轭酸上可用的氢原子个数，取代数越大，可用于形成氢键的氢原子越少，碱性越弱。这种

_____

＊ 溶剂对酸碱强度的影响，参见 E. M. Arnett Solvation energies of organic ions. *J. Chem. Edu.*, **1985**, *62*, 385，文中引用了很多参考文献。

诱导效应和溶剂效应之间的竞争，导致溶液碱性排序出现混乱。尽管图 6.3 中 NH_3 的气相碱性最弱，但共轭酸 NH_4^+ 与水形成氢键的机会最多，因此 NH_3 的水溶液碱性最强。同理，气相中吡啶和苯胺的碱性比氨强，但在水溶液中弱于氨。NH_3 在水中较强的碱性同时也归因于 NH_4^+ 的氢键强于吡啶锅或苯胺锅离子[32]。

上述相关性中，立体效应（steric effect）的影响不很明显。例如，尽管 2, 6-二甲基吡啶中大体积基团与氮原子相邻，但在溶液和气相中的碱性都比 4-甲基吡啶强。然而，请考虑以下水溶液中的碱性排序：

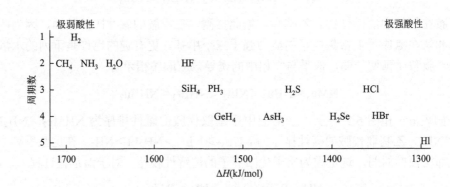

根据诱导效应，可能认为 2-叔丁基吡啶碱性强于 2-甲基吡啶，但叔丁基的空间位阻使氮不易接近，质子化时难以溶剂化，导致其碱性变弱。另一种立体效应涉及质子化时的结构变化：共轭酸中空间位阻的作用可能会降低碱性强度。尽管空间位阻在理解 Lewis 酸/碱度方面通常起着重要作用（6.4.7 节），但质子体积小，使立体效应在衡量胺的 Brønsted-Lowry 碱度时不再那么重要。例如，尽管奎宁环（1-氮杂二环[2.2.2]辛烷）在质子化后结构参数基本保持不变，而三乙胺变为三乙胺离子后结构变化较大，但奎宁环（952.5 kJ/mol）和三乙胺（951.0 kJ/mol）的气相碱度几乎相同。

6.3.7 二元氢化物的 Brønsted-Lowry 酸度

二元氢化物（仅含氢和一种另外元素的化合物）的酸碱性跨越从强酸 HCl、HBr、HI 到弱碱 NH_3，还有诸如几乎没有酸碱特性的 CH_4。图 6.4 所示为一些分子的气相酸度（从左到右依次递增的顺序）。

图 6.4 几种二元氢化物电离反应 $HA(g) \longrightarrow A^-(g) + H^+(g)$ 的焓变

数据源于 J. E. Bartmess, J. A. Scott, and R. T. Mclver, Jr., *J. Am. Chem. Soc.*, **1979**, *101*, 6046；AsH_3 的数据源于 J. E. Bartmess and R. T. Mclver, Jr., *Gas Phase Ion Chemistry*, M. T. Bowers, ed., Academic Press, New York, 1979, p. 87

在这些数据中可以发现两个貌似矛盾的趋势。图 6.5 中，无论横排还是纵列，随着中心原子中电子数的增加，酸度都会增加，但这两个方向的电负性变化趋势相反。每一族中，酸度随周期数增大而增加，如 $H_2Se > H_2S > H_2O$。最强的酸来自同一族中最大、最重、周期表下方电负性最小的非金属元素。对此的一种解释是，具有较大主族原子的共轭碱（SeH^-、SH^- 和 OH^-）上电荷密度较低，因此对氢离子的吸引力较小（$H-O$ 键比 $H-S$ 键强，$H-S$ 键又比 $H-Se$ 键强），所以较大的分子酸性强，而它们的共轭碱弱。

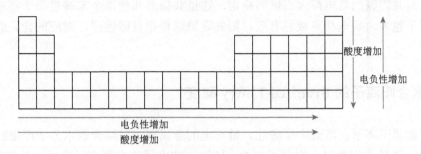

图 6.5 二元氢化物酸性和电负性的变化趋势

然而同一周期内，最右侧元素的电负性最大，二元氢化物的酸性也最强。由此可见，上述的电负性考量在这里不适用，因为这一系列中，元素的电负性越强，形成的酸就越强，则酸度排序为 $NH_3 < H_2O < HF$。

相同的总酸度趋势也在水溶液中被观测到。由于拉平效应，三种同周期内分子量最大的氢卤酸 HCl、HBr 和 HI，在水中酸度相同。其他二元氢化物的酸性都较弱，且酸度沿周期表向左递减。甲烷、氨、硅烷（SiH_4）和磷化氢（PH_3）在水中不表现酸的性质。

6.3.8 含氧酸的 Brønsted-Lowry 酸度

水溶液中，氯的含氧酸的酸性强度排序如下：

$$HClO_4 > HClO_3 > HClO_2 > HOCl$$

它们的 pK_a 列表如下：

酸	最强 HClO$_4$	HClO$_3$	HClO$_2$	最弱 HOCl
pK_a（298 K）	（−10）	−1	2	7.2

多元含氧酸每释放一个质子，其相应物种的 pK_a 增加 5 左右：

	H_3PO_4	$H_2PO_4^-$	HPO_4^{2-}	H_2SO_4	HSO_4^-
pK_a（298 K）	2.15	7.20	12.37	<0	2

这些 pK_a 的变化趋势可以通过电负性和共振论来解释。氧原子的电负性很高，易影响分子中的电子密度分布。在含氧酸中，末端氧原子大于 OH 基团的电负性（3.2.3 节）。随着氧原子数的增加，O—H 键的电子密度降低，键强度减弱，从而易受到与 Brønsted-Lowry 质子转移相关的作用影响而发生异裂。因此，氧原子数越多，含氧酸酸性越强。

含氧酸共轭碱的负电荷因离域而稳定，通过共振形式使每个末端氧原子都带有负电荷。氧原子越多，负电荷离域越有效，则共轭碱越稳定且碱性弱，对应的含氧酸酸性就越强。

6.3.9　水合阳离子的 Brønsted-Lowry 酸度

过渡金属阳离子在溶液中呈酸性。带正电的金属离子对结合的水分子产生影响，与含氧酸中的诱导效应类似。水分子中 O—H 键上的电子被金属离子吸引，使键被削弱。例如，与 Fe^{3+} 结合的水分子发生电离，导致溶液呈酸性，与氢氧根结合产生黄色或棕色含铁物质：

$$[Fe(H_2O)_6]^{3+}(aq) + H_2O(l) \longrightarrow [Fe(H_2O)_5(OH)]^{2+}(aq) + H_3O^+(aq)$$

$$[Fe(H_2O)_5(OH)]^{2+}(aq) + H_2O(l) \longrightarrow [Fe(H_2O)_4(OH)_2]^+(aq) + H_3O^+(aq)$$

在碱性更强的溶液中，金属原子间形成氧桥或羟基桥，并形成更高正电荷的阳离子。高电荷进一步增强配位水分子的酸性，最终沉淀出金属氢氧化物。此过程的第一步可能是：

$$2[Fe(H_2O)_5(OH)]^{2+} \rightleftharpoons [(H_2O)_4Fe \underset{OH}{\overset{HO}{\diamondsuit}} Fe(H_2O)_4]^{4+} + 2H_2O$$

电荷越高、半径越小，金属离子在水中的酸性越强。碱金属离子基本不显酸性，碱土金属离子仅略显酸性，2＋过渡金属离子呈弱酸性，3＋过渡金属离子呈中度酸性，而电荷为 4＋或更高的单原子离子在水溶液中为强酸，以至于只能存在于含氧离子中。在这种极端情况下，溶液中将无法检测到游离的金属离子，反而形成了高锰酸根（MnO_4^-）、铬酸根（CrO_4^{2-}）、铀酰（UO_2^+）、钒酰（VO_2^+、VO^{2+}）离子等，其中金属氧化数分别为 7、6、5、5 和 4。表 6.8 给出的是过渡金属离子的酸解平衡常数。

表 6.8　水合金属离子的 Brønsted-Lowry 酸性（298 K）

金属离子	K_a	金属离子	K_a
Fe^{3+}	6.7×10^{-3}	Fe^{2+}	5×10^{-9}
Cr^{3+}	1.6×10^{-4}	Cu^{2+}	5×10^{-10}
Al^{3+}	1.1×10^{-5}	Ni^{2+}	5×10^{-10}
Sc^{3+}	1.1×10^{-5}	Zn^{2+}	2.5×10^{-10}

注：表格所列是 $[M(H_2O)_m]^{n+} + H_2O \rightleftharpoons [M(H_2O)_{m-1}(OH)]^{(n-1)+} + H_3O^+$ 的平衡常数。

6.4　Lewis 酸碱理论与前线轨道

Lewis[33]将酸与碱分别定义为电子对的受体（electron-pair acceptor）与给体（electron-pair donor）[*]，它在现代无机化学中应用广泛，由于质子化过程中 H^+ 从 Brønsted 碱中接受电子对，故而 Brønsted-Lowery 酸碱定义被包含其中。Lewis 酸碱理论将酸的概念扩展到金属离子和主族化合物，并为非水反应提供了理论依据；Lewis 定义包括的反应有

$$Ag^+ + 2 : NH_3 \longrightarrow [H_3N : Ag : NH_3]^+$$

其中，银离子为酸，氨分子为碱。在这类反应中，Lewis 酸与碱结合生成加合物（adduct），二者形成的键称为配位共价键或配位键，成键特点是共用 Lewis 碱提供的孤对电子[**]。三氟化硼合氨（$BF_3 \cdot NH_3$），是一种典型的 Lewis 酸碱加合物。如 3.1.4 节和 5.4.6 节所述，三氟化硼分子为平面三角形结构，由于氟与硼原子的电负性差很大，故 B—F 键极性很强。硼原子通常表现为缺电子，所以氨分子 HOMO 中的电子对与三氟化硼空的 LUMO（主要由硼原子 $2p_z$ 轨道贡献，图 5.32）作用形成加合物，反应的驱动力是给体的 HOMO 轨道电子能量稳定化。图 6.6 与图 6.7 分别给出了相关的分子轨道与能级分布信息。

在 $BF_3 \cdot NH_3$ 中 B—F 键远离氨分子弯曲成近似正四面体的几何构型。三氟化硼-乙醚加合物 $BF_3 \cdot O(C_2H_5)_2$ 常用于合成中，正如 Lewis 结构中两对非键电子所处位置那样，乙醚的 HOMO 轨道电子云密度明显集中在氧上。这些电子有相对高的能量，亟需与合适的 LUMO 相互作用才能稳定，因此 HOMO 电子进攻硼中心的 LUMO，使 B 的配位构型由平面变为近正四面体型（图 6.8）。BF_3 和 $O(C_2H_5)_2$ 的沸点分别为–99.9℃和 34.5℃，

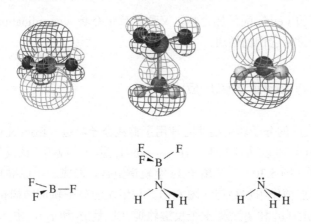

图 6.6　$BF_3 \cdot NH_3$ 中的给体-受体成键情况

---

[*] Lewis 碱被称为亲核试剂（nucleophile），而 Lewis 酸被称为亲电试剂（electrophile）。

[**] 在标准共价键中，如在 H_2 中，每个原子提供一个电子以形成一个成键电子对。

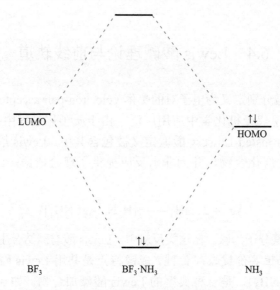

图 6.7 BF₃·NH₃ 中给体-受体成键的简化能级图

而加合物 $BF_3 \cdot O(C_2H_5)_2$ 的沸点高达 125℃，在此温度下，配位键断裂，重新生成 BF_3 和 $O(C_2H_5)_2$。不难看出，加合物的化学和物理性质往往与形成它们的 Lewis 酸碱的性质截然不同。

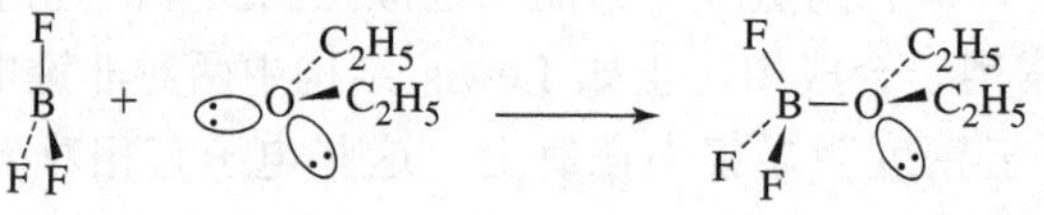

图 6.8 Lewis 酸碱理论下的 $BF_3 \cdot O(C_2H_5)_2$ 形成过程

含有金属离子的 Lewis 酸碱加合物，又称配位化合物（coordination compound），在第 9～14 章中将会讨论它们的性质。

6.4.1 前线轨道与 Lewis 酸碱反应[34]

6.4 节对酸碱反应的分子轨道描述时使用了前线分子轨道（frontier molecular orbital），即 HOMO 和 LUMO，可以通过 $NH_3 + H^+ \longrightarrow NH_4^+$ 进一步说明。该反应中，孤对电子占据的氨分子 a_1 轨道（图 5.30）与氢离子 1s 空轨道组合，形成一个成键轨道和一个反键轨道，孤对电子通过这种作用被稳定（图 6.9）。与甲烷的分子轨道结构相同，NH_4^+ 有 8 个轨道，4 个成键轨道（a_1 和 t_2）及 4 个反键轨道（也是 a_1 和 t_2），由 NH_3 的 7 个轨道与 H^+ 的 1 个轨道组合而成，8 个价电子中 1 对填入成键轨道 a_1，另 3 对填入 t_2，同时对称性由 C_{3v} 变为 T_d。a_1 非键电子变成 t_2 成键电子后，使结合成 NH_4^+ 的能量低于独立的 $NH_3 + H^+$ 能量之和，所以更稳定。同时，碱 NH_3 的 HOMO 与酸 H^+ 的 LUMO 作用改变了轨道对称性，形成包括一个成键和一个反键的一组新分子轨道。

　　在大多数 Lewis 酸碱反应中，反应物的 HOMO-LUMO 组合，在产物中形成新的 HOMO 和 LUMO。只有前线轨道能量相近，且对称性及形状使之显著重叠，形成的成键轨道与反键轨道才有效；如果轨道无法有效重叠，就没有净成键的可能，也无法形成 Lewis 酸碱产物[*]。

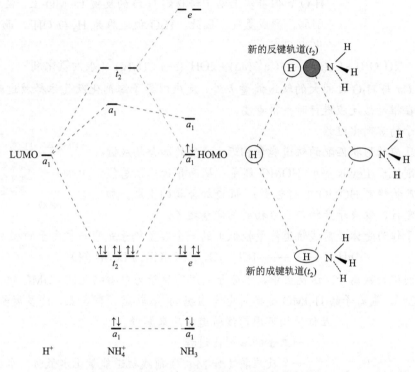

图 6.9　NH$_3$ + H$^+$ ⟶ NH$_4^+$ 反应中的分子能级

　　当一个反应物的 HOMO 与另一反应物的 LUMO 形状匹配时，能否形成稳定的加合物取决于轨道的能量，只有当这些轨道能量匹配接近合理范围时，才形成稳定的配位键。这两个轨道能量差越大，电子从 HOMO 迁移到 LUMO 的可能性也越大，氧化还原反应（不形成加合物）便可能发生。Lewis 模型的一个迷人之处在于，一种物质可以充当氧化剂、Lewis 酸、Lewis 碱或还原剂，全由其他反应物而定。事实上，每个分子都被定义有 HOMO 与 LUMO，因此原则上每个分子都可以是 Lewis 酸或碱。虽说在轨道能量未知的情况下，利用这一理论进行反应预测很难，但它依然有助于合理设计许多反应。下面举几个例子加以说明。

示例 6.1

水可以表现出不同的特性，可以从前线轨道相互作用的角度来理解。

水作为氧化剂

一个典型的例子是水与金属钙的反应。该情况下，水远低于钙的前线轨道能量（碱

---

　　[*] 有种可能性不太常见但需要牢记，即 HOMO 不具备所需的形状和能级，因为该情况下 HOMO 中通常为孤对电子，没有匹配的几何构型可以与酸成键。

金属反应亦如此，只是最高 s 轨道中仅有 1 个电子*），太大的能量差使电子由 Lewis 碱移向 Lewis 酸，而无法形成加合物。在入门级化学课程中，人们从来不会把钙归类为 Lewis 碱，但它确实就是一个 Lewis 碱！

如果只考虑钙到水的简单电子转移，我们也许会预计生成 H_2O^-，但事实上电子转移到 H_2O 的反键 LUMO 上，使 O—H 键削弱，形成氢气。因此，H_2O 被还原为 H_2 与 OH^-，而 Ca 被氧化为 Ca^{2+}：

$$2H_2O(l) + Ca(s) \longrightarrow Ca^{2+}(aq) + 2OH^-(aq) + H_2(g) \quad （水为氧化剂）$$

除了 Ca 与 H_2O 之间大的轨道能量差外，反应中离子溶剂化及气体释放过程的热力学效应，在推动该反应进行时也很重要。

阴离子的溶剂化过程

如果反应物形状匹配的轨道能量相近，产生的加合物成键轨道能量则低于 Lewis 碱的 HOMO 能量，从而导致体系总能量下降（产物稳定 HOMO 中的电子），促进加合物的生成。加合物的稳定性，取决于产物与反应物的总能量之差。

水分子作为受体（前线轨道能量较低）的一个典型例子是它与氯离子的相互作用：

$$nH_2O + Cl^- \longrightarrow [Cl(H_2O)_n]^- \quad （水作为 Lewis 酸）$$

产物是溶剂化的氯离子。该反应中，水分子利用氢原子为中心的反键 LUMO 轨道作为受体（图 5.28），氯离子的 HOMO 是孤对电子占据的 3p 轨道。事实上，许多离子-偶极相互作用均可用前线轨道方法来解释。

阳离子的溶剂化过程

一个反应物（如 Mg^{2+}）前线轨道能量比水低时，水分子便可作为给体。如下述反应中，所得加合物为水合金属阳离子：

$$6H_2O + Mg^{2+} \longrightarrow [Mg(H_2O)_6]^{2+}(aq) \quad （水作为 Lewis 碱）$$

水的传统作用是作为 Lewis 碱，贡献一对主要处于 HOMO 的孤对电子，即氧原子的 $2p_y$ 电子（图 5.28）。镁离子（Mg^{2+} 作为 Lewis 酸）的 LUMO 是空的 3s 轨道。这个模型浅显易懂地阐明了金属阳离子水合过程的驱动因素，更多细节见第 10 章。

水作为还原剂

最后一种情况，一反应物（如 F_2）的前线轨道能量远低于水分子相应轨道时，水分子将作为还原剂传递电子给该反应物，但并不生成电子转移的瞬间产物 H_2O^+，而是氧分子和氢离子：

$$2H_2O(l) + 2F_2(g) \longrightarrow 4F^-(aq) + 4H^+(aq) + O_2(g)$$

现在可以利用前线轨道理论定义 Lewis 酸碱：

Lewis 碱是对称性匹配的 HOMO 中填有孤对电子，且能与 Lewis 酸的 LUMO 相互作用的物质。

---

* 前线轨道可以是分子轨道，也可以是原子轨道。

碱的 HOMO 与酸的 LUMO 间能量匹配，将生成含有配位键的加合物。能隙大的前线轨道会引起电子从碱向酸转移，从而发生氧化还原反应。虽然前线轨道理论必须综合考虑其他因素（特别是热力学）以预测物质的潜在反应结果，但该模型在分析这些反应时提供了概念性的框架。

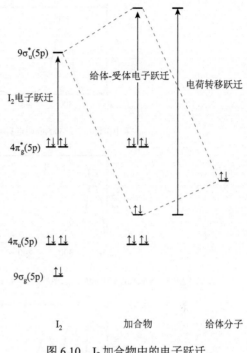

图 6.10　I_2 加合物中的电子跃迁

6.4.2　前线轨道相互作用的光谱学证据

作为 Lewis 酸的 I_2 与作为 Lewis 碱的溶剂分子的反应，可充分体现有加合物生成，反应中参与电子所在能级（图 6.10 和图 6.11）的能量变化引起惊人的光谱变化。图 6.10 左上方为 I_2 的轨道能级，$9\sigma_g$ 和 $4\pi_u$ 成键轨道与 $4\pi_u^*$ 反键轨道全满，故而键级为 1。电子从 $4\pi_u^*$ 跃迁到 $9\sigma_u^*$ 能级吸收 500 nm 附近的光，因此碘蒸气呈紫色。这种吸收因气态 I_2 处于振动与转动的基态和激发态间发生跃迁而范围扩大，涵盖可见光的黄色、绿色和蓝色波段，而透射光为红色与紫色，所以观察到的是紫色。

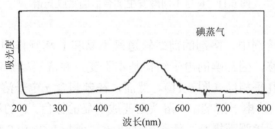

I_2 蒸气呈紫色或蓝紫色，520 nm 附近有吸收，无电荷转移跃迁吸收带

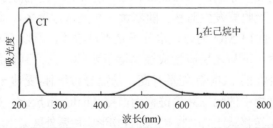

I_2 在正己烷中呈紫色或蓝紫色，520 nm 附近有吸收，在225 nm处存在电荷转移跃迁吸收带

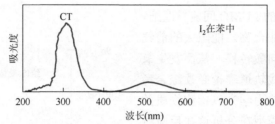

I₂在苯中呈紫红色，500 nm附近有吸收，在300 nm处存在电荷转移跃迁吸收带

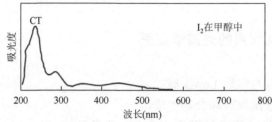

I₂在甲醇中呈棕黄色，450 nm附近有吸收，在240 nm处存在电荷转移跃迁吸收带，同时在290 nm处存在肩峰

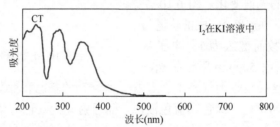

I₂在KI溶液中呈棕色，360 nm附近有吸收，在更高的能量处存在电荷转移跃迁吸收带

图 6.11　I₂ 与不同碱发生加合后的吸收光谱

在正己烷之类的溶剂中，溶剂的前线轨道既不易和 I₂ 相互作用形成稳定的加合物，也不足以发生电子转移，因此碘的电子结构基本不变，并依然呈紫色，其在可见光范围的吸收光谱与气态 I₂ 几乎相同（图 6.11）。然而，在苯和含 π 电子溶剂中，其颜色偏红；在如醚、醇和胺等好的给电子溶剂中，溶液则变成明显的棕色。I₂ 的溶解性也随着溶剂作为给体与 I₂ 作用能力的增强而提高。溶剂的供电子轨道与 I₂ 的 LUMO $9\sigma_u^*$ 作用时，产生一个低的占据成键轨道和一个高的未占反键轨道，使得 I₂ 与溶剂分子加合物发生 $\pi_g^* \rightarrow \sigma_u^*$ 跃迁时所需能量升高，吸收峰发生蓝移。随着黄、绿光透过增多，透射光移向棕色（红、黄、绿混合色）。对 I₂ 的 LUMO 而言，水分子是不良给体，所以 I₂ 极微溶于水。相比之下，I⁻ 是 I₂ 优良的给体，可与之反应生成极易溶于水的 I_3^-，得到棕色溶液。当给体与 I₂ 相互作用较强时，加合物的 LUMO 能量升高，从而导致给体-受体 $\pi_g^* \rightarrow \sigma_u^*$ 电子跃迁能增大。上述讨论中，加合物中的配位共价键称为卤键（halogen bond，6.4.5 节）。

除了给体-受体电子转移跃迁的吸收峰，加合物形成后紫外区会出现另一吸收峰（230～400 nm，图 6.11 中标为 CT），它与 $\sigma \rightarrow \sigma^*$ 电子跃迁有关，而这两个轨道由反应物的前线轨道组合而成。给体轨道（本例的溶剂或 I⁻）对能量低的 σ 加合物轨道贡献最大，而 I₂ 的 LUMO 对 σ^* 加合物轨道贡献最大，故而 CT 跃迁是电子从给体贡献为主的轨道跃迁到受体贡献为主的轨道，因此该类跃迁称为电荷转移跃迁（charge transfer，CT）。由于这类跃迁能取决于给体的轨道能量，所以该能量差难以预测。通过电子激发，这种跃迁可以使电子云密度从加合物的一部分向另一部分转移。电荷迁移现象在许多加合物中都十分明显，这也为前线轨道反应性模型的应用提供了进一步的实验证据。第 11 章还将讨论过渡金属配合物的电荷迁移现象。

6.4.3　Lewis 碱度的定量化

在定量 Lewis 碱度方面，科学家们付出了巨大努力。以碱的角度来看，Lewis 碱度（Lewis basicity）定义为：物质表现为 Lewis 碱的热力学趋势。Lewis 碱度的比较可通过测量 Lewis 碱与普通的参比酸形成加合物的平衡常数来完成[35]，但最具挑战的是确定一种适用于评估各种碱的参比酸。由于 Lewis 碱度是一复杂的现象，对电子效应与空间位阻效应极为敏感，因此同一套 Lewis 碱的碱度顺序可能会因所用的参比酸而异。正如在 6.3.4 节讨论的质子亲和能，气相测量法是排除复杂的溶剂效应、确定 Lewis 碱度的理想方法。然而实践中，Lewis 碱的大多数热力学数据仍然从溶液测量中获取，关键是如何选择溶剂。理想的溶剂必须能溶解所有被测碱，但其自身不会以 Lewis 酸的形式与溶质发生显著反应*。此外，不同溶剂条件下的同一种 Lewis 碱对给定的酸所表现的碱性不尽相同，所以仅选择一种溶剂去满足所有 Lewis 碱的这些条件是一项艰巨的任务。

顾及到实验设计中的困难后，定量 Lewis 碱度原理上很简单。生成加合物的平衡常数（K_{BA}，更多情况下用 $\log K_{BA}$）越大，参与形成该加合物的 Lewis 碱的碱性越强。

$$\underset{\text{酸}}{B} + \underset{\text{碱}}{A} \rightleftharpoons \underset{\text{Lewis酸碱加合物}}{BA} \qquad K_{BA} = \frac{[BA]}{[B][A]}$$

I_2 在不同溶剂中的溶解性为评估这些溶剂对 I_2 的 Lewis 碱度提供了一种定性的方法。表 6.9 提供了在溶剂 CCl_4 与 $CHCl_3$ 中 Lewis 碱与 Lewis 酸 I_2 形成加合物的 $\log K_{BA}$。有趣的是，这五种碱在两种溶剂中对 I_2 的 Lewis 碱度排序一样，但绝对碱度却大相径庭。例如，N, N-二甲基甲酰胺在 CCl_4 中对 I_2 的碱度是其在 $CHCl_3$ 中的近 5 倍，同样基于这组数据，除了 $(C_6H_5)_3P{=}Se$ 在 $CHCl_3$ 中的碱度略高以外，所有其他碱在 CCl_4 中对于 I_2 的碱度普遍更高。

表 6.9　不同溶剂中的 I_2-Lewis 碱加合物的 $\log K_{AB}$（298 K）

Lewis 碱	以 CCl_4 为溶剂的 $\log K_{BA}$	以 $CHCl_3$ 为溶剂的 $\log K_{BA}$
四氢呋喃	0.12	−0.44
N, N-二甲基甲酰胺	0.46	−0.22

---

*　本质上，需要一种主要通过色散力与溶质相互作用的溶剂，而符合要求的往往局限于相对非极性的溶剂（如烃类）。有时必须使用极性更大的溶剂，必然增大溶剂化相关的焓的作用，导致 Lewis 碱度测定变得更加复杂。

Lewis 碱	以 CCl_4 为溶剂的 $\log K_{BA}$	以 $CHCl_3$ 为溶剂的 $\log K_{BA}$
$(C_6H_5)_3P = O$	1.38	0.89
$(C_6H_5)_3P = S$	2.26	2.13
$(C_6H_5)_3P = Se$	3.48	3.65

数据源于 *Lewis Basicity and Affinity Scales Data and Measurement*, John Wiley and Sons, United Kingdom, 2010, p. 33, 91-101, 295-302。

I_2 加合物形成的光谱证据（6.4.2 节）使光谱法测量 Lewis 碱度成为可能，前提是参比 Lewis 酸形成加合物时须表现出光谱变化（如 NMR 化学位移、UV-Vis 或者 IR 光谱变化），而这些变化主要归因于加合物内配位键的强度。尽管这些光谱测量通常很常规（图 6.11），但所得数据（如化学位移或可见光吸收量改变的数值）必须与配位反应的 $\log K_{BA}$ 或 $\Delta H^{\ominus}$ 等数值相互关联，以确保评估 Lewis 碱度的准确性和可靠性。

6.4.4　以 BF_3 亲和能为指标的 Lewis 碱度

Lewis 酸 BF_3 是探测 Lewis 碱度最常用的参比酸。在二氯甲烷溶剂中 BF_3 对许多碱的亲和能被测定，该值被定义为生成下述加合物的焓变：

$$BF_3 + \text{Lewis 碱} \xrightarrow{CH_2Cl_2} \text{Lewis 碱-}BF_3 \qquad -\Delta H^{\ominus} = BF_3 \text{ 亲和能}$$

测得的焓变必须经过 BF_3 溶解在溶剂中的 $\Delta H^{\ominus}$ 校正，校正后的 BF_3 亲和能增大表明配位共价键更强，最终意味着对 BF_3 的 Lewis 碱度增大。一些碱对 BF_3 的亲和能数据列于表 6.10，6.4.6 节与 6.4.7 节将讨论这些数据表示出的空间位阻效应和电子效应。

表 6.10　CH_2Cl_2 中 Lewis 碱对 BF_3 的亲和能（298 K）

Lewis 碱	BF_3 亲和能（kJ/mol）	Lewis 碱	BF_3 亲和能（kJ/mol）
4-二甲氨基吡啶	151.55	2-苯基吡啶	103.34
三甲胺	139.53	三甲基膦	97.43
3-甲基吡啶	130.93	四氢呋喃	90.40
4-苯基吡啶	129.50	2-三氟甲基吡啶	82.46
吡啶	128.08	2-叔丁基吡啶	80.10
2-甲基吡啶	123.44	四氢噻吩	51.62

数据源于 *Lewis Basicity and Affinity Scales Data and Measurement*, John Wiley and Sons, United Kingdom, 2010, p. 33, 91-101, 295-302。

表 6.10 中的 Lewis 碱中，4-二甲氨基吡啶与 BF_3 亲和能最高，其 Lewis 碱性也最强，那么碱与 BF_3 亲和能的极限是多大呢？这是个有趣的问题，它与对 BF_3 表现为 Lewis 碱的很多分子有关。超（Brønsted）强碱 1, 8-二氮杂二环[5.4.0]十一碳-7-烯（DBU，图 6.1）对 BF_3 的亲和能也很高（159.36 kJ/mol），而液氮中乙烯（5.4 kJ/mol）和丙烯（6.9 kJ/mol）

对 BF$_3$ 的亲和能很低，但是这些数值不能与二氯甲烷中的测定值（表 6.10）进行直接比较。在这些加合物中，不饱和烃可能用它们的 π 型成键 HOMO 作为给体轨道[36]，而在相应的化学合成中，早已提出了烯烃-硼烷复合物作为反应中间体所起的作用[37]。

6.4.5 卤键

6.4.2 节与 6.4.3 节讨论了作为 Lewis 酸的 I$_2$ 与溶剂给体和与 Lewis 碱的反应。卤素（X$_2$）和卤素互化物（XY，如在 8.9.1 中讨论的 ICl）与 Lewis 碱形成的配位共价键称为卤键（halogen bond）[38]。这种早为人知的给体-受体作用与氢键有许多相似之处（6.5.1 节），现在被重新挖掘出来并且在药物分子设计与材料科学中显示出潜力[39]。典型的卤键中，给体原子与卤原子受体之间呈近 180°角，这与卤原子接受电子的 σ* LUMO 沿卤键轴向延伸相一致。例如，在 ClF 与甲醛加合物的气相结构中，转动光谱数据显示 O···Cl—F 键角为 176.8°，这与甲醛 HOMO 和 ClF 的 LUMO 形成配位键的推测结果一致[40]；而在气态的乙炔-Br$_2$ 加合物中，卤原子 LUMO 与乙炔的 π 型成键 HOMO 发生相互作用[40]。

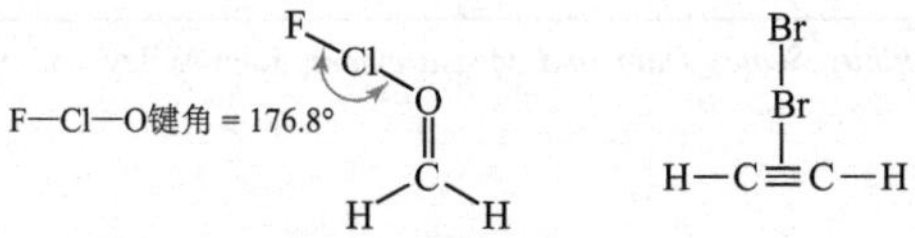

如 6.4.3 节所述，通过测定加合物的生成常数（K_c），Lewis 酸 I$_2$ 常用于确定 Lewis 碱度，其中最难的是确定 I$_2$ 及 I$_2$-Lewis 碱加合物的浓度，通常采用紫外-可见光谱法测量电荷迁移和给体-受体跃迁（参见 6.4.2 节）。

$$I_2 + Lewis碱 \underset{烷烃}{\rightleftharpoons} I_2\text{-}Lewis碱$$

$$K_c = \frac{[I_2\text{-}Lewis碱]}{[I_2][Lewis碱]}$$

目前已收集各种主族元素海量 Lewis 碱的 K_c 数据，大多数测量在庚烷中完成[41]。有研究者乐于开发一套与 BF$_3$ 亲和能指标类似的 I$_2$ 亲和能的指标体系（以加合物生成焓 $\Delta H^{\ominus}$ 为准）。虽然 I$_2$ 与大量的 Lewis 碱反应的 $\Delta H^{\ominus}$ 数据已确定，但要调适这些在不同实验条件下得到的数据对 I$_2$ 亲和能进行可靠的比较依然是一大挑战。

与 Lewis 碱相互作用时，卤素原子间的键会发生怎样的改变？由于加合物的形成，电子对提供给卤素分子（或卤素间化合物）的 σ* LUMO，从而该键被削弱和伸长。该结果使卤素原子间键的力常数减小，表现为键的伸缩振动频率降低，说明通过测定卤素原子间的键从自由分子到加合物降低的振动频率，就可能来评估 Lewis 碱度。初看该方案很吸引人，只有一个化学键的光谱性质变化就可与 Lewis 碱度关联；但不幸的是，大部分这种化学键的振动模式中通常也包含 Lewis 碱原子的运动。尽管如此，许多加合物中的 I$_2$、ICN 和 ICl 频率变化的数据还是被采集出来，且与 Lewis 碱度相关，其有效性也合理*。其中，ICN 中的 I—C 键红外光谱伸缩振动频率（未复合时为 485 cm^{-1}）红移了 5 cm^{-1}

---

* IR 谱图中，I$_2$ 的伸缩振动模式没有信号，但形成加合物后该振动可测；从 Raman 光谱得知，该振动在 210 cm^{-1} 处。

（苯-ICN）、107 cm^{-1}（奎宁-ICN）不等。但 I$_2$ 加合物中光谱红移得不那么明显，在哌啶-I$_2$ 中观察到的最大值仅为 39.5 cm^{-1*}。这些红移数据与 logK_c 值关联性很好，尤其是在相似 Lewis 碱之间进行比较时。

6.4.2 节讨论了 I$_2$-Lewis 碱加合物中给体-受体的电子跃迁取决于给体与 I$_2$ 的 LUMO 相互作用的程度。I$_2$ 加合物中 $4\pi_g^* \rightarrow 9\sigma_u^*$ 跃迁的蓝移（到更高能量）也与 Lewis 碱度有关。如图 6.10 所示，碱度增大，该跃迁的能量也随之升高。表 6.11 列出了部分碱引起的蓝移数据，用于评估 Lewis 碱度。

表 6.11　15℃时庚烷中 I$_2$ 加合物 $4\pi_g^* \rightarrow 9\sigma_u^*$ 跃迁的蓝移值

Lewis 碱	蓝移（cm^{-1}）	Lewis 碱	蓝移（cm^{-1}）
吡啶	4560	乙腈	1610
二甲硫醚	3570	甲苯	580
四氢呋喃	2280	苯	450
二乙醚	1950		

数据源于 *Lewis Basicity and Affinity Scales Data and Measurement*, John Wiley and Sons, United Kingdom, 2010, p. 33, 91-101, 295-302。

6.4.6　诱导效应对 Lewis 酸碱度的影响

对表 6.10 中的 Lewis 碱度合理排序，还需考虑诱导效应的影响。将氨或磷化氢中的氢原子替换为电负性大的氟或氯，其碱性会变弱。这是由于电负性大的原子会把电子吸引向自己，导致氮或磷原子上负电荷更少，使其不易提供孤对电子给酸。

例如，PF$_3$ 的 Lewis 碱性弱于 PH$_3$。与之类似但相反的效应是氢原子替换为烷基后引起的碱性变化。例如在胺中，烷基向氮原子提供电子，从而使其负电性增强而成为更强的碱；烷基越多，该效应越强，最后导致气相中 Lewis 碱度序列如下：

$$NMe_3 > NHMe_2 > NH_2Me > NH_3$$

这些诱导效应（inductive effect）与有机分子中的推拉电子效应极为相似，将其应用于其他化合物时应谨慎处理。例如，卤化硼就不符合这一点，因为在 BF$_3$ 与 BCl$_3$ 中，强烈的 π 键会增大硼原子上的电子云密度。仅从卤素电负性角度考虑，氟原子的高电负性会强力地吸引电子远离硼，预测 BF$_3$ 应为卤化硼中最强的 Lewis 酸，但硼卤键长的改变也起着重要的作用。BF$_3$ 中相对较短的 B—F 键会增强前述的 π 键作用，并部分降低硼上的 Lewis 酸度。因此，建立一套确定卤化硼 Lewis 酸度的方案，依然是当前的重要课题[42, 43]。基于耦合簇理论的计算结果[41]和硼原子缺电子程度的测定结果[42]，与 Lewis 酸

---

* I$_2$、ICN 和 ICl 等数据源于 *Lewis Basicity and Affinity Scales Data and Measurement*, John Wiley and Sons, United Kingdom, 2010, pp. 286-306。

性的强度序列 $BF_3 \ll BCl_3 < BBr_3 < BI_3$ 一致。随着卤原子半径的增大，B—X 键变长，导致硼原子 Lewis 酸度降低的 π 相互作用重要性随之下降。

6.4.7　空间位阻效应对 Lewis 酸碱度的影响

空间位阻效应同样影响物质的酸碱性。如果大位阻基团被迫挤在一起，其相互排斥将不利于加合物的形成。这方面研究的重要贡献者 Brown[44]认为，反应物分子具有前张力（F）或后张力（B），这种区分取决于是大位阻基团直接干扰酸和碱的相互接触，还是 VSEPR 效应迫使它们相互排斥彼此远离而形成加合物。他还将相似分子内部电子结构差异的影响称为内张力（I）。取代胺和取代吡啶相关的反应可用来区分这些张力效应。

示例 6.2

如 6.3.6 节所述，一系列取代吡啶与氢离子的反应给出如下 Brønsted-Lowry 碱度顺序：

2,6-二甲基吡啶＞2-甲基吡啶＞2-叔丁基吡啶＞吡啶

这与烷基给电子性质一致，其中叔丁基的电子诱导效应与空间位阻效应相互抵消。然而，与体积较大的 Lewis 酸（如 BF_3 或 BMe_3）的反应，则给出以下 Lewis 碱度顺序：

吡啶＞2-甲基吡啶＞2,6-二甲基吡啶＞2-叔丁基吡啶

请解释这两个顺序不同的原因。

当反应物分子彼此靠近时，与硼结合的体积较大的氟原子或甲基和取代吡啶邻位上的基团相互干扰，因此不利于反应。这种位阻作用在 2,6-位或叔丁基取代的吡啶反应中更加强烈，属于 F 型张力的例子。

练习 6.4　基于诱导效应，你认为在与 NH_3 的反应中，BF_3 和 BMe_3 哪一种酸性更强？换作是与 2,6-二甲基吡啶或 2-叔丁基吡啶的反应呢？

表 6.6 中的质子亲和能展现了气态 Brønsted-Lowry 碱度顺序：$NMe_3 > NHMe_2 > NH_2Me > NH_3$，是根据甲基给电子导致氮原子上电子密度增加[45]而得出的结论。当使用比 H^+ 体积大的 Lewis 酸时，该顺序将变为表 6.12 的结果。不管使用 BF_3 还是 BMe_3，NMe_3 都是很弱的碱，其加合物的 $\Delta H^{\ominus}$ 几乎与 NH_2Me 相同。而使用位阻更大的三叔丁基硼烷作为 Lewis 酸时，除了氨依然弱于甲胺，其顺序几乎与质子亲和能顺序完全相反。Brown 认为，这是由于加合物形成时，甲基在氮原子背后拥挤引起 B 型张力，当然也可以认为存在一些 F 型张力。当三乙胺作为碱时，尽管反应呈弱放热焓变*，但它不和三甲基硼形成加合物。看起来这像是 B 型张力的例证，但通过分子模型检验可知，三乙胺中一个乙

---

* 切记，所有加合物形成过程的 $\Delta S^{\ominus} < 0$，所以 $\Delta H^{\ominus}$ 必须足够负，才使得 $\Delta G^{\ominus} < 0$。

基常扭转到分子前侧而干扰加合物的生成。当多个烷基链连接成环时，如同奎宁环更有利于形成加合物，这是由于可能干扰的链被束缚在后面而不再影响加合物生成。

表 6.12　有机胺与 Lewis 酸加合物的生成焓排序

胺类	质子亲和能（排序）	BF$_3$（排序）	胺-BMe$_3$加合物的生成焓 $\Delta H^\ominus$（kJ/mol）	BMe$_3$（排序）	B(t-Bu)$_3$（排序）
NH$_3$	4	4	−57.53	4	2
CH$_3$NH$_2$	3	2	−73.81	2	1
(CH$_3$)$_2$NH	2	1	−80.58	1	3
(CH$_3$)$_3$N	1	3	−73.72	3	4
(C$_2$H$_5$)$_3$N			约−42		
奎宁			−84		
吡啶			−74.9		

$\Delta H^\ominus$ 的数据来源于 H. C. Brown, *J. Chem. Soc.*, **1956**, 1248。

奎宁和三乙胺的质子亲和能几乎相同，分别为 983.3 kJ/mol 和 981.8 kJ/mol（表 6.6）。当与三甲基硼混合时，其甲基与三乙胺中的乙基产生位阻作用，奎宁在反应中的放热是三乙胺的两倍（−84 kJ/mol 和−42 kJ/mol）。三乙胺效应究竟源自前张力还是后张力，该问题很微妙，因为正面的干扰作用是由乙基之间背面的其他空间位阻间接引起的。

6.4.8　受阻 Lewis 酸碱对

在 Lewis 酸碱反应生成加合物时，过大的位阻是否会直接导致反应物彼此惰性呢？事实上，Stephan 创立的空间受阻 Lewis 酸碱对（frustrated Lewis pair，FLP）的独特反应性，在小分子活化*与催化方面具有旺盛的应用活力[46]。大位阻的 Lewis 强酸三（五氟苯基）硼烷[47]在许多 FLP 反应中扮演重要角色，它与叔膦或仲膦之间的反应显示出 FLP 化学的巨大前景，空间位阻使反应并不形成经典加合物。体现 FLP 开创性的例子首推二（2，4，6-三甲基苯基）膦与三（五氟苯基）硼烷的反应，由于膦的 Lewis 孤对"受阻"而无法与硼原子相互作用形成经典加合物。

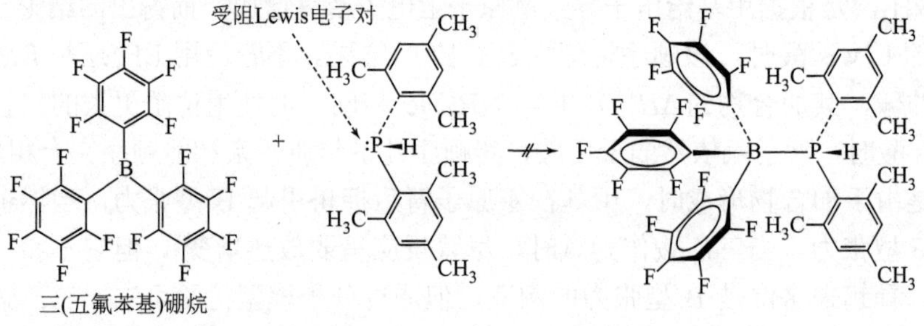

三(五氟苯基)硼烷

---

* 从这个意义上说，"活化"意指使一个化学惰性的小分子具有反应性。

值得注意的是，FLP 可以对硼对位的碳亲核进攻，碳上氟原子发生迁移形成内盐（zwitterionic）产物[*]。该氟原子可以被氢取代形成内盐，加热时释放出氢气[48]。常温下，脱氢产物膦-硼烷分子与氢反应重新形成内盐，这是第一个不含过渡金属并能可逆活化 H—H 键和释放 H_2 的分子。

FLP 实现了包括 H_2[49]、CO_2[50]、N_2O[51]在内的小分子活化，令人惊叹，由它发展来的化学在开发非过渡金属催化剂方面不可限量，有望替代那些有毒和昂贵的重金属[52]。

6.5　分子间作用力

给体-受体配合物前线分子轨道模型为讨论氢键及主客体相互作用搭建了便利框架。

6.5.1　氢键

氢键（3.4 节）与大多数学科都有关联，但它是共价还是离子贡献仍没有明确定义。其传统定义为，分子中氢原子与另一分子中体积小、电负性高且含孤对电子的原子（通常是 N、O、F）产生的相互作用，现在这个定义已被大大扩展。IUPAC 物理及生物物理化学分部给出了一个新的定义[53]，主要从以下方面阐述。

氢键 X—H⋯B 由 X—H 单元（X 的电负性强于 H）与给体原子（B）相互吸引所产生。X—H 和 B 可以是更大分子片段的一部分，因此它们之间既可以是分子间的作用，也可以是分子内的作用。氢键可以基于以下三部分的相对贡献进行描述：

- X—H 的极性引起的静电相互作用。
- 相互作用的给体-受体本性导致部分共价键特征及 B 到 X—H 的电荷转移。
- 色散作用也对氢键有贡献。

H⋯B 的强度随极性共价键 X—H 中 X 电负性的增强而增强。例如，N—H、O—H、F—H 中，与 F—H 相互作用的 H⋯B 最强。

---

[*] 内盐，或称两性离子，指携带至少一个形式正电荷与一个形式负电荷的物质。

IUPAC 的建议强调，实验证据对于验证氢键存在是必要的一环[54]，而这些证据可以由多种方式提供：

- X—H···B 键角为 180° 表示相对强的氢键，H···B 距离较短。X—H···B 线性偏离大，氢键较弱，H···B 距离也越长。

- X—H 键的红外伸缩振动频率在 X—H···B 形成后红移，与 X—H 键强度降低及键长增长一致；随着 H···B 键强度升高，X—H 键强度逐渐降低。形成氢键会出现与 H···B 有关的新振动模式。

- 连接 X 及 B 的质子，其 NMR 化学位移对氢键强度敏感。典型的 X—H···B 结构中的质子，相较于 X—H 而言是去屏蔽的，且去屏蔽程度与氢键强度有关。

- 实验检测氢键要求 X—H···B 形成时 ΔG 的数值大于体系的热能。

静电成分，即键合氢原子对碱（B）电子密度相对较高区域的吸引力，是大多数氢键的主要作用来源；共价贡献，可用前线分子轨道理论和给体-受体模型来理解。

5.4.1 节曾用分子轨道理论描述了对称 FHF⁻ 离子中非常强的氢键。将 HF 分子轨道（参见练习 5.3 中能级图）与 F⁻ 的原子轨道组合，可以产生氢键共价贡献中关键性的相互作用，如图 6.12 所示。由于 H 原子上没有匹配的轨道，F⁻ 和 HF 中氟上非键轨道 p_x 和 p_y 可以忽略，其他的轨道则适于成键，因此氟离子 $2p_z$ 与 HF 的 σ 和 σ* 轨道重叠形成三个均以 H 为中心对称的轨道。能量最低的显然是成键轨道，中间轨道（HOMO）基本上为非键的，最高能量轨道（LUMO）则是氢键的反键轨道。从给体-受体角度来看，氟离子 $2p_z$

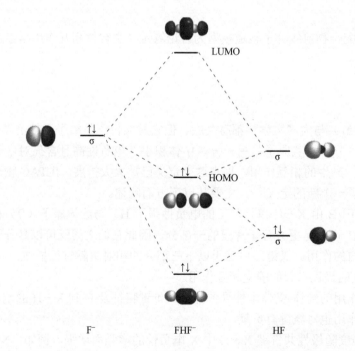

LUMO

σ

HOMO

σ

σ

F⁻   FHF⁻   HF

图 6.12 FHF⁻ 中与氢键共价贡献相关的轨道相互作用（图 5.16 展示了完整的分子轨道，此图中显示的轨道分别对应于图 5.16 中的 a_g、b_{1g}、a_g）

轨道是 HOMO，HF 的 σ* 轨道是 LUMO。氢键的"电荷转移"，形式上指的是图 6.12 中新 HOMO 的生成，即最初定域在碱（指氟离子）上的电子密度可以离域到包含 FHF⁻中两个 F 原子的非定域轨道。

X—H···B 的线性排列支持氢键中的这种共价键贡献，因为给体轨道与 X—H 的 σ*LUMO 轨道沿着键轴方向接近才能实现最大重叠。

IUPAC 有一项氢键判据，即用红外光谱测量形成氢键时 X—H 键伸缩振动频率的降低（X—H 键被削弱）。X—H···B 形成时 X—H 振动频率红移，确实可用来评估氢键的强度，以 CCl_4 中形成 CH_3OH···B 时甲醇的 $\nu(OH)$ 变化为标度已被采用，Lewis 碱从氯仿的约 3 cm^{-1} 到 N-氧化三（正辛基）胺的 488 cm^{-1}，已报道约 800 个 $\Delta\nu(OH)$ 值*。

IUPAC 的另一项氢键判据是利用 ¹H NMR 谱中 X—H···B 的氢去屏蔽（移向低场）加以说明。¹H NMR 谱是溶液中检测氢键极为灵敏的手段。N—H···B 和 O—H···B 的 NMR 谱表明氢键结构中的桥氢 ¹H 化学位移与自由 X—H 中的不同。这些化学位移的范围为弱氢键的 8～10 ppm 到非常强氢键的 22 ppm[55]，它们对信号归属也有帮助。由于现代高场 NMR 谱仪具有高分辨率，可以分辨非常弱氢键产生的小位移，而且 NMR 研究氢键的方法在持续发展中。

仅根据参与分子的结构预测氢键强度是一项挑战，被称为氢键迷题[56]，该挑战的关键是，看似非常相似的氢键常表现出截然不同的强度。经典的例子是对比两个水分子间与水合氢离子和水分子间的 O—H···O 氢键，后者的 $[OH_3···OH_2]^+$ 氢键强度大约是 $OH_2···OH_2$ 的六倍（125 kJ/mol 和 20 kJ/mol），尽管两者本质上都是 O—H···O 相互作用[56]！

Gilli[55,56]为开发 pK_a 平衡式方法做出了重大贡献，以预测水溶液中的氢键强度。此概念设想氢键 X—H···B 与 X 和 B 间质子转移平衡有关。氢键结构中，三种极限状态的贡献程度不同，极限状态 X···H···B 的贡献越多，则氢键强度越大。

$$X—H···B \Longrightarrow X···H···B \Longrightarrow X^-···H—B^+$$
1：HX 与 B 之间的氢键 　　**2**　　**3**：X⁻与 BH⁺之间的氢键

值得注意的是，对 FHF⁻应用前线分子轨道理论会产生对称型氢键，故极限状态 **2**（[F—H—F]⁻）对氢键贡献极高，可视为三中心四电子共价氢键。HX 的 Brønsted-Lowry 酸度与 Lewis 碱的共轭酸 BH⁺的酸度相比较，由其 ΔpK_a 预测 X—H···B 的氢键强度：

$$\Delta pK_a(X—H···B) = pK_a(HX) - pK_a(BH^+)$$

pK_a 值匹配越好（ΔpK_a 趋于 0），则预测水溶液中氢键越强。Gilli 给出了与不同氢键强度相关的 ΔpK_a 范围，并用大量气相及晶体学的数据分析支持 pK_a 平衡式方法[56]。这些范围衍生出一种"pK_a 计算尺"，可以方便地预测水溶液中的氢键强度。下表列出了该方法中 ΔpK_a 与氢键强度的相关性[55]。

---

* $\Delta\nu(OH)$ 数值的详细列表，参见 C. Laurence and J.-F. Gal, *Lewis Basicity and Affinity Scales Data and Measurement*, John Wiley and Sons, United Kingdom, 2010, pp. 190-206。

ΔpK_a	预测氢键强度
−3＜0＜3	强
−11∼−3，3∼11	较强
−15∼−11，11∼21	中等
21∼31	较弱
＞31	弱

示例 6.3

pK_a 计算尺有助于解释之前提出的氢键迷题。先考虑[$OH_3\cdots OH_2$]$^+$中水合氢离子与水之间形成的 O—H⋯O 氢键。该情况下，氢键给体（H_3O^+）与氢键受体的共轭酸（H_3O^+是 H_2O 的共轭酸）相同，故 ΔpK_a 为 0，为"强"氢键。再考虑 $OH_2\cdots OH_2$ 中两个水分子间的 O—H⋯O 氢键。现在氢键给体为 H_2O（$pK_a = 15.7$），氢键受体的共轭酸为 H_3O^+（$pK_a = -1.7$），ΔpK_a 值为 17.4，属于"中等"氢键。

6.5.2　主客体相互作用*

另一重要的相互作用发生在扩展 π 体系的分子之间，即它们的 π 体系相互作用并将分子或其部分联结在一起。这种作用对大分子很重要，如作为蛋白质折叠和其他生化过程的一部分；在小尺度上也重要，如分子电子器件的功能方面。最近在 π-π 相互作用研究中一个有趣的领域是设计凹形受体，它们可以包覆于富勒烯（如 C_{60}）上，称为"球窝"结构。已经有数种此类受体被设计出来，涉及卟啉环、氢化萘及其衍生物和其他 π 体系[57]，有时也称为分子钳或分子夹子。图 6.13 展示了第一个含有 C_{60} 的主客体复合物的晶体结构，原著者称其为双凹式烃类"buckycatcher"，可由甲苯溶液中混合大约等摩尔量的香兰素衍生物 $C_{60}H_{24}$ 和 C_{60} 合成[58]。

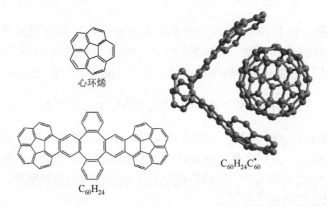

心环烯

$C_{60}H_{24}$

$C_{60}H_{24}C_{60}^{*}$

图 6.13　主客体复合物 $C_{60}H_{24}C_{60}^{*}$（分子结构图由 CIF 数据绘制）

---

* 也称受体-底物或主体-客体相互作用。（译者注：原著标题为受体-客体相互作用，为了统一用现标题）

　　该产物称为包合物（inclusion complex），它有两个凹形的香兰素"抓手"包覆着富勒烯，香兰素环上的碳和 C_{60} 上相匹配的碳的距离与该结构的次级单元间 π-π 相互作用的预测距离（约 350 pm）相当，最短的 C···C 间距为 312.8 pm。由于没有直接的 C—C 共价键，富勒烯和香兰素单元之间的结合完全依靠纯的 π-π 相互作用，随后发现香兰素自身与 C_{60} 发生主客体复合，尽管它们之间的最短距离比图 6.13 所示复合物中的稍长[59]。$C_{60}H_{24}$ 复合物的电子结构已清楚，其作为分子电子学中的构筑单元有潜在的应用[60]。由其他分子钳和 C_{60} 组成的类似主客体复合物，在光照条件下已表现出电子从受体转移到富勒烯（电荷迁移跃迁的又一例），该性能可能应用于光伏器件的构建[61]。

6.6　软　硬　酸　碱

　　考虑以下实验结果：

　　1. 卤化物的相对溶解度。卤化银在水中的溶解度随着卤素在元素周期表中从上到下而降低：

$$AgF(s) \xrightarrow{\;H_2O(l)\;} Ag^+(aq) + F^-(aq) \qquad K_{sp} = 205$$

$$AgCl(s) \xrightarrow{\;H_2O(l)\;} Ag^+(aq) + Cl^-(aq) \qquad K_{sp} = 1.8 \times 10^{-10}$$

$$AgBr(s) \xrightarrow{\;H_2O(l)\;} Ag^+(aq) + Br^-(aq) \qquad K_{sp} = 5.2 \times 10^{-13}$$

$$AgI(s) \xrightarrow{\;H_2O(l)\;} Ag^+(aq) + I^-(aq) \qquad K_{sp} = 8.3 \times 10^{-17}$$

　　卤化亚汞（I）有类似的趋势，其中 Hg_2F_2 最易溶，Hg_2I_2 最难溶。但是，LiF 是迄今为止最难溶的卤化锂，K_{sp} 为 1.8×10^{-3}，而其他卤化锂均极易溶于水。类似地，MgF_2 和 AlF_3 的溶解度低于相应的氯化物、溴化物和碘化物。如何解释这些不同的趋势？

　　2. 硫氰酸根与金属的配位作用。许多离子和基团都可以作为配体（ligand）与金属离子成键，我们将在第 9 章正式讨论。硫氰酸根（SCN^-）中硫或氮均可配位。当与高度极化的大金属离子（如 Hg^{2+}）作用时，以 S 原子成键（$[Hg(SCN)_4]^{2-}$）；但与不易极化的较小金属离子（如 Zn^{2+}）作用时，以 N 原子成键（$[Zn(NCS)_4]^{2-}$）。如何解释呢？

　　3. 交换反应的平衡常数。当以 CH_3 和 H_2O 作为配体的 $[CH_3Hg(H_2O)]^+$ 与其他潜在配体反应时，结果不确定。例如，与 HCl 几乎完全反应：

$$[CH_3Hg(H_2O)]^+ + HCl \Longrightarrow CH_3HgCl + H_3O^+ \qquad K = 1.8 \times 10^{12}$$

但与 HF 的反应并非如此：

$$[CH_3Hg(H_2O)]^+ + HF \Longrightarrow CH_3HgF + H_3O^+ \qquad K = 4.5 \times 10^{-2}$$

这种平衡常数的相对大小能否被预测？

　　为了合理解释这些现象，Pearson 提出了软硬酸碱（hard and soft acid and base，HSAB）的概念，将可极化的酸和碱定为软的（soft），不可极化的酸和碱定为硬的（hard）[62]。区分软硬在很大程度上取决于极化率，即分子或离子与其他分子或离子作用的形变程度。可极化分子中的电子可以被其他分子上的电荷吸引或排斥，形成略带极性的物种，进而与其他分子相互作用。HSAB 理论是解释酸碱化学和其他化学现象的有效指南*。Pearson

---

　　* 对 HSAB 理论较早的讨论，参见 R. G. Pearson, *J. Chem. Educ.*, **1968**, *45*, 581, and 643。

宣称："硬酸倾向于与硬碱结合，而软酸倾向于与软碱结合。"两硬或两软物质间相互作用比一软一硬间的作用强。所以，上述三种现象可以这样解释，反应更倾向于发生硬-硬和软-软的组合。

相对溶解度

在这些例子中，金属阳离子属于 Lewis 酸，而卤离子属于 Lewis 碱。在一系列银离子-卤离子反应中，碘离子比其他阴离子软得多（更易极化），故与软的银离子相互作用更强。结果与其他卤化物相比，AgI 中键的共价成分更多。

卤化锂的溶解度与之大致相反：LiBr＞LiCl＞LiI＞LiF。LiF 中强的硬-硬作用克服了被水溶剂化的趋势，而 Li^+ 与其他卤离子间的软-硬作用较弱，不足以克服溶剂化作用，所以比 LiF 更易溶。LiI 的例外也许与 I^- 体积很大且难以溶剂化有关，但其溶解度仍比 LiF 高得多。Ahrland、Chatt 和 Davies 将金属离子分为两类以解释各种相关现象[63]：

（a）类离子	（b）类离子		
大多数金属	Cu^{2+}、Pd^{2+}、Ag^+、Pt^{2+}、Au^+、Hg^{2+}、Hg_2^{2+}、Tl^+、Tl^{3+}、Pb^{2+}以及较重的过渡金属离子		

（b）类离子主要位于元素周期表中过渡金属右下角的小区域。图 6.14 标出了始终属于（b）类的元素和低氧化态时通常属于（b）类的元素，在氧化态为 0 时（主要是金属有机化合物），过渡金属也表现出（b）类特征。（b）类离子形成卤化物时，溶解度通常按照 $F^-＞Cl^-＞Br^-＞I^-$ 排序；（a）类离子的卤化物水中溶解度顺序与之相反。同时，（b）类金属离子与含磷给体的反应焓大于相应含氮给体，这与（a）类金属离子的情况相反。

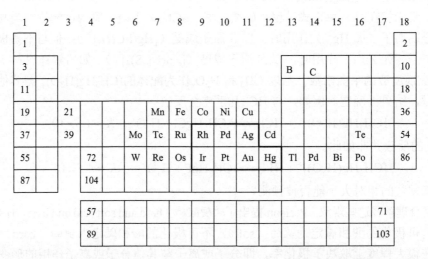

图 6.14 （b）类金属在元素周期表内的位置。框内的始终为（b）类受体；框外的为交界元素，它们的行为取决于其氧化态和电子给体；其余的（空白格）是（a）类受体（数据源于 *Quarterly Reviews, Chemical Society*, issue 3, 12, 265-276；经由 Royal Society of Chemistry 版权允许转载）

Ahrland、Chatt 和 Davies 对此做出解释：（b）类金属具有可形成 π 键的 d 电子*，表中偏左的元素在 0 或低氧化态时 d 电子越多，（b）类特征就越多。给体分子或离子易于极化且具有形成 π 键的空的 d 或 π* 轨道时，其与（b）类离子的反应焓最为有利。

硫氰酸根与金属的配位作用

现在可以解释 SCN⁻ 的两种成键方式。Hg^{2+} 较大且易极化（更软），而 Zn^{2+} 小且硬。硫氰酸根离子中 S 原子一端更软，故 $[Hg(SCN)_4]^{2-}$ 中采用软-软结合，而 $[Zn(NCS)_4]^{2-}$ 中是硬-硬结合，与 HSAB 理论预测一致。其他软阳离子如 Pd^{2+} 和 Pt^{2+} 与较软的 S 原子端键合，Ni^{2+} 和 Cu^{2+} 等较硬的阳离子则与 N 端键合，形成硫氰酸根配合物。处于软-硬交界区的过渡金属离子可以与硫氰酸根的任一端结合，如 $[Co(NH_3)_5(SCN)]^{2+}$ 和 $[Co(NH_3)_5(NCS)]^{2+}$，这是键合异构的例子之一（第 9 章）。

交换反应的平衡常数

检视表 6.13 中甲基汞（Ⅱ）阳离子水溶液的反应数据

$$[CH_3Hg(H_2O)]^+ + BH^+ \rightleftharpoons [CH_3HgB]^+ + H_3O^+$$

这些可被认为是交换反应，因为涉及水分子和碱 B 作用于汞的交换，也可视为与汞配位的竞争或与 H^+ 键合的竞争。反应 1 到反应 4 的变化趋势十分明显：随着卤离子增大且更易极化（$F^- \rightarrow I^-$），与汞（Ⅱ）的结合趋势变得更强，这是由于两者之间的软-软作用在逐渐增强。再如反应 6 和反应 7，更软的硫原子被视为导致与 Hg^{2+} 软-软作用及交换平衡常数较大的因素。另外，反应 1 和反应 5 中，HF 和 H_2O 中较硬的 F 及 O 原子与软汞（Ⅱ）结合能力较弱，故交换平衡常数较小。

表 6.13 汞配合物交换反应的平衡常数[65]

反应	K（298 K）
1. $[CH_3Hg(H_2O)]^+ + HF \rightleftharpoons CH_3HgF + H_3O^+$	4.5×10^{-2}
2. $[CH_3Hg(H_2O)]^+ + HCl \rightleftharpoons CH_3HgCl + H_3O^+$	1.8×10^{12}
3. $[CH_3Hg(H_2O)]^+ + HBr \rightleftharpoons CH_3HgBr + H_3O^+$	4.2×10^{15}
4. $[CH_3Hg(H_2O)]^+ + HI \rightleftharpoons CH_3HgI + H_3O^+$	1×10^{18}
5. $[CH_3Hg(H_2O)]^+ + H_2O \rightleftharpoons CH_3HgOH + H_3O^+$	5×10^{-7}
6. $[CH_3Hg(H_2O)]^+ + SH^- \rightleftharpoons [CH_3HgS]^- + H_3O^+$	1×10^7
7. $[CH_3Hg(H_2O)]^+ + HSCN \rightleftharpoons CH_3HgSCN + H_3O^+$	5×10^6

6.6.1 软硬酸碱理论

Pearson[64] 将 Ahrland、Chatt 和 Davies 划分的（a）类金属离子定为硬酸，（b）类离子定为软酸。根据极化率的不同，碱也可以有软硬之分：以卤离子为例，F^- 为极硬碱，

---

* 金属-配体成键的讨论参见第 10 章和第 13 章。

Cl^- 和 Br^- 稍硬，I^- 为软碱。硬-硬和软-软作用比硬和软反应物混合更有利于酸碱反应发生。通常，硬酸和硬碱离子相对较小，致密不易极化，而软酸和软碱离子相反。硬酸包括那些具有大正电荷（3 + 或更大）或者 d 电子不易形成 π 键的阳离子（如碱土离子、Al^{3+}），与此描述不符的硬酸阳离子包括 Cr^{3+}、Mn^{2+}、Fe^{3+} 和 Co^{3+}。软酸是 d 电子或轨道易于形成 π 键的酸（如中性和 1 + 阳离子，较重的 2 + 阳离子）。

此外，越大越重的原子可能越软，因其大量的内部电子屏蔽了外部电子而使原子更易极化。(b) 类离子很符合此种描述，它们主要为 1 + 和 2 + 离子，有全满或近满的 d 轨道，且大多为第二和第三过渡系元素，有 45 个或更多的电子。表 6.14 和表 6.15 列出了酸碱的软硬度。

表 6.14　硬碱和软碱

硬碱	交界碱	软碱
		H^-
F^-, Cl^-	Br^-	I^-
H_2O, OH^-, O^{2-}		H_2S, SH^-, S^{2-}
ROH, RO^-, R_2O, CH_3COO^-		RSH, RS^-, R_2S
NO_3^-, ClO_4^-	NO_2^-, N_3^-	SCN^-, CN^-, RNC, CO
CO_3^{2-}, SO_4^{2-}, PO_4^{3-}	SO_3^{2-}	$S_2O_3^{2-}$
NH_3, RNH_2, N_2H_4	$C_6H_5NH_2$, C_5H_5N, N_2	PR_3, $P(OR)_3$, AsR_3, C_2H_4, C_6H_6

分类源自 R. G. Pearson, *J. Chem. Educ*, **1968**, *45*, 581。

表 6.15　硬酸和软酸

硬酸	交界酸	软酸
H^+, Li^+, Na^+, K^+		
Be^{2+}, Mg^{2+}, Ca^{2+}, Sr^{2+}		
BF_3, BCl_3, $B(OR)_3$	$B(CH_3)_3$	BH_3, Tl^+, $Tl(CH_3)_3$
Al^{3+}, $Al(CH_3)_3$, $AlCl_3$, AlH_3		
Cr^{3+}, Mn^{2+}, Fe^{3+}, Co^{3+}	Fe^{2+}, Co^{2+}, Ni^{2+}, Cu^{2+}, Zn^{2+}, Rh^{3+}, Ir^{3+}, Ru^{3+}, Os^{2+}	Cu^+, Ag^+, Au^+, Cd^{2+}, Hg_2^{2+}, Hg^{2+}, CH_3Hg^+, $[CO(CN)_5]^{2-}$, Pd^{2+}, Pt^{2+}, Pt^{4+}, Br_2, I_2
表观氧化数为 4 及更高的离子		氧化数为 0 的金属
HX（有键合氢的分子）		π 型受体：如三硝基苯、奎宁、四氰基乙烯

分类源自 R. G. Pearson, *J. Chem. Educ*, **1968**, *45*, 581。

从碱的变化趋势容易发现：氟离子硬而碘离子软。同样，电子越多、尺寸越大，碱就越软。S^{2-} 比 O^{2-} 软，因前者体积更大，包含的电子更多，所以更易极化。在类似的一组离子中对比软硬度很容易。如果电子结构和原子尺寸都发生变化，这种对比会变得困难，但仍然可行。例如，S^{2-} 虽然和 Cl^- 有相同的电子结构，但其核电荷较小而体积较大，所以比 Cl⁻软。软酸倾向于与软碱反应，而硬酸与硬碱反应，如此才有硬-硬和软-软的反应组合。软-硬参数的定量测量详见 6.6.2 节的介绍。

示例 6.4

OH⁻和 S²⁻哪个更易与 3+过渡金属离子形成不溶性盐？如与 2+过渡金属离子结合呢？因为 OH⁻较硬而 S²⁻较软，所以 OH⁻更易与硬的 3+过渡金属离子形成不溶盐，S²⁻则更可能与 2+过渡金属离子（交界酸或软酸）形成不溶盐。

练习 6.5 以下反应中有些产物是不溶的，而有些是可溶的。请仅从 HSAB 角度给出答案。

a. Cu^{2+}倾向于和 OH⁻还是和 NH_3反应？和 O^{2-}与 S^{2-}呢？

b. Fe^{3+}倾向于和 OH⁻还是和 NH_3反应？和 O^{2-}与 S^{2-}呢？

c. Ag^+倾向于和 NH_3反应还是和 PH_3反应？

d. Fe、Fe^{2+}和 Fe^{3+}谁更倾向于和 CO 反应？

酸碱可以用软硬描述，同时也可以用强弱描述，必须综合考虑这两种因素才能得出合理的反应性。例如，对比两种同样软度的碱的反应性时，兼顾强度影响（从 Brønsted-Lowry 的视角）则有助于评估平衡的走向，如下述合成苯基锂的经典有机反应。

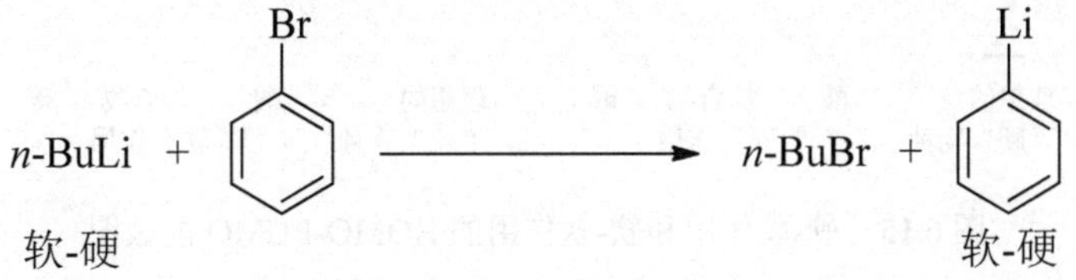

一般认为碳基亲核试剂是软碱，而 Li⁺是硬酸，仅从这个角度考虑，由于正丁基或苯基碳负离子作为碱时软度相似，因此很难解释该反应非常有利于产物的生成。但是，相对于苯基碳负离子（苯的 pK_a 约为 43），正丁基碳负离子表现出显著的 Brønsted-Lowry 强碱性（正丁烷的 pK_a 约为 50），对反应至关重要，因此该反应能够发生很合理。

也有观点认为，硬-硬之间主要是静电作用（高的离子贡献），酸的 LUMO 远高于碱的 HOMO，加合物生成时轨道能量变化相对较小[66]；软-软作用涉及的 HOMO 和 LUMO 在能量更接近，加合物生成时轨道能量变化较大。这种相互作用如图 6.15 所示，但该观点过于简化，需慎用。在硬-硬作用情况下，能量的小幅下降仅表明对成键的共价贡献很小，离子贡献相对较大，不过图 6.15 中并未有效显示。从这个角度来看，硬-硬作用贡献较小的稳定化能，常使其成键强度被低估。在 HSAB 理论描述的许多反应中，硬-硬作用形成的键比软-软作用的强。

6.6.2 软硬酸碱的定量化测量

HSAB 的定量化测量主要有两种。其一由 Pearson[67]提出，运用软硬理论术语将绝对硬度（absolute hardness）η 定义为电离能和电子亲和能（单位：eV）差值的一半：

$$\eta = \frac{I - A}{2}$$

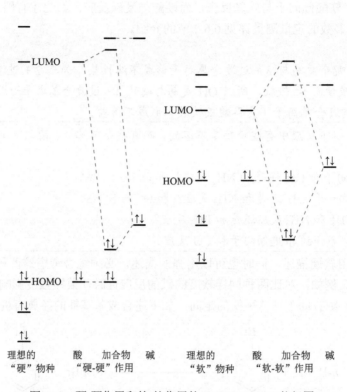

图 6.15 硬-硬作用和软-软作用的 HOMO-LUMO 能级图

此硬度定义与 Mulliken 的电负性定义相关，Pearson 称之为绝对电负性：

$$\chi = \frac{I + A}{2}$$

这种方法将硬酸或硬碱描述为其电离能和电子亲和能差异很大的物质。对于给定的分子，假定电离能测定 HOMO 的能量，电子亲和能测定 LUMO 的能量：

$$E_{HOMO} = -I \qquad E_{LUMO} = -A$$

软度则定义为硬度的倒数，$\sigma = \dfrac{1}{\eta}$。阴离子没有电子亲和能，故将原子或相应中性分子的值认为与其近似相等。

卤素分子为上述观点提供了很好的论证。如图 6.16 所示，卤素的硬度（η）与其 HOMO 能量的变化趋势相同，而 LUMO 能量几乎不变。氟是电负性最强的卤素，体积和极化率都最小，因此硬度最大。换用轨道解释，卤素分子的 LUMO 能量十分相近，HOMO 能量随着从 F_2 到 I_2 依次增加，绝对电负性则按照 $F_2 > Cl_2 > Br_2 > I_2$ 的顺序减小；随着 HOMO-LUMO 间能级差减小，硬度以相同的顺序降低。其他物质的数据见表 6.16 和附录 B.5。

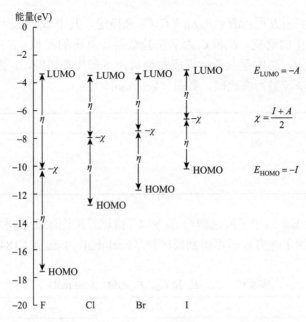

图 6.16　卤素的能级图。卤素的绝对电负性（χ）、绝对硬度（η）与 HOMO 和 LUMO 能量之间的相对关系

练习 6.6　运用表 6.16 和附录 B.5 的数据，判断下列物质的绝对电负性和绝对硬度值：

a. Al^{3+}，Fe^{3+}，Co^{3+}　　　　**b.** OH^-，Cl^-，NO_2^-　　　　**c.** H_2O，NH_3，PH_3

表 6.16　硬度参数（eV）

离子	I	A	χ	η
Al^{3+}	119.99	28.45	74.22	45.77
Li^+	75.64	5.39	40.52	35.12
Na^+	47.29	5.14	26.21	21.08
K^+	31.63	4.34	17.99	13.64
Au^+	20.5	9.23	14.90	5.6
BF_3	15.81	−3.5	6.2	9.7
H_2O	12.6	−6.4	3.1	9.5
NH_3	10.7	−5.6	2.6	8.2
PF_3	12.3	−1.0	5.7	6.7
PH_3	10.0	−1.9	4.1	6.0
F^-	17.42	3.40	10.41	7.01
Cl^-	13.01	3.62	8.31	4.70
Br^-	11.84	3.36	7.60	4.24
I^-	10.45	3.06	6.76	3.70

注：阴离子数值与相应中性自由基或原子的参数近似相同。数据源于 R. G. Pearson, *Inorg. Chem.*, **1988**, 27, 734。

Drago 和 Wayland[68] 提出另一种酸碱参数的定量系统，即通过静电作用和共价成分判断反应性。该方法利用方程 $-\Delta H = E_A E_B + C_A C_B$ 来描述，其中 ΔH 是反应 $A + B \longrightarrow AB$ 在气相或惰性溶剂中的焓变，E 和 C 为从实验数据计算出的参数。E 用于度量静电（离子）相互作用的能力，C 度量共价键形成的趋势，下标代表酸碱，I_2 为参比酸，N, N-二甲基乙酰胺和二乙基硫醚为参比碱。数值（kcal/mol）如下：

	C_A	E_A	C_B	E_B
I_2	1.00	1.00		
N, N-二甲基乙酰胺				1.32
二乙基硫醚			7.40	

表 6.17 和附录 B.6 给出了所选酸的 E_A 和 C_A 值以及所选碱的 E_B 和 C_B 值。结合酸碱对中这些参数值利用上述方程即可得到反应焓（kcal/mol，1 cal = 4.184 J）。

表 6.17　C_A、E_A 和 C_B、E_B 的值（kcal/mol）

酸	C_A	E_A
三甲基硼 $B(CH_3)_3$	1.70	6.14
三氟化硼（气态）BF_3	1.62	9.88
三甲基铝 $Al(CH_3)_3$	1.43	16.9
碘 I_2	1.00[*]	1.00[*]
三甲基镓 $Ga(CH_3)_3$	0.881	13.3
氯化碘 ICl	0.830	5.10
二氧化硫 SO_2	0.808	0.920
苯酚 C_6H_5OH	0.442	4.33
叔丁醇 C_4H_9OH	0.300	2.04
吡咯 C_4H_4NH	0.295	2.54
氯仿 CH_3Cl_3	0.159	3.02

碱	C_B	E_B
奎尼丁 $HC(C_2H_4)_3N$	13.2	0.704
三甲胺 $(CH_3)_3N$	11.54	0.808
三乙胺 $(C_2H_5)_3N$	11.09	0.991
二甲胺 $(CH_3)_2NH$	8.73	1.09
二乙基硫醚 $(C_2H_5)_2S$	7.40[*]	0.399
吡啶 C_5H_5N	6.40	1.17
甲胺 CH_3NH_2	5.88	1.30
氨 NH_3	3.46	1.36
二乙醚 $(C_2H_5)_2O$	3.25	0.963
N, N-二甲基乙酰胺 $(CH_3)_2NCOCH_3$	2.58	1.32[*]
苯 C_6H_6	0.681	0.525

[*]相对值。数据源于 R. S. Drago, *J. Chem. Educ.*, **1974**, *51*, 300。

绝大多数酸和 I_2 相比，C_A 值低，E_A 值高。这是由于 I_2 没有永久偶极矩，因此对碱的静电吸引很小，E_A 低。同时，I_2 的极化率高，很适合共价相互作用，因此 C_A 值相对较高。因为两个参数的参考值都选为 1.00，所以大多数 C_A 值低于 1，大多数 E_A 值高于 1。

下面以碘和苯的反应示例，展现这些参数的使用方法：

$$I_2 \quad + \quad C_6H_6 \quad \longrightarrow \quad I_2 \cdot C_6H_6$$

$$\text{酸} \qquad \text{碱}$$

$$-\Delta H = E_A E_B + C_A C_B \quad \text{或} \quad \Delta H = -(E_A E_B + C_A C_B)$$

$$\Delta H = -([1.00 \times 0.681] + [1.00 \times 0.525]) = -1.206 \text{ kcal/mol} = -5.046 \text{ kJ/mol}$$

实验测定 ΔH 为 −1.3 kcal/mol 或 −5.5 kJ/mol，比预测值大 9%[69]。许多情况下，计算值和实验值一致性偏差在 5% 以内，且一致性随加合物键强而提高，而 $I_2 \cdot C_6H_6$ 中成键相当弱。

示例 6.5

用 Drago 的 E 和 C 方程计算 I_2 与乙醚及乙硫醚加合物的生成焓。

	E_A	E_B	C_A	C_B	ΔH（kcal/mol）	ΔH 实验值
乙醚	−（[1.00×0.963] + [1.00×3.25]）= −4.21					−4.2
二乙基硫醚	−（[1.00×0.339] + [1.00×7.40]）= −7.74					−7.8

结果一致性非常好，乘积 $C_A \times C_B$ 一直是决定因素，表明较软的硫更易与软 I_2 反应。

练习 6.7 用 Drago 的 E 和 C 方程计算下列每组加合物的生成焓，并解释静电贡献和共价贡献的趋势：

a. BF_3 与氨、甲胺、二甲胺、三甲胺反应

b. 吡啶与三甲基硼、三甲基铝、三甲基镓反应

Drago 在其两项反应焓方程中强调与酸碱强度（物质参与静电及共价相互作用的能力）相关的两个主要电性因素，而 Pearson[70] 更强调共价因素。Pearson 提出方程 $\log K = S_A S_B + \sigma_A \sigma_B$，其中固有强度 S 由软度因子 σ 进行修正，强度和软度越大则平衡常数越大。尽管该方程中没有任何附加系数，但它确实表明仅考虑酸碱反应中的软硬度是不够的。绝对硬度是基于轨道能量建立起的单项参数，且仅限于气相反应。当 E 和 C 参数可用于反应讨论时，就能对加合物的键强度进行定量比较。定性 HSAB 方法虽然有时受限于先行判断而难以应用，却为反应的预测提供了指向，硬和软的概念已在化学中根深蒂固。

溶剂化作用是许多反应的驱动力，但 Drago 和 Pearson 并未将其纳入定量模型中。构建一个广泛适用的反应模型相当困难，但化学家们一直在检视这些重要的问题，以探究影响成键的最基本贡献。

参 考 文 献

[1] R. P. Bell, *The Proton in Chemistry*, 2nd ed., Cornell University Press, Ithaca, NY, 1973, p. 9.

[2] H. Lux, *Z. Electrochem.*, **1939**, *45*, 303; H. Flood and T.

Förland, *Acta Chem. Scand.*, **1947**, *1*, 592, 718.

[3] M. Usanovich, *Zh. Obshch. Khim.*, **1939**, *9*, 182; H. Gehlen, *Z. Phys. Chem.*, **1954**, *203*, 125; H. L. Finston

and A. C. Rychtman, *A New View of Current Acid-Base Theories*, John Wiley & Sons, New York, 1982, pp. 140-146.

[4]　C. K. Ingold, *J. Chem. Soc.*, **1933**, 1120; *Chem. Rev.*, **1934**, *15*, 225; *Structure and Mechanism in Organic Chemistry*, Cornell University Press, Ithaca, NY, 1953, Chapter V; W. B. Jensen, *The Lewis Acid-Base Concepts*, Wiley Interscience, New York, 1980, pp. 58-59.

[5]　R. Robinson, *Outline of an Electrochemical (Electronic) Theory of the Course of Organic Reactions*, Institute of Chemistry, London, 1932, pp. 12-15.

[6]　J. N. Brønsted, *Rec. Trav. Chem.*, **1923**, *42*, 718; G. N. Lewis, *Valence and the Structure of Atoms and Molecules*, Chemical Catalog, New York, 1923, pp. 141-142; *J. Franklin Inst.*, **1938**, *226*, 293.

[7]　T. M. Lowry, *Chem. Ind. (London)*, **1923**, *42*, 43.

[8]　G. A. Olah, A. Germain, H. C. Lin, D. Forsyth, *J. Am. Chem. Soc.* **1975**, *97*, 2928.

[9]　G. A. Olah, D. A. Klumpp, *Superelectrophiles and Their Chemistry*, Wiley: New York, **2008**.

[10]　R. R. Naredla, C. Zheng, S. O. Nilsson Lill, D. A. Klumpp, *J. Am. Chem. Soc.* **2011**, *133*, 13169.

[11]　L. P. Hammett, A. J. Deyrup, *J. Am. Chem. Soc.*, **1932**, *54*, 2721.

[12]　S. Mukhopadhyay, M. Zerella, A. T. Bell, R. Vijay Srinivas, G. A. Smith, *Chem. Commun.* **2004**, 472.

[13]　S. Mukhopadhyay, A. T. Bell, *Angew. Chem., Int. Ed.* **2003**, *42*, 2990.

[14]　R. Minkwitz, A. Kormath, W. Sawodny, J. Hahn, *Inorg. Chem.*, **1996**, *35*, 3622, 以及其中的参考文献。

[15]　R. Minkwitz, A. Kornath, W. Sawodny, V. Typke, J. A. Boatz, *J. Am. Chem. Soc.* **2000**, *122*, 1073.

[16]　K. O. Christe, C. J. Schack, R. D. Wilson, *Inorg. Chem.*, **1975**, *14*, 2224; K. O. Christe, P. Charpin, E. Soulie, R. Bougon, J. Fawcett, D. R. Russell, *Inorg. Chem.*, **1984**, 3756; D. Zhang, S. J. Rettig, J. Trotter, F. Aubke, *Inorg. Chem.*, **1996**, *35*, 6113; R. Minkwitz, S. Schneider, A. Kornath, *Inorg. Chem.*, **1998**, *37*, 4662.

[17]　K. Lutar, B. Zemva, H. Bormann, *Eur. J. Solid-State Inorg. Chem.*, **1996**, *33*, 957; Z. Mazej, P. Benkic, K. Lutar, B. Zema, *J. Fluorine Chem.*, **2002**, *130*, 399.

[18]　Z. Mazej, E. Goreshnik, *J. Fluorine Chem.*, **2009**, *130*, 399.

[19]　G. Tavcar, Z. Mazej, *Inorg. Chim. Acta.*, **2011**, *377*, 69.

[20]　E. M. Arnett, E. J. Mitchell, T. S. S. R. Murty, *J. Am. Chem. Soc.*, **1974**, *96*, 3874.

[21]　C. Laurence and J.-F. Gal, *Lewis Basicity and Affinity Scales Data and Measurement*, John Wiley and Sons, United Kingdom, 2010.

[22]　R. S. Drago, *Physical Methods in Chemistry*, W. B.

Saunders, Philadelphia, 1977, pp. 552-565.

[23]　J.-F. Gal, P.-C. Maria, E. D. Raczynska, J. *Mass Spectrom.* **2001**, *36*, 699, 以及其中的参考文献。

[24]　E. P. L. Hunter, S. G. Lias., Evaluated gas phase basicities and proton affi nities of molecules: An Update. *J. Phys. Chem. Ref. Data*, **1998**, *27*, 413; E. P. L. Hunter, S. G. Lias., Proton Affinity and Basicity Data, in NIST Chemistry Web Book, Standard Reference Database, **2005**, No. 69 (eds W. G. Mallard and P. J. Linstrom), National Institutes of Standards and Technology, Gaithersburg, MD (http://webbook.nist.gov/chemistry, accessed May 2012).

[25]　H. A. Staab, T. Saupe, *Angew. Chem. Int. Ed. Engl.* **1998**, 27, 865.; Alder, R. W. *Chem. Rev.* **1989**, *89*, 1251.

[26]　J. G. Verkade, P. B. Kisanga, *Tetrahedron*, **2003**, *59*, 7819.

[27]　M. Decouzon, J.-F. Gal, P.-C. Maria, E. D. Raczyn´ska, *Rapid Commun. Mass Spectrom*, **1993**, *7*, 599; E. D. Raczyńska, P.-C. Maria, J.-F. Gal, M. Decouzon, *J. Phys. Org. Chem.*, **1994**, *7*, 725. 比 1, 8-二 (二甲氨基) 萘碱性更强的碱称为超强碱, 这一定义已由参考文献[23]提出。

[28]　Z. Tian, A. Fattachi, L. Lis, S. R. Kass, *Croatica Chemica Acta.*, **2009**, *82*, 41.

[29]　29. S. M. Bachrach, C. C. Wilbanks, *J. Org. Chem.*, **2010**, *75*, 2651.

[30]　N. Uchida, A. Taketoshi, J. Kuwabara, T. Yamamoto, Y. Inoue, Y. Watanabe, T. Kanbara, *Org. Lett.*, **2010**, *12*, 5242.

[31]　J. Galeta, M. Potácek, *J. Org. Chem.*, **2012**, *77*, 1010.

[32]　H. L. Finston, A. C. Rychtman, *A New View of Current Acid-Base Theories*, John Wiley & Sons, New York, 1982, pp. 59-60.

[33]　G. N. Lewis, *Valence and the Structure of Atoms and Molecules*, Chemical Catalog, New York, 1923, pp. 141-142; *J. Franklin Inst.*, **1938**, *226*, 293.

[34]　W. B. Jensen, *The Lewis Acid-Base Concepts*, Wiley Interscience, New York, 1980, pp. 112-155.

[35]　V. Gold, *Pure. Appl. Chem.*, **1983**, *55*, 1281.

[36]　W. A. Herrebout, B. J. van der Veken, *J. Am. Chem. Soc.*, **1997**, *119*, 10446.

[37]　X. Zhao, D. W. Stephan, *J. Am. Chem. Soc.*, **2011**, *133*, 12448.

[38]　(a) P. Metrangolo, H. Neukirch, T. Pilati, G. Resnati, *Acc. Chem. Res.*, **2005**, *38*, 386; (b) P. Metrangolo, G. Resnati, *Chem. Eur. J.*, **2001**, *7*, 2511.

[39]　A.-C. C. Carlsson, J. Gräfenstein, A. Budnjo, J. L. Laurila, J. Bergquist, A. Karim, R. Kleinmaier, U. Brath, M. Erdélyi, *J. Am. Chem. Soc.*, **2012**, *134*, 5706.

[40]　A. C. Legon, *Angew. Chem. Int. Ed.*, **1999**, *38*, 2687.

[41]　C. Laurence and J.-F. Gal, *Lewis Basicity and Affinity Scales Data and Measurement*, John Wiley and Sons, United Kingdom, 2010, pp. 241-282.

[42]　D. J. Grant, D. A. Dixon, D. Camaioni, R. G. Potter, K. O. Christe, *Inorg. Chem.*, **2009**, *48*, 8811.

[43]　J. A. Plumley, J. D. Evanseck, *J. Phys. Chem. A*, **2009**, *113*, 5985.

[44]　H. C. Brown, *J. Chem. Soc.*, **1956**, 1248.

[45]　M. S. B. Munson, *J. Am. Chem. Soc.*, **1965**, *87*, 2332; J. I. Brauman and L. K. Blair, *J. Am. Chem. Soc.*, **1968**, *90*, 6561; J. I. Brauman, J. M. Riveros, and L. K. Blair, *J. Am. Chem. Soc.*, **1971**, *93*, 3914.

[46]　D. Stephan, *Dalton Trans.*, **2009**, 3129.

[47]　G. Erker, *Dalton Trans.*, **2005**, 1883.

[48]　G. C. Welch, R. S. S. Juan, J. D. Masuda, D. W. Stephan, *Science*, **2006**, *314*, 1124.

[49]　D. W. Stephan, G. Erker, *Angew. Chem., Int. Ed.*, **2010**, *49*, 46.

[50]　C. M. Moemming, E. Otten, G. Kehr, R. Froehlich, S, Grimme, D. W. Stephan, G. Erker, *Angew. Chem., Int. Ed.*, **2009**, *48*, 6643.

[51]　E. Otten, R. C. Neu, D. W. Stephan, *J. Am. Chem. Soc.*, **2009**, *131*, 8396.

[52]　T. Mahdi, Z. M. Heiden, S. Grimes, D. W. Stephan, *J. Am. Chem. Soc.*, **2012**, *134*, 4088; C. B. Caputo; D. W. Stephan, *Organometallics*, **2012**, *31*, 27.

[53]　E. Arunan, G. R. Desiraju, R. A. Klein, J. Sadlej, S. Scheiner, I. Alkorta, D. C. Cleary, R. H. Crabtree, J. J. Dannenberg, P. Hobza, H. G. Kjaergaard, A. C. Legon, B. Mennucci, D. J. Nesbit, *Pure Appl. Chem.*, **2011**, *83*, 1619.

[54]　E. Arunan, G. R. Desiraju, R. A. Klein., J. Sadlej, S. Scheiner, I. Alkorta, D. C. Clary, R. H. Crabtree, J. J. Dannenberg, P. Hobza, H. G. Kjaergaard, A. C. Legon, B. Mennucci, D. J. Nesbit, *Pure Appl. Chem.*, **2011**, *83*, 1637.

[55]　G. Gilli, P. Gilli, *The Nature of the Hydrogen Bond*, Oxford University Press, New York, 2009, p. 16.

[56]　P. Gilli, L. Pretto, V. Bertolasi, G. Gilli, *Acc. Chem. Res.*, **2009**, *42*, 33.

[57]　S. S. Gayathri, M. Wielopolski, E. M. Pérez, G. Fernández, L. Sánchez, R. Viruela, E. Ortí, D. M. Guldi, and N. Martín, *Angew. Chem., Int. Ed.*, **2009**, *48*, 815; P. A. Denis, *Chem. Phys. Lett.*, **2011**, *516*, 82.

[58]　A. Sygula, F. R. Fronczek, R. Sygula, P. W. Rabideau, M. M. Olmstead, *J. Am. Chem. Soc.*, **2007**, *129*, 3842.

[59]　L. N. Dawe, T. A. AlHujran, H.-A. Tran, J. I. Mercer, E. A. Jackson, L. T. Scott, P. E. Georghiou, *Chem. Commun.*, **2012**, *48*, 5563.

[60]　A. A. Voityuk, M. Duran, *J. Phys. Chem. C*, **2008**, *112*, 1672.

[61]　A. Molina-Ontoria, G. Fernández, M. Wielopolski, C. Atienza, L. Sánchez, A. Gouloumis, T. Clark, N. Martín, D. M. Guldi, *J. Am. Chem. Soc.*, **2009**, *131*, 12218.

[62]　R. G. Pearson, *J. Am. Chem. Soc.*, **1963**, *85*, 3533.

[63]　S. Ahrland, J. Chatt, and N. R. Davies, Quart. *Rev. Chem. Soc.*, **1958**, *12*, 265.

[64]　R. G. Pearson, *J. Am. Chem. Soc.*, **1963**, *85*, 3533; *Chem. Br.*, **1967**, *3*, 103; R. G. Pearson, ed., *and Acids and Bases*, Dowden, Hutchinson & Ross, Stroudsburg, PA, 1973. 名词硬和软由 D. H. Busch 在此处的第一篇文献中提出。

[65]　G. Schwarzenbach, M. Schellenberg, *Helv. Chim Acta*, **1965**, *48*, 28.

[66]　Jensen, pp. 262-265; C. K. Jørgensen, *Struct. Bonding (Berlin)*, **1966**, *1*, 234.

[67]　R. G. Pearson, *Inorg. Chem.*, **1988**, *27*, 734.

[68]　R. S. Drago, B. B. Wayland, *J. Am. Chem. Soc.*, **1965**, *87*, 3571; R. S. Drago, G. C. Vogel, T. E. Needham, *J. Am. Chem. Soc.*, **1971**, *93*, 6014; R. S. Drago, *Struct. Bonding (Berlin)*, **1973**, *15*, 73; R. S. Drago, L. B. Parr, C. S. Chamberlain, *J. Am. Chem. Soc.*, **1977**, *99*, 3203.

[69]　R. M. Keefer, L. J. Andrews, *J. Am. Chem. Soc.*, **1955**, *77*, 2164.

[70]　R. G. Pearson, *J. Chem. Educ.*, **1968**, *45*, 581.

一般参考资料

B. Jensen, *The Lewis Acid-Base Concepts: An Overview*, Wiley Interscience, New York, 1980，以及 H. L. Finston and Allen C. Rychtman, *A New View of Current Acid-Base Theories*, John Wiley & Sons, New York, 1982 提供了对酸碱理论发展史及不同理论批判性讨论的优秀综述。R. G. Pearson's *Hard and Soft Acids and Bases*, Dowden, Hutchinson, & Ross, Stroudsburg, PA, 1973，这是一篇由 HSAB 的主要支持者发表的综述，其他观点请查阅本章参考文献。需要特别指出的是，C. Laurence and J.-F. Gal, *Lewis Basicity and*

Affinity Scales Data and Measurement, John Wiley & Sons, New York, 2010，在数据列表和方法讨论两方面都是一篇优秀的参考文献。G. Gilli and P. Gilli, *The Nature of the Hydrogen Bond*, Oxford University Press, New York, 2009，提供了对本主题的深入讨论。一篇关于超强碱的优秀综述：*Superbases for Organic Synthesis*: *Guanidines, Amidines, and Phosphazenes and Related Organocatalysts*, Ishikawa, T., eds., Wiley, New York, 2009。

习　题

关于酸碱理论的附加习题见第 8 章末尾。

6.1　指出下列每个反应中的酸和碱，同时注明使用的酸碱定义（Lewis，Brønsted-Lowry）。在某些情况下，可能用到不止一种定义。

a. $AlBr_3 + Br^- \longrightarrow AlBr_4^-$

b. $HClO_4 + CH_3CN \longrightarrow CH_3CNH^+ + ClO_4^-$

c. $Ni^{2+} + 6NH_3 \longrightarrow [Ni(NH_3)_6]^{2+}$

d. $NH_3 + ClF \longrightarrow H_3N\cdots ClF$

e. $2ClO_3^- + SO_2 \longrightarrow 2ClO_2 + SO_4^{2-}$

f. $C_3H_7COOH + 2HF \longrightarrow [C_3H_7C(OH)_2]^+ + HF_2^-$

6.2　指出下列每个反应中的酸和碱，同时注明使用的酸碱定义（Lewis，Brønsted-Lowry）。在某些情况下，可能用到不止一种定义。

a. $XeO_3 + OH^- \longrightarrow [HXeO_4]^-$

b. $Pt + XeF_4 \longrightarrow PtF_4 + Xe$

c. $C_2H_5OH + H_2SeO_4 \longrightarrow C_2H_5OH_2^+ + HSeO_4^-$

d. $[CH_3Hg(H_2O)]^+ + SH^- \Longrightarrow [CH_3HgS]^- + H_3O^+$

e. $Bn_3N + CH_3COOH \longrightarrow Bn_3NH^+ + CH_3COO^-$
（Bn = 苄基）

f. $SO_2 + HCl \longrightarrow OSO\cdots HCl$

6.3　发酵粉是硫酸铝和碳酸氢钠的混合物，它能使饼干面团中产生气泡。请解释发生的反应。

6.4　向 BrF_3 中加入 KF 可提高其电导率。请用适当的化学方程式解释其原因。

6.5　在液态 BrF_5 中，下列反应可以被用于滴定：

$2Cs[\quad]^- + [\quad]^+[Sb_2F_{11}]^- \longrightarrow 3BrF_5 + 2CsSbF_6$

a. 方括号中的离子既含有溴也含有氟。请填写这些离子最可能的化学式。

b. a 中被确定的阴、阳离子的点群分别是什么？

c. a 中的阳离子扮演酸还是碱的角色？

6.6　无水 H_2SO_4 和无水 H_3PO_4 都具有高的电导率，请解释。

6.7　表 6.6 中列举的含氮碱的气相碱度都比相应的质子亲和能小，请解释。

6.8　丙酮、二乙基酮和二苯甲酮的质子亲和能分别是 812.0 kJ/mol、836.0 kJ/mol 和 882.3 kJ/mol。请给出这些值相对大小的合理解释。（数据源于 C. Laurence and J.-F. Gal, *Lewis Basicity and Affinity Scales Data and Measurement*, John Wiley and Sons, United Kingdom, 2010, p. 5）

6.9　三苯胺的气相碱度（876.4 kJ/mol）比三苯基膦（940.4 kJ/mol）小，电子效应和空间位阻效应哪个对这种差异的贡献大？请解释。（数据源于 C. Laurence and J.-F. Gal, *Lewis Basicity and Affinity Scales Data and Measurement*, John Wiley and Sons, United Kingdom, 2010, p. 5）

6.10　气相和水溶液碱度数据的相关性具有指导意义。用下列 Brønsted-Lowry 碱的气相碱度对水溶液中共轭酸的 pK_a 作图（图 6.2 和图 6.3），所用数据源于 C. Laurence and J.-F. Gal, *Lewis Basicity and Affinity Scales Data and Measurement*, John Wiley and Sons, United Kingdom, 2010, p. 5。请标明每个点所对应的碱。

	共轭酸的 pK_a	气相碱度（kJ/mol）
甲醇	−2.05	724.5
乙醇	−1.94	746.0
水	−1.74	660.0
甲醚	−2.48	764.5
乙醚	−2.39	801.0

a. 定性说明并解释，这些气相和溶液数据的相关性如何？

b. 在图中给出醚相对于醇和水的位置，并解释其合理性。

c. 定性说明，两种醚和两种醇的气相与溶液数据相关性如何？这些趋势是诱导效应还是空间位阻效应的结果？请解释。

d. 水在图中的位置相对于其他碱似乎是矛盾的，解释其合理性。

6.11 考虑如下不同亚砜与 BF_3 的亲和能（来自 C. Laurence and J.-F. Gal, *Lewis Basicity and Affinity Scales Data and Measurement*, John Wiley and Sons, United Kingdom, 2010, p. 99），用诱导效应和共振的观点解释 BF_3 亲和能变化趋势的合理性。

Lewis 碱	化学式	BF_3 亲和能（kJ/mol）
二苯基亚砜	Ph_2SO	90.34
甲基苯基亚砜	$PhSOMe$	97.37
二甲基亚砜	Me_2SO	105.34
二正丁基亚砜	$(n\text{-}Bu)_2SO$	107.60
四亚甲基亚砜	$cyclo\text{-}(CH_2)_4SO$	108.10

6.12 开发新的 Lewis 碱度的标度一直受到人们的关注。Maccarrone 和 Di Bella 最近报道了一种用 Zn(Ⅱ)配合物作为参比 Lewis 酸的碱度标度（I. P. Oliveri, G. Maccarrone, S. Di Bella, *J. Org. Chem.*, **2011**, *76*, 8879）。

a. 作者讨论的参比酸需具备何种理想特性？

b. 请将作者发现的奎宁和吡啶的相对 Lewis 碱度，与奎宁（150.01 kJ/mol）和吡啶（见表 6.10）对 BF_3 亲和能进行对比，两种含氮碱以 Zn(Ⅱ)为参比酸显示高的碱度，他们把这归因于 Zn(Ⅱ)的什么特性？

c. 对于脂环（即脂肪族且为环状）和非环状胺，作者报道了哪些总体趋势？如何解释这些趋势的合理性？

6.13 如果 $P(t\text{-}C_4H_9)_3$ 和 $B(C_6F_5)_3$ 的等摩尔混合物与 1 bar 的 N_2O 气体在溴苯溶液中混合，则会以良好收率生成白色产物，其各种 NMR 证据：有一个 ^{31}P NMR 共振信号；^{11}B 和 ^{19}F NMR 谱都表明有一个四配位硼原子；^{15}N NMR 谱表明存在两个不等价的氮原子。另外，该反应无气体放出。

a. 推断 N_2O 在该反应中的作用。

b. 给出产物的结构。（参见 E. Otten, R. C. Neu, D. W. Stephan, *J. Am. Chem. Soc.*, **2009**, *131*, 9918）

6.14 FLP 化学正不断推出不含过渡金属时发生的引人注目的反应。在 H_2 和 $B(C_6F_5)_3$ 存在下，可实现 N-键联苯环无金属芳香氢化反应，生成硼氢化 N-环己铵盐（T. Mahdi, Z. M. Heiden, S. Grimme, D. W. Stephan, *J. Am. Chem. Soc.*, **2012**, *134*, 4088）。

a. 绘制类似于文献中图 2 的反应循环，包括中间体和过渡态的结构。

b. 讨论反应起始 H^+ 加成到 $t\text{-}BuNHPh$ 芳环的可能步骤。

c. 利用 **a** 中绘图解释 $t\text{-}BuNHPh$、$B(C_6F_5)_3$、H_2 在戊烷（298 K）中和在回流甲苯（383 K）中反应的结果。

d. 如果所用的胺碱性过强，会出现什么结果？

6.15 受阻 Lewis 酸碱对具有捕获 NO（一氧化氮）形成氮氧自由基的能力，是 FLP 化学的一项最新进展（M. Sajid, A. Stute, A. J. P. Cardenas, B. J. Culotta, J. A. M. Hepperle, T. H. Warren, B. Schirmer, S. Grimme, A. Studer, C. G. Daniliuc, R. Fröhlich, J. L. Peterson, G. Kehr, G. Erker, *J. Am. Chem. Soc.*, **2012**, *134*, 10156）。运用分子轨道方法解释为什么文献中配合物 **2b** 中的 N—O 键比一氧化氮的长（提示：哪个轨道可能是受体？）。

a. 用弯箭头推进表示法，描绘 **2b** 与 1,4-环己二烯及 **2b** 与甲苯的反应机理。

b. 解释在与甲苯的反应中，为什么在伯碳上而非芳环碳原子上形成 C—O 键。

（译者注：该图疑似有误，原文献 **2b** 中的 O 并非带正电，而是以自由基形式存在）

6.16 运用 P. Gilli, L. Pretto, V. Bertolasi, G. Gilli, *Acc. Chem. Res.*, **2009**, *42*, 33 中的"pK_a 计算尺"，回答下列问题：

a. HCN 和 HSCN，哪种物质与水形成的氢键强？

b. 确定两种可以与有机腈形成强氢键的无机酸。

c. "计算尺"中，哪种有机酸与有机硫化物形成的氢键最强？

d. 水是典型的氢键给体。将以下受体与水形成氢键 A···H$_2$O 的强度（如强、中强、中、中弱、弱）进行分类：胺、三级膦、亚砜、酮和硝基化合物。

6.17 Br$_3$As·C$_6$Et$_6$·AsBr$_3$（Et = 乙基）的 X 射线结构已知（H. Schmidbaur, W. Bublak, B. Huber, G. Müller, *Angew. Chem., Int. Ed.*, **1987**, *26*, 234）。

a. 该结构属于哪个点群？

b. AsBr$_3$ 和 C$_6$Et$_6$ 的前线轨道是如何相互作用形成化学键来稳定该结构的？

6.18 当 AlCl$_3$ 和 OPCl$_3$ 混合时，产物 Cl$_3$Al—O—PCl$_3$ 有一个接近直线排布的 Al—O—P（键角 176°）。

a. 请解释形成该反常键角的原因。

b. 即使 OPCl$_3$ 含有真正的双键，Cl$_3$Al—O—PCl$_3$ 中的 O—P 距离也仅比其稍长。请解释这二者键的差别如此小的原因。（参见 N. Burford, A. D. Phillips, R. W. Schurko, R. E. Wasylishen, J. F. Ricson, *Chem. Commun.*, **1997**, 2363）

6.19 对于气相中的 (CH$_3$)$_3$N—SO$_3$ 和 H$_3$N—SO$_3$ 给体-受体复合物，

a. 哪一个的 N—S 键更长？

b. 哪一个的 N—S—O 键角更大？

简要说明理由。（参见 D. L. Fiacco, A. Toro, K. R. Leopold, *Inorg. Chem.*, **2000**, *39*, 37）

6.20 二氟化氙 XeF$_2$ 可视为诸如 Ag$^+$ 和 Cd^{2+} 金属阳离子的 Lewis 碱。

a. 据你推测，XeF$_2$ 以 Xe 还是 F 上的孤对电子体现其碱性？

b. [Ag(XeF$_2$)$_2$]AsF$_6$ 和 [Cd(XeF$_2$)$_2$](BF$_4$)$_2$ 均已合成。试预测 AeF$_6^-$ 或 BF$_4^-$ 中，哪种离子的氟表现为更强的 Lewis 碱？简要说明理由。（参见 G. Tavcar, B. Zemva, *Inorg. Chem.*, **2005**, *44*, 1525）

6.21 NO$^-$ 离子可以和 H$^+$ 反应形成化学键。HON 和 HNO 哪种结构更为可能？请说明理由。

6.22 含 Br$_2$ 的溶液，其吸收光谱和溶剂有关。在非极性溶剂如己烷中，可观察到一个 500 nm 附近的吸收带；然而在甲醇中，此吸收带发生位移并形成新的谱带。

a. 请解释出现新谱带的原因。

b. 甲醇中的 500 nm 谱带，可能移向长波还是短波？为什么？

请在答案中清楚地展示 Br$_2$ 和甲醇的匹配轨道如何相互作用。

6.23 AlF$_3$ 在液态 HF 中不可溶，但在 NaF 存在下可溶。当往溶液中加 BF$_3$ 时产生 AlF$_3$ 沉淀。请解释。

6.24 为什么古代使用的金属大多数是（b）类金属（HSAB 中的软金属）？

6.25 汞最常见的来源是朱砂（HgS），而同族的 Zn 和 Cd 却以硫化物、碳酸盐、硅酸盐和氧化物的形式存在。为什么？

6.26 ⅡB 族元素卤化物的熔沸点差值（单位℃）见下表。

	F$^-$	Cl$^-$	Br$^-$	I$^-$
Zn^{2+}	630	405	355	285
Cd^{2+}	640	390	300	405
Hg^{2+}	5	25	80	100

你能从中得出什么推论？

6.27 a. 使用 Dargo 的 E 和 C 参数，计算吡啶与 BF$_3$ 以及与 B(CH$_3$)$_3$ 反应的 ΔH。将结果和报道的实验值比较：吡啶-B(CH$_3$)$_3$ 为 −71.1 kJ/mol 和 −64 kJ/mol，吡啶-BF$_3$ 为 −105 kJ/mol。

b. 根据 BF$_3$ 和 B(CH$_3$)$_3$ 的结构解释 **a** 中结果发现的差异。

c. 再用 HSAB 理论解释差异。

6.28 将碱换为 NH$_3$，重复上题的计算，并把这四个反应按照 ΔH 的大小排序。

6.29 将习题 6.27、习题 6.28（译者注：原书误为习题 6.20、习题 6.21）的结果和附录 B.5 中 BF$_3$、NH$_3$ 和吡啶（C$_5$H$_5$N）的绝对硬度参数对比，预测 B(CH$_3$)$_3$ 的 η 是多少？可以对比 NH$_3$ 与 N(CH$_3$)$_3$ 进行上述预测。

6.30 CsI 在水中比 CsF 难溶得多，LiF 比 LiI 难溶得多，为什么？

6.31 用 HSAB 的观点说明下列数据的合理性：

	ΔH（kcal）
CH$_3$CH$_3$ + H$_2$O ⟶ CH$_3$OH + CH$_4$	12
CH$_3$COCH$_3$ + H$_2$O ⟶ CH$_3$COOH + CH$_4$	−13

6.32 预测下列各组物质在水中溶解度顺序，并解释其原因。

a. MgSO$_4$ CaSO$_4$ SrSO$_4$ BaSO$_4$

b. PbCl$_2$　　PbBr$_2$　　PbI$_2$　　PbS

6.33　在某些情况下，CO 可作为主族和过渡金属原子之间的桥联配体。当它在化合物(C$_6$H$_5$)$_3$Al-[桥联CO]-W(CO)$_2$(C$_5$H$_5$)中 Al 和 W 之间形成桥时，桥联原子顺序是 Al—CO—W 还是 Al—OC—W？请简要说明选择的原因。

6.34　试给出正确选择，并解释原因：

a. 最强的 Brønsted 酸：SnH$_4$　SbH$_3$　TeH$_2$

b. 最强的 Brønsted 碱：NH$_3$　PH$_3$　SbH$_3$

c. 对 H$^+$ 最强的碱（气相）：NH$_3$　　CH$_3$NH$_2$　(CH$_3$)$_2$NH　　(CH$_3$)$_3$N

d. 对 BMe$_3$ 最强的碱：吡啶　　2-甲基吡啶　4-甲基吡啶

6.35　B$_2$O$_3$ 呈酸性，Al$_2$O$_3$ 为两性，Sc$_2$O$_3$ 呈碱性。为什么？

6.36　预测下列氢化物与水的反应，并说明理由。

a. CaH$_2$　　**b.** HBr　　**c.** H$_2$S　　**d.** CH$_4$

6.37　列出下列酸与 NH$_3$ 反应时的酸强度顺序。BF$_3$　　B(CH$_3$)$_3$　　B(C$_2$H$_5$)$_3$　　B[C$_6$H$_2$(CH$_3$)$_3$]$_3$　[C$_6$H$_2$(CH$_3$)$_3$] = 2, 4, 6-三甲基苯基

6.38　在下列成对物质中，选出更强的酸或碱，并说明理由。

a. 与 H$^+$ 反应时的 CH$_3$NH$_2$ 或 NH$_3$

b. 与三甲基硼反应时的吡啶或 2-甲基吡啶

c. 与氨反应时的三苯基硼或三甲基硼

6.39　列出下列酸在水溶液中的酸强度排序。

a. HMnO$_4$　H$_3$AsO$_4$　H$_2$SO$_3$　H$_2$SO$_4$

b. HClO　HClO$_4$　HClO$_2$　HClO$_3$

6.40　溶剂可以改变溶质的酸碱行为。比较二甲胺在水、乙酸和 2-丁酮中的酸碱性质。

6.41　HF 的 $H_0 = -11.0$，而加入 4% SbF$_5$ 可将之降至 -21.0。请解释为什么 SbF$_5$ 具有如此强的作用，以及为什么产生的溶液酸性如此之强，以至于可以使烯烃质子化。

$$(CH_3)_2C\!=\!\!CH_2 + H^+ \longrightarrow (CH_3)_3C^+$$

6.42　卤化硼 BF$_3$、BCl$_3$ 和 BBr$_3$ 对 NH$_3$ 的相对 Lewis 酸性不同，其原因一直存在争议。尽管基于电负性，BF$_3$ 可望是最强的 Lewis 酸，但 Lewis 酸性顺序却是 BBr$_3$＞BCl$_3$＞BF$_3$。请参阅文献以解决以下问题。（参见 J. A. Plumley, J. D. Evanseck, *J. Phys. Chem. A*, **2009**, *113*, 5985）

a. 如何用配体密堆积（LCP）方法解释该酸性顺序？（参见 B. D. Rowsell, R. J. Gillespie, G. L. Heard, *Inorg. Chem.*, **1999**, *38*, 4659）

b. 基于 F. Bessac, G. Frenking, *Inorg. Chem.*, **2003**, *42*, 7990 中的计算结果，可给出什么解释？

下面的题目需要用到分子建模软件。

6.43　**a.** 计算并图示 NO$^-$ 的分子轨道，说明如何将 NO$^-$ 和 H$^+$ 的反应描述为 HOMO-LUMO 相互作用。

b. 计算并图示 HNO 和 HON 的分子轨道。基于计算结果及对 **a** 问题的回答，哪种分子结构更加合理？

6.44　计算并图示 Br$_2$、甲醇以及 Br$_2$-甲醇加合物的前线轨道，说明反应物的轨道如何相互作用。

6.45　**a.** 计算并图示 BF$_3$、NH$_3$ 以及 F$_3$B—NH$_3$ Lewis 酸碱加合物的分子轨道。

b. 检视 F$_3$B—NH$_3$ 中 B—N 键所涉及的成键轨道和反键轨道。成键轨道的极化偏向 B 还是 N？反键轨道呢？简要解释。

6.46　6.4.5 节包含了一张 Br$_2$ 和乙炔间形成卤键的图。

a. 用示意图展示乙炔的 π 轨道如何与 Br$_2$ 的 LUMO 相互作用形成加合物。

b. 计算并图示乙炔-Br$_2$ 加合物的分子轨道。描述观察到的乙炔 π 轨道和 Br$_2$ 分子轨道间的相互作用。

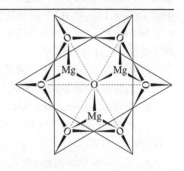

第 7 章

晶 态 固 体

固态化学中的成键原理与分子中相应的规则一样，只是设想晶体由遍布且贯穿整个晶体的分子轨道组成，由此建立模型来解释宏观晶体的物理和化学性质。与第 5 章的分子轨道理论相比，该成键模型需要换个视角，以便于解释块材与小分子相比非常独特的性质。固体分为两大类：晶体和无定形材料。本章集中于由原子或离子组成的晶态固体。

我们首先描述晶体的常见结构；然后根据分子轨道方法分析它们的成键情况；最后介绍这些材料的一些热力学和电学性质及材料的用途。

7.1　化学式与结构

晶态固体含有以规则几何阵列堆积的原子、离子或分子，其中最简单的结构重复单元称为晶胞（unit cell）。本节将介绍一些常见晶体的几何结构，还将考虑构成晶体的组分相对大小在确定其结构时发挥的作用。使用结构分析软件（如 ICE 软件[*]）有助于这些结构的研究。

7.1.1　简单结构

金属的晶体结构相对简单。某些矿物的结构可能很复杂，但它们通常由简单的结构组合而成，可以从复杂的结构中提取出来。晶胞（单胞）是一种结构单元，当它在所有方向上重复排列时，就形成了宏观晶体。图 7.1 显示了 14 种可能的晶体结构（布拉维格子），在一些结构中可能有几种不同的晶胞，根据应用时具体的方便情况选择其中一种。某一晶胞与相邻晶胞共享顶点、边或面上的原子（或离子），情况如下：

矩形晶胞顶点上原子由八个晶胞均等共享，为每一晶胞贡献 $\frac{1}{8}$（每个晶胞内计为 $\frac{1}{8}$ 个

---

[*] Institute for Chemical Education, Department of Chemistry, University of Wisconsin-Madison, 1101 University Ave., Madison, WI 53706。其他的结构分析软件包源自 A. B. Ellis, M. J. Geselbracht, B. J. Johnson, G. C. Lisensky, W. R. Robinson, *Teaching General Chemistry: A Materials Science Companion*, American Chemical Society, Washington, DC, 1993。

原子），单个晶胞中所有顶点合计有 $8 \times \dfrac{1}{8} = 1$ 个原子。

非矩形晶胞顶点上原子总贡献也是 1：原子在某顶点的较小贡献与另一顶点的较大贡献合计正好为 1 个。

晶胞边上原子由四个晶胞（同层两个，相邻层两个）共享，为每一单胞贡献 $\dfrac{1}{4}$。

两晶胞共享一个面时，晶胞面上原子为每一个单胞贡献 $\dfrac{1}{2}$。

图 7.1 表明晶胞不必具有相等的边长或顶角。例如，三斜晶体定义为三个不同顶角和三个不同边长的晶胞。

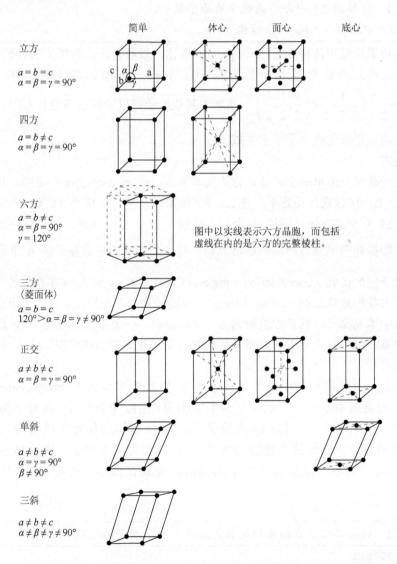

图 7.1　七大晶系和 14 个布拉维格子。图中的点不一定是单个原子，仅以此显示对称性

示例 7.1

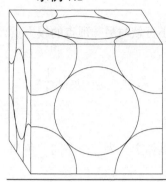

右图为面心立方晶胞的空间填充图，并将其切割为仅显示每个原子在晶胞边界内的部分。顶点上原子由 8 个晶胞共享，因此其 $\frac{1}{8}$ 位于所示晶胞中；面上原子由两个晶胞共享，原子的 $\frac{1}{2}$ 在晶胞中。晶胞有 8 个顶点，合计 $8 \times \frac{1}{8} = 1$ 个原子；6 个面合计 $6 \times \frac{1}{2} = 3$ 个原子；总计，在晶胞内有 4 个原子。

练习 7.1 计算图 7.1 中每个晶胞中的原子数目。

a. 体心立方结构　　**b.** 六方结构

原子的位置经常用晶格点（lattice point）描述，以晶胞边长为单位的分数坐标表示。例如，体心立方晶胞包括原点原子 [$x = 0$、$y = 0$、$z = 0$，或 $(0, 0, 0)$] 和体心原子 $\left[x = \frac{1}{2}、y = \frac{1}{2}、z = \frac{1}{2}，或 \left(\frac{1}{2}, \frac{1}{2}, \frac{1}{2} \right) \right]$。晶胞中其他原子可以通过在各边长方向以单胞的单位长度作为增量平移这两个原子来生成。

简单立方

最基本的晶系是简单的立方体，称为简单立方（primitive cubic）结构，其中原子位于 8 个顶点上，可以通过指定单一边长、90°顶角以及单一晶格点 $(0, 0, 0)$ 来描述。因为每个原子被 8 个立方体（同层 4 个，上层或下层 4 个）共享，故晶胞中原子总数为 $8 \times \frac{1}{8} = 1$，即描述简单立方所需的晶格点数。每个全同的晶格点原子被 6 个原子围绕，因此每个原子的配位数（coordination number，CN）为 6。此结构并非有效的空间堆积，因为原子仅占晶胞总体积的 52.4%。简单立方晶胞的中心是一空隙，有 8 个近邻原子，如果在该空隙中填充原子，则其配位数为 8。计算表明，一个半径为 $0.73\,r$（r 是顶点上原子半径）的原子如果和顶点上的原子紧密接触，则其正好填满该空隙。

体心立方

如果在简单立方结构的中心添加一个原子，则产生体心立方（body-centered cubic，bcc）晶胞。如果新增原子与其他原子的半径相同，则晶胞会扩大（相对于简单立方），因为中心原子的半径大于 $0.73r$（r 为原子半径），立方体的体对角线则为 $4r$，因而顶点原子不再相互接触。新的晶胞边长为 $2.31r$，共包含两个原子，因为体心处的原子完全在晶胞内。所以，晶胞含有两个晶格点，分别在原点 $(0, 0, 0)$ 以及晶胞中心 $\left(\frac{1}{2}, \frac{1}{2}, \frac{1}{2} \right)$。

练习 7.2 证明体心立方晶胞的边长是晶体中原子半径的 2.31 倍。

紧密堆积结构

将弹珠或轴承内钢珠倒入扁平盒中时，它们往往会形成密置层，其中每个球在同一平面层被其他 6 个球包围，这种排布是单一层最紧密的堆积。当三个或更多个密置层彼此规则铺陈时，可以产生两种结构。如果第三层所有原子直接处于第一层的正上方时，将产生 ABA 结构，称为六方密堆积（hexagonal close packing，hcp）；当第三层原子和第一层平移错开而正对其间隙时，则得到 ABC 结构，称为立方密堆积（cubic close packing，ccp）或面心立方（face-centered cubic，fcc）。在 hcp 或 ccp/fcc 结构中，每个原子的配位数为 12，如图 7.2 所示，同层 6 个，上下层各 3 个。在这两种结构中，平均每个原子伴有两个四面体空隙（配位数 4，同层有三个原子，上层或下层有一个原子），以及一个八面体空隙（每层三个原子，总配位数为 6）。

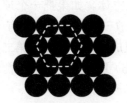

单一密置层A，虚线显示层内的六方堆积。

密置双层A和B：八面体空隙在两层间延伸，每层3个原子围成；四面体空隙在上层的每一个原子下方，由下层3个原子和上层1个原子围成。

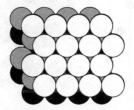

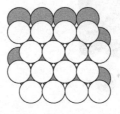

以ABC堆积模式形成的立方最密堆积层：八面体空隙在层间彼此交错，因此没有能够穿透3层的孔洞。

以ABA堆积模式形成的立方最密堆积层：第三层的原子准确地与第1层原子重合，八面体空隙上下对齐；一套由下方A、B层原子围成，而另一套由B、上方A层原子围成。

 第一层(A)　　　　　 第二层(B)　　　　　◯ 第三层(A或C)

图 7.2　密堆积结构

在较大的晶体中，六方密堆积相对容易辨别，可以观察到六方棱柱彼此共享竖直面的情况（图 7.3）；其最小的晶胞比六方棱柱小（图 7.1），单一层中取任意四个相互接触的原子，通过在竖直方向的延伸线与第三层相应原子相连，就会得到以平行四边形为底的单胞。如图 7.3 所示，该单胞在第一层中包含 0.5 个原子$\left(4\text{个原子平均各贡献}\dfrac{1}{8}\right)$，且与第三层中 4 个原子情况相似；第二层包含一个原子（其中心在晶胞内），因此共含有两个原子。晶胞的三维尺寸为 $2r$、$2r$ 和 $2.83r$，底面上前两个轴之间的夹角为 $120°$，第三轴与底面垂直；两个原子分别在晶格点 $(0, 0, 0)$ 和 $\left(\dfrac{1}{3}, \dfrac{2}{3}, \dfrac{1}{2}\right)$ 处。

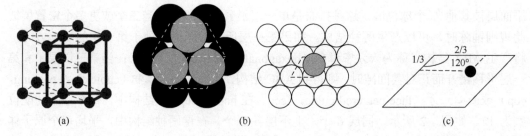

图 7.3　六方密堆积。（a）六方棱柱，加粗的轮廓为其单胞；（b）一个 hcp 单胞中的密置双层，单胞底面为平行四边形，第三层与第一层相同；（c）第二层中原子的位置

　　当每一层都密置时，很难看清楚立方密堆积中的立方体。如果把一个顶点放在某一层内，则需要四个密置层才能形成完整晶胞。第一层只放一个球；第二层有 6 个呈三角形排布的球，如图 7.4（a）所示；第三层的 6 个球也组成三角形，但与第二层中三角形相比顶点旋转了 60°；第四层也只放一个球。如图 7.4（b）所示，如果将其侧面按照惯常的水平及垂直方向放置，则立方体晶胞的形状更容易分辨出来。

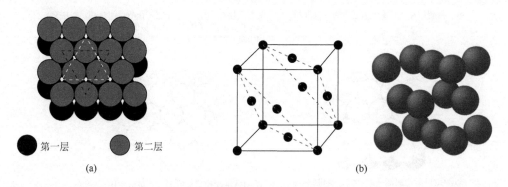

图 7.4　立方密堆积。（a）ccp（或 fcc）单胞中的密置双层。位于第一层在三角形中心处的原子与第二层中三角形连接的 6 个原子组成半个单胞，等同的另一半在第三层与第四层之间，但三角形朝向倒转。（b）单胞的两种视图，第一张中标出了密置层

　　立方密堆积结构的单胞为面心立方，8 个顶点和 6 个面心上各有一个球体。单胞中总共有 4 个原子，晶格点位于（0, 0, 0）、$\left(\frac{1}{2}, \frac{1}{2}, 0\right)$、$\left(\frac{1}{2}, 0, \frac{1}{2}\right)$ 和 $\left(0, \frac{1}{2}, \frac{1}{2}\right)$。在以上两个密堆积结构中，球体积占总体积的 74.0%。

　　离子晶体也可以根据结构中的空隙或孔来描述，图 7.5 显示了密置双层结构中四面体和八面体空隙的位置。每将一个原子放在密置层上方的新层中，都会新增一个四面体空隙，由第一层中的三个原子和第二层新增原子构成（CN = 4）；当加入更多原子时，还会生成由第二层中三个原子与第一层中一个原子构成的四面体空隙。此外，相邻层间还可以产生八面体空隙，由每层各出三个原子围绕而成（CN = 6）。总的来说，对应于每一个原子，密堆积结构产生两个四面体空隙和一个八面体空隙。较小离子可以填充这些空隙。例如，半径为 r 的大离子产生的四面体空隙，可以填充半径 0.225r 的较小离子（假

设彼此接触）；而类似的八面体空隙，可以填充半径 0.414r 的离子。这些小的填充半径必须满足空隙中小离子与 4 个或 6 个相邻离子保持接触。在更复杂的晶体中，即使离子彼此不接触，也要运用类似的方法描述几何结构。例如，NaCl 中的氯离子形成 ccp 阵列；同时，其八面体空隙中填充的钠离子也是 ccp 阵列。钠离子半径是氯离子的 0.695 倍（$r_+ = 0.695 r_-$），离子过大迫使氯离子分开，但又不能大到使其配位数大于 6。

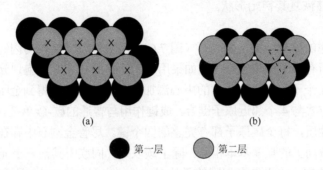

图 7.5　密置层中的四面体及八面体空隙。（a）四面体空隙位于每个 × 球下方，以及第一层中能看到的每三个原子所组成的三角形中心处；（b）八面体空隙轮廓，每层有三个原子围绕

金属晶体

除锕系元素外，大多数金属结晶为体心立方、立方密堆积和六方最密堆积结构，每种类型的数目大致相等。有趣的是，压力或温度的变化会改变许多金属晶体的结构，这种可变性和动态行为说明，将这些金属原子视为独立于其电子结构和外部条件而堆积在晶体中的刚性球是不合适的。相反，金属原子在晶体中的排列是很难预测的，不同的排列之间的能量差有时通常相对较小。原子以适当的距离相互吸引，若距离太近，它们的电子云重叠太多则互相排斥。这些力之间的平衡由原子的特定电子构型调节，决定了最稳定的结构，简单的几何方法不足以预测金属的晶体结构。

金属的性质

电导率最能区分金属与非金属的性质。金属对电和热具有高传导性（低阻抗）；非金属具有低传导性（高阻抗）。一个显著的例外是非金属中的金刚石，它具有较低的电导率和高的热导率。在 7.3 节中，将从金属和半导体的电子结构角度讨论导电性。

除了导电性，金属性也明显不同。一些金属较为柔软，在压力或冲击下容易变形（可锻压），如 Cu（fcc 结构）；而另一些则又硬又脆，更易断裂而非弯曲，如 Zn（hcp 结构）。但是，锤锻或弯曲大多数金属块会使它们发生形变，因为金属中的成键是无方向性的，每个原子都与所有相邻原子键合，而不是像在孤立分子中那样只与单个原子成键。当施加足够的力时，原子可以彼此滑动，并以几乎相同的总能量重新排列成新的结构。位错（dislocation），即晶体中因原子离开原来的位置所引起的缺陷，但由于晶体的刚性而存留下来，且使金属更易于发生物理变形。通过掺入杂质原子，特别是那些尺寸不同于主体的杂质，会增大错位效应。这些外来原子倾向于聚集在晶体错位处，从而使晶体结构更加不均匀。这样的缺陷允许多层原子逐步滑动，而不是整层同时移动。某些金属可以通过反复变形进行加工硬化，锤锻金属时，缺陷往往会聚集在一起，使金属主体结构变得均匀，从而提高抗形变能力；热加工可以通过重新分布位错并减少其数量来恢复金属柔韧性。实际上，位错对金属物理性能的影响很难预测。对于不同的金属或合金（金属混合物），加热后缓慢或快速冷却会导致明显不同的结果。对某些金属可以进行淬火使其变硬，并更好地保持锋利边缘；而对另外一些金属进行热处理，可使其更具弹性且能够回弹而不是永久弯曲；还有一些合金可以通过处理而具有"形状记忆"，它们可以弯曲且在适度加热下能够恢复其初始形状。

金刚石

我们最后考虑的简单结构是金刚石（图 7.6），其总体几何结构与闪锌矿（稍后描述）相同，只是其中所有原子都是碳原子。如果用中间面将面心立方晶胞划分为 8 个等同的小立方体，并且在 4 个不相邻小立方体的中心添加额外的原子，就得到金刚石结构。每个碳原子都以四面体方式与 4 个邻近原子键合，成键作用与普通的碳-碳单键相似。晶体强度取决于成键的共价性质，每个碳原子都有完整的四个键。尽管金刚石中存在潜在的解理面，但该结构在所有方向上的强度基本相同。除了碳以外，同族中其他三个元素（硅、锗和 α-锡）具有相同的结构。冰也具有相同的晶体对称性（参见图 3.27），所有氧原子之间均有 O—H—O 氢键；由于氧原子之间的距离更长，冰的结构更开放，因此冰的密度低于液态水。

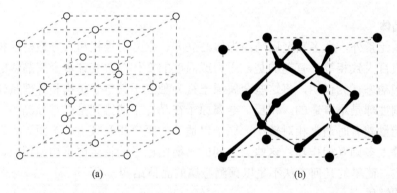

(a)　　　　　　　　　　　　　(b)

图 7.6　金刚石结构。（a）晶胞分割图，原子交替排列成小立方体；（b）晶胞内 4 个碳原子均为正四面体配位

7.1.2　二元化合物的结构

二元化合物由两种元素组成，其晶体结构可以非常简单，适用不同的方式描述，图 7.7 显示了两个简单的结构。如 7.1.1 节所述，在密堆积结构中每个原子伴有两个四面体空隙和一个八面体空隙，如果较大的离子（通常是阴离子）形成密堆积结构骨架，则带有相反电荷的离子会占据这些空隙，主要依赖于两个因素：

1. 原子或离子的相对大小。半径比（radius ratio，通常为 r_+/r_-，有时也用 r_-/r_+，其中 r_+ 和 r_- 分别为阳、阴离子半径）通常用于评估离子的相对大小。较小的阳离子通常填充在阴离子密堆积形成的四面体或八面体空隙中；而稍大的阳离子则在同一晶格中只能填充在八面体空隙；更大的阳离子会引起晶格结构变化（如 7.1.4 节中所述）。

2. 阳离子和阴离子的相对数量。例如，M_2X 型化合物将不允许阴离子密堆积晶格中仅有八面体空隙填充阳离子，因为阳离子数量是八面体空隙数的两倍！该结构中四面体空隙也必须填有阳离子（理论上可行，因为四面体空隙与阴离子个数比为2∶1），或者具有非密堆积的阴离子晶格。

本节将描述通用的结构，并以该类结构中最常见的化合物名称命名，重点是晶体中离子以高度离子键进行键合的结构，这里不考虑相对较高共价成分对晶体结构的影响。完全合理地描述晶体结构必须考虑离子的电子结构，以及它们产生的离子与共价成分对化学键的贡献。

氯化钠型 NaCl

NaCl 由同为面心立方堆积的钠离子和氯离子阵列组成，这两套阵列在某一方向上彼此偏移半个晶胞单位长度，因此钠离子在氯离子晶格的棱边中点处，反之亦然 [图7.7（a）]。如果所有离子相同，那么 NaCl 晶胞将由 8 个简单立方体组成，许多碱金属卤化物具有这种结构。在这些晶体中，离子大小往往截然不同，且阴离子通常比阳离子大。每个钠离子被 6 个最邻近的氯离子包围，与此同时每个氯离子也被 6 个最邻近的钠离子包围。

氯化铯型 CsCl

如前所述，半径为 $0.73r$ 的球体恰好填入立方结构的中心，适合度尽管并不完美，但恰能反映 CsCl 的结构情况。图 7.7（b）中，氯离子形成简单立方堆积，中心填有铯离子[*]；也可以看作铯离子形成简单立方堆积而中心填有氯离子。氯离子平均半径是铯离子的 0.83 倍（分别为 167 pm 和 202 pm），但 CsCl 中的离子间距为 356 pm，比离子平均半径之和小约 3.5%。在常温常压下，只有 CsCl、CsBr、CsI、TlCl、TlBr、TlI 和 CsSH 有这种结构，而其他一些碱金属卤化物在高压高温下才具有同样结构。铯盐可以在 NaCl 或 KBr 基板上结晶成 NaCl 型结构，而 CsCl 在约 469 ℃时会转变为 NaCl 型。

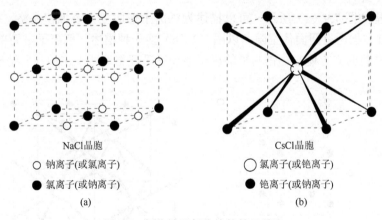

NaCl晶胞
○ 钠离子(或氯离子)
● 氯离子(或钠离子)
(a)

CsCl晶胞
○ 氯离子(或铯离子)
● 铯离子(或钠离子)
(b)

图 7.7　氯化钠及氯化铯的单元晶胞

闪锌矿型 ZnS

ZnS 有两种常见晶型，配位数均为 4。闪锌矿是最常见的锌矿石，其晶体结构与金刚石基本相同，只是锌和硫层交替排布 [图7.8（a）]。也可以描述为两套分别由锌离子和

---

[*] CsCl 并不形成体心立方晶胞，因为中心和角顶的离子不一样。

硫离子组成的面心立方晶格，因此每一离子都位于另一套晶格的四面体空隙中。化学计量关系显示，这些四面体空隙中的一半被占据且与未占据的空位彼此交替。

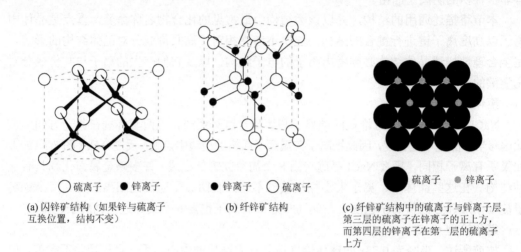

(a) 闪锌矿结构（如果锌与硫离子互换位置，结构不变）　○硫离子　●锌离子

(b) 纤锌矿结构　●锌离子　○硫离子

(c) 纤锌矿结构中的硫离子与锌离子层。第三层的硫离子在锌离子的正上方，而第四层的锌离子在第一层的硫离子上方　●硫离子　●锌离子

图 7.8　ZnS 晶体。(a) 闪锌矿；(b，c) 纤锌矿

纤锌矿型 ZnS

纤锌矿型 ZnS 比闪锌矿型稀有得多，需要在较高温度下形成，其中锌离子和硫离子各自形成一套六方密堆积晶格，彼此占据对方晶格中的四面体空隙 [图 7.8 (b) 和 (c)]，类似闪锌矿结构，只有一半的四面体空隙被占据。

萤石型 CaF$_2$

萤石结构如图 7.9 (a) 所示，可以描述为钙离子形成立方密堆积晶格，每个周围有 8 个氟离子并占据所有四面体空隙；以图 7.9 (b) 换一种描述，氟离子呈简单立方排列，钙离子位于共边的立方体心。钙和氟的离子半径近乎理想地适于这种几何结构。如果阳

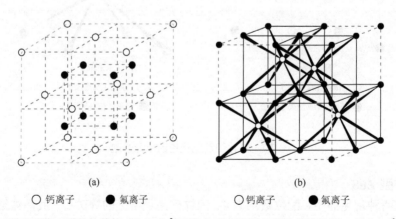

(a)　○钙离子　●氟离子

(b)　○钙离子　●氟离子

图 7.9　萤石型和反萤石型晶体结构。(a) Ca^{2+} 形成立方密堆积晶格的萤石结构，每个 Ca^{2+} 周围有 8 个占据四面体空隙的 F^-；(b) F^- 形成简单立方晶格的萤石结构，Ca^{2+} 处于共边的立方体心位置。如果正、负离子位置互换（如 Li_2O），则称为反萤石型结构

阴离子的化学计量比是相反的，则为反萤石结构，该结构存在于 Li、Na、K 和 Rb 的所有氧化物和硫化物以及 Li_2Te 和 Be_2C 中。在反萤石结构中，阴离子晶格中的每个四面体空隙都被阳离子占据；而 ZnS 结构与之不同，硫离子晶格中只有一半四面体空隙被锌离子占据。

砷化镍型 NiAs

砷化镍结构中（图 7.10）具有相同的砷原子密置层，它们彼此直接堆叠，镍原子填充在所有的八面体空隙，较大的砷原子位于镍原子组成的三棱柱中心，两种原子的配位数均为 6。镍层原子排列足够紧密，因此都认为每个镍之间两两成键。换一种描述，砷原子形成六方密堆积晶格，镍原子占据其中所有的八面体空隙。许多 MX 型化合物也采用这种结构，其中 M 是过渡金属，X 为 14 族、15 族或 16 族原子（Sn、As、Sb、Bi、S、Se 或 Te）。此类型结构可以轻松更改，以允许将大量非金属掺入制备非化学计量比材料。

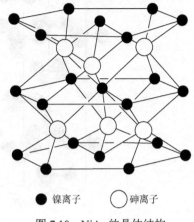

● 镍离子　　○ 砷离子

图 7.10　NiAs 的晶体结构

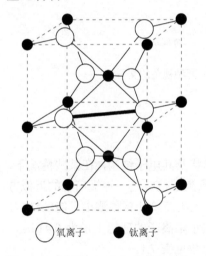

○ 氧离子　　● 钛离子

图 7.11　金红石（TiO_2）的晶体结构。图中有两个金红石的单胞，粗线标明两个（TiO_6）八面体共边

金红石型 TiO_2

TiO_2 的金红石结构中（图 7.11）TiO_6 以扭曲八面体彼此共边形成柱状结构，钛和氧的配位数分别为 6 和 3。氧离子与 3 个最邻近的钛离子形成平面结构，其中一个 O—Ti 键略长。晶胞中，钛离子位于顶点和体心；在上、下底面对角线方向各有两个氧离子，且在竖直方向重叠；通过体心钛平面上的两个氧离子，占据 TiO_6 八面体的最后两个相对位点。MgF_2、ZnF_2 以及一些过渡金属氟化物显示为金红石型结构；而含有较大金属离子的 CeO_2 和 UO_2 等化合物，采用萤石型结构，配位数分别为 8 和 4。

7.1.3　复杂化合物

在晶格中将一种离子替换为另一种离子可以形成许多化合物。如果两者电荷数和半径相近，则可能在二者很大的比例范围内得到基本相同的晶体结构；如果离子电荷或大小不同，则结构必须改变，有时会出现空位以平衡电荷，并不断调整晶格以容纳更大或更小的离子。当阴离子非球形时，晶体结构会扭曲以适应其形状，大阳离子还可能需要提高配位数。许多盐类（$LiNO_3$、$NaNO_3$、$MgCO_3$、$CaCO_3$、$FeCO_3$、$InBO_3$ 和 YBO_3）采用方解石结构，如图 7.12（a）所示，命名来自六方晶系碳酸钙，其中金属周围有 6 个最近邻的氧。少数具有较大阳离子的盐（KNO_3、$SrCO_3$、$LaBO_3$）采用图 7.12（b）所示的文石结构，即正交晶系 $CaCO_3$，金属离子为九配位。

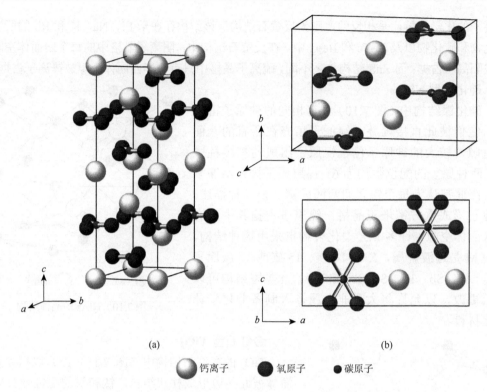

（a）　　　　　　　　　　　　　　　　　　　　（b）

　○ 钙离子　　　●氧原子　　　●碳原子

图 7.12　碳酸钙的结构。（a）方解石；（b）两种视角的文石

7.1.4　半径比

　　不同晶体中的配位数取决于离子或原子的大小、形状及其电子结构，在某些情况下，还取决于晶体形成时的温度和压力。利用半径比 r_+/r_- 预测配位数是一种极简单的近似方法。将离子设定为刚性球来建模，则可以通过离子半径比的简单计算预测出可能的结构。基于刚性球假设，阴离子晶格中的八面体空隙所容纳较小阳离子的理想半径为 $0.414r_-$，对于其他几何构型的计算结果得出的半径比和预测配位数见表 7.1。

表 7.1　半径比（r_+/r_-）和预测配位数

极限半径比	预测配位数	配位几何构型	例子
	4	四面体	ZnS
0.414			
	4	平面四方型	无
	6	八面体	NaCl，TiO$_2$（金红石）
0.732			
	8	立方体	CsCl，CaF$_2$（萤石）
1			
	12	立方八面体	没有离子晶体的例子，但很多金属是十二配位

示例 7.3（译者注，原著无示例 7.2）

NaCl CN = 4 或者 CN = 6，用 Na^+ 离子半径（附录 B.1）计算得 $r_+/r_- = 113/167 = 0.677$ 或 $116/167 = 0.695$，两者均预测 CN = 6。Na^+ 很容易进入 Cl^- 晶格（ccp）的八面体空隙。

ZnS 锌离子半径随配位数变化较大。CN = 4 时，半径比 $r_+/r_- = 74/170 = 0.435$；而 CN = 6 时，$r_+/r_- = 88/170 = 0.518$，两者均预测 CN = 6，但数值较小的一个接近于极限 0.414（四面体）。实验上，Zn^{2+} 离子大小与 S^{2-} 晶格的四面体空隙相符，可以是 ccp（闪锌矿），也可以是 hcp（纤锌矿）。

练习 7.3 萤石（CaF_2）中的氟离子呈简单立方堆积，钙离子位于共边的立方体心，$r_+/r_- = 0.97$。用半径比预测两个离子的配位数各是多少？观察到的配位数是多少？同时预测 $CaCl_2$ 和 $CaBr_2$ 中 Ca^{2+} 的配位数。

尽管 ZnS 主要为共价型而非离子型，但理论预测和上述练习的结果与这两种化合物的真实结构相当吻合。但是，由于离子并非刚性球，而且许多情况下半径比预测结果并不正确，因此应谨慎使用这类预测。一项研究称[1]，大约 2/3 案例的实际结构与预测相符，其中 CN = 8 时符合的比例较高，而 CN = 4 时符合的比例较低。

也有阳离子比阴离子大的化合物，这些情况下相应的半径比为 r_+/r_-，它决定了阳离子晶格空隙中的阴离子配位数。氟化铯就是一个例子，其 $r_+/r_- = 119/181 = 0.657$，预测配位数为 6，该化合物的实测结构与 NaCl 型一致。

当阴、阳离子半径几乎相等时，会形成阳离子位于体心的阴离子立方堆积阵列，如氯化铯（CN = 8）。尽管密堆积结构（忽略阴、阳离子之间差异）似乎会产生更强相互吸引，但 CsCl 型结构能有效地拉开相同电荷的离子，从而减小它们之间的排斥力。

那些非 1:1 比例组成的盐，如 CaF_2 和 Na_2S，其阴、阳离子或采用不同配位数，或在结构位点为分数占有率。Wells[2] 和其他参考资料中提供了此类结构的详细信息。

7.2 离子晶体的形成热力学

从元素到生成的离子化合物可以用一系列步骤表示，加和后为整个反应；这种拆分方法可以进一步解释清楚形成盐的驱动力。Born-Haber 循环，把一系列组成反应当作化合物形成中的独立步骤。以氟化锂为例，前五个反应加在一起就得到第六个总反应*。

$Li(s) \longrightarrow Li(g)$	$\Delta H_{sub} = 161 \text{ kJ/mol}$	升华焓	（1）
$\frac{1}{2} F_2(g) \longrightarrow F(g)$	$\Delta H_{dis} = 79 \text{ kJ/mol}$	解离焓	（2）
$Li(g) \longrightarrow Li^+(g) + e^-$	$\Delta H_{ion} = 520 \text{ kJ/mol}$	电离能	（3）
$F(g) + e^- \longrightarrow F^-(g)$	$\Delta H_{ion} = -328 \text{ kJ/mol}$	–电子亲和能	（4）
$Li^+(g) + F^-(g) \longrightarrow LiF(s)$	$\Delta H_{xtal} = -1050 \text{ kJ/mol}$	晶格焓	（5）
$Li(s) + \frac{1}{2} F_2(g) \longrightarrow LiF(s)$	$\Delta H_{form} = -618 \text{ kJ/mol}$	生成焓	（6）

---

* 虽然电离能和电子亲和能在形式上是内能的变化（ΔU），但它们等价于焓变，因为 $\Delta H = \Delta U + P\Delta V$，且用 $\Delta V = 0$ 定义电离能和电子亲和能的过程。

历史上，在测量或计算了其他步骤焓变之后，曾经利用此方法确定电子亲和能。现代技术提高了测定电子亲和能的实验精度，使得这些计算能够提供更精确的晶格焓。尽管方法简单，但它在计算那些难以直接测量的反应热力学性质时却很有用。

7.2.1 晶格能和 Madelung 常数

乍一看，计算晶格能似乎很简单：只需用下式计算每对离子间的静电能之和。

$$\Delta U = \frac{Z_i Z_j}{r_0} \left(\frac{e^2}{4\pi\varepsilon_0} \right)$$

式中，Z_i、Z_j 是离子电荷数；r_0 是离子中心之间的距离；$e = 1.602 \times 10^{-19}$ C，是电子电荷；$4\pi\varepsilon_0 = 1.11 \times 10^{-10}$ C^2/(J·m)，是真空介电常数；$\left(\dfrac{e^2}{4\pi\varepsilon_0} \right) = 2.307 \times 10^{-28}$ J·m。

但这种方法存在问题，因它假设每个阳离子只受到晶格内一个阴离子的吸引。事实上，即使所有最近邻离子间的作用能都相加也是不够的，因为离子间长程作用也涉及可观的能量。例如 NaCl，钠离子与最邻近 6 个氯离子的间距是单胞距离的一半，但次相邻是 12 个钠离子，距该钠离子为单胞距离的 0.707 倍，而更远的离子，数量迅速增加。所有这些结构因素都与离子间距不断增加有关，直到离子间作用变得无穷小为止，从而产生一个称为 Madelung 常数（Madelung constant）的修正因子。下面用它来确定晶格能，即 1 mol 某种盐的晶格内离子相互吸引所导致的稳定化能

$$\Delta U = \frac{NMZ_+ Z_-}{r_0} \left(\frac{e^2}{4\pi\varepsilon_0} \right)$$

式中，N 是 Avogadro 常数；M 是 Madelung 常数。相邻离子间的斥力是一个更复杂的函数，通常与距离的 6~12 次方成反比；Born-Mayer 方程便使用了距离和一个常数 ρ 对其进行修正：

$$\Delta U = \frac{NMZ_+ Z_-}{r_0} \left(\frac{e^2}{4\pi\varepsilon_0} \right) \left(1 - \frac{\rho}{r_0} \right)$$

对于简单化合物，当 r_0 在皮米量级时，取 $\rho = 30$ pm 吻合得很好。当电荷数为 2 和 1 时，晶格能是原来的 2 倍；当两个离子电荷都翻倍时，晶格能是原来的 4 倍。表 7.2 给出了一些晶体结构的 Madelung 常数。

表 7.2 Madelung 常数

晶体结构	Madelung 常数 M
NaCl	1.74756
CsCl	1.76267
ZnS（闪锌矿）	1.63805
ZnS（纤锌矿）	1.64132

续表

晶体结构	Madelung 常数 M
CaF_2	2.51939
TiO_2（金红石）	2.3850
Al_2O_3（刚玉）	4.040

数据来源：D. Quane, *J. Chem. Educ.*, **1970**, *47*, 36。文献描述了此定义及其他几个定义，其中常数中包括全部或部分电荷，由于有不同的定义，因此使用 M 时要小心。

虽然前面的方程式提供了气相离子形成晶格的内能变化，但更常用的是晶格焓（lattice enthalpy）$\Delta H_{xtal} = \Delta U + \Delta(PV) = \Delta U + \Delta n RT$，其中 Δn 是气相离子形成晶体前后摩尔数的变化（形成 AB 型化合物，Δn 为-2；AB_2 型化合物则为-3）。在 298 K 时，$\Delta n RT$ 数值相对较小（AB 型为-4.95 kJ/mol，AB_2 型为-7.43 kJ/mol），故 $\Delta H_{xtal} \approx \Delta U$。

练习 7.4　使用附录 B.1 中的离子半径计算 NaCl 的晶格能。

7.2.2　溶解度、离子大小和 HSAB

溶剂化和溶解度的影响也可以用热力学计算来探讨。对于总反应 $RbCl(s) \xrightarrow{H_2O} Rb^+(aq) + Cl^-(aq)$ 使用以下分步反应[*]：

$RbCl(s) \longrightarrow Rb^+(g) + Cl^-(g)$	$\Delta H = 689$ kJ/mol	-晶格能
$Rb^+(g) \xrightarrow{H_2O} Rb^+(aq)$	$\Delta H = -358$ kJ/mol	溶剂化能
$Cl^-(g) \xrightarrow{H_2O} Cl^-(aq)$	$\Delta H = -316$ kJ/mol	溶剂化能
$RbCl(s) \xrightarrow{H_2O} Rb^+(aq) + Cl^-(aq)$	$\Delta H = 15$ kJ/mol	溶解能

如果四个反应中任意三个反应的焓变都能被测定，那么通过热力学循环就能得到第四个反应的焓变[**]。通过比较不同化合物类似测定的结果，可以估算出许多离子的溶剂效应。与溶解有关的自由能变化，还需要考虑溶剂化过程的熵变。

涉及溶解度的热力学因素比较多，包括离子的大小和电荷、离子的软硬度（HSAB）、固体的晶体结构及每个离子的电子结构。一般来说，小离子彼此之间以及与水分子都有强的静电吸引；大离子间及与水吸引力则较弱，但可以在自身周围容纳更多的水分子[3]。这些因素相互制约达到平衡，便能解释为什么由两个大离子（软离子）或两个小离子（硬离子）组成的化合物，通常比一大一小离子组成的化合物难溶，特别是当它们的电荷值相同时。在 Basolo 给出的例子中，含两个小离子的 LiF 和含两个大离子的 CsI，比各含两个一大一小离子的 LiI 和 CsF 溶解度小。对于由小离子组成的盐，异常大的晶格能显然不能由相对较大的水合焓补偿，使得这些盐不易溶解；对于仅含大离子的盐，低溶解度很合理，因为水合焓相对较小无法补偿晶格能，即使晶格能较低，但更小的水合焓不足以动摇晶格能的主导地位。

[*]　溶剂化能数据源于 J. V. Coe, *Chem. Phys. Lett.*, **1994**, *229*, 161。

[**]　对于 RbCl，无限稀释溶液的焓报道约为 16.7 kJ/mol（A. Sanahuja, J. L. Gomez-Estevez, *Thermochimica Acta*, **1989**, *156*, 85），可以应用循环来估算此值。

阳离子	水合焓（kJ/mol）	阴离子	水合焓（kJ/mol）	晶格能（kJ/mol）	净溶解焓（kJ/mol）
Li⁺	−519	F⁻	−506	−1025	0
Li⁺	−519	I⁻	−293	−745	−67
Cs⁺	−276	F⁻	−506	−724	−58
Cs⁺	−276	I⁻	−293	−590	+21

在这同一组的四个化合物中，反应 LiI(s) + CsF(s) ——→ LiF(s) + CsI(s)放热（$\Delta H =$ −146 kJ/mol），因为 LiF 的晶格能很大。这与电负性的简单见解相反，即电正性最强的元素和电负性最强的元素形成最稳定化合物，不过这一结果与硬-软模型一致，LiF 为硬-硬组合，CsI 为软-软组合，二者皆为最难溶的盐（6.6 节）。

在以上这些有用的归纳中需要注意一点，它们只考虑与溶解有关的焓变，而忽略了熵的贡献。虽然晶格解体而释放离子对溶解熵有积极的作用，但由此产生的氢键变化对溶解熵也有很大贡献，这也是离子参与发挥的作用。纯水以其广泛的氢键网络为特征（第 6 章），当盐溶解时氢键会受到干扰。带有高电荷密度的小阳离子（如 Li⁺）被归类为"结构制造"离子，因为它们虽从这个网络中替换了一些水分子，但在自身周围形成一个更强的网（这些称为水合层）。相比之下，"结构破坏"离子（如 Cs⁺）的电荷密度低，对初始氢键网络的干扰也较小[3]。电荷密度较高的阳离子往往拥有更小的正溶解熵（ΔS 依然为正，归因于晶格解体的主要贡献）。图 7.13 提供了二维的溶剂化作用示意图。熵重要性的一个例证是，虽然 CsI 溶解时焓变较小，但其饱和溶液浓度是 LiF 溶液的 60 多倍（摩尔浓度）。

(a)

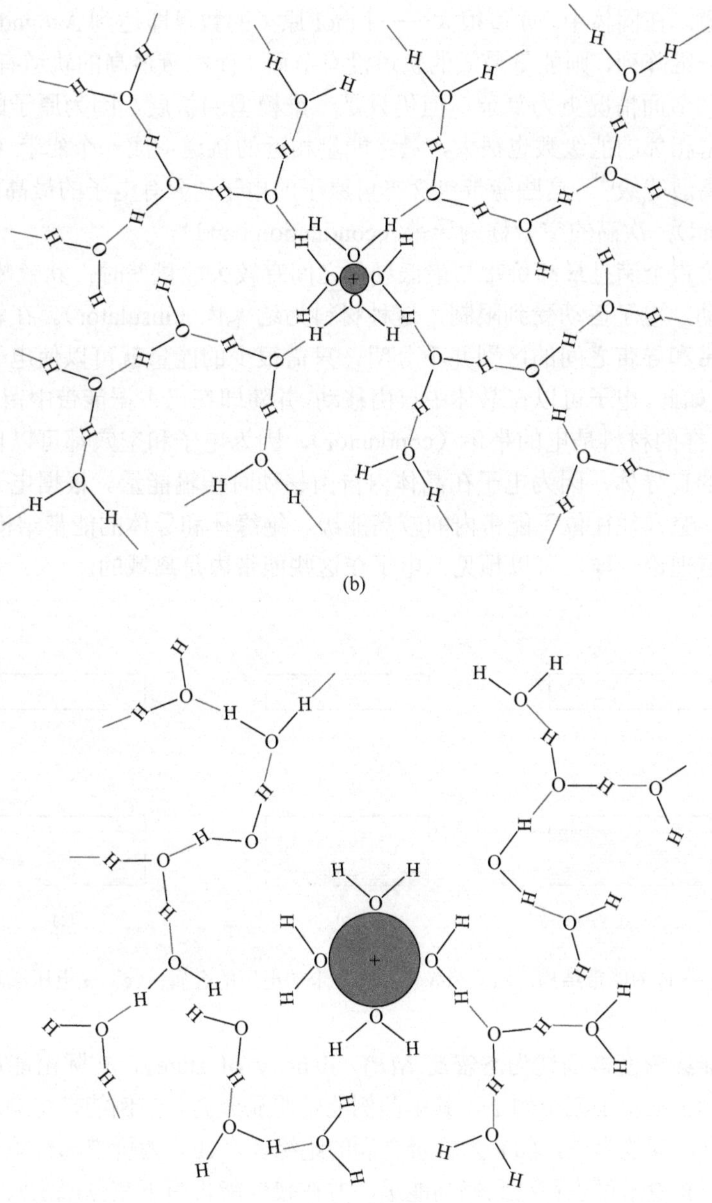

(b)

(c)

图 7.13 阳离子对氢键网络的影响。(a) 纯水的氢键网络；(b) "结构制造"离子被封装在一个更紧凑的结构网络中；(c) "结构破坏"离子电荷密度较低，水合层扩展有限。"结构制造"离子的正溶解熵相对较小（J. Mähler, I. Persson, *Inorg. Chem.*, *51*, 425, Copyright © 2012 ACS 授权使用）

7.3 分子轨道和能带结构

轨道守恒的概念（第 5 章）要求由两个原子组成分子轨道时，每一对相互作用的原子轨道（如 2s）会产生两个分子轨道（σ_{2s} 和 σ_{2s}^*）；当 n 个原子参与时，同样的方法会产

生 *n* 个分子轨道。在固体中，*n* 值很大——1 mol 原子的数目即达到 Avogadro 常数量级，如果原子排成一维阵列，则能量最低的轨道没有节面，而能量最高的轨道有 *n*–1 个节面；在三维固体中，节面情况更为复杂，但仍只是一维模型的扩展。因为原子的数目巨大，所以轨道及紧密相邻的能级数也很大，最终能量相近的轨道形成一个能带（band），而不是小分子中的离散能级[4]。这些能带包含来自原子的电子，含有电子的最高能带，称为价带（valence band）；次高的空带称为导带（conduction band）。

　　元素中的价带全满且最高价带与最低导带之间有较大能量差时，其带隙（band gap）阻碍了电子运动，电子运动受到限制，这种材料为绝缘体（insulator）。在轨道部分填充的情况下，价带和导带之间的区别并不分明，只需很少的能量就可以使电子在能带内移动至更高能级，如此，电子可以在晶体中自由移动，并随即在已占据能带中留下空穴（hole，电子空位）。这样的材料是电的导体（conductor），因为电子和空穴都可以自由移动；它们通常也是热的良导体，因为电子在晶体内自由移动时传输能量。根据电子占据最低能级的通常规则，空穴往往位于能带内的较高能级。绝缘体和导体的能带结构如图 7.14 所示，和分子轨道理论一样，可以预见，电子在这些能带内是离域的。

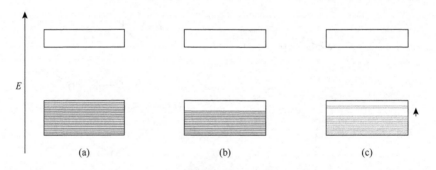

图 7.14　绝缘体和导体的能带结构。（a）绝缘体；（b）未加电压的金属；（c）受电压激发电子后的金属

　　能带内的能级密度被描述为态密度 *N*(*E*)（density of state），实际由能量的微小增量 d*E* 确定。图 7.15 显示了三个例子，其中两例能带明显分离，一例能带重叠。带区的阴影部分被电子占有，其他为空，（a）为价带全满的绝缘体，（b）为价带部分填充的金属。当施以电场时，一些电子可以移动到略高能级，并在较低能带留下空位或空穴（c）。被占有部分顶端的电子可以向一个方向移动，空穴则向另一个方向移动，从而导电。空穴看起来是在移动，实际上是因为电子移动并填入一个空穴时，会在原先位置产生另一个空穴。

　　练习 7.5　Hoffmann 用氢原子的线型链模型作为解释能带理论的出发点。请用 8 个氢原子组成的链画出所有可能分子轨道的相位关系（正、负号），这些轨道形成能带，底部为成键、顶部为反键。

　　金属的电导率随着温度的升高而降低，因为原子振动干扰了电子运动，电子流动的阻力增加。高电导率（低电阻）及其随温度升高而降低是金属的特性。有些元素物质的能带要么全充满，要么全空，但它们与绝缘体的不同之处在于其能带的能量非常接近（大约 2 eV 或更小）。硅和锗就是这样的例子：它们晶体具有金刚石型结构，每个原子四个

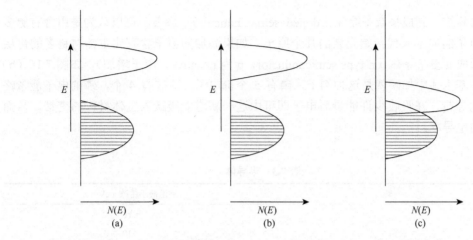

图 7.15 能带和态密度。（a）价带全满的绝缘体；（b）价带部分填充及空带分离的金属；（c）初始原子轨道能量相近而引发能带重叠的金属

键，更接近普通的共价键。很低温度下它们是绝缘体，但是导带的能量与价带非常接近；较高温度下在晶体上施加电场时，一些电子可以跃入较高的（空）导带，如图 7.16（a）所示，随后在晶体中自由地巡游。处于较低能带的空穴或空位因电子移入也会表现出移动，通过这种方式可以产生少量电流。当温度升高时，更多的电子被激发到较高能带中，而在低能带产生更多的空穴，电导率升高（电阻降低），这是半导体（semiconductor）的显著特征。它们的电导率比绝缘体高得多，但比导体低得多。

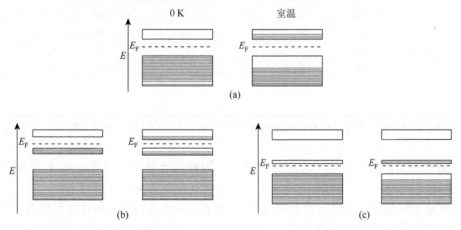

图 7.16 在 0 K 和室温下的半导体能带。（a）本征半导体；（b）n 型半导体；（c）p 型半导体。本节后面将给出 E_F 的定义

半导体的性质可以在非常窄的范围内进行调节，对半导体进行细微的修饰可以改变由于施加特定电压而引起的电流，正是这些现象成就了固态电子学领域（晶体管和集成电路）。硅和锗是本征半导体（intrinsic semiconductor），因为这些纯的元素物质本身具有半导体性质。分子基和非分子基化合物都可以是半导体，表 7.3 简单列出一些非分子基化合物及其带隙。一些元素物质纯态时并非半导体，可以通过加入少量的另一种能级接近

的元素来修饰，制成掺杂半导体（doped semiconductor）。掺杂，可以认为是用含有更多或更少电子的原子取代初始元素的几个原子，如果添加的原子含有比主体材料多的价层电子，形成 n 型半导体（n-type semiconductor，n 为 negative，电子增加），如图 7.16（b）所示。硅基主体中加磷就是这种例子，磷有 5 个价电子，而硅有 4 个，磷的电子能量略低于硅的导带，在吸收少许能量后电子即可由这一新增能级跃入主体材料的空带，从而产生较高电导率。

表 7.3　半导体

材料	室温最小带隙（eV）
元素	
Si	1.110
Ge	0.664
α-Sn	0.08
13～15 族化合物	
GaP	2.272
GaAs	1.441
GaSb	0.70
InP	1.34
InAs	0.356
InSb	0.180
12～16 族化合物	
ZnS	3.80
ZnSe	2.713
ZnTe	2.26
CdS	2.485
CdSe	1.751
CdTe	1.43

数据来源：W. M. Haynes, *CRC Handbook of Chemistry and Physics*, 92nd ed., CRC Press, **2012**, p. 12-90。

如果所添加的材料价电子比主体材料少，则相当于增加了空穴，形成 p 型半导体（p-type semiconductor），如图 7.16（c）所示。铝是硅基质中的 p 型掺杂剂，它在与硅的价带非常接近的能带上提供 3 个而不是 4 个电子，主体材料吸收少许能量后激发其价带电子跃迁到这个新能级，并在价带产生更多的空穴，从而提高电导率。通过小心掺杂，电导率可以根据需要进行精细调整。n 型、p 型、本征半导体以及绝缘材料，均用于制造对电子工业至关重要的集成电路。控制施加到异质层状材料间的结点电压，可以控制通过器件的电导率。

能在价带与导带之间跳跃的电子数与温度和带隙有关。在本征半导体中，费米能级（Fermi level，E_F，图 7.16），即电子同等可能占据两个能级时的能态，接近带隙的中间。n 型掺杂将费米能级提高到靠近新能带与主导带之间带隙的中间点；p 型掺杂将费米能级降低到靠近新导带和主价带之间带隙的中间点。

7.3.1　二极管、光伏效应以及发光二极管

将 p 型和 n 型半导体层叠放在一起可形成 p-n 结，n 型材料的导带中有一些电子可以迁移到 p 型材料的价带，使 n 型层带正电，而 p 型层则带负电。因为静电力太大，不允许积聚太多的电荷，所以很快就建立起平衡，电荷的分离进而阻止更多的电子转移，此时的费米能级能量相同，如图 7.17 所示，两层间带隙保持相同，n 型层的能级由于正电荷的累积而降低。如果在 p-n 结的 n 型侧接负电位端，p 型侧接正电位端，该连接称为正向偏置。注入的电子会提高 n 型导带的能级，能量足够使其移动到 p 型一侧。空穴从左向右，而电子从右向左，都流向结处并在此相互抵消，这样易于产生电流。如果电场反转（反向偏置），n 型部分比 p 型的能级降低，空穴和电子都远离 p-n 结，电流就很小，这就是二极管（diode），它允许电流容易单方向流动，反向流动电阻很高，如图 7.18 所示。

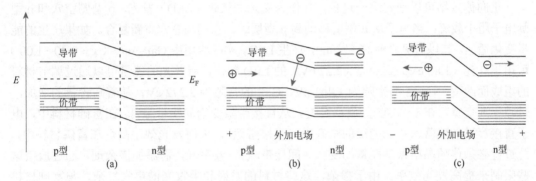

图 7.17　p-n 结能带图。（a）平衡状态下，因少数电子可以跨越边界（垂直虚线），使纯 n 型和 p 型材料能级改变，导致二者费米能级能量相同；（b）正向偏置时，电流容易通过；（c）反向偏置，电流很小

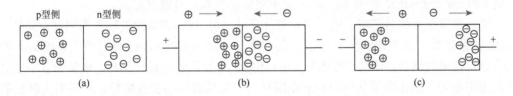

图 7.18　二极行为。（a）无外加电压时无电流，几乎无电荷经电子转移而在结附近复合；（b）正向偏置：电流容易产生，空穴和电子在结处复合；（c）反向偏置：电流很小，空穴和电子互相远离

材料这种异质结可用作光敏开关，如二极管，如果施加反向偏置电压（额外的电子供给到 p 型侧），不会有电流，但如果半导体价带和导带的能量差足够小，那么可见光的能量足够将电子从价带提升到导带，如图 7.19 所示。光照在结上增加了导带中电子数和价带中空穴数，尽管是反向偏置但仍有电流通过，这样结就是光电开关，只有光照时允许电流通过。

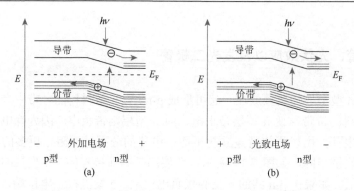

图 7.19　光伏效应。（a）光激发开关；（b）发电。光照促使结处电子进入导带

　　如果不施以外加电压，且能隙大小适当，那么光照结处可以增加 p 型材料向 n 型导带的电子转移。如果经外部连接此两层，则电流可以在外电路流动。这类光伏电池通常用于计算器和其他"太阳能"设备，如应急电话和低能耗照明，并且越来越多地作为家庭和商业用电。

　　正向偏置结可以逆转这一过程，并作为发光二极管（LED）发光，p 型侧空穴和 n 型侧电子用于载流；当电子从 n 型层移动到 p 型层时，它们与空穴重新复合。如果产生的能量变化适当，就以可见光释放（发光），产生 LED。实际应用中 GaP_xAs_{1-x}（$x = 0.40 \sim 1.00$）可用于红光（1.88 eV）到绿光（2.27 eV）的 LED 制作，所发光的能量可以通过调节材料的组成而改变。GaAs 的带隙为 1.441 eV，GaP 的带隙为 2.272 eV，随着磷含量的增加，带隙逐渐变宽，在 $x = 0.45$ 处斜率突变，从直接带隙变为间接带隙[5]。在富砷材料中，电子直接穿过能隙落入较低能级的空穴中（直接带隙），因而发光效率高。在富磷材料中，此过程必须伴随晶格振动能量的变化（间接带隙），效率低，需添加掺杂剂，通过放松这些限制来提高发光效率。由于掺杂，这些材料的发射和吸收光谱更为复杂，与富砷材料相反，后者只有一个简单的波段。在较低温度下，振动强度降低，两种类型的发射效率都提高。Al_xGa_{1-x} 的 LED 也有类似的行为，在冷却到液氮温度（77 K）时，发射带（$x = 0.05$ 时为 840 nm 到 $x = 0.35$ 时为 625 nm）移至更短的波长，且强度更大。

　　增加带隙更大的第三层，精确控制器件尺寸，可以将 LED 性能转变为固态激光器。GaAs 掺杂形成一 n 型层和一 p 型层，其上增加一掺入铝的 GaAs 得到更大带隙的 p 型层，这是常见的组合。该组合行为和 LED 相同，结上正向偏置时发光，增加的 p 型层更大的带隙是为了阻止电子从中间的 p 型层逃出。如果器件的长度恰好是所发射光波长的半整数，则由电子和空穴复合而释放的光子会在器件的边缘反射，并刺激更多光子与前一个光子在同一相中释放，最终大幅度增加光子数量，并确保它们在激光束中以特定方向释放。常见的红色激光用于激光笔和超市扫描仪就基于这种现象。

7.3.2　量子点

　　如果将半导体制作得越来越小，则在某一尺寸下，样品的整体性质将不再如前所述显示连续的状态，而开始显示量子化的能态，其极限情况即具有分子轨道的单个分子。这称为量子限域效应，会导致非常小的颗粒呈现出非连续的离散能级结构。具有这种效应、直径小于 10nm 的颗粒通常称为量子点，由于它们特殊的尺寸，其行为与块材不同。

量子点的能级间距与其尺寸有关。实验表明，价带和导带之间的能量差随着粒径的减小而增大，体相半导体变得更像单个分子，因此对于更小的颗粒，激发所需能量更多；同样，电子返回价带时释放的能量也更多。更确切地说，当一个电子被激发时，它会在价带中留下一个空穴，这种受激电子-空穴组合称为激子（exciton），其能量略低于导带的最低能量，激子向价带的衰变将产生特定能量的光发射。因为能级间距由纳米颗粒大小决定，所以可以利用这种效应制备具有发射特定能量（量子化）电磁辐射的颗粒，以产生特定颜色的光。

ZnSe[6]、CdS[7]、InP[8]和 InAs[7]纳米晶完美地展示了量子点大小与其电子发射光谱的关系。CdS、InP 和 InAs 量子点的最大发射波长（表 7.4）是一个极好的例证，表明发射波长如何依赖于纳米晶的组成和尺寸。对于每种量子点组成，随着纳米晶尺寸的增加，带隙变得更小，最大发射波长值变得更高（更低能量），这与随着粒子尺寸增加能级间距更接近一致。这些量子点在整个可见光及红外区都有各自独特的光发射。

表 7.4 量子点发射波长随纳米晶组成和尺寸的变化

量子点直径（nm）	最大发射波长（nm）
CdS	
2.1	484
2.4	516
3.1	550
3.6	576
4.6	606
InP	
3.0	660
3.5	672
4.6	731
InAs	
2.8	905
3.6	1004
4.6	1132
6.0	1333

CdS 和 InAs 的数据源于 X. Peng, J. Wickham, A. P. Alivisatos, *J. Am. Chem. Soc.*, **1998**, *120*, 5343。InP 的数据源于 A. A. Guzelian, J. E. B. Katari, A. V. Kadavanich, U. Banin, K. Hamad, E. Juban, A. P. Alivisatos, R. H. Wolters, C. C. Arnold, J. R. Heath, *J. Phys. Chem.*, **1996**, *100*, 7212。

人们投入了相当多精力来开发量子点的制备工艺，以求得尺寸和形貌上一致且可重复，并探索不同材料来获得最佳光学性能[9]。例如，ZnSe 量子点发射紫光和紫外光，PbS

发射近红外和可见光，CdSe 在可见光全区发射。与量子点相关的难题是，尽管对它们持续不断地激发，它们仍倾向于不连续发光，即"闪烁"现象，该现象降低了半导体纳米晶的效用。相关研究正在进行，以确定"闪烁"的根源，并期待合理地制备不表现出自发发射涨落的量子点。光谱电化学技术揭示了导致 CdSe 量子点"闪烁"的两种机制[10]。一种机制认为，被激发的量子点以光子形式释放的能量，有时可以转移到随后被发射的电子上（俄歇电子发射，一种非辐射电子衰变途径），发射的电子将量子点衬托为"暗"点，所以即便量子点仍处于弛豫过程中也会引起明显的"闪烁"。第二种，也是更普遍的机制，是由于表面电子阱，即配位数减少的表面原子的"悬挂"轨道，可以拦截电子并导致非辐射衰变。CdSe/ZnSe 混合半导体纳米晶，从内部到外表面的组成呈梯度变化，不会"闪烁"，而是发射多个波长的光子[11]。探索量子点组成和光谱行为之间的相关性，目前是一个活跃的研究领域。

量子点的应用已提出很多，譬如太阳能转换为电能、数据处理和记录、作为各种各样的生物传感器。在医学应用中，可用于追踪不同大小纳米颗粒被肿瘤吸收的情况，以便研究是否存在药物传输的最佳尺寸[12]，还可以标记细胞表面蛋白以追踪其在细胞膜内的运动[13]。由于许多纳米颗粒具有潜在毒性，因此人们还致力于将它们进行包覆，以减少可能的医疗和环境影响[14]。量子点技术潜在影响最大的一个领域可能在高效照明方面。目前的 LED 在汽车、视频显示器、传感器、交通信号等方面用途广泛，但发光频谱太窄并不吸引人，无法成为白炽灯和荧光灯的高效通用替代品，而且 LED 价格昂贵。将 LED 与量子点结合，或许可以在包覆和涂层时使用各种粒径的粒子，以发射多种颜色的光，为获得更高效和更白亮的通用固态照明提供一种途径[15]。此外，制备多色无机量子点 LED 用于电子设备数字显示，与有机化合物体系相比，更加耐用而颇具期望[16]。

7.4　超　　导

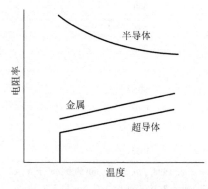

图 7.20　半导体、金属和超导体的
电阻率随温度的变化

1911 年，Kammerling Onnes[17]在液氦温度下研究金属汞时发现，一些金属的电导率在接近液氦温度时突然改变（通常在 10 K 以下），成为图 7.20 所示的超导体（superconductor）。该状态下，金属对电子流动没有任何阻力，在回路中的电流将持续而无限期地流动，至少几十年没有显著的变化。其他金属如铅、铌和锡在接近绝对零度时也表现出超导性。对于化学家而言，这种效应最常见的用途之一是超导磁体，当用于核磁共振仪器中时可以产生比普通电磁铁强得多的磁场。

7.4.1　低温超导合金

一些最常见的超导材料是铌合金，特别是 Nb-Ti 合金，它们可以制成导线，处理起来相对容易。这种 I 型超导体冷却到临界温度 T_c（critical temperature）以下时具有排斥所有磁通量的附加特性，该现象称为 Meissner 效应。当外磁场增强并达到临界值 H_c 时，该效应消失，因为外磁场破坏了超导性。这种依赖于温度的变化是突然的而非渐进的，就像超导性突然变为常规导电性一样。铌合金中 T_c 最高的是 Nb_3Ge，为 23.3 K[18]。

II 型超导体的场依赖性要复杂得多。在给定临界温度以下，它们完全排斥磁场；在第一和第二个临界温度之间，它们允许部分磁场穿透；超过第二临界温度，它们失去超导性并显示正常电导行为。在中间温区，这些材料似乎有超导区与正常区混合的迹象。（译者注：原著中本段两个"临界温度"从超导性质去理解，应该为"临界场"）

Meissner 效应在许多领域的实际应用正在探索中，包括磁悬浮列车，尽管目前用的是其他电磁效应。一个常见的演示是将一小块超导材料冷却至临界温度以下，然后其上方放置一块小磁体，因超导体排斥磁体的磁通量，所以磁体会悬浮在超导体上方。只要将超导体保持在临界温度以下，它就会从内部排出磁通量，并与磁体保持一定距离。

悬浮演示只适用于 II 型超导体，因为进入超导体的磁力线可防止其侧移，并使磁斥力与重力达到平衡，从而磁体"漂浮"在超导体上。对于 I 型超导体，磁力线根本无法进入超导体，而且由于没有侧向运动的阻力，磁体不会在超导体上保持静止。

超导磁体线圈中使用的材料多为 Nb-Ti-Cu 或 Nb_3Sn-Cu 的混合物，在 T_c（约为 10 K）和延展性之间寻求平衡，以易于制成导线。

只要保持足够低的温度，超导磁体就能让非常大的电流无限期地流动而不变化。实际上，一个储有液氮（沸点 77.3 K）的外置 Dewar 瓶，可以减少磁线圈周围的内置 Dewar 瓶中液氦（沸点 4.23 K）的蒸发损耗。连接电源到线圈上，提供电流使其形成适当的磁场；而当电源断开时，电流仍然持续流动并保持磁场不变。

超导研究的一个主要目标是寻找一种能在更高温度下表现超导性的材料，从而无须用液氦和液氮进行冷却。

7.4.2　超导性原理（Cooper 对）

20 世纪 50 年代末，在发现超导现象 40 多年后，Bardeen、Cooper 和 Schrieffer[19]（BCS）提出了一个理论来解释超导性。这一理论假设，尽管电子是互斥的，但只要两个电子自旋相反，它们就可以成对地穿过材料。这些 Cooper 对的形成受到晶格中原子小幅振动的辅助：当一个电子移动通行时，邻近带正电荷的原子被轻微拉向它，从而增加了正电荷密度，吸引第二个电子。这种效应持续通过整个晶体，在某种程度上类似于运动场上的"人浪"。两个电子间的吸引力很小，它们经常变换伴侣，但总体效果是，晶格帮助它们前进而不是干扰，这和金属导电情况不同。如果温度高于 T_c，原子的热运动足以克服电子之间的微小引力，超导性就会消失。

7.4.3　高温超导体：YBa₂Cu₃O₇ 及相关化合物

1986 年，Bednorz 和 Müller 发现，当陶瓷氧化物 La_2CuO_4 中掺杂 Ba、Sr 或 Ca 形成化合物 $(La_{2-x}Sr_x)CuO_4$ 时，它们在 30 K 以上具有超导性[20]。铜酸盐可以表现出超导性这一开创性认识激发了该领域的深入研究。1987 年，人们发现 $Yba_2Cu_3O_7$ 具有更高的 T_c(= 93 K)，该发现极具突破性，因为相对便宜的液氮（沸点 77 K）就可以达到此温度[21]。这种材料是 II 型超导体，按其金属的化学计量数称为 1-2-3，它在低场时排斥磁通，但较高场时允许部分磁力线通过，因此在高场时不再具有超导性。此后，人们又制备了许多类似化合物，并发现它们或在更高温度下具有超导性。这些高温超导体具有很大的实用价值，因为可用液氮而非液氦来冷却，后者要昂贵得多。然而，这些材料的陶瓷性质使它们比金属更难处理；它们很脆，不能拉伸成线，给制造工艺带来难题。研究人员正努力通过调试组成或将材料沉积在柔性基底上来克服这些问题，目前的临界温度记录为加压下 $HgBa_2Ca_2Cu_3O_{8-\delta}$ 为 164 K[22]。

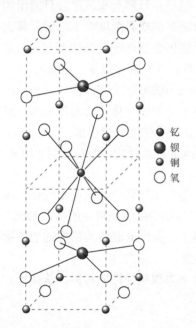

图 7.21　正交晶系 $YBa_2Cu_3O_7$ 的单胞。中间钇原子处于对称面上

钇
钡
铜
氧

所有高温铜酸盐超导体结构都是有关联的，大部分与氧化铜的平面及链式结构有关，如图 7.21 所示，在 $YBa_2Cu_3O_7$ 中，其结构由四方锥、四方平面和倒四方锥单元堆砌而成。在图 7.21 中相应的四方结构中，顶部和底部的氧原子随机分布在平面的四个等效边上，所得材料不具超导性。在 δ 小于 0.65 时，氧位缺陷的结构也可能具超导性，而组成接近 $YBa_2Cu_3O_6$ 的材料并非超导体。

非酮酸盐超导材料的发现是目前研究的热点。2001 年发现极其简单的 MgB_2 是超导体，T_c 为 39 K[23]，但这似乎很反常，因为这类构成的超导体尚未见报道。虽然预测认为磁性元素铁不具超导性，但掺杂氟离子的稀土砷化铁 LaOFeAs 与这一预测相矛盾，其 T_c 为 26 K[24]。氟化物对氧化物掺杂的策略有助于电子转移到铁砷层，可实现高电导率。这一偶然发现促使人们探索基于类似 LaOFeAs 固态结构的所谓非常规超导体，过渡金属排列在正方晶格中，每个金属原子都是四面体配位方式[25]。

目前对高温超导体中超导性的理解并不完整，但在这一点上，扩展 BCS 理论似乎能解释许多已知数据。Cooper 对机制及其行为细节仍然不太清楚，人们希望超导材料新家族的发现（如稀土砷化铁）有助于对这一现象的实质性理解，以更合理地设计这些材料。在这方面，已经有报道可以将 FeAs 超导体中 a 轴晶格常数和 T_c 有效地关联起来*。

---

　* 文献 Shirage, P. M.; Kikou, K.; Lee, C.-H.; Kito, H.; Eisaki, H.; Iyo, A., *J. Am. Chem. Soc.*, **2011**, *133*, 9630 的图 3 中定义了 a 轴晶格常数并给出了与 T_c 的关联曲线。

7.5 离子晶体中的成键作用

离子晶体中最简单的成键模型是刚性球型离子依靠纯静电力结合在一起，该模型对于即使像 NaCl 这样具有离子性很强的化合物也过于简化，而实际情况与模型间的偏离使得关于离子大小的问题变得困难。例如，Li^+ 的 Pauling 半径为 60 pm，而由 Shannon（附录 B.1）给出的六配位结构中，Li^+ 在晶体中半径为 90 pm；后者的值更接近由 X 射线晶体学确定的离子间电子密度最小处的边界。四配位 Li^+ 的半径是 73 pm，Goldschmidt 和 Ladd 估计值为 73～90 pm[26]。电子的共享或电荷从阴离子转移到阳离子的比例从 NaCl 中的几个百分点到 LiI 中每个原子高达 0.33 个电子不等。每一套半径数据（译者注，给定配位数时的半径大小）都是自洽的，但是将一套半径数据与另一套混用是行不通的。

本章前面所示的一些结构（图 7.7～图 7.11）中，尽管成键具有强烈共价特性，仍将组元当作简单离子，因此必须谨记此种近似性。先前提及的能带理论对成键描述更为完整。Hoffmann[27] 描述了硫化钒中的能带，这是 NiAs 型结构的一个例子。其晶体六方晶胞可视为 ABACA 式的分层结构，A 层由六方阵列的 V 原子组成，B 与 C 层由 S 原子组成，它们交错占据由上、下相邻金属原子层形成的三棱柱中心（图 7.22）。在此结构中，两种原子都是六配位的；V 原子处在八面体堆积的 S 原子中，而 S 原子处在 V 原子构成的三棱柱中。Hoffmann 采用由小及大的方法，分析了这种结构中非常复杂的能带结构，他也证明了对特定轨道态密度的贡献是可计算的[28]。在金红石（TiO_2）中，d 轨道贡献明显分离为 t_{2g} 和 e_g 两部分，这与配体场理论（详见第 10 章）预测结果一致。

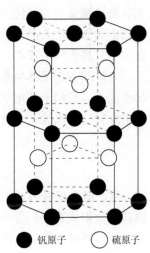

● 钒原子 ○ 硫原子

图 7.22 硫化钒的结构

7.6 晶 体 缺 陷

实际上所有晶体都有缺陷。如果一种物质迅速结晶，则可能会有更多的缺陷，因为晶体在许多点处几乎同时开始生长。每个微晶不断生长，直到彼此邻接，它们之间的边界称为晶界，可以在显微检视被抛光的晶面时观察到。晶体缓慢生长可减少晶界数量，因为晶体开始时的生长点较少。然而，即使晶体看起来完美无暇，由于材料中的杂质或晶格错位，它也可能在原子水平上有缺陷。

空位和自填隙

空位是指晶格位点上原子的缺失，是最简单的缺陷。由于较高温度会增大原子振动并使晶体膨胀，因此高温下可形成更多空位。不过，即便在熔点附近，空位相对于原子总数的比例也很小，约 1/10000，因为是一个局部缺陷，空位对晶格其余部分的影响很小。自填隙指原子离开其正常位置并出现在晶格的一个间隙中[*]。这种畸变在晶体中至少扩散几层，因为原子比晶格间隙大得多。大多数情况下，这类缺陷远远小于空位的数量。

原子替换

晶格中一种原子替换另一种原子很常见，这种混合物称为固溶体。例如，镍和铜原子的尺寸和电负性相似，可形成相同的 fcc 晶体结构。二者以任何比例混合都稳定，在合金中两种原子的排列是随机的。其他良好匹配的组合，通常是在较大原子的晶格中填入一个很小的原子，该情况下小原子占据晶格中的一个间隙，对其余部分影响不大，但对混合物性能的影响可能很大。如果杂质原子大于空穴，则会产生晶格应变，并可能形成新的固相。

原子位错

当相邻层中的原子不能恰好匹配时就会产生边缘位错，因此相邻排列中位错原子与其他原子间距比通常的大，且位错两侧许多行原子间的角度会畸变。原子层的一部分偏移晶胞长度的几分之一时产生螺旋错位。在晶体生长期间，这种错位经常引发快速生长点并形成螺旋式生长路径，螺旋错位由此得名。因为它们可以提供位点，允许溶液或熔融物中的原子进入晶体一角，该角处三个方向的吸引力将原子固定在适当位置，因而螺旋位错是晶体的生长点。

位错通常在晶体中是不受欢迎的，机械上，它们会导致性能减弱，造成断裂；电子学性能上，它们干扰电子传导，会降低半导体器件的可靠性、重现性和效率。例如，光伏电池制造的挑战之一是将多晶硅制成的电池效率提高到单晶硅的水平。

7.7　硅　酸　盐

氧、硅和铝是地球表面最丰富的元素，固态地壳中 80%以上的原子是氧或硅，主要以硅酸盐形式存在。含有这些元素的化合物和矿物的数量非常大，它们在工业用途中的重要性与其储量相当。我们将把重点放在一些硅酸盐上。

二氧化硅（SiO_2）有三种晶型：温度低于 870℃为石英，870～1470℃为鳞石英，1470～1710℃为方石英，熔点为 1710℃。熔融二氧化硅黏度高，所以结晶缓慢，因而经常形成玻璃而不是晶体，而玻璃在 1500℃附近软化。它从一种晶型转变为另一种晶型困难而缓慢，因为需要破坏 Si—O 键，所以即使高温下亦如此。所有二氧化硅晶型中都含有共享氧原子的 SiO_4 四面体，Si—O—Si 角为 143.6°。石英是二氧化硅最常见的晶型，含有 SiO_4 四面体构成的螺旋链，它们以顺时针或逆时针手性排列；每个完整的螺旋周期包含 3 个 Si 原子和 3 个 O 原子，而 6 个螺旋并置组合为六角形（图 7.23）[**]。

四配位硅也存在于硅酸盐中，可形成链、双链、环、片和三维阵列。Al^{3+} 可以取代 Si^{4+}，但需要添加另一种阳离子来保持电荷平衡。铝、镁、铁和钛是铝硅酸盐结构中占据八面体空隙的常见阳离子，当然可以是任何金属阳离子。一些更简单的硅酸盐结构示例如图 7.24 所示，这些亚单元堆集在一起形成八面体孔道，以容纳平衡电荷所需的阳离子。铝代替硅所形成的一系列矿物具有相似结构，但硅、铝的比例不同。

---

[*] 间隙是指晶格中相邻原子间的空隙。

[**] 图（b）使用了 Robert M. Hanson's Origami 程序和网景公司 Chime plug-in（MDL）完成绘制。

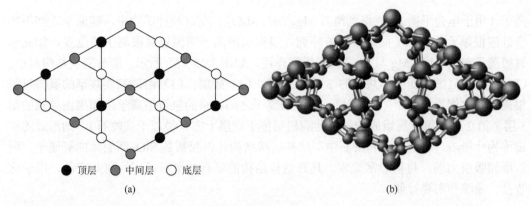

图 7.23 β-石英的晶体结构。（a）仅显示硅原子的骨架结构；（b）硅（较大）和氧原子的三维图示。6 个三角形单元并置形成六边形单元，每个三角形呈逆时针旋转的螺旋形，每旋转一圈的螺旋中包含 3 个硅原子和 3 个氧原子。α-石英的结构相似但不那么规则

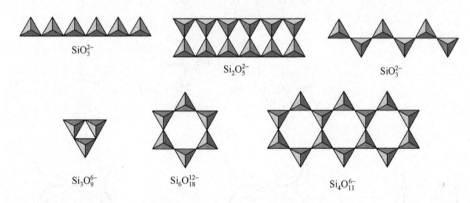

图 7.24 常见的硅酸盐结构（数据源于 N. N. Greenwood and A. Earnshaw, *Chemistry of the Elements*, Pergamon Press, Elmsford, NY, 1984, pp. 403, 405; A. F. Wells, *Structural Inorganic Chemistry*, 5th ed., Oxford University Press, New York, 1984, pp. 1022）

示例 7.6

找出 SiO_3^{2-} 和 $Si_2O_5^{2-}$ 的元素组成与图 7.24 所示结构中共享三角形顶点数的关系。

考虑到组成为 SiO_3^{2-} 的链式结构中第一个四面体有四个氧原子，即 SiO_4；通过添加 SiO_3 单元延伸链，以其第四个空的位置共享前一个四面体的氧原子，得到组成为 SiO_3 的无穷链。链结构的总电荷可根据 Si^{4+} 和 O^{2-} 计算。

$Si_2O_5^{2-}$ 可以作类似考虑。从 Si_2O_7 单元开启链式结构，不断添加 Si_2O_5 单元（由两个四面体共享一个顶点构成，每个四面体空一个顶点，以便于与前一个单元共享）可以无限延伸链。同样，总电荷可以根据分子式 Si_2O_5，由 Si^{4+} 和 O^{2-} 计算得出。

练习 7.6 以类似方式描述 $Si_3O_9^{6-}$ 的结构。

一个具有 $Si_4O_{11}^{6-}$ 组成、双层结构且层间由 Mg^{2+}、Al^{3+} 或其他金属离子及氢氧根离子结合的硅酸盐家族，可以表示成 $Mg_3(OH)_4Si_2O_5$ 或 $Al_4(OH)_8Si_4O_{10}$（高岭石）。高岭土是一种制作瓷器的黏土矿物，具有非常小的六方片层结构。如果以 3 个镁离子代替 2 个铝

离子（用于电荷平衡），就得到滑石 $Mg_3(OH)_2Si_4O_{10}$。在这两种矿物中，硅原子之间不共享硅酸根单元的氧原子而形成六方阵列，以留出阳离子周围氢氧根离子的位置，如此氢氧根离子起到 Al 或 Mg 与 Si 之间的桥联作用，如图 7.25（a）所示。滑石层状结构包括：（1）氧层，硅酸根四面体共享的 3 个氧原子；（2）硅层；（3）由硅和镁共享的氧与氢氧根离子，比例为 2:1；（4）镁层；（5）镁离子之间共享的氢氧根离子。如果由单独的第 3 层、第 2 层和第 1 层组成的另一硅酸根层位于该层上方（类似于高岭石），则形成的矿物称为叶蜡石。在叶蜡石和滑石中，这些层状结构外表面都是 SiO_4 四面体的氧原子，所以层间吸引力弱，材料非常柔软。具有这样结构的皂石与滑石可作为商业产品，用于化妆品、油漆和陶瓷行业。

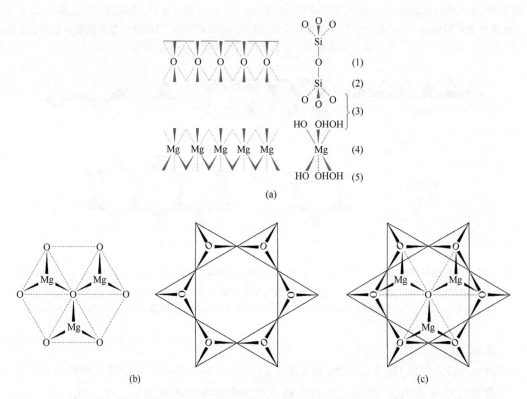

图 7.25　$Mg(OH)_2$-Si_2O_5 矿的层结构。（a）各层的侧视图；（b）各层的分立视图；（c）两层叠加，显示了层间共享的 O 及 OH

　　水合蒙脱石在硅酸根-铝酸根-硅酸根层间含有水分子。云母矿（如白云母）中，在相应镁离子位置上是钾离子，大约 25%硅酸根位置上的硅也被铝代替，铝与硅任意比例的变化导致其他阳离子进入并形成多种矿物。一些云母的层状结构非常明显，可将其剥离成片，用于高温透明窗口。它们还具有可贵的绝缘性能，并用于电子器件。

　　如果八面体环境的 Al^{3+} 被 Mg^{2+} 部分取代，则结构中还必须额外添加电荷为+1 或+2 的阳离子，这样得到的是蒙脱土。这些黏土吸收水分后膨胀具有触变（thixotropic）性，可以充当阳离子交换剂；它们未被干扰时是凝胶，一搅拌就变成液体，可用作油田"泥浆"和颜料。它们的组成是可变的，如 $Na_{0.33}[Mg_{0.33}Al_{1.67}(OH)_2(Si_4O_{10})] \cdot nH_2O$。骨架上的阳离子可以是 Mg、Al 和 Fe，处于可交换位置上的则有 H、Na、K、Mg 或 Ca。

石棉一词通常应用于一组纤维矿物，其中包括角闪石类，如透闪石$[Ca_2(OH)_2Mg_5(Si_4O_{11})_2]$（具有双链结构）和温石棉$[Mg_3(OH)_4Si_2O_5]$。在温石棉中，硅酸根层和镁层的尺寸不同，导致其卷曲形成特征的圆柱形纤维。

最后一类需要考虑的是沸石，它们具有混合铝硅酸盐的$(Si, Al)_nO_{2n}$骨架，并容纳阳离子以保持电荷平衡。这些矿物含有大的空腔，足可供其他分子进入；人工合成沸石可为特定目的空腔量身定做。空腔入口处的孔可以由包含 4~12 个硅原子的基团环绕而成，其中许多沸石结构的一个共同特征是 24 个 SiO_4 四面体构成的八方体空腔，每个四面体在三个顶角上共享氧原子，这些八面体基元可以通过共享外部氧原子而连接成具有更大空腔的立方或四面体单元。这些矿物表现出离子交换特性，其中的碱金属和碱土金属阳离子可以通过与外部的浓度梯度进行交换。在开发聚苯乙烯离子交换树脂之前，它们可用于水软化器中去除过量的 Ca^{2+} 和 Mg^{2+}，也可用来吸收水、油和其他分子，在实验室中其被称为"分子筛"。沸石的更大商业市场是用作猫砂和吸油剂，也可用作石油工业的催化剂或其他表面催化剂的载体。沸石在甲醇转化为碳氢化合物方面的应用，对实现生物类能源具有潜在的重要意义，在转化过程中，碳氢化合物的选择性取决于沸石腔及其孔径[29]。*Atlas of Zeolite Structure Types* 一书[30]，对许多沸石结构进行了讲解和描绘。先前引用的 Wells、Greenwood、Earnshaw 等的参考文献也提供了关于这些基本材料的更多信息。

图 7.26 显示了沸石结构的一个例子，其他的沸石结构中还有更大或更小的孔道及入口。

孔道的极限尺寸范围（260~1120 pm）可以根据添加材料的大小和枝型结构控制其进出，同时孔道表面可以用反应活性的金属原子来构建，这为表面催化反应提供了机遇。虽然大部分的催化沸石设计上都是"试一试，看看会发生什么"，但在大量数据的基础中已经获得了成功的模式，并在某些情况下，有目的地制备催化剂是可能的。

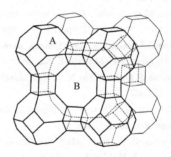

图 7.26 铝硅酸盐结构的例子。图示为截角八面体、立方体和截角立方八面体的空间填充排列（改编自 A. F. Wells, *Structural Inorganic Chemistry*, 5th ed., p.1039, 1975，经牛津大学出版社许可）

参 考 文 献

[1] L. C. Nathan, *J. Chem. Educ.*, **1985**, *62*, 215.

[2] A. F. Wells, *Structural Inorganic Chemistry*, 5th ed., Oxford University Press, New York, 1988.

[3] J. Mähler, I. Persson, *Inorg. Chem.*, **2012**, *51*, 425.

[4] R. Hoffmann, *Solids and Surfaces: A Chemist's View of Bonding in Extended Structures*, VCH Publishers, New York, 1988, pp. 1-7.

[5] A. G. Thompson, M. Cardona, K. L. Shaklee, J. C. Wooley, *Phys. Rev.*, **1966**, *146*, 601；H. Mathieu, P. Merle, and E. L. Ameziane, *Phys. Rev.*, **1977**, *B15*, 2048；M. E. Staumanis, J. P. Krumme, M. Rubenstein, *J. Electrochem. Soc.*, **1977**, *146*, 640.

[6] V. V. Nikesh, A. D. Lad, S. Kimura, S. Nozaki, S. Mahamuni, *J. Appl. Phys.*, **2006**, *100*, 113520；P. Reiss, *New. J. Chem.*, **2007**, *31*, 1843 和其中引用的参考文献。

[7] X. Peng, J. Wickham, A. P. Alivisatos, *J. Am. Chem. Soc.*, **1998**, *120*, 5343.

[8] A. A. Guzelian, J. E. B. Katari, A. V. Kadavanich, U. Banin, K. Hamad, E. Juban, A. P. Alivisatos, R. H. Wolters, C. C. Arnold, J. R. Heath, *J. Phys. Chem.*, **1996**, *100*, 7212.

[9] G. D. Scholes, *Adv. Funct. Mater.*, **2008**, *18*, 1157.

[10] C. Galland, Y. Ghosh, A. Steinbrück, M. Sykora, J. A. Hollingsworth, V. I. Klimov, H. Htoon, *Nature*, **2011**, *479*, 203.

[11] X. Wang, X. Ren, K. Kahen, M. A. Hahn, M. Rajeswaran, S. Maccagnano-Zacher, J. Silcox, G. E. Cragg, A. L. Efros, T. D. Krauss, *Nature*, **2009**, *459*, 686.

[12] M. Stroh, J. P. Zimmer, D. G. Duda, T. S. Levchenko, K. S. Cohen, E. B. Brown, D. T. Scadden, V. P. Torchilin, M. G. Bawendi, D. Fukumora, R. K. Jain, *Nature Medicine*, **2005**, *11*, 678.

[13] M. Howarth, K. Takao, Y. Hayashi, A. Y. Ting, *Proc. Natl. Acad. Sci. U.S.A.*, 2005, 102, 7583.

[14] J. Drbohlavova, V. Adam, R. Kizek, J. Hubalek, *Int. J. Mol. Sci.*, **2009**, *10*, 656.

[15] （a）N. Khan, N. Abas, *Renew. Sustain. Energy Rev.* **2011**, *15*, 1, 296.（b）S. Pimputkar；J. S. Speck, S. P. Denbaars, S. Nakamura, *Nat. Photonics*, **2009**, *3*, 180. （c）M. Molaei, M. Marandi, E. Saievar-Iranizad, N. Taghavinia, B. Liu, H. D. Sun, X. W. Sun, *J. Luminescence*, **2012**, *132*, 467.

[16] S. Pickering, A. Kshirsagar, J. Ruzyllo, J. Xu, *Opto-Electron. Rev.*, **2012**, *20*, 148.

[17] H. Kammerlingh Onnes, *Akad. Van Wetenschappen* （*Amsterdam*）, **1911**, *14*, 113, and *Leiden Comm.*, **1911**, *122b*, 124c. Onnes 因其在超导领域的贡献而获得 1913 年诺贝尔物理学奖。

[18] C. P. Poole, Jr., H. A. Farach, and R. J. Creswick, *Superconductivity*, Academic Press, San Diego, 1995, p. 22.

[19] J. Bardeen, L. Cooper, J. R. Schrieffer, *Phys. Rev.*, **1957**, *108*, 1175; J. R. Schrieffer, *Theory of Superconductivity*, W. A. Benjamin, New York, 1964；A. Simon, *Angew. Chem., Int. Ed.*, **1997**, *36*, 1788.

[20] J. G. Bednorz, K. A. Müller, *Z. Phys. B*, **1986**, *64*, 189. 这些合著者被授予 1987 年诺贝尔物理学奖。

[21] M. K. Wu, J. R. Ashburn, C. J. Torng, P. H. Hor, R. L. Meng, L. Gao, Z. J. Huang, Y. Q. Wang, C. W. Chu, *Phys. Rev. Lett.*, **1987**, *58*, 908.

[22] L. Gao, Y. Y. Xue, F. Chen, Q. Ziong, R. L. Meng, D. Ramirez, C. W. Chu, J. H. Eggert, H. K. Mao, *Phys. Rev. B*, **1994**, *50*, 4260.

[23] J. Nagamatsu, N. Nakagawa, T. Muranaka, Y. Zenitani, J. Akimitsu, *Nature*, **2001**, *410*, 63.

[24] Y. Kamihara, T. Watanabe, M. Hirano, H. Hosono, *J. Am. Chem. Soc.*, **2008**, *130*, 3296.

[25] N. Imamura, H. Mizoguchi, H. Hosono, *J. Am. Chem. Soc.*, **2012**, *134*, 2516.

[26] N. N. Greenwood and A. Earnshaw, *Chemistry of the Element*, 2nd ed., Butterworth-Heinemann, Oxford, 1997, p. 81.

[27] R. Hoffmann, *Solids and Surfaces: A Chemist's View of Bonding in Extended Structures*, VCH Publishers, New York, 1988, pp. 102-107.

[28] R. Hoffmann, *Solids and Surfaces*, p. 34.

[29] U. Olsbye, S. Svelle, M. Bjørgen, P. Beato, T. V. W. Janssens, F. Joensen, S. Bordiga, K. P. Lillerud, *Angew. Chem. Int. Ed.*, **2012**, *51*, 5810.

[30] W. M. Meier and D. H. Olson, *Atlas of Zeolite Structure Types*, 2nd ed., Structure Commission of the International Zeolite Commission, Butterworths, London, 1988.

一般参考资料

本章许多主题介绍见于下列文献和书籍：A. B. Ellis et al., *Teaching General Chemistry: A Materials Science Companion*, American Chemical Society, Washington, DC, 1993; P. A. Cox, *Electronic Structure and Chemistry of Solids*, Oxford University Press, Oxford, 1987; L. Smart and E. Moore, *Solid State Chemistry*, Chapman & Hall, London, 1992。Cox 提出了更多理论，而 Smart 和 Moore 则对结构及其性质给予更多的描述。有关超导性的讲解参见书籍：C. P. Poole, Jr., H. A. Farach, and R. J. Creswick, *Superconductivity*, Academic Press, San Diego, 1995; G. Burns, *High- Temperature Superconductivity*, Academic Press, San Diego, 1992。大量固体结构及其成键情况的讨论参见书籍：

A. F. Wells, *Structural Inorganic Chemistry*, 5th ed., Clarendon Press, Oxford, 1984; N. N. Greenwood and A. Earnshaw, *Chemistry of the* *Elements*, 2nd ed., Butterworth-Heinemann, Oxford, 1997。一个关于超导体的很好网站：superconductors.org。

习　　题

7.1　指出下列单位晶胞所属点群：
a. 面心立方　　**b.** 体心四方
c. CsCl（图 7.7）　　**d.** 金刚石（图 7.6）
e. 砷化镍（图 7.10）

7.2　解释：在简单立方结构中原子只占总体积的 52.4%，假设其中所有原子等同。

7.3　说明半径为 $0.73r$ 的球体如何匹配简单立方结构的中心空隙，其中 r 是角上原子半径。

7.4　**a.** 说明在面心立方结构中，在所有原子等同情况下，球体占总体积的 74.0%。

b. 在一个体心立方体中所有原子等同，它们占总体积的比例是多少？

7.5　使用下图所示的单胞图，计算每种类型中不同位置（角、边、面、内部）上的原子数和每个原子占有分数，以确定所表示的化合物组成（M_mX_n）。空心球代表阳离子，实心球代表阴离子。

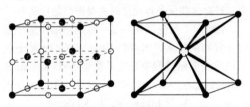

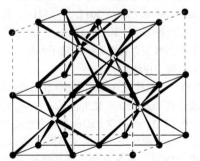

7.6　LiBr 的密度为 3.464 g/cm³，且晶体结构与 NaCl 一致。试计算离子间距离，并将答案与附录 B.1 中离子半径之和的数值进行比较。

7.7　比较 CsCl 和 CaF₂ 晶格，特别是它们的配位数。

7.8　请表明闪锌矿结构可以描述为，锌和硫离子各自形成面心晶格并相互穿插而使每个离子都处于另一种离子晶格的四面体空隙中。

7.9　石墨具有层状结构，每一层由四周相似的六元碳环融合而成，其 Lewis 结构表现为交替单键和双键。金刚石是绝缘体，石墨是中等良好导体。从成键作用角度解释两者的性质（石墨的电导明显低于金属，但高于大多数非金属）。试预测碳纳米管，亦即圆柱形富勒烯的导电行为。

7.10　组成碱金属卤化物的正负离子模型的实验依据是什么？

7.11　氯化亚汞（Ⅰ）和其他所有汞（Ⅰ）盐都是抗磁性的，解释原因。可能要注意它们的分子式。

7.12　**a.** 中性原子形成阴离子导致尺寸增大，但形成阳离子时尺寸减小，什么原因？

b. 氧离子和氟离子具有相同的电子结构，但前者较大，为什么？

7.13　计算碱金属卤化物的半径比。哪些符合半径比规则，哪些违反这一规则？（参见 L. C. Nathan, *J. Chem. Educ.*, **1985**, *62*, 215）

7.14　解释以下离子间距离的变化趋势（pm）：

LiF	201	NaF	231	AgF	246
LiCl	257	NaCl	281	AgCl	277
LiBr	275	NaBr	298	AgBr	288

7.15　根据以下数据计算 NaCl 中 Cl 的电子亲和能，并将结果与附录 B.1 中的值进行比较：
$\Delta H_{bond}(Cl_2) = 239$ kJ/mol；$\Delta H_f(NaCl) = -413$ kJ/mol；
$\Delta H_{sub}(Na) = 109$ kJ/mol；IE(Na) = 5.14 eV；$r_+ + r_- = 281$ pm。

7.16　CaO 的硬度和熔点高于 KF，MgO 的硬度和熔点高于 CaF₂，而 CaO、KF 和 MgO 均具有 NaCl 型结构，解释这些差异。

7.17　假设 Mg⁺ 和 Na⁺ 以及 Na²⁺ 和 Mg²⁺ 半径

相同，计算假想化合物 $NaCl_2$ 和 $MgCl$ 的晶格能。这些结果如何解释实验生成的化合物？可能用到的数据：第二电离能（$M^+ \longrightarrow M^{2+} + e^-$），Na 4562 kJ/mol，Mg 1451 kJ/mol；生成焓，NaCl –411 kJ/mol，$MgCl_2$ –642 kJ/mol。

7.18 利用 Born-Haber 循环计算 KBr 的生成焓，它具有 NaCl 型晶格。可能用到的数据：$\Delta H_{vap}(Br_2) = 29.8$ kJ/mol；$\Delta H_{bond}(Br_2) = 190.2$ kJ/mol；$\Delta H_{sub}(K) = 79$ kJ/mol。（译者注：此题数据不全，估计要使用之前出现过的数据；邻近的几题均如此）

7.19 MgO 具有 NaCl 型晶格，请用 Born-Haber 循环计算其生成焓。可能用到的数据：$\Delta H_{bond}(O_2) = 494$ kJ/mol；$\Delta H_{sub}(Mg) = 37$ kJ/mol。Mg 的第二电离能为 1451 kJ/mol，O 则为 –744 kJ/mol。

7.20 PbS 具有 NaCl 型结构，请利用附录 B.1 的晶体半径计算其晶格能。将结果与利用电离能得到的 Born-Haber 循环值和以下生成焓数据进行比较。注意：生成焓从处于标准状态的元素开始计算。可能用到的数据：$\Delta H_f[S^{2-}(g)] = 535$ kJ/mol；$\Delta H_f[Pb(g)] = 196$ kJ/mol；$\Delta H_f(PbS) = -98$ kJ/mol。铅的第二电离能为 15.03 eV。

7.21 除了本章描述的掺杂外，通过提高 ZnO 或 TiO_2 中的金属含量可形成 n 型半导体；而通过提高 Cu_2S、CuI 或 ZnO 中的非金属含量可形成 p 型半导体。试解释其可能性。

7.22 请解释在超导材料中，即使电子互斥，Cooper 对也存在。

7.23 解释含有钠离子的沸石如何用于软化水。如有必要可参考其他资料。

7.24 CaC_2 是绝缘的离子型晶体。然而 $Y_2Br_2C_2$，可以认为含有 C_2^{4+} 离子，具有二维金属性，5 K 时成为超导性，描述 C_2^{4+} 的可能电子结构。在晶体中，单斜晶体对称性导致 Y_6 周围结构的畸变，其如何改变离子的电子结构？（参见 A. Simon, *Angew. Chem.*, *Int.* Ed., **1997**, *36*, 1788）

7.25 砷化镓用于发光二极管，发红光。氮化镓可否发射更高或更低能量的光？如果可以，此发射光将有何用途？

7.26 制备一系列直径范围为 1.5～4.5 nm 的 ZnSe 量子点，测试其光致发射光谱。产生的最低能量发射带来自最大还是最小的量子点？解释原因。（参见 V. V. Nikesh, A. D. Lad, S. Kimura,

S. Nozaki, S. Mahamuni, *J. Appl. Phys.*, **2006**, *100*, 113520）

7.27 量子点在医学研究领域的应用进展迅速。使用适当的搜索工具，如 Web of Science 或 SciFinder，查找并简要描述量子点的医学应用。

7.28 量子点（QDs）尺寸与其发射光谱之间的相关性推动了制备具有特定尺寸量子点的方法进展。利用 L-半胱氨酸和 CS_2 的反应作为 S^{2-} 的来源（以 H_2S 的形式）与 Cd^{2+} 结合，可以控制 CdS 量子点尺寸。在反应中形成的 *R*-2-硫四氢噻唑-4-羧酸，通过与 QD 表面结合进一步调控 QD 的大小，有效地稳定其继续生长。哪一 L-半胱氨酸/Cd^{2+} 摩尔比会提供最小的 CdS 量子点？哪一摩尔比的 CdS 量子点吸收最高能量 UV-Vis 辐射？（Y.-M. Mo, Y. Tang, F. Gao, J. Yang, Y.-M Zhang, *Ind. Eng. Chem. Res.*, **2012**, *51*, 5995）

7.29 各种硫化物前体可用于制备 CdS 量子点，包括硫脲（A. Aboulaich, D. Billaud, M. Abyan, L. Balan, J.-J. Gaumet, G. Medjahdi, J. Ghanbaja, R. Schneider, *ACS Appl. Mater. Interfaces*, **2012**, *4*, 2561）。请设计反应方案，描述 3-巯基丙酸覆层的 CdS 量子点制备的反应条件。当这些量子点受到紫外辐射激发时，最佳的反应时长是什么？反应时长对这些量子点尺寸的主要影响是什么？

7.30 "消化催熟"是一种用于缩小量子点尺寸分布的技术，水溶性 CdSe 和 CdTe 量子点的性质在催熟过程中发生了变化（M. Kalita, S. Cingarapu, S. Roy, S. C. Park, D. Higgins, R. Janlowiak, V. Chikan, K. J. Klabunde, S. H. Bossmann, *Inorg. Chem.*, **2012**, *51*, 4521）。化学家采用了哪两种方法，来评估 CdSe 或 CdTe 量子点在消化催熟后是否更大？哪些量子点更大，数据如何支持这一说法？

7.31 二元锗钡 $BaGe_3$ 的超导性已被报道（H. Fukuoka, Y. Tomomitsu, K. inumaru, *Inorg. Chem.*, **2011**, *50*, 6372）。确定 $BaGe_3$ 具有金属性的数据是什么？什么观察证据确认临界温度是 4.0 K？态密度（DOS）计算有助于评估轨道对超导体能带结构的贡献，对 $BaGe_3$ 导带贡献最大的轨道有哪些？在 $BaGe_3$ 费米能级附近，哪些轨道贡献最大？

7.32 理解"构效"关系是一传统的化学追求，如在 FeAs 超导体领域。在 LnFeAsO 型

（Ln＝镧系元素）和钙钛矿型 FeAs 超导体中，a 轴晶格常数与 T_c 之间存在相关性（P. M. Shirage, K. Kikou, C.-H. Lee, H. Kito, H. Eisaki, A. Iyo, *J. Am. Chem. Soc.*, **2011**, *133*, 9630）。对于前者，导致最高 T_c 的最佳 a 轴晶格常数是多少？T_c 值如何随 Ln 元素的相似性而变化？这些 T_c 值是否呈现周期性趋势？试解释原因。对于钙钛矿型（As）材料，预测 a 轴晶格常数上限是多少？即在此限以上，任何温度下都不会预测超导性。

7.33 确定下列硅酸盐的组成 [图（c）是竖直方向延伸的链式结构]。

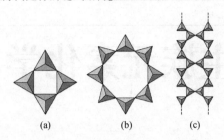

(a)   (b)   (c)

第 8 章

主族元素化学

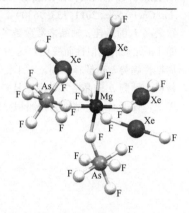

美国化学工业上生产量最大的 20 种化学品是主族元素单质及其化合物（表 8.1），且前八种都是无机化合物，说明主族元素单质及其化合物有着很大的商业价值。同时，这些物质也十分吸引人，它们有时会呈现出意想不到的性质和反应活性。本章将逐一讲述每一主族元素的化学性质，首先介绍氢元素，然后按照顺序介绍 1 族、2 族以及 13～18 族。

表 8.1 2010 年美国产量最大的 20 种工业化学品*

排名	化学品名称	产量（$\times 10^9$ kg）
1	氯化钠 NaCl	45.0[a]
2	硫酸 H_2SO_4	32.5
3	磷酸盐 MPO_4	26.1
4	乙烯 $H_2C{=}CH_2$	24.0
5	生石灰 CaO	18.0[a]
6	丙烯 $H_2C{=}CH{-}CH_3$	14.1
7	碳酸钠 Na_2CO_3	10.0[a]
8	氯气 Cl_2	9.7
9	磷酸 H_3PO_4	9.4
10	硫磺 S_8	9.1[a]
11	二氯乙烷 $ClH_2C{-}CH_2Cl$	8.8
12	氨 NH_3	8.6[a]
13	氢氧化钠 NaOH	7.5

* 2011 年其他国家选定大量生产的无机和有机化学品的数据，可以参考 *Chem. Eng. News*, **2012**, *90*(27), 59.

续表

排名	化学品名称	产量（$\times 10^9$ kg）
14	磷酸氢二铵$(NH_4)_2HPO_4$	7.4
15	硝酸铵 NH_4NO_3	6.9
16	硝酸 HNO_3	6.3[a]
17	磷酸二氢铵 $NH_4(H_2PO_4)$	4.3
18	乙苯 $C_2H_5C_6H_5$	4.2
19	苯乙烯 $C_6H_5CH{=}CH_2$	4.1
20	盐酸 HCl	3.5

数据源于 *Chem. Eng. News*, July 4, 2011, pp. 55-63；U. S. Department of the Interior, U.S. Geological Survey, *Mineral Commodity Summaries 2011*。

a. 数据为估值。

对主族化学的讨论使其化学性质相关的特定主题更加凸显，并且这些主题还可以延伸到过渡金属元素。例如，原子之间可用其他原子作桥形成化学键（如章标图所示）。本章将会深入讨论一种桥联成键类型：硼烷中的桥氢。这种方式同样适用于描述其他原子和基团，如 CO（CO 在过渡金属原子之间的桥联，详见第 13 章）。

本章还介绍一些示例，它们表明化学在许多理念方面已经发生了翻天覆地的变化，这些开创性示例包括：化合物含有可以与 4 个以上原子键合的碳、碱金属阴离子以及稀有气体化学。碳元素化学在近三十年中的发展令人着迷，包括富勒烯（buckyballs）、碳纳米管、石墨烯和其他以前未知的形式，为电子学、医学和其他领域的变革带来了诱人的前景。本章还将介绍趣味主族化学及对经典化合物进行分类，以供参考。对主族化合物成键与结构的介绍（第 3 章、第 5 章）及与之相关的酸碱反应（第 6 章）为本章提供了理论基础。

8.1　主族化学的总体趋势

8.1 节从影响化学和物理行为的角度广泛讨论了主族元素的性质。

8.1.1　物理性质

主族元素通过在 s 和 p 价轨道填充电子而形成其电子构型，IUPAC 推荐的元素周期表族数（1、2 族和 13～18 族）的最后一位数字，方便地显示了该电子数[1]。这些元素从最强金属性到最强非金属性依次排列，中间性质的元素介于两者之间。元素周期表中最左边的碱金属和碱土金属表现出有光泽、高导电导热能力和延展性的金属特性，金属和非金属通过电导上的差异加以区分。

　　图 8.1 绘制了固体主族元素的电阻率（与电导率成反比）*。最左边为碱金属，电阻率低（电导高）；最右边为非金属。究其原因，金属含有移动相对自由的价电子，可传导电流；而多数情况下，非金属含有更多的定域电子和流动较差的共价电子对。但是石墨（8.6.1 节）是一个例外，它是非金属元素碳的一种同素异形体（元素的形式），由于电子离域，它比大多数非金属的导电能力强很多。

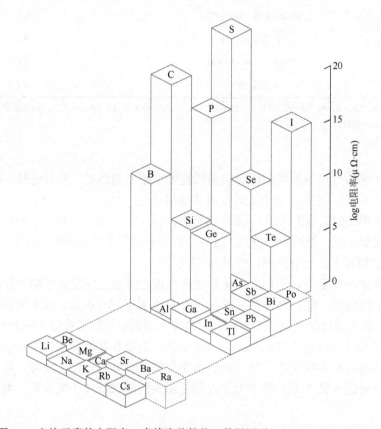

图 8.1　主族元素的电阻率。虚线为估算值（数据源于 J. Emsley, *The Elements*, Oxford University Press, 1989）

　　位于从硼到钋这条大致的对角线上的元素，它们的性质介于金属和非金属之间，有些元素会同时具有金属性和非金属性两种同素异形体，它们被称为类金属（metalloid）或半金属（semimetal）。一些元素可通过添加少量杂质来微调它们的电导率，如硅和锗，因此在电子工业中的半导体制造领域（第 7 章）意义重大。

　　有几列主族元素长期以来用俗称命名，也有人提出其他族用类似的命名，且近年来使用得越加频繁：

---

　　* 图中所示碳的电阻率为金刚石的电阻率。碳的另一种同素异形体是石墨，其电阻率在金属和半导体之间。

族	俗名	族	俗名
1（Ⅰ）	碱金属	15（Ⅴ）	磷族元素
2（Ⅱ）	碱土金属	16（Ⅵ）	氧族元素
13（Ⅲ）	硼族元素	17（Ⅶ）	卤素
14（Ⅳ）	碳族元素	18（Ⅷ）	稀有气体

8.1.2　电负性

电负性为推测主族元素的化学性质提供了指导（图 8.2）。氟及稀有气体氦和氖都呈现出明显的极高电负性。随着周期表向左下方延伸，元素的电负性递减，其中半金属元素形成中间电负性的对角线。3.2.3 节给出了电负性的定义，数值列于表 3.3 和附录 B.4。

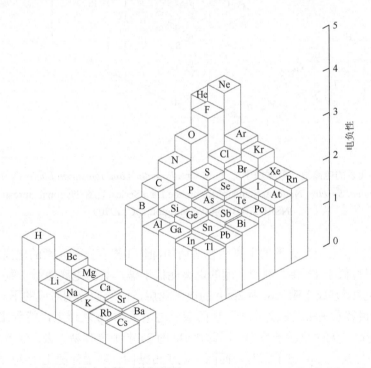

图 8.2　主族元素的电负性（数据源于 J. B. Mann, T. L. Meek, L. C. Allen. *J. Am. Chem. Soc.*, *122*, 2780, 2000）

虽然氢元素通常被归为 1 族，但它的电负性及其化学性质和物理性质与碱金属完全不同，氢与其他族元素的化学性质都不同。

稀有气体元素具有比卤素更高的电离能，计算表明，它们的电负性与卤素相当，甚至更高[2]。稀性气体原子比相邻的卤素原子略小，如氖小于氟，是有效核电荷增加所致。核电荷将稀有气体的电子强烈地吸向原子核，很可能还对相邻原子的电子产生强烈的吸引力，这归结于稀有气体的高电负性。电负性的估值见表 8.2 和附录 B.4。

8.1.3　电离能

主族元素的电离能（参见 2.3.1 节和图 8.3）表现出与电负性类似的变化趋势，但是仍有细微的不同。

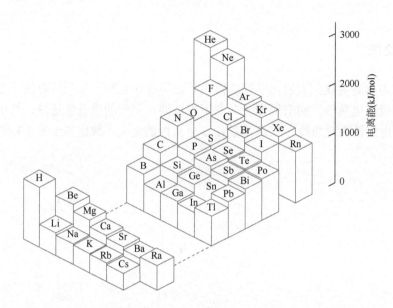

图 8.3　主族元素的电离能（数据源于 C. E. Moore, *Potentials and Ionization Limits Derived from the Analyses of Optical Spectra*, National Standard Reference Data Series, U. S. National Bureau of Standards, NSRDS-NBS 34, Washington, DC, 1970）

虽然在周期表右上角元素的电离能普遍增加，但 13 族有三种元素的电离能低于 2 族，16 族中也有三种低于 15 族。例如，硼的电离能低于铍，氧的电离能低于氮。Be 和 N 具有全满（Be 为 $2s^2$）或半满（N 为 $2p^3$）的电子亚层，而它们分别对应的下一元素（B 和 O）都有一个很容易失去的额外电子。B 的最外层电子在 2p 轨道上，能量比全满的 1s、2s 轨道明显更高（大的角量子数 l），因此比 Be 的 2s 电子更容易失去。O 上 2p 轨道的第四个电子必须与其他 2p 电子配对，而两个电子占据同一轨道伴随电子-电子斥力的增大（2.2.3 节中提到的 Π_e），促使其中一个电子容易失去。图 8.3 和图 2.13 展示了该现象的其他例子，电离能列表见附录 8.2。

8.1.4　化学性质

在制定现代周期表之前，化学家们就开始探索各主族元素的化学相似性，同族元素的性质最为相似。例如，碱金属和卤素在它们各自的族中所表现的许多性质都十分相似。沿元素周期表对角线（从左上方到右下方）的一些元素也具有相似性，图 8.2

表明沿对角线上的元素电负性数值相近。例如，B 和 Te 构成的这条对角线上的元素，电负性数值均在 1.9～2.2。对角线相似性还体现在其他方面，例如，LiF 和 MgF_2 的溶解度都很低（由于 Li^+ 和 Mg^{2+} 的尺寸小，因而这些离子化合物的晶格能很高）；Be 和 Al 的碳酸盐及氢氧化物的溶解度相似，且与 SiO_4 和 BO_4 四面体结合可形成复杂的三维结构。这些相似之处通常可以根据所述化合物的原子大小及其电子结构的相似性来解释。

第二周期的主族元素（从 Li 到 Ne）通常与其同族其他元素性质显著不同。例如，F_2 的键能（159 kJ/mol）比通过 Cl_2（243 kJ/mol）、Br_2（193 kJ/mol）、I_2（151 kJ/mol）键能外推得到的结果低很多；在水溶液中，HF 是弱酸，而 HCl、HBr 和 HI 都是强酸；C 原子间形成多重键的情况比 14 族中其他元素更普遍；F、O 和 N 的化合物的氢键比它们族中其他元素的化合物强得多。第二周期元素的独特化学性质往往与这些元素的原子尺寸和高电负性有关。

氧化还原反应

目前已有很多图表描述含有相同元素的化合物在不同氧化态下的相对热力学稳定性。例如，氢有–1、0 和+1 三种氧化态。在标准条件下，酸性水溶液（$[H^+] = 1$ mol/L）中，与+1/0 和 0/–1 氧化还原电对相关的还原半反应为

$$2H^+ + 2e^- \longrightarrow H_2 \quad E^\ominus = 0 \text{ V}$$

$$H_2 + 2e^- \longrightarrow 2H^- \quad E^\ominus = -2.25 \text{ V}$$

这些氧化态及其标准还原电势*可以在 Latimer 图（Latimer diagram）中描述[3]，氧化态从左到右（从最高氧化态到最低氧化态）递减：

$$
\begin{array}{ccc}
+1 & 0 & -1 \quad \longleftarrow \text{氧化态} \\
H^+ \xrightarrow{\ 0\ } & H_2 \xrightarrow{\ -2.25 \text{ V}\ } & H^-
\end{array}
$$

在碱性溶液中（$[OH^-] = 1$ mol/L），氢元素氧化还原电对的半反应为

$$H_2O + e^- \longrightarrow OH^- + \frac{1}{2}H_2 \quad E^\ominus = -0.828 \text{ V}$$

$$H_2 + 2e^- \longrightarrow 2H^- \quad\quad\quad\quad E^\ominus = -2.25 \text{ V}$$

与之对应的 Latimer 图为

$$
\begin{array}{ccc}
+1 & 0 & -1 \\
H_2O \xrightarrow{\ -0.828\ } & H_2 \xrightarrow{\ -2.25\ } & H^-
\end{array}
$$

与氧元素对应的 Latimer 图为

$$
\begin{array}{ccc}
0 & -1 & -2 \\
O_2 \xrightarrow{\ 0.695\ } & H_2O_2 \xrightarrow{\ 1.763\ } & H_2O \quad \text{酸中}
\end{array}
$$

$$
\begin{array}{ccc}
0 & -1 & -2 \\
O_2 \xrightarrow{\ -0.0649\ } & HO_2^- \xrightarrow{\ -2.25\ } & OH^- \quad \text{碱中}
\end{array}
$$

非相邻物质对（在其还原半反应中具有同种物质）的电势可以方便地导出，如下例所示。

---

* 半反应 $2H^+ + 2e^- \longrightarrow H_2$ 作为酸性溶液中电极电势的标准参考，其在标准条件下的电压为零。

示例 8.1

计算在酸中 O_2/H_2O 氧化还原电对的标准还原电势：

$$O_2 + 4H^+ + 4e^- \longrightarrow 2H_2O \quad E_3^\ominus = ?$$

这些物质在其对应的还原半反应中都含有 H_2O_2，将这些半反应相加可得到 O_2/H_2O 半反应：

$$
\begin{array}{lll}
(1)\ O_2 + 2H^+ + 2e^- \longrightarrow H_2O_2 & E_1^\ominus = 0.695\ \text{V} \\
(2)\ H_2O_2 + 2H^+ + 2e^- \longrightarrow 2H_2O & E_2^\ominus = 1.763\ \text{V} \\
\hline
(3)\ O_2 + 4H^+ + 4e^- \longrightarrow 2H_2O & E_3^\ominus = ?
\end{array}
$$

因为电势不是状态函数，则通过直接加和 $\Delta G^\ominus$ 值得到 $E_3^\ominus$，注意 $\Delta G^\ominus = -nFE^\ominus$：

$$\Delta G_3^\ominus = \Delta G_1^\ominus + \Delta G_2^\ominus$$

$$-nFE_3^\ominus = (-nFE_1^\ominus) + (-nFE_2^\ominus)\ (F = 96485\ \text{C/mol})$$

$$(-4\ \text{mol})F(E_3^\ominus) = (-2\ \text{mol})F(0.695\ \text{V}) + (-2\ \text{mol})F(1.763\ \text{V})$$

$$E_3^\ominus = 1.23\ \text{V}$$

（在这种情况下，$E_3^\ominus$ 是 $E_1^\ominus$ 与 $E_2^\ominus$ 的平均值，因为反应相加时要求每个半反应转移相同摩尔数的电子。）

练习 8.1 计算在碱性溶液中，$H_2O + 2e^- \longrightarrow OH^- + H^-$ 的标准还原电势。

酸性溶液中氧对应的 Latimer 图表明，0/-1 的电对的电势低于 -1/-2 电对，说明 H_2O_2 在酸中易于歧化（disproportionation），H_2O_2 通过 $2H_2O_2 \longrightarrow 2H_2O + O_2$ 分解。歧化是否自发进行（$\Delta G^\ominus < 0$），可以通过使用标准电势计算 $\Delta G^\ominus$ 值来确定（练习 8.2）。

练习 8.2 用 Latimer 图中氧的标准电极电势，验证酸性溶液中 H_2O_2 歧化时 $\Delta G^\ominus < 0$。

Latimer 图（附录 B.7）总结了许多半反应的标准电极电势，基于此可以构建 Frost 图（Frost diagram），以说明物质作为氧化剂和还原剂的相对强弱。例如酸性溶液中氮的 Latimer 图：

$$
\begin{array}{ccccccccc}
+5 & +4 & +3 & +2 & +1 & 0 & -1 & -2 & -3
\end{array}
$$

$$NO_3^- \xrightarrow{0.803} N_2O_4 \xrightarrow{1.07} HNO_2 \xrightarrow{0.996} NO \xrightarrow{1.59} N_2O \xrightarrow{1.77} N_2 \xrightarrow{-1.87} NH_3OH^+ \xrightarrow{1.41} N_2H_5^+ \xrightarrow{1.275} NH_4^+$$

基于该 Latimer 图可以绘制图 8.4 中的 Frost 图，它给出了 $nE^\ominus$ 与氧化态的关系，其中 $nE^\ominus$ 正比于半反应的 $\Delta G^\ominus$ 值（$\Delta G^\ominus = -nFE^\ominus$）。当在 Frost 图中绘制点时，$n$ 为所述元素氧化态的变化，$nE^\ominus$ 用伏特表示。为了创建 Frost 图，每次还原均形式上认为是 1 mol 该元素原子发生氧化时的半反应，并且所涉及的电子摩尔数在数值上等于该元素氧化态的变化。接下来，通过绘制氮元素的 Frost 图解释上述过程（图 8.4）。

首先，将氧化态为 0 的物质（即 N_2）置于原点（0，0）作为参考点，然后从该点开始，利用 Latimer 图中的还原半反应依次绘制其他点。例如，在 Latimer 图中，反应 $N_2O \longrightarrow N_2$ 的 $E^\ominus = 1.77$ V，平衡半反应为

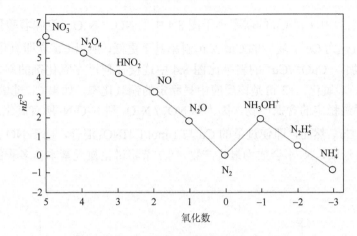

图 8.4　氮化合物在酸性条件下的 Frost 图

$$N_2O + 2H^+ + 2e^- \longrightarrow N_2 + H_2O \quad E^\ominus = 1.77\ V$$

其中 N 从氧化态+1 下降到 0。对于 Frost 图，我们需要把氧化态发生改变的氮原子数修正为 1 mol：

$$\frac{1}{2}N_2O + H^+ + e^- \longrightarrow \frac{1}{2}N_2 + \frac{1}{2}H_2O \quad E^\ominus = 1.77\ V$$

反应转移的电子摩尔数等于 N 氧化态变化值；$E^\ominus$ 保持不变，因为电压是一个比值（J/C）。

N 的氧化态变化为–1（从 1 降到 0），所以 $nE^\ominus = (-1)(1.77\ V) = -1.77\ V$，即 N_2O 在 Frost 图位于（1，1.77），其中 1 是 N 在 N_2O 中的氧化态。还原反应 $N_2O \longrightarrow N_2$ 的发生伴随着 $nE^\ominus$ 下降 1.77 V，即 N_2O 在 $nE^\ominus$ 轴上比 N_2 高 1.77 V。

接下来绘制 Frost 图中 NH_3OH^+ 的位置。因为在 $N_2 \longrightarrow NH_3OH^+$ 过程中，N 的氧化态变化了–1（从 0 到–1），$E^\ominus = -1.87\ V$，所以 $nE^\ominus = (-1)(-1.87\ V) = 1.87\ V$；$NH_3OH^+$ 在 Frost 图中位于（–1，1.87），比 N_2 在 $nE^\ominus$ 轴上高 1.87 V。

在 $NH_3OH^+ \longrightarrow N_2H_5^+$ 的还原过程中，N 氧化态变化为–1（从–1 到–2），$E^\ominus = 1.41\ V$，所以 $nE^\ominus = (-1)(1.41\ V) = -1.41\ V$；$N_2H_5^+$ 位于（–2，0.46），其中 0.46V 比 1.87 V（NH_3OH^+ 的 $nE^\ominus$ 值）在 $nE^\ominus$ 轴上低 1.41 V，–2 来源于 $N_2H_5^+$ 中 N 的氧化态。

通过 Latimer 图中每一次连续还原，其他各点可类似地导出，连接各点可完成 Frost 图。

练习 8.3　推导 NO_3^-、N_2O_4、HNO_2、NO 和 NH_4^+ 在图 8.4 中的位置。

Frost 图何用？图中两物种连线的斜率与其对应半反应的 $\Delta E^\ominus$ 和 $-E^\ominus$ 成正比，可用于确定 Latimer 图中无法直接得到的还原电势，如 $N_2O \longrightarrow NH_3OH^+$ 还原电势的推导。因为 N_2O 和 NH_3OH^+ 两点连线（图 8.4 未显示）的斜率是正值（$\Delta(nE^\ominus) > 0$），氧化态的变化为负（从+1 到–1，$n = -2$），我们可以立即得出 $N_2O \longrightarrow NH_3OH^+$ 的还原电势为负。由 N_2O（1，1.77）和 NH_3OH^+（–1，1.87）的坐标，可以得出它们的 $nE^\ominus$ 相差 0.10。如果 $\Delta(nE^\ominus) = 0.10$，$n = -2$，则 $E^\ominus = \dfrac{0.10\ V}{-2} = -0.05\ V$，即 $N_2O \xrightarrow{-0.05} NH_3OH^+$。

Frost 图更常用于描述一个完整的化学反应。例如，把 Cu 加入 1 mol/L HNO_3 中。Cu

的 Frost 图（图 8.5）中，Cu^+/Cu 的斜率小于图 8.4 中的 NO_3^-/N_2O_4，意味着酸性条件下 NO_3^- 会自发将 Cu 氧化为 Cu^+。随后的 Cu^{2+}/Cu^+ 斜率甚至更低，所以 Cu^+ 立即氧化为 Cu^{2+}，Cu^+ 的浓度不会增加*。CuO^{2+}/Cu^{2+} 的斜率比图 8.4 中连接任何潜在氧化剂的斜率都大，所以 Cu^{2+} 不会被进一步氧化，+2 价是该反应中最稳定的铜氧化态。如果 Cu 过量，图 8.4 会暗示 N_2 是热力学最稳定的含氮产物，因为从 NO_3^-/N_2O_4 到 N_2O/N_2 所有氧化还原电对的斜率都大于 Cu^{2+}/Cu。然而，即使过量的 Cu 与 1 mol/L HNO_3 混合，由于 NO 的释放及动力学上 N_2 缓慢地形成，N_2 不会成为最终产物。8.7 节将讨论氮元素丰富多彩的化学。

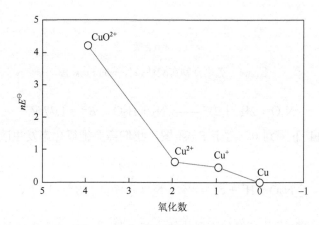

图 8.5　铜在酸性条件下的 Frost 图

练习 8.4　利用 Latimer 图中的标准电势，分别绘制氢在酸性和碱性溶液中的 Frost 图。

8.2　氢

　　氢在元素周期表中的位置一直存在争议。氢的核外电子构型为 $1s^1$，类似于碱金属的价电子构型（ns^1），因此氢常列于周期表中 1 族顶部，然而氢与碱金属的化学性质相似性很小。氢同时比稀有气体价电子构型少 1 个电子，故可以归类为卤素，然而氢与卤素也只有有限的相似性，如形成双原子分子和负一价的离子。第三种归类方法是将氢置于碳之上，归入 14 族，依据是两种元素价电子轨道均为半满，电负性也相近，通常形成共价键而非离子键。实际上，我们宁愿不将氢归入任何确定的族中：氢足够独特，值得单独考虑。

$$^3_1H \longrightarrow \, ^3_2He + \, ^0_{-1}e$$
$$^6_3Li + \, ^1_0n \longrightarrow \, ^4_2He + \, ^3_1H$$

　　氢是迄今为止宇宙（以及太阳）中丰度最高的元素，也是地壳中丰度第三的元素（主要存在于化合物中）。它有三种同位素形式：普通氢，又称氕（protium），^1H；氘（deuterium），^2H 或 D；氚（tritium），^3H 或 T。^1H 与 ^2H 均有稳定的核；^3H 会发生 β 衰变（见上式），半衰期为 12.35 年。天然氢中 99.985% 为 ^1H，其余基本为 ^2H；地球上仅发现有痕量的放

---
* 在该条件下，Cu^{2+}/Cu 电对的斜率比 NO_3^-/N_2O_4 小，所以 Cu 会被立即氧化为 Cu^{2+}。

射性 ^3H。氘化合物常用作核磁共振（NMR）光谱实验的溶剂和涉及含氢键的动力学研究（氘的同位素效应）。氚产生于中子轰击 ^6Li 原子核的核反应（见上式）。氚可以作为示踪剂（如研究地下水活动），以及可用于研究金属对氢的吸附及金属表面对氢的吸附。氚还被用作"氚表"和其他计时装置的能源。氢的三种同位素的一些重要物理性质列于表 8.2。

表 8.2 气、氘、氚的性质

同分异构体	X_2 分子的性质					
	丰度 (%)	原子质量	熔点 (K)	沸点 (K)	临界温度 (K) [a]	解离焓 (kJ/mol, 25℃)
氕（^1H），H	99.985	1.007825	13.957	20.30	33.19	435.88
氘（^2H），D	0.015	2.014102	18.73	23.67	38.35	443.35
氚（^3H），T	约 10^{-16}	3.016049	20.62	25.04	40.6（计算值）	446.9

丰度和原子质量数据源于 I. Mills, T. Cuitoš, K. Homann, N. Kallay, and K. Kuchitsu, eds., *Quantities, Units, and Symbols in Physical Chemistry*, International Union of Pure and Applied Chemistry, Blackwell Scientific Publications, Oxford UK, 1988。其余数据源于 N. N. Greenwood and A. Earnshaw, *Chemistry of the Elements*, Pergamon Press, Elmsford, NY, 1984。

a. 使物质由气态凝聚为液态的最高温度。

8.2.1 化学性质

氢可以得到一个电子形成氢负离子（H^-），达到稀有气体的电子构型。碱金属和碱土金属的氢化物基本上是离子型的，并包含独立的 H^- 离子。氢负离子是强还原剂，它能与水及其他质子溶剂发生反应生成 H_2：

$$H^- + H_2O \longrightarrow H_2 + OH^-$$

H^- 也可作为配体与金属结合，一个金属原子结合的氢最多可达 9 个，如 ReH_9^{2-}。主族元素氢化物如 BH_4^- 和 AlH_4^-，是化学合成中重要的还原剂，虽然它们也被称为"氢化物"，但本质上以共价成键，并不存在独立的 H^-。

提到"氢离子"时，常见形式是 H^+。然而在溶液中，质子体积极小（半径约 1.5×10^{-3} pm）导致其电荷密度极高，使得 H^+ 需要与溶剂或溶质分子通过氢键结合，以降低电荷密度。在水溶液中，氢离子更正确的表述是 $H_3O^+(aq)$，尽管已确认有更大的物种，如 $H_9O_4^+$。

氢可燃，燃烧产物无污染，所以作为燃料引人注目。作为汽车燃料，单位质量的氢气提供的能量多于汽油，且不会产生对环境有害的副产物，如一氧化碳、二氧化硫和未燃烧完全的烃类。

氢燃料的一个重要挑战是开发出实用的热化学或光化学过程，以便从氢最丰富的来源（水）中生成氢[4]。

工业上使用固体催化剂"裂解"石油中的烃类来生产氢气，同时生成烯烃：

$$C_2H_6 \longrightarrow C_2H_4 + H_2$$

或用水蒸气重整形成天然气，通常使用镍催化剂：

$$CH_4 + H_2O \longrightarrow CO + 3H_2$$

分子氢是一种重要的试剂，尤其用于不饱和有机分子的工业加氢。过渡金属催化加氢反应，将在第 14 章中加以讨论。

8.3　1 族：碱金属

碱金属盐，特别是氯化钠，自古就被人类使用，早期用于食物的保存和调味。然而，由于碱金属离子难以还原，直到近代这些元素才被分离出来。在碱金属中，钠和钾是人类生命必需元素，在许多疾病治疗中，对它们小心监测十分重要。

8.3.1　元素

1807 年，Davy 电解熔融的 KOH 和 NaOH 首次分离出钾和钠。1817 年，Arfvedson 发现锂化合物与钠化合物和钾化合物的溶解度有相似之处，第二年 Davy 便通过电解熔融的 Li_2O 分离出锂。铯和铷分别于 1860 年和 1861 年借助光谱学发现的，它们以各自最明显的发射谱线颜色命名（拉丁文 caesius，"天蓝"；rubidus，"深红"）。而钫直到 1939 年才被确认为一种短寿命的放射性同位素，由锕核衰变产生。

碱金属通常是呈银色的（除了铯为金色）、低熔点的高活性固体，一般储存于惰性油中以防止氧化，它们相当柔软，可以用小刀切开。它们的熔点随原子序数增加而降低，因为金属键随着原子尺寸的增大而变弱。碱金属的物理性质总结在表 8.3 中。

表 8.3　1 族元素的性质：碱金属

元素	电离能（kJ/mol）	电子亲和能（kJ/mol）	熔点（℃）	沸点（℃）	电负性	电势 $E^{\ominus}$ (M⁺→M) (V) [a]
锂 Li	520	60	180.5	1347	0.912	−3.04
钠 Na	496	53	97.8	881	0.869	−2.71
钾 K	419	48	63.2	766	0.734	−2.92
铷 Rb	403	47	39.0	688	0.706	−2.92
铯 Cs	376	46	28.5	705	0.659	−2.92
钫 Fr	400[b, c]	60[b, d]	27		0.7[b]	−2.9[d]

数据来源：除非另有说明，本章节电离能数据均引用自 C. E. Moore, *Ionization Potentials and Ionization Limits Derived from the Analyses of Optical Spectra*, National Standard Reference Data Series, U.S. National Bureau of Standards, NSRDS-NBS 34, Washington, DC, 1970。电子亲和能数据均引用自 H. Hotop and W. C. Lineberger, *J. Phys. Chem. Ref. Data*, **1985**, *14*, 731。标准电极电势数据均引用自 A. J. Bard, R. Parsons, and J. Jordan, eds., *Standard Potentials in Aqueous Solutions*, Marcel Dekker（for IUPAC），New York, 1985。电负性数据均引用自 J. B. Mann, T. L. Meek, and L. C. Allen, *J. Am. Chem. Soc.*, **2000**, *122*, 2780, Table 2。除了另加标注，其余数据均引用自 N. N. Greenwood and A. Earnshaw, *Chemistry of the Elements*, Pergamon Press, Elmsford, NY, 1984. J. Emsley, *The Elements*, Oxford University Press, New York, 1989. S. G. Bratsch, *J. Chem. Educ.*, **1988**, *65*, 34。

a. 水溶液，25℃；b. 近似值；c. J. Emsley, *The Elements*, Oxford University Press, New York, 1989; d. S. G. Bratsch, *J. Chem. Educ.*, **1988**, *65*, 34。

8.3.2　化学性质

碱金属的化学性质非常相似，它们很容易失去一个电子（碱金属的电离能在所有元素中最低）达到稀有气体电子构型，因而都是极好的还原剂。它们与水剧烈反应生成氢气，例如：

$$2Na + 2H_2O \longrightarrow 2NaOH + H_2$$

该反应剧烈放热，形成的氢气可在空气中点燃或者爆炸。碱金属族自上而下，各元素与水的反应越发剧烈。为防止意外，必须采取特殊措施防止碱金属与水接触。

碱金属与氧气反应生成氧化物、过氧化物和超氧化物，具体情况取决于金属，在空气中燃烧得到的产物列于下表*：

碱金属	主要燃烧产物（括号内为次要产物）		
	氧化物	过氧化物	超氧化物
锂 Li	Li_2O	(Li_2O_2)	
钠 Na	(Na_2O)	Na_2O_2	
钾 K			KO_2
铷 Rb			RbO_2
铯 Cs			CsO_2

碱金属溶于液氨和其他供体溶剂［如脂肪族胺（NR_3，其中 R = 烷基）、$OP(NMe_2)_3$、六甲基磷酸酰胺］，得到蓝色溶液，认为有溶剂化的电子形成：

$$Na + xNH_3 \longrightarrow Na^+ + e(NH_3)_x^-$$

由于这些溶剂化电子，碱金属的液氨稀溶液导电性能优于其离子化合物的水溶液。随着液氨中碱金属浓度的增加，溶液的电导率先下降然后升高，浓度足够高时，溶液呈青铜金属光泽，电导率与熔融金属相当。碱金属的液氨稀溶液呈顺磁性，每个金属原子约拥有一个未成对电子，即每个金属原子对应一个溶剂化电子，浓度升高时顺磁性减弱。这些溶液的密度小于液氨，可以看作溶剂化的电子在溶剂中为自己制造了空腔（半径约为 300 pm），从而显著增加了体积。溶液呈现的蓝色，对应于 1500 nm 附近并延伸到可见光区域的宽吸收带，归因于溶剂化的电子（碱金属离子无色）。较高浓度的青铜色溶液中含有碱金属阴离子 M^-。

碱金属的液氨溶液是极好的还原剂，该溶液可参与进行的还原反应示例包括：

$$RC{\equiv}CH + e^- \longrightarrow RC{\equiv}C^- + \frac{1}{2}H_2$$

$$NH_4^+ + e^- \longrightarrow NH_3 + \frac{1}{2}H_2$$

$$S_8 + 2e^- \longrightarrow S_8^{2-}$$

$$Fe(CO)_5 + 2e^- \longrightarrow [Fe(CO)_4]^{2-} + CO$$

碱金属的液氨溶液不稳定，经缓慢分解形成氨基化合物：

---

* 更多过氧化物、超氧化物及其他含氧碱金属离子，参见表 8.12。

$$M + NH_3 \longrightarrow MNH_2 + \frac{1}{2} H_2$$

碱土金属 Ca、Sr、Ba 和镧系元素中的 Eu 和 Yb（均形成 2+离子）也能溶于液氨产生溶剂化电子。相较而言，碱金属能更有效地进行这种反应，故被广泛用于合成。

　　碱金属阳离子可以与多种 Lewis 碱形成配合物，其中特别令人感兴趣的是环状 Lewis 碱，它拥有数个供体原子，可以配位或捕获阳离子。这类分子示于图 8.6，第一种是一大类环醚，称为"冠"醚，它们通过氧原子向金属提供电子密度；第二种是穴醚（或笼状多醚），它们有 8 个供体原子围绕着一个金属中心构成笼，配位能力更强；同时还开发出金属冠醚——金属参与构成冠醚结构[5]，如图 8.6 中的含铁金属冠醚骨架。这些分子结构在 Cram、Pedersen 和 Lehn 于 1987 年获得诺贝尔化学奖时，被公认具有重要性*。

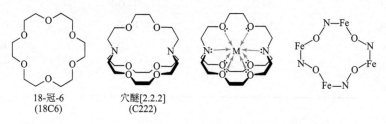

18-冠-6　　　　穴醚[2.2.2]
(18C6)　　　　(C222)

图 8.6　冠醚、穴醚、金属包裹其中的穴醚和金属冠醚

　　穴醚捕获碱金属阳离子的能力取决于笼子和金属离子的大小：两者尺寸匹配得越好，捕获离子的效率就越高。图 8.7 显示对碱金属离子的这种效应。

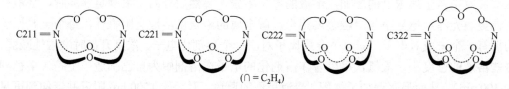

$(\cap = C_2H_4)$

穴醚（空穴半径）	碱金属离子（半径/pm）				
	Li^+（79）	Na^+（107）	K^+（138）	Rb^+（164）	Cs^+（173）
C211（80）	**7.58**	6.08	2.26	<2.0	<2.0
C221（110）	4.18	**8.84**	7.45	5.80	3.90[a]
C222（140）	1.8	7.21	**9.75**	8.40	3.45
C322（180）	<2.0	4.57	7.0	**7.30**	7.0

注：表中生成常数于甲醇：水 = 95：5 中测得。

a. 2：1 穴醚：阳离子配合物也可能存在于该混合物中。

图 8.7　碱金属穴醚配合物及生成常数（配位反应用 $\log K_c$ 表示），每种穴醚最高的生成常数加粗显示（数据引自 J. L. Dye, *Progr. Inorg. Chem.*, **1984**, *32*, 337）

---

* 他们的诺尔奖演讲报告：D. J. Cram, *Angew. Chem.*, **1988**, *100*, 1041; C. J. Pedersen, *Angew. Chem.*, **1988**, *100*, 1053; J.-M. Lehn, *Angew. Chem.*, **1988**, *100*, 91。

　　碱金属阳离子中最大的 Cs⁺ 能被最大的穴醚[3.2.2]有效捕获；最小的 Li⁺ 则被最小的穴醚[2.1.1]*捕获，它们的匹配关系如图 8.7 所示。穴醚在碱金属阴离子（碱化物）的研究中起着重要的作用。

　　许多碱化物已被报道，其中第一个是钠阴离子（Na⁻），由钠与穴醚 $N\{(C_2H_4O)_2C_2H_4\}_3N$ 在乙胺存在下反应形成：

$$2\,Na + N\{(C_2H_4O)_2C_2H_4\}_3N \longrightarrow [NaN\{(C_2H_4O)_2C_2H_4\}_3N]^+ + Na^-$$

　　　　　　穴醚[2.2.2]　　　　　　　　　　　　[Na(穴醚[2.2.2])]⁺

在该配合物中，Na⁻ 所占位置足够远离穴醚的配位原子 N 和 O，可将其视为一个独立的实体；它是由 Na 生成 Na⁺（被穴醚捕获）和 Na⁻ 的歧化物质。1 族其他元素与他族金属都有已知的碱阴离子，特别是那些带 1–电荷会产生 s^2d^{10} 电子构型的金属。碱阴离子是强还原剂，与其配位的试剂必须具有很高的抗还原性，以避免被碱阴离子还原。但即便采用强效配位试剂，大多数碱阴离子也不稳定，容易分解。

　　图 8.8（a）是冠醚夹心电子配合物 $Cs^+(15C5)_2e^-$ 的晶体结构，其展示了两个 15C5 环与 Cs⁺ 离子的配位情况及电子占据的空腔[6]。

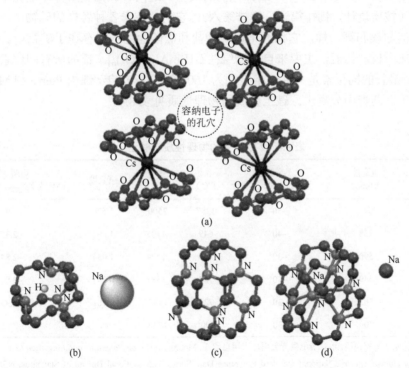

图 8.8　（a）冠醚夹心电子配合物 $Cs^+(15C5)_2e^-$，铯阳离子与 15C5 的氧原子结合。（b）Na⁻H⁺3⁶ 类金刚烷氮杂穴醚配合物。（c）TriPip222 穴醚。（d）[Na(TriPip222)]⁺Na⁻（分子结构基于 CIF 数据绘制。（b）中为近似结构，因为只有质子化 3⁶ 类金刚烷氮杂穴醚的乙醇酸盐（[HOCH₂CO₂]⁻）的 CIF 数据。为了清晰起见，氢原子已忽略）

---

　　* 数字表示在氮之间的每个桥上氧原子的数目。因此，穴醚[3.2.2]有 1 个含 3 个氧的桥和 2 个含 2 个氧的桥，如图 8.7 所示。

  "反氢化钠"的合成非常特别，该化合物包含一个钠阴离子 Na^- 和一个封装在 3^6 类金刚烷氮杂穴醚（adamanzane）中的 H^+ 离子［图 8.8（b）］[7]，H^+ 与类金刚烷氮杂穴醚中的四个氮原子呈强配位关系。

  全氮穴醚 TriPip222［图 8.8（c）］能够配位 Na^+ 离子，且有极强的抗还原能力。2005 年报道该穴醚形成 $[Na(TriPip222)]^+e^-$，是第一个室温稳定的电子化合物，$[Na(TriPip222)]^+e^-$ 用晶体中的空腔容纳电子；同时还制备了钠化物 $[Na(TriPip222)]^+Na^-$，Na^- 被锁在空腔中［图 8.8（d）］[8]。

8.4 2 族：碱土金属

8.4.1 元素

  镁和钙的化合物自古就被人类使用。古罗马人用石灰（CaO）和沙子混合制成砂浆，古埃及人用石膏（$CaSO_4 \cdot 2H_2O$）装饰他们的坟墓。这两种碱土金属都是地壳中储量最丰富的元素（按质量计，钙排第五，镁排第六），它们存在于各种各样的矿物中。锶和钡含量较少，但与镁和钙一样，它们通常以硫酸盐和碳酸盐的形式存在于矿物中。铍的丰度在碱土金属中位居第五，主要来自矿物绿柱石 $[Be_3Al_2(SiO_3)_6]$。镭的所有同位素都具有放射性（寿命最长的同位素是 ^{226}Ra，半衰期为 1600 年）。1898 年，镭由 Pierre 和 Marie Curie 首次从铀矿石沥青中分离出。碱土金属的物理性质见表 8.4。

表 8.4 2 族元素的物理性质：碱土金属

元素	电离能 (kJ/mol)	电子亲和能 (kJ/mol) [b]	熔点 (℃)	沸点 (℃)	电负性	电势 $E^\ominus$ ($M^{2+} + 2e^- \longrightarrow M$) (V) [a]
铍 Be	899	−50	1287	2500[b]	1.576	−1.97
镁 Mg	738	−40	649	1105	1.293	−2.36
钙 Ca	590	−30	839	1494	1.034	−2.84
锶 Sr	549	−30	768	1381	0.963	−2.89
钡 Ba	503	−30	727	1850[b]	0.881	−2.92
镭 Re	509	−30	700[b]	1700[b]	0.9[b]	−2.92

  数据来源：除非另有说明，本章节电离能数据均引用自 C. E. Moore, *Ionization Potentials and Ionization Limits Derived from the Analyses of Optical Spectra*, National Standard Reference Data Series, U.S. National Bureau of Standards, NSRDS-NBS 34, Washington, DC, 1970. 电子亲和能数据均引自 H. Hotop and W. C. Lineberger, *J. Phys. Chem. Ref. Data*, **1985**, 14, 731. 标准电极电势数据均引自 A. J. Bard, R. Parsons, and J. Jordan, eds., *Standard Potentials in Aqueous Solutions*, Marcel Dekker（for IUPAC），New York, 1985. 电负性数据均引自 J. B. Mann, T. L. Meek, and L. C. Allen, *J. Am. Chem. Soc.*, **2000**, 122, 2780, Table 2. 除了另加标注，其余数据均引自 N. N. Greenwood and A. Earnshaw, *Chemistry of the Elements*, Pergamon Press, Elmsford, NY, 1984.

  a. 水溶液中，25℃；b. 近似值。

由于 2 族元素的核电荷数更大，其原子比邻近的 1 族元素小，故而 2 族元素比 1 族元素密度大，电离能也更高，它们有较高的熔沸点及熔化焓和汽化焓（表 8.3 和表 8.4）。铍用于铜、镍和其他金属的合金中。当向铜中加少量铍时，金属的强度显著提高，耐腐蚀性改善，并保持高导电性。祖母绿和蓝宝石来自两种绿柱石，它们的绿色和蓝色是由少量铬和其他杂质所致。含镁合金用作坚固且相对较轻的建筑材料。镭在历史上曾被用于治疗恶性肿瘤。

8.4.2 化学性质

除铍以外，2 族元素的化学性质非常相似，很大程度上取决于它们失去两个电子以达到稀有气体元素电子构型的趋势，它们均是很好的还原剂。

尽管碱土金属与水反应不如碱金属强烈，但均与酸反应生成氢气。例如镁的反应：

$$Mg + 2H^+ \longrightarrow Mg^{2+} + H_2$$

这些元素的还原能力随着原子序数的增加而增加（表 8.4），钙和重碱土金属与水反应生成氢气：

$$Ca + 2H_2O \longrightarrow Ca(OH)_2 + H_2$$

铍的化学性质与其他碱土金属明显不同，作为原子最小的碱土金属，铍主要以共价成键。虽然已知有$[Be(H_2O)_4]^{2+}$，但 Be^{2+} 离子很少见。铍及其化合物毒性极强。虽然气态卤化铍（BeX_2）可能是线型单分子（3.1.4 节），但在固相中，分子聚合形成卤素桥联的链，铍周围呈四面体配位（图 8.9）。氢化铍（BeH_2）在固体中也是通过桥氢聚合。卤素、氢和其他原子或基团桥联所形成的三中心键在 13 族元素化学中也很常见（8.5 节）。

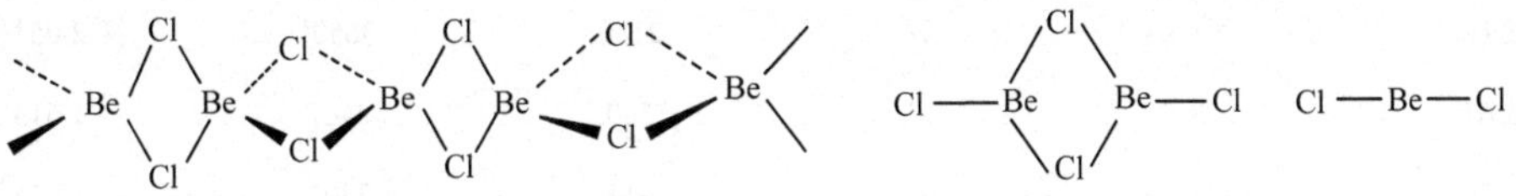

晶体状态　　　　　　气体状态　　气体状态(>900℃)

图 8.9　$BeCl_2$ 的结构

格氏试剂［RMgX（R＝烷基或芳基，X＝卤素）］是化学合成中最有用的镁化合物。这些试剂的结构和功能较为复杂，由溶液中一系列处于相互平衡的物种组成（图 8.10），而化学平衡点及各物种浓度会受到 R 基团的属性、卤素种类、溶剂和温度的影响。格氏试剂可用于合成多种有机化合物，包括醇、醛、酮、羧酸、酯、硫醇和胺[*]。

---

[*] 自 1900 年 Victor Grignard 首次发现该试剂以来的发展历程，参见 *Bull. Soc. Chim. France*, **1972**, 2127-2186。D. Seyferth, *Organometallics*, **2009**, *28*, 1598 则对格氏试剂的重要进展进行了讨论。

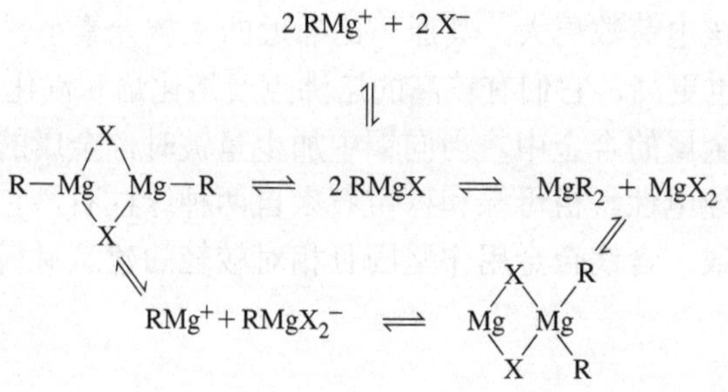

$$2\,RMg^+ + 2\,X^-$$

$$\Updownarrow$$

$$R\!-\!Mg\underset{X}{\overset{X}{\diagup\diagdown}}Mg\!-\!R \;\rightleftharpoons\; 2\,RMgX \;\rightleftharpoons\; MgR_2 + MgX_2$$

$$RMg^+ + RMgX_2^- \;\rightleftharpoons\; Mg\underset{X\quad R}{\overset{X\quad R}{\diagup\diagdown}}Mg$$

图 8.10　有关格氏试剂的平衡反应

叶绿素中含有镁，其对光合作用至关重要。钙丰度高、全球可及、低成本和环境相容性促进了其在催化剂领域的应用[9]。

硅酸盐水泥是硅酸钙、铝酸盐和高铁酸盐的混合物，是世界上最重要的建筑材料之一，全球年产量超过 10^{12} kg。当与水和沙子混合时，硅酸盐水泥会通过缓慢的水合反应转化为混凝土，水分子和 OH^- 将其他组分连接形成非常坚固的晶体。

8.5　13 族

8.5.1　元素

13 族包括一种非金属元素硼和四种金属元素，它们的物理性质列于表 8.5。

表 8.5　13 族元素的物理性质

元素	电离能 （kJ/mol）	电子亲和能 （kJ/mol）	熔点 （℃）	沸点 （℃）	电负性
硼 B	801	27	2180	3650[a]	2.051
铝 Al	578	43	660	2467	1.613
镓 Ga	579	30[a]	29.8	2403	1.756
铟 In	558	30[a]	157	2080	1.656
铊 Tl	589	20[a]	304	1457	1.789

数据来源：除非另有说明，本章节电离能数据均引自 C. E. Moore, *Ionization Potentials and Ionization Limits Derived from the Analyses of Optical Spectra*, National Standard Reference Data Series, U.S. National Bureau of Standards, NSRDS-NBS 34, Washington, DC, 1970。电子亲和能数据均引自 H. Hotop and W. C. Lineberger, *J. Phys. Chem. Ref. Data*, **1985**, *14*, 731。标准电极电势数据均引自 A. J. Bard, R. Parsons, and J. Jordan, eds., *Standard Potentials in Aqueous Solutions*, Marcel Dekker（for IUPAC）, New York, 1985。电负性数据均引自 J. B. Mann，T. L. Meek，and L. C. Allen, *J. Am. Chem. Soc.*, **2000**, *122*, 2780, Table 2。除了另加标注，其余数据均引自 N. N. Greenwood and A. Earnshaw, *Chemistry of the Elements*, Pergamon Press, Elmsford, NY, 1984。

a. 近似值。

硼

硼的化学性质与本族其他元素截然不同，需要单独讨论。从化学的角度看，硼是非金属元素，其形成共价键的趋势与碳和硅的相似性高于同族的铝和其他元素。与碳相似之处是，硼可以形成许多硼氢化物；与硅相似之处是，它可以形成结构复杂的含氧矿物（硼酸盐）。硼的化合物自古以来就被用于制备釉料和硼硅酸盐玻璃，但硼元素本身很难提纯。纯硼有很多同素异形体，其中多种结构都基于二十面体 B_{12} 单元。

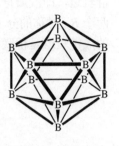

在硼氢化物（称为硼烷）中，氢原子通常在硼原子之间成桥，而在碳化学中很少有这种形式。那么氢是如何成桥的呢？回答该问题的思路源自乙硼烷（B_2H_6，右图结构）中的成键作用。乙硼烷有 12 个价电子，利用 Lewis 结构可知，其中 8 个电子参与端氢成键，因此剩下 4 个电子参与形成桥键。这类成键包含三个原子和两个成键电子，被称为三中心二电子键[10]。要了解这类成键，我们需考虑乙硼烷中的轨道相互作用。

我们使用 5.4 节中描述的群轨道方法，重点处理硼原子和桥氢，这些原子的群轨道及其在乙硼烷 D_{2h} 对称性下相应的不可约表示列于图 8.11。硼和桥氢的群轨道之间可能的相互作用，可以通过匹配两者不可约表示的符号来确定。例如，每一组中都包含 B_{3u} 对称的

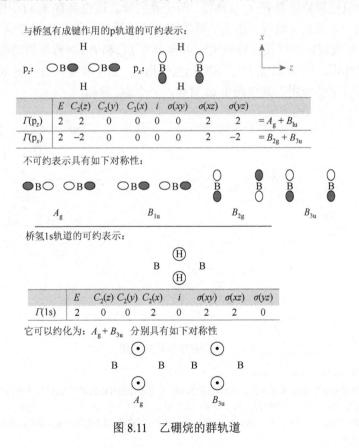

图 8.11　乙硼烷的群轨道

群轨道，即波瓣符号相反的氢的群轨道和一个源自 p_x 原子轨道的硼的群轨道，从而形成两个 B_{3u} 对称的分子轨道（图 8.12），一个成键，另一个反键，波瓣横跨两个 B—H—B 桥的成键轨道是桥联模式稳定的主要因素。

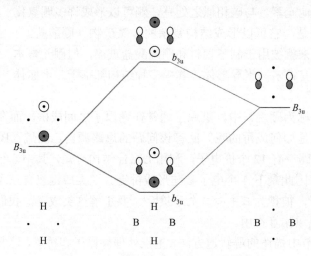

图 8.12　乙硼烷中 B_{3u} 轨道的相互作用

而另一个氢的群轨道具有 A_g 对称性，两个硼的群轨道也具有 A_g 对称性：其中一个源自 p_z 轨道，另一个源自 s 轨道。这三个群轨道能量相近，A_g 相互作用形成 3 个分子轨道：强成键轨道、弱成键轨道以及反键轨道*。其他具有 B_{1u} 和 B_{2g} 对称性的硼的群轨道不参与和桥氢的相互作用。图 8.13 总结了这些相互作用**。三个成键轨道（图 8.14）在氢桥连接硼原子中起着重要作用，其中两个 a_g 对称，一个 b_{3u} 对称。

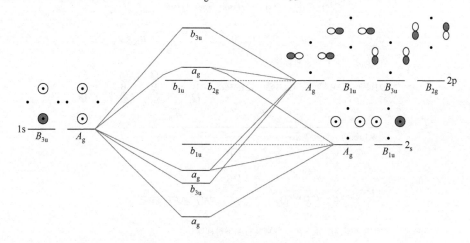

图 8.13　乙硼烷中桥联轨道相互作用

---

　　*　端氢上的一个群轨道也具有 A_g 对称性。该群轨道与具有 A_g 对称性的其他轨道相互作用，影响了图 8.13 所示的 a_g 分子轨道的能量和形状，并产生了第 4 个反键 a_g 分子轨道（未显示）。

　　**　图 8.13 未显示与端氢的相互作用。端氢的一个群轨道具有 B_{1u} 对称性，因此与硼的 B_{1u} 群轨道相互作用形成分子轨道，从而不再是非键轨道。

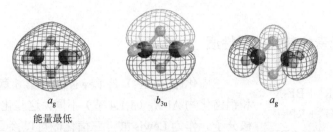

图 8.14　乙硼烷中氢桥上的成键轨道。a_g 轨道也包含端氢原子的贡献

　　桥氢原子存在于许多硼烷及同时含有硼和碳的碳硼烷簇中。在铝化学中，经常遇到桥联的氢和烷基，图 8.15 展示了这些化合物例子。

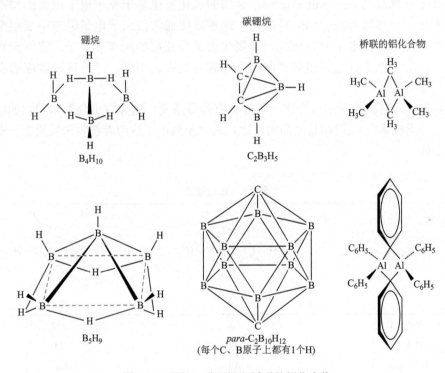

图 8.15　硼烷、碳硼烷和桥联的铝化合物

　　硼烷、碳硼烷和相关化合物是簇合物化学领域的研究热点。第 15 章将讨论簇合物中的成键情况。

　　硼有两种稳定同位素：^{11}B（丰度 80.4%）和 ^{10}B（19.6%）。^{10}B
是良好的中子吸收剂，这一特性已被开发应用于癌症肿瘤治疗过程，其过程称为硼中子俘获疗法（BNCT）[11]。相较于健康组织，

$$^{10}_{5}B + ^{1}_{0}n \longrightarrow ^{11}_{5}B$$
$$^{11}_{5}B \longrightarrow ^{7}_{3}Li + ^{4}_{2}He$$

含硼化合物强烈结合在肿瘤部位可用中子束照射，随后核衰变释放 $^{7}_{3}Li$ 和 $^{4}_{2}He$（α 粒子）高能粒子，可以杀死邻近的癌组织。开发可以选择性富集到癌组织中的含硼试剂是一巨大挑战，人们已经用很多方法进行了尝试[12]。

8.5.2　13 族元素的其他化学性质

$$BF_3 + RX \longrightarrow R^+ + BF_3X^-$$
$$R^+ + PhH \longrightarrow H^+ + RPh$$
$$\underline{H^+ + BF_3X^- \longrightarrow HX + BF_3}$$
$$RX + PhH \longrightarrow RPh + HX$$

三卤化硼（BX_3）是 Lewis 酸（第 6 章）。与硼烷 B_2H_6 和铝卤化物 Al_2X_6（3.1.4 节）不同，这些化合物是平面型单核分子。作为 Lewis 酸，三卤化硼可以接受卤素的电子对，形成四卤硼酸根离子 BX_4^-。因此，卤化硼催化剂可以充当卤离子受体，如芳烃 Friedel-Crafts 烷基化反应（见右图）。

13 族的金属性沿该族向下逐渐增强。铝、镓、铟和铊通过失去价层 p 电子和两个 s 电子形成 3+离子。铊还可以通过失去 p 电子和保留两个 s 电子形成 1+离子，这是因为惰性电子对效应（inert pair effect），金属的氧化态比基于原子电子组态的预期值低两价。例如，铅可以形成 2+和 4+离子。这种效应通常归因于电子组态中亚层全充满而变得稳定：在惰性电子对效应中，金属失去最外亚层的所有 p 电子，留下充满的 s^2 亚层，这一对 s 电子看起来相对"惰性"不容易失去。不过，导致这种效应的实际原因复杂得多[*]。

主族化学与有机化学进行类比，可能具有指导意义，例如有机分子苯和它的等电子体硼嗪（"无机苯"）$B_3N_3H_6$ 之间的对比，表 8.6 列出了这两者在物理性质上一些惊人的相似之处。

表 8.6　苯与硼嗪

性质	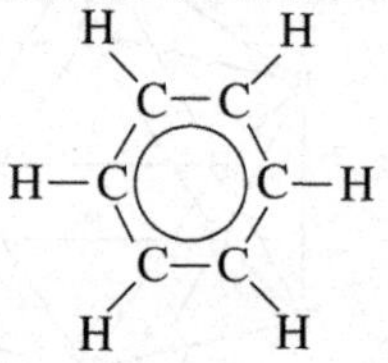 苯	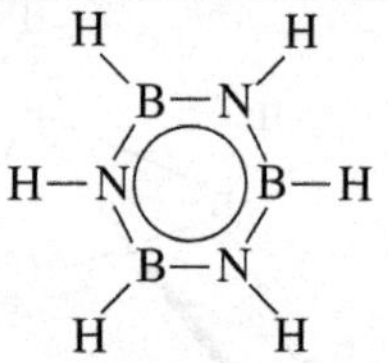 硼嗪
熔点（℃）	6	−57
沸点（℃）	80	55
密度（g/cm³）[a]	0.81	0.81
表面张力（N/m）[a]	0.0310	0.0311
偶极矩	0	0
环上原子核间距（pm）	142	144
环上原子与氢核间距（pm）	C—H: 108	B—H: 120 N—H: 102

数据源于 N. N. Greenwood and A. Earnshaw, *Chemistry of the Elements*, Pergamon Press, Elmsford, NY, 1984, p. 238.

a. 于熔点时测定。

---

[*] 例如，参见 N. N. Greenwood and A. Earnshaw, *Chemistry of the Elements*, 2nd ed., Butterworth Heinemann, Oxford, 1997, pp. 226-227.

　　尽管有这些相似之处，两种化合物的化学性质却大不相同。在硼嗪中，硼（2.051）和氮（3.066）的电负性差异使 B—N 键极性大幅增加，导致硼嗪分子比苯更容易受到亲核试剂（正电性硼）和亲电试剂（负电性氮）的进攻。

　　苯与其无机环状等电子体之间的相似性还有一些有趣的例子，包括硼膦苯（含有 B_3P_3 环）[13]和含有 Al_3N_3 环的[(CH$_3$)AlN(2, 6-二异丙基苯基)]$_3$[14]。对硼嗪、$B_3P_3H_6$ 和其他多种可能的"无机苯"的计算结果表明，硼嗪不具有芳香性，但是 $B_3P_3H_6$、Si_6H_6、N_6 和 P_6 具有一定的芳香性特征[15]。

　　氮化硼（BN）是硼-氮化学和碳化学之间另一有趣的类似物。与碳类似（8.6 节），氮化硼有金刚石型和石墨型结构形式。在类金刚石结构（立方）中，每个氮由 4 个硼以四面体形式配位，每个硼也有 4 个同样形式的氮配位。和金刚石一样，这种配位方式具有很高的结构刚性，因此 BN 的硬度与金刚石相当。在类石墨的六边形结构中，BN 也出现在扩展的稠环体系中，然而这种形式的 π 电子离域性小很多，因而与石墨不同，六方 BN 是一种不良导体。类似于金刚石的形成，高压下，低密度结构（六方）可以转变为更硬和更致密的结构（立方）。

　　13 族元素间可以形成多重键吗？例如，是否可以合成出简单的中性硼烯 HB＝BH？预测硼烯具有极高的反应活性，因为它有两个单电子 π 键（类似于 5.2.3 节中所描述的 B_2），然而可以设想一个合适的 Lewis 碱来稳定这个物种（右图）。2007 年有人提出，一种空间位阻要求严格且是强电子给体的 N-杂环卡宾 [图 8.16（a）]，可以分离出第一个中性硼烯 [图 8.16（b）][16]。结构数据和计算结果支持了该配合物中存在 B＝B 双键。

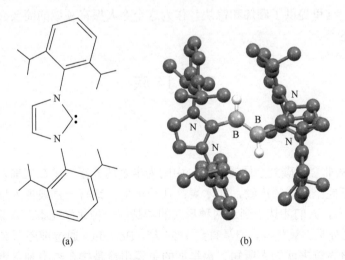

(a)　　　　　　　　　　　(b)

图 8.16　（a）N-杂环卡宾。（b）第一个包含 B＝B 双键的中性硼烯。分子结构基于 CIF 数据绘制，为清楚起见省略了氢原子

　　1997 年报道的第一例主族金属间存在三重键引起了很大争议[17]。用钠还原带有取代苯基的二氯化镓 [图 8.17（a）]，形成含有所谓镓-镓三重键的配合物 [镓炔（gallyne），图 8.17（b）]。钠离子位于键的两侧，形成一个近平面的 Ga_2Na_2 四元环[18]。尽管配合

物的 C—Ga—Ga—C 核是非线型的（反式弯曲），但与三键的一致性引发了关于化学键基本原理的学术辩论。这个镓炔被报道 8 年后，有了进一步的证据支持镓-镓为三重键[19]。

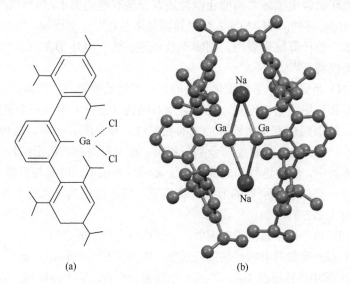

(a)　　　　　　　　　　　　　　　　(b)

图 8.17　用于制备第一个镓炔（b）的 Ga(Ⅲ)前体（a）。分子结构基于 CIF 数据绘制，为清楚起见省略了氢原子

　　主族金属间的多重键是一个非常活跃的研究领域，21 世纪以来已经发表了许多开创性的合成进展。这里提供了硼烯和镓炔，作为这个令人振奋领域的简要介绍，更多细节请参阅相关综述[20]。

8.6　14 族

8.6.1　元素

　　14 族元素从非金属碳到金属锡和铅，中间为半金属元素。早在史前，人们就知道碳是有机化合物不完全燃烧的产物，即木炭；几千年来，钻石一直被视为珍贵的宝石。然而直到 18 世纪末，人们才认识到这两种形式的碳是同一种化学元素。石器时代使用的工具燧石，主要成分是二氧化硅，但是直到 1823 年，Berzelius 通过钾还原 K_2SiF_6 才得到游离硅。锡和铅自古以来就为人所知。锡早期的主要用途是掺在铜中制备青铜合金，含有青铜的武器和工具可以追溯到 5000 多年前。铅被古埃及人用作陶器釉中，被古罗马人用于管道和其他用途。铅和铅化合物的毒性已引起越来越多的关注，进而限制了铅化合物的使用，如在油漆颜料和汽油中的主要添加剂四乙基铅[$(C_2H_5)_4Pb$]。多年来锗元素一直"缺失"，门捷列夫于 1871 年就预测了当时这种未知元素的性质（"ekasilicon"），直到 1886 年锗才被发现。14 族元素的性质列于表 8.7 中。

表 8.7　14 族元素的性质

元素	电离能（kJ/mol）	电子亲和能（kJ/mol）	熔点（℃）	沸点（℃）	电负性
碳 C	1086	122	4100	[a]	2.544
硅 Si	786	134	1420	3280^b	1.916
锗 Ge	762	120	945	2850	1.994
锡 Sn	709	120	232	2623	1.824
铅 Pb	716	35	327	1751	1.854

数据来源：除非另有说明，本章节电离能数据均引自 C. E. Moore, *Ionization Potentials and Ionization Limits Derived from the Analyses of Optical Spectra*, National Standard Reference Data Series, U.S. National Bureau of Standards, NSRDS-NBS 34, Washington, DC, 1970。电子亲和能数据均引自 H. Hotop and W. C. Lineberger, *J. Phys. Chem. Ref. Data*, **1985**, *14*, 731。标准电极电势数据均引自 A. J. Bard, R. Parsons, and J. Jordan, eds., *Standard Potentials in Aqueous Solutions*, Marcel Dekker（for IUPAC），New York, 1985。电负性数据均引自 J. B. Mann, T. L. Meek, and L. C. Allen, *J. Am. Chem. Soc.*, **2000**, *122*, 2780, Table 2。除了另加标注，其余数据均引自 N. N. Greenwood and A. Earnshaw, *Chemistry of the Elements*, Pergamon Press, Elmsford, NY, 1984。

a. 升华；b. 近似值。

虽然碳主要以同位素 ^{12}C 的形式出现，且其原子质量是原子质量单位（amu），因而也是元素周期表中原子量的基础，但其他两种同位素 ^{13}C 和 ^{14}C 也同样重要。^{13}C 的天然丰度为 1.11%，核自旋为 1/2，而 ^{12}C 的核自旋为 0。虽然 ^{13}C 约占自然界碳的 1/90，但它被用作表征含碳化合物 NMR 的基础。^{13}C NMR 光谱作为表征工具在有机化学和无机化学中都很重要，它在有机金属化学中的应用将在第 13 章中介绍。

宇宙射线中的中子作用于大气中的氮形成了 ^{14}C，虽然其生成量非常小（约为大气中碳的 1.2×10^{-10}%），但它可以通过生物过程吸收到植物和动物组织中。当植物或动物死亡时，它们通过呼吸和其他生物过程与环境之间的碳交换便终止，机体中的 ^{14}C 就会被有效储存。然而，^{14}C 可以发生 β 衰变，其半衰期为 5730 年。因此，通过测量机体剩余的 ^{14}C 含量，就可以确定 ^{14}C 同位素衰变到什么程度，进而确定死亡后流逝的时间。这一方法通常被称为放射性碳年代测定法，用于评估许多考古样本的年代，包括埃及人的遗骸、早期篝火的木炭以及都灵裹尸布等。

$$^{14}_{7}N + ^{1}_{0}n \longrightarrow ^{14}_{6}C + ^{1}_{1}H$$
$$^{14}_{6}C \longrightarrow ^{14}_{7}N + ^{\ 0}_{-1}e$$

示例 8.2

50000 年前的样品中 ^{14}C 含量是多少？

样品时间为半衰期的 50000/5730 = 8.73 倍。对于像放射性衰变这样的一级反应，经过一个半衰期，起始物质的量会减少一半，因此剩余 ^{14}C 含量为 $(1/2)^{8.73} = 2.36 \times 10^{-3}$。

练习 8.5　一份来自考古遗址的木炭样本中，残余 ^{14}C 的比例为 3.5×10^{-2}。它属于哪个年代？

金刚石和石墨

1985 年之前，碳主要有两种同素异形体，即金刚石和石墨。金刚石结构是刚性的，具有立方晶胞，每个原子被邻近四个原子组成的四面体包围。因此，金刚石极其坚硬，在所有天然物质中硬度最大。另外，石墨由一层层熔合的六元碳环组成，层中碳原子可视为 sp^2 杂化，剩余未杂化的 p 轨道与层垂直并形成大 π 键，π 电子在整个层内离域。由于层间作用相对较弱，层与层之间可以自由滑动，而且 π 电子在每一层内自由移动，因此石墨是好的润滑剂和良导体。碳化钾（KC₈）是合成中常见的还原剂，由熔融的金属钾和石墨在惰性气氛中混合制得。KC₈ 的结构特点是石墨层间有钾原子，它们被夹在石墨层间。金刚石和石墨的结构如图 8.18 所示，其重要物理性质见表 8.8。

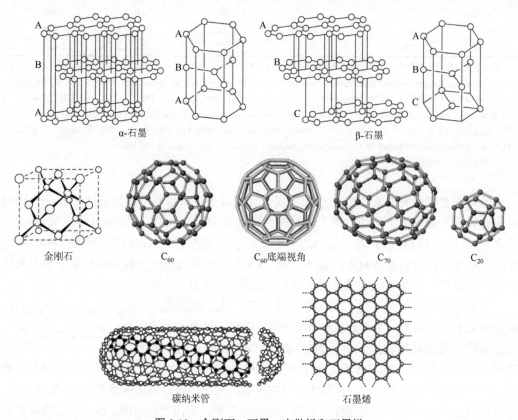

图 8.18　金刚石、石墨、富勒烯和石墨烯

表 8.8　金刚石和石墨的物理性质

性质	金刚石	石墨
密度（g/cm³）	3.513	2.260
电阻率（Ω·m）	10^{11}	1.375×10^{-5}
标准摩尔熵[J/(mol·K)]	2.377	5.740
25℃时恒压热容 C_p[J/(mol·K)]	6.113	8.527
C—C 键长（pm）	154.4	141.5（层内） 335.4（层间）

数据源于 J. Elmsley, *The Elements*, Oxford University Press, New York, 1989, p. 44。

　　室温下，石墨在热力学上比金刚石更稳定。然而，金刚石的密度远大于石墨，而且石墨可以在非常高的压力下转化为金刚石（高温和熔融金属催化剂促进这一过程）。自 20 世纪 50 年代中期首次成功用石墨合成金刚石以来，工业用金刚石的生产得到了迅速发展。大部分工业用金刚石是人工合成的。

与干净的金刚石表面相比，结合一薄层氢后的表面摩擦系数显著降低，可能是干净的表面有许多可以结合分子的位点所致（表面能够滑动须破坏上面的化学键）[21]。

石墨烯

石墨由多层碳原子组成，一个单一、分立的碳原子层，称为石墨烯（graphene）（图 8.18）。自 2004 年首次制得石墨烯以来[22]，无论是性质研究还是开发制备石墨烯单层的有效方法，一直都是多个研究领域的核心。石墨烯具有很强的抗断裂和抗形变能力以及高的导热性，并且导带和价带连接，引入官能团则会影响其电学性能。石墨烯可通过机械剥离石墨层以及更专业的方法制备，包括在金属基板上的化学气相沉积、化学还原氧化石墨（石墨的氧化产物，含有 OH 基团和桥联氧）、氧化石墨胶体悬浮液的超声处理*[23]。除了单层石墨烯外，两层及两层以上的石墨烯也有研究。

石墨烯具有本征的二维结构，厚度约为 340 pm，其蜂窝状表面已通过扫描透射显微镜（STM）进行成像，也可以利用光学手段观察，即通过光学对比度确定石墨烯的层数[24]。目前已提出了石墨烯的许多应用，其中包括储能材料、微传感器、液体晶显示器、聚合物复合材料和电子设备等。

最近有报道称，在银基底上成功制得硅烯（石墨烯的硅类似物）[25]。与石墨烯及其他二维碳材料一样，硅烯有望在电子学方面有广阔的应用前景。

纳米带和纳米管

通过光刻技术，石墨烯可以切割成细条，称为纳米带（nanoribbon）[26]，根据边缘形貌，它们被描述为锯齿状或扶手椅状（图 8.19）。如果纳米带足够窄，它们的导带和价带之间就有带隙。与量子点的情况类似（7.3.2 节），尺寸（该情况下指纳米带宽）减小，这些半导体的带隙变宽，量子限制效应变得更加明显[27]。从轨道的角度来看，尺度越小，表现出明显差异且量子化的能级就越多，而不是像在较大结构中那样的连续能级。

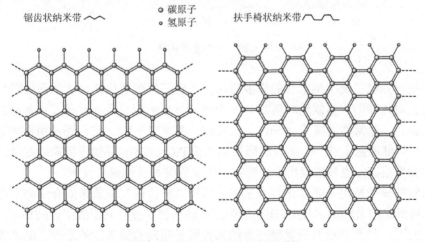

图 8.19　锯齿状与扶手椅状石墨烯

---

* 参见 C. N. R. Rao, K. Biswas, K. S. Subrahmanyam, A. Govindaraj, *J. Mater. Chem.*, **2009**, *19*, 2457。文章对石墨烯的合成和性质进行了许多有价值的综述，其中的电子性质超出了本书范围。该文献提供了单层和多层石墨烯的图像。

　　可以设想将纳米带两边相连成管状，可以有多种方式形成这样的纳米管（nanotube）：如果连接的边缘是锯齿状，则管的末端碳原子有椅状排列；如果扶手椅状的边缘相连接，管的末端则呈锯齿排列（图 8.19 和图 8.20）。如果连接在一起的边不同行，形成的纳米管将呈螺旋形，则具有手性（图 8.20）[28]。

　　单壁碳纳米管（图 8.18）和具有多个同心碳层的多壁纳米管，现已得到广泛研究，它们有多种商业制备方法，包括石墨电极电弧放电、石墨的激光烧蚀、催化裂解气态烃。在某些过程中，它们必须与同时产生的富勒烯分离；单根纳米管可能需要与其他纳米管分开，如通过超声分离。碳纳米管的导电性随直径和手性的不同而变化，范围从半导体到金属型导体，最高电导率约为铜的 1000 倍。它们还具有很高的弹性和极强的强度。它们的直径可以很小，量级同富勒烯分子（详见下一节）或者更大*。

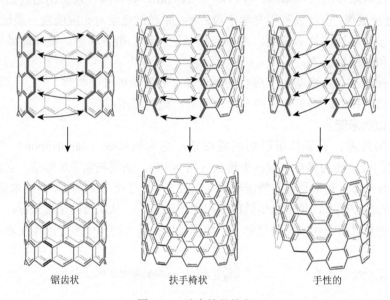

锯齿状　　　　　　　　　扶手椅状　　　　　　　　　手性的

图 8.20　纳米管的构象

　　现已提出并已实现了纳米管的许多应用。当硅芯片微型化的尺寸达到极限时，纳米管被认为是取代硅的首要候选材料[29]。一个特别有趣的应用是开发在管中含有富勒烯的场效应晶体管，通常称为碳英（carbon peapod，图 8.21）[30]。它们还被用作光采集组件的支架，可以储放量子点[31]，装载抗癌药物顺铂 $PtCl_2(NH_3)_2$ 并输送到癌细胞[32]。由于碳纳米管的强度很高，也被提议用于防弹衣、安全盾牌和其他保护设施。

　　纳米管的一个妙用是通过化学方法将纳米管"解拉链"成条带来合成纳米带。在该过程中，强氧化剂 $KMnO_4/H_2SO_4$ 在裂缝两侧沿纳米管长度方向形成平行的羧基，其机制参见图 8.22[33]，结果形成具有宽度与原纳米管周长相同数量碳的纳米带。纳米管的化学反应可参阅相关综述[34]。

---

　　* 用于较大直径纳米管的各种电子显微图像，参见 D. R. Mitchell, R. M. Brown, Jr., T. L. Spires, D. K. Romanovicz, R. J. Lagow, *Inorg.Chem.*, **2001**, *40*, 2751。

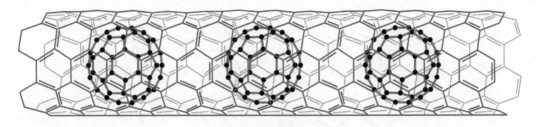

图 8.21　碳荚

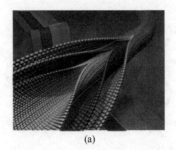

(a)

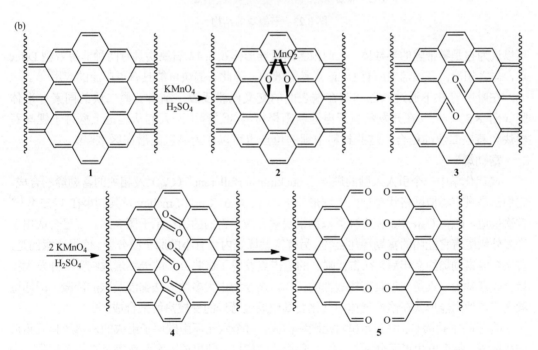

图 8.22　（a）碳纳米管解拉链展示；（b）Paul Quade 提出的碳纳米管解拉链机理

石墨炔

　　石墨烯绝不是碳唯一可能的二维排列形式。近年来，人们提出了各种含有碳-碳三键的平面结构，即石墨炔，并在制备上付出了极大的努力。这些结构列于图 8.23。

　　石墨烯"卓尔不凡"的电子特性引发人们对其他二维碳同素异形体的研究。石墨烯的电学性质与其呈现的 Dirac 锥和 Dirac 点有关，其价带和导带在费米能级相遇，在这些点上，

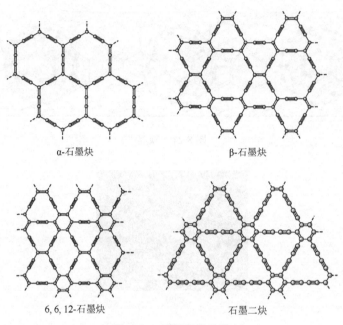

α-石墨炔　　　　　　　　　　　　　β-石墨炔

6, 6, 12-石墨炔　　　　　　　　　石墨二炔

图 8.23　石墨炔的结构

可以认为它是零带隙的半导体。人们预测同素异形体 6, 6, 12-石墨炔具有两种非等效型 Dirac 点，与之相反，石墨烯中所有 Dirac 点是等效的，因此石墨炔可能具有更广泛的应用[35]。

在吡啶存在下通过六乙基苯在铜表面的交叉偶联反应，制备石墨二炔的同素异形体膜（图 8.23）[36]。在开发新型锂电池新阳极材料的过程中，人们从理论上探讨了锂与石墨炔和石墨二炔的结合，这些材料中锂的位点也可以作为储氢的潜在区域[37]。

富勒烯

现代化学中一个引人入胜的进展是 buckminsterfullerene*（C_{60}）及相关的富勒烯的合成，它们都是具有类似网格状穹顶的近球形分子，由 Kroto、Curl、Smalley 及其同事在 1985 年[38]首次报道，C_{60}、C_{70}、C_{80} 和各种类似物很快被合成，它们的结构示于图 8.18。现已合成出了许多外侧缀有官能团的富勒烯化合物，另有富勒烯笼内含有小的原子或分子。值得注意的是，首次合成富勒烯约 9 年后，在古代陨石的撞击点发现了这些分子的天然形成物[39]。开发大批量合成富勒烯一直是一项具有挑战性的工作，迄今为止大多数方法都涉及碳的冷凝，即通过激光或其他高能形式在惰性气体中气化石墨或通过芳烃的受控热解来合成[40]。

典型的富勒烯 C_{60} 由五元和六元碳环构成。每个六元环由碳原子组成的六角形和五角形交替环绕，每个五角形又分别与 5 个六角形共边相接，结果该图案就像每个六角形都是一个碗底，3 个五角形融合到这个六元环上，再由六角形连接，迫使该结构弯曲（与石墨相反，石墨中每个六角形都在同一平面与周围 6 个六角形融合）。通过组装 C_{60} 模型可以很好地理解这种结构，它会形成穹顶状并最终自身弯曲形成球形结构**。该分子形状类似足球（常见足球表面有相同的多边形排列方式）；所有 60 个原子是等价的，只产生一个 ^{13}C NMR 振动。

---

　*　更熟悉的说法是巴基球。

　**　C_{60} 分子与二十面体具有相同的对称性。

尽管 C_{60} 中所有原子等价，但化学键却不相同。在两个六元环及五元环和六元环的融合处出现两种化学键（最好用模型观察）。C_{60} 配合物的 X 射线晶体衍射表明，在两个六元环融合处的 C—C 键更短（135.5 pm），五元环与六元环融合处的 C—C 键稍长（146.7 pm）*，这表明在六元环融合处有更大程度的π成键作用。

在 C_{70} 中，每个六元环周围有两个五角形（处于对侧）和四个六角形（在 C_{60} 中，每个五角形周围接着 5 个六角形），形成了一个稍大、扁长的 70 个碳原子的结构（像橄榄球）。C_{70} 通常是合成 C_{60} 的副产品，是富勒烯中最稳定的一种。与 C_{60} 不同，C_{70} 中存在 5 种不同化学环境的碳原子，产生 5 种 ^{13}C NMR 信号[41]。

富勒烯结构的多变性已超越了其簇本身。下面举几个例子。

聚合物

菱面体 C_{60} 聚合物在室温下表现为铁磁体[42]（该文铁磁体已确认来源于杂质，作者已撤稿，译者注），线型链式 C_{60} 聚合物也有报道[43]。还原态和氧化态的富勒烯（分别为富勒烯阴、阳离子）则形成固态聚合物 [图 8.24（a）和图 8.24（b）]。

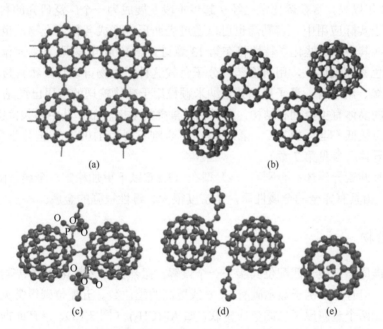

图 8.24　（a）部分聚合 Li_4C_{60} 的晶体结构[54]，略去 Li 离子；（b）部分 $C_{60}(AsF_6)_2$ 的"锯齿形"聚合结构，其特征在于 $[C_{60}]^{2+}$ 链通过 C—C 单键和四元环交替连接，略去 AsF_6^{2-}[55]；（c）缀有（$CH_2P(O)(OEt)_2$）基团的单键连 C_{60} 二聚体[56]；（d）单键连 $PhCH_2C_{60}$—$C_{60}CH_2Ph$ 二聚体[57]；（e）$H_2O@C_{60}$[49]（（a）数据源于 S. Margadonna, D. Pontiroli, M. Belli, T. Shiroka, M. Riccò, M. Brunelli, *J. Am. Chem. Soc.*, **2004**, *126*, 15032。（b）数据源于 M. Riccò, D. Pontiroli, M. Mazzani, F. Gianferrari, M.Pagliari, A. Goffredi, M. Brunelli, G. Zandomeneghi, B. H. Meier, T. Shiroka, *J. Am. Chem. Soc.*, **2010**, *132*, 2064。（c～e）数据源于 F. Cheng, Y. Murata, K. Komatsu, *Org. Lett.*, **2002**, *4*, 2541。（c～e）分子结构基于 CIF 数据绘制，为了清晰起见省略了氢原子）

---

* 这些键长是从 110 K 下 C_{60} 的双晶中获得（S. Liu, Y. Lu, M. M. Kappes, J. A. Ibers, *Science*, **1991**, *254*, 408）；5 K 下中子衍射数据给出的结果略有不同：六元环融合处 139.1 pm，五元环与六元环融合处 145.5 pm（W. I. F. David, R. M. Ibberson, J. C. Matthew, K. Pressides, T. J. Dannis, J. P. Hare, H. W. Kroto, R. Taylor, D. C. M. Walton, *Nature*, **1991**, *353*, 147）

纳米"洋葱"

它们都是球形粒子，由 C_{60} 或其他富勒烯核心与周围的多层碳壳构成，一种可能的用途是作润滑剂[44]。

其他链状结构

包括富勒烯环[45]、二聚体[46][图 8.24（c）和图 8.24（d）]和手性富勒烯[47]。

内嵌型富勒烯[48]

C_{60} 直径 3.7 Å，内嵌型富勒烯的特征是金属离子、惰性气体、氮原子和氢气等原子或分子被包裹在内，其中一个出色的成就是 $H_2O@C_{60}$ 的合成*，单个水分子捕获于 C_{60} 中[图 8.24（e）][49]。合成中需要在 C_{60} 上打一个足够大的孔，用氧原子修饰以便能形成氢键（使 C_{60} 有一定亲水性），然后在高温高压下处理，将水分子引入腔中，再进行随后的合成步骤，将孔关闭。核磁共振研究表明，水分子可以在 C_{60} 内部自由移动。

已知最小的富勒烯是 C_{20}（图 8.18），先用溴取代十二面体烷（$C_{20}H_{20}$）的氢原子，然后进行脱溴合成[50]。小富勒烯（$<C_{60}$）化学已有相关综述[51]。

自 1985 年以来，富勒烯化学已经从起步阶段发展成为一个广泛研究的科学领域，并且日益聚焦于实际应用中。富勒烯也可以通过表面反应形成各种化合物，也能将原子和小分子包裹在其中，这些化学特性将在第 13 章讨论。2006 年发现，C_{60} 水溶性衍生物可以附着在黑色素瘤抗体上，用抗癌药物分子负载这种衍生物可以将药物直接送达黑色素瘤[52]。富勒烯、纳米管、量子点和其他纳米颗粒用于药物输送的应用已经见于综述[53]。

硅和锗的晶体有类金刚石结构，由于轨道重叠的效率较低，其中的共价键比碳稍弱，导致硅的熔点较低（硅为 1420℃，锗为 945℃，金刚石则为 4100℃），但化学反应性更强。硅和锗是半导体（参见第 7 章）。

锡有两种同素异形体：金刚石（α）型在 13.2℃ 以下更加稳定，金属（β）型稳定于较高温度**。铅具有完全的金属性质，是密度很大、毒性很强的金属。

8.6.2 化合物

常认为碳原子仅限于四配位其实是一个误解。虽然绝大多数化合物中碳结合 4 个或更少的原子，但有许多例子显示碳有 5、6 或更高的配位数。五配位碳很常见，甲基和其他基团经常在两个金属原子之间形成桥联，如 $Al_2(CH_3)_6$（图 8.15），也有证据证明存在五配位离子 CH_5^+[58]。含碳金属有机簇合物中，碳被金属原子形成的多面体所包围，这些内嵌碳簇合物将在第 15 章讨论。碳原子配位数为 5、6、7、8 的例子列于图 8.25。

CO 和 CO_2 是碳最常见的氧化物，为无色无味的气体。CO 是一种罕见的稳定化合物，其中碳形式上有三个键。它毒性极强，与血红蛋白的铁形成鲜红色配合物，其中 CO 对铁的结合能力大于 O_2。CO 的最高占据分子轨道集中在碳上（第 5 章），这为其提供了与多种金属原子强相互作用的机会，而这些金属原子又可以通过它们的 d 轨道将电子密度贡献给 CO 空的 π^* 轨道（LUMO）。这种相互作用的细节详述于第 13 章。

---

* 符号@表示笼状结构及内部包合物（译者注：当主体为簇分子时，这种化合物称为笼合物）。
** 它们不同于石墨的 α 和 β 形式（图 8.18）。

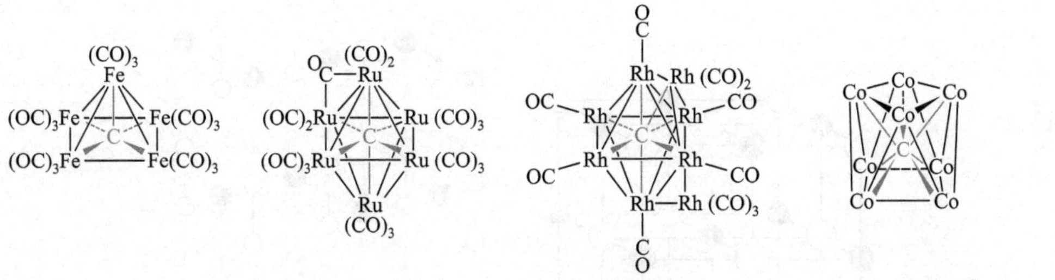

$Rh_8C(CO)_{19}$
在多面体的棱边处，
还有8个未显示的桥联CO

$[Co_8C(CO)_{18}]^{2-}$
每个Co上有1个端基CO，
还有10个桥联CO在多面体
的棱边处

图 8.25 碳的高配位数化合物

　　众所周知，CO_2 是地球大气的组成部分，尽管其含量低于氮气、氧气、氩气和水蒸气排名第五，同时也是呼吸、燃烧以及其他自然与工业过程的产物。CO_2 是 1752 年 J. Black 从空气中分离出的第一个气态组分。由于 CO_2 分子有一系列振动能级，能够吸收大量热能，因此起到大气保温层作用，其含量的升高可能引起全球变暖和其他气候问题，因其在"温室"效应中的作用，CO_2 已受到了国际关注。工业革命以来，大气中的 CO_2 浓度大幅增加，除非工业化国家作出重大政策改变，否则这种增加将会无限期地持续下去，后果难以预测。大气的动力学极其复杂，大气成分、人类活动、海洋、太阳周期和其他因素之间的相互作用，至今还没有很好地被人们了解。

　　碳能形成多种阴离子，尤其在与正电性最强的金属结合时。在这些内嵌碳化物中，化学键有较大共价和离子成分，二者比例取决于相应金属。最具特点的内嵌碳化物离子有：

碳负离子	俗名	系统命名法名称	示例	主要水解产物
C^{4-}	碳化物或甲烷化物	碳化物	Al_4C_3	CH_4
C_2^{2-}	乙炔化物	二碳化物（2−）	CaC_2	$H-C\equiv C-H$
C_3^{4-}		三碳化物（4−）	Mg_2C_3 [a]	$H_3C-C\equiv C-H$

a. 目前已知的唯一含有 C_3^{4-} 离子的化合物。

　　碳化物与水反应能够释放出有机分子，例如：

$$Al_4C_3 + 12H_2O \longrightarrow 4Al(OH)_3 + 3CH_4$$

$$CaC_2 + 2H_2O \longrightarrow Ca(OH)_2 + HC\equiv CH$$

　　碳化钙（CaC_2）是最重要的金属碳化物，晶体结构类似于 NaCl，具有平行的 C_2^{2-} 单元（图 8.26）。在压缩气体出现之前，碳化钙是照明和焊接的乙炔气来源，如早期的汽车用碳化物做前灯。

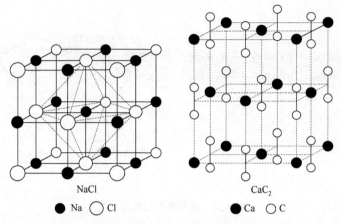

图 8.26　NaCl 和 CaC$_2$ 的晶体结构

令人惊讶的是，碳虽然有数以百万计的化合物，但不是这一族中丰度最大的元素。到目前为止，地球上最多的 14 族元素是硅，质量占地壳的 27%，丰度仅次于氧，而碳只排 17 位。硅因其半金属性质在半导体工业中有极其重要的地位。

在自然界中，硅几乎只与氧结合，许多矿物均含有四面体（SiO$_4$）结构单元。二氧化硅（SiO$_2$）在自然界中以各种形式存在，最常见的是 α-石英，它是砂岩和花岗岩的主要成分。作为玻璃的主要成分，SiO$_2$ 在工业上非常重要；粒度细小的 SiO$_2$ 可作为色谱载体（硅胶）和催化剂基质，也可作为过滤辅料（硅藻土，微小的单细胞藻类残骸），此外还有许多其他应用。

SiO$_4$ 结构单元存在于天然硅酸盐中，这些单元以不同方式通过共享角、边、面而相接。硅酸盐结构的示例列于图 8.27，文献中有很多相关的讨论[59]。

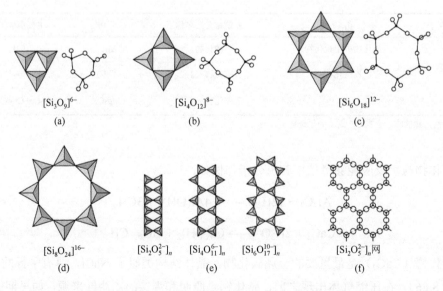

图 8.27　硅酸盐结构（出版于"Chemistry of the Elements"，Greenwood et al., pp. 403, 405，取自当中的图 9.7、图 9.9、图 9.10，版权归 Elsevieer（1984）所有）

　　由于碳是大量有机化合物的形成基础，因此类推硅或该族其他元素能否形成同样多种类化合物很有意义。但似乎不遂人意，与碳相比，其他 14 族元素成键（与同种元素的其他原子成键）能力要低得多，而且这些元素的氢化物也不太稳定。

　　甲硅烷（SiH_4）稳定，结构类似于甲烷呈四面体。虽然已合成了长度达 8 个硅原子的硅烷（分子式 Si_nH_{n+2}），但其稳定性随链增长而显著降低。乙硅烷（Si_2H_6）分解非常缓慢，而 Si_8H_{18} 分解很快。近年来，已经合成了一些含有 Si═Si 键的化合物，但含 Si 多重键化合物在化学多样性方面与不饱和有机化合物没有可比性。从 GeH_4 到 Ge_5H_{12} 的锗烷，锡烷 SnH_4 和 Sn_2H_6，以及少量高活性铅烷 PbH_4 和其他 14 族的氢化物都已成功合成[60]，但这些物质的化学成分比硅烷更有限。

　　为什么硅烷和其他类似化合物比相应的碳氢化合物更不稳定（反应性更高）？首先，Si—Si 键弱于 C—C 键（键能分别约为 340 kJ/mol 和 368 kJ/mol），Si—H 键弱于 C—H 键（393 kJ/mol 和 435 kJ/mol）。其次，硅的电负性（1.92）小于氢（2.30），更容易受到亲核攻击，而碳的电负性（2.54）比氢大。硅原子体积更大，也为亲核试剂的进攻提供了更大的反应面。此外，硅原子有低能级 d 轨道，可作为受体接受亲核试剂电子对。类似的讨论适用于描述锗、锡和铅的高反应活性。硅烷的分解被认为是通过氢桥过渡态消除 SiH_2 实现的（图 8.28），利用该反应可制备高纯度的硅。

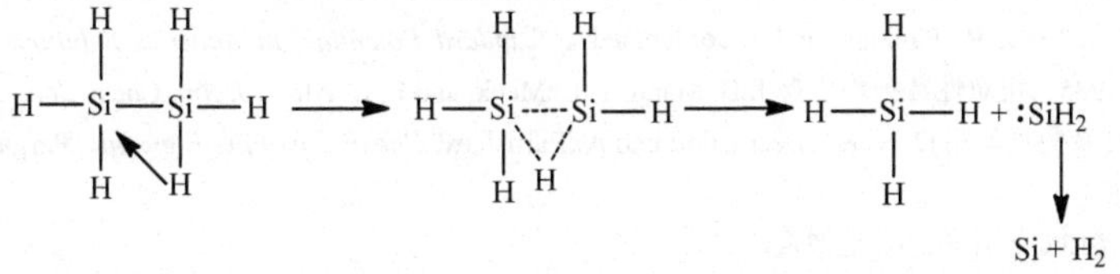

图 8.28　硅烷的消除反应

　　单质硅具有金刚石结构，碳化硅（SiC）则有多种晶型，有些是金刚石结构，而有些是纤锌矿结构［图 7.6 和图 7.8（b）］。金刚砂是碳化硅的一种，用作研磨剂，硬度几乎和金刚石一样，化学反应活性很低。SiC 作为高温半导体也引起了人们的兴趣。

　　锗、锡和铅元素的 + 2 氧化态日渐重要，这是惰性电子对效应的一个范例。例如，三种元素都有两种化学式为 MX_4 和 MX_2 的卤化物。锗最稳定的卤化物为 GeX_4，铅则是 PbX_2。二卤化物中金属的孤对电子表现出立体化学效应，导致其气态分子呈弯曲形状，晶体结构中也反映出孤对电子的明显影响，如侧边图所示的 $SnCl_2$。

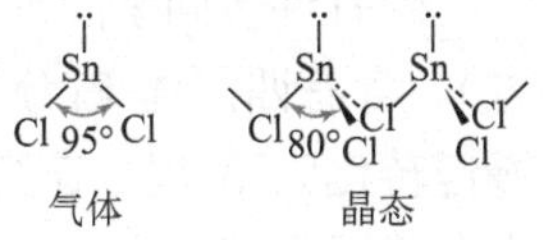

8.7　15 族

　　氮是地球大气层中最丰富的组分（体积占比 78.1%），然而直到 1772 年，Rutherford、Cavendish 和 Scheele 从空气中去除氧气与二氧化碳时，这种元素才被分离出来。Brandt

在 1669 年首次从尿液中分离出磷，该元素暴露于空气中会在黑暗中发光，所以以希腊文 phos（发光）和 phoros（带来）命名。三种较重的 15 族元素*砷、锑与铋早于磷和氮分离出来，发现时间未知，但炼金士早在 15 世纪之前就对它们有研究。15 族的元素跨越了从非金属（氮和磷）到金属（铋）的性状，处于中间的元素（砷和锑）具有过渡的性质，详见表 8.9。

表 8.9　15 族元素的性质

元素	电离能 （kJ/mol）	电子亲和能 （kJ/mol）	熔点 （℃）	沸点 （℃）	电负性
氮 N	1402	−7	−210	−195.8	3.066
磷 P	1012	72	44[a]	280.5	2.053
砷 As	947	78	[b]	[b]	2.211
锑 Sb	834	103	631	1587	1.984
铋 Bi	703	91	271	1564	2.01[c]

数据来源：除非另有说明，本章节电离能数据均引自 C. E. Moore, *Ionization Potentials and Ionization Limits Derived from the Analyses of Optical Spectra*, National Standard Reference Data Series, U.S. National Bureau of Standards, NSRDS-NBS 34, Washington, DC, 1970. 电子亲和能数据均引自 H. Hotop and W. C. Lineberger, *J. Phys. Chem. Ref. Data*, **1985**, *14*, 731. 标准电极电势数据均引自 A. J. Bard, R. Parsons, and J. Jordan, eds., *Standard Potentials in Aqueous Solutions*, Marcel Dekker（for IUPAC），New York, 1985. 电负性数据均引自 J. B. Mann, T. L. Meek, and L. C. Allen, *J. Am. Chem. Soc.*, **2000**, *122*, 2780, Table 2. 除了另加标注，其余数据均引自 N. N. Greenwood and A. Earnshaw, *Chemistry of the Elements*, Pergamon Press, Elmsford, NY, 1984.

a. 白磷 α-P$_4$；b. 615℃下升华；c. 近似值。

8.7.1　元素

氮气是无色的双原子分子气体，以很短的氮-氮三键（109.8 pm）为特征，而三键不寻常的稳定性导致 N_2 的低反应活性，因此适合作为对氧或湿气敏感反应的惰性气氛。液氮温度为 77 K，是一种廉价的冷却剂，用于研究反应、捕获溶剂蒸气和冷却超导磁体（用于保存 4 K 时会沸腾的液氦冷却剂）。

磷有许多同素异形体，其中白磷以两种形式最为常见，即 α-P$_4$（立方）与 β-P$_4$（六方）。含有四面体 P_4 分子的气态或液态磷，凝固（结）后主要形成 α 型，在−76.9℃以上慢慢转化为 β 型。在空气中氧化时，α-P$_4$ 发黄绿光，这是自古就有关于磷光的例子，因而白磷通常储于水下以减缓氧化。

隔绝空气时加热白磷可得到红磷，它是一种无定形的聚合材料。黑磷是热力学最稳定的形态，由高压下加热白磷得到；而在更高的压力下，黑磷会转化为其他形式。相关结构示例见图 8.29，文献中可获得关于磷同素异形体的详细资料[61]。

---

* 本族元素有时被称为磷属元素。

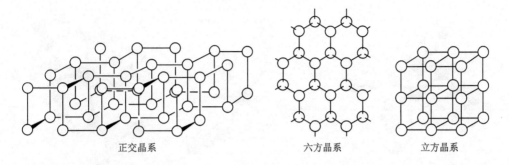

正交晶系　　　　　　　　六方晶系　　　　　　　　立方晶系

图 8.29　磷的同素异形体（出版于"*Chemistry of the Elements*"，Greenwood et al, p. 558，版权归 Elsevieer
（1984）所有）

液相和气相的磷都是四面体 P_4 分子，只有在高温下，P_4 分解成 P_2，大约 1800℃时，
分解率可达 50%。

白磷（P_4）在工业上很容易从磷矿中制取，因此对磷矿的
需求量很大（表 8.1）。白磷被氯化或氧化生成 P(Ⅲ)和 P(Ⅴ)分
子（如 PCl_3、PCl_5、$POCl_3$），这些是需求量很大的磷化物［如
磷酸（8.7.2 节）和膦］原料。出于可持续性的考虑，将白磷中磷原子直接转化到目标化
合物中，而无需经过氯化或氧化中间体[62]，关于这方面的"P_4 活化"正在积极探索中[63]。

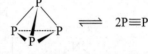

砷、锑、铋也呈现有同素异形体。砷最稳定的同素异形体是灰色（α）型，类似于
磷的菱面体形态。在气相中，砷和磷同样以四面体 As_4 的形式存在，锑和铋也有类似的
α 型。这三种元素略显金属光泽，但只是中等良好的导体。砷是该族最好的导体，但其
电阻率几乎是铜的 20 倍。铋是最重的非放射性元素，其后的钋及所有更重的元素都具
有放射性。

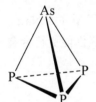

2009 年，类似于 P_4 四面体的 AsP_3 和 SbP_3 的液相合成与分离被报道[64]。
这些磷属族内元素相互间的化合物，作为合成化学计量比为 1∶3 的 15 族
元素化合物的原料，是材料科学中很有潜力的试剂。

离子

一个多世纪以来，可分离的纯含氮物质仅有 N_2、氮离子（N^{3-}）与
叠氮根（N_3^-），离子型氮化物由锂和 2 族元素形成。氮化钠（Na_3N）
的合成是一个长期存在的挑战，这种爆炸性化合物直到 2002 年才被成功制备出来，在
液氮温度下由钠与氮原子束反应制成[65]。对过渡金属而言，氮离子是一强的 π 电子配体
（第 10 章）。

线型 N_3^- 与 1 族和 2 族金属的离子化合物早已存在，还有许多共价型叠氮化物，如
已结构表征的 15 族重元素形成的阴离子$[E(N_3)_4]^-$（E = As，Sb）与$[Bi(N_3)_5(DMSO)]^-$
（图 8.30）[66]。

尽管 C_2^{2-} 与 O_2^{2-} 早为人知，但 N_2^{2-}（重氮根）直到 2001 年才得到表征[67]。在 SeN_2 中，
N—N 键长为 122.4 pm，与等电子分子 O_2 的 120.8 pm 相当，而远长于 N_2 的 109.8 pm。
第一个碱金属重氮化物 Li_2N_2 是在 750 K 和大约 89000 atm 下处理 LiN_3 后制得的[68]。

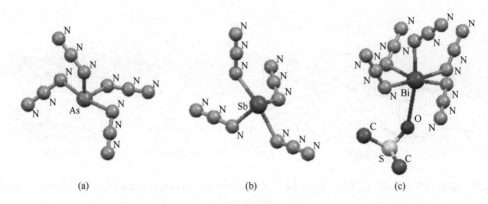

图 8.30　（a）$[As(N_3)_4]^-$、（b）$[Sb(N_3)_4]^-$ 和（c）$[Bi(N_3)_5(DMSO)]^-$（DMSO = 二甲基亚砜）的分子结构
　　　　（分子结构基于 CIF 数据绘制，为了清晰起见省略了氢原子）

1999 年报道了一个新的物种 N_5^+：

$$N_2F^+[AsF_6]^- + HN_3 \longrightarrow N_5^+[AsF_6]^- + HF$$

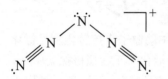

$N_5^+[AsF_6]^-$ 室温下并不稳定，但在 -78℃ 可以保存数周。N_5^+ 具有
V 型结构，在中心的 N 原子处弯曲，相邻的原子则呈线型[69]。

　　人们对合成五氮唑离子（*cyclo*-N_5^-）有极大兴趣，它是
环戊二烯离子（$C_5H_5^-$）的等电子体，后者是金属有机化学中
的重要配体（第 13 章）。尽管已在气相中检测到 N_5^-，但可分离的 N_5^- 化合物却未见报道[70]。
基于 ^{15}N 标记的研究发现，与 N_3^- 和 N_2 的形成相比，溶液中 HN_5/N_5^- 的混合物在 -40℃ 具
有非常短的寿命[71]。然而，等电子体 *cyclo*-P_5^- 已经被制备出来，作为第一个无碳金属茂
配体而引人注目（15.2.2 节）[72]。此外，As_4^{2-} 与 P_4^{2-} 均有报道，它们都为正方型结构[73]，
同时 N_4^{4-} 也有作为桥联配体的报道[74]。

　　尽管磷化物、砷化物和其他 15 族化合物的分子式似乎表明它们为离子型（如 Na_3P、
Ca_3As_2），但这些化合物通常有金属光泽，且具有良好导热性和导电性，其性能更符合金
属键特征，而非离子键。

8.7.2　化合物

氢化物

　　除了氨分子外，氮还形成氢化物 N_2H_4（肼）、N_2H_2（重氮或二亚胺）和 HN_3（叠氮
酸）（图 8.31）。

　　氨在工业上极为重要，80% 以上用于化肥，其他用途包括合成炸药、合成纤维（如人
造丝、尼龙和聚氨酯）以及各种各样的化合物。液氨用作非水离子溶剂。

$$N_2 + 3H_2 \longrightarrow 2NH_3$$

　　在自然界中，氨是在非常温和的条件下（室温和 0.8 atm 氮气分压）由固氮菌作用于
氮气产生的，这些细菌含有固氮酶、含铁酶及含钼酶，这些酶可以催化形成 NH_3。工业

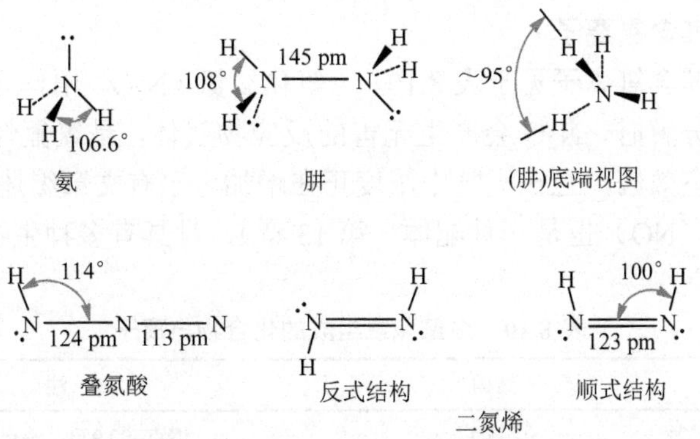

图中结构图：
氨 106.6°
肼 108° 145 pm
(肼)底端视图 ~95°
叠氮酸 114° 124 pm 113 pm
二氮烯 反式结构 顺式结构 100° 123 pm

图 8.31　氮氢化合物，未显示叠氮酸的多重键（键角和键长数据源于 A. F. Wells, *Structural Inorganic Chemistry*, 5th ed., Oxford University Press, New York, 1984）

上通过 Haber-Bosch 过程合成氨，通常使用细铁粒作为催化剂，通过添加钾盐来提高活性。即使有催化剂，该过程也比细菌中的固氮酶催化困难得多，反应通常在 380℃ 以上且压力约 200 atm 下进行。1918 年，Fritz Haber 因这一发现获得了诺贝尔奖，他不仅使商业化肥成为可能，而且帮助德国取代了在第一次世界大战中制备炸药所用的进口硝酸盐。生产过程中的氮气来自分馏的液态空气，氢气则来自碳氢化合物（8.2.1 节）。

由于生产 NH_3 全球能耗极大，因此在较温和条件下由母元素合成 NH_3 有很大意义。2011 年，Holland 报道了用铁配合物、钾还原剂和 H_2 从 N_2 生产氨，这是一项开创性的成就[75]。

肼氧化后放出大量的热所以它及其甲基衍生物主要用作火箭燃料：

$$N_2H_4 + O_2 \longrightarrow N_2 + 2H_2O \quad \Delta H^\ominus = -622 \text{ kJ/mol}$$

肼无论在酸性还是碱性溶液中都是多功能还原剂（如肼阳离子 $N_2H_5^+$，参见 8.1.4 节中的 Latimer 图和 Frost 图）。

二氮烯的顺反异构体仅在很低温度下稳定，而它的氟衍生物 N_2F_2 较稳定。N_2F_2 的两种异构体中 N—N 间距都与双键长度一致（*cis*，120.9 pm；*trans*，122.4 pm）。2010 年改进了 *cis*-N_2F_2 与 *trans*-N_2F_2 的合成，并对其顺反异构化机理进行了周密研究[76]。在具有技术挑战性的反应中，*cis*-N_2F_2 在无水 HF 中与 SbF_5 反应生成[N_2F][SbF_6]（图 8.32），N_2F^+ 中 N—N 平均间距为 110 pm，与 N_2 中的三键数值 109.8 pm 大致相同。

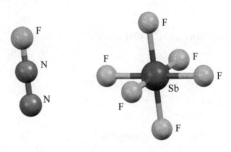

图 8.32　利用 CIF 数据绘制的 [N_2F][SbF_6]的分子结构

磷化氢（PH_3）是一种剧毒气体，固态时的分子间吸引力明显弱于 NH_3，其熔点和沸点比氨低得多（PH_3 熔点和沸点分别为-133.5℃ 和-87.5℃，NH_3 分别为-77.8℃ 和-34.5℃）。膦（PR_3，R = H、烷基或者芳基）、亚磷酸酯[$P(OR)_3$]、有机胂化物（AsR_3）和有机锑化物（SbR_3），它们是配位化学和金属有机化学中的重要配体。

氮的氧化物及其含氧离子

氮的氧化物及其含氧离子见于表 8.10。一氧化二氮（N_2O）用作牙科麻醉剂和气溶胶推进剂。在大气中分解时，N_2O 会产生无害的反应物气体，是氯氟烃的环保替代品。另外，N_2O 会加剧温室效应，且在大气中浓度正在增加。已有文章综述了 N_2O 作为配体的行为[77]。一氧化氮（NO）也是一种配体（第 13 章），且具有多种生物学功能。

表 8.10　由氮和氧组成的化合物与离子

化学式	名称	结构[a]	注
N_2O	一氧化二氮	N≡N—O	熔点 -90.9℃；沸点 -88.5℃
NO	一氧化氮	N≡O	熔点 -163.6℃；沸点 -151.8℃；键级约 2.5；顺磁性
NO_2	二氧化氮	O—N—O 134°	棕色顺磁性气体；与 N_2O_4 存在平衡：$2NO_2 \rightleftharpoons N_2O_4$
N_2O_3	三氧化二氮	O N—N O 105° 120° 130°	熔点 -100.1℃，高于熔点即分解：$N_2O_3 \rightleftharpoons NO + NO_2$
N_2O_4	四氧化二氮	O N—N O 175° 135°	熔点 -11.2℃；沸点 -21.15℃；分解生成 $2NO_2$ $[\Delta H(分解) = 57$ kJ/mol$]$
N_2O_5	五氧化二氮	N—O—N	N—O—N 键角可能弯曲；固态组成为 $NO_2^+NO_3^-$
NO^+	亚硝鎓离子/亚硝酰基	N≡O 106	与 CO 互为等电子体
NO_2^+	硝鎓离子/硝基	O=N=O 115	与 CO_2 互为等电子体
NO_2^-	亚硝酸根离子	O—N—O	N—O 键长由 113 pm 至 123 pm 不等；键角依据阳离子的不同，从 116° 至 132° 不等；多功能配体（详见第 9 章）
NO_3^-	硝酸根离子	O N—O 122 120°	几乎能与所有金属形成化合物；作为配体有多种配位方式
$N_2O_2^{2-}$	连二硝酸根离子	O—N=N—O	还原剂
NO_4^{3-}	正硝酸根离子	O N 139	已知其存在钠盐与钾盐；与水和二氧化碳相遇时分解
HNO_2	亚硝酸	H O N O 102° 143° 118° 111°	弱酸（25℃时 $pK_a = 3.3$）；不稳定，在水溶液中分解：$3HNO_2 \rightleftharpoons H_3O^+ + 2NO + NO_3^-$
HNO_3	硝酸	H O O N O 102° 130° 114°	水溶液为强酸，浓溶液为强氧化剂

数据源于 N. N. Greenwood and A. Earnshaw, *Chemistry of the Elements*, Pergamon Press, Elmsford, NY, 1984, pp. 508-545.

a. 距离单位为 pm。

气体 N_2O_4 与 NO_2 是一对有趣的化合物，常温常压下两者高度平衡。无色、抗磁性 N_2O_4 有一个弱的氮-氮键，可以很容易解离形成棕色的顺磁性 NO_2。

$$N_2O_4(g) \rightleftharpoons 2NO_2(g) \qquad \Delta H^\ominus = -57.20 \text{ kJ/mol}$$

NO 是化石能源燃烧产物，存在于汽车和发电厂的废气中，也可由闪电作用于大气中的 N_2 和 O_2 而形成，在大气中又被氧化为 NO_2。这些通常统称为 NO_x 的气体与大气中的水反应生成硝酸，会导致酸雨；氮的氧化物也被认为促进地球臭氧层的破坏（8.8.1 节）。

$$3NO_2 + H_2O \longrightarrow 2HNO_3 + NO$$

硝酸在工业上极为重要，特别是用于合成肥料硝酸铵（NH_4NO_3）。NH_4NO_3 热不稳定，高温下会发生剧烈的放热分解，它用于商业炸药的重要性现在仅次于用作肥料。

$$2NH_4NO_3 \longrightarrow 2N_2 + O_2 + 4H_2O$$

商业上合成硝酸需经历两个氮的氧化物。首先，在铂铑网催化下氨与氧反应生成 NO：

$$4NH_3 + 5O_2 \longrightarrow 4NO + 6H_2O$$

然后 NO 被空气和水氧化：

$$2NO + O_2 \longrightarrow 2NO_2$$

$$3NO_2 + H_2O \longrightarrow 2HNO_3 + NO$$

第一步 NH_3 氧化反应中，必须使用特定催化剂生成 NO，否则将氧化生成 N_2：

$$4NH_3 + 3O_2 \longrightarrow 2N_2 + 6H_2O$$

另一种氮的含氧阴离子是过氧亚硝酸根（$ONOO^-$），其结构中有不同的构象[78]，一种构象如图 8.33 所示，在晶体中还发现了具有不同键角和不同 N—O 键长的扭曲形式。过氧亚硝酸根可能在细胞抵御感染和环境水化学中发挥重要作用[79]。

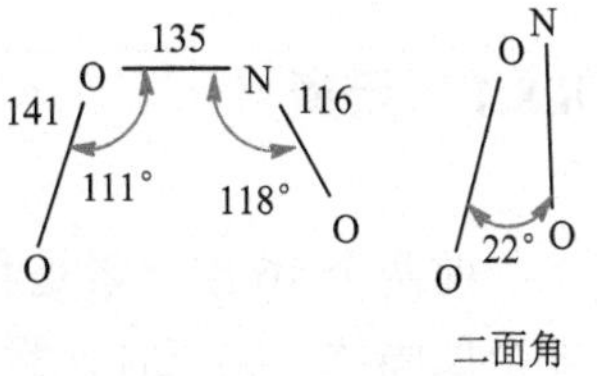

氮在水溶液中表现出丰富的氧化还原化学性质，参见 8.1.4 节中的 Latimer 图和 Frost 图。

图 8.33　过氧亚硝酸根结构

练习 8.6　用酸性溶液中氮的 Latimer 图和 Frost 图（8.1.4 节），计算 $HNO_2 \longrightarrow N_2H_5^+$ 的电势。

练习 8.7　用附录 B.7 中给出的电势数据，计算 $E^\ominus$ 与 $\Delta G^\ominus$，综合判断 NH_4NO_3 的分解反应（$2NH_4NO_3 \longrightarrow 2N_2 + O_2 + 4H_2O$）是否为自发反应。

所有酸中，磷酸（H_3PO_4）在工业生产中仅次于硫酸。一种常见的制备方法是将燃烧熔化的磷喷入混有空气和水蒸气的不锈钢反应釜，生成的 P_4O_{10} 中间产物会转化为 H_3PO_4。用硫酸处理磷酸矿物也可合成磷酸：

$$P_4 + 5O_2 \longrightarrow P_4O_{10}$$

$$P_4O_{10} + 6H_2O \longrightarrow 4H_3PO_4$$

$$Ca_3(PO_4)_2 + 3H_2SO_4 \longrightarrow 2H_3PO_4 + 3CaSO_4$$

8.8　16 族

16 族元素或称硫族元素，范围从非金属（氧、硫和硒）到金属（钋），碲具有中间性质。部分物理性质见表 8.11。

表 8.11　16 族元素的物理性质

元素	电离能（kJ/mol）	电子亲和能（kJ/mol）	熔点（℃）	沸点（℃）	电负性
氧 O	1314	141	−218.8	−183.0	3.610
硫 S	1000	200	112.8	444.7	2.589
硒 Se	941	195	217	685	2.424
碲 Te	869	190	452	990	2.158
钋 Po	812	180[a]	250[a]	962	2.19[a]

数据来源：除非另有说明，本章节电离能数据均引自 C. E. Moore, *Ionization Potentials and Ionization Limits Derived from the Analyses of Optical Spectra*, National Standard Reference Data Series, U.S. National Bureau of Standards, NSRDS-NBS 34, Washington, DC, 1970. 电子亲和能数据均引自 H. Hotop and W. C. Lineberger, *J. Phys. Chem. Ref. Data*, **1985**, *14*, 731. 标准电极电势数据均引自 A. J. Bard, R. Parsons, and J. Jordan, eds., *Standard Potentials in Aqueous Solutions*, Marcel Dekker（for IUPAC）, New York, 1985. 电负性数据均引自 J. B. Mann, T. L. Meek, and L. C. Allen, *J. Am. Chem. Soc.*, **2000**, *122*, 2780, Table 2. 除了另加标注，其余数据均引自 N. N. Greenwood and A. Earnshaw, *Chemistry of the Elements*, Pergamon Press, Elmsford, NY, 1984.

a. 近似值。

8.8.1　元素

前两个 16 族元素是我们所熟悉的。O_2，无色气体，约占地球大气的 21%；硫，黄色非金属固体。第三种元素硒在静电复印技术中很重要。一种由 CdS 和 CdSe 复合而成的亮红色物质，可用于制作有色眼镜。虽然元素硒有剧毒，但微量硒却是生命所必需的。少量碲用于金属合金、玻璃着色以及橡胶工业的催化剂。所有钋的同位素都具放射性，它们在放射性衰变中高度放热，因而成为卫星的动力源之一。

硫作为游离元素存在于许多天然矿床中，自史前时代就为人所知，它在圣经中称为"硫磺"。炼金士对硫很着迷，随着 13 世纪火药（硫、KNO_3 和木炭粉的混合物）的发展，军事领导人对硫也非常感兴趣。氧气广泛存在于地球大气中，并与其他元素结合存在于地壳（占总氧质量的 46%）和水体中，但直到 18 世纪 70 年代，纯氧才被 Scheele 和 Priestley 分离出来进行表征。Priestley 用放大镜聚焦阳光并加热 HgO 以制取氧气的经典案例，是实验化学中的一个里程碑。硒（1817 年）和碲（1782 年）随后被发现，由于它们的化学相似性，因此以月亮（希腊语，selene）和地球（拉丁语，tellus）命名。居里夫人于 1898 年发现钋，与镭一样，也是从数吨铀矿中分离出的痕量物质。这些元素的重要物理性质列于表 8.11。

氧

氧主要以双原子 O_2 形式存在，但在高层大气和放电附近发现有微量臭氧（O_3）。O_2 为顺磁性，O_3 为抗磁性，前者是两个自旋平行的电子占据 π^*（2p）轨道的结果（5.2.3 节）。此外，已知的两个 O_2 激发态中有自旋相反的 π^* 电子，且因成对能和交换能的影响能量更高（2.2.3 节）：

	相对能量（kJ/mol）
激发态　　　　↑↓　　—	157.85
↑　　↓	94.72
基态　　　　　↑　　↑	0

O_2 的电子激发态可以通过液相中的分子碰撞过程吸收光子来获得，在这些条件下，单个光子可以同时激发两个碰撞的分子。这些吸收发生在 631 nm 和 474 nm 的可见光区，因此液体呈蓝色[80]。这些激发态在许多氧化过程中都很重要。当然，氧气对呼吸作用至关重要，血红蛋白在输送氧到细胞中起着极为重要的作用。

虽然对分子氧的相已经研究多年，但高压相 ε-O_2 的分子结构直到 2006 年才确定，由四面体的$(O_2)_4$ 或 O_8 分子组成[81]。同素异形体 O_8 在压力 10～96 GPa 时呈暗红色，由平行的 O_2 单元组合而成 [图 8.34（a）]。O_2 单元内键长 120（3）pm，与游离 O_2 中的 O—O 距离（120.8 pm）一致；ε-O_2 相形成后，每个 O_2 分子内的键级没有明显改变。O_2 单元之间的距离则要长得多 [218(1)pm]。

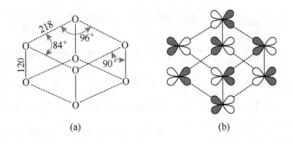

图 8.34　（a）在 ε-O_2 相中 O_8 单元的结构；（b）O_8 中 O_2 分子 π^* 轨道一种可能的相互作用

ε-O_2 中，O_2 单元间的成键可以描述为 O_2 的 π^* 轨道的重叠。自由 O_2 中这些为单占轨道，所以分子呈顺磁性；当 4 个 O_2 分子结合形成一个 O_8 时，每个 O_2 的两个单占 π^* 轨道发生重叠，产生 4 个成键轨道和 4 个反键轨道，图 8.34（b）显示了其中一个轨道。8 个电子占据成键轨道且所有电子成对，这与观察到的 O_8 抗磁性一致[82]。臭氧吸收 320 nm 以下的紫外线辐射，在高层大气中形成一道屏障，保护地球表面免受高能电磁辐射的危害。令人日益关切的是，大气污染物正在消耗臭氧层，由于高空大气循环的季节变化，南极洲上空的侵蚀最严重。在上层大气中，臭氧由 O_2 形成：

$$O_2 \xrightarrow{h\nu} 2O \quad \lambda \leqslant 242 \text{ nm}$$

$$O + O_2 \longrightarrow O_3$$

臭氧吸收紫外线后分解为 O_2，因此臭氧在高层大气中处于稳定状态，该浓度通常足以为地球表面提供重要的紫外线屏障。然而，一些污染物会催化臭氧分解。例如，高空飞行器产生氮的氧化物（自然界也产生微量氮的氧化物），以及气溶胶和制冷剂中的氟氯烃光解产生氯自由基。支配大气中臭氧浓度的过程极其复杂，下列反应被认为是与大气相关的反应。虽然这些反应可以在实验室中进行，但常用计算化学手段来模拟大气中的反应，并提出替代臭氧消耗的途径。

$$NO_2 + O_3 \longrightarrow NO_3 + O_2$$

$$NO_3 \longrightarrow NO + O_2$$

$$\underline{NO + O_3 \longrightarrow NO_2 + O_2}$$

净反应：

$$2O_3 \longrightarrow 3O_2$$

$$Cl + O_3 \longrightarrow ClO + O_2 \qquad \longleftarrow \text{氯来自氟氯烃光解}$$

$$\underline{ClO + O \longrightarrow Cl + O_2}$$

净反应：

$$O_3 + O \longrightarrow 2O_2$$

臭氧是比 O_2 强的氧化剂，在酸性溶液中，作为氧化剂的元素只有氟比臭氧强。下面是几种已知的双原子和三原子氧分子或离子（表 8.12）。

表 8.12　中性和离子性 O_2 和 O_3 物种

化学式	名称	O—O 键长（pm）	注
O_2^+	二氧基阳离子	111.6	键级 2.5
O_2	氧气	120.8	能与过渡金属配位；单线态氧分子（激发态）在光化学反应中起重要作用；氧化剂
O_2^-	超氧阴离子	135	中等强度氧化剂；其化合物中最稳定的是 KO_2、RbO_2、CsO_2
O_2^{2-}	过氧阴离子	149	能与碱金属、Ca、Sr、Ba 形成离子化合物；强氧化剂
O_3	臭氧	127.8	键角 116.8°；强氧化剂；在紫外区有吸收（320 nm 以下）
O_3^-	臭氧阴离子	134	由臭氧与干燥的碱金属氢氧化物反应得到；分解形成 O_2^-

数据源于 N. N. Greenwood and A. Earnshaw, *Chemistry of the Elements*, Pergamon Press, Elmsford, NY, 1984; K. P. Huber and G. Herzberg, *Molecular Spectra and Molecular Structure. IV. Constants of Diatomic Molecules*, Nostrand Reinhold Company, New York, 1979。

硫

硫的同素异形体比其他任何元素都多，在室温下最稳定的形态（正交晶系，α-S_8）由 8 个硫原子排成一个折叠环；硫最常见的 3 种同素异形体示于图 8.35[83]。

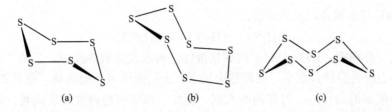

图 8.35　硫常见的同素异形体的结构。（a）S_6；（b）S_7；（c）α-S_8

　　硫受热时会发生有趣的黏度变化：在大约 119℃
时，硫熔化成黄色液体，其黏度在约 155℃之前逐
渐下降（图 8.36）；进一步加热会使黏度急剧升高；
超过 159℃时，液体倾倒非常缓慢；200℃以上，
黏度又慢慢降低；在更高温度时，最终会变成红
色液体[84]。

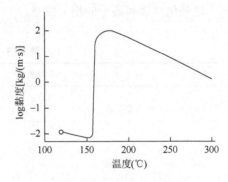

图 8.36　硫的黏度变化曲线

　　这些黏度的变化与 S—S 键在高温下断裂再重
新形成的趋势有关。159℃以上，S_8 环开始打开，
产生的 S_8 链可与其他 S_8 环反应，它们开环并形成
S_{16} 链、S_{24} 链等：

$$S_8 \text{(环)} \longrightarrow S\text{—}S\text{—}S\text{—}S\text{—}S\text{—}S\text{—}S\text{—}S \longrightarrow S_{16} \longrightarrow S_{24} \longrightarrow \cdots$$

　　链越长，链之间相互缠绕就越多，黏度也就越大。大的环也可由链的两端连接而成；
接近 180℃时形成超过 200000 个硫原子具有最大黏度的链。在更高温度下，硫链的热断裂
速度快于链增长速度，平均链长减小，黏度随之降低。在很高温度下，大量生成 S_3 这样颜
色鲜艳的物质，液体会呈淡红色。将熔融硫倒入冷水中，会形成一种易塑型的橡胶状固体，
然而这种固体最终会转化为 α 型黄色晶体，即热力学最稳定的同素异形体，仍由 S_8 环组成。

　　硫酸已有大约 400 年的生产历史。生产硫酸的现代工艺从合成 SO_2 开始，通过硫燃
烧或硫化矿物焙烧（在有氧的情况下加热）：

$$S + O_2 \longrightarrow SO_2 \quad \text{硫的燃烧}$$

$$M_xS_y + \frac{3}{2}y\,O_2 \longrightarrow y\,SO_2 + M_xO_y \quad \text{硫化矿焙烧}$$

SO_2 继而通过以下放热反应转化为 SO_3

$$2SO_2 + O_2 \longrightarrow 2SO_3$$

反应在多级催化转化器中、在 V_2O_5 或其他合适催化剂催化下进行（多级是为了提高 SO_3
的产率）。SO_3 随后与水反应生成硫酸：

$$SO_3 + H_2O \longrightarrow H_2SO_4$$

如果 SO_3 直接通入水中，则会形成细小的 H_2SO_4 液滴气溶胶。为避免这种情况，利用
98% H_2SO_4 溶液吸收 SO_3，形成焦硫酸 $H_2S_2O_7$（发烟硫酸）：

$$SO_3 + H_2SO_4 \longrightarrow H_2S_2O_7$$

之后，$H_2S_2O_7$ 与水混合，生成硫酸：

$$H_2S_2O_7 + H_2O \longrightarrow 2H_2SO_4$$

硫酸是一种稠密（1.83 g/cm^3）的黏性液体，与水发生放热反应。当浓硫酸用水稀释时，必须小心地将酸加入水中，向硫酸中加水，上层溶液可能会沸腾，则导致液体飞溅。硫酸对水有很高的亲和力，可作为脱水剂。例如，硫酸可使糖脱水变成炭，还能对人体组织造成快速而严重的烧伤。

许多含硫的氧化物及离子为人们熟知，其中许多是重要的酸或共轭碱。表 8.13 总结了这些化合物和离子的相关信息。

表 8.13　含硫和氧的分子与离子

化学式	名称	结构 [a]	注
SO_2	二氧化硫		熔点−75.5℃；沸点−10℃；无色窒息性气体；元素硫燃烧产物
SO_3	三氧化硫		熔点−16.9℃；沸点 44.6℃；由 SO_2 氧化得到：$SO_2 + \frac{1}{2}O_2 \longrightarrow SO_3$；气相及液相中，与三聚体 S_3O_9 存在平衡；与水反应生成硫酸
	三聚体		
SO_3^{2-}	亚硫酸根离子		HSO_3^- 的共轭碱，由 SO_2 溶于水生成
SO_4^{2-}	硫酸根离子		T_d 对称性，十分常见的离子，用于重量分析
$S_2O_3^{2-}$	硫代硫酸根离子		中等强度还原剂，用于碘量法分析：$I_2 + 2S_2O_3^{2-} \longrightarrow 2I^- + S_4O_6^{2-}$
$S_2O_4^{2-}$	连二硫酸根离子		S—S 键很长；分解生成 SO_2^-：$S_2O_4^{2-} \rightleftharpoons 2SO_2^-$；其锌盐与钠盐用作还原剂
$S_2O_8^{2-}$	过硫酸根离子		实用的氧化剂，易还原为硫酸盐：$S_2O_8^{2-} + 2e^- \rightleftharpoons 2SO_4^{2-}$　　$E^{\ominus} = 2.01\ V$
H_2SO_4	硫酸		C_2 对称性；熔点 10.4℃；沸点约 300℃；在水溶液中为强酸；会发生自电离：$2H_2SO_4 \rightleftharpoons H_3SO_4^+ + HSO_4^-$，在 25℃下，$pK = 3.57$

数据源于 N. N. Greenwood and A. Earnshaw, *Chemistry of the Elements*, Pergamon Press, Elmsford, NY, 1984, pp. 821-854.

a. 键长单位为 pm。

基于硫在生物固氮酶和氢化酶中所扮角色的挑战，激发人们广泛地研究制备这些酶的模型，推动了目前含硫化合物大部分工作的发展[85]。在温和条件下以工业规模催化固氮和还原氢离子生成氢气的能力将节省大量能源，这些挑战也处于现代无机化学研究的前沿。

其他元素

有毒元素硒和碲也有多种同素异形体，而放射性元素钋有两种金属同素异形体。硒是一种光电导体——通常为不良导体，但在光照时却是良导体。它广泛用于静电复印、光电池和半导体器件。

8.9 17族：卤素

含卤素的化合物（希腊语，*halos* + *gen*，"成盐剂"）自古以来就为人们所用，最初可能是把岩盐或海盐（主要是 NaCl）作为食品防腐剂。然而，卤素单质的分离和表征是近代才开始的[86]。

8.9.1 元素

大约在 1630 年，van Helmont 首先认识到氯是一种气体。Scheele 在 18 世纪 70 年代对氯进行了仔细研究（用于这些合成的盐酸，在公元 900 年左右就由炼金士制得）。1811 年，Courtois 通过硫酸与海藻灰反应，产物升华得到碘。1826 年，Balard 将氯与存在于盐水沼泽中的 $MgBr_2$ 反应得到溴。虽然 17 世纪晚期氢氟酸就用于蚀刻玻璃，但直到 1886 年元素氟才被分离出来，当时 Moissan 通过在无水 HF 中电解 KHF_2 得到了这种活泼气体。砹是最后一个人工合成的非超铀元素，1940 年由 Corson、Mackenzie 和 Segre 用 α 粒子轰击 ^{209}Bi 首次合成。砹的所有同位素都具放射性（寿命最长同位素的半衰期为 8.1 h），因此该元素的化学性质很难研究。

卤素的中性单质都是双原子分子，它们很容易还原为卤离子。除 HF 外，卤素与氢结合均形成气体化合物，且水溶液都是强酸。卤素的一些物理性质列于表 8.14。

表 8.14　17 族元素的物理性质：卤素 [a]

元素	电离能 (kJ/mol)	电子亲和能 (kJ/mol)	电负性	卤素分子 X_2			
				熔点（℃）	沸点（℃）	X—X 键长（pm）	解离焓（kJ/mol）
氟 F	1681	328	4.193	−218.6	−188.1	143	158.8
氯 Cl	1251	349	2.869	−101.0	−34.0	199	242.6
溴 Br	1140	325	2.685	−7.25	59.5	228	192.8
碘 I	1008	295	2.359	113.6[a]	185.2	266	151.1
砹 At	930[b]	270[b]	2.39[b]	302[b]			

数据来源：除非另有说明，本章节电离能数据均引自 C. E. Moore, *Ionization Potentials and Ionization Limits Derived from the Analyses of Optical Spectra*, National Standard Reference Data Series, U.S. National Bureau of Standards, NSRDS-NBS 34, Washington, DC, 1970. 电子亲和能数据均引自 H. Hotop and W. C. Lineberger, *J. Phys. Chem. Ref. Data*, **1985**, *14*, 731. 标准电极电势数据均引自 A. J. Bard, R. Parsons, and J. Jordan, eds., *Standard Potentials in Aqueous Solutions*, Marcel Dekker（for IUPAC）, New York, 1985. 电负性数据均引自 J. B. Mann, T. L. Meek, and L. C. Allen, *J. Am. Chem. Soc.*, **2000**, *122*, 2780, Table 2. 除了另加标注，其余数据均引自 N. N. Greenwood and A. Earnshaw, *Chemistry of the Elements*, Pergamon Press, Elmsford, NY, 1984.

a. 易升华；b. 近似值。

卤素的化学性质取决于卤素原子获得一个电子后形成稀有气体电子构型的趋势。卤素是优良的氧化剂，F_2 在所有元素中最强。卤素原子吸引电子的倾向表现在它们高的电子亲和力和电负性。

F_2 反应活性极高，必须用特殊手段处理，其标准合成方法是电解 KF 等熔融氟化物。气态 Cl_2 呈黄色，其气味可识别为"氯"漂白剂（ClO^- 的碱性溶液，与少量 Cl_2 形成平衡）的特征气味。Br_2 是一种深红色的液体，容易气化。I_2 是一种黑色、有光泽的固体，在室温下容易升华产生紫色蒸气，和其他卤素一样，在非极性溶剂中溶解度很大。碘溶液的颜色随溶剂的供电子能力不同而差异很大，通常会由于电荷转移相互作用而呈现鲜艳的颜色（第 6 章）。碘是一种中等强度氧化剂，但在卤素中最弱。碘的醇溶液（碘酊）是家用消毒剂。由于放射性问题，砹尚未得到广泛研究，如果能够比较它与其他卤素的性质及反应，将会很有意义。

卤素物理性质的几种变化趋势都很明显（表 8.14）。随着原子序数的增加，原子核对最外层电子的吸引力降低，因此氟的电负性最强，电离能最高，而砹的这两种性质都最弱。沿周期表从上到下，随着卤素双原子分子的大小和电子数的增加，分子间 London 相互作用增强，导致 F_2 和 Cl_2 是气体，Br_2 是液体，I_2 是固体。这些趋势并不能完全预测，因为氟及其化合物所表现出的一些化学行为与通过外推该族其他成员相应特征所得到的预测结果有实质的不同。

F_2 的键解离焓非常低，是该分子的一个显著特性，也是其反应活性高的重要因素。如果从其他卤素的键解离焓外推，数值大约为 290 kJ/mol，几乎是实际值的两倍。弱的 F—F 键很可能由非键电子对之间相互排斥所致[87]。F—F 键形成时，因氟原子半径小而使两原子的未成键电子对靠得很近，相邻原子间的这些电子对之间的静电排斥导致成键作用较弱，并且平衡键距显著大于没有这种排斥作用时的期望值。

例如，其他氟化合物中的共价半径为 64 pm，F_2 中 F—F 键长期望值为 128 pm，然而，实际键长是 143 pm。需注意，氧和氮这方面的异常与氟相似，过氧化物中的 O—O 键和肼中的 N—N 键长于它们的共价半径之和，且这些键比它们同族元素中的相应 S—S 键和 P—P 键弱。对于氧和氮的情况，相邻原子上电子对的排斥作用同样可能是这些键弱的主要原因*。因此，F_2 的高反应活性归因于弱的 F—F 键，以及氟原子体积小、电负性高这些因素。

在氢卤酸中，HF 水溶液的酸性最弱（25℃时 pK_a = 3.2），HCl、HBr 和 HI 都是强酸。虽然 HF 与水反应，但 F^- 与水合氢离子之间形成很强的氢键，形成离子对 $H_3O^+F^-$，从而降低了 H_3O^+ 的活度系数；但随着 HF 浓度的增加，该离子对和 HF 进一步反应，形成 H_3O^+ 的趋势将增加：

$$H_3O^+F^- + HF \rightleftharpoons H_3O^+ + HF_2^-$$

离子对 $H_3O^+F^-$ 及 $H_3O^+HF_2^-$（译者注，原著误为 $H_3O^+F_2^-$）这一观点得到了 X 射线晶体学研究的支持[88]。

氯及其化合物被用作漂白剂和消毒剂。这些化合物中最广为人知的也许是次氯酸根（OCl^-），它是一种家用漂白剂，通过将氯气溶解在氢氧化钠或氢氧化钙中制得。

---

* 氟、氧和氮的异常性质，可参考文献 P. Politzer. *J. Am. Chem. Soc.*, **1969**, *91*, 6235；*Inorg. Chem.*, **1977**, *16*, 3350。

$$Cl_2 + 2OH^- \longrightarrow Cl^- + ClO^- + H_2O$$

在碱性溶液中，与此反应有关的氧化还原电势由氯的 Latimer 图给出（附录 B.7）。图 8.37 是氯的 Frost 图，预测了在碱性溶液中 Cl_2 歧化为 Cl^- 和 ClO^-，因为 Cl_2 高于 Cl^- 与 ClO^- 之间连线。从 Cl_2 到 ClO^- 的自由能变为正（在 $nE^\ominus$ 纵轴上变得更高），但从 Cl_2 到 Cl^- 的自由能变为负且幅度更大，导致净的负自由能变，歧化反应自发进行。高氯酸盐是极强的氧化剂，高氯酸铵被用作火箭燃料。2001 年秋，二氧化氯（ClO_2）被用于对美国邮件和至少一个可能感染炭疽病的国会办公室进行消毒。这种气体还被用作 Cl_2 的替代品，用于净化饮用水及作用造纸工业中的漂白剂。

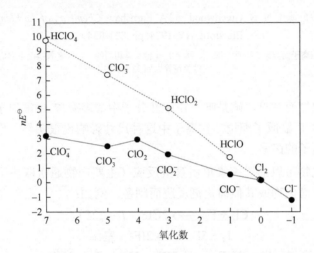

图 8.37 氯元素的 Frost 图。虚线、实线分别为酸性及碱性溶液中的数据

练习 8.8 写出在酸性溶液中，下列氧化还原对的平衡半反应：ClO_4^-/ClO_3^-，$ClO_4^-/HClO_2$，$HClO_2/HClO$，$HClO/Cl_2$，Cl_2/Cl^-（需要配平的其他物种是 H_2O 和 H^+）。

多原子离子

除了常见的单原子卤离子外，多原子阳离子或阴离子的许多物质也已被合成。棕色的三碘离子 I_3^- 由 I_2 和 I^- 形成：

$$I_2 + I^- \rightleftharpoons I_3^- \text{在 25℃水溶液中，} K \approx 698$$

其他多碘离子也已被证实。一般而言，它们可视为 I_2 和 I^-（有时是 I_3^-）的聚集体，如图 8.38 所示。

卤素分子 Cl_2、Br_2 和 I_2 也可以被氧化成阳离子，如双原子离子 Br_2^+ 和 I_2^+（Cl_2^+ 已在低压放电管中发现，但非常不稳定）、I_3^+ 和 I_5^+。I_2^+ 二聚成 I_4^{2+}：

$$2I_2^+ \rightleftharpoons I_4^{2+}$$

卤素互化物

卤素可形成许多含有两种或两种以上卤素的化合物。与其本身一样，它们可能是双原子的，如 ClF；也可能是多原子的，如 ClF_3、BrF_5 或 IF_7。许多含有两个及两个以上卤素的多原子离子也已被合成，如表 8.15 列出的中性（方框中）和离子型卤素互化物。中

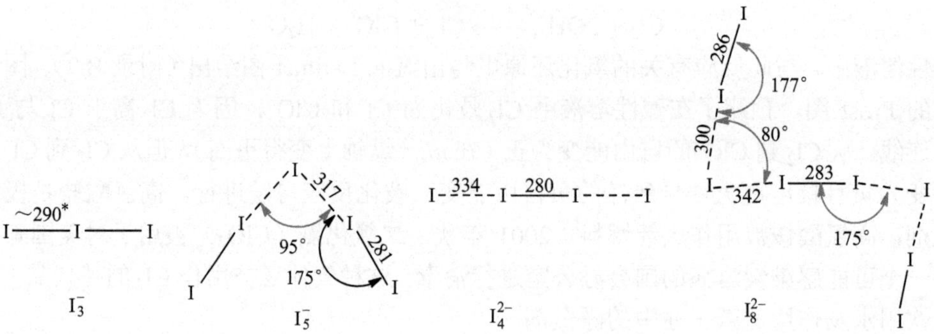

$$I_3^-$$ $$I_5^-$$ $$I_4^{2-}$$ $$I_8^{2-}$$

图 8.38　多碘离子（数据源于 N. N. Greenwood and A. Earnshaw, *Chemistry of the Elements*, Pergamon Press, Elmsford, NY, 1984, pp. 821-854）

* 三碘化物中的键长因阳离子而异。在一些情况下，两个 I—I 键长是相同的，但大多数情况下它们不等长，曾有报道 I—I 键长差异大到 33 pm

心原子尺寸的影响显而易见，碘是唯一在中性分子中最多有 7 个氟原子配位的卤素，而氯和溴最多只有 5 个氟原子配位。在离子中这种尺寸影响也很明显，碘是唯一大到足以形成 XF_6^+ 和 XF_8^- 离子的卤素。

中性卤素互化物可以通过卤素单质直接反应（主要产物通常取决于所用卤素的摩尔比）及卤素与金属卤化物或其他卤化剂反应而制备。例如：

$$Cl_2 + F_2 \longrightarrow 2ClF \quad T = 225℃$$

$$I_2 + 5F_2 \longrightarrow 2IF_5 \quad 室温$$

$$I_2 + 3XeF_2 \longrightarrow 2IF_3 + 3Xe \quad T < -30℃$$

$$I_2 + AgF \longrightarrow IF + AgI \quad 0℃$$

卤素互化物还可以作为合成其他这类物质的中间体：

$$ClF + F_2 \longrightarrow ClF_3 \quad T = 200 \sim 300℃$$

$$ClF_3 + F_2 \longrightarrow ClF_5 \quad h\nu，室温$$

表 8.15　卤素互化物

中心原子氧化态	中心原子孤对电子数	化合物与离子					
+7	0			IF_7			
				IF_6^+			
				IF_8^-			
+5	1	ClF_5	BrF_5	IF_5			
		ClF_4^+	BrF_4^+	IF_4^+			
			BrF_6^-	IF_6^-			
+3	2	ClF_3	BrF_3	IF_3	I_2Cl_6		
		ClF_2^+	BrF_2^+	IF_2^+	ICl_2^+	IBr_2^+	$IBrCl^+$
		ClF_4^-	BrF_4^-	IF_4^-	ICl_4^-		

续表

中心原子氧化态	中心原子孤对电子数	化合物与离子					
+1	3	ClF	BrF	IF	BrCl	ICl	IBr
		ClF_2^-	BrF_2^-	IF_2^-	$BrCl_2^-$	ICl_2^-	IBr_2^-
					Br_2Cl^-	I_2Cl^-	I_2Br^-	IBrCl^-

几种卤素互化物在液相中发生自偶电离，并作为非水溶剂对它们进行了研究。例如：

$$3IX \rightleftharpoons I_2X^+ + IX_2^- \quad (X = Cl, Br)$$

$$2BrF_3 \rightleftharpoons BrF_2^+ + BrF_4^-$$

$$I_2Cl_6 \rightleftharpoons ICl_2^+ + ICl_4^-$$

$$2IF_5 \rightleftharpoons IF_4^+ + IF_6^-$$

三卤化物盐（包括卤素互化物阴离子盐）用作太阳能电池的电解质推动了目前对它们的研究[89]，为了推进这一应用，已对碘二溴化 1, 2-二甲基-3-丁基咪唑进行了结构表征（图 8.39）[90]。

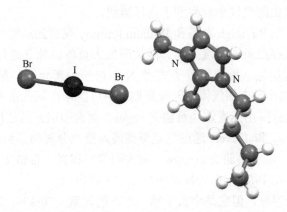

图 8.39　利用 CIF 数据绘制的碘二溴化 1, 2-二甲基-3-丁基咪唑的分子结构

拟卤素

在一些二聚体中观察到与卤素相似的化学性质，这种与卤素有相当大相似性的二聚体分子通常称为拟卤素（pseudohalogen）。第 15 章将对此相似性加以讨论，包括金属有机化学中的一些例子。然而，拟卤素的概念在主族元素化学中同样有指导意义。例如，卤素和二聚氰 NCCN 很相似；单阴离子 CN⁻ 广为人知，它可以与氢结合形成弱酸 HCN，与 Ag⁺和 Pb²⁺形成水中溶解度很小的沉淀物；还有 FCN、ClCN、BrCN 和 ICN 拟卤素互化物。和卤素一样，二聚氰可以和碳碳双键或三键加成。拟卤素概念提供了一种实用的分类方法，将在第 15 章进一步探讨*。

　＊ 其他拟卤素的例子，请参考 J. Ellis, *J. Chem. Educ.*, **1976**, *53*, 2。

8.10　18 族：惰性气体

传统上被称为"惰性"或"稀有"气体的 18 族元素已经不再符合这些早期的标签，它们具有非常有趣的化学性质，且含量也相当丰富。例如，氦是宇宙中丰度第二的元素，氩在干燥空气中丰度位居第三，体积占比大约是二氧化碳的 24 倍。

8.10.1　元素

1766 年，Cavendish 发现惰性气体的第一个实验证据：在对空气进行一系列实验中，他能够通过化学方法从空气中依次去除氮气（当时称为"燃素空气"）、氧气（"脱燃素空气"）和二氧化碳（"固定空气"），但一小部分残留物（不超过 1/120）抗拒参与任何反应[91]。一个多世纪以来空气中这种非反应性组分的性质一直是个谜，最终被证明是氩和其他惰性气体的混合物*。

在 1868 年的一次日食观测中，日冕光谱中出现了一条与已知元素都不匹配的新发射光谱线。Locklear 和 Frankland 提出存在一种新元素——氦（希腊文 *helios*，意为太阳），随后又在 Vesuvius 火山的气体中观察到了同样谱线。

19 世纪 90 年代初，Rayleigh 勋爵和 William Ramsay 观察到从空气中分离出的氮气与从氨中分离出的氮气存在表观密度差异。两位研究人员各自独立进行了艰苦实验，分离和鉴定出一种新形式的氮（曾提议分子式为 N_3）或一种新元素。最后两人开始合作，Ramsay 第一个明确提出，未知气体在元素周期表中可能排在氯元素之后。1895 年，他们报道了实验细节以及分离出元素氩（希腊文 *argos*，意为懒惰）的证据[92]。

在三年内，Ramsay 和 Travers 通过低温蒸馏液态空气分离出了另外 3 种元素：氖（希腊文 *neos*，意为新）、氪（希腊文 *kryptos*，意为隐藏）和氙（希腊文 *xenos*，意为陌生），最后一种惰性气体氡在 1902 年作为核衰变产物被分离出来。

氦在地球上相当罕见，但它是宇宙中第二丰富的元素（76% H，23% He），是恒星的主要成分。粗天然气通常含有氦，通过分馏该混合气体得到商用氦气。除氦外，其他惰性气体在空气中都少量存在（表 8.16），一般通过分馏液态空气获得。氦作为惰性气体可以用于弧焊、气象气球以及深潜用混合气，但它在血液中溶解度比氮气低。液氦（沸点为 4.2 K）常用作 NMR 和 MRI 仪器中超导磁体的冷却剂。氩是最便宜的惰性气体，常用于化学反应的惰性气氛、高温冶金工艺以及填充白炽灯泡。当放电通过惰性气体时，它们会发出彩光，颜色取决于所使用的气体。氖的发射光谱决定了霓虹灯是明亮的橘红色。氡的所有同位素都具放射性，寿命最长的 ^{222}Rn 的半衰期只有 3.825 天。许多家居的含氡水平令人担忧，它是由某些岩层中微量铀衰变而成，因其本身经过 α 衰变产生了放射性

---

　　* Cavendish 的实验和惰性气体化学的其他早期研究进展，可以参阅 E. N. Hiebert, "Historical Remarks on the Discovery of Argon: The First Noble Gas", in H. H. Hyman, ed., *Noble Gas Compounds*, University of Chicago Press, Chicago, 1963, pp. 3-20。本节因涉及稀有气体的化学起源，所以用"惰性气体"名称，而不随全书用"稀有气体"，译者注。

子代同位素，是肺癌的潜在诱因。氡可以通过地下室的墙壁和地板进入家中。惰性气体的重要性质列于表 8.16。

表 8.16 18 族元素的性质：惰性气体

元素	电离能 （kJ/mol）	熔点 （℃）	沸点 （℃）	蒸发焓 （kJ/mol）	电负性	干燥空气中的丰度（%，体积分数）
氦 He[a]	2372	–	−268.93	0.08	4.160	0.000524
氖 Ne	2081	−248.61	−246.06	1.74	4.787	0.001818
氩 Ar	1521	−189.37	−185.86	6.52	3.242	0.934
氪 Kr	1351	−157.20	−153.35	9.05	2.966	0.000114
氙 Xe	1170	−111.80	−108.13	12.65	2.582	0.0000087
氡 Rn	1037	−71	−62	18.1	2.60[b]	痕量

数据来源：除非另有说明，本章节电离能数据均引自 C. E. Moore, *Ionization Potentials and Ionization Limits Derived from the Analyses of Optical Spectra*, National Standard Reference Data Series, U.S. National Bureau of Standards, NSRDS-NBS 34, Washington, DC, 1970。电子亲和能数据均引自 H. Hotop and W. C. Lineberger, *J. Phys. Chem. Ref. Data*, **1985**, *14*, 731。标准电极电势数据均引自 A. J. Bard, R. Parsons, and J. Jordan, eds., *Standard Potentials in Aqueous Solutions*, Marcel Dekker（for IUPAC），New York, 1985。电负性数据均引自 J. B. Mann, T. L. Meek, and L. C. Allen, *J. Am. Chem. Soc.*, **2000**, *122*, 2780, Table 2。除了另加标注，其余数据均引自 N. N. Greenwood and A. Earnshaw, *Chemistry of the Elements*, Pergamon Press, Elmsford, NY, 1984。

a. 1 atm 压力下，氦无法凝固；b. 近似值。

8.10.2 18 族元素的化学

18 族元素曾被认为是完全惰性的，因为它们的原子具有非常稳定的"八隅体"价电子构型。它们的化学性质很简单，就是没有性质！

首个发现含有惰性气体的化合物是包合物（clathrate），即可以捕获惰性气体原子的"笼状"化合物。20 世纪 40 年代末的实验表明，当水或含有对苯二酚（HO— C_6H_4 —OH）的溶液在某些高压气体下结晶时，可以形成具有大空腔的氢键晶格，气体分子则被困于其中。目前，已经制备了含有惰性气体氩、氪、氙以及含有小分子如 SO_2、CH_4 和 O_2 的包合物，但是未发现氦和氖的包合物，这些原子太小，无法捕获。

尽管在 20 世纪 60 年代初已经制备了 3 种惰性气体的包合物，但尚未合成出具有共价键的惰性气体化合物。有人曾试图将氙与氟元素反应，但没有成功。这种情况在 1962 年发生了戏剧性的变化，Neil Bartlett 观察到 PtF_6 暴露在空气中会变色，他证实 PtF_6 在反应中充当氧化剂，因形成 $O_2^+[PtF_6]^-$ 导致颜色变化[93]。Bartlett 注意到氙（1169 kJ/mol）和 O_2（1175 kJ/mol）的电离能相近，于是尝试 Xe 与 PtF_6 反应，观察到 PtF_6 从深红色变为橘黄色，并报道了产物 $Xe^+[PtF_6]^-$ [94]。尽管最终证明该分子式不正确（实际上生成了氙化合物的复杂混合物），但这是首次合成的具有共价键的惰性气体化合物。很快化合物 XeF_2 和 XeF_4 被表征，随后其他惰性气体化合物也被合成*。

---

* 关于氙化合物化学发展的讨论，参见 P. Laszlo, G. J. Schrobilgen, *Angew. Chem., Int. Ed.*, **1988**，*27*, 479。

氙的惰性气体化合物种类最多[95]，剩下的本族大部分其他物质是氡化合物[96]。证据表明 RnF_2 是存在的，但氡的化学研究受到该元素高放射性的限制。第一个稳定的氩化合物 HArF 报道于 2000 年[97]，该化合物是在 7.5 K 下，将氩和 HF-吡啶聚合物的混合物冷凝在 CsI 基质上合成的。HArF 低温下稳定，室温时分解。利用质谱可以观察到含氦及氖的瞬态物种。然而，大多数已知的惰性气体化合物由 F、O 或 Cl 元素与氙形成，少量含有 Xe—N、Xe—C 甚至 Xe-过渡金属键合的化合物也有报道。惰性气体化合物及其离子的例子，列于表 8.17。

表 8.17　惰性气体化合物及其离子

惰性气体氧化态	中心原子孤对电子数	化合物与离子		
+2	3	KrF^+	XeF^+	$Xe_3OF_3^+$
		KrF_2	XeF_2	
+4	2		XeF_3^+	
		XeF_4	$XeOF_2$	XeO_2
		XeF_5^-		
+6	1	XeF_5^+	$XeOF_4$	XeO_3
		XeF_6	XeO_2F_2	
		XeF_7^-	XeO_2F^+	
		XeF_8^{2-}	XeO_3F^-	
			$XeOF_5^-$	
+8	0		XeO_3F_2	XeO_4
				XeO_6^{4-}

氙化合物的结构可用于检验成键模型。例如，XeF_2 和 XeF_4 结构完全符合 VSEPR 描述：XeF_2 为线型，Xe 上有三个孤对；XeF_4 为平面型，Xe 上有两个孤对（图 8.40）。

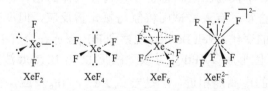

图 8.40　各种氟化氙分子及离子的结构

反过来用 VSEPR 合理指导 XeF_6 和 XeF_8^{2-} 的结构则更具挑战性。在每个 Lewis 结构中心 Xe 原子上都有一个孤对，VSEPR 模型预测此孤对电子将占据氙的一个确定位置。然而在这两例中，Xe 原子的孤对电子似乎没有确定的位置*。这种现象的一种解释是，由于数个氟原子与 Xe 相连，Xe—F 键之间的电子排斥作用范围很大，并且可能太过强烈以至于孤对电子无法占据一个明确位置。这与 VSEPR 模型的预测相反，即孤对-键对斥力比键对-键对斥力对分子几何构型影响更重要，而事实上，中心原子的孤对电子确实有影响：XeF_6 的结构并非八面体，而是有些扭曲变形。气相 XeF_6 的光谱证据表明，其最低能量结构具有 C_{3v} 对称性。分子结构是流变的，它经历从一个 C_{3v} 结构到另一个的快速重排，孤对电子似乎从一个面的中心移动到另一个面的中心[98]。理论研究表明，在 C_{3v} 和 O_h 结构之间有一个很低的势垒[99]。固态 XeF_6 至少有 6 种不同的存在形式，在不同温度下采取不同的形式[100]。室温下，有一种变体由三个 XeF_6 组成的三聚体单元与第 4 个 XeF_6 相互作用形成，该结构包含由氟离子桥联的四方锥形离子 XeF_5^+（图 8.41）。

XeF_8^{2-} 的结构略有变形，它是一个近似四方反棱柱（D_{4d} 对称性），但有一个面略大于对面，导致近似的 C_{4v} 对称性（图 8.40）[101]。虽然这种畸变可能是离子在晶体中堆积方式导致的结果，但孤对电子对较大的一面有一定影响，也可能会导致这种畸变**。

XeO_2 是表 8.17 的最新成员。与较轻的惰性气体元素相比，地球和火星大气中的氙丰度非常低，而球粒陨石中的氙丰度较高，这是一个存在已久的谜团。在对"失踪的氙"的探索中人们产生了这样一种提议，即氙气可能在地幔的高温高压下融入橄榄石（含镁、铁和其他金属的硅酸盐）和石英（SiO_2）[102]。因为用高压

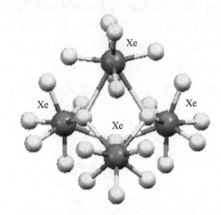

图 8.41 室温下最稳定的六氟化氙变体（分子结构来源于 CIF 数据）（CSD 416317 obtained from the Crystal Structure Deposition at Fachinformationszentrum Karlsruhe，www.fiz-karlsruhe.de/crystal_structure_dep.html）

氙气处理橄榄石时氙气会被吸收，从而才有了存在 XeO_2 的设想，认为 XeO_2 是由 Xe 取代了 SiO_2 中的部分 Si 形成的。虽然 XeO_4 和 XeO_3 早在 1964 年就已制成，但是 XeO_2 的结构直到 2011 年才被报道。相比于其他氧化物，拉曼光谱显示 XeO_2 具有扩展延伸的结构，有平面正方的 XeO_4 单元和氧桥，如图 8.42 所示[103]。重新对早期光谱数据进行分析，发现与 XeO_2 聚合物和其他形式的氙存在于深埋地下的硅酸盐矿物中的说法相吻合，这也就解释了氙的"失踪"问题，是高温高压下氙潜入地下从而导致地球大气中氙含量减少。火星上的情况需要未来进一步的探索，它的谜团可能会由你或者本文的其他读者来解决。

---

* 对分子结构似乎没有影响的孤对电子，被归类"立体化学惰性"。

** 孤对电子的影响难以预测，如在 AX_6^{n-} 中同时有立体化学活性及非活性的孤对电子，参见 K. O. Christe, W. Wilson, *Inorg. Chem.*, **1989**, *28*, 3275 和其中的参考文献。

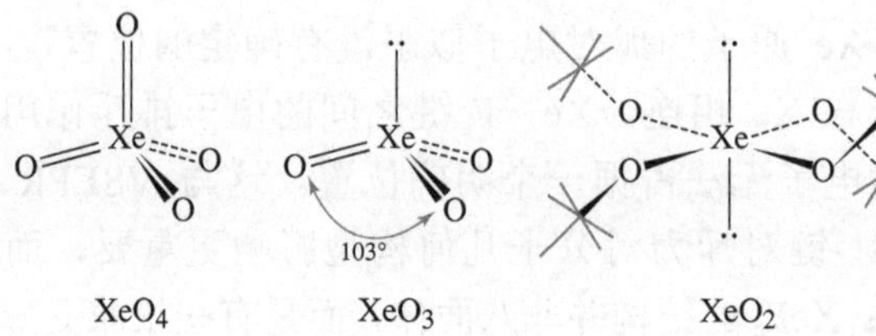

$$XeO_4 \qquad XeO_3 \qquad XeO_2$$

图 8.42　氙氧化物

氙有正离子。Bartlett 起初将 Xe 与 PtF$_6$ 发生的反应设想为

$$Xe + 2PtF_6 \longrightarrow [XeF]^+[PtF_6]^- + PtF_5 \longrightarrow [XeF]^+[Pt_2F_{11}]^-$$

但 XeF$^+$ 不能独立存在,在成盐时会与其他物种共价相连。例如,在[F$_3$SNXeF][AsF$_6$] [图 8.43(a)]中,XeF$^+$ 与 F$_3$S≡N 的氮原子相互作用,这是一个罕见的 Xe—N 键的例子[104]; 而在[XeF][Sb$_2$F$_{11}$][图 8.43(b)][105]和 FXeONO$_2$[图 8.43(c)][106]中,XeF$^+$ 分别与[Sb$_2$F$_{11}$]$^-$ 的一个氟原子及硝酸根的一个氧原子相连。在 HF 中,[H$_3$O][SbF$_6$]和 XeF$_2$ 反应得到 [Xe$_3$OF$_3$][SbF$_6$],这是一个结构迷人的"Z 型"氙(Ⅱ)的氧化氟化物[图 8.43(d)][107]。 将 XeF$_2$ 压缩到 200 GPa 会使其解离成离子固体[XeF][F][108]。

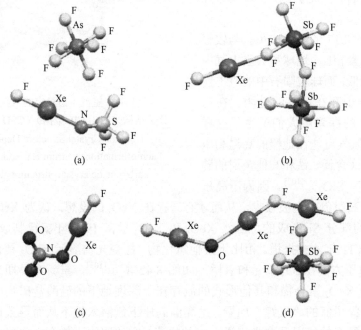

图 8.43　(a) [F$_3$SNXeF][AsF$_6$];(b) [XeF][Sb$_2$F$_{11}$];(c) FXeONO$_2$;(d) [Xe$_3$OF$_3$][SbF$_6$](分子结构 根据 CIF 数据绘制)

氙可以作为 Au^{2+} 的配体。在超酸 HF/SbF$_5$ 中,平面正方型 AuXe$_4^{2+}$ [图 8.44(a)] 与 [Sb$_2$F$_{11}$]$^-$ 形成盐 Xe 从[Au(HF)$_n$]$^{2+}$ 配合物中取代了 HF。在 trans-AuXe$_2$(SbF$_6$)$_2$ 中分离出了 线型的阳离子[AuXe$_2$]$^{2+}$,其中[SbF$_6$]$^-$ 通过氟原子与 Au^{2+} 相连 [图 8.44(b)][109]。含有五

氟苯基氙离子[C₆F₅Xe]⁺的盐［图 8.44（c）］[110]，也是引人注意的氙化合物中一员。利用这些离子进行合成工作，是目前的研究热点[111]。线型 HXeCCH，由极低温度（约 40 K）下将 Xe 插入乙炔的 C—H 键而形成[112]，类似策略也用于制备氙的卤化氰化物（如 ClXeCN）[113]。目前，已经合成了许多以 XeF₂ 为配体并通过氟原子与金属相连的化合物，如 1 族、2 族金属及过渡金属的化合物[114]，其中[Mg(XeF₂)₄](AsF₆)₂ 的结构列于图 8.44（d）中[115]。二聚体[Mg(XeF₂)(XeF₄)(AsF₆)]₂［图 8.44（e）］则以 XeF₂ 和 XeF₄ 为配体[115]；[H₃O][AsF₆]·2XeF₂ 的晶体结构中，包含与水合氢离子相互作用的 XeF₂ 分子。

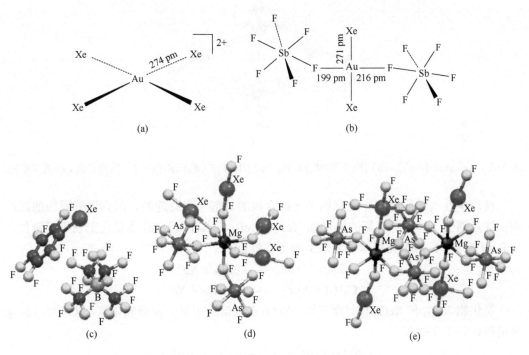

图 8.44 （a）AuXe₄²⁺；（b）*trans*-AuXe₂(SbF₆)₂；（c）[C₆F₅Xe][B(CF₃)₄]；（d）[Mg(XeF₂)₄](AsF₆)₂；
（e）[Mg(XeF₂)(XeF₄)(AsF₆)]₂（分子结构根据 CIF 数据绘制）

氪与氟形成的化合物包括离子 KrF⁺［如[KrF][AsF₆]，图 8.45（a）］和 Kr₂F₃⁺［如[Kr₂F₃][SbF₆]·KrF₂，图 8.45（b），该盐的晶体结构中也含有线型 KrF₂][116]。纯的 KrF₂ 已有结构表征[116]。在[BrOF₂][AsF₆]·2KrF₂ 中，观察到罕见的 KrF₂ 作为配体的例子［图 8.45（c）][117]。与氟以外元素成键的例子，包括[F—Kr—N≡CH]⁺ AsF₆⁻ [118]、Kr(OTeF₅)₂[119]和 HKrCCH[120]。

惰性气体氢化物的研究进展显著，23 个中性物种于 2009 年被报道[121]；这些物种的典型合成方法通常是在冷冻惰性气体基质中通过紫外光解前体制备，包括氩（前文提及 HArF）、氪和氙的氢化物，二氢化物（HXeH）以及包含惰性气体元素与其他原子（如 F、Cl、Br、I、C、N、O 和 S）之间成键的化合物。

氡的放射性给研究带来了困难，通过示踪技术已经观察到 RnF₂ 和少数含 Rn 的其他化合物。

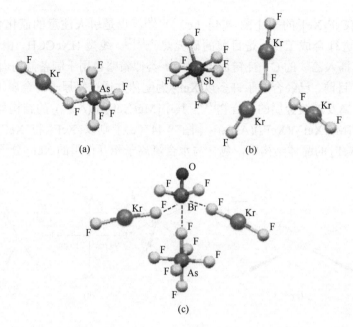

图 8.45　(a) $[KrF][AsF_6]$；(b) $[Kr_2F_3][SbF_6]·KrF_2$；(c) $[BrOF_2][AsF_6]·2KrF_2$（分子结构根据 CIF 数据绘制）

使用惰性气体化合物作为有机和无机合成的试剂是很有趣的，因为这些反应的副产物往往是惰性气体本身。氙的氟化物 XeF_2、XeF_4 和 XeF_6 已被作为氟化剂使用，例如，XeF_4 可以选择性地氟化甲苯等芳烃上的芳香位点。

$$2SF_4 + XeF_4 \longrightarrow 2SF_6 + Xe$$

$$C_6H_5I + XeF_2 \longrightarrow C_6H_5IF_2 + Xe$$

氧化物 XeO_3 和 XeO_4 具有爆炸性。XeO_3 在水溶液中是一种强氧化剂，其半反应的电极电势达到了 2.10 V：

$$XeO_3 + 6H^+ + 6e^- \longrightarrow Xe + 3H_2O$$

在碱性溶液中，XeO_3 形成 $HXeO_4^-$：

$$XeO_3 + OH^- \rightleftharpoons HXeO_4^- \quad K = 1.5 \times 10^{-3}$$

$HXeO_4^-$ 随后歧化生成高氙酸根离子 XeO_6^{4-}：

$$2\,HXeO_4^- + 2OH^- \longrightarrow XeO_6^{4-} + Xe + O_2 + 2H_2O$$

高氙酸根离子是一种比 XeO_3 更强的氧化剂，在酸性溶液中能够将 Mn^{2+} 氧化为高锰酸根 MnO_4^-。

参 考 文 献

[1] G. J. Leigh, ed., *Nomenclature of Inorganic Chemistry, Recommendations 1990*, International Union of Pure and Applied Chemistry, Blackwell Scientific Publications, Oxford UK, pp. 41-43.

[2] L. C. Allen, J. E. Huheey, *J. Inorg. Nucl. Chem.*, **1980**, 42, 1523；T. L. Meek, *J. Chem. Educ.*, **1995**, 72, 17.

[3] W. M. Latimer, *Oxidation Potentials*, Prentice Hall, Englewood Cliffs, NJ, 1952.

[4] D. Gust, T. A. Moore, A. L. Moore, *Acc. Chem. Res.*, **2009**, 42, 1890.

[5] V. L. Pecoraro, A. J. Stemmler, B. R. Gibney, J. J. Bodwin, H. Wang, J. W. Kampf, A. Barwinski, *Progr.*

Inorg. Chem., **1997**, *45*, 83.

[6]　J. L. Dye, *Acc. Chem. Res.*, **2009**, *42*, 1564. J. L. Dye, *Inorg. Chem.*, **1997**, *36*, 3816.

[7]　M. Y. Redko, M. Vlassa, J. E. Jackson, A. W. Misiolek, R. H. Huang, J. L. Dye, *J. Am. Chem. Soc.*, **2002**, *124*, 5928.

[8]　M. Y. Redko, J. E. Jackson, R. H. Huang, J. L. Dye, *J. Am.Chem. Soc.*, **2005**, *127*, 12416.

[9]　S. Harder, *Chem. Rev.*, **2010**, *110*, 3852.

[10]　W. N. Lipscomb, *Boron Hydrides*, W. A. Benjamin, New York, 1963.

[11]　M. F. Hawthorne, *Angew. Chem., Int. Ed.*, **1993**, *32*, 950.

[12]　See S. B. Kahl, J. Li, *Inorg. Chem.*, **1996**, *35*, 3878，以及其中的参考文献。

[13]　H. V. R. Dias, P. P. Power, *Angew. Chem., Int. Ed.*, **1987**, *26*, 1270; *J. Am. Chem. Soc.*, **1989**, *111*, 144.

[14]　K. M. Waggoner, H. Hope, P. P. Power, *Angew. Chem., Int. Ed.*, **1988**, *27*, 1699.

[15]　J. J. Engelberts, R. W. A. Havenith, J. H. van Lenthe, L. W. Jenneskens, P. W. Fowler, *Inorg. Chem.*, **2005**, *44*, 5266.

[16]　Y. Wang, B. Quillian, P. Wei, C. S. Wannere, Y. Xie, R. B. King, H. F. Schaefer, III, P. v. R. Schleyer, G. H. Robinson, *J. Am. Chem. Soc.*, **2007**, *129*, 12412.

[17]　R. Dagani, *Chem. Eng. News*, **1997**, *75* (16), 9. R. Dagani, *Chem. Eng. News*, **1998**, *76* (16), 31.

[18]　J. Su, X.-W. Li, R. C. Crittendon, G. H. Robinson, *J. Am. Chem. Soc.*, **1997**, *119*, 5471.

[19]　P. Pyykkö, S. Riedel, M. Patzschke, *Chem. Eur. J.*, **2005**, *11*, 3511.

[20]　Y. Wang, G. H. Robinson, *Dalton Trans.*, **2012**, *41*, 337.Y. Wang, G. H. Robinson, *Inorg. Chem.*, **2011**, *50*, 12326. R. C. Fischer, P. P. Power, *Chem. Rev.*, **2010**, *110*, 3877. Y. Wang, G. H. Robinson, *Chem. Commun.*, **2009**, 5201.

[21]　R. J. A. van den Oetelaar, C. F. J. Flipse, *Surf. Sci.*, **1997**, *384*, L828.

[22]　A. K. Geim, et al., *Science*, **2004**, *306*, 666.

[23]　S. Park, R. S. Ruoff, *Nature Nanotech.*, **2009**, *4*, 217.

[24]　Z. H. Ni, H. M. Wang, J. Kasim, H. M. Fan, T. Yu, Y. H. Wu, Y. P. Feng, Z. X. Shen, *Nano Lett.*, **2007**, *7*, 2758.

[25]　P. Vogt, P. De Padova, C. Quaresima, J. Avila, E. Frantzeskakis, M. C. Asensio, A. Resta, B. Ealet, G. LeLay, *Phys. Rev. Lett.*, **2012**, *108*, 155501.

[26]　W. A. de Heer, *Science*, **2006**, *312*, 1191.

[27]　Y.-W. Son, M. L. Cohen, S. G. Louie, *Phys. Rev. Lett.*, **2006**, *97*, 216803.

[28]　M. S. Dresselhaus, G. Dresselhaus, R. Saito, *Carbon*, **1995**, *33*, 883.

[29]　V. Derycke, R. Martel, J. Appenzeller, P. Avouris, *Nano Lett.*, **2001**, *1*, 453.

[30]　L. Ge, J. H. Jefferson, B. Montanari, N. M. Harrison, D. G. Pettifor, G. A. D. Briggs, *ACS Nano*, **2009**, *3*, 1069，以及其中的参考文献。

[31]　A. Kongkanand, P. V. Kamat, *ACS Nano*, **2007**, *1*, 13.

[32]　A. A. Bhirde, V. Patel, J. Gavard, G. Zhang, A. A. Sousa, A. Masedunskas, R. D. Leapman, R. Weigert, J. S. Gutkind, J. F. Rusling, *ACS Nano*, **2009**, *3*, 307.

[33]　D. V. Kosynkin, A. L. Higginbotham, A. Sinitskii, J. R. Lomeda, A. Dimiev, B. K. Price, J. M. Tour, *Nature*, **2009**, *458*, 872.

[34]　D. Tasis, N. Tgmatarchis, A. Bianco, M. Prato, *Chem. Rev.*, **2006**, *106*, 1105.

[35]　D. Malko, C. Neiss, F. Viñes, A. Görling, *Phys. Rev. Lett.*, **2012**, *108*, 086804.

[36]　G. Li, Y. Li, H. Liu, Y. Guo, Y. Li, D. Zhu, *Chem. Commun.*, **2010**, *46*, 3256.

[37]　K. Srinivasu, S. K. Ghosh, *J. Phys. Chem. C*, **2012**, *116*, 5951.

[38]　H. W. Kroto, J. R. Heath, S. C. O'Brien, R. F. Curl, R. E. Smalley, *Nature (London)*, **1985**, *318*, 162.

[39]　L. Becker, J. L. Bada, R. E. Winans, J. E. Hunt, T. E. Bunch, B. M. French, *Science*, **1994**, *265*, 642; D. Heymann, L. P. F. Chibante, R. R. Brooks, W. S. Wolbach, R. E. Smalley, *Science*, **1994**, *265*, 645.

[40]　J. R. Bowser, *Adv. Inorg. Chem.*, **1994**, *36*, 61-62，以及其中的参考文献。

[41]　R. Taylor, J. P. Hare, A. K. Abdul-Sada, H. W. Kroto, *Chem. Commun.*, **1990**, 1423.

[42]　T. L. Makarova, B. Sundqvist, R. Höhne, P. Esquinazi, Y. Kopelevich, P. Scharff, V. A. Davydov, L. S. Kashevarova, A. V. Rakhmanina, *Nature (London)*, **2001**, *413*, 716; *Chem. Eng. News*, **2001**, *79*, 10. M. Núñez-Regueiro, L. Marques, J.-L. Hodeau, O. Béthoux, M. Perroux, *Phys. Rev., Lett.*, **1995**, *74*, 278.

[43]　F. Giacaloine, N. Martín, *Chem. Rev.*, **2006**, *106*, 5136.H. Brumm, E. Peters, M. Jansen, *Angew. Chem., Int. Ed.*, **2001**, *40*, 2069.

[44]　N. Sano, H. Wang, M. Chhowalla, I. Alexandrou, G. A. J. Amaratunga, *Nature (London)*, **2001**, *414*, 506.

[45]　Y. Li, Y. Huang, S. Du, R. Liu, *Chem. Phys. Lett.*, **2001**, *335*, 524.

[46]　A. A. Shvartsburg, R. R. Hudgins, R. Gutierrez, G. Jungnickel, T. Frauenheim, K. A. Jackson, M. F. Jarrold, *J. Phys. Chem. A*, **1999**, *103*, 5275.

[47]　C. Thilgen, F. Diederich, *Chem. Rev.*, **2006**, *106*, 5049.

[48]　T. Akasaka, S. Nagase, Eds., *Endofullerenes: A New*

Familyof Carbon Clusters, Kluwer Academic, Netherlands, 2002.

[49]　K. Kurotobi, Y. Murata, *Science*, **2011**, *333*, 613.

[50]　H. Prinzbach, A. Weller, P. Landenberger, F. Wahl, J. Wörth, L. T. Scott, M. Gelmont, D. Olevano, B. Issendorff, *Nature (London)* , **2000**, *407*, 60.

[51]　X. Lu, Z. Chen, *Chem. Rev.*, **2005**, *105*, 3643.

[52]　J. M. Ashcroft, D. A. Tsyboulski, K. B. Hartman, T. Y. Zakharian, J. W. Marks, R. B. Weisman, M. G. Rosenblum, L. J. Wilson, *Chem. Commun.*, **2006**, 3004.

[53]　R. Singh, J. W. Lillard, Jr., *Exp. Mol. Pathology*, **2009**, *86*, 215.

[54]　S. Margadonna, D. Pontiroli, M. Belli, T. Shiroka, M. Riccò, M. Brunelli, *J. Am. Chem. Soc.*, **2004**, *126*, 15032.

[55]　M. Riccò, D. Pontiroli, M. Mazzani, F. Gianferrari, M. Pagliari, A. Goffredi, M. Brunelli, G. Zandomeneghi, B.H. Meier, T. Shiroka, *J. Am. Chem. Soc.*, **2010**, *132*, 2064.

[56]　F. Cheng, Y. Murata, K. Komatsu, *Org. Lett.*, **2002**, *4*, 2541.

[57]　W.-W Yang, Z.-J. Li, X. Gao, *J. Org. Chem.*, **2011**, *76*, 6067.

[58]　G. A. Olah, G. Rasul, *Acc. Chem. Res.*, **1997**, *30*, 245.

[59]　A. F. Wells, *Structural Inorganic Chemistry*, 5th ed., Clarendon Press, Oxford, 1984, pp. 1009-1043.

[60]　X. Wang, L. Andrews, *J. Am. Chem. Soc.*, **2003**, *125*, 6581.

[61]　A. Pfitzer, *Angew. Chem.*, *Int. Ed.*, **2006**, *45*, 699. A. F. Wells, *Structural Inorganic Chemistry*, 5th ed., ClarendonPress, Oxford, 1984, pp. 838-840, 以及其中的参考文献。

[62]　M. Sheer, G. Balázs, A. Seitz, *Chem. Rev.*, **2010**, *110*, 4236.

[63]　B. M. Cossairt, N. A. Piro, C. C. Cummins, *Chem. Rev.*, **2010**, *110*, 4164. M. Caporali, L. Gonsalvi, A. Possin, M. Peruzzini, *Chem. Rev.*, **2010**, *110*, 4178.

[64]　B. M. Cossairt, M.-C. Diawara, C. C. Cummins, *Science*, **2009**, *323*, 602. B. M. Cossairt, C. C. Cummins, *J. Am. Chem. Soc.*, **2009**, *131*, 15501.

[65]　D. Fischer, M. Jansen, *Angew. Chem. Int. Ed.*, **2002**, *41*, 1755. G. V. Vajenine, *Inorg. Chem.*, **2007**, *46*, 5146.

[66]　A. Schulz, A. Villinger, *Chem. Eur. J.*, **2012**, *18*, 2902.

[67]　G. Auffermann, Y. Prots, R. Kniep, *Angew. Chem.*, *Int. Ed.*, **2001**, *40*, 547.

[68]　S. B. Schneider, R. Frankovsky, W. Schnick, *Angew. Chem.*, *Int. Ed.*, **2012**, *51*, 1873.

[69]　K. O. Christe, W. W. Wilson, J. A. Sheehy, J. A. Boatz, *Angew. Chem.*, *Int. Ed.*, **1999**, *38*, 2004; 含氮物种的

更多信息, 参见 T. M. Klapötke, *Angew. Chem.*, *Int. Ed.*, **1999**, *38*, 2536.

[70]　I. Kobrsi, W. Zheng, J. E. Knox, M. J. Heeg, H. B. Schlegel, C. H. Winter, *Inorg. Chem.*, **2006**, *45*, 8700. T. Schroer, R. Haiges, S. Schneider, K. O. Christe, *Chem. Commun.*, **2005**, 1607.

[71]　R. N. Butler, J. M. Hanniffy, J. C. Stephens, L. A. Burke, *J. Org. Chem.*, **2008**, *73*, 1354.

[72]　E. Urnezius, W. W. Brennessel, C. J. Cramer, J. E. Ellis, P. v.R. Schleyer, *Science*, **2002**, *295*, 832.

[73]　F. Kraus, T. Hanauer, N. Korber, *Inorg. Chem.*, **2006**, *45*, 1117.

[74]　W. Massa, R. Kujanek, G. Baum, K. Dehnicke, *Angew. Chem.*, *Int. Ed.*, **1984**, *23*, 149.

[75]　M. M. Rodriguez, E. Bill, W. W. Brennessel, P. L. Holland, *Science*, **2011**, *334*, 780.

[76]　K. O. Christe, D. A. Dixon, D. J. Grant, R. Haiges, F. S. Tham, A. Vij, V. Vij, T.-H. Wang, W. W. Wilson, *Inorg. Chem.*, **2010**, *49*, 6823.

[77]　W. B. Tolman, *Angew. Chem.*, *Int. Ed.*, **2010**, *49*, 1018.

[78]　M. Wörle, P. Latal, R. Kissner, R. Nesper, W. H. Koppenol, *Chem. Res. Toxicol.*, **1999**, *12*, 305.

[79]　O. V. Gerasimov, S. V. Lymar, *Inorg. Chem.*, **1999**, *38*, 4317; *Chem. Res. Toxicol.*, **1998**, *11*, 709.

[80]　E. A. Ogryzlo, *J. Chem. Educ.*, **1965**, *42*, 647.

[81]　L. F. Lundegaard, G. Weck, M. I. McMahon, S. Desgreniers, P. Loubeyre, *Nature*, **2006**, *443*, 201.

[82]　R. Steudel, M. W. Wong, *Angew. Chem*, *Int. Ed.*, **2007**, *46*, 1768.

[83]　B. Meyer, *Chem. Rev.*, **1976**, *76*, 367.

[84]　W. N. Tuller, ed., *The Sulphur Data Book*, McGraw-Hill, New York, 1954.

[85]　K. Grubel, P. L. Holland, *Angew. Chem.*, *Int. Ed.*, **2012**, *51*, 3308. C. Tard, C. J. Pickett, *Chem. Rev.*, **2009**, *109*, 2245.

[86]　M. E. Weeks, "The Halogen Family," in *Discovery of the Elements*, 7th ed, revised by H. M. Leicester, Journal of Chemical Education, Easton, PA, 1968, pp. 701-749.

[87]　J. Berkowitz, A. C. Wahl, *Adv. Fluorine Chem.*, **1973**, *7*, 147. See also R. Ponec, D. L. Cooper, *J. Phys. Chem. A*, **2007**, *111*, 11294, 以及其中引用的参考文献。

[88]　D. Mootz, *Angew. Chem.*, *Int. Ed.*, **1981**, *20*, 791.

[89]　A. Hagfeldt, G. Boschloo, L. Sun, L. Kloo, H. Pettersson, *Chem. Rev.*, **2010**, *110*, 6595.

[90]　M. Gorlov, H. Pettersson, A. Hagfeldt, L. Kloo, *Inorg. Chem.*, **2007**, *46*, 3566.

[91]　H. Cavendish, *Philos. Trans.*, **1785**, *75*, 372.

[92]　Lord Rayleigh, W. Ramsay, *Philos. Trans. A*, **1895**,

186, 187.

[93] N. Bartlett, D. H. Lohmann, *Proc. Chem. Soc.*, **1962**, 115.

[94] N. Bartlett, *Proc. Chem. Soc.*, **1962**, 218.

[95] W. Grochala, *Chem. Soc. Rev.*, **2007**, *36*, 1632.

[96] J. F. Lehmann, H. P. A. Mercier, G. J. Schrobilgen, *Coord.Chem. Rev.*, **2002**, *233*, 1.

[97] L. Khriachtchev, M. Pettersson, N. Runeberg, J. Lundell, M. Räsänen, *Nature (London)*, **2000**, *406*, 874.

[98] K. Seppelt, D. Lentz, *Progr. Inorg. Chem.*, **1982**, *29*, 172-180; E. A. V. Ebsworth, D. W. H. Rankin, and S. Craddock, *Structural Methods in Inorganic Chemistry*, BlackwellScientific Publications, Oxford, 1987, pp. 397-398.

[99] D. A. Dixon, W. A. de Jong, K. A. Peterson, K. O. Christe, G. J. Schrobilgen, *J. Am. Chem. Soc.*, **2005**, *127*, 8627.

[100] S. Hoyer, T. Emmler, K. Sepplet, *J. Fluor. Chem.*, **2006**, *127*, 1415. CSD 416317 obtained from the Crystal Structure Deposition at Fachinformationszentrum Karlsruhe, www.fi z-karlsruhe.de/crystal_structure_dep.html

[101] S. W. Peterson, J. H. Holloway, B. A. Coyle, J. M. Williams, *Science*, **1971**, *173*, 1238.

[102] C. Sanloup, B. C. Schmidt, G. Gudfi nnsson, A. Dewaele, M. Mezouar, *Geochem. Cosmochim. Acta*, **2011**, *75*, 6271, 以及其中引用的参考文献。

[103] D. S. Brock, G. J. Schrobilgen, *J. Am. Chem. Soc.*, **2011**, *133*, 6265.

[104] G. L. Smith, H. P. A. Mercier, G. J Schrobilgen, *Inorg. Chem.*, **2007**, *46*, 1369.

[105] H. St. A. Elliott, J. F. Lehmann, H. P. A. Mercier, H. D. B. Jenkins, G. J. Schrobilgen, *Inorg. Chem.*, **2010**, *49*, 8504.

[106] M. D. Moran, D. S. Brock, H. P. A. Mercier, G. J. Schrobilgen, *J. Am. Chem. Soc.*, **2010**, *132*, 13823.

[107] M. Gerken, M. D. Moran, H. P. A. Mercier, B. E.

Pointner, G. J. Schrobilgen, B. Hoge, K. O. Christe, J. A. Boatz, *J. Am. Chem. Soc.*, **2009**, *131*, 13474.

[108] D. Kurzydiowski, P. Zaleski-Ejgierd, W. Grochala, R. Hoffmann, *Inorg. Chem.*, **2011**, *50*, 3832.

[109] S. Seidel, K. Seppelt, *Science*, **2000**, *290*, 117; T. Drews, S. Seidel, K. Seppelt, *Angew. Chem., Int. Ed.*, **2002**, *41*, 454.

[110] K. Koppe, V. Bilir, H.-J. Frohn, H. P. A. Mercier, G. J. Schrobilgen, *Inorg. Chem.*, **2007**, *46*, 9425.

[111] H.-J. Frohn, V. V. Bardin, *Inorg. Chem.*, **2012**, *51*, 2616.

[112] L. Khriachtchev, H. Tanskanen, J. Lundell, M. Pettersson, H. Kiljunen, M. Räsänen, *J. Am. Chem. Soc.*, **2003**, *125*, 4696.

[113] T. Arppe, L. Khriachtchev, A. Lignell, A. V. Domanskaya, M. Räsänen, *Inorg. Chem.*, **2012**, *51*, 4398.

[114] G. Tavcar, B. Žemva, *Angew. Chem. Int. Ed.*, **2009**, *48*, 1432. M. Tramšek, B. Žemva, *J. Fluor. Chem.*, **2006**, *127*, 1275. G. Tavčar, M. Tramšek, T. Bunič, P. Benkič, B. Žemva, *J. Fluor. Chem.*, **2004**, *125*, 1579.

[115] M. Tramšek, P. Benki˘c, B. Žemva, *Inorg. Chem.*, **2004**, *43*, 699.

[116] J. F. Lehmann, D. A. Dixon, G. J. Schrobilgen, *Inorg. Chem.*, **2001**, *40*, 3002.

[117] D. S. Brock, J. J. Casalis de Pury, H. P. A. Mercier, G. J. Schrobilgen, B. Silvi, *J. Am. Chem. Soc.*, **2010**, *132*, 3533.

[118] P. J. MacDougall, G. J. Schrobilgen, R. F. W. Bader, *Inorg. Chem.*, **1989**, *28*, 763.

[119] J. C. P. Saunders, G. J. Schrobilgen, *Chem. Commun.*, **1989**, 1576.

[120] L. Khriachtchev, H. Tanskanen, A. Cohen, R. B. Gerber, J. Lundell, M. Pettersson, H. Kilijunen, M. Räsänen, *J. Am.Chem. Soc.*, **2003**, *125*, 6876.

[121] L. Khriachtchev, M. Räsänen, R. B. Gerber, *Acc. Chem. Res.*, **2009**, *42*, 183.

一般参考资料

更多主族元素化学的详细描述，参见 N. N. Greenwood and A. Earnshaw, *Chemistry of the Elements*, 2nd ed., Butterworth-Heinemann, London, 1997，以及 F. A. Cotton, G. Wilkinson, C. A. Murillo, and M. Bochman, *Advanced Inorganic Chemistry*, 6th ed., Wiley InterScience, New York, 1999。包括许多物理性质在内的有关元素本身性质的参考文献，参见 J. Emsley, *The Elements*, 3rd ed., Oxford University Press, 1998。许多无机化合物的结构信息，见于文献 A. F. Wells, *Structural Inorganic Chemistry*, 5th ed., Clarendon Press, Oxford, 1984。非金属元素化学的三篇有用的文献：R. B. King,

Inorganic Chemistry of Main Group Element, VCH Publishers, New York, 1995；P. Powell and P. Timms, *The Chemistry of the Nonmetals*, Chapman and Hall, London, 1974；以及 R. Steudel, *Chemistry of the Non-Metals*, Walter de Gruyter, Berlin, 1976, English edition by F. C. Nachod and J. J. Zuckerman。自 20 世纪 70 年代早期以来，最为全面的主族元素化合物文献以此五卷为佳：J. C. Bailar, Jr., H. C. Eméleus, R. Nyholm, and A. F. Trotman-Dickinson, editors,

Comprehensive Inorganic Chemistry, Pergamon Press, Oxford, 1973。关于富勒烯及相关化学，参见最近两篇文献：A. Hirsch and M. Brettreich, *Fullerenes,* Wiley-VCH, Weinheim, Germany, 2005；F. Langa and J.-F. Nierengarten, editors, *Fullerenes, Principles, and Applications*, RSC Publishing, Cambridge, UK, 2007。在以下书籍中，可以发现大量的元素图片以及饶有趣味且资料丰富的评论：T. Gray, *The Elements*, Black Dog & Leventhal, New York, 2009。

习　　题

8.1　在气体放电中，观察到 H_2^+ 和 H_3^+ 的存在。

a. 据报道 H_2^+ 的键长为 106 pm，键解离焓为 255 kJ/mol；H_2 的键长为 74.2 pm，键解离焓为 436 kJ/mol。H_2^+ 数据与该离子的分子轨道能级图一致吗？请解释原因。

b. 假设 H_3^+ 为三角形（可能几何结构），写出此离子的分子轨道并确定 H—H 键级。

8.2　光谱中已经观察到 He_2^+ 和 HeH^+，画出这两种离子的分子轨道图，并判断各自的键级。

8.3　已知存在化学物种 IF_4^- 和 XeF_4，其等电子体 CsF_4^+ 是否存在？如果可以，请画出其最可能的形状，并解释该离子存在或不存在的原因。

8.4　穴醚 $[Sr\{穴醚(2.2.1)\}]^{2+}$ 的形成常数大于类似的钙及钡的穴醚形成常数。请解释原因。（参见 E. Kauffmann, J-M. Lehn, J-P. Sauvage, *Helv. Chim. Acta*, **1976**, *59*, 1099）

8.5　气相 BeF_2 是一个线型单分子物种，通过分子轨道理论描述其成键方式。

8.6　$BeCl_2$ 在气相中形成如下所示二聚体结构，用分子轨道理论描述该二聚体中氯桥的成键情况。

$$\begin{array}{ccc} & Cl & \\ Cl—Be & & Be—Cl \\ & Cl & \end{array}$$

8.7　在 1850℃ 和低压条件下，BF_3 和 B 反应可以得到 BF。BF 反应活性很高，但是可以在液

氮温度下（77 K）保存。画出 BF 的分子轨道能级图。为什么 BF 是 CO 的等电子体，但是它们的分子轨道电子排布却不同？

8.8　氮杂环卡宾（下图）在主族元素和过渡金属化学中都变得越来越重要。例如，第一个被报道具有硼-硼双键的稳定中性分子，就是利用了氮杂环卡宾与每个 B 进行键合。此物质可以在乙醚溶剂中，通过 $RBBr_3$ 与强还原剂 KC_8（石墨钾）反应合成。（参见 Y. Wang, B. Quillian, P. Wei, C. S. Wannere, Y. Xie, R. B. King, H. F. Schaefer, III, P. v. R. Schleyer, G. H. Robinson, *J. Am. Chem. Soc.*, **2007**, *129*, 12412）

a. 第一个含有 B═B 键的分子结构是怎样的？有什么依据可以证明双键的存在？

b. 如果用 $RSiCl_4$ 取代 $RBBr_3$，同样可以形成一种引人注意的含硅化合物。这个化合物是什么？与 **a** 中的反应有何相似之处？（参见 Y. Wang, Y. Xie, P. Wei, R. B. King, H. F. Schaefer III, P. v. R. Schleyer, G. H. Robinson, *Science*, **2008**, *321*, 1069）

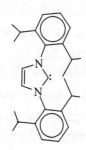

8.9　$Al_2(CH_3)_6$ 与乙硼烷 B_2H_6 同构。请根据所涉及的轨道，描述 $Al_2(CH_3)_6$ 中甲基桥联所形成的 Al—C—Al 的成键作用。

8.10　参考图 8.12 中对于乙硼烷成键的描述：

a. 证明 $\Gamma(p_z)$ 可以约化为 $A_g + B_{1u}$。

b. 证明 $\Gamma(p_x)$ 可以约化为 $B_{2g} + B_{3u}$。

c. 证明 $\Gamma(1s)$ 可以约化为 $A_g + B_{3u}$。

d. 用 D_{2h} 的特征标表，验证群轨道与它们对应的对称标记是否匹配（A_g、B_{2g}、B_{1u}、B_{3u}）。

8.11　化合物 $C(PPh_3)_2$ 在碳原子处弯曲；据报道，该化合物某结构中 P—C—P 角度 130.1°。解释在碳上非线型的原因。

8.12　如果 M 是 2 族（ⅡA）金属或其他一般形成 +2 价离子的金属，则化学式为 MC_2 的碳化物中 C—C 距离为 119～124 pm；但对于 3 族（ⅢB）金属（包括镧系元素），碳化物中 C—C 距离为 128～130 pm。为什么 3 族金属的碳化物中 C—C 距离更大？

8.13　^{14}C 的半衰期是 5730 年。某样品进行放射性碳定年法测定时，发现 ^{14}C 含量是其初始的 56%，试求样本的年龄。（^{14}C 的放射性衰变遵循一级反应动力学）

8.14　试着制作一个 C_{60} 富勒烯的模型。参照特征标表验证该分子具有 I_h 对称性。

8.15　确定下列点群：

a. 金刚石的晶胞

b. C_{20}

c. C_{70}

d. 图 8.18 所示的纳米带

8.16　石墨烯是什么？简述其合成方法及其潜在用途。（可参阅 D. C. Elias, et al., *Science*, **2009**, *323*, 610）

8.17　准备一张显示一个扩展石墨烯结构的薄板，要求包括 12×15 或更多融合碳环；利用这张薄板演示如何将石墨烯结构卷曲起来，形成：（a）锯齿状碳纳米管，（b）扶手椅型碳纳米管，（c）手性碳纳米管。可能存在不止一种手性结构吗？（可参阅 M. S. Dresselhaus, G. Dresselhaus, and R. Saito, *Carbon*, **1995**, *33*, 883）

8.18　使用碳纳米管输运抗癌药物顺铂，在多大程度上展现了杀灭癌细胞的希望？（参阅 See J. F. Rusling, J. S. Gutkind, A.A. Bhirde, et al., *ACS Nano*, **2009**, *3*, 307）读者可自行搜索最近的文献，在这个持续研究的领域找到更多最新的参考资料。

8.19　请解释扶手椅型碳纳米管的颜色和直径之间的关系。参阅文献 E. H. Hároz, J. G. Duque, B. Y. Lu, P. Nikolaev, S. Arepalli, R.H. Hauge, S. K. Doorn, J. Kono, *J. Am. Chem. Soc.*, **2012**, *134*, 4461。

8.20　试解释为何 14 族（ⅣA）元素 +2 氧化态稳定性随着原子序数而增加。

8.21　已知 1, 2-二碘二硅烷具有反式左旋构象（参见 K. Hassler, W. Koell, K. Schenzel, *J. Mol. Struct.*, **1995**, *348*, 353）。下式给出反式构型：

a. 该分子属于什么点群？

b. 预测具有红外活性的硅-氢伸缩振动的数目。

8.22　反应 $P_4(g) \rightleftharpoons 2P_2(g)$ 的 $\Delta H = 217$ kJ/mol。如果 P—P 单键键能为 200 kJ/mol，计算 P≡P 的键能。将你的结果与 N_2 键能（946 kJ/mol）进行比较，解释 P_2 与 N_2 的键能差异。

8.23　叠氮根离子 N_3^- 是线型的，并且具有相同的 N—N 键长。

a. 描述叠氮根的 π 型分子轨道。

b. 使用 HOMO-LUMO 术语描述 H^+ 与 N_3^- 反应生成 HN_3。

c. 图 8.31 给出了 HN_3 中的 N—N 键长（译者注，原著误为图 8.30）。为什么此分子中，末端 N—N 距离短于中心的 N—N 距离。

8.24　在水溶液中，为什么肼是比氨更弱的碱？（25℃时的 pK_b 值：NH_3 4.74；N_2H_4 6.07）

8.25　试解释 15 族（ⅤA）元素氢化物键角的变化趋势：NH_3 107.8°；PH_3 93.6°；AsH_3 91.8°；SbH_3 91.3°。

8.26　气相测量表明，硝酸分子为平面结构。解释该分子平面性的原因。

8.27　除了 NO_4^{3-}，表 8.10 中所有的分子和离子均为平面结构。标出它们的点群。

8.28　*cis*-N_2F_2 和 *trans*-N_2F_2 的非催化异构化机理已通过计算得到了验证。（K. O. Christe, D. A. Dixon, D. J. Grant, R. Haiges, F. S. Tham, A. Vij, V.

Vij, T.-H. Wang, W. W. Wilson, *Inorg. Chem.*, **2010**, *49*, 6823）

　　a. 基于计算结果，哪种异构体在 298 K 下的电子基态能量更低（低多少）？

　　b. 描述提出的异构化机制。哪种异构体的活化能垒较低（低多少）？

　　c. 将 SbF_5 作为 Lewis 酸，画出能够降低 *trans*-N_2F_2 异构化能垒的物种的 Lewis 结构式。该情况下，哪种机理是合理的？描述 *trans*-N_2F_2/SbF_5 加合物中的结构变化以及这些变化如何促进异构化。

　　8.29　使用附录 B.7 中磷的 Latimer 图，绘制酸性和碱性条件下的 Frost 图。写出在这些 Latimer 图中所有相邻氧化还原对提供的平衡还原半反应。

　　8.30　使 O_2 单元聚集在一起形成 O_8 结构的相互作用是什么类型？这种相互作用如何稳定大分子？（提示：考虑 O_2 的分子轨道。参见 R. Steudel, M. W. Wong, *Angew. Chem., Int. Ed.*, **2007**, *46*, 1768）

　　8.31　在约 720℃ 以上时，硫蒸气的主要成分 S_2 的 S—S 键长为 189 pm，明显小于 S_8 分子中的 S—S 键长值 206 pm。试解释 S_2 中距离短的原因。（参见 C. L. Liao, C. Y. Ng, *J. Chem. Phys.*, **1986**, *84*, 778）

　　8.32　由于 F_2 与大多数化学试剂都有很高反应性，因此 F_2 通常由电化学方法合成。然而，用下列化学合成反应也可实现：

$$2K_2MnF_6 + 4SbF_5 \longrightarrow 4KSbF_6 + 2MnF_3 + F_2$$

该反应可以视为 Lewis 酸碱反应，请解释。（参见 K. O. Christe, *Inorg. Chem.*, **1986**, *25*, 3722）

　　8.33　**a.** 氯可以形成多种氧化物，包括 Cl_2O 和 Cl_2O_7，前者有一个中心氧原子，后者也有一个桥联两个 ClO_3 基团的中心氧原子。这两种化合物中，你认为哪个的 Cl—O—Cl 键角更小？请简述原因。

　　b. 重铬酸根离子 $Cr_2O_7^{2-}$ 与 Cl_2O_7 有相同的结构。你认为这两个氧桥联物中哪个具有更小的外原子—O—外原子角？请简述原因。

　　8.34　三碘离子 I_3^- 是直线型的，但 I_3^+ 却是弯曲的。试解释原因。

　　8.35　B_2H_6 具有 D_{2h} 对称性，但 I_2Cl_6 却是平面的。解释这两种分子结构上的差异。

　　8.36　根据下面的平衡关系，BrF_3 可以发生自偶解离：

$$2BrF_3 \rightleftharpoons BrF_2^+ + BrF_4^-$$

离子型氟化物，如 KF，在 BrF_3 中表现为碱；而一些共价型氟化物，如 SbF_5，在 BrF_3 中表现为酸。根据溶剂体系的理论，写出这些氟化物与 BrF_3 发生酸碱反应的化学方程式。

　　8.37　双原子阳离子 Br_2^+ 和 I_2^+ 都是已知的。

　　a. 在分子轨道模型的基础上，请预测这些离子的键级。你认为这些阳离子的化学键比中性双原子分子中更长还是更短？

　　b. Br_2^+ 是红色的，I_2^+ 是亮蓝色的。哪一种电子跃迁最有可能导致这些离子产生如此吸收？哪个离子的 HOMO 和 LUMO 能隙更近？

　　c. I_2 是紫色的，I_2^+ 是蓝色的。根据前线轨道（指认它们）解释它们的颜色差异。

　　8.38　I_2^+ 和二聚体 I_4^{2+} 在溶液中达到平衡状态；I_2^+ 是顺磁性的，而二聚体抗磁性。含有 I_4^{2+} 的化合物的晶体结构表明，这种离子是平面长方形的，有两个 I—I 距离（258 pm）较短，另外两个较长（326 pm）。

　　a. 从分子轨道的角度，对两个 I_2^+ 单元相互作用生成 I_4^{2+} 进行解释。

　　b. 在高温下倾向于形成哪种形式，I_2^+ 还是 I_4^{2+}？为什么？

　　8.39　$IO_2F_3^{2-}$ 离子有多少种可能的同分异构体？画出它们的结构，并指出每个结构所属的点群。其中，某种离子被观测到在 802 cm^{-1} 和 834 cm^{-1} 处产生具有 IR 活性的 I—O 伸缩，据此预测，其最可能的结构是什么？（参见 J. P. Mack, J. A. Boatz, M. Gerken, *Inorg. Chem.*, **2008**, *47*, 3243）

　　8.40　什么是超级卤素？它含有卤素原子吗？通过检索文献，找出这个术语最早的参考文献，以及"超级卤素"这个名称命名的原因，并且给出超级卤素在现代化学中应用的例子。

　　8.41　Bartlett 最早做的是氙气与 PtF_6 的反应，生成了不同于预期的产物 $Xe^+PtF_6^-$。在大大过量的六氟化硫（SF_6）存在的情况下，氙气和 PtF_6 如何反应生成 $Xe^+PtF_6^-$？请阐述 SF_6 在本实验中的作用。（参见 K. Seppelt, D. Lentz, *Progr. Inorg. Chem.*, **1982**, *29*, 170）

　　8.42　依据 VSEPR 理论，预测 $XeOF_2$、$XeOF_4$、XeO_2F_2 和 XeO_3F_2 的结构，并分别指出其点群。

　　8.43　线型分子 XeF_2 中的 σ 化学键，可称为三中心四电子键。如果 z 轴被指定为连接三个原子核的轴，以通过每个原子上的 p_z 轨道形成分子轨道的方式，分析 XeF_2 中的 σ 键。

8.44 $OTeF_5$ 基团可以稳定氧化态为Ⅳ和Ⅵ的氙化合物，依据 VSEPR 理论预测 $Xe(OTeF_5)_4$ 和 $O\!=\!Xe(OTeF_5)_4$ 的结构。

8.45 写出在酸性溶液中高氙酸根将 Mn^{2+} 氧化为 MnO_4^- 的平衡方程式。假设反应生成了中性的 Xe。

8.46 离子 XeF_5^- 是一个罕见的具有五边形平面几何结构的例子。基于该离子的对称性，预测具有 IR 活性的 Xe—F 伸缩谱带的数目。

8.47 惰性气体化合物中，$XeOF_4$ 具有比较有趣的结构。基于它的对称性，

a. 拟定一个基于 $XeOF_4$ 中所有原子运动的可约表示。

b. 将该表示约化为不可约表示。

c. 将这些表示分类，指出哪些是平动、转动和振动。

8.48 XeF_2^{2-} 离子尚未被报道，请推测其结构是弯曲型还是直线型？解释其结构为什么难以确定。

8.49 在 9 K 时，将 H_2O、N_2O 与 Xe 的固体混合物光解，然后退火，得到的产物证实为 HXeOXeH（L. Khriachtchev, K. Isokoski, A. Cohen, M. Räsänen, R. B. Gerber, *J. Am. Chem. Soc.*, **2008**, *130*, 6114），证据包括红外数据，其谱带处于 $1379.7\ cm^{-1}$，属于 Xe—H 伸缩谱带。当使用含有 D_2O 和 H_2O 的氙化水重复实验时，除了 $1379.7\ cm^{-1}$ 处谱带，在 $1432.7\ cm^{-1}$、$1034.7\ cm^{-1}$ 和 $1003.3\ cm^{-1}$ 处也分别出现谱带。解释这些新的红外数据出现的原因。

8.50 使用附录 B.7 中在碱性溶液中氙的 Latimer 图：

a. 写出 $HXeO_6^{3-}$ / $HXeO_4^-$ 和 $HXeO_4^-$ /Xe 氧化还原对的半反应方程式。

b. 通过计算反应的 $E^\ominus$ 与 $\Delta G^\ominus$，利用这些半反应验证 $HXeO_4^-$ 在碱性溶液中自发歧化。

8.51 虽然大气层臭氧损耗是一个众所周知的现象，但估计最初存在于地球大气中的氙有多达 90% 已消失，这是大众未知的。XeO_2 的合成及研究（D. S. Brock, G. J. Schrobilgen, *J. Am. Chem. Soc.*, **2011**, *133*, 6265）支持了这种假设，即来自地心的 SiO_2 与 Xe 的反应，可能是这种惰性气体耗尽的原因。

a. 描述 XeO_2 的合成是如何进行的，给出与该反应相关的反应物、反应条件、温度和危险性。

b. 解释 XeO_2 可能溶于水的原因。

c. 拉曼光谱研究对 XeO_2 的表征至关重要。何种实验数据表明，XeO_2 只包含 Xe—O 键而不含任何氢原子？

8.52 液体 NSF_3 与 $[XeF][AsF_6]$ 反应形成化合物 $1[F_3SNXeF][AsF_6]$；在固相中缓慢升温时，化合物 1 重排为 $2[F_4SNXe][AsF_6]$；化合物 2 与 HF 反应，生成 $3[F_4SNH_2][AsF_6]$、$4[F_5SN(H)Xe][AsF_6]$ 以及 XeF_2。（详见 G. L. Smith, H. P. A. Mercier, G. J. Schrobilgen, *Inorg. Chem.*, **2007**, *46*, 1369；*Inorg. Chem.*, **2008**, *47*, 4173 和 *J. Am. Chem. Soc.*, **2009**, *131*, 4173）

a. $[XeF^+]$ 的键级是多少？

b. 化合物 1 到化合物 4 中，哪个化合物的 S—N 键最长？哪个最短？

c. 化合物 1 到化合物 4 中，哪个最有可能在氮原子周围形成直线键型？

d. 根据 VSEPR 理论，化合物 1 中与 Xe 相连的键是直线型还是弯曲型？

e. 化合物 2 和化合物 3 中，NXe 和 NH_2 基团可能是占据硫的轴向位置还是赤道平面？

f. 化合物 2 和化合物 3 中，哪个键最有可能更长，S—F_{axial} 键还是 S—$F_{equatorial}$ 键？

8.53 确定以下物质所属点群：

a. O_8（图 8.34）。

b. S_8（图 8.35）。

c. 手性碳纳米管。

d. β-石墨炔的截面，如图 8.23 所示。

e. $Xe_3OF_3^+$。

f. 一种可能的超高压氧的形式，螺旋链 O_4（L. Zhu, Z. Wang, Y. Wang, G. Zou, H. Mao, Y. Ma, *Proc. Nat. Acad. Sci.*, **2012**, *109*, 751）。

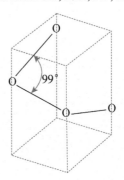

以下问题需要使用分子建模软件

8.54 有人提出，含有阳离子[FBeNg]⁺（Ng = He，Ne，Ar）的盐可能稳定。利用分子建模软件，计算并显示[FBeNe]⁺的分子轨道。哪一个分子轨道是该离子中主要的成键轨道？（参考 M. Aschi, F. Grandinetti, *Angew. Chem., Int. Ed.*, **2000**, *39*, 1690）

8.55 二氙阳离子 Xe_2^+ 已被结构表征。使用分子建模软件，计算和观察该离子的能量以及分子轨道的形状。将 7 个能量最高的占有轨道，分别按 σ、π 或 δ 以及成键轨道或反键轨道进行分类。据报道，该化合物中的键，是迄今为止观察到的

主族元素之间最长的化学键。解释这个键很长的原因。（参考 T. Drews, K. Seppelt, *Angew. Chem., Int. Ed.*, **1997**, *36*, 273）

8.56 为了进一步研究 O_8 结构中的成键作用，构建一个 O_8 单元，计算并显示其分子轨道。哪些轨道参与了 O_2 单元的结合？在每个分子轨道中，找出主要参与的原子轨道。（参考图 8.34；其他的结构细节，参见 L. F. Lundegaard, G. Weck, M. I. McMahon, S. I. Desgreniers, P. Loubeyre, *Science*, **2006**, *443*, 201；R. Steudel, M. W. Wong, *Angew. Chem., Int. Ed.*, **2007**, *46*, 1768）

第 9 章

配位化学 I：结构和异构体

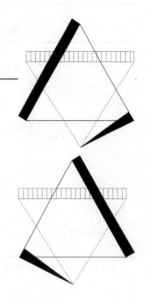

配位化合物（coordination compound）由一个金属原子或离子以及一个或多个可以将电子提供给金属的配体（可以是原子、离子或分子）组成，此定义涵盖第 13 章～第 15 章中所描述的具有金属-碳键的化合物或金属有机化合物（organometallic compound）。

配位化合物的核心是配位共价键。历史上人们认为一个原子提供一对电子给另一个原子形成配位共价键，其中供体通常是配体，受体是金属原子。配位化合物是酸碱加合物的实例（参见第 6 章），通常称为配合物（complex），如果带电荷则称为配离子（complex ion）。

9.1 历史背景

尽管对配位化合物的正式研究真正始于 Alfred Werner（1866—1919），但自古以来，它一直被用作颜料和染料，如普鲁士蓝（KFe[Fe(CN)$_6$]）、钴黄（K$_3$[Co(NO$_2$)$_6$·6H$_2$O]，黄色）和茜素红染料（1, 2-二羟基-9, 10-蒽醌的钙铝盐）。在史前时代，人们就已经知道了四氨合铜（Ⅱ）离子（准确说，在溶液中是[Cu(NH$_3$)$_4$(H$_2$O)$_2$]$^{2+}$，具有迷人的宝蓝色）。这些化合物的化学式在19世纪后期被推演出来，为配合物成键理论的发展提供了历史背景。

无机化学家试图运用有机分子和盐类的经典理论来解释配合物中的成键作用，但是发现这些理论都有各自的缺陷。例如，在氯化六氨合钴（[Co(NH$_3$)$_6$]Cl$_3$）中，由于钴为3价，早期成键理论只能允许三个其他原子与钴离子键合。如果与盐（如 FeCl$_3$）类比，该化合物中氯离子就扮演了与钴离子键合的角色，但是这就无法解释化合物中涉及氨分子的键合，因此必须提出新的理论。Blomstrand[1]（1826—1894）和 Jørgensen[2]（1837—1914）提出链式理论，认为氮原子可以与5价原子（包括它本身）形成链式结构（表 9.1），根据该理论，氯离子直接连接到钴上的成键作用比与氮原子连接更强。Werner 则提出[3]，6 个氨分子都可以直接键合到钴离子上，而氯离子的成键作用相对弱很多，如今，我们将这些氯离子视为自由离子。

表 9.1　**Blomstrand 链式理论和 Werner 配位理论的比较**

Werner 化学式	预测离子数	Blomstrand 链化学式	预测离子数
[Co(NH₃)₆]Cl₃	4	Co—NH₃—Cl / Co—NH₃—NH₃—NH₃—NH₃—Cl / NH₃—Cl	4
[Co(NH₃)₅Cl]Cl₂	3	NH₃—Cl / Co—NH₃—NH₃—NH₃—NH₃—Cl / Cl	3
[Co(NH₃)₄Cl₂]Cl	2	Cl / Co—NH₃—NH₃—NH₃—NH₃—Cl / Cl	2
[Co(NH₃)₃Cl₃]	0	Cl / Co—NH₃—NH₃—NH₃—Cl / Cl	2

注：根据这两种理论，表格中标记为斜体的氯离子在溶液中会解离。

表 9.1 对比了链式理论和 Werner 配位理论预测各种钴化合物解离出的离子数。Blomstrand 理论允许与氨连接的氯解离，但直接键合在钴上的氯不解离。Werner 理论也包括两种结合状态的氯：第一种直接与钴键合（认为与金属键合的氯不会解离），这些氯离子加上氨分子总数为 6；第二种氯被认为结合得不牢固，从而可以解离。

除了最后一种化合物外，这两种理论预测解离出的离子数一致，即便是最后一种化合物也由于实验验证上的困难而不能明确最终的结论，因此 Jørgensen 和 Werner 之间的辩论持续了多年。这个案例说明科学争论具有良性的一面：由于 Jørgensen 大力捍卫他的链式理论，Werner 被迫进一步发展自己的理论，并合成新化合物来检验他的想法，进而提出了表 9.1 中化合物具有八面体结构。为此，他制备并表征了许多异构体，包括绿色和紫色形式的[Co(H₂NC₂H₄NH₂)₂Cl₂]⁺，并宣称这两个化合物中的氯离子在八面体几何构型中分别呈反式（彼此相对）和顺式（彼此相邻）排列，如图 9.1 所示。Jørgensen 提供了

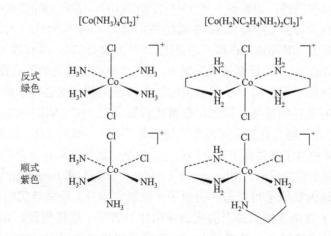

图 9.1　顺式和反式异构体

其他异构体结构，但在 1907 年 Werner 合成[Co(NH$_3$)$_4$Cl$_2$]$^+$的绿色反式和紫色顺式异构体后，他接受了 Werner 的模型。对于这种复杂离子，链式理论的缺陷在于无法解释为何化学式相同分子结构却不同。

尽管链式理论不再被采用，但 Werner 对[Co(NH$_3$)$_4$Cl$_2$]$^+$的合成及对具有光学活性、不含碳的配合物的发现也没能让所有化学家信服。有人认为 Werner 合成的具有光学活性化合物不含碳是他的误判，他们推测 Werner 异构体的手性是由于未检测到碳原子所致。Werner 通过使用 d-和 l-α-溴代樟脑-π-磺酸盐作为拆分剂，将 Jørgensen 的[Co{Co(NH$_3$)$_4$(OH)$_2$}$_3$]Br$_6$（图 9.2）的外消旋混合物拆分为两种旋光形式，从而验证了自己的假设。有了无碳化合物呈现光学活性的确凿证据，Werner 的理论最终被人们接受。Pauling[4]利用杂化轨道理念扩展了该理论，其后的理论[5]则改用配合物的观点代替晶体中离子的电子结构。

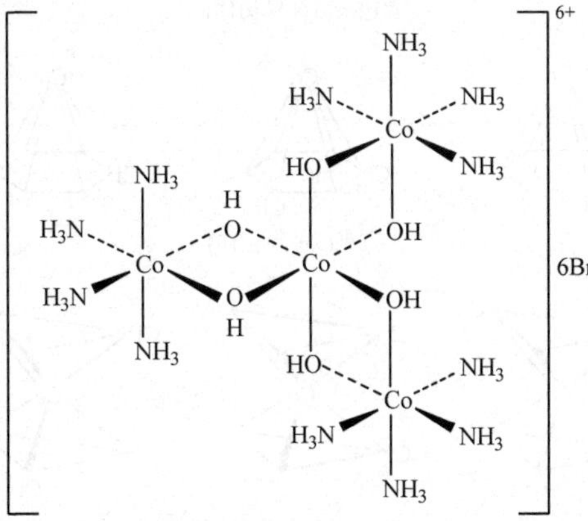

图 9.2　Werner 的无碳光学活性化合物[Co{Co(NH$_3$)$_4$(OH)$_2$}$_3$]Br$_6$

为了继续发展其理论，Werner 进一步研究了在溶液中反应相对较慢的化合物。他合成了动力学惰性*的 Co(III)、Rh(III)、Cr(III)、Pt(II)和 Pt(IV)化合物，后续对更多反应活性化合物的研究证实了他的理论。

Werner 理论设定了所谓的初级键和次级键：初级键中，金属离子正电荷被负离子平衡；次级键中，分子或离子（配体，ligand）直接与金属离子相连。次级键实体称为配离子（complex ion）或配位层（coordination sphere），现在的化学式将这一部分放在方括号中，初级与次级两词不再与本意相同。在表 9.1 的示例中，配位层作为一个单元，括号外的离子平衡电荷且可以在溶液中解离。根据金属和配体的不同，金属可以连接最多 16 个原子，最常见的配位数是 4 和 6**。第 9 章集中讨论配位层，配位层外的离子［有时称为抗衡离子（counterion）］，通常可以在不改变配合物离子配位层内的成键或配体的情况下替换为其他离子。

---

　* 第 12 章讨论动力学惰性的配位化合物。

　** N. N. Greenwood and A. Earnshaw, *Chemistry of the Elements*, 2nd ed., Butterworth-Heinemann, Oxford, UK, 1997, p. 912. 更大的连接原子数目取决于如何计算金属有机化合物中给体数目；由于有机配体的特殊性质，有些人会指派较小配位数。

　　Werner 利用具有 4 个或 6 个配体的化合物来发展他的理论。通过同分异构体的合成，可以确定配合物的形状与结构。例如，成功合成出$[Co(NH_3)_4Cl_2]^+$的异构体仅有两个，而具有 6 个配体的配合物结构可能有六边形、六角锥、三棱柱、反三棱柱和八面体。由于八面体形状有两种可能的异构体，而其他形状有三种（图 9.3），因此 Werner 认为该结构为八面体。这样的观点并非天衣无缝，因为某些异构体可能难以合成或分离。但是，后来的实验证实了八面体形状及对应的顺式和反式异构体，如下图所示。

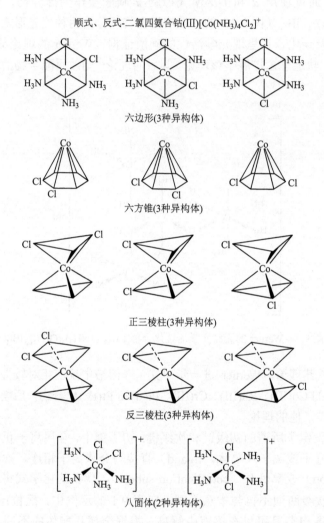

图 9.3　Werner 认为$[Co(NH_3)_4Cl_2]^+$可能的六配位异构体。只有八面体结构允许有两个异构体

　　Werner 对光学异构体的合成与分离（图 9.2）确凿地证明了八面体配位形状，其他六配位的几何结构都不具有类似的光学活性。

　　其他实验结果与平面四方型的 Pt(II) 化合物一致，4 个配体位于正方形的 4 个角上。Werner 发现$[Pt(NH_3)_2Cl_2]$仅存在两种异构体，这些异构体也许具有不同形状（四面体和平面四方型仅是其中的两种，图 9.4），但 Werner 假定它们的形状一样。而如果$[Pt(NH_3)_2Cl_2]$

是四面体只可能有一种构型，因此他认为这两种异构体是具有顺式和反式几何构型的平面四方型。Werner 的理论是正确的，但他提出的证据不能作为定论。

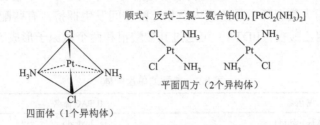

图 9.4　Werner 认为[Pt(NH$_3$)$_2$Cl$_2$]的可能结构

尽管发现了关于这些结构的实验依据，Werner 仍需要一种理论来科学地说明这些金属-配体键，并解释 4 个以上的配体原子如何键合到单个金属中心。具有 6 个配体的过渡金属配合物，与 Lewis 理论的八隅体规则不相符，即使将壳层电子扩展到 10 个或 12 个，也仍有不适用的情况，例如[Fe(CN)$_6$]$^{4-}$，中心离子共容纳 18 个价电子，因而产生了 18 电子规则（18-electron rule），它简洁地解释了许多配合物中的成键情况，认为计算中心原子周围的价电子时，结果一般为 18 个。（此方法同样适用于第 13 章中的金属有机化合物）

Pauling[6]使用他的价键（valence bond）理论，利用金属离子 3d 或 4d 轨道，解释了配合物之间的磁性差异。Griffith 和 Orgel[7]发展了配体场理论（ligand field theory），该理论源自 Bethe[8]和 Van Vleck[9]提出的关于晶体中金属离子行为的晶体场理论（crystal field theory），以及 Van Vleck[10]提出的分子轨道处理方法。第 10 章着重讨论这些理论。

本章介绍配合物的不同形状。仅凭对配合物化学式的认知，我们往往很难正确预测其形状，因为细微的电子和空间因素通常会影响这些结构。在已测得和未观测的配合物结构之间，能量差异通常很小，因此将结构与其决定因素相关联对预测形状很有帮助。此外，本章还介绍了配合物的异构可能性以及用于研究它们的实验方法。金属有机配合物的结构预测（第 13 章～第 15 章）也非常具有挑战性。

9.2　配合物命名

随着时间推移，配位化学的命名法发生了演变。较早的文献记载了多种命名方法，本章仅讨论配合物命名的现代规则。更完备的资料可用于学习经典命名法，这对检视早期文献以及没有包含在本节简介中的其他命名规则[11]是很有必要的。

配体经常采用从前的惯用名加以命名，而不是国际纯粹与应用化学联合会（IUPAC）推荐的名称。表 9.2～表 9.4 列出了常见的配体及其名称，那些与金属原子有两个或多个连接点的称为螯合配体（chelating ligand），它们的化合物称为螯合物（chelate），其名称源自希腊语 *khele*，意为蟹爪。而氨这样的配体是单齿的（monodentate，字面意为"一个牙齿"），只有一个连接点。如果配体有两个连接点，例如乙二胺（NH$_2$CH$_2$CH$_2$NH$_2$），它可以通过两个氮原子与金属键合,则称为双齿(bidentate)配体。前缀三(tri-)、四(tetra-)、五(penta-)和六(hexa-),用于配体存在 3~6 个键合位点的情况(表 9.3)。螯合环(chelate ring)可具有任意数量的原子,加上金属最常见的为 5 个或 6 个。小螯合环的角和距离会导致分子张力,而大螯合环常导致环内及相邻配体间发生拥挤。有些配体形成多个螯合环,例如乙二胺四乙酸根(EDTA)可通过其羧酸根和两个氮原子形成 5 个螯合环。

表 9.2 典型的单齿配体

常用名	IUPAC 命名	化学式
氢基 hydrido	hydrido	H^-
氟基 fluoro	fluoro	F^-
氯基 chloro	chloro	Cl^-
溴基 bromo	bromo	Br^-
碘基 iodo	iodo	I^-
氮基 nitrido	nitrido	N^{3-}
叠氮基 azido	azido	N_3^-
氧离子 oxo	oxido	O^{2-}
氰基 cyano	cyano	CN^-
氰硫基 thiocyano	thiocyanato-S(S-键合)	SCN^-
异硫氰酸基 isothiocyano	thiocyanato-N(N-键合)	NCS^-
羟基 hydroxo	hydroxo	OH^-
水 aqua	aqua	H_2O
羰基 carbonyl	carbonyl	CO
硫代羰基 thiocarbonyl	thiocarbonyl	CS
亚硝酰基 nitrosyl	nitrosyl	NO^+
硝基 nitro	nitro-N(N-键合)	NO_2^-
亚硝酸根 nitrito	nitro-O(O-键合)	ONO^-
甲基异氰 methyl isocyanide	methylisocyanide	CH_3NC
磷烷 phosphine	phosphine	PR_3
吡啶 pyridine	pyridine(缩写 py)	C_5H_5N
氨 ammine	ammine	NH_3
甲胺 methylamine	methylamine	$MeNH_2$
酰氨基 amido	amido	NH_2^-
亚酰胺基 imido	azanediido	NH^{2-}

表 9.3 螯合胺

螯合点	常用名	IUPAC 命名	缩写	化学式
双齿	乙二胺 ethylenediamine	1, 2-ethanediamine	en	$NH_2CH_2CH_2NH_2$
三齿	二亚乙基三胺 diethylenetriamine	1, 4, 7-triazaheptane	dien	$NH_2CH_2CH_2NHCH_2CH_2NH_2$

续表

螯合点	常用名	IUPAC 命名	缩写	化学式
		1, 3, 7-triazacyclononane	tacn	(结构式)
四齿	三亚乙基四胺 triethylenetetraamine	1, 4, 7, 10-tetraazadecane	trien	$NH_2CH_2CH_2NHCH_2CH_2NHCH_2CH_2NH_2$
	β, β', β''-三氨基三乙胺 β, β', β''-triaminotriethylamine	β, β', β''-(2-aminoethyl)amine	tren	$NH_2CH_2CH_2NHCH_2CH_2NH_2$ ｜ $CH_2CH_2NH_2$
	四甲基环拉胺 tetramethylcyclam	1, 4, 8, 11-tetramethyl-1, 4, 8, 11-tetraazacyclotetradecane	TMC	(结构式)
	三（2-甲基吡啶）胺 tris(2-pyridylmethyl)amine	tris(2-pyridylmethyl)amine	TPA	(结构式) TPA　TMC
五齿	四乙基戊胺 tetraethylenepentamine	1, 4, 7, 10, 13-pentaazatridecane		$NH_2CH_2CH_2NHCH_2CH_2NHCH_2CH_2NH_2$
六齿	乙二胺四乙酸根 ethylenediaminetetraacetate	1, 2-ethanediyl(dinitrilo)tetraacetate	EDTA	(结构式)

表 9.4　多齿螯合配体

常用名	IUPAC 命名	缩写	化学式和结构
乙酰丙酮 acetylacetonato	2, 4-pentanediono	acac	$CH_3COCHCOCH_3$ （结构式）
2, 2′-联吡啶 2, 2′-bipyridine	2, 2′-bipyridyl	bipy	$C_{10}H_8N_2$ （结构式）
酮亚胺配体 nacnac	N, N'-diphenyl-2, 4-pentanediiminato	nacnac	$C_{17}H_{17}N_2^-$ （结构式）
1, 10-菲咯啉，o-邻二氮杂菲 1, 10-phenanthroline，o-phenanthroline	1, 10-diaminophenanthrene	phen，o-phen	$C_{12}H_8N_2$ （结构式）
草酸根 oxalato	oxalato	ox	$C_2O_4^{2-}$ （结构式）
二烷基二硫代氨基甲酸 dialkyldithiocarbamato	dialkylcarbamodithioato	dtc	$S_2CNR_2^-$ （结构式）

常用名	IUPAC 命名	缩写	化学式和结构
乙烯二硫醇离子 ethylenedithiolate	1, 2-ethenedithiolate	dithiolene	$S_2C_2N_2^{2-}$ 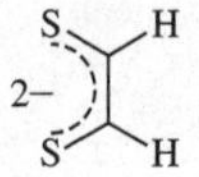
1, 2-二（二苯膦）乙烷 1, 2-bis(diphenylphosphino)ethane	1, 2-ethanediylbis-(diphenylphosphane)	dppe	$Ph_2PC_2H_4PPh_2$ 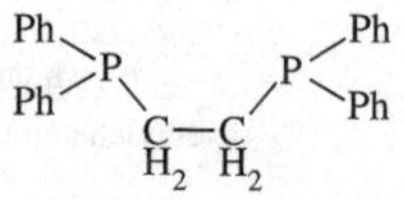
BINAP	2, 2′-bis(diphenylphopshino)-1, 1′-binapthyl	BINAP	$Ph_2P(C_{10}H_6)_2PPh_2$ 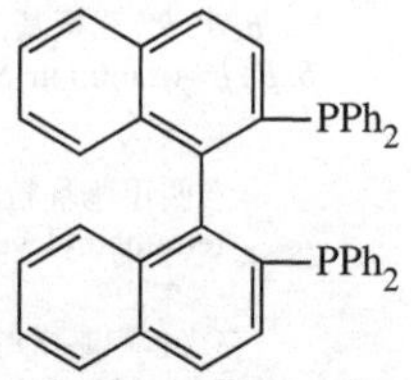
二甲基肟 dimethylglyoximato	butanediene dioxime	DMG	$HONCC(CH_3)$ $C(CH_3)NO^-$ 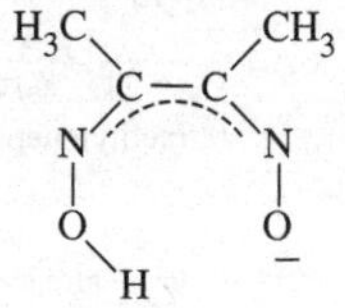
吡唑硼酸根 pyrazolylborato (scorpionate)	hydrotris-(pyrazo-1-yl)borato	Tp	$[HB(C_3H_3N_2)_3]^-$ 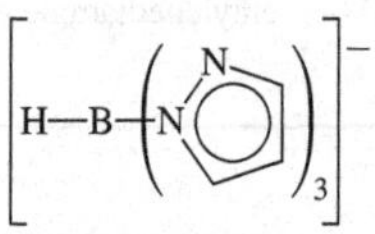
salen	2, 2′-ethylenebis-(nitrilomethylidene)-diphenoxide	salen	$^-OPh(CHNCH_2$ $CH_2NCH)PhO^-$ 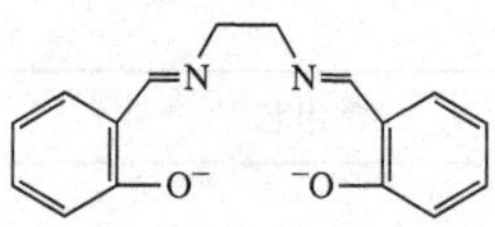

命名规则

1. 阳离子在前，阴离子在后，金属离子的氧化数以小括号中罗马数字表示。

举例：氯化二氨合银（Ⅰ）　　　　[Ag(NH₃)₂]Cl

六氰合铁（Ⅲ）酸钾　　　　　　K₃[Fe(CN)₆]

2. 有抗衡离子时，配位层以方括号括起来。写法中，方括号内首先标明金属，但在读法中，配位层的配体在金属之前，中间加上"合"字。

举例：硫酸四氨合铜（Ⅱ）　　　　[Cu(NH₃)₄]SO₄

氯化六氨合钴（Ⅲ）　　　　　　[Co(NH₃)₆]Cl₃

3. 每种配体的数目由前缀（见下表）标识。一般情况下，使用第二列中的前缀，如果配体名称已经包含这些前缀或比较复杂，则将其放在括号中，并使用第三列（以 -is 结尾）中的前缀。

2	di	bis
3	tri	tris
4	tetra	tetrakis

5	penta	pentakis
6	hexa	hxakis
7	hepta	heptakis
8	octa	octakis
9	nona	nonakis
10	deca	decakis

举例：二氯·双（乙二胺）合钴（III）　　　　　　　　$[Co(NH_2CH_2CH_2NH_2)_2Cl_2]^+$

三（2, 2-联吡啶）合铁（II）　　　　　　　　　　　　$[Fe(C_{10}H_8N_2)_3]^{2+}$

4. 配体，通常以配位原子字母顺序书写，当有多种配体并存时，它们之间加"·"。

举例：二氯·四氨合钴（III）离子　　　　　　　　　　$[Co(NH_3)_4Cl_2]^+$

氨·甲胺·氯·溴合铂（II）　　　　　　　　　　　　　$Pt(NH_3)(CH_3NH_2)ClBr$

5. 英文中，阴离子配体带有一个-o 后缀，而中性配体保留其惯用名。配位水被称为 aqua，配位氨被称为 ammine。示例在表 9.2 中。

6. 存在两种用于指定电荷或氧化数的方式：

a. Stock 体系，将计算出的金属氧化数作为罗马数字放在金属名称后面的括号中（参见规则 2）。尽管这是目前最常用的方法，但缺点是配合物中金属的氧化态可能难以确定，这时用 Stock 系统不合适。

b. Ewing-Bassett 体系，将配位层的电荷数以圆弧括号括起来并放在金属名称后。该约定对配位层物种进行了明确标识。

在任何一种情况下，如果电荷是负的，需要在英文命名后加后缀-ate。

举例：四氨合铂（II）/（2+）离子（无后缀）　　　　　$[Pt(NH_3)_4]^{2+}$

四氯合铂（II）/（2-）离子（加后缀）　　　　　　　　$[PtCl_4]^{2-}$

六氯合铂（IV）/（2-）离子（加后缀）　　　　　　　　$[PtCl_6]^{2-}$

7. 前缀可以指定相邻（顺式）和相对（反式）的几何位置（图 9.1 和图 9.5），其他前缀根据需要引入。

举例：顺式/反式-二氨·二氯合铂　　　　　　　　　　　$[PtCl_2(NH_3)_2]$

　　　　顺式/反式-四氨·二氯合钴离子　　　　　　　　$[CoCl_2(NH_3)_4]^+$

8. 两个金属离子之间的桥联配体（图 9.2 和图 9.6），加以前缀 μ-。

举例：三（四氨-μ-二羟基合钴）酸钴（6+）　　　　　$[Co(Co(NH_3)_4(OH)_2)_3]^{6+}$

μ-氨基-μ-羟基-双（四氨合钴）（4+）　　　　　$[(NH_3)_4Co(OH)(NH_2)Co(NH_3)_4]^{4+}$

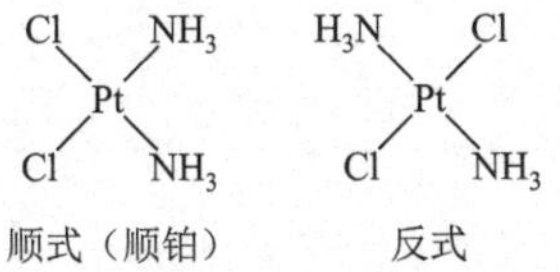

图 9.5　二氨·二氯合铂（II）的顺式和反式异构体。前者也称为顺铂，用于癌症治疗

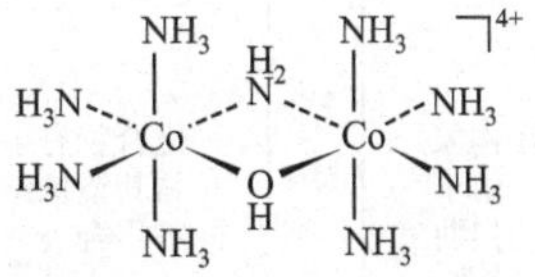

图 9.6　μ-氨基-μ-羟基-双（四氨合钴）（4+）中的氨基及氢氧根桥联配体

练习 9.1 *命名下列配合物：*

a. $Cr(NH_3)_3Cl_3$　　　　　　**b.** $Pt(en)Cl_2$　　　　　　　　**c.** $[Pt(ox)_2]^{2-}$

d. $[Cr(H_2O)_5Br]^{2+}$　　　　**e.** $[Cu(NH_2CH_2CH_2NH_2)Cl_4]^{2-}$　　**f.** $[Fe(OH)_4]^-$

练习 9.2 *写出下列配合物的结构：*

a. 三（乙酰丙酮）合铁（Ⅲ）　　　　　**b.** 六溴合铂（2−）酸盐

c. 二氨·四溴合钴（Ⅲ）酸钾　　　　　**d.** 硫酸三（乙二胺）合铜（Ⅱ）

e. 高氯酸六羰基合锰（Ⅰ）　　　　　　**f.** 四氯合钌（1−）酸铵

9.3　同分异构体

　　配合物的配位数较大，导致存在大量异构体（isomer），随着配位数的增加，可能的异构体数量也随之增加。本章集中于常见配位数，主要是 4 和 6，不讨论配体自身发生异构的现象。例如，分别包含配体 1-氨基丙烷和 2-氨基丙烷的配合物是异构体，但不属于讨论重点。

　　水合异构体（hydrate）或溶剂异构体（solvent isomer）、电离异构体（ionization isomer）、配位异构体（coordination isomer）具有相同的化学式，但是与中心原子或离子相连的配体不同；而键合异构（linkage）或两可配体异构体（ambidentate isomerism）中，同一配体通过其不同的配位原子与金属离子连接；立体异构体（stereoisomer）具有相同的配体，但是配体的空间排列方式不同。图 9.7 展示了最基本的区分异构体方法。

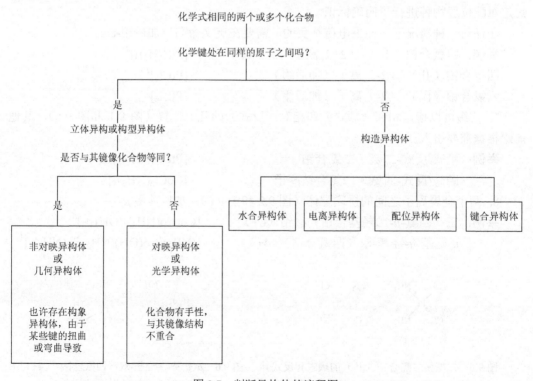

图 9.7　判断异构体的流程图

9.3.1　立体异构体

立体异构体包括顺/反异构体、手性异构体、含有不同构象螯合环的配合物以及仅结合金属时几何形状才不同的异构体。立体异构体的研究为完善并发展 Werner 配位理论提供了大量实验证据。只要能制备合适的晶体，X 射线晶体学就能阐明异构体的结构。

9.3.2　四配位化合物

平面四方型配合物的顺/反异构相当常见，铂（II）配合物中例子就有很多。图 9.5 展示了配合物[Pt(NH_3)_2Cl_2]的异构体，其顺式异构体（顺铂）在医疗领域用作抗肿瘤药剂。螯合环中如果螯合配体过小，则无法跨越到反式位置，就会强制变为顺式构象，对大多数配体而言，配合物的两个反式位点距离太远。反过来，如果配体中配位原子间距太长，就有可能配位到不同的金属原子上，而不是与同一个金属中心螯合成环。

当分子含有对称面时，无手性异构体。判断一个平面四方型分子是否具有对称面时，通常忽略配体的次要形变，如取代基团旋转、配体环构象改变以及键的弯曲。图 9.8 中铂（II）和钯（II）的异构体是平面四方型手性分子，因为配体的几何构型排除了镜面。如果配合物是四面体型，则只有一种结构可能，即在两个苯基与两个甲基之间有一对称面将两个配体等分。

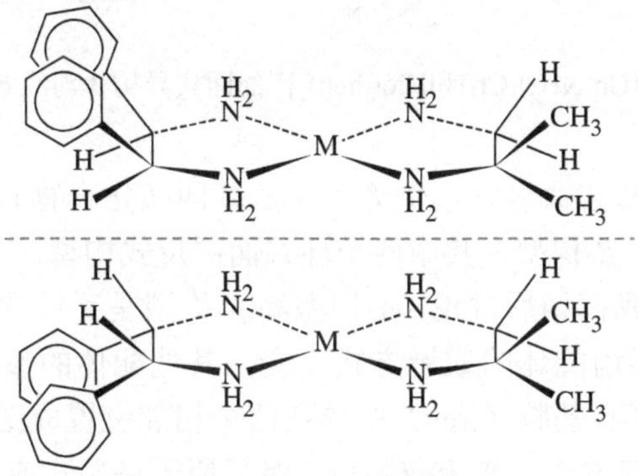

图 9.8　铂（II）或钯（II）的平面四方型手性异构体（数据源于：W. H. Mills, T. H. H. Quibell, *J. Chem. Soc.*, 1935, 839；A. G. Lidstone, W. H. Mills, *J. Chem. Soc.*, 1939, 1754）

9.3.3　手性

手性分子与其镜像不可重合，可以用对称元素进行表示。仅当无旋转-反映轴 S_n 时[*]，

---

[*] $S_1 = \sigma$ 以及 $S_2 = i$，因此在结构中可找到镜面或对称中心，分子无手性；即便找不到这两个对称元素，当分子中存在 S_n 轴（$n > 2$）时，它也是非手性的。

分子才有手性。这意味着，手性分子要么没有对称元素（除了"全同"操作 C_1），要么只有旋转轴 C_n（4.4.1 节）。对于四面体分子，如果 4 个配体不同或螯合配体不对称，就是手性的，且它的所有异构体均具有手性。含有双齿或更高螯合配体，或具有[$Ma_2b_2c_2$]、[$Mabc_2d_2$]、[$Mabcd_3$]、[$Mabcde_2$]、[$Mabcdef$]化学式的八面体分子（M 是金属，a～f 是配体），可能具有手性。这些配位数为 6 的分子的异构体并非均为手性，需要仔细甄别。

9.3.4　六配位化合物

ML_3L_3' 型配合物（L 与 L'是单齿配体）有两种异构体，即面式（*fac-*）与经式（*mer-*）异构体。将三个相同配体组成一个三角面，若不切分八面体则为面式，切分八面体就是经式，螯合配体也存在类似现象。与单齿或三齿配体相关的示例见图 9.9。

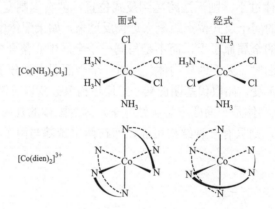

图 9.9　[$Co(NH_3)_3Cl_3$]和[$Co(dien)_2$]$^{3+}$的面式异构体与经式异构体

有些异构体具备特殊的命名法。例如，三乙基四胺化合物有三种构型：α-构型，三个螯合环在不同平面上；β-构型，其中两个环共面；反式构型，三个环共面（图 9.10）。也可能是其他异构体，我们稍后讨论（α-构型和 β-构型是手性的，三个构型都因螯合环构象导致异构）。即使多齿配体的成键方式不变，其他配体的参与也会导致异构。例如图 9.11 中，β, β', β''-三氨乙基胺（tren）配体在四个相邻位置成键；但是不对称配体如水杨酸根，可以有两种成键方式，即羧酸根与三级氮原子呈顺式或反式配位。

可能的异构体数通常随着不同配体数量的增加而增多。人们早就探索出从初始结构计算异构体最大数量的方法[12]，但是直到使用计算机程序后才得到完整的异构体列表。Pólya 曾使用群论方法来计算异构体的数量[13]。

图 9.12 和表 9.5 简述了一种罗列异构体的方法：符号〈ab〉表示 a 和 b 处于反式位置；M 是金属；a、b、c、d、e 和 f 是单齿配体。八面体的六个位点编号如图 9.12 所示：从 1 的位置看，1 和 6 在轴向，从 2 到 5 沿逆时针排序。

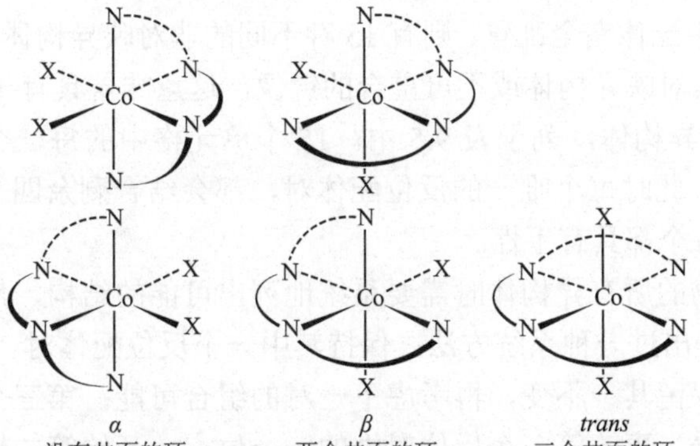

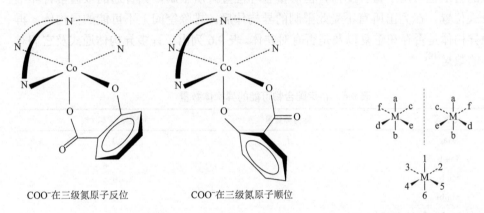

α　　　　　　　　β　　　　　　　　trans
没有共面的环　　两个共面的环　　三个共面的环

图 9.10　三乙基四胺（trien）化合物的异构体

COO⁻在三级氮原子反位　　　　　COO⁻在三级氮原子顺位

图 9.11　[Co(tren)(sal)]⁺的异构体　　　　图 9.12　[M〈ab〉〈cd〉〈ef〉]的对映异构体
　　　　　　　　　　　　　　　　　　　　　以及八面体位点编号

表 9.5　[Mabcdef]的异构体 [a]

	A	B	C
1	ab cd ef	ab ce df	ab cf de
2	ac bd ef	ac be df	ac bf de
3	ad bc ef	ad be cf	ad bf ce
4	ae bc df	ae bf cd	ae bd cf
5	af bc de	af bd ce	af be cd

a. 每个 1×3 框是一组三个反位配体对。例如，方框 C3 代表[M〈ab〉〈bf〉〈ce〉]的两个对映体。

如果[Mabcdef]中配体完全乱置，则有 15 种不同的非对映异构体，它们彼此都非镜像对称，每一个都有其对映异构体或不可重合的镜像，这意味着具有 6 个不同配体的八面体配合物共有 30 种异构体，列于表 9.5 中。15 个单元格中的每一个代表一对对映异构体。需要注意的是，此时每个唯一的反位配体对，都会结合剩余四个配位点共产生三个非对映异构体，且每个都具有手性。

确认给定配合物的所有异构体时需要系统地列出可能的结构，然后检查重复性及各自的手性。Bailar 提出过一种系统方法：保持其中一个反位配体对（如〈ab〉）不变，在第二个反位对中也保留其一不变，再考虑下一对的组合可能；第三个反位对即为剩下的两个配体组合。接着，更改第一个反位对中的一个位点，开始第二轮次的列举过程，等等。此过程的结果如表 9.5 所示，其中方框 A1 中所示的两个对映异构体列于图 9.12。

类似的方法也可用于螯合配体，但对螯合环位置有所限制，如普通的双齿螯合环不能连接反式位置。在列出所有不受此限制的异构体后，排除空间上不可能的异构体，再检查其他异构体是否存在重复以及是否有对映体。表 9.6 列出了许多异构体通式及它们对映异构体的数量[14]。

表 9.6　特定配合物可能的异构体数量

化学式	异构体数量	对映异构体对数
Ma_6	1	0
Ma_5b	1	0
Ma_4b_2	2	0
Ma_3b_3	2	0
Ma_4bc	2	0
Ma_3bcd	5	1
Ma_2bcde	15	6
Mabcdef	30	15
$Ma_2b_2c_2$	6	1
Ma_2b_2cd	8	2
Ma_3b_2c	3	0
M(AA)(BC)de	10	5
M(AB)(AB)cd	11	5
M(AB)(CD)ef	20	10
$M(AB)_3$	4	2
M(ABA)cde	9	3
$M(ABC)_2$	11	5
M(ABBA)cd	7	3
M(ABCBA)d	7	3

注：大写字母表示螯合配体，小写字母表示单齿配体。

示例 9.1

$Ma_2b_2c_2$ 的异构体可以通过 Bailar 的方法找出。在下面的每一行中，第一对反位配体保持不变：在 1、2 和 3 中分别为〈aa〉、〈ab〉和〈ac〉。在 B 列中，将第二对中的一个配体替换为第三对中的一个配体（例如，在 2 中，〈ab〉和〈cc〉变为〈ac〉和〈bc〉）。

列出并绘制所有反式排列后，我们检查手性。A1、B1、A2 和 B3 为镜面对称，无手性。A3 和 B2 不具镜面对称，且与镜像无法重合，有手性。但是，我们必须检查此方法可能导致的重复。该情况下，A3 和 B2 相同，因为每组都具有反位的 ac、ab 和 bc 配体对，所以存在 4 个非手性异构体和一对手性异构体，总共 6 个异构体。

练习 9.3　计算 $[Ma_2b_2cd]$ 异构体的数量并确认结构。

示例 9.2

在寻找异构体的过程中逻辑很重要。以 M(AA)(BB)cd 为例：AA 及 BB 由于是螯合环，所以各自必须处于顺式位置。我们首先尝试把 c 和 d 放在顺式位置，因此只有一个 A 和一个 B 互为反式。

镜像不同，因此存在手性对。镜像中没有旋转轴、反演中心和对称面。

镜像不同，因此存在手性对。镜像中没有旋转轴、反演中心和对称面。

接下来，尝试把 c 与 d 放在反式位置，从而使 AA 与 BB 位于同一平面内。

这两个结构互为镜像且事实上也如此，或者说这两个异构体有镜面，因此只有一个异构体是真实的。最终，此例含有两对手性异构体和一个非手性异构体，总共 5 个异构体。

练习 9.4　计算 [M(AA)bcde] 异构体的数目并确认其结构，其中 AA 是具有相同配位基团的双齿配体。

9.3.5 螯合环的组合

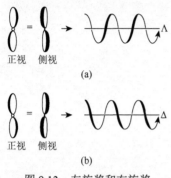

图 9.13 左旋桨和右旋桨

在讨论环形构象的命名规则之前，我们需先了解螺旋桨和螺线的关系。先看图 9.13 中的螺旋桨：（a）左旋桨，在空气或水中逆时针旋转时远离观察者；（b）右旋桨，顺时针旋转时远离观察者。叶片顶端轨迹可形成左旋或右旋螺线。除极少数情况外，螺钉和螺栓的螺纹均为右旋，用螺丝刀或扳手顺时针转动可将其拧入螺母或木头中；同样，顺时针转动螺母可拧在固定螺栓上。螺线的另一个例子是弹簧，通常左旋和右旋均可，不影响其操作。

通过配体形成具有三个螯合环的配合物，如$[Co(en)_3]^{3+}$，当沿着三重轴方向观察时，可以像三叶螺旋桨一样处理。图 9.14 展示了许多绘制这些结构的不同但等价的方法。

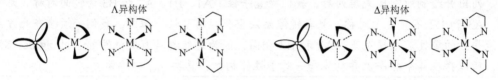

图 9.14 左旋与右旋螯合物

具有两个或更多个不相邻螯合环（不共享与金属键合的配位原子）的配合物，可能是手性的。任何两个非共面且不相邻的螯合环，都可用于确定左旋还是右旋结构。接下来介绍指认顺时针（Δ）与逆时针（Λ）构型的步骤；图 9.15 展示了该过程，总结如下：

1. 旋转结构将一个螯合环水平放置，使一个"臂"远离观察者，调整三个配位点靠近观察者组成一个近端三角面。

2. 将近端与远端三角面想象成平行重叠并置，并确定如何旋转近端三角面，才能得到原构型。

3. 如果第 2 步的旋转是逆时针方向，将其标记为 Λ 结构；反之，则标记为 Δ 结构。

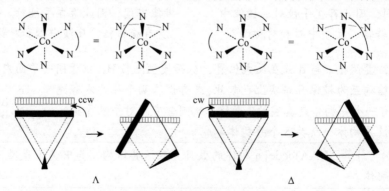

图 9.15 确定左旋或右旋的步骤

cw：顺时针；ccw：逆时针

　　具有多对螯合环的配合物，可能需要多个结构标记，分别确定每对螯合环的螺旋方向，则最终表述必须包括所有的构型指认。例如，全配位的 EDTA 配合物，通常有 6 个配位点和 5 个螯合环，其中一种异构体如图 9.16 所示，环编号任取 $R_1 \sim R_5$。在构型指认中，需要使用所有非共面且不共享配位原子上的螯合环对。N—N 环（R_3），由于与其他环均共享配位原子而被省略，因而只考虑 4 个 N—O 环，其中有 3 对符合要求：R_1—R_4、R_1—R_5、R_2—R_5。应用上述判断方法，R_1—R_4 之间构型为 Λ，R_1—R_5 之间为 Δ，R_2—R_5 之间则是 Λ。这一化合物命名为 ΛΔΛ-乙二胺四乙酸钴（Ⅲ），构型标记顺序是任意的，也可以是 ΛΛΔ 或 ΔΛΛ。

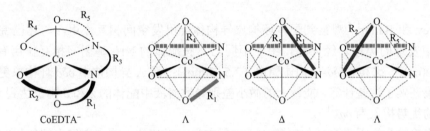

图 9.16　手性环的标记。以 $R_1 \sim R_5$ 分别标记各螯合环，则 R_1—R_4 构型为 Λ，R_1—R_5 型是 Δ，R_2—R_5 则是 Λ。此化合物命名为 ΛΔΛ-乙二胺四乙酸钴（Ⅲ）

示例 9.3

确定以下化合物的手性标记：

　　将原结构绕垂直轴旋转 180°，使接近观察者的一个环远离至背面，另一环从顶部连接到右前方。旋转后如果远端环与原近端环平行，则沿视线顺时针旋转会使其复原。所以，结构为 Δ-顺-二氯双乙二胺合钴（Ⅲ）。

练习 9.5　确定以下化合物的手性标记：

9.3.6　配体环构象

　　因为许多螯合环并非平面，所以它们在不同分子甚至同一分子中构象也可以不同，有时这些不同的构象也有手性。该情况下标识时需要借用两条线确定旋转方向，记为 λ 和 δ。以乙二胺为例，第一条连接配位原子（两个氮原子），第二条连接两个碳原子，且两个环的螺旋方向可通过 9.3.5 节中所述方法获得。第二条线逆时针旋转称为 λ，顺时针旋转称为 δ，如图 9.17 所示。对配合物结构的完整描述必须包括整体手性和每个环的手性。

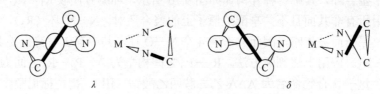

图 9.17 螯合环构象

Corey 和 Bailar[15]观察到配体环构象异构体会引发空间相互作用，与环己烷或其他环结构中发现的类似。经计算，由于不同乙二胺配体的 NH_2 基团间相互作用有差异，$\Delta\lambda\lambda\lambda$-[Co(en)$_3$]$^{3+}$ 比其 $\Delta\delta\delta\delta$-异构体稳定（7.5 kJ/mol）；而 Λ 异构体中 $\delta\delta\delta$ 环构象更稳定。实验结果证实了这些计算。能量上的微小差别导致溶液中配体的 λ 和 δ 构象达到平衡，Λ 异构体的优势构象为 $\delta\delta\lambda$[16]。

多齿配体与镧系元素配位时螯合环构象产生非对映体，确定它们之间的相对能量对 MRI 造影剂的开发非常重要[17]。不同螯合环构象导致的微小空间变化，可以改变这些配合物中水分子的取代交换速率，进而影响造影剂性能。螯合环的构象，在不对称合成（以设计并引入特定手性为目的）中也会影响插入反应的途径（详见第 14 章）[18]。

配体因配位可以改变对称性，因此产生了另一种异构的可能性，如二乙基三胺（dien）或三乙基四胺（trien）中的仲胺基团。未配位时，氮原子上构象反转能垒很低，每个分子只有一个异构体；配位后，氮为四配位，就可能有手性异构体。如果配体上有手性中心，无论结构固有还是配位后形成，其结构须由有机化学中的 R-构型和 S-构型表示[19]。一些 trien 配合物的结构示于图 9.18 和图 9.19，反式异构见下图。这些结构曾现于图 9.10，但未考虑环的构象。

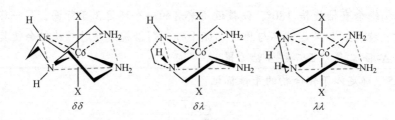

图 9.18 trans-[(CoX$_2$(trien)]$^+$的手性结构

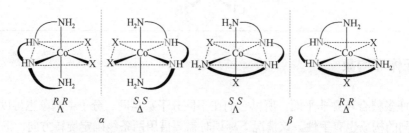

图 9.19 α-[CoX$_2$(trien)]$^+$、β-[(CoX$_2$(trien)]$^+$结构（浅色为手性氮原子）

示例 9.4

在图 9.18 中 *trans*-[CoX₂(trien)]⁺ 环构象的基础上，证明其手性。

在第一个结构中观察近端螯合环，以连接两个氮原子的虚线为参考。如果两个碳原子的连线最初平行于 N···N 连线，则需要顺时针旋转构型才复原，因而此环为 δ 构象。再看远端螯合环，从外向金属中心观察情况一样，说明也是 δ 构象。配体 N 原子的四面体成键结构迫使两个仲胺上的氢处于所示位置；从外向内看，中间螯合环构象与近端环及远端环正好相反，因此为 λ 型。因为此环没有其他的构象可能，再以 λ 构象标识显得多余，所以这个异构体的最终构象为 $\delta\delta$。

对另外两个结构进行同样分析，得知它们分别为 $\delta\lambda$ 和 $\lambda\lambda$ 型。同样，中间螯合环构象由另外两个环决定，不用额外标记。值得注意的是，基于三个螯合环的共面排列，这些反式异构体均不具手性。（强烈建议用分子模型分析这些案例！）

练习 9.6 确定以下化合物的手性标记。

[Co(dien)₂]³⁺ 有多个异构体，下面是其中两种。利用所有未直接连接配位原子对的相对位置，判断环的 Δ 或 Λ 手性；每个配合物可以有三个手性标记。

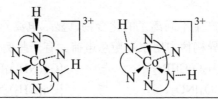

9.3.7 构造异构体

水合异构

在水合异构中水分子的作用有两个：（1）配体；（2）晶格中的客体分子（或溶剂）*。溶剂异构扩展了水合异构的定义范围，允许氨或其他配体作为溶剂参与。

$CrCl_3 \cdot 6H_2O$ 就是个典型的例子。它有 3 种不同晶型，每种都含有六配位铬（III），但它们的化学式不同：$[Cr(H_2O)_6]Cl_3$（紫色）、$[CrCl(H_2O)_5]Cl_2 \cdot H_2O$（蓝绿色）、$[CrCl_2(H_2O)_4]Cl \cdot 2H_2O$（墨绿色）；这三种水合物异构体可以从市售 $CrCl_3 \cdot 6H_2O$ 中分离得到，主要成分是 *trans*-$[CrCl_2(H_2O)_4]Cl \cdot 2H_2O$**。

其他水合异构体的例子有：

$$[Co(NH_3)_4(H_2O)Cl]Cl_2 \qquad 与 \qquad [Co(NH_3)_4Cl_2]Cl \cdot H_2O$$

$$[Co(NH_3)_5(H_2O)](NO_3)_3 \qquad 与 \qquad [Co(NH_3)_5(NO_3)](NO_3)_2 \cdot H_2O$$

水合异构体通常是不经意间发现的。[*cis*-M(phen)₂Cl(H₂O)][*cis*-M(phen)₂(H₂O)₂](PF₆)₃

---

* 例如，硫酸钠水合物（$Na_2SO_4 \cdot 7H_2O$ 和 $Na_2SO_4 \cdot 10H_2O$）晶体中就存在数目变化的水分子。但是，这些盐不是水合异构体，它们的化学式不一样。

** 黄绿色的 $[CrCl_3(H_2O)_3]$ 可通过与浓盐酸反应制得，参见 S. Diaz-Moreno, A. Muñoz-Paez, J. M. Martinez, R. R. Pappalardo, E. S. Marcos, *J. Am. Chem. Soc.*, 1996, *118*, 12654。

（M = Co 或 Ni，图 9.20）的结晶预示[*cis*-M(phen)$_2$Cl(H$_2$O)]Cl·H$_2$O 和[*cis*-M(phen)$_2$(H$_2$O)$_2$]Cl$_2$·H$_2$O 是可以合成的水合异构体[20]。

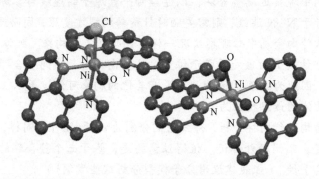

图 9.20 [*cis*-Ni(phen)$_2$Cl(H$_2$O)]$^+$与[*cis*-Ni(phen)$_2$(H$_2$O)$_2$]$^{2+}$（它们与 3 个 PF$_6^-$ 抗衡离子及水分子共晶；若抗衡离子为 Cl$^-$，则会形成水合异构体）

电离异构

分子式相同但电离时产生不同离子的化合物，显示电离异构现象，其区别在于有些离子用作配体，而在对应异构体中用来平衡总电荷。有一些例子同时也是水合异构体。

[Co(NH$_3$)$_4$(H$_2$O)Cl]Br$_2$	与	[Co(NH$_3$)$_4$Br$_2$]Cl·H$_2$O
[Co(NH$_3$)$_5$SO$_4$]NO$_3$	与	[Co(NH$_3$)$_5$NO$_3$]SO$_4$
[Co(NH$_3$)$_4$(NO$_2$)Cl]Cl	与	[Co(NH$_3$)$_4$Cl$_2$]NO$_2$

配位异构

配位异构对不同的化合物显示不同的形式。在历史上，完整的配位异构系列至少包含两个金属中心；配体与金属的比例保持不变，但与特定金属离子连接的配体会发生变化。对于化学式 Pt(NH$_3$)$_2$Cl$_2$，存在 3 种包含 Pt(II)的配位异构体。

[Pt(NH$_3$)$_2$Cl$_2$]

[Pt(NH$_3$)$_3$Cl][Pt(NH$_3$)Cl$_3$]　　（这种化合物还未见报道，但已知有单独存在的离子）

[Pt(NH$_3$)$_4$][PtCl$_4$]　　（Magnus 盐，绿色，发现于 1828 年的第一种铂氨化合物）

配位异构也可以由不同的金属离子或不同氧化态的相同金属组成：

[Co(en)$_3$][Cr(CN)$_6$]	与	[Cr(en)$_3$][Co(CN)$_6$]	
[Pt(NH$_3$)$_4$][PtCl$_6$]	与	[Pt(NH$_3$)$_4$Cl$_2$][PtCl$_4$]	
Pt(II)	Pt(IV)	Pt(IV)	Pt(II)

设计能够以不同方式结合金属的多齿配体是当代的研究热点，其基本目的是在金属上创造交替的电子和空间环境以促进反应。由于配体对交替配位模式的可变性，产生了另一种"配位异构体"的定义。例如，包含双（1-吡唑基甲基）乙胺［图 9.21（a）］与吡唑基硼酸根配体（表 9.4）有关的配位异构。[Rh(*N*-ligand)(CO)$_2$]$^+$在溶液中有两种配位异构体，分别为配体通过两个吡唑氮原子［κ^2-模式，图 9.21（b）］或这些氮原子及叔胺与金属配位［κ^3-模式，图 9.21（c）］[21]。分离所需配位异构体则面临挑战，可以通过开发新的合成方法和分离技术来解决[22]。

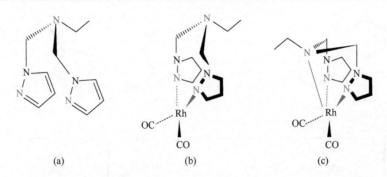

图 9.21 （a）双（1-吡唑基甲基）乙胺（有配位能力的氮原子用灰色标识）；（b）κ^2-[Rh(N-ligand)(CO)$_2$]$^+$；（c）κ^3-[Rh(N-ligand)(CO)$_2$]$^+$

键合异构

硫氰酸根（SCN$^-$）和亚硝酸根（NO$_2^-$）这类配体，可以通过不同配位原子与金属配位。（a）类离子（硬酸）往往会与 SCN$^-$的氮原子键合，而（b）类金属离子（软酸）则与硫原子键合。溶剂也会影响配位点；通式为[M(PPh$_3$)$_2$(CO)(NCS)$_2$]的铑或铱化合物，在高极性溶剂（如丙酮和乙腈）中形成 M—S 键，而在低极性溶剂（如苯和 CCl$_4$）中形成 M—N 键[23]，如图 9.22（a）中的 Pd 配合物。

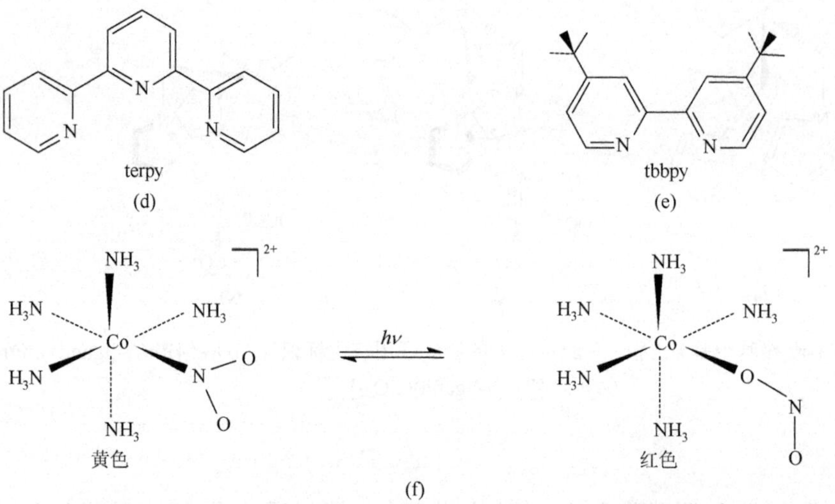

图 9.22　键合异构。（d）和（e）分别为出现在（b）和（c）中的配体 terpy 和 tbbpy [（b）和（c）分子结构图由 CIF 数据生成，为清楚起见省略了氢原子]

硫氰酸根键合异构在太阳能方面的应用促进了对联吡啶硫氰酸根钌（Ⅱ）配合物的深入研究，该配合物具备电子转移应用前景[24, 25]。键合异构体[Ru(terpy)(tbbpy)SCN]+ [图 9.22（b）] 和[Ru(terpy)(tbbpy)NCS]+ [图 9.22（c）] 在溶液中共存并达到平衡 [配位构型见图 9.22（d）和（e）]，其中与 N 键合的异构体在热力学上更稳定。从图中可见，M—NCS 总是直线的，而 M—SCN 则在 S 原子处弯曲。由此可见，以 S 键合时的 SCN⁻需要更大空间，因为该配体可以绕 M—S 键旋转，导致占用较大空间区域。

Jorgensen 和 Werner 研究了亚硝酸根配位的经典异构体[Co(NH₃)₅NO₂]²⁺，发现键合异构体有不同的颜色 [图 9.22（f）]。红色物稳定性差，容易转化为黄色；前者被认为是 M—ONO(nitrito)异构体，而后者为 M—NO₂(nitro)异构体。该猜想后被证实，且动力学[26]和 ¹⁸O 标记实验[27]表明其为严格的分子内异构化，而非 NO₂ 分解并重新成键的结果。

练习 9.7　用 HSAB 概念解释，为什么高极性溶剂中倾向于生成 M—SCN 配合物，而低极性溶剂中倾向于生成 M—NCS 配合物。

9.3.8　异构体的分离和鉴定

分级结晶可以分离几何异构体，该策略假设异构体在特定的混合溶剂中表现出明显不同的溶解度，并且异构体不会共结晶。对于配位阳离子和阴离子，可替换抗衡离子（经复分解过程完成）来微调与异构体阳离子/阴离子结合的产物溶解度。决定配合物溶解度的一个因素是离子如何有效地堆积进晶体中，因为立体异构体具有不同的形状，它们的离子在各自晶体中的堆放应该有所不同。一个实用原则[32]（译者注，原文文献[28-31]漏失）是，当正、负离子大小相近、电荷相等时，该离子化合物最难溶（结晶倾向最大）。例如，电荷为+2 的大阳离子最好用电荷为–2 的大阴离子去结晶。该原则给出了潜在的阳、阴离子对组合，可有效用于调节配合物溶解度。

分离手性异构体则需要手性抗衡离子。抗衡阳离子时，通常使用 *d*-酒石酸根离子、*d*-酒石酸锑以及 *α*-溴樟脑-*π*-磺酸盐；抗衡阴离子时，则需要马钱子碱、番木鳖碱或已分离得到的配合物阳离子（如[Rh(en)$_3$]$^{3+}$）[33]，一种用 *l*-和 *d*-苯丙氨酸拆分含手性螺旋链的 Ni(II)配合物新策略已有报道[34]。对于以一定速率外消旋化的化合物，添加手性抗衡离子即使不能使之结晶出任何一种形式的晶体，也会改变异构体的平衡；溶液中离子之间的相互作用，可能足以使其中一种形式更加稳定[35]。

在手性磁体（磁性讨论见 10.1.2 节）研究中，已用手性模板来获得对映纯配合物。例如，用已拆分的[Δ-Ru(bpy)$_3$]$^{2+}$和[Λ-Ru(bpy)$_3$]$^{2+}$可形成草酸根桥联的旋光性三维网状[Cu$_{2x}$Ni$_{2(1-x)}$(C$_2$O$_4$)$_3$]$^{2-}$阴离子，其中阴、阳离子手性相匹配[36]。已拆分的手性季铵阳离子，可使二维网状结构中铁磁性[MnCr(ox)$_3$]$^-$单元的金属表现出特定的绝对构型[37]。

X 射线晶体学是目前鉴定固态异构体的最好方法，它能提供所有原子的坐标，从而可以快速地确定绝对构型。尽管传统上 X 射线晶体学方法适用于较重原子的金属配合物，但现在也成为确定有机异构体绝对构型的首选方法。

使用旋光法测量光学活性是确定已拆分手性异构体绝对构型的经典方法，目前仍在使用[38]。通常检测旋光度与波长的函数关系以确定呈现的异构体；旋光度随光的波长变化而显著改变，并且在吸收峰附近改变符号。许多有机化合物最大旋光在紫外区，而配合物通常在光谱的可见光区具有主要吸收（以及旋光）带。

偏振光可以是圆偏振光或平面偏振光。当圆偏振时，电或磁矢量以与光相关的频率旋转（面对光源，顺时针旋转为右旋，反之则为左旋）。平面偏振光由右旋和左旋偏振光组合而成，当加和时，矢量在 0° 和 180° 处增强、在 90° 和 270° 处抵消，从而使矢量保持平面运动。平面偏振光穿过手性物质时，偏振面发生旋转，此为旋光色散（optical rotatory dispersion，ORD）或旋光度，由左、右圆偏振光的折射率差异引起，可用以下方程表示：

$$\alpha = \frac{\eta_l - \eta_r}{\lambda}$$

式中，η_l 和 η_r 是左、右圆偏振光的折射率；λ 是光的波长。ORD 的测量方法：光线通过起偏介质后照射待测物质，然后透过偏振分析器，旋转偏振器角度，直至找到透过待测物质的最大光通量为止，接着以不同的波长重复操作。ORD 通常在吸收最大值或接近最大值处穿过零点，并在其一侧显示正值，而另一侧显示负值，远离吸收波长处，经常显示出拖尾现象。当使用可见光测量无色化合物的旋光度时，测得的正是这个远离紫外区的拖尾信号。旋光度随波长的变化称为 Cotton 效应（Cotton effect），当旋光度正值出现在较长波长方向时（右旋），Cotton 效应为正；反之为负。

圆二色性（circular dichroism，CD），源于左、右圆偏振光的吸收差异，由下述方程定义：

$$CD = \varepsilon_l - \varepsilon_r$$

式中，ε_l 和 ε_r 分别是左、右旋圆偏振光的摩尔吸收系数。CD 光谱仪的光学系统与紫外-可见光度计非常相似，只是加装了磷酸铵晶体以允许在其上施加大的静电场。施加电场时，晶体仅允许圆偏振光通过；快速改变场方向可提供交替的左、右旋圆偏振光，检测器接收的光信号以吸光度之差表示。

通常在吸收谱带附近可观察到圆二色性：正的 Cotton 效应在最大吸收处显示正峰，而负效应则显示负峰。这种简单的频谱解读使 CD 比 ORD 更具选择性，更易于解释手性现象，因此 CD 已成为研究手性配合物的首选方法。ORD 和 CD 光谱示意见于图 9.23。

CD 谱也并非总是容易解释的，因为可能会有不同符号的重叠谱带。因此，往往需要确定金属离子周围的整体对称性，并将吸收光谱解析为能级之间的特定跃迁（将在第 11 章中讨论），以便使特定的 CD 峰与对应跃迁相匹配。

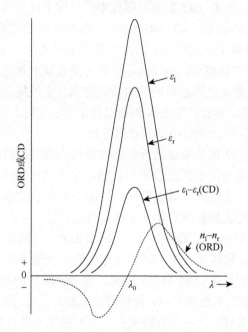

图 9.23　ORD 和 CD 谱图中的 Cotton 效应（在吸收峰处呈正 Cotton 效应的理想 ORD 和 CD 曲线）

9.4　配位数与结构

之前讲到的配合物异构体都具有八面体或平面四方型结构，本节将对其他结构的配合物进行介绍。一般认为，金属 d 电子对于立体化学影响较小，因此可用 VSEPR（参见第 3 章）预测配合物结构。假设每个配体-金属键是由两电子供体原子与金属相互作用产生的，那么三配位化合物结构为平面三角形，四配位则为四面体型，依此类推。但实际上，一些配合物的结构无法用 VSEPR 解释。

配合物的结构受到多种因素影响，并且这些因素何者为主要影响因配合物不同而难以判断，所以预测的结构一定要始终以实验数据为依据，这些因素包括：

1. VSEPR 的考量。

2. d 轨道的占有情况。第 10 章将讨论 d 电子数如何影响几何结构（如平面四方型与四面体型）。

3. 空间位阻。出现在中心金属被多个大位阻配体围绕时。

4. 晶体堆积效应。这种固态效应取决于离子的大小和配合物的几何形状。规则的构型在晶格中堆积时可能会发生变形，但同时也难于评定偏离规则结构是由化合物结构单元内的变化所致，还是晶格堆积作用所致。

9.4.1　一、二、三配位

在凝聚相（固体和液体）配合物中，配位数为 1 的很少见；在溶液中尝试制备仅含一个配体的物种几乎是徒劳的，因为溶剂分子会参与配位导致更高的配位数。Tl(I)和In(I)有配位数为 1 的金属有机化合物［配体为 $2, 6\text{-}Trip_2C_6H_3$[36]，图 9.24（a）］，其庞大的配体阻止了配合物二聚（偶联）形成金属键。但是，铟配合物可以与体积较小的 $Mn(\eta^5\text{-}C_5H_5)(CO)_2^*$ 结合产生 In—Mn 键，In 配位数为 2。图 9.24（c）中的大体积氟化三氮戊二烯基配体可形成单配位的 Tl(I)配合物［图 9.24（b）］[37]，结构分析和计算结果表明，该配合物的中心金属原子 Tl(I)与芳环 π 电子之间的相互作用非常弱。$Ga[C(SiMe_3)_3]$ 为气态时，为一单核单配位化合物[38]。VO^{2+} 是在瞬态时看似单配位的物种。

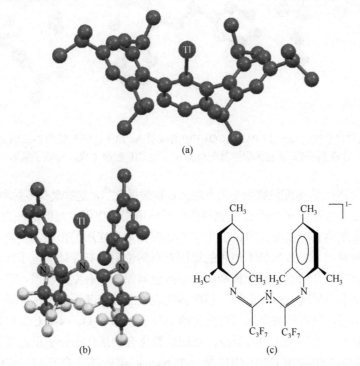

(a)

(b)　　　　　　　　　　(c)

图 9.24　单配位化合物。（a）$2, 6\text{-}Trip_2C_6H_3(Trip = 2, 4, 6\text{-}i\text{-}Pr_3C_6H_2)$；（b）Tl(I)的三氮戊二烯基配合物；（c）三氮戊二烯基配体的一种共振形式（由 CIF 数据生成，省略了氢原子）

最典型的二配位化合物是 $[Ag(NH_3)_2]^+$，其中 Ag^+ 为 d^{10} 组态（闭壳层），按照 VSEPR 分析，应为线型分子，与实际情况相符。其他类似线型配合物还有 $[CuCl_2]^-$、$Hg(CN)_2$、$[Au(CN)_2]^-$ 以及 $[Et_3PAuTi(CO)_6]^-$［图 9.25（a）］[39]。为了获得二配位化合物，研究人员

＊ 13.2 节中，对 $\eta^5\text{-}C_5H_5$ 的合成进行了介绍。

起初采用非常庞大的配体（如大空间位阻的烷基、芳基、酰胺基、烷氧基和硫醇基）来保护金属不被其他基团攻击，从而限制配位数，并取得了明显成效[40]。例如，甲硅烷基酰胺 $N(SiMePh_2)_2$ 作为配体时，可得到线型或近线型的分子，二配位化合物 $M[N(SiMePh_2)_2]$（$M = Fe$ 或 Mn）的合成是该方法可行的经典示例[41]。

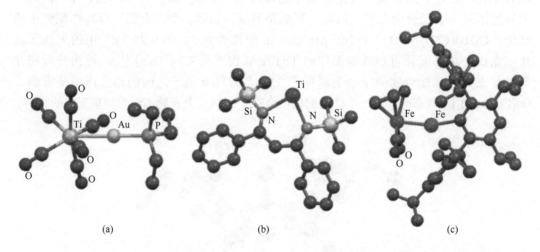

图 9.25　二配位化合物。（a）$[Et_3PAuTi(CO)_6]^-$ 中的线型 Au 原子；（b）铊的 β-二酮亚胺配合物；（c）含有 Fe—Fe 键的低配位数配位方式（由 CIF 数据生成，省略了氢原子）

自 21 世纪以来，许多配位数为 2 的有趣化合物被报道[42]，这些配位不饱和（coordinative unsaturation）化合物为小分子活化*和独特的原子轨道相互作用引起的磁性提供了机会。配位不饱和表明金属具有空的配位点，但由于其他配体本身性质的影响，该位点在动力学上受到不同程度的封闭。导致配位不饱和的原因有空间位阻也有配体的电子效应。配体较大时，二配位化合物的几何形状受配体制约，导致金属原子总有空的轨道，且基本上是非键的，这使得金属中心呈现 Lewis 酸性，但配体位阻效应屏蔽其不被 Lewis 碱进攻，即便分子大小合适也不可，只有能与金属形成强键的小分子（如 N_2O、N_2、CH_4）和 Lewis 碱性不是很强的小分子才能与金属中心反应，低配位数化合物活化小分子正是基于这一概念。

β-二酮亚胺$[\{N(SiMe_3)C(Ph)\}_2CH]^-$是一个 nacnac 类配体（表 9.4），它的螯合强制主族金属 Tl(I)形成二配位非直线型几何结构 [图 9.25（b）][43]。值得注意的是，目前大部分已结构表征的二配位金属化合物都是非线型的，已确定结构的 $d^1 \sim d^9$ 二配位过渡金属配合物只出现在第一过渡系 Cr、Mn、Fe、Co 和 Ni 金属中。尽管利用空间位阻是这方面研究的主要手段，但金属-金属五重键配合物的合成（详见第 15 章）以及金属间配位键的发现，为制备二配位过渡金属配合物提供了全新的策略。例如，图 9.25（c）

---

* 活化是指使分子能够在该条件下本不发生的反应。

双核铁中的 Fe—Fe 键为配位键，其中[Fe(CO)$_2$(η^5-C$_5$H$_5$)]$^-$是配体，[Fe{C$_6$H-2, 6-(C$_6$H$_6$-2, 4, 6-^{i}Pr$_3$)$_2$-3, 5-^{i}Pr$_2$)}]$^+$是受体[44]。

经典的三配位化合物以 d^{10} 组态 Au(I) 和 Cu(I) 离子为主，包括[Au(PPh$_3$)$_3$]$^+$、[Au(PPh$_3$)$_2$Cl] 以及[Au(SPPh$_3$)$_3$]$^{+[45, 46]}$。二配位化合物中使用的大配体同样适用于三配位化合物。第一过渡系所有金属元素，以及 5 族、6 族、8 族、9 族的重过渡金属元素所形成的三配位化合物都有近平面三角的结构[47]。1969 年，实验证实了 Fe{N(SiMe$_3$)$_2$}$_3$ 固态结构为单核、平面三角型，这是一项里程碑式的成就[48]。三配位铁化合物作为固氮酶模型备受关注[49]，在此模型中，具有大取代基的 nacnac 配体用于稳定三配位双核铁化合物 [图 9.26（a）]，双氮桥联配体的 N—N 键被大大削弱[50]。一个与 β-二酮亚胺类似的配体使得 Co(II)配合物呈现出平面三角型结构 [图 9.26（b）] [51]，相应构型的还有 Zn(II) 和 Cd(II) 的三配位化合物[52]。

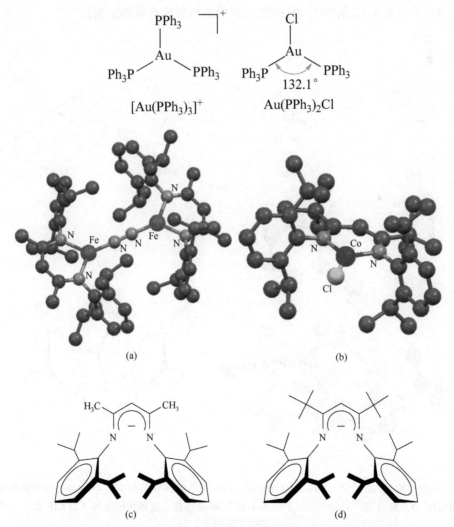

图 9.26　三配位化合物。（a）具有桥联双氮配体的双核铁配合物；（b）平面三角型的钴（II）配合物；（c）（a）中的 β-二酮亚胺配体；（d）（b）中的 β-二酮亚胺配体（由 CIF 数据生成，省略了氢原子）

9.4.2 四配位

四面体型和平面四方型的化合物十分常见[53]。还有一种结构有四个键和一个孤对，出现于主族配合物（如 SF_4 和 $TeCl_4$，第 3 章），呈"跷跷板"构型。许多 d^0 或 d^{10} 电子组态的配合物都有四面体构型，如 MnO_4^-、CrO_4^{2-}、$TiCl_4$、$Ni(CO)_4$ 和 $[Cu(py)_4]^+$；部分 d^5 组态的配合物亦如此，如 $MnCl_4^{2-}$。当每个 d 轨道都填充 0、1 或 2 个电子时，d 轨道将以球对称进行分布，故上述配合物结构符合 VSEPR 假设。四面体构型也出现在一些 d^7 组态的 Co(II) 及 d^8 组态的 Ni(II) 配合物中，如 $CoCl_4^{2-}$、$NiCl_4^{2-}$、$[NiCl_2(PPh_3)_2]$。然而，d^9 组态的 Cu(II) 四卤化物为畸变四面体构型，如 $Cs_2[CuCl_4]$ 和 $(NMe_2)_2[CuCl_4]$ 中，Jahn-Teller 效应（第 10 章）使 $CuCl_4^{2-}$ 离子畸变，两个 Cl—Cu—Cl 键角接近 $102°$，而另两个接近 $125°$；溴化物也有类似的情况。图 9.27 为四面体构型配合物的示例。

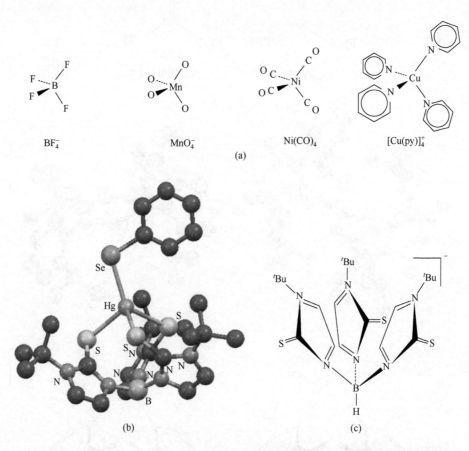

图 9.27　四面体构型的配合物。（a）经典配合物；（b）三（2-巯基-1-叔丁基-咪唑基）氢硼酸根配位的 Hg(II) 四面体型配合物[54]；（c）三（2-巯基-1-叔丁基-咪唑基）氢硼酸根配体（由 CIF 数据生成，省略了氢原子）

匹配位化合物中平面四方型颇为常见。与八面体结构中情形相同，该构型要求配体间夹角 90°，最常见于 d^8 组态配合物 [如 Ni(II)、Pd(II)、Pt(II) 和 Rh(I)]。如 10.5 节所述，Ni(II) 和 Cu(II) 配合物可呈现四面体、平面四方或介于两者之间的构型，这取决于晶体中的配体和抗衡离子，表明两种构型间的能量差很小，晶体堆积作用会决定采用的构型。Pd(II) 和 Pt(II) 的配合物呈平面四方型，同为 d^8 组态的配合物[AgF$_4$]、[RhCl(PPh$_3$)$_3$]、[Ni(CN)$_4$]$^{2-}$、[NiCl$_2$(PMe$_3$)$_2$]也是该构型，而[NiBr$_2$(P(C$_6$H$_5$)$_2$(CH$_2$C$_6$H$_5$))$_2$]在晶体中则同时具有四面体和平面四方两种构型[55]。图 9.28 中列出了一些平面四方型的配合物。

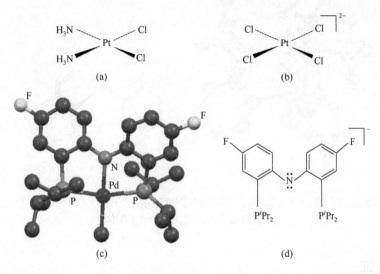

图 9.28　平面四方型配合物。（a）PtCl$_2$(NH$_3$)$_2$ 常被称为"顺铂"；（b）[PtCl$_4$]$^{2-}$；（c）Pd(PNP)CH$_3$ 的构型近似于平面四方[56]；（d）（c）中的 PNP 配体。PNP "钳型" 配体基于双（正膦基芳基）亚胺结构[57]（由 CIF 数据生成，省略了氢原子）

9.4.3　五配位

配位数为 5 的配合物包括三角双锥、四方锥和平面五边型构型，其中平面五边型最为罕见，目前已知的只有主族元素中的[XeF$_5$]$^{-}$[58]和[IF$_5$]$^{2-}$[59]。在许多五配位化合物中，三角双锥和四方锥构型之间的能量差很小，因而这些分子表现出构型流变行为。例如，Fe(CO)$_5$ 和 PF$_5$ 分别在 ^{13}C NMR 和 ^{19}F NMR 谱中仅有一个峰，即在核磁探测的时间标度内只存在一种化学环境，这表明配合物可迅速从一种构型异构为另一种构型，配体在三角双锥和四方锥构型两种不同环境中同时存在。Fe(CO)$_5$ 和 PF$_5$ 在固态时为三角双锥构型；VO(acac)$_2$ 是顶端位置有双键氧的四方锥构型；实验表明，[Cu(NH$_3$)$_5$]$^{2+}$在液氨中为四方锥构型[60]。许多过渡金属配合物都存在五配位情况，如[CuCl$_5$]$^{3-}$和[FeCl(S$_2$C$_2$H$_2$)$_2$]。图 9.29 列举了五配位化合物的结构。

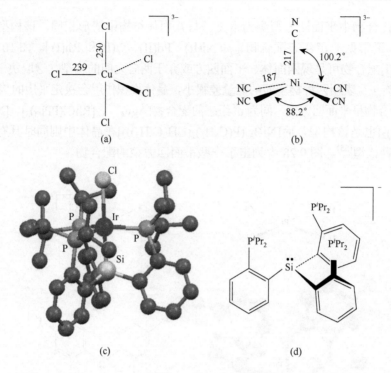

图 9.29　五配位化合物。（a）[CuCl₅]³⁻[61]；（b）[Ni(CN)₅]³⁻[62]；（c）[Si(o-C₆H₄PᶦPr₂)₃]IrCl[63]；
（d）四齿的[Si(o-C₆H₄PᶦPr₂)₃]⁻配体

9.4.4　六配位

　　6 是最为常见的配位数，而其最常见的构型为八面体，也有三棱柱。$d^0 \sim d^{10}$ 组态过渡金属配合物均存在八面体构型，本章已经列举了很多这种构型的配合物，有些还具有手性，如图 9.30 中的三乙二胺合钴（Ⅲ）（[Co(en)₃]³⁺）、[Co(NO₂)₆]³⁻。

$$[Co(en)_3]^{3+} \qquad\qquad [Co(NO_2)_6]^{3-}$$

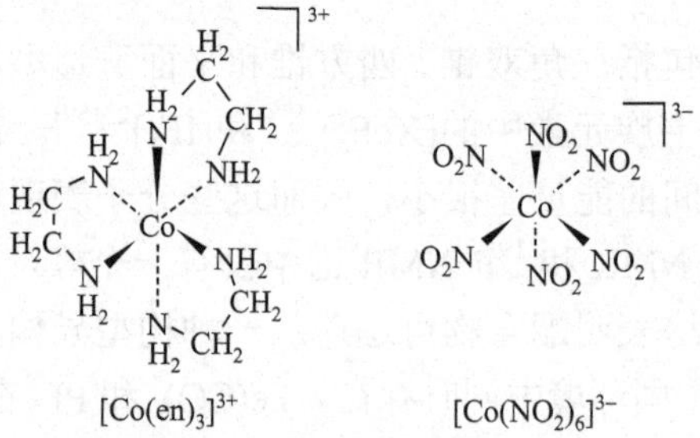

图 9.30　八面体构型配合物

　　对于非正八面体的配合物，可能会出现几种畸变类型。一种是伸长八面体，其中两个反式键拉长，另四个赤道平面的键缩短；另一种是压缩八面体，两个反式键缩短，而其他四个键拉长。这些畸变可归因于空间位阻和电子效应，产生的是四方畸变，如图 9.31 所示。固态二卤化铬表现为四方拉长的结构；晶态 CrF_2 具有畸变的金红石结构，4 个 Cr—F 键长为 200 pm，而另两个为 243 pm；其他卤化铬（Ⅱ）的键长与之相似，但晶体结构不同[64]。电子构型对四方畸变产生的影响，详见 10.5 节。

八面体以三角形平面（共含有 8 个三角面）伸长或缩短会产生三棱柱或反三棱柱构型（译者注，该方式为三角畸变）；以两三角面间的相对转角衡量，更可能的构型介于两种极端情况之间。例如，当顶部和底部三角面重叠时，产生三棱柱构型 [图 9.32（a）]；这两个面交错时，则为反三棱柱构型，它们的相对转角为 60° [图 9.32（b）]。许多三棱柱构型的配合物中含有 3 个双齿配体（如各种二硫

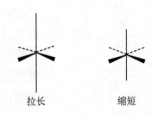

图 9.31　四方畸变的八面体构型

代羧酸根 $S_2C_2R_2$ 和草酸根离子），它们将顶部与底部的三角面连接在一起。第一个用 X 射线晶体学表征（1966 年）的三棱柱构型化合物是二硫代羧酸盐 $Re(C_{14}H_{10}S_2)_3$，其结构 [图 9.32（c）] 在 2006 年被现代技术证实[65]。这类配合物的三棱柱构型可能是由于三角面内相邻硫原子之间的 π 相互作用所致。Campbell 和 Harris[66] 总结后认为三棱柱构型相对于八面体更稳定。六齿配体 1, 4, 7-三（2-巯乙基）-1, 4, 7-三氮杂环壬烷 [图 9.32（e）] 与 Fe(Ⅲ) 结合，可形成反三棱柱构型 [图 9.32（f）和（g）][67]。

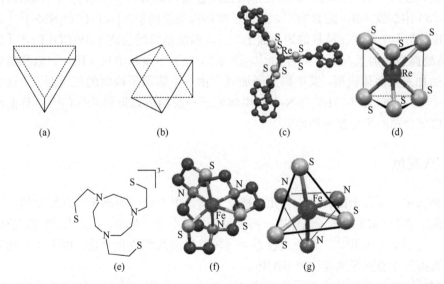

图 9.32　（a）三棱柱；（b）反三棱柱；（c）$Re[S_2C_2(C_6H_5)_2]_3$，可观察到硫原子上下重叠模式；（d）$Re[S_2C_2(C_6H_5)_2]_3$ 的三棱柱型配位中心 ReS_6；（e）1, 4, 7-三（2-巯基）-1, 4, 7-三氮杂环壬烷配体；（f）包含（e）中配体的 Fe(Ⅲ) 配合物；（g）3 个硫原子组成的三角面与 3 个氮原子的三角面发生交错（由 CIF 数据生成，省略了氢原子）

许多貌似四配位的化合物可能实为六配位构型。$(NH_4)_2[CuCl_4]$ 中的 $[CuCl_4]^{2-}$ 离子常作为平面四方型被引用，但在晶体中离子堆积时，平面上、下方分别还有一个距离较远的

氯离子，故形成畸变八面体构型，其原因可用 Jahn-Teller 效应（详见 10.5 节）解释。与之类似，[Cu(NH₃)₄]SO₄·H₂O 中的氨分子以平面四方型方式配位，但是每个铜离子还连接该平面上、下方距离较远的水分子。

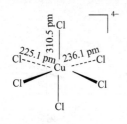

[Tris(2-aminoethyl)amineH₄]₂[CuCl₆]Cl₄·2H₂O 中六配位离子 [CuCl₆]⁴⁻ 的构型很独特[68]。[CuCl₆]⁴⁻ 中存在 3 对不同的 Cu—Cl 键，每对反位配体形成的键长分别为 225.1 pm、236.1 pm 和 310.5 pm，导致键角接近 90°，近于 D_{2h} 对称。晶体中氯离子与水分子之间的氢键作用是造成不同键长的部分原因，同时 Cu(II) 也表现出 Jahn-Teller 畸变。

9.4.5　七配位

七配位化合物有 3 种可能的构型，分别为五角双锥、加冠三棱柱和加冠八面体[69]。在加冠的构型中，第七个配体直接加到主体构型的一个面上，同时键角做出必要的调整以容纳该配体。这三种构型均为实验结果，配体的空间需要决定了七配位化合物的构型。前文曾介绍过一个七配位化合物，即图 9.25（a）中的钛-金配合物，含有二配位的金和七配位的钛，钛的配位环境近似为加冠三棱柱，金原子加冠在与钛结合的四个碳原子所构成的平面上[39]。

主族和过渡金属元素均可形成五角双锥配合物，如 IF₇、[UO₂F₅]³⁻、[NbOF₆]³⁻ 以及图 9.33（a）中的铁（II）配合物[70]。加冠三棱柱构型的例子有 [NiF₇]²⁻ 和 [NbF₇]²⁻ [图 9.33（c）]，其中第七个氟加在棱柱的矩形面上。三溴四羰基钨酸根离子 [W(CO)₄Br₃]⁻ [图 9.33（d）] 是最典型的加冠八面体配合物[71]。图 9.33（e）中展示的钒（III）固氮酶结构，具有近似的加冠八面体构型，其中磷原子加冠在由 3 个硫原子构成的三角面上，这些硫原子与三个 1-甲基咪唑（CH₃C₃H₃N₂）氮供体原子一起构成该近似八面体[72]。目前已有多种七配位化合物的构型被分析研究[73]。

9.4.6　八配位

化合物中，若每个配体各占一角构成立方体，中心原子或离子是八配位的，但此构型仅存在于诸如 CsCl 的离子晶体中，而未见于单独分子。然而，八配位的四方反棱柱和十二面体构型十分常见[74]。第一过渡系金属较难形成八配位化合物，因为半径相对较大的原子或离子才能更好地容纳较多配体。

四方反棱柱构型的经典例子为固态 Na₇Zr₆F₃₁，晶体中排列有特征性四方反棱柱构型的 ZrF₈ 单元[75]。最近值得关注的是具四方反棱柱构型的 W(V) 配合物 [W(bipy)(CN)₆]⁻ [图 9.34（b）]，可用于制备 3d-4f-5d 异三核金属的磁性配合物[76]；[Yb(NH₃)₈]³⁺ 也是四方反棱柱构型[77]。

含有双齿硝酸根配体的 Zr(acac)₂(NO₃)₂ 是典型的十二面体构型配合物[78]。图 9.33（e）显示的是两个四齿硫醇阴离子配体配位的化合物，因每个硫醇基团邻位都有三甲基甲硅烷取代基，结果形成具有独特电子基态的十二面体 V(V) 配阴离子 [图 9.34（e）] [79]。

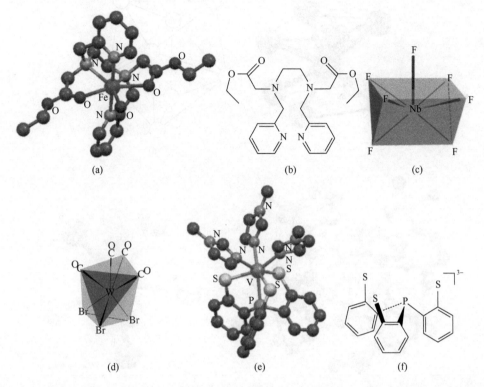

图 9.33 七配位化合物。（a）水合（N, N'-双（2-吡啶甲基）-双（乙酸乙酯）-1, 2-乙二胺）合铁（Ⅱ）的近似五角双锥配位构型；（b）（a）中配合物的六齿配体（第七配体为水）；（c）七氟合铌（Ⅴ）酸根$[NbF_7]^{2-}$的加冠三棱柱构型，F 原子加冠于顶部；（d）$[W(CO)_4Br_3]^-$，加冠八面体；（e）V(Ⅲ)配合物，配体为三（2-硫酚基）膦三价负离子和 3 个 1-甲基咪唑；（f）（e）中的四齿配体（由 CIF 数据生成，省略了氢原子）

八配位化合物也可能有其他特殊构型。例如$[AmCl_2(H_2O)_6]^+$中，配位水分子构成三棱柱构型，而氯离子加冠到三角面上（双冠三棱柱）；$[Mo(CN)_8]^{4-}$通常为压缩的反四棱柱构型[80]；As_8与过渡金属配位通常产生"冠状"结构，如$[NbAs_8]^{3-}$[图 9.34（g）][81]。

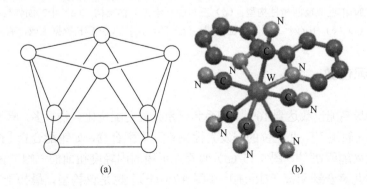

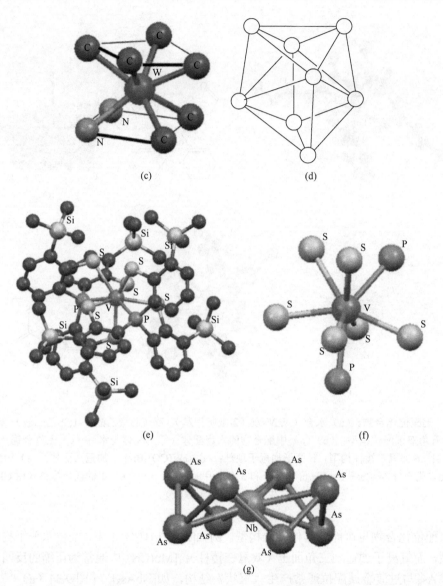

图 9.34　八配位化合物。（a）反四棱柱（无中心原子）；（b）[W(bipy)(CN)$_6$]$^-$；（c）上、下交错的正方形导致[W(bipy)(CN)$_6$]$^-$近似反四棱柱构型；（d）三角面正十二面体结构；（e）十二面体构型的高氧化态钒-硫配合物；（f）（e）中的十二面体配位骨架；（g）[NbAs$_8$]$^{3-}$（由 CIF 数据生成，省略了氢原子）

9.4.7　更高配位数

目前已知最高配位数达到 16[82]。镧系和锕系元素九配位化合物很多，原因在于它们具有能量匹配的 f 轨道[83]。九配位的强发光性镧系元素配合物，如铕配合物 [图 9.35（a）]，是目前的研究兴趣所在[84]，图 9.35（b）明确显示铕周围轻度扭曲的三帽三棱柱九配位构型。很经典的九氢合铼阴离子[ReH$_9$]$^{2-}$ [图 9.35（c）] 也是该构型，最初于 1964 年通过X 射线晶体学方法确定[85]，并在 1999 年利用中子衍射再次确认该结构[86]。[La(NH$_3$)$_9$]$^{3+}$

［图 9.35（d）］具有加冠反四棱柱构型[87]。新型配合物[Mo(ZnCH₃)₉(ZnC₅Me₅)₃]［图 9.35（e）］，被认为既有 sd⁵ 杂化 Mo 中心的十二配位化合物性质，又有 Zn—Zn 键的原子簇性质（详见第 15 章）[88]。

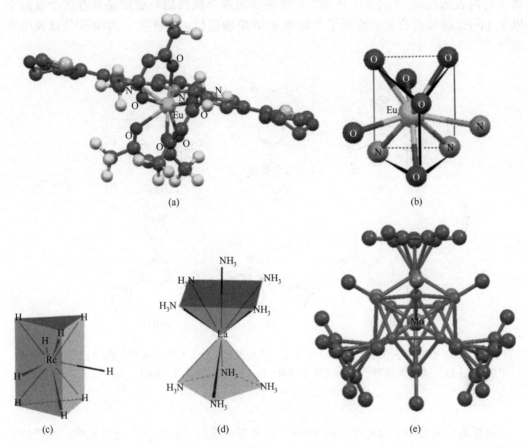

(a)　　　　　　　　　(b)

(c)　　　　　　(d)　　　　　(e)

图 9.35　更高配位数的化合物。（a）九配位的 Eu(III)化合物；（b）（a）中以 Eu 为中心的畸变三帽三棱柱构型；（c）九氢合铼阴离子[ReH₉]²⁻；（d）[La(NH₃)₉]³⁺，加冠反四棱柱构型；（e）[Mo(ZnCH₃)₉(ZnC₅Me₅)₃] 中的十二配位 Mo 中心，锌原子颜色略淡（由 CIF 数据生成，省略了氢原子）

9.5　配位骨架

到目前为止，配合物一直作为独立的个体成为我们关注的焦点，它们在固态中被堆积在一起，在溶液中则是分离的分子。无机化学中的一个新兴领域是配位聚合物的合成与应用，配体作为桥联基团，固态时形成扩展性结构。

沸石（第 7 章）是具有三维多孔结构的铝硅酸盐，应用于离子交换和催化。无机多孔材料研究的最新进展是构建晶型或无定形配位聚合物（coordination polymer），即配合物由配体连接成无限阵列，它们可以是线型或之字形的"一维"链，也可以是二维或三维结构，极具多样性。而我们将着重讨论通过有机分子和离子或者配体上的供体基团进行连接的结构。

　　金属-有机框架（metal-organic framework，MOF）是一种三维扩展结构，由具有两个或两个以上配位点的有机分子将金属离子或团簇连接而成。不同于配位聚合物的是，MOF 仅存于晶型中。MOF 的特点是极大的表面积、可改变的孔径大小以及可调节的内表面性质[89]。MOF 体系中，连接金属或金属簇的官能团是具有两个及两个以上 Lewis 碱位点的分子或离子（如图 9.36 中羧酸根、三唑基、四唑基[90] 以及吡唑基离子[91]）。

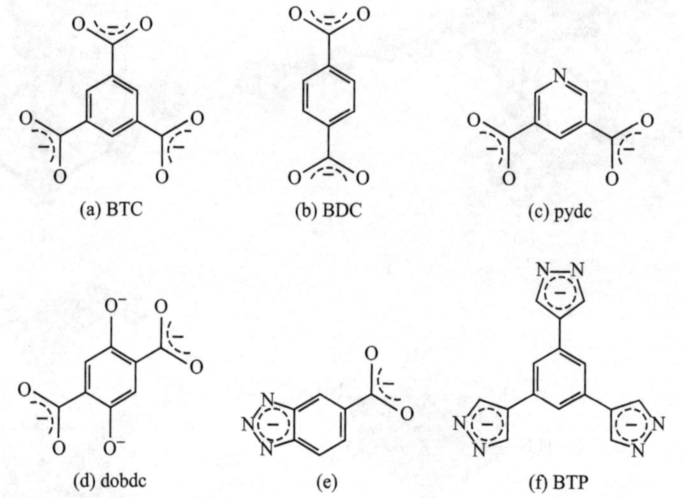

(a) BTC　　　　　　(b) BDC　　　　　　(c) pydc

(d) dobdc　　　　　　(e)　　　　　　(f) BTP

图 9.36　MOF 中桥联基团的例子。（a）1, 3, 5-三苯甲酸根；（b）1, 2-二苯甲酸根；（c）3, 5-二吡啶甲酸根；（d）1, 4-二氧负离子-2, 5-二苯甲酸根；（e）5-甲酸根-[1, 2, 3]苯并三氮唑；（f）1, 3, 5-三（4-吡唑）苯

　　想要构建出预期结构与性质的 MOF，就需要对这些“构筑块”进行正确、合理的组装[92]。图 9.37 展示了以 5-溴-1, 3-二苯甲酸根 [图 9.37（a）] 与 Cu(II)组成的金属-有机多面体（metal-organic polyhedron，MOP）构筑块，具体地说，它是由二羧酸根“叶轮”（paddle wheel）单元桥联一对 Cu(II)离子构成 [图 9.37（b）]。该 MOP 有 12 个这样的单元，整体上呈现出截角立方体 [图 9.38（a）] 结构，其内部是一个平均直径为 1.38 nm 的球形空腔 [图 9.38（b）][93]。虽然这种结构很复杂，但是用[Cu(acac)]$_2$H$_2$O 和 5-溴-1, 3-二苯甲酸合成它相当简单[93]。

　　研究最广泛的金属-有机框架之一是 MOF-5[94]，其结构特征是含有被 BDC [图 9.36（b）] 连接的四面体[Zn$_4$O]$^{6+}$簇。图 9.39（a）是 MOF-5 的构筑单元[Zn$_4$O]$^{6+}$簇，而图 9.39（b）则展示了这些构成单元如何排列并形成孔道。

　　dobdc 配体 [图 9.36（d）] 在构筑金属-有机框架时显示出很强的配位灵活性。目前，已经制备出了一系列 M$_2$(dobdc)（M = Mg、Mn、Fe、Co、Ni、Zn）的 MOF，体系中所含的金属离子极大地影响其物理与化学性质。图 9.40 展示了 Zn-MOF-74 [Zn$_2$(dobdc)]形成的孔道中二维及三维视图[95]。

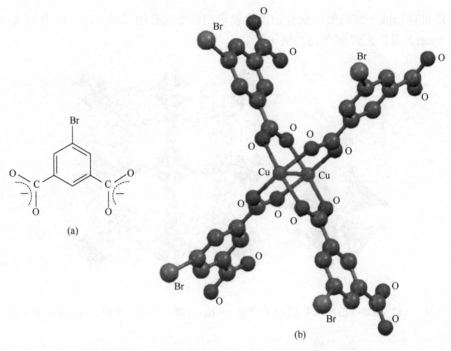

图 9.37　（a）5-溴-1, 3-二苯甲酸根；（b）5-溴-1, 3-二苯甲酸根以"叶轮"桥联的一对 Cu^{2+} 中心（分子结构由 CIF 数据得出，省略了氢原子）

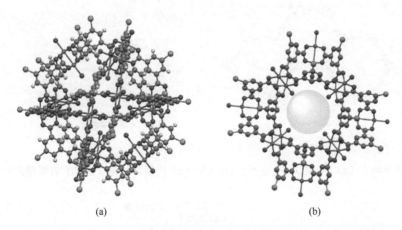

图 9.38　（a）由 Cu(II) 和 5-溴-1, 3-二苯甲酸根组成的 MOP 晶体结构；（b）改变视角所显示的球形空腔（该结构由 CIF 数据得出）

　　人们已经发明了给这种网状结构分类的详细方法，即用三字母代码描述一种拓扑结构。例如，**dia** 代表金刚石结构的网络，**pcu** 代表简单立方结构，**bcu** 代表体心立方结构等[96]。

　　配体上有附加供体基团的配合物称为金属配体（metalloligand），也可以用作 MOF 的构筑块[97]，本质上是将化合物自身用作配体。例如，配合物 $[Cr(ox)_3]^{3-}$（ox = 草酸根，$C_2O_4^{2-}$）外围的 6 个氧原子存在电子对，可以通过供体-受体相互作用与其他金属离子继续成键，并作为金属配体形成大型的二维金属-有机框架[98]。根据金属配体上可结合位点的数目与方向，还可以形成一维的配位聚合物以及以它们延伸的孔道三维网络。图 9.41 是一个联结体（linker）及其配位聚合物的例子[99]。

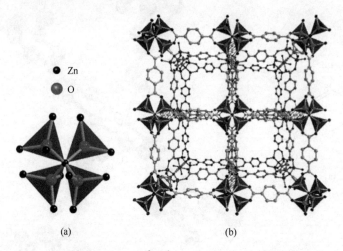

(a) (b)

图 9.39 （a）MOF-5 的构筑单元[Zn₄O]⁶⁺簇*；（b）MOF-5 的晶体结构（由 CIF 数据生成）

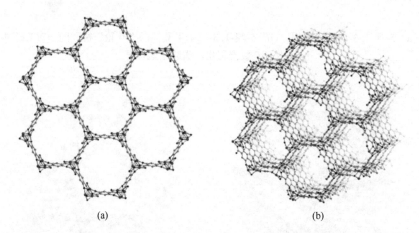

(a) (b)

图 9.40 （a）Zn-MOF-74 中的孔道；（b）（a）的层状结构（由 CIF 数据得出）

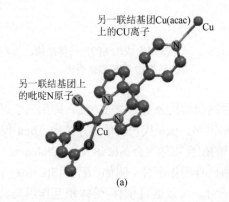

另一联结基团Cu(acac)
上的CU离子 Cu

另一联结基团上
的吡啶N原子

Cu

(a)

---

* MOF-X 的识别方案由 O. M. Yaghi 开发。X 的大小粗略地表明了这些金属-有机框架最初合成的顺序。

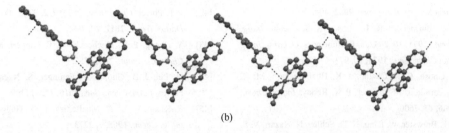

(b)

图 9.41　一维链式结构。（a）Cu(II)联结体；（b）固态时链状结构的一部分（由 CIF 数据得出，省略了氢原子）

利用模块化合成设计具有特定功能的刚性配位框架已经取得了显著的进展，这些框架具有非常大的孔体积和比表面，可以精心设计以满足特定需求。人们感兴趣的领域和潜在应用[100]包括离子交换、气体储存和运输（尤其是甲烷、氢气和乙炔[101]）、二氧化碳捕获、分子传感、药物递送、医学成像以及用于手性分离和手性催化的多孔性框架。

参 考 文 献

[1] C. W. Blomstrand, *Berichte*, **1871**, *4*, 40; translated by G. B. Kauffman, *Classics in Coordination Chemistry, Part 2*, Dover, New York, 1976, pp. 75-93.

[2] S. M. Jørgensen, *Z. Anorg. Chem.*, **1899**, *19*, 109; translated by G. B. Kauffman, *Classics in Coordination Chemistry, Part 2*, pp. 94-164.

[3] A. Werner, *Z. Anorg. Chem.*, **1893**, *3*, 267; *Berichte*, **1907**, *40*, 4817; **1911**, *44*, 1887; **1914**, *47*, 3087; A. Werner, A. Miolati, *Z. Phys. Chem.*, **1893**, *12*, 35; **1894**, *14*, 506; all translated by G. B. Kauffman, *Classics in Coordination Chemistry, Part 1*, New York, 1968.

[4] L. Pauling, *J. Chem. Soc.*, **1948**, 1461; *The Nature of the Chemical Bond*, 3rd ed., Cornell University Press, Ithaca, NY, 1960, pp. 145-182.

[5] J. S. Griffith, L. E. Orgel, *Q. Rev. Chem. Soc.*, **1957**, *XI*, 381.

[6] Pauling, *The Nature of the Chemical Bond*, pp. 145-182.

[7] Griffith and Orgel, *op. cit.*; L. E. Orgel, *An Introduction to Transition-Metal Chemistry*, Methuen, London, 1960.

[8] H. Bethe, *Ann. Phys.*, **1929**, *3*, 133.

[9] J. H. Van Vleck, *Phys. Rev.*, **1932**, *41*, 208.

[10] J. H. Van Vleck, *J. Chem. Phys.*, **1935**, *3*, 807.

[11] T. E. Sloan, "Nomenclature of Coordination Compounds," in G. Wilkinson, R. D. Gillard, and J. A. McCleverty, eds., *Comprehensive Coordination Chemistry*, PergamonPress, Oxford, 1987, Vol. 1, pp. 109-134; G. J. Leigh, ed., International Union of Pure and Applied Chemistry, *Nomenclature of Inorganic Chemistry: Recommendations 1990*, Blackwell Scientific Publications, Cambridge, MA, 1990; J. A. McCleverty and N. G. Connelly, eds., International Union of Pure and Applied Chemistry, *Nomenclature of Inorganic Chemistry II: Recommendations 2000*, Royal Society of Chemistry, Cambridge, UK, 2001.

[12] J. C. Bailar, Jr., *J. Chem. Educ.*, **1957**, *34*, 334; S. A. Meyper, *J. Chem. Educ.*, **1957**, *34*, 623.

[13] S. Pevac, G. Crundwell, *J. Chem. Educ.*, **2000**, *77*, 1358; I. Baraldi, D. Vanossi, *J. Chem. Inf. Comput. Sci.*, **1999**, *40*, 386.

[14] W. E. Bennett, *Inorg. Chem.*, **1969**, *8*, 1325; B. A. Kennedy, D. A. MacQuarrie, C. H. Brubaker, Jr., *Inorg. Chem.*, **1964**, *3*, 265 and others have written computer programs to calculate the number of isomers for different ligand combinations.

[15] E. J. Corey, J. C. Bailar, Jr., *J. Am. Chem. Soc.*, **1959**, *81*, 2620.

[16] J. K. Beattie, *Acc. Chem. Res.*, **1971**, *4*, 253.

[17] A. Rodríguez-Rodríguez, D. Esteban-Gómez, A. deBlas, T. Rodríguez-Blas, M. Fekete, M. Botta, R. Tripier, C. Platas-Iglesias, *Inorg. Chem.*, **2012**, *51*, 2509.

[18] S. Chen, S. A. Pullarkat, Y. Li, P.-H. Leung, *Organometallics*, **2011**, *30*, 1530.

[19] R. S. Cahn, C. K. Ingold, *J. Chem. Soc.*, **1951**, 612; Cahn, Ingold, V. Prelog, *Experientia*, **1956**, *12*, 81.

[20] B. Brewer, N. R. Brooks, S. Abdul-Halim, A. G. Sykes, *J. Chem. Cryst.*, **2003**, *33*, 651.

[21] G. Aullón, G. Esquius, A. Lledós, F. Maseras, J. Pons, J. Ros, *Organometallics*, **2004**, *23*, 5530.

[22] W. R. Browne, C. M. O'Connor, H. G. Hughes, R. Hage, O. Walter, M. Doering, J. F. Gallagher, J. G. Vos, *J.*

Chem.Soc., *Dalton Trans.*, **2002**, 4048.

[23] J. L. Burmeister, R. L. Hassel, R. J. Phelen, *Inorg. Chem.*, **1971**, *10*, 2032; J. E. Huheey, S. O. Grim, *Inorg. Nucl.Chem. Lett.*, **1974**, *10*, 973.

[24] S. Ghosh, G. K. Chaitanya, K. Bhanuprakash, M. K. Nazeeruddin, M. Grätzel, P. Y. Reddy, *Inorg. Chem.*, **2006**, *45*, 7600.

[25] T. P. Brewster, W. Ding, N. D. Schley, N. Hazari, V. S. Batista, R. H. Crabtree, *Inorg. Chem.*, **2011**, *50*, 11938.

[26] B. Adell, *Z. Anorg. Chem.*, **1944**, *252*, 277.

[27] R. K. Murmann, H. Taube, *J. Am. Chem. Soc.*, **1956**, *78*, 4886.

[28] F. Basolo, *Coord. Chem. Rev.*, **1968**, *3*, 213.

[29] R. D. Gillard, D. J. Shepherd, D. A. Tarr, *J. Chem. Soc.*, *Dalton Trans.*, **1976**, 594.

[30] G.-C. Ou, L. Jiang, X.-L. Feng, T.-B. Lu, *Inorg. Chem.*, **2008**, *47*, 2710.

[31] J. C. Bailar, ed., *Chemistry of the Coordination Compounds*, Reinhold Publishing, New York, **1956**, pp. 334-335, cites several instances, specifically [Fe(phen)₃]²⁺ (Dwyer), [Cr(C₂O₄)₃]³⁻ (King), and [Co(en)₃]³⁺ (Jonassen, Bailar, and Huffmann).

[32] F. Pointillart, C. Train, M. Gruselle, F. Villain, H. W. Schmalle, D. Talbot, P. Gredin, S. Decurtins, M. Verdaguer, *Chem. Mater.*, **2004**, *16*, 832.

[33] C. Train, R. Gheorghe, V. Krstic, L.-M. Chamoreau, N. S. Ovanesyan, G. L. J. A. Rikken, M. Gruselle, M. Verdaguer, *Nature Mat.*, **2008**, *7*, 729.

[34] Z.-H. Zhou, H. Zhao, K.-R. Tsai, *J. Inorg. Biochem.*, **2004**, *98*, 1787.

[35] R. D. Gillard, "Optical Rotatory Dispersion and Circular Dichroism," in H. A. O. Hill and P. Day, eds., *Physical Methods in Advanced Inorganic Chemistry*, Wiley InterScience, New York, 1968, pp. 183-185; C. J. Hawkins, *Absolute Configuration of Metal Complexes*, Wiley InterScience, New York, 1971, p. 156.

[36] M. Niemeyer, P. P. Power, *Angew. Chem., Int. Ed.*, **1998**, *37*, 1277; S. T. Haubrich, P. P. Power, *J. Am. Chem. Soc.*, **1998**, *120*, 2202.

[37] H. V. Rasika Dias, S. Singh, T. R. Cundari, *Angew. Chem., Int. Ed.*, **2005**, *44*, 4907.

[38] A. Haaland, K.-G. Martinsen, H. V. Volden, W. Kaim, E. Waldhör, W. Uhl, U. Schütz, *Organometallics*, **1996**, *15*, 1146.

[39] P. J. Fischer, V. G. Young, Jr., J. E. Ellis, *Chem. Commun.*, **1997**, 1249.

[40] P. P. Power, *J. Organomet. Chem.*, **2004**, *689*, 3904.

[41] H. Chen, R. A. Bartlett, H. V. R. Dias, M. M. Olmstead, P. P. Power, *J. Am. Chem. Soc.*, **1989**, *111*, 4338.

[42] P. P. Power, *Chem. Rev.*, **2012**, *112*, 3482. D. L. Kays, *Dalton Trans.*, **2011**, *40*, 769.

[43] Y. Cheng, P. B. Hitchcock, M. F. Lappert, M. Zhou, *Chem. Commun.*, **2005**, 752.

[44] H. Lei, J.-D. Guo, J. C. Fettinger, S. Nagase, P. P. Power, *J. Am. Chem. Soc.*, **2010**, *132*, 17399.

[45] F. Klanberg, E. L. Muetterties, L. J. Guggenberger, *Inorg. Chem.*, **1968**, *7*, 2273.

[46] N. C. Baenziger, K. M. Dittemore, J. R. Doyle, *Inorg. Chem.*, **1974**, *13*, 805.

[47] C. C. Cummins, *Prog. Inorg. Chem.*, **1998**, *47*, 885.

[48] D. C. Bradley, M. B. Hursthouse, P. F. Rodesiler, *Chem. Commun.*, **1969**, 14.

[49] (a) P. L. Holland, *Acc. Chem. Res.*, **2008**, *41*, 905. (b) P. L. Holland, *Can. J. Chem.*, **2005**, *83*, 296.

[50] J. M. Smith, A. R. Sadique, T. R. Cundari, K. R. Rodgers, G. Lukat-Rodgers, R. J. Lachicotte, C. J. Flaschenriem, J. Vela, P. L. Holland, *J. Am. Chem. Soc.*, **2006**, *128*, 756.

[51] P. L. Holland, T. R. Cundari, L. L. Perez, N. A. Eckert, R. J. Lachicotte, *J. Am. Chem. Soc.*, **2002**, *124*, 14416.

[52] K. Pang, Y. Rong, G. Parkin, *Polyhedron*, **2010**, *29*, 1881.

[53] M. C. Favas, D. L. Kepert, *Prog. Inorg. Chem.*, **1980**, *27*, 325.

[54] J. G. Meinick, K. Yurkerwich, G. Parkin, *J. Am. Chem. Soc.*, **2010**, *132*, 647.

[55] B. T. Kilbourn, H. M. Powell, J. A. C. Darbyshire, *Proc. Chem. Soc.*, **1963**, 207.

[56] O. V. Ozerov, C. Guo, L. Fan, B. M. Foxman, *Organometallics*, **2004**, *23*, 5573.

[57] D. Morales-Morales and C. M. Jensen (eds.), *The Chemistry of Pincer Compounds*, 2007, Elsevier, Amsterdam, The Netherlands.

[58] K. O. Christe, E. C. Curtis, D. A. Dixon, H. P. Mercier, J. C. P. Sanders, G. J. Schrobilgen *J. Am. Chem. Soc.*, **1991**, *113*, 3351.

[59] K. O. Christe, W. W. Wilson, G. W. Drake, D. A. Dixon, J. A. Boatz, R. Z. Gnann, *J. Am. Chem. Soc.*, **1998**, *120*, 4711.

[60] M. Valli, S. Matsuo, H. Wakita, Y. Yamaguchi, M. Nomura, *Inorg. Chem.*, **1996**, *35*, 5642.

[61] K. N. Raymond, D. W. Meek, J. A. Ibers, *Inorg. Chem.*, **1968**, *7*, 111.

[62] K. N. Raymond, P. W. R. Corfield, J. A. Ibers, *Inorg. Chem.*, **1968**, *7*, 1362.

[63] M. T. Whited, N. P. Mankad, Y. Lee, P. F. Oblad, J. C. Peters, *Inorg. Chem.*, **2009**, *48*, 2507.

[64] A. F. Wells, *Structural Inorganic Chemistry*, 5th ed.,

Oxford University Press, Oxford, 1984, p. 413.

[65] R. Eisenberg, W. W. Brennessel, *Acta. Cryst.*, **2006**, *C62*, m464.

[66] S. Campbell, S. Harris, *Inorg. Chem.*, **1996**, *35*, 3285.

[67] J. Notni, K. Pohle, J. A. Peters, H. Görls, C. Platas-Iglesias, *Inorg. Chem.*, **2009**, *48*, 3257.

[68] M. Wei, R. D. Willett, K. W. Hipps, *Inorg. Chem.*, **1996**, *35*, 5300.

[69] D. L. Kepert, *Prog. Inorg. Chem.*, **1979**, *25*, 41.

[70] Q. Zhang, J. D. Gorden, R. J. Beyers, C. R. Goldsmith, *Inorg. Chem.*, **2011**, *50*, 9365.

[71] M. G. B. Drew, A. P. Wolters, *Chem. Commun.*, **1972**, 457.

[72] S. Ye, F. Neese, A. Ozarowski, D. Smirnov, J. Krzystek, J. Telser, J.-H. Liao, C.-H. Hung, W.-C. Chu, Y.-F. Tsai, R.-C. Wang, K.-Y. Chen, H.-F. Hsu, *Inorg. Chem.*, **2010**, *49*, 977.

[73] D. Casanova, P. Alemany, J. M. Bofill, S. Alvarez, *Chem. Eur. J.*, **2003**, *9*, 1281. Z. Lin, I. Bytheway, *Inorg. Chem.*, **1996**, *35*, 594.

[74] D. L. Kepert, *Prog. Inorg. Chem.*, **1978**, *24*, 179.

[75] J. H. Burns, R. D. Ellison, H. A. Levy, *Acta Cryst.*, **1968**, *B24*, 230.

[76] M.-G. Alexandru, D. Visinescu, A. M. Madalan, F. Lloret, M. Julve, M. Andruh, *Inorg. Chem.*, **2012**, *51*, 4906.

[77] D. M. Young, G. L. Schimek, J. W. Kolis, *Inorg. Chem.*, **1996**, *35*, 7620.

[78] V. W. Day, R. C. Fay, *J. Am. Chem. Soc.*, **1975**, *97*, 5136.

[79] Y.-H. Chang, C.-L. Su, R.-R. Wu, J.-H. Liao, Y.-H. Liu, H.-F Hsu, *J. Am. Chem. Soc.*, **2011**, *133*, 5708.

[80] W. Meske, D. Babel, *Z. Naturforsch., B: Chem. Sci.*, **1999**, *54*, 117.

[81] B. Kesanli, J. Fettinger, B. Scott, B. Eichhorn, *Inorg. Chem.*, **2004**, *43*, 3840.

[82] A. Ruiz-Martínez, S. Alvarez, *Chem. Eur. J.*, **2009**, *15*, 7470; M. C. Favas, D. L. Kepert, *Prog. Inorg. Chem.*, **1981**, *28*, 309.

[83] T. Harada, H. Tsumatori, K. Nishiyama, J. Yuasa, Y. Hasegawa, T. Kawai, *Inorg. Chem.*, **2012**, *51*, 6476; A. Figuerola, J. Ribas, M. Llunell, D. Casanova, M. Maestro, S Alvarez, C. Diaz, *Inorg. Chem.*, **2005**, *44*, 6939.

[84] J. M. Stanley, X. Zhu, X. Yang, B. J. Holliday, *Inorg. Chem.*, **2010**, *49*, 2035.

[85] S. C. Abrahams, A. P. Ginsberg, K. Knox, *Inorg. Chem.*, **1964**, *3*, 558.

[86] W. Bronger, L. à Brassard, P. Müller, B. Lebech, Th.

Schultz, *Z. Anorg. Allg. Chem.*, **1999**, *625*, 1143.

[87] D. M. Young, G. L. Schimek, J. W. Kolis, *Inorg. Chem.*, **1996**, *35*, 7620.

[88] T. Cadenbach, T. Bollermann, C. Gemel, I. Fernandez, M. von Hopffgarten, G. Frenking, R. A. Fischer, *Angew. Chem., Int. Ed.*, **2008**, *47*, 9150.

[89] H.-C. Zhou, J. R. Long, O. M. Yaghi, *Chem. Rev.*, **2012**, *112*, 673.

[90] G. Aromí, L. A. Barrios, O. Roubeau, P. Gamez, *Coord. Chem. Rev.*, **2011**, *255*, 485; A. Phan, C. J. Doonan, F. J. Uribe-Romo, C. B. Knobler, M. O'Keeffe, O. M. Yaghi, *Acc. Chem. Res.*, **2010**, *43*, 58.

[91] V. Colombo, S. Galli, H. J. Choi, G. D. Han, A. Maspero, G. Palmisano, N. Masciocchi, J. R. Long, *Chem. Sci.*, **2011**, *2*, 1311.

[92] O. M. Yaghi, M. O'Keeffe, N. W. Ockwig, H. K. Chae, M. Eddaoudi, J. Kim, *Nature*, **2003**, *423*, 705.

[93] H. Furukawa, J. Kim, N. W. Ockwig, M. O'Keeffe, O. M. Yaghi, *J. Am. Chem. Soc.*, **2008**, *130*, 11650.

[94] M. Eddaoudi, H. Li, O. M. Yaghi, *J. Am. Chem. Soc.*, **2000**, *122*, 1391; S. S. Kaye, A. Dailly, O. M. Yaghi, J. R. Long, *J. Am. Chem. Soc.*, **2007**, *129*, 14176; L. Hailian, M. Eddaoudi, M. O'Keeffe, O. M. Yaghi, *Nature*, **1999**, *402*, 276.

[95] N. L. Rosi, J. Kim, M. Eddaoudi, B. Chen, M. O'Keeffe, O. M. Yaghi, *J. Am. Chem. Soc.*, **2005**, *127*, 1504.

[96] N. W. Ockwig, O. Delgado-Friedrichs, M. O'Keeffe, O. M. Yaghi, *Acc. Chem. Res.*, **2005**, *38*, 176. 本文献的补充信息中有基于配位数为 3～6 的网状结构插图；M. O'Keeffe, M. A. Peskov, S. J. Ramsden, O. M. Yaghi, *Acc. Chem. Res.*, **2008**, *41*, 1782.

[97] S. J. Garibay, J. R. Stork, S. M. Cohen, *Prog. Inorg. Chem.*, **2009**, *56*, 335.

[98] R. P. Farrell, T. W. Hambley, P. A. Lay, *Inorg. Chem.*, **1995**, *34*, 757.

[99] S. R. Halper, M. R. Malachowski, H. M. Delaney, and S. M. Cohen, *Inorg. Chem.*, **2004**, *43*, 1242.

[100] K. Sumida, D. L. Rogow, J. A. Mason, T. M. McDonald, E. R. Bloch, Z. R. Herm, T.-H. Bae, J. R. Long, *Chem. Rev.*, **2012**, *112*, 724; J.-R. Li, R. J. Kuppler, H.-C.Zhou, *Chem. Soc. Rev.*, **2009**, *38*, 1477; R. E. Morris, P. S. Wheatley, *Angew. Chem., Int. Ed.*, **2008**, *47*, 4966; S. Kitagawa, R. Kitaura, S.-I. Noro, *Angew. Chem., Int. Ed.*, **2004**, *43*, 2334; G. Férey, *Chem. Soc. Rev.*, **2008**, *37*, 191; J. Y. Lee, O. K. Farha, J. Roberts, K. A. Scheidt, S. T. Nguyen, J. T. Hupp, *Chem. Soc. Rev.*, **2009**, *38*, 1450; L. J. Murray, M. Dincă, J. R. Long, *Chem. Soc. Rev.*, **2009**, *38*, 1294; D. Farrusseng, S. Aguado, C. Pinel, *Angew. Chem., Int. Ed.*, **2009**, *48*,

7502; A. Corma, H. García, F. X. Llabrés i Xamena, *Chem. Rev.*, **2010**, *110*, 4606.

[101] R. B. Getman, Y.-S. Bae, C. E. Wilmer, R. Q. Snurr, *Chem. Rev.*, **2012**, *112*, 703.

一般参考资料

IUPAC 的官方命名文件，详见 G. J. Leigh, editor, *Nomenclature of Inorganic Chemistry*, Blackwell Scientific Publications, Oxford, England, 1990 以及 J. A. McCleverty and N. G. Connelly, editors, *IUPAC, Nomenclature of Inorganic Chemistry II: Recommendations 2000*, Royal Society of Chemistry, Cambridge, UK, 2001。对于异构体和几何结构而言，最好的单篇文献是 G. Wilkinson, R. D. Gillard, and J. A. McCleverty, editors,

Comprehensive Coordination Chemistry, Pergamon Press, Oxford, 1987，在其独立的各节中所引用的评述也非常全面。配位聚合物和 MOF 方面可参考最近一篇文献 S. R. Batten, S. M. Neville, and D. R. Turner, *Coordination Polymers*, RSC Publishing, Cambridge, UK, 2009。*Chemical Reviews* 2012 年第 2 期 112 卷整个分册都是关于 MOF 的论文。*Dalton Transactions* 2012 年第 14 期则是讨论固态配位化学的专刊。

习　　题

9.1　请通过检测对称性的方法，判断图 9.3 六配位化合物的前 4 种结构中，是否任何一种都具有光学活性。

9.2　请写出下列化合物的化学名称：

a. [Fe(CN)$_2$(CH$_3$NC)$_4$]

b. Rb[AgF$_4$]

c. [Ir(CO)Cl(PPh$_3$)$_2$]（两种异构体）

d. [Co(N$_3$)(NH$_3$)$_5$]SO$_4$

e. [Ag(NH$_3$)$_2$][BF$_4$]

9.3　请写出下列化合物的化学名称：

a. [V(C$_2$O$_3$)$_3$]$^{3-}$

b. Na[AlCl$_4$]

c. [Co(en)$_2$(CO$_3$)]Cl

d. [Ni(bipy)$_3$](NO$_3$)$_2$

e. Mo(CO)$_6$

9.4　请写出下列化合物的化学名称：

a. [Cu(NH$_3$)$_4$]$^{2+}$

b. [PtCl$_4$]$^{2-}$

c. Fe(S$_2$CNMe$_2$)$_3$

d. [Mn(CN)$_6$]$^{4-}$

e. [ReH$_9$]$^{2-}$

9.5　请给习题 9.12 中所有化合物命名（省略异构体的名称）。

9.6　请给习题 9.19 中所有化合物命名（省略异构体的名称）。

9.7　请写出下列物质的结构：

a. 二（乙二胺）合钴（III）-μ-氨-μ-羟基-二（乙二胺）合钴（III）离子

b. 二亚硝基二碘·二水合铂（IV）的所有异构体

c. Fe(dtc)$_3$ 的所有异构体

$$dtc = \begin{matrix} S \\ \\ S \end{matrix} C = N \begin{matrix} CH_3 \\ \\ H \end{matrix}$$

9.8　请画出下列物质的结构：

a. 氯化三氨·二氯·一水合钴（III）

b. μ-过氧根-二［五氨合铬（III）］

c. 二草酸基·二水合锰（III）酸钾

9.9　请画出下列物质的结构：

a. 顺式-氯·溴·二氨合铂（II）

b. 二亚硝基·二碘·二水合铂（IV），所有配体都是反式

c. 三-μ-羰基·二［三羰基合铁（0）］

9.10　甘氨酸分子式是 NH$_2$CH$_2$COOH，可以从羧基失去一个质子，通过 N 和 O 原子形成螯合环。

画出三（甘氨酸）合钴（III）所有可能的异构体结构。

9.11 画出 M(AB)$_3$ 的所有异构体结构，并指出面式和经式构型。其中，AB 是双齿不对称配体。

9.12 写出下列物种所有的异构体，并标明每一对对映异构体。

　a. [Pt(NH$_3$)$_3$Cl$_3$]$^+$

　b. [Co(NH$_3$)$_2$(H$_2$O)$_2$Cl$_2$]$^+$

　c. [Co(NH$_3$)$_2$(H$_2$O)$_2$BrCl]$^+$

　d. [Cr(H$_2$O)$_3$BrClI]

　e. [Pt(en)$_2$Cl$_2$]$^{2+}$

　f. [Cr(o-phen)(NH$_3$)$_2$Cl$_2$]$^+$

　g. [Pt(bipy)$_2$BrCl]$^{2+}$

　h. Re(arphos)$_2$Br$_2$

arphos =

　i. Re(dien)Br$_2$Cl

9.13 确定下列物种异构体的数目，并画出这些异构体，标明每一对对映异构体。ABA、CDC 和 CDE 代表三齿配体。

　a. M(ABA)(CDC)

　b. M(ABA)(CDE)

9.14 在表 9.6 中，M(ABC)$_2$ 有 11 种异构体（ABC 代表三齿配体），包括 5 对对映异构体。然而，并非所有文献都同意这一点。请用画图与构建模型的方法来验证表中引用的数据。

9.15 （2-氨基乙基）膦配体结构如下所示它常用作过渡金属的双齿配体（参见 N. Komine, S. Tsutsuminai, M. Hirano, S. Komiya, *J. Organomet. Chem.*, **2007**, 692, 4486）。

　a. 当配体与钯形成单齿配合物时，通过磷原子而不是氮原子成键。请给出解释。

　b. 二氯·二 [（2-氨基乙基）膦] 合镍（II）是一八面体配合物，其中（2-氨基乙基）膦是双齿配体。该配合物有多少种异构体？画出每个异构体的结构，并确定每一对对映异构体。

　c. 用 Λ 或 Δ 给这些手性异构体分类。

9.16 八面体配位的过渡金属 M 有如下几种配体：

两个氯配体

一个（2-氨基乙基）膦配体（见习题 9.15）

一个[O—CH$_2$—CH$_2$—S]$^{2-}$配体

　a. 画出所有异构体，标明每对对映异构体。

　b. 用 Λ 或 Δ 给这些手性异构体分类。

9.17 假设合成了一种配合物，分子式是 [Co(CO)$_2$(CN)$_2$Br$_2$]$^-$。在红外光谱中，有两个 C—O 伸缩振动谱带，但只有一个 C—N 伸缩振动带。该化合物最可能的结构是什么（见 4.4.2 节）？

9.18 分子式为 M(ABC)(NH$_3$)(H$_2$O)Br 的八面体配合物有多少种异构体（ABC 是三齿配体 H$_2$N—C$_2$H$_4$—PH—C$_2$H$_4$—AsH$_2$）？包含多少对对映异构体？画出这些异构体。三齿配体可以简写成 N—P—As。

9.19 指出下列配合物的绝对构型（用 Λ 或 Δ 表示）

　a.

S⌒S = 二甲基二硫代氨基甲酸酯

　b.

O⌒O = 草酸根离子

　c.

N⌒N = 乙二胺

　d.

N⌒N = 2, 2′-联吡啶

9.20 下面哪些分子具有手性？

　a.

配体 = EDTA

b.

c.

省略氢原子

9.21 请写出习题 9.20b 和习题 9.20c 中螯合环的对称性标识（用 λ 或 δ 表示）。

9.22 许多化合物含有类立方烷（cubane）核心骨架（形式上源自立方型有机分子立方烷 C_8H_8），其典型结构为：在扭曲立方体的对角上有四个金属原子，其他角上有类似于 O 和 S 的非金属原子，如图所示（E=非金属原子）：

除了所有金属原子和非金属原子都相同的"立方烷"以外，还有一些在 8 个原子骨架上有不同的金属和/或非金属原子，外部与此骨架连接的基团也可能不同。

a. 如果核心骨架有如下分子式，它们分别可能有多少种异构体？

1. Mo_3WO_3S

2. $Mo_3WO_2S_2$

3. $CrMo_2WO_2SSe$

b. 标明 **a** 中每个异构体所属点群。

c. "立方烷"的 8 原子核心可能是手性的吗？请给出理由。

9.23 *cis*-OsO_2F_4 溶解在 SbF_5 中时形成 $OsO_2F_3^+$ 离子，^{19}F NMR 谱表明该离子有两组信号，分别为二重峰及三重峰，强度比为 $2:1$。该离子最可能结构是怎样的？所属点群是什么？（参见 W. J. Casteel, Jr., D. A. Dixon, H. P. A. Mercier, G. J. Schrobilgen, *Inorg. Chem.*, **1996**, *35*, 4310）

9.24 $Cu(CN)_2$ 用 1062 nm 波长的激光烧蚀时

会产生各种以氰根桥联的二配位 Cu^{2+} 离子，它们统称为金属氰化物"算盘"。这些离子的可能结构是什么？铜离子周围有哪种最可能的几何构型？（参见 I. G. Dance, P. A. W. Dean, K. J. Fisher, *Inorg. Chem.*, **1994**, *33*, 6261）

9.25 配合物 $[Au(PR_3)_2]^+$（R 是异亚丙基丙酮）在低温时聚集在磷原子周围，产生"螺旋"异构，此时有多少种可能的异构体？（参见 A. Bayler, G. A. Bowmaker, H. Schmidbaur, *Inorg. Chem.*, **1996**, *35*, 5959）

9.26 $[ReH_9]^{2-}$ 是最引人瞩目的氢化物之一，它具有三帽三棱柱结构 [图 9.35 (c)]。以氢轨道为基构建一个表示，将之约化为它的不可约表示，并指出 Re 原子的哪些轨道具有合适对称性，可以与氢轨道相互作用。

9.27 三价铬化合物 $[Cr(bipy)(ox)_2]^-$ 可以作为金属配体，与 Mn(II) 形成配位聚合物链，其中锰离子为八配位（四方反棱柱型），且桥联 4 个 $[Cr(bipy)(ox)_2]^-$。Mn 与 Cr 在聚合物中的比例是 $1:2$。画出这条链的两个构筑单元。（参见 F. D. Rochon, R. Melanson, M. Andruh, *Inorg. Chem.*, **1996**, *35*, 6086）

9.28 金属配体 $Cu(acacCN)_2$ 和 2, 4, 6-三（2-吡啶基）三嗪（tpt）形成二维"蜂巢"片层结构，每个蜂巢"室"都有六重对称性。请说明 6 个金属配体与 6 个 tpt 如何形成这样的结构。（参见 J. Yoshida, S.-I. Nishikiori, R. Kuroda, *Chem. Lett.*, **2007**, *36*, 678）

$Cu(acacCN)_2$

tpt

9.29 确定点群：

a. 习题 9.28 中的 Cu(acacCN)$_2$ 和 tpt（假定在 acacCN 配体中的 O···O 和 tpt 中的芳香环上电子离域）

b. 分子车轮（注意环的朝向）。（参见 H. P. Dijkstra, P. Steenwinkel, D. M. Grove, M. Lutz, A. L. Spek, G. van Koten, *Angew. Chem., Int. Ed.*, **1999**, *38*, 2186）

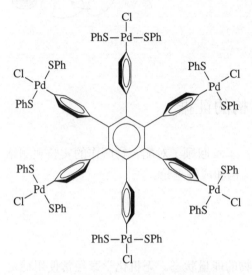

9.30 从氢气中分离 CO$_2$ 是 MOF 材料很有前途的一项工业应用。人们已经筛选了各种金属-有机框架[MOF-177、Co(BDP)、Cu-BTTri 和 Mg$_2$(dobdc)]，评估它们在气体分压达到 40 bar、温度在 313 K 时吸附这些气体的相对能力（参见 Z. R. Herm, J. A. Swisher, B. Smit, R. Krishna, J. R. Long, *J. Am. Chem.*

Soc., **2011**, *133*, 5664）。CO$_2$ 和 H$_2$ 中哪种气体能被所有 4 种 MOF 材料有效吸收？哪两种 MOF 的性质与 CO$_2$ 吸收能力最密切相关？把数据整理成表格以量化 4 种 MOF 材料的这些属性。哪种 MOF 在 5 bar 时吸收 CO$_2$ 最多？这种低压下高吸收能力归因于什么结构特征？哪种有最佳的 CO$_2$/H$_2$ 分离特性？

9.31 用 MOF 从燃烧后的混合气体中捕获 CO$_2$ 已被建议用于燃煤发电厂，以减少 CO$_2$ 排放。目前遇到的挑战是，如何设计 MOF 使之在相对低的温度和压力下从混合气体中选择性地吸收 CO$_2$，然后能轻松地去除 CO$_2$，再生 MOF 并循环使用。请仔细阅读 T. M. McDonald, W. R. Lee, J. A. Mason, B. M. Wiers, C. S. Hong, J. R. Long, *J. Am. Chem. Soc.*, **2012**, *134*, 7056，简述文献中具有完美 CO$_2$ 吸收性能的 MOF 材料合成方法。为什么这些 MOF 需要"活化"？如何活化？早期使用 M$_2$(dobdc) 的方法时，为什么可能会失败？这又将如何影响新 MOF 联体的设计？

9.32 含 Zr(IV) 的 MOF 具有极高稳定性和极大的应用前景。调控 MOF 属性的一种方法是将其他金属离子共配到框架中。请仔细阅读 W. Morris, B. Volosskiy, S. Demir, F. Gándara, P. L. McGrier, H. Furukawa, D. Cascio, J. F. Stoddart, O. M. Yaghi, *Inorg. Chem.*, **2012**, *51*, 6443，评述在 MOF-525 和 MOF-545 中，作者尝试选择金属中心时的考量；画出允许金属掺杂的联体结构。这两种 MOF 在金属掺杂方面有何异同？

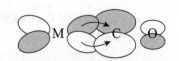

第 10 章

配位化学 Ⅱ：成键

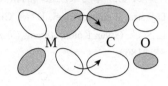

10.1　电子结构的证据

一种成功的成键理论必须与实验数据相符。本章回顾了对配合物所作的实验观测结果，并描述了用于解释这些配合物性质的电子结构和成键理论。

10.1.1　热力学数据

任何成键理论的关键目标之一是解释化合物的能量状态。无机化学家经常使用稳定常数（stability constant，有时又称形成常数 formation constant）作为评估键合强度的指标。稳定常数，指的是生成配合物的反应平衡常数。例如，下面两个生成配合物的反应及其稳定常数表达式[*]：

$$[Fe(H_2O)_6]^{3+}(aq) + SCN^-(aq) \rightleftharpoons [Fe(SCN)(H_2O)_5]^{2+}(aq) + H_2O(l)$$

$$K_1 = \frac{[FeSCN^{2+}]}{[Fe^{3+}][SCN^-]} = 9 \times 10^2$$

$$[Cu(H_2O)_6]^{2+}(aq) + 4NH_3(aq) \rightleftharpoons [Cu(NH_3)_4(H_2O)_2]^{2+}(aq) + 4H_2O(l)$$

$$K_2 = \frac{[Cu(NH_3)_4^{2+}]}{[Cu^{2+}][NH_3]^4} = 1 \times 10^{13} \quad （译者注，原文 K_2 误为 K_4）$$

这些反应发生在水溶液中，大的稳定常数表明金属离子与进入配体键合比与水分子键合有利，尽管反应中水极大地过量。换句话说，在与金属离子成键时，进入配体 SCN^- 和 NH_3 比水更具竞争优势。

水合 Ag^+ 和 Cu^{2+} 与不同配体反应生成配合物的平衡常数列于表 10.1，其中配体取代了水分子。配体相同但金属离子不同，导致这些平衡常数的变化是惊人的，同时，相对于水分子，如果比较 Ag^+ 或 Cu^{2+} 与不同配体之间的形成常数，区别更为显著。例如，金

---

[*] 为简单起见，平衡常数表达式中省略了配合物化学式中的水分子。

属离子-氨的形成常数相对接近（Cu^{2+}对应的 K 值约为 Ag^+ 的 8.5 倍），金属离子-氟化物的形成常数亦如此（Cu^{2+} 的 K 值约为 Ag^+ 的 12 倍），但配体为氯和溴离子时的形成常数相差很大（Ag^+ 的 K 值比 Cu^{2+} 分别大 1000 倍和 22000 倍）。氯和溴离子同水竞争比氟离子能更有效地与 Ag^+ 结合，而氟离子同水竞争能更有效地与 Cu^{2+} 而不是 Ag^+ 结合。这可通过 HSAB 理论[*]来解释：Ag^+ 是软的阳离子，而 Cu^{2+} 是交界阳离子，两者都不能与硬的氟离子形成强键，但 Ag^+ 与较软的溴离子成键比 Cu^{2+} 强得多。这样的定性说明有助于理解，但如果没有其他数据，很难完全理解这些化学倾向的原因。

表 10.1 $[M(H_2O)_n]^z + X^m \longrightarrow [M(H_2O)_{n-1}X]^{z+m} + H_2O(l)$ 在 25℃时的形成常数（K）

阳离子	NH_3	F^-	Cl^-	Br^-
Ag^+	2000	0.68	1200	20000
Cu^{2+}	17000	8	1.2	0.9

数据源于：R. M. Smith and A. E. Martell, *Critical Stability Constants, Vol. 4, Inorganic Complexes*, Plenum Press, New York, 1976, pp. 40-42, 96-119。这些测试中并非所有离子强度都相同，但此处的 K 值趋势在相当广的离子强度下与测试结果一致。

当配体有两个配位点时则另当别论，如乙二胺（$NH_2CH_2CH_2NH_2$，en）。当其中一个氮与金属离子成键后，另一个氮被拉近至金属促使两个氮同时配位。对于相同金属离子的配合物，相对于含有给电子性质相似的单齿配体，同一配体利用多个配位点键合（螯合）金属时通常会使形成常数增大，导致配体解离更困难，因为形成多个键合位点，很难将配体与金属分离。例如，$[Ni(en)_3]^{2+}$ 在稀溶液中稳定，但在相似条件下，单齿的甲胺配合物 $[Ni(CH_3NH_2)_6]^{2+}$ 则会解离出甲胺，生成氢氧化镍沉淀：

$$[Ni(CH_3NH_2)_6]^{2+}(aq) + 6H_2O(l) \longrightarrow Ni(OH)_2(s) + 6CH_3 NH_3^+(aq) + 4OH^-(aq)$$

$[Ni(en)_3]^{2+}$ 的形成常数明显大于 $[Ni(CH_3NH_2)_6]^{2+}$，因为在水中后者热力学上不稳定。当配体原子和金属形成大小为 5 个或 6 个原子的环时，螯合效应（chelate effect）对形成常数的影响最大。小环存在张力，环太大时，第二个配位原子距离较远，形成配位键时配体可能需要扭曲。如果更全面地了解这种效应，则需要确定反应的焓和熵。

反应焓可以通过量热法测量，也可以利用平衡常数对温度的依赖性，通过绘制 $\ln K$-$1/T$ 曲线，求得这些配体取代反应的 $\Delta H^{\ominus}$ 和 $\Delta S^{\ominus}$。

热力学参数，如 $\Delta H^{\ominus}$、$\Delta S^{\ominus}$，以及 K 对 T 的依赖性，可用于比较不同金属离子与同一配体的反应或同一金属离子与系列配体的反应。当这些数据可用于一组相关反应时，有时可以推测出这些热力学参数与配合物电子构型之间的相关性。但是，仅仅依据形成反应的 $\Delta H^{\ominus}$ 和 $\Delta S^{\ominus}$ 信息，不足以预测配合物的重要特征，如其结构或化学式。

对 Cd^{2+} 与甲胺和乙二胺的配位反应做一比较列于表 10.2：

$$[Cd(H_2O)_6]^{2+} + 4CH_3NH_2 \rightleftharpoons [Cd(CH_3NH_2)_4(H_2O)_2]^{2+} + 4H_2O \qquad （分子数不变）$$

$$[Cd(H_2O)_6]^{2+} + 2en \rightleftharpoons [Cd(en)_2(H_2O)_2]^{2+} + 4H_2O \qquad （分子数增加 2）$$

---

[*] 参见第 6 章关于 HSAB 概念的讨论。

表 10.2　在 25℃时单齿及双齿配体取代反应的热力学数据

反应物	产物	$\Delta H^{\ominus}$ (kJ/mol)	$\Delta S^{\ominus}$ (J/(mol·K))	$\Delta G^{\ominus}$ (kJ/mol)	K
	$[Cd(H_2O)_6]^{2+}$				
4 CH_3NH_2	$[Cd(CH_3NH_2)_4(H_2O)_2]^{2+}$	−57.3	−67.3	−37.2	3.3×10^6
2 en	$[Cd(en)_2(H_2O)_2]^{2+}$	−56.5	+14.1	−60.7	4.0×10^{10}
	$[Cu(H_2O)_6]^{2+}$				
2 NH_3	$[Cu(NH_3)_2(H_2O)_4]^{2+}$	−46.4	−8	−43.9	4.5×10^7
en	$[Cu(en)(H_2O)_4]^{2+}$	−54.4	+23	−61.1	4.4×10^{10}

数据源于：F. A. Cotton, G. Wilkinson, *Advanced Inorganic Chemistry*, 6th ed., 1999, Wiley InterScience, New York, p. 28；M. Ciampolini, P. Paoletti, L. Sacconi, *J. Chem. Soc.*, **1960**, 4553。译者注，原文$[Cu(H_2O)_6]^{2+}$误为$[Cd(H_2O)_6]^{2+}$。

　　因为这些反应的 $\Delta H^{\ominus}$ 相似，所以平衡常数的巨大差异（超过 4 个数量级！）是 $\Delta S^{\ominus}$ 相差很大的结果：第二个反应分子数净增加 2，$\Delta S^{\ominus}$ 为正，与第一个反应相反，其分子数不变。在此例中，乙二胺的螯合使一个配体占据了两个配体所占据的配位点，作用是决定性因素，它使 $\Delta S^{\ominus}$ 变得更正、$\Delta G^{\ominus}$ 更负、形成常数更大。

　　表 10.2 中的另一例比较了$[Cu(H_2O)_6]^{2+}$中的一对水分子被两个NH_3配体或一个乙二胺取代的情况。同样，在与乙二胺的反应中，熵显著增加对该反应大的形成常数起到非常重要的作用（本次增加了 3 个数量级），这也是螯合配体具有显著熵效应的一个例子[1]。

10.1.2　磁化率

　　与第 5 章中对双原子分子的描述类似，配合物的磁性测量可以为其轨道能级提供间接证据。Hund 规则要求最大数量的能量相等或几乎相等的未成对电子。所有电子都成对的抗磁化合物，会被磁场轻微排斥；当有未成对电子时，化合物为顺磁性，被磁场吸引。磁性测量的结果用磁化率 χ（magnetic susceptibility）[2]表示，磁化率越大，样品在外磁场中被磁化（即成为磁体）的程度就越显著。

　　顺磁性物质的一个决定性特征是，在恒定温度下，其磁化强度随外磁场增强而线性增大；相反，抗磁配合物的磁化强度则随外磁场增强而线性减小，感应磁场的方向与外磁场方向相反。磁化率与磁矩 μ（magnetic moment）有关，且符合如下关系：

$$\mu = 2.828(\chi T)^{\frac{1}{2}}$$

其中，χ为磁化率（cm^3/mol）；T 为温度（K）；磁矩的单位是 Bohr 磁子 μ_B，1 μ_B = 9.27 × 10^{-24} J/T（焦耳/特斯拉）。

　　顺磁性的产生是因为运动模型中带负电荷的电子表现得像微磁体，尽管没有直接证据表明电子在自转运动，但带电粒子自旋会产生自旋磁矩（spin magnetic moment），因此称为电子自旋（electron spin）。$m_s = -\frac{1}{2}$ 或 $+\frac{1}{2}$ 的电子，分别称之为有负、正自旋（2.2.2 节）。电子组态的总自旋磁矩用自旋量子数 S 表示，它等于最大总自旋，即 m_s 值总和。

　　例如，基态氧原子的电子构型是 $1s^2 2s^2 2p^4$，两个 2p 轨道各有一个电子，第三个有一对电子，因此其最大总自旋 $S = +\dfrac{1}{2} + \dfrac{1}{2} + \dfrac{1}{2} - \dfrac{1}{2} = 1$。轨道角动量以量子数 L 表示，等于电子构型中各 m_l 值的最大可能加和，将产生附加的轨道磁矩。在氧原子中，当 p^4 组态中有一对电子取 $m_l = +1$，两个单电子分别取 $m_l = 0$ 和 -1 时，将出现 m_l 值的最大可能加和，此时 $L = +1 + 0 - 1 + 1 = 1$。自旋和轨道角动量对磁矩贡献的组合以矢量相加，就是原子或分子的总磁矩。第 11 章将提供有关量子数 S 和 L 的更多细节。

练习 10.1 计算氮原子的 L 和 S。

以 S 和 L 表示的磁矩为

$$\mu_{S+L} = g\sqrt{[S(S+1)] + \left[\frac{1}{4}L(L+1)\right]}$$

式中，μ 为磁矩；g 为旋磁比（将自旋转换为磁矩）；S 为自旋量子数；L 为轨道量子数。

尽管确定详细的电子结构需包括轨道磁矩，但对于第一过渡系的多数化合物，由于轨道贡献很小，因此仅考虑自旋磁矩就足够。唯自旋磁矩 μ_S（spin-only magnetic moment）为

$$\mu_S = g\sqrt{[S(S+1)]}$$

其他原子或离子的场可以有效地猝灭这些化合物中的轨道磁矩。对于较重的过渡金属和镧系元素，轨道磁矩贡献较大，必须予以考虑。我们通常主要关注化合物中未成对电子数，而此数目不同，μ 的可能值才显著不同，因此仅考虑自旋磁矩引入的误差通常不足以影响对未成对电子数的正确判断。

在 Bohr 磁子中，旋磁比 g 是 2.00023，而且通常近似为 2，因此 μ_S 就变为

$$\mu_S = 2\sqrt{[S(S+1)]} = \sqrt{4[S(S+1)]}$$

当未成对电子数为 1、2、3、…时，$S = \dfrac{1}{2}$、1、$\dfrac{3}{2}$、…，所以这个方程也可以写成：

$$\mu_S = \sqrt{[n(n+2)]}$$

式中，n 是未成对电子数，这是最常用的方程。

随 n 变化的 μ_S 和 μ_{S+L} 以及一些实测的磁矩列于表 10.3。

表 10.3 计算和实测的磁矩

离子	n	S	L	μ_S	μ_{S+L}	实测值
V^{4+}	1	1/2	2	1.73	3.00	1.7～1.8
Cu^{2+}	1	1/2	2	1.73	3.00	1.7～2.2
V^{3+}	2	1	3	2.83	4.47	2.6～2.8
Ni^{2+}	2	1	3	2.83	4.47	2.8～4.0
Cr^{3+}	3	3/2	3	3.87	5.20	约 3.8
Co^{2+}	3	3/2	3	3.87	5.20	4.1～5.2

续表

离子	n	S	L	μ_S	μ_{S+L}	实测值
Fe^{2+}	4	2	2	4.90	5.48	5.1～5.5
Co^{3+}	4	2	2	4.90	5.48	约 5.4
Mn^{2+}	5	5/2	0	5.92	5.92	约 5.9
Fe^{3+}	5	5/2	0	5.92	5.92	约 5.9

数据源于：F. A. Cotton and G. Wilkinson, *Advanced Inorganic Chemistry*, 4th ed., Wiley, New York, 1980, pp. 627-628。
注：磁矩以 Bohr 磁子作单位。

练习 10.2 证明表达式 $\sqrt{4[S(S+1)]}$ 和 $\sqrt{[n(n+2)]}$ 是等价的。

练习 10.3 计算下列原子和离子的唯自旋磁矩。（注意 2.2.4 节与过渡金属电离相关的电子构型规则）

　　　　　　Fe　　　Fe^{2+}　　　Cr　　　Cr^{3+}　　　Cu　　　Cu^{2+}

磁化率测定

Gouy 法[3]是测定磁化率的传统方法，但在现代实验室中已经很少使用。它需要分析天平和一个小磁铁（图 10.1）[4]，将固体样品装于玻璃管中，对一个小的强磁场 U 型磁体称重四次：①磁体称重；②将样品悬挂于磁体的两极间间隙中；③将已知磁化率的参比物悬挂于间隙中；④将空管悬挂在间隙中（以校正样品管中产生的任何磁性）。对于抗磁性样品，样品与磁体相互排斥，磁体显得略重；对于顺磁性样品，样品和磁体相互吸引，磁体看上去略轻。参比物的测量提供了一个标准，可以据此计算样品的质量磁化率（mass susceptibility，又称克磁化率），然后将其转换为摩尔磁化率（mole susceptibility）*。

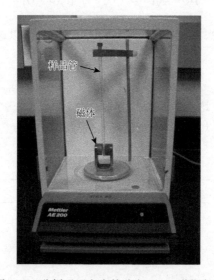

图 10.1　分析天平室中的改良 Gouy 磁化率仪

---

* 本文目的是介绍磁化率测量的基本原理。欢迎读者查阅所引参考文献，以获得应用这些方法时有关计算的详细信息。

现代的磁化率测量是用磁化率天平测试固体，用 Evans 核磁共振法测试溶液样品。磁化率天平如同 Gouy 天平，可评估固体样品对磁体的影响，但该方法磁体并非静止，测试时施加电流以抵消（或平衡）由固态样品在磁极间悬浮而引起的可移动磁体的偏转。当样品悬浮时，使磁体恢复到原来位置所需电流与质量磁化率成正比。与 Gouy 法一样，磁化率天平需要使用已知磁化率的参比物进行校准，常用的是 $Hg[Co(SCN)_4]$。

Evans 核磁共振法[5]需要一根同轴的核磁管，以便在管中将两种溶液进行物理分离*，其中一腔室包含参比物溶液，另一腔室则包含顺磁性待测物和参比物溶质（必须对待测物呈惰性）的溶液。由于有与没有顺磁性待测物产生的 NMR 谱图中，参比物的化学位移不同，因此可以观察到每个腔室的共振信号，所选参比物的化学位移偏移（以 Hz 为单位）与待测物的质量磁化率成正比[6]。因为本测试需要分辨相当小的化学位移变化，所以使用强场 NMR 光谱仪是这方面研究的理想选择。

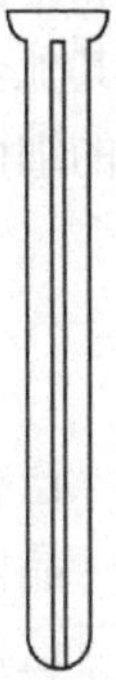

在现代强场 NMR 波谱中使用的超导磁体也被用于超导量子干涉仪（SQUID 磁强计），它可以测量配合物磁矩，从而确定磁化率。在 SQUID 中，样本磁矩在超导检测线圈中感应出电流，随即产生磁场，该磁场的强度与样品磁矩相关。SQUID 对磁场波动具有极高灵敏度[7]，且允许在一定温度范围内测量样品的磁矩。样品的磁化强度（以及磁化率）随温度的变化是一项重要的测量指标，可以提供有关该物质磁性质的更多详细信息**。

同轴核磁管

铁磁性和反铁磁性

顺磁性和抗磁性只代表磁性的两种类型。物质只有置于外部磁场中才会被磁化，然而大多数人提及磁体时，总是想到不需要外部磁场磁化的永久磁场，即所谓的**铁磁性**（ferromagnetism），如附着在铁上的磁体。在铁磁体中，由于块体中的长程有序，每个组分粒子（如单个铁原子）的磁矩沿相同方向排列***，这些磁矩耦合产生磁场。常见的铁磁体包括铁、镍和钴及这些金属的合金（固溶体）。**反铁磁性**（antiferromagnetism）源于这些磁矩的交替长程排列，相邻的磁矩方向相反。金属铬为反铁磁性，但这种性质在金属氧化物（如 NiO）中最常见。建议对此感兴趣的读者更深入地研读有关磁性的其他资料[8]。

10.1.3　电子光谱

轨道能级的证据可以从电子光谱中得到。当电子跃迁到高能级时，所吸收的光子的能量是其能级之差，这取决于轨道能级及其占据情况。由于电子之间的相互作用，这些光谱通常比本章给出的能级图复杂。第 11 章详述了这些作用，因此给出的配合物电子光谱图更完整。

---

　* 一种简易方法，是将装有参比物溶液的密封毛细管置于一个标准 NMR 管中。

　** 如果摩尔磁化率的倒数随温度线性增加（固定外磁场），且其 y 轴截距为 0，则含有一个单电子的配合物表现出理想 Curie 顺磁性。通常用 SQUID 来判断配合物磁性与 Curie 或 Curie-Weiss 定律的符合程度。与顺磁性相关的温度依赖性，符合程度可能非理想或极为复杂，超出本书的讨论范围。

　*** 在顺磁性化合物中，单个粒子的磁矩不能有效耦合，或多或少地相互独立。

10.1.4　配位数和分子构型

尽管多种因素会影响与金属键合的配体数和最终物种的形状，但在某些情况下，我们可以从电子结构信息中预测哪种结构更合理。例如，四配位有两种结构可能，即四面体和平面四方型。一些金属如 Pt(II)几乎只形成平面四方型的配合物；而如 Ni(II)和 Cu(II)等其他金属则根据配体不同表现出两种结构，有时还呈现介于两者之间的结构。电子结构的细微区别有助于解释这些差异。

10.2　成 键 理 论

已有多种描述配合物电子结构的理论方法，我们讨论其中三种。

晶体场理论

这是一种基于静电作用的理论，用于描述八面体环境中金属 d 轨道能级的分裂。它提供了对电子能级的近似描述，通常用于解释配合物的紫外和可见光谱，但不描述金属-配体成键。

配体场理论

以金属和配体前线轨道之间相互作用形成分子轨道的方式来描述配合物成键。它使用了晶体场理论的一些术语，但侧重于轨道相互作用，而不是离子间的吸引力。

角重叠方法

这是一种估算配合物中分子轨道能量相对大小的方法。它明确考虑了参与配体成键的轨道以及前线轨道的相对取向。

现代计算化学允许通过计算来预测配合物的几何结构、轨道形状和能量及其他性质。分子轨道的计算通常基于 Born-Oppenheimer 近似，认为与快速移动的电子相比原子核处于固定位置。由于这类计算无法精确求解"多体"问题，因此提出了一些近似方法以简化计算并缩短计算时间，其中最简单的方法利用扩展休克尔（Hückel）理论可生成形象的分子轨道三维图像。分子轨道计算的细节超出了本书的范围，但是我们建议读者利用分子建模软件来补充本书中的那些主题和图像，其中一些已呈现于书中，这里提供与之相关的参考资料*。

我们在此作为历史背景简要描述晶体场理论，将重点介绍配体场理论和角重叠方法。

10.2.1　晶体场理论

晶体场理论[9]最初用于描述晶体中金属离子的电子结构。晶体中，金属离子被阴离子包围产生静电场，场对称性取决于晶体结构。金属离子的 d 轨道能级被静电场分裂，其能量近似值可以计算得出。因为假定了晶体中不存在共价作用，所以该理论未尝试处理共

---

　　* 各种计算方法的简要介绍以及相互比较，参见 G. O. Spessard and G. L. Miessler, *Organometallic Chemistry*, Oxford University Press, New York, 2010, pp. 42-49。

价键。晶体场理论于 20 世纪 30 年代发展起来，不久后人们认识到，配合物中金属离子周围的电子对给体以同样的排列方式存在于晶体中，从而发展了更完整的分子轨道理论[10]。然而直到 20 世纪 50 年代，对配位化学研究兴趣增加后，两种理论才被广泛地使用。

当金属离子的 d 轨道置于由配体电子对组成的八面体场中时，这些轨道中的任何电子都被该静电场排斥。因而，具有 e_g 对称性的 $d_{x^2-y^2}$ 和 d_{z^2} 轨道因指向周围的配体，能量上升；而 d_{xy}、d_{xz} 和 d_{yz} 轨道（t_{2g} 对称性）指向配体之间，所以相对而言不受场影响，由此产生的轨道能量差被定义为 Δ_o。（o 代表八面体，早期文献使用 10 Dq）。这种方法提供了一种确定配合物中 d 轨道分裂的基本思路。

因为配体静电场作用升高了 5 个 d 轨道的能量，所以轨道平均能量高于自由离子状态，如图 10.2 所示，t_{2g} 轨道能量比该平均能量低 $0.4\Delta_o$，而 e_g 轨道则较其高 $0.6\Delta_o$。3 个 t_{2g} 轨道的总能量为 $-0.4\Delta_o \times 3 = -1.2\Delta_o$，两个 e_g 轨道的总能量为 $+0.6\Delta_o \times 2 = +1.2\Delta_o$。电子实际分布的组态与所有电子处于均匀（或球形）场中的假想组态之间的能量差称为晶体场稳定化能（crystal field stabilization energy，CFSE）。CFSE 基于 d 轨道在八面体场作用下分裂和 d 轨道在球形场作用下能量均匀增加，量化了不同电子组态间的能量差。

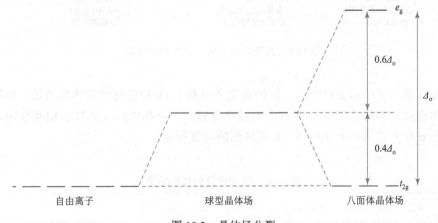

图 10.2　晶体场分裂

该模型不能合理解释驱动金属-配体成键的电子稳定作用。如前所见，在所有分子轨道的讨论中，轨道之间的任何相互作用都会形成高、低能量的分子轨道，相对于最初的原子轨道，如果电子稳定在生成的被占分子轨道中，则会形成化学键。由图 10.2 可知，自由离子与八面体配体场相互作用时，其组态电子的总能量最多可以保持不变，因为金属离子与配体相互作用而产生的稳定作用并不存在。这种方法不包括更低（成键）的分子轨道，所以不能提供电子结构的完整图像。

10.3　配体场理论

Griffith 和 Orgel 将晶体场理论和分子轨道理论相结合，提出了配体场理论（ligand field theory）[11]。这里介绍的许多细节都源自他们的工作。

10.3.1　八面体配合物的分子轨道

对于八面体配合物，配体可以以 σ 方式与金属相互作用，直接提供电子给金属轨道；或者以 π 方式从侧面的两个区域发生作用。相应的例子如图 10.3 所示。

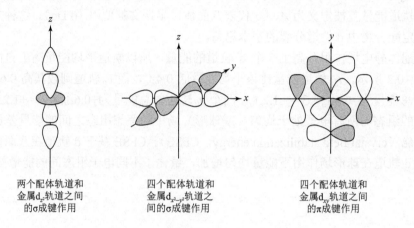

两个配体轨道和　　　　四个配体轨道和　　　　四个配体轨道和
金属d_{z^2}轨道之间　　　金属$d_{x^2-y^2}$轨道之　　金属d_{xy}轨道之间
的σ成键作用　　　　　　间的σ成键作用　　　　的π成键作用

图 10.3　八面体配合物的轨道相互作用

正如在第 5 章中的处理方式，我们首先考虑基于 O_h 对称性的配体群轨道，然后考虑这些群轨道如何与中心原子（本例中为过渡金属）上对称性匹配的轨道相互作用。下面我们处理 σ 相互作用，表 10.4 是 O_h 对称性的特征标表。

表 10.4　O_h 对称性的特征标表

O_h	E	$8C_3$	$6C_2$	$6C_4$	$3C_2(=C_4^2)$	i	$6S_4$	$8S_6$	$3\sigma_h$	$6\sigma_d$		
A_{1g}	1	1	1	1	1	1	1	1	1	1		
A_{2g}	1	1	-1	-1	1	1	-1	1	1	-1		
E_g	2	-1	0	0	2	2	0	-1	2	0		$(2z^2-x^2-y^2,\ x^2-y^2)$
T_{1g}	3	0	-1	1	-1	3	1	0	-1	-1	(R_x, R_y, R_z)	
T_{2g}	3	0	1	-1	-1	3	-1	0	-1	1		$(xy,\ xz,\ yz)$
A_{1u}	1	1	1	1	1	-1	-1	-1	-1	-1		
A_{2u}	1	1	-1	-1	1	-1	1	-1	-1	1		
E_u	2	-1	0	0	2	-2	0	1	-2	0		
T_{1u}	3	0	-1	1	-1	-3	-1	0	1	1	(x, y, z)	
T_{2u}	3	0	1	-1	-1	-3	1	0	1	-1		

σ 相互作用

可约表示的基是一组 6 个配体上的给体轨道，如 6 个 NH_3 配体上的 σ 给体轨道[*]。用该轨道组作为基，从对称性角度看相当于用图中一组指向金属的 6 个矢量为基，可以得出以下可约表示。

O_h	E	$8C_3$	$6C_2$	$6C_4$	$3C_2(=C_4^2)$	i	$6S_4$	$8S_6$	$3\sigma_h$	$6\sigma_d$
Γ_σ	6	0	0	2	2	0	0	0	4	2

该表示可约化为 $A_{1g} + T_{1u} + E_g$：

O_h	E	$8C_3$	$6C_2$	$6C_4$	$3C_2(=C_4^2)$	i	$6S_4$	$8S_6$	$3\sigma_h$	$6\sigma_d$		
A_{1g}	1	1	1	1	1	1	1	1	1	1		$x^2+y^2+z^2$
T_{1u}	3	0	–1	1	–1	–3	–1	0	1	1	(x, y, z)	
E_g	2	–1	0	0	2	2	0	–1	2	0		$(2z^2-x^2-y^2,\ x^2-y^2)$

练习 10.4 验证可约表示 Γ_σ 的特征标，并证明它可约化为 $A_{1g} + T_{1u} + E_g$。

d 轨道

d 轨道在过渡金属配位化学中起着关键作用，应优先检验。根据 O_h 特征标表，d 轨道可以分属不可约表示 E_g 和 T_{2g}，而 E_g（$d_{x^2-y^2}$ 和 d_{z^2}）轨道与 E_g 配体轨道相匹配。由于对称性匹配，两组 E_g 轨道之间相互作用，形成一对成键轨道（e_g）和对应的一对反键轨道（e_g^*）。$d_{x^2-y^2}$ 轨道和 d_{z^2} 轨道与 σ 给体轨道发生显著的相互作用不足为奇，因为中心原子 d 轨道的波瓣和 σ 给体轨道相对指向。另外，由于 d_{xy}、d_{xz} 和 d_{yz} 轨道的波瓣指向配体之间，与 T_{2g} 对称性的配体轨道不匹配，所以这些金属轨道是非键的。总体的 d 相互作用示于图 10.4。

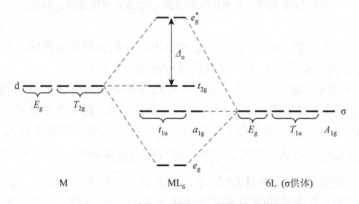

图 10.4 σ 给体与金属 d 轨道的相互作用

---

[*] 配体为中性分子时，其 HOMO 往往作为这些群轨道的基。配体场理论是第 6 章中讨论的前线分子轨道理论的延伸。

s 轨道和 p 轨道

金属的 s 和 p 价轨道的对称性与其余两个不可约表示相匹配：s 轨道与 A_{1g} 匹配，p 轨道与 T_{1u} 匹配。A_{1g} 对称性下的作用形成成键轨道及反键轨道（a_{1g} 和 a_{1g}^*），而 T_{1u} 作用则形成一组 3 个成键轨道（t_{1u}）和对应的 3 个反键轨道（t_{1u}^*）。包括已经描述的 d 轨道，所有这些作用一并示于图 10.5，它总结了仅含有 σ 给体的八面体配合物中的轨道相互作用。配体上的给体轨道与金属的 s、p、$d_{x^2-y^2}$ 和 d_{z^2} 轨道相互作用，形成 6 个成键轨道，并由配体提供的电子占据。这 6 对电子的能量较低，代表稳定配合物的 σ 键，它们的稳定性极大地促进了配合物的形成，而在晶体场理论中并不涉及这一关键因素。

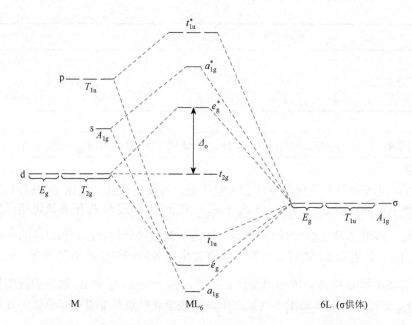

图 10.5　σ 给体与金属 s、p、d 轨道的相互作用。图中 6 个满填的给体轨道为最低的 6 个分子轨道，贡献 12 个电子。金属价电子占据 t_{2g} 轨道，可能还有 e_g^* 轨道

d_{xy}、d_{xz} 和 d_{yz} 是非键轨道，所以它们的能量不受 σ 给体轨道的影响，在图中用对称性 t_{2g} 表示。比 t_{2g} 能量更高的是 6 个和成键轨道对应的反键轨道。

绿色的 $[Ni(H_2O)_6]^{2+}$ 是一例可以用图 10.5 能级图描述的配合物。6 个成键轨道（a_{1g}，e_g，t_{1u}）被配体水分子提供的 6 对电子所占据。此外，Ni^{2+} 有 8 个 d 电子，在配合物中，6 个电子填入 t_{2g} 轨道，最后两个电子分别占据 e_g^* 的两个轨道（自旋平行）。

许多过渡金属配合物具有靓丽的颜色，部分原因是其中的 t_{2g} 和 e_g^* 轨道间能级差常常等于可见区光子的能量。在 $[Ni(H_2O)_6]^{2+}$ 中，该能级差与红光近似匹配，因此当白光通过 $[Ni(H_2O)_6]^{2+}$ 溶液时，红光被吸收并激发电子从 t_{2g} 跃迁到 e_g^* 轨道；透射光因滤掉了一些红光而显示其互补色，观察到绿色。这一现象比此处的简单描述复杂得多，将在第 11 章中继续讨论。

在图 10.5 中，我们再次看到 $\varDelta_o$，这是在晶体场理论中引入的一个符号。$\varDelta_o$ 同样用于配体场理论，作为金属-配体相互作用大小的量度。

π 相互作用

虽然图 10.5 可以为描述八面体过渡金属配合物能级提供指导，但当配体与金属发生 π 相互作用时，则必须进行适当修改，因为这种作用对 t_{2g} 轨道有显著的影响。

$Cr(CO)_6$ 是一个八面体配合物，其中配体与金属间既存在 σ 相互作用，也存在 π 相互作用。配体 CO 的 HOMO（3σ）和 LUMO（$1\pi^*$）在碳原子上都有大的波瓣（图 5.13），它既是有效的 σ 给体，又是有效的 π 受体（该类配体即 π 配体，本译著适当用到此名词，译者注）。作为 π 受体，它有两个正交的 π^* 轨道，都能容纳对称性匹配的金属轨道电子。

有必要再创建一个可约表示，用 12 个 π^* 轨道组合作为基；6 个 CO 配体，每个提供 2 个 π^* 轨道。在构建该表示时，使用统一的坐标系方案有助于理解，如图 10.6 所示。

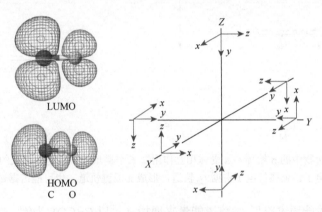

图 10.6　八面体 π 轨道坐标系

以该轨道组为基，可得到 $\varGamma_\pi$ 表示：

O_h	E	$8C_3$	$6C_2$	$6C_4$	$3C_2(=C_4^2)$	i	$6S_4$	$8S_6$	$3\sigma_h$	$6\sigma_d$
$\varGamma_\pi$	12	0	0	0	-4	0	0	0	0	0

该表示可约化为 $T_{1g} + T_{2g} + T_{1u} + T_{2u}$：

O_h	E	$8C_3$	$6C_2$	$6C_4$	$3C_2(=C_4^2)$	i	$6S_4$	$8S_6$	$3\sigma_h$	$6\sigma_d$	
T_{1g}	3	0	-1	1	-1	3	1	0	-1	-1	
T_{2g}	3	0	1	-1	-1	3	-1	0	-1	1	(xy, xz, yz)
T_{1u}	3	0	-1	1	-1	-3	-1	0	1	1	(x, y, z)
T_{2u}	3	0	1	-1	-1	-3	1	0	1	-1	

练习 10.5　验证 $\varGamma_\pi$ 的特征标，并证明它可约化为 $T_{1g} + T_{2g} + T_{1u} + T_{2u}$。

该分析最重要的结果是生成了一个具有 T_{2g} 对称性的表示，它与 T_{2g} 轨道组（d_{xy}、d_{xz}、d_{yz}）相匹配，而这些轨道与仅为 σ 给体的配体是非键的。如果配体是 π 受体，如 CO，则匹

配的净效应是降低 t_{2g} 轨道能量并形成成键分子轨道,同时提高(空的)t_{2g}^* 轨道能量并形成反键轨道,配体贡献很大。配体的 T_{1u} 群轨道与金属 p 轨道也存在 T_{1u}-σ 相互作用,但重叠相对较弱。T_{1g} 和 T_{2u} 轨道没有匹配的金属轨道,为非键轨道。总结果如图 10.7 所示。

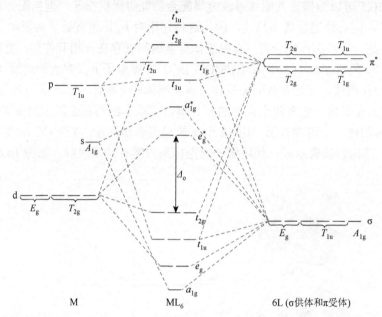

图 10.7 八面体配合物中的 σ 给体及 π 受体相互作用*。6 个满填给体轨道为最低的 6 个分子轨道贡献 12 个电子。金属价电子占据 t_{2g} 轨道,形成 π 成键轨道,也可能占据 e_g^* 轨道

强的 π 酸配体能通过降低 t_{2g} 轨道能量来增加 Δ_o。以 $Cr(CO)_6$ 为例,在图中底部的 a_{1g}、e_g、t_{1u} 成键轨道上有 12 个电子,形式上来自配体 CO 的 6 对给体电子,通过与金属的相互作用而稳定;接下来的 6 个电子,形式上来自 Cr,填入 3 个 t_{2g} 轨道,它们也因与 π 受体作用而稳定(并成键)。由于 CO 的 π 受体能力增大了 t_{2g} 和 e_g^* 之间的能量差,因此与 $[Ni(H_2O)_6]^{2+}$ 中情形相比,在 $Cr(CO)_6$ 中激发这两个能级之间的电子跃迁需要更多能量。事实上,$Cr(CO)_6$ 无色还能吸收紫外光,因为前线能级相距太远而无法吸收可见光。

低能级成键轨道中的电子主要集中在配体上,这些稳定的配体电子是配体与金属中心结合的主要原因。高能级电子通常位于金属价轨道贡献较高的轨道中,它们受到配体场效应的影响,决定了配合物的结构细节、磁性、电子光谱以及反应活性。

CN^- 在配合物中也能参与 σ 和 π 相互作用,其能级(图 10.8)介于 N_2 和 CO 之间(第 5 章),因为 C 与 N 价层轨道的能级差小于 C 与 O 的相应能级差。CN^- 的 HOMO 是 σ 成键轨道,电子密度集中在碳上,是形成氰根配合物的 σ 给体轨道。CN^- 的 LUMO 是两个空的 π^* 轨道,可以与金属形成 π 键。图 10.9 是各种配体轨道与金属 d 轨道 π 型重叠的比较示意图。

---

* 此图为简略图,未显示由 CO 的 π 成键轨道组成的群轨道相互作用,它们也具有 $T_{1g} + T_{2g} + T_{1u} + T_{2u}$ 对称性,能量与 CO 的 HOMO 相近。任何具有空 π^* 轨道的配体,必然存在占据 π 成键轨道,可以与金属发生作用。具有强 π 受体的配合物中,配体 π 成键轨道对金属-配体成键的影响相对较小,有时可忽略。这种现象称为 π 电子给予,将在本章后面讨论。

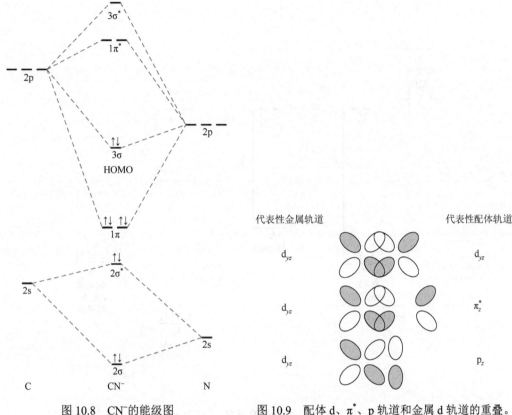

图 10.8　CN⁻的能级图

图 10.9　配体 d、π^*、p 轨道和金属 d 轨道的重叠。配体 d 和 π^*轨道的重叠很好，但 p 轨道的重叠较差

CN⁻配体 π^*轨道的能量高于金属 $t_{2g}(d_{xy}, d_{xz}, d_{yz})$ 轨道，当它们发生重叠组成分子轨道时，成键轨道的能量低于金属初始的 t_{2g} 轨道。相应地，反键轨道的能量高于 e_g^* 轨道。如图 10.10（a）所示，金属的 d 电子占据成键轨道导致更大的 Δ_o 值和更强的金属-配体键。这种 π 成键作用可以显著提高电子的稳定性。这种金属→配体 π 键（metal-to-ligand π-bonding，M→L）称为反馈 π 键（π back-bonding），其中来自金属 d 轨道的电子（如果只有 σ 相互作用，电子将定域在金属上）占据配体提供的 π 轨道。通过这种 π 相互作用，金属将部分电子"反馈"回配体，与 σ 相互作用正相反。在 σ 相互作用中，金属是受体，配体是给体。具有空轨道的配体可以与金属形成这种 π 相互作用，因此称为 π 受体。

前面提到，任何具有 π^*轨道的配体也同时具有与金属作用的 π 轨道。虽然配体是 π 受体时后一种作用的影响相对较小，但如果是弱 π 受体，满填的 π 轨道可能对电子结构有非常显著的影响。例如 F⁻或 Cl⁻这样的配体，p 轨道中有电子但不用于 σ 成键，而是在八面体配合物中以 $T_{1g} + T_{2g} + T_{1u} + T_{2u}$ 对称性形成群轨道的基*。这些满填的 T_{2g} 轨道与金属的 T_{2g} 轨道相互作用产生成键轨道和反键轨道。这些 t_{2g} 成键轨道中，配体轨道贡献多，配体-金属键强度略有增强；对应的 t_{2g}^* 能级升高，金属 d 轨道贡献多，为反键轨道。这使

---

*　在配合物 Lewis 结构中，这些电子以孤对形式存在于卤离子上。因为配体空轨道能量过高，所以这些配体是弱的 π 受体，无法与金属有效地作用。

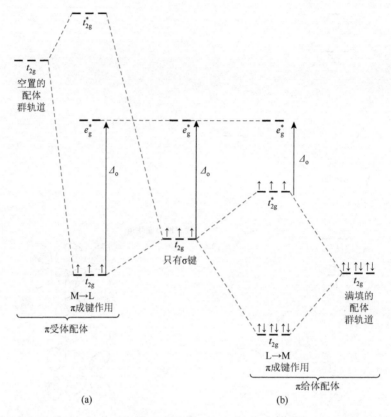

图 10.10 d^3 离子的 π 成键作用对 Δ_o 的影响。（a）$[Cr(CN)_6]^{3-}$；（b）$[CrF_6]^{3-}$

得 Δ_o 减小［图 10.10（b）］，并导致金属离子 d 电子占据更高的 t_{2g}^* 轨道，称为配体→金属 π 键（ligand-to-metal π-bonding，L→M），即配体提供 π 电子给金属离子，参与这种作用的配体称为 π 给体配体。成键轨道能量的下降部分被 t_{2g}^* 轨道能量上升抵消。配体的 σ 和 π 给体作用共同传递给金属中心更多的负电荷，但由于金属电负性相对较低，可能会阻碍这种趋势。尽管如此，与任何轨道相互作用一样，π 给体作用会降低配合物总的电子能量到所需的水平。

总的来说，满填的配体 p 轨道甚至 π^* 轨道，当与金属价轨道能量匹配时，会导致 L→M 的 π 成键作用和较小的 Δ_o；而配体空的高能级 π 或者 d 轨道，如果能量与金属价轨道相当，则导致 M→L 的 π 成键作用和较大的 Δ_o。大多数 L→M 的 π 成键作用通常有利于形成高自旋组态；而 M→L 的 π 成键作用倾向于形成低自旋组态，与其对 Δ_o 的影响吻合[*]。

负电荷从金属中心转移出去导致反馈 π 键对配合物起到部分稳定作用。金属的电负性相对较低，从配体接受电子形成 σ 配位键，所以金属上有相对较大的电子密度。当配体空的 π 轨道可以用来将部分电子密度"回收"时，金属-配体键则加强，同时增加配合物的电子稳定性。然而，能量降低的 t_{2g} 轨道主要由配体的 π^* 反键轨道组成，故而电子填充反馈键轨道会导致配体内 π 键的削弱。π 受体配体在有机金属化学中极为重要，将在第 13 章进一步讨论。

---

[*] 高低自旋组态将在 10.3.2 节中讨论。

10.3.2　轨道分裂和电子自旋

在八面体配合物中，配体的电子填满了所有 6 个成键分子轨道，而金属的价电子占据 t_{2g} 轨道和 e_g^* 轨道。与金属轨道强烈相互作用的配体，称为强场配体（strong-field ligand），该情况下 t_{2g} 轨道和 e_g^* 轨道之间分裂能（Δ_o）很大；反之则称为弱场配体（week-field ligand），分裂能（Δ_o）较小。对于 $d^0 \sim d^3$ 组态和 $d^8 \sim d^{10}$ 组态的金属中心，仅有一种电子构型。相比之下，$d^4 \sim d^7$ 的金属中心呈现出高自旋（high-spin）或低自旋（low-spin）状态，如表 10.5 所示。强配体场产生低自旋配合物，而弱配体场产生高自旋配合物。

上述组态规律总结如下：

$$强场配体 \rightarrow 大\ \Delta_o \rightarrow 低自旋$$
$$弱场配体 \rightarrow 小\ \Delta_o \rightarrow 高自旋$$

两电子成对的能量取决于相同空间区域内它们的库仑排斥能 Π_c 和量子力学中的交换能 Π_e（2.2.3 节）。t_{2g} 和 e_g 的能级分裂值 Δ_o、库仑能 Π_c 和交换能 Π_e 之间的大小关系，决定了轨道的电子构型，总能量低的构型对应配合物的基态。因为与轨道内电子间排斥作用有关，Π_c 升高会提高电子构型的总能量从而降低其稳定性。Π_e 升高则对应同向自旋态中可交换电子数目的增加，并提高构型的稳定性。

例如，d^5 组态的金属中心在高自旋情况下可能有 5 个未成对电子，3 个在 t_{2g} 轨道、2 个在 e_g 轨道；如在低自旋情况下就可能只有一个单电子，所有 5 个电子都在 t_{2g} 轨道。表 10.5 给出了 $d^1 \sim d^{10}$ 所有情况下的可能性。

表 10.5　自旋态和配体场强度

示例 10.1

计算八面体配合物中，高、低自旋态下 d^6 组态离子的交换能。

在高自旋配合物中，电子自旋方向如图所示。只有能量相同的电子才可以交换，5 个↑电子有可交换对 1-2、1-3、2-3、4-5，共 4 对，因此交换能为 $4\Pi_e$。

在低自旋状态下，亦如图所示，每组自旋相同的 3 个电子有自旋交换对 1-2、1-3、2-3，总共 6 对，因此交换能是 $6\Pi_e$。

配合物高、低自旋区别于两个交换对，而低自旋态因更多的交换能贡献，所以稳定。

$$\underline{\uparrow 4} \qquad \underline{\uparrow 5}$$

$$\underline{\uparrow 1 \downarrow 1} \qquad \underline{\uparrow 2} \qquad \underline{\uparrow 3}$$

$$\underline{\uparrow 1 \downarrow 1} \qquad \underline{\uparrow 2 \downarrow 2} \qquad \underline{\uparrow 3 \downarrow 3}$$

练习 10.6　计算高、低自旋态下 d^5 组态离子的交换能。

相较于总成对能 Π，Δ_o 强烈依赖于配体与金属中心。表 10.6 列出了水合离子的 Δ_o 值，其中水是场相对弱的配体（Δ_o 小）。配合物未成对电子数取决于 Δ_o 和 Π 之间的平衡：

当 $\Delta_o > \Pi$，低能级轨道中的电子成对使电子总能量降低，低自旋态稳定；

当 $\Delta_o < \Pi$，低能级轨道中的电子成对使电子总能量升高，高自旋态稳定。

表 10.6　水合离子的轨道分裂能（Δ_o, cm^{-1}）和平均成对能（Π, cm^{-1}）

	离子	Δ_o	Π	离子	Δ_o	Π
d^1				Ti^{3+}	18800	
d^2				V^{3+}	18400	
d^3	V^{2+}	12300		Cr^{3+}	17400	
d^4	Cr^{2+}	9250	23500	Mn^{3+}	15800	28000
d^5	Mn^{2+}	7850[b]	25500	Fe^{3+}	14000	30000
d^6	Fe^{2+}	9350	17600	Co^{3+}	16750	21000
d^7	Co^{2+}	8400	22500	Ni^{3+}		27000
d^8	Ni^{2+}	8600				
d^9	Cu^{2+}	7850				
d^{10}	Zn^{2+}	0				

数据源于：D. A. Johnson and P. G. Nelson, *Inorg. Chem.*, **1995**, 34, 5666；D. A. Johnson and P. G. Nelson, *Inorg. Chem.*, **1999**, 38, 4949；D. S. McClure, The Effects of Inner-orbitals on Thermodynamic Properties, in T. M. Dunn, D. S. McClure, and R. G. Pearson, *Some Aspects of Crystal Field Theory*, Harper & Row, New York, 1965, p. 82.

b. 估值。

表 10.6 中只有 $[Co(H_2O)_6]^{3+}$ 的 Δ_o 大小与 Π 相近，是唯一的低自旋水配位化合物，所有其他第一过渡系金属离子都需要比水分子场强的配体来实现低自旋电子基态。比较 Δ_o 和 Π 能量值的相对大小，为说明高、低自旋态提供了有用的理论基础；但通过实验手段，如磁化率的测定，才能为评估电子构型提供最可靠的数据。比较 Δ_o 和 Π 是说明高、低自

旋构型合理性的近似方法，表 10.6 中的参考文献还介绍了决定电子基态的其他重要因素。

一般来说，金属离子电荷越高，配体-金属相互作用强度越大，这可从表中数据看出：3+离子对应的 Δ_o 大于 2+离子。此外，d^5 组态离子的 Δ_o 小于 d^4 和 d^6 离子。

影响电子构型的另一因素是金属在元素周期表中的位置。第二和第三过渡系的金属比第一过渡系更容易形成低自旋配合物，这是两个因素协同作用的结果：其一，较大的 4d 和 5d 轨道和配体轨道之间的重叠更大；其二，相较于 3d 轨道，4d 和 5d 轨道体积较大，所以电子成对能减小。

10.3.3　配体场稳定化能

配体场分裂产生的 t_{2g}/e_g 电子组态的能量与五个简并轨道均匀分布的 t_{2g}/e_g 电子组态的假想能量之差，称为配体场稳定化能（ligand field stabilization energy，LFSE）。LFSE 是计算 d 电子在金属-配体环境下稳定性的传统方法。图 10.11 展示了以 d^4 组态为例计算 LFSE 的常用方法。

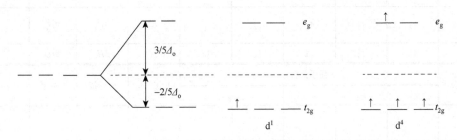

图 10.11　配体场轨道能量的裂分

金属的 d 轨道与配体相互作用导致 t_{2g} 轨道能量降低（相对于 5 个轨道的平均能量，降幅 $\frac{2}{5}\Delta_o$）和 e_g 轨道能量升高（$\frac{3}{5}\Delta_o$）。单电子体系，总 LFSE 为 $-\frac{2}{5}\Delta_o$；而高自旋 4 电子体系，总 LFSE 为 $\frac{3}{5}\Delta_o + 3\left(-\frac{2}{5}\Delta_o\right) = -\frac{3}{5}\Delta_o$。另外，Cotton 也曾提出过一种计算方法[12]。

练习 10.7　计算 d^6 离子在高、低自旋态下的 LFSE。

表 10.7 列出了具有 1～10 个 d 电子的 σ 配位键八面体配合物在高、低自旋排列中的 LFSE 值，其中最后一栏给出了具有相同 d 电子总数的低、高自旋配合物的成对能和两者 LFSE 的差值。对于 1～3 个和 8～10 个 d 电子的体系，未成对电子数或 LFSE 没有差别；而 4～7 个 d 电子的体系，两者都有着显著的差别，所以高、低自旋排列都可能存在。

表 10.7　配体场稳定化能

d 电子个数	弱场分布			LFSE（Δ_o）	库仑能	交换能
	t_{2g}		e_g			
1	↑			$-\dfrac{2}{5}$		

d电子个数	弱场分布 t_{2g}			e_g		LFSE(Δ_o)	库仑能	交换能
2	↑	↑				$-\dfrac{4}{5}$		Π_e
3	↑	↑	↑			$-\dfrac{6}{5}$		$3\Pi_e$
4	↑	↑	↑	↑		$-\dfrac{3}{5}$		$3\Pi_e$
5	↑	↑	↑	↑	↑	0		$4\Pi_e$
6	↑↓	↑	↑	↑	↑	$-\dfrac{2}{5}$	Π_c	$4\Pi_e$
7	↑↓	↑↓	↑	↑	↑	$-\dfrac{4}{5}$	$2\Pi_c$	$5\Pi_e$
8	↑↓	↑↓	↑↓	↑	↑	$-\dfrac{6}{5}$	$3\Pi_c$	$7\Pi_e$
9	↑↓	↑↓	↑↓	↑↓	↑	$-\dfrac{3}{5}$	$4\Pi_c$	$7\Pi_e$
10	↑↓	↑↓	↑↓	↑↓	↑↓	0	$5\Pi_c$	$8\Pi_e$

d电子个数	强场分布 t_{2g}			e_g		LFSE(Δ_o)	库仑能	交换能	强场-弱场
1	↑					$-\dfrac{2}{5}$			0
2	↑	↑				$-\dfrac{4}{5}$		Π_e	0
3	↑	↑	↑			$-\dfrac{6}{5}$		$3\Pi_e$	0
4	↑↓	↑	↑			$-\dfrac{8}{5}$	Π_c	$3\Pi_e$	$-\Delta_o+\Pi_c$
5	↑↓	↑↓	↑			$-\dfrac{10}{5}$	$2\Pi_c$	$4\Pi_e$	$-2\Delta_o+2\Pi_c$
6	↑↓	↑↓	↑↓			$-\dfrac{12}{5}$	$3\Pi_c$	$6\Pi_e$	$-2\Delta_o+2\Pi_c+2\Pi_e$
7	↑↓	↑↓	↑↓	↑		$-\dfrac{9}{5}$	$3\Pi_c$	$6\Pi_e$	$-\Delta_o+\Pi_c+\Pi_e$
8	↑↓	↑↓	↑↓	↑	↑	$-\dfrac{6}{5}$	$3\Pi_c$	$7\Pi_e$	0
9	↑↓	↑↓	↑↓	↑↓	↑	$-\dfrac{3}{5}$	$4\Pi_c$	$7\Pi_e$	0
10	↑↓	↑↓	↑↓	↑↓	↑↓	0	$5\Pi_c$	$8\Pi_e$	0

注：除了 LFSE，形成的每对电子都有正库仑能 Π_c，每组自旋相同的两个电子具有负交换能 Π_e。当 d^4 或 d^5 的 $\Delta_o>\Pi_c$ 时，或当 d^6 或 d^7 的 $\Delta_o>\Pi_c+\Pi_e$ 时，则倾向于强场排布（低自旋）。

热力学数据中，涉及 LFSE 的一个著名例子和第一过渡系二价离子水合焓有关，假设水合离子有 6 个水配体：

$$M^{2+}(g) + 6H_2O(l) \longrightarrow [M(H_2O)_6]^{2+}(aq)$$

水合焓的实验数据通过测量以下相关反应得到[13]：

$$M^{2+}(g) + 6H_2O(l) + 2H^+(aq) + 2e^- \longrightarrow [M(H_2O)_6]^{2+}(aq) + H_2(g)$$

可以预测，同周期过渡金属离子的水合反应热随原子序数而递增（更负的 ΔH）。这种预测基于静电相互作用，随着核电荷的增加，离子半径渐小，使得正离子的电荷更为集中，进而导致与配体的静电吸引力增加。因此，随着金属离子-配体相互作用持续变强，水合焓 ΔH 的图形应该随同周期过渡金属的逐渐变化将稳定下降。然而相反，水合焓显示出图 10.12 中特征的双倒峰形状，d^3 与 d^8 离子的 ΔH 比只考虑减小的离子半径预期的更负，这是因为表 10.7 中八面体弱场配体的情形下，这两种构型产生了的LFSE 最大。

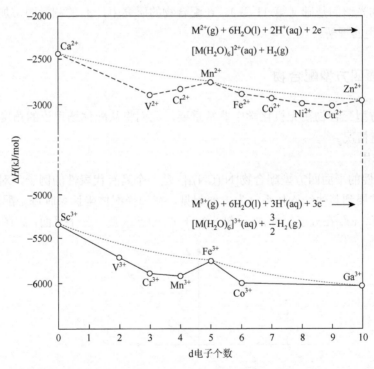

图 10.12　过渡金属离子的水合焓。下方曲线是单个离子的实验值；减去 LFSE、旋-轨分裂、金属-配体间距收缩产生的松弛效应和电子间排斥能后，得到上方曲线（数据源于：D. A. Johnson and P. G. Nelson, *Inorg. Chem.*, **1995**, *34*, 5666（M^{2+}数据）；D. A. Johnson and P. G. Nelson, *Inorg. Chem.*, **1999**, 4949（M^{3+}数据））

图中虚线为 M^{2+} 和 M^{3+} 离子水合反应的"预期"焓变曲线，接近线性，它与双倒峰实验值之间的差经过以下修正约等于表 10.7 中高自旋化合物 LFSE[14]：①自旋-轨道耦合

（0～16 kJ/mol）[*]；②金属-配体间距收缩引起的松弛效应（0～24 kJ/mol）；③电子排斥能[**]，取决于与自旋相同电子之间的交换作用(M^{2+}：0～19 kJ/mol；M^{3+}：0～156 kJ/mol)[15]。此外，对于发生 Jahn-Teller 畸变的配合物，必须进行微小修正。以上修正对曲线形状有显著影响，在考虑每个配合物的 LSFE 前提下，它反映出基于离子半径增大时的预测趋势。总的来说，修正项解释了实验值与仅基于金属-配体之间静电吸引的理论值之间的较大差异。

要理解这些焓变的趋势，还需要考虑一个因素，金属价原子轨道中电子间的排斥能比配合物轨道中的值更大。从自由离子到配合物，电子排斥能的减少是配体和金属离子共同作用的结果，减小的幅度有时称为电子云扩展效应（nephelauxetic effect），用来评估金属-配体成键的共价程度。毫无疑问，较"软"配体通常比较"硬"配体产生更大的电子云扩展效应。随着金属氧化态升高，自由离子和配合物中电子间排斥能的差值变得更大，有利于高氧化态的金属离子形成配合物产生更负的焓。相比于 2+离子，在 3+过渡金属离子的六水合配合物中电子云扩展效应增强，因此图 10.12 中这两类离子的实验值与修正值的差异显得更大。

LFSE 提供了一种定量方法来评估高、低自旋电子构型的相对稳定性，这也是我们讨论这些配合物光谱的基础（第 11 章）。在配合物的研究中，Δ_o 的测量通常加深了我们对金属-配体作用的理解。

10.3.4   平面四方型配合物

平面四方型配合物在无机化学中非常重要，我们将从配体场理论的角度来讨论这些配合物的成键情况。

σ 成键作用

D_{4h} 对称性的平面四方型配合物$[Ni(CN)_4]^{2-}$是一个具有代表性的例子，对其使用的研究方法可以扩展到其他结构体系。为方便起见，在选择配体坐标系时每个配体的 y 轴均指向中心原子，x 轴在分子平面内，z 轴平行于 C_4 轴且垂直于分子平面，如图 10.13 所示，

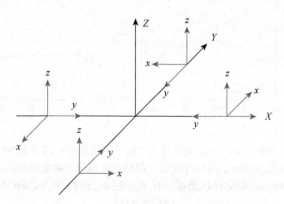

图 10.13   平面四方型结构中配体轨道的坐标系统

---

[*] 自旋-轨道耦合作用，详见 11.2.1 节。
[**] 排斥作用以 Racah 参数描述，详见 11.3.3 节。

配体 p_y 轨道组用于 σ 成键。与八面体情况不同，此处有两组可能的 π 成键轨道，一组平行（分子平面中的 $π_∥$ 或 p_x），另一组垂直（垂直于分子平面的 $π_⊥$ 或 p_z）。用第 4 章中的方法可以找到符合每组轨道对称性的表示，并列于表 10.8。

练习 10.8　推导平面四方型成键的可约表示，并证明其不可约表示与表 10.8 一致。

在第一过渡系中，与 σ 成键匹配的是在波瓣沿 x 和 y 方向伸展的金属原子轨道，即 $3d_{x^2-y^2}$、$4p_x$、$4p_y$，包括一些定向性较小的 $3d_{z^2}$、$4s$ 轨道的贡献，暂时忽略其他轨道，则可以构建图 10.14 所示的 σ 键能级图。平面四方型配合物的能级图比图 10.5 中八面体配合物的更复杂，因为其结构对称性低导致轨道简并度小于八面体。D_{4h} 对称性下，d 轨道分裂为 3 个一维表示（a_{1g}、b_{1g}、b_{2g} 分别对应 d_{z^2}、$d_{x^2-y^2}$、d_{xy}）以及简并的 e_g（d_{yz}、d_{xz}）。b_{2g} 和 e_g 能级来自非键轨道（没有与之对称性匹配的配体轨道），它们与反键 a_{1g} 能级之差等于 Δ。

表 10.8　平面四方型配合物的表示和轨道对称性

D_{4h}	E	$2C_4$	C_2	$2C_2'$	$2C_2''$	i	$2S_4$	σ_h	$2\sigma_v$	$2\sigma_d$		
A_{1g}	1	1	1	1	1	1	1	1	1	1		x^2+y^2, z^2
A_{2g}	1	1	1	−1	−1	1	1	1	−1	−1	R_z	
B_{1g}	1	−1	1	1	−1	1	−1	1	1	−1		x^2-y^2
B_{2g}	1	−1	1	−1	1	1	−1	1	−1	1		xy
E_g	2	0	−2	0	0	2	0	−2	0	0	(R_x, R_y)	(xz, yz)
A_{1u}	1	1	1	1	1	−1	−1	−1	−1	−1		
A_{2u}	1	1	1	−1	−1	−1	−1	−1	1	1	z	
B_{1u}	1	−1	1	1	−1	−1	1	−1	−1	1		
B_{2u}	1	−1	1	−1	1	−1	1	−1	1	−1		
E_u	2	0	−2	0	0	−2	0	2	0	0	(x, y)	

D_{4h}	E	$2C_4$	C_2	$2C_2'$	$2C_2''$	i	$2S_4$	σ_h	$2\sigma_v$	$2\sigma_d$
$\Gamma_\sigma(y)$	4	0	0	2	0	0	0	4	2	0
$\Gamma_∥(x)$	4	0	0	−2	0	0	0	4	−2	0
$\Gamma_⊥(z)$	4	0	0	−2	0	0	0	−4	2	0

$\Gamma_\sigma = A_{1g} + B_{1g} + E_u$　　（σ）中心原子的匹配轨道：s，d_{z^2}，$d_{x^2-y^2}$，(p_x, p_y)

$\Gamma_∥ = A_{2g} + B_{2g} + E_u$　　（∥）中心原子的匹配轨道：d_{xy}，(p_x, p_y)

$\Gamma_⊥ = A_{2u} + B_{2u} + E_g$　　（⊥）中心原子的匹配轨道：p_z，(d_{yz}, d_{xz})

π 成键作用

π 成键轨道也示于表 10.8。如图 10.15 所示，$d_{xy}(b_{2g})$ 与 $p_x(π_∥)$ 配体轨道、d_{xz} 和 d_{yz} 与 $p_z(π_⊥)$ 配体轨道分别有相互作用；b_{2g} 轨道在分子平面内，两个 e_g 轨道的波瓣位于平面上、下方。根据对 $[Pt(CN)_4]^{2-}$ 的计算得出这些相互作用的结果，绘于图 10.16。

这张图凸显了分子轨道有多复杂[*]！然而，关键信息可以通过检视框中的轨道来获取：

---

[*] 另外，这些均配配合物（所有配体相同）的轨道能级图远比混配配合物的情形简单得多，不过角重叠方法（10.4 节）可提供一种预测混配配合物电子构型的手段。

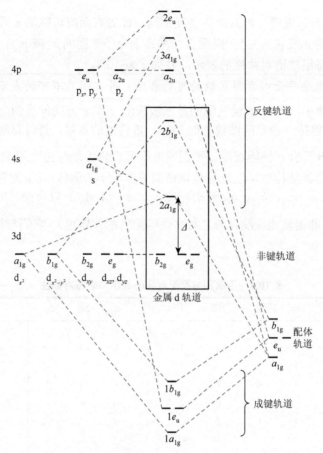

图 10.14　D_{4h} 分子轨道，仅列出 σ 轨道。σ 成键的 4 对电子占据最低四个分子轨道，而金属价电子占据框选区域内的非键轨道和反键轨道（见 *Orbital Interactions in Chemistry*, p. 296）

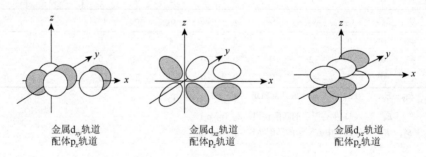

图 10.15　D_{4h} 分子的 π 成键作用

· 最低能级组包含成键轨道，和图 10.14 相似，被配体 8 个 σ 给电子轨道的电子填充。

· 稍高的一组能级，来自 8 个 π 给电子轨道的贡献，如 CN⁻ 上满填 π 轨道或者卤离子的孤对轨道。它们与金属轨道的相互作用很小，具有减少与相邻更高能级间能量差的净效应。

· 第三组能级，包含贡献大的金属轨道和主要由金属 p_z 轨道组成的 a_{2u} 轨道，与配体轨道相互作用会有所调整。这组轨道相邻能级差从上到下分别标记为 Δ_1、Δ_2 和 Δ_3。根据所使用的计算方法，这些轨道的顺序有不同的描述[16]，但所有方法一致认为 b_{2g}、e_g 和 a_{1g} 轨道在这一组中能量低且能量差小，而 b_{1g} 的能量比其他轨道高得多。在[Pt(CN)$_4$]$^{2-}$中，b_{1g} 被认为能量高于 a_{2u}（主要来自金属 p$_z$）。

　　由 d 轨道相互作用生成的分子轨道相对能量随金属和配体的不同而异。例如，[Ni(CN)$_4$]$^{2-}$ 的能级顺序与图 10.16 中 d 轨道的相匹配（$x^2-y^2 \gg z^2 > xz$，$yz > xy$），但是涉及 p$_z$ 相互作用的 a_{2u}，计算的能级高于 $d_{x^2-y^2}$（b_{1g}）[17]。

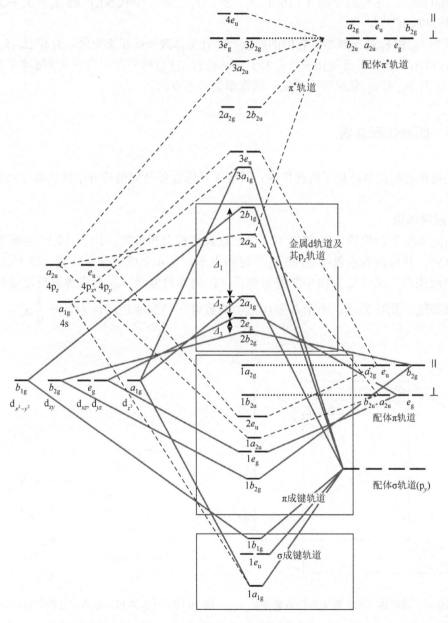

图 10.16　D_{4h} 分子轨道（包括 π 轨道）。实线指与金属 d 轨道的相互作用，虚线指与金属 s 和 p 轨道的相互作用，点线为非键轨道

剩下的高能级轨道只在激发态中发挥重要作用，不予进一步考虑。

图 10.16 的重要部分集中在这些能级组中。每个配体中 2 个电子形成 σ 配位键，4 个电子可以略微参与 π 成键或保持为非键，剩下来自金属的电子则占据第三能级组轨道。以 Ni^{2+} 和 Pt^{2+} 为例，均有 8 个 d 电子，它们的轨道和 LUMO（$2a_{2u}$ 和 $2b_{1g}$）之间存在一个大的能隙，所以配合物为抗磁性。配体 π^* 轨道的作用是增加第三组这些轨道间的能量差。例如在 $[PtCl_4]^{2-}$ 中，π 受体轨道的影响可以忽略，$2b_{2g}$ 和 $2b_{1g}$ 轨道能级差约为 33700 cm^{-1}，这对应于图 10.16 中 Δ_1、Δ_2、Δ_3 之和。$[Pt(CN)_4]^{2-}$ 的 $\Delta_1 + \Delta_2 + \Delta_3$ 数值超过 46740 cm^{-1}[18]。

因为 b_{2g} 和 e_g 是 π 轨道，它们的能量会随着配体改变而显著变化。Δ_1 和 Δ_0 有关，通常比 Δ_2 和 Δ_3 大得多，而且几乎总是大于成对能 Π。这意味着对于少于 9 个 d 电子的金属离子，不管 b_{1g} 或 a_{2u} 能级哪个更低，通常都是未占有的。

10.3.5　四面体配合物

无论在有机化学还是无机化学中，只要涉及四面体几何结构分子的轨道相互作用都很重要。

σ 成键作用

四面体型配合物的 σ 成键轨道可以通过对称性分析确定，用图 10.17 坐标系表示（表 10.9），其可约表示包括 A_1 和 T_2 不可约表示，有 4 个成键分子轨道。图 10.18 中 d 轨道能级图与八面体配合物中的情形相反，e 为非键能级，t_2 为成键及反键能级。此外，分裂能，此处为 Δ_t，小于八面体型中的数值；当配体相同认为 $\Delta_t \approx \dfrac{4}{9}\Delta_o^*$。

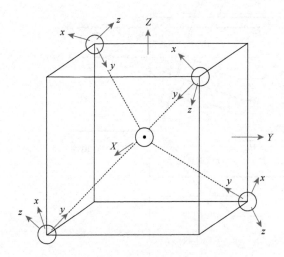

图 10.17　四面体型配合物中的轨道坐标系

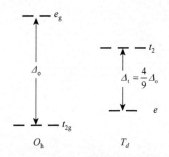

图 10.18　八面体和四面体配合物中的 d 轨道分裂

---

* 这是根据角重叠方法得到的估值，下节详细讨论。

表 10.9　四面体轨道的表示

T_d	E	$8C_3$	$3C_2$	$6S_4$	$6\sigma_d$		
A_1	1	1	1	1	1		$x^2+y^2+z^2$
A_2	1	1	1	-1	-1		
E	2	-1	2	0	0		$(2z^2-x^2-y^2,\ x^2-y^2)$
T_1	3	0	-1	1	-1	(R_x, R_y, R_z)	
T_2	3	0	-1	-1	1	(x, y, z)	(xy, yz, xz)
Γ_σ	4	1	0	0	2	A_1+T_2	
Γ_π	8	-1	0	0	0	$E+T_1+T_2$	

π 成键作用

　　π 轨道不易图形化，但如果选择沿着键轴为配体轨道的 y 轴，并且 C_2 沿着 x 轴和 z 轴操作，则得到表 10.9 中的结果。可约表示包括 E、T_1 和 T_2 不可约表示，T_1 没有匹配的金属原子轨道，E 匹配 d_{z^2} 和 $d_{x^2-y^2}$，T_2 匹配 d_{xy}、d_{xz} 和 d_{yz}。E 和 T_2 相互作用降低了成键轨道能量，同时提高相应的反键轨道能量，从而使 Δ_t 增大。当配体具有能与金属价轨道匹配的成键轨道或反键 π 轨道时，会有更多的复杂情况，普遍存在于含 CO 和 CN^- 的四面体配合物中。图 10.19 显示了 $Ni(CO)_4$ 的轨道及其相对能量，其中 CO 的 σ 和 π 给体轨道与金属轨道的相互作用可能很小，大部分成键作用都来自 M→L 的 π 键。在 d 轨道没有完全占据的情况下，σ 键可能更重要，导致 a_1 和 t_2 轨道能量降低。

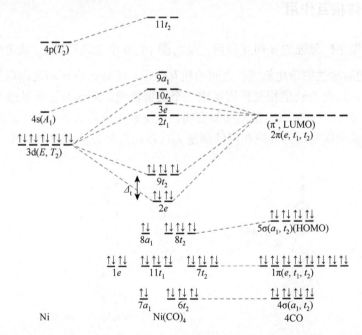

图 10.19　四面体型 $Ni(CO)_4$ 的分子轨道。C. W. Bauschlicher, Jr., P. S. Bagus, *J. Chem. Phys.*, **1984**, *81*, 5889 利用 d^{10} 组态作为计算的最佳起点，认为 Ni 的 4s 和 4p 轨道几乎不参与 σ 成键，如图所示。G. Cooper, K. H. Sze, C. E. Brion, *J. Am. Chem. Soc.*, **1989**, *111*, 5051 则包含金属 4s 作为 σ 成键的重要组成部分，但二者分子轨道计算结果基本相同

10.4　角重叠模型

角重叠模型（angular overlap）是一种用于评估配合物轨道能量的有效方法，同时具有处理各种结构和配体的灵活性，包括对于混配配合物[19, 20]。这种方法根据单个配体轨道和金属 d 轨道的相互重叠评估它们的作用强度。该模型既考虑 σ 相互作用，也考虑 π 相互作用，并且可以处理不同配位数和几何形状的配合物。使用角重叠这个概念是因为轨道重叠很大程度上取决于金属轨道的取向，以及配体与金属轨道相互作用的角度。

在模型中，配合物中金属 d 轨道的能量，更具体地说是 d 轨道贡献很高的分子轨道的能量，通过每个配体对原金属 d 轨道的作用总和来确定。由于存在角度依赖性，有些配体作用强，有些则较弱，有些完全没作用，在确定最终轨道能量时，必须同时考虑 σ 相互作用和 π 相互作用。通过系统地逐个考察 5 个 d 轨道的作用，我们可以使用这种方法来确定特定配位构型中 d 轨道贡献最高的分子轨道整体能量模式。该模型的局限性在于它只关注金属 d 轨道，而忽略了 s 和 p 价轨道的作用。然而，由于这些 d 轨道贡献高的分子轨道通常也是配合物的前线轨道，因此角重叠模型的结果有效地为配体场理论难以处理的配合物提供了有用信息。

10.4.1　σ 给体相互作用

角重叠模型中，最强的 σ 相互作用定义为图 10.20 中金属原子 d_{z^2} 轨道和配体 p 轨道（或配体上相同对称性的杂化轨道）之间的相互作用，所有其他 σ 相互作用的强度均参考该作用而确定。这两个轨道相互作用形成一个成键轨道，配体轨道贡献较大；一个反键轨道，金属的 d 轨道贡献大。虽然实验表明，反键轨道升高的能量大于成键轨道降低的能量，但是角重叠模型认为升高和降低都是 e_σ，以此近似分子轨道的能量。

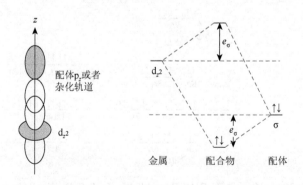

图 10.20　角重叠模型中的 σ 相互作用

金属 d 轨道和配体轨道之间的其他相互作用也会导致类似的能量变化，其大小取决于配体位置和特定的 d 轨道。表 10.10 给出了各种几何结构下的能量变化值（单位为 e_σ），这些数据的计算超出了本书范围，但读者应该能够通过比较所考虑轨道之间的重叠程度定性地判断这些数值。

表 10.10　角重叠参数：σ 相互作用

八面体位置	四面体位置	三角双锥位置
$\begin{smallmatrix}1\\4-M-2\\5\ \ 6\end{smallmatrix}$		

CN	形状	位置	配体位置	z^2	x^2-y^2	xy	xz	yz
2	线型	1, 6	1	1	0	0	0	0
3	三角形	2, 11, 12	2	1/4	3/4	0	0	0
3	T 型	1, 3, 5	3	1/4	3/4	0	0	0
4	四面体	7, 8, 9, 10	4	1/4	3/4	0	0	0
4	平面四方型	2, 3, 4, 5	5	1/4	3/4	0	0	0
5	三角双锥	1, 2, 6, 11, 12	6	1	0	0	0	0
5	四方锥	1, 2, 3, 4, 5	7	0	0	1/3	1/3	1/3
6	八面体	1, 2, 3, 4, 5, 6	8	0	0	1/3	1/3	1/3
			9	0	0	1/3	1/3	1/3
			10	0	0	1/3	1/3	1/3
			11	1/4	3/16	9/16	0	0
			12	1/4	3/16	9/16	0	0

不同配位构型的配体位置 — 金属 d 轨道的 σ 相互作用（单位：e_σ）

接下来讨论的第一个例子是八面体结构配合物。

示例 10.2

$[M(NH_3)_6]^{n+}$

这是只有 σ 相互作用的八面体型配离子。配体 NH_3 没有可与金属离子显著成键的 p 受体轨道，其给体轨道主要为氮的 p_z 轨道，其他 p 轨道用于与氢成键[*]。

在计算配合物轨道能量时，特定 d 轨道的数值是表 10.10 中该轨道下方竖列相应位置的配体作用之和；而特定位置上的配体，其轨道能量变化是该配体位置在水平行中所有 d 轨道作用之和。

金属 d 轨道

　　d_{z^2} 轨道：沿 z 轴方向，位置 1 和位置 6 的配体与之作用最强，每个配体使轨道能

---

　　[*] 尽管其 NH_3 的 $1e$ 轨道（图 5.30）可以作为 π 成键群轨道的基，但通常仍将其称为"仅 σ 配体"。此处假定这些 $1e$ 轨道在配合物 $[M(NH_3)_6]^{n+}$ 中的成键作用可以忽略不计。

量提高 e_σ。2、3、4 和 5 四个位置的配体与 d_{z^2} 轨道的相互作用较弱，每个配体使轨道能量升高 $\frac{1}{4}e_\sigma$。总之，d_{z^2} 轨道增加的能量是所有这些作用的总和，总计 $3e_\sigma$。

$d_{x^2-y^2}$ 轨道：位置 1 和位置 6 的配体不与该金属轨道作用，但 2、3、4 和 5 四个位置的配体每个与该轨道作用使其能量都升高 $\frac{3}{4}e_\sigma$，总计 $3e_\sigma$。

d_{xy}、d_{xz} 和 d_{yz} 轨道：它们都不会以 σ 方式与配体轨道作用，所以能量保持不变。

配体轨道

配体轨道的能量变化与上述每个作用的能量变化相同，但其总值由表 10.10 的横行计算，包括所有 d 轨道影响的数值加和。

位置 1 和位置 6 的配体与 d_{z^2} 强作用，能量降低 e_σ，它们和其他 d 轨道不发生作用。

2、3、4 和 5 四个位置的配体与 d_{z^2} 作用时，能量降低 $\frac{1}{4}e_\sigma$；与 $d_{x^2-y^2}$ 作用则降低 $\frac{3}{4}e_\sigma$；每个给体轨道能量降低 e_σ。

因此总体而言，每个配体轨道能量都降低了 e_σ。

最终产生的能级示于图 10.21，与配体场方法得到的高 d 轨道贡献分子轨道能级相同。角重叠模型和配体场理论提供了相似的电子结构：两个金属 d 轨道能量升高，其他三个保持不变；由于形成配体-金属 σ 配位键，6 个配体轨道及其中的电子对得以稳定。

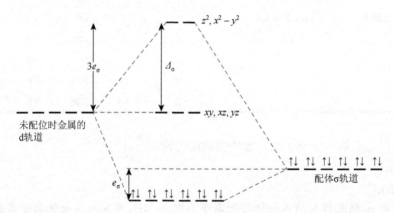

图 10.21　八面体配合物中 d 轨道的能量：仅 σ 给体配体。$\Delta_o = 3e_\sigma$。金属的 s 轨道和 p 轨道对成键分子轨道也有贡献

角重叠法量化了这些能级的能量：键对的净稳定化能是 $12\ e_\sigma$；若最高能级（e_g^*）填入 d 电子，则每个电子使配合物能量升高 $3e_\sigma$。与配体场模型的主要区别在于：角重叠模型中，每个配位电子对都被稳定到相同程度；而在配体场中则存在 3 种不同能量的电子布居能级。角重叠模型最有用之处是对 d 轨道裂分的可靠预测。对于八面体几何结构，更加完整的配体场理论结果在分子轨道形成过程中包含了金属 s 轨道和 p 轨道的贡献，如图 10.5 所示。

练习 10.9　用角重叠模型，确定四面体结构的金属配合物 ML_4 中 d 轨道的相对能量，假设配体只能发生 σ 相互作用。Δ_t 的结果与 Δ_o 的值相比如何？

10.4.2　π 受体相互作用

CO、CN^- 和膦（PR_3）等配体是 π 受体（π 酸配体），具有可以与金属 d 轨道以 π 方式相互作用的空轨道。在角重叠模型中，金属 d_{xz} 轨道与配体 π^* 轨道之间的 π 相互作用最强，如图 10.22 所示。配体 π^* 轨道贡献较大的反键分子轨道比原 π 酸配体的轨道能量高 e_π；而成键分子轨道（金属-配体键）的能量比金属 d 轨道低 e_π。

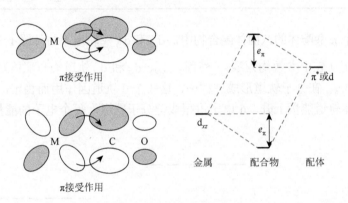

图 10.22　π 受体相互作用

因为 π 方式的轨道重叠通常小于 σ 方式，所以 $e_\pi < e_\sigma$。其他的 π 相互作用比这个参考作用弱，其大小取决于轨道之间的重叠程度。表 10.11 给出了配体处于与表 10.10 中相同位置时对应的数据。

表 10.11　角重叠参数：π 相互作用

八面体位置	四面体位置		三角双锥位置		
不同配位构型的配体位置			金属 d 轨道的 σ 相互作用（单位：e_σ）		
CN	形状	位置	配体位置	z^2	x^2-y^2	xy	xz	yz

CN	形状	位置	配体位置	z^2	x^2-y^2	xy	xz	yz
2	线型	1, 6	1	0	0	0	1	1
3	三角形	2, 11, 12	2	0	0	1	1	0
3	T 型	1, 3, 5	3	0	0	1	0	1

CN	形状	位置	配体位置	z^2	x^2-y^2	xy	xz	yz
4	四面体	7, 8, 9, 10	4	0	0	1	1	0
4	平面四方型	2, 3, 4, 5	5	0	0	1	0	1
5	三角双锥	1, 2, 6, 11, 12	6	0	0	0	1	1
5	四方锥	1, 2, 3, 4, 5	7	2/3	2/3	2/9	2/9	2/9
6	八面体	1, 2, 3, 4, 5, 6	8	2/3	2/3	2/9	2/9	2/9
			9	2/3	2/3	2/9	2/9	2/9
			10	2/3	2/3	2/9	2/9	2/9
			11	0	3/4	1/4	1/4	3/4
			12	0	3/4	1/4	1/4	3/4

在含有 6 个 π 酸配体的八面体配合物中，d_{z^2} 和 $d_{x^2-y^2}$ 轨道不与位置 1～位置 6 的配体发生 π 相互作用（表中参数均为零）。然而，d_{xy}、d_{xz} 和 d_{yz} 轨道均与配体发生相互作用，总能量变化为 $4e_\pi$；在分子轨道形成过程中，这 3 个 d 轨道因作用而稳定，能量降低 $4e_\pi$，与之作用的配体轨道能量上升。d 电子占据成键分子轨道，每个电子的能量降低 $4e_\pi$，如图 10.23 所示。

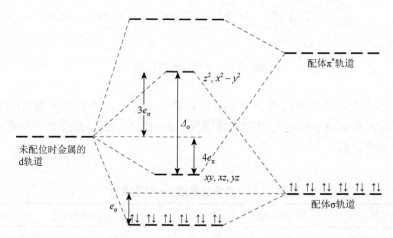

图 10.23　八面体配合物的 d 轨道的能量：σ 给体和 π 受体配体。$\Delta_o = 3e_\sigma + 4e_\pi$。金属 s 和 p 轨道对成键轨道也有贡献，但在角重叠模型中忽略

示例 10.3

$[M(CN)_6]^{n-}$

$[M(CN)_6]^{n-}$ 中相互作用的结果示于图 10.23。d_{xy}、d_{xz} 和 d_{yz} 轨道均降低了 $4e_\pi$；配体 π^* 轨道贡献较大的 6 个分子轨道，每个能量升高 $2e_\pi$（表 10.11 中位置 1 到位置 6 的行求和）。这些 π^* 分子轨道具有高能量且可以参与电荷迁移跃迁（第 11 章）。净的 t_{2g}/e_g 分裂能为 $\Delta_o = 3e_\sigma + 4e_\pi$。

10.4.3　π 给体相互作用

配体 p、d 或 π 占有轨道与金属 d 轨道之间的相互作用类似于 π 受体作用中的情况。换句话说，角重叠模型处理 π 给体配体与 π 受体配体相似，只是 π 给体配体能量变化的符号相反，如图 10.24 所示。d 轨道贡献大的分子轨道能量升高，而配体具有显著 π 给体特征的分子轨道能量降低，总体效果如图 10.25 所示。

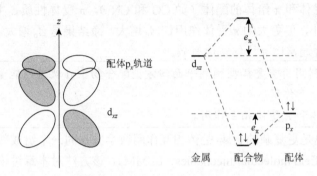

图 10.24　π 给体与金属的相互作用

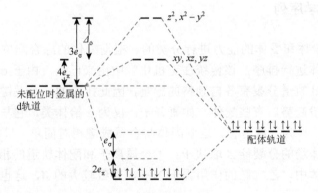

图 10.25　八面体配合物中 d 轨道的能级：σ 给体和 π 给体配体。$\Delta_o = 3e_\sigma - 4e_\pi$。金属 s 轨道和 p 轨道对成键分子轨道也有贡献[*]

示例 10.4

$[MX_6]^{n-}$

卤离子通过其 p_y 轨道与金属发生 σ 相互作用，同时 p_x 和 p_z 轨道与金属发生 π 相互作用，从而向金属输入电子。以 $[MX_6]^{n-}$ 为例，其中 X 是卤离子或其他配体，它们同时具有 σ 和 π 给体作用。

---

[*] 角重叠模型与配体场理论的一个不一致之处在于二者对 π 电子给予导致配体电子稳定化的处理上。注意图 10.25 这个极为简化的模型中，相同的 6 对电子共同通过 σ 和 π 两种电子给予作用而稳定；而在配体场理论中，则是单独的电子对各自通过这两种作用而稳定。这再次说明，角重叠模型是一种近似，但对确定 d 轨道分裂最为有用。

d_{z^2} 和 $d_{x^2-y^2}$ 轨道：这两个轨道都没有合适的 π 相互作用取向，因此 π 轨道对它们的能量没有影响。

d_{xy}、d_{xz} 和 d_{yz} 轨道：每个轨道都与 4 个配体以 π 方式相互作用。例如，d_{xy} 轨道与 2、3、4、5 四个位置的配体相互作用，强度各为 $1e_\pi$，导致其总能量升高 $4e_\pi$（与位置 1、位置 6 的配体相互作用为 0）。读者可以自行验证 d_{xz} 轨道和 d_{yz} 轨道的能量也了 $4e_\pi$。

练习 10.10 用角重叠模型，确定四面体配合体 MX_4 中 d 轨道分裂模式，其中配体 X 可同时作为 σ 给体和 π 给体。

对于兼作 π 受体和 π 给体的配体（如 CO 和 CN^-），π 受体性质占主导地位。虽然 π 给体性质使 Δ_o 减小，但更大的 π 受体作用使 Δ_o 增大，净结果是 Δ_o 增大，这主要是因为 d 轨道与 π^* 轨道重叠通常比 π 给体轨道有效。

练习 10.11 利用角重叠模型预测平面四方型配合物中 d 轨道的能量。

a. 只考虑 σ 相互作用。

b. 兼顾 σ 给体和 π 受体相互作用。

角重叠模型也是更复杂的金属-配体相互作用数学方法的一个组成部分，即配体场分子动力学（ligand field molecular mechanics，LFMM），该方法对本章讨论的各种概念都有应用[21]。

10.4.4 光谱化学序列

配体是按其给体和受体的能力进行分类的。根据配体的综合配位能力导致 d 轨道如何分裂而对配体进行排序，该传统在无机化学中由来已久。由于 σ 给予、π 给予以及 π 接受能力对 d 轨道分裂有各自独特的影响，因此排序的一个关键是考虑配体与金属相互作用的一般趋势。有些配体，如氨分子，仅为 σ 给体类，它与金属的 π 相互作用可以忽略不计。作为一级近似，这些配体与金属成键相对简单，只需用图 10.3 中确定的 σ 轨道。配体场的分裂能 Δ 取决于：①金属离子和配体轨道的相对能量；②重叠程度。在这些配体中，乙二胺的作用强于 NH_3，导致较大的 Δ，这也是它们质子碱度的顺序：

$$en > NH_3$$

卤离子的配体场强度则按以下顺序：

$$F^- > Cl^- > Br^- > I^-$$

同样是它们质子碱度的顺序。

p 轨道有填充电子的配体，如卤离子，可以作为 π 给体。它们向金属提供这些电子，同时也提供它们的 σ 成键电子。如 10.4.3 节所示，π 电子给予减小 Δ，因而大多数卤离子配合物为高自旋。其他候选 π 给体配体包括 H_2O、OH^- 和 RCO_2^-，它们都符合该序列，Δ 由大到小的趋势排序如下：

$$H_2O > F^- > RCO_2^- > OH^- > Cl^- > Br^- > I^-$$

其中 OH⁻位于 H₂O 后，因其具有更强的 π 给予倾向*。

当配体有合适能量的空 π*或 d 轨道时，就可能形成反馈 π 键成为 π 受体，这种能力往往会增大 Δ。强的 π 受体包括 CN⁻、CO 和其他具有共轭或芳香体系的 π 受体，将在第 13 章金属有机化学中加以讨论。在配位化学领域内，部分 π 受体以 Δ 从高到低排序如下：

$$CO，CN⁻ > 邻菲咯啉（phen）> NO_2^- > NCS⁻$$

将以上这些配体序列合并在一起，就得到了光谱化学序列（实际上比晶体场理论更古老**!），从强 π 受体到强 π 给体配体的顺序大致如下：

$$CO，CN⁻ > phen > NO_2^- > en > NH_3 > NCS⁻ > H_2O > F⁻ > RCO_2^- > OH⁻ > Cl⁻ > Br⁻ > I⁻$$

低自旋		高自旋
强场		弱场
大 Δ		小 Δ
π 受体	仅为 σ 给体	π 给体

在光谱化学序列中的高顺位配体倾向于大 d 轨道能级分裂（大 Δ 值），有利于形成低自旋配合物；低顺位配体对 d 轨道分裂不那么有效，且产生较小的 Δ 值。

10.4.5 e_σ、e_π 和 Δ 的大小

包括金属和配体在内的各种因素，都可以影响配合物中 σ 相互作用和 π 相互作用的程度，这些因素对于解释能级分裂的大小和预测基态电子构型十分重要。

金属电荷

因为改变配体或金属会影响 e_σ 和 e_π 的大小，所以 Δ 值也会随之改变，未成对电子数可能因此而发生变化。例如，水分子是一个相对较弱的配体，当以八面体结构与 Co^{2+} 配位时，产生高自旋[Co(H₂O)₆]²⁺，有 3 个未成对电子；与 Co^{3+} 结合，则形成低自旋配合物，无未成对电子。金属离子电荷增加足以改变 Δ_o，以利于低自旋，如图 10.26 所示。

配体差异

不同配体的引入显然会对配合物的自旋态产生巨大影响。例如，[Fe(H₂O)₆]³⁺为高自旋，而[Fe(CN)₆]³⁻为低自旋；用 CN⁻代替 H₂O 足以形成低自旋态，Δ_o 的变化完全因配体所致。如 10.3.2 节所述，当综合考虑 Δ、Π_c 和 Π_e 时，最低能量的电子构型决定了配合物是高自旋还是低自旋。

由于 Δ_t 较小，低自旋四面体配合物很少见。1986 年报道了首例第一过渡系低自旋四面体配合物，四（1-降冰片烯）合钴（1-降冰片烯 C₇H₁₁是一种有机配体，缩写为 nor）***，含有低自旋 d⁵ Co(IV)中心（图 10.27）[22]，同时还制备出相应的阴离子 d⁶ Co(III)([Co(1-nor)₄]⁻)

---

* 如果水分子用其 $1b_2$ HOMO 与金属形成σ键（图 5.28），则 $3a_1$ 作为候选轨道可以参与 π 给予作用，而这种相互作用会削弱 O—H 键，因为 $3a_1$ 成键轨道中的电子密度是离域的。

** 光谱化学序列源自 Tsuchsida 的说法（R. Tsuchida, *Bull. Chem. Soc. Jpn.*, **1938**, *13*, 388），基于八面体 Co(III)配合物的电子光谱数据。

*** 这是有机金属化合物；第 13 章中，描述了这种极强σ给体性质的烷基配体。

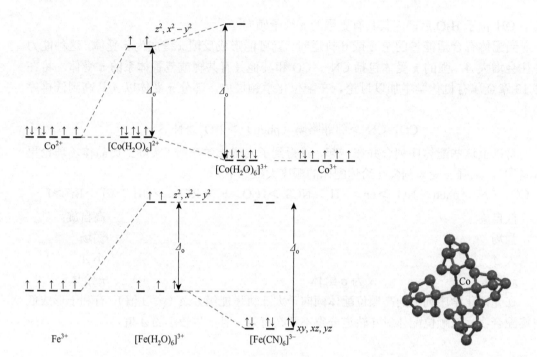

图 10.26　$[Co(H_2O)_6]^{2+}$、$[Co(H_2O)_6]^{3+}$、$[Fe(H_2O)_6]^{3+}$、
$[Fe(CN)_6]^{3-}$及其未成对电子

图 10.27　四（1-降冰片烯）合钴的
结构[22]（由 CIF 数据生成，省略了
氢原子）

和阳离子 d^4 Co(V)($[Co(1\text{-}nor)_4]^+$)低自旋四面体配合物[23]。另一个金属有机化合物 Ir(Mes)$_4$（Mes：2, 4, 6-三甲基苯基）结构近似为四面体，且具有低自旋 d^5 Ir(IV)中心[24]。

表 10.12 和表 10.13 列举了一些来自电子光谱的角重叠参数，它们的变化呈现出一定的规律。首先，e_σ 总是比 e_π 大，有些情况下达 9 倍，有时则小于 2 倍。这与预测一致：σ相互作用时，原子核之间的轨道直接重叠；而 π 相互作用重叠较小，轨道之间不是彼此"相对"。其次，e_σ 和 e_π 参数随卤离子半径增大和电负性降低而减小。配体增大及相应的键变长，导致与金属 d 轨道的重叠减小，而电负性降低则弱化配体对金属 d 电子的吸引力，这两种效应相辅相成。

在表 10.12 中，各组中配体按光谱化学序列进行排列。例如，对于 Cr^{3+}的八面体配合物，CN^-列于首位，它产生最高的 Δ_0，且是 π 受体（e_π 为负值）；其次是乙二胺和 NH_3，按其 e_σ值（代表 σ 给体能力）顺序列出；卤离子既是 π 给体又是 σ 给体，划成一组位列最后。

表 10.12　角重叠参数

金属	X	$e_\sigma(cm^{-1})$	$e_\pi(cm^{-1})$	$\Delta_0 = 3e_\sigma - 4e_\pi$
八面体 MX$_6$ 配合物				
Cr^{3+}	CN^-	7530	−930	26310
	en	7260		21780

续表

金属	X	$e_\sigma(cm^{-1})$	$e_\pi(cm^{-1})$	$\Delta_0 = 3e_\sigma - 4e_\pi$
	NH_3	7180		21540
	H_2O	7550	1850	15250
	F^-	8200	2000	16600
	Cl^-	5700	980	13180
	Br^-	5380	950	12340
	I^-	4100	670	9620
Ni^{2+}	en	4000		12000
	NH_3	3600		10800

数据源于：B. N. Figgis and M. A. Hitchman, Ligand, *Field Theory and Its Applications*, Wiley-VCH, New York, 2000, p. 71 及其引用文献。

表 10.13　MA_4B_2 的角重叠参数

		赤道配体（A）		轴向配体（B）			文献
		$e_\sigma(cm^{-1})$	$e_\pi(cm^{-1})$	$e_\sigma(cm^{-1})$	$e_\pi(cm^{-1})$		
Cr^{3+}, D_{4h}	en	7233	0	F^-	7811	2016	a
		7233		F^-	8033	2000	c
		7333		Cl^-	5558	900	a
		7500		Cl^-	5857	1040	c
		7567		Br^-	5341	1000	a
		7500		Br^-	5120	750	c
		6987		I^-	4292	594	b
		6840		OH^-	8633	2151	a
		7490		H_2O	7459	1370	a
		7833		H_2O	7497	1410	c
		7534		DMSO	6769	1653	b
	H_2O	7626	1370（猜测值）	F^-	8510	2539	a
	NH_3	6967	0	F^-	7453	1751	a
Ni^{2+}, D_{4h}	py	4670	570	Cl^-	2980	540	c
		4500	500	Br^-	2540	340	c
	pyrazole	5480	1370	Cl^-	2540	380	c
		5440	1350	Br^-	1980	240	c
$[CuX_4]^{2-}$, D_{2d}							
	Cl^-	6764	1831				c
	Br^-	4616	821				c

数据源于：M. Keeton, B. Fa-chun Chou, and A. B. P. Lever, *Can. J. Chem.* **1971**, *49*, 192；erratum, *ibid.*, **1973**, *51*, 3690；T. J. Barton and R. C. Slade, *J. Chem. Soc. Dalton Trans.*, **1975**, 650；M. Gerloch and R. C. Slade, *Ligand Field Parameters*, Cambridge University Press, London, 1973, p. 186。

特例

角重叠模型描述了各种形状或混合配体的配合物中电子的能量，通过估算不同配体的 e_σ 值和 e_π 值预测配合物的电子结构，如 $[Co(NH_3)_4Cl_2]^+$。除了 $[CoF_6]^{3-}$ 和 $[Co(H_2O)_3F_3]$，该配合物与几乎所有的 Co(III)配合物一样，均为低自旋，因此其磁性与 Δ_o 无关。然而，Δ_o 的大小确实对可见光谱有显著影响（第 11 章）。角重叠模型可用于比较配合物不同几何结构间的能量，如预测四配位化合物是四面体型还是平面四方型（10.6 节）；也可以用来估算过渡态的配位数升高或降低时反应的能量变化（第 12 章）。

10.4.6　磁化学序列

光谱化学序列已经使用了几十年，但它是否对所有金属和配体环境都可靠？对 d^6 金属离子的八面体配合物，如 Tsuchida 研究的 Co^{3+} 配合物，它是最有效的吗？Reed 利用 Fe(III)卟啉配合物的磁性质，得出与 Δ 相关的配体顺序，并提出了一个磁化学序列（magnetochemical series）[25]。虽然 Reed 的序列专门针对近似四方锥的 Fe(III)卟啉配合物，但是这表明可用类似的方法探讨其他金属-配体环境的磁性。

在 Reed 的 Fe(III)卟啉配合物中，当轴向配体很弱时会产生两个电子状态，它们能量非常接近，足以混合成一个独特的（或混合的）电子基态（图 10.28）。尽管这一混合现象背后的量子化学细节超出了本书范围*，但是此混合态配合物的磁性在 5 个和 3 个未成对电子的极限基态之间连续变化，提供了对轴向配体（X）场影响磁性的敏感性评估[26]。

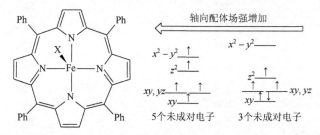

图 10.28　轴向结合 X 配体的四苯基卟啉合铁［配体 X 位于 Fe(III)中心上方指向读者］。d 轨道分裂敏感　　于配体 X 的场强，配体很弱时，可观察到介于这两种状态之间的连续区域的混合电子基态**

卟啉配体中，吡咯环上 8 个氢的 ^1H 化学位移对图 10.28 电子态混合程度极其敏感，变化范围从 + 80 ppm（低场，混合物，5 个未成对电子的基态贡献很高）到–60 ppm（高场，混合基态化合物，图 10.28 中两种基态对混合基态的贡献大致相等）***。这种方法特别适用于为极弱场配体排序，它们甚至比碘离子还弱。在 C_6D_6 中，根据四苯基卟啉 Fe(III)配合物的 ^1H 化学位移（ppm，标于配体下方），一些极弱配体 X 的磁化学序列为[25]

---

* 第 11 章中有关于配合物电子态混合的讨论。

** 这些配合物的顺磁性是造成 ^1H 化学位移变化较大的原因之一。

*** 这些图看似矛盾的方面是，引入较弱的轴向配体扩大了 x_2-y_2/z_2 之间的能隙，导致电子成对。这是发生在此类配合物中四方畸变的独有特征。细节请参见 C. A. Reed, T. Mashiko, S. P. Bentley, M. E. Kastner, W. R. Scheidt, K. Spartalian, G. Lang, *J. Am. Chem. Soc.*, **1979**, *101*, 2948。10.5 节讨论了四方畸变的另一个示例。

$$\text{I}^- > \quad \text{ReO}_4^- \quad > \quad \text{CF}_3\text{SO}_3^- \quad > \quad \text{ClO}_4^- \quad > \quad \text{AsF}_6^- \quad > \quad \text{CB}_{11}\text{H}_{12}^-$$
$$(66.7) \qquad (47.9) \qquad (27.7) \qquad (-31.5) \qquad (-58.5)$$

根据 $CB_{11}H_{12}^-$ 对配体场的微扰，它有时被归类为弱配位阴离子，关于其详细信息将在第 15 章进行介绍。通过磁化率测定，该序列在 Fe(III) 体系中得以证实，利用其他卟啉化合物，该序列被扩展到包含比 ReO_4^- 更强的配体。

配体场强度的评估一直都是个挑战。Gray 等[27]和 Scheidt[28]的研究表明，CN^- 在两类不同的配合物中比 CO 弱。理论计算表明，因为 CN^- 带负电荷，其反馈键作用不如 CO 有效。

10.5　Jahn-Teller 效应

Jahn-Teller 定理[29]指出，简并轨道（能量相同的轨道）不能有非等价占据。为了避免这种不利的电子构型，分子畸变（降低对称性）使得轨道不再简并。例如，八面体 Cu(II) 配合物中包含一个 d^9 离子，有 3 个电子分占两个 e_g 轨道，但并未观察到正八面体结构，如图 10.29 的结构中心。相反，配合物形状略有改变，导致在八面体配位环境中原本简并的轨道能量发生变化。产生的畸变通常是沿某个轴伸长，但也可能是缩短。在经历了 Jahn-Teller 畸变的理想八面体化合物中，相对于（形式）t_{2g} 轨道，（形式）e_g^* 轨道能量变化更大，因此在八面体结构中 e_g^* 轨道有电子非等价占据时，发生 Jahn-Teller 畸变更为显著。为了防止 t_{2g} 轨道的不等价占据，八面体结构会发生轻微畸变，有时很难在实验中发现。八面体结构伸长或压缩对 d 轨道能量的一般性影响示于图 10.29，不同电子构型和自旋态下的 Jahn-Teller 畸变预期结果总结如下：

电子数	1	2	3	4	5	6	7	8	9	10
高自旋畸变	w	w	s		w	w	w		s	
低自旋畸变	w	w	s	w	w		s		s	

w 表示预期为弱 Jahn-Teller 效应（不等价占据 t_{2g} 轨道）；s 表示预期为强 Jahn-Teller 效应（不等价占据 e_g 轨道）；空白表示预期无 Jahn-Teller 效应。

练习 10.12　用表 10.5 中的 d 轨道分裂图，说明该表中的 Jahn-Teller 效应符合前述段落中的相关原则。

显著的 Jahn-Teller 效应可以在高自旋 Cr(II) (d^4)、高自旋 Mn(III) (d^4)、Cu(II) (d^9)、Ni(III) (d^7) 以及低自旋 Co(II) (d^7) 的配合物中观测到。

低自旋 Cr(II) 配合物的特征是四方畸变（从对称性 O_h 到 D_{4h} 畸变），由于这种畸变，它们有两个吸收带，一个在可见区，另一个在红外区。在理想八面体场中，应该只有一个 d-d 跃迁（详见第 11 章）。Cr(II) 也形成有 Cr—Cr 键的双核配合物。$Cr_2(OAc)_4$ 含有桥联乙酸根离子和明显的 Cr—Cr 键，金属-金属键将在第 15 章进行讨论。

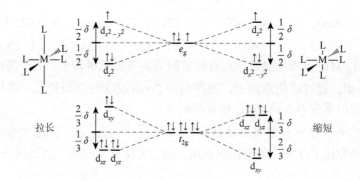

图 10.29　Jahn-Teller 效应对 d^9 组态配合物的影响。键长在 z 轴方向伸长的同时在其他 4 个方向略微缩短；类似能量变化也发生于轴向键长缩短的情况。e_g 轨道的分裂能比 t_{2g} 大，图中略作夸大

Mn(III)配合物通常会有畸变[30]，然而在 $CsMn(SO_4)_2·12H_2O$ 中，$[Mn(H_2O)_6]^{3+}$ 意外地表现出未畸变的八面体构型。

Cu(II)配合物通常表现出明显 Jahn-Teller 效应，最常见的畸变是两个键伸长，结果导致对应配位键减弱，并影响配位平衡常数。例如，$[trans\text{-}Cu(NH_3)_4(H_2O)_2]^{2+}$ 在水溶液中很容易形成畸变八面体，两个水分子键距比氨分子的长；而 $[Cu(NH_3)_6]^{2+}$ 只在液氨中生成，以下反应的平衡常数可以表明在金属上配位第五、第六个氨配体的困难程度[31]：

$$[Cu(H_2O)_6]^{2+} + NH_3 \rightleftharpoons [Cu(NH_3)(H_2O)_5]^{2+} + H_2O \qquad K_1 = 20000$$

$$[Cu(NH_3)(H_2O)_5]^{2+} + NH_3 \rightleftharpoons [Cu(NH_3)_2(H_2O)_4]^{2+} + H_2O \qquad K_2 = 4000$$

$$[Cu(NH_3)_2(H_2O)_4]^{2+} + NH_3 \rightleftharpoons [Cu(NH_3)_3(H_2O)_3]^{2+} + H_2O \qquad K_3 = 1000$$

$$[Cu(NH_3)_3(H_2O)_3]^{2+} + NH_3 \rightleftharpoons [Cu(NH_3)_4(H_2O)_2]^{2+} + H_2O \qquad K_4 = 200$$

$$[Cu(NH_3)_4(H_2O)_2]^{2+} + NH_3 \rightleftharpoons [Cu(NH_3)_5(H_2O)]^{2+} + H_2O \qquad K_5 = 0.3$$

$$[Cu(NH_3)_5(H_2O)]^{2+} + NH_3 \rightleftharpoons [Cu(NH_3)_6]^{2+} + H_2O \qquad K_6 = 非常小$$

尽管以上的因果关系不是很明确，但至少可以确定，Cu(II)与某些配体很难形成八面体配合物，因为其中两个反式配体的键比其他键弱（长）。实际上，许多 Cu(II)配合物具有平面四方型或与之近似的几何结构，四面体型也是可能的。$[CuCl_4]^{2-}$ 的结构表现出阳离子依赖性，可以是四面体、平面四方和畸变八面体型[32]。在同一晶格内，$(C_6N_2H_{10})CuX_4$（X = Cl，Br）中的阴离子展现了从平面四方型到正四面体两个极端之间的各种结构[33]。

10.6　四/六配位的偏好

给定一个金属离子，能否预测它和一组配体形成的是八面体、平面四方还是四面体配合物？这是一个富有挑战性的基本问题[34]，而且并无万全之策。首先，对不同数量 d 电子和不同几何结构的角重叠能量计算表明，对应的电子构型仅具有相对稳定性。我们将从这个角度来分析八面体、平面四方和四面体型配合物的几何构型。

图 10.30 展示了仅考虑 σ 配位作用时 $d^0 \sim d^{10}$ 电子组态的角重叠计算结果。图 10.30（a）比较了八面体和平面四方型的情况，由于八面体配合物形成的键更多，因此除 d^8、d^9、

d^{10} 之外，其他所有组态都更稳定（能量更低），而在这 3 种组态中，低自旋平面四方型配位结构的净能量与高或低自旋八面体的相同。这表明，当只有 σ 配体时，这 3 种组态最可能形成平面四方型结构，尽管基于此方法八面体有同样可能。

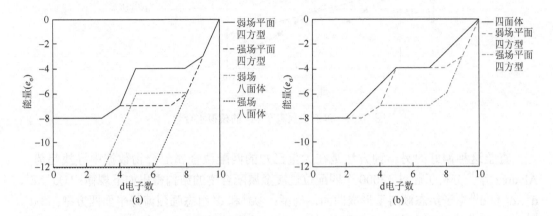

图 10.30　同一过渡系中四/六配位配合物角重叠能量。（a）八面体和平面四方型结构，包括强场和弱场情况；（b）四面体和平面四方型结构，包括强场和弱场情况

图 10.30（b）比较了平面四方和四面体的情况。对于强场配体，除 d^0、d^1、d^2、d^{10} 之外，其他所有组态都首选平面四方型。在这 4 种组态中，角重叠方法预测平面四方和四面体型结构具有同等稳定的电子构型。弱场情况下对于 d^5、d^6、d^7 组态，四面体和平面四方型能量相等。这些预测的成功率有限，因为角重叠模型未考虑到影响构型的所有变量。例如，同样的金属-配体对，其键长（从而 e_σ）取决于配合物的几何结构。同样，角重叠模型中省略了金属 s 轨道和 p 轨道与配体轨道的相互作用，也降低了这种预测的有效性。这些基于 s 轨道和 p 轨道相互作用的成键轨道，比基于 d 轨道相互作用的成键轨道能量低，而且全部是满填的（图 10.5 和图 10.14），这些电子的稳定性在决定配合物首选几何结构时同样起作用。配体的大小及其形成螯合物的可能性，也在影响配合物的几何构型中发挥作用。

所有这些成键分子轨道的能量取决于金属原子轨道（近似于它们的轨道势能）和配体轨道的能量。过渡金属的轨道势能，在每个周期中随着原子序数的增加而变得更低，因此在每一个过渡系中，随着金属原子序数增加，具有相同配体的配合物生成焓逐渐降低（放热）。这一趋势在图 10.31（a）中 d 轨道-配体相互作用曲线中表现为一个向下的斜率。Burdett[35]发现，加入修正项后的水合焓计算值与实验值吻合得非常好，图 10.31 显示了该方法的简化图，核电荷 Z（等效于 d 电子数）每增加 1，就向水合焓中加入 $-0.3e_\sigma$（对任一元素）。图中的平行线说明它们斜率相等，且分别通过 d^0、d^5 和 d^{10} 组态的 3 个点。当增加 d 电子时，如果跨越 t_{2g} 或 e_g 轨道组进行填充（如从 d^3 到高自旋 d^4 或从 d^8 到 d^9），就会增加水合焓，直到该轨道组被满填。与给出实验值的图 10.12 比较后说明本方法基本有效。总之，图 10.31 表明，同周期内决定 $[M(H_2O)_6]^{2+}$ 水合焓变化有两个因素：金属价轨道能量递减趋势和 LFSE。

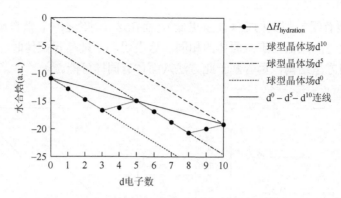

图 10.31 过渡金属离子 M^{2+} 的模拟水合焓

查验这种偏好的另一种方法是在大量已知的四配位金属配合物数据中寻找趋势。Alvarez 等[36]分析了超过 13000 个四配位过渡金属配合物的结构得出如下规律：①d^0、d^1、d^2、d^5 和 d^{10} 电子组态倾向于形成四面体构型；②d^8 和 d^9 组态强烈偏好平面四方型；③d^3、d^4、d^6、d^7 组态的配合物，可以是四面体，也可以是平面四方型；④d^9 组态离子中有相当一部分介于平面四方型和四面体之间；⑤在 d^3、d^6 和 d^{10} 组态的配合物中发现大量结构不能确切描述为四面体、平面四方，还是介于二者之间。这些趋势均是由角重叠模型衍生出来的偏好。

一项系统的密度泛函理论（DFT）计算研究探讨了四配位过渡金属配合物中立体化学与自旋态之间的相关性[34]，其贡献之一是开发了一个"魔方"，用于预测 $d^3 \sim d^6$ 组态四面体配合物（在四面体场中这些组态的高、低自旋均可能存在）的优选自旋态。预计倾向于低自旋态的因素包括：①没有 π 配体；②金属原子氧化态 ≥+4；③中心金属来自第二、三过渡系。该 DFT 研究[34]极好地讨论了四配位几何结构的决定因素。

正如基于 Alvarez 的研究所预期的[36]，Cu(II) (d^9)配合物几何结构上表现出极大的多样性，概括起来最常见的有两种：四方型——4 个配体形成平面四方型结构，两个轴向配体相距很远；四面体型——有时变得平坦接近平面四方型。甚至也存在三角双锥的情况，如[Co(NH$_3$)$_6$][CuCl$_5$]中的[CuCl$_5$]$^{3-}$离子。通过细致地选择配体，许多过渡金属离子可以形成非八面体结构的配合物。d^8 离子 Au(III)、Pt(II)、Pd(II)、Rh(I)和 Ir(I)经常形成平面四方型配合物；而 d^8 离子 Ni(II)可形成四面体型[NiCl$_4$]$^{2-}$、八面体型[Ni(en)$_3$]$^{2+}$、平面四方型[Ni(CN)$_4$]$^{2-}$以及四方锥型[Ni(CN)$_5$]$^{3-}$配离子。d^7 离子 Co(II)形成四面体型蓝色[CoCl$_4$]$^{2-}$和八面体型粉红色[Co(H$_2$O)$_6$]$^{2+}$配离子；当配体强烈趋向于平面时形成平面四方型配合物，如[Co(salen)]（salen =双水杨醛乙二胺）；偶尔也形成三角双锥结构，如[Co(CN)$_5$]$^{3-}$。这些描述性研究[37]提供了大量关于同一金属离子采用多种不同配位几何结构的信息。

10.7 其 他 构 型

群论和角重叠也可用于确定哪些 d 轨道与配体 σ 轨道相互作用，并近似各种几何构型所得分子轨道的相对能量。一般来说，配体 σ 轨道的可约表示可以约化为不可约表示，然后用特征标表确定与表示匹配的 d 轨道。对能量的定性估计，通常先通过检查轨道的形状以及它们的明显重叠来确定，再用角重叠表进行确认。

以三角双锥配合物 ML_5 为例，L 仅为 σ 给体，点群为 D_{3h}，其可约和不可约表示如下：

D_{3h}	E	$2C_3$	$3C_2$	σ_h	$2S_3$	$3\sigma_v$	轨道
Γ	5	2	1	3	0	3	
A_1'	1	1	1	1	1	1	s
A_1'	1	1	1	1	1	1	d_{z^2}
A_2''	1	1	-1	-1	-1	1	p_z
E'	2	-1	0	2	-1	0	(p_x, p_y)，$(d_{x^2-y^2}, d_{xy})$

d_{z^2} 轨道有两个与之重叠的配体轨道并形成最高能量分子轨道。$d_{x^2-y^2}$ 和 d_{xy} 在 3 个配体组成的赤道平面内，由于角度原因重叠较小，这两个在 xy 平面的轨道参与形成的分子轨道能量较高，但没有 d_{z^2} 所形成的高。剩下的两个轨道，d_{xz} 和 d_{yz} 没有与配体轨道匹配的对称性。以上分析足以绘制图 10.32。角重叠方法与这种更定性的结果一致，d_{z^2} 有强烈的 σ 相互作用，$d_{x^2-y^2}$ 和 d_{xy} 作用稍弱，d_{xz} 和 d_{yz} 则没有作用。

练习 10.13　利用角重叠模型，预测配体仅为 σ 给体的三角双锥配合物中 d 轨道的能量，并将结果与图 10.32 进行比较。此外，使用 D_{3h} 特征标表，为图 10.32 中 d 轨道的不可约表示进行对称性标记。

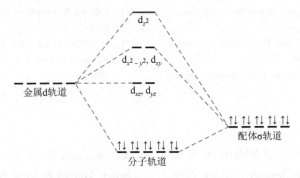

图 10.32　三角双锥结构的能级图。金属原子的 s 轨道和 p 轨道对成键分子轨道也有贡献

参 考 文 献

[1]　J. J. R. Fausto da Silva, *J. Chem. Educ.*, **1983**, *60*, 390; R. D. Hancock, *J. Chem. Educ.*, **1992**, *69*, 615.

[2]　D. P. Shoemaker, C. W. Garland, and J. W. Nibler, *Experiments in Physical Chemistry*, 5th ed., McGraw-Hill, New York, 1989, pp. 418-439.

[3]　B. Figgis and J. Lewis, in H. Jonassen and A. Weissberger, eds., *Techniques of Inorganic Chemistry*, Vol. IV, Interscience, New York, 1965, p. 137.

[4]　S. S. Eaton, G. R. Eaton, *J. Chem. Educ.*, **1979**, *56*, 170.

[5]　D. F. Evans, *J. Chem. Soc.*, **1959**, 2003.

[6]　E. M. Schubert, *J. Chem. Educ.*, **1992**, *69*, 62.

[7]　S. Tumanski, *Handbook of Magnetic Measurements*

(*Series in Sensors*), B. Jones and H. Huang, eds., CRC Press (Taylor and Francis Group), Boca Raton, FL (USA), 2011.

[8]　J. D. M. Coey, *Magnetism and Magnetic Materials*, Cambridge University Press, New York, 2009; D. Giles, *Introduction to Magnetism and Magnetic Materials*, 2 nd ed., Chapman & Hall/CRC Press, Boca Raton, FL (USA), 1998.

[9]　H. Bethe, *Ann. Phys.*, **1929**, *3*, 133.

[10]　H. Van Vleck, *J. Chem. Phys.*, **1935**, *3*, 807.

[11]　J. S. Griffi th, L. E. Orgel, *Q. Rev. Chem. Soc.*, **1957**, *XI*, 381.

[12]　F. A. Cotton, *J. Chem. Educ.*, **1964**, *41*, 466.

[13]　D. A. Johnson, P. G. Nelson, *Inorg. Chem.*, **1995**, *34*, 5666; *Inorg. Chem.*, **1999**, *38*, 4949.

[14]　L. E. Orgel, *J. Chem. Soc.*, **1952**, 4756; P. George, D. S. McClure, *Prog. Inorg. Chem.*, **1959**, *1*, 381.

[15]　D. A. Johnson, P. G. Nelson, *Inorg. Chem.*, **1995**, *34*, 3253; **1995**, *34*, 5666; **1999**, *38*, 4949.

[16]　T. Ziegler, J. K. Nagle, J. G. Snijders, E. J. Baerends, *J. Am. Chem. Soc.*, **1989**, *111*, 5631，以及其中引用的参考文献。

[17]　P. Hummel, N. W. Halpern-Manners, H. B. Gray, *Inorg. Chem.*, **2006**, *45*, 7397.

[18]　H. B. Gray, C. J. Ballhausen, *J. Am. Chem. Soc.*, **1963**, *85*, 260.

[19]　E. Larsen, G. N. La Mar, *J. Chem. Educ.*, **1974**, *51*, 633. （注意：第 635 页和第 636 页有印刷错误）

[20]　J. K. Burdett, *Molecular Shapes*, Wiley InterScience, New York, 1980.

[21]　R. J. Deeth, A. Anastasi, C. Diedrich, K. Randell, *Coord. Chem. Rev.*, **2009**, *253*, 795.

[22]　E. K. Byrne, D. S. Richeson, K. H. Theopold, *J. Chem. Soc., Chem. Commun.*, **1986**, 1491.

[23]　E. K. Byrne, K. H. Theopold, *J. Am. Chem. Soc.*, **1989**, *111*, 3887.

[24]　R. S. Hay-Motherwell, G. Wilkinson, B. Hussain-Bates, M. B. Hursthouse, *Polyhedron*, **1991**, *10*, 1457.

[25]　C. A. Reed, D. Guiset, *J. Am. Chem. Soc.*, **1996**, *118*, 3281.

[26]　M. Nakamura, *Angew. Chem. Int. Ed.*, **2009**, *48*, 2638.

[27]　P. M. Hummel, J. Oxagard, W. A. Goddard III, H. B. Gray, *J. Coord. Chem.*, **2005**, *58*, 41.

[28]　J. Li, R. L. Lord, B. C. Noll, M.-H. Baik, C. E. Schulz, W. R. Scheidt, *Angew Chem.* 2008, *120*, 10298.

[29]　H. A. Jahn, E. Teller, *Proc. R. Soc. London*, **1937**, *A161*, 220.

[30]　A. Avdeef, J. A. Costamagna, J. P. Fackler, Jr., *Inorg. Chem.*, **1974**, *13*, 1854; J. P. Fackler, Jr., and A. Avdeef, *Inorg. Chem.*, **1974**, *13*, 1864.

[31]　R. M. Smith and A. E. Martell, *Critical Stability Constants, Vol. 4, Inorganic Complexes*, Plenum Press, New York, 1976, p. 41.

[32]　N. N. Greenwood and A. Earnshaw, *Chemistry of the Elements*, Pergamon Press, Elmsford, NY, 1984, pp. 1385-1386.

[33]　G. S. Long, M. Wei, R. D. Willett, *Inorg. Chem.*, **1997**, *36*, 3102.

[34]　J. Cirera, E. Ruiz, S. Alvarez, *Inorg. Chem.*, **2008**, *47*, 2871.

[35]　J. K. Burdett, *J. Chem. Soc. Dalton Trans.*, **1976**, 1725.

[36]　J. Cirera, P. Alemany, S. Alvarez, *Chem. Eur. J.*, **2004**, *10*, 190.

[37]　N. N. Greenwood and A. Earnshaw, *Chemistry of the Elements*, 2nd ed., Butterworth-Heinemann, Oxford, 1997.

一般参考资料

文献最佳来源之一 G. Wilkinson, R. D. Gillard, and J. A. McCleverty, editors, *Comprehensive Coordination Chemistry*, Pergamon Press, Elmsford, NY, **1987** 中 Vol. 1, *Theory and Background* 和 Vol. 2, *Ligands* 对本章最有帮助。其他包括第 4 章中引用的书籍，涵盖有关配合物的章节。有些更早但仍有用的文献有 C. J. Ballhausen, *Introduction to Ligand Field Theory*, McGraw-Hill, New York, **1962**；T. M. Dunn, D. S. McClure, and R. G. Pearson, *Crystal Field Theory*, Harper & Row, New York, **1965**；C. J. Ballhausen and H. B. Gray, *Molecular Orbital Theory*, W. A. Benjamin, New York, **1965**。

更近些的卷轶包括 T. A. Albright, J. K. Burdett, and M. Y. Whangbo, *Orbital Interactions in Chemistry*, Wiley InterScience, New York, **1985**，以及 T. A. Albright and J. K. Burdett 撰写的相关课本 *Problems in*

Molecular Orbital Theory, Oxford University Press, Oxford, **1992**，书中有许多难题及关于解题思路的实例。配合物中角重叠模型及轨道相互作用的各种其他方面相关讨论可参见 J. K. Burdett, *Molecular Shapes*, John Wiley & Sons, New York, **1980**；B. N. Figgis and M. A. Hitchman, *Ligand Field Theory*

and Its Applications, Wiley-VCH, New York, **2000**。理论计算方法的讨论参见 A. Leach, *Molecular Modeling: Principles and Applications*, 2nd ed., Prentice Hall, Upper Saddle River, NJ, **2001**；C. J. Cramer, *Essentials of Computational Chemistry: Theory and Models*, Wiley, Chichester, UK, **2002**。

习　题

10.1　预测以下各项的未成对电子数：

a. 四面体 d^6 离子

b. [Co(H$_2$O)$_6$]$^{2+}$

c. [Cr(H$_2$O)$_6$]$^{3+}$

d. 平面四方型结构中的 d^7 离子

e. 磁矩为 5.1 μ_B 的配合物

10.2　写出符合要求的第一过渡系金属 M（可能有多个答案）：

a. [M(H$_2$O)$_6$]$^{3+}$，有一个未成对电子

b. [MBr$_4$]$^-$，有最多未成对电子

c. [M(CN)$_6$]$^{3-}$，抗磁性

d. [M(H$_2$O)$_6$]$^{2+}$，LFSE $= -\dfrac{3}{5}\Delta_o$。

10.3　写出最有可能的过渡金属 M：

a. K$_3$[M(CN)$_6$]，M 是第一过渡系金属，有 3 个未成对电子

b. [M(H$_2$O)$_6$]$^{3+}$，M 是第二过渡系元素，LFSE $= -2.4\Delta_o$

c. 四面体[MCl$_4$]$^-$，M 是第一过渡系金属，有 5 个未成对电子。

d. 平面四方型配合物 MCl$_2$(NH$_3$)$_2$，M 是第三过渡系 d^8 金属，有两个 M—Cl 红外伸缩谱带。

10.4　对于 Cu 和 Ni，在 25℃水溶液中形成离子[M(en)(H$_2$O)$_4$]$^{2+}$、[M(en)$_2$(H$_2$O)$_2$]$^{2+}$、[M(en)$_3$]$^{2+}$的分步稳定常数见下表。为什么第三个值差别如此大？（提示：考虑 d^9 配合物的特性）

	[M(en)(H$_2$O)$_4$]$^{2+}$	[M(en)$_2$(H$_2$O)$_2$]$^{2+}$	[M(en)$_3$]$^{2+}$
Cu	3×10^{10}	1×10^9	0.1（估算值）
Ni	2×10^7	1×10^6	1×10^4

10.5　分子式为[M(H$_2$O)$_6$]$^{2+}$的第一过渡系金

属配合物，磁矩为 3.9μ_B。确定最可能的未成对电子数，并给出该金属元素。

10.6　预测下列物质的磁矩（唯自旋）：

a. [Cr(H$_2$O)$_6$]$^{2+}$　**b.** [Cr(CN)$_6$]$^{4-}$

c. [FeCl$_4$]$^-$　**d.** [Fe(CN)$_6$]$^{3-}$

e. [Ni(H$_2$O)$_6$]$^{2+}$　**f.** [Cu(en)$_2$(H$_2$O)$_2$]$^{2+}$

10.7　具有经验式为 Fe(H$_2$O)$_4$(CN)$_2$ 的化合物，每个 Fe 原子的磁矩对应 $2\dfrac{2}{3}$ 个未成对电子。这怎么可能？（提示：有两种八面体 Fe(II)，各自包含一类配体）

10.8　Co(II)在四面体、八面体和平面四方型配合物中，可能的磁矩分别是多少？

10.9　已知 Fe(III)的单硫代氨基甲酸配合物（详见 K. R. Kunze, D. L. Perry, L. J. Wilson, *Inorg. Chem.*, **1977**, *16*, 59）。对于含甲基和乙基的配合物，磁矩 μ 在 300 K 时为 5.7～5.8 μ_B，150 K 时变为 4.70～5 μ_B，在 78 K 时降至 3.6～4 μ_B。随着温度降低，颜色也从红色变为橘色。对于更大的 R 基团（丙基、吡啶基、吡咯基），所有温度下 $\mu >$ 5.3 μ_B，有些甚至大于 6 μ_B。请解释这些变化。单硫代氨基甲酸配合物结构如下：

10.10　以图形方式显示第一过渡系反应 [M(H$_2$O)$_6$]$^{2+}$ + 6NH$_3$ $\longrightarrow$ [M(NH$_3$)$_6$]$^{2+}$ + 6H$_2$O（M = Sc～Zn）的 ΔH 预期变化情况。

10.11　用图 10.17 中的配位坐标系，验证表 10.9 中特征标 Γ_σ 和 Γ_π，并给出将它们约化为 $A_1 + T_2$ 和 $E + T_1 + T_2$ 的表示。

10.12　利用角重叠模型，确定金属 d 轨道在

以下几何结构中的能量。第一种，配体仅为σ给体；第二种，配体同时作为σ给体和π受体。

    a. ML_2 线型   **b.** ML_3 平面三角形

    c. ML_5 四方锥   **d.** ML_5 三角双锥

    e. ML_8 立方型（提示：两个四面体叠加）

10.13 利用角重叠方法计算 *trans*-$[Cr(NH_3)_4Cl_2]^+$ 配体和金属的轨道能量。氨是强于氯的 σ 给体，但氯是强 π 给体，氯离子在位置 1 和位置 6。

10.14 假设式为 ML_4L' 的过渡金属配合物，其结构为三角双锥；利用角重叠模型确定 d 轨道的能量：

    a. 仅考虑 σ 相互作用（假设 L 和 L′ 在给体能力上相仿）。

    b. 也将 L′ 视为 π 受体，且位于轴向和赤道平面内。

    c. 基于上述答案，你认为 π 受体配体优先占据五配位化合物的轴向还是赤道位置？除了角重叠外，还应考虑哪些因素？

10.15 根据你对习题 10.13 和习题 10.14 的回答，用角重叠模型预测五配位配合物中，四方锥或三角双锥哪种构型的可能性更大？考虑 σ 给体与兼具 σ 给体和 π 受体的配体情况。

10.16 CN = 4 的过渡金属配合物，常见结构为四面体和平面四方型，但是这并不唯一。已知有跷跷板结构的主族化合物例子，并且有时也存在三角锥的结构。

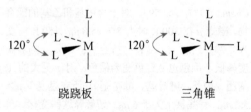

跷跷板   三角锥

    a. 对于过渡金属配合物 ML_4，当 L 仅为 σ 给体时，计算以上结构中 d 轨道相对能量。

    b. 考虑高、低自旋的可能性，计算从 d^1 到 d^{10} 每个组态的能量，以 e_σ 为单位。

10.17 六角双锥是八配位化合物的一个可能结构：

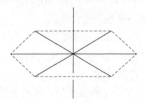

    a. 假设配体仅为 σ 给体，利用角重叠模型预测 8 个配体对金属 M 的 d 轨道能量的影响。[注：要确定 e_σ 的值，需要在表 10.11 中再添加两个位点]

    b. 确定 d 轨道的对称性符号（不可约表示的标记符号）。

    c. 若配体既可以作为 σ 给体又可以作为 π 受体，重复 **a** 部分的计算。

    d. 对于此几何结构，且假设为低自旋态，哪些 d^n 组态会导致 Jahn-Teller 畸变？

10.18 $[Co(H_2O)_6]^{3+}$ 是可以氧化水的强氧化剂，但 $[Co(NH_3)_6]^{3+}$ 在水溶液中稳定。通过比较每对氧化和还原配合物的 LFSE 差异，解释这一观察结果的合理性（即 $[Co(H_2O)_6]^{3+}$ 和 $[Co(H_2O)_6]^{2+}$ 及 $[Co(NH_3)_6]^{3+}$ 和 $[Co(NH_3)_6]^{2+}$ 的 LFSE 差异）。表 10.6 给出了水合物的数据：$[Co(NH_3)_6]^{2+}$ 的 Δ_o 为 10200 cm^{-1}，$[Co(NH_3)_6]^{3+}$ 的 Δ_o 为 24000 cm^{-1}。Co(III) 为低自旋，而 Co(II) 为高自旋。

10.19 从配体的 σ 和 π 给体和受体性质方面，解释下面 Cr(III) 配合物的 Δ_o 变化顺序。

配体	F$^-$	Cl$^-$	H$_2$O	NH$_3$	en	CN$^-$
Δ_o (cm^{-1})	15200	13200	17400	21600	21900	33500

10.20 氧的电负性比氮高，氟的电负性比其他卤素都高。就配体场而言，氟离子比其他卤离子强，但氨比水强。请给出一个与这些观察结果一致的模型。

10.21 **a.** 解释八面体配合物沿 z 轴压缩时，对 d 轨道能量的影响。

    b. 解释八面体配合物沿 z 轴拉伸时，对 d 轨道能量的影响。极限条件下，形成平面四方型配合物。

10.22 固体 CrF$_3$ 中有 6 个 F$^-$ 离子以八面体构型结合在 Cr(III) 离子周围，其配位距离均为 190 pm。然而，MnF$_3$ 是畸变结构，Mn—F 的距离分别为 179 pm、191 pm 和 209 pm（每种键各有两个）。请解释这一现象。

10.23 **a.** 写出下列配合物中的未成对电子数、磁矩、配体场稳定化能：

    $[Co(CO)_4]^-$ $[Cr(CN)_6]^{4-}$ $[Fe(H_2O)_6]^{3+}$

    $[Co(NO_2)_6]^{4-}$ $[Co(NH_3)_6]^{3+}$

    MnO_4^- $[Cu(H_2O)_6]^{2+}$

b. 为什么当中有两个配合物是四面体型，而其余的为八面体？

c. 为什么 Co(II) 的四面体构型比 Ni(II) 的稳定？

10.24 第一过渡系中 2+离子通常倾向于八面体构型而不是四面体。然而，形成的四面体配合物数量呈现 Co＞Fe＞Ni 的顺序。

a. 计算这些离子在四面体和八面体对称性下的配体场稳定化能。利用二者 LFSE 差异评估可能构型的相对稳定。用 $\Delta_t = \frac{4}{9}\Delta_o$ 的估算值以 Δ_o 表示 LFSE，要顾及八面体结构中的高、低自旋状态。评估数据能解释题干中的顺序吗？

b. 角重叠模型解释这些顺序时有优势吗？要进行此项评估，首先用角重叠模型确定八面体和四面体的电子构型之间的能量差，同时适当考虑高、低自旋的情况。

10.25 除了配体几何结构限制之外，平面四方型构型最常见于 d^7、d^8、d^9 离子和强场、π 受体配体的情况。请解释为什么这些条件适合平面四方型。

10.26 用 10.7 节的群论知识为下列结构绘制能级图：

a. 四方锥型配合物

b. 五角双锥型配合物

10.27 相比于 Co(II) 和 Co(0)，Co(I) 配合物相当稀少，但已知配合物 $CoX(PPh_3)_3$（X = Cl, Br, I）具有高自旋 d^8 金属中心近似四面体配位几何构型。角重叠模型被用于分析 $CoX(PPh_3)_3$ 的电子结构，其中单位晶胞内观察到 3 个独立分子（具有非常相似但统计学上不同的键长和键角，J. Krzystek, A. Ozarowski, S. A. Zvyagin, J. Tesler, *Inorg. Chem.*, **2012**, *51*, 4954)。使用该参考文献表 3 中分子 **1** 的角重叠参数，绘制 $CoCl(PPh_3)_3$ 的能级图。这种方法预测的电子结构是否令人吃惊？请给出解释。根据表 3 可知，氯离子配体是更好的 π 给体，而三苯基膦配体在 $NiCl_2(PPh_3)_2$ 中相对于 $CoCl(PPh_3)_3$ 是更好的 σ 给体，导致这些差异最重要的因素可能是什么？

10.28 一氟化氮（NF）可以作为过渡金属配合物的配体。

a. 绘出 NF 的分子轨道能级图，标明原子轨道如何相互作用。

b. 如果 NF 能与过渡金属离子相互作用形成化学键，哪种类型的配体-金属相互作用最重要？NF 在光谱化学序列中是高还是低？请解释。

10.29 已有文献计算了下列化合物发生单电子氧化时历经的变化。（详见 T. Leyssens, D. Peeters, A. G. Orpen, J. N. Harvey, *New J.Chem.*, **2005**, *29*, 1424-1430)

a. 当这些化合物被氧化时，对 C—O 键长有何影响？请解释。

b. 当这些化合物被氧化时，对 Cr—P 键长有何影响？对 Cr—N 呢？请解释。

10.30 九氢合铼 $[ReH_9]^{2-}$ 是一种非常引人注目的氢化物，它具有三冠三棱柱结构。该离子属于哪个点群？以氢原子的轨道为基构造一个表示，将其约化为不可约表示，并确定 Re 的哪些轨道具有与氢的群轨道相互作用的匹配对称性。

10.31 在气相中已观察到线型分子 FeH_2（详见 H. Korsgen, W. Urban, J. M. Brown, *J. Chem. Phys.*, **1999**, *110*, 386)。假设铁原子可能利用 s 轨道、p 轨道和 d 轨道与氢相互作用，如果 z 轴与分子轴共线：

a. 绘制可能与铁原子相互作用的氢原子群轨道。

b. 展示群轨道和中心原子如何相互作用。

c. 哪种相互作用最强？哪种最弱？简单解释。（注：轨道势能见附录 B.9)

10.32 尽管 CrH_6 尚未合成，但这并不应妨碍我们研究其可能的性质。CrH_6 分子和有理论价值的其他相关小分子的键合情况已被探讨（J. Gillespie, S. Noury, J. Pilme, B. Silvi, *Inorg. Chem.*, **2004**, *43*, 3248)。假定它为八面体结构，绘制其分子轨道图（能级图），标注金属 d 轨道和配体轨道之间的相互作用。须考虑轨道势能（附录 B.9)。

10.33 如下图所示，$[Pt_2D_9]^{5-}$ 离子的结构给人眼前一亮的感觉。

a. 该离子属于哪个点群？

b. 假设铂可能利用 s 轨道、p 轨道和 d 轨道与中心的氚相互作用，选择 z 轴与旋转主轴共线：

1. 绘制可能与中心 D 相互作用的铂原子的群轨道，给出所有轨道的标记符号。

2. 说明群轨道和中心原子如何相互作用。

3. 哪种相互作用最强，为什么？

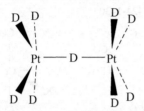

10.34 根据分子轨道理论，解释为什么 $[MnO_4]^{2-}$ 中的 Mn—O 距离比 $[MnO_4]^-$ 中的长（3.9 pm）。（详见 G. J. Palenik, *Inorg. Chem.*, **1967**, *6*, 503, 507）

10.35 Pt(II) 倾向于平面四方型结构，在 (N4)Pd(CH$_3$)Cl（N4 = *N*, *N'*-二叔丁基-2, 11-二氮杂[3, 3]（2, 6）吡啶烷，详见 R. Khusnutdinova, N. P. Rath, L. M. Mirica, *J. Am. Chem. Soc.*, **2010**, *132*, 7303）中得到充分证明。尽管 N4 是一种潜在的四齿配体，但其中两个氮原子指向的位置远离 Pd 中心，从而产生平面四方型配位结构。该状况在氧化后发生改变，得到四方畸变八面体构型的 Pd(III) 配合物（译者注：原书为四边形配合物，与文献不符）。画出 (N4)Pd(CH$_3$)Cl 氧化产物的结构，并用文献数据标出键长，为 Jahn-Teller 畸变提供证据。哪个金属 d 轨道对氧化型配合物的 HOMO 贡献最大？在不改变任何给体原子的情况下，如何巧妙地修饰配体以提高 HOMO 的能量。画出将被引入的修饰配体，并解释为什么它可以提高 HOMO 的能量。

$$N4 = $$

（结构式：含有两个 *t*-Bu 取代基和三个 N 原子及吡啶环的大环配体）

10.36 含有多个大自旋值和 Jahn-Teller 畸变金属离子的团簇可以独立地表现出铁磁性，且被称为单分子磁体。在甲醇中，{2-[(3-甲氨基乙亚氨基)-甲基]-苯酚}（HL^1）与乙酸锰和叠氮化钠反应，生成 Mn(III) 二聚体[MnL^1(N$_3$)(OCH$_3$)]$_2$。画出配合物结构，并使用键长参数讨论 Jahn-Teller 畸变最明显的结果。（S. Naiya, S. Biswas, M. G. B. Drew, C. J. Gómez-García, A. Ghosh, *Inorg. Chem.*, **2012**, *51*, 5332）

10.37 潜在的三齿配体 1, 4, 7-三氮杂环壬烷（tacn）具有广泛的应用。三重质子化的 tacn 与 K$_2$PdCl$_4$ 反应生成[Pd(tacn)(Htacn)]$^{3+}$的盐，其中一个未配位氮原子为阳离子（A. J. Blake, L. M. Gordon, A. J. Holder, T. I. Hyde, G. Reid, M. Schröder, *J. Chem. Soc.*, *Chem. Commun.*, **1988**, 1452）。[Pd(tacn) (Htacn)]$^{3+}$有什么特殊的结构特征？如何解释该特征的合理性？设想另一种解释，须考虑到不在图 1 中但导致正电荷及非钯结合氮原子的氢。[Pd(tacn)$_2$]$^{2+}$可氧化为[Pd(tacn)$_2$]$^{3+}$，画出后者的结构（参考文献图 3 中标记有误），并标出证明其 Jahn-Teller 畸变的键长（及其距离）。

以下题目需要使用分子模型软件

10.38 研究表明[TiH$_6$]$^{2-}$离子具有 O_h 对称性。（详见 I. B. Bersuker, N. B. Balabanov, D. Pekker, J. E. Boggs, *J. Chem. Phys.*, **2002**, *117*, 10478）

a. 以配体的 H 轨道为基，构建该离子的可约表示（群轨道组的等价对称表示）。

b. 将该可约表示约化为不可约表示。

c. Ti 的哪些轨道适合与 **b** 中每个不可约表示对应的群轨道相互作用？

d. 在能级图中，画出 Ti 的 d 轨道与适当群轨道（标记有匹配的不可约表示）的相互作用。在图上标出 Δ_o。（注：可用的轨道势能见附录 B.9）

e. 用分子模拟软件计算并给出[TiH$_6$]$^{2-}$的分子轨道图，将结果与 **d** 中和图 10.5 中的结论进行比较，并说明异同。

10.39 计算并检视八面体离子[TiF$_6$]$^{3-}$的分子轨道。

a. 确认 t_{2g} 和 e_g 成键及反键轨道，指出 Ti 的哪些 d 轨道参与其中。

b. 将结果与图 10.5 和图 10.7 进行比较，它们表明氟离子是π给体还是σ给体？

10.40 许多铁（III）化合物与盐酸反应生成四面体型[FeCl$_4$]$^-$，计算并检视该离子的分子轨道。

a. 确认参与 Fe—Cl 键合的 e 和 t_2 轨道（参见图 10.18 和图 10.19），并指出每组轨道中涉及 Fe 的哪些 d 轨道。

b. 将结果与图 10.19 进行比较，并说明异同。

10.41　表 10.12 提供了 8 种八面体铬（III）配合物的 Δ_o 值。从所列配体中选 3 个，绘制其 Cr(III) 八面体配合物的结构，计算并检视其分子轨道。确认 t_{2g} 和 e_g 轨道，记录每个轨道的能量，并确定 Δ_o 值。所得的趋势与表中的数值一致吗？（注：结果可能会随着所用软件的复杂程度而有很大变化。如果有几个可用的分子建模程序，请尝试用不同程序来比较它们的结果）

第 11 章

配位化学Ⅲ：电子
光谱

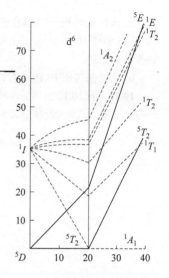

许多过渡金属配合物最引人注目的大概是它们鲜艳的色彩。例如，已使用了两百多年的染料普鲁士蓝仍广泛应用于印染行业，它是一种含有氰根八面体配位 Fe(II) 和 Fe(III) 的复杂配合物。许多珍贵的宝石也因过渡金属离子在其晶格掺杂而显示颜色，例如翡翠为绿色，其 $Be_3Al_2Si_6O_{18}$ 晶体中掺有少量 Cr(III)；紫水晶为紫色，其 Al_2O_3 晶格中存在少量 Fe(II)、Fe(III) 和 Ti(IV)；而红宝石显红色，因为其 Al_2O_3 晶格中有 Cr(III)。血红素是血红蛋白中铁的配合物，它赋予了血液的红色。大部分读者可能都熟悉的蓝色 $CuSO_4 \cdot 5H_2O$，这是一种高度对称的大块晶体，常用于晶体生长演示实验。

为什么这么多配合物都有颜色，而许多有机物在可见光谱中为透明或几乎透明？我们首先需要回顾光吸收的概念及其测量方法。过渡金属配合物的紫外和可见光谱涉及金属 d 轨道之间的跃迁，因此我们需要密切关注这些轨道的能量（在第 10 章讨论）以及电子从低能级跃迁到高能级的可能方式。相对于单个电子的能量，d 电子组态的能级比预期更复杂，而且我们需要考虑原子轨道中电子间如何相互作用。

对于许多配合物，电子吸收光谱为确定配体对金属 d 轨道影响的大小提供了一种便捷方法。虽然原则上可以研究任意几何构型配合物中的此类影响，但我们将着眼于最普遍的几何结构——八面体，并研究如何利用吸收光谱来确定各种配合物中八面体配体场参数 Δ_o 的大小。

11.1 光 的 吸 收

在解释配合物颜色时需要用到互补色现象：如果化合物吸收某种颜色的光，我们就会看到该颜色的补色。例如，当白光（包含所有可见波长的宽带光谱）透过吸收红光的物质时，观察到的就是绿色。绿色和红色互为补色，因此当白光减去红光时，在视觉上绿色就占主导地位。互补色很容易记住，就是右图色轮中处于对边的色对。

Cu(Ⅱ)化合物的水溶液因含有[Cu(H₂O)₆]²⁺离子而显深蓝色，是配位化学中的一个示例。蓝色是光谱中 600～1000 nm 之间（黄色到红外区域）光被吸收的结果（最大值靠近 800 nm，图 11.1）。观察到的蓝色是被吸收光的平均互补色。

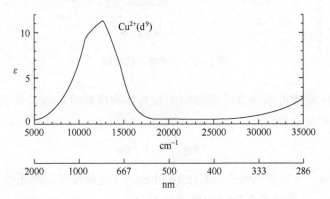

图 11.1 [Cu(H₂O)₆]²⁺的吸收光谱（*Introduction to Ligand Fields*, p.221, 经 Brian Figgis 允许转载）

直接利用吸收光谱对配合物颜色进行简单预测并非总行之有效，很大程度上是因为它们很多都含有两个或多个不同能量和强度的吸收带，观察到的净结果是白光扣除不同波段吸收后占主导地位的颜色。

作为参考，表 11.1 给出了可见光谱主色的近似波长及其互补色。

表 11.1 可见光及互补色

波长范围（nm）	波数（cm⁻¹）	颜色	互补色
<400	>25000	紫外	
400～450	22000～25000	紫色	黄色
450～490	20000～22000	蓝色	橙色
490～550	18000～20000	绿色	红色
550～580	17000～18000	黄色	紫色
580～650	15000～17000	橙色	蓝色
650～700	14000～15000	红色	绿色
>700	<14000	红外	

11.1.1 Beer-Lambert 定律

给定波长、强度为 I_0 的光，通过含有吸光物质的溶液并以强度为 I 的光透射出来，可用适当的探测器测量（图 11.2）。

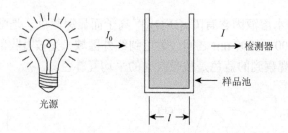

图 11.2 溶液对光的吸收

Beer-Lambert 定律可用于描述溶液中的吸光性物质对给定波长光的吸收（忽略散射和容器表面对光的反射）：

$$\log \frac{I_0}{I} = A = \varepsilon l c$$

式中，A 为吸光度；ε 为摩尔吸光系数[L/(mol·cm)]（也称摩尔消光系数）；l 为光线穿过的溶液长度（cm）；c 为吸光性物质浓度（mol/L）。

吸光度无量纲。给定波长下，吸光度为 1.0 相当于 90%的吸收[*]；吸光度为 2.0 对应99%的吸收，以此类推。

分光光度计通常以吸光度和波长的关系给出光谱图。摩尔吸光系数是物质吸收光波的一个特征，并且极其依赖于波长。摩尔吸光系数和波长的关系图能给出有关分子或离子的光谱特性，如图 11.1 所示，该光谱是不同能态之间跃迁的结果，可以提供关于这些状态有价值的信息，从而逆推分子或离子的结构与成键情况。

虽然用来描述吸收光的最常用物理量是波长，但也常使用能量和频率替代，特别在描述红外光时常使用波数，即每厘米长度上波的数目（与能量成正比）。这些量之间的关系由以下方程式给出，以供参考。

$$E = h\nu = \frac{hc}{\lambda} = hc\left(\frac{1}{\lambda}\right) = hc\overline{\nu}$$

式中，E 为能量；$h = 6.626 \times 10^{-34}$ J·s，为普朗克常数；$c = 2.998 \times 10^8$ m/s，为光速；ν 为频率（s^{-1}）；λ 为波长（常用单位 nm）；$\frac{1}{\lambda} = \overline{\nu}$，为波数（$cm^{-1}$）。

11.2 多电子原子的量子数

光的吸收导致电子从低能态激发到高能态，由于这些态是量子化的，因此观察到的吸收是"带"状的（图 11.1），每个带的能量对应于始态和终态间的能量差。为了深入了解这些能态及其之间的能量转移，我们首先需要讨论原子中的电子如何相互作用。

尽管可以用相当简单的术语来描述单个电子的量子数和能量，但电子之间的相互作用却使之复杂化。2.2.3 节中曾经讨论了一些相互作用：由于电子间的排斥作用（能量 Π_c），电子倾向于分占不同的轨道；而交换能（Π_e）使各轨道的电子趋于自旋平行。

---

[*] 吸光度 = 1.0 时，$\log (I_0/I) = 1.0$。因此，$I_0/I = 10$，所以 $I = 0.10I_0 = 10\% \times I_0$；10%的光透过，即吸收 90%。

再以碳原子能级为例。碳的电子构型为 $1s^2 2s^2 2p^2$，第一印象会认为 p 电子可能是简并的，并且能量相同。然而，p^2 组态的电子有 3 个主要能级，并因成对能和交换能（Π_c 和 Π_e）而有所不同。而且，最低的主能级被裂分成 3 种略有不同的能级，共 5 个。每个能级都可描述为 2p 电子的 m_l 和 m_s 组合，以替代对 2.2.3 节中的讨论。

独立地，每个 2p 电子各自有 6 种中任意一种可能的 m_l 和 m_s 组合：

$$n = 2,\ l = 1 \qquad \text{（定义 2p 轨道的量子数）}$$
$$m_l = +1、0、-1 \qquad \text{（3 个可能值）}$$
$$m_s = +\frac{1}{2}、-\frac{1}{2} \qquad \text{（两个可能值）}$$

但 2p 电子之间并非彼此独立，它们的轨道角动量（m_l 值描述）和自旋角动量（m_s 值描述）以一种称为 Russell-Saunders 耦合或 LS 耦合（LS coupling）的方式相互作用[*]。一种极简的观点将电子视为粒子，它通过轨道运动和自旋运动产生磁场（运动电荷产生磁场）；多个电子产生的这些磁场可以相互作用，并产生原子状态，称为微观状态（microstate，微态），可用新的量子数来描述：

$$M_L = \Sigma m_l \qquad \text{总轨道角动量}$$
$$M_S = \Sigma m_s \qquad \text{总自旋角动量}$$

因为量子数 m_l 和 m_s 分别提供了电子由轨道和自旋产生的磁场信息，所以我们需要确定 p^2 组态的 m_l 和 m_s 值可能有多少种组合，以判断这些场之间的不同相互作用[**]，这些组合会给出 M_L 和 M_S 的相应值。为了简便，我们用上标"+"或"-"分别代表 $+\frac{1}{2}$ 或 $-\frac{1}{2}$ 的 m_s 值。例如，一个 $m_l = +1$、$m_s = +\frac{1}{2}$ 的电子，记作 1^+。

p^2 组态中，两个电子的一组可能值是：

$$\left. \begin{array}{l} \text{第一个电子：} m_l = +1,\ m_s = +\dfrac{1}{2} \\[2mm] \text{第二个电子：} m_l = 0,\quad m_s = -\dfrac{1}{2} \end{array} \right\} \text{标记为} 1^+ 0^-$$

每组可能的量子数（如 $1^+ 0^-$），对应该组电子唯一可能的磁场耦合，这就是微态。

下一步列出可能的微态。为此需要注意两个方面：①确保同一微态中的两个电子没有相同量子数（Pauli 不相容原理）；②仅计算唯一的微态。例如，微态 $1^+ 0^-$ 和 $0^- 1^+$、$0^+ 0^-$ 和 $0^- 0^+$ 在 p^2 组态中是重复的，所以每对中只列出一个。

如果确定了所有可能的微态，并将它们的 M_L 和 M_S 值按序排列制成表，得到共计 15 个微态[***]，如表 11.2 所示。

---

[*] 有关耦合及其基本理论的深入讨论，参见 M. Gerloch, *Orbitals, Terms, and States*, Wiley InterScience, New York, 1986。

[**] 全满轨道中的电子可以忽略，因为它们的净自旋和轨道角动量都为零。

[***] 微态数 $= i!/[j!(i-j)!]$，其中 $i = m_l$ 和 m_s 的组合数（此处为 6，因为 m_l 值为 1、0 和 -1，m_s 值为 $+\frac{1}{2}$ 和 $-\frac{1}{2}$），$j =$ 电子数。

表 11.2　p^2 组态的微态表

		M_S		
		-1	0	$+1$
	$+2$		$1^+ 1^-$	
	$+1$	$1^- 0^-$	$1^+ 0^-$ $1^- 0^+$	$1^+ 0^+$
M_L	0	$-1^- 1^-$	$-1^+ 1^-$ $0^+ 0^-$ $-1^- 1^+$	$-1^+ 1^+$
	-1	$-2^- 1^-$	$-1^+ 0^-$ $-1^- 0^+$	$-1^+ 0^+$
	-2		$-1^+ -1^-$	

示例 11.1

判断 $s^1 p^1$ 组态的可能微态，并制作微态表。

s 电子有 $m_l = 0$，$m_s = \pm \dfrac{1}{2}$

p 电子有 $m_l = +1$、0、-1，$m_s = \pm \dfrac{1}{2}$

生成的微态表：

		M_S		
		-1	0	$+1$
	$+1$	$0^- 1^-$	$0^- 1^+$ $0^+ 1^-$	$0^+ 1^+$
M_L	0	$0^- 0^-$	$0^+ 0^-$ $0^- 0^+$	$0^+ 0^+$
	-1	$0^- -1^-$	$0^- -1^+$ $0^+ -1^-$	$0^+ -1^+$

在这种情况下，$0^+ 0^-$ 和 $0^- 0^+$ 是不同的微态，因为第一个是 s 电子，第二个是 p 电子，两者都要计算。

练习 11.1　确定 d^2 组态可能的微态并且制成表。（表中应包含 45 个微态！）

我们现在已经知晓，如何将单个电子相关的量子数 m_l 和 m_s 组合成量子数 M_L 和 M_S 去描述原子的微态。M_L 和 M_S 依次给出量子数 L、S 和 J，它们共同描述原子或离子的能量与对称性，并决定不同能态间的可能跃迁。这些跃迁解释了许多配合物的颜色，将在下文给予讨论。

描述多电子原子状态的量子数，定义如下：

L = 总轨道角动量量子数

S = 总自旋角动量量子数

J = 总角动量量子数

这些总角动量量子数由单个量子数的矢量和确定，其值的计算在本节和下节中讨论。

量子数 L 和 S 用于描述总的微态，而 M_L 和 M_S 描述微态自身；L 和 S 分别是 M_L 和 M_S 的最大可能值。M_L 和 L 的关系与 m_l 和 l 的关系一样，M_S 与 m_s 的关系类似。

原子状态	单个电子
$M_L = 0, \pm1, \pm2, \cdots, \pm L$	$m_l = 0, \pm1, \pm2, \cdots, \pm l$
$M_S = S, S{-}1, S{-}2, \cdots, -S$	$m_s = +\dfrac{1}{2}, -\dfrac{1}{2}$

量子数 m_l 描述电子通过轨道运动产生磁场的 z 分量，与之类似，量子数 M_L 描述的是与微态相关磁场的 z 分量。同样，m_s 描述电子自旋在参考方向（通常定义为 z 方向）产生的磁场，而 M_S 描述的是微态下电子自旋产生的磁场在此方向上的分量。

L 值对应于 S、P、D、F 和更高的项，用于描述原子状态，如同将原子轨道描述为 s、p、d 和 f 的做法。S 值（来自 M_S）用于计算自旋多重度（spin multiplicity），定义为 $2S+1$。例如，拥有自旋多重度为 1、2、3 和 4 的状态分别称为单重态、双重态、三重态和四重态。自旋多重度用左上标表示。原子状态的例子见于表 11.3 和随后的示例[*]。

表 11.3　原子状态（离子谱项）和相关量子数

项	L	S
^1S	0	0
^2S	0	$\dfrac{1}{2}$
^3P	1	1
^4D	2	$\dfrac{3}{2}$
^5F	3	2

以 L 和 S 为特征的原子状态称为自由离子谱项（free-ion terms，有时也称 Russell-Saunder 项），因为它们描述单个原子或离子，不含配体。它们的标记称为谱项符号（term symbol）[**]，由与 L 值相关的字母和左上标的自旋多重度组成。例如，谱项符号 ^3D 对应 $L=2$ 且自旋多重度（$2S+1$）为 3 的状态；^5F 表示 $L=3$ 且 $2S+1=5$ 的状态。

$L=0$	S 态
$L=1$	P 态
$L=2$	D 态
$L=3$	F 态

离子谱项在配位化合物的光谱分析中非常重要。下面的示例展示了如何计算给定谱项的 L、M_L、S 和 M_S 值，以及如何绘制它们的微态表。

示例 11.2

^1S（单重态 S）

S 项 $L=0$，因此 $M_L=0$；自旋多重度（上标）是 $2S+1=1$，所以 S 必须等于 0（$M_S=0$）。对于 ^1S 项，只有一个具有 $M_L=0$ 且 $M_S=0$ 的微态。对于两个电子的最小组态，有以下微

---

[*] 不幸的是，S 有两种用法：一种是原子自旋量子数，另一种是 $L=0$ 的状态。化学家在选择符号时并非总是明智的！

[**] 尽管谱项和状态通常可以互换使用，但对于刚刚描述的 Russell-Saunder 耦合结果，首选谱项；而对于下一节描述的自旋-轨道耦合结果，也包括量子数 J，首选状态。在大多数情况下，谱项和状态到底用哪个，可以根据上下文定。（见 B. N. Figgis, "Ligand Field Theory," in G. Wilkinson, R. D. Gillard, and J. A. McCleverty, eds. *Comprehensive Coordination Chemistry*, Vol. 1, Pergamon Press, Elmsford, NY, 1987, p. 231）

态表：

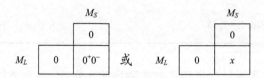

每个微态在表中的第二种形式由 x 指定。

^2P（双重态 P）

P 项 $L=1$，因此 M_L 有三个值：$+1$、0 和 -1；自旋多重度是 $2=2S+1$，因此 $S=\dfrac{1}{2}$，并且 M_S 可以有两个值：$+\dfrac{1}{2}$ 和 $-\dfrac{1}{2}$。所以 ^2P 项中有 6 个微态（三行两列）。对于一个电子的最小组态，有以下微态表：

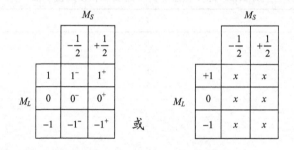

自旋多重度等于 M_S 可能值的数目，因此自旋多重度就是微态表中的列数

练习 11.2　判断下列每个离子谱项的 L、M_L、S 和 M_S 的值，并如前例所示绘制微态表：^2D、^1P 和 ^2S。

最后返回到 p^2 微态表，并将其还原为其组成原子的状态（谱项），为此只需用 x 表示每个微态。将微态的数量制成表格很重要，但不必将每个微态全部写出[*]。

为了将微态表还原为其组成的离子谱项，只需关注组成描述在示例和练习 11.2 中的各项微态矩形阵列。例如把 p^2 微态表还原成它的离子谱项，只要找到其矩形阵列即可，此过程如表 11.4 所示。对于每个项，自旋多重度和微态的列数相同：单重态项（如 ^1D）有一列，双重态项有两列，三重态项（如 ^3P）有三列，以此类推。

因此，p^2 电子组态产生 3 个自由离子谱项，即 ^3P、^1D 和 ^1S，它们的能量不同，分别代表具有 3 种不同程度电子-电子相互作用的状态。例如，碳原子 p^2 组态的 ^3P、^1D 和 ^1S 项具有 3 种不同的能量——即实验中观察到的 3 个主要能级。

---

[*] 完全生成每个微观状态的另一种方法，见 D. A. McQuarrie, *Quantum Chemistry*, University Science Books, Mill Valley, CA, 1983, p. 313。

表 11.4　p^2 的微态表及其还原的自由离子项

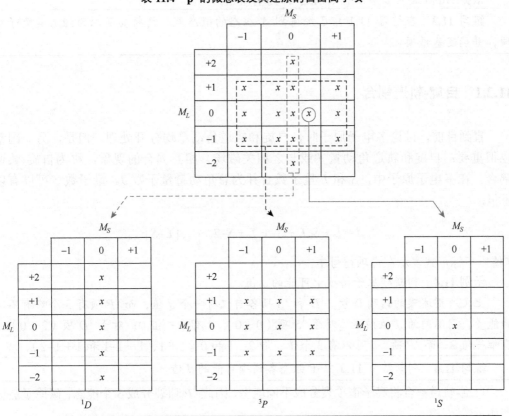

注：^1D 和 ^1S 项比 ^3P 项的能量高。这种高能项的相对能量不能用简单的规则来确定。

本过程最后一步用 Hund 规则（Hund's rules）中的两点来确定最低能级谱项：

1. 基谱项（能量最低谱项）具有最高自旋多重度。在 p^2 示例中，基谱项是 ^3P，对应于下图中的电子构型。有时也被称为 Hund 最大多重度规则，已在 2.2.3 节中介绍。

$$2p \quad \uparrow \quad \uparrow \quad \underline{}$$
$$2s \quad \uparrow\downarrow$$
$$1s \quad \uparrow\downarrow$$

2. 如果两个或多个谱项具有相同的最大自旋多重度，则 L 值最大的为基谱项。

示例 11.3

将 s^1p^1 组态的微态表还原为组成其离子谱项，并判断基谱项。

微态表（示例 11.1 所示）是 ^3P 和 ^1P 谱项微态表的总和：

	M_S		
	−1	0	+1
+1	x	x	x
0	x	x	x
−1	x	x	x

	M_S		
	−1	0	+1
+1		x	
0		x	
−1		x	

（左表 M_L；右表 M_L）

依据 Hund 最大多重度规则判定 ^3P 为基谱项。

练习 11.3 在练习 11.1 中已经得到 d^2 组态的微态表。请将其还原为组成其离子谱项，并确定基谱项。

11.2.1 自旋-轨道耦合

直到目前，讨论多电子原子时，自旋和轨道角动量均分开处理。但是，另一因素也很重要：自旋和轨道角动量（或与之相关磁场）相互耦合的现象，称为自旋-轨道耦合。在多电子原子中，S 和 L 量子数合并为总角动量量子数 J。量子数 J 可以有以下值：

$$J = L+S, L+S-1, L+S-2, \cdots, |L-S|$$

J 值以下标形式表示在谱项符号中。

示例 11.4 判断碳原子谱项中可能的 J 值。

上文所描述碳的谱项符号，^1D 和 ^1S 项各自仅有一个 J 值，而 ^3P 项有 3 个略有不同的能量，用不同的 J 值描述。对于 ^1S 项（$0+0$），J 有唯一值 0；对于 ^1D 项（$2+0$），J 有唯一值 2；而 ^3P 项，J 可以有 3 个值，即 2、1 和 0（$1+1$、$1+1-1$ 和 $1+1-2$）。

练习 11.4 判断练习 11.3 中 d^2 组态各谱项可能的 J 值。

自旋-轨道耦合将离子谱项裂分成不同能态，因此 ^3P 项裂分成 3 个能态；碳原子能级图如下：

		能量(cm^{-1})
^1S — — — — — — — — —	$^1S_0$	21648.8
^1D — — — — — — — — —	$^1D_2$	10193.7
	$^3P_2$	43.5
^3P — — — — — —	$^3P_1$	16.4
	$^3P_0$	0
仅 LS 耦合	自旋-轨道耦合（扩大了 ^3P 的裂分比例）	

这是本节开始时提到的碳原子 5 个状态。最低能态（包含自旋-轨道耦合）可由 Hund 规则第三点（Hund's third rule）预测：

3. 对于小于半满的亚层（如 p^2），J 值最低的状态能量最低（对于 p^2 为 $^3P_0$）；对于大于半满的亚层，J 值最高的状态能量最低；半满的亚层，只有一个可能的 J 值。

半满亚层的一个实例是 p^3 组态，基谱项为 ^4S，对应 $L=0$，$S=\dfrac{3}{2}$。J 的最大值是

$L + S = \dfrac{3}{2}$，J 的最小值是 $\left| L - S \right| = \left| 0 - \dfrac{3}{2} \right| = \dfrac{3}{2}$。因为 J 的最大值和最小值相等，所以 J 只有

$\dfrac{3}{2}$ 这一种可能，基谱项为 $^4S_{3/2}$。

　　自旋-轨道耦合对配合物的电子光谱有着重要影响，尤其对那些含有相当重的金属化合物（原子序数＞40）。例如，碳族中最具金属性的元素铅，谱项和能级排布方式与碳相同；然而，自旋-轨道耦合对铅的影响比碳原子大很多：$^3P_2$ 和 $^3P_1$ 能级分别比 $^3P_0$ 能级高 10650.5 cm^{-1} 和 7819.4 cm^{-1}，这 3 个能级在碳原子中仅相差 43.5 cm^{-1}！铅原子的 $^1S_0$ 能级也比 $^3P_0$ 高 29466.8 cm^{-1}，$^1D_2$ 比 $^3P_0$ 高 21457.9 cm^{-1}。

11.3　配合物的电子光谱

　　现在，我们可以把电子-电子相互作用和配合物吸收光谱联系起来。在 11.2 节中，我们讨论了一种确定电子组态的微态及离子谱项的方法。例如，d^2 组态产生 5 个离子谱项 ^3F、^3P、^1G、^1D 和 ^1S，其中 ^3F 项能量最低（练习 11.1 和练习 11.3）。大多数情况下，配合物的吸收光谱涉及金属 d 轨道，因此了解可能的 d 组态离子谱项非常重要。确定含有 3 个或更多电子组态的微态和离子谱项是一个烦琐的过程。表 11.5 所列为可能的 d 电子组态。

表 11.5　d^n 组态的自由离子谱项

组态	离子谱项					
d^1	^2D					
d^2		$^1S\,^1D\,^1G$	$^3P\,^3F$			
d^3	^2D		$^4P\,^4F$	$^2P\,^2D\,^2F\,^2G\,^2H$		
d^4	^5D	$^1S\,^1D\,^1G$	$^3P\,^3F$	$^3P\,^3D\,^3F\,^3G\,^3H$	$^1S\,^1D\,^1F\,^1G\,^1I$	
d^5	^2D		$^4P\,^4F$	$^2P\,^2D\,^2F\,^2G\,^2H$	$^2S\,^2D\,^2F\,^2G\,^2I$	$^4D\,^4G$　^6S
d^6	同 d^4					
d^7	同 d^3					
d^8	同 d^2					
d^9	同 d^1					
d^{10}	^1S					

注：对任一组态，离子谱项都是所列各项的和；例如，对于 d^2 组态，离子谱项是 $^1S + ^1D + ^1G + ^3P + ^3F$。

　　解释配合物的光谱时，确定基谱项很重要。此处以八面体对称的 d^3 组态为例，给出一种快速且十分简便的方法*。

---

　　* 注意，尽管 t_{2g} 和 e_g 分子轨道包含配体的一些贡献，但这种方法仍将这些分子轨道视作金属原子轨道。实际上，这种方法认为金属配位键具有很大程度的离子性质。

1. 画出有 d 电子的能级图。

　　　　　　　　　　　　　　　　　　　　　　$\uparrow$　$\uparrow$　$\uparrow$

2. 最低能态的自旋多重度=未成对电子数 + 1[*]。　　　自旋多重度= 3 + 1 = 4

3. 确定 1 中所示组态可能的 M_L 最大值（m_l 值的和），　　3 个电子可能的最大 M_L 值：2 +
这决定了离子谱项的类型（如 S、P、D）。　　　　1 + 0 = 3；因此是 F 项

4. 结合步骤 2 和步骤 3 的结果得到基谱项。　　　　　　　^4F

　　步骤 3 值得详细说明。第一个电子 m_l 最大值是 2，这是 d 电子可能的最大值。因
为要求电子自旋平行，所以第二个电子不可能 $m_l = 2$（这会违反 Pauli 不相容原理），最大
值只能是 $m_l = 1$。最后，第三个电子不能是 $m_l = 1$ 或 2，否则将会和前两个电子中的一个
量子数相同，所以其最大 m_l 值应该是 0。因此，M_L 最大值= 2 + 1 + 0 = 3。

示例 11.5

d^4 的基谱项是什么（低自旋）？

1. ＿　＿

　$\uparrow\downarrow$　$\uparrow$　$\uparrow$

2. 自旋多重度= 2 + 1 = 3

3. M_L 的最大可能值= 2 + 2 + 1 + 0 = 5，因此是 H 项。这里注意，前两个电子的 $m_l = 2$
不违反互斥原理，因为两个电子的自旋方向相反。

4. 因此，基谱项为 ^3H。

练习 11.5 确定 O_h 对称中，d^6 组态高、低自旋的基谱项。

　　通过对原子态的回顾，我们现在可以考察配合物的电子状态，以及这些态间跃迁如
何产生观察到的光谱。然而在面对具体的光谱之前，我们还必须考虑哪类跃迁最可能发
生，并因此引起最强的吸收。

11.3.1　选择定则

　　吸收谱带的相对强度由一系列选择规则决定，从电子基态和激发态的对称性及自旋
多重度出发，有两条规则[1, 2]，如下：

　　1. 相同奇偶性（相对于反演中心对称）的态间跃迁禁阻。例如，d 轨道产生的态间
跃迁是禁阻的（g→g 跃迁；d 轨道中心对称），但 d 与 p 轨道的态间跃迁是允许的（g→u
跃迁；p 轨道中心反对称），称为 Laporte 选择定则（Laporte selection rule）。

　　2. 不同自旋多重度的态间跃迁禁阻。例如，$^4A_2$ 态和 $^4T_1$ 态之间是"自旋允许"跃
迁，但 $^4A_2$ 态和 $^2A_2$ 态之间"自旋禁阻"，称为自旋选择定则（spin selection rule）。

　　这些规则似乎阻止了过渡金属配合物的大多数电子跃迁，然而许多配合物仍然色彩
鲜艳，这是因为还存在其他各种机制，导致这些规则被放宽。其中，一些机制如下：

　　1. 像所有化学键一样，过渡金属配合物中的键会因振动而暂时改变对称性。例如，
八面体配合物以某种方式振动时，对称中心会暂时消失，这种现象称为振动耦合，可以

---

　　[*] 如前所示，这相当于自旋多重度 = 2S + 1。

放宽第一选择定则。因此，摩尔吸光系数范围在 5～50 L/(mol·cm)的 d-d 跃迁经常发生，这通常正是配合物色彩亮丽的原因。

2. 同一金属在相同的氧化态下，四面体配合物吸收往往比八面体配合物更强烈。T_d 对称的过渡金属配合物中，金属-配体 σ 键可以认为含有金属 sp^3 和 sd^3 杂化轨道的组合，两种杂化类型都符合对称性要求。p 轨道特征（u 对称）与 d 轨道特征的混合，提供了放宽第一选择定则的又一方法。

3. 自旋-轨道耦合在某些情况下提供了放宽第二选择定则的机制，因此可以观察到基态向不同自旋多重度激发态跃迁。这种吸收带在第一过渡系金属配合物中通常很弱，摩尔吸光系数一般小于 1 L/(mol·cm)；在第二、三过渡系金属配合物中，自旋-轨道耦合更重要。

下面将给出描述选择规则及其放宽方式的光谱示例。第一个示例是金属配合物 $[V(H_2O)_6]^{3+}$，具有 d^2 组态和八面体几何结构。

在讨论光谱时，将过渡金属配合物的电子光谱与八面体配体场分裂参数 Δ_o 联系起来非常实用。为此，我们有必要引入能级相关图（correlation diagrams）和 Tanabe-Sugano 图（Tanabe-Sugano diagrams）。

11.3.2　能级相关图

图 11.3 是 d^2 组态能级相关图的示例，展示了电子的能量状态在两种极端情况之间的变化情况。

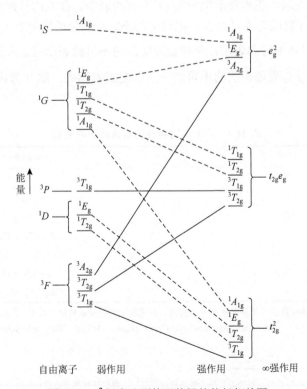

图 11.3　d^2 组态八面体配体场的能级相关图

1. 自由离子（无配体场）。在练习 11.4 中，d^2 组态有 ^3F、^3P、^1G、^1D 和 ^1S 谱项，其中 ^3F 谱项的能量最低。这些谱项描述了在与配体无任何相互作用时，"自由" d^2 离子——本例中为 V^{3+} 离子的能级。在能级相关图中，这些自由离子谱项显示在最左侧。

2. 强配体场。在八面体配体场中的两个 d 电子存在 3 种可能的组态：

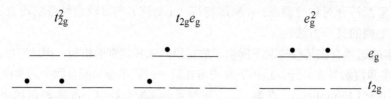

上图是 V^{3+} 在极强配体场中可能的电子组态（t_{2g}^2 为基态，其他为激发态）。在能级相关图中，将这些状态作为强场极限显示在最右侧，此时配体作用极强，以致完全掩盖了 LS 耦合的影响。

配合物的实际情况介于这两种极端之间*。零场下，d^2 单个电子的 m_l 和 m_s 耦合，形成 5 个谱项 ^3F、^3P、^1G、^1D 和 ^1S，代表具有不同能量的 5 个原子状态。在非常强的配体场下，t_{2g}^2、$t_{2g}e_g$ 和 e_g^2 组态占优势。能级相关图中显示了配体场未强到足以猝灭金属价电子产生态间耦合的所有可能性。

得到上述结果所使用的方法细节上超出了本书范围，感兴趣的读者可自行查阅文献[3]。此问题对我们重要的方面是，自由离子谱项（显示在相关图最左侧）具有对称性特征，可以约化为不可约表示，在本章示例中为 O_h 不可约表示。在八面体配体场中，如表 11.6 中所示，离子谱项分裂成与不可约表示相对应的态。对于强场极限态（示例中为 t_{2g}^2、$t_{2g}e_g$ 和 e_g^2），可类似地得到不可约表示，两种极限情况的不可约表示必须相匹配。自由离子的每个不可约表示必须与强场极限的不可约表示匹配或者相关，这些都显示在图 11.3 的 d^2 能级相关图中。

表 11.6　八面体对称性的自由离子项分裂

谱项	不可约表示
S	A_{1g}
P	T_{1g}
D	$E_g + T_{2g}$
F	$A_{2g} + T_{1g} + T_{2g}$
G	$A_{1g} + E_g + T_{1g} + T_{2g}$
H	$E_g + 2T_{1g} + T_{2g}$
I	$A_{1g} + A_{2g} + E_g + T_{1g} + 2T_{2g}$

注：尽管基于原子轨道的表示可能具有 g 或 u 对称性，但这里给出的是 d 轨道的谱项，因此只有 g 对称性。有关这些符号的讨论，见 F. A. Cotton, *Chemical Applications of Group Theory*（3rd ed., Wiley InterScience, New York, 1990, pp. 263-264）。

---

* 请注意，第 10 章中的所有能级相关图均基于强场极限。尽管这种解释有利于合理化过渡金属配合物中的成键，但理解这些配合物的光谱还需要考察电子之间相互作用产生的结果。

请特别注意能级相关图的以下特征：

1. 自由离子组态（由 LS 耦合产生的谱项）显示在最左侧。

2. 强场组态显示在最右侧。

3. 自由离子和强场组态情况下，都可以约化为不可约表示。每个自由离子的不可约表示与具有相同对称性（相同符号）的强场不可约表示匹配（相关）。如 11.3.1 节所述，向自旋多重度与基态相同的激发态跃迁，比向自旋多重度不同的跃迁可能性更大。因此，图中将基态及与之自旋多重度相同的激发态用粗线表示，将具有其他自旋多重度的态用虚线表示，以示强调。

在能级相关图中，各能态按能量顺序显示，并遵守不交叉规则：相同对称性能态，其连线不交叉。其他 d 电子组态的能级相关图可在文献中查看[4]。

11.3.3　Tanabe-Sugano 图

Tanabe-Sugano 图是改进的能级相关图，可用于解释配合物的电子光谱[5]。在 Tanabe-Sugano 图中，最低能态沿横轴绘制，因此与该轴的垂直距离就是激发态与基态的能级差。例如 d^2 组态，在相关图（图 11.3）中，最低能态用线描述，该线将离子谱项 ^3F 产生的 $^3T_{1g}$ 态与强场项 t_{2g}^2 产生的 $^3T_{1g}$ 态相连。在 Tanabe-Sugano 图（图 11.4）中，该线和横轴重合*，被标记为 $^3T_{1g}(F)$，意即由自由离子极限的 ^3F（在图的左侧）项产生**。

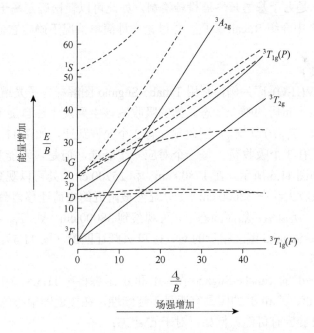

图 11.4　八面体配体场中 d^2 组态的 Tanabe-Sugano 图

---

* 这并不意味着基谱项的绝对能量和配体场强无关，但是从光谱角度看，以这种方式定义横轴很有效，可以衡量基态和激发态间的能级差。

** 括号中的 F 是为了将此 $^3T_{1g}$ 项与自由离子极限中 ^3P 产生的更高能态的 $^3T_{1g}$ 项区分开。

Tanabe-Sugano 图中也有激发态。在 d^2 图中，自旋多重度与基态相同的激发态是 $^3T_{2g}$、$^3T_{1g}(P)$ 和 $^3A_{2g}$，读者可以验证它们是否与 d^2 相关图中的三重激发态相同。图中还显示了其他自旋多重度的激发态，但是后面可以看到，对于光谱解释，它们的重要性通常不高。

Tanabe-Sugano 图中轴的单位与数值定义如下：

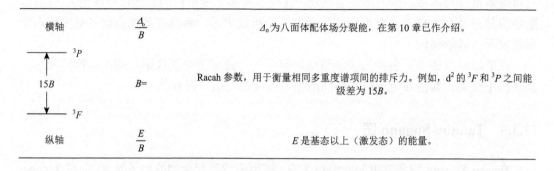

| 横轴 | $\dfrac{\Delta}{B}$ | Δ_o 为八面体配体场分裂能，在第 10 章已作介绍。 |
| 纵轴 | $\dfrac{E}{B}$ | E 是基态以上（激发态）的能量。 |

其中 $B=$ Racah 参数，用于衡量相同多重度谱项间的排斥力。例如，d^2 的 ^3F 和 ^3P 之间能级差为 $15B$。

Racah 参数提供了有关配合物的重要信息。自由离子的 B 值通常大于它在配合物中的值，这与价电子相对于自由离子在配合物中占有的体积有关。电子占据的体积越大，它们受到的排斥越少（或者说，它们的磁场相互作用越弱），因此自由离子和配合物之间的 B 值减小，这一点可用于评估金属-配体键的共价程度。如上所述，Tanabe-Sugano 图最实用的特征之一是电子基态始终沿横轴绘制，如此可以轻松确定高于基态的 E/B 值[*]。我们将在示例 11.8 中介绍 Racah 参数，并讨论一种简单情况下确定它们数值的方法。

示例 11.6

$[V(H_2O)_6]^{3+}(d^2)$

以 d^2 配合物 $[V(H_2O)_6]^{3+}$ 为例，利用 Tanabe-Sugano 图解释电子光谱。基态为 $^3T_{1g}(F)$，这是正常情况下电子布居的唯一状态。光的吸收应该主要发生在自旋多重度为 3 的激发态，有 3 种：$^3T_{2g}$、$^3T_{1g}(P)$ 和 $^3A_{2g}$，因此预计有 3 个允许跃迁，如图 11.5 所示。如此，我们预测 $[V(H_2O)_6]^{3+}$ 有 3 个吸收带，每一个对应一个跃迁。但是，真能观察到 $[V(H_2O)_6]^{3+}$ 的这些吸收吗？如图 11.6 所示，在 17800 cm^{-1} 和 25700 cm^{-1} 处可以观察到两个谱带。水溶液中，第三个吸收大约在 38000 cm^{-1} 处，显然被附近的电荷迁移谱带（CT 谱带，将在稍后章节中讨论）[**]所遮盖。然而固态下，可观察到 38000 cm^{-1} 处 $^3T_{1g} \rightarrow {}^3A_{2g}$ 跃迁的谱带。这些谱带与 Tanabe-Sugano 图上指示的 ν_1、ν_2 和 ν_3 跃迁匹配（图 11.5）。

其他电子组态

图 11.7 为 $d^2 \sim d^8$ 的 Tanabe-Sugano 图，d^1 和 d^9 组态将在 11.3.4 节中讨论并在图 11.11 中进行说明。d^4、d^5、d^6 和 d^7 的图具有明显不连续性，在接近图中心位置用垂直线区分。这些组态高、低自旋皆有可能。例如，对于 d^4 组态：

---

[*] 有关 Racah 参数的讨论，参见 B. N. Figgis, "Ligand Field Theory," in *Comprehensive Coordination Chemistry*, Pergamon Press, Elmsford, NY, 1987, Vol. 1, p. 232。

[**] 第三个谱带在紫外区，在所示光谱中右侧图外。详见 B. N. Figgis, *Introduction to Ligand Fields*, Wiley InterScience, New York, 1966, p. 219。

$$S = 4\left(\frac{1}{2}\right) = 2;$$

自旋多重度 = $2S + 1 = 2(2) + 1 = 5$

高自旋（弱场）d^4 有 4 个未成对电子，自旋平行；自旋多重度为 5。

$$S = 2\left(\frac{1}{2}\right) = 1;$$

自旋多重度 = $2S + 1 = 2(2) + 1 = 3$

低自旋（强场）d^4 只有两个未成对电子，自旋多重度为 3。

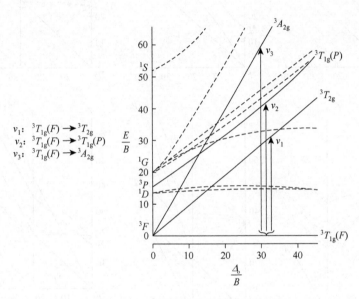

v_1: $^3T_{1g}(F) \longrightarrow {}^3T_{2g}$
v_2: $^3T_{1g}(F) \longrightarrow {}^3T_{1g}(P)$
v_3: $^3T_{1g}(F) \longrightarrow {}^3A_{2g}$

图 11.5　d^2 组态的自旋允许跃迁

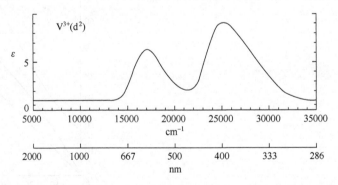

图 11.6　$[V(H_2O)_6]^{3+}$ 的吸收谱（*Introduction to Ligand Fields*, p. 221，经 Brian Figgis 许可转载）

Tanabe-Sugano 图中 d^4 的弱场部分（$\Delta_o/B = 27$ 的左侧），基态为 ^5E_g，自旋多重度为 5；图的右侧（强场），基态为 $^3T_{1g}$（源于自由离子极限中的 ^3H 项），自旋多重度为 3。因此，垂直线是弱场和强场情况的分界线：高自旋（弱场）配合物位于该线的左侧，低自旋（强场）配合物位于右侧。在分界线上，基态从 ^5E_g 变为 $^3T_{1g}$，自旋多重度从 5 变为 3，反映了未成对电子数量的变化。

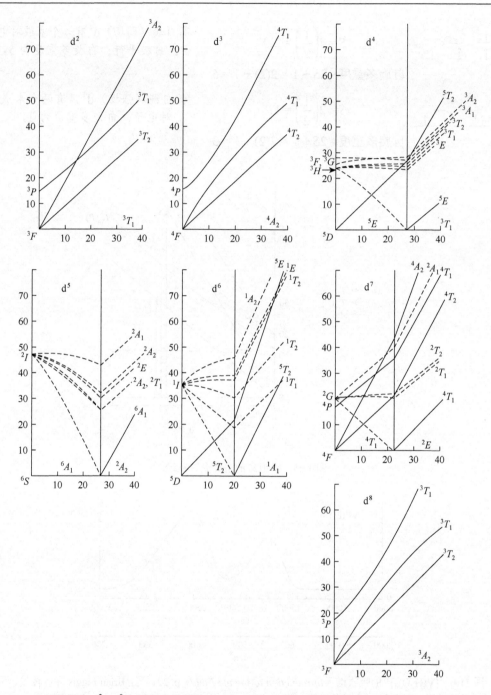

图 11.7 八面体场中 $d^2 \sim d^8$ 电子组态的简化 Tanabe-Sugano 图。所有项都有 g 对称性，为了清楚起见省略下标。坐标轴如本节前面所定义（On the Absorption Spectra of Complex Ions II, *Journal of the Physical Society of Japan* Vol. 9, No. 5, Sept-Oct 1954, 经 JPSJ 许可转载）

图 11.8 显示了第一过渡系金属配合物 $[M(H_2O)_6]^{n+}$ 的吸收光谱。因为水分子是一个场相对较弱的配体，所以它们都是高自旋配合物，位于 Tanabe-Sugano 图的左侧。对比这些

光谱中和 Tanabe-Sugano 图预测的吸收带数量是一项有趣的练习，注意：有些吸收带超出刻度范围，落在更远的紫外区。

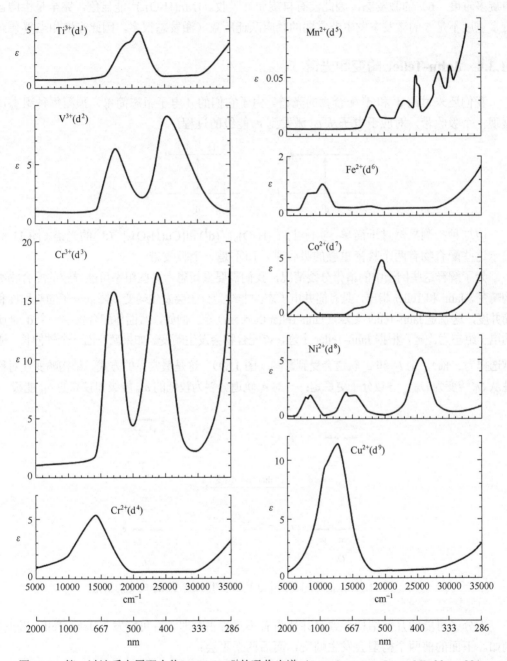

图 11.8　第一过渡系金属配合物 $[M(H_2O)_6]^{n+}$ 的吸收光谱（*Introduction to Ligand Fields*, p. 221，经 Brian Figgis 许可转载）

图 11.8 标有摩尔吸光系数（消光系数）。除 $[Mn(H_2O)_6]^{2+}$ 谱带极弱外，大多数吸光系数相近 $[1\sim20\ L/(mol·cm)]$。$[Mn(H_2O)_6]^{2+}$ 的溶液呈极淡的粉色，比其他离子溶液颜色弱得

多，为什么？要回答这个问题，需要查看 d^5 组态对应的 Tanabe-Sugano 图。因为 H_2O 是场相当弱的配体，所以[$Mn(H_2O)_6$]$^{2+}$应是高自旋配合物。弱场 d^5 的基态为 $^6A_{1g}$，但没有相同自旋多重度（6）的激发态，因此没有自旋允许吸收。[$Mn(H_2O)_6$]$^{2+}$能显色，完全是由向自旋多重度不是 6 的激发态发生非常弱的禁阻跃迁所致（激发态很多，因此光谱相当复杂）。

11.3.4 Jahn-Teller 畸变和光谱

我们还未讨论 d^1 和 d^9 配合物的光谱。由于它们的 d 电子组态简单，预测每种组态仅展现一个吸收带，对应于电子从 t_{2g} 激发到 e_g 能级的过程：

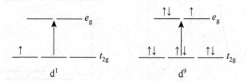

但这种推测显然过于简单，实际上[$Ti(H_2O)_6$]$^{3+}$(d^1)和[$Cu(H_2O)_6$]$^{2+}$(d^9)的光谱（图 11.8）显示这些配合物有两个紧密重叠的吸收带，而不是一个吸收带。

为了解释这些例子中的谱带分裂情况，我们需要重新思考某些组态可能导致的配合物结构畸变。Jahn 和 Teller 指出，具有简并电子态的非线型分子会发生畸变以降低分子的对称性和简并度，这就是 Jahn-Teller 定理（Jahn-Teller theorem）[6]。例如，八面体配合物中一个 d^9 金属的电子组态为 $t_{2g}^6 e_g^3$，根据 Jahn-Teller 定理，该配合物会发生畸变。如果畸变沿一个轴伸长（通常选择为 z 轴），则 t_{2g} 和 e_g 轨道会受到影响（图 11.9），这是最常见的方式。结构畸变使对称性从 O_h 转变为 D_{4h}，导致分子更稳定：一对 e_g 轨道分裂为较低的 a_{1g} 能级和较高的 b_{1g} 能级。

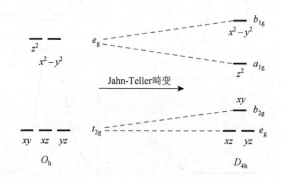

图 11.9 八面体配合物中 d 轨道发生 Jahn-Teller 畸变的效果

当分子可能的几何结构导致简并轨道有不对称占据时，有可能发生 Jahn-Teller 畸变。例如，下面的前两个构型会发生畸变，而后两个不会：

实际上，O_h 对称下产生可测量的 Jahn-Teller 畸变的唯一电子组态是不对称占据 e_g 轨道，如高自旋 d^4 组态。Jahn-Teller 定理无法预测如何畸变，不过沿 z 轴伸长最为常见。

尽管该定理预测，不对称占据 t_{2g} 轨道（如低自旋 d^5 组态）的结构也会发生畸变，但这种畸变通常太小，无法检测到。

d^9 配合物 $[Cu(H_2O)_6]^{2+}$ 中可观察到 Jahn-Teller 效应对光谱的影响。图 11.9 显示，随着对称性从 O_h 降低到 D_{4h}，d 轨道发生进一步分裂。

组态的对称符号

电子组态有与它们简并度相匹配的对称符号，如下表所示：

			示例
T		三重简并态，不对称占据	
E		双重简并态，不对称占据	
A 或 B		无简并态，电子对称排布	

练习 11.6　指出在八面体配合物中，下列组态为 T、A 或 E 中的哪种简并态：

a.　　　　　　**b.**　　　　　　**c.**

当 d^9 的 ^2D 项被八面体配体场分裂时，产生两个组态：

e_g　　　　　　　　　　　　　　

t_{2g}　　　　　　　　　　　　　　

低能态　　　　　　　　高能态

低能组态 e_g 轨道双重简并，标记为 ^2E_g（占据 e_g 轨道的情况可能是 ●● ● 或 ● ●●）；高能组态 t_{2g} 轨道三重简并，标记为 $^2T_{2g}$（有 3 种可能排布方式：●● ● ●●、●● ●● ● 或 ● ●● ●●）。因此，低能组态为 ^2E_g，高能组态为 $^2T_{2g}$，如图 11.10 所示。这与图 11.9 中轨道的能级顺序相反（t_{2g} 低于 e_g）。

同样，对于 D_{4h} 畸变，图 11.9 中的轨道能级符号顺序与图 11.10 中的谱项能态相反。

总之，^2D 离子谱项在 O_h 对称配体场中分裂为 ^2E_g 和 $^2T_{2g}$；结构畸变为 D_{4h} 后进一步分裂，由离子谱项生成的能态顺序（图 11.10）与轨道能级的符号顺序相反。例如，b_{1g} 原子轨道能量最高，而 ^2D 离子谱项产生的 B_{1g} 态的能量却最低[7]。

对于 d^9 组态，八面体对称配体场中基谱项为 ^2E_g，激发态是 $^2T_{2g}$ 项；畸变为 D_{4h} 结构后，这些项分裂如图 11.10 所示。在八面体 d^9 配合物中，可预测有 $^2E_g \rightarrow {}^2T_{2g}$ 激发产生的单吸收带。配合物畸变为 D_{4h} 构型后，$^2T_{2g}$ 分裂为 E_g 和 B_{2g} 两个能级，现在可以发生基态（B_{1g} 态）到 A_{1g}、E_g 或 B_{2g} 态的跃迁（在图 11.10 中分

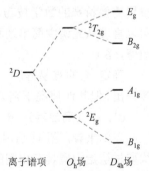

图 11.10　d^9 组态 Jahn-Teller 畸变下八面体离子谱项分裂

裂被放大）。$B_{1g} \rightarrow A_{1g}$ 跃迁能量太低，在可见光谱中无法观测，但如果畸变足够强，则在可见光区域可观察到两个吸收带，分别是 $B_{1g} \rightarrow E_g$ 和 $B_{1g} \rightarrow B_{2g}$ 的跃迁（一个宽峰或窄的分裂峰，如$[Cu(H_2O)_6]^{2+}$）。

d^1 配合物有一个单吸收峰，对应于 $t_{2g} \rightarrow e_g$ 激发，可能如下：

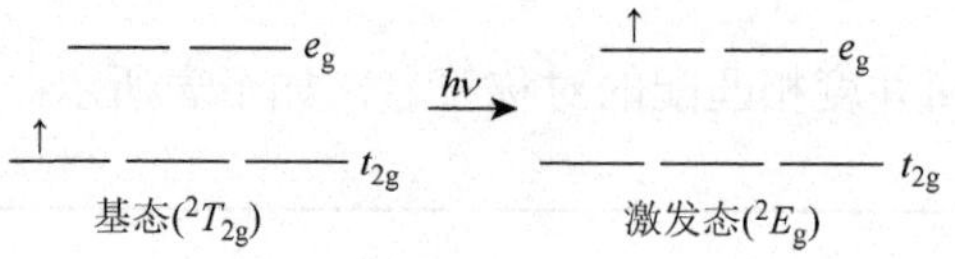

但是，d^1 化合物$[Ti(H_2O)_6]^{3+}$的光谱显示有两个明显重叠的谱带，而非一个。这怎么可能呢？

常规解释认为激发态发生了 Jahn-Teller 畸变，如图 11.10 所示。与前例相同，电子不对称占据 e_g 轨道，使之分裂为两个稍不同的能级（A_{1g} 和 B_{1g} 对称），激发可发生在从 t_{2g} 到任一能级上。因此，情况与 d^9 组态相同，有两个能量略不同的激发态，导致如同 $[Ti(H_2O)_6]^{3+}$那样光谱变宽出现一个双重峰，有些情况下形成两个清晰的峰[9]。

Tanabe-Sugano 图（图 11.7）一个关键局限性在于，假定激发态和基态都是 O_h 对称，因此有助于预测光谱的一般性质，而且许多配合物确实有明显符合该图描述的吸收带（参见图 11.8 中的 d^2、d^3 和 d^4 示例）。但是，标准八面体对称发生畸变很常见，这导致谱带发生分裂（或严重变形），光谱难以解释，如图 11.8 中吸收带分裂的其他光谱示例。

练习 11.7　$[Fe(H_2O)_6]^{2+}$在 1000 nm 附近有一双重吸收峰。
（a）用 Tanabe-Sugano 图解释产生这种吸收峰最可能的原因；
（b）说明吸收带的分裂情况。

11.3.5　Tanabe-Sugano 能级图应用：根据光谱确定 Δ_o

配合物的吸收光谱可用于确定配体场分裂的程度，即八面体配合物的 Δ_o。确定 Δ_o 的精准程度受光谱数据分析中所用的数学方法限制。吸收光谱往往有重叠峰，确定这些峰位置需要特殊的数学技巧，以还原出各个组分峰，该内容超出了本书范围。然而，我们可以直接从光谱中简单地利用最大吸收峰位置，得到 Δ_o 的第一近似值（有时是 Racah 参数值，B）。

确定 Δ_o 的难易程度，取决于金属的 d 电子组态。某些情况下，Δ_o 可以通过光谱直接得出，但其他情况下需要进行复杂的分析。下面将从最简单到最复杂的情况进行讨论。

d^1、d^4（高自旋）、d^6（高自旋）、d^9

简单来看，图 11.11 中的每一种情况都对应于电子的 $t_{2g} \rightarrow e_g$ 跃迁，最终（激发）电子构型与初始构型具有相同的自旋多重度。本章中的讨论表明，当考虑电子-电子相互作用时，无论哪种组态，都有一个与基态自旋多重度相同的单一激发态。因此，有唯一一个自旋允许吸收，吸收光的能量等于 Δ_o，这种配合物包括$[Ti(H_2O)_6]^{3+}$、$[Cr(H_2O)_6]^{2+}$、$[Fe(H_2O)_6]^{2+}$和$[Cu(H_2O)_6]^{2+}$。从图 11.8 中可见，这些配合物基本上每个都表现出单一吸收带，但某些情况下，可以观察到 Jahn-Teller 畸变引起的吸收带分裂（11.3.4 节）。

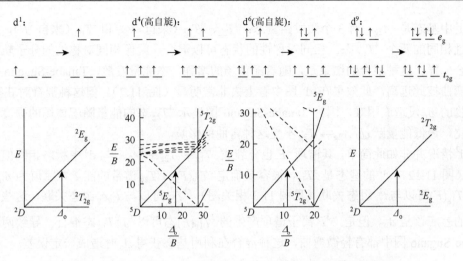

图 11.11　确定 d^1、d^4（高自旋）、d^6（高自旋）和 d^9 组态的 Δ_o

d^3、d^8

这些电子组态，基态为 F，在八面体场中分裂成 3 个项：A_{2g}、T_{2g} 和 T_{1g}。如图 11.12 所示，d^3 或 d^8 的 A_{2g} 能量最低；最低能级谱项 A_{2g} 与 T_{2g} 之间的能隙等于 Δ_o。因此，为了近似计算 Δ_o，我们确定与 $A_{2g} \rightarrow T_{2g}$ 跃迁相关谱带的能量，通常是电子光谱中能量最低吸收。例如，$[Cr(H_2O)_6]^{3+}$ 和 $[Ni(H_2O)_6]^{2+}$，光谱中最低吸收带（图 11.8）对应 $^4A_{2g} \rightarrow {}^4T_{2g}$ 的跃迁，其能量约为 $17500\ cm^{-1}$ 和 $8500\ cm^{-1}$，即 Δ_o 值。

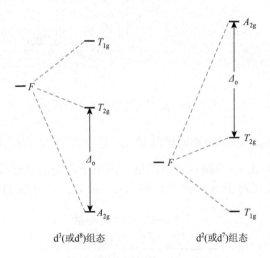

图 11.12　八面体对称的离子谱项 F 的分裂

d^2、d^7（高自旋）

与 d^3 和 d^8 一样，这两种组态的基态离子谱项都是 F。但是，确定 d^2 和 d^7 的 Δ_o 并不容易，需要对比 d^3 和 d^2 的 Tanabe-Sugano 图来解释其复杂性；d^8 和 d^7（高自旋）情况可以用类似方式比较（注意 d^3 和 d^8 的 Tanabe-Sugano 图与 d^2 和 d^7 图（高自旋区）的相似性）。

　　d^3 中基态是 $^4A_{2g}$，有 3 个激发四重态：$^4T_{2g}$、$^4T_{1g}$（来自 ^4F）和 $^4T_{1g}$（来自 ^4P），注意对称性相同的两个 $^4T_{1g}$ 态。相同对称性的状态可以混合，就像相同对称性的分子轨道可以混合一样。这种混合的结果是，随着配体场的增强，态能量发散，Tanabe-Sugano 图中曲线弯曲彼此远离，此效果在 d^3 图中看上去非常明显（图 11.7）。但这种混合对获得 d^3 配合物的 Δ_o 没造成困难，因为 Tanabe-Sugano 图显示 $^4T_{2g}$ 态的能量随配体场的强度呈线性变化，最低能量跃迁 $^4A_{2g} \rightarrow {}^4T_{2g}$ 不受这种弯曲的影响。

　　d^2 情况并非如此简单，其谱项 ^3F 也分裂成 $^3T_{1g} + {}^3T_{2g} + {}^3A_{2g}$，与 d^3 中状态相同但顺序相反（图 11.12）。d^2 的基态是 $^3T_{1g}$，很容易确定 $^3T_{1g}(F) \rightarrow {}^3T_{2g}$ 谱带的能量并赋值为 Δ_o。毕竟，$^3T_{1g}(F)$ 可以与 t_{2g}^2 组态关联（见图 11.3 相关图），$^3T_{2g}$ 可以与 $t_{2g}e_g$ 组态关联，这些能态之间的差应该是 Δ_o。但是，^3P 离子谱项产生的 $^3T_{1g}(F)$ 态可以与 $^3T_{1g}$ 态混合，导致两者在 Tanabe-Sugano 图中都有轻微弯曲，这种混合在利用基态获得 Δ_o 时造成一定误差。

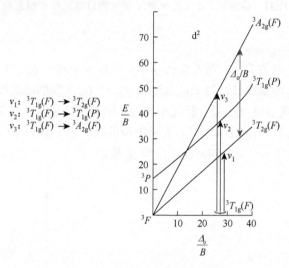

$$v_1: {}^3T_{1g}(F) \rightarrow {}^3T_{2g}(F)$$
$$v_2: {}^3T_{1g}(F) \rightarrow {}^3T_{1g}(P)$$
$$v_3: {}^3T_{1g}(F) \rightarrow {}^3A_{2g}(F)$$

图 11.13　d^2 组态的自旋允许跃迁

　　另一方法是确定 $t_{2g}e_g$ 与 e_g^2 组态间的能量差，也应等于 Δ_o（因为单个电子从 t_{2g} 激发到 e_g 轨道所需的能量等于 Δ_o）。直接以光谱测量激发电子态间的跃迁几乎是不可能的，然而我们可以间接测量 $^3T_{2g}$（对于 $t_{2g}e_g$ 组态）和 $^3A_{2g}$（对于 e_g^2，见图 11.3）之间的能量差：

$$\frac{\begin{array}{l} {}^3T_{1g} \rightarrow {}^3A_{2g} \text{ 跃迁能量} \\ -{}^3T_{1g} \rightarrow {}^3T_{2g} \text{ 跃迁能量} \end{array}}{\Delta_o = {}^3A_{2g} \text{ 和 } {}^3T_{2g} \text{ 的能量差}} \qquad \text{（见图 11.13）}$$

　　这种方法的困难在于 $^3A_{2g}$ 和 $^3T_{1g}(P)$ 态在 Tanabe-Sugano 图中交叉，明确指认谱带有一定挑战性。确实如此，尽管 d^2 图表明最低能量吸收带（跃迁到 $^3T_{2g}$）容易归属，但下一个谱带有两种可能性：场非常弱时跃迁至 $^3A_{2g}$，或者场强时跃迁至 $^3T_{1g}(P)$。此外，第二、三吸收带可能重叠，因此很难确定它们的确切位置（谱带重叠，最大吸收峰位置可能会移动）。该情况可能需要更复杂的分析——包括计算 Racah 参数 B。此过程用以下示例说明。

示例 11.8

$[V(H_2O)_6]^{3+}$ 在 17800 cm^{-1} 和 25700 cm^{-1} 处有吸收带。用 d^2 的 Tanabe-Sugano 图估算该配合物的 $\varDelta_o$ 和 B 值。

在 Tanabe-Sugano 图中有 3 种可能的自旋允许跃迁（图 11.13）：

$$^3T_{1g}(F) \longrightarrow {}^3T_{2g}(F) \quad \nu_1 \qquad\qquad \text{最低能量谱带}$$
$$\left.\begin{array}{l} ^3T_{1g}(F) \longrightarrow {}^3T_{1g}(P) \quad \nu_2 \\ ^3T_{1g}(F) \longrightarrow {}^3A_{2g}(F) \quad \nu_3 \end{array}\right\} \text{其中一个肯定是高能谱带}$$

这有助于确定吸收带的能量比。在这个例子中，

$$\frac{25700 \text{ cm}^{-1}}{17800 \text{ cm}^{-1}} = 1.44$$

高能量跃迁（ν_2 或 ν_3）对最低能量跃迁（ν_1）的能量比必须约为 1.44。不管配体场强度如何，从 Tanabe-Sugano 图可知 ν_3 对 ν_1 的比大约是 2；与 $^3A_{2g}(F)$ 态相关的线，斜率大约是与 $^3T_{2g}(F)$ 相关线斜率的两倍。因此，我们可以排除 ν_3 跃迁发生在 25700 cm^{-1} 的可能，这意味着该吸收带一定是 ν_2，对应 $^3T_{1g}(F) \rightarrow {}^3T_{1g}(P)$，$1.44 = \nu_2/\nu_1$。

ν_2/ν_1 比值，随着配体场强度的变化而变化。从 Tanabe-Sugano 图中提取相应参数绘制 ν_2/ν_1 与 $\varDelta_o/B$ 关系图（图 11.14），可发现 $\nu_2/\nu_1 = 1.44$ 时大约 $\varDelta_o/B = 31^{[10]*}$。

在 $\dfrac{\varDelta_o}{B} = 31$ 处，

$$\nu_2: \quad \frac{E}{B} = 42 \text{（大约）}; \quad B = \frac{E}{42} = \frac{25700 \text{ cm}^{-1}}{42} = 610 \text{ cm}^{-1}$$

$$\nu_1: \quad \frac{E}{B} = 29 \text{（大约）}; \quad B = \frac{E}{29} = \frac{17800 \text{ cm}^{-1}}{29} = 610 \text{ cm}^{-1}$$

因为 $\dfrac{\varDelta_o}{B} = 31$，

$$\varDelta_o = 31 \times B = 31 \times 610 \text{ cm}^{-1} = 19000 \text{ cm}^{-1}$$

根据此过程可估算八面体几何构型 d^2 和 d^7 配合物的 $\varDelta_o$（和 B）值。

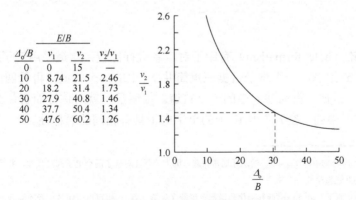

$\varDelta_o/B$	ν_1	ν_2	ν_2/ν_1
0	0	15	—
10	8.74	21.5	2.46
20	18.2	31.4	1.73
30	27.9	40.8	1.46
40	37.7	50.4	1.34
50	47.6	60.2	1.26

图 11.14 d^2 组态 ν_2/ν_1 的比

---

* 不同文献中报道的 $[V(H_2O)_6]^{3+}$ 吸收带的位置略有不同，因此 B 和 $\varDelta_o$ 的值也略有差异。

练习 11.8　使用图 11.8 中的 Co(II)光谱和图 11.7 中的 Tanabe-Sugano 图计算 Δ_o 和 B。接近 20000 cm^{-1} 的宽峰和 16000 cm^{-1} 附近的小肩峰可以认定有 $^4T_{1g} \rightarrow \, ^4A_{2g}$ 跃迁，峰值对应 $^4T_{1g}(F) \rightarrow \, ^4T_{1g}(P)$ 跃迁[*]。

其他组态：d^5（高自旋）、$d^4 \sim d^7$（低自旋）

高自旋 d^5 配合物没有与基态自旋多重度（6）相同的激发态，因此观察到的谱带是自旋禁阻跃迁的结果而且一般非常弱，如 $[Mn(H_2O)_6]^{2+}$。感兴趣的读者可根据文献[11]分析此类光谱。对 $d^4 \sim d^7$ 的低自旋八面体配合物，分析可能会很难，因为有许多激发态都具有与基态相同的自旋多重度（见 $d^4 \sim d^7$ 的 Tanabe-Sugano 图的右侧，图 11.7）。此类化合物的光谱示例和分析可参考相应化学文献[12]。

另一种解释光谱的方法是用金属的有效核电荷代替配体场参数 Δ_o，该方法还考虑了相对的自旋-轨道相互作用，产生的图类似于 Tanabe-Sugano 图，并被认为在考虑 $d^4 \sim d^6$ 组态的中间自旋态方面特别有用[13]。

11.3.6　四面体配合物

四面体配合物通常比八面体配合物具有更强的吸收，这归因于第一（Laporte）选择定则（11.3.1 节）：有对称中心的配合物中 d 轨道间跃迁被禁阻，因此八面体配合物的吸收带很弱（摩尔吸光系数小）。它们的吸收完全依靠振动自发地使配合物纯 O_h 对称产生微小畸变。

四面体配合物中情况则不同。缺少对称中心意味着 Laporte 选择定则不再适用，因此四面体配合物比八面体配合物的吸收带强得多[**]。

正如所见，四面体配合物的 d 轨道分裂方式与八面体配合物相反：

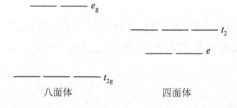

形式空穴论（hole formalism）有助于对两者进行比较，这最好用例子来说明。例如八面体配合物 d^1 组态，一个电子占据三重简并 t_{2g} 中的一个轨道；再看四面体配合物 d^9 组态，"空穴"占据三重简并 t_2 中的一个轨道。很明显，就对称性而言，d^1 O_h 组态类似于 d^9 T_d 组态，d^9 中的"空穴"与 d^1 中的单个电子具有相同的对称性。

---

[*]　在八面体 Co^{2+} 配合物中，$^4T_{1g} \rightarrow \, ^4A_{2g}$ 的跃迁通常较弱，因为该跃迁对应了两个电子同时激发，并且比其他自旋允许但用于单个电子激发的跃迁概率低。

[**]　对 T_d 对称中心原子，sd^3 和 sp^3 两种杂化轨道都有可能（见第 5 章），也可以看作是二者的混合，产生包含一些 p 特征以及 d 特征的杂化轨道（注意 p 轨道不是反演对称的）。p 特征的混合更能允许这些轨道间的跃迁。关于这一现象的更深入的讨论，请参阅 F. A. Cotton, *Chemical Applications of Group Theory*, 3rd ed., Wiley InterScience, New York, 1990, pp. 295-296。该书第 289-297 页的参考文献也对其他选择定则进行了更详细的讨论。

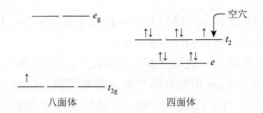

实际上这意味着，我们可以用八面体几何构型中 d^{10-n} 组态的相关图来描述在四面体几何构型中 d^n 组态。如此，对于 d^2 四面体的情况，我们用 d^8 的八面体相关图；对于 d^3 四面体，我们用 d^7 的八面体图，以此类推。然后我们可以识别八面体几何构型适当的自旋允许谱带，允许跃迁发生于自旋多重度相同的基态和激发态之间。

其他几何构型也可以根据与八面体和四面体配合物相同的原理来考虑。感兴趣的读者可参阅文献讨论不同几何形状的情况[14]。

11.3.7　电荷迁移光谱

第 6 章描述了卤素溶液中电荷迁移吸收。该情况下，给体溶剂和卤素分子 X_2 之间因很强的相互作用形成配合物，其中激发态（主要是 X_2 特征）可以接受来自 HOMO（主要是溶剂特征）的电子，吸收合适能量的光：

$$X_2 \cdot 给体 \longrightarrow [给体^+][X_2^-]$$

这种吸收带可以非常强，称为电荷迁移谱带（charge-transfer band），它使给体溶剂中一些卤素呈现鲜艳的颜色。

配合物通常在紫外和/或可见光区表现出强烈的电荷迁移吸收，这些吸收可能比 d-d 跃迁强得多（八面体配合物的 ε 值通常为 20 L/(mol·cm)或更少），对于电荷迁移谱带，摩尔吸光系数通常可达 50000 L/(mol·cm)甚至更大。这种吸收带涉及电子从配体为主的分子轨道迁移到金属为主的轨道，反之亦然。例如，图 11.15 中含有 σ 配体的八面体 d^6 配合物，由第 10 章介绍的角重叠模型可知，配体的电子对是稳定的。

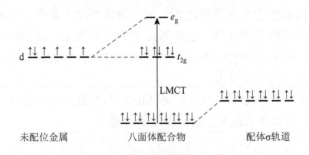

图 11.15　配体到金属的电荷迁移

电子不仅可以从 t_{2g} 能级激发到 e_g 能级，也可以从配体的 σ 轨道激发到 e_g 能级。后一种激发导致电荷迁移跃迁，定义为配体-金属电荷迁移［ligand to metal charge transfer,

LMCT，也称为电荷迁移到金属（CTTM）]。这种跃迁导致金属形式上被还原。例如，Co(III) 配合物的 LMCT 激发后表现出 Co(II) 的激发态。

电荷迁移吸收的例子很多。八面体配合物 $IrBr_6^{2-}$ (d^5) 和 $IrBr_6^{3-}$ (d^6) 都显示电荷迁移谱带。$IrBr_6^{2-}$ 在 600 nm 和 270 nm 附近有两个带，前者归因于向 t_{2g} 能级的跃迁，后者则是向 e_g 能级的跃迁。在 $IrBr_6^{2-}$ 中，t_{2g} 能级全满，可能的 LMCT 吸收只能跃迁到 e_g 能级。所以，在 600 nm 范围内未观察到低能吸收，但在 250 nm 附近观察到强吸收，对应于向 e_g 能级的电荷迁移。四面体几何构型中常见例子是高锰酸根离子（MnO_4^-），由于以氧的全满 p 轨道为主的能级到以 Mn(VII) 为主的空轨道的电荷迁移，产生强烈吸收，显深紫色。

同样，在有 π 酸配体的配合物中也可能存在金属–配体电荷迁移［metal to ligand charge transfer，MLCT，也称为电荷迁移到配体（CTTL）］。该情况下，配体 π^* 空轨道成为光吸收的受体轨道。图 11.16 再次从角重叠的角度极其简化地说明了 d^5 配合物的这种现象。

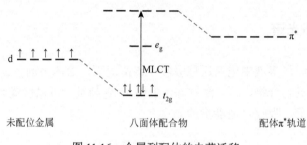

图 11.16　金属到配体的电荷迁移

MLCT 导致金属氧化，如 Fe(III) 配合物的 MLCT 会产生 Fe(IV) 激发态。MLCT 最常见于有空 π^* 轨道的配体，如 CO、CN^-、SCN^-、联吡啶和二硫代氨基甲酸根离子（$R_2NCS_2^-$）。

在诸如 $Cr(CO)_6$ 这类配合物中，既有 σ 给体轨道，也有 π 受体轨道，所以两种类型的电荷迁移都可能发生。给定一个配合物，要确定电荷迁移的类型并非易事。许多配体形成高度着色的配合物，因此光谱在紫外区和可见区会有一些重叠吸收带，此时 d-d 跃迁可能完全被覆盖，根本无法观察到。

最后，配体可能本身有发色团，因此可能观察到配体内禀带（intraligand band）。将配合物的光谱与自由配体的光谱进行比较，可以帮助判别内禀带。然而，配体与金属配位可能会显著改变配体轨道的能量，这种对比可能较为困难，特别是当电荷迁移带与内禀带重合时。此外，并非所有配体都能单独存在，有些配体需要依靠金属原子稳定它们，相应配体的例子将在后面章节讨论。

练习 11.9　等电子离子 VO_4^{3-}、CrO_4^{2-} 和 MnO_4^- 都有强烈的电荷迁移跃迁，它们的波长依次增加，MnO_4^- 吸收波长最长，请解释这种趋势。

11.3.8　电荷迁移和能源应用

利用太阳能电池捕获太阳光进行人工光化学合成[15]，促使人们对光稳定性金属配合物展开广泛研究，这些化合物可见光区吸收范围宽，具有显著的长寿命激发态允许光驱动电子和能量转移过程。具有 MLCT 谱带的金属配合物由于其典型的 MLCT 高摩尔吸光系数而受到广泛关注，含有 d^6 金属离子 Ru^{2+}、Os^{2+}、Re^+ 和 Ir^{3+} 与强场 N-杂环有机配体（如吡啶、2, 2′-联吡啶、1, 10-菲咯啉）的配合物在该领域非常普遍。这些"光捕获"配合物对跃迁可调，离子的氧化还原性质便于控制电子迁移步骤。低自旋配合物如 $[Ru(bpy)_3]^{2+}$ 和 $[Os(phen)_3]^{2+}$，有 MLCT 激发态，形式上金属被氧化（从源于金属的 t_{2g} 向具有扩展 π^* 配体特征的轨道激发），向着源于金属的激发态产生 d-d 跃迁，以及芳香配体内的 $\pi \rightarrow \pi^*$ 激发产生配体内禀带。改变金属离子和配体场（如改变配体取代基或扩大 π 离域程度）调控这些电子跃迁，从而产生所需能量的激发态。

这些低自旋配合物基态为单重态，只允许到单重激发态的跃迁（自旋选择定则，11.3.1 节），这通常比电子布居在自旋禁阻 MLCT 三重激发态需要能量更高的光子。令人着迷的是，这些配合物往往从它们最低能量的三重态落回基态发射光子。有种现象称为系间窜越（intersystem crossing），即单重激发态弛豫到较低的三重激发态，且因金属重离子强的自旋-轨道耦合而加强。这种自旋-轨道耦合还导致激发态混合而放宽选择定则，使 MLCT 三重激发态和单重基态之间的发射成为可能[16]。系间窜越的一个优点是激发态寿命足够长，有利于激发态配合物的应用。值得注意的是，这些激发态经常参与不同于基态化学的反应。

事实上，除了金属配合物通过光子发射弛豫到电子基态外，这些激发态还可以被底物"猝灭"，从而影响能量迁移或电子迁移。这些猝灭途径很重要，因为它们可以"敏化"其他物质，从而发生光不能直接有效激活的反应。在简单的能量转换情况下，激发的金属配合物弛豫到其电子基态，底物被电子激发。在电子迁移过程中，金属配合物可能被氧化或还原，从而分别导致底物的还原或氧化。由此产生的活化底物可用来驱动有用的反应，如葡萄糖和其他生物相关物质传感器所必需的反应[17]，以及水中产生氢气和氧气的反应[18]。

光解水产生氢气和氧气，是一种对环境友好、成本低廉的潜在燃料来源途径。

$$2H_2O(l) \xrightarrow{h\nu + 催化剂} 2H_2(g) + O_2(g)$$

氢离子还原为氢气是该氧化还原过程中的关键一步，可通过从 MLCT 开始的敏化方法进行。

图 11.17 展示了氢离子催化转化为氢气的典型过程。首先，光敏剂 $[Ru(bpy)_3]^{2+}$ 激发产生 $*[Ru(bpy)_3]^{2+}$（图 11.17A），并在步骤 C 中被双阳离子介质甲基紫精猝灭产生一个单自由基，$*[Ru(bpy)_3]^{2+}$ 上的电子进入甲基紫精 π 体系。在步骤 B 中，$d^5[Ru(bpy)_3]^{3+}$ 通过还原剂转化为 $d^6[Ru(bpy)_3]^{2+}$（三乙胺和 EDTA 用作还原剂）。单阳离子甲基紫精 π 体系的芳香性通过电子迁移到胶状铂上得到恢复，在铂表面 H^+ 还原为 H_2。这些循环由 $[Ru(bpy)_3]^{2+}$ 的 MLCT 启动，驱动氢离子转化为氢气。虽然这种策略在溶液中有效，但将反应物掺入凝胶中，并通过将关键物质与聚合物链连接起来从而将它们紧密地排列在一起，同样可提高产氢效率[19]。连有锌基光敏剂的铁基氢化酶模拟物（以图 11.18 为例）也能促进氢离子还原，但催化活性低。很明显，有 MLCT 吸收的配合物将在努力利用太阳能进行实际应用中发挥重要作用。

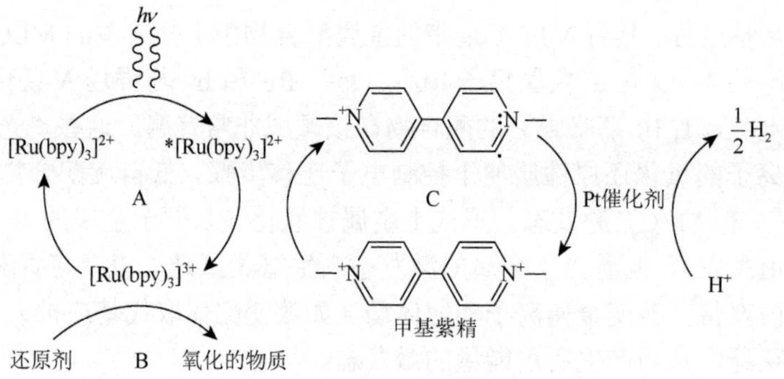

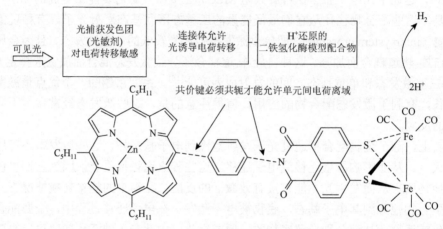

图 11.17 利用敏化剂的方法光诱导氢离子生成氢气

图 11.18 用于驱动氧化还原过程设计的配合物的常规组成示意图及组装基团（包括二铁氢化酶模拟物和锌光敏剂），以研究催化氢离子还原[20]（经 J. Mahler, I. Perrson, *Inorg. Chem.*, 51, 425 许可转载。Copyright © 2012 American Chemical Society）

参 考 文 献

[1] B. N. Figgis and M. A. Hitchman, *Ligand Field Theory and its Applications*, Wiley-VCH, New York, 2000, pp. 181-183.

[2] B. N. Figgis, "Ligand Field Theory," in G. Wilkinson, R. D. Gillard, and J. A. McCleverty, eds., *Comprehensive Coordination Chemistry*, Vol. 1, Pergamon Press, Elmsford, NY, 1987, pp. 243-246.

[3] F. A. Cotton, *Chemical Applications of Group Theory*, 3rd ed., Wiley InterScience, New York, 1990, Chapter 9, pp. 253-303.

[4] B. N. Figgis and M. A. Hitchman, *Ligand Field Theory and Its Applications*, Wiley-VCH, New York, 2000, pp. 128-134.

[5] Y. Tanabe, S. Sugano, *J. Phys. Soc. Japan*, **1954**, *9*, 766.

[6] B. Bersucker, *Coord. Chem. Rev.*, **1975**, *14*, 357.

[7] B. N. Figgis, "Ligand Field Theory, " in *Comprehen-sive Coordination Chemistry*, Pergamon Press, Elmsford, NY, 1987, Vol. 1, pp. 252-253.

[8] C. J. Ballhausen, *Introduction to Ligand Field Theory*, McGraw-Hill, New York, 1962, p. 227, 以及其中的文献.

[9] F. A. Cotton and G. Wilkinson, *Advanced Inorganic Chemistry*, 4th ed., Wiley InterScience, New York, 1980, pp. 680-681.

[10] N. N. Greenwood and A. Earnshaw, *Chemistry of the Elements*, Pergamon Press, Elmsford, NY, 1984, p. 1161; B. N. Figgis and M. A. Hitchman, *Ligand Field Theory and Its Applications*, Wiley-VCH, New York, 2000, pp. 189-193.

[11] B. N. Figgis and M. A. Hitchman, *Ligand Field Theory and Its Applications*, Wiley-VCH, New York, 2000, pp. 208-209.

[12] Figgis and Hitchman, *Ligand Field Theory and Its*

Applications, pp. 204-207; B. N. Figgis, in G. Wilkinson, R. D. Gillard, and J. A. McCleverty, eds., *Comprehensive Coordination Chemistry*, Vol. 1, Pergamon, Elmsford, NY, 1987, pp. 243-246.

[13] K. V. Lamonova, E. S. Zhitlukhina, R. Y. Babkin, S. M. Orel, S. G. Ovchinnikov, Y. G. Pashkevich, *J. Phys. Chem. A*, **2011**, *115*, 13596.

[14] Figgis and Hitchman, *Ligand Field Theory and Its Applications*, pp. 211-214; Cotton, Chemical Applications of Group Theory, 3rd ed., pp. 295-303.

[15] (a) F. Wang, W.-G. Wang, H.-Y. Wang, G. Si, C.-H. Tung, L.-Z. Wu, *ACS Catal.*, **2012**, *2*, 407. (b) J. H. Alstrum-Acevedo, M. K. Brennaman, T. J. Meyer, *Inorg. Chem.*, **2005**, *44*, 6802. (c) T. J. Meyer, *Acc. Chem.*

Res., **1989**, *22*, 163.

[16] (a)A. Juris, V. Balzani, F. Barigelletti, S. Campagna, *Coord. Chem. Rev.*, **1988**, *84*, 85. (b) B. Happ, A. Winter, M. D. Hager, U. S. Schubert, *Chem. Soc. Rev.*, **2012**, *41*, 2222.

[17] (a) A. Heller, B. Feldman, *Chem. Rev.*, **2008**, *108*, 2482. (b) L. Prodi, F. Bolletta, M. Montalti, N. Zaccheroni, *Coord. Chem. Rev.*, **2000**, *205*, 59.

[18] K. Kalyanasundaram, *Coord. Chem. Rev.*, **1982**, *46*, 159.

[19] (a) K. Okeyoshi, R. Yoshida, *Chem. Commun.*, **2011**, *47*, 1527. (b) K. Okeyoshi, R. Yoshida, *Soft Matter*, **2009**, *5*, 4118.

[20] A. P. S. Samuel, D. T. Co, C. L. Stern, M. R. Wasielewski, *J. Am. Chem. Soc.*, **2010**, *132*, 8813.

一般参考资料

B. N. Figgis, M. A. Hitchman, *Ligand Field Theory and Its Applications*，Wiley-VCH, New York, 2000；B. N. Figgis, "Ligand Field Theory" 在 G. Wilkinson, R. D. Gillard, and J. A. McCleverty 编辑的 *Comprehensive Coordination Chemistry*, Vol. 1, Pergamon Press, Elmsford, NY, 1987, pp. 213-280 中，提供了电子光谱理论方面的扩展回顾，有大量例子，还有 C. J. Ballhausen,

Introduction to Ligand Field Theory, McGraw-Hill, New York, 1962。在本章中与对称性相关的重要应用，请参阅 F. A. Cotton, *Chemical Applications of Group Theory*, 3rd ed., Wiley InterScience, New York, 1990。有关光敏剂的精彩综述请参阅 T. Nyokong, V. Ahsen 编辑的 *Photosensitizers in Medicine, Environment, and Security*, Springer, 2012。

习 题

11.1 为以下组态各做一个微态表并将该表还原为其组成的自由离子谱项。确定各自的最低能量项。

a. p^3

b. p^1d^1（如 $4p^1 3d^1$ 组态）

11.2 根据习题 11.1 中每个组态的最低能量（基态）项，确定 J 的可能值。哪个 J 值描述的态能量最低？

11.3 钙的激发态有 $[Ar]4s^1 3d^1$ 组态。对于 s^1d^1 组态，做以下工作：

a. 制作微态表，显示出各微态。

b. 将微态表还原为其自由离子谱项。

c. 确定最低能量项。

11.4 元素铈的外层电子组态为 $d^1 f^1$。对此组

态做以下工作：

a. 制作微态表。

b. 还原该表为其自由离子谱项（含谱项符号）。

c. 确定最低能量项（含 J 值）。

11.5 氮原子是一个有 p^3 价电子组态的例子，有 5 个能级与该组态相关，能量显示如下：

能量（cm^{-1}）
28839.31
28838.92
19233.18
19224.46
0

a. 解释这 5 个能级。

b. 用 2.2.3 节中的信息计算 Π_c 和 Π_e。

11.6 有一物质拥有 s^1f^1 组态！这是可以存在的，如在 Pr^{3+} 离子的激发态。对于 s^1f^1 组态，做以下工作：

a. 制作微态表，清楚显示每个微态中各电子的相应量子数。

b. 还原该表为其自由离子谱项（含谱项符号）。

c. 确定最低能量项（含 J 值）。

11.7 确定下列自由离子项的 L、M_L、S 和 M_S 值：

a. $^2D(d^3)$

b. $^3G(d^4)$

c. $^4F(d^7)$

11.8 确定习题 11.7 中每个自由离子谱项的 J 可能值，判断哪个能量最低。

11.9 $[Mn(H_2O)_6]^{2+}$ 在可见光谱中最强吸收带在 24900 cm^{-1} 处，摩尔吸光系数为 0.038 L/(mol·cm)。光程长度为 1.00 cm 的样品槽获得 0.10 的吸光度，$[Mn(H_2O)_6]^{2+}$ 浓度是多少？

11.10 **a.** 计算 24900 cm^{-1} 光的波长和频率。

b. 计算 366 nm 光的能量和频率。

11.11 确定下列组态的基态：

a. d^8（O_h 对称）

b. 高自旋和低自旋 d^5（O_h 对称）

c. d^4（T_d 对称）

d. d^9（D_{4h} 对称，平面正方型）

11.12 识别满足下列给定要求的第一过渡系金属：

a. $[M(H_2O)_6]^{2+}$ 有两个未成对电子（列出所有可能性）。

b. $[M(NH_3)]^{3+}$ 因激发态畸变，自旋允许的吸收带发生分裂（提供一个例子）。

c. $[M(H_2O)_6]^{2+}$ 的水溶液颜色最浅。

11.13 $[Ni(H_2O)_6]^{2+}$ 的光谱（图 11.8）显示 3 个主吸收带，其中两个发生进一步分裂。参考 Tanabe-Sugano 图估算 Δ_o。给出光谱进一步分裂的可能解释。

11.14 利用以下光谱数据和 Tanabe-Sugano 图（图 11.7），计算如下的 Δ_o：

a. $[Cr(C_2O_4)_3]^{3-}$ 在 23600 cm^{-1} 和 17400 cm^{-1} 处有吸收带。第三个带正好在紫外区。

b. $Ti(NCS)_6]^{3-}$ 在 18400 cm^{-1} 处有一个不对称、轻微分裂的谱带。（同时说明其分裂原因）

c. $[Ni(en)_3]^{2+}$ 有 3 个吸收带：11200 cm^{-1}、18350 cm^{-1} 和 29000 cm^{-1}。

d. $[VF_6]^{3-}$ 在 14800 cm^{-1} 和 23250 cm^{-1} 处有吸收带，再加上紫外区的第三条带。计算该离子的 B。

e. 配合物 $VCl_3(CH_3CN)_3$，在 694 nm 和 467 nm 处有吸收带。计算该配合物的 Δ_o 和 B。

11.15 $[Co(NH_3)_6]^{2+}$ 的吸收带在 9000 cm^{-1} 和 21100 cm^{-1} 处，计算该离子的 Δ_o 和 B。（提示：该配合物的 $^4T_{1g} \rightarrow {}^4A_{2g}$ 跃迁太弱以致无法观察到，图 11.13 中的表可以用于 d^7 以及 d^2 配合物）

11.16 在 O_h 对称的配合物中，将下列组态分类为 A、E 或 T。其中一些组态代表激发态。

a. $t_{2g}^4 e_g^2$ **b.** t_{2g}^6 **c.** $t_{2g}^3 e_g^3$
d. t_{2g}^5 **e.** e_g^2

11.17 第一过渡金属配合物分子式 $[M(NH_3)_6]^{3+}$，根据 Jahn-Teller 定理预测哪些金属具有畸变的配合物？

11.18 MnO_4^- 是比 ReO_4^- 更强的氧化剂，它们都有电荷迁移谱带，然而，ReO_4^- 的谱带在紫外区，而 MnO_4^- 相应的谱带决定了其为深紫色。电荷迁移吸收的相对位置是否与这些离子的氧化能力一致？请解释。

11.19 配合物 $[Co(NH_3)_5X]^{2+}$（X = Cl、Br、I）有配体到金属的电荷迁移。哪一配合物电荷迁移带能量最低？为什么？

11.20 $[Fe(CN)_6]^{3-}$ 有两组电荷迁移吸收，可见区的强度较低，紫外区的强度较高。然而，$[Fe(CN)_6]^{3-}$ 只在紫外区显示高强度的电荷迁移。请解释。

11.21 配合物 $[Cr(O)Cl_5]^{2-}$ 和 $[Mo(O)Cl_5]^{2-}$ 为 C_{4v} 对称。

a. 用角重叠法（第 10 章）估算它们 d 轨道的相对能量。

b. 用 C_{4v} 特征标表，确定这些轨道的对称符号（不可约表示的符号）。

c. $[Cr(O)Cl_5]^{2-}$ 的 $^2B_2 \rightarrow {}^2E$ 跃迁发生在 12900 cm^{-1} 处而 $[Mo(O)Cl_5]^{2-}$ 在 14400 cm^{-1} 处。解释钼配合物跃迁需要更高能量的原因。（见 W. A. Nugent and J. M. Mayer, *Metal-Ligand Multiple Bonds*, John Wiley & Sons, New York, 1988, pp. 33-35）

11.22 对于 $[V(CO)_6]^-$、$Cr(CO)_6$ 和 $[Mn(CO)_6]^+$

等电子系列，金属到配体电荷迁移带的能量随着配合物上电荷的增加而增加还是减少？为什么？（见 K. Pierloot, J. Verhulst, P. Verbeke, L. G. Vanquickenborne, *Inorg. Chem.*, **1989**, *28*, 3059）

11.23 *trans*-Fe(*o*-phen)$_2$(NCS)$_2$ 化合物在 80 K 时磁矩为 0.65μ_B；300 K 时，磁矩随温度的升高增加到 5.2μ_B。

a. 假设只有自旋磁矩，计算两个温度下未成对电子数。

b. 如何解释磁矩随温度升高而增加？（提示：紫外-可见光谱也随温度有显著变化）

11.24 线型离子 NiO$_2^{2-}$ 有些吸收光谱来自 d-d 跃迁，大约在 9000 cm^{-1} 和 16000 cm^{-1}。

a. 利用角重叠模型（第 10 章）预测在该离子中镍的 d 轨道分裂方式。

b. 解释两个吸收带。

c. 计算 e_σ 和 e_π 的近似值。（见 M. A. Hitchman, H. Stratemeier, R. Hoppe, *Inorg. Chem.*, **1988**, *27*, 2506）

11.25 分子式为 Re(CO)$_3$(L)(DBSQ) [DBSQ = 3, 5-ditert-butyl-1, 2-benzosemiquinone] 的系列配合物，电子吸收光谱在可见区显示一最大值，苯溶液中的吸收最大值如下所示，典型的摩尔吸光系数在 5000～6000 L/(mol·cm) 之间。

L	ν_{max}(cm^{-1})
P(OPh)$_3$	18250
PPh$_3$	17300
NEt$_3$	16670

这些谱带有可能来自电荷迁移到金属还是电荷迁移到配体？简释之。（见 F. Hartl, A. Vlcek, Jr., *Inorg. Chem.*, **1996**, *35*, 1257）

11.26 d^2 离子 CrO$_4^{4-}$、MnO$_4^{3-}$、FeO$_4^{2-}$ 和 RuO$_4^{2-}$ 已被报道。

a. 哪个 Δ_t 值最大？哪个最小？简释之。

b. 前三种离子中，哪种离子金属-氧键距最短？简释之。

c. 前三种配合物的电荷迁移跃迁分别在 43000 cm^{-1}、33000 cm^{-1} 和 21000 cm^{-1} 处。它们更可能是配体到金属还是金属到配体的电荷迁移跃迁？简释之。（见 T. C. Brunhold, U. Güdel, *Inorg. Chem.*, **1997**, *36*, 2084）

11.27 Ni(NO$_3$)$_2$ 水溶液呈绿色；加入氨水，溶液颜色变蓝；若于绿色溶液中加入乙二胺，则变为紫罗兰色。解释这些配合物的颜色，它们是否与这些配体的光谱化学序预期结果一致？

11.28 高锝酸根离子 TcO$_4^-$ 通常用于引入放射性 Tc 到化合物中，有些用作医疗示踪剂。不同于等电子、紫色的 MnO$_4^-$，TcO$_4^-$ 为淡红色。

a. 描述这些离子产生颜色最可能的吸收。除了书面描述，再画一幅能级图，显示金属 d 轨道如何与氧原子轨道作用形成分子轨道。

b. 为什么 TcO$_4^-$ 是红色的，但是 MnO$_4^-$ 是紫色的。

c. 锰酸根离子 (MnO$_4^{2-}$) 是绿色的。根据 a 和 b 的回答，对颜色进行解释。

11.29 2.00×10^{-4} mol/L 的 Fe(S$_2$CNEt$_2$)$_3$（Et = C$_2$H$_5$）溶液在 25℃、CHCl$_3$ 中有 350 nm（*A* = 2.34）、514 nm（*A* = 0.532）、590 nm（*A* = 0.370）和 1540 nm（*A* = 0.0016）的吸收带。

a. 计算该化合物在各波长下的摩尔吸光系数。

b. 这些谱带更有可能来自 d-d 跃迁还是电荷迁移跃迁？请解释。

11.30 用下面的光谱数据求每个物质基态和激发态的谱项符号，并计算各自的 Δ_o 和 Racah 参数 *B*。

种类	吸收谱带（cm^{-1}）		
[Ni(H$_2$O)$_6$]$^{2+}$	8500	15400	26000
[Ni(NH$_3$)$_6$]$^{2+}$	10750	17500	28200
[Ni(OS(CH$_3$)$_2$)$_6$]$^{2+}$	7728	12970	24038
[Ni(dma)$_6$]$^{2+}$	7576	12738	23809

11.31 对化合物[Co(bipy)$_3$]$^{2+}$ 和[Co(NH$_3$)$_6$]$^{2+}$，做以下工作：

a. 给出基谱项符号。

b. 用 Tanabe-Sugano 图确认预测的谱带。

c. 计算配体场稳定化能。

d. 在可见和紫外区是宽的还是窄的吸收带？

e. 为每个化合物绘制一个 MO 能级图。

	ν_1(cm^{-1})	ν_3(cm^{-1})
[Co(bipy)$_3$]$^{2+}$	11300	22000
[Co(NH$_3$)$_6$]$^{3-}$	9000	21100

11.32 配合物 FeL(SC$_6$H$_5$)和 NiL(SC$_6$H$_5$)中，L = hydrotris(3, 5-diisopropylpyrazolylborate)HB(3, 5-*i*-Pr$_2$pz)$_3^-$，分别在 28000～32500 cm^{-1} 和 20100～30000 cm^{-1} 处观察到强的电荷迁移带。这是 LMCT 还是 MLCT 带？请解释，要考虑配合物中金属轨道的相对能量。(见 S. I. Gorelsky, L. Basumallick, J. Vura-Weis, R. Sarangi, K. O. Hodgson, B. Hedman, K. Fujisawa, E. I. Solomon, *Inorg. Chem.*, **2005**, *44*, 4947)

11.33 作为光驱动质子还原的候选模型，已合成了各种与钌光敏剂共价连接的铁氢化酶活性中心。这类配合物的原型特征是分子的铁和钌部分之间有一苯乙炔桥联基团(S. Ott, M. Borgström, M. Kritikos, R. Lomoth, J. Bergquist, B. Åkermark, L. Hammarström, L. Sun, *Inorg. Chem.*, **2004**, *43*, 4683)。绘制目标配合物；给出用苯乙炔桥联基团的 3 个原因；在其电子吸收光谱（光谱中的实线）

中指认两个最强的谱带。简要解释该配合物不能诱导质子还原的原因。

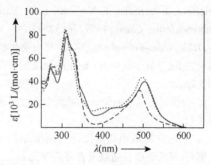

11.34 图 11.18 中的配合物成功地实现了光诱导质子还原，但活性很低。给出两个原因，为什么使用萘单酰亚胺二硫醇盐作为光敏剂和质子还原活性位点之间的连接剂。什么光谱论点可以用来解释基态锌卟啉部分不与这个配合物的二铁部分发生电子相互作用？

第 12 章

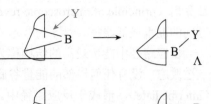

配位化学Ⅳ：反应和机理

适用于所有反应的基本概念同样可以用来理解配合物的反应。配合物的化学性质是独特的，因为配合物具有更大的几何多样性和更多重排可能性，金属原子对配合物的反应赋予了显著的可变性。

配合物的反应可以分为金属中心取代、氧化还原、配体反应但不改变与金属中心的连接，还包括第 14 章金属有机化学背景下更精细的配体结构重排反应。

12.1　背　景

尽管早期化学家并不知道他们研究的配合物的结构，但却知道如何合成含有金属的化合物。Werner 和 Jørgensen 制备了特定配合物来验证其关于配位构型的假说，开创了设计反应以制备具有特定结构、性质和应用的配合物之先河。虽然设计合适的反应条件以获取目标产物仍是一项智力挑战，但已有相当长的反应列表为我们提供足够多的指导。

第 12 章中，我们对反应动力学和机理探究的根本原因是为了了解配合物如何与其他物质相互作用而影响化学变化。从这些研究中收集到的信息会使反应的设计更合理，从而提高产率并抑制形成不必要的副产物。

我们首先回顾反应机理的背景，然后思考机理的主要类别，最后描述机理研究的结果。

过渡态理论（transition-state theory）把化学反应描述为从一个能量谷底（反应物）跃过高能结构（过渡态，中间体）移动到另一能量谷底（产物）的过程。我们常用反应坐标图描述随反应进行的自由能变化，其中自由能为 y 轴，反应进程为 x 轴，无论往哪个方向都可以描述反应的进程。在广义取代反应 $MX + Y \longrightarrow MY + X$ 中，坐标图始于分离的反应物 MX 和 Y 的自由能。当这些物质彼此相遇并发生反应，所得结构的自由能随着 M—X 距离变长（键断裂）和 M—Y 距离变短（新键形成）而改变。反应坐标图通常呈鞍形，很像两个山谷间的山峰。虽然反应坐标图的复杂程度可能差别很大，但反应物和产物之间始终采取最低能量路径，并且无论反应方向如何都必须相同。此为微观可逆性原则（principle of microscopic reversibility）：沿一个方向的能量最低路径一定也是相反方向的能量最低路径。

反应路径中能量最高的结构称为过渡态（transition state）。图 12.1（a）中，反应经历一过渡态，没有任何局部的能量谷底结构；图 12.1（b）中出现这样的结构，称为中间体（intermediate），形成于反应路径中。中间体有时可以检测到，这和过渡态不同。对不可检测的中间体，可以在反应动力学分析过程中使用稳态近似（steady-state approximation，12.3.1 节）进行推断，其中假定中间体浓度极低，并且在大部分反应过程中基本不变。

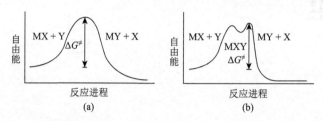

图 12.1　能量分布和中间体的形成。（a）没有中间体，活化能是反应物和过渡态间的能差。（b）中间体在曲线顶端的谷底位置，在曲线的最高点测量活化能

动力学实验可确定大量与反应机理有关的参数。每个反应物的级数（order）可以通过反应物浓度随时间变化的微分方程中反应物浓度的幂指数表示，表明反应速率与反应物浓度的变化之间的关联。速率常数（rate constant），即反应速率与反应物浓度的比例常数，与温度有关。通过研究不同温度下的反应，可以求出活化自由能（free energy of activation）及其组成成分——活化焓（enthalpy of activatior）和活化熵（entropy of activation），由这些参数可以对沿反应路径的机理和能量变化做进一步的假设。压力与反应速率依赖性检测可以得到活化体积（volume of activation），从而洞悉过渡态体积比反应物大还是小。

即使是热力学有利的反应（$\Delta G^{\ominus} < 0$），大的活化能也意味着反应会很慢。对于热力学上不利的反应（$\Delta G^{\ominus} > 0$），即使反应速率很快（活化自由能小）也不太可能发生。反应速率取决于活化能，如 Arrhenius 方程所示：

$$k = A\mathrm{e}^{\frac{E_{\mathrm{A}}}{RT}} \quad 或 \quad \ln k = \ln A - \frac{E_{\mathrm{A}}}{RT}$$

三个常用的反应坐标图见图 12.2。图 12.2（a）和（b）中，由于 $\Delta G^{\ominus} < 0$，反应具

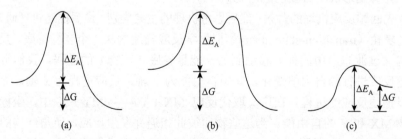

图 12.2　反应坐标图。（a）和（b）即使因 $\Delta G^{\ominus} < 0$，平衡有利于产物形成，但大的活化能也会阻碍反应速率；（c）较小的活化能有助于加快反应，但由于 $\Delta G^{\ominus} > 0$，平衡朝向反应物。（b）中，中间态是可检测的

有大且正的平衡常数；两个反应都是自发的。然而，在（a）中，E_A 大，所以反应慢。反应（b）的特点是在曲线顶部附近有一个能量谷底的中间态。在（c）中，因活化能低，反应快速发生，但由于 $\Delta G^{\neq} > 0$，它的平衡常数很小。

12.2　配体取代反应

配体取代是许多配合物反应的一个重要步骤。这些反应已成为大量机理和动力学研究的主题。

12.2.1　惰性和活性配合物

许多反应需要取代，用一个配体替换另一个配体。研究很充分的一类取代反应是把水合金属离子 $[M(H_2O)_m]^{n+}$ 作为反应物。这些反应可形成有色产物，用于识别金属离子：

$$[Ni(H_2O)_6]^{2+} + 6NH_3 \rightleftharpoons [Ni(NH_3)_6]^{2+} + 6H_2O$$
　　　　绿色　　　　　　　　　　蓝色

$$[Fe(H_2O)_6]^{3+} + SCN^- \rightleftharpoons [Fe(NH_3)_5(SCN)]^{2+} + H_2O$$
　　极淡的紫色　　　　　　　　　红色

涉及 $[M(H_2O)_m]^{n+}$ 的配体取代反应迅速，生成物同样经历快速的逆反应。一个经典的例子是在 $Fe(NO_3)_3 \cdot 9H_2O$ 的溶液中依次加入 HNO_3、$NaCl$、H_3PO_4、$KSCN$ 和 NaF。由于存在 $[Fe(H_2O)_5(OH)]^{2+}$ 和含有 H_2O 与 OH^- 配体的其他 Fe(III) 配合物——$[Fe(H_2O)_6]^{3+}$ 的水解产物，初始溶液显黄色。尽管形成哪种配合物及其平衡浓度取决于加入的阴离子浓度，但这些产物的颜色反映了该反应各阶段历程：

$$[Fe(H_2O)_5(OH)]^{2+} + H^+ \longrightarrow [Fe(H_2O)_6]^{3+}$$
　　黄色　　　　　　　　无色（极淡紫色）

$$[Fe(H_2O)_6]^{3+} + Cl^- \longrightarrow [Fe(H_2O)_5(Cl)]^{2+} + H_2O$$
　　　　　　　　　　黄色

$$[Fe(H_2O)_5(Cl)]^{2+} + PO_4^{3-} \longrightarrow Fe(H_2O)_5(PO_4) + Cl^-$$
　　　　　　　　　无色

$$Fe(H_2O)_5(PO_4) + SCN^- \longrightarrow [Fe(H_2O)_5(SCN)]^{2+} + PO_4^{3-}$$
　　　　　　　　　红色

$$[Fe(H_2O)_5(SCN)]^{2+} + F^- \longrightarrow [Fe(H_2O)_5(F)]^{2+} + SCN^-$$
　　　　　　　　　无色

尽管这些反应的历程部分取决于 Fe(III) 与进入和离去配体之间键的相对强度，但考察水交换反应

$$[M(H_2O)_m]^{n+} + H_2^{18}O \rightleftharpoons [M(H_2O)_{m-1}(H_2^{18}O)]^{n+} + H_2O$$

才有了对其深刻的认识，因为取代过程中键的断裂和形成具有基本相同的强度*。水交换速率常数（表 12.1）随金属离子的不同变化很大。

---

* 也可以用 $H_2^{17}O$。

表 12.1　[M(H$_2$O)$_6$]$^{n+}$的水交换速率常数

配合物	k/s^{-1}(298K)	电子组态[*]
[Ti(H$_2$O)$_6$]$^{3+}$	1.8×10^5	t_{2g}^1
[V(H$_2$O)$_6$]$^{3+}$	5.0×10^2	t_{2g}^2
[V(H$_2$O)$_6$]$^{2+}$	8.7×10^1	t_{2g}^3
[Cr(H$_2$O)$_6$]$^{3+}$	2.4×10^{-6}	t_{2g}^3
[Cr(H$_2$O)$_6$]$^{2+}$	$>10^8$	$t_{2g}^3 e_g^1$
[Fe(H$_2$O)$_6$]$^{3+}$	1.6×10^2	$t_{2g}^3 e_g^2$
[Fe(H$_2$O)$_6$]$^{2+}$	4.4×10^6	$t_{2g}^4 e_g^2$
[Co(H$_2$O)$_6$]$^{2+}$	3.2×10^6	$t_{2g}^5 e_g^2$
[Ni(H$_2$O)$_6$]$^{2+}$	3.2×10^4	$t_{2g}^6 e_g^2$
[Cu(H$_2$O)$_6$]$^{2+}$	4.4×10^9	$t_{2g}^6 e_g^3$
[Zn(H$_2$O)$_6$]$^{2+}$	$>10^7$	$t_{2g}^6 e_g^4$

　*假设即使在 Jahn-Teller 畸变的情况下，这些组态仍为八面体几何构型。数据来自 R. B. Jordan, *Reaction Mechanisms of Inorganic and Organometallic Systems*, 3rd ed., Oxford（New York），2007, p.84。

　　一些取代反应的速率常数如表 12.1 所示，这些反应速率的一般趋势与初始配合物的电子组态相关。[Cr(H$_2$O)$_6$]$^{3+}$和[Cr(H$_2$O)$_6$]$^{2+}$的水交换速率常数相差超过 13 个数量级！同样有趣的是，[V(H$_2$O)$_6$]$^{3+}$的水交换速率常数大约是[V(H$_2$O)$_6$]$^{2+}$的 6 倍，尽管根据静电理论，从 V(III)离子上失去配体可能比 V(II)离子困难得多。像[Cr(H$_2$O)$_6$]$^{2+}$这样的配合物，反应迅速，在反应物混合的时间内基本上完成一个配体交换另一个配体，归类为活性（labile）配合物。活性配合物的配体取代反应活化能很低。Taube[1]提出反应半衰期（化合物初始浓度降为一半所需的时间）为 1 min 或更短，作为活性配合物的判断标准。反应较慢的化合物称为惰性（inert）配合物。该情况下，惰性配合物不会阻止配体被取代，只是反应会更慢，配体取代的活化能更高。这些动力学术语必须与热力学描述的稳定（stable）和不稳定（unstable）区分开。类似[Fe(H$_2$O)$_5$(F)]$^{2+}$这样的物质非常稳定（合成它的平衡常数很大），但它也是活性的。另外，六氨合钴（3＋）离子在酸性条件下热力学不稳定：

$$[Co(NH_3)_6]^{3+} + 6H_2O \longrightarrow [Co(H_2O)_6]^{3+} + 6NH_3 \qquad （\Delta G^{\ominus} < 0）$$

但[Co(NH$_3$)$_6$]$^{3+}$反应非常缓慢，因此是惰性的（上述反应活化能很高）。热力学和动力学参数对理解化学行为都是必要的*。为了清楚起见，配合物可以被描述为动力学活性或惰性（kinetically labile or inert）。

―――――――――――

　　*阐明这一重要区别的经典例子是碳的同素异形体石墨和金刚石。在通常的环境条件下，石墨比金刚石热稳定性高（金刚石→石墨的 $\Delta G^{\ominus} < 0$），但该转化的速率常数极小，因此有（受动力学启发）"钻石恒久远"的格言。

　　Werner 研究了 Co(III)、Cr(III)、Pt(II) 和 Pt(IV) 的化合物，因为它们是惰性的而且比活性化合物更容易被表征，本章大部分内容讨论惰性化合物。活性化合物已被广泛研究，但其研究需要能够处理短寿命配合物的技术。

　　表 12.1 给出了惰性和活性配合物电子结构的一般规则。惰性八面体配合物通常具有高的配体场稳定化能（10.3.3 节），特别是那些具有 d^3 或低自旋 $d^4 \sim d^6$ 电子结构的配合物。这些组态在 e_g 轨道中没有电子，而在每个 t_{2g} 轨道中至少有一个电子。d^3 惰性配合物的分类见表 12.1，与高自旋 d^4 的 $[Cr(H_2O)_6]^{2+}$ 相比，$[Cr(H_2O)_6]^{3+}$ 的水交换反应非常慢，$[V(H_2O)_6]^{2+}$ 的反应比 $[V(H_2O)_6]^{3+}$ 慢。强场配体的 d^8 原子通常形成惰性的平面四方型配合物，具有其他 d 的化合物趋向于活性，并且取代反应的速率常数范围很广。

慢反应（惰性）	中等速率	快反应（活性）
d^3、低自旋 d^4、d^5 和 d^6		d^1、d^2、高自旋 d^4、d^5 和 d^6
强场 d^8（平面四方型）	弱场 d^8	d^7、d^9 和 d^{10}

12.2.2　取代反应机理

　　Langford 和 Gray[2] 描述了取代反应的一系列可能性（表 12.2）。一种极端情况，离去配体离开，形成较低配位数的中间体，称为解离机理（dissociation）标记为 D。另一极端情况，进入配体结合到配合物上，形成了配位数增加的中间体，称为缔合机理（association）标记为 A。在两个极端之间是交换机理（interchange，I），即进入配体参与反应，但无可检测的中间体。当进入配体参与程度很低并且反应主要是解离时，称为交换解离机理（dissociative interchange，I_d）。当进入配体在离去配体的键明显变弱之前开始和中心原子成键，称为交换缔合机理（associative interchange，I_a）。当动力学证据指向缔合或解离，但是无法检测到中间体时，许多反应都被描述为 I_a 或 I_d 机理，而不是 A 或 D。D、A 和 I 分类称为化学计量机理（stoichiometric mechanisms），缔合和解离活化过程之间的区别称为密切机理（intimate mechanism）。缔合和解离反应能量分布相似（图 12.3），意味着明确区分这些机理颇具挑战性。

表 12.2　八面体配合物取代反应机理分类

密切机理	化学计量机理	
	八面体反应物解离的五配位中间体	八面体反应物缔合的七配位中间体
解离活化	D　　　　　I_d	
缔合活化	I_a	A

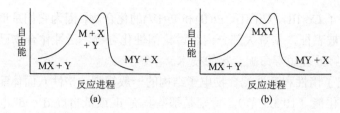

图 12.3　缔合和解离机理的能量分布。（a）解离机理，中间体配位数低于反应物。
（b）缔合机理，中间体配位数高于反应物

12.3　不同反应路径的动力学结果

本节讲述用速率定律推出反应机理的示例。我们给出两类信息：①用于提出机理的信息；②具相当高置信度的已知机理的特定反应。第一点需要去严格检测其他反应的数据。第二点很有用，因为它为我们阐明新反应构建了一个知识库。每个取代机理 D、A 和 I，可以用其速率定律来描述[*]。

12.3.1　解离

在解离（D）反应中，第一步是失去一个配体形成配位数降低的中间体，随后添加新配体（Y）还是添加离去基团（X），是中间体可能发生的两种反应路径：

$$ML_5X \underset{k_{-1}}{\overset{k_1}{\rightleftharpoons}} ML_5 + X$$

$$ML_5 + Y \overset{k_2}{\longrightarrow} ML_5Y$$

检验 D 机理的可能性通常用稳态近似的方法：假设中间体 ML_5 的生成速率和消耗速率相等，在反应过程中中间体的浓度极小（且恒定）。如果这两个速率相同，反应过程中 $[ML_5]$ 的变化一定为零（而且这种物质不能积累）。用速率方程表示：

$$\frac{d[ML_5]}{dt} = k_1[ML_5X] - k_{-1}[ML_5][X] - k_2[ML_5][Y] = 0$$

解得 $[ML_5]$，

$$[ML_5] = \frac{k_1[ML_5X]}{k_{-1}[X] + k_2[Y]}$$

代入形成产物的速率定律方程，

$$\frac{d[ML_5Y]}{dt} = k_2[ML_5][Y]$$

得到速率定律：

$$\frac{d[ML_5Y]}{dt} = \frac{k_1k_2[ML_5X][Y]}{k_{-1}[X] + k_2[Y]}$$

---

[*] 在本章的反应中，X 是离去配体，Y 是进入配体，L 是反应中无变化的任何配体。在溶剂交换中，X、Y、L 可能是相同的物质。使用 X、Y、L 时会忽略电荷，但它们可能是离子。一般的例子通常是六配位，其他配位数可做类似处理。

有证据表明存在与稳态近似相关的条件，D 机理可能起作用，如上述速率定律所示，生成$[ML_5Y]$的速率和 X 的浓度之间呈逆相关。我们根据该推导预测，只要中间体 ML_5 和 X 的反应速率接近或大于 Y 和 ML_5 的反应速率，X 的存在就会降低$[ML_5Y]$的生成速率。

基于导出的速率定律，D 机理将表现出对[X]和[Y]复杂的依赖性，[X]和[Y]有下面描述的两种极限情况。系统地改变 X 和 Y 浓度的研究为解离机理提供了最好的证据。在高浓度[Y]时，体系显示饱和动力学特征，其中反应速率仅取决于$[ML_5X]$。

$$\frac{d[ML_5Y]}{dt} = \frac{k_1 k_2 [ML_5X][Y]}{k_{-1}[X]} , \quad \frac{d[ML_5Y]}{dt} = k_1 [ML_5X]$$

若 $[X] \gg [Y]$，则 $k_{-1}[X] \gg k_2[Y]$。

若 $[Y] \gg [X]$，则 $k_2[Y] \gg k_{-1}[X]$。

尽管展现这些关系的实验数据既支持稳态近似的有效性，也支持 D 机理，但基于这种近似产生的中间体$[ML_5]$浓度极低，在许多情况下无法检测到。

12.3.2 交换

交换（I）反应最简单的形式是进入基团直接取代离去基团，不经过中间体，而是通过单一的过渡态导致反应物转化为产物。

$$ML_5X + Y \xrightarrow{k_1} ML_5Y + X$$

如果取代反应是不可逆的，则交换机理为动力学二级反应，$[ML_5X]$一级，[Y]一级。

$$\frac{d[ML_5Y]}{dt} = k_1 [ML_5X][Y]$$

如果交换反应是可逆的，则需要复杂的方法来处理最终平衡。常用的实验方法是利用高浓度[Y]和[X]将反应近似为一对对立的准一级反应。

如果[X]和[Y]都很大

$$ML_5X + Y \underset{k_{-1}}{\overset{k_1}{\rightleftharpoons}} ML_5Y + X$$

$$-\frac{d[ML_5X]}{dt} = \frac{d[ML_5Y]}{dt} = k_1[ML_5X] - k_{-1}[ML_5Y]$$

Espenson 提供了关于该动力学处理的更多细节[*]。I 和 D 机理原则上可以区分，因为增加[Y]不会导致 I 机理出现 D 机理中预测的那种饱和动力学。

交换机理有两种情况，I_d 交换解离机理；I_a 交换缔合机理，二者区别于过渡态中 M—X 键和 M—Y 键的相对强度。如果过渡态中进入配体和金属成键重要，就是 I_a 机理；如果离去配体和金属键断开更重要，则是 I_d 机理。

---

[*] 确定平衡常数 $K = \dfrac{k_1}{k_{-1}}$ 有助于描述在 J. H. Expenson, *Chemical Kinetics and Reaction Mechanisms*. McGraw-Hill, New York, 1981, pp. 45-48 中的研究。

12.3.3　缔合

在缔合（A）反应中，形成配位数增加的中间体是速率决定步骤。这个第一步之后是个快反应，配体离去。

$$ML_5X + Y \underset{k_{-1}}{\overset{k_1}{\rightleftharpoons}} ML_5XY$$

$$ML_5XY \overset{k_2}{\longrightarrow} ML_5Y + X$$

稳态近似假设[ML_5XY]非常小，导致动力学二级反应与 Y 的浓度无关。

$$\frac{d[ML_5Y]}{dt} = \frac{k_1 k_2 [ML_5X][Y]}{k_{-1} + k_2} = k[ML_5X][Y]$$

练习 12.1　证明上述方程是缔合反应稳态近似的结果。

因为二级动力学也和不可逆交换反应一致，所以准确地确认 A 机理需要检测中间体浓度[ML_5XY]。由于反应中预期的[ML_5XY]浓度低，这种检测通常极具挑战性。

12.3.4　缔合物

如上所述，使机理研究复杂化的原因是当多种路径导致反应动力学相似时，路径间彼此难以区分。复杂情况之一是当进入配体和六配位反应物快速达到平衡，形成离子对或缔合物[*]，随后这个物质反应形成产物并释放初始配体。

$$ML_5X + Y \underset{k_{-1}}{\overset{k_1}{\rightleftharpoons}} ML_5X \cdot Y$$

$$ML_5X \cdot Y \overset{k_2}{\longrightarrow} ML_5Y + X$$

这些速率常数的相对大小会导致不同的情况。如果 k_1 和 k_{-1} 都比 k_2 大，则第一步可视为平衡过程（$K_1 = k_1/k_{-1}$）独立处理，与第二步无关。根据 k_1 和 k_{-1} 的相对大小可以检测到缔合物中间体，为这种取代机理提供了佐证，并且可能允许计算 K_1。

如果中间体无法检测（k_2 量级与 k_1 和 k_{-1} 相当），但是第一步快速平衡仍然保持时，将稳态近似用于[$ML_5X \cdot Y$]则得到如下关系

$$\frac{d[ML_5X \cdot Y]}{dt} = k_1[ML_5X][Y] - k_{-1}[ML_5X \cdot Y] - k_2[ML_5X \cdot Y] = 0$$

如果反应过程中[$Y]_0 \cong [Y]$（相比于[ML_5X]有非常高的[Y]），则缔合物的形成可能多到足以显著改变[ML_5X]但不改变[Y]。在这种情况下，需要用总的初始金属反应物浓度[$M]_0$ 表示[ML_5X]：

$$[M]_0 = [ML_5X] + [ML_5X \cdot Y]$$

代入上述稳态近似方程

$$k_1([M]_0 - [ML_5X \cdot Y])[Y]_0 - k_{-1}[ML_5X \cdot Y] - k_2[ML_5X \cdot Y] = 0$$

通过重排并代入 $K_1 = k_1/k_{-1}$，最终的速率方程变为

---

[*] 尽管相对容易地想到带相反电荷的离子对，但形成中性产物缔合物的驱动力可能是偶极-偶极作用。

$$\frac{d[ML_5Y]}{dt} = k_2[ML_5X \cdot Y] = \frac{k_2K_1[M]_0[Y]_0}{1 + K_1[Y]_0 + (k_2/k_{-1})} \cong \frac{k_2K_1[M]_0[Y]_0}{1 + K_1[Y]_0}$$

因为 k_2/k_{-1} 相较于分母中的其他项通常较小。

如果检测不到$[ML_5X \cdot Y]$，则可以理论估算 K_1。虽然这些计算超出了本书范围，但计算给出，简化的速率方程分母中的两项（1 和 $K_1[Y]_0$）可以有相同量级。[Y]较大时，上述速率方程简化为

$$\frac{d[ML_5Y]}{dt} \cong k_2[M]_0$$

当[Y]非常大时，它表现与 D 机理相同的关系，使有缔合物的机理很难与 D 机理区分开。该情况下，重要的是能够控制离去基团 X 的浓度以确定其对速率的影响。

12.4　八面体取代反应的实验证据

我们现在考察支持八面体取代反应机理的其他证据。

12.4.1　解离

在解离机理中，八面体配合物会失去一个配体（X）形成五配位的过渡态，而进入配体会填充空位，最终形成八面体产物。惰性和活性的分类（12.2.1 节）是根据配体场理论，基于八面体反应物与假定的五配位（四方锥体或三角双锥）过渡态之间的 LFSE 变化值，部分合理化。面临的挑战是，评估从 O_h 构型变到 C_{4v} 过程中，具有显著 d 轨道特征的分子轨道如何分裂。这些能级的分裂情况由配体以及四方锥底四个配体远离轴向配体的弯曲程度决定。图 12.4 给出了一种被普遍接受的可能性[3]。

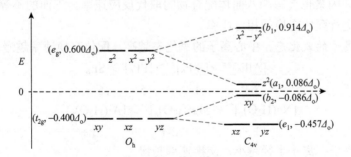

图 12.4　配体从八面体 ML_6 解离形成四方锥 ML_5 过程中的能级变化（以 $\varDelta_o$ 表示）*

表 12.3 给出了配体场活化能（ligand field activation energy，LFAE），其定义为四方锥过渡态与八面体反应物间的 LFSE 之差。三角双锥过渡态的 LFSE 通常与四方锥的相同

---

* 虽然量化这些轨道的能量超出了本文的范围，但可以合理预测在移去 z 轴上的配体后，d_{z^2} 轨道的反键程度应减少。配体解离后该轨道对称性从 e_g 变为 a_1，随后与 p_z 和 s 轨道杂化，能量进一步降低。在强场 C_{4v} 配合物中，对于 $d^1 \sim d^4$ 组态，电子单独占据能量较低的 4 个轨道，然后使每个轨道逐渐填满两个电子，b_1 轨道不填充，以此类推到 d^9 组态。

或比四方锥更大。这些计算解释了八面体配合物中哪种电子构型中配体解离的能垒更低。虽然理解解离取代反应动力学需要考虑其他因素，但 LFAE 值与 12.2.1 节（译者注：原书笔误为 12.1.1 节）的分类非常吻合。最高（正值最大）的 LFAE 值出现在 d^3、低自旋 d^4、d^5 和 d^6 组态中，与预测一致；这些离子的八面体配合物中配体解离活化能相对较高，都归为惰性离子。负值 LFAE 意味着解离的活化能垒很低，则归类为活性离子。此方法对 d^8 离子效果较差，但这些离子通常不会形成八面体配合物。

表 12.3　配体场活化能

体系	强场（单位 Δ_o）			弱场（单位 Δ_o）		
	八面体 LFSE	四方锥 LFSE	LFAE	八面体 LFSE	四方锥 LFSE	LFAE
d_0	0	0	0	0	0	0
d_1	−0.400	−0.457	−0.057	−0.400	−0.457	−0.057
d_2	−0.800	−0.914	−0.114	−0.800	−0.914	−0.114
d_3	−1.200	−1.000	0.200	−1.200	−1.000	0.200
d_4	−1.600	−0.914	0.686	−0.600	−0.914	−0.314
d_5	−2.000	−1.371	0.629	0	0	0
d_6	−2.400	−1.828	0.572	−0.400	−0.457	−0.057
d_7	−1.800	−1.914	−0.114	−0.800	−0.914	−0.114
d_8	−1.200	−1.828	−0.628	−1.200	−1.000	0.200
d_9	−0.600	−0.914	−0.314	−0.600	−0.914	−0.314
d_{10}	0	0	0	0	0	0

对于四方锥过渡态，LFAE = 四方锥 LFSE−八面体 LFSE，只考虑 σ 给体。

电荷和空间因素也会影响八面体配合物的取代反应速率。下面的不等式表示通过假定的解离机理进行配体交换的相对速率。

（1）中心离子的氧化态。中心离子的氧化态越高，配体交换速率越慢。

$$[AlF_6]^{3-} > [SiF_6]^{2-} > [PF_6]^- > SF_6$$
$$3+ \qquad 4+ \qquad 5+ \qquad 6+$$
$$[Na(H_2O)_n]^+ > [Mg(H_2O)_n]^{2+} > [Al(H_2O)_6]^{3+}$$
$$1+ \qquad\qquad 2+ \qquad\qquad 3+$$

（2）离子半径。离子半径越小，交换速率越慢。

$$[Sr(H_2O)_6]^{2+} > [Ca(H_2O)_6]^{2+} > [Mg(H_2O)_6]^{2+}$$
$$112\ pm \qquad\quad 99\ pm \qquad\quad 66\ pm$$

这两种趋势归结于中心原子和配体间较高的静电吸引，强烈的相互吸引将减慢通过解离机理发生的反应，因为在速率决定步骤中需要金属和离去配体之间键的断裂。尽管第一过渡系金属 2+ 离子的尺寸相对较小，但它们都能快速地与溶剂中的水交换配体形成活性 $[M(H_2O)_6]^{2+}$ 配合物。$[M(H_2O)_6]^{2+}$ 在水溶液中的半衰期（一半配合物交换所需的时间）短于 1 s，这种快速反应通过弛豫法完成测量[4]。碱金属阳离子水合物的半衰期非常短

（10^{-9} s 或更短），在第一过渡系金属 2 + 离子中，只有 Be^{2+} 和 V^{2+} 的半衰期较长，为 0.01 s。而相比之下，Al^{3+} 的半衰期接近 1 s，惰性的 Cr^{3+} 的半衰期更是长达 80 h。

支持解离机理的证据包括[5-8]：

（1）反应速率随进入配体的不同仅略有改变。多数情况下，水合反应（aquation，被水取代）和去水反应（anation，被阴离子取代）的速率相当。如果配体解离是速率决定步骤，那么进入基团对反应速率应该没有影响。速率常数改变多少便不再认为是相当的呢？确要做出这些判断，通常认为速率常数变化小于 10 倍为足够相似。

（2）反应配合物带更多正电荷会降低取代反应速率。随着配合物所带正电荷增加，金属离子和配体的配位电子之间静电引力增加，从而降低配体的解离速率。

（3）反应配合物上的空间位阻会增加配体解离的速率。反应物上配体拥挤，就更容易失去一个配体。另外，如果反应具有 A 或 I_a 机理，空间拥挤干扰进入配体，反应速率减慢。

（4）反应速率与离去基团的金属-配体键强度呈线性自由能关系（LFER，12.4.2 节）。

（5）活化体积 ΔV_{act}，即形成活化配合物时体积的变化，通过速率常数随压力变化来测量。解离机理 ΔV_{act} 通常为正值，因为在速率决定步骤中一种物质分裂成两种；而缔合机理 ΔV_{act} 为负值，在速率决定步骤中两种物质结合成一种，此处假定过渡态体积小于反应物体积之和。用体积效应解释溶剂效应时需谨慎，尤其对高电荷离子。

12.4.2 线性自由能关系

动力学效应通过线性自由能关系（linear free-energy relationships，LFER）与热力学效应相关联[9]。当金属-配体键的键强（与热力学参数相关）对配体的解离速率（与动力学参数相关）起主导作用时，可以观察到 LFER。如该假设成立，$[ML_5X]^{n+} + Y$ 取代反应的速率常数对数（X 变但 Y 不变）与 $[ML_5X]^{n+} + Y \Longrightarrow [ML_5Y]^{m+} + X$ 的平衡常数对数呈线性关系*。速率常数温度依赖的 Arrhenius 方程和同样温度依赖的平衡常数方程证明了这种相关性。

$$\ln k = \ln A - \frac{E_A}{RT} \text{ 和 } \ln K = \frac{\Delta H^\ominus}{RT} - \frac{\Delta S^\ominus}{R}$$

动力学 热力学

对于被考察的一系列取代反应，如果指前因子 A 和熵变 $\Delta S^\ominus$ 非常相似，同时活化能 E_A 由反应的焓 $\Delta H^\ominus$ 决定，$\ln k$ 和 $\ln K$ 之间则存在线性关系。在这种 log-log 坐标图中的直线关系间接证明了热力学参数 $\Delta H^\ominus$ 对反应活化能 E_A 有重要影响。金属与离去基团间的键越强，活化能就越大，这正符合解离机理的内在逻辑。图 12.5 给出了一个 $[Co(NH_3)_5X]^{2+}$ 水解的例子。

$$[Co(NH_3)_5X]^{2+} + H_2O \longrightarrow [Co(NH_3)_5(H_2O)]^{3+} + X^-$$

Langford[10] 认为，X^- 在 $[Co(NH_3)_5X]^{2+}$ 水解的过渡态中被解离，并充当溶剂化阴离子，而水在过渡态中最多弱结合。

---

* 如果 Y 和 X 的电荷相同，则这些配位化合物的电荷也相同。

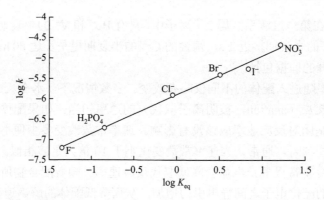

图 12.5　$[Co(NH_3)_5X]^{2+}$在 25.0℃水解的线性自由能关系（图中各点表示 X）。速率常数对数对$[Co(NH_3)_5X]^{2+}$离子的酸水解反应平衡常数的对数图（F^-数据来自 S. C. Chan, *J. Chem. Soc.*, **1964**, 2375；I^-数据来自 R. G. Yalman, *Inorg. Chem.*, **1962**, *1*, 16。所有其他数据来自 A. Haim, H. Taube, *Inorg. Chem.*, **1964**, *2*, 1199）

　　表 12.4 和表 12.5 给出了进入配体产生不同影响的一些例子。表 12.4 数据是在准一级反应条件下得到的（[Y]大）[*]。k_1 表示阴离子交换的速率常数；$k_1/k_1(H_2O)$表示 k_1 与水交换速率的比值。正如解离机理预期，速率常数不会由于取代阴离子的不同而有明显变化。

表 12.4　$[Co(NH_3)_5(H_2O)]^{3+}$在 45.0℃去水反应的极限速率常数

	$[Co(NH_3)_5(H_2O)]^{3+} + Y^{m-} \longrightarrow [Co(NH_3)_5Y]^{(3-m)+} + H_2O$		
Y^{m-}	$k_1(10^{-6}\ s^{-1})$	$k_1/k_1(H_2O)$	参考文献
N_3^-	100	1.0	a
SO_4^{2-}	24	0.24	b
Cl^-	21	0.21	c
NCS^-	16	0.16	c

　　数据来自：a. H. R. Hunt，H. Taube, *J. Am. Chem. Soc.*, **1958**, *75*, 1463；b. T. W. Swaddle, G. Guastalla, *Inorg. Chem.*, **1969**, *8*, 1604；c. C. H. Langford, W. R. Muir, *J. Am. Chem. Soc.*, **1967**, *89*, 3141。

　　表 12.5 给出了阳离子$[Ni(H_2O)_6]^{2+}$去水反应在二级反应区的数据，假设发生于缔合机理[**]。二级速率常数 k_2K_1 是离子对平衡常数 K_1 和速率常数 k_2 的乘积（12.3.4 节）。

$$[Ni(H_2O)_6]^{2+} + L^n \Longleftrightarrow [Ni(H_2O)_6 \cdot L]^{2+n} \qquad\qquad K_1$$

$$[Ni(H_2O)_6 \cdot L]^{2+n} \longrightarrow [Ni(H_2O)_5L]^{2+n} + H_2O \qquad\qquad k_2$$

通过静电模型计算得到 K_1。速率常数 k_2 在 5 倍或 5 倍以内变化，接近水交换的速率常数。虽然离子对的形成差异很大，但配体 Y 不同速率常数接近表明进入配体影响很小。这些数据最符合缔合机理。

---

　　[*] 如果[Y]相对于[X]较大，且足以在动力学实验中作为常数，那么 12.3.1 节中解离速率定律 $\dfrac{d[ML_5Y]}{dt} = \dfrac{k_2k_1[ML_5X][Y]}{k_{-1}[X]+k_2[Y]}$

简化为 $\dfrac{d[ML_5Y]}{dt} = k_1[ML_5X]$，反应呈现一级动力学。

　　[**] 对于缔合反应，当[Y]很低时可以观察到二级反应动力学。

表 12.5　$[Ni(H_2O)_6]^{2+}$取代反应的速率常数

Y	$k_2K_1[10^3\ L/(mol·s)]$	$K_1(L/mol)$	$k_2(10^4\ s^{-1})$
$CH_3PO_4^{2-}$	290	40	0.7
CH_3COO^-	100	3	3
NCS^-	6	1	0.6
F^-	8	1	0.8
HF	3	0.15	2
H_2O			3
NH_3	5	0.15	3
C_5H_5N（吡啶）	约4	0.15	约3
$C_4H_4N_2$（吡嗪）	2.8	0.15	2
$NH_2(CH_2)_2NMe_3^+$	0.4	0.02	2

数据来自 R. G. Wilkins, *Acc. Chem. Res.*, **1970**, *3*, 408；$C_4H_4N_2$数据来自 J. M. Malin, R. E. Shepherd, *J. Inorg. Nucl. Chem.*, **1972**, *34*, 3203。

12.4.3　缔合机理

缔合反应在八面体配合物中比较少见[11]。表 12.6 给出了一些相似反应物的解离和缔合交换数据。在$[Cr(NH_3)_5(H_2O)]^{3+}$中不同阴离子取代水的情况下，速率常数相似（在 6 倍以内）表明是 I_d 机理。相反，相同配体与$[Cr(H_2O)_6]^{3+}$反应速率表现出很大的差异（相差2000 多倍）表明是 I_a 机理。与$[Cr(H_2O)_6]^{3+}$相比，$[Cr(NH_3)_5(H_2O)]^{3+}$配合物中更多电子富集在 Cr(Ⅲ)中心上，与进入的亲核配体初始结合能力减弱。这些速率常数之间的差异巨大，值得关注。这些配合物中 Cr(Ⅲ)中心的电子密度因氨比水分子贡献更多电子而改变，对确定取代机理和反应速率起着重要作用。

表 12.6　进入配体对速率的影响

进入配体	阴离子速率常数	
	$[Cr(NH_3)_5(H_2O)]^{3+}k[10^{-4}\ L/(mol·s)]$	$[Cr(H_2O)_6]^{3+}k[10^{-8}\ L/(mol·s)]$
NCS^-	4.2	180
NO_3^-	—	73
Cl^-	0.7	2.9
Br^-	3.7	0.9
I^-		0.08
CF_3COO^-	1.4	—

数据来自 D. Thusius, *Inorg. Chem.*, **1971**, *10*, 1106；T. Ramasami, A. G. Sykes, *Chem. Commun.*, **1978**, 378。

在某些情况下，配合物特有的取代机理随金属氧化态而改变。例如，Ru(Ⅲ)化合物的反应往往为交换缔合机理，而 Ru(Ⅱ)化合物的反应一般为交换解离机理。$[Ru(Ⅲ)(EDTA)(H_2O)]^-$

的取代反应的活化熵为负，说明缔合是过渡态的一部分；它们依赖于进入配体而显示很大的速率常数范围（表 12.7），符合 I_a 机理特征。但是，Ru(II)配合物（表 12.8）即使配体不同，速率常数也几乎一样，符合 I_d 机理特征。取代机理出现如此明显差异的原因尚不清楚。两种配合物都有一个游离羧酸根（EDTA 五齿，水分子占据第六位置），它和配位水之间的氢键可能导致 Ru(III) 配合物形状足够扭曲，为进入配体打开一个入口。虽然 Ru(II)配合物可能存在类似的氢键，但增加的负电荷可能会降低 Ru—H_2O 键的强度，有利于 I_d 机理。

表 12.7　[Ru(III)(EDTA)(H₂O)]⁻取代的速率常数

配体	k_1[L/(mol·s)]	$\Delta H^{\neq}$(kJ/mol)	$\Delta S^{\neq}$[J/(mol·K)]
吡嗪	20000 ± 1000	5.7 ± 0.5	-20 ± 3
异烟酰胺	8300 ± 600	6.6 ± 0.5	-19 ± 3
吡啶	6300 ± 500		
咪唑	1860 ± 100		
SCN⁻	270 ± 20	8.9 ± 0.5	-18 ± 3
CH₃CN	30 ± 7	8.3 ± 0.5	-24 ± 4

数据来自 T. Matsubara, C. Creutz, *Inorg. Chem.*, **1979**, *18*, 1956。

表 12.8　[Ru(II)(EDTA)(H₂O)]²⁻取代的速率常数

配体	k_1[L/(mol·s)]
异烟酰胺	30 ± 15
CH₃CN	13 ± 1
SCN⁻	2.7 ± 0.2

数据来自 T. Matsubara, C. Creutz, *Inorg. Chem.*, **1979**, *18*, 1956。

12.4.4　共轭碱机理

一些二级动力学研究表明缔合机理可以通过共轭碱机理（conjugate base mechanism）进行[12]，称为 S_N1CB（由取代、亲核、单分子、共轭碱的英文缩写组成）[13]。这种反应通过胺、氨（NH_3）或水配体去质子化形成含氨基或羟基的物质，然后解离释放配体（通常与氨基或羟基反式的配体解离）。八面体 Co(III)配合物取代似乎特别倾向于这种机理，低自旋、半径小的 Co(III) 表现出足够强的 Lewis 酸性，可以通过 π 键稳定五配位中间体。

$$[Co(NH_3)_5X]^{2+} + OH^- \rightleftharpoons [Co(NH_3)_4(NH_2)X]^+ + H_2O \quad （平衡）\quad (1)$$

$$[Co(NH_3)_4(NH_2)X]^+ \longrightarrow [Co(NH_3)_4(NH_2)]^{2+} + X^- \quad （慢）\quad (2)$$

$$[Co(NH_3)_4(NH_2)]^{2+} + H_2O \longrightarrow [Co(NH_3)_5(OH)]^{2+} \quad （快）\quad (3)$$

总反应：

$$[Co(NH_3)_5X]^{2+} + OH^- \longrightarrow [Co(NH_3)_5(OH)]^{2+} + X^-$$

在第三步中，除了水也可能用 Brønsted-Lowry 酸与之反应。在碱性溶液中，反应速率常数用 k_{OH} 表示，总反应的平衡常数用 K_{OH} 表示。

共轭碱机理的其他证据包括：

1. 碱催化下胺基交换氢证明有初始平衡（步骤 1）。

2. 在富含 ^{18}O 的水中反应时，产物中氧同位素的比值（$^{18}O/^{16}O$）与溶剂中初始比值（$H_2^{18}O/H_2^{16}O$）相同，与离去基团（$X^- = Cl^-$、Br^-、NO_3^-）无关。如果进入配体水分子对速率决定步影响很大（缔合机理），产物中 ^{18}O 的比例应该高于溶剂，因为反应 $H_2^{16}O + {}^{18}OH^- \rightleftharpoons H_2^{18}O + {}^{16}OH^-$ 的平衡常数（K）等于 1.040。

3. RNH_2 配合物（R = 烷基）比 NH_3 配合物反应快，可能是因为空间拥挤有利于步骤 2 中五配位中间体的形成。如果反应为缔合机理，则金属周围的空间位阻越大，反应速率越低。

4. 具有不同离去基团的配合物的速率常数和解离常数呈线性自由能关系（LFER），其中 $\ln k_{OH}$ 与 $\ln K_{OH}$ 呈线性关系，与配体解离是速率决定步骤一致。

$[Co(tren)(NH_3)Cl]^{2+}$ 异构体的反应表明，共轭碱机理中，离去基团的反式氮原子最可能脱质子化[14]。图 12.6（a）中的反应比图 12.6（b）中的快 10^4 倍。这两个反应的主要动力学产物被认为产生于三角双锥中间体或过渡态，三角平面上的氨基配体最终与形成的羟基呈反式排列。图 12.6（a）中的反应克服的能垒较低，因为只有两个 N—Co—N 角略微变宽就能得到三角双锥几何结构，而不必像图 12.6（b）中的那样对四方锥结构进行重排。图 12.6（b）中四方锥中间体水解的活化能很高，羟基配体会与氨基中的氮形成正交轨道，因此（缓慢）重排成三角双锥结构，随后水解仍然是较快的途径。但这两条途径都比图 12.6（a）中的反应慢很多。

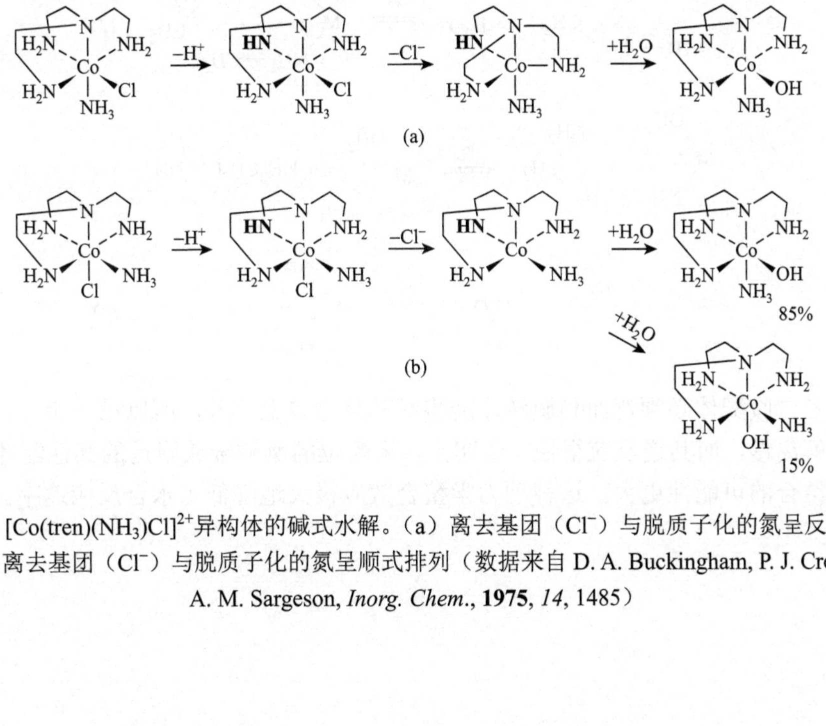

图 12.6　$[Co(tren)(NH_3)Cl]^{2+}$ 异构体的碱式水解。（a）离去基团（Cl^-）与脱质子化的氮呈反式排列；（b）离去基团（Cl^-）与脱质子化的氮呈顺式排列（数据来自 D. A. Buckingham, P. J. Creswell, A. M. Sargeson, *Inorg. Chem.*, **1975**, *14*, 1485）

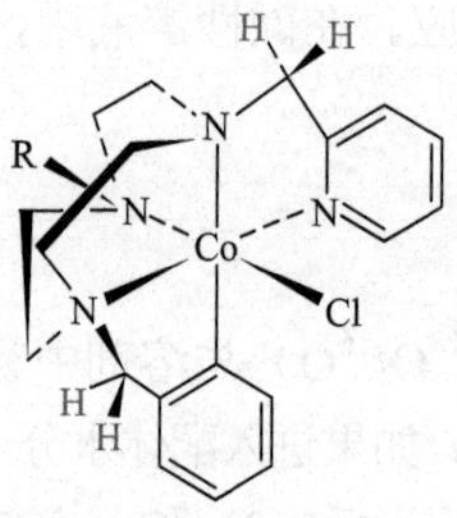

图 12.7 这类五氨合钴（Ⅲ）配合物的碱催化水解被认为经过一种赝氨化机理，通过图中氢原子脱质子化完成

为什么氨基配体与羟基配体在同一平面反式排列会促进反应？多数观点推测氨基是强的 σ 给体和 π 给体，能更好地稳定这个配位点水解产生的 Co(Ⅲ)过渡态[15]。

长期以来，可离子化的氨基氢的运用一直被认为是共轭碱机理有效的重要前提。2003 年，一种具有所有叔胺和吡啶给体的五氨合钴（Ⅲ）配合物碱催化水解的独特机理被报道[16]，这种赝氨化机理（pseudo-aminate）涉及连接吡啶 α-碳和叔胺氮的亚甲基去质子化（图 12.7）。

12.4.5 动力学螯合效应

螯合效应（10.1.1 节）使得多齿配合物在热力学上比单齿配合物更稳定[17]。螯合配体的取代反应通常比类似的单齿配体慢，解释这种现象集中于两个因素。首先，去除第一个配位原子的 ΔH 比相应的单齿配体大。如果该原子断开与金属中心配位，随后重新结合的动力学能垒比类似的单齿配体低，因为它仍然离金属中心很近[18]。通常认为机理如下：

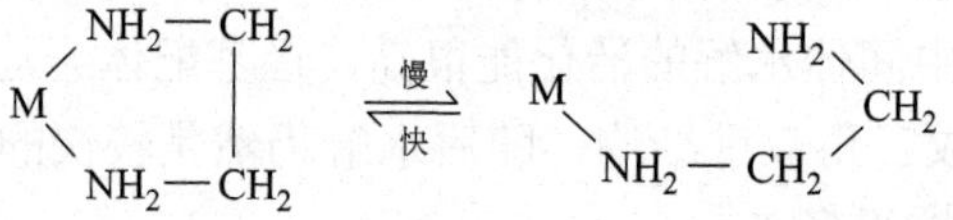

$$(1)$$

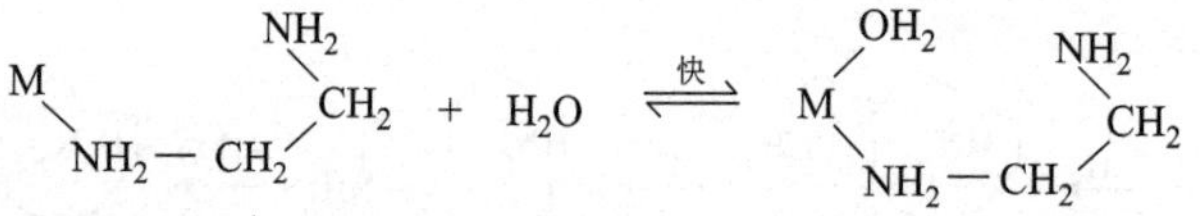

$$(2)$$

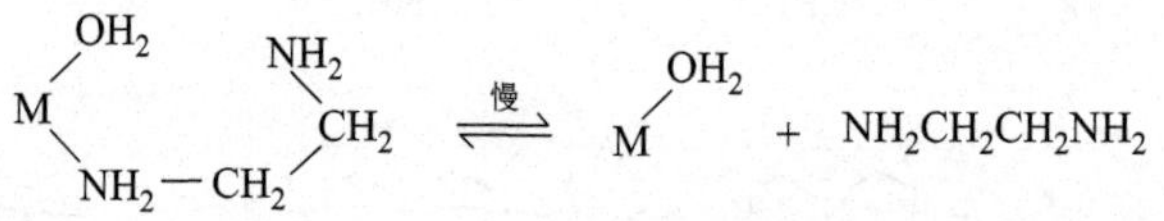

$$(3)$$

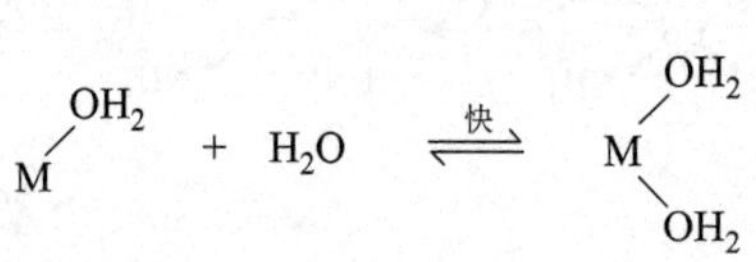

$$(4)$$

由于乙二胺配体必须弯曲和旋转才能将氨基从金属上移开，所以第一步（1）预计比类似的氨解离慢，而其逆反应很快。事实上，未配位的氮被金属附近的其他配体所束缚，使得重新结合的可能性更大。这种动力学螯合效应极大地降低了水合反应速率。

12.5 反应的立体化学

解离机理导致产物的立体化学可能与起始配合物相同或不同。由表 12.9 可知，*cis*-$[Co(en)_2L(H_2O)]^{(1+n)+}$ 是 *cis*-$[Co(en)_2LX]^{n+}$ 和 *trans*-$[Co(en)_2LX]^{n+}$ 在酸性溶液中的水解产物。虽然纯 *cis*-$[Co(en)_2LX]^{n+}$ 的水解产物都是顺式的，但对于 *trans*-$[Co(en)_2LX]^{n+}$ 的产物是否仍为反式取决于 L 和 X。因为这些反应在酸性溶液中进行，所以共轭碱机理不太可能。

表 12.9　$[CO(en)_2LX]^{n+}$酸式水解的立体化学

		$[Co(en)_2LX]^{n+} + H_2O \longrightarrow [Co(en)_2L(H_2O)]^{(1+n)+} + X^-$				
cis-L	X	顺式产物（%）	*trans*-L	X	反式产物（%）
OH$^-$	Cl$^-$	100	OH$^-$	Cl$^-$	75
OH$^-$	Br$^-$	100	OH$^-$	Br$^-$	73
Br$^-$	Cl$^-$	100	Br$^-$	Cl$^-$	50
Cl$^-$	Cl$^-$	100	Br$^-$	Br$^-$	30
Cl$^-$	Br$^-$	100	Cl$^-$	Cl$^-$	35
N$_3^-$	Cl$^-$	100	Cl$^-$	Br$^-$	20
NCS$^-$	Cl$^-$	100	NCS$^-$	Cl$^-$	50-70

数据来自 F. Basolo and R. G. Pearson, *Mechanisms of Inorganic Reactions*, 2nd ed., J. Wiley & Sons, New York, 1967, p. 257。

表 12.9 中，起始的 *cis*-$[Co(en)_2LX]^{n+}$ 是 Δ-*cis*-$[Co(en)_2LX]^{n+}$ 和 Λ-*cis*-$[Co(en)_2LX]^{n+}$ 的外消旋混合物，产物尽管都是顺式的，也是外消旋。采用光学纯的 Δ-*cis*-$[Co(en)_2LX]^{n+}$ 与氢氧根反应的相关研究（表 12.10）表明，可能存在共轭碱机理。该反应产生部分外消旋立体化学的顺式产物以及一些反式产物（反式% = 100%−顺式%）。当使用无旋光性的 *trans*-$[Co(en)_2LX]^{n+}$ 时，可以生成不同比例的顺式异构体外消旋混合物。

表 12.10　碱式取代的立体化学

		$[Co(en)_2LX]^{n+} + OH^- \longrightarrow [Co(en)_2LOH]^{n+} + X^-$			
Δ-*cis*-L	X	顺式产物（%）		*trans*-L	X	顺式产物（%）
		Δ	Λ			
OH$^-$	Cl$^-$	61	36	OH$^-$	Cl$^-$	94
NCS$^-$	Cl$^-$	56	24	NCS$^-$	Cl$^-$	76
NH$_3$	Br$^-$	59	26	NCS$^-$	Br$^-$	81
NH$_3$	Cl$^-$	60	24	NH$_3$	Cl$^-$	76
NO$_2^-$	Cl$^-$	46	20	NO$_2^-$	Cl$^-$	6

数据来自 F. Basolo and R. G. Pearson, *Mechanisms of Inorganic Reactions*, 2nd ed., J. Wiley & Sons, New York, 1967, p. 262。

构型的变化程度有时可以由反应条件控制，类似于 Λ-*cis*-$[Co(en)_2Cl_2]^+$ 与 OH$^-$ 反应。OH$^-$ 浓度很稀时（<0.01 mol/L），主要产物是 Λ-*cis*-$[Co(en)_2(OH)_2]^+$，但 OH$^-$ 浓度>0.25 mol/L 时，

主要产物为 Δ-*cis*-[Co(en)₂(OH)₂]⁺[19]。认为反应采用共轭碱机理（图 12.8），OH⁻脱除乙二胺氮上一个质子，然后失去该氨基反位的氯。在浓碱中，假定离子对（[Co(en)₂Cl₂]⁺·OH⁻）生成水分子（OH⁻和从乙二胺中除去的 H⁺），其位置易于配体进入致手性中心反转[20]。

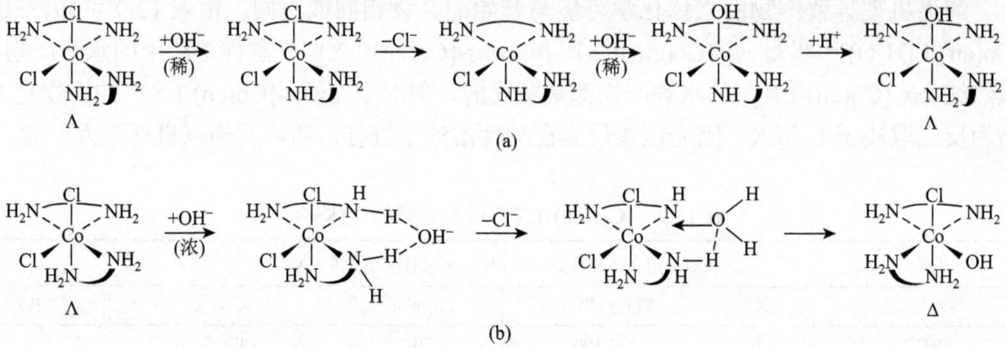

(a)

(b)

图 12.8 Λ-*cis*-[Co(en)₂Cl₂]⁺碱式水解的机理。（a）[OH⁻]低时保持构型；（b）[OH⁻]高时构型反转

12.5.1 反式配合物的取代反应

除了可能存在共轭碱机理外，在 *trans*-[M(LL)₂BX]（LL = 双齿配体）中 Y 取代 X 可以通过 3 种途径解离。①如果 X 从反应物解离后形成四方锥中间体，新配体从空位加入，构型保留，产物和反应物一样为反式 [图 12.9（a）]。②三角双锥中间体的配体 B 在三角

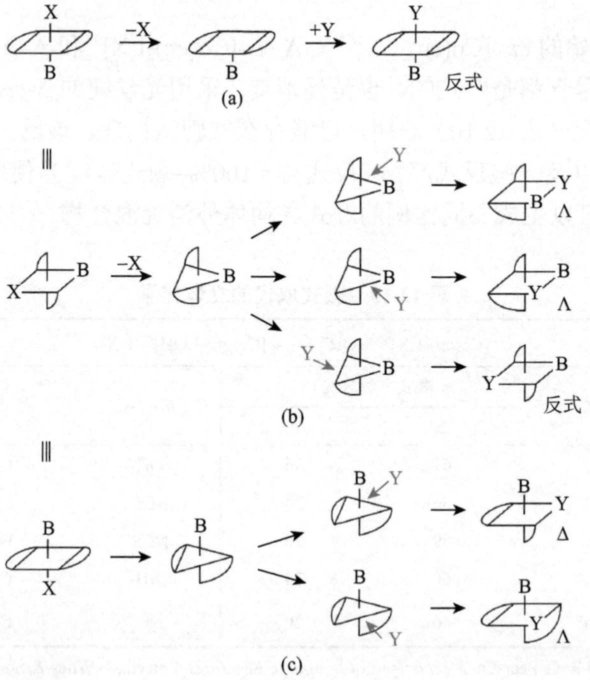

(a)

(b)

(c)

图 12.9 反式[M(LL)₂BX]的解离机理及立体化学变化。（a）四方锥中间体（构型保持）；（b）三角双锥中间体（虽然只显示了 Λ 异构体，但预期为顺式异构体的外消旋混合物，因为 X 解离时 Δ 型和 Λ 型三角双锥中间体的生成概率相等）；（c）不太可能的三角双锥中间体（两种可能的产物）

平面上，得到顺/反式混合产物［图 12.9（b）］。进入配体可以沿着三角形任一边进入，产生两种顺式和一种反式可能性。尽管图 12.9 只展示了 Λ-顺式异构体的形成，但同样可能形成 Δ-顺式异构体，因为原则上 X 解离时 Δ 和 Λ 三角双锥中间体的生成概率相等。从纯统计学角度看，应形成顺式异构体的外消旋混合物。③解离后形成配体 B 位于轴向的三角双锥［图 12.9（c）］，Y 可以进攻两个位置都产生顺式产物（三角形第三边被 LL 环阻挡）。轴向 B 的中间体比赤道的可能性小，因为轴向为 B 时需要更多的配体重排（一个氮变化 90°，另外两个氮变化 30°，而 B 在赤道时只需两个氮变化 30°），同时赤道平面的 LL 环会有更大的拉伸。

练习 12.2　根据图 12.9（b）所给例子，证明如下图所示结构首先生成的两个产物是 Δ 构型而不是 Λ 构型。

如果图 12.9（b）的机理成立，则 $trans$-[M(LL)$_2$BX] 反应物生成顺式产物的统计概率预计是 2/3。这种结果很少见。对于 $trans$-[Co(en)$_2$LX]$^{n+}$，酸式水解反应（表 12.9，水取代 X）和碱式取代反应（表 12.10，OH$^-$ 取代 X）都会导致顺/反式产物比例不同，这取决于保留的配体（B）。表 12.10 中，$trans$-[Co(en)$_2$LX]$^{n+}$ 生成顺式羟基取代产物的比例是 6%～94%。综上所述，由非手性反式反应物生成顺式异构体应该为构型 Δ 和 Λ 的外消旋混合物。

要使产物立体化学合理化，必须考虑的另一个因素是起始配合物（以及产物）的异构化速率。表 12.11 列出了 [Co(en)$_2$(H$_2$O)X]$^{n+}$ 异构化和水交换反应的数据。对于 X = Cl$^-$、SCN$^-$ 和 H$_2$O，外消旋和顺式→反式异构化速率几乎相等[*]。除了羟基配合物外，水交换比其他反应都快，与溶剂的简单交换不需要配体重排，而高浓度的水使其近似为一级反应，反应速率基本上只取决于 [Co(en)$_2$(H$_2$O)X]$^{n+}$ 的浓度，与 [Co(en)$_2$(H$_2$O)X]$^{n+}$ 的异构化反应一样。对于 X = NH$_3$，外消旋和反式→顺式异构化反应都意想不到地快于顺式→反式异构化。

表 12.11　25℃时 [Co(en)$_2$(H$_2$O)X]$^{n+}$ 反应的速率常数 k（10^{-5} s^{-1}）

X	顺式→反式	反式→顺式	外消旋	水交换
OH$^-$	200	300	—	160
Cl$^-$	2.4	7.2	2.4	—
NCS$^-$	0.0014	0.071	0.022	0.13
H$_2$O	0.012	0.68	～0.015	1.0
NH$_3$	<0.0001	0.002	0.003	0.10

数据来自 M. L. Tobe, in J. H. Ridd, ed., *Studies in Structure and Reactivity*, Methuen, London, 1966, and M. N. Hughes, *J. Chem. Soc., A*, **1967**, 1284。

---

* 值得注意的是，表 12.11 中顺式→反式和反式→顺式反应速率常数的比值给出了 25℃下该异构化的平衡常数。在所有这些例子中，顺式异构体比反式稳定，顺式⇌反式的 K_{eq}<1。

12.5.2　顺式配合物的取代反应

顺式配合物也经历 3 种中间体进行取代反应（图 12.10）。四方锥中间体保持原构型。如果 X 的解离形成 B 在三角平面的三角双锥中间体，那么 Y 进入时有 3 个可能的位置，均在该三角平面内，其中两个位置生成顺式产物，保留原构型，而另一个生成反式产物。无论顺式还是反式反应物［注意图 12.9（c）和图 12.10（c）中相同的中间体］，都不太可能产生轴向 B 的三角双锥中间体，即生成顺式产物的外消旋混合物。

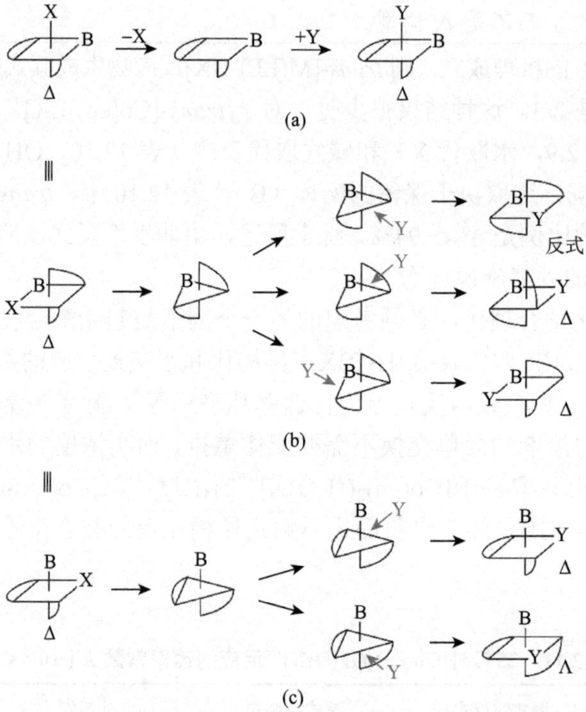

图 12.10　*cis*-[M(LL)$_2$BX]的解离机理及立体化学变化。（a）四方锥体中间体（构型保持）；
（b）三角双锥体中间体；（c）不太可能形成的三角双锥中间体

具有光学活性的顺式配合物生成的产物既可以保持构型不变，也可以转化为反式构型，或者是外消旋混合物。从统计学角度，如果生成两种中间体的概率相等，那么通过三角双锥中间体取代 *cis*-[M(LL)$_2$BX]配合物得到的产物应有五分之一为反式；如果完全不形成轴向 B 型中间体，则应有三分之一为反式。实验表明，*cis*-[M(LL)$_2$BX]酸式水解生成 100%顺式异构体（表 12.9），说明过渡态为四方锥。碱性环境中取代光学活性的顺式配合物，得到 97%～66%的顺式产物，Δ 构型的保持率为 2∶1（表 12.9）。水解后能保持光学活性和顺/反异构性的化合物有[M(en)$_2$Cl$_2$]$^+$，M = Co、Rh 和 Ru[21]。一般规律，顺式反应物生成相对较高比例保持其构型的取代产物；而反式反应物往往生成顺/反式取代产物比例更平衡的混合物。各种因素相互制约影响产物混合物的比例，所以需要大量的数据才能对机理进行合理的假设。

12.5.3　螯合环的异构化

具有 3 个双齿配体的配合物的异构化反应（如从 Δ 到 Λ）可以从一个配位点的解离开始，螯合环一端解离后产生五配位中间体，重排，然后与断开一端再连接。这种机理类似于 12.5.1 节和 12.5.2 节中描述的反应，第一步解离的配体与重排后最后一步加入的配体相同。

假性旋转

含有螯合配体的化合物异构化机理可能涉及扭转。三角或 Bailar 扭转需要将两个相对的三角面通过三角棱柱过渡态扭转形成新的结构 [图 12.11（a）]；四角扭转中 [图 12.11（b）和（c）]，一个螯合环保持不变，另两个扭转形成新的结构。图 12.11（b）中的四角扭转有一静止环垂直于被扭转环的过渡态，第二种四角扭转 [图 12.11（c）] 形成两个环旋转到三个环都平行的过渡态。要阐明哪种特定的扭转对配合物起作用在实验上有难度。三（三氟乙酰丙酮）金属（Ⅲ）螯合物的 NMR 研究表明，三角扭转机理不适用于 M＝Al、Ga、In、Cr，但对 Co 是可能的[22]。具有多环结构的 cis-α-[Co(trien)Cl$_2$]$^+$ 仅由三角扭转转变为 β 异构体 [图 12.11（d）]。

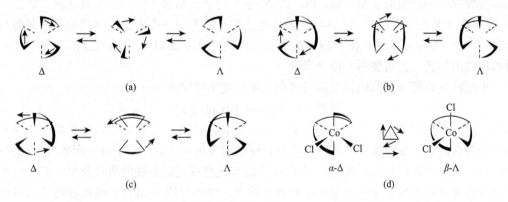

图 12.11　M(LL)$_3$ 和 [Co(trien)Cl$_2$]$^+$ 配合物异构化的扭转机理。（a）三角扭转：前三角面相对于后三角面旋转。（b）垂直环的四角扭转：前两个环顺时针旋转，后环保持静止。（c）平行环的四角扭转：前两个环逆时针旋转，后环保持静止。（d）[Co(trien)Cl$_2$]$^+$ 的 α/β 异构化：由于连接环的限制，该异构化只能为前三角面顺时针三角扭转

12.6　平面四方型配合物的取代反应

平面四方型配合物的取代反应中产物与反应物构型相同，只是用新配体取代离去配体。取代反应的速率变化很大，并形成不同的化合物，均取决于进入配体和离去配体的特性。

12.6.1　平面四方型配合物取代反应的动力学和立体化学

基于很多铂化合物反应的研究，我们将以如下反应通式作为示例

$$T\text{—}Pt\text{—}X + Y \longrightarrow T\text{—}Pt\text{—}Y + X$$

其中，T 是位于离去配体 X 反位的配体；Y 是进入配体。我们指定分子平面作为 xy 平面，通过 T—Pt—X 的 Pt 轴作为 x 轴（图 12.12），暂且忽略另外两个配体 L。

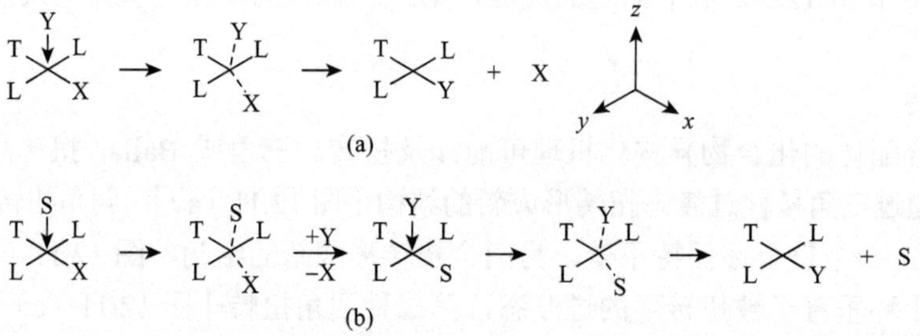

图 12.12　平面四方型反应中的交换机理。（a）直接被 Y 取代；（b）溶剂辅助取代

一般认为平面四方型配合物的取代反应具有显著的缔合特征，归为 I_a 类。图 12.12 中有两个这样的机理。在机理（a）中，进入配体 Y 沿 z 轴接近，当与 Pt 成键时，配合物重排构成一个近似的三角双锥，Pt、T、X 与 Y 位于三角形平面。当 X 离去时，Y 进入 T、Pt 和两个 L 配体所在平面。这种一般描述适用于进入配体在离去配体键明显减弱前与 Pt 紧密结合（I_a），或者进入配体成键前离去配体键明显减弱（I_d）。溶剂辅助取代机理（b）遵循相同的模式，但需要两个缔合步骤。

平面四方型配合物的取代反应通常用二项式速率定律描述

$$速率 = k_1[\text{Cplx}] + k_2[\text{Cplx}][\text{Y}]$$

其中，[Cplx] 是反应配合物的浓度；[Y] 是进入配体的浓度。速率定律的每项都被认为来自一个缔合路径，尽管级数不同。k_2 项符合标准缔合机理（a），其中进入配体 Y 和反应配合物形成一个五配位的过渡态。对于 k_1 项的公认解释是溶剂辅助取代反应（b），溶剂分子经历类似的五配位过渡态取代配合物上的 X，然后再被 Y 取代。该机理的第二步被认为快于第一步，同时由于溶剂的浓度大且不变（导致准一级条件），因此这条路径总的速率定律可以近似看作配合物的一级反应。

12.6.2　缔合反应的证据

有溶剂辅助，五配位中间体的证据很充分，有时甚至可能出现六配位过渡态[23]。最高能量过渡态可能在中间体形成过程中，也可能是在中间体上的配体解离过程中。

这一机理揭示了进入配体的影响。Pt(II) 是一软酸，因此软配体更容易与之反应。配体的反应活性顺序在一定程度上取决于 Pt 上的其他配体，但对反应

$$trans\text{-}PtL_2Cl_2 + Y \longrightarrow trans\text{-}PtL_2ClY + Cl^-$$

在甲醇溶剂中，不同的 Y 对应的速率常数顺序如下（表 12.12）：

$$PR_3 > CN^- > SCN^- > I^- > Br^- > N_3^- > NO_2^- > py > NH_3 \sim Cl^- > CH_3OH$$

表 12.12 进入基团的速率常数和亲核反应活性参数

Y	trans-PtL₂Cl₂ + Y ⟶ trans-PtL₂ClY + Cl⁻		η_{Pt}
	$k[10^{-3}\ L/(mol·s)]$		
	L = py($s=1$)	L = PEt₃($s=1.43$)	
PPh₃	249,000		8.39
SCN⁻	180	371	5.75
I⁻	107	236	5.46
Br⁻	3.7	0.39	4.18
N₃⁻	1.55	0.2	3.58
NO₂⁻	0.68	0.027	3.22
NH₃	0.47		3.07
Cl⁻	0.45	0.029	3.04

数据来自 U. Belluco, L. Cattalini, F. Basolo, R. G. Pearson, A. Turco, *J. Am. Chem. Soc.*, **1965**, *87*, 241；PPh₃ 和 η_{Pt} 的数据来自 R. G. Pearson, H. Sobel, J. Songstad, *J. Am. Chem. Soc.*, **1968**, *90*, 319。

注：s 和 η_{Pt} 是本书中的亲核反应参数。

对于 T 配体不是氯的反应物也有相似的顺序。这些速率常数的数量级变化很大，如 $k(PPh_3)/k(CH_3OH) = 9 \times 10^8$。因为 T 和 Y 在过渡态中所处的位置相似，它们对速率的影响也相似。这种反位效应将在 12.7 节中讨论。

离去基团 X 是五配位中间体三角平面上的另一配体，也对速率具有显著的影响（表 12.13）[24]。X 配体的离去活性顺序几乎与上述相反，硬配体如 Cl⁻、NH₃ 和 NO₃⁻ 的离去相对较快。具有强的金属→配体 π 键的软配体，如 CN⁻ 和 NO₂⁻，离去相对较慢。例如，在以下反应中，

$$[Pt(dien)X]^+ + py \longrightarrow [Pt(dien)(py)]^{2+} + X^-$$

相比于 X⁻ = CN⁻ 或 NO₂⁻ 作为离去基团，X = H₂O 时速率增加了 10⁵ 倍。与 X 形成的金属→配体 π 键显著降低了平面四方型铂配合物对于这些配体取代的反应活性，因为这个 π 作用加强了 M—X 键。此外，到 X 的反馈 π 键所用轨道与三角平面内进入基团的成键轨道相同，Pt(II) 中心的 HOMO 向外延伸减少，使进入的亲核试剂难以接触该轨道。相比于仅有 σ 成键能力或者配体→金属的 π 成键能力的配体，以上两种因素导致参与金属→配体 π 键的配体取代速率减慢。

表 12.13 离去基团的速率常数

X⁻	$[Pt(dien)X]^+ + py \longrightarrow [Pt(dien)(py)]^{2+} + X^-$
	$k_2[L/(mol·s)]$
NO₃⁻	非常快
Cl⁻	5.3×10^{-3}

续表

$[Pt(dien)X]^+ + py \longrightarrow [Pt(dien)(py)]^{2+} + X^-$	
X^-	$k_2[L/(mol \cdot s)]$
Br^-	3.5×10^{-3}
I^-	1.5×10^{-3}
N_3^-	1.4×10^{-4}
SCN^-	4.8×10^{-5}
NO_2^-	3.8×10^{-6}
CN^-	2.8×10^{-6}

速率常数计算所用数据来自 F. Basolo, H. B. Gray, R. G. Pearson, *J. Am. Chem. Soc.*, **1960**, *82*, 4200。

好的离去基团对进入基团不加以区分，Pt—X 键断裂无论难易都先于 Pt—Y 键的形成。对基团不易离去的配合物而言，与 Pt(II)结合的其他配体在决定取代反应速率方面起重要作用。进入基团 Y 不同时，配位环境中软配体 PEt_3 和 $AsEt_3$ 比硬配体 dien 或 en 使取代反应速率产生更大的变化幅度。用于评估 Pt(II)配合物有效区分一系列进入亲核试剂（Y）活性的方程[25]为

$$\log k_Y = s\, \eta_{Pt} + \log k_S$$

式中，k_Y 是与 Y 反应的速率常数；k_S 是与溶剂反应的速率常数；s 是配合物的亲核区别因子（nucleophilic discrimination factor）；η_{Pt} 是进入配体的亲核反应常数（nucleophilic reactivity constant）。

trans-$[Pt(py)_2Cl_2]$ 的亲核区别因子 s 为 1.00，以此为亲核性标度考察取代反应，如表 12.12 第一列中描述的 30℃甲醇溶液中的反应。根据这些反应的动力学数据，通常由下式得到 η_{Pt} 值

$$\eta_{Pt} = \log\left(\frac{k_Y}{k_{CH_3OH}}\right)$$

通过 $\log k_Y$ 对 η_{Pt} 作图得出，硬的 $[Pt(dien)H_2O]^{2+}$ 和软的 *trans*-$[Pt(PEt_3)_2Cl_2]$ 的 s 值分别为 0.44 和 1.43，说明相比于 *trans*-$[Pt(py)_2Cl_2]$，随着 Y 亲核性的变化，$[Pt(PEt_3)_2Cl_2]$ 的取代反应速率变化更大。如表 12.12 所示，对于 *trans*-$[Pt(py)_2Cl_2]$ 和 $[Pt(PEt_3)_2Cl_2]$，Cl^- 和 SCN^- 取代的速率常数改变后是原来的 400 倍和 12800 倍。相比于 *trans*-$[Pt(py)_2Cl_2]$ 和 $[Pt(PEt_3)_2Cl_2]$，随着 Y 亲核性的变化，$[Pt(dien)H_2O]^{2+}$（$s = 0.44$）的取代反应速率变化较小，速率常数的增加正相关于 η_{Pt} 的增加。虽然这种方法适用 Pt(II)配合物（例如，它预测 Cl 和 NH_3 对于给定的平面四方型铂（II）配合物，η_{Pt} 值几乎相同，应以相近的速率进行取代反应），对于其他金属必须慎用。

12.7 反 位 效 应

Chernyaev[26]在铂化学中引入反位效应（*trans* effect）。在平面四方型 Pt(II)化合物的

反应中，与 NH_3 反位的配体相比，处于 Cl^- 反位的配体更易被取代，Cl^- 的反位效应强于 NH_3。反位效应可能形成异构化的 Pt 化合物（图 12.13）。

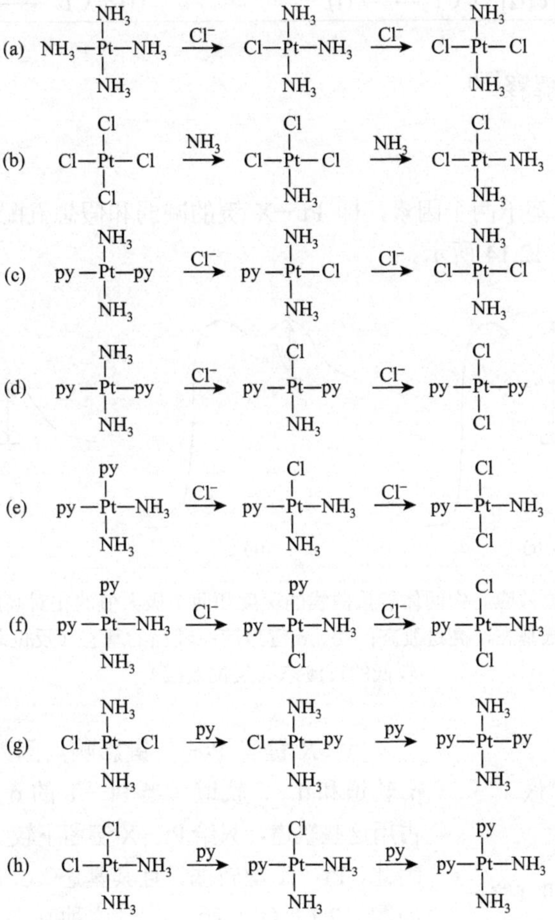

图 12.13　Pt(Ⅱ)反应的立体化学和反位效应。为了清楚起见，省略了电荷。在（a）～（f）中，第一个取代可以位于任何位置，第二个由反式效应控制。在（g）和（h）中，两个取代均受 Cl^- 的活性控制

反应（a）中，第一个 NH_3 被取代后，第二步取代发生在第一个 Cl^- 的反位。反应（b）中，第二步取代 Cl^- 的反位（也有可能是 Cl^- 取代 NH_3，则会生成反应物$[PtCl_4]^{2-}$）。反应（c）～反应（f）的第一步是可能发生的取代，取代 NH_3 或吡啶的概率大致相等，第二步反应取决于 Cl^- 的反位效应。（g）和（h）的两步都取决于 Cl^- 具有更大的活性。通过这些反应可以制备特定的异构体。Chernyaev 制备了各种各样的化合物，并且将配体反位效应强弱排序：

$$CN^- \sim CO \sim C_2H_4 > PH_3 \sim SH_2 > NO_2^- > I^- > Br^- > Cl^- > NH_3 \sim py > OH^- > H_2O$$

练习 12.3　预测下列反应的产物（反应存在竞争时产物可能不止一种）。

$$[PtCl_4]^{2-} + NO_2^- \longrightarrow (a) \qquad\qquad (a) + NH_3 \longrightarrow (b)$$

$$[PtCl_3NH_3]^- + NO_2^- \longrightarrow (c) \qquad\qquad (c) + NO_2^- \longrightarrow (d)$$

$$[PtCl(NH_3)_3]^+ + NO_2^- \longrightarrow (e) \qquad (e) + NO_2^- \longrightarrow (f)$$
$$[PtCl_4]^{2-} + I^- \longrightarrow (g) \qquad (g) + I^- \longrightarrow (h)$$
$$[PtI_4]^- + Cl^- \longrightarrow (i) \qquad (i) + Cl^- \longrightarrow (j)$$

12.7.1　反位效应解释[27]

σ 键效应

反位效应合理化基于两个因素，即 Pt—X 键的减弱和假想五配位过渡态的稳定。相关的能量坐标图如图 12.14 所示。

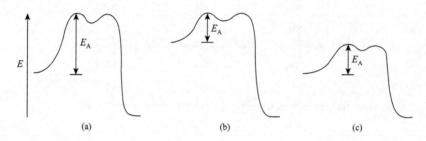

图 12.14　活化能和反位效应。中间体能量曲线的深度和两个极大值的相对高度随特定反应而变化。（a）缺乏反位效应：低基态，高过渡态；（b）σ 键效应：较高的基态（反位影响）；（c）π 键效应：较低的过渡态（反位效应）

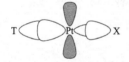

图 12.15　σ 键效应。Pt 和 T 之间强的 σ 键会减弱 Pt—X 键

Pt—X 键受 Pt—T 键影响，因为两者都要使用 Pt 的 p_x 轨道和 $d_{x^2-y^2}$ 轨道。当 Pt—T 的 σ 键强时，它将更多地占用这些轨道，只给 Pt—X 键留下较少的部分（图 12.15）。因此，Pt—X 键较弱，且其基态（σ 成键轨道）能量较高，如图 12.14（b）所示。对这种基态，产生的热力学效应称为反位影响（*trans* influence），它通过降低 Pt—X 键断裂的活化势垒来提高反应速率。根据配体的 σ 给体性质的相对强弱，预测反位影响强弱顺序如下：

$$H^- > PR_3 > SCN^- \sim I^- \sim CH_3^- \sim CO \sim CN^- > Br^- > Cl^- > NH_3 > OH^-$$

此处所给顺序并不完全等同反位效应，特别是 CO 和 CN^-，它们的反位效应要比预测的反位影响强。

π 键效应

Pt—T 的 π 键是需要考虑的又一因素。当 T 配体利用 π 受体（反馈键轨道）与 Pt 发生强烈相互作用时，将会移去 Pt 上电荷，使金属中心更具亲电性，更容易受到亲核进攻，这是形成具有相对强 Pt—Y 键五配位中间体的先决条件。值得注意的是，M 和 T 之间的反馈 π 键可以部分抵消 M—X 键断裂引起的能量增加，从而稳定中间体，过渡态能量降低，反应的活化能减小［图 12.14（c）］。配体的 π 受体能力强弱顺序如下：

$$C_2H_4 \sim CO > CN^- > NO_2^- > SCN^- > I^- > Br^- > Cl^- > NH_3 > OH^-$$

综合两种效应得出总的反位效应：

$$CO \sim CN^- \sim C_2H_4 > PR_3 \sim H^- > CH_3^- \sim SC(NH_2)_2 > C_6H_5^- > NO_2^- \sim SCN^- \sim I^- > Br^- > Cl^-$$
$$> py, \ NH_3 \sim OH^- \sim H_2O$$

反位效应最强的配体是强 π 受体，其次是强 σ 给体。顺序末尾的配体既不是强的 σ 给体，也不是 π 受体。反位效应可以非常大，也可能非常小；具有强反位效应的配体与弱反位效应的配体相比，配合物反应速率相差可能高达 10^6 倍。

练习 12.4 用 4 种不同的配体可以制备 Pt(II)配合物的异构体。如果 1 mol $[PtCl_4]^{2-}$ 依次与下列试剂反应，请预期其产物（例如，反应 a 的产物用于反应 b）：

a. 2 mol NH_3

b. 2 mol 吡啶 [见图 12.13 中的反应 （g）和（h）]

c. 2 mol Cl^-

d. 1 mol NO_2^-

12.8 氧化还原反应

过渡金属配合物的氧化还原反应涉及从一个配合物到另一配合物的电子转移，两个分子可通过一个共同配体连接，电子经该配体转移（内层反应，inner-sphere reaction），或者发生在两个独立的配位层之间（外层反应，outer-sphere reaction）。电子转移速率取决于反应物的配体取代速率、轨道能量匹配、溶剂效应和配体的性质；对这些反应的研究方法包括：产物的化学分析、停流分光光度法、放射性和稳定同位素示踪法[28]。

12.8.1 内层反应和外层反应

当两种反应物的配体与其配位金属结合紧密时，反应将通过外层电子转移进行，配位层保持不变。典型示例如表 12.14 所示。

表 12.14 外层电子转移反应的速率常数 [a]

氧化剂	还原剂	
	$[Cr(bipy)_3]^{2+}$	$[Ru(NH_3)_6]^{2+}$
$[Co(NH_3)_5(NH_3)]^{3+}$	6.9×10^2	1.1×10^{-2}
$[Co(NH_3)_5(F)]^{2+}$	1.8×10^3	
$[Co(NH_3)_5(OH)]^{2+}$	3×10^4	4×10^{-2}
$[Co(NH_3)_5(NO_3)]^{2+}$		3.4×10^1
$[Co(NH_3)_5(H_2O)]^{3+}$	5×10^4	3.0
$[Co(NH_3)_5(Cl)]^{2+}$	8×10^5	2.6×10^2
$[Co(NH_3)_5(Br)]^{2+}$	5×10^6	1.6×10^3
$[Co(NH_3)_5(I)]^{2+}$		6.7×10^3

$[Cr(bipy)_3]^{2+}$的数据来自 J. P. Candlin, J. Halpern, D. L. Trimm, *J. Am. Chem. Soc.*, **1964**, *86*, 1019；$[Ru(NH_3)_6]^{2+}$的数据来自 J. F. Endicott, H. Taube, *J. Am. Chem. Soc.*, **1964**, *86*, 1686。

a. 在 25℃时，二级速率常数的单位为 L/(mol·s)。

表中的速率常数差异很大，因为它们取决于电子隧穿通过配体的能力。这是一种量子力学性质，反应势垒太高，电子无法以常规方式转移，因而可以穿过势垒。如果配体有可以成键的 π 轨道或 p 轨道，则为电子隧穿提供良好的途径。如果配体既没有额外的非键电子对，也没有能级较低的反键轨道，如 NH_3，就不能提供有效的电子隧穿途径。

对于外层反应，电子转移的主要变化是金属-配体键长。金属高氧化态导致短的 σ 键，其变化程度取决于电子结构。涉及 e_g 电子的键长变化较大，如高自旋的 $Co(II)$ $(t_{2g}^5 e_g^2)$ 变为低自旋的 $Co(III)$ (t_{2g}^6)，e_g 反键轨道失去电子导致金属-配体键更短。另一种观点认为，配合物作为外层氧化剂，金属氧化态降低，Δ_o 减小，可能伴有从高自旋到低自旋电子基态的变化。评估外层氧化剂与其还原产物之间能量差的一种方法是比较它们的 LFSE 值。低自旋$[Co(NH_3)_6]^{2+}$和低自旋$[Co(NH_3)_6]^{3+}$之间的 LFSE 差值为 39240 cm^{-1}，高自旋$[Co(H_2O)_6]^{2+}$和低自旋$[Co(H_2O)_6]^{3+}$之间的 LFSE 差值为 33480 cm^{-1}（见习题 10.18）。较强的 NH_3 配位场使 LFSE 减小，导致$[Co(NH_3)_6]^{3+}$的还原性强于$[Co(H_2O)_6]^{3+}$，因此$[Co(H_2O)_6]^{3+}$是比$[Co(NH_3)_6]^{3+}$强的氧化剂。

$$[Co(H_2O)_6]^{3+} + e^- \longrightarrow [Co(H_2O)_6]^{2+} \qquad E^\ominus = +1.808 \ V$$
$$[Co(NH_3)_6]^{3+} + e^- \longrightarrow [Co(NH_3)_6]^{2+} \qquad E^\ominus = +0.108 \ V$$

内层反应是将配体作为通道的隧穿现象。这些反应经历 3 个步骤：①取代反应，氧化剂与还原剂通过桥联配体结合；②电子转移，通常伴有配体转移；③产物分离[29]：

$$[Co(NH_3)_5(Cl)]^{2+} + [Cr(H_2O)_6]^{2+} \longrightarrow [(NH_3)_5Co(Cl)Cr(H_2O)_5]^{4+} + H_2O \qquad (1)$$
$$\text{Co(III)氧化剂} \qquad \text{Cr(II)还原剂} \qquad\qquad \text{Co(III)} \qquad \text{Cr(II)}$$

$$[(NH_3)_5Co(Cl)Cr(H_2O)_5]^{4+} \longrightarrow [(NH_3)_5Co(Cl)Cr(H_2O)_5]^{4+} \qquad (2)$$
$$\text{Co(III)} \quad \text{Cr(II)} \qquad\qquad \text{Co(II)} \quad \text{Cr(III)}$$

$$[(NH_3)_5Co(Cl)Cr(H_2O)_5]^{4+} + H_2O \longrightarrow [(NH_3)_5Co(H_2O)]^{2+} + [(Cl)Cr(H_2O)_5]^{2+} \qquad (3)$$

因为 Co(II)具有活性，随后生成$[Co(H_2O)_6]^{2+}$：

$$[(NH_3)_5Co(H_2O)]^{2+} + 5H_2O \longrightarrow [Co(H_2O)_6]^{2+} + 5NH_3$$

氯向铬这种转移已经过实验验证，可以通过离子交换技术分离产物，并且 Cr(III) 配合物很稳定，分离出的 Cr(III)仅以$[(Cl)Cr(H_2O)_5]^{2+}$的形式存在。为了证明 Cl^- 从一个配合物转移到$[Cr(H_2O)_6]^{2+}$可以促进内层电子转移，利用放射性 ^{51}Cr 研究了$[Cr(H_2O)_6]^{2+}$/$[Cr(H_2O)_5Cl]^{2+}$的 Cr(II)/Cr(III)交换反应，整个反应无净变化[30]。该反应中所有转移的氯均来自$[Cr(H_2O)_5Cl]^{2+}$，即便溶液中存在过量的 Cl^-，也不会进入 Cr(II)的配位层。

反应机理是内层还是外层很难确定，表 12.14 中的外层机理取决于还原剂。$[Ru(NH_3)_6]^{2+}$是一种惰性物种，不能形成桥联化合物。虽然$[Cr(bipy)_3]^{2+}$形式上是活性的，但螯合作用使其倾向于外层机理。相比于$[Ru(NH_3)_6]^{2+}$，$[Cr(bipy)_3]^{2+}$的 bipy 配体 π 体系离域可以降低外层电子转移反应的势垒，并且$[Cr(bipy)_3]^{2+}$中的 MLCT 可能会促进电子转移。

氧化剂也能决定外层机理。表 12.15 中，$[Co(NH_3)_6]^{3+}$和$[Co(en)_3]^{3+}$参与外层电子转移，它们的配体没有能与还原剂桥联的孤对电子。尽管认为有桥联可能时，活性的 $Cr^{2+}(aq)$ 会通过内层机理进行反应，但其他反应的电子转移机理尚不确定。

表 12.15 水合还原剂的速率常数 [a]

	Cr^{2+}	Eu^{2+}	V^{2+}
$[Co(en)_3]^{3+}$	约 2×10^{-5}	约 5×10^{-3}	约 2×10^{-4}
$[Co(NH_3)_6]^{3+}$	8.9×10^{-5}	2×10^{-2}	3.7×10^{-2}
$[Co(NH_3)_5(H_2O)]^{3+}$	5×10^{-1}	1.5×10^{-1}	约 5×10^{-1}
$[Co(NH_3)_5(NO_3)]^{2+}$	约 9×10^{-1}	约 1×10^2	
$[Co(NH_3)_5(Cl)]^{2+}$	6×10^5	3.9×10^2	约 5
$[Co(NH_3)_5(Br)]^{2+}$	1.4×10^6	2.5×10^2	2.5×10^1
$[Co(NH_3)_5(I)]^{2+}$	3×10^6	1.2×10^2	1.2×10^2

数据来自 J. P. Candlin, J. Halpern, D. L. Trimm, *J. Am. Chem. Soc.*, **1964**, *86*, 1019。Cr^{2+} 与卤素配合物反应的数据来自 J. P. Candlin, J. Halpern, *Inorg. Chem.*, **1965**, *4*, 756；$[Co(NH_3)_6]^{3+}$ 与 Cr^{2+} 和 V^{2+} 反应的数据来自 A. Zwickel, H. Taube, *J. Am. Chem. Soc.*, **1961**, *83*, 793。

a. 速率常数的单位为 L/(mol·s)。

V^{2+} 与这些氧化剂反应的速率常数范围比 Cr^{2+} 小得多。相比于 Cr^{2+}，由于氧化剂的配体对 V^{2+} 的电子转移速率影响较小，因此 V^{2+} 更有可能经历外层机理。有趣的是，$[Co(NH_3)_5(Br)]^{2+}$ 被 $[Cr(bipy)_3]^{2+}$（表 12.14）和 $[Cr(H_2O)_6]^{2+}$（表 12.15）还原的速率常数非常相似，这些电子转移反应可能经历外层机理，而 $[Co(NH_3)_5(H_2O)]^{3+}$ 与这些 Cr(II) 还原剂的速率常数变化了 10^5 倍。

因为从 $[Co(NH_3)_5(Cl)]^{2+}$ 到 $[Co(NH_3)_5(I)]^{2+}$ 的电子转移速率降低，所以 Eu^{2+}(aq) 的情况不一般。假定 EuX^+ 的热力学稳定性随着卤素离子半径的减小而增加，那么该系列从上往下，速率减慢，稳定性降低。由于速率常数的变化范围较小，Eu^{2+} 的反应通常归为外层反应。

当 $[Co(CN)_5]^{3-}$ 与卤素作为桥联配体的 Co(III) 氧化剂（$[Co(NH_3)_5X]^{2+}$）反应时，产物为 $[Co(CN)_5X]^{3-}$，证明经历内层机理。这些反应的速率常数列于表 12.16。令人惊讶的是，尽管由于 NH_3 不能桥联电子转移而可能经历外层机理，但与 $[Co(NH_3)_6]^{3+}$ 的反应具有相近的速率常数。硫氰酸根或者亚硝酸根作为桥联基团的反应表现出有趣的行为。N 配位的 $[(NH_3)_5Co(NCS)]^{2+}$ 由配体自由的 S 端桥联反应；类似地，$[(NH_3)_5Co(NO_2)]^{2+}$ 和 $[Co(CN)_5]^{3-}$ 的反应中可以检测出瞬时的氧配位中间体[31]。

表 12.16 和 $[Co(CN)_5]^{3-}$ 反应的速率常数

氧化剂	$k[L/(mol·s)]$
$[Co(NH_3)_5(F)]^{2+}$	1.8×10^3
$[Co(NH_3)_5(OH)]^{2+}$	9.3×10^4
$[Co(NH_3)_5(I)]^{3+}$	$8 \times 10^{4\,a}$
$[Co(NH_3)_5(NCS)]^{2+}$	1.1×10^6
$[Co(NH_3)_5(N_3)]^{2+}$	1.6×10^6
$[Co(NH_3)_5(Cl)]^{2+}$	约 5×10^7

数据来自 J. P. Candlin, J. Halpern, S. Nakamura, *J. Am. Chem. Soc.*, **1963**, *85*, 2517。

a. 氧化剂引发的外层机理。具有其他潜在桥联基团（PO_4^{3-}、SO_4^{2-}、CO_3^{2-} 和几种羧酸）的配合物也可通过外层机理反应，速率常数在 $5 \times 10^2 \sim 4 \times 10^4$ L/(mol·s) 范围内。

易还原的配体会导致配合物还原更快[32]，可用氧化剂[(NH₃)₅CoL]²⁺对比说明，L 分别是苯甲酸根（难还原）和 4-羧基-*N*-甲基吡啶（易还原）。用[Cr(H₂O)₆]²⁺还原这两个配合物时，尽管它们有着相似的结构和过渡态（表 12.17），但速率常数相差 10 倍。两个反应均表现为内层机理，Cr(II)通过 L 的羧基氧桥联，反应速率的差异反映了电子转移速率的快慢。将表 12.17 数据拓展到 L 配体为乙醛酸根和乙氧基，它们作为桥联配体比 4-羧基-*N*-甲基吡啶更易还原，电子转移更快。

表 12.17　配体还原性和电子转移

$[(NH_3)_5CoL]^{2+} + [Cr(H_2O)_6]^{2+} \longrightarrow Co^{2+} + 5NH_3 + [Cr(H_2O)_5L]^{2+} + H_2O$		
L	$k_2[L/(mol·s)]$	说明
$C_6H_5COO^-$	0.15	苯甲酸根难还原
CH_3COO^-	0.34	乙酸根难还原
$CH_3NC_5H_4COO^-$	1.3	4-羧基-*N*-甲基吡啶盐较易还原
$OHCCOO^-$	3.1	乙醛酸根易还原
$HOCH_2COO^-$	$7×10^3$	乙氧基非常容易还原

数据来自 H. Taube, *Electron Transfer Reactions of Complex Ions in Solution*, Academic Press, New York, 1970, pp. 64-66。

一些有官能团的配体允许还原剂结合到很远的位置仍能发生电子转移。例如，吡啶氮配位的异烟酰胺（4-吡啶甲酰胺）可以通过酰基氧和 Cr²⁺反应形成桥联配体，因而电子从 Cr(II)中心向其他金属转移。表 12.18 给出不同金属氧化剂的速率常数，五氨合钴配合物[17.6 L/(mol·s)]和五水合铬（III）配合物[1.8 L/(mol·s)]的速率常数比通常情况更接近，

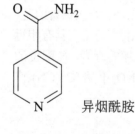

异烟酰胺

因为 Co(III)具有更强的氧化能力*，具有其他桥联配体的 Co 配合物速率通常比对应的 Cr 配合物快 10⁵ 倍。对于这些异烟酰胺配合物，总速率似乎更取决于桥联配体上 Cr²⁺的电子转移速率，所以易于还原的异烟酰胺使两个反应的速率几乎相等。由于低自旋 Ru(III)的 t_{2g} 能级有一空位，电子通过配体的 π 体系转移到 Ru(III)的 t_{2g} 能级，解释了五氨合钌反应更快的原因。对于 Co(III)或 Cr(III)，类似的电子转移进入具有 σ 对称性的 e_g 能级[33]。

表 12.18　[Cr(H₂O)₆]²⁺还原异烟酰胺（4-吡啶甲酰胺）配合物的速率常数

氧化剂	$k_2[L/(mol·s)]$
$[(NH_2COC_5H_4N)Cr(H_2O)_5]^{3+}$	1.8
$[(NH_2COC_5H_4N)Co(NH_3)_5]^{3+}$	17.6
$[(NH_2COC_5H_4N)Ru(NH_3)_5]^{3+}$	$5×10^5$

数据来自 H. Taube, *Electron Transfer Reactions of Complex Ions in Solution*, Academic Press, New York, 1970, pp. 64-66。

---

* 作为一个常见的例子，$Co^{3+}(aq) + e^- \longrightarrow Co^{2+}(aq)$ 的标准还原电势（$E^\ominus$）等于 1.808 V，而 $Cr^{3+}(aq) + e^- \longrightarrow Cr^{2+}(aq)$ 的仅为–0.41 V。

12.8.2　高、低氧化数的稳定因素

金属离子电荷不同的配合物的总体稳定性取决于 LFSE、金属-配体键以及配体的氧化还原性。配体的软硬性质也有影响，所有具有很高氧化数的过渡金属都与硬配体（如 F^- 和 O^{2-}）结合，如与 O^{2-} 结合的 MnO_4^-、CrO_4^{2-} 和 FeO_4^{2-}，与 F^- 结合的 RuF_5、PtF_6 和 OsF_6；具有最低的氧化态与软配体结合，极软的零价金属常见于羰基配合物中，如 $V(CO)_6$、$Cr(CO)_6$、$Fe(CO)_5$、$Co_2(CO)_8$ 和 $Ni(CO)_4$（第 13 章）。

铜配合物的反应显示出配体效应，表 12.19 列出其中一些反应及其电极电势。如果以水合 Cu(II) 和 Cu(I) 的反应进行对比，可以看出，相比于 Cu(I) 或 Cu(0)，与硬配体 NH_3 配位的 Cu(II) 电势降低，稳定高氧化态 Cu(II)。反过来，软配体 CN^- 可以稳定 Cu(I) 配合物，并使 Cu(II) 更易还原。卤离子因沉淀而变得情况复杂，但是仍能显现出影响。相比于硬配体 Cl^-，软配体 I^- 使 Cu(I) 更加稳定。表 12.19 生动地说明了配体的配位作用可以调节金属离子的氧化能力。

表 12.19　水溶液中钴和铜离子的电极电势

Cu(II)-Cu(I) 反应	$E^{\ominus}$(V)
$Cu^{2+} + 2CN^- + e^- \rightleftharpoons [Cu(CN)_2]^-$	+ 1.103
$Cu^{2+} + I^- + e^- \rightleftharpoons CuI(s)$	+ 0.86
$Cu^{2+} + Cl^- + e^- \rightleftharpoons CuCl(s)$	+ 0.538
$Cu^{2+} + e^- \rightleftharpoons Cu^+$	+ 0.153
$[Cu(NH_3)_4]^{2+} + e^- \rightleftharpoons [Cu(NH_3)_2]^+ + 2NH_3$	−0.01
Cu(II)-Cu(0) 反应	$E^{\ominus}$(V)
$Cu^{2+} + 2e^- \rightleftharpoons Cu(s)$	+ 0.337
$[Cu(NH_3)_4]^{2+} + 2e^- \rightleftharpoons Cu(s) + 4NH_3$	−0.05
Co(III)-Co(II) 反应	$E^{\ominus}$(V)
$[Co(H_2O)_6]^{3+} + e^- \rightleftharpoons [Co(H_2O)_6]^{2+}$	+ 1.808
$[Co(NH_3)_6]^{3+} + e^- \rightleftharpoons [Co(NH_3)_6]^{2+}$	+ 0.108
$[Co(CN)_6]^{3-} + e^- \rightleftharpoons [Co(CN)_6]^{4-}$	−0.83

数据来自 T. Moeller, *Inorganic Chemistry*, Wiley InterScience, New York, 1982, p. 742。

许多配体有时可在动力学上稳定离子，这些离子通常是强氧化剂。一个值得注意的例子是 Co(III)-Co(II) 电对，水合离子 $[Co(H_2O)_6]^{3+}$ 是非常强的氧化剂，易与水反应生成氧

气和 Co(II)。然而，当与除了 H_2O 或 F^- 以外的任何配体配位时，Co(III)动力学稳定，热力学上更稳定。配合物中 Co(II)氧化成 Co(III)，Co(II)高自旋电子组态 $t_{2g}^5 e_g^2$ 通常变为 Co(III)低自旋组态 t_{2g}^6，并且几乎所有配位场 $\left(-\dfrac{8}{5}\varDelta_o\right)$ 的 LFSE 都显著增加。这有助于稳定许多 Co(III)配合物，使它们的氧化性低于预期。不同配体的 Co(III)-Co(II)的还原电势（表 12.19）顺序为 $H_2O > NH_3 > CN^-$，$\varDelta_o$ 增加，Co(III)配合物的氧化能力下降。该例子中，LFSE 效应相当重要，足以抵消软配体稳定低氧化态的效果而推动 Cu(II)/Cu(I)还原反应。如果仅依据软硬观点，由于 CN^- 是这一系列中最软的配体，因此可以预测它能最好地稳定 Co(II)，如果仅从软硬性考虑，$[Co(CN)_6]^{3-}$ 应当是更强的氧化剂。

12.9　配体的反应

未配位便不能发生反应的配体，或无金属中心可以反应但反应很慢的配体，与金属配位后完全可以改变配体的性能，使配体上发生反应。配体上的反应是金属有机化学的重要方面（第 14 章），我们在此将介绍配位化学中这种反应的几个例子。

有机化学家长期以来一直使用无机化合物作为试剂。例如，Lewis 酸 $AlCl_3$、$FeCl_3$、$SnCl_4$、$ZnCl_2$ 和 $SbCl_5$ 用于 Friedel-Crafts 亲电取代中；由酰基或烷基卤化物与这些 Lewis 酸形成带碳正离子的活性配合物，该正离子易与芳香族化合物反应。如果没有金属盐，这些反应没有区别，但有这些 Lewis 酸后，反应被不同程度地加速。

12.9.1　酯类、酰胺类和肽的水解

氨基酸酯、酰胺和肽在碱性溶液中水解，且金属离子[Cu(II)、Co(II)、Ni(II)、Mn(II)、Ca(II)和 Mg(II)等]可加速这些反应，但机理尚不明确，要么通过 α-氨基和羧基双齿配位，要么仅胺基配位。这些反应的速率通常表现出复杂的温度依赖，而且机理很难推测[34]。

Co(III)配合物有类似促进作用。当 6 个八面体位置有 4 个被胺配体占据，并且两个顺式位置可以用于配体取代时，这些水解反应可被详细地用于此类研究。这些配合物通常催化肽中 N 端的氨基酸水解，并且水解的氨基酸仍然与金属结合。反应显然通过裸露的胺基与 Co 配位，随后羧基与 Co 配位并与 OH^- 或 H_2O 反应（图 12.16，路径 1），或者羧基碳与配位的羟基反应（路径 2）[35]。因此，N 端氨基酸从肽中除去，α-氨基氮和羧基氧与 Co(III)结合，并且作为 Co(III)配合物的一部分。酯和酰胺的水解机理相同，两条路径的重要程度取决于所用的特定化合物。其他化合物如磷酸酯、焦磷酸盐和磷酸酰胺都有类似的水解反应。

12.9.2　模板反应

模板反应是指将配体置于正确的反应几何结构中形成配合物的反应。最早的模板反

应是合成酞菁（图 12.17），该研究始于 1928 年，当时在搪瓷容器中发现苯酐与氨反应制备的邻苯二甲酰亚胺含有一种蓝色杂质。后来发现这种杂质是一种铁酞菁配合物，是由搪瓷表面的划痕释放到混合物中的铁形成的。铜也能发生类似的反应，从该反应中分离出的中间体如图 12.17 所示。邻苯二甲酸和氨首先反应生成邻苯二甲酰亚胺，然后生成 1-酮基-3-亚氨基异吲哚啉，其后生成 1-氨基-3-亚氨基异亚吲哚啉，最后发生环化反应，可能在金属离子的帮助下，将螯合的反应物固定在适当位置上。实验证明没有金属离子就不会发生环化[36]，说明这些反应的基本特征是通过与金属离子配位形成环状化合物。

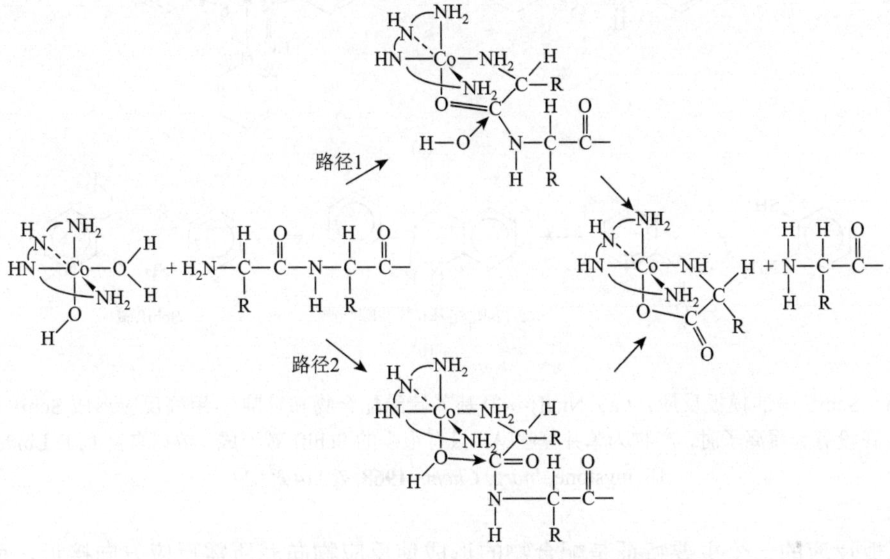

图 12.16 [Co(trien)(H₂O)(OH)]²⁺催化的肽水解反应

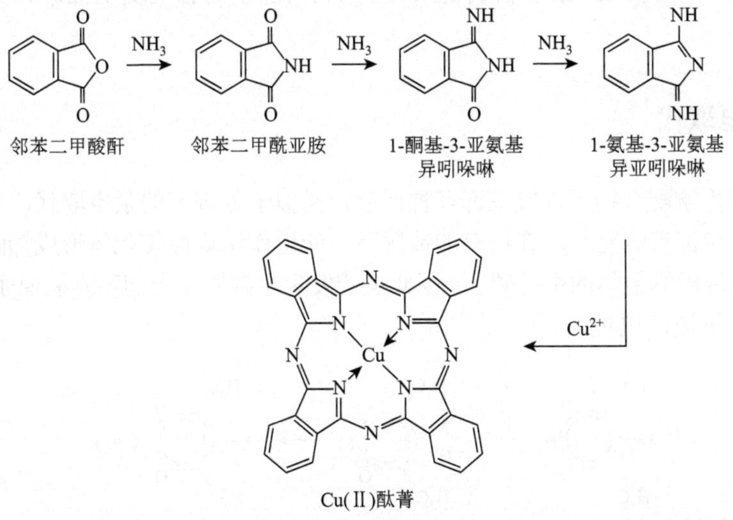

图 12.17 酞菁的合成

类似的反应已被广泛用于大环化合物的合成。亚胺或 Schiff 碱配合物（R_1N＝CHR_2）在没有配位的情况下也能生成，但存在金属离子时反应会快很多（图 12.18）。在没有 Ni(II) 配合物时，反应的最后一步生成苯并噻唑啉，而不是亚胺，平衡状态下几乎没有 Schiff 碱。

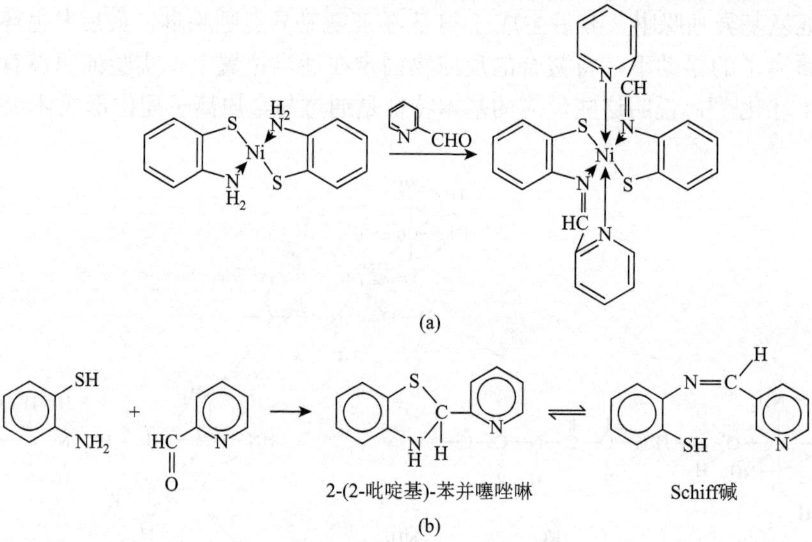

(a)

2-(2-吡啶基)-苯并噻唑啉　　　　　　　Schiff碱

(b)

图 12.18　Schiff 碱的模板反应。（a）Ni(II)-*o*-氨基苯硫酚配合物和吡啶-1-甲醛反应形成 Schiff 碱配合物；（b）在没有金属离子时，产物为苯并噻唑啉，只有很少的 Schiff 碱形成（数据来自 L. F. Lindoy, S. E. Livingstone, *Inorg. Chem.*, **1968**, 7, 1149[38]）

模板反应的一个主要特征是配合物的形成使反应物向着所需反应方向接近，而且配位可改变电子结构以促进反应进行。两个特征在所有配体的配位反应中都很重要，但是最终产物的结构取决于配位的几何构型，所以取向因素的影响更明显。相关的模板反应已被综述[37]。

12.9.3　亲电取代

已知乙酰丙酮配合物可以发生许多种反应，类似于芳香族的亲电取代，对于溴化、硝化以及类似反应都有研究[39]。在所有的情况下，配位作用均促使配体形成烯醇式构型，负电荷集中在乙酰丙酮配体的中心碳上，因此反应发生在碳原子上而不是氧原子上。图 12.19 显示了反应和可能的机理。

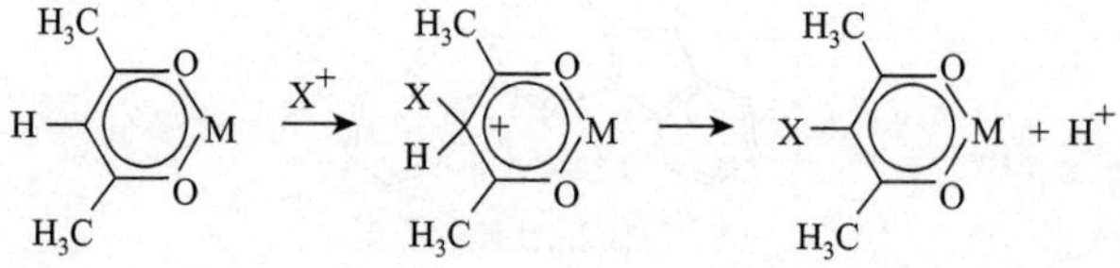

图 12.19　乙酰丙酮配合物的亲电取代（X = Cl、Br、SCN、SAr、SCl、NO_2、CH_2Cl、$CH_2N(CH_3)_2$、COR、CHO）

参 考 文 献

[1]　H. Taube, *Chem. Rev.*, **1952**, *50*, 69.

[2]　C. H. Langford and H. B. Gray, *Ligand Substitution Processes*, W. A. Benjamin, New York, 1966.

[3]　R. B. Jordan, *Reaction Mechanisms of Inorganic and Organometallic Systems*, 3rd ed., Oxford (New York), 2007, p. 86.

[4]　F. Wilkinson, *Chemical Kinetics and Reactions Mechanisms*, Van Nostrand-Reinhold, New York, 1980, pp. 83-91.

[5]　F. Basolo and R. G. Pearson, *Mechanisms of Inorganic Reactions*, 2nd ed., John Wiley & Sons, New York, 1967, pp. 158-170.

[6]　R. G. Wilkins, *The Study of Kinetics and Mechanism of Reactions of Transition Metal Complexes*, Allyn and Bacon, Boston, 1974, pp. 193-196.

[7]　J. D. Atwood, *Inorganic and Organometallic Reaction Mechanisms*, Brooks/Cole, Monterey, CA, 1985, pp. 82-83.

[8]　C. H. Langford, T. R. Stengle, *Ann. Rev. Phys. Chem.*, **1968**, *19*, 193.

[9]　J. W. Moore and R. G. Pearson, *Kinetics and Mechanism*, 3rd ed., John Wiley & Sons, New York, 1981, pp. 357-363.

[10]　C. H. Langford, Inorg. *Chem.*, **1965**, *4*, 265.

[11]　J. D. Atwood, *Inorganic and Organometallic Reaction Mechanisms*, Brooks/Cole, Monterey, CA, 1985, p. 85.

[12]　Wilkins, *The Study of Kinetics and Mechanism of Reactions of Transition Metal Complexes*, pp. 207-210; Basolo and Pearson, *Mechanisms of Inorganic Reactions*, pp. 177-193.

[13]　C. K. Ingold, *Structure and Mechanism in Organic Chemistry*, Cornell University Press, Ithaca, NY, 1953, Chapters 5 and 7.

[14]　D. A. Buckingham, P. J. Cressell, A. M. Sargeson, *Inorg. Chem.*, **1975**, *14*, 1485.

[15]　D. A. Buckingham, P. A. Marzilli, A. M. Sargeson, *Inorg. Chem.*, **1969**, *8*, 1595.

[16]　A. J. Dickie, D. C. R. Hockless, A. C. Willis, J. A. McKeon, W. G. Jackson, *Inorg. Chem.*, **2003**, *42*, 3822. W. G. Jackson, A. J. Dickie, J. A. McKeon, L. Spiccia, S. J. Brudenell, D. C. R. Hockless, A. C. Willis, *Inorg. Chem.*, **2005**, *44*, 401.

[17]　Basolo and Pearson, *Mechanisms of Inorganic Reactions*, pp. 27, 223; G. Schwarzenbach, *Helv. Chim. Acta*, **1952**, *35*, 2344.

[18]　D. W. Margerum, G. R. Cayley, D. C. Weatherburn, and G. K. Pagenkopf, "Kinetics of Complex Formation and Ligand Exchange, " in A. E. Martell, ed., *Coordination Chemistry*, Vol. 2, American Chemical Society Monograph

174, Washington, DC, 1978, pp. 1-220.

[19]　L. J. Boucher, E. Kyuno, J. C. Bailar, Jr., *J. Am. Chem. Soc.*, **1964**, *86*, 3656.

[20]　Basolo and Pearson, *Mechanisms of Inorganic Reactions*, p. 272.

[21]　S. A. Johnson, F. Basolo, R. G. Pearson, *J. Am. Chem. Soc.*, **1963**, *85*, 1741; J. A. Broomhead, L. Kane-Maguire, *Inorg. Chem.*, **1969**, *8*, 2124.

[22]　R. C. Fay, T. S. Piper, *Inorg. Chem.*, **1964**, *3*, 348.

[23]　Basolo and Pearson, *Mechanisms of Inorganic Reactions*, pp. 377-379, 395.

[24]　Wilkins, *The Study of Kinetics and Mechanism of Reactions of Transition Metal Complexes*, p. 231.

[25]　J. D. Atwood, *Inorganic and Organometallic Reaction Mechanisms*, Brooks/Cole, Monterey, CA, 1985, pp. 60-63.

[26]　I. I. Chernyaev, *Ann. Inst. Platine USSR.*, **1926**, *4*, 261.

[27]　Atwood, *Inorganic and Organometallic Reactions Mechanisms*, p. 54; Basolo and Pearson, *Mechanisms of Inorganic Reactions*, p. 355.

[28]　T. J. Meyer and H. Taube, "Electron Transfer Reactions," in G. Wilkinson, R. D. Gillard, and J. A. McCleverty, eds., Pergamon, *Comprehensive Coordination Chemistry*, Vol. 1, London, 1987, pp. 331-384; H. Taube, *Electron Transfer Reactions of Complex Ions in Solution*, Academic Press, New York, 1970; *Chem. Rev.*, **1952**, *50*, 69; *J. Chem. Educ.*, **1968**, *45*, 452.

[29]　J. P. Candlin, J. Halpern, *Inorg. Chem.*, **1965**, *4*, 766.

[30]　D. L. Ball, E. L. King, *J. Am. Chem. Soc.*, **1958**, *80*, 1091.

[31]　J. Halpern, S. Nakamura, *J. Am. Chem. Soc.*, **1965**, *87*, 3002, J. L. Burmeister, *Inorg. Chem.*, **1964**, *3*, 919.

[32]　Taube, *Electron Transfer Reactions of Complex Ions in Solution*, pp. 64-66; E. S. Gould, H. Taube, *J. Am. Chem. Soc.*, **1964**, *86*, 1318.

[33]　H. Taube, E. S. Gould, *Acc. Chem. Res.*, **1969**, *2*, 321.

[34]　M. M. Jones, *Ligand Reactivity and Catalysis*, Academic Press, New York, 1968. Chapter III summarizes the arguments and mechanisms.

[35]　J. P. Collman, D. A. Buckingham, *J. Am. Chem. Soc.*, **1963**, *85*, 3039; D. A. Buckingham, J. P. Collman, D. A. R. Hopper, L. G. Marzelli, *J. Am. Chem. Soc.*, **1967**, *89*, 1082.

[36]　R. Price, "Dyes and Pigments, " in G. Wilkinson, R. D. Gillard, and J. A. McCleverty, eds., *Comprehensive Coordination Chemistry*, Vol. 6, Pergamon Press, Oxford, 1987, pp. 88-89.

[37]　D. St. C. Black, "Stoichiometric Reactions of Coordinated Ligands," in Wilkinson, Gillard, and McCleverty, *Comprehensive Coordination Chemistry*, op. cit., pp. 155-226.

[38]　L. F. Lindoy, S. E. Livingstone, *Inorg. Chem.*, **1968**, 7, 1149.

[39]　J. P. Collman, *Angew. Chem.*, *Int. Ed.*, **1965**, 4, 132.

一般参考资料

动力学机理的一般原理描述在 R. B. Jordan, *Reaction Mechanisms of Inorganic and Organometallic Systems*, 3 rd ed., Oxford University Press, New York, 2007；J. W. Moore and R. G. Pearson, *Kinetics and Mechanism*, 3rd ed., Wiley InterScience, New York, 1981；F. Wilkinson, *Chemical Kinetics and Reaction Mechanisms*, Van Nostrand-Reinhold, New York, 1980。经典配合物见 F. Basolo and R. G. Pearson, *Mechanisms of Inorganic Reactions*, 2nd ed., John Wiley & Sons, New York, 1967。最新的书籍如 J. D. Atwood, *Inorganic and Organometallic Reaction Mechanisms*, Brooks/Cole, Monterey, CA, 1985；D. Katakis and G. Gordon, *Mechanisms of Inorganic Reactions*, Wiley InterScience, New York, 1987。综述 G. Wilkinson, R. D. Gillard, and J. A. McCleverty, editors, *Comprehensive Coordination Chemistry*, Pergamon Press, Elmsford, NY, 1987 收集了更全面的数据和讨论，第一卷 *Theory and Background* 涵盖取代和氧化还原反应；第六卷 *Applications* 着重于配体反应的丰富数据。

习 题

12.1　高自旋 d^4 配合物 $[Cr(H_2O)_6]^{2+}$ 显活性，但低自旋 d^4 配离子 $[Cr(CN)_6]^{4-}$ 为惰性，请解释。

12.2　为什么存在一系列有着不同速率常数的进入基团可作为缔合机理（A 或 I_a）的证据？

12.3　预测下列配合物是活性还是惰性，并解释原因。在每个配合物后面已给出 Bohr 磁子（μ_B）为单位的磁矩。

一氧五氯合铬（Ⅴ）酸铵	1.82
六碘合锰（Ⅳ）酸钾	3.82
六氰合铁（Ⅲ）酸钾	2.40
氯化六氨合铁（Ⅱ）	5.45

12.4　黄色的"钠黄血盐"$Na_4[Fe(CN)_6]$ 作为防结块剂添加到食盐中。为什么这个配合物即使含有氰基配体也没有明显的毒性？

12.5　考虑下列每对配合物的取代反应半衰期：

半衰期短于 1 min	半衰期长于 1 d
$[Cr(CN)_6]^{4-}$	$[Cr(CN)_6]^{3-}$
$[Fe(H_2O)_6]^{3+}$	$[Fe(CN)_6]^{4-}$
$[Co(H_2O)_6]^{2+}$	$[Co(NH_3)_5(H_2O)]^{3+}$（水交换）

根据每一对的电子结构解释其半衰期的不同。

12.6　平面四方型 Pt(II)配合物对下面反应满足一般的速率定律。

$$[Pt(NH_3)_4]^{2+} + Cl^- \longrightarrow [Pt(NH_3)_3Cl]^+ + NH_3$$

设计实验验证上述观点并且确定速率常数。其中需要什么实验数据，并且如何处理数据？

12.7　下图显示了去水反应 $[Co(en)_2(NO_2)(DMSO)]^{2+} + X^- \longrightarrow [Co(en)_2(NO_2)X]^+ + DMSO$ 中 k_{obs} 对[X^-]的曲线。DMSO 的交换反应速率为 $3 \times 10^{-5} \ s^{-1}$。（作图数据来自 W. R. Muir, C. H. Langford, *Inorg. Chem.*, **1968**, 7, 1032）

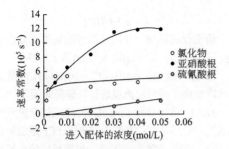

As(C$_6$H$_5$)$_3$(mol/L)	k(10^{-5} s^{-1})
0.014	2.3
0.098	3.9
0.525	12
1.02	23

假定 3 个反应具有相同的机理。

a. 为什么 DMSO 的交换比其他反应快很多？

b. 为什么曲线是这样的形状？

c. 根据 D 和 I$_d$ 机理推出的速率定律，解释（高浓度下）极限速率常数是多少。

d. Cl$^-$和 NO$_2^-$ 的极限速率常数分别为 5.0× 10^{-5} s^{-1} 和 12.0×10^{-5} s^{-1}。对于 SCN$^-$来说，极限速率常数估计为 1.0×10^{-5} s^{-1}。这些数值能否作为支持 I$_d$ 机理的证据？

12.8　a. CO 的交换反应 Cr(^{12}CO)$_6$ + ^{13}CO ⟶ Cr(^{12}CO)$_5$(^{13}CO) + ^{12}CO 的速率表明，它是 Cr(^{12}CO)$_6$ 浓度的一级反应，且与 ^{13}CO 的浓度无关，这意味着该反应机理是什么？

b. 反应 Cr(CO)$_6$ + PR$_3$ ⟶ Cr(CO)$_5$PR$_3$ + CO[R = P(n-C$_4$H$_9$)$_3$]的速率定律是，反应速率 = k_1[Cr(CO)$_6$] + k_2[Cr(CO)$_6$][PR$_3$]。为什么该速率定律有两项？

c. 对于 **b** 的一般反应，体积较大的配体会倾向于一级反应还是二级反应？简释之。

12.9 [Cu(H$_2$O)$_6$]$^{2+}$在水溶液中发现有两种不同的水交换速率，请解释。

12.10 溶剂化锂离子[Li(H$_2$O)$_4$]$^+$和[Li(NH$_3$)$_4$]$^+$的配体交换机理采用 DFT 计算方法研究（R. Puchta, M. Galle, N. van E. Hommes, E. Pasgreta, R. van Eldik, *Inorg. Chem.*, **2004**, *43*, 8227），描述上述相关结构中如何发生水交换反应。哪个参数最有力地支持极限缔合取代机理？提出的[Li(H$_2$O)$_4$]$^+$配体交换机理有何不同？为什么[Li(NH$_3$)$_4$]$^+$被认为是交换缔合机理？

12.11 45℃甲苯中 Co(NO)(CO)$_3$ + As(C$_6$H$_5$)$_3$ ⟶ Co(NO)(CO)$_2$[As(C$_6$H$_5$)$_3$] + CO 的反应数据见下表，在所有情况下，Co(NO)(CO)$_3$ 的反应均为准一级反应。确定速率常数并讨论其可能的意义。（见 E. M. Thorsteinson, F. Basolo, *J. Am. Chem. Soc.*, **1966**, *88*, 3929）

12.12 在 298 K 的硝基甲烷中，磷和氮配体取代 Co(NO)(CO)$_3$ 上 CO 的速率常数的对数与配体的半中和电位（配体碱性的测量方法）作图如下。解释该图的线性关系，为什么两条线不同。进入的亲核配体：（1）P(C$_2$H$_5$)$_3$，（2）P(n-C$_4$H$_9$)$_3$，（3）P(C$_6$H$_6$)(C$_2$H$_5$)$_2$，（4）P(C$_6$H$_5$)$_2$(C$_2$H$_5$)，（5）P(C$_6$H$_5$)$_2$(n-C$_4$H$_9$)，（6）P(p-CH$_3$OC$_6$H$_4$)$_3$，（7）P(O-n-C$_4$H$_9$)$_3$，（8）P(OCH$_3$)$_3$，（9）P(C$_6$H$_5$)$_3$，（10）P(OCH$_2$)$_3$CCH$_3$，（11）P(OC$_6$H$_5$)$_3$，（12）4-吡唑啉，（13）吡啶，（14）3-氯吡啶。（作图数据来自 E. M. Thorsteinson, F. Basolo, *J. Am. Chem. Soc.*, **1966**, *88*, 3929）

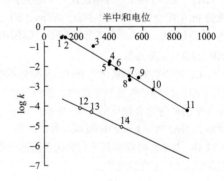

12.13 *cis*-Pt(Cl)$_2$(PEt$_3$)$_2$ 在苯溶液中稳定，然而加入少量三乙基膦催化剂后，则与反式异构体建立以下平衡：

$$cis\text{-PtCl}_2(PEt_3)_2 \rightleftharpoons trans\text{-PtCl}_2(PEt_3)_2$$

25℃ 下在苯中顺式转化为反式的 $\Delta H^\ominus$ = 10.3 kJ/mol，$\Delta S^\ominus$ = 55.6 J/(mol·K)。

a. 计算自由能 $\Delta G^\ominus$ 和该异构化的平衡常数。

b. 哪种异构体的键能更高？此答案与两种异构体中基于 π 成键的预期结果一致吗？简释之。

c. 为什么需要三乙基膦催化异构化？

12.14 下表显示，把顺式 CO 换成其他配体，改变配体对解离速率的影响，请解释，其中包括这些配体对 Cr—CO 成键和假设为四方锥的过渡态的影响。

配合物	对于 CO 解离的 k　（s^{-1}）
$Cr(CO)_6$	1×10^{-12}
$Cr(CO)_5(PPh_3)$	3×10^{-10}
$[Cr(CO)_5I]^-$	$<10^{-5}$
$[Cr(CO)_5Br]^-$	2×10^{-5}
$[Cr(CO)_5Cl]^-$	1.5×10^{-4}

12.15 当 $Pt(NH_3)_2Cl_2$ 的两个异构体与硫脲 $[tu = S = C(NH_2)_2]$ 反应时，一个产物是 $[Pt(tu)_4]^{2+}$，另一个是 $[Pt(NH_3)_2(tu)_2]^{2+}$。给出最初的异构体并解释此结果。

12.16 预测下列产物。（等摩尔反应物的混合物）

　　a. $[Pt(CO)Cl_3]^- + NH_3 \longrightarrow$

　　b. $[Pt(NH_3)Br_3]^- + NH_3 \longrightarrow$

　　c. $[(C_2H_4)PtCl_3]^- + NH_3 \longrightarrow$

12.17 **a.** 从 $[PtCl_4]^{2-}$ 开始设计一个反应序列，生成的 Pt(II) 配合物有 4 种不同配体：py、NH_3、NO_2^- 和 CH_3NH_2，且两组反式配体不同。（CH_3NH_2 与 NH_3 的反位效应相似）

　　b. Cl_2 可以将 Pt(II) 氧化为 Pt(IV) 且构型不变 [氯离子添加在 Pt(II) 配合物平面的上方和下方]。如果 **a** 中的两种化合物分别先与 Cl_2 反应，然后每摩尔 Pt 化合物与 1 mol Br^- 反应，预测产物。

12.18 298 K 时观察到下列顺式平面四方型 Ir 配合物上 CO 的交换速率：

$$\underset{X}{\overset{X}{\diagdown}} Ir \underset{CO}{\overset{CO}{\diagup}}^- + 2 \,{}^*CO \Longleftrightarrow \underset{X}{\overset{X}{\diagdown}} Ir \underset{{}^*CO}{\overset{{}^*CO}{\diagup}}^- + 2 \,CO\,(^*C = {}^{13}C)$$

X	$k[L/(mol\cdot s)]$
Cl	1080
Br	12700
I	98900

这 3 个反应的活化熵 $\Delta S^\ominus$ 都是较大的负值。

　　a. 反应是解离还是缔合？

　　b. 基于以上数据，哪种卤素配体具有最强的反位效应。（见 R. Churlaud, U. Frey, F. Metz, A. E. Merbach, *Inorg. Chem.*, **2000**, *39*, 304）

12.19 $V^{2+}(aq)$ 和 $V^{3+}(aq)$ 之间的电子交换速率常数取决于氢离子浓度：

$$k = a + b/[H^+]$$

给出反应机理，并用该机理的速率常数表示 a 和 b。[提示：$V^{3+}(aq)$ 比 $V^{2+}(aq)$ 易于水解]

12.20 反应 $[Co(NH_3)_6]^{3+} + [Cr(H_2O)_6]^{2+}$ 是通过内层机理还是外层机理进行？解释原因。

12.21 在 0℃ 和 1 mol/L $HClO_4$ 下，交换反应 $CrX_2^{+} + {}^*Cr^{2+} \longrightarrow {}^*CrX_2^{+} + Cr^{2+}$（$^*Cr$ 是放射性的 ^{51}Cr）的速率常数如下表。根据反应的可能机理，解释速率常数的差异。

X^-	k　[L/(mol·s)]
F^-	1.2×10^{-3}
Cl^-	11
Br^-	60
NCS^-	1.2×10^{-4} (24℃)
N_3^-	>1.2

12.22 含有配体 NSe（硒亚硝基）的第一个配合物 $TpOs(NSe)Cl_2$ [Tp = 氢化三（1-咪唑）硼] 如下图所示。Os—N 距离为

Os—N(1)：210.1(7)pm

Os—N(3)：206.6(8)pm

Os—N(5)：206.9(7)pm

　　a. 哪个配体（Cl 或 NSe）的反位效应更大？并简要解释。

　　b. 该化合物中 N—Se 距离是已知最短的，为什么如此短？（见 T. J. Crevier, S. Lovell, J. M. Mayer, A. L. Rheingold, I. A. Guzei, *J. Am. Chem. Soc.*, **1998**, *120*, 6607）

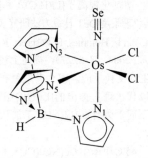

12.23 一个 H_2O 配体在 $[(CO)_3Mn(H_2O)_3]^+$ 上进行交换反应比在类似的 $[(CO)_3Re(H_2O)_3]^+$ 上快得多，活化体积（形成活化配合物的体积变化）为 (-4.5 ± 0.4) cm^3/mol。Mn 配合物的红外光谱在 2051 cm^{-1} 和 1944 cm^{-1} 处，这可以归因于 C—O 的伸缩振动。（见 U. Prinz, A. E. Merbach, O. Maas,

K. Hegetschweiler, *Inorg. Chem.*, **2004**, *43*, 2387）

a. 解释为什么锰配合物比类似的铼配合物反应快。

b. 活化体积符合 A（或 I_a）机理还是 $D(I_d)$ 机理？请解释。

c. 根据红外光谱，反应物是面式（*fac*）还是经式（*mer*）异构体？

12.24　*trans*-$[MnN(H_2O)(CN)_4]^{2-}$ 与吡啶二羧酸配体的取代反应机理已被报道（H. J. van der Westhuizen, R. Meijboom, M. Schutte, A. Roodt, *Inorg. Chem.*, **2010**, *49*, 9599），其中第二步螯合并失去氰根离子为速率决定步骤，而羧基氧与 *trans*-$[MnN(H_2O)(CN)_4]^{2-}$ 的中心 Mn(V) 结合非常快。

在大约 298 K 得到以下动力学数据，其中 k_1 是与整体正向反应相关的速率常数。

	m	n	k_1[L/(mol·s)]	$\Delta S_{活化}$ [J/(mol·K)]
$R_1 = H$, $R_2 = H$, $R_3 = H$	3	2	$1.15(4) \times 10^{-3}$	43(3)
$R_1 = CO_2^-$, $R_2 = H$, $R_3 = H$	4	3	$1.11(1) \times 10^{-3}$	20(4)
$R_1 = H$, $R_2 = CO_2^-$, $R_3 = H$	4	3	$8.5(5) \times 10^{-4}$	115(14)
$R_1 = H$, $R_2 = H$, $R_3 = CO_2^-$	4	3	$1.08(4) \times 10^{-3}$	60(2)

速率决定步骤（吡啶羧酸根螯合和氰根离子失去）经由解离活化还是缔合活化？请解释。

12.25　在水溶液中，$[PtCl_6]^{2-}$ 对 U^{4+} 的双电子氧化反应假设通过内层机理进行（R. M. Hassan, *J. Phys. Chem. A.*, **2011**, *115*, 13338）。

a. $[PtCl_6]^{2-}$ 和 U^{4+} 的反应级数是多少？用什么数据来确定级数？

b. 假定 $[PtCl_6]^{2-}$ 和 U^{4+} 开始反应时先释放两个质子然后再转移电子，该电离如何进行才能提高电子转移速率？促使电子从 U^{4+} 转移到 Pt^{4+} 最可能的桥联物质的结构是什么？

12.26　$[Co(edta)]^-$ 在水中很容易被 $[Fe(CN)_6]^{2-}$ 还原，但在反胶束微乳液中明显很难。（M. D. Johnson, B. B. Lorenz, P. C. Wilkins, B. G. Lemons, B. Baruah, N. Lamborn, M. Stahla, P. B. Chatterjee, D. T. Richens, D. C. Crans, *Inorg. Chem.*, **2012**, *51*, 2757）

a. 这两个反应间的电子转移属于内层机理还是外层机理？

b. 这些反应在准一级反应条件下完成。为什么从这些实验中得到的 k_{obs} 对 $[Fe(CN)_6]^{2-}$ 作图显示线性关系？y 轴截距为 0 为这些电子转移反应提供什么信息？k_{obs} 与还原 $[Co(edta)]^-$ 的双分子速率常数 k_1 有何关系？

c. 在反胶束微乳液中，加入 $[Fe(CN)_6]^{2-}$ 抑制 $[Co(edta)]^-$ 还原的原理是什么？

第 13 章

金属有机化学

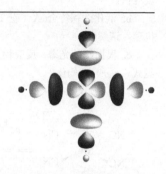

自 20 世纪中叶以来，金属有机化学——含有金属-碳键化合物的化学——已作为一个研究领域而蓬勃发展，它涵盖了各种各样的化合物及其反应，包括许多以 σ 键和 π 键与金属原子和离子相互作用的配体，许多含有一个或多个金属-金属键的簇合物，以及在有机化学中不寻常或未知结构类型的分子。有些金属有机化合物的反应与有机反应类似，但除此之外其他方面却大不相同。金属有机化合物除了其本身令人关注的性质外，还可作为具有工业价值的催化剂。在本章中，我们将介绍各种金属有机化合物，集中于配体以及它们如何与金属原子相互作用。第 14 章描述金属有机化合物的主要反应类型以及这些反应在催化循环中的重要性。第 15 章重点介绍金属有机化学与主族化学的相似之处。

一些金属有机化合物与配合物相似，如 $Cr(CO)_6$ 和 $[Ni(H_2O)_6]^{2+}$ 均为八面体，CO 和 H_2O 均为 σ 给体，而 CO 同时也是强 π 受体，还有其他配体同时表现出 σ 给体和 π 受体的能力，包括 CN^-、PPh_3、SCN^- 和许多有机配体。包含这些配体的化合物中，金属-配体成键和电子光谱可以使用第 10 章、第 11 章中讨论的概念描述，然而，许多金属有机分子与我们先前考虑的任何情况都存在着明显差异，如环型有机离域 π 配体可以与金属原子结合形成夹心化合物（sandwich compound，图 13.1）。

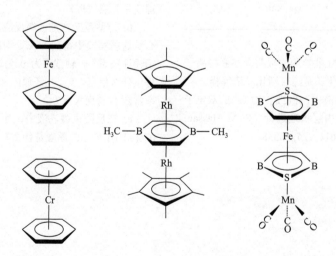

图 13.1　夹心化合物示例

　　与有机配体尤其是 CO 键合的金属原子的特征在于，它们通常具有与其他金属原子形成共价键进而形成簇合物（cluster compound）的能力[*]，这些簇合物可能仅包含两三个金属原子，也可能是数十个，有单键、双键、三键或者四键甚至五重键。某些情况下，簇合物具有和两个或多个金属原子桥联的配体。图 13.2 展示了包含有机配体金属簇合物的示例，在第 15 章中将对其做进一步的讨论。

　　一些金属簇合物包裹碳原子于其中，形成以碳为中心的簇合物，通常称为内嵌碳簇合物（carbide cluster）；碳周围可能有五、六个或者更多的金属原子与其成键，因此颠覆了碳最多与四个其他原子成键的传统概念[**]。图 13.2 中有两个是内嵌碳簇合物的例子。

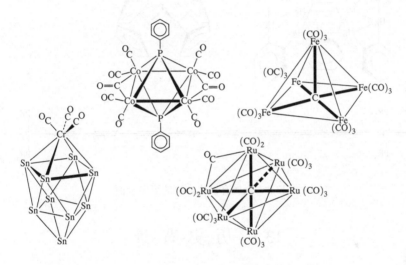

图 13.2　簇合物的示例

　　许多其他类型的金属有机化合物具有有趣的结构和化学性质，图 13.3 展示了该领域中各种结构的例子。

　　严格地讲，只有包含金属-碳键才可归为金属有机化合物。然而实际上，配合物成键中常常含有一些与 CO 类似的其他配体，如 NO 和 N_2（CN^- 也以类似于 CO 的方式形成配合物但一般认为是非有机配体）。其他 π 酸配体如膦，经常出现在金属有机化合物中，即使是氢分子（H_2），如今也以一种崭新的形式出现，其作为给体-受体配体在金属有机化学中起着重要作用，如催化加氢过程。我们将酌情收录这些配体和其他非有机配体的实例。

---

　　[*] 一些簇合物不含有机配体。

　　[**] 有机化学中也发现有少量碳与超过四个原子成键的例子。例如，参见 G. A. Olah, G. Rasul, *Acc. Chem. Res.*, **1997**, *30*, 245。

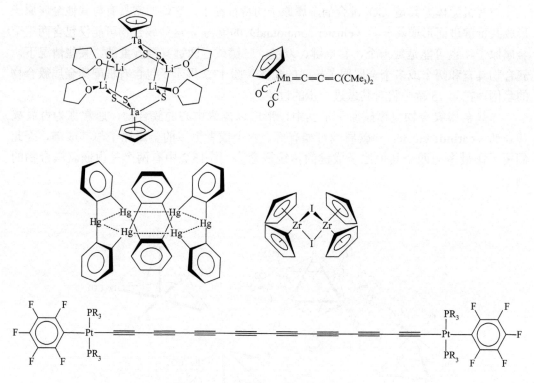

图 13.3　金属有机化合物的更多示例

13.1　历 史 背 景

　　第一例被报道的金属有机化合物由 Zeise 于 1827 年合成：在乙醇中回流 $PtCl_4$ 和 $PtCl_2$ 的混合物，然后加入 KCl 溶液得到黄色针状晶体[1]。Zeise 正确地断言，这种黄色产物（后被称为 Zeise 盐）含有乙烯基团。此论断遭到其他化学家，尤其是 Liebig 的质疑。1868 年 Birnbaum 通过实验对其进行了证实，直到 100 多年后，该化合物的结构才被确定[2]！Zeise 盐是第一个被鉴定含有机分子的化合物，有机分子通过 π 电子与金属结合。它是离子化合物，化学式为 $K[Pt(C_2H_4)Cl_3] \cdot H_2O$，阴离子结构（图 13.4）为平面四方型，3 个 Cl 配体占据四方形的三个角，乙烯占据第四个角但垂直于四方形平面。

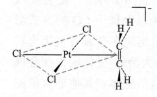

图 13.4　Zeise 盐阴离子

　　第一个以一氧化碳为配体合成的化合物报道于 1867 年，是另一个氯化铂配合物。1890 年，Mond 报道了 $Ni(CO)_4$ 的制备，商业上用于纯化镍[3]；随后，其他金属 CO（羰基）配合物也相继被报道。

　　1898 年，Barbier 进行了镁和卤代烷的反应，Grignard 随后合成了烷基镁配合物[4]，即现在的格氏试剂（Grignard reagents）。这类配合物通常结构复杂，并且含有镁-碳 σ 键。它们的合成应用早被认可，到 1905 年该主题的研究论文已逾 200 篇。格氏试剂和其他含有金属-烷基 σ 键的试剂，如有机锌和有机锂试剂，在合成有机化学的发展中具有极其重要的意义。

自 1827 年发现 Zeise 盐到 1950 年左右，金属有机化学发展缓慢。一些金属有机化合物，如格氏试剂，在合成方面取得了应用，但是对具有金属-碳键的化合物系统的研究很少。1951 年，为了用溴化环戊二烯合成富瓦烯，Kealy 和 Pauson 将格氏试剂 cyclo-C_5H_5MgBr 与 $FeCl_3$ 反应[5]，结果没形成富瓦烯，而是得到了化学式为$(C_5H_5)_2Fe$ 的橙色固体，即二茂铁：

富瓦烯

$$cyclo\text{-}C_5H_5MgBr + FeCl_3 \longrightarrow (C_5H_5)_2Fe$$
二茂铁

该产物出奇地稳定，可以在空气中升华而不分解，且难以发生催化氢化或 Diels-Alder 反应。1956 年，X 射线衍射显示其结构由夹在两个平行 C_5H_5 环之间的铁离子构成[6]，但结构的细节存有争议*。初步研究认为两个环呈交错构型（D_{5d} 对称性），但气相二茂铁的电子衍射研究表明环呈重叠型（D_{5h}），或十分接近此构型。最近，固体二茂铁的 X 射线衍射研究确定了它的几个晶相，在 98 K 为重叠型，而在高温晶型中环发生略微扭转（D_5，图 13.5）[7]。

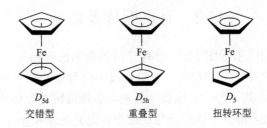

D_{5d}　　　　　　　　D_{5h}　　　　　　　　D_5
交错型　　　　　　　　重叠型　　　　　　　　扭转环型

图 13.5　二茂铁的构型

二茂铁的发现引发了其他夹心型化合物、其他金属与 C_5H_5 以相似形式成键的化合物、以及大量含有其他有机配体的化合物的合成。因此，经常看到这样的说法：二茂铁的发现开启了现代金属有机化学的时代**。

要完整地介绍金属有机化学的历史，不能不提及维生素 B_{12} 辅酶，它是目前已知最古老的金属有机化合物。这种天然的钴配合物（图 13.6）含有钴-碳 σ 键，它是许多酶的辅助因子，催化生化系统中 1, 2-位基团转移。

---

　* 一篇关于发现二茂铁结构的有趣文章，详见：P. Laszlo, R. Hoffmann, *Angew. Chem., Int. Ed.*, **2000**, *39*, 123。

　** *Journal of Organometallic Chemistry* 的一期专刊（**2002**, 637, 1）对二茂铁进行了专门报道，其中包括与其发现有关的回顾，这些回顾的简要总结发表在 *Chem. Eng. News*, **2001**, *79* (*49*), 37 上。

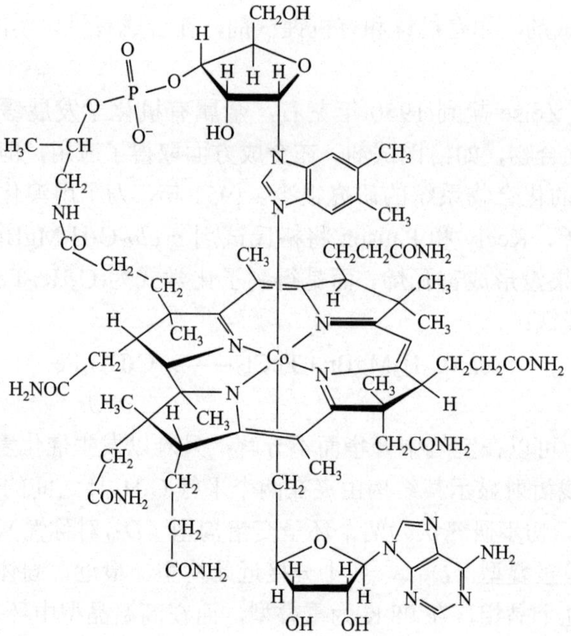

图 13.6　维生素 B_{12} 辅酶

13.2　有机配体及命名

　　一些常见的有机配体示于图 13.7，已有专门的命名法来指定一些配体与金属原子的成键方式，如在图 13.7 中的一些配体，可以通过不同数量的原子与金属成键。配体成键用希腊字母 η(eta)表示，其后加一上标数字代表与金属成键的配体原子个数。例如，二茂铁中环戊二烯基配体的全部 5 个碳原子与铁配位，定义为 η^5-C_5H_5，因此二茂铁的分子式可以写作（η^5-C_5H_5）$_2$Fe；η^5-C_5H_5 称为五齿环戊二烯（pentahaptocyclopentadienyl）配体。*Hapto* 源于希腊语"固定"，因此 *pentahapto* 意为"在五处固定"。C_5H_5 可能是金属有机化学中第二常见的配体（仅次于 CO），它通常以 5 个位点与金属成键，但有些情况下也可以只以 1 个或 3 个位置成键。作为配体时，C_5H_5 通常缩写为 Cp。

　　相应的名称及分子式如下*：

成键位点的数量	结构式	名称	
1	η^1-C_5H_5	单齿环戊二烯	M—⬠
3	η^3-C_5H_5	三齿环戊二烯	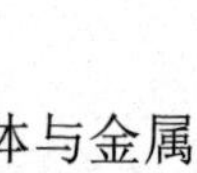 M—⬠
5	η^5-C_5H_5	五齿环戊二烯	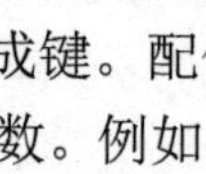 M—⬠

---

　　* 所有碳原子都与金属成键的配体，上标可以省略。二茂铁可以写成(η-C_5H_5)$_2$Fe，二苯铬写成(η-C_6H_6)$_2$Cr$_2$。类似地，没有上标的 π 有时可能用于表示在 π 体系中所有原子与金属成键，如(π-C_5H_5)$_2$Fe。

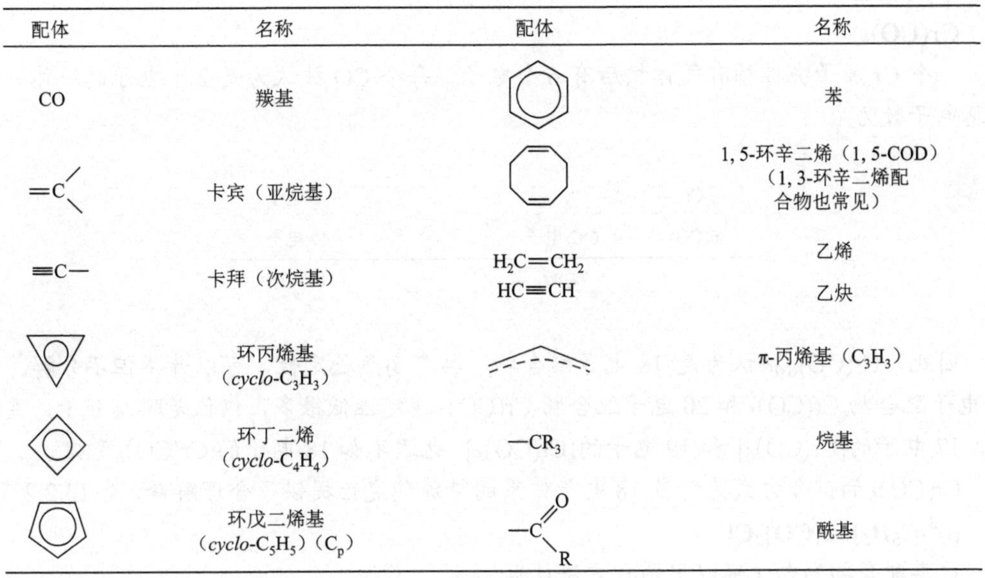

配体	名称	配体	名称
CO	羰基	⬡	苯
=C<	卡宾（亚烷基）	⬡	1,5-环辛二烯（1,5-COD）（1,3-环辛二烯配合物也常见）
≡C—	卡拜（次烷基）	$H_2C=CH_2$ $HC\equiv CH$	乙烯 乙炔
▽	环丙烯基（cyclo-C_3H_3）	⋀	π-丙烯基（C_3H_3）
◇	环丁二烯（cyclo-C_4H_4）	—CR_3	烷基
⬠	环戊二烯基（cyclo-C_5H_5）（C_p）	$-\overset{O}{\underset{R}{C}}$	酰基

图 13.7　常见有机配体

与其他配合物一样，桥连配体由前缀 μ 表示，其后加一下标表示桥连金属原子数。例如，桥连羰基配体定义如下：

桥连原子数目	化学式
0（端基）	CO
2	μ_2-CO
3	μ_3-CO

13.3　18 电子规则

在主族化学中，我们利用八隅体规则，基于 8 个价层电子的需求使电子结构合理化。类似地，在金属有机化学中，许多化合物的电子结构遵循中心金属原子的总价电子数为 18。与八隅体规则一样，18 电子规则也有许多例外，但该规则仍然为许多金属有机配合物，特别是含有强 π 酸配体的配合物的化学提供了有用的指导。

13.3.1　电子计数

计算金属有机化合物中电子的方法有多种，以下是 18 电子类型电子计数的两个例子。

示例 **13.1**

Cr(CO)₆

一个 Cr 原子去掉稀有气体核后有 6 个电子, 每个 CO 被认为是 2 个电子的给体, 因此总电子数为

Cr			6 电子
6(CO)	6×2 电子	=	12 电子
	总数	=	18 电子

因此, $Cr(CO)_6$ 被认为是 18 电子配合物, 具有高热稳定性, 可以升华但不分解。而 16 电子配合物 $Cr(CO)_5$ 和 20 电子配合物 $Cr(CO)_7$ 稳定性低很多, 仅仅是瞬态分子。类似地, 17 电子的 $[Cr(CO)_6]^+$ 和 19 电子的 $[Cr(CO)_6]^-$ 也远不如 18 电子的 $Cr(CO)_6$ 稳定。

$Cr(CO)_6$ 的键合方式为许多 18 电子体系的特殊稳定性提供了合理解释, 见 13.2.2 节。

(η^5-C₅H₅)Fe(CO)₂Cl

这类配合物的电子可以用两种方法计数。

方法 A: 给体电对法

此方法考虑配体向金属原子提供电子对。为了确定总电子个数, 我们必须确定每个配体的电荷及金属的氧化态。

该方法将五齿环戊二烯视为 $[C_5H_5]^-$, 是 3 个电子对共 6 个电子的给体。在第一个例子中, CO 被视为一个 2 电子给体, 氯以 Cl^- 形式存在, 是 2 电子给体, 则 (η^5-C₅H₅)Fe(CO)₂Cl 是铁(II)配合物, 其中铁(II)有 6 个价电子, 则电子总数:

Fe(II)	6 电子
η^5- C₅H₅⁻	6 电子
2(CO)	4 电子
Cl⁻	2 电子
总数 =	18 电子

方法 B: 中性配体法

此方法考虑配体在中性时提供的电子个数。对于简单的无机配体, 这通常意味着配体作为自由离子的形式提供了与其负电荷相等的电子数量。例如:

Cl 是 1 电子给体 (自由离子电荷 =−1)

O 是 2 电子给体 (自由离子电荷 =−2)

N 是 3 电子给体 (自由离子电荷 =−3)

利用该方法无需给定金属氧化态便可计算总电子数。

以 (η^5-C₅H₅)Fe(CO)₂Cl 为例, Fe 原子有 8 个价电子, 现在认为 η^5-C₅H₅ 是中性配体 (5 电子 π 体系), 提供 5 个电子; CO 是 2 电子给体; Cl (按中性原子计算) 是 1 电子给体, 则电子数为

Fe	8 电子
η^5-C$_5$H$_5$	5 电子
2(CO)	4 电子
Cl	1 电子
总数 =	18 电子

两种方法得到的结果相同：都得到 18 电子。

许多金属有机配合物是带电荷的物种，计算总电子数时必须考虑其所带电荷。在中性配体法中，对于阴离子，配合物的电荷个数应加在总的电子数中；对于阳离子，总的电子数需扣除配合物的电荷值。大家可以用两种电子计算方法分别验证[(η^5-C$_5$H$_5$)Fe(CO)$_2$]$^-$ 和 [Mn(CO)$_6$]$^+$ 都是 18 电子的离子。

金属-金属单键视为每个金属原子提供 1 个电子，双键则视为每个金属原子提供 2 个电子，以此类推。例如，对于二聚体(CO)$_5$Mn—Mn(CO)$_5$，通过任一方法均得到每个锰原子的电子数：

Mn	7 电子
5(CO)	10 电子
Mn—Mn 键	1 电子
总数 =	18 电子

根据这两种方法，常见配体的电子数如表 13.1 所示。

表 13.1　常见配体的电子数

配体	方法 A	方法 B
H	2(H$^-$)	1
Cl、Br、I	2(X$^-$)	1
OH、OR	2(OH$^-$、OR$^-$)	1
CN	2(CN$^-$)	1
CH$_3$、CR$_3$	2(CH$_3^-$、 CR$_3^-$)	1
NO（折线型 M—N—O）	2(NO$^-$)	1
NO（直线型 M—N—O）	2(NO$^+$)	3
CO、PR$_3$	2	2
NH$_3$、H$_2$O	2	2
=CRR′（卡宾）	2	2
H$_2$C=CH$_2$（乙烯）	2	2
CNR	2	2
=O、=S	4(O^{2-}、S^{2-})	2
η^3-C$_3$H$_5$（π-烯丙基）	4(C$_3$H$_5^-$)	3

续表

配体	方法 A	方法 B
≡CR（卡拜）	3	3
≡N	$6(N^{3-})$	3
乙二胺（en）	4（每个 N 2 个电子）	4
联吡啶（bipy）	4（每个 N 2 个电子）	4
丁二烯	4	4
η^5-C_5H_5（环戊二烯）	$6(C_5H_5^-)$	5
η^6-C_6H_6（苯）	6	6
η^7-C_7H_7（环庚三烯）	$6(C_7H_7^+)$	7

示例 13.2

利用以下配合物说明两种电子计数法。

	方法 A		方法 B	
ClMn(CO)$_5$	Mn(I)	6 e⁻	Mn	7 e⁻
	Cl⁻	2 e⁻	Cl	1 e⁻
	5CO	<u>10 e⁻</u>	5CO	<u>10 e⁻</u>
		18 e⁻		18 e⁻
$(\eta^5$-$C_5H_5)_2$Fe （二茂铁）	Fe(II)	6 e⁻	Fe	8 e⁻
	$2\eta^5$- $C_5H_5^-$	<u>12 e⁻</u>	$2\eta^5$-C_5H_5	<u>10 e⁻</u>
		18 e⁻		18 e⁻
$[Re(CO)_5(PF_3)]^+$	Re(I)	6 e⁻	Re	7 e⁻
	5CO	10 e⁻	5CO	10 e⁻
	PF$_3$	2 e⁻	PF$_3$	2 e⁻
	+ 电荷	<u>*</u>	+ 电荷	<u>−1 e⁻</u>
		18 e⁻		18 e⁻
$[Ti(CO)_6]^{2-}$	Ti(2−)	6 e⁻	Ti	4 e⁻
	6 CO	12 e⁻	6 CO	12 e⁻
	2-电荷	<u>*</u>	2-电荷	<u>2 e⁻</u>
		18 e⁻		18 e⁻

* 离子的电荷由金属的氧化态决定。

　　电子计数方法的选择可以依个人偏好而定。方法 A 需要金属的形式氧化态，方法 B 则不需要。对于离域 π 体系的配体，方法 B 可能更简便，例如 η^5 配体电子数为 5，η^3 配体电子数为 3，以此类推。因为这两种方法均未真正描述键合，所以应像主族化学中的 Lewis 电子式那样，将这两种方法主要视为电子计数工具。为了获得分子中电子实际分布的证据，物理测量非常必要。最好始终如一选择其中一种方法以保证数据的可比性。

在 CO 等能以多种方式与金属原子相互作用的配体中，电子数通常由 σ 给体提供。例如，尽管 CO 既是 π 受体也是（弱）π 给体，但其提供 2 电子仅基于 σ 给体能力。然而，配体的 π 受体和 π 给体能力对 18 电子规则符合程度具有重大影响，线型和环状有机 π 体系以更复杂的方式与金属相互作用，这将在本章后面讨论。

练习 13.1　确定以下配合物中过渡金属的价电子数：

    a. $[Fe(CO)_4]^{2-}$　　　　　**c.** $(\eta^3\text{-}C_5H_5)(\eta^5\text{-}C_5H_5)Fe(CO)$

    b. $[(\eta^5\text{-}C_5H_5)_2Co]^+$　　　**d.** $Co_2(CO)_8$（有 1 个 Co—Co 单键）

练习 13.2　从以下 18 电子化合物中鉴别出第一周期过渡金属：

    a. $[M(CO)_3(PPh_3)]^-$　　　**c.** $(\eta^4\text{-}C_8H_8)M(CO)_3$

    b. $HM(CO)_5$　　　　　　　**d.** $[(\eta^5\text{-}C_5H_5)M(CO)_3]_2$（假定 M—M 键为单键）

13.3.2　18 电子的由来

要简单诠释 18 电子规则的重要意义，可以与主族化学中的八隅体规则做一类比。如果八隅体表示一个完整的价电子构型（s^2p^6），那么 18 电子则代表了过渡金属的满价层（$s^2p^6d^{10}$）。尽管这种类比可能是一种将电子构型与原子的价层电子相联系的有效方法，但不能解释为什么有那么多配合物违反 18 电子规则，尤其是价层理论不能区分配体类型（如 σ 给体、π 受体），这种区别对于确定配合物哪些遵守、哪些违反 18 电子规则非常重要。

$Cr(CO)_6$ 在其稀有气体核外就是一个很好的例子，它遵循 18 电子规则，需要关注的分子轨道主要源于 Cr 的 d 轨道与 6 个 CO 配体的 σ 给体轨道（HOMO）及 π 受体轨道（LUMO）的相互作用。这些分子轨道的相对能量如图 13.8 所示，基于作用轨道的对称性分析详见图 10.7。

$Cr(0)$ 有 6 个价电子，每个 CO 提供一对电子，总电子数为 18。在分子轨道图中，这 18 个电子包括 12 个 σ 电子（配体 CO 的 σ 电子，通过与金属轨道相互作用而稳定）和 6 个 t_{2g} 电子。向 $Cr(CO)_6$ 增加一个或多个电子，它们将填充在 e_g 反键轨道，导致分子不稳定。从 $Cr(CO)_6$ 移除电子，则会减少 t_{2g} 轨道上的电子数，而 t_{2g} 成键轨道源自 CO 配体的强 π 受体能力，这些轨道上电子密度降低同样会使配合物不稳定。所以，该分子 18 电子构型最稳定。

通过六配位八面体分子，我们可以了解 18 电子规则何时最有效。$Cr(CO)_6$ 遵循该规则的原因有二：CO 的强 σ 给体能力使 e_g 轨道能量上升形成强反键轨道（且升高了电子数超过 18 时的能量）；CO 的强 π 受体能力使 t_{2g} 轨道能量降低导致形成成键轨道（且降低了电子数为 13～18 时的能量）。因此，既是强 σ 给体又是强 π 受体的配体将使配合物最有效地遵守 18 电子规则；其他配体，包括一些有机配体，不具备这些特征，它们的化合物就可能不遵守 18 电子规则。

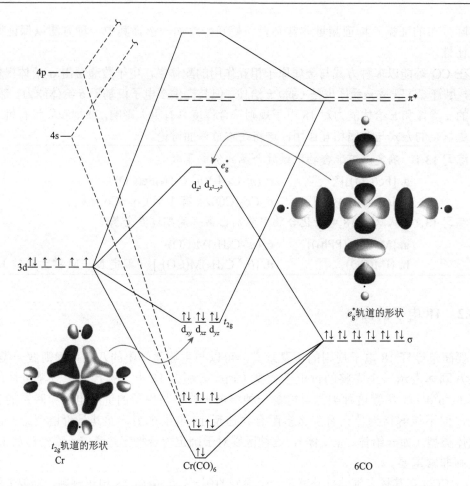

图 13.8　$Cr(CO)_6$ 的分子轨道能级（Gary O. Spessard, Gary L. Miessler，经许可转载）

一些例外情况需要注意。$[Zn(en)_3]^{2+}$ 有 22 个价电子，t_{2g} 轨道和 e_g^* 轨道全满。尽管 en（乙二胺）是一个好 σ 给体，但不如 CO 强，因此 e_g 轨道的电子没有足够的反键作用使分子显著不稳定。虽然 e_g 轨道上有 4 个电子，但该 22 电子的化合物仍是稳定的。另一个例子是 TiF_6^{2-}，总计 12 个价电子，其中氟既是 σ 给体也是 π 给体。F 的 π 给体能力降低了配合物 t_{2g} 轨道的稳定性，从而带有少量反键成分。TiF_6^{2-} 的 12 个电子全部填充在 σ 成键轨道上，而 t_{2g} 和 e_g^* 反键轨道全空。这些违反 18 电子规则的例外电子构型如图 13.9 所示[8]。

这种论断同样适用于其他几何构型的配合物。在大多数情况下，具有强 π 接受能力配体的配合物，18 电子构型特别稳定，如三角双锥构型的 $Fe(CO)_5$、四面体构型的 $Ni(CO)_4$。最常见的例外是平面四方型，其中 16 电子构型可能最稳定，尤其对于含有 d^8 金属的配合物。

13.3.3　平面四方型配合物

d^8 电子组态的 16 电子平面四方型配合物如图 13.10 所示。为了理解这种配合物的稳

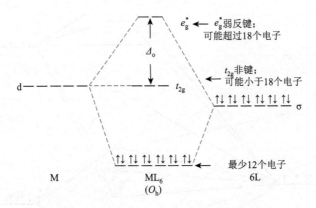

图 13.9　违反 18 电子规则的例外电子构型

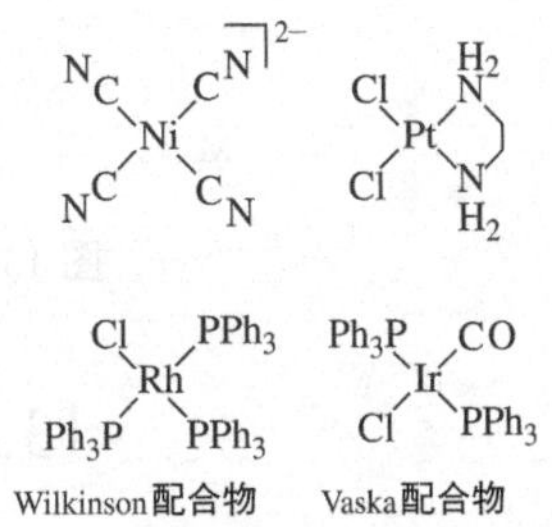

定性，有必要对它们的分子轨道进行研究。图 13.11 为平面四方型 ML_4 的分子轨道能级图，L 既是 σ 给体又是 π 受体的配体。详细的相互作用轨道对称性分析见图 10.16。

　　图中能量最低的 4 个分子轨道由配体的 σ 给体轨道与金属的 $d_{x^2-y^2}$、d_{z^2}、p_x 和 p_y 轨道作用形成，配体提供填充的 8 个电子。其上方 4 个弱成键轨道、非键轨道或弱反键轨道主要来自金属的 d_{xz}、d_{yz}、d_{xy} 和 d_{z^2} 轨道[*]，最多填充 8 个电子，由金属提供[**]。继

图 13.10　平面四方型 d^8 配合物的示例

续增加的电子占据由金属 $d_{x^2-y^2}$ 轨道和配体 σ 给体轨道相互作用形成的反键轨道（$d_{x^2-y^2}$ 轨道直接指向配体，其反键相互作用最强）。因此，对于配体同时具备 σ 给体和 π 受体能力的平面四方型配合物，16 电子构型比 18 电子构型稳定。16 电子的平面四方型配合物可在空的配位点（沿 z 轴）接受 1 个或 2 个配体达到 18 电子构型，是这类配合物普遍发生的反应（第 14 章）。

练习 13.3　验证图 13.10 中的 16 电子配合物。

　　16 电子平面四方型配合物最常见于 d^8 金属中，特别是 + 2 氧化态的金属（Ni^{2+}、Pd^{2+}、Pt^{2+}）和 + 1 氧化态的金属（Rh^+、Ir^+）。与第一周期过渡金属配合物相比，第二、三周期过渡金属平面四方型配合物更常见。平面四方型 d^8 配合物中有两个例子可被用作催化剂，分别是 Wilkinson 配合物和 Vaska 配合物。

---

　　[*] d_{z^2} 轨道具有 A_{1g} 对称性，与 A_{1g} 群轨道作用。如果只有金属轨道具有这种对称性，那么图 13.11 中 d_{z^2} 分子轨道为反键轨道。然而，相邻更高能级的金属 s 轨道同样具有 A_{1g} 对称性，该轨道参与程度越高，分子轨道的能量就越低。

　　[**] 所有这 4 个轨道的相对能量取决于含有的特定配体和金属的性质。在图 10.16 中的某些情况下，配体的 π 给体能力可以导致能级的顺序与图 13.11 中所示不同。

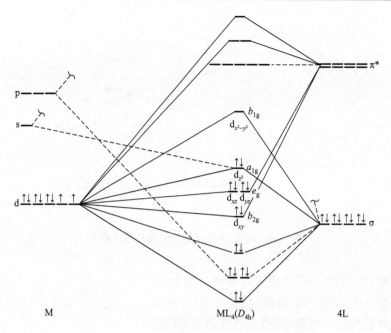

图 13.11　平面四方型配合物的分子轨道能级图

13.4　金属有机化学中的配体

利用碳与金属原子成键的配体目前已有数百种，其中一氧化碳参与形成了大量金属配合物，特别值得一提，还包括几种类似的双原子配体。许多包含线型或环状 π 体系的有机分子也形成了不计其数的金属有机配合物。在简要回顾配体本身的 π 体系之后，接下来将展开讨论包含此类配体的配合物；最后将特别关注两类极其重要的金属有机化合物：含金属-碳双键的卡宾配合物和含金属-碳三键的卡拜配合物。

13.4.1　羰基配合物

一氧化碳是金属有机化学中最常见的配体，它是二元羰基配合物如 $Ni(CO)_4$、$W(CO)_6$ 和 $Fe_2(CO)_9$ 中的唯一配体，或者与其他有机或无机配体共同配位，后者更为普遍。CO 可以与一个金属原子配位，也可以作为桥联配体连接两个或更多金属原子。本节将讨论金属与 CO 间的成键、CO 配合物的合成与反应以及各种类型的 CO 配合物示例。

成键

回顾 CO 的成键有助于接下来的讨论。图 5.13 展示了 CO 的分子轨道图，其与 N_2 分子相似。图 13.12 展示了主要源自它们 2p 原子轨道的分子轨道示意图。

CO 分子轨道有两个值得关注的特征。首先，最高占据分子轨道（HOMO）在碳原子上具有最大波瓣，正是通过这一有电子对占据的轨道，CO 才发挥了其 σ 给体作用，直接向匹配的金属轨道（未填充的 d 轨道或杂化轨道）提供电子。其次，CO 有两个空的 π^* 轨道 ［最低未占分子轨道（LUMO）］，碳上的波瓣也比氧上大，在对称性匹配的 d 轨道上拥有电子的金属原子可以提供电子给这些 π^* 轨道。这些 σ 给体和 π 受体的相互作用显示在图 13.13 中。

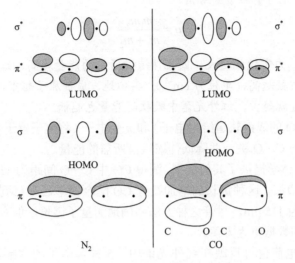

图 13.12　N_2 和 CO 的特定分子轨道

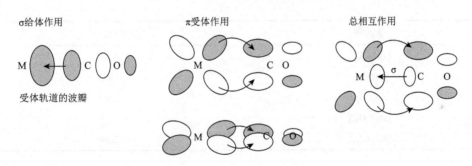

图 13.13　CO 与金属原子间的 σ 和 π 相互作用

　　总体上是二者的协同效应：CO 可以通过 σ 轨道将电子提供给金属原子；金属上的电子密度越大，电子就越能有效地返回到 CO 的 π^* 轨道。它们的净效应使金属与 CO 牢固成键，然而这种成键的强度取决于多种因素，包括配合物的电荷和金属的配体环境等。

　　练习 13.4　如图 13.12 所示，N_2 与 CO 分子轨道非常相似，N_2 的 π 电子接受能力比 CO 强还是弱？

　　如果这张图描述的 CO 与金属原子间键合是正确的，则应当得到实验证据的支持，两个相关证据分别来源于红外光谱和 X 射线晶体学数据。首先，碳和氧的键上任何变化都可以反映在 IR 的 C—O 伸缩振动上。金属有机配合物中的 C—O 伸缩信号通常非常强（C—O 键伸缩会导致偶极矩急剧变化），并且其能量通常能提供有关分子有价值的结构信息。游离一氧化碳的 C—O 伸缩振动位于 2143 cm^{-1}，而 $Cr(CO)_6$ 中 C—O 伸缩振动位于 2000 cm^{-1}；伸缩振动的能量越低，意味着 C—O 键越弱。

伸缩化学键所需的能量与 $\sqrt{\dfrac{k}{\mu}}$ 成正比，其中 k 是力常数，μ 是约化质量。对于质量为 m_1 和 m_2 的原子，约化质量由下式给出

$$\mu = \frac{m_1 m_2}{m_1 + m_2}$$

两原子间的键越强，力常数就越大，因此伸缩键所需的能量越高，红外光谱中相应谱带的能量也越高（即波数越高，单位为 cm^{-1}）。类似地，成键原子越重，即约化质量越大，则伸缩键所需的能量就越少，红外光谱中吸收的能量也越低。

σ 给电子（从 CO 的成键轨道给出电子）和 π 受电子（将电子置于 C—O 的反键轨道）作用，二者均会削弱 C—O 键，并降低伸缩该键所需的能量。

其次，X 射线晶体学提供了其他证据，测得 CO 中 C—O 间距为 112.8 pm，削弱 C—O 键导致该距离预期增加。这种键长的增加在含 CO 配合物中已观察到，任何羰基化合物的 C—O 距离都约为 115 pm。尽管这种方法明确地测量了键长，但实践中，用红外光谱获取 C—O 键强度的数据更为方便。

羰基配合物的电荷也可反映在红外光谱中。5 种等电子的六羰基配合物有以下的 C—O 伸缩谱带（便于比较，游离 CO 的 ν(CO) = 2143 cm^{-1}）[*]：

配合物	ν (CO)(cm^{-1})
$[Ti(CO)_6]^{2-}$	1748
$[V(CO)_6]^{-}$	1859
$Cr(CO)_6$	2000
$[Mn(CO)_6]^{+}$	2100
$[Fe(CO)_6]^{2+}$	2204

5 种化合物中，$[Ti(CO)_6]^{2-}$ 形式上含有 Ti(2−)，还原性最强，这意味着钛吸电子能力最弱而向 CO 反馈电子的趋势最大。金属上的形式电荷从 $[Ti(CO)_6]^{2-}$ 的−2 增加到 $[Fe(CO)_6]^{2+}$ 的 + 2，$[Ti(CO)_6]^{2-}$ 中钛的形式电荷最负，最容易向 CO 提供电子，结果 $[Ti(CO)_6]^{2-}$ 中 CO 的 π^* 轨道有大量电子填充，C—O 键的强度降低。通常，金属有机物种上的电荷越负，金属向 CO 的 π^* 轨道提供电子的趋势就越大，并且 C—O 伸缩振动的能量越低[**]。

练习 13.5　在 $[V(CO)_6]^{-}$、$[Cr(CO)_6]$ 和 $[Mn(CO)_6]^{+}$ 中，推测哪种配合物的 C—O 键最短。

阳离子羰基配合物如 $[Fe(CO)_6]^{2+}$ 怎么可能有能量比游离 CO 高的 C—O 的伸缩振动峰呢？显然，在这些配合物中 CO 配体不显示显著的 π 受体活性，因此通过这种相互作用对 C—O 键的削弱作用应该很小，但是键的强度如何增加呢？计算表明，由金属阳离子引起的极化效应在这些羰基阳离子中起主要作用[9]。

---

[*] 离子中 C—O 伸缩振动的位置可能会受到与溶剂或抗衡离子相互作用的影响，并且固体和溶液光谱可能会略有不同。

[**] 关于羰基金属阴离子和其他含有负氧化态金属配合物的综述，参见 J. E. Ellis, *Organometallics*, **2003**, *22*, 3322 与 *Inorg. Chem.*, **2006**, *45*, 3167。

在游离的 CO 中，电子向电负性更强的氧极化。例如，π 轨道中的电子集中于氧原子而不是碳原子附近，过渡金属阳离子配位后通过吸引成键电子降低 C—O 键的极性：

$$\overset{\longrightarrow}{C\equiv O} \qquad M\!-\!\overset{\longrightarrow}{C\equiv O}$$

带正电的配合物中电子均等地分配给碳和氧，从而产生更强的键和更高能量的 C—O 伸缩振动。

CO 的桥联方式

CO 在两个或更多金属原子间形成桥的情况有很多，许多桥联方式已被发现（表 13.2）。

表 13.2　CO 的桥联方式

CO 类型	中性配合物中 ν (CO)的大致范围（cm^{-1}）
游离 CO	2143
端位 M—CO	1850～2120
对称的 μ_2-CO [a]	1700～1860
对称的 μ_3-CO [a]	1600～1700
μ_4-CO	<1700（少数例子）

a　同样存在不对称桥联的 μ_2-CO 和 μ_3-CO。

桥联方式与 C—O 伸缩振动峰的位置密切相关。在 CO 桥联两个金属原子的情况下，两种金属都可以将电子贡献到 CO 的 π^* 轨道中，从而削弱 C—O 键并降低伸缩振动的能量。因此，双桥联的 CO 的 C—O 伸缩振动的能量比处于端位的 CO 低得多，如图 13.14 中的例子。3 个金属原子与三重桥联的 CO 相互作用进一步削弱了 C—O 键，其伸缩振动的红外谱带比双桥联情况下能量更低。（作为比较，有机分子中的羰基伸缩通常在 1700～1850 cm^{-1} 范围内，许多烷基酮接近 1700 cm^{-1}）

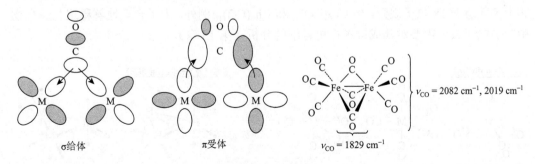

图 13.14　桥联 CO

通常，端位和桥联的羰基配体都可以认为是 2 电子给体，桥联时与金属原子共用所供电子。例如双核 Re 配合物中，桥联 CO 总体上是 2 电子给体，为每个金属提供 1 个电子。根据方法 B，每个 Re 原子的电子数为

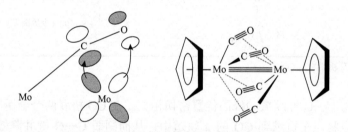

Re	7	e^-
$\eta^5\text{-}C_5H_5$	5	e^-
2(CO)（端位）	4	e^-
$\frac{1}{2}(\mu_2\text{-CO})$	1	e^-
M—M 键	1	e^-
共计 =	18	e^-

接近线型的桥联羰基尤为有趣，如$[(\eta^5\text{-}C_5H_5)Mo(CO)_2]_2$。加热$[(\eta^5\text{-}C_5H_5)Mo(CO)_3]_2$时释放出部分 CO，产物$[(\eta^5\text{-}C_5H_5)Mo(CO)_2]_2$又易与 CO 反应，使该反应逆向进行[10]：

$$[(\eta^5\text{-}C_5H_5)Mo(CO)_3]_2 \underset{}{\overset{\triangle}{\rightleftharpoons}} [(\eta^5\text{-}C_5H_5)Mo(CO)_2]_2 + 2\ CO$$

1960 cm^{-1}, 1915 cm^{-1}　　　　　　　　1889 cm^{-1}, 1859 cm^{-1}

该反应伴随着上面所述的红外光谱中 CO 区变化，Mo—Mo 的键长也缩短了约 79 pm，与金属-金属键级从 1 增加到 3 一致。计算表明一个重要原因是金属的 d 轨道向 CO 的 π^* 轨道给出电子（图 13.15）[11]，削弱了配体中的 C—O 键，导致其伸缩谱带向较低能量移动。

图 13.15　$[(\eta^5\text{-}C_5H_5)Mo(CO)_2]_2$ 中的桥联 CO

羰基配合物的红外光谱将在 13.8 节中深入讨论。

二元羰基配合物

仅含金属原子和 CO 的二元羰基配合物有很多，具有代表性的见图 13.16。这些配合物大多数遵循 18 电子规则，但 $Co_6(CO)_{16}$ 和 $Rh_6(CO)_{16}$ 例外。为了合理地解释这些簇合物中的价电子数，需要对其成键进行更详细的分析（第 15 章）。

单核$[M(CO)_x]$　　　　　　　　　　　　　　　　　多核（为了清晰CO用·表示）

M = Ni, Pd　　M = Fe, Ru, Os　　M = V, Cr, Mo, W　　$Fe_3(CO)_{12}$　　$M_3(CO)_{12}$ M = Ru, Os

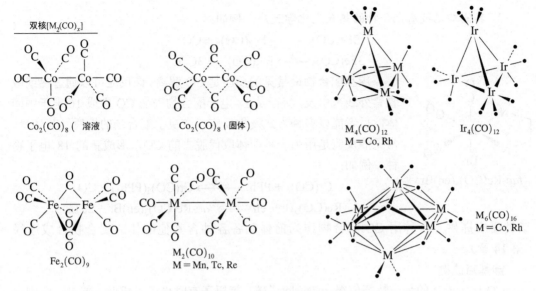

图 13.16　二元羰基配合物

另一个不遵守该规则的二元羰基配合物是 17 电子的 $V(CO)_6$，它是少数几个强 π 酸配体无法提供 18 电子构型的情况之一。在 $V(CO)_6$ 中，钒原子太小，无法形成七配位，因此不可能存在满足 18 电子构型的含金属-金属键的二聚体。但是，$V(CO)_6$ 容易还原为具有 18 电子构型的 $[V(CO)_6]^-$ 配合物。

练习 13.6　验证图 13.16 中除 $V(CO)_6$、$Co_6(CO)_{16}$ 和 $Rh_6(CO)_{16}$ 外的 5 个二元羰基配合物满足 18 电子规则。

二元羰基配合物一个有趣的结构特征是，CO 桥联过渡金属的趋势沿元素周期表逐渐下降。例如，在 $Fe_2(CO)_9$ 中有 3 个桥羰基，但在 $Ru_2(CO)_9$ 和 $Os_2(CO)_9$ 中只有 1 个。一种可能的解释是，随着金属原子增大，金属-金属键增长，桥 CO 的轨道与过渡金属原子的有效作用变差。

二元羰基配合物的合成方法很多，最常用的几种方法如下：

1. 过渡金属与 CO 直接反应：这类反应中最容易进行的是镍在常温常压下与 CO 反应：

$$Ni + 4CO \longrightarrow Ni(CO)_4$$

$Ni(CO)_4$ 是易挥发剧毒液体，必须非常小心地处理，Mond 在研究 CO 与镍屑的反应时首次发现这一特性[12]。由于该反应在高温下可以逆向进行，因此通过可逆反应从矿石中提纯镍的 Mond 工艺已用于商业化生产。其他二元羰基化合物可以从金属粉末与 CO 的直接反应中获得，但需升高温度和压力。

2. 还原羰基化：在 CO 和适当的还原剂存在下还原金属化合物。例如：

$$CrCl_3 + 6CO + Al \longrightarrow Cr(CO)_6 + AlCl_3$$

$$Re_2O_7 + 17CO \longrightarrow Re_2(CO)_{10} + 7CO_2$$

（第二个反应中 CO 为还原剂，反应需要高温高压。）

3. 其他二元羰基化合物的热或光化学反应。例如：

$$2Fe(CO)_5 \xrightarrow{hv} Fe_2(CO)_9 + CO$$

$$3Fe(CO)_5 \xrightarrow{\triangle} Fe_3(CO)_{12} + 3CO$$

羰基配合物最常见的反应是 CO 解离。该反应可以通过热或吸收紫外线来引发，特征是 18 电子配合物失去 CO 生成 16 电子中间体，后者能以多种方式发生反应，取决于配合物的性质及其环境。常见的反应是用另一种配体取代脱去的 CO，形成新的 18 电子物种。例如：

fac-Re(CO)$_3$(en)Br

$$Cr(CO)_6 + PPh_3 \xrightarrow{\triangle, hv} Cr(CO)_5(PPh_3) + CO$$

$$Re(CO)_5Br + en \xrightarrow{\triangle} fac\text{-}Re(CO)_3(en)Br + 2CO$$

该类反应提供了一种用 CO 配合物作为前体制备各种含其他配体的配合物合成途径（第 14 章）。

羰基氧成键

CO 作为配体的另一特征值得一提：除了碳，氧原子有时也可以成键。首先注意到这一现象的是金属-羰基配合物中氧充当 Lewis 酸（如 AlCl$_3$）的给体，而整个 CO 起到两个金属间的桥联功能。CO 中的氧与过渡金属原子成键，而 C—O—金属的连接通常是弯曲的，这样的例子有很多。Lewis 酸与氧结合导致 C—O 键显著减弱和伸长，在红外光谱中 C—O 伸缩振动向低能量方向偏移，范围通常为 100～200 cm^{-1}。图 13.17 中为羰基氧成键（有时称为异羰基）的示例。羰基氧参与配位的物理和化学性质已有综述报道[13]。

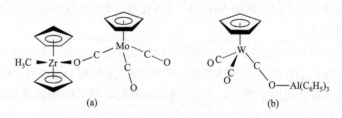

(a)　　　　　　　　　　　　　(b)

图 13.17　羰基氧成键

13.4.2　类 CO 配体

几种与 CO 相似的双原子配体值得一提。为了与 CO 比较，我们考察 3 种配体：CS（硫代羰基）、CSe（硒代羰基）和 CTe（碲代羰基）。自 1966 年首次报道硫代羰基配合物[14]以来，CS 配合物领域得到广泛的探索，但是包含 CSe 和 CTe 配体的配位化学更具挑战性[15]。部分原因是，这两种配体缺乏像 CS 配合物（来自 CS$_2$ 和 Cl$_2$CS）和 CO 配合物方便易得的来源，因此相对较少的 CSe 和 CTe 配合物不能视为其稳定性的指标。硫代羰基配合物作为硫转移反应的可能中间体，在天然燃料脱硫中具有重要意义。近年来不断设计出合成路径，含有这些配体的配位化学得到了迅速发展。

CS、CSe 和 CTe 的成键方式与 CO 相似，因为它们既是 σ 给体，又是 π 受体，并且能以端位或桥联的方式与金属成键。前三个配体主要起着比 CO 更强的 σ 给体和 π 受体的作用[16]。在几个例子中，已经制得配体 CO～CTe 的同构配合物，为比较它们的结构和光谱提供了机会。表 13.3 给出一组钌配合物的数据，这一系列配合物从上到下，Ru—C 键长的缩短与配体的 π 受体活性的增加、Ru—C 成键轨道电子填充一致。尽管造成这种现象的部分原因来自配体的 π 受体能力增强导致 C—E 伸缩频率降低，但主要原因是杂原子 E 质量的增加。

表 13.3　CO、CS、CSe 和 CTe 的配合物

CE	$\nu(C—E)(cm^{-1})$	Ru—C 距离(nm)
CO	1934	1.829
CS	1238	1.793
CSe	1129	1.766
CTe	1024	1.748

数据来自 Y. Mutoh, N. Kozono, M. Araki, N. Tsuchida, K. Takano, Y. Ishii, *Organometallics*, **2010**, *29*, 519。

其他与 CO 等电子的配体表现出与 CO 类似的结构和化学性质也不足为奇，典型的两个例子是 CN⁻和 N₂。CN⁻的配合物比羰基配合物历史久远，含有$[Fe(CN)_6]^{3-}$的蓝色配合物（普鲁士蓝和藤氏蓝）已在油漆和油墨中用作颜料约三个世纪。CN⁻是比 CO 强的 σ 给体和弱得多的 π 受体，总体而言，它在光谱化学序列中接近 CO*。与大多数有机配体（与低氧化态金属键合）不同，氰根离子易与高氧化态金属配位。作为良好的 σ 给体，CN⁻与带正电的金属离子发生强烈相互作用，同时作为比 CO 弱的 π 受体，部分源于 CN⁻的负电荷及其高能量的 π*轨道，CN⁻不能稳定金属低氧化态。CN⁻的化合物通常划为经典配位化学而非金属有机化学的研究内容。

氢酶含有 CO 与 CN⁻，二者同时与铁配位，该发现引发了人们对同时含有这两种配体的配合物的兴趣。值得注意的是，在 2001 年之前，只有两个同时含有 CO 和 CN⁻的单核铁配合物，分别是$[Fe(CO)(CN)_5]^{3-}$（报道于 1887 年）和$[Fe(CO)_4(CN)]^-$（报道于 1974 年），现在$[Fe(CO)_2(CN)_4]^{2-}$和 *fac*-$[Fe(CO)_3(CN)_3]^-$的顺反异构体均已制得，可以使用 $Fe(CO)_4I_2$ 制备这两个混合配体的配合物[17]：

$$Fe(CO)_4I_2 \xrightarrow{3CN^-} fac\text{-}[Fe(CO)_3(CN)_3]^- \xrightarrow{CN^-} cis\text{-}[Fe(CO)_2(CN)_4]^{2-}$$

配合物 *trans*-$[Fe(CO)_2(CN)_4]^{2-}$可在 CO 气氛下向 $FeCl_2$ 溶液中加入氰化物制备而得[18]：

$$FeCl_2(aq \text{ 或 } CH_3CN) + 4CN^- \xrightarrow{CO} trans\text{-}[Fe(CO)_2(CN)_4]^{2-}$$

氮分子是一种比 CO 更弱的给体和受体。但是，N₂ 配合物引起了人们的极大兴趣，主要是因为它是一种能够模拟自然界固氮过程的可能的反应中间体。

---

* 这些配体在 Fe 的混配配合物中的对比，参见 C. Loschen, G. Frenking, *Inorg. Chem.*, **2004**, *43*, 778。

NO 配合物

NO（亚硝酰基）配体与 CO 有很多相似之处。它和 CO 一样既是 σ 给体又是 π 受体，可以作为端位配体，也可以作为桥联配体，通过红外光谱可以获得其化合物的相关信息。但是，它与 CO 又有所不同，端位 NO 有两种常见的配位方式，即线型（类似 CO）和弯曲型。图 13.18 是 NO 配合物的例子。

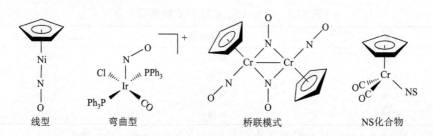

线型　　　　　弯曲型　　　　　桥联模式　　　　　NS化合物

图 13.18　NO 与 NS 配合物的例子

两种配体的线型成键方式间通常可进行形式上的类比。NO⁺ 与 CO 是等电子，因此在与金属成键时，利用电子计数方案 A 将线型 NO 视作 2 电子给体 NO⁺；利用中性配体法（B），线型 NO 视作 3 电子给体（它比 2 电子给体 CO 多提供一个电子）。

NO 的弯曲配位方式形式上可以认为产生于 NO⁻，弯曲的几何结构表明氮原子为 sp^2 杂化。因此，根据电子计数方案 A，弯曲型 NO 是 2 电子给体 NO⁻；根据中性配体模型，它被认为是单电子给体。

尽管这些电子计数方法对 NO 配合物很有用，但它们并未描述 NO 实际上如何与金属成键。NO⁺、NO 或 NO⁻ 的用法并不能说明配位 NO 的离子或共价程度，这些标记只是为计算电子数方便而已。

NO 线型和弯曲型成键方式的结构信息汇总在图 13.19，每种模式都有许多已知的配合物，而且有的同一配合物含有两种方式。尽管线型配位的 N—O 伸缩振动通常比弯曲型能量高，但由于两种谱带范围有重叠，仅靠红外光谱不足以区分它们。此外，线型配位时，晶体中分子堆积方式可能会使金属—N—O 键发生明显的弯曲远离 180°。

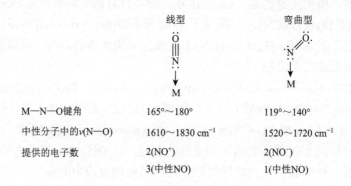

	线型	弯曲型
M—N—O键角	165°～180°	119°～140°
中性分子中的ν(N—O)	1610～1830 cm⁻¹	1520～1720 cm⁻¹
提供的电子数	2(NO⁺)	2(NO⁻)
	3(中性NO)	1(中性NO)

图 13.19　NO 的线型和弯曲型成键模式

　　Cr(NO)$_4$ 是一例已知仅含 NO 配体的化合物，呈四面体构型，是 Ni(CO)$_4$ 的等电子体*。亚硝酰基在一些化合物中是桥联配体，中性情况下认为是形式上 3 电子给体。硝普钠离子 [Fe(CN)$_5$(NO)]$^{2-}$ 是一种 NO 配合物，用作治疗高血压的血管扩张药，它的疗效源自其释放 NO 配体的能力，NO 有舒张血管的功能。

　　近年来，已经合成了数十种含有等电子的 NS（硫代亚硝酰基）配体的化合物，图 13.18 是其中一例。与 NO 相似，NS 也可以作为线型、弯曲型和桥联方式的配体。总体来说，报道称 NS 是一个比 NO 强的 σ 给体和弱的 π 受体，因为 NS 中氮原子上负电荷更集中。NO 和 NS 配体的极性差异也导致其配合物的电子光谱显著不同[19]。NSe（硒代亚硝酰基）配合物的化学领域有限，只有一例配合物被报道[20]。

13.4.3　氢化物和双氢配合物

　　在所有可能的配体中最简单的是氢原子，同样，可能的双原子配体中最简单的是 H$_2$。正是因为其简单，这些配体在建立配合物成键方式模型方面备受关注。而且，这两种配体在有机合成和催化过程方面的应用对金属有机化学的发展都起着重要作用。

氢化物

　　尽管氢原子几乎能与所有元素成键，但我们将专门考虑含有 H 与过渡金属成键的配合物[21]。因为氢原子只有一个能量适合的 1s 轨道用于成键，所以 H 与过渡金属间的键一定是 σ 相互作用，而金属则可能提供 s、p 和/或 d 轨道。作为配体，H 可被视作氢离子，为 2 电子给体（:H$^-$，方法 A），或中性单电子给体（H 原子，方法 B）。

　　虽然一些过渡金属配合物仅含氢离子配体 [如九配位 [ReH$_9$]$^{2-}$ 离子（图 9.35），三帽三棱柱构型的经典示例] [22]，但我们主要关注那些 H 和其他配体混配的化合物。制备这种配合物的方法很多，最常见的合成方法可能是用过渡金属配合物与 H$_2$ 反应。例如：

$$Co_2(CO)_8 + H_2 \longrightarrow 2HCo(CO)_4$$

$$trans\text{-}Ir(CO)Cl(PEt_3)_2 + H_2 \longrightarrow Ir(CO)Cl(H)_2(PEt_3)_2$$

羰基、氢混配化合物也可以通过还原羰基配合物然后加酸制得。例如：

$$Co_2(CO)_8 + 2Na \longrightarrow 2Na^+[Co(CO)_4]^-$$

$$[Co(CO)_4]^- + H^+ \longrightarrow HCo(CO)_4$$

过渡金属氢化物化学最有意义的一面是氢配体与分子氢配体 H$_2$ 化学之间的关系。

双氢配合物

　　含有 H$_2$ 分子与过渡金属配位的配合物尽管已提出多年，但直到 1984 年 Kubas 合成 M(CO)$_3$(PR$_3$)$_2$(H$_2$)（M = Mo 或 W，R = 环己基或异丙基）时[23]，才首次对双氢配合物进行结构表征。随后，许多 H$_2$ 配合物得到鉴定，关于该配体的化学也迅速发展。

　　双氢与过渡金属间的成键方式如图 13.20 所示。H$_2$

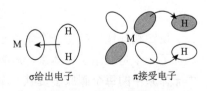

σ 给出电子　　　　π 接受电子

图 13.20　双氢配合物的成键情况

---

* 仅包含一种配体的化合物被称为均配化合物，如 Cr(NO)$_4$ 中的 NO 和 Mo(CO)$_6$ 中的 CO。

能够提供 σ 电子到配位的金属空轨道（如 d 轨道或杂化轨道），配体空的 σ^* 轨道可以接受来自金属 d 轨道的电子，与自由 H_2 相比，结果 H—H 键变弱拉长。相比于自由 H_2 的键长 74.14 pm，双氢配合物中典型 H—H 键长在 82～90 pm 范围内。

这种成键方式导致与其他供-受配体（如 CO）不同的有趣结果。如果金属富含电子并强烈地供电子到 H_2 的 σ^* 轨道，则配体中的 H—H 键会断裂生成单独的 H 原子。因此，寻找稳定的 H_2 配合物主要集中在供电子可能相对较弱的金属上，如高氧化态或被强电子受体配体包围的金属，CO 和 NO 这类好的 π 受体稳定双氢配体特别有效。

练习 13.7 解释为什么 $Mo(PMe_3)_5H_2$ 是一个氢化物（有两个独立的 H 配体），但 $Mo(CO)_3(PR_3)_2(H_2)$ 含有双氢配体（Me ＝ 甲基，R ＝ 异丙基）。

氢在金属中心的各种反应中，双氢配合物常被认为是中间体，其中一些反应在催化过程中具有商业意义。随着对这种配体的了解更全面深入，其化学应用可能变得极为重要。

13.4.4 扩展 π 体系的配体

尽管图示描述 CO 和 PPh_3 这类配体如何与金属成键相对简单，但解释金属和扩展 π 体系有机配体之间的键更加复杂。例如，二茂铁中 C_5H_5 环如何与铁结合，1, 3-丁二烯如何与金属成键？为了了解金属和 π 体系之间的成键，必须考虑配体内的 π 键。我们将首先描述线型和环状 π 体系自身，然后再讨论含有这些体系的分子如何与金属成键。

线型 π 体系[*]

最简单的线型 π 体系有机分子是乙烯，其碳原子上两个 2p 轨道互相作用，因此有一个 π 键。如图所示，这些 p 轨道相互作用导致一个成键轨道和一个反键 π 轨道。

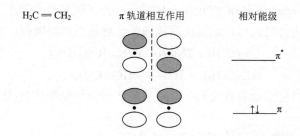

$H_2C = CH_2$ 　　π 轨道相互作用 　　相对能级

反键相互作用产生一个垂直于核间轴的节面，但成键相互作用没有。

下一个是三原子 π 体系，π-烯丙基自由基 C_3H_5。在此示例中需要考虑 3 个 2p 轨道，由 π 体系中的每个碳原子贡献一个。可能的相互作用如下图所示：

---

[*] 在本节中"线型"的概念是广义的，不仅包括碳在一条直线上的配体，也包括在内部 sp^2 碳原子弯曲的非环状配体。简单见，附图中也用直线排列表示。此外，本节中的 p 轨道未按比例绘出。图中表示相邻轨道间的成键与反键作用，但并未用不同的尺寸表示单个轨道对分子轨道的相对贡献。

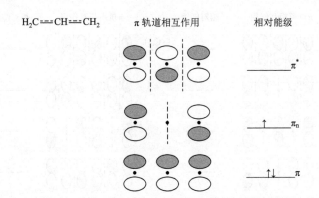

该体系中最低能量 π 分子轨道由全部 3 个 p 轨道相互作用形成，为成键分子轨道。能量较高的是非键轨道（π_n），有一个节面平分分子，穿过中心碳原子。本示例中，中心碳的 p 轨道未参与形成分子轨道，节面穿过该 π 轨道中心而阻止了其成键。能量最高的是反键 π^* 轨道，每两个相邻的碳原子 p 轨道均呈反键相互作用。

从低能轨道到高能轨道，垂直于碳链的节面数增加。例如，在 π-烯丙基体系中，从最低到最高能量轨道，节面的数量从 0 到 1 再到 2 递增。下面的例子也存在这种趋势。

1, 3-丁二烯有顺式和反式两种构型，为了便于理解，我们将两种构型均视为线型体系，在每个例子中分子轨道的节面和四原子的线型 π 体系相同。链中碳原子的 2p 轨道可以以 4 种方式互相作用，能量最低的 π 分子轨道中相邻的 p 轨道间均为成键作用，随着原子间节面的增加，其他 π 轨道的能量升高。

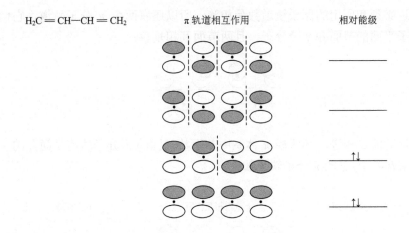

在更长的 π 体系中可以得到相似的形式，图 13.21 中是另外两个例子。π 分子轨道的数量和 π 体系中碳的数量相等。

π轨道相互作用　　　相对能级　　　　　π轨道相互作用　　　相对能级

C₅H₇

C₆H₈

图 13.21　线型体系的 π 轨道

环状 π 体系

处理环状 π 体系烃轨道的图形过程和线型体系类似。最小的环状烃为 *cyclo*-C_3H_3，该体系中最低能量 π 分子轨道源自环中的每个 2p 轨道之间的成键作用：

由于分子轨道必须和所用的原子轨道数量相等，所以还有两个 π 分子轨道，它们各有一个垂直于分子平面的节面并平分分子，且两节面互相垂直：

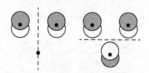

两个分子轨道的能量相等。环状烃 π 体系中节面数相同的 π 分子轨道是简并的（能量相等），因此 *cyclo*-C_3H_3 总的 π 分子轨道如下：

cyclo-C_3H_3　　　　　　π轨道相互作用　　　　　　　相对能级

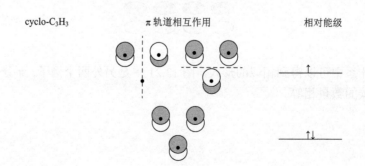

对于正多边形的环状 π 体系，确定 p 轨道相互作用和相对能量的简单办法是画出这个正多边形且使得一个顶点向下，每个顶点对应一个分子轨道的相对能量。此外，垂直于分子平面的节面数随着能量增加而增多；最低轨道没有节面，其上一对轨道有一个节面，以此类推。例如，利用这种方式预测下一个环状 π 体系 *cyclo*-C_4H_4（环丁二烯）的分子轨道[*]：

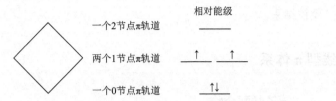

在其他环状 π 体系中也有类似结果，如图 13.22 中的两个例子。在这些图中，节面是对称排列的，如 *cyclo*-C_4H_4 中，两个单节面分子轨道的节面平分分子，两侧轨道方向相反，轨道间节面彼此垂直。该分子的双节面轨道中节面也互相垂直。

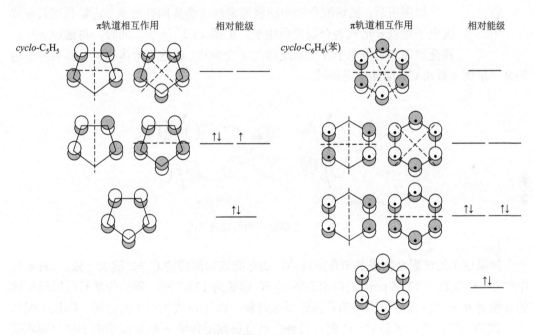

图 13.22　环状 π 体系的分子轨道

这种方法似乎过于简化，但得到的节面特征和相对能量与分子轨道计算结果相同。对分子式为 C_nH_n（$n = 3 \sim 8$）的环状烃，Cotton 给出了获取分子轨道方程的方法[25]。在整个讨论过程中，我们并未给出 π 分子轨道的实际形状，而用的是 p 轨道，两种方式的

---

　　* 该方法预测了环丁二烯有双自由基（每个单节面轨道含一个电子）。尽管环丁二烯自身非常不稳定（P. Reeves, T. Devon, R. Pettit, *J. Am. Chem. Soc.*, **1969**, *91*, 5890），但含有环丁二烯衍生物的配合物是存在的。在 8 K 时，环丁二烯可以在氩气中分离出来（O. L. Chapman, C. L. McIntosh, J. Pacansky, *J. Am. Chem. Soc.*, **1973**, *95*, 614；A. Krantz, C. Y. Lin, M. D. Newton, *J. Am. Chem. Soc.*, **1973**, *95*，2746）。

节面特征（π 轨道和所用的 p 轨道）相同，因此足以用于讨论下列与金属的成键[*]。

13.5　金属原子和有机 π 体系间的成键

本节开始讨论包括这些体系的金属-配体相互作用。我们将从最简单的线型体系乙烯开始，以二茂铁结束。

13.5.1　线型 π 体系

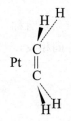

π-乙烯配合物

许多配合物都以乙烯（C_2H_4）作为配体，其中包括 Zeise 盐阴离子$[Pt(\eta^2\text{-}C_2H_4)Cl_3]^-$。在这类配合物中，乙烯通常作为侧基配体，相对于金属具有右图所示几何构型。

如图所示，乙烯配合物中的氢通常远离金属向外弯曲。乙烯利用其 π 成键电子对以 σ 形式为金属提供电子，如图 13.23 所示。同时，再通过 π 形式将金属的 d 轨道电子反馈给配体的 π^* 空轨道。这是 σ 给体和 π 受体共同作用的又一示例，曾在 CO 配体中遇到过。

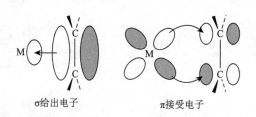

σ给出电子　　　　　　　π接受电子

图 13.23　乙烯配合物的成键情况

如果这个乙烯配合物成键图是正确的，那它应该和测得的 C—C 键长一致。Zeise 盐中的 C—C 键长为 137.5 pm，而自由乙烯 C—C 键长为 133.7 pm。键长的增长可以用配体的 σ 给体和 π 受体这两个因素的共同作用来解释：以 σ 形式供电子给金属，降低了配体中 π 键的电子密度，削弱 C—C 键。另外，从金属到配体的 π^* 轨道反馈电子使反键轨道布居电子，同样削弱 C—C 键。净的结果使 C_2H_4 配体中的 C—C 键增长，因此配位乙烯的振动频率比自由乙烯的能量低：例如 Zeise 盐离子中 C=C 键为 $1516\ cm^{-1}$，而自由乙烯中为 $1623\ cm^{-1}$。

π-烯丙基配合物

烯丙基利用前述的离域 π 轨道时通常作为三齿配体，如果是以 σ 键和金属配位则为单齿配体，这类配位方式的例子显示在图 13.24 中。

---

[*] 许多线型和环状 π 体系的分子轨道图可以在 W. L. Jorgenson 和 L. Salem 的 *The Organic Chemist's Book of Orbitals* 中找到（Academic Press, New York, 1973）。

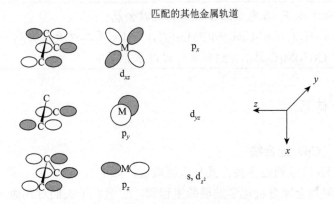

η^3-C$_3$H$_5$:　　　　　　　　　　　　　　　η^1-C$_3$H$_5$:

图 13.24　烯丙基配合物示例

η^3-C$_3$H$_5$ 和金属原子之间的成键如图 13.25 所示。最低能量的 π 轨道以 σ 成键方式向匹配的金属轨道提供电子。能量处于中间的为自由烯丙基的非键轨道，可作为给体或受体，取决于金属和配体间的电子分布。最高能量的 π 轨道为受体，因此烯丙基和金属间成键是 σ 和 π 共同作用的结果。配体中 C—C—C 键角约为 120°，符合 sp^2 杂化。

匹配的其他金属轨道

图 13.25　η^3-烯丙基配合物的成键情况

烯丙基配合物（或取代烯丙基配合物）是许多反应的中间体，其中一些正是利用该配体 η^3 和 η^1 两种方式的互变功能。含有 η^1-烯丙基配体的羰基配合物失去 CO 后，经常导致 η^1-烯丙基转化为 η^3-烯丙基。例如：

$$[Mn(CO)_5]^- + C_3H_5Cl \longrightarrow (\eta^1\text{-}C_3H_5)Mn(CO)_5 \xrightarrow{\triangle\text{或}h\nu} (\eta^3\text{-}C_3H_5)Mn(CO)_4$$
$$+ Cl^- \qquad\qquad + CO$$

[Mn(CO)$_5$]$^-$ 离子取代氯丙烯中的 Cl$^-$ 产生含有 η^1-C$_3$H$_5$ 的 18 电子产物；当失去一个 CO 时，烯丙基会转变为三齿配体，仍然为 18 电子。

其他线型 π 体系

其他此类体系已有很多，图 13.26 中展现的是有更长 π 有机配体的几个例子。丁二

烯和更长的共轭 π 体系可能存在异构体（顺式和反式丁二烯），更大的环状 π 体系配体可能沿环的一部分延伸。如环辛二烯（COD），其 1, 3-异构体与丁二烯类似都是四原子 π 体系；1, 5-环辛二烯则有两个独立的双键，它可以利用其中之一或两个都与金属作用，类似于乙烯。

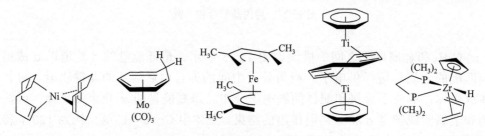

图 13.26　含有线型 π 体系的分子示例

练习 13.8　确定以下 18 电子配合物中的过渡金属：

　　a. $(\eta^5\text{-}C_5H_5)(cis\text{-}\eta^4\text{-}C_4H_6)M(PMe_3)_2(H)$（M = 第二过渡系金属）

　　b. $(\eta^5\text{-}C_5H_5)M(C_2H_4)_2$（M = 第一过渡系金属）

13.5.2　环状 π 体系

环戊二烯基（Cp）配合物

环戊二烯 C_5H_5 可以通过多种方式与金属成键，如 η^1-、η^3-、η^5-。第一个环戊二烯配合物二茂铁的发现是金属有机化学发展的里程碑，它激发了人们对其他 π 键有机配体化合物的探索，并开发出取代环戊二烯配体，如 $C_5(CH_3)_5$（缩写为 Cp*）和 $C_5(benzyl)_5$。

二茂铁和其他环戊二烯配合物可以通过含有 $C_5H_5^-$ 的金属盐反应制得*。

$$FeCl_2 + 2NaC_5H_5 \longrightarrow (\eta^5\text{-}C_5H_5)_2Fe + 2NaCl$$

二茂铁(η^5-C$_5$H$_5$)$_2$Fe

二茂铁是一系列夹心化合物金属茂的原型，通式为$(C_5H_5)_2M$，有两种电子计数方式：一种可将其视为含两个六电子环戊二烯基($C_5H_5^-$)离子的 Fe(II) 配合物，另一种则是 Fe(0)和两个中性的五电子 C_5H_5 配体配位。二茂铁中实际的成键情况更为复杂，需分析金属-配体的各种相互作用。和常规一样，中心 Fe 和两个 C_5H_5 环间对称性匹配的轨道互相作用，且假定具有相近能量的轨道间相互作用最强。

便于分析，我们参考图 13.22 中 C_5H_5 环的 π 分子轨道，其中二茂铁中的两个环平行排列，将金属原子"夹心"在中间。二茂铁分子在气相和低温时为重叠型 D_{5h} 构象[26, 27]，我们将基于该构象展开讨论。基于交错型 D_{5d} 构象可用相同方法得到相

---

* NaC$_5$H$_5$ 的四氢呋喃溶液，市售产品，或者通过双环戊二烯裂解然后还原制备 NaC$_5$H$_5$：

$$C_{10}H_{12}（双环戊二烯）\longrightarrow 2C_5H_6（环戊二烯）$$

$$2Na + 2C_5H_6 \longrightarrow 2NaC_5H_5 + H_2$$

似的分子轨道图, 此构象的成键描述在化学文献中很常见, 因为这曾经被认为是该
分子最稳定的构象[*]。

在建立一对 C_5H_5 环的群轨道时, 我们把能量和节面数相同的分子轨道配对。例如,
一个环中零节面轨道与另一个环零节面轨道配对[**], 同时分子轨道配对时须节面重合。
另外配对中, 环分子轨道有两种可能的取向: 一种是相同符号的波瓣指向彼此, 另
一种是相反符号的波瓣指向彼此。例如, C_5H_5 环的零节面轨道可以通过以下两种方式
配对:

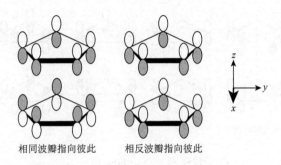

相同波瓣指向彼此　　　　相反波瓣指向彼此

C_5H_5 配体产生的十个群轨道如图 13.27 所示。

绘制二茂铁分子轨道图现在就变成一个将 Fe 中适当对称性的 s 轨道、p 轨道和 d 轨
道与配体群轨道相匹配的过程。

我们将说明其中一种发生在 Fe 的 d_{yz} 轨道和其匹配群轨道之间的相互作用 (单节点
的群轨道如图 13.27 所示)。这种相互作用产生了一个成键轨道和一个反键轨道:

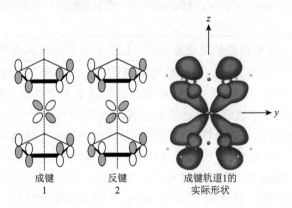

成键　　　　反键　　　　成键轨道1的
 1　　　　　 2　　　　　 实际形状

Gary O. Spessard 和 Gary L. Miessler 选绘的原子轨道 (经许可转载)

---

[*] 二茂铁类似物 $C_5(CH_3)_5$ 和 $C_5(benzyl)_5$ 具有交错型的 D_{5d} 对称性, 其他几种金属茂也一样, 参见 M. D. Rausch, W-M. Tsai,
J. W. Chambers, R. D. Rogers, H. G. Alt, *Organometallics*, **1989**, *8*, 816. 不同构象的二茂铁的能量对比计算, 参见 S. Coriani, A.
Haaland, T. Helgaker, P. Jørgensen, *Chem Phys Chem*, **2007**, *7*, 245。

[**] 不包括与 C_5H_5 环共面的节面。

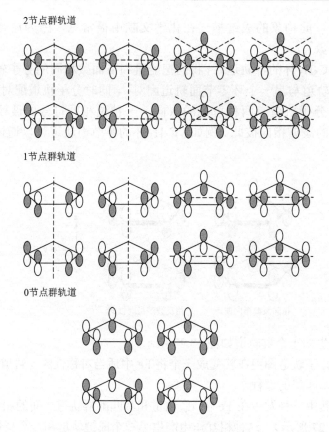

2节点群轨道

1节点群轨道

0节点群轨道

图 13.27　Gary O. Spessard 和 Gary L. Miessler 关于二茂铁的配体 C_5H_5 群轨道（经许可转载）

练习 13.9　确定 Fe 中哪些轨道适合与图 13.27 中其余的群轨道相互作用。

图 13.28 展示了二茂铁完整的分子轨道能级图。d_{yz} 成键作用形成的分子轨道在分子轨道图中标记为 **1**，含有一对电子；它对应的反键轨道 **2** 是空轨道。将图 13.27 中其他的群轨道和图 13.28 中的分子轨道配对是验证金属-配体相互作用的有效方法。

拥有最大 d 轨道特征的二茂铁轨道同时也是最高占据分子轨道和最低未占分子轨道（HOMO 和 LUMO），即图 13.28 中的框选轨道。其中两个轨道，以 d_{xy} 和 $d_{x^2-y^2}$ 为主要特征的一对简并轨道，弱成键，并被两对电子占据；一个轨道以 d_{z^2} 为主要特征，基本为非键轨道也被一对电子占据；其余两个以 d_{xz} 和 d_{yz} 为特征的是空轨道。这些轨道的相对能量及其 d 轨道-群轨道相互作用如图 13.29 所示[28]。

---

*　图 13.29 中相对能量最低的三个轨道是有争议的。紫外光电子能谱的结果和图中所示一致，大部分为 d_{z^2} 特征的轨道的能量比含有这对 d_{xy} 和 $d_{x^2-y^2}$ 特征的轨道的能量稍高。然而相对较新的一篇报道认为有 d_{z^2} 特征的轨道比对简并轨道能量低，而对于有些金属茂，这些轨道的顺序可能相反。参见 A. Haaland, *Acc. Chem. Res.*, **1979**, *12*, 415；Z. Xu, Y. Xie, W. Feng, H. F. Schaefer III, *J. Phys. Chem. A*, **2003**, *107*, 2716。2003 年的论文同时还利用(η^5-C_5H_5)Ni 讨论了金属茂(η^5-C_5H_5)$_2$V 的轨道能量。

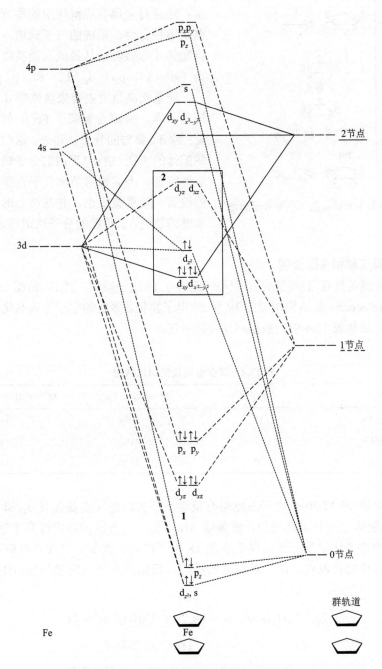

图 13.28　二茂铁的分子轨道能级图

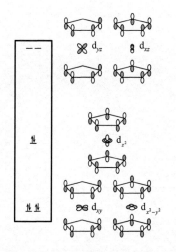

图 13.29　拥有最大 d 特征的二茂铁分子轨道

现在可以总结二茂铁中全部的成键情况。η^5-C_5H_5 配体的占有轨道因与铁相互作用而稳定；注意与金属有成键作用的零节面和单节面群轨道稳定性，形成的分子轨道本质上基本来自配体 [这些轨道从最低到最高能量分别标记为（d_{z^2}, s），p_z，（d_{yz}, d_{xz}）和（p_x, p_y）]。

能量次高轨道主要来自铁的 d 轨道，和预期的一样，由 d^6 金属离子 Fe(Ⅱ) 的 6 个电子占据；除 d_{z^2} 参与的分子轨道外，这些轨道也有一些配体的特征。由 d_{z^2} 形成的分子轨道几乎没有配体特征，因其锥形节面几乎直指匹配群轨道的波瓣，使重叠很小，并在铁上形成一个基本非键的轨道。二茂铁的分子轨道描述符合 18 电子规则。

其他金属茂和相关配合物

其他的金属茂具有相似的结构，但不一定遵守 18 电子规则。例如，钴茂（cobaltocene）和镍茂（nickelocene）是结构相似的 19 和 20 电子物种。多出的电子导致其化学和物理性质有所不同，这从表 13.4 中的数据对比可以看出。

表 13.4　某些金属茂的对比数据

化合物	价电子数	M—C 键长（pm）	M^{2+}—C_5H_5 解离 ΔH(kJ/mol)
(η^5-C_5H_5)$_2$Fe	18	206.4	1470
(η^5-C_5H_5)$_2$Co	19	211.9	1400
(η^5-C_5H_5)$_2$Ni	20	219.6	1320

金属茂中第 19 和 20 个电子占据略有反键特征的轨道（主要含有 d_{xz} 和 d_{yz} 特征）；结果是金属-配体之间的距离增加，解离焓 ΔH 降低。二茂铁的稳定性高于钴茂和镍茂，后两者发生的许多化学反应都倾向于生成 18 电子产物。例如，二茂铁对碘不活泼，并且很少参与其他配体取代环戊二烯配体的反应，而钴茂和镍茂则参与反应生成 18 电子产物：

$$2(\eta^5\text{-}C_5H_5)_2Co + I_2 \longrightarrow 2[(\eta^5\text{-}C_5H_5)_2Co]^+ + 2I^-$$

$\quad\quad$ 19e$^-$ $\quad\quad\quad\quad\quad\quad\quad\quad$ 18e$^-$二茂钴离子

$$(\eta^5\text{-}C_5H_5)_2Ni + 4PF_3 \longrightarrow Ni(PF_3)_4 + 有机产物$$

$\quad\quad$ 20e$^-$ $\quad\quad\quad\quad\quad\quad\quad\quad$ 18e$^-$

二茂钴离子和氢化物反应生成夹心型 18 电子中性化合物，其中一个环戊二烯基变为 η^4-C_5H_6（图 13.30）。

但是，二茂铁绝对不是化学惰性的物质，它可以进行多种反应，包括许多在环戊二烯基环上的反应。一个很好的例子是酰基亲电取代（图 13.31），它与苯及其衍生物的反应等效。通常二茂铁的芳环亲电取代反应比苯快得多，说明了夹心化合物环中的电子密度更集中。

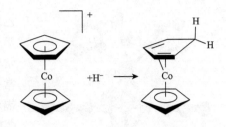

图 13.30 二茂钴离子和氢化物的反应

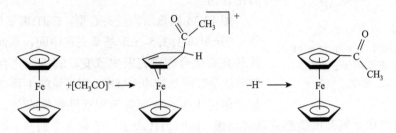

图 13.31 二茂铁的酰基亲电取代

在含有二茂铁的化合物中，最漂亮的是六铁茂基苯，一种分子"摩天轮"（图 13.32），在 2006 年被合成前已经被寻找多年。该化合物最初由六碘代苯和二茂铁基锌反应获得，一个苯环上有六个二茂铁基团作为取代基[29]。六铁茂基苯上的高度空间位阻导致二茂铁在苯环周围上下交替排列，C—C 键长也交替为 142.7 ppm 和 141.1 pm，而苯本身则为椅式构象。

同样也存在双核金属茂（夹心结构中心有两个原子而不是一个原子），其中最著名的可能是十甲基二茂二锌$(\eta^5$-$C_5Me_5)_2Zn_2$（图 13.33），由十甲基二茂锌$[(\eta^5$-$C_5Me_5)_2Zn]$和二

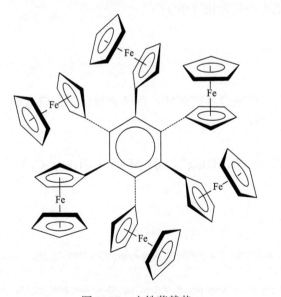

图 13.32 六铁茂基苯

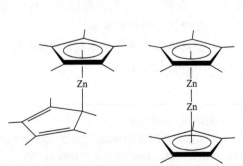

图 13.33 十甲基二茂锌和十甲基二茂二锌

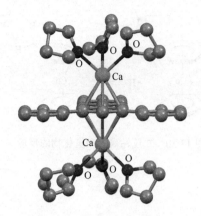

图 13.34 反夹心化合物
$[(thf)_3Ca\{\mu\text{-}C_6H_3\text{-}1, 3, 5\text{-}Ph_3\}Ca(thf)_3]$
（根据 CIF 数据绘制分子结构图，
为了清楚起见，省略了氢原子）

乙基锌制备[30]。特别值得注意的是，$(\eta^5\text{-}C_5Me_5)_2Zn_2$ 是第一个含有锌-锌键的稳定分子，此外，其锌原子为非常罕见的 + 1 氧化态。在 12 族元素中，到目前为止最常呈现这种氧化态的是汞，最常见的为 Hg_2^{2+} 离子[*]；而镉和锌化合物中金属几乎全是 + 2 氧化态。金属茂$(\eta^5\text{-}C_5Me_5)_2Zn_2$ 中 C_5Me_5 环相互平行，锌-锌键长为 230.5 pm，与单键相同。自从这种化合物首次被报道以来，人们重新对含有锌-锌键的分子产生了兴趣并催生出很多有趣的化合物[31]。

图 13.34 则显示为反夹心型，Ca(I)离子处于外侧，环形的π配体 1, 3, 5-三苯基苯夹在中间，从而使金属茂及其夹心化合物研究发生改变。制备该化合物最有效的方法是在四氢呋喃溶液中，用足量的 1-溴-2, 4, 6-三苯基苯催化 1, 3, 5-三苯基苯和活性钙反应[32]。尽管该反应产物对水汽和空气高度敏感并且可自燃，但它仍代表了一个碱土金属 + 1 氧化态的罕见例子。

含环戊二烯基和 CO 配体的配合物

许多配合物同时含有 Cp 和 CO 配体，包括"半夹心"化合物，如$(\eta^5\text{-}C_5H_5)Mn(CO)_3$ 和二聚及更大的分子簇（图 13.35）。对于二元 CO 配合物，CO 在第二、三过渡金属配合物作为桥联配体表现为减少的趋势。

夹心化合物中还有许多其他线型和环状配体，部分这些配体的配合物例子如图 13.36[**]所示。根据配体和金属（或多个金属）对电子的需求，这些配体可能以单配位或多配位的方式成键，并且可能桥联两种或者更多金属。特别有趣的是，在一些情况下环状配体可以桥联金属形成"三层"甚至更高层数的夹心化合物（图 13.1）。

13.5.3 富勒烯配合物

作为巨大的π体系，富勒烯早就被认为是过渡金属的配体，多种金属已制备成富勒烯-金属化合物[***]，它们具有以下几种结构类型：

• 与四氧化锇的氧加成[33]。
• 富勒烯本身作为配体的配合物[34]。例如：$Fe(CO)_4(\eta^2\text{-}C_{60})$、$Mo(\eta^5\text{-}C_5H_5)_2(\eta^2\text{-}C_{60})$、$[(C_6H_5)_3P]_2Pt(\eta^2\text{-}C_{60})$。

---

[*] 经典的 Hg(I)或亚汞离子。

[**] 有关发现前两种分子的有趣历史描述，参见 D. Seyferth 的文章：二环辛四烯铀，*Organometallics*, **2004**, *23*, 3562；二苯铬，*Organometallics*, **2002**, *21*, 1520 和 **2002**, *21*, 2800。

[***] C_{60} 的金属配合物这一领域早期发展的综述参见 P. J. Fagan, J. C. Calabrese, B. Malone, *Acc. Chem. Res.*, **1992**, *25*, 134。更近的综述见 A. Hirsch and M. Brettreich, *Fullerenes*, Wiley-VCH, Weinheim, Germany, 2005, pp. 231-250。

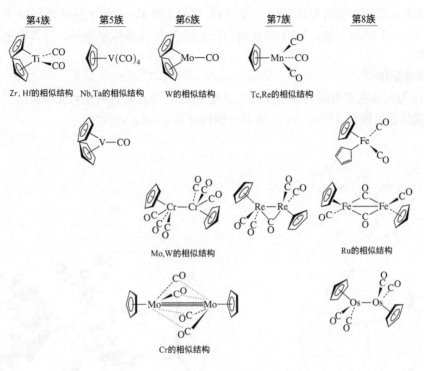

图 13.35　含有 C_5H_5 和 CO 的配合物

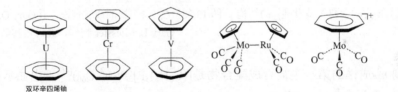

图 13.36　含有环形π体系的分子示例

• 含有封装（内嵌）原子的富勒烯，称为内嵌富勒烯（incarfullerene）。结构中富勒烯内可以包含一、二、三或四个原子，有时是小分子[35]。虽然已知有内嵌非金属的例子，但大多数内嵌富勒烯包含的是金属。例如：UC_{60}、LaC_{82}、Sc_2C_{74}、Sc_3C_{82}。

• 碱金属插层化合物[36]。碱金属离子在这些化合物中占据富勒烯簇之间的间隙。例如：NaC_{60}、RbC_{60}、KC_{70}、K_3C_{60}。

这些都是材料科学领域感兴趣的导电材料，有些情况下是超导材料，如 K_3C_{60} 和 Rb_3C_{60}，它们主要是离子化合物。建议感兴趣的读者查阅此处的参考文献[37]以获取更多的信息。

与四氧化锇的氧加成[38]

第一个被制备的纯富勒烯衍生物是 $C_{60}(OsO_4)$(4-t-叔丁基吡啶)$_2$，它的 X 射线晶体结构为预测的 C_{60} 结构的正确性提供了直接证据。四氧化锇是一种强氧化剂，可以加成到许多化合物的双键上，包括多环芳烃。当 OsO_4 与 C_{60} 和 4-*tert*-叔丁基吡啶反应时，可以形成 1：1 和 2：1 的加合物，1：1 加合物已经通过 X 射线晶体学表征，并具有图 13.37 所示的结构。

富勒烯配体[39]

C_{60} 作为配体主要表现为缺电子烯烃（或芳烃），并且通过两个六元环共用的 C—C 键以 η^2-方式与金属键合（图 13.38），也有一些情况是 η^5-或 η^6-方式。

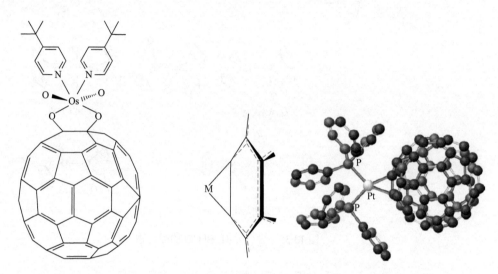

图 13.37　$C_{60}(OsO_4)(4\text{-}t\text{-}叔丁基吡啶)_2$ 的结构　　图 13.38　C_{60} 与金属的成键情况（由 Gary O. Spessard 和 Gary L. Miessler 制作，经许可转载）

观察到 η^2-成键的第一个被合成配合物是 $[(C_6H_5)_3P]_2Pt(\eta^2\text{-}C_{60})$[40]，也显示在图 13.38 中，其中 C_{60} 充当金属的配体。

合成有富勒烯配体的配合物，常见途径是取代与金属弱配位的其他配体。例如，图 13.38 中的铂配合物可以通过取代乙烯形成：

$$[(C_6H_5)_3P]_2Pt(\eta^2\text{-}C_2H_4) + C_{60} \longrightarrow [(C_6H_5)_3P]_2Pt(\eta^2\text{-}C_{60})$$

金属可以贡献其 d 电子密度给富勒烯的一个空的反键轨道，使两个碳稍微拉离 C_{60} 表面，同时这种作用也使这两个碳间距离略微拉长，因为电子填充在该 C—C 键的反键轨道，而 C—C 键变长同乙烯和其他烯烃与金属成键时的类似（13.5.1 节）。在某些情况下，不止一个金属可以结合在富勒烯表面。图 13.39 中的 $[(Et_3P)_2Pt]_6C_{60}$ 就显示引人注目的这种结构[41]，其中 6 个 $(Et_3P)_2Pt$ 单元围绕 C_{60} 呈八面体排列。

其他类富勒烯配合物也有报道，如 $(\eta^2\text{-}C_{70})Ir(CO)Cl(PPh_3)_2$（图 13.40）。同已知的 C_{60} 配合物一样，与金属成键在两个六元环的交界处。

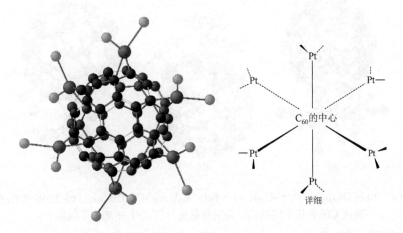

图 13.39　[(Et₃P)₂Pt]₆C₆₀ 的结构（由 Gary O. Spessard 和 Gary L. Miessler 制作，经许可转载）

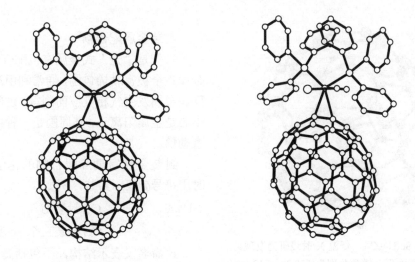

图 13.40　(η^2-C₇₀)Ir(CO)Cl(PPh₃)₂ 的立体图（经 A. L Balch, V. J. Catalano, J. E. Lee, M. M. Olmstead, S. R. Parkin, *J. Am. Chem. Soc.*, **1991**, *113*, 8953. Copyright 1991, American Chemical Society 许可转载）

　　C_{60} 主要以 η^2-方式与过渡金属配位，但至少已有一个 η^6-结构的例子被报道。图 13.41（a）中 C_{60} 在三钌簇中的配位方式最好描述为 η^2, η^2, η^2-C_{60}，由钌原子桥联的 C—C 键比六元环中的其他 C—C 键略短。

　　富勒烯和铁茂的混配化合物已有报道，其中离子夹在 η^5-C_5H_5 环和 η^5-富勒烯之间 [图 13.41（b）]。配位的富勒烯 $C_{60}(CH_3)_5$ 和 $C_{70}(CH_3)_3$ 中含有甲基，对这些化合物起明显的稳定作用。甲基结合在与铁配位的五元环相邻的碳上，这种五甲基富勒烯已被用于各种过渡金属 η^5-配合物的合成中 [图 13.41（c）]。

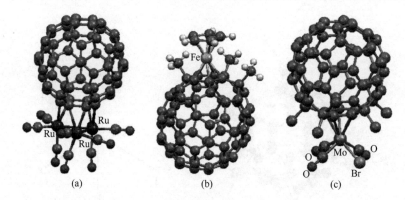

图 13.41　（a）$Ru_3(CO)_9(\mu_3\text{-}\eta^2, \eta^2, \eta^2\text{-}C_{60})$；（b）$Fe(\eta^5\text{-}C_5H_5)(\eta^5\text{-}C_{70}(CH_3)_3)$；（c）$MoBr(CO)_3(\eta^5\text{-}C_{60}Me_5)$
（使用 CIF 数据生成结构，为清楚起见，从（c）中删去了氢原子）

数据源自：（a）H.-F. Hsu, J. R. Shapley, *J. Am. Chem. Soc.*, **1996**, *118*, 9192；（b）M. Sawamura, Y. Kuninobu, M. Toganoh, Y. Matsuo, M. Yamakana, E. Nakamura, *J. Am. Chem. Soc.*, **2002**, *124*, 9354；（c）Y. Matsuo, A. Iwashita, E. Nakamura, *Organometallics*, **2008**, *27*, 4611

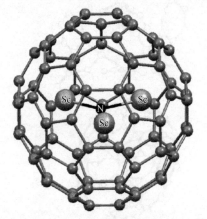

图 13.42　$Sc_3N@C_{78}$。低温 X 射线研究发现，Sc_3N 为平面形，键角分别为 130.3°、113.8° 和 115.9°，每个 Sc 都与两个六元环共边 C—C 键形成弱作用；但是在较高温度下，Sc_3N 簇可以在笼内自由移动（由 Victor G. Young Jr. 的 CIF 数据生成结构）

封装金属配合物[*]

它们是"笼"式金属有机配合物，其中金属完全被富勒烯包围，通常利用激光诱导碳和金属发生气相反应而制得。这些化合物中心是金属阳离子，其周围是一种被还原的富勒烯。

封装金属富勒烯配合物的化学式书写时用符号 @ 表示封装，例如：

$U@C_{60}$　　　　　　C_{60} 封装 U

$Sc_3@C_{82}$　　　　　C_{82} 封装三个 Sc 原子[42]

该命名仅表示结构，不包括离子电荷。例如，$La@C_{82}$ 被认为是 C_{82}^{3-} 封装 La^{3+}。小分子和离子也可以封装在富勒烯中，如 $Sc_3N@C_{78}$，C_{78} 笼内封装一个三角形 Sc_3N（图 13.42）[43]。

13.6　含有 M—C、M=C、M≡C 键的配合物

含有金属-碳直接作用的单键、双键和三键配合物已经被广泛地研究，表 13.5 给出的例子代表这些配合物中最重要的配体类型。

---

[*] 有关富勒烯及其封装原子和分子的最新列表，参见：F. Langa and J.-F. Nierengarten, *Fullerenes: Principles and Applications*, RSC Publishing, Cambridge, UK, 2007, pp. 8-9。

表 13.5　含有 M—C、M=C、M≡C 键的配合物

配体	分子式	示例
烷基	—CR_3	$W(CH_3)_6$
卡宾（亚甲基）	$=CR_2$	$(OC)_5Cr=C\begin{smallmatrix}OCH_3\\C_6H_5\end{smallmatrix}$
卡拜（次甲基）	$≡CR$	$X—Cr≡C—C_6H_5$（含四个 CO）
碳离子（碳）	$≡C$	$Cl_2(PR_3)_2Ru=C$
积烯	$=C(=C)_nRR'$	$Cl—Ir=C=C=C\begin{smallmatrix}C_6H_5\\C_6H_5\end{smallmatrix}$（含两个 $P(CH_3)_3$）

13.6.1　烷基及其配合物

最早一些已知的金属有机配合物是在主族金属原子和烷基之间以 σ 键结合的，如具有镁-烷基键的格氏试剂和碱金属的烷基配合物（如甲基锂）。

稳定的过渡金属烷基化合物最初合成于 20 世纪的前十年，现在这样的配合物已有很多，它们的金属-配体键可视为碳与金属之间主要以 σ 共价方式共用电子：

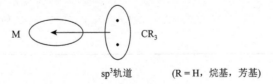

sp³轨道　　　　（R = H，烷基，芳基）

就电子计数而言，烷基配体可看作两电子给体：CR_3^-（方法 A），也可以看作单电子给体·CR_3（方法 B）。在强电正性元素如碱金属和碱土金属的配合物中，键的离子性更显著。

已经研发出许多过渡金属烷基配合物的合成路线，其中最重要的两种是：

1. 过渡金属卤化物与有机锂、有机镁或有机铝试剂反应

$$ZrCl_4 + 4PhCH_2MgCl \longrightarrow Zr(CH_2Ph)_4(Ph = phenyl) + 4MgCl_2$$

2. 金属羰基阴离子与卤代烷的反应

$$Na[Mn(CO)_5] + CH_3I \longrightarrow CH_3Mn(CO)_5 + NaI$$

尽管许多配合物包含烷基配体，但是以烷基作为唯一配体的过渡金属配合物相对比较稀少，主要的例子有 $Ti(CH_3)_4$、$W(CH_3)_6$ 和 $Cr[CH_2Si(CH_3)_3]_4$。烷基配合物具有动力学不稳定的趋势[*]，利用结构的空间效应通过阻断分解途径保护金属配位点可以增强它们的稳定性。六配位的 $W(CH_3)_6$ 在 30℃ 可以熔化但不会分解，而四配位的 $Ti(CH_3)_4$ 在大约-40℃时就分解[44]。烷基配合物有一种很特别的用途，用二乙基锌中和纸张中的酸来处理书籍和文件，可使其得以长期保存；许多烷基配合物在第 14 章讨论的催化过程中都很重要。

其他含有直接金属-碳 σ 键的配体见表 13.6。另外，还有许多金属环合物（metallacycle），有机配体通过两个位点和金属结合，金属从而被纳入有机环成为环上一员[45]。下列反应是一个合成金属环合物的例子，金属环合物在催化过程中是重要的中间体（第 14 章）。

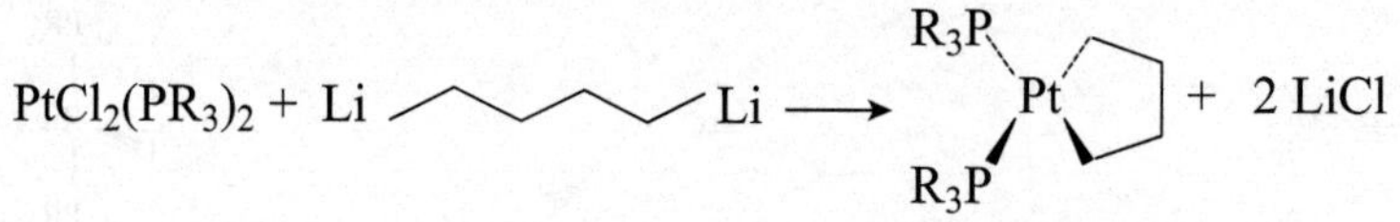

$$PtCl_2(PR_3)_2 + Li\diagdown\diagup\diagdown\diagup Li \longrightarrow \begin{array}{c} R_3P \\ Pt \\ R_3P \end{array}\Big\rangle + 2\ LiCl$$

金属环戊烷

表 13.6　与金属形成 σ 键的其他配体

配体	分子式	示例
芳基	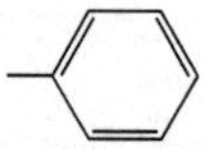 —C₆H₅	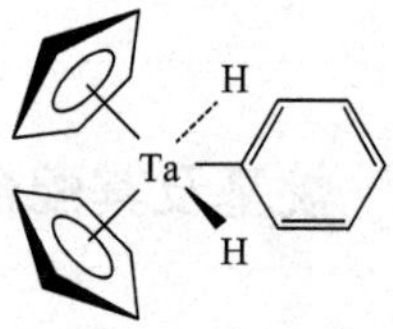 Ta(Cp)₂(C₆H₅)H
烯基（乙烯基）	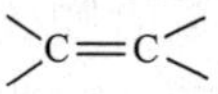 $>C=C<$	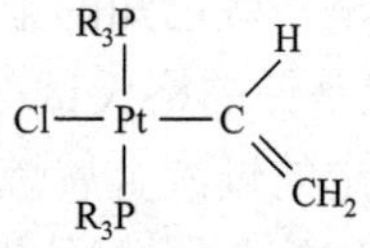 Cl—Pt(PR₃)₂—CH=CH₂
炔基	$-C\equiv C-$	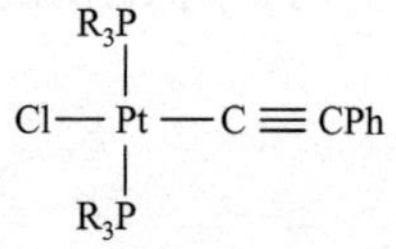 Cl—Pt(PR₃)₂—C≡CPh

13.6.2　卡宾配合物

卡宾配合物包含金属-碳双键[**]，由 Fischer 首次合成于 1964 年[46]。已知的卡宾配合

---

[*] 关于烷基配合物的一个有趣的历史观点发表在 G. Wilkinson, *Science*, **1974**, *185*, 109。

[**] IUPAC 建议用术语"亚烷基"描述所有包含金属-碳双键的配合物，而"卡宾"仅限于游离的 CR_2。有关这两个术语之间以及"卡宾"和"亚烷基"之间区别的详细描述将在本章末讨论。请参考 W. A. Nugent and J. M. Mayer, *Metal-Ligand Multiple Bonds*, Wiley InterScience, New York, 1988, pp. 11-16。

物涵盖了大多数过渡金属和广泛的卡宾配体，包括简单的卡宾:CH_2。大部分此类配合物包含一个或两个直接与卡宾碳相连的高电负性杂原子（如 O、N 或 S），它们称为 Fischer型卡宾配合物。其他卡宾配合物中与卡宾碳连接的只有碳和/或氢，于 Fischer 卡宾配合物出现几年后首次合成[47]，随后被 Schrock 等广泛研究，有时被称为 Schrock 型卡宾配合物，通常称为亚烷基。表 13.7 总结了 Fischer 型和 Schrock 型卡宾配合物的区别，我们将主要关注 Fischer 型卡宾配合物。

表 13.7 **Fischer 型和 Schrock 型卡宾配合物**

特征	Fischer 型卡宾配合物	Schrock 型卡宾配合物
典型的金属[氧化态]	周期表中间靠右的过渡金属[Fe(0), Mo(0), Cr(0)]	周期表靠左的过渡金属[Ti(IV), Ta(V)]
卡宾碳上的取代基	至少一个高电负性杂原子（如 O、N 或 S）	H 或烷基
配合物中典型的其他配体	好的 π 受体	好的 π 或 σ 给体
价电子数	18	10~18

卡宾配合物中的形式双键可类比于烯烃中的双键。对于卡宾配合物，金属必须用 d 轨道与碳原子轨道形成 π 键（图 13.43）。

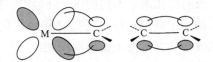

图 13.43 在乙烯和卡宾配合物中的成键情况

卡宾碳连接高电负性原子（如 O、N 或 S）比没有这些原子的的卡宾配合物更趋于稳定，例如 $Cr(CO)_5[C(OCH_3)C_6H_5]$ 卡宾碳上有一个氧就比 $Cr(CO)_5[C(H)C_6H_5]$ 稳定得多。如果高电负性原子能参与 π 成键，金属 d 轨道则和碳及电负性原子的 p 轨道生成一个离域的三原子 π 体系，配合物的稳定性将得到增强。这种离域的三原子体系比简单的金属-碳 π 键为成键 π 电子对提供了更高的稳定性。图 13.44 是此类 π 体系的一个示例。

甲氧基卡宾配合物 $Cr(CO)_5[C(OCH_3)C_6H_5]$正说明了上述成键情况[48]。合成这种配合物可以从 $Cr(CO)_6$ 开始，与有机化学中的一样，利用强亲核试剂进攻羰基碳。例如，苯基锂可与 $Cr(CO)_6$ 反应产生阴离子$[C_6H_5C(O)Cr(CO)_5]^-$，并具有两个重要的共振结构：

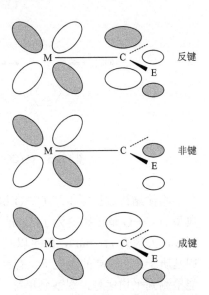

图 13.44 卡宾配合物中的离域π键
E 代表高电负性的杂原子，如 O、N 或 S

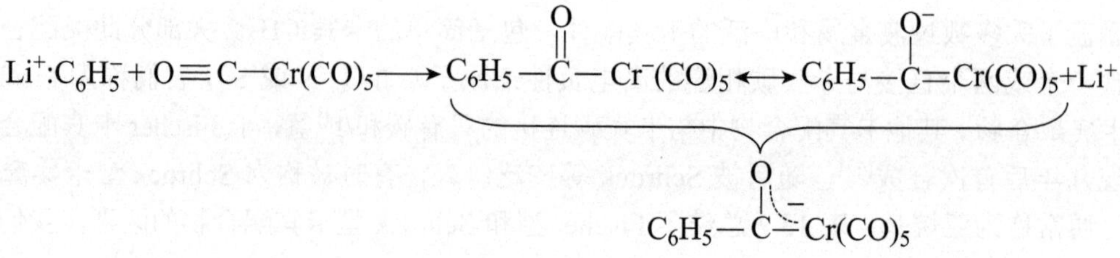

$$Li^+ :C_6H_5^- + O \equiv C-Cr(CO)_5 \longrightarrow C_6H_5-\overset{\overset{\displaystyle O}{\|}}{C}-Cr^-(CO)_5 \longleftrightarrow C_6H_5-\overset{\overset{\displaystyle O^-}{|}}{C}=Cr(CO)_5 + Li^+$$

$$C_6H_5-\overset{\overset{\displaystyle O}{\|}}{C} \overset{-}{-} Cr(CO)_5$$

通过 CH_3^+ 源（如 $[(CH_3)_3O][BF_4]$ 或 CH_3I）烷基化得到甲氧基卡宾配合物：

$$C_6H_5-\overset{\overset{\displaystyle O}{\|}}{C}\overset{-}{-}Cr(CO)_5 + [(CO_3)_3O][BF_4] \longrightarrow C_6H_5-\overset{\overset{\displaystyle OCH_3}{|}}{C}=Cr(CO)_5 + BF_4^- + (CH_3)_2O$$

X 射线晶体学结果为铬-碳双键提供了证据，该距离为 204 pm，典型的 Cr—C 单键约为 220 pm。

这种配合物的一个有趣的方面是它表现出温度依赖的质子 NMR。在室温下，可以发现甲基质子有一个共振信号，但是随着温度降低，该峰首先变宽，然后分成两个峰。如何解释这种行为？

如图 13.45 所示，预计该卡宾配合物只有一个质子共振峰，对应于单一磁性环境，铬-碳为双键，碳-氧为单键（允许绕键快速旋转），所以室温 NMR 确实如此。但是，该峰在较低温度下分裂为两个峰，表明存在两个不同的质子环境[49]。如果绕 C—O 键旋转受阻，则可能存在两个环境。可以画一个共振结构，表明 C 和 O 之间存在一些双键的可能性，如果双键明显，顺式和反式异构体在低温下便可观测到。

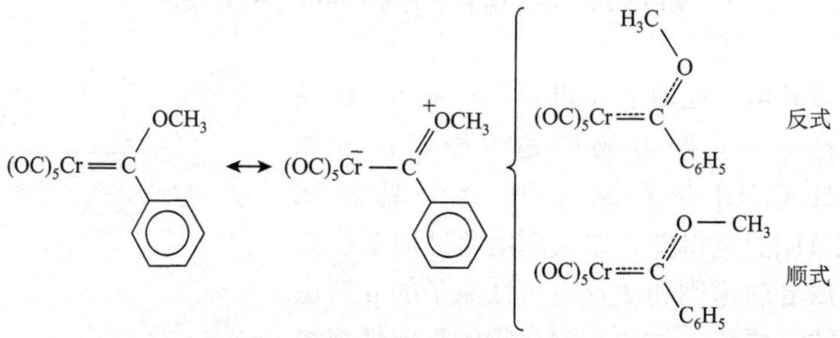

图 13.45　$Cr(CO)_5[C(OCH_3)C_6H_5]$ 的共振结构和顺反异构体

晶体结构数据提供了 C—O 键双键特征的证据，结果显示 C—O 键长为 133 pm，而典型的 C—O 单键距离为 143 pm[50]。C 和 O 之间的双键虽然较弱（典型的 C═O 键要短得多，大约为 116 pm），但足以减缓绕键转动速度，所以低温 NMR 可以分辨顺式和反式甲基质子；在较高的温度下，有足够的能量引起 C—O 键快速旋转，因此 NMR 光谱仪只能检测到平均信号，观察到单峰。

X 射线晶体学数据显示 Cr—C 和 C—O 键均具双键特征，支持了这种类型的配合物（包含高电负性原子，本例中为氧）中 π 键在三个原子上离域的说法。对所有卡宾配合物尽管并非绝对，但 π 电子在三个（或更多个）原子上离域为稳定性提供了更多的判断方法[51]。

13.6.3 卡拜（炔）配合物

卡拜配合物具有金属-碳三键，它们形式上类似于炔烃[*]。许多卡拜配合物现已被报道，其卡拜配体表示如下：

$$M\equiv C—R$$

其中，R = 芳基、烷基、H、SiMe₃、NEt₂、PMe₂、SPh 或 Cl。最先合成的卡拜配合物是卡宾配合物与 Lewis 酸反应的偶然产物[52]，由甲氧基卡宾配合物 Cr(CO)₅[C(OCH₃)C₆H₅] 与 Lewis 酸 BX₃（X = Cl，Br，I）反应产生。首先，Lewis 酸进攻氧，即卡宾上的碱性位点：

$$(CO)_5Cr=\underset{C_6H_5}{\overset{OCH_3}{C}} + BX_3 \longrightarrow [(CO)_5Cr\equiv C—C_6H_5]^+X^- + X_2BOCH_3$$

中间体失去 CO，卤离子与卡拜反式配位：

$$[(CO)_5Cr\equiv C—C_6H_5]^+X^- \longrightarrow X—Cr\equiv C—C_6H_5 + CO$$

X 射线晶体学提供了配合物卡拜特征的最佳证据，它给出 Cr—C 键长为 168 pm(X = Cl)，比前体卡宾配合物的 204 pm 短得多。正如预期，该配合物的 Cr≡C—C 键角为 180°。然而，在许多配合物晶型中观察到与直线有微小偏差，部分是晶体堆积效应的结果。

卡拜配合物中的成键可以看作是一个 σ 键和两个 π 键的组合（图 13.46）。卡拜配体在碳的 sp 杂化轨道中有一对孤对电子，可以贡献给 Cr 上匹配的轨道形成 σ 键。此外，碳还有两个 p 轨道可以接受来自 Cr 的 d 轨道的电子形成 π 键。因此，卡拜配体的整体功能是同时作为 σ 给体和 π 受体。（出于电子计数的目的，一个 :CR⁺ 配体被视为一个 2 电子给体；将中性 CR 作为 3 电子给体通常计数更方便）

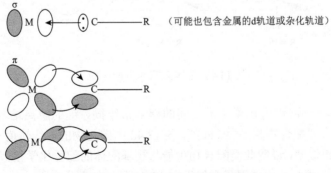

图 13.46　卡拜配合物中的成键情况

---

[*] IUPAC 建议使用"次烷基"表示含有金属-碳三键的配合物。

除了用 Lewis 酸进攻卡宾配合物，还有多种方式可以合成卡拜配合物。卡拜配合物的合成路线及其反应已经有综述报道[53]。

有些情况下，合成的分子同时包含本节中讨论的两种或三种配体类型（烷基、卡宾和卡拜），这些分子提供了直接比较金属-碳单、双和三键键长的机会（图 13.47）。

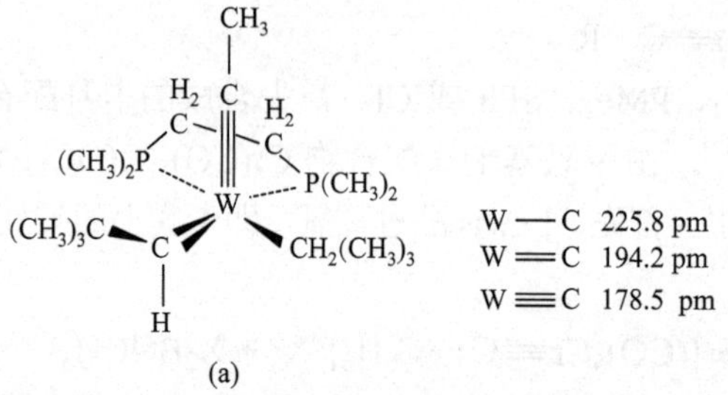

图 13.47　含有烷基、卡宾和卡拜的配合物。数据来自（a）M. R. Churchill, W. J. Young, *Inorg. Chem.*, **1979**, *18*, 2454；（b）L. J. Guggenberger, R. R. Schrock, *J. Am. Chem. Soc.*, **1975**, *97*, 6578

练习 13.10　在图 13.47 显示的化合物是 18 电子物种吗？

13.6.4　碳化物和多烯烃配合物

单个碳原子可能是已知最简单的含碳配体，并且在过去的十年中，以碳离子（carbide）、碳基（carbido）或简单的碳（carbon）为配体的配合物数量显著增多。尽管在配合物中将—CR_3、=CR_2、≡CR 系列扩展到一个单独的碳原子与金属结合，并把碳-金属键定为四重键非常诱人，但这种金属-配体键最好还是描述为 $M≡C^-$。第一个中性碳化物是三角双锥钌配合物（图 13.48）[54]。该配合物中，Ru—C 距离（165.0 pm）可能比预期要长，仅比结构相似的钌-卡拜配合物中的可比距离略短。

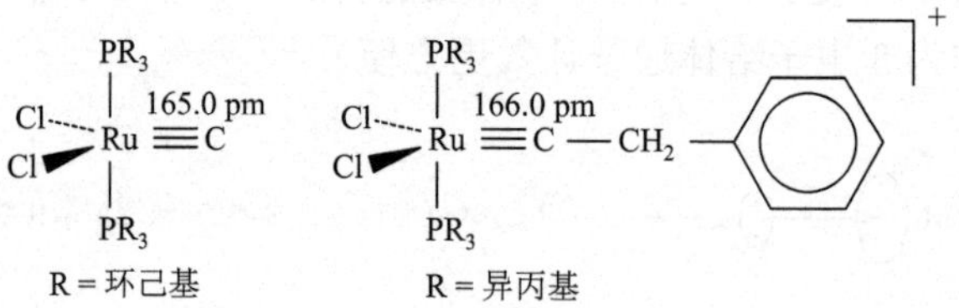

图 13.48　碳化物和卡拜配合物

计算表明过渡金属和端基碳原子之间的键非常牢固，键的解离焓与具有 $M≡N$ 和 $M≡O$ 键的过渡金属配合物相当[55]。此外，图 13.48 中碳化物的前线轨道（其中 R = 甲基）与 CO 具有许多相似性，说明此类配合物可能与羰基配体的配位化学相似[56]。在 CS、CSe 和 CTe 配合物的合成中，也使用了类似于图 13.48 所示的碳化物[57]。

已知的还有具有累积（连续）双键的碳原子链状配体，称为积烯（cumulenylidene）配体。由于这种金属多烯（metallacumulene）配合物可能作为一维分子导线应用于纳米级光学器件中，因此引起了人们的兴趣[58]。近年来，具有 2-碳链和 3-碳链的配合物也已被开发为高效催化剂；具有 3 个或更多个原子的碳链金属多烯配合物，最近已有综述[59]。

迄今报道的最长积烯配体是图 13.49 中所示的庚六烯配合物[60]（heptahexa-enylidene）。与扩展有机π体系的情况一样，HOMO 和 LUMO 之间的能量差随积烯配体长度的增加而减小[61]。

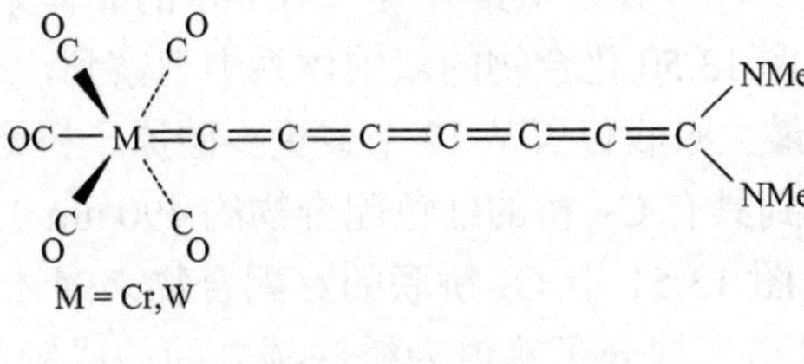

图 13.49　一例金属多烯配合物

13.6.5　碳导线：聚炔和聚烯桥

近年来，在分子电子学领域，人们研究了不饱和碳和不饱和烃桥，因为它们具有作为连接金属中心的导线潜力。这些桥联类型中研究最广的是交替单、三键的聚乙炔基（polyynediyl）桥与交替单、双键的聚乙烯基（polyenediyl）桥，必不可少的共轭键（延伸的 π 体系）确保桥端金属原子间的电子传输，而饱和的桥或部分饱和的桥会阻隔这种传输。含有聚炔和聚烯桥结构的例子示于图 13.50，这些桥以及具有两个或更多碳原子的相关类型桥联结构已有文献进行综述[62]。

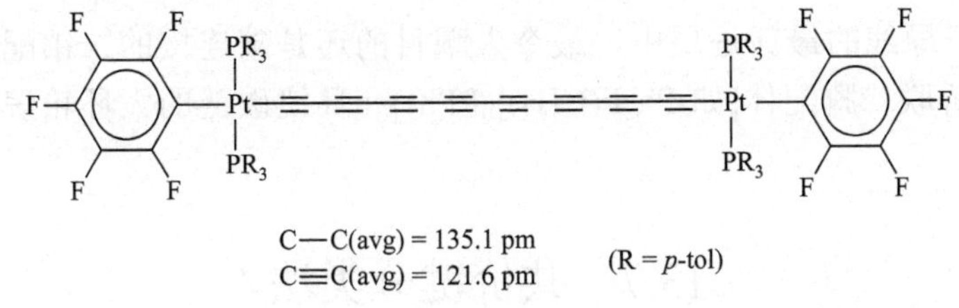

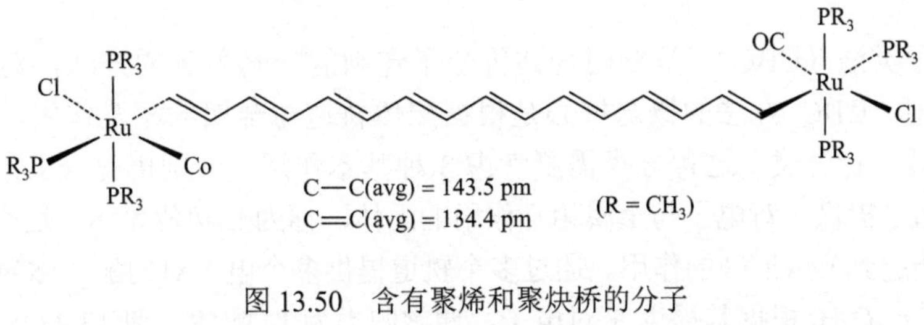

图 13.50　含有聚烯和聚炔桥的分子

尽管在过渡金属原子之间已经制备出长达 28 个碳原子的碳导线桥，但仍然比长度在 100 个原子范围内的纯有机分子线短。然而，含有过渡金属的端基表现出比有机基团的高稳定性，所以基于过渡金属的碳导线在热分解方面比有机分子有优势，并有望在更高温度下使用[63]。

聚乙炔基配合物的晶体学测量显示其碳-碳距离为长短交替变化，如图 13.50 中上方示例，长、短键键长类似于有交替单、三键有机分子中的可比距离[64]，说明这些分子中桥链为交替单、三键（—C≡C—C≡C—）而不是累积双键（＝C＝C＝C＝C＝）。

这些桥联结构中的 π 体系（包括末端过渡金属的 d 轨道）可以认为与 13.4.4 节中讨论的线型 π 体系类似。因此，随着链长的增加，占有和未占有 π 轨道之间的能量间隔变小，激发电子所需能量减少，吸收带从紫外区（对于短的 π 体系）向可见光区移动；该现象已经在一系列类似于图 13.50 化合物的双铂体系中观察到，不过端基为 p-甲苯基[65]。这些配合物中 π-π*跃迁的最大吸收位置从 12 个或更少碳原子桥链的黄色配合物的紫外范围（＜400 nm）逐渐移动到具有 C_{28} 桥的红色配合物约 490 nm 的位置。

对于短的碳桥，可用图 13.51 中 C_2-桥联的钌配合物来阐述其共轭 π 体系。计算表明，该配合物中的两个最高占据分子轨道为桥联碳之间的成键与钌-碳反键，图中显示的是对其中一个分子轨道有贡献的原子轨道。单电子和双电子氧化分别导致 C—C 键延长和 Ru—C 键缩短，这是从这些轨道去除电子的预期结果[66]。对具有更长碳桥的分子也进行了电化学研究。

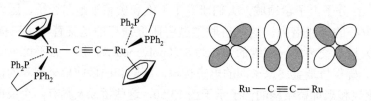

图 13.51　C_2-桥联配合物的共轭 π 体系

在碳基分子导线的最新进展中，最令人瞩目的还是碳连接的二铂配合物，通过双螺旋排列的长桥联二膦配体[如 $Ph_2P(CH_2)_{20}PPh_2$]和环绕碳链的大环轮烷结构，碳链被"绝缘"[67, 68]。

13.7　共价键分类法

共价键分类法（CBC）*是专门为共价分子定制的一套独到的方法，对金属有机化合物尤为适用。CBC 方法的概念核心是根据配体轨道与金属的相互作用，将每个配体视为中性物种进行分类。这种分类需要考虑 3 种基本作用，分别用符号 L、X 和 Z 表示（表 13.8）。通过提供一对电子与金属相互作用的配体，称为 L 功能配体，这类配体通过形成配位共价键起到 Lewis 碱的作用。通过多个轨道提供多个电子对的配体称为多重 L-功能配体。例如，η^6-C_6H_6 根据其提供 3 对电子，通常归类为 L_3 配体（图 13.22）。利用单占轨道与金属的单占轨道相互作用形成正常共价键的配体，定义为 X 功能配体。配体通过接受金属的一对电子产生金属-配体相互作用，这类配体称为 Z 功能配体，具有 Lewis 酸的作用。

＊主要参考和教学资料可以在 covalentbondclass.org 上找到。J. C. Green, M. L. H. Green, G. Parkin, *Chem. Commun.*, **2012**, *48*, 11481。文献中将 CBC 方法拓展到三中心两电子键上。

表 13.8　CBC 方法中金属-配体的基本相互作用

配体作用	轨道要求	符号和简单示例
L	配体中存在为金属提供一个电子对的轨道	L：CO，PR$_3$；L$_2$：η^4-C$_3$H$_4$；L$_3$：η^6-C$_6$H$_6$
X	配体中存在为金属提供单电子的轨道	Cl，Br，I，H，R（烷基）
Z	配体中存在从金属中接受电子对的轨道	BR$_3$，AlR$_3$，BX$_3$

C$_3$H$_5$、*cyclo*-C$_4$H$_4$ 和 *cyclo*-C$_5$H$_5$ 中的 π 分子轨道表明，配体可以同时以多种不同的功能与金属作用。根据 13.4.4 节中的能级图，这些配体可以分别分为 LX、LX$_2$ 和 L$_2$X 类。例如 *cyclo*-C$_5$H$_5$，当和金属以 η^5-C$_5$H$_5$ 的形式成键时，它利用了两个全充满的 π 分子轨道（L$_2$）和一个半满的 π 分子轨道（X）。许多配体的归类、桥联配体的处理方法以及配体功能组合的详细信息均可查阅到[69]。

一旦每个配体都被分类，就可以由通式 $[ML_lX_xZ_z]^{Q\pm}$ 表示金属有机配合物，其中 l、x 和 z 分别表示 L、X、Z 功能的数量，Q 是电荷数，该过程示于图 13.52。CBC 方法可以揭示看似完全不同的配合物之间的相似性。例如，Fe(C$_5$H$_5$)$_2$ 和 Fe(CO)$_2$(PMe$_3$)$_2$(CH$_3$)Br 都属于 ML$_4$X$_2$。

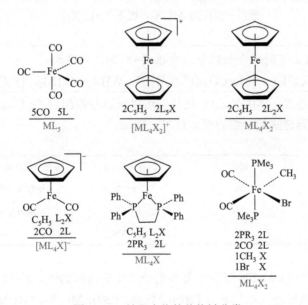

图 13.52　铁配合物的共价键分类

对于带电荷的配合物，将 $[ML_lX_xZ_z]$ 式还原为等效的中性类别，便可与中性配合物进行对比。这种还原策略需要调整配体的分类，默认电荷仅在配体上。侧图给出了一般的转换方法，文献中可以找到更多[69]。对于具有 L 功能的阳离子，可以设想配合物中含有 L$^+$配体。如果一个双电子给体 L 配体带正电，相当于失去了一个电子就变得像 X 功能配体，因此有下页左图所示的等效转换。类似地，对于具有 X 配体的阴离子配合物，同样设想配合物含有 X$^-$配体。如果一个单电子 X 配体带负电，相当于得到一个电子变得像 L

阳离子	阴离子
$L^+ \to X$	$X^- \to L$
$X^+ \to L$	$L^- \to LX$

功能配体。这种转化最好按照左图示顺序依次使用。例如，当一个阳离子同时含有 X 和 L 功能配体时，首先删去 L 功能配体的电荷，必要时只使用 X 功能配体。在图 13.52 的例子中带电配合物可以被还原成图 13.53 中的等效中性分子。对于 $[Fe(CO_2)(C_2H_5)]^-$，带电荷的配合物分子式中同时含有 L 功能配体和 X 功能配体，但是负电荷分配给了 X。在 $[Fe(C_2H_5)_2]^+$ 中，正电荷分配给了 L 而不是 X。

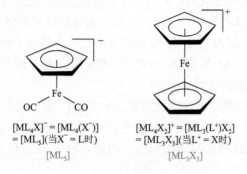

$[ML_4X]^- = [ML_4(X^-)]$　　　$[ML_4X_2]^+ = [ML_3(L^+)X_2]$
$= [ML_5]$（当 $X^- = L$ 时）　　$= [ML_3X_3]$（当 $L^+ = X$ 时）
$[ML_5]$　　　　　　　　　　　$[ML_3X_3]$

图 13.53　等价中性类别的转换（译者注：原著的此图，图注有误；二茂铁阳离子的等价转换，
最后一步应为 ML_3X_3，而不是 ML_3X_2）

练习 13.11　写出下列配合物的等价中性类的 CBC 表达式：
$Cr(\eta^6\text{-}C_6H_6)_2$，$[Mo(CO)_3(\eta^5\text{-}C_5H_5)]^-$，$WH_2(\eta^5\text{-}C_5H_5)_2$，$[FeCl_4]^{2-}$

等价中性类表达式（$[ML_lX_xZ_z]$）让我们可以对这些铁配合物进行比较，还提供了一种便捷的方法来得到这些配合物的更多信息。例如：

电子数	EN	$m + 2l + x$	m 是中性金属的价电子数（Fe：$m = 8$）
价数	VN	$x + 2z$	价数指金属用于成键的电子数
配体键数	LBN	$l + x + z$	与金属有关的配体功能的数量
d^n 金属组态	n	m-VN	

这些值汇总于表 13.9。EN 值等于常规电子计数法得到的值，d^n 组态和价数与这些配合物一般意义上的氧化态一致 [ML_5，Fe(0)；ML_4X，Fe(I)；ML_4X_2，Fe(II)；ML_3X_3，Fe(III)]，但应该注意，价数和氧化态并不总相等[70]。配体键数通常等同于金属有机配合物中的配位数。例如，铁在 $Fe(C_5H_5)_2$ 中传统上认为是六配位的（不是十配位），每个 $\eta^5\text{-}C_5H_5$ 配体都是三配位点。

表 13.9　等效中性类表达式提供的信息

分子式	配合物	EN	LBN	VN	d^n
ML_5	$Fe(CO)_5$，$[Fe(CO)_2(\eta^5\text{-}C_5H_5)]^-$	18	5	0	8

续表

分子式	配合物	EN	LBN	VN	d^n
ML_4X	$Fe(Ph_2PCH_2CH_2Ph_2)(\eta^5\text{-}C_5H_5)$	17	5	1	7
ML_4X_2	$Fe(C_5H_5)_2$, $Fe(CO)_2(PMe_3)_2(CH_3)Br$	18	6	2	6
ML_3X_3	$[Fe(\eta^5\text{-}C_5H_5)_2]^+$	17	6	3	5

CBC 方法的一个明晰结果是它的 MLX 阵列图，该阵列给出了指定金属的已知化合物在所有价态和电子数下的丰度。所有过渡金属都有这样的阵列[*][69]，如下方金属铁的阵列图[**]。白色框表示目前没有已知的这类铁配合物，但这些等效中性类分子和那些丰度只占已有铁配合物不到 1% 的例子，都为后续研究指明了方向。有趣的是，ML_4X_2(71%)、ML_5(20%) 和 ML_3X_4(7%) 占去已知铁化合物的绝大部分，且它们都满足 18 电子规则。尽管二茂铁阳离子 $[Fe(\eta^5\text{-}C_5H_5)_2]^+$ 已发现数十年，但它仍为罕见的一类，类似的还有 $Fe(Ph_2PCH_2CH_2Ph_2)(\eta^5\text{-}C_5H_5)$。

Fe		电子数								
		10	11	12	13	14	15	16	17	18
价态	0	ML		ML_2		ML_3		ML_4 <1%		ML_5 20%
	1		MLX		ML_2X		ML_3X		ML_4X <1%	
	2	MX_2		MLX_2		ML_2X_2 <1%		ML_3X_2 <1%		ML_4X_2 71%
	3		MX_3		MLX_3		ML_2X_3		ML_3X_3 <1%	
	4	MX_2Z		MX_4 <1%		MLX_4		ML_2X_4		ML_3X_4 7%
	5		MX_3Z		MX_5		MLX_5		ML_2X_5	
	6	MX_2Z_2		MX_4Z		MX_6		MLX_6		ML_2X_6 <1%
	7		MX_3Z_2		MX_5Z		MX_7		MLX_7	
	8	MX_2Z_3		MX_4Z_2		MX_6Z		MX_8		MLX_8 <1%

13.8 金属有机配合物的光谱分析及表征

金属有机研究中最具挑战性的一个方面是新产物的表征。如果通过柱层析、重结晶或其他技术能分离出纯产物，那么剩下的问题就是确定其结构。许多配合物可以结

---

[*] 在 covalentbondclass.org 上可以查到大量的参考资料和教学材料。

[**] MLX 图源自 G. Parkin, "Classification of Organotransition Metal Compounds" in *Comprehensive Organometallic Chemistry III—From Fundamentals to Applications*, R. H. Crabtree, D. M. P. Mingos (eds.), Elsevier, 2007, Volume 1, p. 34。经授权转载。

晶，并通过 X 射线晶体学方法表征；然而，并非所有的金属有机配合物都可以结晶，也不是所有晶体都能通过 X 射线技术完成结构解析，因此比 X 射线晶体学更方便的技术通常很有必要（尽管在某些情况下 X 射线结构表征是最终确定化合物的唯一方法）。红外光谱和 NMR 光谱往往是最有用的，质谱、元素分析、电导率测试等方法在金属有机反应产物表征方面可能也很有价值。我们将主要讨论在金属有机配合物表征中的 IR 和 NMR 技术。

13.8.1 红外光谱

如第 4 章所述，分子对称性决定红外谱带数目。因此，通过确定特定配体（如 CO）谱带数目，我们可以在化合物的几种可能几何结构中进行判断，或者至少减少可能的数量。另外，IR 谱带位置可以表明配体的功能（如端基或者桥联模式），对于 π 酸配体，则可以反映金属的电子环境。

红外谱带数

4.4.2 节描述了利用分子对称性确定 IR 活性伸缩振动数量的方法。IR 活性的振动模式必须使分子的偶极矩发生变化，用对称性观点等同于表述为：IR 活性的振动模式必须具有与笛卡儿坐标中 x、y 或 z（或这些坐标的线性组合）对称性相同的不可约表示。接下来将第 4 章中所用的步骤用于下列羰基化合物，该步骤同样适用于其他线型单齿配体，如 CN^- 和 NO。我们将从一些简单例子入手。

单羰基配合物

这类化合物具有单一的 C—O 伸缩模式，因此在 IR 中显示单一谱带。

二羰基配合物

有两种几何构型必须考虑，线型和弯曲型：

O—C—M—C—O

在两个 CO 配体共线排列时，配体只有反对称一种振动，具有 IR 活性；对称振动模式不产生偶极矩变化，因此是 IR 惰性的。然而，如果两个 CO 配体以非直线方式取向，那么无论是对称振动还是反对称振动都会导致偶极矩变化，所以都是 IR 活性的。

对称振动

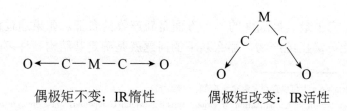

偶极矩不变：IR惰性   偶极矩改变：IR活性

反对称振动

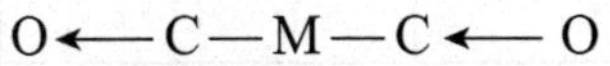

$$O \leftarrow C - M - C \leftarrow O$$

偶极矩改变：IR活性 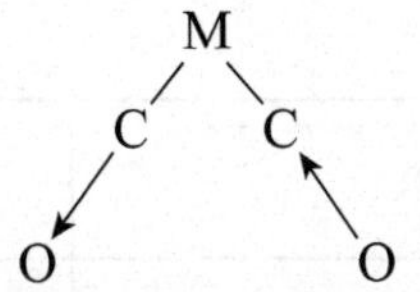   偶极矩改变：IR活性

因此红外光谱是判断具有两个 CO 配体的分子结构的便捷工具：单谱带表明 CO 配体沿直线取向，两个谱带则说明为非直线取向。

对于同一金属原子上配位两个 CO 配体的分子，IR 谱的相对强度可用于大致推断 CO 配体间的夹角，公式如下：

$$\frac{I_{\text{symmetric}}}{I_{\text{antisymmetric}}} = \cotan^2\left(\frac{\phi}{2}\right)$$

式中，ϕ 为两配体之间的夹角。如果两个 CO 配体间夹角 90°，那么 $\cotan^2(45°) = 1$，将观察到两个强度相等的 IR 谱带；如果 ϕ 大于 90°，该比值小于 1，对称伸缩振动 IR 谱强度比非对称振动的强度低；如果 ϕ 小于 90°，对称伸缩振动的 IR 谱强（对于 C—O 伸缩振动，对称谱带的能量高于反对称谱带）。此计算是近似的，且需要吸收带强度的积分值（而不是最大吸收波长处容易确定的强度）。

含有三个或更多羰基的配合物

这种情况下预测不那么简单。羰基谱带的确切数目可以根据第 4 章的对称性方法确定。为了方便查阅，表 13.10 中列出各种 CO 配合物的预期谱带数。在羰基配合物中，C—O 伸缩振动的谱带数量不会超过 CO 配体的数量，但某些情况下也存在相反的可能（CO 数量比 IR 谱带多），此时振动模式是非 IR 活性的（不引起偶极矩变化）。具有 T_d 或 O_h 对称性的羰基配合物在 IR 光谱中为单一羰基谱带。

表 13.10　羰基伸缩振动谱带

CO 配体数		配位数		
		4	5	6
3		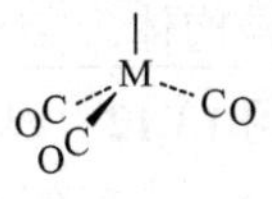	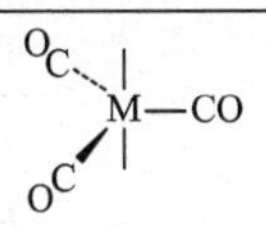	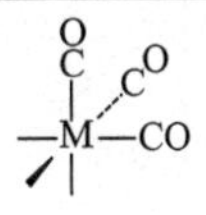
	IR 谱带数	2	1	2
			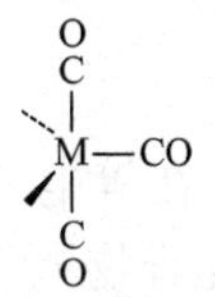	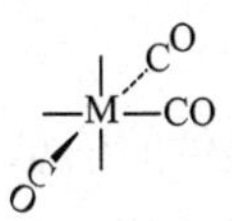
	IR 谱带数		3	3
			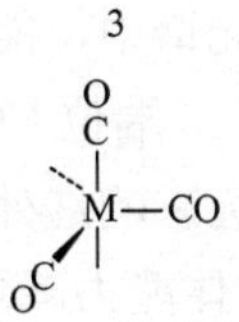	
	IR 谱带数		3	

续表

CO 配体数		配位数		
		4	5	6
4		(结构图)	(结构图)	(结构图)
	IR 谱带数	1	4	1
			(结构图)	(结构图)
	IR 谱带数		3	4
5			(结构图)	(结构图)
	IR 谱带数		2	3
6				(结构图)
	IR 谱带数			1

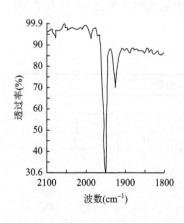

关于 IR 谱带数还有几点值得注意。首先，尽管我们可以通过群论的方法预测 IR 活性谱带的数量，但有时观察到的谱带数较少。有些情况下，谱带可能重叠到难以区分的程度；或者，有些谱带强度很低不易观察到。有些情况下可能存在异构体，并且可能难以确定哪些 IR 吸收属于哪种异构体。

练习 13.12 配合物 $Mo(CO)_3(NCC_2H_5)_3$ 的红外光谱如左图所示，它可能是面式还是经式异构体？

IR 谱带位置

我们已经遇到过两个例子，它们羰基伸缩振动谱带位置提供的信息很重要。在等电子体 $[Mo(CO)_6]^+$、$Cr(CO)_6$ 和 $[V(CO)_6]^-$ 中，由于从金属到配体的反馈 π 键作用，配合物上负电荷增加导致 C—O 谱能量显著降低（13.4.1 节）。成键方式也能体现在红外光谱中，能量降低程度顺序如下：

端位 CO ＞ 二重桥联 CO ＞ 三重桥联 CO

存在其他配体也会影响红外谱带的位置。以表 13.11 中的数据为例，膦配体自上而下 σ 给体能力增强，π 受体能力减弱。PF_3 是最弱的给体（因为氟电负性高）和最强的受体；相反，PMe_3 是最强的给体和最弱的受体。因此，在 $Mo(CO)_3(PMe_3)_3$ 中钼上载有最大电子密度，从而最有能力向 CO 配体的 π^* 轨道提供电子，导致其 CO 配体具有最弱的 C—O 键和最低能量的伸缩振动带。以此方式可以对许多系列的配合物进行比较。

表 13.11　羰基伸缩振动谱示例：钼配合物

配合物	ν (CO)(cm^{-1})
fac-Mo(CO)$_3$(PF)$_3$	2090，2055
fac-Mo(CO)$_3$(PCl)$_3$	2040，1991
fac-Mo(CO)$_3$(PClPh$_2$)$_3$	1977，1885
fac-Mo(CO)$_3$(PMe$_3$)$_3$	1945，1854

数据来自 F. A. Cotton, *Inorg.*, *Chem.*, 3, 702, **1964**。

　　羰基谱带的位置为金属的电子环境提供了重要线索，金属上的电子密度越大（负电荷越多），与 CO 的反馈键就越强，相应的羰基伸缩振动的能量越低。对于其他配体，金属的配位环境和红外光谱之间也可以显示类似的相关性。例如，NO 的红外光谱与环境密切相关，其方式类似于 CO。结合 IR 谱带数量信息，CO 和其他配体的谱带位置在金属有机化合物表征中极为有用。

13.8.2　NMR 光谱

　　NMR 谱也是表征金属有机配合物的重要工具，应用超导磁体的高场 NMR 仪器的出现彻底改变了对这些化合物的研究。许多金属核现在可以像传统核的 ^{1}H、^{13}C、^{19}F 和 ^{31}P 一样方便地测试 NMR 谱，将多个核的谱图数据结合起来，使得对许多化合物的确定成为可能。

　　与有机化学中的相同，化学位移、分裂方式和耦合常数对表征金属有机化合物中单个原子的化学环境十分有用。读者可以复习有机化学中有关 NMR 的基础理论，这非常有帮助。关于 NMR 尤其是有关 ^{13}C NMR 的更详细的讨论，文献中都有介绍[71]。

^{13}C NMR

　　尽管 ^{13}C 同位素在自然界的丰度很低（大约 1.1%），在 NMR 实验中的检测灵敏度也低（为 ^{1}H 的约 1.6%），但是采用 Fourier 变换技术可以得到大部分具有一定稳定性的金属有机物种的可用 ^{13}C NMR 谱。然而，如果化合物的量比较少或者溶解度低，要得到它们的 ^{13}C NMR 谱就需要很长的时间，这可能仍然是一个实验难题。^{13}C NMR 谱一些常用特征包括：

　　1. 利于观察不含氢的有机配体，如 CO 和 F$_3$C—C≡C—CF$_3$。

　　2. 直接观察有机配体的碳骨架。

　　3. ^{13}C 的化学位移比 ^{1}H 的化学位移分布更宽。这使我们通常很容易区分化合物中不同的有机配体。

　　^{13}C NMR 谱图是观察分子内重排过程的有力工具[72]。

表 13.12 列出几类金属有机配合物 ^{13}C NMR 谱化学位移的大致范围。这些数据的一些特点值得注意。

1. 端羰基峰通常在 δ 195～225 ppm 处；CO 基团往往很容易与其他配体区分开。

2. ^{13}CO 的化学位移与 C—O 键强度有关。总体来说，C—O 键越强，化学位移越低（往高场移动）。

3. 桥羰基化学位移会比端基略大，因此易于分辨（然而，区分桥羰基和端羰基 IR 通常比 NMR 更好）。

4. 环戊二烯基配体在顺磁化合物中化学位移范围很宽，但在抗磁化合物中的范围窄很多。其他有机配体在 ^{13}C NMR 谱中化学位移范围也相当宽[*]。

表 13.12　金属有机化合物的 ^{13}C 化学位移

配体	^{13}C 化学位移（范围）[a]			
M—CH$_3$	−28.9～23.5			
M=C<	190～400			
M≡C—	235～401			
M≡C（端位）	470～556			
M—CO	177～275			
中性二元配合物中 CO	183～223			
M—(η^5-C$_5$H$_5$)	68.2～121.3（抗磁），−790～1430（顺磁）			
Fe(η^5-C$_5$H$_5$)$_2$	69.2			
M—(η^3-C$_3$H$_5$)	$\dfrac{C_2}{91～129}$	$\dfrac{C_1 和 C_3}{46～79}$		
M—C$_6$H$_5$	$\dfrac{M-C}{130～193}$	$\dfrac{邻-}{132～141}$	$\dfrac{间-}{127～130}$	$\dfrac{对-}{121～131}$

a. 相对于 Si(CH$_3$)$_4$ 的化学位移（ppm）。

^{1}H NMR

金属有机化合物的 ^{1}H NMR 谱也能提供有用的结构信息。例如，大多数直接与金属成键的质子（13.4.3 节的氢化物）会受到很强的屏蔽作用，以 Si(CH$_3$)$_4$ 为内标的化学位移位于 −5～−20 ppm 范围内。这些质子通常很容易探测到，因为很少有其他质子会出现在该区间。

甲基配合物（M—CH$_3$）中质子的化学位移通常在 1～4 ppm，类似于它们在有机分子中的位置。环状 π 配体，如 η^5-C$_5$H$_5$ 和 η^6-C$_6$H$_6$，^{1}H 化学位移通常在 4～7 ppm，由于涉及的质子数相对较多，因此易于识别[**]。其他类型的有机配体也有特征化学位移（表 13.13）。

---

[*] 文献 B. E. Mann, "^{13}C NMR Chemical Shifts and Coupling Constants of Organometallic Compounds," in *Adv. Organomet. Chem.*, 1974, *12*, 135 中列有更多化学位移和耦合常数数据。

[**] 这些是抗磁性配合物的范围，顺磁性配合物可能有更大的化学位移，相对于四甲基硅烷，有时达几百 ppm。

表 13.13　金属有机化合物的 ^1H 化学位移示例

配合物	^1H 化学位移 [a]
Mn(CO)$_5$**H**	−7.5
W(C**H**$_3$)$_6$	1.80
Ni(η^2-C$_2$**H**$_4$)$_3$	3.06
(η^5-C$_5$**H**$_5$)$_2$Fe	4.04
(η^6-C$_6$**H**$_6$)$_2$Cr	4.12
(η^5-C$_5$**H**$_5$)$_2$Ta(C**H**$_3$)(=C**H**$_2$)	10.22

注：a. 相对于 Si(CH$_3$)$_4$ 的化学位移（ppm）。

与有机化学相同，金属有机配合物的 NMR 峰积分后可以得到不同环境下原子的比例。例如，^1H NMR 谱图的峰面积与产生该峰的核数成正比。但是对 ^{13}C NMR 谱来说，这种计算不太可靠。金属有机配合物中不同碳原子的弛豫时间差别很大，这可能导致峰面积与原子数量之间的相关性不准确（因为面积与原子数之间的相关性取决于快速弛豫）。添加顺磁试剂可以加速弛豫并提高积分数据的有效性，常用的顺磁性化合物是 Cr(acac)$_3$ [acac = 乙酰丙酮离子 = H$_3$CC(O)CHC(O) CH$_3^-$]*。

分子重排过程

(C$_2$H$_5$)$_2$Fe(CO)$_2$ 具有有趣的 NMR 行为。该化合物同时含有 η^1-C$_5$H$_5$ 和 η^5-C$_5$H$_5$ 配体，室温下 ^1H NMR 谱显示两个等面积的单峰，η^5-C$_5$H$_5$ 中五个等价质子预期产生一个单峰，但是对于 η^1-C$_5$H$_5$ 环，由于其质子并非全部等价，因此另一个单峰令人意外。在低温下，4.5 ppm 处（η^5-C$_5$H$_5$）的峰保持不变，但是 5.7 ppm 处的另一个峰变宽，然后在 3.5 ppm 附近和 5.9～6.4 ppm 之间裂分成新峰，所有这些都与 η^1-C$_5$H$_5$ 配体一致。有人提出旋环（ring whizzer）机制解释该现象[74]，如图 13.54 所示，即在 30℃ 下，金属通过 1, 2-位快速转移在 η^1-环的五个位置进行交换，以至于 NMR 谱仪仅能检测到环上的平均信号[75]。低温下该过程较缓，η^1-C$_5$H$_5$ 上不同质子的振动变得明显，同样显示在图 13.54 中。Elschenbroich 对金属有机化合物的 NMR 谱进行了更详细的讨论，其中包括此处未提及的核[76]。

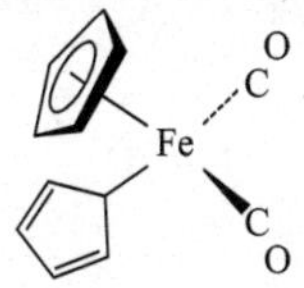

13.8.3　表征示例

下面用两个例子说明如何将光谱数据用于有机金属化合物的表征。更多的例子见本章末和第 14 章的习题。

---

* 与 ^{13}C NMR 积分相关的问题讨论可以参考：J. K. M. Saunders and B. K. Hunter, *Modern NMR Spectroscopy*, W. B. Saunders, New York, 1992。

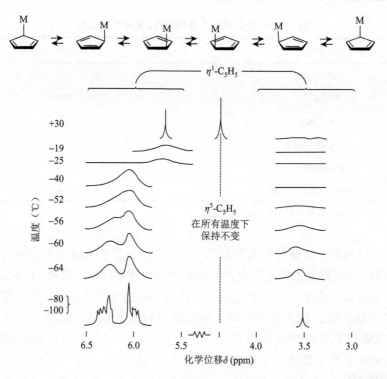

图 13.54　Ring-Whizzer 机制和(C₅H₅)₂Fe(CO)₂ 的变温 NMR 谱图。由于来自 η_5-C₅H₅ 配体，在 4.5 ppm 处的中心峰始终保持不变，为了图简化，只显示了其最高温度的光谱（M. H. Bennett, Jr., F. A. Cotton, A. Davison, J. W.Faller, S. J. Lippard, S. M. Morehouse, *J. Am. Chem. Soc.*, 88, 4371，美国化学会 1966 版权所有，经许可转载）

　　示例 13.3　[(C₂H₅)Mo(CO)₃]₂ 和四甲基硫脲（tds）在回流的甲苯中反应，可以得到一种具有以下特征的含钼产物：

$$H_3C \diagdown N - C \diagup{S}\diagdown \cdots S \diagdown C - N \diagup CH_3$$

tds

¹H NMR: 两个单峰，位于 δ 5.48 ppm（相对面积为 5）和 δ 3.18 ppm（相对面积为 6）。（作为对比，[(C₂H₅)Mo(CO)₃]₂ 的 ¹H NMR 含有一个 δ 5.30 ppm 的单峰）

IR: 在 1950 cm⁻¹ 和 1860 cm⁻¹ 处有强吸收峰。

质谱: 谱图与 Mo 同位素类似，最强的峰出现在 m/e = 339。（Mo 丰度最广的同位素为 ⁹⁸Mo）

该产物最可能是什么？

¹H NMR 中 δ 5.48 ppm 的单峰表明产物中保留了 C₅H₅ 配体（其化学位移与原料非常一致）。δ 3.18 ppm 的峰最可能源于 tds 上的 CH₃ 基团。氢的比例为 5∶6 说明 C₅H₅ 配体和 CH₃ 基团的比值为 1∶2。

IR 在羰基区域出现了两个强吸收带，表明产物中至少含有两个 CO 配体。

利用质谱可以确定分子式。从总分子量中扣除前面确定下来的分子量：

总分子量	339
Mo 的质量（根据质谱图）	−98
C_5H_5 的质量	−65
两个 CO 配体的质量	−56
剩余质量	120

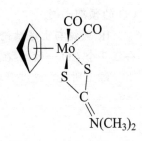

120 正好是 tds 质量的一半，对应于二乙基二硫代胺基甲酸根配体 $S_2CN(CH_3)_2$ 的质量。因此，产物的分子式可能是 $(C_5H_5)Mo(CO)_2[S_2CN(CH_3)_2]$。该分子式在两种磁性环境中需要有质子之比为 5∶6，同时产生两个 C—O 伸缩振动（因为在这样的分子中两个羰基不会沿 180° 角进行取向）。

在实践中，我们可能还会使用其他方法来表征反应产物。例如对于上述情况，用红外光谱进一步分析发现在 1526 cm^{-1} 处有一个中等强度的吸收峰，这是二硫代胺基甲酸配合物的 C—N 伸缩振动的常见谱带。质谱的碎片分析同样可以提供与分子碎片相关的有用信息。

示例 13.4

将含有 I 和过量三苯基膦的甲苯加热回流，最初生成化合物 II，然后生成化合物 III。II 在 2038 cm^{-1}、1958 cm^{-1} 和 1906 cm^{-1} 处有红外吸收；III 在 1944 cm^{-1} 和 1860 cm^{-1} 处有吸收。^{1}H NMR 和 ^{13}C NMR 数据 [δ 值（相对面积）] 如下：

	I	II	III
^{1}H:	4.83 单峰	7.62，7.41 多重峰（15）	7.70，7.32 多重峰（15）
		4.19 多重峰（4）	3.39 单峰（2）
^{13}C:	224.31	231.02	237.19
	187.21	194.98	201.85
	185.39	189.92	193.83
	184.01	188.98	127.75～134.08（几个峰）
	73.33	129.03～134.71（几个峰）	68.80
		72.26	

其他有用的信息：I 的 ^{13}C 的信号在 δ 224.31 ppm 处与类似化合物中卡宾碳的化学位移相像；在 δ 184～202 ppm 的峰对应羰基；在 δ 73.33 ppm 处是二氧卡宾配合物中 CH_2CH_2 桥的特征峰。

化合物 II 和 III 的确定

这是一个很好的 ^{13}C NMR 应用实例。II 和 III 在 δ 224.31 ppm 处都有和 I 化学位移相似的峰，这说明在反应中卡宾配体保持不变。类似地，Ⅱ和Ⅲ在接近 $\delta\,73.33\,ppm$ 处有峰，进一步表明卡宾配体完整不变。

$\delta\,184\sim202\,ppm$ 处的 ^{13}C 峰可归属于羰基。Ⅱ和Ⅲ都在 $\delta\,129\sim135\,ppm$ 处出现新峰，最可能的解释是发生了羰基被三苯基膦取代的化学反应，而 $129\sim135\,ppm$ 处的新峰则对应膦配体中苯环上的碳。

^1H NMR 数据进一步印证了 CO 配体被膦取代。在Ⅱ和Ⅲ中都有—CH_2CH_2—峰（分别为 δ 4.19 ppm 和 3.39 ppm）和苯基峰（δ 7.32~7.70 ppm），积分值为一个与两个取代 CO 的预期比例。

IR 数据与上述结论一致。在Ⅱ中，无论是面式或经式排列，羰基区的 3 个吸收峰与存在 3 个 CO 一致*。在Ⅲ中，两个 C—O 伸缩振动对应于两个互为顺式的羰基。

综上所述，这些产物的化学式如下：

$$Ⅱ: ReBr(CO)_3(\overline{COCH_2CH_2O})(PPh_3)$$

$$Ⅲ: cis\text{-}ReBr(CO)_2(\overline{COCH_2CH_2O})(PPh_3)_2$$

Ⅱ　　　　　　　　　　Ⅲ

练习 13.13　利用 ^{13}C NMR 数据，判断化合物Ⅱ更可能是面式还是经式异构体[77]。

参 考 文 献

[1]　W. C. Zeise, *Ann. Phys. Chem.*, **1831**, *21*, 497-541. A translation of excerpts from this paper can be found in G. B. Kauffman, ed., *Classics in Coordination Chemistry*, Part 2, Dover, New York, 1976, pp. 21-37. A review of the history of the anion of Zeise's salt, including some earlier references, has been published: D. Seyferth, *Organometallics*, **2001**, *20*, 2.

[2]　R. A. Love, T. F. Koetzle, G. J. B. Williams, L. C. Andrews, R. Bau, *Inorg. Chem.*, **1975**, *14*, 2653.

[3]　L. Mond, *J. Chem. Soc.*, **1890**, *57*, 749.

[4]　V. Grignard, *Ann. Chim.*, **1901**, *24*, 433. An English translation of most of this paper is in P. R. Jones and E. Southwick, *J. Chem. Educ.*, **1970**, *47*, 290.

[5]　T. J. Kealy, P. L. Pauson, *Nature*, **1951**, *168*, 1039.

[6]　J. D. Dunitz, L. E. Orgel, R. A. Rich, *Acta Crystallogr.*, **1956**, *9*, 373.

[7]　E. A. V. Ebsworth, D. W. H. Rankin, and S. Cradock, *Structural Methods in Inorganic Chemistry*, 2nd ed., Blackwell Scientific, Oxford UK, 1991.

[8]　P. R. Mitchell R. V. Parish, *J. Chem. Educ.*, **1969**, *46*, 311. See also W. B. Jensen, *J. Chem. Educ.*, **2005**, *82*, 28.

[9]　A. S. Goldman K. Krogh-Jespersen, *J. Am. Chem. Soc.*, **1996**, *118*, 12159.

[10]　D. S. Ginley M. S. Wrighton, *J. Am. Chem. Soc.*, **1975**, *97*, 3533; R. J. Klingler, W. Butler M. D. Curtis, *J. Am. Chem. Soc.*, **1975**, *97*, 3535.

[11]　A. L. Sargent M. B. Hall, *J. Am. Chem. Soc.*, **1989**, *111*, 1563, 以及其中的文献。

[12]　L. Mond, C. Langer, F. Quincke, *J. Chem. Soc.*, **1890**, *57*, 749; reprinted in *J. Organomet. Chem.*, **1990**, *383*, 1.

[13]　C. P. Horwitz D. F. Shriver, *Adv. Organomet. Chem.*, **1984**, *23*, 219.

[14]　W. Petz, *Coord. Chem. Rev.*, **2008**, *252*, 1689, 以及其

---

*　在八面体配合物 *fac*-$ML_3(CO)_3$（具有 C_{3v} 对称性）中，如果所有配体 L 相同，那么应该只有两个羰基的伸缩振动吸收，但是本例中 CO 之外的 3 个配体是不同的，所以属于 C_1 点群，有 3 个吸收峰。

中的文献.

[15] Y. Mutoh, N. Kozono, K. Ikenage, Y. Ishii, *Coord. Chem. Rev.*, **2012**, *256*, 589.

[16] P. V. Broadhurst, *Polyhedron*, **1985**, *4*, 1801.

[17] J. Jiang, S. A. Koch, *Inorg. Chem.*, **2002**, *41*, 158.

[18] J. Jiang, S. A. Koch, *Angew. Chem., Int. Ed.*, **2001**, *40*, 2629; T. B. Rauchfuss, S. M. Contakes, S. C. N. Hsu, M. A. Reynolds S. R. Wilson, *J. Am. Chem. Soc.*, **2001**, *123*, 6933; S. M. Contakes, S. C. N. Hsu, T. B. Rauchfuss, S. R. Wilson, *Inorg. Chem.*, **2002**, *41*, 1670.

[19] J. R. Dethlefsen, A. Dossing, E. D. Hedegard, *Inorg. Chem.*, **2010**, *49*, 8769.

[20] T. J. Crevier, S. Lovell, J. M. Mayer, A. L.Rheingold, I. A. Guzei, *J. Am. Chem. Soc.*, **1998**, *120*, 6607.

[21] G. J. Kubas, *Comments Inorg. Chem.*, **1988**, *7*, 17; R. H. Crabtree, *Acc. Chem. Res.*, **1990**, *23*, 95; G. J. Kubas, *Acc. Chem. Res.*, **1988**, *21*, 120.

[22] S. C. Abrahams, A. P. Ginsberg, K. Knox, *Inorg. Chem.*, **1964**, *3*, 558.

[23] G. J. Kubas, R. R. Ryan, B. I. Swanson, P. J. Vergamini, H. J. Wasserman, *J. Am. Chem. Soc.*, **1984**, *106*, 451.

[24] J. K. Burdett, O. Eisenstein, and S. A. Jackson, "Transition Metal Dihydrogen Complexes: Theoretical Studies, " in A. Dedieu, ed., *Transition Metal Hydrides*, VCH, New York, 1992, pp. 149-184; N. K. Szymczak, D. R. Tyler, *Coord. Chem. Rev.*, **2008**, *252*, 212.

[25] F. A. Cotton, *Chemical Applications of Group Theory*, 3rd ed., Wiley-Interscience, 1990, pp. 142-159.

[26] A. Haaland J. E. Nilsson, *Acta Chem. Scand.*, **1968**, *22*, 2653; A. Haaland, *Acc. Chem. Res.*, **1979**, *12*, 415.

[27] P. Seiler J. Dunitz, *Acta Crystallogr., Sect. B*, **1982**, *38*, 1741.

[28] J. C. Giordan, J. H. Moore, J. A. Tossell, *Acc. Chem. Res.*, **1986**, *19*, 281; E. Ruhl, A. P. Hitchcock, *J. Am. Chem. Soc.*, **1989**, *111*, 5069.

[29] Y. Yu, A. D. Bond, P. W. Leonard, U. J. Lorenz, T. V. Timofeeva, K. P. C. Vollhardt, G. D. Whitener, A. A. Yakovenko, *Chem. Commun.*, **2006**, 2572.

[30] I. Resa, E. Carmona, E. Gutierrez-Puebla, A. Monge, *Science*, **2004**, *305*, 1136; A. Grirrane, I. Resa, A. Rodriguez, E. Carmona, E. Alvarez, E. Gutierrez-Puebla, A. Monge, A. Galindo, D. del Rio, R. A. Anderson, *J. Am. Chem. Soc.*, **2007**, *129*, 693.

[31] D. L. Kays, S. Aldridge, *Angew. Chem., Int. Ed.*, **2009**, *48*, 4109.

[32] S. Krieck, H. Gorls, L. Yu, M. Reiher, M. Westerhausen, *J. Am. Chem. Soc.*, **2009**, *131*, 2977; S. Krieck, H. Gorls, M. Westerhausen, *J. Am. Chem. Soc.*, **2010**, *132*, 12492.

[33] J. M. Hawkins, A. Meyer, T. A. Lewis, S. D. Loren, F. J. Hollander, *Science*, **1991**, *252*, 312.

[34] P. J. Fagan, J. C. Calabrese, and B. Malone, "The Chemical Nature of C_{60} as Revealed by the Synthesis of Metal Complexes, " in G. S. Hammond and V. J. Kuck, eds., Fullerenes, ACS Symposium Series 481, American Chemical Society, Washington, DC, 1992, pp. 177-186; R. E. Douthwaite, M. L. H. Green, A. H. H. Stephens, J. F. C. Turner, *Chem. Commun*, **1993**, 1522; P. J. Fagan, J. C. Calabrese, B. Malone, *Science*, **1991**, *252*, 1160.

[35] J. R. Heath, S. C. O'Brien, Q. Zhang, Y. Liu, R. F. Curl, H. W. Kroto, R. E. Smalley, *J. Am. Chem. Soc.*, **1985**, *107*, 7779; H. Shinohara, H. Yamaguchi, N. Hayashi, H. Sato, M. Ohkohchi, Y. Ando, Y. Saito, *J. Phys. Chem.*, **1993**, *97*, 4259.

[36] R. C. Haddon, A. F. Hebard, M. J. Rosseinsky, D. W. Murphy, S. H. Glarum, T. T. M. Palstra, A. P. Ramirez, S. J. Duclos, R. M. Fleming, T. Siegrist, and R. Tycko, "Conductivity and Superconductivity in Alkali Metal Doped C_{60}," in Hammond and Kuck, Fullerenes, pp. 71-89.

[37] R. C. Haddon, *Acc. Chem. Res.*, **1992**, *25*, 127.

[38] J. M. Hawkins, *Acc. Chem. Res.*, **1992**, *25*, 150, 以及其中的文献.

[39] P. J. Fagan, J. C. Calabrese, B. Malone, *Acc. Chem. Res.*, **1992**, *25*, 134; D. Soto and R. Salcedo, *Molecules*, **2012**, *17*, 7151.

[40] P. J. Fagan, J. C. Calabrese, B. Malone, *Science*, **1991**, *252*, 1160.

[41] P. J. Fagan, J. C. Calabrese, B. Malone, *J. Am. Chem. Soc.*, **1991**, *113*, 9408. See also P. V. Broadhurst, *Polyhedron*, **1985**, *4*, 1801.

[42] H. Shinohara, H. Yamaguchi, N. Mayashi, H. Sato, M. Ohkohchi, Y. Ando, Y. Saito, *J. Phys. Chem.*, **1993**, *97*, 4259.

[43] M. M. Olmstead, A. de Bettencourt-Dias, J. C. Duchamp, S. Stevenson, D. Marciu, H. C. Dorn, A. L. Balch, *Angew. Chem., Int. Ed.*, **2001**, *40*, 1223.

[44] A. J. Shortland, G. Wilkinson, *J. Chem. Soc., Dalton Trans.*, **1973**, 872.

[45] B. Blom, H. Clayton, M. Kilkenny, J. R. Moss, *Adv. Organomet. Chem.*, **2006**, *54*, 149.

[46] E. O. Fischer, A. Maasbol, *Angew. Chem., Int. Ed.*, **1964**, *3*, 580.

[47] R. R. Schrock, *J. Am. Chem. Soc.*, **1974**, *96*, 6796.

[48] E. O. Fischer, *Adv. Organomet. Chem.*, **1976**, *14*, 1.

[49] C. G. Kreiter, E. O. Fischer, *Angew. Chem., Int. Ed.*, **1969**, *8*, 761.

[50] O. S. Mills A. D. Redhouse, *J. Chem. Soc. A*, **1968**, 642.

[51] K. H. Dotz, H. Fischer, P. Hoffmann, F. R. Kreissl, U.

Schubert, and K. Weiss, *Transition Metal Carbene Complexes*, Verlag Chemie, Weinheim, Germany, 1983, pp. 120-122.

[52]　E. O. Fischer, G. Kreis, C. G. Kreiter, J. Muller, G. Huttner, H. Lorentz, *Angew. Chem., Int. Ed.*, **1973**, *12*, 564.

[53]　H. P. Kim and R. J. Angelici, "Transition Metal Complexes with Terminal Carbyne Ligands, " in *Adv. Organomet. Chem.*, **1987**, *27*, 51; H. Fischer, P. Hoffmann, F. R. Kreissl, R. R. Schrock, U. Schubert, and K. Weiss, *Carbyne Complexes*, VCH, Weinheim, Germany, 1988.

[54]　R. G. Carlson, M. A. Gile, J. A. Heppert, M. H. Mason, D. R. Powell, D. Vander Velde, J. M. Vilain, *J. Am. Chem. Soc.*, **2002**, *124*, 1580.

[55]　J. B. Gary, C. Buda, M. J. A. Johnson, B. D. Dunietz, *Organometallics*, **2008**, *27*, 814.

[56]　A. Krapp, G. Frenking, *J. Am. Chem. Soc.*, **2008**, *130*, 16646.

[57]　S. R. Caskey, M. H. Stewart, J. E. Kivela, J. R. Sootsman, M. J. A. Johnson, J. W. Kampf, *J. Am. Chem. Soc.*, **2005**, *127*, 16750; Y. Mutoh, N. Kozono, M. Araki, N. Twuchida, K. Takano, Y. Ishii, *Organometallics*, **2010**, *29*, 519.

[58]　M. I. Bruce, *Coord. Chem. Rev.*, **2004**, *248*, 1603.

[59]　V. Cadierno J. Gimeno, *Chem. Rev.*, **2009**, *109*, 3512.

[60]　M. Dede, M. Drexler, H. Fischer, *Organometallics*, **2007**, *26*, 4294.

[61]　C. Coletti, A. Marrone, N. Re, *Acc. Chem. Res.*, **2012**, *45*, 139.

[62]　P. Aguirre-Etcheverry D. O'Hare, *Chem. Rev.*, **2010**, *110*, 4839.

[63]　Q. L. Zheng, J. C. Bohling, T. B. Peters, A. C. Frisch, F. Hampel, J. A. Gladysz, *Chem-Eur. J.*, **2006**, *12*, 6486.

[64]　S. Szafert, J. A. Gladysz, *Chem. Rev.*, **2006**, *106*, PR1.

[65]　Q. Zheng J. A. Gladysz, *J. Am. Chem. Soc.*, **2005**, *127*, 10508.

[66]　M. I. Bruce, K. Costuas, B. G. Ellis, J.-F. Halet, P. J. Low, B. Moubaraki, K. S. Murray, N. Ouddai, G. J.

Perkins, B. W. Skelton, A. H. White, *Organometallics*, **2007**, *26*, 3735.

[67]　L. de Quadras, F. Hampel, J. A. Gladysz, *Dalton Trans.*, **2006**, 2929.

[68]　N. Wiesbach, Z. Baranov, A. Gauthier, J. H. Reibenspies, J. A. Gladysz, *Chem. Commun.*, **2012**, *48*, 7562.

[69]　G. Parkin, "Classification of Organotransition Metal Compounds" in *Comprehensive Organometallic Chemistry III—From Fundamentals to Applications*, R. H. Crabtree, D. M. P, Mingos (eds.), Elsevier, 2007, Volume 1, pp. 1-57; M. L. H. Green, *J. Organomet. Chem.*, **1995**, *500*, 127.

[70]　G. Parkin, *J. Chem. Educ.*, **2006**, *83*, 791.

[71]　B. E. Mann, "^{13}C NMR Chemical Shifts and Coupling Constants of Organometallic Compounds, " in *Adv. Organomet. Chem.*, **1974**, *12*, 135; P. W. Jolly and R. Mynott, "The Application of ^{13}C NMR Spectroscopy to Organo-Transition Metal Complexes, " in *Adv. Organomet. Chem.*, **1981**, *19*, 257; E. Breitmaier and W. Voelter *Carbon 13 NMR Spectroscopy*, VCH, New York, 1987; E. A. V. Ebsworth, D. W. H. Rankin, and S. Cradock, *Structural Methods in Inorganic Chemistry*, 2nd ed., Blackwell, Oxford, 1991, pp. 414-425.

[72]　Breitmaier and Voelter, *Carbon 13 NMR Spectroscopy*. pp. 127-133, 166-167, 172-178.

[73]　P. C. Lauterbur, R. B. King, *J. Am. Chem. Soc.*, **1965**, *87*, 3266.

[74]　C. H. Campbell, M. L. H. Green, *J. Chem. Soc., A*, **1970**, 1318.

[75]　M. J. Bennett, Jr., F. A. Cotton, A. Davison, J. W. Faller, S. J. Lippard, S. M. Morehouse, *J. Am. Chem. Soc.*, **1966**, *88*, 4371. For a summary of early developments in the use of NMR to observe molecular rearrangement processes, see F. A. Cotton, *Inorg. Chem.*, **2002**, *41*, 643.

[76]　C. Elschenbroich, *Organometallics*, 3rd ed., Wiley-VCH, Wiesbaden, Germany, 2005.

[77]　G. L. Miessler, S. Kim, R. A. Jacobson, R. A. Angelici, *Inorg. Chem.*, **1987**, *26*, 1690.

一般参考资料

许多金属有机化合物的信息见于下述两本通行的参考书，N. N. Greenwood and A. Earnshaw, *Chemistry of the Elements*, 2nd ed., Butterworth Heinemann, Oxford, 1997; F. A. Cotton, G. Wilkinson, C. A. Murillo, and M. Bochman, *Advanced Inorganic Chemistry*, 6th ed., Wiley InterScience, New York, 1999。

更多的资料，如 G. O. Spessard and G. L. Miessler, *Organometallic Chemistry*, Oxford University Press, New York, 2010; C. Elschenbroich, *Organometallics*, 3rd ed., Wiley-VCH, Wiesbaden, Germany, 2005; J. F. Hartwig, *Organotransition Metal Chemistry, From Bonding to Catalysis*, University Science

Books, Mill Valley, CA, 2010 除了本章中讨论的金属有机化合物外，还对许多其他类型化合物进行了广泛讨论，并提供了大量参考文献。最全面的有机金属化学文献，出自 G. Wilkinson 和 F. G. A. Stone 编纂的多卷本丛书 *Comprehensive Organometallic Chemistry*, Pergamon Press, Oxford, 1982；E. W. Abel，F. G. A. Stone 和 G. Wilkinson 编纂的 *Comprehensive Organometallic Chemistry II*, Pergamon Press, Oxford, 1995；以及 R. H. Crabtree 和 D. M. P. Mingos 编纂的 *Comprehensive Organometallic Chemistry III*,

Elsevier, 2007。这些丛书的每一套，都给出了广泛的文献列表，描述了那些用 X 射线衍射分析、电子及中子衍射分析所表征的有机金属化合物。有一部特别有用的文献，是关于特定有机金属化合物的合成、性质和化学反应的，由 J. Buckingham 和 J. E. Macintyre 编纂，*Dictionary of Organometallic Compounds*, Chapman and Hall, London, 1984。这本资料的补编卷也已出版。系列丛书 *Advances in Organometallic Chemistry*, Academic Press, San Diego，则提供了（不同时段）有价值的综述性文献。

习　　题

13.1　下列哪些分子符合 18 电子规则？

a. $Fe(CO)_5$

b. $[Rb(bipy)_2]^+$

c. $(\eta^5\text{-}Cp^*)Re(=O)_3$，其中 $Cp^* = C_5(CH_3)_5$

d. $Re(PPh_3)_2Cl_2N$

e. $Os(CO)(\equiv CPh)(PPh_3)_2Cl$

f. 表格 13.3 中的 CE 配合物

13.2　下列哪些平面四方型配合物具有 16 价电子组态？

a. $Ir(CO)Cl(PPh_3)_2$

b. $RhCl(PPh_3)_2$

c. $[Ni(CN)_4]^{2-}$

d. $cis\text{-}PtCl_2(NH_3)_2$

13.3　根据 18 电子规则，为以下各项确定合适的第一过渡金属：

a. $[M(CO)_7]^+$

b. $H_3CM(CO)_5$

c. $M(CO)_2(CS)(PPh_3)_2$

d. $[(\eta^3\text{-}C_3H_3)(\eta^5\text{-}C_5H_5)M(CO)]^-$

e. $(OC)_5M=C(OCH_3)C_6H_5$

f. $[(\eta^4\text{-}C_4H_4)(\eta^5\text{-}C_5H_5)M]^+$

g. $(\eta^3\text{-}C_3H_3)(\eta^5\text{-}C_5H_5)M(CH)(NO)$（NO 为线型配位）

h. $[M(CO)_4I(diphos)]^-$（diphos = 1, 2-二（二苯基膦基）乙烷）

13.4　确定以下各项符合 18 电子规则的金属-金属键级：

a. $[(\eta^5\text{-}C_5H_5)Fe(CO)_2]_2$

b. $[(\eta^5\text{-}C_5H_5)Mo(CO)_2]_2^{2-}$

13.5　确定以下各项中最可能的第二过渡金属：

a. $[M(CO)_3(NO)]^-$

b. $[M(PF_3)_2(NO)_2]^+$（含有线型 M—N—O）

c. $[M(CO)_4(\mu_2\text{-}H)]_3$

d. $M(CO)(PMe_3)_2Cl$（平面四方型配合物）

13.6　基于 18 电子规则，确定以下各项的电荷：

a. $[Co(CO)_3]^z$

b. $[Ni(CO)_3(NO)]^z$

c. $[Ru(CO)_4(GeMe_3)]^z$

d. $[(\eta^3\text{-}C_3H_5)V(CNCH_3)_5]^z$

e. $[(\eta^5\text{-}C_5H_5)Fe(CO)_3]^z$

f. $[(\eta^5\text{-}C_5H_5)_3Ni_3(\mu_3\text{-}CO)_2]^z$

13.7　确定未知量：

a. $[(\eta^5\text{-}C_5H_5)W(CO)_x]_2$（存在 W—W 单键）

b.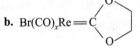

c. $[(CO)_3Ni\text{-}Co(CO)_3]^z$

d. $[Ni(NO)_3(SiMe_3)]^z$（含有线型 M—N—O）

e. $[(\eta^5\text{-}C_5H_5)Mn(CO)_x]_2$（含有 Mn≡Mn 键）

13.8　确定未知量：

a. 混合 superphane 下层环的配位齿数（参见 S. Gath, R. Gleiter, F. Rominger, C. Bleiholder,

Organometallics, **2007**, *26*, 644。结构由 CIF 数据生成，省略氢原子）

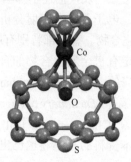

b. 左边的 16 电子第三过渡金属 M 和右边的 16 电子第一过渡金属 M′（参见 M. Tamm, A. Kunst, T. Bannenberg, S. Randoll, P. G. Jones, *Organometallics*, **2007**, *26*, 417）

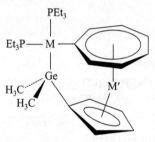

13.9 图 13.35 展示了同时含有 C_5H_5 和 CO 配体的 4~8 族过渡金属配合物实例。请问哪些同时含有这两种配体的 9~11 族第一过渡金属配合物符合 18 电子规则？请考虑含有一个或者两个金属原子的配合物。

13.10 四羰基镍 $Ni(CO)_4$ 是一种 18 电子物种。请使用定性的分子轨道图解释该 18 电子分子的稳定性。（参见 A. W. Ehlers, S. Dapprich, S. V. Vyboishchikov, G. Frenking, *Organometallics*, **1996**, *15*, 105）

13.11 $Re(^{16}O)I(HC{\equiv}CH)_2$ 中的 Re—O 伸缩振动为 975 cm^{-1}，请预测 $Re(^{18}O)I(HC{\equiv}CH)_2$ 中的 Re—O 伸缩谱带的位置。（参见 J. M. Mayer, D. L. Thorn, T. H. Tulip, *J. Am. Chem. Soc.*, **1985**, *107*, 7454）

13.12 化合物 $W(O)Cl_2(CO)(PMePh_2)_2$ 的 $\nu(CO)$ 在 2003 cm^{-1} 处，请预测 $W(S)Cl_2(CO)(PMePh_2)_2$ 的 $\nu(CO)$ 能量更低还是更高？简要说明。（参见 J. C. Bryan, S. J. Geib, A. L. Rheingold, J. M. Mayer, *J. Am. Chem. Soc.*, **1987**, *109*, 2826）

13.13 $V(CO)_6$ 中钒-碳距离为 200 pm，而

$[V(CO)_6]^-$ 中只有 193 pm，请解释原因。

13.14 绘图描述以下配体如何同时充当 σ 给体和 π 受体：

a. CN^-　　**b.** $P(CH_3)_3$　　**c.** SCN^-

13.15 **a.** 解释以下 IR 频率趋势：

$[Cr(CN)_5(NO)]^{4-}$　　$\nu(NO) = 1515\ cm^{-1}$

$[Mn(CN)_5(NO)]^{3-}$　　$\nu(NO) = 1725\ cm^{-1}$

$[Fe(CN)_5(NO)]^{2-}$　　$\nu(NO) = 1939\ cm^{-1}$

b. $[RuCl(NO)_2(PPh_3)_2]^+$ 离子中 N—O 伸缩谱带为 1687 cm^{-1} 和 1845 cm^{-1}。而二羰基配合物的 C—O 伸缩谱带能量通常相距更近。请解释原因。

13.16 画出以下各项的 π 分子轨道：

a. CO_2

b. 1, 3, 5-己三烯

c. 环丁二烯 C_4H_4

d. *cyclo*-C_7H_7

13.17 对于假想分子 $(\eta^4$-$C_4H_4)Mo(CO)_4$：

a. 假设几何构型为 C_{4v}，预测具有 IR 活性的 C—O 带数量。

b. 画出环丁二烯的 π 分子轨道。对于每一个轨道，指出 Mo 的 s、p、d 轨道中的哪一个有匹配的相互作用对称性。（提示：指定 z 轴与 C_4 轴共线）

13.18 使用附录 C 中的 D_{5h} 特征标表：

a. 为图 13.27 所示的群轨道指定对称符号（不可约表示的符号）。

b. 为 Fe 在 D_{5h} 环境中的原子轨道指定对称符号。

c. 验证图 13.28 中所示的二茂铁轨道相互作用是在 Fe 的原子轨道和对称性匹配的群轨道之间。

13.19 二苯铬 $(\eta^6$-$C_6H_6)_2Cr$ 是一个在重叠型中具有两个平行苯环的夹心型化合物，对于该分子（译者注，原著分子式中误为 η^4）：

a. 画出苯环的 π 轨道。

b. 用两个苯环的 π 轨道画出群轨道。

c. 对 12 个群轨道中的每一个轨道，确定相互作用的对称性匹配 Cr 轨道。

d. 画出分子轨道能级图。

13.20 尽管理论上已经提出了二茂铁异构体 $(\eta^4$-$C_4H_4)(\eta^6$-$C_6H_6)Fe$ 的成键情况，但尚未报道成功合成该分子（C. M. Brett, B. E. Bursten, *Polyhedron*, **2004**, *23*, 2993）。对于这个分子：

a. 它的点群是什么？

b. 以 C_4H_4 和 C_6H_6 环中可参与 π 相互作用的 p 轨道为基，生成一个（可约）表示。

c. 约化该表示为不可约表示，并将其与 Fe 上适当的轨道匹配。

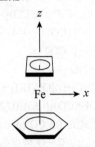

13.21 假设 $W(CO)_3(\eta^6\text{-}C_6H_6)$ 有 C_{3v} 几何构型，预测其具有 IR 活性的 C—O 伸缩振动数。

13.22 本章中，有人断言 T_d 和 O_h 对称的高对称性二元羰基化合物红外光谱中应该仅有一个 C—O 伸缩带。运用第 4 章描述的对称方法分析 $Ni(CO)_4$ 和 $Cr(CO)_6$ 的 C—O 振动来验证这一说法。

13.23 $Mn_2(CO)_{10}$ 和 $Re_2(CO)_{10}$ 有 D_{4d} 对称性。请预测这两个化合物有多少个红外活性的羰基伸缩振动带？

13.24 当六羰基钨在丁腈（C_3H_7CN）中回流时，首先形成产物 X；继续回流 X 转化为 Y；很长时间回流（几天）Y 转化为 Z。但是，即使回流数周，Z 也不能转化为其他产物。此外，每步反应都释放无色气体。观察到以下红外谱带（cm^{-1}）：

X:	2077	Y:	2017	Z:	1910
	1975		1898		1792
	1938		1842		

a. 给出 X、Y、Z 的结构。如果可能存在多个异构体，请确定与红外数据最匹配的异构体（注：Y 中的弱带可能会被其他带覆盖）。

b. 解释 X→Y→Z 过程的红外谱带位置的变化趋势。

c. 解释在丁腈中回流为什么 Z 不进一步发生反应。（参见 G. J. Kubas, *Inorg. Chem.*, **1983**, *22*, 692）

13.25 顺式和反式的 $[Fe(CO)_2(CN)_4]^{2-}$ 和 $[Fe(CO)_2(CN)_5]^{3-}$ 红外光谱如下所示：

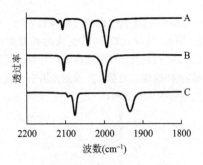

a. 哪些伸缩振动带在低能区？它们是 CO 配体还是 CN^- 配体的谱带？请解释。

b. 根据它们的对称性，预测每个配合物有多少 C—O 和 C—N 伸缩振动带？将这些配合物与其光谱进行匹配。（经 S. M. Contakes, S. C. N. Hsu, T. B. Rauchfuss, S. R. Wilson, *Inorg. Chem.*, 41, 1670. Copyright 2002, American Chemical Society 版权允许转载）

13.26 $Fe(CO)(PF_3)_4$ 样品在 2038 cm^{-1} 和 2009 cm^{-1} 处显示两个羰基伸缩振动带。

a. 解释该化合物显示两个羰基带的原因。

b. $Fe(CO)_5$ 在 2025 cm^{-1} 和 2000 cm^{-1} 处有羰基带。在光谱化学序列中将 PF_3 置于 CO 的上方还是下方？请简要说明。（参见 H. Mahnke, R. J. Clark, R. Rosanske, R. K. Sheline, *J. Chem. Phys.*, **1974**, *60*, 2997）

13.27 已有证据证明 $Ru(CO)_2(PEt_2)_3$ 有两种异构体，一种是羰基占据三角双锥结构的轴向位置，另一种羰基占据赤道面的位置。红外光谱可以区分这些异构体吗？每种异构体预期会有多少 C—O 伸缩振动？（参见 M. Ogasawara, F. Maseras, N. Gallego-Planas, W. E. Streib, O. Eisenstein, K. G. Caulton，*Inorg. Chem.*, **1996**, *35*, 7468）

13.28 请解释为何观察到 $[Co(CO)_3(PPh_3)_2]^+$ 只有一个单一的羰基伸缩频率。

13.29 除了在 13.4.1 节中展示的六羰基配合物外，还报道了 $[Ir(CO)_6]^{3+}$ 离子。预测该配合物中羰基伸缩振动的位置。（参见 C. Bach, H. Willner, C. Wang, S. J. Rettig, J. Trotter, F. Aubke, *Angew. Chem., Int. Ed.*, **1996**, *35*, 1974）

13.30 现已开发出多种均相过渡金属羰基阳离子的制备途径。

a. 3 个这种阳离子 $[Hg(CO)_2]^{2+}$、$[Pt(CO)_4]^{2+}$、$[Os(CO)_6]^{2+}$，预测其中哪个在红外区有最低能量的 C—O 伸缩振动。（参见 H. Willner, F. Aubke,

Angew. Chem.，*Int. Ed.*, **1997**, *36*, 2402）

b. 阳离子$[\{Pt(CO)_3\}_2]^{2+}$被认为具有如图所示结构，D_{2d}对称性。预测该离子在红外区可观察到的碳-氧伸缩带的数量，并预测光谱中可观察到的这些谱带的大概区域。

13.31　$Mo(CO)_6$在吡啶中的拉曼光谱在$2119\ cm^{-1}$、$2015\ cm^{-1}$处有吸收带。对该溶液进行微波辐射可得到三种产物，它们具有以下的拉曼光谱：

化合物 J: $2071\ cm^{-1}$，$1981\ cm^{-1}$

化合物 K: $1892\ cm^{-1}$

化合物 L: $1600\ cm^{-1}$

a. 确定与$Mo(CO)_6$的拉曼活性带相匹配的不可约表示。

b. 在拉曼数据的基础上，确定 J、K 和 L 的结构。（参见 T. M. Barnard, N. E. Leadbeater, *Chem. Commun.*, **2006**, 3615）

13.32　$(\eta^5\text{-}C_5H_5)Cr(CO)_2(NS)$是最早报道的硫代亚硝酰基配合物之一。该化合物在$1962\ cm^{-1}$和$2003\ cm^{-1}$处具有羰基带，$(\eta^5\text{-}C_5H_5)Cr(CO)_2(NO)$的相应谱带在$1955\ cm^{-1}$和$2028\ cm^{-1}$。根据 IR 证据，NS 在这些化合物中表现为较强还是较弱的 π 受体？请简要说明。（参见 T. J. Greenough, B. W. S. Kolthammer, P. Legzdins, J. Trotter, *Chem. Commun.*, **1978**, 1036）

13.33　已制备出$TpOs(NS)Cl_2$ [Tp = 三氢（1-吡唑基）硼酸酯，三齿配体] 的^{14}N和^{15}N衍生物。^{14}N衍生物 N—S 伸缩位于$1284\ cm^{-1}$。预测^{15}N衍生物 N—S 伸缩的位置。

13.34　化合物$[Ru(CO)_6][Sb_2F_{11}]_2$在$2199\ cm^{-1}$处有强红外谱带。$[Ru(^{13}CO)_6][Sb_2F_{11}]_2$的光谱也已被报道。你认为$^{12}C$化合物在$2199\ cm^{-1}$处观察到的谱带，在$^{13}C$化合物的光谱中向更高还是更低能量移动？（参见 C. Wang, B. Bley, G. Balzer-Jöllenbeck, A. R. Lewis, S. C. Siu, H. Willner, F. Aubke, *Chem. Commun.*, **1995**, 2071）

13.35　预测以下反应产物：

a. $Mo(CO)_6 + Ph_2P\text{—}CH_2\text{—}PPh \xrightarrow{\ \ \ \ }$

b. $(\eta^5\text{-}C_5H_5)(\eta^1\text{-}C_3H_5)Fe(CO)_2 \xrightarrow{h\nu}$

c. $(\eta^5\text{-}C_5Me_5)Rh(CO)_2 \xrightarrow{\triangle}$（二聚体产物，每一个金属上有一个 CO）

d. $V(CO)_6 + NO \longrightarrow$

e. $W(CO)_5[C(C_6H_5)(OC_2H_5)] + BF_3 \longrightarrow$

f. $[(\eta^5\text{-}C_5H_5)Fe(CO)_2]_2 + Al(C_2H_5)_3 \longrightarrow$

13.36　分子式为$Rh(CO)(phosphine)_2Cl$的配合物具有如下所示的 C—O 伸缩振动带。请将以下的红外谱带与适当的膦匹配。

膦：$P(p\text{-}C_6H_4F)_3$，$P(p\text{-}C_6H_4Me)_3$，$P(t\text{-}C_4H_9)_3$，$P(C_6F_5)_3$
$\nu(CO)(cm^{-1})$：1923，1965，1948，2004

13.37　对于以下每组，哪个配合物具有最高的 C—O 伸缩频率？

a.	$Fe(CO)_5$	$Fe(CO)_4(PF_3)$	$Fe(CO)_4(PCl_3)$	$Fe(CO)_4(PMe_3)$
b.	$[Re(CO)_6]^+$	$W(CO)_6$	$[Ta(CO)_6]^-$	
c.	$Mo(CO)_3(PCl_3Ph)_3$	$Mo(CO)_3(PCl_2Ph)_3$	$Mo(CO)_3(PPh_3)_3$	$Mo(CO)_3py_3$（py 为吡啶）

13.38　当$Cr(CO)_5(PH_3)$和$Cr(CO)_5(NH_3)$失去一个电子被氧化时：

a. LFSE 有什么变化？

b. C—O 的距离伸长还是缩短？请简要说明。

c. 当$Cr(CO)_5(PH_3)$被氧化时，对 Cr—P 距离有什么影响？请简要说明。

d. 当$Cr(CO)_5(NH_3)$被氧化时，对 Cr—N 距离有什么影响？请简要说明。（参见 T. Leyssens, D. Peeters, A. G. Orpen, J. N. Harvey, *New J. Chem.*, **2005**, *29*, 1424）

13.39　按照预期的$\nu(CO)$谱带的频率顺序排列以下配合物。（参见 M. F. Ernst, D. M. Roddick, *Inorg. Chem.*, **1989**, *28*, 1624）

$Mo(CO)_4(F_2PCH_2CH_2PF_2)$

$Mo(CO)_4[(C_6F_5)_2PCH_2CH_2P(C_6F_5)_2]$

$Mo(CO)_4(Et_2PCH_2CH_2PEt_2)(Et = C_2H_5)$

$Mo(CO)_4(Ph_2PCH_2CH_2PPh_2)(Ph = C_6H_5)$

$Mo(CO)_4[(C_2F_5)PCH_2CH_2P(C_2H_5)]$

13.40　游离的N_2在$2331\ cm^{-1}$处有一个伸缩

振动带（为什么红外观察不到？）。你认为配位的
N_2 的伸缩振动能量升高还是降低？请简要说明。

13.41　下图所示的卡宾配合物在 40℃时的
^1H NMR 谱显示两个相同强度的峰。在–40℃，
NMR 显示四个峰，其中两个峰强度较低，另两
个较高。在这些温度下反复加热和冷却溶液，
NMR 性质并不改变。试解释 NMR 出现这种行
为的原因。

$$OC-\underset{\underset{CO}{|}}{\overset{\overset{CO}{|}}{Cr}}=C\overset{OCH_3}{\underset{CH_3}{<}}$$

13.42　$(C_5H_5)_2Fe(CO)_2$ 的 ^1H NMR 谱在室温
有两个等面积峰，但在低温下有四个共振峰，
相对强度为 5∶2∶2∶1。请解释。（参见 C. H.
Campbell, M. L. H. Green, *J. Chem. Soc.*, A, **1970**,
1318）

13.43　对于化合物 $Cr(CO)_5(PF_3)$ 和 $Cr(CO)_5$
(PCl_3)，预期哪种化合物：

a. C—O 键更短？

b. 在红外光谱中具有更高能量的 Cr—C 伸
缩带？

13.44　对下列各项做出最佳选择：

a. 高的 N—O 伸缩振动频率：$[Fe(NO)(mnt)_2]^-$、
$[Fe(NO)(mnt)_2]^{2-}$

$$mnt^{2-}=\left[\underset{S}{\overset{S}{>}}C=C\underset{CN}{\overset{CN}{<}}\right]^{2-}$$

b. 长的 N—N 键：N_2、$(CO)_5Cr:N≡N$、
$(CO)_5Cr:N≡N:Cr(CO)_5$

c. 短的 Ta—C 距离：$(\eta^5\text{-}C_5H_5)_2Ta(CH_2)(CH_3)$、
Ta—CH_2、Ta—CH_3

d. 短的 Cr—C 距离：$Cr(CO)_6$、*trans*-$Cr(CO)_4$
$I(CCH_3)$中的 Cr—CO、*trans*-$Cr(CO)_4I(CCH_3)$中的
Cr—CCH_3

e. 低的 C—O 伸缩振动频率：$Ni(CO)_4$、
$[Co(CO)_4]^-$、$[Fe(CO)_4]^{2-}$

13.45　如图所示的二锰配合物可以被 1～
3 个电子可逆地氧化。中性配合物及电荷为 1 + 和
2 + 的离子的 X 射线晶体结构提供的 MnCCMn 链
中的原子键距如下：

配合物	Mn—C(Å)	C—C(Å)
MCCM	1.872	1.271
$[MCCM]^+$	1.800	1.291
$[MCCM]^{2+}$	1.733	1.325

解释 Mn—C 和 C—C 距离变化趋势的原因，确
保将相关轨道考虑在内。（参见 S. Kheradmandan,
K. Venkatesan, O. Blacque, H. W. Schmalle, H. Berke,
Chem-Eur. J., **2004**, 10, 4872）

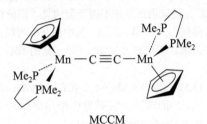

MCCM

13.46　使用共价键分类法，用通式$[ML_lX_xZ_z]^{Q\pm}$
对下列配合物分类。对于带电荷的物质，将其化
学式简化为等效中性类物质。

a. $W(CH_3)_6$

b. $[W(\eta^5\text{-}C_5H_5)_2H_3]^+$

c. $[Fe(CO)_4]^{2-}$

d. $Mo(\eta^5\text{-}C_5H_5)(CO)_3H$

e. $Fe(CO)_4I_2$

f. $[Co(\eta^5\text{-}C_5H_5)_2]^+$

13.47　使用共价键分类方法，通过公式
$[ML_lX_xZ_z]^{Q\pm}$对下列假设的配合物分类。对于带电
荷的物质，将公式简化为其等效的中性物质。根
据 13.7 节中铁的 MLX 图，推测制备以下铁配合
物的可能性。

a. $[FeCl_3(PPh_3)_3]^{3+}$

b. $[FeCl_3(PPh_3)_2]^+$

c. $[FeCl_2(PPh_3)_2]^+$

d. $FeCl_2(PPh_3)_2$

13.48　用十倍过量的 2-丁炔处理蓝色的
$Mo(CO)_2(PEt_3)_2Br_2$ 溶液，得到深绿色产物 X。X
的 ^1H NMR 中 δ 为 0.90 ppm（相对面积为 3）、
1.63 ppm（相对面积为 2）、3.16 ppm（相对面积
为 1）处具有谱带。3.16 ppm 处在室温下为单峰，
但在低于–20℃的温度下分裂成双峰。^{31}P NMR 显
示只有一个单共振峰。IR 显示在 1950 cm^{-1} 处有
一个单一的强带。分子量测定表明 X 的分子量为

580±15。请推测 X 的结构，并使用尽可能多的数据加以说明。（参见 P. B. Winston, S. J. Nieter Burgmayer, J. L. Templeton, *Organometallics*, **1983**, *2*, 168）

13.49 [η^5-C$_5$H$_5$Fe(CO)$_2$]$_2$ 在−78℃下光解有无色气体逸出，并形成了一个含铁产物，它在 1785 cm^{-1} 处具有单个羰基带且含氧 14.7%（质量分数）。试推测产物结构。

13.50 羰基镍与环戊二烯反应生成分子式为 NiC$_{10}$H$_{12}$ 的红色抗磁性化合物。该化合物的 ^{1}H NMR 光谱显示出四种不同类型的氢。积分得到相对面积比为 5：4：2：1，其中最强峰出现在芳香族区域。请推测与 NMR 光谱一致的 NiC$_{10}$H$_{12}$ 结构。

13.51 Cp(CO)$_2$Mo[μ-S$_2$C$_2$(CF$_3$)$_2$]$_2$MoCp（Cp = η^5-C$_5$H$_5$）中的羰基碳-钼-碳键角为 76.05°。计算该化合物的 C—O 伸缩振动带的 $I_{symmetric}/I_{antisymmetric}$ 强度比。（参见 K. Roesselet, K. E. Doan, S. D. Johnson, P. Nicholls, G. L. Miessler, R. Kroeker, S. H. Wheeler, *Organometallics*, **1987**, *6*, 480）

13.52 最近报道的配合物(π-C$_4$BNH$_6$)Cr(CO)$_3$ 是 1, 2-二氢-1, 2-天麻黄素配体的第一个例子。与(π-C$_6$H$_6$)Cr(CO)$_3$ 在 1892 cm^{-1} 和 1972 cm^{-1} 的强吸收相比，它在 1898 cm^{-1} 和 1975 cm^{-1} 处有强吸收，化合物 C$_4$BNH$_6$ 在环中的碳-碳距离依次为 1.393 Å、1.421 Å、1.374 Å。

1, 2-二氢-1, 2-天麻黄素配体

a. C$_4$BNH$_6$ 配体是一个比 C$_6$H$_6$ 更强还是更弱的受体？请解释原因。

b. 解释环中 C—C 距离的差异。（参见 A. J. V. Marwitz, M. H. Matus, L. N. Zakharov, D. A. Dixon, S.-Y. Liu, *Angew. Chem.*, *Int. Ed.*, **2009**, *48*, 973）

13.53 Ir 的配合物 A 与 C$_{60}$ 反应得到黑色固体残渣 B，其具有以下光谱性质：质谱 M$^+$ = 1056，^{1}H NMR：δ = 7.65 ppm（多重峰，2H）、7.48 ppm（多重峰，2H）、6.89 ppm（三重峰，1H）和 5.97 ppm（二重峰，2H），IR：ν (CO) = 1998 cm^{-1}。

A

a. 推测 **B** 的结构。

b. 据报道 A 的羰基伸缩振动位于 1954 cm^{-1}。Ir 从 A 变为 B 时电子密度如何变化？

c. 当 **B** 用 PPh$_3$ 处理时，新配合物 **C** 和一些 C$_{60}$ 迅速生成。试推测 **C** 的可能结构。（参见 R. S. Koefod, M. F. Hudgens, J. R. Shapley, *J. Am. Chem. Soc.*, **1991**, *113*, 8957）

13.54 Cr(CO)$_3$(CH$_3$CN)$_3$ 与 NaCp^N（如下图）在 THF 中反应，然后与四聚配合物[Cu(PPh$_3$)Cl]$_4$ 反应得到黄色产物，具有以下特征：IR（在 THF 中）在 906 cm^{-1}、1808 cm^{-1}、1773 cm^{-1} 处有强吸收。^{1}H NMR：δ 7.50～7.27 ppm（多重峰，15H），4.64 ppm（表观三重峰，2H），4.52 ppm（表观三重峰，2H），2.44～2.39 ppm（多重峰，4H），2.19 ppm（单峰，6H）；元素分析：60.29% C, 4.82% H, 2.40% N。请推测该产物的结构。（参见 P. J. Fischer, A. P. Heerboth, Z. R. Herm, B. E. Kucera, *Organometallics*, **2007**, *26*, 6669）

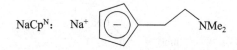

NaCp^N：

13.55 尽管二异氰甲烷 H$_2$C(NC)$_2$ 是一个简单分子，但直到最近才被分离并通过 X 射线晶体学对其进行表征。该化合物可以用于金属有机化合物的合成如下：(η^5-C$_5$H$_5$)Mn(CO)$_3$ 溶解于 THF 中光解，释放出一些 CO 并形成化合物 Q。在−40℃下，将 H$_2$C(NC)$_2$ 的二氯甲烷溶液添加到 Q 的溶液中，所得溶液的柱层析分离出化合物 R，其具有以下特征：^{1}H NMR(溶于 CD$_2$Cl$_2$)：δ 4.71 ppm（相对面积为 5）、5.01 ppm（相对面积为 2）；^{13}C NMR（溶于 CD$_2$Cl$_2$）：δ 50.1 ppm、83.4 ppm、162.0 ppm、210.5 ppm、228.1 ppm；IR：2147 cm^{-1}、2086 cm^{-1}、2010 cm^{-1}、1903 cm^{-1}。推测 Q 和 R 的结构。（参见 J. Buschmann, R. Bartolmäs, D. Lentz, P. Luger, I. Neubert, M. Röttger, *Angew.*

Chem., Int. Ed., **1997**, *36*, 2372）

13.56　在溶液中环戊二烯基三羰基二聚体 [CpMo(CO)₃]₂ 和 [CpW(CO)₃]₂ 反应形成杂双金属配合物 Cp(CO)₃Mo—W(CO)₃Cp。但是反应不会完全进行，最终得到三者混合的平衡状态。三种金属有机配合物的丰度由 [CpMo(CO)₃] 的数量和存在的 [CpW(CO)₃] 片段控制。如果将 0.00100 mmol 的 [CpMo(CO)₃]₂ 和 0.00200 mmol 的 [CpW(CO)₃]₂ 溶解在甲苯中直至平衡，请计算平衡溶液中三种有机金属配合物的量。（参见 T. Madach, H. Vahrenkamp, Z. *Naturforsch.*, **1979**, *34b*, 573）

13.57　将 BH₃·THF 加入 [K(15-冠-5)₂]₂[Ti(CO)₆] 的四氢呋喃溶液中，在 −60℃ 制得对空气敏感的红色溶液并从中分离出阴离子 Z。Z 在 1945 cm⁻¹ 和 1811 cm⁻¹ 处有很强的红外峰。（注：[Ti(CO)₄(η⁵-C₅H₅)]⁻ 在 1921 cm⁻¹、1779 cm⁻¹ 处有谱带。）在 2495 cm⁻¹、2132 cm⁻¹、2058 cm⁻¹ 处观察到其他峰，它们位于 B—H 伸缩通常发生的光谱区域。在 −95℃ 的 ¹H NMR 光谱显示相对强度为 3:1 的宽单峰，这些峰在高温下更复杂。请推测 Z 的分子式和结构。

13.58　在低温下搅拌 (C₅Me₅)₂Os₂Br₄ 和 LiAlH₄ 的乙醚溶液，然后加入少量乙醇，形成白色产物，可以通过升华分离。通过分析白色产物为一种 18 电子配合物，其表征结果如下：

¹H NMR：δ 2.02 ppm（单峰，相对面积为 3），−11.00 ppm（单峰，相对面积为 1）

¹³C NMR：δ 2.02 ppm（单峰），94.2 ppm（单峰）

IR：最可能发生 Os—H 伸缩的区域如下所示。

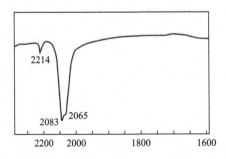

请推测产物的结构，用尽可能多的数据说明。（参见 C. L. Gross, G. S. Girolami, *Organometallics*, **2007**, *26*, 160）

13.59　尽管已知有数千个羰基配合物，但硼氟烷（BF）配体的化学仍处于起步阶段。

a. 画出 BF 的分子轨道能级图，表示 B 和 F 的原子轨道如何相互作用。

b. 基于 **a** 中回答，BF 相对于 CO 是更强还是更弱的 π 酸配体？请解释。

c. 最近报道了第一例 BF 桥联的过渡金属配合物，其结构如下所示（D. Vidovic, S. Aldridge, *Angew. Chem., Int. Ed.*, **2009**, *48*, 3669）。众所周知二聚 Ru 配合物 [(η⁵-C₅H₅)Ru(CO)₂]₂ 在 93 cm⁻¹ 和 1971 cm⁻¹ 处具有 C—O 振动带。请预测如下所示分子具有比 [(η⁵-C₅H₅)Ru(CO)₂]₂ 更高还是更低能量的 C—O 振动带？并解释原因。

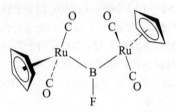

13.60　当六碘代苯与二茂铁基锌 [(η⁵-C₅H₅)FeC₅H₅]₂Zn 反应时，最让人感兴趣的产物只有 4% 的产率。该化合物除二茂铁内所含元素外不含其他元素，并且其分子式具有比二茂铁高 10% 的 C/Fe 原子比和比二茂铁低 10% 的 H/Fe 原子比。预测（并画出）该产物，它为什么这么有趣。（Y. Yu, A. D. Bond, P. W. Leonard, U. J. Lorenz, T. V. Timofeeva, K. P. C. Vollhardt, G. D. Whitener, A. A. Yakovenko, *Chem. Commun.*, **2006**, 2572）

13.61　当将丁二烯添加到 Fe₂(CO)₉ 的正己烷悬浊液中，反应发生并从中分离出产物，为橙色液体 Q。化合物 Q 具有以下特征：

IR：在 2071 cm⁻¹、2005 cm⁻¹ 和 1975 cm⁻¹ 处有谱带，计算表明其他带被这些带的其中一个覆盖。

¹H NMR：δ 3.25 ppm（相对面积为 1）、2.90 ppm（相对面积为 1）、2.76 ppm（相对面积为 1）

¹³C NMR：δ 212 ppm（相对面积为 4）、70 ppm（相对面积为 1）、36 ppm（相对面积为 1）

最后，Q 与 PPh₃ 反应得到 Fe(CO)₄(PPh₃)（Ph = 苯基），推测并画出 Q。（G. J. Reiss, M. Finze, *J. Organomet. Chem.*, **2011**, *696*, 512）

使用分子建模软件解决以下问题：

13.62　**a.** 生成并展示环戊二烯基 C₅H₅ 的 π 和 π* 轨道，将结果与图 13.22 进行比较，确定穿过原子平面的节点。

b. 生成并展示二茂铁的分子轨道，确定由 C₅H₅ 配体的 π 轨道与铁相互作用产生的分子轨道。找到金属的 d_{xy}、d_{yz} 与配体相互作用形成的轨道，并与图 13.27 前面的图表进行比较。

c. 将分子轨道的相对能量与图 13.28 所示的分子轨道进行比较。图 13.28 框中轨道的相对能量与计算结果进行比较。

d. 二茂铁中的 d_{z^2} 轨道通常被认为是非键的。你的结果是否支持该观点？

13.63 生成并展示图 13.4 中 Zeise 盐阴离子的分子轨道，阐明乙烯的 π 和 π* 轨道如何与铂的轨道相互作用形成分子轨道？

13.64 生成并展示 $Cr(CO)_6$ 的分子轨道，确定 t_{2g} 轨道和 e_g^* 轨道（图 13.8）。验证是否存在三个等价且简并的 t_{2g} 轨道，并且有两个简并的 e_g^* 轨道，并解释为何 e_g^* 轨道的形状不同。

13.65 假定过渡金属与 cyclo-C_3H_3 配体成键，如下所示。

a. 画出 η^3-C_3H_3 的每个 π 分子轨道。

b. 对于上述每个轨道，确定金属的 s、p 和 d 轨道中哪个具有合适的对称性以进行相互作用。

c. 使用分子建模软件生成 cyclo-C_3H_3 的分子轨道，并将 π 轨道与在 **a** 中所画的进行比较。

d. 生成并展示理论夹心型配合物 $[(\eta^3\text{-}C_3H_3)_2Ni]^{2-}$ 的分子轨道。观察环的波瓣和中心 Ni

重叠的轨道，并将其与在 **b** 中确定的金属-环相互作用的轨道进行比较。

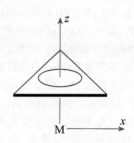

13.66 $(\eta^4\text{-}C_4H_4)_2Ni$ 目前尚未合成。然而，计算预测该分子具有合理的稳定性和偏光几何结构，且环与环平行。（参见 Q. Li, J. Guan, *J. Phys. Chem. A*, **2003**, *107*, 8584）

a. 使用环丁二烯环的 π 轨道绘制群轨道。

b. 对于每个群轨道，确定匹配对称性的 Ni 轨道进行相互作用。

c. 以配体的 π 轨道作为基，构建一个（可约）表示，将其约化为不可约表示，并与中心 Ni 上适当的轨道匹配。

d. 生成并展示 $(\eta^4\text{-}C_4H_4)_2Ni$ 的分子轨道。观察环的波瓣与中心 Ni 的轨道重叠情况，并与 **c** 中给出的结果比较。

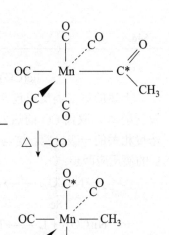

第14章

金属有机反应和催化

　　金属有机化合物参与的反应丰富多样，有时可以组成高效的催化循环。在本章中，我们将讨论在合成与催化过程中极其重要的金属有机反应。

14.1　配体得失的反应

　　许多金属有机化合物的反应涉及配体得失，金属配位数因此而变化。如果金属的氧化态不变，这些反应被称为加成或解离反应；如果金属的氧化态发生变化，则被称为氧化加成或还原消去反应。区分这些反应通常需要确定金属的氧化态，如用给体电对法（第13章）来确定。

反应类型	配位数变化	金属形式氧化态变化
加成	上升	无
解离	下降	无
氧化加成	上升	上升
还原消去	下降	下降

　　我们先考虑配体解离反应，这种反应提供了CO、膦这类配体发生取代的示例。

14.1.1　配体解离和取代

CO解离反应

　　第13章已经介绍了羰基的解离反应，反应中CO可以通过加热或光照而失去。这种反应可能会导致剩余分子的重排或者CO被其他配体取代：

$$Fe(CO)_5 + P(CH_3)_3 \xrightarrow{\triangle} Fe(CO)_4(P(CH_3)_3) + CO$$

上述的第二类反应包含了配体取代，是将新配体引入化合物的重要途径。大部分涉及新配体 L 取代 CO 的热力学反应，反应速率与 L 的浓度无关，而是与金属有机化合物浓度相关的一级反应。这与解离（dissociative）机理一致，包括失去 CO 的慢反应和结合 L 的快反应两步：

$$Ni(CO)_4 \xrightarrow{k_1} Ni(CO)_3 + CO（慢）\qquad 从 18 电子化合物失去 CO$$
$$18e^-\qquad\quad 16e^-$$

$$Ni(CO)_3 + L \longrightarrow Ni(CO)_3L + CO（快）\qquad L 加成到 16 电子的中间体$$
$$16e^-\qquad\qquad\qquad 18e^-$$

第一步是速率决定步骤，并且符合速率定律：速率 $= k_1[Ni(CO)_4]$。一些配体取代反应动力学过程更加复杂。对下述反应

$$Mo(CO)_6 + L \xrightarrow{\triangle} Mo(CO)_5L + CO（L = 膦）$$

的研究发现，L 为膦的反应速率方程为

$$速率 = k_1[Mo(CO)_6] + k_2[Mo(CO)_6][L]$$

速率方程中有两项，意味着形成 $Mo(CO)_5L$ 有两条平行路径；第一项与解离机理一致：

$$Mo(CO)_6 \xrightarrow{k_1} Mo(CO)_5 + CO（慢）$$

$$Mo(CO)_5 + L \longrightarrow Mo(CO)_5L（快）$$

$$速率_1 = k_1[Mo(CO)_6]$$

确凿的证据表明，溶剂参与了 CO 取代的一级反应机理，但是因为溶剂过量，所以不出现在上述速率方程中，该路径为准一级动力学过程[1]。第二项与缔合过程一致，其中包括 $Mo(CO)_6$ 和 L 双分子反应生成一个失去 CO 的过渡态：

$$Mo(CO)_6 + L \xrightarrow{k_2} Mo(CO)_6\cdots L \qquad Mo(CO)_6 和 L 缔合$$

$$Mo(CO)_6\cdots L \longrightarrow Mo(CO)_5L + CO \qquad 从过渡态失去 CO$$

过渡态的形成是这个机理中的速率决定步骤，该路径的速率方程为

$$速率_2 = k_2[Mo(CO)_6][L]$$

形成 $Mo(CO)_5L$ 的总速率是单分子和双分子反应机理的总和，为速率$_1$ + 速率$_2$。

尽管大部分 CO 的取代反应以解离机理进行，但是配体具有高亲核性，反应物中金属原子半径大——容易扩大配位层，缔合机理的概率增大。配体的解离和缔合均涉及配位数的变化，但不涉及金属氧化态的变化*。

膦解离反应

CO 以外的其他配体也可以参与解离反应，其难易程度取决于金属-配体键强度，而该强度与电子效应（如金属与配体轨道的能量匹配性）和空间效应（如金属周围配体的拥挤程度可以减小金属与配体的轨道重叠）有关。许多配体的空间效应都已经被探讨，尤其是膦这样的中性配体。Tolman 将锥角（cone angle）定义为包含配体最外层原子范德

---

* 假定金属与配体之间不发生氧化还原反应。

华半径的锥体顶角 θ［图 14.1（a）］[2]，如此就有了一个对配体空间体积分类的新策略，即根据晶体学数据确定配位球体积百分比，又称为埋藏体积百分比（percent buried volume，$\%V_{bur}$）[3]。$\%V_{bur}$ 定义为金属周围潜在的配位球被配体占据的比例［图 14.1（b）］。已有报道，叔膦的 $\%V_{bur}$ 和锥角之间有极好的相关性，而且埋藏体积百分比可以定量表示配体的空间体积，而 Tolman 的方法则无法定量[4]。一些膦的锥角和 $\%V_{bur}$ 见表 14.1*。

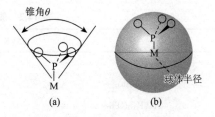

图 14.1　（a）锥角和（b）埋藏体积百分比（两种情况下，M—P 距离均为 228 pm）

表 14.1　叔膦的配体锥角和 $\%V_{bur}$

配体	锥角 θ	$\%V_{bur}$	配体	锥角 θ	$\%V_{bur}$
PH$_3$	87°		P(CH$_3$)(C$_6$H$_5$)$_2$	136°	
PF$_3$	104°		P(CF$_3$)$_3$	137°	
P(OCH$_3$)$_3$	107°(128°)[a]	26.4[b]	P(C$_6$H$_5$)$_3$	145°	29.6
P(OC$_2$H$_5$)$_3$	109°		P(cyclo-C$_6$H$_{11}$)$_3$	170°	31.8
P(CH$_3$)$_3$	118°	22.2	P(t-C$_4$H$_9$)$_3$	182°	36.7
PCl$_3$	124°		P(C$_6$F$_5$)$_3$	184°	37.3
P(OC$_6$H$_5$)$_3$	128°(155°)[a]	30.7	P(o-C$_6$H$_4$CH$_3$)$_3$	194°	41.4
P(C$_2$H$_5$)$_3$	132°	27.8	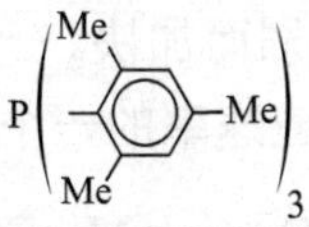 P(Me,Me,Me-C$_6$H$_2$)$_3$	212°	47.6

a. 用 $\%V_{bur}$ 算得的锥角，这些膦的 Tolman 锥角可能被估计低了。b. 除了该标注值通过(P(OCH$_3$)$_3$)AuCl 晶体数据获得，所有的 $\%V_{bur}$ 均来源于非配位分子的结构数据。

有大体积配体的金属周围位阻大，金属-配体键略有拉长以释放位阻张力，这可能导致配体快速解离。配体的体积效应和电子效应对膦解离速率的影响很难预测，需要根据具体案例具体分析。例如，钌烯烃复分解反应中催化剂的活性取决于膦的解离速率（图 14.2），解离是催化循环的第一步（见 14.3.6 节）[5]。不同配体 PR$_3$ 的反应速率常数（k_1）见表 14.2。

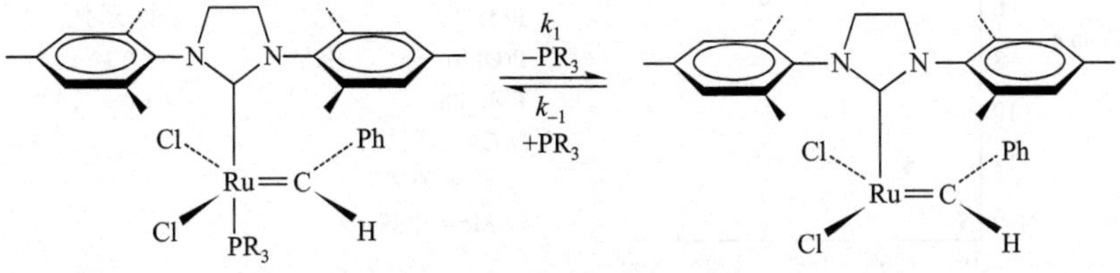

图 14.2　影响烯烃复分解反应速率的膦解离平衡

* 关于膦等配体体积测量的最新方法，包括剑桥结构数据库中的数据分析（K. A. Bunten, L. Chen, A. L. Fernandez, A. J. Poë, *Coord. Chem. Rev.*, **2002**, *233-234*, 41）和计算分子静电势（C. H. Suresh, *Inorg. Chem.*, **2006**, *45*, 4982）。

表 14.2　膦解离速率和空间/电子效应

膦	353 K 下的反应速率常数$(k_1)(s^{-1})$	锥角(°)
PCy_3	0.13	170
$P(n\text{-}Bu)_3$	8.1×10^{-4}	130
$P(C_6H_5)_2(OMe)$	1.7	132
$P(p\text{-}CF_3C_6H_4)_3$	48	145
$P(p\text{-}ClC_6H_4)_4$	17.9	145
$P(p\text{-}FC_6H_4)_3$	8.5	145
$P(C_6H_5)_3$	7.5	145
$P(p\text{-}CH_3C_6H_5)_3$	4.1	145
$P(p\text{-}CH_3OC_6H_5)_3$	1.8	145

　　PCy_3 和 $P(n\text{-}Bu)_3$ 的配位能力被认为非常相似，但是 PCy_3 的解离速率是 $P(n\text{-}Bu)_3$ 的 160 倍，正是因为 PCy_3 有更大的空间体积（锥角更大）。比较 PCy_3 和 $P(C_6H_5)_2(OMe)$ 的解离速率，表明存在电子效应。$P(C_6H_5)_2(OMe)$ 的锥角明显更小但解离速率更快，分子中的吸电子取代基使其成为一个比 PCy_3 弱的给体（导致 Ru—P 键变弱、易断）。图 14.2 通过比较一系列具有相同锥角（145°）的对位取代三苯基膦的解离速率，进一步说明了电子效应对解离的影响。在这些膦中随着对位取代基吸电子能力的提高，膦的给电子能力降低，解离速率也因 Ru—P 键变弱而加快。

　　配体空间位阻影响取代反应速率的一个经典例子是

$$cis\text{-}Mo(CO)_4L_2 + CO \longrightarrow Mo(CO)_5L + L \quad （L = 膦或亚磷酸根）$$

该类反应为与 $cis\text{-}Mo(CO)_4L_2$ 相关的一级反应，如图 14.3 所示，反应速率随着配体体积的增加而加快；锥角越大，膦或亚磷酸根离去越快。总体的影响是巨大的，如最大体积配体的反应速率是最小体积配体的 64000 倍。

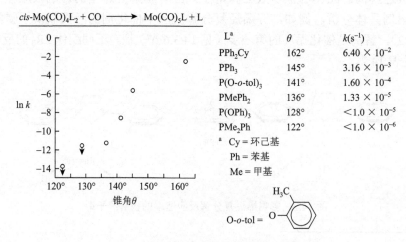

图 14.3　膦解离反应速率常数与锥角的关系

14.1.2　氧化加成和 C—H 键活化

这类反应涉及金属氧化态和配位数的增加。氧化加成（oxidative addition，OA）反应是许多催化过程的核心步骤；逆反应还原消去（reductive elimination，RE）同样非常重要。这类反应可以大致描述如下：

$$L_nM + X—Y \underset{RE}{\overset{OA}{\rightleftharpoons}} L_nM \begin{smallmatrix} X \\ \\ Y \end{smallmatrix}$$

反应类型	配位数变化	金属形式氧化态变化	电子数变化
氧化加成	上升 2	上升 2	上升 2
还原消去	下降 2	下降 2	下降 2

平面四方型 d^8 化合物的氧化加成反应非常普遍。我们将以 *trans*-Ir(CO)Cl(Pet)$_2$ 为例研究此类反应（图 14.4）。

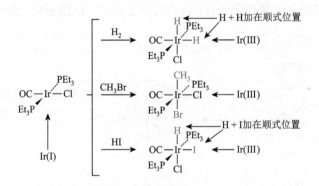

图 14.4　氧化加成反应

在图 14.4 中，Ir 的氧化态从（I）上升到（III），配位数从 4 上升到 6。新配体以顺式或者反式加成到反应物上，其取向与加成途径有关。金属配位数增加使新配体与原配体靠近并发生反应。此类反应在催化循环机理中经常遇到。

氧化加成和还原消去在 C—H 键活化中起关键作用，其中稳定的 C—H 键被过渡金属化合物裂解*。这类反应意义重大，因为它们可使无官能团的烃转变成复杂的功能化分子。Bergman 报道了如下经典的依次 C—H 还原消去/氧化加成反应[7]。

---

* C—H 键功能化是 *Acc. Chem. Res.*，**2012**，*45*，777-958 特刊上的一个主题。

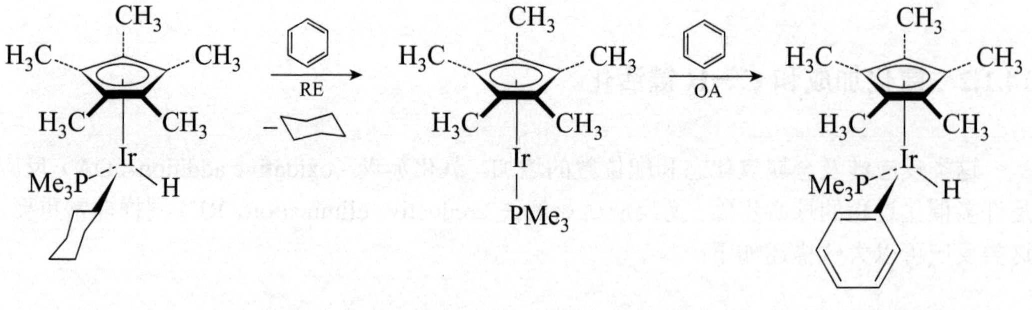

第一步，六配位的 Ir(III)化合物还原消去环己烷（ML₃X₃，13.7 节中的 CBC 方法），得到四配位的 Ir(I)中间体（ML₃X）；与大多数还原消去相同，配位数和氧化态都下降了 2。第二步，Ir(I)氧化为 Ir(III)，苯环加成到 Ir 导致 C(sp²)—H 活化，又与大多数氧化加成相同，配位数和氧化态都上升了 2。

金属环化反应

这类反应是将金属加入有机环中，邻位金属化（orthometallation）是一种很常见的氧化加成反应，即芳香环上邻位原子通过氧化加成和金属键合。图 14.5 第一个氧化加成反应中，三苯基膦的邻位碳和上面的氢加成到 Ir 上，形成了一个包括 Ir 的四元环。第二个反应中，虽然 Pt 也有三苯基膦配位，但邻位金属环化并非优选途径，而是通过萘取代基上的 C—H 键氧化加成同时还原消去甲烷形成一个五元环。在这些反应中，动力学稳定的反应物金属环化得到热力学稳定产物，这类反应也称 C—H 键活化，金属促进了 C—H 的断裂。

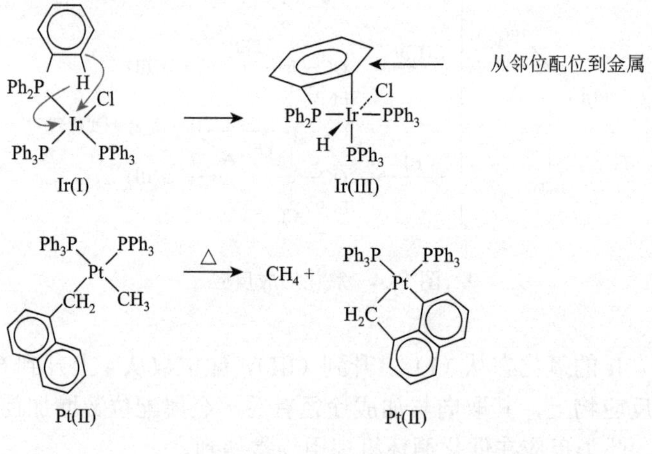

图 14.5　金属环化反应。第一个反应为邻位金属化，铱与膦取代基的邻位碳配位

亲核置换

另一些可以归类为氧化加成的反应是亲核置换，尽管它不严格符合这一节开始列出的反应通式要求。带负电的金属有机化合物在置换反应中常表现为亲核试剂，如 $[(\eta^5\text{-}C_5H_5)Mo(CO)_3]^-$，可以从碘甲烷中置换出碘离子

$$[(\eta^5\text{-}C_5H_5)Mo(CO)_3]^- + CH_3I \longrightarrow (\eta^5\text{-}C_5H_5)(CH_3)Mo(CO)_3 + I^-$$

该反应导致金属的形式氧化［Mo(0)变为 Mo(II)］且由于碘离子的离去而增大了 1 个配位数［以 CBC 方法，$[ML_5X]^-$（相当于中性的 ML_6）变为 ML_5X_2］。

14.1.3　还原消去和 Pd 催化交叉偶联

还原消去是氧化加成的逆过程，为了阐明这一特点，考虑下列平衡：

$$(\eta^5\text{-}C_5H_5)_2TaH + H_2 \underset{RE}{\overset{OA}{\rightleftharpoons}} (\eta^5\text{-}C_5H_5)_2TaH_3$$

$$\text{Ta(III)} \qquad\qquad\qquad \text{Ta(V)}$$

正反应包括金属的形式氧化和配位数增加，是氧化加成反应；逆反应则是还原消去反应，氧化态和配位数均出现下降。

还原消去能形成许多种键，包括 H—H、C—H、C—C、C—X（X = 卤素、酰胺、醇盐、硫醇盐和磷化物）。Pd 相关的还原消去非常重要，因为它是 Pd 催化交叉偶联的关键步骤。在图 14.6 给出的通用催化循环中，步骤 1 是 RX（X = 烷基、芳基）氧化加成到 Pd(0)上，得到平面四方型的 Pd(II)配合物。如果该产物是顺式，那么快速的顺反异构化（步骤 2）可能使强给体 R 不会与强 σ 给体 L 处于反位*。步骤 3 是金属交换反应（transmetallation），一种配体取代反应，引入 R′（R′ = 烷基、芳基）与 Pd(II)连接**。C—C键的还原消去（步骤 5）需要 R 和 R′为顺式构型，所以如果金属交换产物为反式，就必须顺反异构化（步骤 4）。

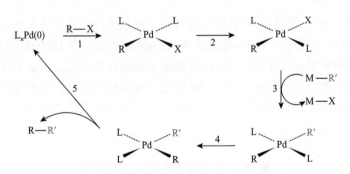

图 14.6　Pd 催化交叉偶联通用的循环过程

还原消去反应（步骤 5）通常随着 L 空间位阻增大而加快。配体体积越大，配位数越容易减小，反应速率就越快，在一系列 C—S 键形成的还原消去反应中，不同咬合角（bite angle）双齿配体（图 14.7）的影响很好地说明了这一趋势[8]。咬合角是双齿配体特有的空间参数***（类似于锥角）。咬合角增大，配位时双齿配体的空间位阻增大，二烷基

---

　　* 这是反位效应的结果（见 12.7）。

　　** 该方案极为笼统。在 Pd 催化交叉偶联反应中，不同的 M 对 R′取代基和反应机理具有选择性。Stille、Suzuki、Sonogashira 和 Negishi 的交叉偶联反应中分别用 M = Sn、B、Cu 和 Zn 进行金属交换反应。

　　*** 咬合角的定义见 C. P. Casey, G. T. Whiteker, *Isr. J. Chem.*, **1990**, *30*, 299。

硫化物的还原消去速率也增加（表 14.3）。配体的电学性质也会对 Pd(II)化合物还原消去形成 C—C 键和碳杂键的速率有很大影响[9]。

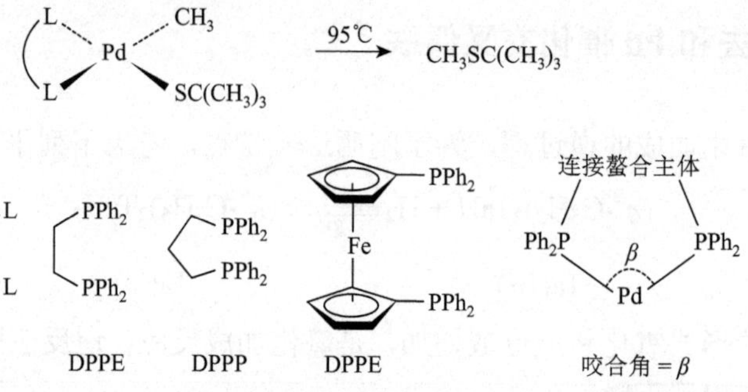

图 14.7　具有不同咬合角的双齿膦配体在 Pd(II)配合物中还原消除形成 C—S 键

表 14.3　(L₂)Pd(CH₃)(SC(CH₃)₃)ᵃ 还原消除速率

膦（L₂）	95℃反应速率常数（k_{obs}）（h⁻¹）	咬入角（°）ᵇ
DPPE	0.069	85.8
DPPP	0.35	90.6
DPPF	1.4	99.1

a. 用过量三苯基膦捕获生成的 Pd(0)以促使这些反应进行。

b. 咬合角的数据来自 T. Hayashi, M. Konishi, Y. Kumada, T. Higuchi, K. Hirostu, *J. Am. Chem. Soc.*, **1984**, *106*, 158。

　　过去的几十年中，钯催化形成碳-碳键的交叉偶联反应已成为有机合成中极为重要的工具。为了表彰 R. F. Heck、E.-I. Negishi 和 A. Suzuki 在这个领域的开创性工作，他们被授予了 2010 年的诺贝尔化学奖*。表 14.4 列出了几位诺奖得主及该领域另两位主要科学家 K. Sonogashira 和 J. K. Stille 在各类 Pd 催化交叉偶联反应方面的代表性工作，他们和其他工作者对该领域的诸多贡献以及 Pd 催化交叉偶联反应的发展历程，已经被整理成综述发表[10]。

表 14.4　Pd 催化的交叉偶联反应类型

名称	首次报道	M	催化剂前体
Heck	1968 年	Hg	Li₂PdCl₄
Sonogashira	1975 年	Cu	PdCl₂(PPh₃)₂
Negishi	1977 年	Zn	PdCl₂(PPh₃)₂
Stille	1978 年	Sn	PhCH₂Pd(PPh₃)₂Cl
Suzukiᵃ	1979 年	B	Pd(PPh₃)₄

a. 又称 Suzuki-Miyaura 交叉偶联反应。

---

* 获奖者的诺贝尔演讲报告和 PPT 可在 nobelprize.org/nobel_prizes/chemistry/laureates/2010/上看到。此外，Negishi 和 Suzuki 的报告分别发表在 E.-I. Negishi, *Angew. Chem.*, *Int. Ed.*, **2011**, *50*, 6738 和 A. Suzuki, *Angew. Chem.*, *Int. Ed.*, **2011**, *50*, 6722 上。

14.1.4 σ键置换

所有在 14.1.2 节和 14.1.3 节中提到的 C—H 键活化示例均表现出氧化加成的经典特征，而且中心金属价电子数都是 8 [Ir(I)、Pd(II)和 Fe(0)]。这些金属有较低的氧化态，倾向于氧化 C—H 键*，这是否意味着处在最高氧化态的金属就无法对 C—H 键活化产生影响？但是令人惊讶的是，一些 d^0 的过渡金属配合物同样可以活化 C—H 键而不改变氧化态。例如，下列经典反应：

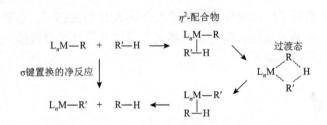

在该反应中，甲烷生成一个 C—H 键，苯断开一个 C—H 键，但是中心 Sc 的氧化态保持 +3 不变[11]。这类反应称为 σ 键置换（sigma-bond metathesis）反应**，而且不仅仅限于前过渡系金属。该机理推断，金属首先以 η^2 的方式配位激活 C—H 键，形成一个四中心过渡态，然后交换金属上的配体（图 14.8）[12]。

图 14.8 σ 键置换机理的一般过程

14.1.5 钳型配体的应用

金属有机化学当前一个重要的焦点是设计钳型配体（pincer ligand），该配体可以限制金属于确定几何结构中，并且使配合物具有能量、对称性都合适的前线轨道，便于化学计量和催化性能[13]。

钳型配体一般有 3 个配位点与金属结合，如图 14.9 中的例子，主体上的阴离子或者中性给体与金属配位，膦给体则"钳"住该金属形成牢固的螯合形式。钳型配合物提供了一种新的 C—H 键活化反应，其支持键活化反应的能力不断地被发掘***。钳型配合

---

* 由于内容受限，无法详细解释氧化加成机理，读者可自行阅读第 13 章、第 14 章后面的参考文献。

** 在许多情况下，键活化的难点在于如何区分反应机理是依次的氧化加成/还原消去还是 σ 键置换。

*** 两大代表性的例子可以参看 M. T. Whited, Y. Zhu, S. D. Timpa, C.-H. Chen, B. M. Foxman, O. V. Ozerov, R. H. Grubbs, *Organometallics*, **2009**, *28*, 4560；B. C. Bailey, H. Fan, J. C. Huffman, M.-H. Baik, D. J. Mindiola, *J. Am. Chem. Soc.*, **2007**, *129*, 8781。

物解释了第一个 σ 甲烷化合物在溶液中表征的结果，为 σ 键置换反应中四中心过渡态之前的相互作用优先发生的推断提供了有力证据（图 14.8）。低温下(PONOP)Rh(CH₃) 质子化为甲烷化合物[(PONOP)Rh(σ-CH₄)]⁺离子[14]如图所示。

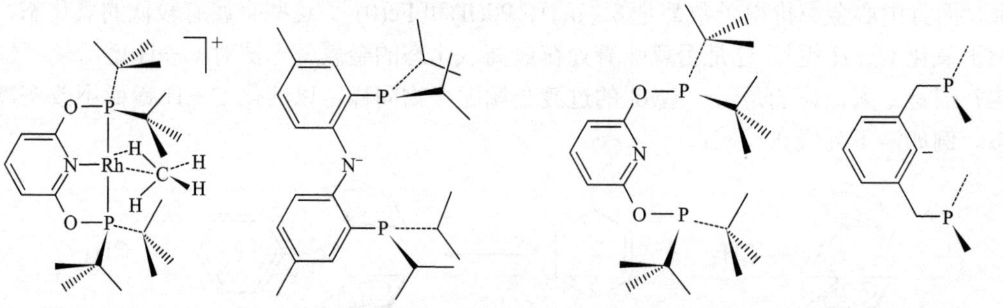

図 14.9　钳型配体

14.2　配体上的反应

我们知道很多类似于配体或分子基团插入金属-配体键的例子。尽管其中的一些反应被认为是直接的一步插入反应，但许多"插入"反应并不经历直接插入的步骤。这类反应中研究最深入的是羰基插入。

14.2.1　插入反应

图 14.10 中的反应一般被命名为 1, 1-插入反应，表示反应形成的两个化学键均在插入分子的同一个原子上。例如第二个反应中，Mn 和 CH₃ 同时与插入分子 SO₂ 中的硫成键。

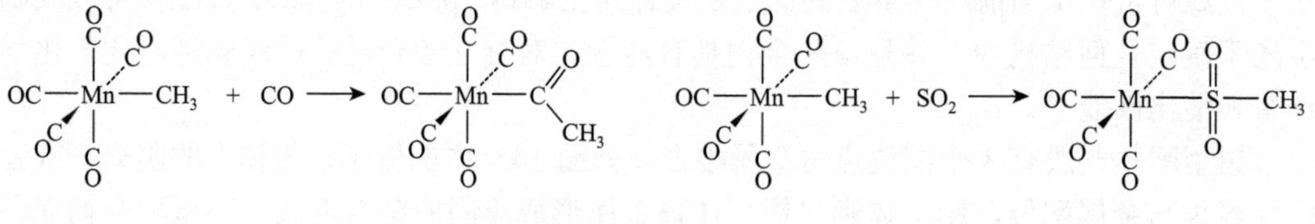

図 14.10　1, 1-插入反应举例

1, 2-插入则表示插入分子在相邻原子上成键。例如，在 HCo(CO)₄ 与四氟乙烯的反应中（图 14.11），产物的 Co(CO)₄ 基团连接在四氟乙烯中的一个碳上，H 连接在其相邻的碳上。

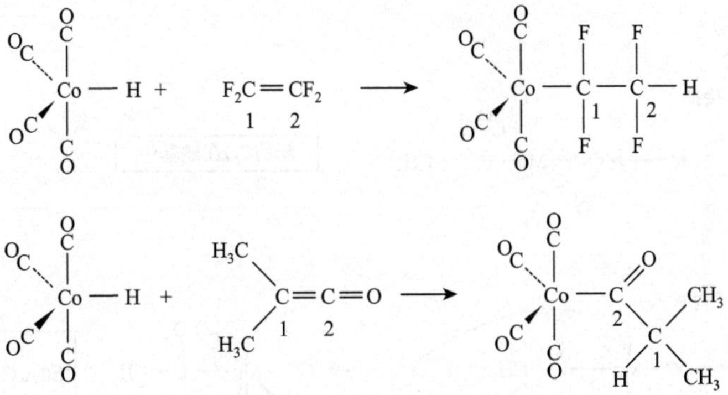

图 14.11　1, 2-插入反应举例

14.2.2　羰基插入（烷基迁移）

羰基插入［CO 与烷基配合物反应生成酰基[—C(═O)R]的产物］已经得到深入的研究。CH_3Mn(CO)_5 与 CO 的反应就是一个非常好的例子：

$$H_3C\text{—}Mn(CO)_5 + CO \longrightarrow CH_3\overset{\displaystyle O}{\overset{\displaystyle \|}{C}}\text{—}Mn(CO)_5$$

由于其在有机合成和催化中的潜在应用（14.3 节），烷基配合物中 CO 插入金属-碳键的反应备受关注，其反应机理值得认真思考。

就纯粹的反应方程式而言，我们可能认为 CO 直接插入 Mn—CH_3 键中。然而除 CO 直接插入外，我们可以在给出整个反应的化学计量比前引入其他步骤，所以也可能有其他机理。已经提出了 3 种可能的机理：

机理 1：CO 插入

CO 直接插入金属-碳键。

机理 2：CO 迁移

CO 配体迁移导致分子内的 CO 插入，形成五配位中间体，其中空位用于结合引入的 CO。

机理 3：烷基迁移

在这种情况下，烷基而不是 CO 将发生迁移，并与分子内相邻的 CO 结合形成一个五配位的中间体，为将要引入的 CO 提供一个空位。

图 14.12 用示意图描述了这 3 种机理。在机理 2 和机理 3 中，认为分子内迁移都发生在迁移配体相邻最近的基团上，与其呈顺式关系。

用于评估这些机理的实验证据如下[15]：

1. CH_3Mn(CO)_5 与 ^{13}CO 反应得到的产物中，只有羰基配体中存在标记的 CO，在酰基位置上则未发现标记的 CO。

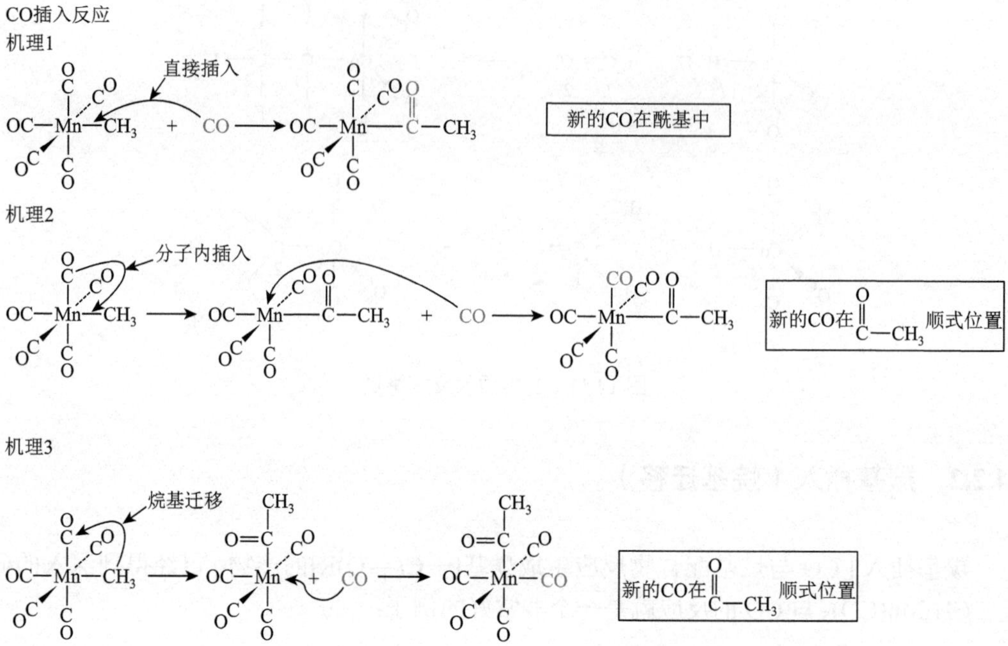

图 14.12　CO 插入可能的机理。为清楚起见，酰基用 —$\overset{\text{O}}{\overset{\|}{\text{C}}}$—CH$_3$，而实际上酰基碳周围的几何构型为三角形

2. 加热 CH$_3$C(═O)Mn(CO)$_5$，逆反应

$$CH_3\overset{\text{O}}{\overset{\|}{C}}\!-\!Mn(CO)_5 \longrightarrow H_3C\!-\!Mn(CO)_5 + CO$$

很容易发生。当酰基位用 ^{13}C 标记的该反应发生时，产物 CH$_3$Mn(CO)$_5$ 中显示有标记的 CO 且在 CH$_3$ 的顺式位置，反应中标记的 CO 无损失。

3. 在与酰基呈顺式的羰基配体被 ^{13}C 标记情况下，逆反应发生时，得到的顺式产物与反式产物之比为 2∶1（顺式或反式指产物中相对于 CH$_3$ 被标记的 CO 的位置）；反应中，一些标记的 CO 也与 Mn 发生了分离。

现在对前面的反应机理进行评估。机理 1 被实验 1 排除，因为 ^{13}CO 直接插入必然导致 ^{13}C 在酰基配体上，但并未发现酰基 ^{13}C。机理 2 和机理 3 都与此实验结果相吻合。

微观可逆性原理要求任一可逆反应的正反应和逆反应必须有相同的反应路径，只是进行的方向相反。如果正反应是羰基迁移（机理 2），逆反应则必须先失去一个 CO 配体，随后由酰基上的 CO 转移至空位而完成。因为这种迁移不太可能发生在反式位置上，故所有产物均应为顺式。如果机理是烷基迁移（机理 3），逆反应则必须先失去一个 CO 配体，随后由酰基配体的甲基迁移至空位而完成，同样，所有的产物均为顺式。机理 2 和机理 3 都会将酰基中标记的 CO 转移至顺式位置，因此与实验 2 的数据一致（图 14.13）。

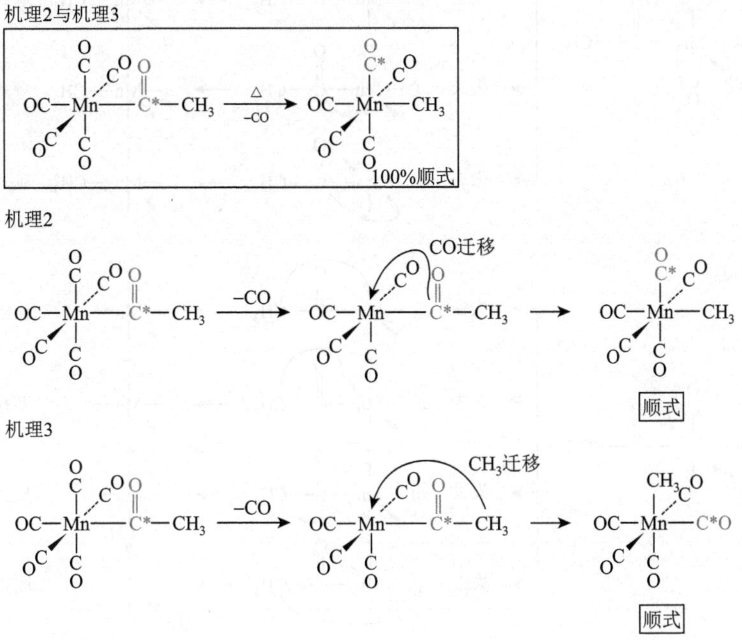

图 14.13　CO 迁移和烷基插入的逆反应机理（1）。C*表示 ^{13}C 的位置

练习 14.1　根据机理 1 说明，加热 $CH_3 \overset{\overset{\displaystyle O}{\|}}{\underset{}{{}^{13}C}} — Mn(CO)_5$ 不会得到顺式产物。

实验 3 最终明确地区分了机理 2 和机理 3。机理 2 中是 CO 迁移，酰基上的 CO 需要迁移至空位上，使 ^{13}CO 和酰基呈顺式关系。因此，25%的产物应该没有 ^{13}CO 标记，而另外 75%应该在酰基顺式位置上的 CO 有标记（图 14.14）。另外，烷基迁移（机理 3）应生成 25%没有标记的产物，50%在烷基顺式位置上有标记的产物，另外 25%有烷基反式位置上的标记。因为这些是实验中产生的顺式与反式之比，实验证据支持机理 3，所以机理 3 是正确的反应机理。

我们得到的结论是，一个最初表现为 CO 插入的反应事实上根本不涉及 CO 的插入，反应机理与反应最初的表现差异很大是常见的，"羰基插入"反应可能比此处描述的更为复杂，所以对各种反应机理保持开放的态度极为重要。没有任何一个反应机理可以被真正证明，我们总能找到与已知数据一致的备选机理。例如，在之前对机理 2 和机理 3 的讨论中，我们假设中间体总是一个四方锥而不会重排为其他几何构型（如三角双锥）。当然，其他标记研究，如用标记的 $CH_3Mn(CO)_5$ 和膦反应，也证明了中间体是四方锥构型[16]。

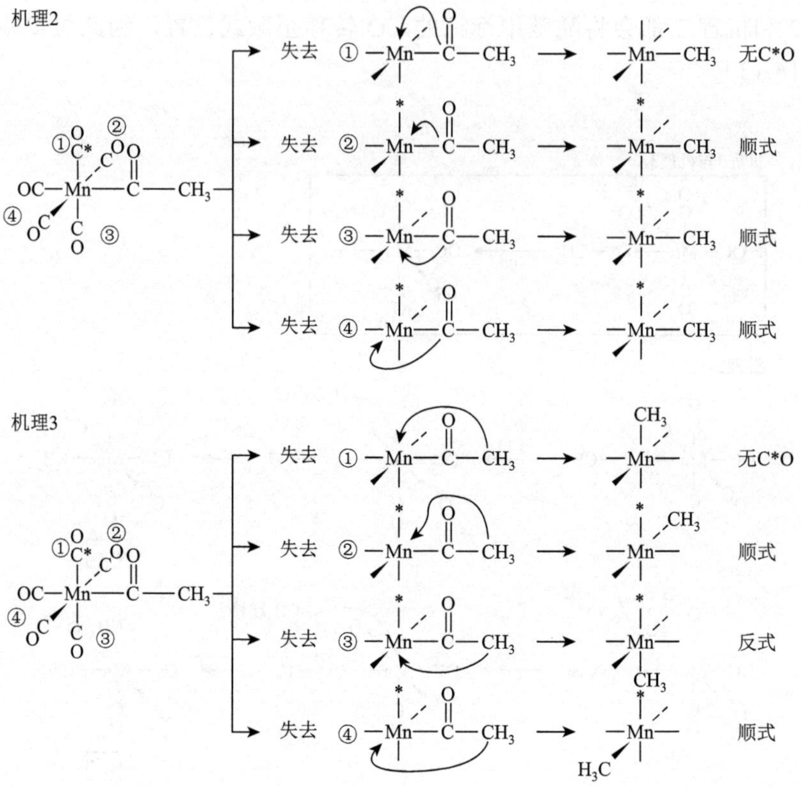

机理2

失去 ① 无C*O
失去 ② 顺式
失去 ③ 顺式
失去 ④ 顺式

机理3

失去 ① 无C*O
失去 ② 顺式
失去 ③ 反式
失去 ④ 顺式

图 14.14　CO 迁移和烷基插入的逆反应机理（2）。C*表示 ^{13}C 的位置

练习 14.2　预测 cis-$CH_3Mn(CO)_5(^{13}CO)$ 和 PR_3（$R = C_2H_5$）反应的生成产物组成。

14.2.3　1, 2-插入反应的示例

　　图 14.11 是 1, 2-插入反应的两个示例。烯烃从 1, 2-位插入金属-烷基键的一个重要应用就是聚合物的形成。这样的例子如 Cossee-Arlman 机理[17]，解释了烯烃的 Ziegler-Natta 聚合作用（14.4.1 节）。根据此机理，一条聚合链可以通过 1, 2-插入反应的重复进行在配位空位中不断生长：

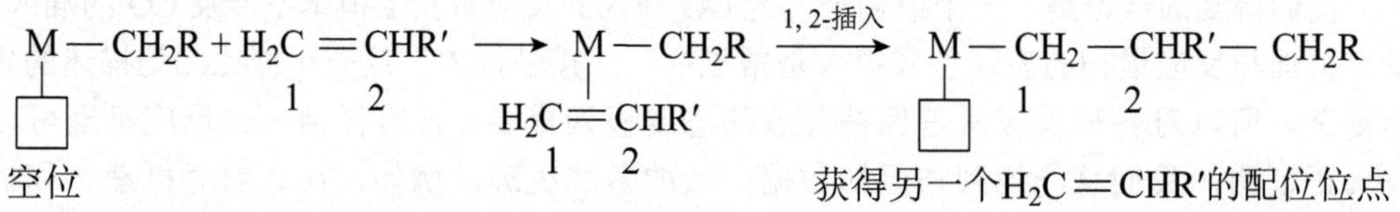

$$M-CH_2R + H_2C=CHR' \longrightarrow M-CH_2R \xrightarrow{1,\,2-插入} M-CH_2-CHR'-CH_2R$$

空位　　　　　　　　　　　　　　　　　　　　　　　获得另一个 $H_2C=CHR'$ 的配位位点

14.2.4　氢消除反应

　　氢消除反应的特征表现为氢原子从配体转移到金属，最常见的反应类型为 β-消除

（β-elimination），即烷基配体 β-位*上的质子通过金属和 α-碳、β-碳与氢形成共面的中间体迁移至金属原子上。图 14.15 是 β-消除——1, 2-插入的逆反应——的一个示例，它在很多催化过程中都十分重要。

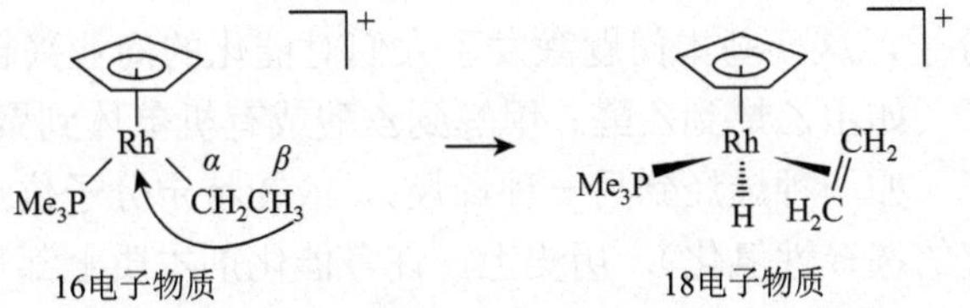

图 14.15　β-消除反应举例

练习 14.3　解释图 14.15 中反应的逆反应是 1, 2-插入反应。

因为只有含 β-氢的配合物可以发生这类反应，所以相比之下，没有 β-氢的烷基配合物更稳定（即使它们可能会发生其他类型的反应）。同时，由于 β-消除的机理需要将氢迁移至一个空的配位点上，因此含有 β-氢的配位饱和配合物——所有配位点都被占据的配合物——通常比存在空配位点的配合物更稳定。此外，我们也知道一些其他类型的消除反应，如 α-位和 γ-位的氢原子消除[18]。

14.2.5　脱除反应

脱除反应是金属中心配位数不变的消除反应，通常是通过 Lewis 酸等外加试剂的作用，从配体上除去取代基的反应。图 14.16 展示了 α-和 β-两种脱除反应，分别通过移除配体 α-位和 β-位（相对于金属）的取代基完成。α-脱除反应可用于合成卡拜配合物（13.6.3 节）。

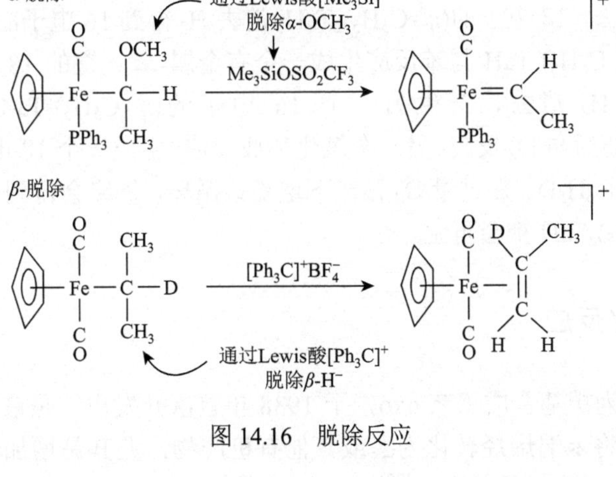

图 14.16　脱除反应

---

* 希腊字母 α 用于表示直接与金属相连的碳原子，β 用于表示下一个碳原子，以此类推。

14.3　金属有机催化剂

金属有机反应在工业上很受关注。如何将相对廉价的原料（如煤、石油和水）转化为商业价值更大的分子，这一基本问题激发了人们对催化的商业兴趣。这通常涉及简单分子转化为复杂分子（如由乙烯到乙醛、甲醇到乙酸或有机单体到聚合物）、一种分子转化为另一种同类分子（如一种烯烃到另一种烯烃），或在特定分子位点的选择性反应（如氘置换氢、特定双键的选择性氢化）。历史上，许多催化剂本质上都是多相的，即固体材料在其表面具有催化活性位点，只有表面与反应物接触，这反而成为该方法的实用优势，因为多相催化剂与反应产物分离简单。

对于特定的应用而言，均相催化剂可溶于反应介质，其分子比多相催化剂更易于研究和修饰。过渡金属配合物在均相催化中很有吸引力：它们展现多种氧化态；可以结合各种类型的配体，包括可以参与 π、σ 及更复杂作用的配体；金属获得和失去配体时可以改变其配位数，并有对应不同配位数的几何构型。适当设计催化剂分子在催化过程中可以提供高选择性，毫无疑问，开发高选择性的均相催化剂具有相当大的工业价值。

在下面例子中读者会发现，识别催化剂，即在每个完整的反应循环中发现再生物种，非常有用。此外，这些循环的每个步骤都为本章前面介绍的各类金属有机反应提供了示例。

14.3.1　催化氘代反应

如果在高温下将氘气（D_2）鼓入$(\eta^5\text{-}C_5H_5)_2TaH_3$的苯溶液中，苯上的氢将被氘慢慢取代，最终得到一种 NMR 溶剂氘苯 C_6D_6[19]。氘取代氢发生在一系列交替的 RE 和 OA 过程中（图 14.17）。

第一步还原消去，18 电子的$(\eta^5\text{-}C_5H_5)_2TaH_3$消去 H_2 得到 16 电子的$(\eta^5\text{-}C_5H_5)_2TaH$。第二步氧化加成，$(\eta^5\text{-}C_5H_5)_2TaH$ 与苯反应生成一个有金属-苯 σ 键的 18 电子物种。此物种可以发生第二次 H_2 消去，产生另一个 16 电子的$(\eta^5\text{-}C_5H_5)_2Ta\text{-}C_6H_5$（第三步）。$(\eta^5\text{-}C_5H_5)_2Ta\text{-}C_6H_5$随后与 D_2 反应（另一个氧化加成反应）生成一个 18 电子物种（第四步），在最后一步中消去 C_6H_5D。在过量 D_2 存在下重复该循环，最终会得到 C_6D_6。在每个循环中，催化剂$(\eta^5\text{-}C_5H_5)_2TaD$ 都会再生。

14.3.2　氢甲酰化反应

氢甲酰化或称为羰基合成工艺 oxo，于 1938 年首次开发出，是最古老的商用均相催化工艺。它被用于将末端烯烃转化为醛或其他有机产物，尤其是增加一个碳链的产物。每年约有 1000 万吨氢甲酰化的产品[20]。图 14.18[21]概述了通式为 $R_2C{=}CH_2$ 的烯烃转化为醛 $R_2C\text{—}CH_2\text{—}CHO$ 的过程。

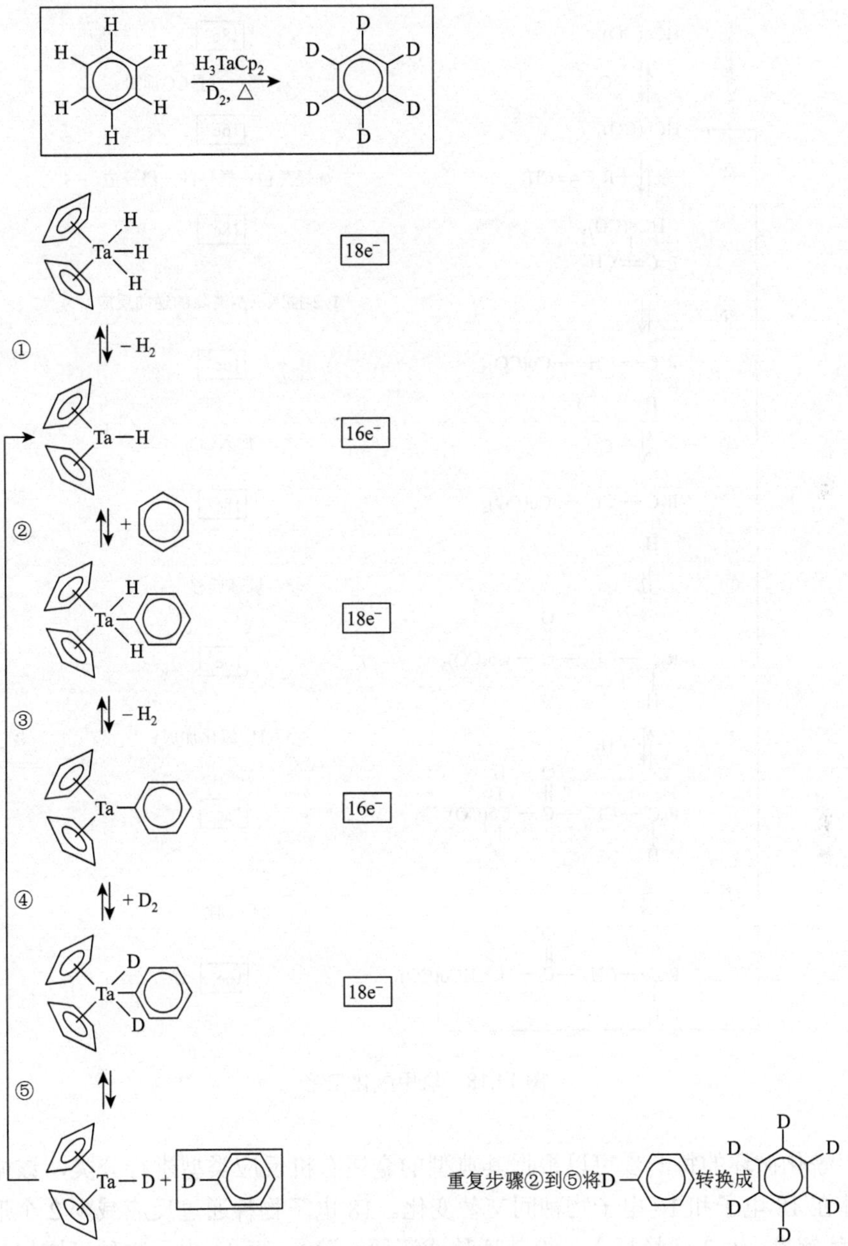

图 14.17　催化氘代反应

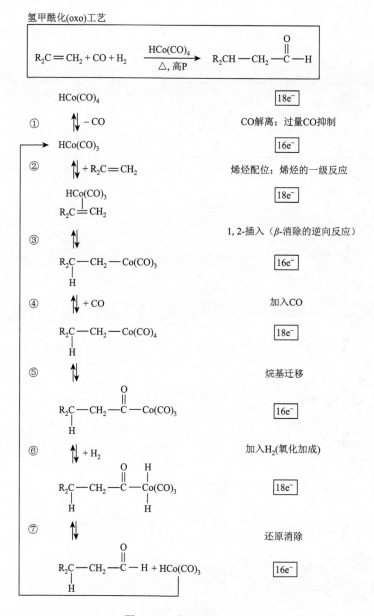

图 14.18　氢甲酰化工艺

氢甲酰化循环的每一步可以根据其典型的金属有机反应类型进行分类，该循环中含钴中间体在 18 电子和 16 电子物种间交替变化。18 电子物种通过反应减少 2 个形式电子（通过配体解离、1,2-烯烃插入、烷基迁移或还原消除），而 16 电子物种可增加其形式电子数（通过烯烃或 CO 的配位，或氧化加成）。催化活性很大程度上归因于金属通过各种 18 电子和 16 电子中间体进行反应的能力。

关键问题是，CO 高压会抑制第一步［HCo(CO)₄ 解离出 CO］的进行，而第四步需要

CO，所以想获得理想的产率和反应速率，需要慎重地控制 CO 的压强*。在第三步中，产物中有一个 CH_2 基团和金属相连，而不是一个 CR_2 基团，大 R 基团可以增强金属优先结合 CH_2 的趋势。但是 CR_2 的配位仍然能发生，导致支链产物的生成。因为直链产物更有价值，所以氢甲酰化发展中的一个挑战就是设计工艺，提高产物链的直/支比。

关于氢甲酰化反应各步几何构型和能量的详细计算已有报道[22]。第三步产物中计算得到的几何构型比图 14.18 中的更有趣，它有一个抓桥氢（agostic hydrogen）。如图所示，该氢原子不仅与 α-碳相连，而且被金属强烈吸引，从而在二者之间形成桥。抓桥氢作用已发现于各种金属有机配合物中，且被认为存在于金属中心氢原子反应的中间体上，表现为氢原子与金属弱成键、削弱与碳的键合导致键被拉长[23]。

第六步涉及 H_2 的氧化加成，但是高压 H_2 导致 H_2 加成到第三步生成的 16 电子中间体，然后消去一个烷烃：

$$R_2CH\text{—}CH_2\text{—}Co(CO)_3 + H_2 \longrightarrow R_2CH\text{—}CH_2\text{—}Co(H)_2(CO)_3 \qquad 氧化加成$$
$$16e^- \qquad\qquad\qquad\qquad\qquad 18e^-$$

$$R_2CH\text{—}CH_2\text{—}Co(H)_2(CO)_3 \longrightarrow R_2CH\text{—}CH_3 + HCo(CO)_3 \qquad 还原消除$$
$$18e^- \qquad\qquad\qquad\qquad\qquad 16e^-$$

所以若想最大化理想产物的产率，就必须小心控制实验条件[24, 25]。上述机理中催化剂是 16 电子的 $HCo(CO)_3$。

氢甲酰化的主要工业用途是从丙烯制备丁醛（$CH_3CH\text{=}CH_2 \longrightarrow CH_3CH_2CH_2CHO$），然后氢化得到一种重要的溶剂丁醇。工业上也用氢甲酰化生产其他醛，用的正是图 14.18 中的那种钴催化剂或铑基催化剂。

练习 14.4 如何通过氢甲酰化过程从 $(CH_3)_2C\text{=}CH_2$ 制备 $(CH_3)_2CHCH_2CHO$。

羰基钴配合物催化氢甲酰化过程有一点不足，它只能产生大概 80% 更有价值的直链醛，其余的含有支链。将初始配合物的一个 CO 配体替换成 PBu_3（Bu 为正丁基）得到配合物 $HCo(CO)_3(PBu_3)$ 以调整催化剂，提高工艺的选择性，可将醛链的直/支比提高到大约 9∶1[26]。膦对钴催化的氢甲酰化系统在热力学上的影响已被探讨[27]。使用铑代替钴可得到活性更高的催化剂（催化剂用量更少），在比钴催化剂更低的温度和压力下，相对支链产物表现出更高的直链选择性[28]。图 14.19** 给出用 $HRh(CO)_2(PPh_3)_2$ 进行此类催化过程提出的机理。

练习 14.5 根据各自的反应类型，将图 14.19 中每一步的机理进行分类。

最近，使用双齿配体在铑催化的氢甲酰化中实现了更高的直/支比，这拓展了空间和电子效应的可选择范围。例如用 BISBI 配体，能使直/支比达到 66∶1[29]。在一系列氧桥联的二膦配体中，如下图所示，发现直/支比随着咬合角的增大而增加[30]。为了提高氢甲

---

* 更多关于反应条件的信息，参见 G. W. Parshall and S. D. Ittel, *Homogeneous Catalysis*, 2nd ed., John Wiley & Sons, New York, 1992, pp. 106-111。

** 有关各种钴和铑基加氢甲酰化催化剂的详细概述和更多相关文献，参见 G. O. Spessard and G. L. Miessler, *Organometallic Chemistry*, Oxford University Press, New York, 2010, pp. 322-339。

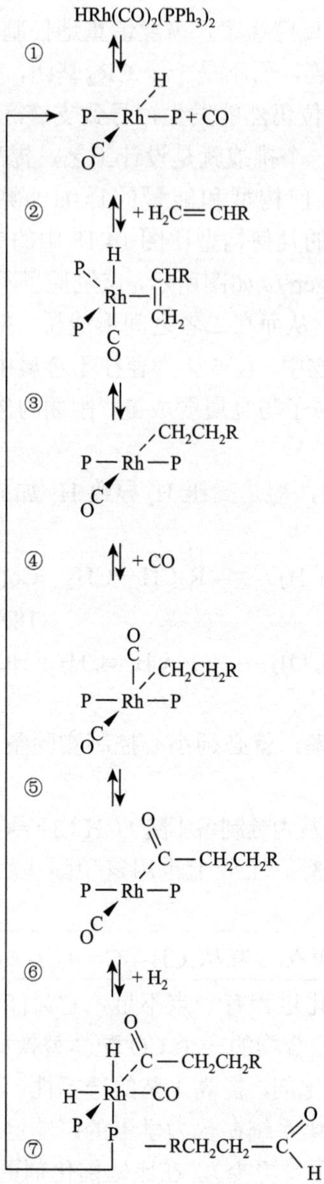

图 14.19　HRh(CO)$_2$(PPh$_3$)$_2$ 催化的氢甲酰化（数据来自 C. K. Brown, G. Wilkinson, *J. Chem. Soc., A*, **1970**, 2573）

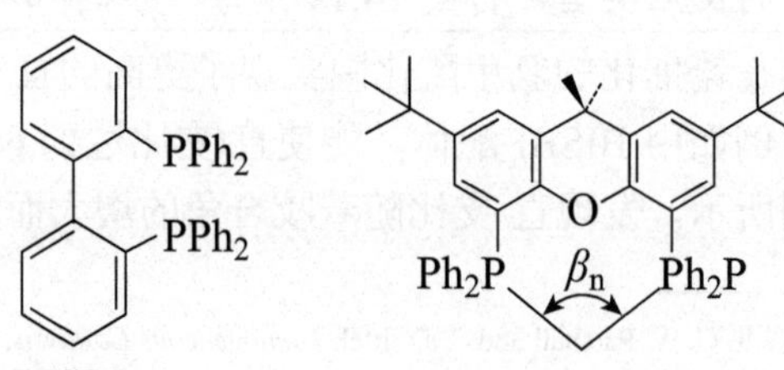

BISBI　　　　　　　咬合角

酰化催化效率而合理设计的膦配体已有综述[31]，应用双齿膦-亚磷酸酯配体提高铑-氢甲酰化催化剂的性能是当前研究的热点[32]。

14.3.3　Monsanto 乙酸工艺

由甲醇和 CO 合成乙酸是 Monsanto 公司成功商业应用的一种工艺。该工艺机理很复杂，可能的过程如图 14.20 所示。工艺中的每一步都是之前描述过的典型金属有机反应，中间体是 18 或 16 电子物种，分别能失去或得到 2 个电子。溶剂分子可能占据四或五配位的 16 电子中间体的空配位点。第一步是 CH_3I 对 $[RhI_2(CO)_2]^-$ 的氧化加成，是决速步骤*。

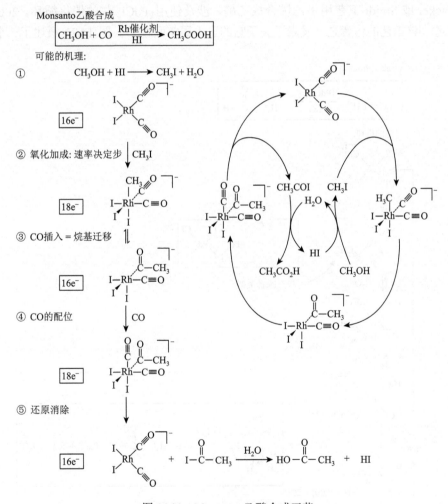

图 14.20　Monsanto 乙酸合成工艺

（数据来自 A. Haynes, B. E. Mann, D. J. Gulliver, G. E. Morris, P. M. Maitlis, *J. Chem. Soc.*, **1991**, *113*, 8567；M. Cheong, R. Schmid, T. Ziegler, *Organometallics*, **2000**, *19*, 1973）

---

* 关于该反应机理的讨论见 D. Forster, T. W. Deklava, *J. Chem. Educ.*, **1986**, *63*, 204 以及其中的参考文献。

最后一步与铑有关的是 IC(=O)CH$_3$ 还原消除,该化合物水解形成乙酸,同时催化剂 [RhI$_2$(CO)$_2$]$^-$ 再生,它的空配位点可能含有溶剂。

除了铑基催化剂,铱基催化剂也被开发用于甲醇的羰基化。铱催化体系称为 Cativa 工艺,其循环和图 14.20 中的铑体系类似。第一步是 CH$_3$I 氧化加成到 [Ir(CO)$_2$I$_2$]$^-$,比 Monsanto 法快数百倍。第二步烷基迁移,速度慢很多,是 Cativa 法的速率决定步骤[33]。除了阴离子 [Ir(CO)$_2$I$_2$]$^-$ 的催化循环,其他涉及中性分子 Ir(CO)$_3$I 或 Ir(CO)$_2$I 的循环也有报道[34],有两篇文献对催化甲醇羰基化的发展做了精彩的综述[35]。

14.3.4　Wacker（Smidt）工艺

Wacker 或 Smidt 工艺用于乙烯合成乙醛,涉及使用 [PdCl$_4$]$^{2-}$ 的催化循环。2009 年,当初报道[36]该工艺的作者之一发表了关于它的五十周年回顾[37]。图 14.21 概述了一个建议

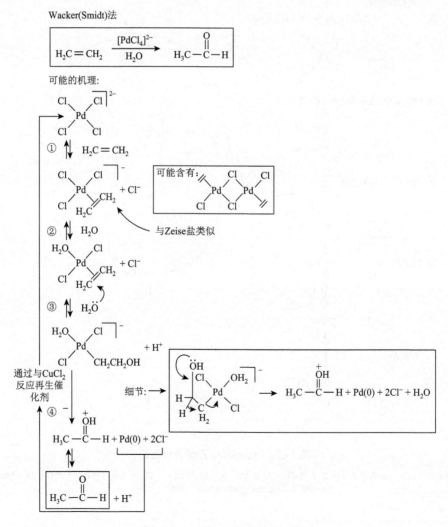

图 14.21　Wacker（Smidt）工艺

的循环，第四步涉及有机碎片的整体氧化和 Pd 中心的还原，实际比图中给出的更复杂。催化剂再生需要按化学计量氧化（通过下面的 CuCl$_2$）。此循环可能有不同的机理，关键看 Cl$^-$ 和 CuCl$_2$ 的浓度是高还是低[38]，这些机理是计算化学广泛研究的目标[39]。

　　该方法的重要特征是利用钯和反应物乙烯形成配合物的能力，并且乙烯与金属结合时发生改性。钯改变了乙烯的化学行为，使反应发生，而这些反应对游离乙烯而言是不可能的。图 14.21 中的第一个钯的乙烯配合物是 Zeise 盐[PtCl$_3$(η^2-H$_2$C═CH$_2$)]$^-$（图 13.4）的等电子体。

14.3.5　Wilkinson 催化加氢反应

　　Wilkinson 催化剂 RhCl(PPh$_3$)$_3$ 和预期的一样，催化与其他四配位金属有机化合物同种类型的反应，如它在许多反应中和 Vaska 催化剂 trans-IrCl(CO)(PPh$_3$)$_2$ 相似。RhCl(PPh$_3$)$_3$ 参与各种各样的催化和非催化的过程，大的膦配体在复杂的选择性方面起重要作用，如它们限制 Rh 和烯烃在无位阻位置进行配位。图 14.22 概述了烯烃催化加氢的反应过程[40]。

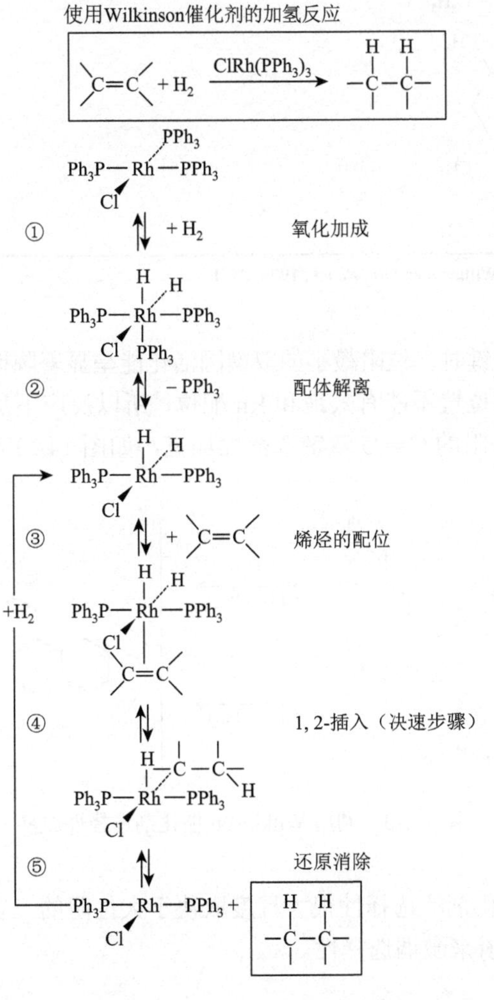

图 14.22　与 Wilkinson 催化剂相关的催化加氢反应

前两步产生了具有空位的催化物种 RhCl(H)$_2$(PPh$_3$)$_2$，如果 C=C 双键位阻不是太大，它可以从该位点配位到 Rh，并得到 Rh 的两个配位氢，从而导致双键的加氢反应。使用 Wilkinson 催化剂时，双键周围的空间位阻效应会影响加氢的速率（表 14.5）。

表 14.5　25℃时用 Wilkinson 催化剂的加氢反应相对速率

被加氢的化合物	速率常数×100[L/(mol·s)]
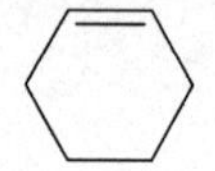	31.6
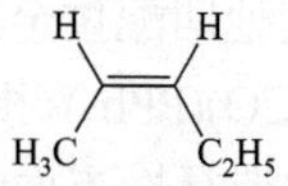	9.9
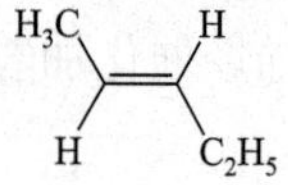	1.8
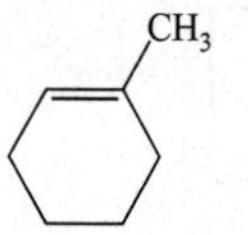	0.6
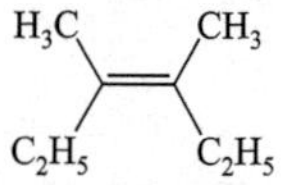	<0.1

数据来自 A. J. Birch, D. H. Williamson, *Org. React.*, **1976**, *24*, 1。

当分子中有多个双键时，位阻最小的双键因活化能垒显著降低而被还原。因为膦配体的体积大，位阻最大的位置不能有效地和 Rh 配位，所以反应不那么快。因此，Wilkinson 催化剂适用于无空间位阻的 C=C 双键选择性加氢，如图 14.23 给出的例子。

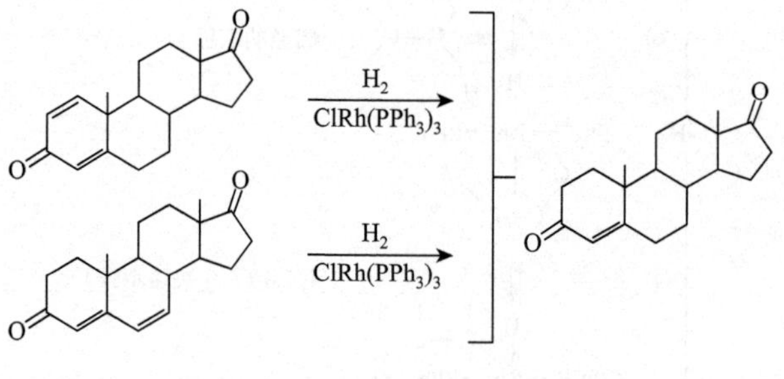

图 14.23　利用 Wilkinson 催化剂选择性加氢

由于 Wilkinson 催化剂的选择性很大程度取决于大位阻的三苯基膦配体，因此可以使用和 PPh$_3$ 锥角不同的膦来微调选择性。

14.3.6　烯烃复分解反应

烯烃复分解首次发现于 20 世纪 50 年代，涉及烯烃间:CR_2 基团（R = H 或烷基）的交换。例如，$H_2C\!=\!CH_2$ 和 $HRC\!=\!CHR$ 的分子间复分解会产生两 $H_2C\!=\!CHR$ 分子：

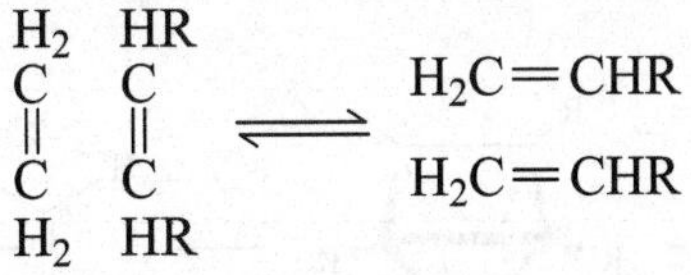

$$\begin{array}{cc} H_2 & HR \\ C & C \\ \| & \| \\ C & C \\ H_2 & HR \end{array} \rightleftharpoons \begin{array}{l} H_2C\!=\!CHR \\[4pt] H_2C\!=\!CHR \end{array}$$

图中顶部两个碳和底部两个碳分别形成新的双键，原来的双键断裂*。

示例 14.1

预测下列烯烃发生复分解的可能产物。确保两个结构相同的分子也能复分解（经历自分解）。

a. 丙烯和 1-丁烯。

b. 乙烯和环己烯。

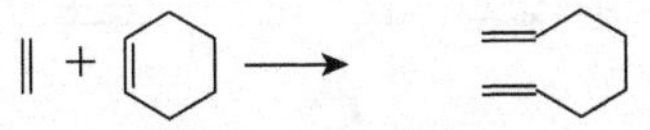

例子 b 是开环复分解（ring-opening metathesis，ROM），在复分解过程中环烯烃被打开。与此过程相反的过程称为闭环复分解（ring-closing metathesis，RCM）。图 14.33 是一个闭环复分解的例子。

练习 14.6　预测复分解产物：

a. 两丙烯分子之间

b. 丙烯和环戊烯之间

金属有机配合物催化的复分解反应具有可逆性，在工业上很重要。2005 年诺贝尔化学奖被授予烯烃复分解领域的三位领头人——Y. Chauvin、R. Grubbs 和 R. Schrock，以表彰他们在阐明复分解历程基础研究方面的贡献。他们的获奖演讲介绍了复分解反应精彩的背景知识，从而使人们对其有了了解[41]。

早期的复分解研究中提出了许多机理，我们只讨论最重要的 3 种：烷基转移机理、二烯"配对"机理和涉及卡宾配合物的"非配对"机理，图 14.24 中给出其图解。

烷基交换

我们通过 2-丁烯（$H_3C\!-\!CH\!=\!CH\!-\!CH_3$）与其完全氘代产物 $D_3C\!-\!CD\!=\!CD\!-\!CD_3$ 反应研究这一机理。如果烷基转移确能发生，则—CH_3 和—CD_3 基团将发生交换，从而在双键的每一侧形成 H 和 D 原子的混合物（$=\!CH\!-\!CD_3$ 和 $=\!CD\!-\!CH_3$。译者注：请注意本节中提到的混合物均指基团发生交换后的产物）。实验结果（图 14.25）是双键的每一侧一半的分子作为整体进行了交换，也就没有烷基交换的证据[42]。

---

* 由两位复分解反应发现者撰写的该反应历史及其讨论，请见 R. L. Banks, *Chemtech*, **1986**, 16, 112 和 H. Eleuterio, *Chemtech*, **1991**, 21, 92。

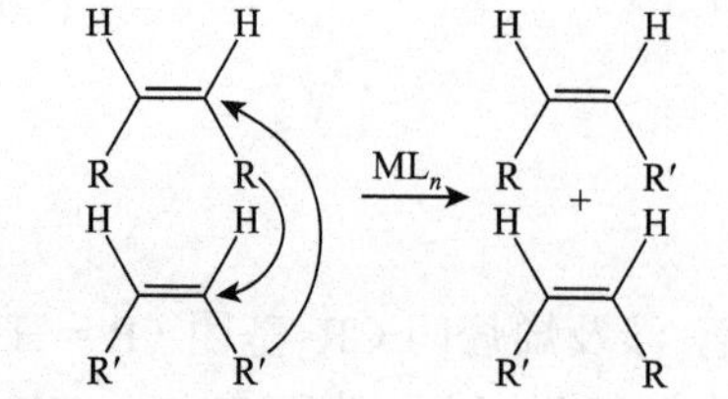
H
H
R
R
ML$_n$
R
R′
H
H
R′
R′
R′
R
+

(a) 烷基转移机理

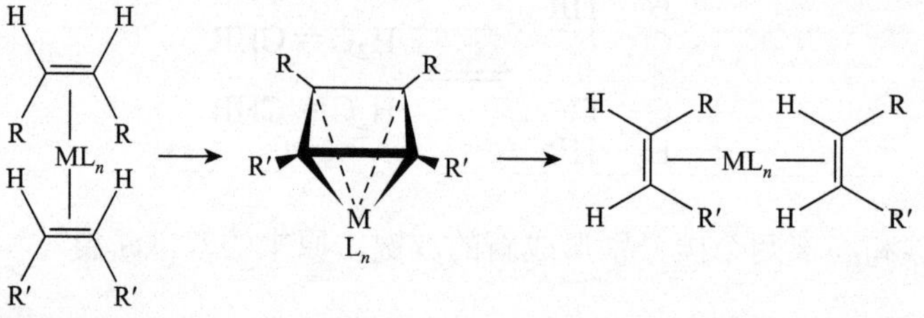
ML$_n$
M
L$_n$
R
R′

(b) 配对机理

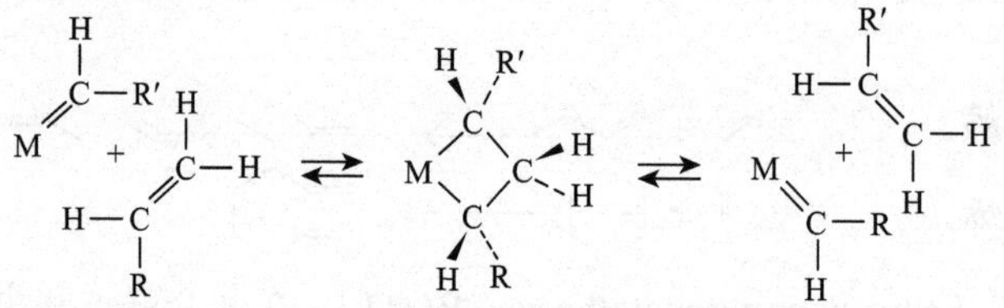
M
H
R′
R
C

(c) 非配对机理　　　　金属环丁烷

图 14.24　提出的复分解机理

$$\begin{array}{c} H_3C-CH=CH-CH_3 \\ + \\ D_3C-CD=CD-CD_3 \end{array} \longrightarrow H_3C-CH=CD-CD_3$$

唯一产物

图 14.25　验证烷基交换机理的实验

分辨其余两种机理更具挑战性，因为它们都能解释图 14.25 的结果。

二烯烃（配对）机理

Bradshaw 提出“烯烃的歧化应当经历一个类环丁烷的中间体”[43]。在该机理中，两个烯烃首先与过渡金属配位，形成一个类环丁烷中间体（图 14.26），之后中间体裂解形成新的烯烃。由于中间体的形成需要两个烯烃成对地结合到金属上，所以该机理称为二烯和配对机理。

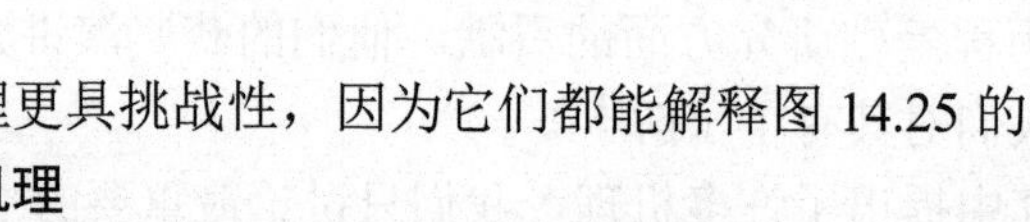
CCC═C
CCC═C
CCC┈┈C
CCC┈┈C
CCC
CCC
C
C

图 14.26　类环丁烷中间体

Hérisson 和 Chauvin 随后报道了图 14.27 中展示的实验。根据二烯机理，环戊烯和 2-

戊烯的复分解应该形成第一种产物 **A**，末端为甲基和乙基。该产物可与 CH₃—CH＝CH—
C₂H₅ 进一步复分解形成产物 **B** 和 **C**（除反式异构体和其他产物外）。因为复分解是个平
衡反应，所以 2-戊烯末端甲基和乙基总数相等，产物的最终分布预期会达到预想的统计
比例[44]。对产物的分析应当是，开始时第一个产物的比例较高，随后出现产物的统计分
布。但是，在 Hérisson 和 Chauvin 的工作中，即使反应在达平衡前就被停止，产物的统
计分布也能观察到，这与配对机理是矛盾的。

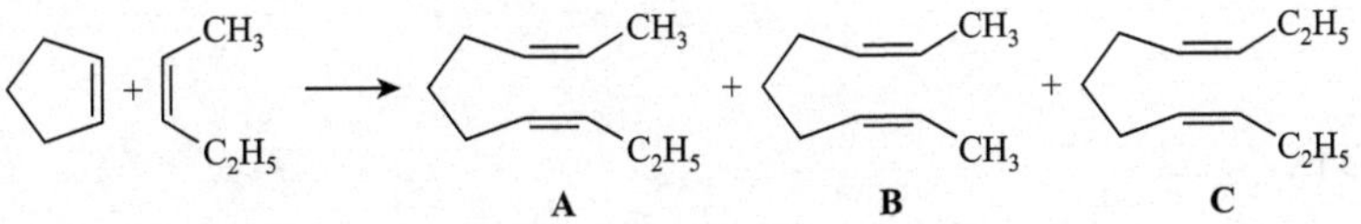

图 14.27　Hérisson 和 Chauvin 的实验。环戊烯和 2-戊烯的复分解

练习 14.7　写出配对机理下如何从第一个产物复分解得到最后两个产物。

卡宾（非配对）机理

Hérisson 和 Chauvin 提出卡宾（亚烷基）配合物催化复分解反应，该配合物和烯烃反
应生成图 14.24（c）中的环状中间体——金属环丁烷。在这个机理中，金属卡宾配合物
首先和烯烃反应生成金属环丁烷。这个中间体能变回到反应物，或是形成新的产物。由
于该过程中所有反应都处于平衡状态，所以最后得到烯烃的平衡混合物。如图 14.24（c）
所示，这种非配对机理指在所需催化计量的金属卡宾配合物（同时还有 R 和 R′基团）作
用下，反应一开始就生成了产物的统计混合物。

各种实验数据表明，结果符合卡宾配合物和金属环丁烷中间体的非配对机理。例如
图 14.28 中的反应，反应开始就以预期统计比例生成气态产物 H₂C＝CH₂、D₂C＝CD₂ 和
H₂C＝CD₂，没有迹象表明混合产物 H₂C＝CD₂（配对机理认为的第一产物）先于其他产
物生成[45]。

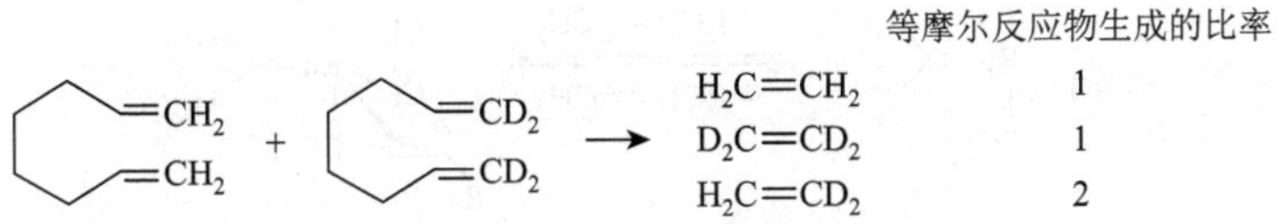

图 14.28　一个复分解试验

第一个能够直接证明卡宾配合物参与复分解的证据是图 14.29 中配合物。在一个符合
非配对机理的反应中，该配合物能够使一个末端烯烃取代本身的卡宾配体[46]。

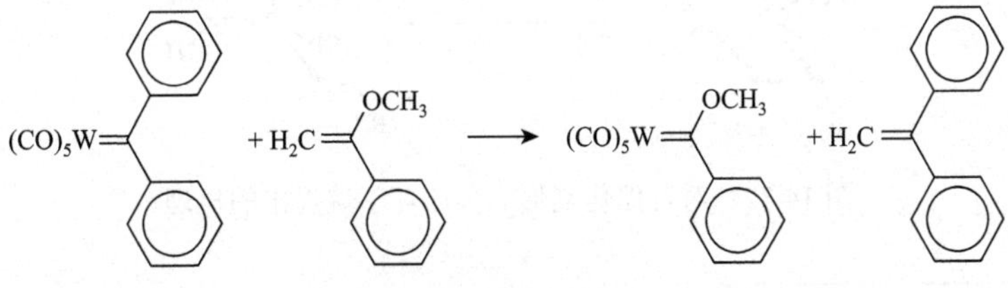

图 14.29　卡宾配合物的复分解

　　虽然有其他非配对机理的机理被提出，但是大量证据强烈支持卡宾配合物作为烯烃复分解催化剂的作用。这种机理（现在被称为 Chauvin 机理）被认为是大多数过渡金属催化烯烃复分解反应的途径*。

　　有两种影响烯烃复分解（图 14.30）的催化剂已被深入研究。Schrock 复分解催化剂是所有复分解催化剂中最有效的，但它通常对氧气和水十分敏感。有 M = Mo 和 R = 异丙基的催化剂称为 Schrock 催化剂，可商购获得，它催化的反应是合成天然产物指叶醇（dactylol，图 14.31）最关键的一步[47]。

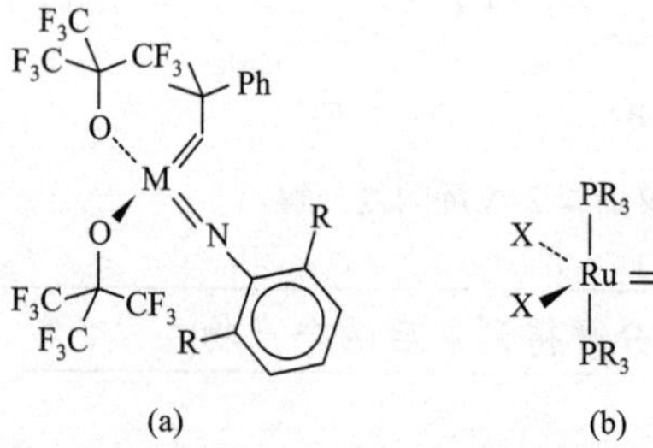

图 14.30　复分解催化剂。（a）Schrock 催化剂（M = Mo，W）；（b）Grubbs 催化剂（X = Cl、Br）

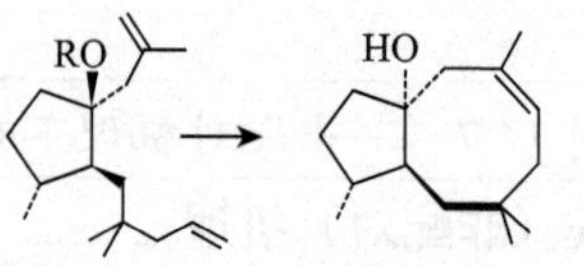

图 14.31　闭环复分解

　　图 14.31 反应是一个闭环复分解（RCM）的例子，其中两个双键复分解成环。和常规复分解一样，闭环复分解也被认为是经过一个金属环丁烷中间体，将原本分开的碳连接成环。

　　Grubbs 复分解催化剂活性通常比 Schrock 催化剂低，但对氧气和水的敏感性低。含有 R = 环己基、X = Cl 和 R′ = 苯基的催化剂为市售 Grubbs 催化剂，分子中都包含大的膦配体。膦分子大，有助于其解离，这是该催化机理（图 14.32）中的一个关键步骤[48]。

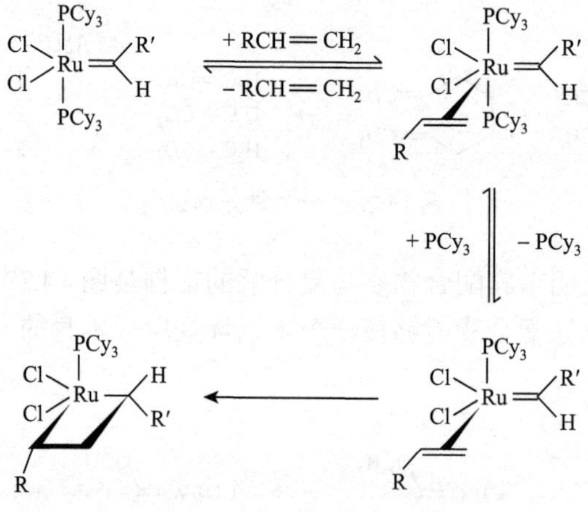

图 14.32　对钌催化剂形成金属环丁烷提出的机理

---

* 烯烃复分解发展的简要概述见 C. P. Casey, *J. Chem. Educ.*, **2006**, *83*, 192。

虽然许多均相复分解催化剂的研究都集中在与图 14.30 类似的配合物上，但是也探讨了其他途径。引入含有钌和 N-杂环卡宾配体的催化剂后出现了所谓的第二代 Grubbs 催化剂[49]。N-杂环卡宾配体对空间的要求超过了三烷基膦，并且是更强的电子给体[50]，这两种特征都有助于提高其催化活性。图 14.33[51]给出了一个此类催化剂催化闭环复分解过程的例子。在没有任何膦配体的情况下，改进的 Grubbs 催化剂比其他 Grubbs 催化剂更具热稳定性[52]。

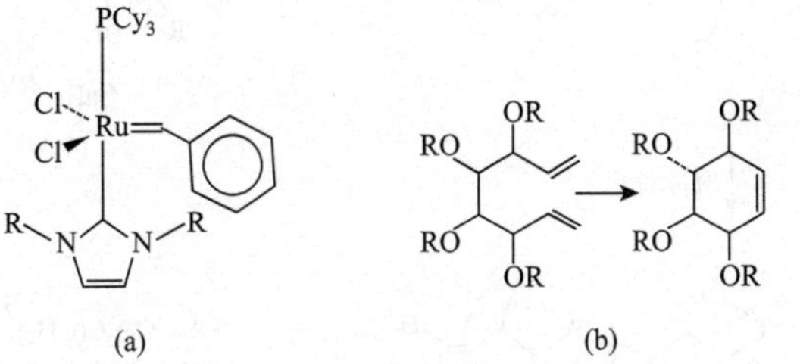

图 14.33　N-杂环卡宾配合物催化的闭环复分解。（a）催化剂（R = 均三甲苯基），
（b）闭环反应（R = 苄基）

图 14.33 中的反应也可用 Schrock 催化剂和 Grubbs 催化剂完成。正如表 14.6 所示，N-杂环催化剂优于 Schrock 催化剂，甚至远优于 Grubbs 催化剂[51]，至少这个反应中如此。

表 14.6　复分解催化剂的相对活性

催化剂	反应时间（h）	产率（%）
Schrock 催化剂	1	92
Grubbs 催化剂	60	32
图 14.33 中催化剂	2	89

注：数据来自 L. Ackermann, D. El Tom, A. Fürstner, *Tetrahedron*, **2000**, *56*, 2195。

烯烃复分解的一个有趣的衍生是卡宾配合物催化烯烃聚合，同样经过金属环丁烷中间体。例如，在 GaBr$_3$ 存在下用 W(CH-t-Bu)(OCD$_2$-t-Bu)$_2$Br$_2$ 催化降冰片烯开环聚合（图 14.34）[53]。NMR 数据与所提出的金属环丁烷结构一致，同时从卡宾碳上生长出聚合物。

炔烃也能进行过渡金属卡宾配合物催化的复分解反应。这类反应的中间体被认为是通过卡拜的金属-碳三键和炔烃加成而形成的金属环丁二烯（图 14.35）。已有多种金属环丁二烯配合物的结构被确定，其中一些已显示能够催化炔烃复分解。

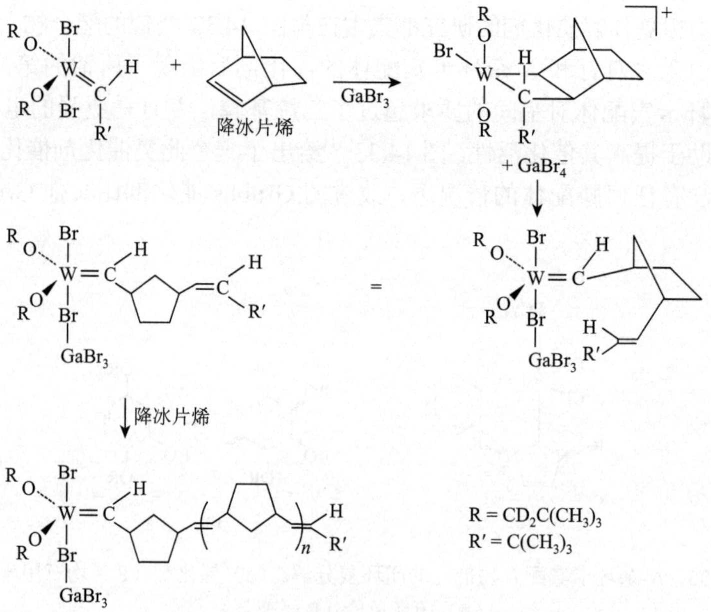

图 14.34　卡宾催化剂催化降冰片烯的聚合反应

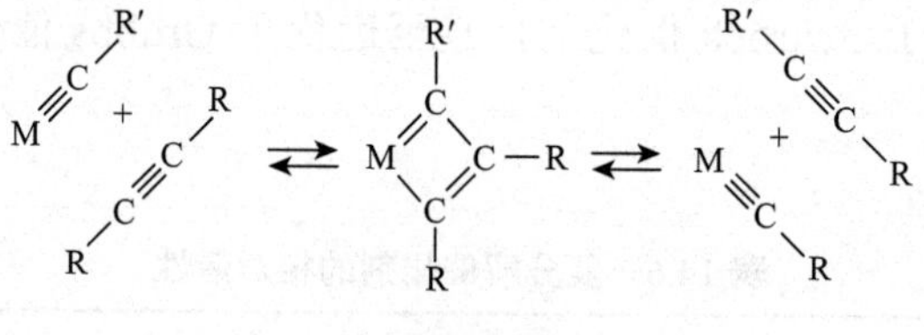

金属环丁二烯

图 14.35　炔烃复分解

14.4　多相催化剂

除了均相催化过程，涉及固体催化剂的多相催化过程也十分重要，尽管催化剂表面反应的具体特性难以确定。大部分美国商用量产有机化合物都包含金属催化过程，其中大部分为多相催化，表 14.7 显示了 2010 年的一些例子。

表 14.7　主要有机化合物和金属催化剂

化合物	美国 2010 年产量（$\times 10^9$ kg）	使用的金属催化剂
乙烯	23.97	
丙烯	14.08	$TiCl_3$ 或者 $TiCl_4 + AlR_3$
1, 2-二氯乙烷	8.81	$FeCl_3$，$AlCl_3$
苯	6.05	Al_2O_3 担载的 Pt
乙苯	4.24	$AlCl_3$

续表

化合物	美国 2010 年产量（$\times 10^9$ kg）	使用的金属催化剂
苯乙烯	4.10	ZnO，Cr_2O_3
异丙苯	3.48	
环氧乙烷	2.66	Ag
1,3-丁二烯	1.58	Fe_2O_3 或其他金属氧化物
乙酸乙烯酯	1.39	Pd 盐

在大多数情况中，催化剂的制备方法及其功能信息都有专利保护，但是阐明几种相关过程在金属有机反应中的应用也很重要。

14.4.1　Ziegler-Natta 聚合反应

1955 年，Ziegler 及其合作者报道，在 $Al(C_2H_5)_3$ 存在的条件下，$TiCl_4$ 在烃溶剂中的多相混合物具有聚合乙烯的能力[55]。随后，许多其他多相过程被用于聚合烯烃，如烷基铝和过渡金属的复合物。由 Cossee 和 Arlman 提出的 Ziegler-Natta 工艺可能的机理示于图 14.36[56]。

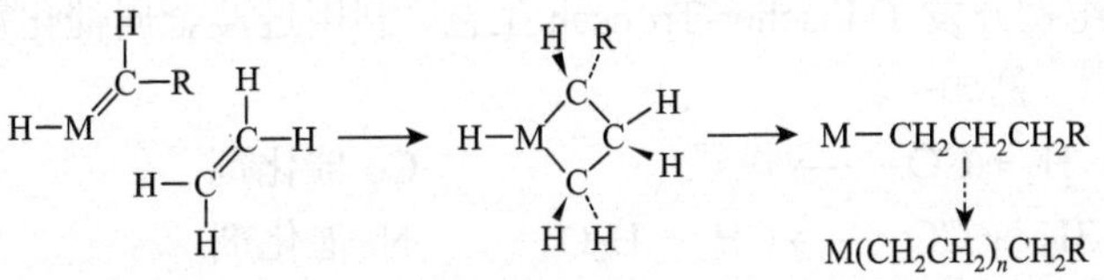

图 14.36　Ziegler-Natta 聚合

首先，$TiCl_4$ 与烷基铝反应生成 $TiCl_3$，如图所示，后者进一步与烷基铝反应得到烷基钛配合物。然后，乙烯（或者丙烯）可以插入钛-碳键之间，形成更长的烷基，该烷基更易于乙烯插入以延长链。尽管该机理难以理解，但已证明多重键有机化合物可以直接插入钛-碳键中，因此支持 Cossee-Arlman 机理[57]。

Cossee-Arlman 机理：

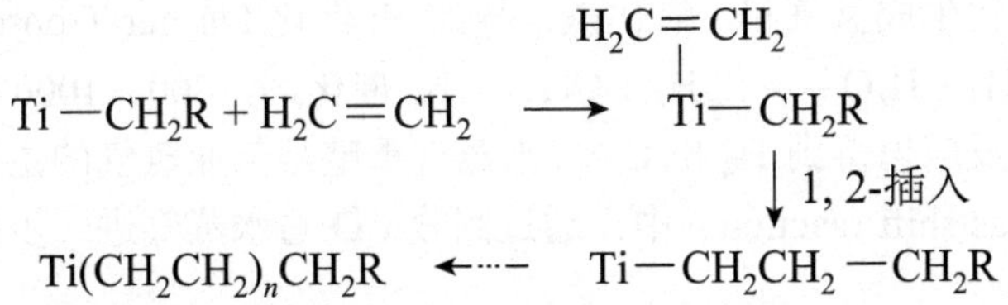

通过金属环丁烷中间体聚合：

（1）烷基-亚烷基平衡

$$M-CH_2R \rightleftharpoons M=C\begin{smallmatrix}H\\H\\R\end{smallmatrix}$$

（2）经金属环丁烷插入

然而也提出了另一种机理，涉及金属环丁烷的中间体[58]。该机理（也在图 14.36 中）认为，金属烷基配合物先形成亚烷基，之后乙烯加成形成金属环丁烷，进而乙烯插入金属-碳键之间得到产物。区分这两种机理极具挑战性，但是 Grubbs 的实验强烈支持 Cossee-Arlman 机理为大多数情况下聚合的可能途径[59]。至少有一个例子，为乙烯聚合过程中的金属环状中间体提供了强有力的证据[60]。

14.4.2　水煤气反应

这种反应发生在高温高压下水（蒸气）和天然碳源（煤和焦炭）之间：

$$H_2O + C \longrightarrow H_2 + CO$$

反应产物是等摩尔 H_2 和 CO 的混合物（可能会生成一些副产物 CO_2），称为合成气（synthesis gas 或 syn gas），可以与金属多相催化剂一起用于合成各种有用的有机化合物。例如，德国科学家在 20 世纪初开发了 Fischer-Tropsch 工艺，利用过渡金属催化剂从合成气中制备烃、醇、烯烃等[61]。例如：

$$H_2 + CO \longrightarrow 烷烃 \qquad\qquad Co\ 催化剂$$
$$3H_2 + CO \longrightarrow CH_4 + H_2O \qquad Ni\ 催化剂$$
$$2H_2 + CO \longrightarrow CH_3OH \qquad Co\ 或\ Zn/Cu\ 催化剂$$

很多多相催化剂用于工业生产，如 Al_2O_3 担载的过渡金属和混合过渡金属氧化物。

这些过程大多在多相条件下进行，但是开发 Fischer-Tropsch 均相催化体系已引起人们极大的兴趣。

第二次世界大战期间许多国家用这种方法获得合成燃料。但是，它们往往不经济，因为足量的氢气和一氧化碳必须从煤或者石油中获得。目前拥有巨大煤储量的南非，在 Sasol 化工厂就是利用 Fischer-Tropsch 反应合成燃料。

在水蒸气重整（steam reforming）车间，主要成分为甲烷的天然气在高温高压下与水蒸气混合，多相催化生成氢气和一氧化碳，导致 Ni 催化 Fischer-Tropsch 反应的逆过程：

$$CH_4 + H_2O \longrightarrow 3H_2 + CO \qquad Ni\ 催化剂，700\sim1000℃$$

其他烷烃与水蒸气反应也得到 H_2 和 CO。水蒸气重整是工业氢气的主要来源。在水煤气转化反应（water gas shift reaction）中，通过回收 CO 与水蒸气进一步反应可产生额外的氢气：

$$CO + H_2O \longrightarrow CO_2 + H_2 \quad Fe\text{-}Cr\ 或者\ Zn\text{-}Cu\ 催化剂，400℃$$

该反应是热力学有利的：在 400℃时，$\Delta G^{\ominus} = -14.0\ kJ/mol$。用化学方法从产物中去除 CO_2

可得到超过99%纯度的氢气。该反应已被广泛研究，目的是能够均相催化氢气的形成[62]。图14.37就是一个例子[63]，但这些方法尚未证明足以用于商业生产。

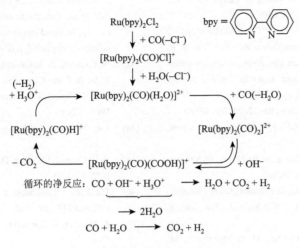

图14.37　多相催化水煤气转化反应

总的来说，当用多相催化剂实施这些过程时需要相当高的温度和压力，因此人们对开发更温和条件下具有同样催化效能的均相催化剂有着巨大的研究兴趣。

参 考 文 献

[1] W. D. Covey, T. L. Brown, *Inorg. Chem.*, **1973**, *12*, 2820.

[2] C. A. Tolman, *J. Am. Chem. Soc.*, **1970**, *92*, 2956; *Chem. Rev.*, **1977**, *77*, 313. K. A. Bunten, L. Chen, A. L. Fernandez, A. J. Poë, *Coord. Chem. Rev.*, **2002**, *233-234*, 41.

[3] H. Clavier, S. P. Nolan, *Chem. Commun.*, **2010**, *46*, 841. 本文献同时提供了各种 *N*-杂环卡宾的埋藏体积百分比。

[4] A. Poater, B. Cosenza, A. Correa, S. Giudice, F. Ragone, V. Scarano, L. Cavallo, *Eur. J. Inorg. Chem.*, **2009**, 1759.

[5] J. A. Love, M. S. Sanford, M. W. Day, R. H. Grubbs, *J. Am. Chem. Soc.*, **2003**, *125*, 10103.

[6] D. J. Darensbourg, A. H. Graves, *Inorg. Chem.*, **1979**, *18*, 1257.

[7] J. M. Buchanan, J. M. Stryker, R. G. Bergman, *J. Am. Chem. Soc.*, **1986**, *108*, 1537.

[8] G. Mann, D. Baranano, J. F. Hartwig, A. L. Rheingold, I. A. Guzei, *J. Am. Chem. Soc.*, **1998**, *120*, 9205.

[9] J. F. Hartwig, *Inorg. Chem.*, **2007**, *46*, 1936.

[10] C. C. C. Johansson Seechurn, M. O. Kitching, T. J. Colacot, V. Snieckus, *Angew. Chem., Int. Ed.*, **2012**, *5*, 5062.

[11] M. E. Thompson, S. M. Baxter, A. R. Bulls, B. J. Burger, M. C. Nolan, B. D. Santarsiero, W. P. Schaefer, J. E. Bercaw, *J. Am. Chem. Soc.*, **1987**, *109*, 203.

[12] Z. Lin, *Coord. Chem. Rev.*, **2007**, *251*, 2280.

[13] D. Morales-Morales and C. M. Jensen, *The Chemistry of Pincer Compounds*, 2007, Elsevier.

[14] W. H. Bernskoetter, C. K. Schauer, K. I. Goldberg, M. Brookhart, *Science*, **2009**, *326*, 553.

[15] T. C. Flood, J. E. Jensen, J. A. Statler, *J. Am. Chem. Soc.*, **1981**, *103*, 4410, 以及其中的参考文献。

[16] T. C. Flood, J. E. Jensen, J. A. Statler, *J. Am. Chem. Soc.*, **1981**, *103*, 4410, 以及其中的参考文献。

[17] P. Cossee, *J. Catal.*, **1964**, *3*, 80; E. J. Arlman, P. Cossee, *J. Catal.*, **1964**, *3*, 99.

[18] J. D. Fellmann, R. R. Schrock, D. D. Trafi cante, *Organometallics*, **1982**, *1*, 481; J. F. Hartwig, *Organotransition Metal Chemistry, From Bonding to Catalysis*, University Science Books, Mill Valley, CA, 2010, 以及其中的参考文献。

[19] J. W. Lauher, R. Hoffmann, *J. Am. Chem. Soc.*, **1976**, *98*, 1729, 以及其中的参考文献。

[20] K. Weissermel and H.-J. Arpe, *Industrial Organic Chemistry*, Wiley-VCH, Weinheim, 2003.

[21] R. F. Heck, D. S. Breslow, *J. Am. Chem. Soc.*, **1961**, *83*, 4023; see also F. Heck, *Adv. Organomet. Chem.*, **1966**,

4, 243.

[22] C.-F. Huo, Y.-W. Li, M. Beller, H. Jiao, *Organometallics*, **2003**, *22*, 4665.

[23] M. Brookhart, M. L. H. Green, G. Parkin, *Proc. Nat. Acad. Sci. USA*, **2007**, *104*, 6908.

[24] T. Ziegler and L. Versluis, "The Tricarbonylhydrido cobalt-Based Hydroformylation Reaction, " in W. R. Moser and D. W. Slocum, eds., *Homogeneous Transition Metal-Catalyzed Reactions*, American Chemical Society, Washington, DC, 1992, pp. 75-93.

[25] F. Hebrard, P. Kalak, *Chem. Rev.*, **2009**, *109*, 4272.

[26] L. H. Slaugh, R. D. Mullineaux, *J. Organomet. Chem.*, **1968**, *13*, 469.

[27] R. J. Klingler, M. J. Chen, J. W. Rathke, K. W. Kramarz, *Organometallics*, **2007**, *26*, 352.

[28] J. A. Osborne, J. F. Young, G. Wilkinson, *Chem. Commun.*, **1965**, 17; C. K. Brown, G. Wilkinson, *J. Chem. Soc.*, *A*, **1970,** 2753.

[29] C. P. Casey, G. T. Whiteker, M. G. Melville, L. M. Petrovich, J. A. Garvey, Jr., D. R. Powell, *J. Am. Chem. Soc.*, **1992**, *114*, 5535.

[30] L. A. van der Veen, P. H. Keeven, G. C. Schoemaker, J. N. H. Reek, P. C. J. Kramer, P. W. N. M. van Leeuwen, M. Lutz, A. L. Spek, *Organometallics*, **2000**, *19*, 872, 以及其中引用的参考文献。

[31] J. A. Gillespie, D. L. Dodds, P. C. J. Kramer, *Dalton Trans.*, **2010**, *39*, 2751.

[32] A. Gual, C. Godard, S. Castillón, C. Claver, *Tetrahedron: Asymmetry*, **2010**, *21*, 1135.

[33] M. Cheong, R. Schmid, T. Ziegler, *Organometallic*, **2000**, *1*, 1973, 以及其中的参考资料。

[34] J. Forster, *J. Chem. Soc.*, *Dalton Trans.*, **1979**, 1639; A. Haynes, et al., *J. Am. Chem. Soc.*, **2004**, *126*, 2847.

[35] A. Haynes, *Adv. Catal.*, **2010**, *53*, 1. C. M. Thomas, G. Süss-Fink, *Coord. Chem. Rev.*, **2003**, *243*, 125.

[36] J. Smidt, W. Hafner, R. Jira, J. Sedlmeier, R. Sieber, H. Kojer, R. Rüttinger, *Angew. Chem.*, **1959**, *72*, 176.

[37] R. Jira, *Angew. Chem.*, *Int. Ed.*, **2009**, *48*, 9034.

[38] J. A. Keith, P. M. Henry, *Angew. Chem.*, *Int. Ed.*, **2009**, *48*, 9038.

[39] G. Kovacs, A. Stirling, A. Lledos, G. Ujaque, *Chem. Eur. J.*, **2012**, *18*, 5612; J. A. Keith, R. J. Nielsen, J. Oxgaard, W. A. Goddard, III, *Organometallics*, **2009**, *28*, 1618; J. A. Keith, R. J. Nielsen, J. Oxgaard, W. A. Goddard, III, *J. Am. Chem. Soc.*, **2007**, *129*, 12342.

[40] B. R. James, *Adv. Organomet. Chem.*, **1979**, *17*, 319; see also J. P. Collman, L. S. Hegedus, J. R. Norton, and R. G. Finke, *Principles and Applications of Organotransition Metal Chemistry*, University Science Books,

Mill Valley, CA, 1987, pp. 531-535, 以及其中的参考文献。

[41] R. H. Grubbs, *Angew. Chem.*, *Int. Ed.*, **2006**, *45*, 3760; R. R. Schrock, *Adv. Synth. Cat.*, **2007**, *349*, 41; Y. Chauvin, *Adv. Synth. Cat.*, **2008**, *349*, 27. These Nobel lectures can also be found on the Nobel Prize Web site at http://nobelprize. org/nobel_prizes/chemistry/laureates/2005/.

[42] N. Calderon, E. A. Ofstead, J. P. Ward, W. A. Judy, K. W. Scott, *J. Am. Chem. Soc.*, **1968**, *90*, 4133.

[43] C. P. C. Bradshaw, E. J. Howman, L. Turner, *J. Catal.*, **1967**, *7*, 269.

[44] J.-L. Hérisson, Y. Chauvin, *Makromol. Chem.*, **1971**, *141*, 161.

[45] R. H. Grubbs, P. L. Burk, D. D. Carr, *J. Am. Chem. Soc.*, **1975**, *97*, 3265.

[46] T. J. Katz, J. McGinness, *J. Am. Chem. Soc.*, **1975**, *97*, 1592 and **1977**, *99*, 1903.

[47] A. Fürstner, K. Langemann, *J. Org. Chem.*, **1996**, *61*, 8746.

[48] E. L. Dias, S. T. Nguyen, R. H. Grubbs, *J. Am. Chem. Soc.*, **1997**, *119*, 3887.

[49] M. S. Sanford, J. A. Love, R. H. Grubbs, *J. Am. Chem. Soc.*, **2001**, *123*, 6543.

[50] J. Huang, H.-J. Schanz, E. D. Stevens, S. P. Nolan, *Organometallics*, **1999**, *18*, 2370.

[51] L. Ackermann, D. El Tom, A. Fürstner, *Tetrahedron*, **2000**, *56*, 2195.

[52] S. B. Garber, J. S. Kingsbury, B. L. Gray, A. H. Hoveyda, *J. Am. Chem. Soc.*, **2000**, *122*, 8168.

[53] J. Kress, J. A. Osborn, R. M. E. Greene, K. J. Ivin, J. J. Rooney, *J. Am. Chem. Soc.*, **1987**, *109*, 899.

[54] W. A. Nugent and J. M. Mayer, *Metal-Ligand Multiple Bonds*, Wiley Interscience, New York, 1988, p. 311 and references therein; U. H. W. Bunz, L. Kloppenburg, *Angew. Chem.*, *Int. Ed.*, **1999**, *38*, 478.

[55] R. Chang and W. Tikkanen, *The Top Fifty Industrial Chemicals*, Random House, New York, 1988; *Chem. Eng. News*, July 2, 2011, p. 57. **56.** K. Ziegler, E. Holzkamp, H. Breiland, H. Martin, *Angew. Chem.*, **1955**, *67*, 541.

[56] J. Cossee, *J. Catal.*, **1964**, *3*, 80; E. J. Arlman, *J. Catal.*, **1964**, *3*, 89; E. J. Arlman, J. Cossee, *J. Catal.*, **1964**, *3*, 99.

[57] J. J. Eisch, A. M. Piotrowski, S. K. Brownstein, E. J. Gabe, F. L. Lee, *J. Am. Chem. Soc.*, **1985**, *107*, 7219.

[58] K. J. Ivin, J. J. Rooney, C. D. Stewart, M. L. H. Green, *Chem. Commun.*, **1978**, 604.

[59] L. Clauson, J. Sato, S. L. Buchwald, M. L. Steigerwald, R. H. Grubbs, *J. Am. Chem. Soc.*, **1985**, *107*, 3377。简要回顾用于区分这两种机理的实验，见 Spessard and

G. L. Miessler, *Organometallic Chemistry*, Prentice Hall, Upper Saddle River, NJ, 1997, pp. 357-369.

[60] W. H. Turner, R. R. Schrock, *J. Am. Chem. Soc.*, **1982**, *104*, 2331.

[61] E. Fischer, H. Tropsch, *Brennst. Chem.*, **1923**, *4*, 276.

[62] M. M. Taqui Khan, S. B. Halligudi, S. Shukla, *Angew. Chem., Int. Ed.*, **1988**, *27*, 1735 and R. Ziessel, *Angew. Chem., Int. Ed.*, **1992**, *30*, 844.

[63] J. P. Collins, R. Ruppert, J. P. Sauvage, *Nouv. J. Chim.*, **1985**, *9*, 395.

一般参考资料

J. F. Hartwig, *Organotransition Metal Chemistry, From Bonding to Catalysis*, University Science Books, Mill Valley, CA, 2010 提供了本章中描述的许多反应和催化过程以及各种其他类型的金属有机反应的详细讨论和参考文献。除了提供有关金属有机化合物结构和键性质的广泛信息外，*Comprehensive Organometallic Chemistry*, Pergamon Press, Oxford, UK，1982 的编者 G. Wilkinson、G. A. Stone、E. W. Abel 和 *Comprehensive Organometallic Chemistry II*（Pergamon Press, Oxford, 1995）的编者 E. W. Abel、F. G. A. Stone、G. Wilkinson 在这两部著作中提供了关于金属有机反应最全面的信息，并附有大量的原始文献。关于催化过程的一般信息和参考文献的两个最新来源是 P. W. N. M. van Leeuwen's, *Homogeneous Catalysis: Understanding the Art*, Kluwer Academic Publishers, Dordrecht, the Netherlands, 2004；J. Hagen's *Industrial Catalysis: A Practical Approach*, 2nd ed., Wiley-VCH, Weinheim, Germany, 2006。S. T. Oyama and A. Somorjai, "Homogeneous, Heterogeneous, and Enzymatic Catalysis" in *J. Chem. Educ.*, **1988**, *65*, 765，给出了用于各种工业过程中的催化剂类型和数量的示例。第 13 章末所列参考文献对本章也很有用。

习 题

14.1 预测下列反应中含有过渡金属的产物：

a. $[Mn(CO)_5]^- + H_2C{=}CH{-}CH_2Cl \longrightarrow$ 初始产物 $\xrightarrow{-CO}$ 最终产物

b. *trans*-Ir(CO)Cl(PPh$_3$)$_2$ + CH$_3$I $\longrightarrow$

c. Ir(PPh$_3$)$_3$Cl $\xrightarrow{\triangle}$

d. $(\eta^5\text{-}C_5H_5)Fe(CO)_2(CH_3) + PPh_3 \longrightarrow$

e. $(\eta^5\text{-}C_5H_5)Mo(CO)_3[C({=}O)CH_3] \xrightarrow{\triangle}$

f. H$_3$C$-$Mn(CO)$_5$ + SO$_2$ $\longrightarrow$（无气体产生）

14.2 预测下列反应中含有过渡金属的产物：

a. H$_3$C$-$Mn(CO)$_5$ + P(CH$_3$)(C$_6$H$_5$)$_2$ $\longrightarrow$（无气体产生）

b. $[Mn(CO)_5]^- + (\eta^5\text{-}C_5H_5)Fe(CO)_2Br \xrightarrow{\triangle}$

c. *trans*-Ir(CO)Cl(PPh$_3$)$_2$ + H$_2$ $\longrightarrow$

d. W(CO)$_6$ + C$_6$H$_5$Li $\longrightarrow$

e. *cis*-Re(CH$_3$)(PEt$_3$)(CO)$_4$ + ^{13}CO $\longrightarrow$（写出所有可能的产物及各自的百分比）

f. *fac*-Mn(CO)$_3$(CH$_3$)(PMe$_3$)$_2$ + ^{13}CO $\longrightarrow$（写出所有可能的产物及各自的百分比）

14.3 预测下列反应中含有过渡金属的产物：

a. *cis*-Mn(CO)$_4$(^{13}CO)(COCH$_3$) $\xrightarrow{\triangle}$（写出所有可能的产物及各自的百分比）

b. C$_6$H$_5$CH$_2$$-$Mn(CO)$_5$ $\xrightarrow{hv}$ CO +

c. V(CO)$_6$ + NO $\longrightarrow$

d. Cr(CO)$_6$ + Na/NH$_3$ $\longrightarrow$

e. Fe(CO)$_5$ + NaC$_5$H$_5$ $\longrightarrow$

f. $[Fe(CO)_4]^{2-}$ + CH$_3$I $\longrightarrow$

g. H$_3$C-Rh(PPh$_3$)$_3$ $\xrightarrow{\triangle}$ CH$_4$ +

14.4 将$[(\eta^5\text{-}C_5H_5)Fe(CO)_3]^+$和 NaH 在溶液中加热得到 **A**，其经验分子式为 C$_7$H$_6$O$_2$Fe。**A** 在室温下快速发生消去反应放出无色气体 **B**，生成紫褐色固体 **C**，分子式为 C$_7$H$_5$O$_2$Fe。用碘处理 **C** 生成棕色固体 **D**，分子式为 C$_7$H$_5$O$_2$FeI。而 **D** 用

TlC$_5$H$_5$ 处理后生成固体 **E**, 分子式为 C$_{12}$H$_{10}$O$_2$Fe, 将 **E** 加热后放出无色气体, 剩下橙色固体 **F**, 分子为 C$_{10}$H$_{10}$Fe。写出物质 **A**~**F** 的结构式。

14.5 Na[(η^5-C$_5$H$_5$)Fe(CO)$_2$] 与 ClCH$_2$CH$_2$SCH$_3$ 反应得到 **A**, 其化学计量式为 C$_{10}$H$_{12}$FeO$_2$S, 是一种单核抗磁性物质, 在 1980 cm^{-1} 和 1940 cm^{-1} 处有两个强 IR 吸收带。加热 **A** 得到 **B**, 也是一种单核抗磁性物质, 在 1920 cm^{-1} 和 1630 cm^{-1} 处有强 IR 吸收带。请确定 **A** 和 **B**。

14.6 V(CO)$_5$(NO) 与 P(OCH$_3$)$_3$ 生成 V(CO)$_4$[P(OCH$_3$)$_3$](NO) 的反应有如下速率定律:

$$\frac{-d[V(CO)_5(NO)]}{dt} = k_1[V(CO)_5(NO)]$$
$$+ k_2[P(OCH_3)_3][V(CO)_5(NO)]$$

a. 根据速率定律给出该反应的机理。

b. 一种与速率方程中最后一项一致的可能机理包含化学式为 V(CO)$_5$[P(OCH$_3$)$_3$](NO) 的过渡态, 它一定是 20 电子物种吗? 请给出解释。

14.7 反应 H$_2$ + Co$_2$(CO)$_8$ $\longrightarrow$ 2HCo(CO)$_4$ 的速率方程为

$$速率 = \frac{k[Co_2(CO)_8][H_2]}{[CO]}$$

给出一个与上述速率方程一致的反应机理。

14.8 下列哪个反式配合物与 CO 反应最快? 哪个反应最慢? 简要解释原因。

Cr(CO)$_4$(PPh$_3$)$_2$

Cr(CO)$_4$(PPh$_3$)(PBu$_3$)（Bu = 正丁基）

Cr(CO)$_4$(PPh$_3$)[P(OMe)$_3$]

Cr(CO)$_4$(PPh$_3$)[P(OPh)$_3$]

（见 M. J. Wovkulich, J. D. Atwood, *Organometallics*, **1982**, *1*, 1316）

14.9 对于许多膦类配体, 解离反应 NiL$_4$ $\rightleftharpoons$ NiL$_3$ + L 的平衡常数已确定（参见 C. A. Tolman, W. C. Seidel, L. W. Gosser, *J. Am. Chem. Soc.*, **1974**, *96*, 53）。当 L = PMe$_3$、PEt$_3$、PMePh$_2$ 和 PPh$_3$ 时, 将这些平衡按照平衡常数从大到小的顺序排列。

14.10 除了提出锥角概念外, C. A. Tolman 基于含有膦配体的配合物红外光谱, 还提出了参数 χ (chi), 用于度量膦及相关配体电子效应。（C. A. Tolman, *J. Am. Chem. Soc.*, **1970**, *92*, 2953）

a. Tolman 所用配合物的通式是什么?

b. χ 是如何定义的?

c. 这种方法在多大程度上区分了所研究配体的 σ 给体和 π 受体的性质?

14.11 Ni(Ⅱ) 的钳型配合物 [N(o-C$_6$H$_4$PR$_2$)$_2$]NiX(**1**: R = Ph, X = H; **2**: R = Ph, X = Me) 在 R 和 X 基团上与 CO 发生的反应不同, 但膦臂始终与 Ni 中心连接。（配合物的结构见 L.-C. Liang, Y.-T. Hung, Y.-L. Huang, P.-Y. Lee, W.-C. Chen, *Organometallics*, **2012**, *31*, 700）

a. 当 R = Ph, X = H 时, CO 的加成导致了 −18 ppm 处 ^{1}H NMR 共振消失, 在 8.61 ppm 处产生了新的信号（积分为一个 H）, IR 光谱在 1993 cm^{-1} 和 1924 cm^{-1} 处出现 CO 的两个伸缩振动峰。给出产物的结构和反应机理。

b. 当 R = Ph, X = Me 时, CO 加成后产生一个中间体, 其 IR 光谱有一个 1621 cm^{-1} 的单峰。中间体迅速转化为另一个有三个 ν (CO)IR 峰（2002 cm^{-1}、1943 cm^{-1}、1695 cm^{-1}）的镍配合物。给出中间体和最终产物的结构, 以及这些反应的机理。

c. 当 X 分别为 H 或 Me 时, 为什么二者的反应进程不同?

14.12 N, N-dibenzylcyclam 配体和 Zr(Ⅳ) 在 4 atm H$_2$ 条件下发生新型金属双环化反应（R = t-Bu、Me、CH$_2$Ph）, 反应流程见 R. F. Munhá, J. Ballmann, L. F. Veiros, B. O. Patrick, M. D. Fryzuk, *Organometallics*, **2012**, *31*, 4937。

a. 给出该反应的机理, 其中在 R = CH$_2$Ph 时反应最慢, 且反应速率和 H$_2$ 压力无关。

b. 解释选择该机理的理由。为什么反应在 R = CH$_2$Ph 的条件下进行得最慢?

14.13 下列配合物经加热后失去一氧化碳。失去的一氧化碳是 ^{12}CO、^{13}CO, 还是二者的混合物? 为什么?

14.14 a. 预测下列反应的产物, 给出各物质的结构。

b. 该反应的每个产物都产生一个新的相当

强的 IR 峰，并且与反应物的任一谱峰能量都明显不同。解释该谱峰，并预测它在 IR 谱中的大致位置（以 cm^{-1} 为单位）。

14.15　给出 **A**～**D** 的结构式：

$$(\eta^5\text{-}C_5H_5)_2Fe_2(CO)_4 \xrightarrow{Na/Hg} \mathbf{A} \xrightarrow{Br_2} \mathbf{B}$$
$$\xrightarrow{LiAlH_4} \mathbf{C} \xrightarrow{PhNa} \mathbf{A} + \mathbf{D}\ (烷烃)$$

$(\eta^5\text{-}C_5H_5)_2Fe_2(CO)_4$ 中 $\nu_{CO} = 1961\ cm^{-1}$、$1942\ cm^{-1}$、$1790\ cm^{-1}$，**A** 在 $1880\ cm^{-1}$ 和 $1830\ cm^{-1}$ 处有强红外峰，**C** 的 $^1H\ NMR$ 谱中有两个相对强度为 $1:5$ 的单峰，大致化学位移分别为 $-12\ ppm$ 和 $5\ ppm$。（提示：金属氢化物通常有负化学位移的质子）

14.16　$Re(CO)_5Br$ 与 $Br\text{—}CH_2CH_2\text{—}O^-$ 离子反应得到化合物 **Y** 和 Br^-。

a. 上述离子最有可能进攻 $Re(CO)_5Br$ 的哪个位点？（提示：考虑 Lewis 碱的硬度，参见第 6 章）

b. 根据下列信息，给出 **Y** 的结构式，并分别解释：

Y 遵循 18 电子规则；

反应不产生气体；

$^{13}C\ NMR$ 谱表明 **Y** 中的 C 有五种不同的磁环境；

将 Ag^+ 溶液加入 **Y** 溶液中得到白色沉淀。

（M. M. Singh, R. J. Angelici, *Inorg. Chem.*, **1984**, *23*, 2699）

14.17　什么是氮镓配体？与 N 杂环卡宾相比有什么不同？哪一种配体是更强的 σ 给体，什么实验证据支持这个观点？在氮镓配合物中钳型配体扮演什么角色？（Y. Tulchinsky, M. A. Iron, M. Botoshansky, M. Gandelman, *Nature Chem.*, **2011**, *3*, 525）

14.18　下列卡宾配合物 Ⅰ 分别发生如下反应。给出反应产物的结构式。

a. 含有 Ⅰ 和过量三苯基膦的甲苯溶液加热回流时，首先生成化合物 Ⅱ，然后是化合物 Ⅲ。Ⅱ 在 $2038\ cm^{-1}$、$1958\ cm^{-1}$ 和 $1906\ cm^{-1}$、Ⅲ 在 1944 和 $1860\ cm^{-1}$ 处有红外吸收带。$^1H\ NMR$ 的数据 δ（相对面积）如下：

Ⅱ：7.62 ppm，7.41 ppm 多重峰（15）

　　4.19 ppm 多重峰（4）

Ⅲ：7.70 ppm，7.32 ppm 多重峰（15）

　　3.39 ppm 单峰（2）

b. 含有 Ⅰ 和过量 $1, 1\text{-}$二（二苯基膦）甲烷的甲苯溶液加热回流，生成无色产物Ⅳ，其性质如下：

IR：$2036\ cm^{-1}$、$1959\ cm^{-1}$、$1914\ cm^{-1}$

元素分析（精确至±0.3%）：C 35.87%，H 2.73%

c. Ⅰ 与二甲基二硫代氨基甲酸根离子 $S_2CN(CH_3)_2^-$ 在溶液中快速反应，生成 $Re(CO)_5Br$ 和 Ⅴ，Ⅴ 不含金属，在 $1700\ cm^{-1}$ 和 $2300\ cm^{-1}$ 之间无红外吸收，但在 $1500\ cm^{-1}$ 和 $977\ cm^{-1}$ 处有中等强度的吸收峰。Ⅴ 的 $^1H\ NMR$ 谱：3.91 ppm（三重峰）、3.60 ppm（三重峰）、3.57 ppm（单峰）、3.41 ppm（单峰）。

（G. L. Miessler, S. Kim, R. A. Jacobson, R. J. Angelici, *Inorg. Chem.*, **1987**, *26*, 1690）

14.19　在 NaBr 固体存在的环氧乙烷溶液中，$Re(CO)_5Br$ 和 2-溴乙醇反应可以生成上述问题中的配合物 Ⅰ。给出卡宾配体的形成机理。

14.20　$[Mn(CO)_5]^-$ 与 $1, 3$-二溴丙烷反应生成 $BrCH_2CH_2CH_2Mn(CO)_5$。但是，反应不会就此停止，产物会与过量的 $[Mn(CO)_5]^-$ 继续反应产生一种卡宾配合物。给出该配合物的结构和生成它的反应机理。

14.21　酰基金属羰基化合物 $[R\text{—}C(\text{=}O)M(CO)_x]$ 通常比金属羰基化合物或有机酮（如丙酮）更容易质子化。给出解释。

14.22　说明如何利用过渡金属配合物影响下列合成：

a. 由乙烯制备乙醛

b. 由 CH_3CH_2Cl 制备 $CH_3CH_3COOCH_3$

c. 由 $CH_3CH_2CH\text{=}CH_2$ 制备 $CH_3CH_2CH_2CH_2CHO$

d. 由烯烃制备 $PhCH_2CH_2CH_2CHO$（Ph = 苯基）

e.

f. 由甲苯 $C_6H_5CH_3$ 制备 $C_6D_5CH_3$

14.23　配合物 $Rh(H)(CO)_2(PPh_3)_2$ 可用于催化少一个碳的烯烃合成正戊醛。给出此过程的机理。为每种类型的反应步骤指定适当的名称（如氧化加成或烷基迁移），并确定催化剂类型。

14.24 使用恰当的过渡金属催化剂可以由合适的 5-烯烃合成下列醛：

$$H_3C—CH_2—\overset{\overset{\displaystyle CH_3}{|}}{CH}—CH_2—\overset{\overset{\displaystyle O}{\|}}{C}—H$$

说明如何通过催化影响该合成。确定催化剂类型。

14.25 预测下列复分解反应的产物：

a. ⬡ + ⟋⟍ ⟶

b. ⬠ + C₂H₅⟋⟍CH₃

c. 1-丁烯 + 2-丁烯

d. 1, 7-辛二烯

14.26 配合物 $(CO)_5M\!\!=\!\!C(C_6H_5)_2$（**M** = 第三过渡系元素）可催化 1-甲基环丁烯的开环复分解聚合反应（ROMP）。确定金属 M，给出此反应的起始步，并明确写出聚合物的结构。

14.27 烯烃复分解研究进程中的经典实验之一是"双交叉"复分解，其中环辛烯、2-丁烯、4-辛烯混合物进行该反应时：

a. 此复分解反应的产物是什么？

b. 这些产物的生成在配对和非配对机制中有何不同？（参见 T. J. Katz, J. McGinness, *J. Am. Chem. Soc.*, **1975**, *97*, 1592）

14.28 配合物 $(\eta^5\text{-}C_5H_5)_2Zr(CH_3)_2$ 与高亲电性硼烷 $HB(C_6F_5)_2$ 生成化学计量式为 $(CH_2)[HB(C_6F_5)_2]_2$ $[(C_5H_5)_2Zr]$ 的产物，这是一罕见的五个碳配位的化合物。

a. 给出此产物的结构。

b. 该产物的异构体 $[(\eta^5\text{-}C_5H_5)_2ZrH]^+[CH_2\{B(C_6F_5)_2\}_2(\mu\text{-}H)]^-$ 被认为是一种潜在的 Ziegler-Natta 催化剂。给出此异构体作为催化剂的反应机理。（参见 R. E. von H. Spence, D. J. Parks, W. E. Piers, M. MacDonald, M. J. Zaworotko, S. J. Rettig, *Angew. Chem. Int. Ed.*, **1995**, *34*, 1230）

14.29 据报道，含有 W≡N 键的端配氮化钨配合物可以通过与烯烃复分解中非配对机制类似的机理催化腈-炔交叉复分解反应（NACM）（A. M. Geyer, E. S. Weidner, J. B. Gary, R. L. Gdula, N. C. Kuhlman, M. J. A. Johnson, B. D. Dunietz, J. W.

Kampf, *J. Am. Chem. Soc.*, **2008**, *130*, 8984）。在候选催化剂 $N\!\!\equiv\!\!W(OC(CF_3)_2Me)_3(DME)$ 存在下，混合甲氧基苯腈和 3-己烯，观察到两种主要的复分解产物。

a. 根据文献描述，概述 NACM 的机理。

b. 解释两种产物是如何形成的，并指出哪一种先生成。

14.30 在低温低压下，铁和甲苯会发生气相反应。产物是一种相当不稳定的夹心化合物，并与乙烯反应生成化合物 **X**。化合物 **X** 在室温下分解并释放乙烯；在 −20℃ 下与 $P(OCH_3)_3$ 反应生成 $Fe(C_7H_8)[P(OCH_3)_3]_2$。给出化合物 **X** 的结构。（参见 U. Zenneck, W. Frank, *Angew. Chem. Int. Ed.*, **1986**, *25*, 831）

14.31 25℃ 下，$RhCl_3\cdot3H_2O$ 与三邻甲苯基膦在乙醇中反应得到蓝色配合物 I（$C_{42}H_{42}P_2Cl_2Rh$），其 $\nu(Rh—Cl)$ 为 351 cm^{-1}，μ_{eff} = 2.3 BM。较高温度下，生成黄色抗磁性配合物 II，Rh : Cl = 1 : 1，920 cm^{-1} 处有强吸收带。II 中加入 NaSCN 将 Cl 置换为 SCN 得到产物 III，其 ^1H NMR 谱图数据如下：

化学位移（ppm）	相对面积	类型
6.9～7.5	12	芳香性
3.50	1	1∶2∶1 的双峰
2.84	3	单峰
2.40	3	单峰

用 NaCN 处理 II 得到膦配合物 IV，其分子式为 $C_{21}H_{19}P$，分子量 604。IV 在 965 cm^{-1} 处有一吸收峰，并有如下 ^1H NMR 数据：

化学位移（ppm）	相对面积	类型
7.64	1	单峰
6.9～7.5	12	芳香性
2.37	6	单峰

确定化合物 I ～ IV 的结构式，并尽可能多地解释上面数据。（见 M. A. Bennett, P. A. Longstaff, *J. Am. Chem. Soc.*, 1969, *91*, 6266）

14.32 闭环复分解（RCM）不仅局限于烯烃，炔烃也有类似的反应。配合物 $W(\!\equiv\!\!CCMe_3)$

(OCMe₃)₃ 已用于催化这类反应。预测下列复分解反应的环状产物:

a. [MeC≡C(CH₂)₂OOC(CH₂)]₂

b. MeC≡C(CH₂)₈COO(CH₂)₉C≡CMe

(参见 A. Fürstner, G. Seidel, *Angew. Chem. Int. Ed.*, **1998**, *37*, 1734)

14.33 从20世纪60年代末开发出乙酸均相催化技术,到得出关键中间体 [CH₃Rh(CO)₂I₃]⁻ (图14.20)令人信服的实验证据,经历了20多年时间。描述发现该中间体的证据。(A. Haynes, B. E. Mann, D. J. Gulliver, G. E. Morris, P. M. Maitlis, *J. Am. Chem. Soc.*, **1991**, *113*, 8567)

14.34 化合物 Fe(CO)₄I₂ 与氰化物在甲醇溶液中反应生成配合物 **A**,其 IR 强峰在 2096 cm⁻¹ 和 2121 cm⁻¹ 处,弱峰在 2140 cm⁻¹ 和 2162 cm⁻¹ 处。**A** 与额外的氰化物反应产生 **B**。离子 **B** 同样有两对红外吸收峰,较强的一对在 1967 cm⁻¹ 和 2022 cm⁻¹,较弱的在 2080 cm⁻¹ 和 2106 cm⁻¹。**A** 和 **B** 都不含碘。给出 **A** 和 **B** 的结构。(J. Jiang, S. A. Koch, *Inorg. Chem.*, **2002**, *41*, 158)

14.35 阳离子 **1** 与离子 HB(*sec*-C₄H₉)₃⁻——潜在的氢源——反应生成 **2**。有关 **2** 的数据如下:

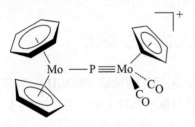

IR:1920 cm⁻¹、1857 cm⁻¹ 处强峰。

¹H NMR:化学位移(相对面积)

5.46(2)

5.28(5)

5.15(3)

4.22(2)

1.31(27)

此外,认为一小峰隐藏在其他峰内。

¹³C NMR:在 236.9 ppm 处有振动峰,在 32.4 ppm 和 115.7 ppm 之间另外 7 个峰和簇状峰。

给出 **2** 的结构,并尽可能多地解释这些数据。(参见 I. Amor, D. García-Vivó, M. E. García, M.A. Ruiz, D. Sáez, H. Hamidov, J. C. Jeffery, *Organometallics*, **2007**, *26*, 466)

14.36 金属有机配合物有时可以充当合成有机化合物的中间体。下列杂环化合物(TBS)与 LiBH(C₂H₅)₃ 反应生成一个无卤素杂环 **X**,用 Cr(CO)₃(CH₃CN)₃ 处理 **X**,随后与 HF·吡啶反应生成过渡金属配合物 **Y**,在 1898 cm⁻¹ 和 1975 cm⁻¹ 处有强吸收。加入三苯基膦后得到一新的过渡金属配合物和杂环 **Z**。**Z** 的 ¹H NMR 谱显示 6.4 ppm 和 7.8 ppm 之间 4 个等强度单峰、4.9 ppm 处一个四重峰和 8.44 ppm 处一个三重峰。给出 **X**、**Y** 和 **Z** 的结构。(参见 A. J. V. Marwitz, M. H. Matus, L. N. Zakharov, D. A. Dixon, S-H. Liu, *Angew. Chem.*, *Int. Ed.*, **2009**, *48*, 973)

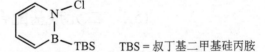

TBS = 叔丁基二甲基硅丙胺

14.37 六碘苯 C₆I₆ 与二茂铁锌 [(η⁵-C₅H₅)FeC₅H₄]₂Zn 反应,产物之一的 C/Fe 比正好高于二茂铁 10%,H/Fe 低于二茂铁 10%。该产物只包含二茂铁中存在的元素。给出此产物的结构。(参见 Y. Yu, A. D. Bond, P. W. Leonard, U. J. Lorenz, T. V. Timofeeva, K. P. C. Vollhardt, G. D. Whitener, A. A. Yakovenko, *Chem. Commun.*, **2006**, 2572)

第 15 章

主族化学与金属有机化学中的等效基团

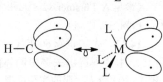

化学教学通常把有机化学和无机化学作为两个独立的主题区别对待，所以在无机化学中，也是将主族化合物和金属有机化合物的化学分开讨论，本书目前也采用同样的章节分配。然而，考查这些不同类别的化合物之间的相似性，可以获得更多有价值的见解，这样的研究有助于更深入全面地了解所比较的化合物，并由此启发可能提出新的化合物或反应。本章的目的正是考虑这些相似之处，尤其是主族化合物和金属有机化合物之间的等效性。

15.1 二元羰基配合物的主族等效基团

在较早的章节中已经讨论了主族化学中的比较，包括环硼氮烷（$B_3N_3H_6$）与苯之间的异同，硅烷与烷烃的相对不稳定性以及同核和异核双原子物种（如等电子体 N_2 和 CO）的成键差异，这些类比通常都集中在等电子体之间展开。电子等效的主族和过渡金属物种之间也存在相似性，它们都需要相同的电子数填充而实现满壳层价电子构型[1]。例如，卤素原子差一个电子达到价层八隅体，可视为与 $Mn(CO)_5$ 电子等效；后者有 17 个价层电子，同样差一个达到 18 电子构型。在本节中，我们将简要讨论主族原子和离子与电子等效的二元羰基化合物之间的一些相似之处。

从主族和金属羰基化合物实现闭壳层（八隅体或 18 电子）构型的方式，可以合理地解释它们很多的化学性质。通过以下的等效电子物种可以说明这些实现稳定构型的方式：

距满壳层所需的电子数目	电子等效体举例	
	主族	金属羰基化合物
1	Cl、Br、I	$Mn(CO)_5$、$Co(CO)_4$
2	S	$Fe(CO)_4$、$Os(CO)_4$
3	P	$Co(CO)_3$、$Ir(CO)_3$

卤素原子比价层八隅体少一个电子，其表现的化学性质与 17 电子金属有机化合物相似，其中最引人注目的是卤素原子与 $Co(CO)_4$ 之间的对比，见表 15.1。二者都可以通过得到一个电子或自身二聚达到满壳层的电子构型。中性二聚体可以和碳-碳多重键加成，能被 Lewis 碱歧化。两个电子等效体的阴离子电荷都为 1–，与 H^+ 结合形成酸，因此 HX（X = Cl、Br 或 I）和 $HCo(CO)_4$ 在水溶液中都是强酸。两种阴离子在水溶液中与重金属离子（如 Ag^+）结合都形成沉淀。7 电子卤素原子和 17 电子二元羰基化合物之间的相似度很高，完全可以将这些羰基化合物拓展为类卤素（pseudohalogen）基团。

表 15.1　Cl 和 Co(CO)₄ 的相似性

特征	举例	
–1 价离子	Cl^-	$[Co(CO)_4]^-$
中性二聚体	Cl_2	$[Co(CO)_4]_2$
氢卤酸	HCl（水溶液中强酸）	$HCo(CO)_4$（水溶液中强酸）[a]
形成卤化物	$Br_2 + Cl_2 \rightleftharpoons 2\,BrCl$	$I_2 + [Co(CO)_4]_2 \longrightarrow 2ICo(CO)_4$
难溶性重金属盐	AgCl	$AgCo(CO)_4$
不饱和键加成	$Cl_2 + CH_2{=}CH_2 \longrightarrow$ ClCH₂—CH₂Cl	$[Co(CO)_4]_2 + CF_2{=}CF_2 \longrightarrow (OC)_4Co$—CF₂—CF₂—$Co(CO)_4$
被 Lewis 碱歧化	$Cl_2 + N(CH_3)_3 \longrightarrow [ClN(CH_3)_3]Cl$	$[Co(CO)_4]_2 + C_5H_{10}NH$（哌啶）$\longrightarrow$ $[(CO)_4Co(HNC_5H_{10})][Co(CO)_4]$

a. 然而，$HCo(CO)_4$ 仅微溶于水。

对于卤素和 17 电子金属有机配合物，它们许多相似之处都可以根据其得到或共用电子以实现满壳层构型的方式来解释。同理，6 电子主族化合物的性质与 16 电子金属有机化合物相似。表 15.2 列出了硫和电子等效体 $Fe(CO)_4$ 之间的类比。

表 15.2　硫与 Fe(CO)₄ 的相似性

特征	举例	
–2 价离子	S^{2-}	$[Fe(CO)_4]^{2-}$
中性化合物	S_8	$Fe(CO)_9$，$[Fe(CO)_4]_3$
氢化物	H_2S: $pK_1 = 7.24$　$pK_2 = 14.92$[a]	$H_2Fe(CO)_4$: $pK_1 = 4.44$[a]　$pK_2 = 14$
磷化氢加合物	Ph_3PS	$Ph_3Fe(CO)_4$
聚合汞化合物	（—S—Hg—S—Hg—S—Hg—S— 链状结构）	（—Fe(CO)₄—Hg—Fe(CO)₄—Hg—Fe(CO)₄—Hg—Fe(CO)₄— 链状结构）
与乙烯复合	H_2C—CH_2 桥连 S（环硫乙烷）	$H_2C{=}CH_2$ 配 $Fe(CO)_4$（π-配合物）

a. 25℃水溶液中的 pK 值。

　　电子等效基团的概念可以拓展到 5 电子主族元素（15 族）和 15 电子金属有机物种。例如，磷和 Ir(CO)$_3$ 均形成四面体四聚物（图 15.1），与 Ir(CO)$_3$ 等电子的 15 电子 Co(CO)$_3$ 可以替代 P$_4$ 四面体中的一个或多个磷原子。

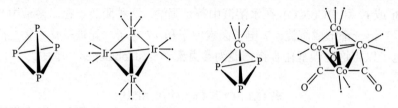

图 15.1　P$_4$、[Ir(CO)$_3$]$_4$、P$_3$[Co(CO)$_3$] 和 Co$_4$(CO)$_{12}$

（其中·表示端配 CO）

　　电子等效的主族和金属有机化合物的相似性概括了其相当多的化学特征，但也要看到其局限性。例如，具有扩展壳层（中心原子价电子超过 8）的主族元素化合物可能没有金属有机类似物；IF$_7$ 和 XeF$_4$ 的有机金属类似物尚属未知。

　　金属有机配合物中的配体按照光谱化学序明显弱于 CO 时，可能不遵循 18 电子规则，其化学行为可能与电子等效的主族化合物完全不同。除此之外，金属有机化合物的化学反应性可能与主族化合物也大不相同。例如，金属有机化合物失去配体（如 CO）比主族化合物解离更普遍。因此，任何基于价电子数这样简单框架的方案中，电子等效基团的概念都有其局限性，但它为寻找主族与金属有机化学之间的相似性提供宝贵的经验：等瓣相似原理。

15.2　等瓣相似原理

　　Roald Hoffmann[2]在 1981 年的诺贝尔演讲中详尽地描述了等瓣分子碎片的概念，这对理解有机化学与无机化学之间的相似性做出了重要贡献。Hoffmann 将分子碎片定义为等瓣的：

　　如果分子碎片的前线轨道数、对称性、近似能量和形状以及其中的电子数相似——不相同，但相似——那么它们是等瓣的。

　　为了解释此定义，我们对比甲烷和八面体过渡金属配合物 ML$_6$ 的碎片。简单起见，仅考虑金属与配体之间的 σ 键*。讨论的碎片见图 15.2。

　　母体化合物具有满价层电子构型，CH$_4$ 是 8 电子构型，ML$_6$ 是 18 电子构型 [Cr(CO)$_6$ 作为此类 ML$_6$ 化合物一个示例]。在杂化模型中，甲烷利用 sp^3 杂化轨道进行成键，它们和氢的 1s 轨道相互作用形成 8 个电子的键对。ML$_6$ 中的金属原子利用 d^{2}sp^3 杂化轨道与配体键合（ d$_{z^2}$ 和 d$_{x^2-y^2}$ 参与杂化轨道用于 σ 键），其中 12 个电子占据成键轨道，另外 6 个本质上属于非键电子，占据 d$_{xy}$、d$_{xz}$ 和 d$_{yz}$ 轨道。

---

　　*　该模型可以进一步完善，包括 d$_{xy}$、d$_{xz}$ 和 d$_{yz}$ 轨道和具有合适给体和/或受体轨道的配体间的 π 相互作用。

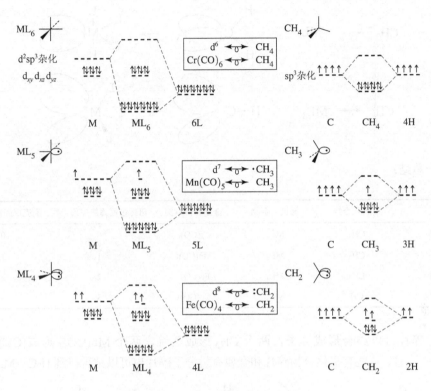

图 15.2　八面体和四面体碎片的轨道

　　然后，描述比母体多面体拥有更少配体的分子碎片。为了类比，假定这些分子碎片仍保留有原配体时的几何形状。

　　在 7 电子分子碎片 CH_3 中，碳的 3 个 sp^3 杂化轨道与氢形成 σ 键。第四个单占杂化轨道处于比 CH_3 的 σ 键高的能级（图 15.2），类似于 17 电子分子碎片 $Mn(CO)_5$ 的情况。可以说，碎片中配体和 Mn 的 5 个 d^2sp^3 杂化轨道形成 σ 相互作用，第六个单占杂化轨道比 5 个 σ 成键轨道具有更高的能量。

　　如图 15.2 所示，每个分子碎片在母体多面体的空位处都有一个单占杂化轨道。这些轨道非常相似，满足 Hoffmann 的等瓣定义。用 Hoffmann 符号 ←σ→ 代表基团等瓣，可写作：

$$CH_3 \longleftrightarrow ML_5$$

　　同样，6 电子的 CH_2 和 16 电子的 ML_4 也是等瓣的，它们分别比满壳层八隅体和 18 电子构型少 2 个电子，所以是电子等效的，每个分子碎片都有两个空位是单占杂化轨道。类似地，再减少一个配体得到又一对电子等效碎片，5 电子的 CH 和 15 电子的 ML_3。

$$CH_2 \longleftrightarrow ML_4$$

$$CH \longleftrightarrow ML_3$$

做一总结：

	有机化合物	无机化合物	金属有机举例	母体多面体缺失顶点数	满壳层尚需电子数
母体	CH_4	ML_6	$Cr(CO)_6$	0	0
	CH_3	ML_5	$Mn(CO)_5$	1	1
碎片	CH_2	ML_4	$Fe(CO)_4$	2	2
	CH	ML_3	$Co(CO)_3$	3	3

这些碎片可以结合形成分子，两个 CH_3 形成乙烷，两个 $Mn(CO)_5$ 形成 $(OC)_5Mn$—$Mn(CO)_5$。而且，这些有机化合物碎片和金属有机分子碎片也可以结合得到 H_3C—$Mn(CO)_5$。

有机和金属有机化合物的电子等效性并不总是那么完美。例如，两个 6 电子 CH_2 碎片可形成乙烯（CH_2=CH_2），而等瓣碎片 $Fe(CO)_4$ 的中性二聚体仅是一瞬态物种，只能通过光化学方法[3]从 $Fe_2(CO)_9$*制得。但是，CH_2 和 $Fe(CO)_4$ 都能形成三元环，即环丙烷和 $Fe_3(CO)_{12}$。尽管环丙烷是 3 个 CH_2 碎片组成的三聚体，而 $Fe_3(CO)_{12}$ 由于有两个桥联羰基，

---

* 有趣的是，二价阴离子$[Fe_2(CO)_8]^{2-}$是可得的。两个铁均为三角双锥配位环境，金属原子之间为单键（J. M. Cassidy, K. H. Whitmire, G. J. Long, *J. Organomet. Chem.*, **1992**, *427*, 355）。15.3 节将讨论金属-金属键。

所以并不是 $Fe(CO)_4$ 的完美三聚体，其等电子体 $Os_3(CO)_{12}$ 为 3 个 $Os(CO)_4$ 碎片［与 $Fe(CO)_4$ 和 CH_2 等瓣］的三聚体，所以正确的写法是 $[Os(CO)_4]_3$。

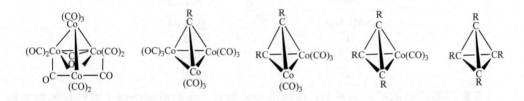

C_3H_6　　　　　　$Fe_3(CO)_{12}$　　　　　　$Os_3(CO)_{12}$
·表示端配CO

等瓣物质 $Ir(CO)_3$、$Co(CO)_3$、CR（$R = H$、烷基、芳基）和 P 也可以通过几种不同的方式结合。如前所述（图 15.1），具有 15 电子的碎片 $Ir(CO)_3$，可以形成 T_d 对称性的 $[Ir(CO)_3]_4$。其等电子配合物 $Co_4(CO)_{12}$ 的 Co 原子近乎四面体排布，但因有 3 个桥联羰基，其显示 C_{3v} 对称性（图 15.1）。还有些化合物为中心四面体结构，如图 15.3 所示，其中一个或多个 $Co(CO)_3$ 碎片被等瓣 CR 碎片取代，类似于用 $Co(CO)_3$ 碎片取代 P_4 四面体中的 P 原子。P 与 CR 也是等瓣的。

图 15.3　等瓣 $Co(CO)_3$ 和 $CR(R = CH_3)$ 碎片结合产生的结构

15.2.1　等瓣相似的延伸

等瓣碎片的概念可以扩展到带电物种、CO 以外的其他配体以及不局限于八面体几何构型的金属有机碎片。扩展的等瓣相似原理可归纳如下：

1. 等瓣定义可扩展到具有相同配位数的等电子碎片。例如，

$$\underset{\text{（17 电子碎片）}}{Mn(CO)_5} \overset{\leftarrow}{\underset{0}{\rightarrow}} \underset{\text{（7 电子碎片）}}{CH_3}, \qquad \underset{\text{（17 电子碎片）}}{\begin{matrix} Re(CO)_5 \\ [Fe(CO)_5]^+ \\ [Cr(CO)_5]^- \end{matrix}} \overset{\leftarrow}{\underset{0}{\rightarrow}} \underset{\text{（7 电子碎片）}}{CH_3}$$

2. 两个等瓣碎片得到或失去电子之后还是等瓣碎片。例如，

$$\underset{\text{（17 电子碎片）}}{Mn(CO)_5} \overset{\leftarrow}{\underset{0}{\rightarrow}} \underset{\text{（7 电子碎片）}}{CH_3}, \qquad \underset{\text{（16 电子碎片）}}{\begin{matrix} Cr(CO)_5 \\ Mo(CO)_5 \\ W(CO)_5 \end{matrix}} \overset{\leftarrow}{\underset{0}{\rightarrow}} \underset{\text{（6 电子碎片）}}{CH_3^+}$$

$$Fe(CO)_5$$
$$Ru(CO)_5 \qquad \overset{\text{等瓣}}{\longleftrightarrow} \quad CH_3^-$$
$$Os(CO)_5$$

（18 电子碎片）　　　　　　　（8 电子碎片）

所有这些例子都是母体化合物中少一个配体。例如 $Fe(CO)_5$ 和 CH_3^- 是等瓣的，因为二者都是满壳层，并且都比母体多面体少一个顶点。相比之下，$Fe(CO)_5$ 和 CH_4 就不是等瓣体，因为它们虽然都有满壳层电子（分别为 18 电子和 8 电子），但是 CH_4 四面体的顶点是完整的，而 $Fe(CO)_5$ 碎片在母体八面体[*]的基础上空一个顶点。

3. 其他 2 电子给体的处理类似于 CO[**]：

$$Mn(CO)_5 \overset{\text{等瓣}}{\longleftrightarrow} Mn(PR_3)_5 \overset{\text{等瓣}}{\longleftrightarrow} [MnCl_5]^{5-} \overset{\text{等瓣}}{\longleftrightarrow} Mn(NCR)_5 \overset{\text{等瓣}}{\longleftrightarrow} CH_3$$

4. 配体 $\eta^5\text{-}C_5H_5$ 和 $\eta^6\text{-}C_6H_6$ 占据 3 个配位点，被认为是 6 电子给体[***]：

$$(\eta^5\text{-}C_5H_5)Fe(CO)_2$$
$$(\eta^6\text{-}C_6H_6)Mn(CO)_2 \quad \overset{\text{等瓣}}{\longleftrightarrow} [Fe(CO)_5]^+ \overset{\text{等瓣}}{\longleftrightarrow} Mn(CO)_5 \text{（17 电子碎片）}$$
$$(\eta^5\text{-}C_5H_5)Mn(CO)_2$$
$$(\eta^6\text{-}C_6H_6)Cr(CO)_2 \quad \overset{\text{等瓣}}{\longleftrightarrow} [Mn(CO)_5]^+ \overset{\text{等瓣}}{\longleftrightarrow} Cr(CO)_5 \text{（16 电子碎片）}$$

5. ML_n 的八面体碎片（金属 M 为 d^x 电子组态）等瓣于 ML_{n-2} 的平面四方型碎片（M 为 d^{x+2} 电子组态且 L 为 2 电子给体）：

ML_n		ML_{n-2}
$Cr(CO)_5$	$\overset{\text{等瓣}}{\longleftrightarrow}$	$[PtCl_3]^-$
d^6		d^8
$Fe(CO)_4$	$\overset{\text{等瓣}}{\longleftrightarrow}$	$Pt(PR_3)_2$
d^8		d^{10}

第五种等瓣相似的扩展略复杂，值得进一步解释。我们用两个例子对碎片的等效性加以讨论，分别是 d^6 ML_5（八面体）和 d^8 ML_3（平面四方型）；d^8 ML_4（八面体）和 d^{10} ML_2（平面四方型）。具有平面四方型母体结构的 ML_3 和 ML_2 碎片如图 15.4 所示，它们利用 dsp^2 杂化轨道成键。将平面四方型 ML_4 分子的碎片与八面体 ML_6 分子的碎片进行比较（图 15.2）。

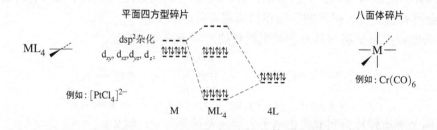

* 尽管 $Fe(CO)_5$ 碎片的母体构型从等瓣的角度理解是八面体，但值得一提的是 18 电子 $Fe(CO)_5$ 的稳定构型是三角双锥。

** Hoffmann 使用价电子数方法 A，其中氯被认为是带负电荷的 2 电子给体。

*** $\eta^5\text{-}C_5H_5$ 被认为是 6 电子给体 $C_5H_5^-$。

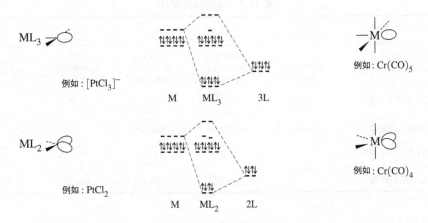

图 15.4　平面四方型碎片和八面体碎片的对比*

平面四方型 d^8 ML_3 碎片，如 $[PtCl_3]^-$，具有一个非键杂化轨道的空瓣作为 LUMO，它相当于八面体的 d^6 ML_5 ［如 $Cr(CO)_5$］ 碎片的 LUMO：

$$[PtCl_3]^- \qquad\qquad Cr(CO)_5$$

只要每种情况下空瓣都具有合适的能量**，一个 d^8 分子碎片，如 $[PtCl_3]^-$，就与 $Cr(CO)_5$ 以及其他 ML_5 碎片等瓣。

一个 d^{10} ML_2 碎片，如 $Pt(PR_3)_2$，比 d^8 $PtCl_2$ （图 15.4）多两个价电子。这些电子被认为占据两个非键杂化轨道，该情况与 $Fe(CO)_4$ 碎片（图 15.2）非常相似。每个化合物都有两个单占轨道：

$$Pt(PR_3)_2 \qquad\qquad Fe(CO)_4$$

表 15.3 中给出了含有 CO 和 $\eta^5\text{-}C_5H_5$ 配体的等瓣碎片。

***

　　* 图 15.2 展示了 $Cr(CO)_6$ 的分子轨道图，$Cr(CO)_5$ 和 $Cr(CO)_4$ 的轨道图分别与 $Mn(CO)_5$ 和 $Fe(CO)_4$ 的相同，分别从 $Mn(CO)_5$ 中除去一个电子和从 $Fe(CO)_4$ 中除去两个电子。

　　** ML_3 的最高占据轨道能量相近。有关 ML_5、ML_3 以及其他分子碎片的能量和对称性的详细分析，请参见 M. Elian, R. Hoffmann, *Inorg. Chem.*, **1975**, *14*, 1058; T. A. Albright, R. Hoffmann, J. C. Thibeault, D. L. Thorn, *J. Am. Chem. Soc.*, **1979**, *101*, 3801.

表 15.3 等瓣碎片举例

中性碳氢化合物	CH₄	CH₃	CH₂	CH	C
等瓣金属有机碎片 ($Cp = \eta^5\text{-}C_5H_5$)	$Cr(CO)_6$ $[Mn(CO)_6]^+$ $CpMn(CO)_3$	$Mn(CO)_5$ $[Fe(CO)_5]^+$ $CpFe(CO)_2$	$Fe(CO)_4$ $[Co(CO)_4]^+$ $CpCo(CO)$	$Co(CO)_3$ $[Ni(CO)_3]^+$ $CpNi$	$Ni(CO)_2$ $[Cu(CO)_2]^+$
失去 H⁺ 获得的阴离子烃碎片	CH_3^-	CH_2^-	CH^-		
等瓣金属有机碎片	$Fe(CO)_5$	$Co(CO)_4$	$Ni(CO)_3$		
得到 H⁺ 获得的阳离子烃碎片		CH_4^+	CH_3^+	CH_2^+	CH^+
等瓣金属有机碎片		$V(CO)_6$	$Cr(CO)_5$	$Mn(CO)_4$	$Fe(CO)_3$

示例 15.1

举出与 CH_2^+ 等瓣相似的金属有机碎片的例子。

这里我们只考虑 CO 配体和第一过渡系金属。其他配体和金属可以获得同样效果。

CH_2^+ 是一相对于 CH_4 母体缺少两个配体和 3 个电子的碎片。因此，相应的八面体碎片为 15 电子物种，分子式为 ML_4，也比母体 $M(CO)_6$ 少两个配体和 3 个电子。如果 $L = CO$，那么 4 个 CO 贡献 8 个电子，则金属贡献其余 7 个电子。第一过渡系的 d^7 金属为 Mn，因此结果为 $CH_2^+ \longleftrightarrow Mn(CO)_4$。

通过改变金属和配合物中的电荷，还可以得到其他八面体等瓣碎片。多一个电子的金属用一个正电荷补偿，少一个电子的金属用一个负电荷补偿：

$$d^7: \ Mn(CO)_4 \qquad d^8: \ [Fe(CO)_4]^+ \qquad d^6: \ [Cr(CO)_4]^-$$

练习 15.1 对于以下内容，不使用表 15.3 中的化合物，给出它们的金属有机等瓣碎片：

a. 一个 CH_2^+ 的等瓣碎片

b. 一个 CH^- 的等瓣碎片

c. 三个 CH_3 的等瓣碎片

练习 15.2 找到下列化合物的有机等瓣碎片：

a. $Ni(\eta^5\text{-}C_5H_5)$ **b.** $Cr(CO)_2(\eta^6\text{-}C_6H_6)$ **c.** $[Fe(CO)_2(PPh)_3]^-$

这些类比不限于八面体和平面四方型的金属有机碎片，类似的观点可用于推导出不同多面体的等瓣碎片。例如，三角双锥形的 17 电子碎片 $Co(CO)_4$ 与八面体的 17 电子碎片 $Mn(CO)_5$ 是等瓣相似的：

表 15.4 给出了具有 5~9 个顶点的多面体等瓣碎片电子构型示例。

表 15.4　多面体碎片的等瓣关系

有机碎片	母体多面体过渡金属的配位数					碎片的价电子数
	5	6	7	8	9	
CH_3	$d^9\text{-}ML_4$	$d^7\text{-}ML_5$	$d^5\text{-}ML_6$	$d^3\text{-}ML_7$	$d^1\text{-}ML_8$	17
CH_2	$d^{10}\text{-}ML_3$	$d^8\text{-}ML_4$	$d^6\text{-}ML_5$	$d^4\text{-}ML_6$	$d^2\text{-}ML_7$	16
CH		$d^9\text{-}ML_3$	$d^7\text{-}ML_4$	$d^5\text{-}ML_5$	$d^3\text{-}ML_6$	15

感兴趣的读者想要了解更多的有关等瓣相似扩展到其他配体和几何构型的信息，可以参考 Hoffmann 的诺贝尔演讲；其中提到了一个新的概念——自体等瓣性，它根据具有相同键能[4]的电子构型中的空轨道将物种归类为等瓣相似体。

15.2.2　等瓣相似的应用示例

等瓣相似可以扩展到具有适当大小、形状、对称性和能量的前线轨道的任何分子碎片，通过这种对比可以激发人们的科研灵感，设计出乍看上去不可能存在的非常规目标分子。例如，5 电子碎片 CH 与 P 及其他第 15 族原子等瓣相似，表明可能存在与环状 π 电子配体（如 C_5H_5）类似的金属有机磷配合物，其与众所周知的金属茂 $[(C_5H_5)_2M]^n$ 等瓣相似。实际上，不仅在溶液中[5]可以制得环戊二烯离子 $C_5H_5^-$ 的类似物 P_5^-，而且已合成出含有 P_5 环的

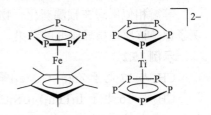

图 15.5　含 P_5 环的金属茂

夹心化合物，如图 15.5 所示。其中的第一个化合物$(\eta^5\text{-}C_5Me_5)Fe(\eta^5\text{-}P_5)$是由白磷（$P_4$）与 $[(\eta^5\text{-}C_5Me_5)Fe(CO)_2]_2$ 反应得到的[6]。

在所有磷类金属茂中，或许以无碳金属茂 $[(\eta^5\text{-}P_5)_2Ti]^{2-}$ 最为有趣。该化合物由 $[Ti(C_{10}H_8)_2]^{2-}$ 与 P_4 反应制得*，P_5 环平行重叠。在该配合物和其他配合物中，P_5 配体是比环戊二烯弱的给体，实际上它是个更强的受体。

另一个例子是 13 个电子的 $AuPPh_3$，它在杂化轨道上有一个远离磷的单电子[7]。该电子处于与 $Mn(CO)_5$ 碎片对称性相似的单占杂化轨道中，但其轨道能量更高。尽管如此，$AuPPh_3$ 可以与等瓣的 $Mn(CO)_5$ 和 CH_3 结合形成$(OC)_5Mn—AuPPh_3$ 和 $H_3C—AuPPh_3$。

氢原子在其 1s 轨道上有一个电子，可以看作 CH_3、$Mn(CO)_5$ 和 $AuPPh_3$ 的等瓣相似

---

* E. Urnezius, W. W. Brennessel, C. J. Cramer, J. E. Ellis, P. von Ragué Schleyer, *Science*, **2002**, *295*, 832。含 15 族原子配体的配合物发展的相关讨论，参见 M. Scheer, *Dalton Trans.*, **2008**, 4372.

物。从这个角度看，H₂ 可以看成类似于 CH₄ 和 HMn(CO)₅。AuPPh₃ 和 H 表现出令人惊讶的相似行为，如它们都能在以下三核锇簇中起桥联作用[8, 9]。

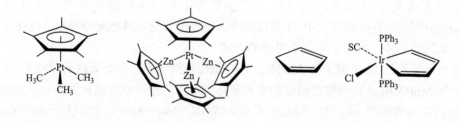

在金属羰基化学中，用此种类比进行预测的其他示例如 HCo(CO)₄ 和 Co(CO)₄(AuPPh₃) 以及 HMn(CO)₅ 和 Mn(CO)₅(AuPPh₃)。但 AuPPh₃ 和 H 之间的类比也存在明显的局限性，[HTi(CO)₆]⁻ 和 HV(CO)₆ 尚未见报道，而和它们等瓣的"表兄弟"[10][Ti(CO)₆(AuPEt₃)]⁻ 和 V(CO)₆(AuPPh₃) 却存在[11]。有人指出，金属-氢键通常比连接到 AuPR₃ 配体的金属键弱[4]。

等瓣相似原理在预测新化合物方面有着巨大的实用性。纵览当前文献可以发现许多例子都是该原理指导研究的结果。

示例 15.2

CH₃ 与 17 电子 Zn(η⁵-C₅Me₅) 等瓣相似（扩展的等瓣相似原理第 4 点）。

CH₂ 与 16 电子 Ir(PPh₃)₂(CS)Cl 等瓣相似（从母体多面体的 16 电子化合物[Ir(CO)₄]⁺ 开始，分别用 PPh₃、Cl⁻ 和 CS 取代 CO。扩展的等瓣相似原理第 2 点）。

认可这些碎片为等瓣相似体，已经用于包含与其等瓣的已知化合物碎片的金属有机合成中（图 15.6 中的示例）[12]。

图 15.6　由等瓣碎片组成的化合物

15.3　金属-金属键

本节用等瓣相似原理描述金属-金属键的形成，这些键在使用 d 轨道成键方面与其他原子不同；过渡金属化合物中除常见的 σ 键和 π 键外，还可能有 δ 键。而且，配体桥联和形成簇合物的能力使含有金属-金属键的结构多种多样。图 15.7 给出了含有碳-碳键、其他主族基团和金属-金属单键、双键、三键及四重键的化合物示例。

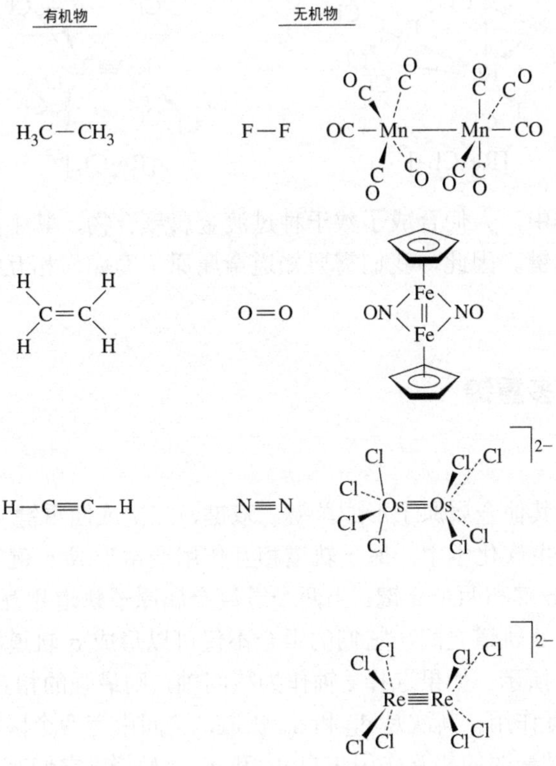

有机物　　　　　　　无机物

H_3C-CH_3　　　$F-F$　　　

$H_2C=CH_2$　　　$O=O$

$H-C\equiv C-H$　　　$N\equiv N$

图 15.7　单键、双键、三键和四重键

大约一个世纪前就已发现包含两个或多个金属原子的化合物，其中第一个被正确表征是配体桥联的金属配合物。X 射线晶体学研究最终表明，金属原子相距太远，金属-金属轨道间无直接相互作用。

1935 年报道了含有 $[W_2Cl_9]^{3-}$ 离子的 $K_3W_2Cl_9$ 的结构，通过 X 射线晶体学首次证明了金属-金属直接键合的可能。在该离子中，钨-钨的距离（240 pm）明显短于钨金属中的原子间距离（275 pm）。

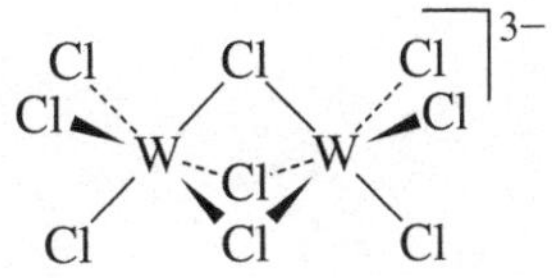

$[W_2Cl_9]^{3-}$ 中短的金属原子间距说明金属轨道有参与成键的可能性，当然，也可能是桥联配体导致的结果。现代计算技术已重新审视 $[W_2Cl_9]^{3-}$、$[W_2Cl_9]^{2-}$ 和 $[W_2Cl_9]^{-}$ 系列中电子结构和金属-金属键合的问题[13]，为 $[W_2Cl_9]^{3-}$ 中的钨-钨三重键提供了证据。

在 $[Re_3Cl_{12}]^{3-}$ 和 $[Re_2Cl_8]^{2-}$ 晶体结构的推动下，金属-金属键化学日臻成熟[14]。$[Re_3Cl_{12}]^{3-}$ 最初被认为是单体 $ReCl_4^-$，1963 年证明是三聚环状离子，铼-铼距离（248 pm）很短。次年，在三中心钌配合物的合成研究中发现了二聚体 $[Re_2Cl_8]^{2-}$。该离子的金属-金属距离非常短（224 pm），是第一个被发现具有四重键的配合物。

$$[Re_3Cl_{12}]^{3-} \qquad\qquad [Re_2Cl_8]^{2-}$$

在随后的几十年中，人们合成了数千种过渡金属簇合物，其中数百个含有四重键，有些还可能含有五重键。因此，我们需要知道金属原子间如何相互键合，特别是能达到多高的键级。

15.3.1　金属-金属多重键

四重键

过渡金属可以与其他金属原子形成单键、双键、三键或四重键（或分数级键）。如何能形成四重键呢？在主族化学中，原子轨道相互作用通常形成 σ 键或者 π 键，可能的最高键级为 3，即一个 σ 键和两个 π 键。当两个过渡金属原子轨道相互作用时，最重要的作用发生在它们最外层 d 轨道之间，它们的组合不仅可以形成 σ 轨道和 π 轨道，还可以形成 δ 轨道，如图 15.8 所示。如果选择 z 轴作为核间轴，则最强的相互作用（有最大重叠）是 d_{z^2} 轨道间的 σ 相互作用；其次是 d_{xz} 和 d_{yz} 轨道，空间中有两个区域有效相互作用形成 π 轨道；最后两对也是最弱的相互作用来自 d_{xy} 和 $d_{x^2-y^2}$ 轨道，它们有 4 个轨道区域发生作用形成 δ 分子轨道。

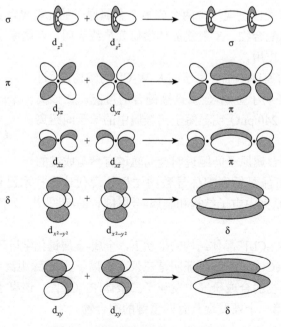

图 15.8　金属 d 轨道间的成键作用

产生的分子轨道间相对能量如图 15.9 所示。在没有配体的情况下，M_2 由 d-d 相互作用产生五对键合轨道，分子轨道的能量按 σ、π、δ、$δ^*$、$π^*$、$σ^*$ 的顺序递增，如图 15.9 左侧所示。在四重键 $[Re_2Cl_8]^{2-}$ 例子中，其构型为重叠型并表现出 D_{4h} 对称性。为方便起见，我们选择 Re—Cl 键位于 xz 和 yz 平面内，配体轨道与正对它们的金属轨道之间相互作用最强，所以 $d_{x^2-y^2}$ 轨道参与 Re—Cl 成键，而 δ 和 $δ^*$ 轨道主要源于 d_{xy} 原子轨道*（译者注：原著误为 $d_{x^2-y^2}$ 轨道）。这些相互作用产生新的分子轨道，如图 15.9 右侧所示。这些轨道的相对能量取决于金属-配体之间相互作用。

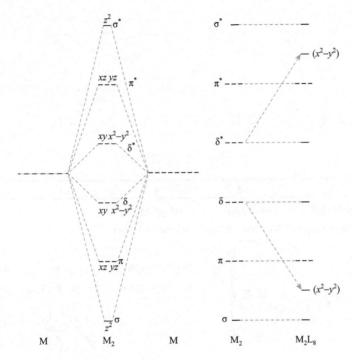

图 15.9　d 轨道相互作用形成的轨道相对能量。在 M_2L_8 配合物中，来自配体的一对电子
占据高 $d_{x^2-y^2}$ 贡献的成键轨道

在 $[Re_2Cl_8]^{2-}$ 中，每个形式上的 Re(III) 中心都有 4 个 d 电子。如果该离子的 8 个 d 电子被放置在图 15.9 中的 4 个最低能量轨道中（不包括由 $d_{x^2-y^2}$ 相互作用产生的低能量轨道，它由配体电子占据），则总键级为 4，能量由低到高对应于一个 σ 键、两个 π 键和一个 δ 键**。尽管 δ 键最弱，但强度足以使该离子保持重叠构型。δ 和 $δ^*$ 轨道的能量间距小说明 δ 键弱，该能隙正对应于可见光的能量，结果是大多数四重键配合物都有鲜艳的颜色，$[Re_2Cl_8]^{2-}$ 为宝蓝色，$[Mo_2Cl_8]^{4-}$ 为亮红色。相比之下，有填充 π 和空 $π^*$ 轨道的主族化合物通常是无色的（如 N_2 和 CO），因为这些轨道间能隙通常对应于紫外区。

---

　* 对该离子的对称性分析表明，s 轨道、p_x 轨道和 p_y 轨道也参与其中。

　** 更精细的计算得出了 $[Re_2Cl_8]^{2-}$ 的有效键级为 3.2，建议标记为弱四重键。见 L. Gagliardi, B. O. Roos, *Inorg. Chem.*, **2003**, *42*, 1599。

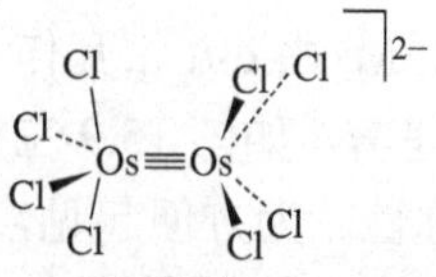

$[Os_2Cl_8]^{2-}$

额外的金属价电子会在 δ^* 轨道上填充并降低键级。例如，Os(III) 化合物 $[Os_2Cl_8]^{2-}$ 共有 10 个 d 电子，为三重键。该离子中 δ 键级为零，即没有 δ 键，所以与 $[Re_2Cl_8]^{2-}$ 四重键化合物不同，不是重叠型。X 射线晶体学分析表明 $[Os_2Cl_8]^{2-}$ 如 VSEPR 所预期非常接近交错型结构（D_{4d}）。$[Re_2Cl_8]^{2-}$ 中的重叠型结构证明了这种化合物中 δ 键的重要性。

同样，少于 8 个价电子的金属键键级也会小于 4，如图 15.10 所示。

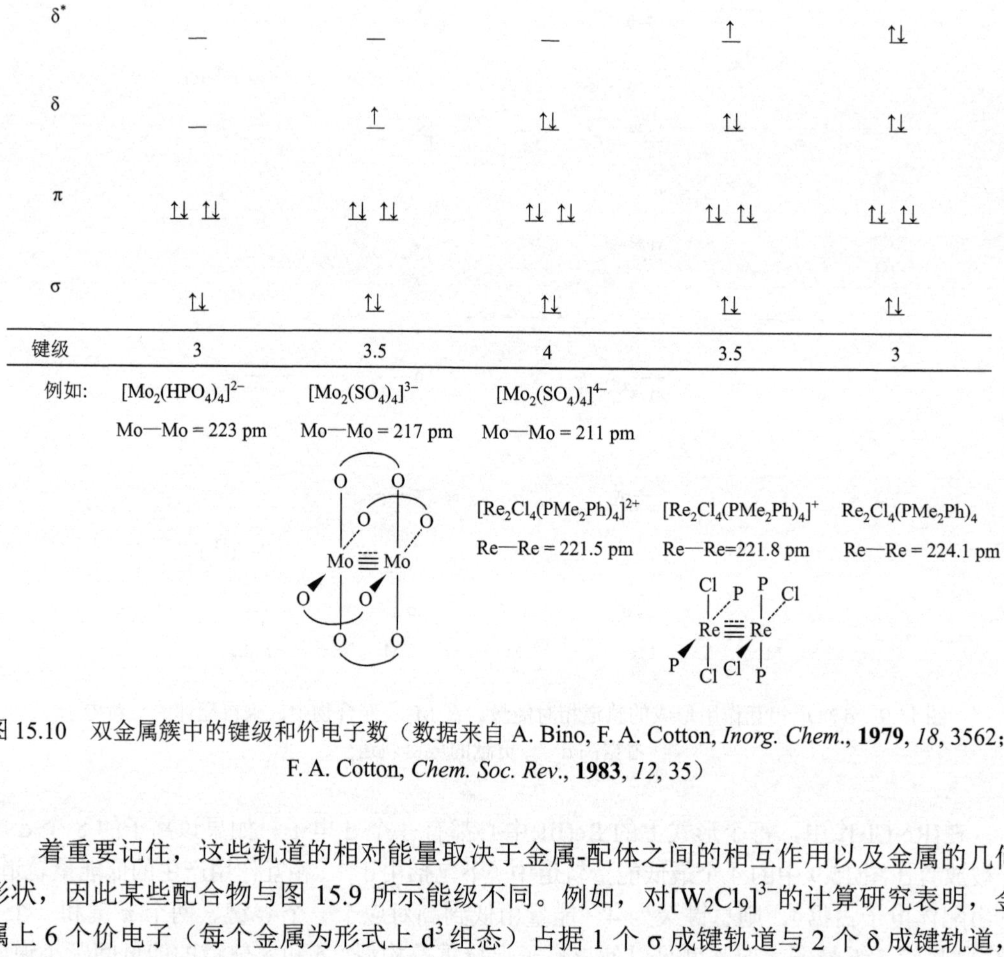

δ^*	—	—	—	↑	↑↓
δ	—	↑	↑↓	↑↓	↑↓
π	↑↓ ↑↓	↑↓ ↑↓	↑↓ ↑↓	↑↓ ↑↓	↑↓ ↑↓
σ	↑↓	↑↓	↑↓	↑↓	↑↓
键级	3	3.5	4	3.5	3

例如：　$[Mo_2(HPO_4)_4]^{2-}$　　$[Mo_2(SO_4)_4]^{3-}$　　$[Mo_2(SO_4)_4]^{4-}$

Mo—Mo = 223 pm　　Mo—Mo = 217 pm　　Mo—Mo = 211 pm

$[Re_2Cl_4(PMe_2Ph)_4]^{2+}$　　$[Re_2Cl_4(PMe_2Ph)_4]^{+}$　　$Re_2Cl_4(PMe_2Ph)_4$

Re—Re = 221.5 pm　　Re—Re = 221.8 pm　　Re—Re = 224.1 pm

图 15.10　双金属簇中的键级和价电子数（数据来自 A. Bino, F. A. Cotton, *Inorg. Chem.*, **1979**, *18*, 3562；F. A. Cotton, *Chem. Soc. Rev.*, **1983**, *12*, 35）

着重要记住，这些轨道的相对能量取决于金属-配体之间的相互作用以及金属的几何形状，因此某些配合物与图 15.9 所示能级不同。例如，对 $[W_2Cl_9]^{3-}$ 的计算研究表明，金属上 6 个价电子（每个金属为形式上 d^3 组态）占据 1 个 σ 成键轨道与 2 个 δ 成键轨道，键级为 3[13]。在这些共面的 $[M_2Cl_9]^{z-}$ 体系中，电子结构与图 15.9 中的不同。

通过 X 射线晶体学测量，金属间多重键对键长有巨大影响。描述多重键原子间距离变短的一种方法是将多重键键长与单键键长进行比较。这些键长的比值称为形式缩短率（formal shortness ratio）。此处对比主族三重键和过渡金属四重键中一些最短键的缩短率：

键	缩短率	键	缩短率
C≡C	0.783	Cr≣Cr	0.767
N≡N	0.786	Mo≣Mo	0.807
		Re≣Re	0.848

几种含四重键的铬配合物在迄今为止发现的化合物中比率最小。已观察到键长会有一定的变化，例如 Mo-Mo 四重键键长在 206～224 pm 范围内，95%处于 206～217 pm[15]。

δ 和 δ* 轨道电子布居数对键长的影响可能小得令人吃惊。例如，在 $Re_2Cl_4(PMe_2Ph)_4$ 氧化时失去 δ* 电子，只会非常微小地缩短 Re—Re 键长，如表 15.5 所示[16]。

表 15.5　氧化态对 Re—Re 键长的影响

化合物	d 电子数	Re—Re 形式键级	Re 形式氧化态	Re—Re 键长
$Re_2Cl_4(PMe_2Ph)_4$	10	3	2	224.1
$Re_2Cl_4(PMe_2Ph)_4^+$	9	3.5	2.5	221.8
$Re_2Cl_4(PMe_2Ph)_4^{2+}$	8	4	3	221.5

键长变化很小的一种可能解释是，d 轨道随着金属氧化态的增加而收缩，导致 π 键中 d 轨道的有效重叠降低；去除 δ* 电子只是略微增大（译者注：原著误为削弱）金属-金属成键轨道间的重叠，因此两种因素（降低反键轨道电子布居数和降低轨道重叠）几乎相互抵消。另一种可能的解释是，随着金属中心在氧化时变得相对更正，金属原子之间的库仑排斥力增加。

五重键

有五重键之类的物种吗？图 15.8 显示 d 轨道间可能存在包括两个 δ 的 5 种相互作用因此，应该存在一种化合物，所有 5 个轨道中都有成键电子对。Power 在 2005 年报道了一化合物具"五重"键[17]。如图 15.11（a）和图 1.3 中的放大图所示，双核铬（Ⅰ）配合物的配体足够大用以保护金属；同时，每一低氧化态铬提供 5 个电子，它们占满五组 d 轨道相互作用形成的分子轨道。有趣的是，Cr—Cr 键长为 183.5 pm，形式缩短率为 0.774，甚至不及四重键的最低值（0.767）。尽管 Power 的化合物实际上可能具有 1 个 σ 键、2 个 π 键和 2 个 δ 键，但这并不意味着该键具有图 15.8 中 5 个相互作用的全部强度。铬原子

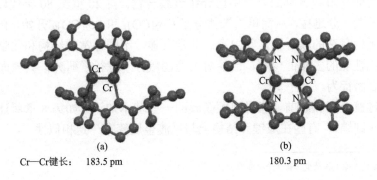

(a)	(b)
Cr—Cr键长：　183.5 pm	180.3 pm

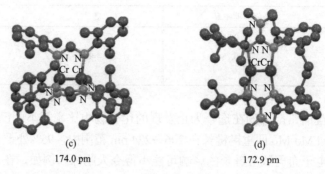

(c)　　　　　　　　　　　　　　(d)

174.0 pm　　　　　　　　　　172.9 pm

图 15.11　具有极短金属-金属键的铬（Ⅰ）配合物（分子结构由 CIF 数据生成，省略氢原子）

与芳环之间的反式弯曲几何结构和表观相互作用使该化合物的键合情况更加复杂。但是，计算结果支持 d 轨道之间确实发生了 σ、π 和 δ 相互作用[18]。

自 2005 年首次报道五重键以来，最短的 Cr—Cr 键长记录已降至 2007 年的 180.3 pm［图 15.11（b）］[19]，2008 年的 174.0 pm［图 15.11（c）］[20] 和 2009 年的 172.9 pm［图 15.11（d），迄今为止观察到的最短的金属-金属键］[21]，其中在图 15.11（d）配合物中设计了一个脒基配体，通过空间位阻产生压力将铬原子推到一起。该配合物的缩短率是 0.729，是迄今为止报道的最小值。Cr—Cr 键明显很牢固，价电子对理所当然占据一个 σ 轨道、两个 π 轨道和两个 δ 轨道，但是作者还是强调了配体设计促进短键的重要性[21]。相比于 Power，Tsai[20] 和 Kempe[21] 的化合物不具有反式弯曲的结构复杂性，而 d 轨道间的直接相互作用可能是金属成键更有效的因素。现已合成了含有 Mo-Mo 五重键的配合物（201.9 ppm 和 201.6 pm，缩短率分别为 0.776 和 0.775），其计算结果与图 15.9 中的轨道相互作用一致[22]。

具有非常短金属-金属键的配合物键级一直存在争议，各种计算得出五重键铬（Ⅰ）配合物的键级低至 3.3。诸如桥联配体对金属-金属键长的影响、Power 的最初化合物中可能减少轨道相互作用的非线性以及超出本书范围更复杂的相互作用等因素都值得考虑。鼓励读者查阅引用的文献[23]，以讨论涉及这些二聚体中 Cr-Cr 多重键的众多因素。有关这些新键的反应性，特别是在小分子活化方面[24]，是当前多重键探索的热点。

15.4　簇 合 物

在本章的前几节和更早的章节中已介绍过簇合物。自 20 世纪 80 年代以来，过渡金属团簇化学发展十分迅猛，从简单二聚体分子 $Co_2(CO)_8$ 和 $Fe_2(CO)_9$* 开始，化学家们开发合成了许多更为复杂的簇合物，其中不乏非常有趣、不同寻常的结构和化学性质。为了开发具有更优性能的多相催化剂，已经对大型团簇分子进行了研究，其表面可以模仿固体催化剂的表面行为。

在讨论过渡金属簇之前，值得回顾硼簇的一些基本知识。如第 8 章所述，硼形成许多硼氢化物（硼烷），有些在成键和结构上与过渡金属簇有一定相似性。

---

* 一些化学家认为原子簇至少含有 3 个金属原子。

15.4.1　硼烷

硼和氢可以形成许多不同的中性分子或离子。为了解释该物种和过渡金属簇之间的相似性，我们首先考虑硼烷化合物的一个类型——闭式硼烷（ $B_nH_n^{2-}$ ，*closo* 希腊语"笼状"），它们由 n 个顶点的闭合多面体和三角形面（三角多面体）构成，每个顶点为一个 BH。

分子轨道计算表明，闭式硼烷有 $2n+1$ 个成键分子轨道，其中包括 n 个 B—H σ 成键轨道和 $n+1$ 个处于笼上的成键轨道——称为框架（framework）或骨架（skeletal）键轨道[25]。以拥有 O_h 对称性的 $B_6H_6^{2-}$ 离子为例，每个硼有 4 个价轨道可参与成键，总共为该原子簇提供了 24 个硼的价轨道。将这些价轨道分为两组，每组 12 个。如果选择每个硼原子的 z 轴指向八面体的中心（图 15.12），则 6 个 p_z 轨道和 6 个 s 轨道形成一组（由 sp 杂化轨道组成，将在下一段中讨论）以适当的对称性与氢原子成键（6 个），并支撑了 B_6 骨架（6 个）。第二组由 6 个硼的 p_x 和 p_y 轨道组成，专门用于 B-B 骨架成键。

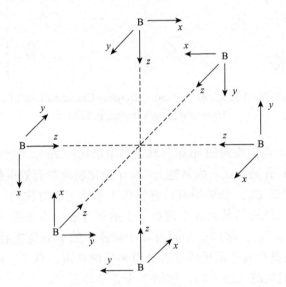

图 15.12　$B_6H_6^{2-}$ 的成键坐标系

硼的 6 对 s 和 p_z 轨道具有相同的对称性（其不可约表示为 $A_{1g} + E_g + T_{1u}$，课后习题 15.22 有关于这些轨道的对称分析），每一对轨道都形成两个 sp 杂化轨道。12 个杂化轨道分别指向氢原子（6 个总对称性为 $A_{1g} + E_g + T_{1u}$）和原子簇的中心（6 个全部为 $A_{1g} + E_g + T_{1u}$ 对称性）。如图 15.13 所示，A_{1g} 和 T_{1u} 骨架轨道由指向中心的 sp 杂化轨道组成。用于支撑 B_6 骨架的轨道由 6 个向内指向中心的 sp 杂化轨道和 12 个未杂化的硼2p 轨道（p_x 和 p_y）组成；其余 6 个 sp 杂化轨道指向簇骨架外（图中未展示），与 6 个氢原子的 1s 轨道进行成键。

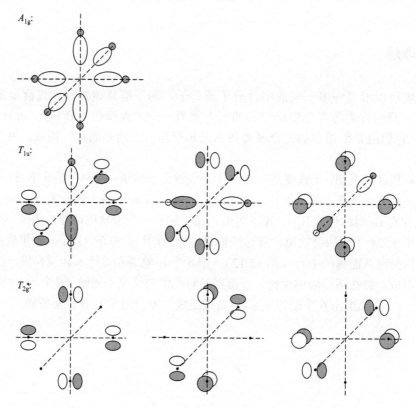

图 15.13　$B_6H_6^{2-}$ 的成键情况（数据来自"Some Bonding Considerations", B. F. G. Johnson, ed., Transition Metal Clusters, p. 232）

如图 15.13 所示，向内指向的 sp 杂化轨道和未杂化的 2p 轨道组成了 7 组轨道组合，产生成键作用支撑 B_6 骨架。在八面体笼上，6 个杂化轨道的有效重叠产生了一个 A_{1g} 骨架成键轨道，该轨道在 O_h 点群的所有对称操作下都是完全对称的。其他成键轨道分为两类：①两个 sp 杂化轨道与其余 4 个硼原子上的平行 p 轨道重叠（有 3 组此类相互作用，总体组成 T_{1u} 对称性）；②同一平面内 4 个硼原子的 p 轨道重叠（同样有 3 组，为 T_{2g} 对称性）。剩余轨道相互作用形成非键轨道和反键轨道。总之，硼原子的 24 个价轨道形成了：13 个成键轨道（$2n+1$），包括 7 个骨架轨道（$n+1$）[包括 1 个来自 sp 杂化轨道重叠（A_{1g}），6 个来自硼原子 p 轨道与 sp 杂化轨道（T_{1u}）或与其他硼原子 p 轨道（T_{2g}）重叠]，6 个硼-氢成键轨道[由向外指向的 sp 杂化轨道组成（n^*）]；11 个非键轨道或反键轨道。

在所有的闭式硼烷中，骨架键对数总比多面体的顶点数多一个。有一对骨架键电子占据一个完全对称的轨道（如 $B_6H_6^{2-}$ 中的 A_{1g} 轨道），由多面体中心的原子轨道（或杂化）轨道重叠而成。此外，在最高占据分子轨道（HOMO）和最低未占分子轨道（LUMO）之间存在着巨大的能隙[26]。骨架电子三维离域使硼烷非常稳定，并被归类为球形芳香族[27]。表 15.6 中列出了常见的闭式硼烷不同对称性的骨架键对数。

＊ 闭式硼烷的特征电子数为 $4n+2$（$B_6H_6^{2-}$ 中有 26 个电子），因此所有成键轨道都是全充满的。

表 15.6　闭式硼烷的键对

分子式	总价电子对的数目	骨架键对的数目		B—H 键对的数目
		A_1 对称 [a]	其他对称性	
$B_6H_6^{2-}$	13	1	6	6
$B_7H_7^{2-}$	15	1	7	7
$B_8H_8^{2-}$	17	1	8	8
$B_nH_n^{2-}$	$2n+1$	1	n	n

a. 完全对称性与其所属点群有关（如 O_h 点群下为 A_{1g}）。

尽管闭式硼烷是很经典的分子，但它们仍然被选为储氢材料的构筑单元[28]；含硫取代基（取代氢原子）闭式硼烷在癌症的硼中子俘获疗法中也很重要[29]；而用二甲基硫醚取代 $B_{12}H_{12}^{2-}$ 和 $B_{10}H_{10}^{2-}$ 上的 3 个氢原子使得阳离子硼烷簇首次得以进行晶体学表征[30]。

闭式结构在已知的硼烷中只占一小部分，从闭式框架中删除顶点可以获得其他结构类型。去除一个顶点形成巢式（nido）结构，去除两个顶点形成蛛网式（arachno）结构，去除三个顶点形成网式（hypho）结构，去除四个顶点则得到枝型（klado*）结构。图 15.14 展示了 3 个闭式、巢式和蛛网式硼烷结构的例子，有 6~12 个硼原子的硼烷结构见图 15.15。需注意的是，闭式结构去除顶点的硼烷中，氢原子会沿着边缘桥联硼原子或产生 BH_2 基团。

价电子数为硼烷结构进行分类提供了方便，如今人们已经提出了许多种将电子数和硼烷结构关联的方案，其中大部分基于 Wade 制定的规则[31]。表 15.7 总结了 Wade 规则下的分类方案。值得注意的是，骨架键电子对数仅取决于母体多面体的顶点数，故难点在于根据硼烷的分子式确定母体多面体。稍后将在本节中介绍一个电子计数方案的示例，该方案可以方便地推导出母体多面体和骨架键对的数目。

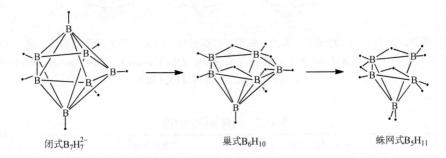

闭式$B_7H_7^{2-}$　　　　　巢式B_6H_{10}　　　　　蛛网式B_5H_{11}

图 15.14　闭式、巢式、蛛网式硼烷结构（黑点表示氢原子）

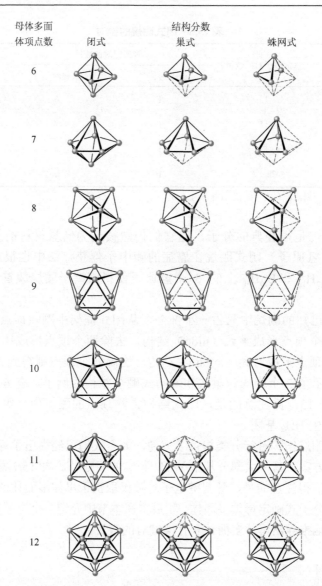

图 15.15　硼原子数为 6～12 的闭式、巢式、蛛网式硼烷结构。端氢和桥氢原子未标出（氢原子的具体位置可以参见 N. N. Greenwood and A. Earnshaw, *Chemistry of the Elements*, 2nd ed., Butterworth Heinemann, Oxford, 1997, pp. 153-154, 175, 178）

表 15.7　团簇结构的分类

结构类型	n 顶点母体多面体占有顶点数	骨架电子对数	未占有顶点数
闭式	n	$n+1$	0
巢式	$n-1$	$n+1$	1
蛛网式	$n-2$	$n+1$	2
网式	$n-3$	$n+1$	3
枝型	$n-4$	$n+1$	4

在闭式硼烷中，价电子对总数等于多面体顶点数（每个顶点都有一个 B—H 键对）和骨架键对的数目之和。例如 $B_6H_6^{2-}$ 有 26 个或 13（$= 2n + 1$）对价电子，其中 6 对用于结合氢（每个硼一对），7 对用于骨架键，闭式结构的多面体正是其他结构类型的母体多面体。表 15.8 总结了几种硼烷的电子计数和分类方法，根据电子的分类确定硼烷的骨架电子对数通常与我们的直觉不符（详情见示例）。

表 15.8　利用电子计数法判断硼烷结构的例子

母体多面体顶点数	结构类型	簇中硼原子数	价电子数	骨架电子对数	示例	形式上衍生自
	闭式	6	26	7	$B_6H_6^{2-}$	$B_6H_6^{2-}$
6	巢式	5	24	7	B_5H_9	$B_5H_5^{2-}$
	蛛网式	4	22	7	B_4H_{10}	$B_4H_4^{2-}$
	闭式	7	30	8	$B_7H_7^{2-}$	$B_7H_7^{2-}$
7	巢式	6	28	8	B_6H_{10}	$B_6H_6^{2-}$
	蛛网式	5	26	8	B_5H_{11}	$B_5H_5^{2-}$
	闭式	12	50	13	$B_{12}H_{12}^{2-}$	$B_{12}H_{12}^{2-}$
12	巢式	11	48	13	$B_{11}H_{13}^{2-}$	$B_{11}H_{11}^{2-}$
	蛛网式	10	46	13	$B_{10}H_{15}^{2-}$	$B_{10}H_{10}^{2-}$

示例 15.3

$B_{11}H_{13}^{2-}$ 有 $33 + 13 + 2 = 48$ 个价电子。

1. 每个硼原子至少有一个端氢，且每个 B—H 为骨架键提供 2 个电子，其中 1 个来自硼的价电子，共对骨架键贡献了 $11 \times 2 = 22$ 个电子。

2. 尚未考虑的氢原子（此处为 2 个 H 原子，$13–11 = 2$）每个为骨架键提供一个电子，无论这些氢原子是桥联两个硼原子还是作为 BH_2 的一部分参与 B—H 成键，对 $B_{11}H_{13}^{2-}$ 共贡献了 2 个电子。因此，骨架电子为 $22 + 2 = 24$。

3. $B_{11}H_{13}^{2-}$ 电荷为–2，即对骨架键贡献 2 个电子。

4. $B_{11}H_{13}^{2-}$ 骨架电子总数为 $24 + 2 = 26$ 个或 13 对。故母体多面体有 $13–1 = 12$ 个顶点（二十面体）。

5. 相较于有 12 个顶点的母体多面体，少一个顶点 $B_{11}H_{13}^{2-}$ 属于巢式硼烷。

硼烷分类的一种方法

硼烷结构还可以根据下列方案进行分类：

闭式硼烷的分子式为 $B_nH_n^{2-}$；

巢式硼烷形式上衍生自 $B_nH_n^{4-}$；

蛛网式硼烷衍生自 $B_nH_n^{6-}$；

网式硼烷衍生自 $B_nH_n^{8-}$；

枝型硼烷衍生自 $B_nH_n^{10-}$。

确定其他硼烷的分子式，可以先形式上减去 H^+ 使氢原子数和硼原子数相等，然后检查电荷，并和以上分子式对比。例如，要对 $B_9H_{14}^-$ 进行分类，我们可形式上认为它衍生自 $B_9H_9^{6-}$：

$$B_9H_{14}^- - 5H^+ \Longrightarrow B_9H_9^{6-}$$

因此，$B_9H_{14}^-$ 属于蛛网式硼烷。

示例 15.4

归属下列硼烷的结构类型：

1. $B_{10}H_{14}$：$B_{10}H_{14} - 4H^+ \Longrightarrow B_{10}H_{10}^{4-}$，巢式结构。
2. $B_2H_7^-$：$B_2H_7^- - 5H^+ \Longrightarrow B_2H_2^{6-}$，蛛网式结构。
3. B_8H_{16}：$B_8H_{16} - 8H^+ \Longrightarrow B_8H_8^{8-}$，网式结构。

练习 15.3 判断下列硼烷的结构类型：

a. $B_{11}H_{13}^{2-}$ **b.** $B_5H_8^-$ **c.** $B_7H_7^{2-}$ **d.** $B_{10}H_{18}$

15.4.2 杂硼烷

上述价电子计数法可以推广到其他等电子物种，如碳硼烷（carborane 或 carbaborane）。CH^+ 与 BH 基团为等电子体，已有许多硼烷中的一个或多个 BH 基团被 CH^+（或 C，C 也是 BH 的等电子体）取代。例如，在闭式硼烷 $B_6H_6^{2-}$ 中用 CH^+ 取代两个 BH 基团会产生中性闭式-$C_2B_4H_6$。闭式、巢式、蛛网式的碳硼烷已广为人知，其中最常见的含有两个碳原子，如图 15.16 中的例子，与这些结构相对应的分子式列于表 15.9。碳硼烷在药物设计中可作为药效官能团（促进生物大分子识别和结合的分子），医学应用广泛[32]。而且，与对水敏感的硼烷不同，一些碳硼烷具有动力学水解稳定性，可以在体内使用。

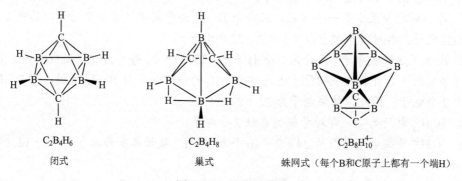

$C_2B_4H_6$ 闭式 $C_2B_4H_8$ 巢式 $C_2B_8H_{10}^{4-}$ 蛛网式（每个B和C原子上都有一个端H）

图 15.16 碳硼烷举例

表 15.9 硼烷和碳硼烷的分子式举例

类型	硼烷		碳硼烷	
	通式	例子	通式	例子
闭式	$B_nH_n^{2-}$	$B_{12}H_{12}^{2-}$	$C_2B_{n-2}H_n$	$C_2B_{10}H_{12}$
巢式	B_nH_{n+4} [a]	$B_{10}H_{14}$	$C_2B_{n-2}H_{n+2}$	$C_2B_8H_{12}$
蛛网式	B_nH_{n+6} [a]	B_9H_{15}	$C_2B_{n-2}H_{n+4}$	$C_2B_7H_{13}$

a. 巢式硼烷也可能有 $B_nH_{n+3}^-$ 和 $B_nH_{n+2}^{2-}$ 的形式；蛛网式硼烷可能有 $B_nH_{n+5}^-$ 和 $B_nH_{n+4}^{2-}$ 的形式。

可以使用先前描述硼烷的相同方法，对碳硼烷按结构类型分类。因为碳原子与 BH 基团的价电子数相同，所以分类时可以形式上将 C 看作 BH。以 $C_2B_8H_{10}$ 为例：

$$C_2B_8H_{10} \longrightarrow B_{10}H_{12} \qquad B_{10}H_{12} - 2H^+ \Longrightarrow B_{10}H_{10}^{2-}$$

故碳硼烷 $C_2B_8H_{10}$ 为闭式结构。

示例 15.5

判断下列碳硼烷的结构类型：

$C_2B_9H_{12}^-$

$$C_2B_9H_{12}^- \longrightarrow B_{11}H_{14}^-，\quad B_{11}H_{14}^- - 3H^+ \Longrightarrow B_{11}H_{11}^{4-}，\quad 巢式$$

$C_2B_7H_{13}$

$$C_2B_7H_{13} \longrightarrow B_9H_{15}，\quad B_9H_{15} - 6H^+ \Longrightarrow B_9H_9^{6-}，\quad 蛛网式$$

$C_4B_2H_6$

$$C_4B_2H_6 \longrightarrow B_6H_{10}，\quad B_6H_{10} - 4H^+ \Longrightarrow B_6H_6^{4-}，\quad 巢式$$

练习 15.4　判断下列碳硼烷的结构类型：

a. $C_3B_3H_7$ **b.** $C_2B_5H_7$ **c.** $C_2B_7H_{12}^-$

已发现许多硼烷衍生物含有其他主族原子——称为杂原子（heteroatom），这样的杂硼烷（heteroborane）通过将杂原子形式上转化为具有相同价电子数的 BH_x 基团，然后按照先前示例中的方法进行分类。将一些常见杂原子替换如下：

杂原子	替换为
C、Si、Ge、Sn	BH
N、P、As	BH_2
S、Se	BH_3

示例 15.6

判断下列杂硼烷的结构类型：

SB_9H_{11}

$$SB_9H_{11} \longrightarrow B_{10}H_{14}，\quad B_{10}H_{14} - 4H^+ \Longrightarrow B_{10}H_{10}^{4-}，\quad 巢式$$

$CPB_{10}H_{11}$

$$CPB_{10}H_{11} \longrightarrow PB_{11}H_{12} \longrightarrow B_{12}H_{14}，\quad B_{12}H_{14} - 2H^+ \Longrightarrow B_{12}H_{12}^{2-}，\quad 闭式$$

$C_4B_2H_6$

$$C_4B_2H_6 \longrightarrow B_6H_{10}，\quad B_6H_{10} - 4H^+ \Longrightarrow B_6H_6^{4-}，\quad 巢式$$

练习 15.5　判断下列杂硼烷的结构类型：

a. SB_9H_9 **b.** $GeC_2B_9H_{11}$ **c.** $SB_9H_{12}^-$

虽然针对硼烷导出的一套价电子计数规则可合理地用于其类似的化合物（如碳硼烷），但该规则到底有多大的适用范围呢？Wade 规则可以有效地用于硼烷或碳硼烷类似物，但如果簇中有金属呢？这些规则能扩展到描述多面体金属簇中的成键吗？

15.4.3　金属硼烷和金属碳硼烷

　　碳硼烷中的 CH 基团与 15 电子八面体金属簇［如 $Co(CO)_3$］碎片是等瓣的，类似地，BH 有 4 个价电子，与 14 电子金属簇［如 $Fe(CO)_3$ 和 $Co(\eta^5\text{-}C_5H_5)$］碎片是等瓣的。在硼烷和碳硼烷的衍生物中已经发现这些金属有机碎片，它们替代了等瓣的主族碎片。例如，已经合成出 B_5H_9 的金属有机衍生物（图 15.17）。有关铁衍生物的计算证实，该化合物中 $Fe(CO)_3$ 以等瓣的方式代替 BH 参与成键[33]。在两个碎片中，它们簇内的骨架键轨道相似（图 15.18）。在 BH 中，参与骨架键的轨道是：①一个指向多面体中心的 sp_z 杂化轨道（类似于图 15.13 中 $B_6H_6^{2-}$ A_{1g} 对称的成键轨道）；②与簇表面相切的 p_x 和 p_y 轨道。在 $Fe(CO)_3$ 中，一个 $sp_z d_{z^2}$ 杂化轨道指向簇中心，pd 杂化轨道与簇表面相切。

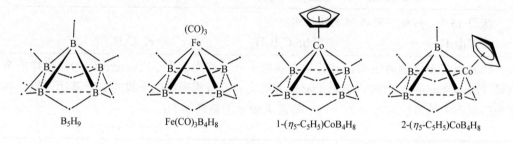

图 15.17　$B_5H_9^-$ 的金属有机衍生物。·表示 H

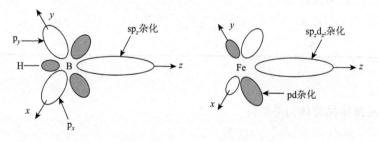

图 15.18　等瓣碎片 BH 和 $Fe(CO)_3$ 的轨道

　　金属硼烷与金属碳硼烷的例子很多，表 15.10 中展示了具有闭式结构的示例。

表 15.10　闭式金属硼烷与金属碳硼烷

顶点原子数	形状	构型	分子式	例子
6	八面体		$B_4H_6(CoCp)_2$	$C_2B_3H_5Fe(CO)_3$

顶点原子数	形状	构型	分子式	例子
7	五角双锥		$C_2B_4H_6Ni(PPh_3)_2$	$C_2B_3H_5(CoCp)_2$
8	十二面体		$C_2B_4H_4[(CH_3)_2Sn]CoCp$	
9	单帽反四棱柱		$C_2B_6H_8Pt(PMe_3)_2$	$C_2B_5H_7(CoCp)_2$
10	双帽反四棱柱		$[B_9H_9NiCp]^-$	$CB_7H_8(CoCp)(NiCp)$
11	十八面体		$[CB_9H_{10}CoCp]^-$	$C_2B_8H_{10}IrH(PPh_3)_2$
12	二十面体		$C_2B_7H_9(CoCp)_3$	$C_2B_9H_{11}Ru(CO)_3$

　　阴离子硼烷和碳硼烷可以通过类似环状有机配体的方式与金属结合。例如，巢式碳硼烷 $C_2B_9H_{11}^{2-}$ 具有指向二十面体的"缺失"位点（巢式比闭式结构少一个顶点，本例中的闭式结构为 12 个顶点的二十面体）的 p 轨道波瓣，轨道的排列可比于环戊二烯环上的 p 轨道（图 15.19）。

　　尽管两种配体间的比较并不精确，但这些相似性足以使 $C_2B_9H_{11}^{2-}$ 与 Fe 进行键合，形成铁茂的硼烷类似物 $[Fe(\eta^5\text{-}C_2B_9H_{11})_2]^{2-}$。含有一个碳硼烷和一个环戊二烯配体的夹心配

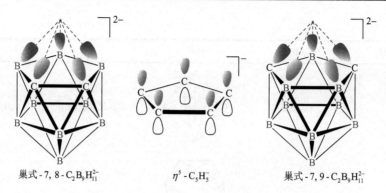

巢式 - 7, 8 - $C_2B_9H_{11}^{2-}$ η^5 - $C_5H_5^-$ 巢式 - 7, 9 - $C_2B_9H_{11}^{2-}$

图 15.19 $C_2B_9H_{11}^{2-}$ 和 $C_5H_5^-$ 的异构体的对比

合物[$(\eta^5$-$C_5H_5)Fe(\eta^5$-$C_2B_9H_{11})$]也已被合成（图 15.20）[34]，而且已有许多含有硼烷和碳硼烷配体的过渡金属配合物[35]。

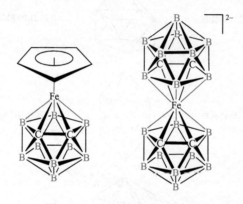

图 15.20   二茂铁的硼烷类似物

使用类似于硼烷及其主族衍生物分类法，可以从结构上对金属硼烷和金属碳硼烷进行分类；而利用 18 电子规则判断过渡金属取代基碎片所需的电子数，可以更为方便地确定含过渡金属硼烷衍生物的结构类型。该碎片可被认为与需要相同电子数量以满足八隅体规则的 BH_x 等瓣。例如，含有 14 个电子的 $Co(\eta^5$-$C_5H_5)$ 碎片需要 4 个电子以满足 18 电子规则，故此碎片可以等效于同样需要 4 个电子以满足八隅体规则的 4 电子 BH 基团。下表展示了金属有机及其等价 BH_x 碎片的示例：

有机金属碎片价电子数	示例	替代为
13	$Mn(CO)_3$	B
14	$Co(\eta^5$-$Cp)$	BH
15	$Co(CO)_3$	BH_2
16	$Fe(CO)_4$	BH_3

示例 15.7

判断下列硼烷的结构类型：

$B_4H_6(CoCp)_2$

$\quad B_4H_6(CoCp)_2 \longrightarrow B_4H_6(BH)_2 \Longrightarrow B_6H_8, \; B_6H_8–2H^+ \Longrightarrow B_6H_6^{2-}$，闭式

$B_3H_7[Fe(CO)_3]_2$

$\quad B_3H_7[Fe(CO)_3]_2 \longrightarrow B_3H_7(BH)_2 \Longrightarrow B_5H_9, \; B_5H_9–4H^+ \Longrightarrow B_5H_5^{4-}$，巢式

练习 15.6　判断下列硼烷的结构类型：

a. $C_2B_7H_9(CoCp)_3$　　　　　　　　　　　　**b.** $C_2B_4H_6Ni(PPh_3)_2$

15.4.4　羰基簇

许多羰基簇拥有与硼烷类似的结构。那么，用于描述硼烷中成键的方法在多大程度上适用于羰基簇和其他簇合物？

根据 Wade 规则，簇合物中的价电子可以被分配到骨架和金属-配体键上[36]。

$$\text{簇中价电子总数} = \text{骨架键电子数} + \text{金属-配体键电子数}$$

如我们所见，硼烷的骨架键电子数和硼烷结构（闭式、巢式、蛛网式、网式或枝型）有关，因此上述公式需改写为：

$$\text{骨架键电子数} = \text{簇中价电子总数} – \text{金属-配体键电子数}$$

对于闭式硼烷，每个硼原子上一个 B—H 键用去一对电子，剩下的为骨架键对。而对于闭式过渡金属羰基化合物，Wade 认为每个金属有 6 对电子要么参与金属-羰基成键（与所有羰基成键），要么不成键，因此无法提供骨架键。相较于结构相似的硼烷，一个闭式金属羰基簇每个骨架原子多 5 对电子，即 10 个电子。一个闭式 $B_6H_6^{2-}$ 需要 26 个价电子，而与之相似的金属羰基化合物必须有 86 个价电子才能形成闭式结构。满足 86 电子这一要求的簇合物是 $Co_6(CO)_{16}$，其结构为八面体，与 $B_6H_6^{2-}$ 相似。与硼烷一样，巢式比闭式结构少一个顶点，蛛网式少两个顶点，以此类推。

区分硼烷和过渡金属簇电子数的更简单方法是考察它们骨架原子可用的价轨道数。过渡金属有 9 个价轨道（1 个 s 轨道、3 个 p 轨道和 5 个 d 轨道），比硼多 5 个轨道用于成键，硼原子只有 4 个。当它们在骨架内以及与周围配体成键时，每个骨架原子上则多填充 10 个电子。因此，一个行之有效的经验是，当用过渡金属代替硼原子时，每个骨架原子上需要增加 10 个簇电子。所以，在之前的例子中，将闭式 $B_6H_6^{2-}$ 中 6 个硼替换为 6 个钴形成类似的闭式钴簇，价电子数需由 26 提高到 86。$Co_6(CO)_{16}$，86 电子簇合物，可满足此要求。

表 15.11[37]总结了主族和过渡金属簇的不同结构类型对应的价电子数。其中，n 表示骨架原子数。

表 15.11　主族和过渡金属簇的价电子数

结构类型	主族簇	过渡金属簇
闭式	$4n + 2$	$14n + 2$
巢式	$4n + 4$	$14n + 4$
蛛网式	$4n + 6$	$14n + 6$
网式	$4n + 8$	$14n + 8$

表 15.12 给出了闭式、巢式、蛛网式硼烷和过渡金属簇的一些例子。$[Fe_4C(CO)_{12}]^{2-}$ 和 $Os_5C(CO)_{15}$ 中金属原子部分的结构形状各自与 B_4H_{10} 和 B_5H_9 中硼原子的相同，但在计算它们的价电子时，其中的孤碳原子至关重要，相关簇合物会在 15.4.5 节作具体讨论。形式上包含 7 个金属-金属骨架键对的过渡金属簇最常见。表 15.13 和图 15.21 举例说明了这些簇的结构多样性。

表 15.12　闭式、巢式、蛛网式硼烷和过渡金属簇

簇中原子	母体多面体顶点	骨架电子对数	价电子数（硼烷）				价电子数（过渡金属簇）			
			闭式	巢式	蛛网式	举例	闭式	巢式	蛛网式	举例
4	4	5	18				58			
	5	6		20		$B_4H_7^-$		60		$Co_4(CO)_{12}$
	6	7			22	B_4H_{10}			62	$[Fe_4C(CO)_{12}]^{2-}$
5	5	6	22			$C_2B_3H_5$	72			$Os_5(CO)_{16}$
	6	7		24		B_5H_9		74		$Os_5C(CO)_{15}$
	7	8			26	B_5H_{11}			76	$[Ni_5(CO)_{12}]^{2-}$
6	6	7	26			$B_6H_6^{2-}$	86			$Co_6(CO)_{16}$
	7	8		28		B_6H_{10}		88		$Os_6(CO)_{17}[P(OMe)_3]_3$
	8	9			30	B_6H_{12}			90	

表 15.13　具有 7 个金属-金属骨架键对的过渡金属簇合物

骨架原子数	结构类型	形状	例子
7	加冠闭式 [a]	加冠八面体	$[Rh_7(CO)_{16}]^{3-}$
			$Os_7(CO)_{21}$
6	闭式	八面体	$Rh_6(CO)_{16}$
			$Ru_6C(CO)_{17}$
6	加冠巢式 [a]	四方锥	$H_2Os_6(CO)_{18}$
5	巢式	四方锥	$Ru_5C(CO)_{15}$
4	蛛网式	蝴蝶形	$[Fe_4(CO)_{13}H]^{-b}$

数据来自"Some Bonding Considerations,"in B. F. G. Johnson, ed., *Transition Metal Clusters*, p. 232。

a. 加冠闭式簇合物的价电子数与中性 B_nH_n 相同，加冠巢式与闭式簇合物价电子数相同。

b. 只看电子数，此簇合物应是巢式，但实际上为蛛网式中的蝴蝶型结构。这是 Wade 规则不能正确预测簇合物结构的众多例子之一。Wade 规则的局限性讨论见 R. N. Grimes, "Metallacarboranes and Metallaboranes,"in G. Wilkinson, F. G. A. Stone, W. Abel, eds., *Comprehensive Organometallic Chemistry*, Vol. 1, Pergamon Press, Elmsford, NY, 1982, p. 473。

用 Wade 规则预测过渡金属簇合物结构并不绝对可靠。例如 $M_4(CO)_{12}$ 簇（M = Co, Rh, Ir）有 60 个价电子，预测为巢式（$14n + 4$ 价电子），即母体对应有一个位置空缺的三角双锥结构。但 X 射线晶体研究表明，该簇合物的 4 个金属核构成四面体构型。

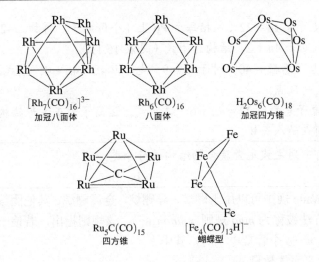

图 15.21　簇中含 7 个骨架键对的金属核结构

主族元素的离子簇也可与其他簇相似的方法加以分类。这样的簇合物已有很多[38]，如图 15.22 展示的例子，有时称它们为 Zintl 离子（Zintl ion）。有些情况下，Zintl 离子的中心骨架外面有额外的基团，如图 15.22 最后一个离子 $\{Sn_9[Si(SiMe_3)_3]_3\}^-$ 所示[39]。

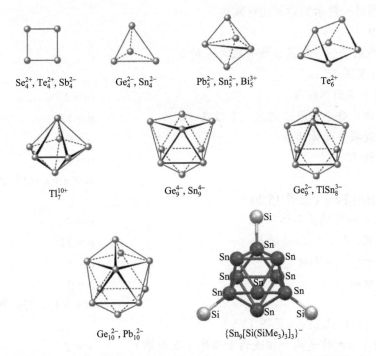

图 15.22　主族元素离子簇合物（Zintl 离子）（分子结构由 CIF 数据生成）

示例 15.8

将下列主族元素簇合物结构进行分类：

a. Pb_5^{2-}：价电子总数 = 22（包括每个 Pb 上 4 个价电子，再加上 –2 价的 2 个电子）。因为 $n = 5$，电子总数 = $4n + 2$，结构为闭式（见表 15.11）。

b. Sn_9^{4-}：价电子总数 = 40。对于 $n = 9$，电子总数 = $4n + 4$；巢式。结构如图 15.22 所示，有一个缺失的顶点。

c. Sb_4^{2-}：价电子总数 = $22 = 4n + 6$，蛛网式。该离子为正方形结构（图 15.22），实际上是缺少两个顶点的八面体。

练习 15.7 将下列主族元素簇合物结构进行分类：

a. Ge_9^{2-}　　　　　　　　　　　　　　**b.** Bi_5^{3+}

经过拓展的 Wade 规则可以用于硼烷、异硼烷、金属硼烷、其他团簇甚至金属茂的电子计算[40]，这一方法被称为 *mno* 规则（*mno* rule）；该规则指出，若使一个封闭的簇结构稳定，必须有 $m + n + o$ 个骨架电子对，其中

m = 被连接的多面体数量

n = 总顶点数

o = 两个多面体间的单原子桥数

对缺少顶点的结构，必须添加第四项 p：

p = 缺少的顶点数（如巢式 $p = 1$；蛛网式 $p = 2$）

mno 规则尤其适用于有相互连接多面体的宏大簇结构，而且已经成功描述了很多例子[41]。下面通过一些示例对其进行阐述。

示例 15.9

用 *mno* 规则预测下列簇合物骨架电子对数

$B_{12}H_{12}^{2-}$（见图 15.15）

m：由单个多面体组成	$m = 1$
n：多面体中每个硼原子都是一个顶点	$n = 12$
o：没有连接多面体的桥	$o = 0$
p：闭式结构	$p = 0$
	$m + n + o = 13$ 个电子对

$(\eta^5\text{-}C_2B_9H_{11})_2Fe^{2-}$（见图 15.20）

m：有两个相连的多面体	$m = 2$
n：所有碳、硼、铁都是顶点	$n = 23$
o：铁原子桥联多面体	$o = 1$
p：闭式结构	$p = 0$
	$m + n + o = 26$ 个电子对

二茂铁，$(\eta^5\text{-}C_5H_5)_2Fe$（见图 13.5）

m：结构可以看作是两个相连的多面体（五角锥）	$m = 2$
n：所有原子都是顶点	$n = 11$
o：铁原子桥联多面体	$o = 1$
p：不是闭式结构，上下均为缺一顶点的五角双锥，即两个巢式多面体 $p = 2$	
	$m + n + o + p = 16$ 个电子对

练习 15.8　用 *mno* 规则预测下列簇合物骨架电子对数:

a. $(\eta^5\text{-}C_5H_5)Fe(\eta^5\text{-}C_2B_9H_{11})$（见图 15.20）

b. 巢式-7, 8- $C_2B_9H_{11}^{2-}$（见图 15.19）

15.4.5　以碳为中心的簇

许多化合物纯粹是合成中偶然得到的，如一个或多个原子被部分或完全包覆在金属簇中。最常见的是碳中心簇，又称内嵌碳化合物或内嵌碳簇合物，其碳原子表现出经典有机分子所没有的配位数和几何结构。如图 15.23 所示不寻常的配位几何构型。

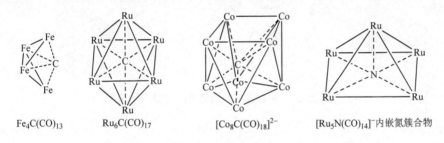

图 15.23　内嵌碳簇合物（为了清晰起见，CO 配体被略去）

计算价电子总数时要包括内嵌原子提供的价电子。例如，$Ru_6C(CO)_{17}$ 共有 86 个电子，其中 C 提供 4 个价电子，对应于闭式结构（表 15.12）。

只有 4 个价轨道的碳怎么能与 4 个以上的过渡金属原子成键呢？中心骨架 O_h 对称的 $Ru_6C(CO)_{17}$ 是讨论这种成键的一个很好例子。在 O_h 群中，碳的 2s 轨道具有 A_{1g} 对称性，2p 轨道具有 T_{1u} 对称性。八面体 Ru_6 核具有与本章前面描述的 $B_6H_6^{2-}$ 中相同对称性的骨架键轨道（图 15.13）：一个指向中心的 A_{1g} 群轨道，两组分别具有 T_{1u} 和 T_{2g} 对称性且与中心骨架相切的轨道。因此有两种正确的对称性匹配方式可用于碳与 Ru_6 核之间的相互作用：图 15.24 显示了 A_{1g} 与 T_{1u} 对称下的作用（T_{2g} 轨道参与 Ru—Ru 成键，不能与中心碳键合）。最终形成了被簇中电子对占据的 4 个 C—Ru 成键轨道和 4 个未被占据的反键轨道[42]。

练习 15.9　根据结构类型对下列簇合物进行分类:

a. $[Re_7C(CO)_{21}]^{3-}$　　　　　　　　　　**b.** $[Fe_4N(CO)_{12}]^-$

五棱柱 Zintl 离子 $[FeGe_{10}]^{3-}$ 是一个非常有趣的例子，铁离子被嵌在其中（图 15.25）。该离子由 Zintl 化合物 Ge_9^{4-} 的钾盐和 $Fe(2, 6\text{-}Mes_2C_6H_3)_2$（Mes 为 2, 4, 6-三甲基苯基）在 2, 2, 2-穴醚存在的条件下反应制得，穴醚、溶剂和乙二胺结晶在晶格中。$[FeGe_{10}]^{3-}$ 已与 $[Ti(\eta^5\text{-}P_5)_2]^{2-}$ 做过对比（见 15.2.2 节），因为它们外观相似，但结构和成键情况明显不同[43]。

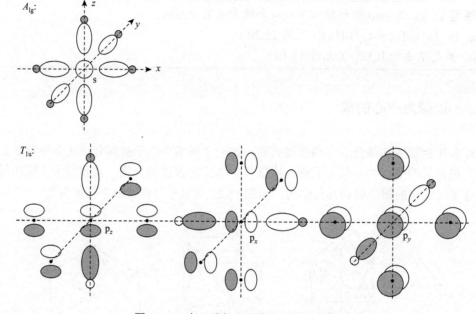

图 15.24　中心碳与八面体 Ru_6 的键合作用

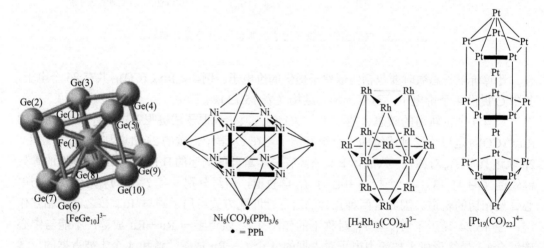

图 15.25　大型簇合物（为了更清楚地显示金属-金属键，结构中省略了 CO 和氢配体）

15.4.6　簇合物附论

如我们所见，过渡金属簇合物有多种多样的几何结构，并且最多可形成金属-金属五重键。可能还存在比本章目前所列大得多的多面体簇合物，它们通过共享顶点、边或面连接多面体，以及延伸为三维阵列。图 15.25 展示了一些这类大型簇合物的示例，甚至已发现了一例氢为中心的簇合物，其中氢离子被嵌在八个锂离子形成的笼状结构中（图 15.26）[44]。

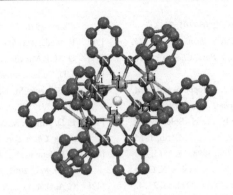

图 15.26　氢离子在 8 个锂离子形成的笼中（分子结构由 CIF 数据生成，省略氢原子）

参 考 文 献

[1] J. E. Ellis, *J. Chem. Educ.*, **1976**, *53*, 2.

[2] R. Hoffmann, *Angew. Chem.*, *Int. Ed.*, **1982**, *21*, 711; see also H-J. Krause, *Z. Chem.*, **1988**, *28*, 129.

[3] M. Poliakoff, J. J. Turner, *J. Chem. Soc. A*, **1971**, 2403.

[4] H. G. Raubenheimer, H. Schmidbauer, *Organometallics*, **2012**, *31*, 2507.

[5] M. Baudler, S. Akpapoglou, D. Ouzounis, F. Wasgestian, B. Meinigke, H. Budzikiewicz, H. Münster, *Angew. Chem.*, *Int. Ed.*, **1988**, *27*, 280.

[6] O. J. Scherer, T. Brück, *Angew. Chem.*, *Int. Ed.*, **1987**, *26*, 59.

[7] D. G. Evans, D. M. P. Mingos, *J. Organomet. Chem.*, **1982**, *232*, 171.

[8] A. G. Orpen, A. V. Rivera, E. G. Bryan, D. Pippard, G. Sheldrick, K. D. Rouse, *Chem. Commun.*, **1978**, 723.

[9] B. F. G. Johnson, D. A. Kaner, J. Lewis, P. R. Raithby, *J. Organomet. Chem.*, **1981**, *215*, C33.

[10] P. J. Fischer, V. G. Young., Jr., J. E. Ellis, *Chem. Commun.*, **1997**, 1249.

[11] A. Davison, J. E. Ellis, *J. Organomet. Chem.*, **1971**, *36*, 113.

[12] (a) Cp*Pt(CH₃)₃: S. Roth, V. Ramamoorthy, P. R. Sharp, *Inorg. Chem.*, **1990**, *29*, 3345. (b) Cp*Pt(ZnCp*)₃: T. Bolermann, K. Freitag, C. Gemel, R. W. Seidel, R. A. Fischer, *Organometallics*, **2011**, *30*, 4123. (c) Ir[C₄H₄] Cl(CS)(PPh₃)₂: G. R. Clark, P. M. Johns, W. R. Roper, L. J. Wright, *Organometallics*, **2008**, *27*, 451.

[13] (a) G. Cavigliasso, T. Lovell, R. Stranger, *Dalton Trans.*, **2006**, 2017. (b) G. Cavigliasso, P. Comba, R. Stranger, *Inorg. Chem.*, **2004**, *43*, 6734.

[14] F. A. Cotton, *Chem. Soc. Rev.*, **1975**, *4*, 27.

[15] F. A. Cotton, L. M. Daniels, E. A. Hillard, C. A. Murillo, *Inorg. Chem.*, **2002**, 41, 2466. See also F. A. Cotton, C. A. Murillo, R. A. Walton, Eds., *Multiple Bonds between Metal Atoms*, Springer Science and Business Media, New York, 2005, pp. 71-74.

[16] F. A. Cotton, *Chem. Soc. Rev.*, **1983**, *12*, 35.

[17] T. Nguyen, A. D. Sutton, M. Brynda, J. C. Fettinger, G. J. Long, P. P. Power, *Science*, **2005**, *310*, 844.

[18] G. Frenking, *Science*, **2005**, *310*, 796; U. Radius, F. Breher, *Angew. Chem.*, *Int. Ed.*, **2006**, *45*, 3006.

[19] K. A. Kreisel, G. P. A. Yap, O. Dmitrenko, C. R. Landis, K. H. Theopold, *J. Am. Chem. Soc.*, **2007**, *129*, 14162.

[20] Y.-C. Tsai, C.-W. Hsu, J.-S. K. Yu, G.-H. Lee, Y. Wang, T.-S. Kuo, *Angew. Chem.*, *Int. Ed.*, **2008**, *47*, 7250.

[21] A. Noor, R. Kempe, *Chem. Rec.*, **2010**, *10*, 413; A. Noor, G. Glatz, R. Müller, M. Kaupp, S. Demeshko, R. Kempe, *Z. Anorg. Allg. Chem*, **2009**, *635*, 1149.

[22] Y.-C. Tsai, H.-Z. Chen, C.-C. Chang, J.-S. K. Yu, G.-H. Lee, Y. Wang; T.-S. Kuo, *J. Am. Chem. Soc.*, **2009**, *131*, 12534.

[23] G. Merino, K. J. Donald, J. S. D'Acchioli, R. Hoffmann, *J. Am. Chem. Soc.*, **2007**, *129*, 15295; M. Brynda L. Gagliardi, B. O. Roos, *Chem. Phys. Lett.*, **2009**, *471*, 1; D. B. DuPré, *J. Chem. Phys. A*, **2009**, *113*, 1559; G. La Macchia, G. Li Manni, T. K. Todorova, M. Brynda, F. Aquilante, B. O. Moss, L. Gagliardi, *Inorg. Chem.*, **2010**, *49*, 5216.

[24] J. Shen, G. A. P. Yap, J.-P. Werner, and K. H. Theopold, *Chem. Commun.*, **2011**, *47*, 12191; R. Kempe, C. Schwarzmaier, A. Noor, G. Glatz, M. Zabel, A. Y. Timoshkin, B. M. Cossairt, C. C. Cummins, M. Scheer, *Angew. Chem.*, *Int. Ed.*, **2011**, *50*, 7283.

[25] K. Wade, *Electron Defi cient Compounds*, Thomas Nelson & Sons, London, 1971.

[26] K. Wade, "Some Bonding Considerations," in B. F. G. Johnson, ed., *Transition Metal Clusters*, John Wiley & Sons, New York, 1980, p. 217.

[27] Z. Chen, R. B. King, *Chem. Rev.*, **2005**, *105*, 3613.

[28] K. Srinivasu, S. K. Ghosh, *J. Phys. Chem. C*, **2011**, *115*, 1450; S. Li., M. Willis; P. Jena, *J. Phys. Chem. C*, **2010**, *114*, 16849.

[29] E. L. Crossley, H. Y. V. Ching, J. A. Ioppolo, and L. M. Rendina, *Bioinorganic Medicinal Chemistry*, Wiley-VCH: Weinheim, 2011, p. 298; A. H. Soloway, W. Tjarks, B. A. Barnum, F.-G. Rong, R. F. Barth, I. M. Codongi, J. G. Wilson, *Chem. Rev.*, **1998**, *98*, 1515.

[30] E. J. M. Hamilton, H. T. Leung, R. G. Kultyshev, X. Chen, E. A. Meyers, S. G. Shore, *Inorg. Chem.*, **2012**, *51*, 2374.

[31] K. Wade, *Adv. Inorg. Chem. Radiochem.*, **1976**, *18*, 1-66.

[32] F. Issa, M. Kassiou, L. M. Rendina, *Chem. Rev.*, **2011**, *111*, 5701.

[33] R. L. DeKock, T. P. Fehlner, *Polyhedron*, **1982**, *1*, 521.

[34] M. F. Hawthorne, D. C. Young, P. A. Wegner, *J. Am. Chem. Soc.*, **1965**, *87*, 1818.

[35] K. P. Callahan, M. F. Hawthorne, *Adv. Organomet. Chem.*, **1976**, *14*, 145.

[36] K. Wade, *Adv. Inorg. Chem. Radiochem.*, **1980**, *18*, 1.

[37] D. M. P. Mingos, *Acc. Chem. Res.*, **1984**, *17*, 311.

[38] J. D. Corbett, *Angew. Chem., Int. Ed.*, **2000**, *39*, 670.

[39] C. Schrenk, M. Neumaier, A. Schnepf, *Inorg. Chem.*, **2012**, *51*, 3989.

[40] E. D. Jemmis, M. M. Balakrishnarajan, P. D. Pancharatna, *J. Am. Chem. Soc.*, **2001**, *123*, 4313.

[41] E. D. Jemmis, M. M. Balakrishnarajan, P. D. Pancharatna, *Chem. Rev.*, **2002**, *102*, 93.

[42] G. A. Olah, G. K. S. Prakash, R. E. Williams, L. D. Field, and K. Wade, *Hypercarbon Chemistry*, John Wiley & Sons, New York, 1987, pp. 123-133.

[43] B. Zhou, M. S. Denning, D. L. Kays, J. M. Goicoechea, *J. Am. Chem. Soc.*, **2009**, *131*, 2802.

[44] D. R. Armstrong, W. Clegg, R. P. Davies, S. T. Liddle, D. J. Linton, P. R. Raithby, R. Snaith, A. E. H. Wheatley, *Angew. Chem., Int. Ed.*, **1999**, *38*, 3367.

一般参考资料

关于主族和金属有机化学之间等效性的经典文献，参见 1982 年发表在 *Angew. Chem., Int. Ed.*, **1982**, *21*, 711-724 上的 Roald Hoffmann 诺贝尔演讲 "Building Bridges between Inorganic and Organic Chemistry"，其中有等瓣相似原理的详细描述。另一篇 John Ellis 的 "The Teaching of Organometallic Chemistry to Undergraduates" 发表在 *J. Chem. Educ.*, **1976**, *53*, 2-6 也非常值得借鉴。K. Wade 的 *Electron Deficient Compounds*, Thomas Nelson, New York, 1971 提供了有关硼烷和相应化合物的详细成键描述。金属碳硼烷的扩展综述参见 R. N. Grimes in E. W. Abel, F. G. A. Stone, G. Wilkinson, editors, *Comprehensive Organometallic Chemistry II*, Pergamon Press, Oxford, 1995, Vol. 1, Chapter 9, pp. 373-430。金属多重键的详细讨论参见 F. A. Cotton, R. A. Walton, *Multiple Bonds between Metal Atoms*, 3rd ed., Springer Science and Business Media, Inc., New York, 2005。关于 Zintl 离子和相关簇合物参见 S. Scharfe, F. Kraus, Stegmaier, A. Schier, T. F. Fässler, Zintl Ions, Cage Compounds, and Intermetalloid Clusters of Group 14 and Group 15 Elements, *Angew. Chem. Int. Ed.*, **2011**, *50*, 3630-3670。建议参阅 *Chemical and Engineering News* 上的两篇文章以便深入了解簇化学的讨论与应用，它们分别是 E. L. Muetterties, Metal Clusters, Aug. 20, 1982, pp. 28-41；F. Cotton, M. H. Chisholm, Bonds between Metal Atoms, June 28, 1982, pp. 40-46。

习 题

15.1 预测下列反应产物：

a. $Mn_2(CO)_{10} + Br_2 \longrightarrow$

b. $HCCl_3 + [Co(CO)_4]^-$（过量）$\longrightarrow$

c. $Co_2(CO)_8 + (SCN)_2 \longrightarrow$

d. $Co_2(CO)_8 + C_6H_5—C≡C—C_6H_5 \longrightarrow$
（产物含有 Co—Co 单键）

e. $Mn_2(CO)_{10} + [(\eta^5\text{-}C_5Me_5)Fe(CO_2)]_2 \longrightarrow$

15.2　给出下列物质的有机等瓣碎片：

a. $Tc(CO)_5$

b. $[Re(CO)_4]^-$

c. $[Co(CN)_5]^{3-}$

d. $[CpFe(\eta^6\text{-}C_6H_6)]^+$

e. $[Mn(CO)_5]^+$

f. $Os_2(CO)_8$（利用该二聚体分子找到一个等瓣的有机分子）

15.3　给出下列物种在本章未提及的金属有机等瓣碎片：

a. CH_3

b. CH

c. CH_3^+

d. CH_3^-

e. $[(\eta^5\text{-}C_5Me_5)Fe(CO)_2]$

f. $Sn(CH_3)_2$

15.4　给出与以下各物种等瓣相似的金属有机分子：

a. 乙烯

b. P_4

c. 环丁烷

d. S_8

15.5　已有氢化物 $NaBH_4$ 和 $LiAlH_4$ 与配合物 $[(C_5Me_5)Fe(C_6H_6)]^+$、$[(C_5H_5)Fe(CO)_3]^+$ 和 $[(C_5H_5)Fe(CO)_2(PPh_3)]^+$ 的反应（参见 P. Michaud, C. Lapinte, D. Astruc, *Ann. N. Y. Acad. Sci.*, **1983**, *415*, 97）。

a. 证明这些配合物是等瓣相似的。

b. 写出反应产物。

15.6　Hoffmann 提出下列分子是由等瓣碎片组成的。将分子细分为碎片，并证明其等瓣。

15.7　证明下列化合物由等瓣碎片构成：

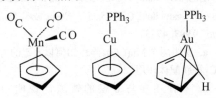

（G. A. Carriedo, J. A. K. Howard, F. G. A. Stone, *J. Organomet. Chem.*, **1983**, *250*, C28）

15.8　对碎片 $Mn(CO)_5$、$Mn(CO)_3$、$Cu(PH_3)$ 和 $Au(PH_3)$ 的计算表明，它们单占杂化轨道的能量约为 $Au(PH_3) > Cu(PH_3) > Mn(CO)_3 > Mn(CO)_5$。

a. 在化合物 $(OC)_5Mn\text{—}Au(PH_3)$ 中，Mn—Au 键中的电子极化向 Mn 还是 Au？为什么？（提示：先画出 Mn 和 Au 形成的分子轨道能级图）

b. $Cu(PPh_3)$ 碎片和 C_5H_5 的成键方式类似于等瓣碎片 $Mn(CO)_3$，但相应的 $Au(PPh_3)$ 配合物的几何形状却大不相同：

给出解释。（见 D. G. Evans, D. M. P. Mingos, *J. Organomet. Chem.*, **1982**, *232*, 171）

15.9　**a.** 锡原子可以桥联两个 $Fe_2(CO)_8$ 基团，其结构类似于螺戊烷。证明这两个分子由等瓣碎片构成。

b. 锡还可以桥联两个 $Mn(CO)_2(\eta^5\text{-}C_5Me_5)$ 碎片，所形成的化合物中 Mn—Sn—Mn 呈线性排列。解释这种线性排列（提示：先找到其碳氢化合物等瓣碎片）。（见 W. A. Herrmann, *Angew. Chem., Int. Ed.*, **1986**, *25*, 56）

15.10　$AuPPh_3$ 与氢原子是等瓣的，因此制备不稳定的 CH_5^+、CH_6^{2+} 和 CH_7^{3+} 的类似物时可以用 $AuPPh_3$ 代替 H。预测这些离子的 $AuPPh_3$ 类似物结构，并解释其稳定的原因。（提示：见 G. A. Olah, G. Rasul, *Acc. Chem. Res.*, **1997**, *25*, 56 及所附文献）

15.11　预计等瓣碎片 $Fe(CO)_3$ 和 $CpCo$ 可以形成各种类似的羰基配合物，例如：

$Fe_2(CO)_6(\mu_2\text{-}CO)_3$ 和 $Cp_2Co_2(\mu_2\text{-}CO)_3$

$Fe_2(CO)_6(\mu_2\text{-}CO)$ 和 $Cp_2Co_2(\mu_2\text{-}CO)$

尽管相类似化合物的键级相同，但预计钴化合物的金属-金属键比铁化合物短得多。给出此现象的两种原因。（见 H. Wang, Y. Xie, R.B. King, H. F. Schaefer III, *J. Am. Chem. Soc.*, **2005**, *127*, 11646）

15.12 已知化合物[$Ti(\eta^5\text{-}P_5)_2$]$^{2-}$、碎片[$Ti(\eta^5\text{-}P_5)$]$^-$、$cyclo\text{-}P_5^-$ 的分子轨道。

a. 比较 Ti 的 d 轨道和 P_5^- 相互作用与 Fe 的 d 轨道和环戊二烯相对应的相互作用（图 13.28）。

b. 在[$Ti(\eta^5\text{-}P_5)_2$]$^{2-}$、[$Ti(\eta^5\text{-}P_5)$]$^-$ 和 P_5^- 中，谁的 P—P 键的键长最长？为什么？

（见 Z.-Z. Liu, W.-Q. Tian, J.-K. Feng, G. Zhang, W.-Q. Li, *J. Phys. Chem. A*, **2005**, *109*, 5645）

15.13 C_2 单元可形成过渡金属间的桥键，如已报道的$(CO)_5Mn(\mu_2\text{-}C_2)Mn(CO)_5$。（见 P. Belanzoni, N. Re, A. Sgamellotti, C. Floriani, *J. Chem. Soc.*, *Dalton Trans.*, **1997**, 4773）

a. 说明两个 $Mn(CO)_5$ 碎片如何以 σ 键的方式与 C_2 桥联配体作用。

b. 不使用参与 σ 键的轨道，说明两个 $Mn(CO)_5$ 碎片和 C_2 间如何发生 π 相互作用。

c. 将所得结果与文献进行比较。

15.14 $Mo_2(NMe_2)_6$（Me = 甲基）中包含一金属-金属三重键，请预测此分子是重叠型还是交错型？解释原因。

15.15 在[Re_2Cl_8]$^{2-}$中，铼的 $d_{x^2-y^2}$ 轨道和配体相互作用强烈。对于该离子的一个 $ReCl_4$ 单元，画出其 Cl 配体的 4 个群轨道（假设每个 Cl 提供一个 σ 配位轨道），确定与 Re 的 $d_{x^2-y^2}$ 对称性适配的群轨道。

15.16 [Tc_2Cl_8]$^{2-}$的键级高于[Tc_2Cl_8]$^{3-}$，但是[Tc_2Cl_8]$^{2-}$中的 Tc—Tc 键更长，试给出解释。（见 F. A. Cotton, *Chem. Soc. Rev.*, **1983**, *122*, 35 或 F. A. Cotton, R. A Walton, *Multiple Bonds between Metal Atoms*, Clarendon Press, Oxford, 1993, pp. 122-123）

15.17 形式键级有时可能会误导读者，如[Re_2Cl_9]$^-$中金属-金属键级为 3.0，键长 270.4 pm；[Re_2Cl_9]$^{2-}$中的键级为 2.5，键长 247.3 pm，[Re_2Cl_9]$^-$的键长反而更长。试解释这一现象。（见 G. A. Heath, J. E. McGrady, R. G. Raptis, A. C. Willis, *Inorg. Chem.*, **1996**, *35*, 6838）

15.18 如图所示，钼化合物[$Mo_2(DTolF)_3$]$_2$ $(\mu\text{-}OH)_2$（**1**）和[$Mo_2(DTolF)_3$]$_2(\mu\text{-}O)_2$（**2**）的核结构相似（DTolF = [$(p\text{-tolyl})NC(H)N(p\text{-tolyl})$]$^-$），**2** 中钼-钼键（214.0 pm）比 **1**（210.7 pm）稍长，请解释二者间这种差异。为了清楚显示 Mo 的成键，图中省略了氢和甲苯。（F. A. Cotton, L. M. Daniels, I. Guimet, R. W. Henning, G. T. Jordan IV, C. Lin, C. A. Murillo, A. J. Schultz, *J. Am. Chem. Soc.*, **1998**, *120*, 12531）

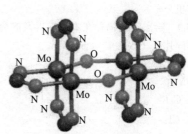

1 [$Mo_2(DTolF)_3$]$_2(\mu\text{-}OH)_2$

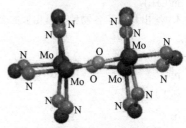

2 [$Mo_2(DTolF)_3$]$_2(\mu\text{-}O)_2$

15.19 双核铁配合物 $Fe_2(DPhF)_3$（DPhF = 二苯甲胺）有 7 个未成对电子。计算表明，由 d 轨道相互作用产生的分子轨道能级与图 15.9 的顺序不同，计算结果按能量增序为 σ、π、π^*、σ^*、δ、δ^*。

a. 铁原子的形式氧化态是多少？

b. 说明为什么有 7 个未成对电子。

（C. M. Zall, D. Zherebetskyy, A. L. Dzubak, E. Bill, L. Gagliardi, C. C. Lu, *Inorg. Chem.*, **2012**, *51*, 728）

DPhF

15.20 使用"空间微调"胍基配体是实现目前最短 Cr—Cr 键的关键（A. Noor, G. Glatz, R. Müller, M. Kaupp, S. Demeshko, R. Kempe，*Z.*

Anorg. Allg. Chem., **2009**, *635*, 1149）。请根据参考文献，讨论氨基吡啶、酰胺和胍的空间结构与电子特征是如何导致 Cr—Cr 键长变化的。如何用该文献中双核铬配合物的磁化率说明 Cr—Cr 间的五重键？

15.21 探索具有五重键的双核铬配合物反应性的一个目的是获得其他数据来证明其存在高的键级。

a. 为此，[^{H}L^{iPr}Cr]$_2$（^{H}L^{iPr} = Ar—N≡C(H)—(H)C≡N—Ar，Ar 是 2, 6-二异丙基苯）[图 15.11（b）] 与内炔反应生成 1 : 1 加合物（J. Shen, G. P. A. Yap, J.-P. Werner, K. H. Theopold, *Chem., Commun.*, **2011**, *47*, 12191）。它与 CH$_3$C≡CCH$_3$ 反应的产物能否证明双核铬反应物中有五重键？用晶体学数据和计算的键级提供论据。

b. [^{H}L^{iPr}Cr]$_2$ 与乙炔反应的产物 Cr—Cr 键长 192.5 pm，桥联的 HCCH 配体中 C—C 键长 132.6 pm（自由乙炔 C—C 键长是 120.5 pm）。试解释为什么产物中 Cr—Cr 键与 C—C 键都在增长。

15.22 使用图 15.12 中的坐标系，对 B$_6$H$_6^{2-}$：

a. 证明硼的 p$_z$ 轨道整体上和 s 轨道的对称性相同（分别写出硼的 6 个 p$_z$ 轨道和 6 个 s 轨道的可约表示进行对比）。

b. 约化上述表示为 $A_{1g} + E_g + T_{1u}$。

c. 证明硼的 p$_x$ 和 p$_y$ 轨道形成具有 T_{2g} 和 T_{1u} 对称性的分子轨道。

15.23 证明具有 D_{5h} 对称性的闭式 B$_7$H$_7^{2-}$ 簇有 8 个骨架键对。

15.24 判断下列簇合物为闭式、巢式还是蛛网式：

a. C$_2$B$_3$H$_7$　　　　**b.** B$_6$H$_{12}$

c. B$_{11}$H$_{11}^{2-}$　　　　**d.** C$_3$B$_5$H$_7$

e. CB$_{10}$H$_{13}^-$　　　　**f.** B$_{10}$H$_{14}^{2-}$

15.25 判断下列簇合物为闭式、巢式还是蛛网式：

a. SB$_{10}$H$_{10}^{2-}$　　　　**b.** NCB$_{10}$H$_{11}$

c. SiC$_2$B$_4$H$_{10}$　　　　**d.** As$_2$C$_2$B$_7$H$_9$

e. PCB$_9$H$_{11}^-$

15.26 判断下列簇合物为闭式还是巢式：

a. B$_3$H$_8$Mn(CO)$_3$　　**b.** B$_4$H$_6$(CoCp)$_2$

c. C$_2$B$_7$H$_{11}$CoCp　　**d.** B$_5$H$_{10}$FeCp

e. C$_2$B$_9$H$_{11}$Ru(CO)$_3$

15.27 四面体 Ni(CO)$_4$ 可以作为碎片 Ni(CO)$_3$、Ni(CO)$_2$ 和 Ni(CO) 的参考结构。

a. 写出每个羰基镍碎片对应的甲烷烃基碎片分子式。

确定下列包含 Ni(CO) 和 Ni(CO)$_2$ 碎片的闭式簇的 x 值：

b. [Bi$_3$Ni$_4$(CO)$_6$]^x

c. [Bi$_x$Ni$_4$(CO)$_6$]$^{2-}$（J. M. Goicoechea, M. W. Hull, S. C. Sevov, *J. Am. Chem. Soc.*, **2007**, *129*, 7885）

15.28 利用金属羰基簇扩张反应来构筑金属硼烷，有时会得到意想不到的产物。例如，B$_3$H$_7$(Cp*RuH)$_2$ 和 Mo(CO)$_3$(CH$_3$CN)$_3$ 反应生成 B$_2$H$_6$(Cp*RuCO)$_2$，产物中没有 Mo(CO)$_3$ 碎片（K. Geetharani, S. K. Bose, B. Varghese, S. Ghosh, *Chem. Eur. J.*, **2010**, *16*, 11357）。上述金属硼烷是闭式、巢式还是蛛网式？B$_2$H$_6$(Cp*RuCO)$_2$ 与 7 族羰基化合物 Mn$_2$(CO)$_{10}$ 和 Re$_2$(CO)$_{10}$ 有类似的反应吗？分别画出反应产物的结构（K. Geetharani, S. K. Bose, S. Sahoo, B. Varghese, S. M. Mobin, S. Ghosh, *Inorg. Chem.*, **2011**, *50*, 5824）。

15.29 本章将金属-金属键和金属硼烷分开讨论，但 [Cp*MoCl$_4$] 与 LiBH$_4$ 反应，接着在甲苯中与碲粉热解，得到有金属-金属键的金属硼烷 [(Cp*Mo)$_4$B$_4$H$_4$(μ_4-BH)$_3$]（A. Thakur, S. Sahoo, S. Ghosh, *Inorg. Chem.*, **2011**, *50*, 7940）。什么结构特征阻碍了 BH 作为加冠覆盖在立方烷的表面？[(Cp*Mo)$_4$B$_4$H$_4$(μ_4-BH)$_3$] 的 ^{11}B NMR 谱显示有 7 个硼原子，3 个共振峰的比为 2 : 2 : 3，画出参考文献图 1 中给出的立方烷结构的简略图，标注每个硼原子的化学位移。NMR 数据也显示出两种环境的 Cp*，导致这种光谱特征的 MoCp* 碎片有何不同？

15.30 [Fe(η^6-芳烃)]$^{2+}$ 与 Tl$_2$[巢式-7, 8-C$_2$B$_9$H$_{11}$] 发生芳烃取代反应生成 [1-(η^6-芳烃)-闭式-1, 2, 3-FeC$_2$B$_9$H$_{11}$]，芳烃上甲基取代基的数目从 1 到 6 不等（B. Štíbr, M. Bakardjiev, J. Holub, A. Růžička, Z. Padělková, P. Štěpnička, *Inorg. Chem.*, **2011**, *50*, 3097）。解释为什么五甲基苯和六甲基苯配合物的产率最低。当芳烃上取代的甲基数增多时，给出 4 个不同方面的变化趋势（如光谱和电化学的变化）。

15.31 判断下列簇合物为闭式、巢式还是蛛网式。

a. Ge$_9^{4-}$　　**b.** InBi$_3^{2-}$　　**c.** Bi$_8^{2+}$

15.32 以 Zintl 离子作为配体的配合物具有有趣的结构。早期研究显示，K_3E_7（E = P, As, Sb）和 $M(CO)_3$（M = Cr, Mo, W）在[2.2.2]穴醚存在的条件下，反应生成$[K(2.2.2)]_3[M(CO)_3(E_7)]$（S. Charles, B. W. Eichhorn, A. L. Rheingold, S. G. Bott, *J. Am. Chem. Soc.*, **1994**, *116*, 8077）。为什么该反应需要[2.2.2]穴醚？讨论Zintl离子对$Cr(CO)_3$碎片的 π 供电子能力［提示：用 IR ν(CO)数据说明］。在$[K(2.2.2)]_3[M(CO)_3(E_7)]$系列化合物的电子光谱中能看到什么趋势？简要解释为什么这种趋势是合理的。–3 价阴离子可被质子化为–2 价阴离子。简略画出$[Cr(CO)_3(HSb_7)]^{2-}$的结构，说明质子化的位置。

15.33 Zintl 离子正被探索应用于小分子活化反应。质子化的 15 族 Zintl 离子$[HP_7]^{2-}$影响碳化二亚胺 RN≡C≡NR（R = 2, 6-二异丙基苯基、*i*Pr、Cy）的氢磷化反应，生成胺基功能化的 Zintl 离子$[P_7C(NHR)(NR)]^{2-}$（R. S. P. Turbervill, J. M. Goicoechea, *Chem. Commun.*, **2012**, *48*, 1470；R. S. P. Turbervill, J. M. Goicoechea, *Organometallics*, **2012**, *31*, 2452）。请提供两个现象，支持质子化步骤是分子内过程的假设。画出$[HP_7]^{2-}$的 Lewis 结构，标明带负电的磷，然后用箭头的形式表示 RN≡C≡NR 氢磷化的一般机理。

15.34 用 *mno* 规则预测下列化合物骨架电子对数：

a. 蛛网式 B_5H_{11}

b. 1-$(\eta^5\text{-}C_5H_5)CoB_4H_8$（见图 15.17）

c. $(\eta^5\text{-}C_5H_5)Fe(\eta^5\text{-}C_2B_9H_{11})$（见图 15.20）

15.35 指出本章中下列结构的所属点群：

a. 等瓣符号 ←σ→

b. 图 15.5 中有 P_5 环的金属茂

c. $[Re_2Cl_8]^{2-}$和$[Os_2Cl_8]^{2-}$

d. 图 15.13 中 $B_6H_6^{2-}$ 的 T_{2g} 轨道

e. 图 15.15 最后一行中间的巢式硼烷

f. 图 15.20 中二茂铁的碳硼烷类似物

g. 图 15.22 中的 Te_6^{2+} 和 Ge_9^{4-}

15.36 指出所属点群：

a. 铁（Ⅲ）簇$[Fe_8O_4(sao)_8(py)_4]\cdot4py$（sao = 水杨醛肟，py = 吡啶）的金属核中心，Fe_4四面体中包着一个 Fe_4O_4 立方体。（见 I. A. Gass, C. J. Milios, A. G. Whittaker, F. P. A. Fabiani, S. Parsons, M. Murrie, S. P. Perlepes, E. K. Brechin, *Inorg. Chem.*, **2006**, *45*, 5281）

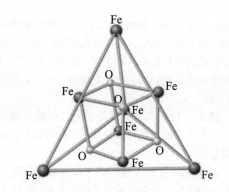

b. $[As@Ni_{12}@As_{20}]^{3-}$离子，十二面体 As_{20} 中包着二十面体 Ni_{12}，中心是一个 As 原子。（见 B. W. Eichhorn, *Science*, **2003**, *300*, 778）

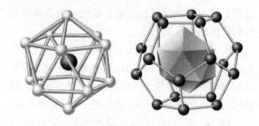

下面的题目要用到分子建模软件。

15.37 据报道，P_5^- 配体是比 $\eta^5\text{-}C_5H_5^-$ 更强的受体。

a. 参考二茂铁群轨道的方法（图 13.27），画出 P_5^- 环产生的群轨道，说明它们如何与中心过渡金属的适配轨道相互作用。

b. 根据群轨道图说明 P_5^- 配体为什么是比 $\eta^5\text{-}C_5H_5^-$ 更强的受体。

c. 利用分子建模软件计算$[(\eta^5\text{-}P_5)_2Ti]^{2-}$的分子轨道，将结果与文献比较。（见 E. Urnezius, W. W. Brennessel, C. J. Cramer, J. E. Ellis, P. von Ragué Schleyer, *Science*, **2002**, *295*, 832；$\eta^5\text{-}C_5H_5^-$ 和 P_5^- 分子轨道的比较见 H-J. Zhai, L-S. Wang, A. E. Kuznetsov, A. I. Boldyrev, *J. Phys. Chem. A*, **2002**, *106*, 5600）

15.38 搭建 $Re_2Cl_8^{2-}$ 和 $Os_2Cl_8^{2-}$ 的模型（见图 15.7），计算它们的分子轨道，并与图 15.8 进行比较。重点考虑金属-金属键以及配体与 d 轨道的相互作用，并将金属-金属键相关的轨道分为 σ、π、δ 类型，结果与已报道这些离子的叁键、四键实验值进行比较。（根据所使用的软件，在计算前可能需要将原子固定在特定位置上，特别是 $Re_2Cl_8^{2-}$。离子的结构信息见 F. A. Cotton, C.B.

Harris, *Inorg. Chem.*, **1965**, *4*, 330）

15.39　计算结果显示，双原子间最大键级可以达到 6，如 Cr_2。该分子中可能会发生哪种类型的轨道相互作用？计算 Cr_2 的分子轨道，并将它们分为 σ、π、δ 类型，以及成键或反键轨道。给出每个分子轨道中所用的原子轨道，结果是否显示键级为 6？（见 G. Frenking, R. Tonner, *Nature*, **2007**, *446*, 276 及所引文献）

15.40　画出闭式 $B_6H_6^{2-}$（图 15.12），计算其分子轨道，显示下列情况：

a. 具有 A_{1g} 对称性的轨道由指向八面体中心的 p 轨道或杂化轨道重叠产生（图 15.13）。

b. 3 个有 T_{1u} 对称性的轨道与每组 4 个硼 p 轨道的 π 相互作用有关。

c. 3 个有 T_{2g} 对称性的轨道与每组 4 个硼 p 轨道在同一平面内的重叠有关。

15.41　画出碳原子中心簇合物 $Ru_6C(CO)_{17}$，计算其分子轨道，显示下列情况：

a. 具有 A_{1g} 对称性的轨道由指向八面体中心的 p 轨道或杂化轨道与碳的两个 s 轨道重叠产生（见图 15.24）。

b. 3 个有 T_{1u} 对称性的轨道与每组 4 个钌 p 或 d 轨道和碳 2p 轨道的 π 相互作用有关。

c. 3 个有 T_{2g} 对称性的轨道与每组 4 个硼 p 或 d 轨道在同一平面内的重叠有关。

15.42　Zintl 离子簇合物 $[CoGe_{10}]^{3-}$ 为五棱柱形，计算该离子的分子轨道。

a. 确定与钴成键的关键的分子轨道。

b. 确定环中锗原子间用于成键的关键分子轨道。

c. 比较此簇合物和二茂铁中的成键情况（13.5.2 节）。

（见 J.-Q. Wang, S. Stegmaier, T. F. Fässler, *Angew. Chem., Int. Ed.*, **2009**, *48*, 1）

练 习 答 案

第 2 章

2.1 $E = R_H \left(\dfrac{1}{2^2} - \dfrac{1}{3^2} \right) = R_H \left(\dfrac{5}{36} \right) = 2.179 \times 10^{-18} \ \text{J} \left(\dfrac{5}{36} \right) = 3.026 \times 10^{-19} \ \text{J} = 1.097 \times 10^{-7} \ \text{m}^{-1} \left(\dfrac{5}{36} \right)$

$= 1.524 \times 10^6 \ \text{m}^{-1} \times \dfrac{\text{m}}{100 \ \text{cm}} = 1.524 \times 10^4 \ \text{cm}^{-1}$

2.2 节面要求 $2z^2 - x^2 - y^2 = 0$，因此 d_{z^2} 轨道的角节面是圆锥面，其中 $2z^2 = x^2 + y^2$。

2.3 d_{xz} 轨道的角节面是 $xz = 0$ 的平面，这意味着 x 或 z 必须为零。yz 和 xy 平面满足此要求。

2.4 ↑↓ ↑ ↓ 两个 ↑ 自旋，两个 ↓ 自旋，每两个之间有一次交换可能性，能量贡献 $2\Pi_e$；一对成对电子（第一轨道），能量贡献 Π_c。总计： $2\Pi_e + \Pi_c$。

2.5 **a.** 如果三个 2p 电子都具有相同的自旋，如在 ↑1 ↑2 ↑3 中，则存在三种交换可能性（1 和 2、1 和 3、2 和 3）且不成对，总能量为 $3\Pi_e$。如果有一个未成对的电子，如在 ↑↓ ↑ ＿ 中，只有一个自旋 ↓ 的电子，没有交换可能性；两个自旋 ↑ 的电子，有一种交换可能性；一对成对电子，所以总能量为 $\Pi_e + \Pi_c$。因为 Π_e 为负，Π_c 为正，则三个未成对电子时能量较低。

b. 如果三个 2p 电子避免配对，但并非自旋都相互平行，如在 ↑ ↑ ↓ 中，则只有两个 ↑ 电子可以交换，总能量是 Π_e。这种状态的能量介于 a 中的能量之间，它比 ↑ ↑ ↑ 高 $2\Pi_e$，比 ↑↓ ↑ ＿ 低 Π_c。

2.6

铀	总	5p	5s	4d
Z	50	50	50	50
$(1s^2)$	2	2	2	2
$(2s^2 2p^6)$	8	8	8	8

续表

铀	总	5p	5s	4d
$(3s^2 3p^6)$	8	8	8	8
$(3d^{10})$	10	10	10	10
$(4s^2 4p^6)$	8	8×0.85	8×0.85	8
$(4d^{10})$	10	10×0.85	10×0.85	9×0.35
$(5s^2 5p^6)$	4	3×0.35	3×0.35	
Z^*		5.65	5.65	10.85

2.7

锡	总	5p	5s	4d
Z	92	92	92	92
$(1s^2)$	2	2	2	2
$(2s^2 2p^6)$	8	8	8	8
$(3s^2 3p^6)$	8	8	8	8
$(3d^{10})$	10	10	10	10
$(4s^2 4p^6)$	8	8	8	8
$(4d^{10})$	10	10	10	10
$(4f^{14})$	14	14	14	14
$(5s^2 5p^6)$	8	8	8	8
$(5d^{10})$	10	10	10	10
$(5f^3)$	3	3	2×0.35	3
$(6s^2 6p^6)$	8	8×0.85		8
$(6d^1)$	1	1×0.35		
$(7s^2)$	2	1×0.35	3×0.35	
Z^*		3.00	13.30	3.00

2.8 对于 4 个电子的物质，B^+、Be 和 Li^- 的电子构型都是 $1s^2 2s^2$。由于每个 $1s^2 2s^2$ 构型的有效核电荷大于前一个 $1s^2 2s^1$ 构型的元素，因此从具有 $1s^2 2s^2$ 构型中移除电子需要更高的能量。对于 5 个电子的物质（C^+、B 和 Be^-），它们的构型都是 $1s^2 2s^2 2p^1$，因为 2p 轨道的能量明显高于 2s，所以从 $1s^2 2s^2 2p^1$ 构型中移除电子比从前面元素的 $1s^2 2s^2$ 构型中移除容易得多。当存在第六个电子（$1s^2 2s^2 2p^2$ 构型）时，移除一个电子需要更高的能量，因为该电子必须克服比前面 5 个电子物种更大有效核电荷的吸引。

第 3 章

3.1 POF_3：八隅体规则产生了单个的 P—F 和 P—O 键；形式电荷方法产生了 P═O 的双键。实际距离是 143 pm，比普通的 P—O 键（164 pm）短得多。

SOF₄：这是一扭曲的三角双锥结构，根据形势电荷方法，有一个 S＝O 双键和四个 S—F 单键，与短的 S＝O 键长 141 pm 是一致的。

SO₃F⁻：基本上是四面体结构，与氧原子形成两个双键，与氟和第三个氧原子形成单键。S—O 键级为 1.67，键长 143 pm，比键级为 1.5 的 SO_4^{2-} 的 149 pm 短。

3.2

NH_2^-	NH_4^+	I_3^-	PCl_6^-
因孤对间排斥作用 H—N—H＜109.5°	四面体型	线型	八面体型

3.3

	XeOF₂	ClOF₂	SOCl₂
空间位数：	5	5	4
键角：	X—Xe—O≈90°	F—Cl—F＜90° F—Cl—O＞90°	Cl—S—Cl≤109.5° （约 96°） Cl—S—O≤109.5° （约 106°）

3.4　a.

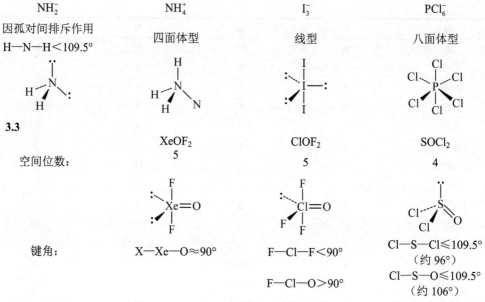

在 OSeF₂ 中，氟在 Se—F 键中对电子有最强的吸引力，从而减少了硒原子附近的电子-电子排斥，增强了孤对电子和双键将分子的其余部分挤在一起的能力。

b.

Sb（Cl,Cl,Cl）	Sb（Br,Br,Br）	Sb（I,I,I）
97.1°	98.2°	99°

在此系列卤化物中 Cl 的电负性最强，它最强烈地将共用电子拉离 Sb，从而降低了 Sb 附近的电子密度，结果在 SbCl₃ 中孤对电子对形状的影响最大。

c.

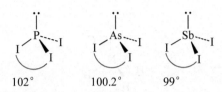

中心原子中磷的电负性最强，因此对共用电子的吸引力最大，导致这些电子集中在 P 附近，并增加键对-键对间排斥，所以 PI$_3$ 中的键角最大。Sb 是电负性最小的中心原子，具有相反的效果：共用电子远离 Sb，Sb—I 键间的排斥作用减小。结果在 SbCl$_3$ 中孤对的影响最大，化合物的键角最小。

原子尺寸效应也可用于这些物质。外围原子越大角度就越大；而小的中心原子产生较小的键角。

3.5 a. 因为氟比氯负电性强，所以 N—F 键中的电子比 N—Cl 键中更强地远离氮，结果在 NF$_3$ 中，氮附近键对-键对间斥力更弱。最后孤对的排斥作用导致 F—N—F 角小于 Cl—N—Cl 角。

b. 在 SOF$_4$ 中，轴向氟原子的键对被两个赤道氟原子键对和氧的双键以约 90°角排斥，而赤道键对仅与轴向键对产生 90°角的相互作用。由于轴向位置总斥力较大，因此键更长。

c. 因 CH$_3$ 基团的电负性小于碘原子，所以 Te—C 键对向 Te 极化，最终甲基占据了赤道位置，以减小拥挤，且这样甲基离孤对更远。

d. 由于 OCH$_3$ 比 CH$_3$ 基团更具负电性，因此 OCH$_3$ 从硫中强烈地吸引电子，以减少了硫周围的电子-电子排斥，使 FSO$_2$(OCH$_3$) 中的氧原子彼此间更好地分离，最小化键对-键对间排斥，产生更大的 O—S—O 角 [FSO$_2$(OCH$_3$) 为 124.4°，FSO$_2$(CH$_3$) 为 123.1°]。

3.6 根据 LCP 模型，BCl$_4^-$ 中的 Cl···Cl 距离应与 BCl$_3$ 中的大致相同。与前面的例子类似，认为 BCl$_4^-$ 的四面体键角为 109.5°：

$$x = \text{B—Cl 键长} = \frac{150.5 \text{ pm}}{\sin 54.75°} = 184 \text{ pm}$$

第 4 章

4.1 S_2 由 C_2 和 $\sigma_\perp$ 组成，如下图所示，其实等价于 i：

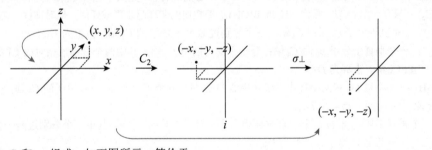

S_1 由 C_2 和 $\sigma_\perp$ 组成，如下图所示，等价于 σ：

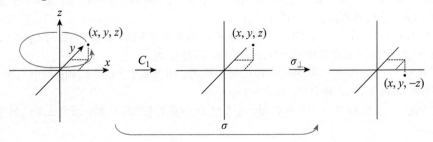

4.2 NH_3 有一个过 N 的三重轴，垂直于三个氢原子的平面和三个镜面，每个镜面都包含 N 和一个 H。点群为 $2C_3$、$3\sigma_v$。

环己烷船式构象有一个 C_2 轴，其垂直于船底四个碳原子的平面，包含该轴的两个镜面相互垂直。点群为 C_2、$2\sigma_v$。

椅式环己烷有一 C_3 轴，垂直于环的平均平面，三个垂直于主轴的 C_2 轴过相邻碳原子之间，三个镜面过相对碳原子并垂直于环的平均平面。它还包含反演中心和与 C_3 共轴的 S_6 轴。对于该分子，做个模型更便于分析。点群为 $2C_3$、$3C_2$、$3\sigma_d$、i、$2S_6$。

XeF_2 是线型分子，包括过三个原子核的 C_∞ 轴，无限个垂直轴 C_2，一个水平镜面（也是反演中心）和包括 C_∞ 轴的无限个镜面。点群为 C_∞、∞C_2、$i = \sigma_h$、$\infty \sigma_v$。

4.3 下面的几个分子，除用于归类点群外还有一些对称元素。每个完整的点群请参见附录 C 中的特征标表。

N_2F_2：一个包含所有原子的镜面 σ_h；一个过 N=N 键垂直于镜面的 C_2 轴。没有其他对称元素，因此点群为 C_{2h}。

$B(OH)_3$：也有一个 σ_h 镜面，即分子平面；一个垂直于镜面过 B 原子的 C_3 轴。同样没有其他对称元素，点群为 C_{3h}。

H_2O：在所绘图平面内有一 C_2 轴，在两个 H 原子之间且穿过 O 原子；两个镜面，一个在图平面内，另一个垂直于图平面。总之点群为 C_{2v}。

PCl_3：一个过 P 原子的 C_3 轴，与三个 Cl 原子等距。与 NH_3 一样，也有三个 σ_v 面，每个面过 P 原子和一个 Cl 原子。点群为 C_{3v}。

BrF_5：一个过 Br 原子和 F 原子的 C_4 轴；两个 σ_v 面（每个都过 Br 原子、图中顶端 F 原子和另外两个 F 原子）；过赤道相邻 F 原子之间的两个 σ_d 面。点群为 C_{4v}。

HF、CO 和 HCN：均为线型，无限个过所有原子中心的旋转轴；无限个包含 C_∞ 轴 σ_v 面。点群为 $C_{\infty v}$。

$P(C_6H_5)_3$：只有一个 C_3 轴，很像 NH_3 或 $B(OH)_3$，但扭曲的苯环阻止形成任何其他对称性。点群为 C_3。

BF_3：一个垂直于分子 σ_h 面的 C_3 轴；三个分别过 B 和 F 原子的 C_2 轴。点群为 D_{3h}。

$PtCl_4^{2-}$：一个垂直于分子 σ_h 面 C_4 轴；分子平面内四个 C_2 轴，其中两个分别过相对的 Cl 原子，另两个平分 Cl-Pt-Cl 角。点群为 D_{4h}。

$Os(C_5H_5)_2$：一个过 Os 和两个环戊二烯环中心的 C_5 轴；五个平行于环过 Os 原子的 C_2 轴；一个平行于环过 Os 原子的 σ_h 面。点群为 D_{5h}。

苯：一个垂直于环 σ_h 面的 C_6 轴；环平面内六个垂直于主轴的 C_2 轴，其中三个分别过两个相对的 C 原子，另三个平分相邻 C 原子。点群为 D_{6h}。

F_2、N_2 和 H—C≡C—H：都是线型，每个都有一个过分子中所有原子的 C_∞ 轴；无穷多个垂直于 C_∞ 轴的 C_2 轴和垂直于 C_∞ 轴的 σ_h 面。点群为 $D_{\infty h}$。

丙二烯 $H_2C=C=CH_2$：一个穿过三个碳原子的 C_2 轴和两个垂直于碳原子连线的 C_2 轴，都与氢原子平面成 45°角；两个分别包含 H—C—H 的 σ_d 镜面。点群为 D_{2d}。

$Ni(C_4H_4)_2$：一个过 Ni 和 C_4H_4 环中心的 C_4 轴；四个过 Ni 垂直于主轴的 C_4 轴；四个 σ_d 面，每个面包含 Ni 和同一环内两个相对碳原子。点群为 D_{4d}。

$Fe(C_5H_5)_2$：一个过 Fe 和环中心的 C_5 轴；五个过 Fe 垂直于主轴的 C_2 轴；五个包含 C_5 轴的 σ_d 面。点群为 D_{5d}。

[Ru(en)₃]²⁺：一个通过 Ru 垂直于该平面图的 C_3 轴；三个纸平面内 C_2 轴，每个轴都过 Ru 并与一个 en 环上中点相交。点群为 D_3。

4.4 a.

$$\begin{bmatrix} 5 & 1 & 3 \\ 4 & 2 & 2 \\ 1 & 2 & 3 \end{bmatrix} \times \begin{bmatrix} 2 & 1 & 1 \\ 1 & 2 & 3 \\ 5 & 4 & 3 \end{bmatrix}$$

$$= \begin{bmatrix} (5\times2)+(1\times1)+(3\times5) & (5\times1)+(1\times2)+(3\times4) & (5\times1)+(1\times3)+(3\times3) \\ (4\times2)+(2\times1)+(2\times5) & (4\times1)+(2\times2)+(2\times4) & (4\times1)+(2\times3)+(2\times3) \\ (1\times2)+(2\times1)+(3\times5) & (1\times1)+(2\times2)+(3\times4) & (1\times1)+(2\times3)+(3\times3) \end{bmatrix}$$

$$= \begin{bmatrix} 26 & 19 & 17 \\ 20 & 16 & 16 \\ 19 & 17 & 16 \end{bmatrix}$$

b.

$$\begin{bmatrix} 1 & -1 & -2 \\ 0 & 1 & -1 \\ 1 & 0 & 0 \end{bmatrix} \times \begin{bmatrix} 2 \\ 1 \\ 3 \end{bmatrix} = \begin{bmatrix} (1\times2)-(1\times1)-(2\times3) \\ (0\times2)-(1\times1)-(1\times3) \\ (1\times2)-(0\times1)-(0\times3) \end{bmatrix} = \begin{bmatrix} -5 \\ -2 \\ 2 \end{bmatrix}$$

c.

$$[1 \quad 2 \quad 3] \times \begin{bmatrix} 1 & -1 & -2 \\ 2 & 1 & -1 \\ 3 & 2 & 1 \end{bmatrix}$$

$$= [(1\times1)+(2\times2)+(3\times3) \quad 1\times(-1)+(2\times1)+(3\times2) \quad 1\times(-2)+2\times(-1)+(3\times1)]$$

$$= [14 \quad 7 \quad -1]$$

4.5 E：新坐标

$$\begin{array}{ll} x' = 新x = x \\ y' = 新y = y \\ z' = 新z = z \end{array} \qquad \begin{bmatrix} 1 & 0 & 0 \\ 0 & 1 & 0 \\ 0 & 0 & 1 \end{bmatrix} = E \text{ 的变换矩阵}$$

用矩阵表示：

$$\begin{bmatrix} x' \\ y' \\ z' \end{bmatrix} = \begin{bmatrix} 1 & 0 & 0 \\ 0 & 1 & 0 \\ 0 & 0 & 1 \end{bmatrix} \begin{bmatrix} x \\ y \\ z \end{bmatrix} = \begin{bmatrix} x \\ y \\ z \end{bmatrix} \quad 或 \quad \begin{bmatrix} x' \\ y' \\ z' \end{bmatrix} = \begin{bmatrix} x \\ y \\ z \end{bmatrix}$$

$\sigma_v'(yz)$：坐标为 (x, y, z) 的点通过 yz 平面进行反映。

$$\begin{array}{ll} x' = 新x = x \\ y' = 新y = y \\ z' = 新z = z \end{array} \qquad \begin{bmatrix} -1 & 0 & 0 \\ 0 & 1 & 0 \\ 0 & 0 & 1 \end{bmatrix} = \sigma_v'(yz) \text{ 的变换矩阵}$$

用矩阵表示：

$$\begin{bmatrix} x' \\ y' \\ z' \end{bmatrix} = \begin{bmatrix} -1 & 0 & 0 \\ 0 & 1 & 0 \\ 0 & 0 & 1 \end{bmatrix} \begin{bmatrix} x \\ y \\ z \end{bmatrix} = \begin{bmatrix} -x \\ y \\ z \end{bmatrix} \quad 或 \quad \begin{bmatrix} x' \\ y' \\ z' \end{bmatrix} = \begin{bmatrix} -x \\ y \\ z \end{bmatrix}$$

4.6 表示流程图：N_2F_2（C_{2h}）

对称操作

E 操作 C_2 操作 i 操作 σ_h 操作

矩阵表示（可约）

$$E: \begin{bmatrix} 1 & 0 & 0 \\ 0 & 1 & 0 \\ 0 & 0 & 1 \end{bmatrix} \quad C_2: \begin{bmatrix} -1 & 0 & 0 \\ 0 & -1 & 0 \\ 0 & 0 & 1 \end{bmatrix} \quad i: \begin{bmatrix} -1 & 0 & 0 \\ 0 & -1 & 0 \\ 0 & 0 & -1 \end{bmatrix} \quad \sigma_h: \begin{bmatrix} 1 & 0 & 0 \\ 0 & 1 & 0 \\ 0 & 0 & -1 \end{bmatrix}$$

矩阵表示的特征标

3	−1	−3	1

块对角化矩阵

$$\begin{bmatrix} [1] & 0 & 0 \\ 0 & [1] & 0 \\ 0 & 0 & [1] \end{bmatrix} \quad \begin{bmatrix} [-1] & 0 & 0 \\ 0 & [-1] & 0 \\ 0 & 0 & [1] \end{bmatrix} \quad \begin{bmatrix} [-1] & 0 & 0 \\ 0 & [-1] & 0 \\ 0 & 0 & [-1] \end{bmatrix} \quad \begin{bmatrix} [1] & 0 & 0 \\ 0 & [1] & 0 \\ 0 & 0 & [-1] \end{bmatrix}$$

可约表示

	E	C_2	i	σ_h	坐标
	1	−1	−1	1	x
	1	−1	−1	1	y（x 和 y 有相同的不可约表示）
	1	1	−1	−1	z
Γ	3	−1	−3	1	

4.7 手性分子可能只有旋转对称性。C_1、C_n 和 D_n 群以及极少见的 T、O 和 I 群满足该条件。

4.8 $\sigma(xz):$
$$\begin{bmatrix} 1 & 0 & 0 & 0 & 0 & 0 & 0 & 0 & 0 \\ 0 & -1 & 0 & 0 & 0 & 0 & 0 & 0 & 0 \\ 0 & 0 & 1 & 0 & 0 & 0 & 0 & 0 & 0 \\ 0 & 0 & 0 & 1 & 0 & 0 & 0 & 0 & 0 \\ 0 & 0 & 0 & 0 & -1 & 0 & 0 & 0 & 0 \\ 0 & 0 & 0 & 0 & 0 & 1 & 0 & 0 & 0 \\ 0 & 0 & 0 & 0 & 0 & 0 & 1 & 0 & 0 \\ 0 & 0 & 0 & 0 & 0 & 0 & 0 & -1 & 0 \\ 0 & 0 & 0 & 0 & 0 & 0 & 0 & 0 & 1 \end{bmatrix}$$
$\sigma(yz):$
$$\begin{bmatrix} -1 & 0 & 0 & 0 & 0 & 0 & 0 & 0 & 0 \\ 0 & 1 & 0 & 0 & 0 & 0 & 0 & 0 & 0 \\ 0 & 0 & 1 & 0 & 0 & 0 & 0 & 0 & 0 \\ 0 & 0 & 0 & 0 & 0 & 0 & -1 & 0 & 0 \\ 0 & 0 & 0 & 0 & 0 & 0 & 0 & 1 & 0 \\ 0 & 0 & 0 & 0 & 0 & 0 & 0 & 0 & 1 \\ 0 & 0 & 0 & -1 & 0 & 0 & 0 & 0 & 0 \\ 0 & 0 & 0 & 0 & 1 & 0 & 0 & 0 & 0 \\ 0 & 0 & 0 & 0 & 0 & 1 & 0 & 0 & 0 \end{bmatrix}$$

4.9 不可约表示（D_{2h} 对称）：

D_{2h}	E	$C_2(z)$	$C_2(y)$	$C_2(x)$	i	$\sigma(xy)$	$\sigma(xz)$	$\sigma(yz)$
Γ	18	0	0	0	−2	6	2	0

约化为：$3A_g + 3B_{1g} + 2B_{2g} + B_{3g} + A_u + 2B_{1u} + 3B_{2u} + 3B_{3u}$

平动（和 x、y、z 匹配）：$B_{1u} + B_{2u} + B_{3u}$

转动（和 R_x、R_y、R_z 匹配）：$B_{1g} + B_{2g} + B_{3g}$

振动（所有剩下的）：$3A_g + 2B_{1g} + B_{2g} + A_u + B_{1u} + 2B_{2u} + 2B_{3u}$

4.10　a. $\Gamma_1 = A_1 + T_2$：

T_d	E	$8C_3$	$3C_2$	$6S_4$	$6\sigma_d$
Γ_1	4	1	0	0	2
A_1	1	1	1	1	1
A_2	1	1	1	-1	-1
E	2	-1	2	0	0
T_1	3	0	-1	1	-1
T_2	3	0	-1	-1	1

A_1: $\dfrac{1}{24} \times [(4\times1) + 8(1\times1) + 3(0\times1) + 6(0\times1) + 6(2\times1)] = 1$

A_2: $\dfrac{1}{24} \times [(4\times1) + 8(1\times1) + 3(0\times1) + 6(0\times(-1)) + 6(2\times(-1))] = 0$

E: $\dfrac{1}{24} \times [(4\times2) + 8(1\times(-1)) + 3(0\times2) + 6(0\times0) + 6(2\times0)] = 0$

T_1: $\dfrac{1}{24} \times [(4\times3) + 8(1\times0) + 3(0\times(-1)) + 6(0\times1) + 6(2\times(-1))] = 0$

T_1: $\dfrac{1}{24} \times [(4\times3) + 8(1\times0) + 3(0\times(-1)) + 6(0\times(-1)) + 6(2\times1)] = 1$

将每个操作下 A_1 和 T_2 的特征标相加以确认结果。

b. $\Gamma_2 = A_1 + B_1 + E$:

D_{2d}	E	$2S_4$	C_2	$2C_2'$	$2\sigma_d$
Γ_2	4	0	0	2	2
A_1	1	1	1	1	1
A_2	1	1	1	-1	-1
B_1	1	-1	1	1	-1
B_2	1	-1	1	-1	1
E	2	0	-2	0	0

A_1: $\dfrac{1}{8} \times [(4\times1) + 2(0\times1) + (0\times1) + 2(2\times1) + 2(0\times1)] = 1$

A_2: $\dfrac{1}{8} \times [(4\times1) + 2(0\times1) + (0\times1) + 2(2\times(-1)) + 2(0\times(-1))] = 0$

B_1: $\dfrac{1}{8} \times [(4\times1) + 2(0\times(-1)) + (0\times1) + 2(2\times1) + 2(0\times(-1))] = 1$

B_2: $\dfrac{1}{8} \times [(4\times1) + 2(0\times(-1)) + (0\times1) + 2(2\times(-1)) + 2(0\times1)] = 0$

E: $\dfrac{1}{8} \times [(4\times2) + 2(0\times0) + (0\times(-2)) + 2(2\times0) + 2(0\times0)] = 1$

将每个操作下 A_1、B_2 和 E 的特征标相加以确认结果。

c. $\Gamma_2 = A_2 + B_1 + B_2 + 2E$:

C_{4v}	E	$2C_4$	C_2	$2\sigma_v$	$2\sigma_d$
Γ_3	7	-1	-1	-1	-1
A_1	1	1	1	1	1
A_2	1	1	1	-1	-1
B_1	1	-1	1	1	-1
B_2	1	-1	1	-1	1
E	2	0	-2	0	0

A_1: $\dfrac{1}{8} \times [(7\times1) + 2((-1)\times1) + ((-1)\times1) + 2((-1)\times1) + 2((-1)\times1)] = 0$

A_2: $\dfrac{1}{8} \times [(7\times1) + 2((-1)\times1) + ((-1)\times1) + 2((-1)\times(-1)) + 2((-1)\times(-1))] = 1$

B_1: $\dfrac{1}{8} \times [(7\times1) + 2((-1)\times(-1)) + ((-1)\times1) + 2((-1)\times1) + 2((-1)\times(-1))] = 1$

B_2: $\dfrac{1}{8} \times [(7\times1) + 2((-1)\times(-1)) + ((-1)\times1) + 2((-1)\times(-1)) + 2((-1)\times1)] = 1$

E: $\dfrac{1}{8} \times [(7\times2) + 2((-1)\times0) + ((-1)\times(-2)) + 2((-1)\times0) + 2((-1)\times0)] = 2$

4.11 A_{2u}（z 的匹配对称性）和 E_u（x 和 y 的匹配对称性）振动模式都是 IR 活性的。

4.12 NH_3 的振动分析:

C_{3v}	E	$2C_3$	$3\sigma_v$	
Γ_3	12	0	2	
A_1	1	1	1	z
A_2	1	1	-1	R_z
E	2	-1	0	$(x, y), (R_x, R_y)$

a. A_1: $\dfrac{1}{6}[(12\times1) + 2(0\times1) + 3(2\times1)] = 3$

A_2: $\dfrac{1}{6}[(12\times1) + 2(0\times1) + 3(2\times(-1))] = 1$

E: $\dfrac{1}{6}[(12\times2) + 2(0\times(-1)) + 3(2\times0)] = 4$

$\Gamma = 3A_1 + A_2 + 4E$

b. 平动: $A_1 + E$，基于表中的 x、y 和 z 项

转动: $A_2 + E$，基于表中的 R_x、R_y 和 R_z 项

振动: $2A_1 + 2E$，A_1 为对称伸缩和对称弯曲振动；E 为不对称振动。

c. 有三种平动、三种转动和六种振动模式，共 12 种。分子中有 4 个原子，$3N = 12$，所以氨分子中有 $3N$ 个自由度。

d. 所有振动模式都具有红外活性（都具有 x、y、z 对称性）。

4.13 仅考虑 $Mn(CO)_5Cl$ 的 C—O 伸缩振动模式（C 和 O 原子之间的向量）:

C_{4v}	E	$2C_4$	C_2	$2\sigma_v$	$2\sigma_d$	
Γ	5	1	1	3	1	
A_1	1	1	1	1	1	z
A_2	1	1	1	-1	-1	R_z
B_1	1	-1	1	1	-1	
B_2	1	-1	1	-1	1	
E	2	0	-2	0	0	$(x,y)(R_x, R_y)$

$\Gamma = 2A_1 + B_1 + E$

Mn(CO)$_5$Cl 应具有四种红外伸缩振动模式，两种来自 A_1，两种来自 E。E 模式能量简并，只产生一个红外单峰。B_1 模式为 IR 惰性。

4.14 基于 I═O 键，在 D_{5h} 点群中得到以下表示：

D_{5h}	E	$2C_5$	$2C_5^2$	$5C_2$	σ_h	$2S_5$	$2S_5^2$	$5\sigma_v$
Γ	2	2	2	0	0	0	0	2

约化后为：

A_1'	1	1	1	1	1	1	1	1	$x^2+y^2,\ z^2$
A_2''	1	1	1	-1	-1	-1	-1	1	z

A_1' 振动符合 x^2+y^2 和 z^2 的对称性，具有拉曼活性。A_2'' 与 xy、xz、yz 或平方项不匹配，而与 z 匹配，因此具有 IR 活性，但无拉曼活性。所以，拉曼单峰与反式取向一致。

第 5 章

5.1

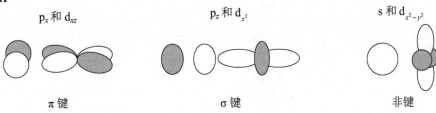

p$_x$ 和 d$_{xz}$　　　　　　　p$_z$ 和 d$_{z^2}$　　　　　　s 和 d$_{x^2-y^2}$

π 键　　　　　　　　　　σ 键　　　　　　　　　非键

5.2 图 5.3（a）中，σ^* 为 σ_u，σ 为 σ_g，π^* 为 π_g，π 为 π_u，δ^* 为 δ_u，δ 为 δ_g。

5.3 OH$^-$ 离子中的成键情况：

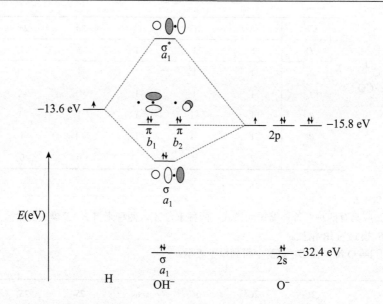

H 1s 和 O 2p 轨道能量匹配相当好，而 H 1s 和 O 2s 轨道能量的匹配性较差，因此，H 1s 和 O 2p$_z$ 之间形成分子轨道，如上图所示（z 是穿过原子核的轴）。所有其他的 O 轨道都是非键轨道，要么因为能量匹配不好，要么因为缺少有效的重叠。

5.4　H$_3^+$ 的能级：

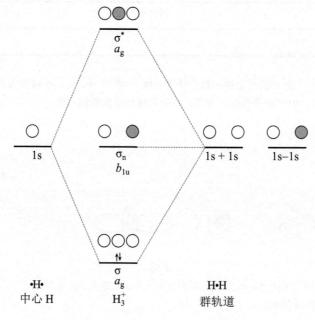

5.5　群轨道 1：D_{2h} 点群中的每个操作都将轨道转换为与原始轨道相同的轨道，因此每个操作的特征标是 1，与特征标表中的第一行（A_g）匹配。

群轨道 2：将该轨道转换为与原始轨道（⊙·●→⊙·●）相同的每个操作，特征标都为 1；而将波瓣符号（⊙·●→●·⊙）反转的每个操作，特征标都为 –1。执行所有八个操作的结果与表中 B_{1u} 一行匹配。

群轨道 3：具有与群轨道 1 相同的对称性质，因此也归为 A_g。

群轨道 4：具有与群轨道 2 相同的对称性质，归为 B_{1u}。

群轨道 5 到群轨道 8：如群轨道 2 中所述，操作产生与原始群轨道相同的波瓣，特征标为 1，产生相反的波瓣为-1。这四组群轨道的结果与图 5.18 中的特征标匹配。

5.6 群轨道 2 由氧 2s 轨道组成，轨道势能为-32.4 eV。群轨道 4 由氧 $2p_z$ 轨道组成，轨道势能为 -15.9 eV。碳 $2p_z$ 轨道的势能为 -10.7 eV，正好与群轨道 4 的势能匹配。通常大于 12 eV 的能隙太大了，不能有效地结合成分子轨道。

5.7 因形成分子轨道的所有原子初始轨道能量相同，所以 N_3^- 的分子轨道不同于 5.4.2 节中描述的 CO_2。因此，最佳轨道是由三个 2s 轨道或三个相同类型的 2p 轨道（x、y 或 z）组合而成，图中显示了产生的分子轨道。注意 σ_n 轨道能量略高于 π_n，由中心氮的 2s 轨道发生反键作用所致。轨道上的对称性符号见图 5.25。

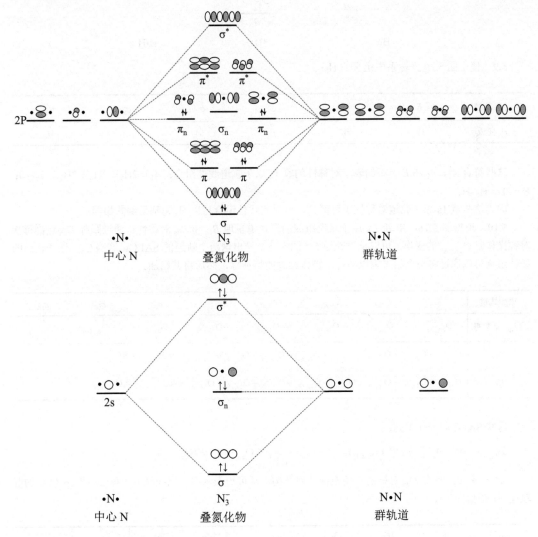

5.8 BeH_2 分子轨道：

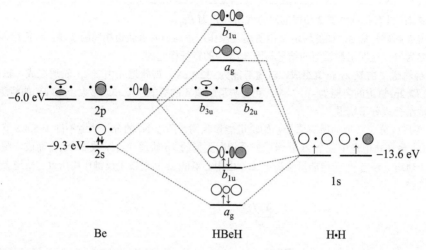

5.9 使用图 5.29 坐标系中定义的 H_b：

原始轨道	E	C_3	C_3^2	$\sigma_{v(a)}$	$\sigma_{v(b)}$	$\sigma_{v(c)}$
H_b 变成	H_b	H_c	H_a	H_c	H_b	H_a

这些符合 A_1、A_2 和 E 不可约表示对称性的氢 1s 原子轨道线性组合：$A_1 = 2H_a + 2H_b + 2H_c$；$A_2 = 0$；$E = 2H_b - H_c - H_a$

因为这些氢 1s 原子轨道对称性不可区分，所以其线性组合与以 H_a 为基得到的相同。

5.10 根据图 5.18，由氧 $2p_y$ 原子轨道组成的群轨道呈现 B_{2u} 和 B_{3g} 对称性。通过跟踪 D_{2h} 点群每次对称操作时 $O_{2p_{y(A)}}$ 的变换，可以从群轨道 5（图 5.18）导出这两个轨道的 SALC。这些 O_{2p_y} 原子轨道的线性组合可以通过将每个结果乘以与每个操作相关的特征标，然后将其相加。

原始轨道	E	$C_{2(z)}$	$C_{2(y)}$	$C_{2(x)}$	i	$\sigma_{(xy)}$	$\sigma_{(xz)}$	$\sigma_{(yz)}$
$O_{2p_{y(A)}}$ 变为	$O_{2p_{y(A)}}$	$-O_{2p_{y(A)}}$	$O_{2p_{y(B)}}$	$-O_{2p_{y(B)}}$	$-O_{2p_{y(B)}}$	$O_{2p_{y(B)}}$	$-O_{2p_{y(A)}}$	$O_{2p_{y(A)}}$
B_{2u}	$O_{2p_{y(A)}} + O_{2p_{y(A)}} + O_{2p_{y(B)}} + O_{2p_{y(B)}} + O_{2p_{y(B)}} + O_{2p_{y(B)}} + O_{2p_{y(A)}} + O_{2p_{y(A)}} = 4(O_{2p_{y(A)}}) + 4(O_{2p_{y(B)}})$							
B_{3g}	$O_{2p_{y(A)}} + O_{2p_{y(A)}} - O_{2p_{y(B)}} - O_{2p_{y(B)}} - O_{2p_{y(B)}} - O_{2p_{y(B)}} + O_{2p_{y(A)}} + O_{2p_{y(A)}} = 4(O_{2p_{y(A)}}) - 4(O_{2p_{y(B)}})$							

这些 SALC 归一化得到：

B_{2u}：$\dfrac{1}{\sqrt{2}}[\Psi(O_{2p_{y(A)}}) + \Psi(O_{2p_{y(B)}})]$　　　B_{3g}：$\dfrac{1}{\sqrt{2}}[\Psi(O_{2p_{y(A)}}) - \Psi(O_{2p_{y(B)}})]$

5.11　a. PF_5 具有 D_{3h} 对称的三角双锥几何结构，从可约表示中可以找到五个氟 2s 或 $2p_y$ 轨道的群轨道（y 轴指向 P）。

D_{3h}	E	$2C_3$	$3C_2$	σ_h	$2S_3$	$3\sigma_v$		
Γ	5	2	1	3	0	3		
A_1'	1	1	1	1	1	1		$x^2 + y^2$, z^2
A_2'	1	1	-1	1	1	-1	R_z	

D_{3h}	E	$2C_3$	$3C_2$	σ_h	$2S_3$	$3\sigma_v$		
E'	2	−1	0	2	−1	0	(x, y)	$(x^2−y^2, xy)$
A_1''	1	1	1	−1	−1	−1		
A_2''	1	1	−1	−1	−1	1	z	
E''	2	−1	0	−2	1	0	(R_x, R_y)	(xz, yz)

约化后 $\Gamma = 2A_1' + E' + A_2''$，可以通过常规过程进行验证。对于 dsp^3 杂化轨道，与之匹配的 P 轨道为 $3s$、$3d_{z^2}$、$3p_x$、$3p_y$ 和 $3p_z$。

b. $[PtCl_4]^{2-}$ 具有 D_{4h} 对称的平面四方型几何结构。从可约表示中可以找到四组群轨道，其中 $\Gamma = A_{1g} + B_{1g} + E_u$。

D_{4h}	E	$2C_4$	C_2	$2C_2'$	$2C_2''$	i	$2S_4$	σ_h	$2\sigma_v$	$2\sigma_d$		
Γ	4	0	0	2	0	0	0	4	2	0		
A_{1g}	1	1	1	1	1	1	1	1	1	1		x^2+y^2, z^2
B_{1g}	1	−1	1	1	−1	1	−1	1	1	−1		$x^2−y^2$
E_u	2	0	−2	0	0	−2	0	2	0	0	(x, y)	

用于键合的 Pt 轨道是 s、d_{z^2}（都是 A_{1g}）、$d_{x^2-y^2}$（B_{1g}）、p_x 和 p_y（E_u）。与它们对称性匹配的两组杂化轨道是 dsp^2 或 d^2p^2。

5.12 $SOCl_2$ 只有一个镜面，属于 C_s 群。利用 O 和两个 Cl 上的 s 轨道，我们可以得到表中所示的可约及其不可约表示。

C_s	E	σ_h		
Γ	3	1		
A'	1	1	x, y, R_z	x^2, y^2, z^2, xy
A''	1	−1	z, R_x, R_y	yz, xz

$\Gamma = 2A' + A''$

用于 σ 键的硫轨道为 $3p_x$、$3p_y$ 和 $3p_z$。3s 可能也会参与，但非平面形分子要求使用所有三个 p 轨道。

第 6 章

6.1 $pK_{ion} = 34.4$（表 6.2）　　$K_{ion} = [CH_3CHN^+][CH_2CN^-] = 10^{-34.4}$

因为 $[CH_3CHN^+] = [CH_2CN^-]$：$[CH_3CHN^+]^2 = 10^{-34.4}$

$$[CH_3CHN^+] = 10^{-17.2} = 6.3 \times 10^{-18}\ mol/L$$

6.2 如果 C_6H_6 是更强的 Brønsted-Lowry 酸，则可以比正丁烷更有效地贡献氢离子，从而有利于正向反应。另外，正丁烷的共轭碱 $n\text{-}C_4H_9^-$ 的 Brønsted-Lowry 碱性更强，因此具有较强的接受氢离子能力，生成中性物质。无论从哪种角度看都有利于向生成产物进行。

6.3 需要考虑的是反应（3）：$HC_2H_3O_2(aq) + H_2O(l) \longrightarrow H_3O^+(aq) + C_2H_3O_2^-(aq)$。一种方法是用 Hess 定律，反应（3）是以下两个反应的总和：

（1）$2H_2O(l) \longrightarrow H_3O^+(aq) + OH^-(aq)$

$$\Delta H_1^{\ominus} = 55.9 \text{ kJ/mol}; \quad \Delta S_1^{\ominus} = -80.4 \text{ J/(mol·K)}$$

（2）$HC_2H_3O_2(aq) + OH^-(aq) \longrightarrow H_2O(l) + C_2H_3O_2^-(aq)$

$$\Delta H_2^{\ominus} = -56.3 \text{ kJ/mol}; \quad \Delta S_2^{\ominus} = -12.0 \text{ J/(mol·K)}$$

这些 $\Delta H^{\ominus}$ 和 $\Delta S^{\ominus}$ 值相加得所需的热力学参数：

$$\Delta H_1^{\ominus} + \Delta H_2^{\ominus} = -0.4 \text{ kJ/mol} \qquad \Delta S_1^{\ominus} + \Delta S_2^{\ominus} = -92.4 \text{ J/(mol·K)}$$

另一方法是在较窄的温度范围内检查电离平衡常数对温度的依赖性。

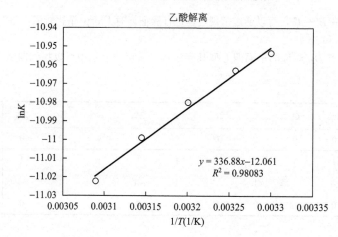

基于 $\ln K = -\dfrac{\Delta H^{\ominus}}{R}\left(\dfrac{1}{T}\right) + \dfrac{\Delta S^{\ominus}}{R}$，反应（3）的 $\Delta H^{\ominus}$ 和 $\Delta S^{\ominus}$ 可以被估算。

$$-\frac{\Delta H^{\ominus}}{R} = 336.88 \text{ K} \qquad \Delta H_3^{\ominus} = -2.8 \text{ kJ/mol} \qquad \frac{\Delta S^{\ominus}}{R} = -12.061 \qquad \Delta S_3^{\ominus} = -100 \text{ J/(mol·K)}$$

通过图解法确定的值比从 Hess 定律得出的更负。$\Delta S_3^{\ominus}$ 值间的差异相对于 $\Delta H_3^{\ominus}$ 间的小（约 8%）（Hess 定律值约为图形值的 14%）。如果去掉 323 K 的数据（进一步缩小所检查的温度范围），则最佳拟合线的方程得出 $\Delta H_3^{\ominus} = -2.5 \text{ kJ/mol}$ 和 $\Delta S_3^{\ominus} = -99 \text{ J/(mol·K)}$，相对于 Hess 定律值有一定的改进。

6.4　三氟化硼中氟吸电子；三甲基硼中甲基给电子，所以三氟化硼酸性应该更强，硼原子带正电荷指向氨。氨没有明显的空间位阻效应。

对于大分子的碱，可以看到同样的结果，因为无论碱的结构如何，BF_3 体积较小，空间干扰也较小。在这种情况下，无论碱有没有空间位阻，BF_3 对于它们都是更强的酸。

6.5　**a.** Cu^{2+} 是一临界的软酸，在含有大量 NH_3 和 OH^- 的 $[Cu(NH_3)_4]^{2+}$ 溶液中，更容易与 NH_3 而不是较硬的 OH^- 反应。同样地，它与 S^{2-} 反应比与 O^{2-} 更容易，在硫化物的碱性溶液中生成 CuS。

b. 相反，Fe^{3+} 是硬酸，更容易与 OH^- 和 O^{2-} 反应。在碱性氨中的产物是 $Fe(OH)_3$［大致的产物；实际产物是水合 Fe(III)氧化物（水不确定）和氢氧化物混合物］。在碱性硫化物溶液中，生成相同的 $Fe(OH)_3$ 产物（也可能有 Fe(III)还原为 Fe(II)生成 FeS 沉淀）。

c. 银离子是软酸，与 NH_3 比，更容易与 PH_3 结合。

d. CO 是相对较软的碱，Fe^{3+} 是非常硬的酸，Fe^{2+} 是一种临界酸，Fe 是软酸。因此，和 Fe(II)或 Fe(III)相比，CO 更可能与 Fe(0)有效结合。

6.6　**a.** Al^{3+} 的 $I = 119.99$，$A = 28.45$。因此，

$$\chi = \frac{119.99 + 28.45}{2} = 74.22 \qquad \eta = \frac{119.99 - 28.45}{2} = 45.77$$

Fe^{3+} 的 $I = 54.8$，$A = 30.65$，

$$\chi = \frac{54.8 + 30.65}{2} = 74.22 \qquad \eta = \frac{54.8 - 30.65}{2} = 12.1$$

Co^{3+} 的 $I = 51.3$，$A = 33.55$，

$$\chi = \frac{51.3 + 33.55}{2} = 42.4 \qquad \eta = \frac{51.3 - 33.55}{2} = 8.9$$

b. OH^- 的 $I = 13.17$，$A = 1.83$，

$$\chi = \frac{13.17 + 1.83}{2} = 7.50 \qquad \eta = \frac{13.17 - 1.83}{2} = 5.67$$

Cl^- 的 $I = 13.01$，$A = 3.62$，

$$\chi = \frac{13.01 + 3.62}{2} = 8.31 \qquad \eta = \frac{13.01 - 3.62}{2} = 4.70$$

NO_2^- 的 $I > 10.1$，$A = 2.30$，

$$\chi = \frac{>10.1 + 2.30}{2} > 6.2 \qquad \eta = \frac{>10.1 - 2.30}{2} > 3.9$$

c. H_2O 的 $I = 12.6$，$A = -6.4$，

$$\chi = \frac{12.6 + (-6.4)}{2} = 3.1 \qquad \eta = \frac{12.6 - (-6.4)}{2} = 9.5$$

NH_3 的 $I = 10.7$，$A = -5.6$，

$$\chi = \frac{10.7 + (-5.6)}{2} = 2.6 \qquad \eta = \frac{10.7 - (-5.6)}{2} = 8.2$$

PH_3 的 $I = 10.0$，$A = -1.9$，

$$\chi = \frac{10.0 + (-1.9)}{2} = 4.0 \qquad \eta = \frac{10.0 - (-1.9)}{2} = 6.0$$

6.7 a.

酸	E_A	C_A	碱	E_B	C_B	$\Delta H(E)$	$\Delta H(C)$	ΔH（总）
			NH_3	1.36	3.46	-13.44	-5.60	-19.04
BF_3	9.88	1.62	CH_3NH_2	1.30	5.88	-12.84	-9.53	-22.37
			$(CH_3)_2NH$	1.09	8.73	-10.77	-14.14	-24.91
			$(CH_3)_3N$	0.808	11.54	-7.98	-18.70	-26.68

b.

碱	E_B	C_B	酸	E_A	C_A	$\Delta H(E)$	$\Delta H(C)$	ΔH（总）
			Me_3B	6.14	1.70	-7.18	-10.88	-18.06
Py	1.17	6.40	Me_3Al	16.9	1.43	-19.77	-9.15	-28.92
			Me_3Ga	13.3	0.881	-15.56	-5.64	-21.20

加入甲基，胺系列显示 C_B 稳定增加和 E_B 稳定减少。甲基将电子推向 N，增加了孤对电子对酸 BF_3 的亲和性，因此 BF_3 与可能带有更多甲基的胺形成共价键。较少甲基的分子上孤对电子被保持得更牢固，拥有更多的离子键，E_B 和 $\Delta H(E)$ 大。共价性越强，ΔH 的变化越大，因此它决定总 ΔH 的顺序。

B、Al、Ga 系列变化不规则，Al 的 E_A 最强，可能的原因：

1. 中心原子大，导致静电作用成键多，共价键少。通过静电键合的顺序为 B<Al<Ga，而不是计算的 B<Ga<Al。

2. Ga 中 d 电子屏蔽了外层电子，因此受核束缚较弱，导致外层电子和吡啶电子的静电吸引减少，从而不太可能通过静电成键（离子键）或形成共价键。

第 7 章

7.1 a. 单胞中心的原子或离子 = 1；单胞角上 8 个原子或离子，每个 1/8，单胞内为 1。总计 = 每单胞 2 个原子或离子。

b. 单胞角上 8 个原子，其中 4 个 $\frac{1}{12}\left(\frac{1}{2}\times\frac{1}{6}\right)$，另外 4 个 $\frac{1}{6}\left(\frac{1}{2}\times\frac{1}{3}\right)$，每单胞内 = $\frac{4}{12}+\frac{4}{6}=1$ 个原子。

7.2 根据 Pythagorean 定理（勾股定理），如果单胞的边长为 a，则面对角线为 $\sqrt{2}a$，体对角线为 $\sqrt{3}a$。体心单胞的对角线长度又为 $4r$，其中 r 是每个原子的半径（r 对应角原子，$2r$ 对应体心原子）。因此，

$$4r=\sqrt{3}a \quad 或 \quad a=2.31r$$

7.3 半径为 r_- 的阴离子简单立方阵列体对角线长度为 $2\sqrt{3}r_-$。当大小正好的阳离子处于体心时，该距离也是 $2r_++2r_-$。二者相等，所以求解后 $r_+=0.732r_-$ 或半径比 $r_+/r_-=0.732$。0.732 和 1.00（CN = 12 的理想值）之间的任何比率都应适合萤石结构。$CaCl_2$ 的 r_+/r_-：126/167 = 0.754（CN = 8）～114/167 = 0.683（CN = 6）；$CaBr_2$ 的 r_+/r_-：126/182 = 0.692（CN = 8）～114/182 = 0.626（CN = 6）。$CaCl_2$ 处于 CN = 6 和 8 的边缘，但 $CaBr_2$ 显然在 CN = 6 区域内。两者均结晶在 CN = 6 的结构中，与金红石（TiO_2）类似。

7.4 应用 7.2.1 节中的 Born Mayer 方程：

$$U=\frac{NMZ_+Z_-}{r_0}\left[\frac{e^2}{4\pi\varepsilon_0}\right]\left(1-\frac{\rho}{r_0}\right)$$

$r_0=r_++r_-=116+167=283$ pm，$M=1.74756$，$N=6.02\times10^{23}$，$Z_+=1$，$Z_-=-1$，$\rho=30$ pm，$\frac{e^2}{4\pi\varepsilon_0}=2.3071\times10^{-28}$ J·m。在第一个分数中将 r_0 改为米，结果为−766 kJ/mol。

7.5

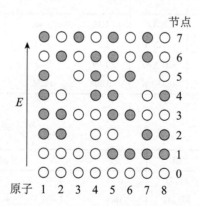

此为近似图，因为有些节点靠近原子核，但并不完全在原子核的上方。使用更多的原子可更清楚地看到交替的情况。

7.6 假设底部的四面体有四个氧原子，即 SiO_4。顺时针旋转，下一个四面体的一个氧重复（与第一个四面体共顶点），增加 SiO_3。最后一个四面体和前两个各共用一个氧原子，增加 SiO_2，所以共有三个硅和九个氧。Si^{4+} 和 O^{2-} 的电荷给出 $Si_3O_9^{6-}$ 的分子式。

第 8 章

8.1 $H_2O+2e^-\longrightarrow OH^-+H^-$

需要加的半反应： $\Delta G^{\ominus} = -nFE^{\ominus}$

$$H_2O + e^- \longrightarrow OH^- + \frac{1}{2}H_2 \qquad E_1^{\ominus} = -0.828\ \text{V} \quad -(1\ \text{mol})F(-0.828\ \text{V}) = 0.828\ \text{mol}\ F\ \text{V}$$

$$\frac{1}{2}(H_2 + 2e^- \longrightarrow 2H^-) \qquad E_2^{\ominus} = -2.25\ \text{V} \quad -(1\ \text{mol})F(-2.25\ \text{V}) = 2.25\ \text{mol}\ F\ \text{V}$$

$$\overline{H_2O + 2e^- \longrightarrow OH^- + H^- \quad E_3^{\ominus} = -(2\ \text{mol})F\ \text{V} = 3.08\ F\ \text{V}；\quad E_3^{\ominus} = -1.54\ \text{V}}$$

8.2 $2H_2O_2 \longrightarrow 2H_2O + O_2$

该歧化反应涉及的半反应：

还原：$H_2O_2 + 2e^- + 2H^+ \longrightarrow 2H_2O \qquad E_1^{\ominus} = 1.763\ \text{V}$

氧化：$\underline{H_2O_2 \longrightarrow O_2 + 2e^- + 2H^+ \qquad\quad E_2^{\ominus} = -0.695\ \text{V}}$

总反应：$2H_2O_2 \longrightarrow 2H_2O + O_2 \qquad\quad E_3^{\ominus} = 1.068\ \text{V}$

因为歧化反应的电势 $E_3^{\ominus}$ 为正，且 $\Delta G^{\ominus} = -nFE_3^{\ominus}$，所以 $\Delta G^{\ominus}$ 必须为负。

8.3 图中导出各点分别为 $N_2(0, 0)$、$N_2O(1, 1.77)$、$NH_3OH^+(-1, 1.87)$ 和 $N_2H_4^+(-2, 0.46)$。在氮 Latimer 图中，所有相邻物种还原时，氮氧化态的变化均为 -1。

$N_2H_4^+ \xrightarrow{\ 1.275\ } NH_4^+$

$nE^{\ominus} = (-1)(1.275\ \text{V}) = -1.275\ \text{V}$

NH_4^+ 比 $N_2H_4^+$ 低 1.275 V。

Frost 图中 NH_4^+ 点为 $(-3, -0.815\ \text{V})$。

$NO \xrightarrow{\ 1.59\ } N_2O$

$nE^{\ominus} = (-1)(1.59\ \text{V}) = -1.59\ \text{V}$

N_2O 比 NO 低 1.59 V。

Frost 图中 $NO(2, 3.36\ \text{V})$。

$HNO_2 \xrightarrow{\ 0.996\ } NO$

$nE^{\ominus} = (-1)(0.996\ \text{V}) = -0.996\ \text{V}$

NO 比 HNO_2 低 0.996 V。

Frost 图中 $HNO_2(3, 4.36\ \text{V})$。

$N_2O_4 \xrightarrow{\ 1.07\ } HNO_2$

$nE^{\ominus} = (-1)(1.07\ \text{V}) = -1.07\ \text{V}$

HNO_2 比 N_2O_4 低 1.07 V。

Frost 图中 $N_2O_4(4, 5.42\ \text{V})$。

$NO_3^- \xrightarrow{\ 0.803\ } N_2O_4$

$nE^{\ominus} = (-1)(0.803\ \text{V}) = -0.803\ \text{V}$

N_2O_4 比 NO_3^- 低 0.803 V。

Frost 图中 $NO_3^- (5, 6.22\ \text{V})$。

8.4 酸性溶液中氢的 Latimer 图见 8.1.4 节，元素处于零氧化态（H_2）的物质作为 Frost 图中的参考点 $(0, 0)$，还需要两个点。Latimer 图中相邻物种每次还原的氧化态变化为 -1。

$H^+ \xrightarrow{\ 0\ } H_2$

$nE^{\ominus} = (-1)(0\ \text{V}) = 0\ \text{V}$

Frost 图中 $H^+(1, 0\ \text{V})$。

$H_2 \xrightarrow{\ -2.25\ } H^-$

$nE^{\ominus} = (-1)(-2.25\ \text{V}) = 2.25\ \text{V}$

H^- 比 H_2 高 2.25 V，H^- 为 $(-1, 2.25\ \text{V})$。

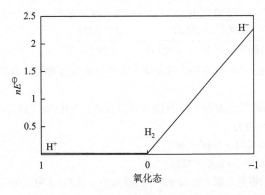

碱性溶液中氢的 Latimer 图见 8.1.4 节，元素处于零氧化态（H_2）作为 Frost 图中的参考点 $(0, 0)$，

也需要另外两个点。Latimer 图中相邻物种每次还原的氧化态变化为-1。

$H_2 \xrightarrow{-2.25} H^-$

$nE^\ominus = (-1)(-2.25 \text{ V}) = 2.25 \text{ V}$

H^-比 H_2 高 2.25 V，H^-为$(-1, 2.25 \text{ V})$。

$H_2O \xrightarrow{-0.828} H_2$

$nE^\ominus = (-1)(-0.828 \text{ V}) = 0.828 \text{ V}$

H_2 比 H_2O 高 0.828 V，H_2O 为$(1, -0.828 \text{ V})$。

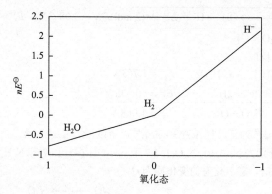

8.5 一级衰变的残余比 $= 0.5^n$，$n = $ 半衰期数。

$3.5 \times 10^{-2} = 0.5^n \qquad n \log 0.5 = \log(3.5 \times 10^{-2})$

$$n = \frac{\log(3.5 \times 10^{-2})}{\log 0.5} = 4.836 \text{ 半衰期}$$

年龄 $= n$（5730 年）$= 2.77 \times 10^4$ 年

8.6 要考虑的平衡反应是 $2HNO_2 + 11H^+ + 10e^- \longrightarrow N_2H_5^+ + 4H_2O$。如果氮 Frost 图的坐标可用（见练习 8.3），则可以用这些数据快速确定该电位。HNO_2 和 $N_2H_5^+$ 的坐标分别为$(3, 4.36 \text{ V})$和$(-2, 0.46 \text{ V})$，这些点连线的斜率即为所需电势，$\dfrac{0.46 - 4.36}{-2 - 3} = 0.78 \text{ V}$。该数值是合理的，因为这些物质连接线的斜率比连接 HNO_2 和 NO 的小，半反应的电势为 0.996 V。

没有 Frost 图，可以通过 Hess 定律来使用 Latimer 图数据。各部分半反应的自由能之和提供了这些半反应总的自由能。平衡的半反应（$2HNO_2 + 11H^+ + 10e^- \longrightarrow N_2H_5^+ + 4H_2O$）要求我们从 2 mol HNO_2 开始，在该方法中，由于 $\Delta G^\ominus = -nFE^\ominus$，所以 n 等于每个平衡半反应中电子的摩尔数。

$$\Delta G^\ominus$$

	$\Delta G^\ominus$
$2HNO_2 + 2H^+ + 2e^- \longrightarrow 2NO + 2H_2O$	$-2 \times 0.996F$
$2NO + 2H^+ + 2e^- \longrightarrow N_2O + H_2O$	$-2 \times 1.59F$
$N_2O + 2H^+ + 2e^- \longrightarrow N_2 + H_2O$	$-2 \times 1.77F$
$N_2 + 4H^+ + 2H_2O + 2e^- \longrightarrow 2NH_3OH^+$	$-2 \times -1.87F$
$2NH_3OH^+ + H^+ + 2e^- \longrightarrow N_2H_5^+ + 2H_2O$	$-2 \times 1.41F$
总 $= 2HNO_2 + 11H^+ + 10e^- \longrightarrow N_2H_5^+ + 4H_2O$	$-(7.792)F$

$\Delta G^\ominus = -nFE^\ominus = -(7.792)F = -(10)FE^\ominus$（平衡半反应中参与的 10 mol 电子）

$E^\ominus = 0.779 \text{ V}$

8.7 由于氮在 N_2O 中的氧化态为 $+1$，因此在该反应中，NH_4^+ 为还原剂，NO_3^- 为氧化剂，具有常见的半反应产物 N_2O。半反应为

（1） $2NH_4^+ + H_2O \longrightarrow N_2O + 10H^+ + 8e^-$

（2） $2NO_3^- + 10H^+ + 8e^- \longrightarrow N_2O + 5H_2O$

练习 8.6 中这些反应的电势。因为练习 8.3 中已经确定了氮 Frost 图，所以利用该图是最好的方法。需要考虑的点：$(1, 1.77 \text{ V})$和 NH_4^+ $(-3, -0.815 \text{ V})$。

从 NO_3^- 到 N_2O 的斜率是 $\dfrac{1.77-6.22}{1-5} = 1.11\,V$（$NO_3^- \longrightarrow N_2O$ 的电势）。

从 N_2O 到 NH_4^+ 的斜率是 $\dfrac{(-0.815)-1.77}{(-3)-1} = 0.646\,V$（$N_2O \longrightarrow NH_4^+$ 的电势），所以 $NH_4^+ \longrightarrow N_2O$ 的

电势是 $-0.646\,V$。

对于 $2NH_4^+ + 2NO_3^- \longrightarrow 2N_2O + 4H_2O$，$E^{\ominus} = 1.11 + (-0.646) = 0.464\,V$。

$$\Delta G^{\ominus} = -nFE^{\ominus} = -(8\ mol\ e^-)\left(96485\ \frac{C}{mol\ e^-}\right)(0.464\ V) = -360\ kJ$$

根据正的电势和 $\Delta G^{\ominus} < 0$，说明该反应是自发的。加热固体 NH_4NO_3 会生成 N_2O，但反应时必须小心以防爆炸。

$E^{\ominus} = 0.779\,V$

8.8　ClO_4^- / ClO_3^-：　　$ClO_4^- + 2H^+ + 2e^- \longrightarrow ClO_3^- + H_2O$

$ClO_3^- / HClO_2$：　　$ClO_3^- + 3H^+ + 2e^- \longrightarrow HClO_2 + H_2O$

$HClO_2 / HClO$：　　$HClO_2 + 2H^+ + 2e^- \longrightarrow HClO + H_2O$

$HClO / Cl_2$：　　$2HClO + 2H^+ + 2e^- \longrightarrow Cl_2 + 2H_2O$

Cl_2 / Cl^-：　　$Cl_2 + 2e^- \longrightarrow 2Cl^-$

第 9 章

9.1　a. 三氯三氨合铬（Ⅲ）

b. 二氯乙二胺合铂（Ⅱ）

c. 二草酸合铂酸根（Ⅱ）或二草酸合铂离子（2–）

d. 一溴五水合铬（Ⅲ）或一溴五水合铬离子（2＋）

e. 四氯乙二胺合铜（Ⅱ）或四氯乙二胺合铜离子（2–）

f. 四羟基合铁酸根（Ⅲ）或四羟基合铁酸根离子（1–）

9.2　a.

Δ 异构体，也可能是 Λ 异构体（9.3.5 节）

b.

c.

trans　　　　*cis*

d.

$N\frown N = H_2NCH_2CH_2NH_2$

Δ 异构体，也可能是 Λ 异构体（9.3.5 节）

e.

f.

9.3　根据 9.3.4 节的方法，Ma_2b_2cd 有八种异构体，包括两对对映体。

M〈aa〉〈bb〉〈cd〉　　M〈aa〉〈bc〉〈bd〉　　M〈ac〉〈ad〉〈bb〉　　M〈ab〉〈ab〉〈cd〉

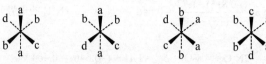

M〈ab〉〈ad〉〈bc〉　　M〈ab〉〈ac〉〈bd〉

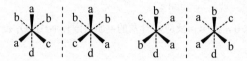

9.4　M(AA)bcde 有六个异构几何结构，每个都有对映体，共有 12 个异构体。

M〈Ab〉〈Ac〉〈de〉	M〈Ab〉〈Ad〉〈ce〉	M〈Ab〉〈Ae〉〈cd〉
M〈Ac〉〈Ad〉〈be〉	M〈Ac〉〈Ae〉〈bd〉	M〈Ad〉〈Ae〉〈bc〉

9.5　Λ 构型：

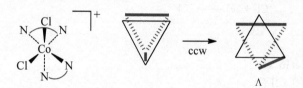

9.6　如果把分子翻转，在纸的平面内绕水平轴旋转，可以更容易对其分析。这样在右边图中可以判断前下方的两个环，因为它们与背面的环是相关联的。一个是 Λ，另一个是 Δ：

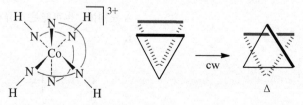

旋转化合物使另一个上环（从上到后右）处于水平位置，可以发现其中一个前环在同一平面内，另一个是 Δ。总的是 ΔΔΛ。

另一异构体是具有两个 Λ 和两个 Δ 组成的经式构型。第一组显示有最初的环。第二组显示为绕 C_4 轴顺时针旋转后，轴穿过垂直二亚乙基三胺的顶部前氮和底部后氮。

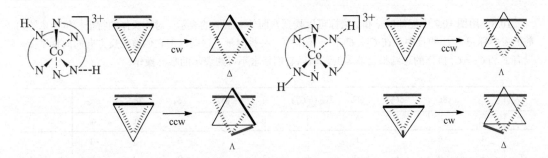

9.7　在硫氰酸根配体中，氮端较硬、不易极化，这一端倾向于与极性更大、更硬的溶剂强烈地作用，从而易于溶剂化，有利于 SCN⁻另一端不易溶剂化的硫和金属成键。硫较软、极性强，倾向于与极性较小的溶剂更有效地作用，从而有利于 SCN⁻氮端与金属成键。

第 10 章

10.1　氮在 2p 能级有三个电子，对应于 $m_l = -1, 0, +1$，m_s 均为 $+\dfrac{1}{2}$。$M_S = \dfrac{1}{2} + \dfrac{1}{2} + \dfrac{1}{2} = \dfrac{3}{2}$，$M_L = -1 + 0 + 1 = 0$，所以 $S = 2$，$L = 0$。

10.2　$S = n/2$，n 是未成对电子数。

$$4S(S+1) = 4(n/2)(n/2 + 1) = n^2 + 2n = n(n+2)，\text{ 所以 } \sqrt{4S(S+1)} = \sqrt{n(n+2)}$$

10.3　Fe 的电子构型为 $4s^2 3d^6$，有四个未成对电子。根据练习 10.2 中的方程式，

$$\mu = \sqrt{4(4+2)} = 4.9\,\mu_B\text{（}\mu_B\text{ 为 Bohr 磁子）}$$

Fe^{2+}电子构型为 $3d^6$（4s 电子首先失去），有四个未成对电子：

$$\mu = \sqrt{4(4+2)} = 4.9\,\mu_B$$

Cr 电子构型 $4s^1 3d^5$，六个未成对电子：

$$\mu = \sqrt{6(6+2)} = 6.9\,\mu_B$$

Cr^{3+}电子构型 $3d^3$，三个未成对电子：

$$\mu = \sqrt{3(3+2)} = 3.9\,\mu_B$$

Cu 电子构型 $4s^1 3d^{10}$，一个未成对电子：

$$\mu = \sqrt{1(1+2)} = 1.7\,\mu_B$$

Cu^{2+}电子构型 $3d^9$，一个未成对电子：

$$\mu = \sqrt{1(1+2)} = 1.7\,\mu_B$$

10.4

E：所有六个向量保持不变，特征标 = 6。

$8C_3$ 和 $6C_2$：所有向量都旋转到另一个位置，特征标 = 0。

$6C_4$：旋转仅使沿 C_4 轴的向量保持不变，特征标 = 2。

$3C_2$（$= C_4^2$）：旋转仅使沿 C_2 轴的向量保持不变，特征标 = 2。

i：所有向量都变换到相反一侧，特征标 = 0。

$6S_4$：旋转移动四个向量，反映变换其他两个，特征标 = 0。

$8S_6$：移动所有向量，特征标 = 0。

$3\sigma_h$：反映保持反映面中所有四个向量不变，变换其他两个，特征标 = 4。

$6\sigma_d$：该类反映在反映面内只有两个原子，其他所有原子都被移动，特征标 = 2。

用 4.4.2 节的方法，表示约化为 $A_{1g} + T_{1u} + E_g$。很容易验证（如本章所述，将这三列表示相加）每列中的总数与上面所示的特征标一致。

10.5 用图 10.7 中配体的 x 和 z 坐标可以找到八面体 π 轨道的表示。对称操作的特征标位于本练习前面表中标记为 Γ_π 的行中。在 C_2、C_4 和 σ 操作中，某些向量不移动，但它们被相反方向的向量平衡。只有 E 和 $C_2 = C_4^2$ 操作的总结果是非零的，所以它们是求不可约表示的唯一操作。

O_h	E	$8C_3$	$6C_2$	$6C_4$	$3C_2 (= C_4^2)$	i	$6S_4$	$8S_4$	$3\sigma_h$	$6\sigma_d$	
Γ_π	12	0	0	0	-4	0	0	0	0	0	
T_{1g}	3	0	-1	1	-1	3	1	0	-1	-1	
T_{2g}	3	0	1	-1	-1	3	-1	0	-1	1	(d_{xy}, d_{xz}, d_{yz})
T_{1u}	3	0	-1	1	-1	-3	-1	0	1	1	(p_x, p_y, p_z)
T_{2u}	3	0	1	-1	-1	-3	1	0	1	-1	

每个 T_{1g}、T_{2g}、T_{1u} 和 T_{2u} 总特征标 $= \dfrac{1}{48}[(12\times 3) + 3(-4)(-1)] = 1$，其他的都为 0。

10.6 高自旋 d^5 离子在 t_{2g} 能级上有三种交换可能性（1-2，1-3，2-3），在 e_g 能级有一种交换（4-5），总交换能为 $4\Pi_e$。

低自旋 d^5 离子有一未成对电子。自旋相同的三个具有三个交换可能性（1-2，1-3，2-3），其余两个具有一个交换可能性（4-5），总共有四个交换，能量为 $4\Pi_e$，与高自旋情况相同。

10.7 低自旋 d^6 离子 t_{2g} 能级有六个电子，每个为 $-2/5\Delta_o$，所以总 LFSE $= 6(-2/5\Delta_o) = -12/5\Delta_o$。

高自旋 d^6 离子 t_{2g} 能级有 4 个电子，每个为 $-2/5\Delta_o$；e_g 能级有 2 个电子，每个为 $3/5\Delta_o$，LFSE $= 4(-2/5\Delta_o) + 2(3/5\Delta_o) = -2/5\Delta_o$。

10.8 利用四个配体的 p_y 轨道，可约表示 E 和 σ_h 操作有四个不变向量，C_2' 和 σ_v 操作有两个不变向量（沿 C_2' 轴包含在 σ_v 平面内的向量）。所有其他操作都会导致位置更改且特征标为 0。p_x 和 p_z 轨道相似，只是 p_x 在 C_2' 和 σ_v 操作下改变方向，p_z 在 C_2' 和 σ_h 操作下而改变方向。（译者注：原文误为 p_z 在 C_2' 和 σ_v 操作下而改变方向）

D_{4h}	E	$2C_4$	C_2	$2C_2'$	$2C_2''$	i	$2S_4$	σ_h	$2\sigma_v$	$2\sigma_d$	
Γ_{p_y}	4	0	0	2	0	0	0	4	2	0	σ
Γ_{p_x}	4	0	0	-2	0	0	0	4	-2	0	$\pi_\parallel$
Γ_{p_z}	4	0	0	-2	0	0	0	-4	2	0	$\pi_\perp$

只有非零操作用于计算不可约表示。

Γ_{p_y}：A_{1g} 和 B_{1g} 总值各为 $\dfrac{1}{16}[(4\times 1) + 2(2)(1) + 1(4)(1) + 2(2)(1)] = 1$

　　　　　E_u 总值为 $\dfrac{1}{16}[(4\times 2) + 2(2)(0) + 1(4)(2) + 2(2)(0)] = 1$

Γ_{p_x}：A_{2g} 和 B_{2g} 总值各为 $\dfrac{1}{16}[(4\times 1) + 2(-1)(-2) + 1(1)(4) + 2(-1)(-2)] = 1$

　　　　　E_u 总值为 $\dfrac{1}{16}[(4\times 2) + 2(-2)(0) + 1(4)(2) + 2(-2)(0)] = 1$

Γ_{p_z}：A_{2u} 和 B_{2u} 总值各为 $\dfrac{1}{16}[(4\times 1) + 2(-1)(-2) + 1(-1)(-4) + 2(1)(2)] = 1$

　　　　　E_g 总值为 $\dfrac{1}{16}[(4\times 2) + 2(-2)(0) + 1(-4)(-2) + 2(2)(0)] = 1$

所有其他均为 0。

10.9 能变:

7、8、9、10 的 d_{xy} 总计 = $1.33e_\sigma$

7、8、9、10 的 d_{xz} 总计 = $1.33e_\sigma$

7、8、9、10 的 d_{yz} 总计 = $1.33e_\sigma$

7、8、9、10 的 d_{z^2} 总计 = 0

7、8、9、10 的 $d_{x^2-y^2}$ 总计 = 0

$\Delta_o = 3e_\sigma$, $\Delta_t = 1.33e_\sigma$, $\Delta_t = \dfrac{4}{9}\Delta_o$

配体各降低 e_σ。

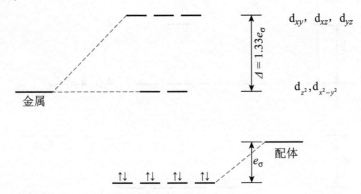

10.10 在练习 10.9 的结果中加上 π 键的能量变化:

7、8、9、10 的 d_{xy}、d_{xz}、d_{yz} 各增加 $0.89e_\pi$;

7、8、9、10 的 d_{z^2} 和 $d_{x^2-y^2}$ 各增加 $2.67e_\pi$。

配体各降低 $2e_\pi$。

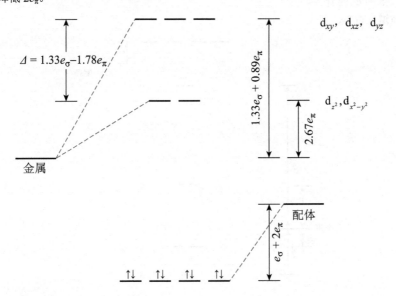

10.11 平面四方型(2、3、4、5 位)

a. 仅 σ 的能量变化:

2、3、4、5 的 d_{z^2} 总计 = e_σ

2、3、4、5 的 $d_{x^2-y^2}$ 总计 = $3e_\sigma$

2、3、4、5 的 d_{xy}、d_{xz}、d_{yz} 总计 = 0

配体各降 e_σ。

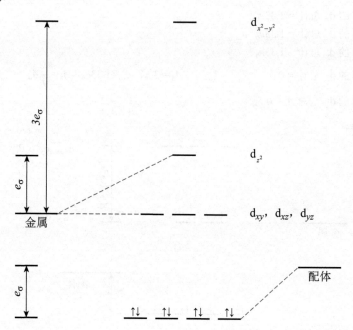

b. 加上 π 键：

2、3、4、5 的 d_{z^2} 和 $d_{x^2-y^2}$ 总计 = 0

2、3、4、5 的 d_{xz} 和 d_{yz} 总计 = $2e_\pi$

2、3、4、5 的 d_{xy} 总计 = $4e_\pi$

配体 π^* 轨道升高 $2e_\pi$

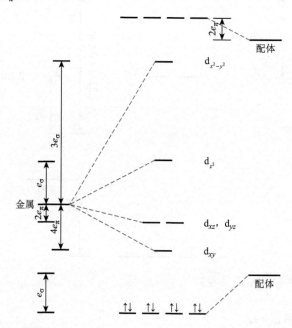

10.12 完整的高自旋和低自旋构型见表 10.5。

电子数		1	2	3	4	5	6	7	8	9	10
高自旋	e_g	0	0	0	1	2	2	2	2	3	4
	Jahn-Teller	w	w		s		w	w		s	
	t_{2g}	1	2	3	3	3	4	5	6	6	6
低自旋	e_g	0	0	0	0	0	0	1	2	3	4
	Jahn-Teller	w	w		w	w		s		s	
	t_{2g}	1	2	3	4	5	6	6	6	6	6

弱 Jahn-Teller 效应下不均等占据 t_{2g} 轨道；强 Jahn-Teller 效应下不均等占据 e_g 轨道。

10.13 如表 10.10 中配体位于 1、2、6、11 和 12 位，这些位置的角重叠参数如下：

位置	z^2	x^2-y^2	xy	xz	yz
1	1	0	0	0	0
2	$\dfrac{1}{4}$	$\dfrac{3}{4}$	0	0	0
6	1	0	0	0	0
11	$\dfrac{1}{4}$	$\dfrac{3}{16}$	$\dfrac{9}{16}$	0	0
12	$\dfrac{1}{4}$	$\dfrac{3}{16}$	$\dfrac{9}{16}$	0	0
总值	$2\dfrac{3}{4}$	$1\dfrac{1}{8}$	$1\dfrac{1}{8}$	0	0

结果与图 10.32 一致。能量最高的分子轨道为 d_{z^2}，在 D_{3h} 点群中对称性标记为 A_1'，角重叠法预测其能量为 $2.75e_\sigma$。$d_{x^2-y^2}$ 和 d_{xy} 简并轨道（对称性 E'）的能量为 $1.125e_\sigma$，d_{xz} 和 d_{yz} 简并轨道能量最低（对称性 E''），不与配体轨道作用，能量为 $0e_\sigma$。

第 11 章

11.1 d^2 的微态表：

		M_S		
		-1	0	$+1$
M_L	$+4$		$2^+\ 2^-$	
	$+3$	$2^-\ 1^-$	$2^+\ 1^-$ $2^-\ 1^+$	$2^+\ 1^+$
	$+2$	$2^-\ 0^-$	$2^+\ 0^-$ $2^-\ 0^+$ $1^+\ 1^-$	$2^+\ 0^+$
	$+1$	$2^-\ -1^-$ $1^-\ 0^-$	$2^+\ -1^-$ $2^-\ -1^+$ $1^+\ 0^-$ $1^-\ 0^+$	$2^+\ -1^+$ $1^+\ 0^+$

续表

M_L			
0	$-2^-\ 2^-$ $-1^-\ 1^-$	$-2^+\ 2^-$ $-1^+\ 1^-$ $0^+\ 0^-$ $-1^-\ 1^+$ $-2^-\ 2^+$	$-2^+\ 2^+$ $-1^+\ 1^+$
-1	$-1^-\ 0^-$ $-2^-\ 1^-$	$-1^+\ 0^-$ $-1^-\ 0^+$ $-2^-\ 1^+$ $-2^+\ 1^-$	$-1^+\ 0^+$ $-2^+\ 1^+$
-2	$-2^-\ 0^-$	$-1^+\ -1^-$ $-2^+\ 0^-$ $-2^-\ 0^+$	$-2^+\ 0^+$
-3	$-2^-\ 1^-$	$-2^+\ -1^-$ $-2^-\ -1^+$	$-2^+\ -1^+$
-4		$-2^+\ -2^-$	

11.2　^2D　$L=2$, $S=\dfrac{1}{2}$　　　^1P　$L=1$, $S=0$　　　^2S　$L=0$, $S=1$

$M_L=-2,-1,0,1,2$　　　$M_L=-1,0,1$　　　$M_L=0$

$M_S=-1,1$　　　　　　　$M_S=0$　　　　　$M_S=-\dfrac{1}{2},\dfrac{1}{2}$

	M_S	
	$-\dfrac{1}{2}$	$+\dfrac{1}{2}$
$+2$	x	x
$+1$	x	x
M_L 　 0	x	x
-1	x	x
-2	x	x

	M_S
	0
$+1$	x
M_L 　 0	x
-1	x

	M_S	
	$-\dfrac{1}{2}$	$+\dfrac{1}{2}$
M_L 　 0	x	x

11.3　$L=4$, $S=0$, $J=4$　　^1G

$L=3$, $S=1$, $J=4,3,2$　　^3F

$L=2$, $S=0$, $J=2$　　^1D

$L=1$, $S=1$, $J=2,1,0$　　^3P

$L=0$, $S=0$, $J=0$　　^1S

遵循 Hund 规则:

1. 最高自旋(S)是 1,所以基态是 ^3F 或 ^3P。

2. 步骤 1 中的最高 L 为 $L=3$,因此 ^3F 为基态。

11.4　每项的 J 值如练习 11.3 的解所示。d^2 组态的各项完整符号是 $^1G_4$、$^3F_4$、$^3F_3$、$^3F_2$、$^1D_2$、$^3P_2$、$^3P_1$、$^3P_0$、$^1S_0$。Hund 的第三条规则预测了 J 值对应于最低能态。d 轨道小于半填充,所以 ^3F 的最小 J 值($J=2$)是基态,即 $^3F_2$。

11.5　高自旋 d^6

1. ⥮ ⥮

⥮⥯ ⥮ ⥮

2. 自旋多重度 = 4 + 1 = 5，$S = 2$

3. M_L 最大可能值，$M_L = 2 + 2 + 1 + 0 - 1 - 2 = 2$，所以为 D 项，$L = 2$

4. ^5D

低自旋 d^6

1. ⎯ ⎯

⤊ ⤊ ⤊

2. 自旋多重度 = 0 + 1 = 1，$S = 0$

3. M_L 最大可能值，$M_L = 2 + 2 + 1 + 1 + 0 + 0 = 6$，所以为 I 项，$L = 6$

4. ^1I

11.6 a. e_g 能级非对称占有，为 E 态。

b. e_g 和 t_{2g} 能级为对称占有，为 A 态。

c. t_{2g} 能级非对称占有，为 T 态。

11.7 $[Fe(H_2O)_6]^{2+}$ 是一高自旋 d^6 配合物。d^6 的 Tanabe-Sugano 图中弱场部分（左）显示，唯一与基态自旋多重度（5）相同的激发态是 ^5E，所以跃迁为 $^5T_2 \longrightarrow {}^5E$。激发态 $t_{2g}^3 e_g^3$ 受到 Jahn-Teller 畸变的影响，因此，与 d^1 配合物$[Ti(H_2O)_6]^{3+}$一样，吸收带发生分裂。

11.8 首先指定跃迁，在 $^4A_2$ 和 $^4T_1$ 交叉点左侧：

$^4T_1 \longrightarrow {}^4T_2$ v_1 超出图示范围

$^4T_1 \longrightarrow {}^4T_2$ 16000 cm^{-1} = v_2

$^4T_1 \longrightarrow {}^4T_1$ 20000 cm^{-1} = v_3 $v_3/v_2 = 1.25$

Tanabe-Sugano 图中，$\Delta/B = 10$ 处 $v_3/v_2 = 1.25$；$v_3 = 25$ 和 $v_2 = 20$；$v_3/v_2 = 1.25B$，Δ 便可求：

$v_2 = 20$ $B = E/v_2 = 16000/20 = 800$ cm^{-1}

$v_3 = 25$ $B = E/v_3 = 20000/25 = 800$ cm^{-1}（译者注：原书误为 E/v_2）

$\Delta/B = 10$，$\Delta = 10 \times 800 = 8000$ cm^{-1}

11.9 VO_4^{3-}，钒酸根 $\qquad$ CrO_4^{2-}，铬酸根 $\qquad$ VO_4^{3-}，锰酸根

$\qquad$ 无色 $\qquad\qquad\qquad$ 黄色 $\qquad\qquad\qquad$ 紫色

随着核电荷的增加，空的金属 d 轨道能量被拉低。氧给电子轨道和金属 d 轨道间能级差变小，LMCT 跃迁所需的能量也变少。吸收黄光（紫光的补色）的高锰酸盐需要的能量最少。

第 12 章

12.1 $ML_5X + Y \underset{k_{-1}}{\overset{k_1}{\rightleftharpoons}} ML_5XY$

$ML_5XY \xrightarrow{k_2} ML_5Y + X$

将稳态近似法应用于 ML_5XY，

$$\frac{d[ML_5XY]}{dt} = k_1[ML_5X][Y] - k_{-1}[ML_5XY] - k_2[ML_5XY] = 0$$

$$[ML_5XY] = \frac{k_1[ML_5X][Y]}{k_{-1} + k_2}$$

对于第二个方程，

$$\frac{d[ML_5Y]}{dt} = k_2[ML_5XY]$$

二者结合一起，

$$\frac{d[ML_5Y]}{dt} = \frac{k_1 k_2[ML_5X][Y]}{k_{-1} + k_2} = k[ML_5X][Y]$$

12.2

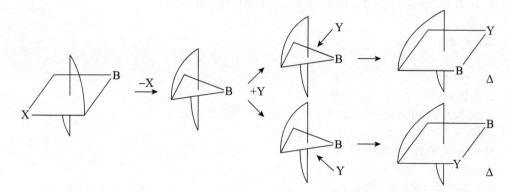

12.3 $[PtCl_4]^{2-} + NO_2^- \longrightarrow$ （a）   （a）$+ NH_3 \longrightarrow$（b）

（a）$= [PtCl_3(NO_2)]^{2-}$ （b）$= trans\text{-}[PtCl_2(NO_2)(NH_3)]^-$

NO_2^- 是比 Cl^- 更好的反位导向基团。

$[PtCl_3(NH_3)]^- + NO_2^- \longrightarrow$（c）   （c）$+ NO_2^- \longrightarrow$（d）

（c）$= cis\text{-}[PtCl_2（NO_2）（NH_3）]^-$ （d）$= trans\text{-}[PtCl(NO_2)_2(NH_3)]^-$

Cl^-比 NH_3 具有更强的反式效应，而 NO_2^- 比两者都强。在第一步中，Cl^-是比 NH_3 更好的离去基团。

$[PtCl(NH_3)_3]^+ + NO_2^- \longrightarrow$（e）   （e）$+ NO_2^- \longrightarrow$（f）

（e）$= trans\text{-}[PtCl(NO_2)(NH_3)_2]$ （f）$= trans\text{-}[Pt(NO_2)_2(NH_3)_2]$

Cl^-比 NH_3 具有更强的反式效应，而 NO_2^- 比两者都强。

$[PtCl_4]^{2-} + I^- \longrightarrow$（g）   （g）$+ I^- \longrightarrow$（h）

（g）$= [PtCl_3I]^{2-}$ （h）$= trans\text{-}[PtCl_2I_2]^{2-}$

I^-比 Cl^-的反位效应强。

$[PtI_4]^{2-} + Cl^- \longrightarrow$（i）   （i）$+ Cl^- \longrightarrow$（j）

（i）$= [PtClI_3]^{2-}$ （j）$= cis\text{-}[PtCl_2I_2]^{2-}$

I^-比 Cl^-的反式效应强，在第二步中替换 Cl^-不会产生净变化。

12.4   **a.** $[PtCl_4]^{2-} + 2NH_3 \longrightarrow cis\text{-}PtCl_2(NH_3)_2 + 2Cl^-$

因为氯既是较强的反位导向基团，又是较好的离去基团，所以主要产物是顺式异构体。

b. $cis\text{-}PtCl_2(NH_3)_2 + 2py \longrightarrow cis\text{-}[Ptpy_2(NH_3)_2]^{2+} + 2Cl^-$

如图 12.3（h）所示，氯也是好的离去基团，所以主要产物是顺式异构体。

c. $cis\text{-}[Ptpy_2(NH_3)_2]^{2+} + 2Cl^- \longrightarrow trans\text{-}PtCl_2(NH_3)py + py + NH_3$

主要产物是反式异构体，如图 12.13（e）和（f）所示。氯是最强的反位导向基团，因此无论 py 还是 NH_3 为第一被取代的配体，都会形成反式异构体。

d. $trans\text{-}PtCl_2(NH_3)py + NO_2^- \longrightarrow Pt \langle Cl(NO_2)\rangle \langle (NH_3)py\rangle + Cl^-$

（Cl^-在 NO_2^- 的反位，NH_3 在 py 的反位）

氯是最强的反位导向基团（也是最好的离去基团），所以有一个被取代。

该序列用于形成有四个不同配体的化合物。经过一些改进，通过 Cl_2 氧化和进一步取代反应，它可以形成有六个不同基团的配合物，其几何结构可预测到最后一步。

第 13 章

13.1

		方法 A		方法 B
a. $[Fe(CO)_4]^{2-}$	Fe^{2-}	10	Fe	8
	4CO	8	4Co	8
			2−	2
		$\overline{18}$		$\overline{18}$
b. $[(\eta^5\text{-}C_5H_5)_2Co]^+$	Co^{3+}	6	Co	9
	$2Cp^-$	12	2Cp	10
			1 +	−1
		$\overline{18}$		$\overline{18}$
c. $(\eta^3\text{-}C_5H_5)(\eta^5\text{-}C_5H_5)Fe(CO)$	Fe^{2+}	6	Fe	8
	$\eta^3\text{-}Cp^-$	4	$\eta^3\text{-}Cp$	3
	$\eta^5\text{-}Cp^-$	6	$\eta^5\text{-}Cp$	5
	CO	2		2
		$\overline{18}$		$\overline{18}$
d. $Co_2(CO)_8$	Co	9	Co	9
	4CO	8	4CO	8
	桥 CO	1	桥 CO	1
		$\overline{18}$		$\overline{18}$

13.2

		方法 A		方法 B
a. $[Mn(CO)_3(PPh_3)]^-$	3CO	6	3CO	6
	PPh_3	2	PPh_3	2
			1−	1
		$\overline{8}$		$\overline{9}$

M^- 需要 10 个电子，M 需要 9 个，所以金属是 Co。

		方法 A		方法 B
b. $HM(CO)_5$	5CO	10	5CO	10
	H^-	2	H	1
		$\overline{12}$		$\overline{11}$

M^+ 需要 6 个电子，M 需要 7 个，所以金属是 Mn。

		方法 A		方法 B
c. $(\eta^4\text{-}C_8H_8)M(CO)_3$	3CO	6	3CO	6
	$\eta^4\text{-}C_8H_8$	4	$\eta^4\text{-}C_8H_8$	4
		$\overline{10}$		$\overline{10}$

M 需要 8 个电子，所以金属是 Fe。

		方法 A		方法 B
d. $[(\eta^5\text{-}C_5H_5)M(CO)_3]_2$	3CO	6	3CO	6
	$\eta^5\text{-}C_5H_5^-$	6	$\eta^5\text{-}C_5H_5$	5
	M—M	1	M—M	1
		$\overline{13}$		$\overline{12}$

M^+ 需要 5 个电子，M 需要 6 个，所以金属是 Cr。

13.3

	方法 A			方法 B	
$[Ni(CN)_4]^{2-}$	Ni(II)	8		Ni	10
	$4CN^-$	8		4CN	4
				2-	2
		$\overline{16}$			$\overline{16}$
$PtCl_2en$	Pt(II)	8		Pt	10
	$2Cl^-$	4		2Cl	2
	en	$\dfrac{4}{16}$		en	$\dfrac{4}{16}$
$RhCl(PPh_3)_3$	Rh(I)	8		Rh	9
	Cl^-	2		Cl	1
	$3PPh_3$	$\dfrac{6}{16}$		$3PPh_3$	$\dfrac{6}{16}$
$IrCl(CO)(PPh_3)_2$	Ir(I)	8		Ir	9
	Cl^-	2		Cl	1
	CO	2		CO	2
	$2PPh_3$	$\dfrac{4}{16}$		$2PPh_3$	$\dfrac{4}{16}$

13.4 N_2 的 σ 能级和 π 能级非常接近（见第 5 章），它们均匀地分布在两个原子上。CO 相应的能级相距较远，集中在 C 上，因此 CO 的轨道重叠较好，与 N_2 相比，它既是好的 σ 给体也是好的 π 受体。

13.5 配合物上负电荷越大，CO 配体对 π 电子接受程度越高，从而增加 CO 的 π^* 轨道数量，削弱了碳氧键。因此，$[V(CO)_6]^-$ 具有最长的 C—O 键，$[Mn(CO)_6]^+$ 具有最短的 C—O 键。

13.6

$M(CO)_4$	（M = Ni, Pd）	M	10
		4CO	$\dfrac{8}{18}$
$M(CO)_5$	（M = Fe, Ru, Os）	M	8
		5CO	$\dfrac{10}{18}$
$M(CO)_6$	（M = Cr, Mo, W）	M	6
		6CO	$\dfrac{12}{18}$
$Co_2(CO)_8$（溶液）		Co	9
（对于每个 Co）		4CO	8
		Co—Co	$\dfrac{1}{18}$
$Co_2(CO)_8$（固体）		Co	9
（对于每个 Co）		3CO	6

		$2\mu_2$-CO	2
		Co—Co	$\dfrac{1}{18}$
$Fe_2(CO)_9$		Fe	8
（对于每个 Fe）		3CO	6
		$3\mu_2$-CO	3
		Fe—Fe	$\dfrac{1}{18}$
$M_2(CO)_{10}$	（M = Mn，Te，Re）	M	7
（对于每个 M）		5CO	10
		M-M	$\dfrac{1}{18}$
$Fe_3(CO)_{12}$	左边的 Fe	Fe	8
		4CO	8
		2Fe—Fe	$\dfrac{2}{18}$
	其他的 Fe	Fe	8
		3CO	6
		$2\mu_2$-CO	2
		2Fe—Fe	$\dfrac{2}{18}$
$M_3(CO)_{12}$	（Ru，Os）	M	8
（对于每个 M）		4CO	8
		2M—M	$\dfrac{2}{18}$
$M_4(CO)_{12}$	（M = Co，Rh），顶部的 M	M	9
		3CO	6
		3M—M	$\dfrac{3}{18}$
	其他 M	M	9
		2CO	4
		$2\mu_2$-CO	2
		3M—M	$\dfrac{3}{18}$
$Ir_4(CO)_{12}$		Ir	9
（对每个 Ir）		3CO	6
		3Ir—Ir	$\dfrac{3}{18}$

13.7 PMe_3 是比 CO 强的 σ 给体和弱的 π 受体，因此，$Mo(PMe_3)_5H_2$ 中的 Mo 具有更多的电子，且更倾向于向 H_2 的 σ^* 轨道供给电子形成反馈键。这一贡献足以使氢键断裂，将氢转化为两个氢配体。

13.8

	方法 A		方法 B	
a. $(\eta^5\text{-}C_5H_5)(cis\text{-}\eta^4\text{-}C_4H_6)M(PMe_3)_2(H)$	$\eta^5\text{-}C_5H_5^-$	6	$\eta^5\text{-}C_5H_5$	5
	$\eta^4\text{-}C_4H$	4	$\eta^4\text{-}C_4H_6$	4
	$2PMe_3$	4	$2PMe_3$	4
	H^-	$\dfrac{2}{16}$	H	$\dfrac{1}{14}$

M^{2+}需要 2 个电子，M 需要 4 个电子，Zr 符合。

	方法 A		方法 B	
b. $(\eta^5\text{-}C_5H_5)M(C_2O_4)_2$	$\eta^5\text{-}C_5H_5^-$	6	$\eta^5\text{-}C_5H_5$	5
	$2C_2O_4$	$\dfrac{4}{10}$	$2C_2O_4$	$\dfrac{4}{9}$

13.9　2 节面群轨道：

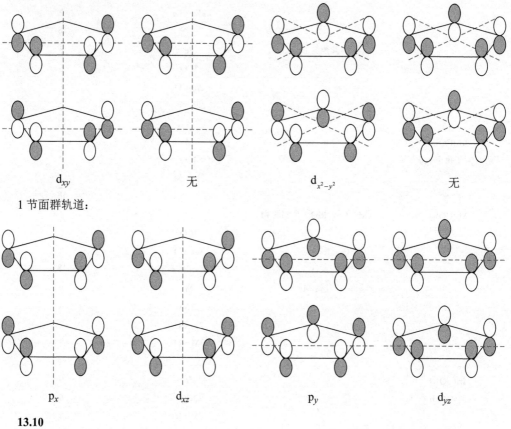

1 节面群轨道：

13.10

方法 A			方法 B	
a. $[((CH_3)_3CCH)((CH_3)_3CCH_2)(CCH_3)(C_2H_4(P(CH_3)_2)_2)W]$				
	W^+	5	W	6
	$(CH_3)_3CCH$	2	$(CH_3)_3CCH$	2
	$(CH_3)_3CCH^-$	2	$(CH_3)_3CCH_2$	1

续表

	方法 A		方法 B	
	CCH_3	3	CCH_3	3
	$C_2H_4(P(CH_3)_2)_2$	$\dfrac{4}{16}$	$C_2H_4(P(CH_3)_2)_2$	$\dfrac{4}{16}$
b. $Ta(Cp)_2(CH_3)(CH_2)$	Ta^{3+}	2	Ta	5
	$2Cp^-$	12	$2Cp$	10
	CH_3^-	2	CH_3	1
	CH_2	$\dfrac{2}{18}$	CH_2	$\dfrac{2}{18}$

13.11

$Cr(\eta^6\text{-}C_6H_6)_2$	$\eta^6\text{-}C_6H_6 = L_3$ 所以 $Cr(\eta^6\text{-}C_6H_6)_2 = ML_6$
$[Mo(CO)_3(\eta^5\text{-}C_5H_5)]^-$	$\eta^5\text{-}C_5H_5 = L_2X$。CBC 表达式为 $[ML_5X]^-$ 离子。然而，为了确定等价中性类表达式，需要把电荷电子计算进去，这样，X^- 配体变为 L 配体，表达式为 ML_6。CBC 公式为 $[ML_5X]^-$ 作为离子。
$WH_2(\eta^5\text{-}C_5H_5)_2$	H 是 X 配体，$\eta^5\text{-}C_5H_5$ 是 L_2X 配体，因此 CBC 表达式为 ML_4X_4。
$[FeCl_4]^{2-}$	Cl 是 X 配体，作为离子，$[FeCl_4]^{2-}$ 应为 $[MX_4]^{2-}$。每增加一个负电荷都被认为是将一个 X^- 配体转化为一个 L，等价中性类表达式为 ML_2X_2。

13.12 只有两个峰，这更可能是 *fac* 异构体。*mer* 异构体应显示三个峰，只当两个峰能量相等时，才会因峰重合显示两个。

13.13 Ⅱ 在 CO 范围内有三个单独的共振（194.98、189.92 和 188.98），更可能是 *fac* 异构体。*mer* 异构体预计有两个等效环境的羰基和一个不同的羰基。

第 14 章

14.1 顺式产物是指带有标记的 CO 和 CH_3 处于顺式的产物。机理 1 的逆反应，从分子中完全去除乙酰基 ^{13}CO 意味着产物应该没有 ^{13}CO 标记。

14.2 *cis*-$CH_3Mn(CO)_4(^{13}CO)$ 和 $PR_3(R = C_2H_5, *C = {}^{13}C)$ 反应的产物分布：

25% 的 CH_3CO 中含有 ^{13}C。

25% 的 ^{13}CO 与 CH_3CO 呈反式。

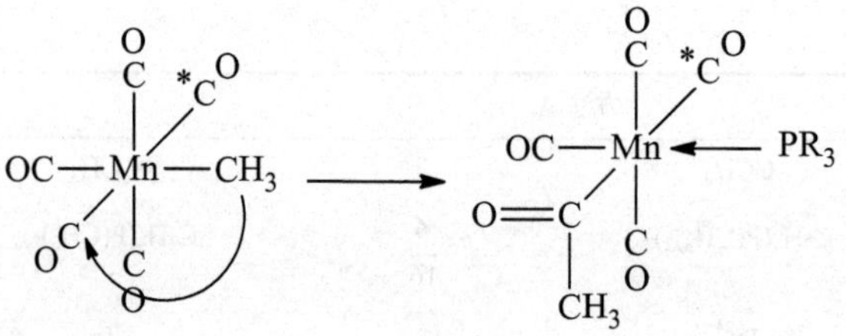

50%的 ^{13}CO 与 CH_3CO 呈顺式。

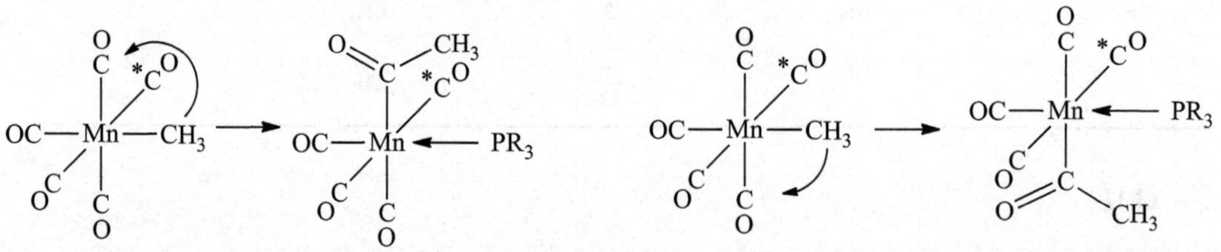

所有产物中 PEt_3 都与 CH_3CO 呈顺式。

14.3 逆反应是与 Rh 成键的 π 配体乙烯和氢发生重排，Rh 和乙烯的碳 1 结合，氢和乙烯的碳 2 结合，Rh 和 H 以 1，2-位插入双键中。

14.4 由 $(CH_3)_2C{=}CH_2$ 制备 $(CH_3)_3CH{-}CH_2{-}CHO$ 的氢甲酰化过程与图 14.18 完全相同，只需 $R = CH_3$。

14.5　1. 配体解离　　　　2. 烯烃配位　　　　3. 1，2-插入

4. 配体配位　　　　5. 烷基迁移（羰基插入）　　6. 氧化加成

7. 还原消去

14.6　**a.** 两个丙烯分子间的复分解，$H_2C{=}CHCH_3$：

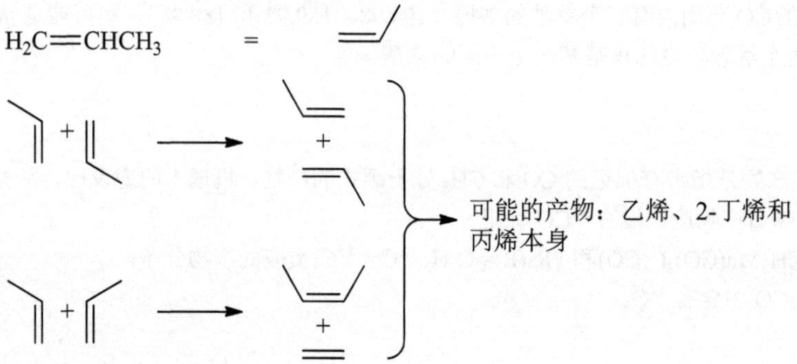

可能的产物：乙烯、2-丁烯和丙烯本身

b. 丙烯和环戊烯之间的复分解：

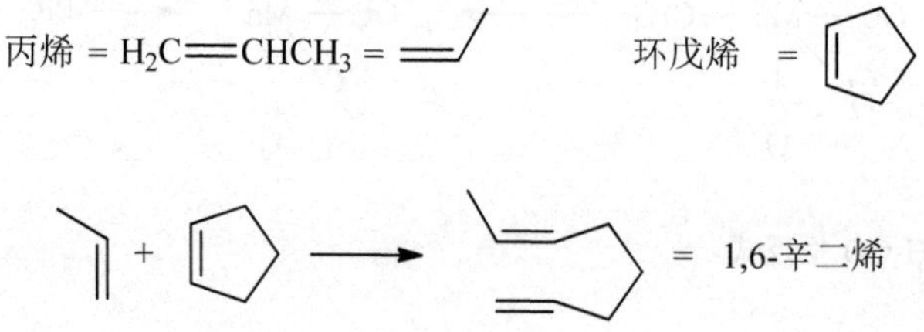

丙烯 $= H_2C{=}CHCH_3 = $ ⟋　　　　环戊烯 $= $

＝ 1,6-辛二烯

1, 6-辛二烯可以参与进一步的复分解反应。例如：

14.7

第 15 章

15.1 有多种可能的答案，举例如下：

a. $Re(CO)_4$ 　　$(\eta^5\text{-}C_5H_5)Fe（CO）$

b. $Pt(CO)_3$ 　　$[(\eta^5\text{-}C_5H_5)Co]^{2-}$

c. $Re(CO)_5$ 　　$[(\eta^5\text{-}C_5H_5)Mn(CO)_2]^-$ 　　$(\eta^6\text{-}C_6H_6)Mn(CO)_2$

15.2 **a.** 15 电子，三个空位，与 CH 同瓣。

b. 16 电子，一个空位，与 CH_3^+ 同瓣。

c. 15 电子，三个空位，与 CH 同瓣。

15.3 **a.** $B_{11}H_{13}^{2-}$ 源于 $B_{11}H_{11}^{4-}$，巢式结构。

b. $B_5H_8^-$ 源于 $B_5H_5^{4-}$，巢式结构。

c. $B_7H_7^{2-}$ 闭式结构。

d. $B_{10}H_{18}$ 源于 $B_{10}H_{10}^{8-}$，网式结构。

15.4 **a.** $C_3B_3H_7$ 等价于 B_6H_{10}，源自 $B_6H_6^{4-}$，巢式结构。

b. $C_2B_5H_7$ 等价于 B_7H_9，源自 $B_7H_7^{2-}$，闭式结构。

c. $C_2B_7H_{12}^-$ 等价于 $B_9H_{14}^-$，源自 $B_9H_9^{6-}$，蛛网式结构。

15.5 **a.** SB_9H_9 等价于 $B_{10}H_{12}$，源自 $B_{10}H_{10}^{2-}$，闭式结构。

b. $GeC_2B_9H_{11}$ 等价于 $B_{12}H_{14}$，源自 $B_{12}H_{12}^-$，闭式结构。

c. $SB_9H_{12}^-$ 等价于 $B_{10}H_{15}^-$，源自 $B_{10}H_{10}^{6-}$，蛛网式结构。

15.6 **a.** $C_2B_7H_9(CoCp)_3$ 相当于 $B_9H_{11}(CoCp)_3$ 或 $B_{12}H_{14}$，源自 $B_{12}H_{12}^-$ 闭式结构。

b. $C_2B_4H_6Ni(PPh_3)_2$ 相当于 $B_6H_8Ni(PPh_3)_2$ 或 B_7H_9，源自 $B_7H_7^{2-}$，闭式结构。

15.7 **a.** Ge_9^{2-} 总价电子数为 38，每个 Ge 4 个，电荷 2 个，$n=9$，所以符合电子数为 $4n+2$，结构为闭式。

b. Bi_5^{3+} 价电子数 22，每个 Bi 5 个，减去电荷 3。因为 $n=5$，总数也是 $4n+2$，闭式结构。

15.8 **a.** $(\eta^5\text{-}C_5H_5)Fe(\eta^5\text{-}C_2B_9H_{11})$ 　　$m=2$，两个多面体相连。

$n = 17$，所有 Fe、B 和 C 原子都是多面体顶点。

$o = 1$，一个桥联多面体的原子 Fe。

$\underline{p = 1}$，顶部多面体不完整。

$m + n + o + p = 21$ 电子对

b. 巢式-7, 8- $C_2B_9H_{11}^{2-}$ $\qquad$ $m = 1$，单个多面体。

$n = 11$，每个 B 和 C 原子是一个顶点。

$o = 0$，没有连接多面体的桥。

$\underline{p = 1}$，归属为巢式。

$m + n + o + p = 13$ 电子对

15.9 $\quad$ **a.** $[Re_7C(CO)_{21}]^{3-}$

7Re	49
C	4
21Co	42
3–	3
总	98

一个 98 电子、七个金属的簇，缺两电子的闭式构型。预计是一加冠闭式结构，如 98 电子的 $[Rh_7(CO)_{16}]^{3-}$ 和 $Os_7(CO)_{21}$，见表 15.13。

$\quad$ **b.** $[Fe_4N(CO)_{12}]^-$

4Fe	32
N	5
12CO	24
1–	1
总	62

62 电子、四金属的簇，属于蛛网式。

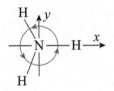

C_{3v}	E	$2C_3$	$3\sigma_v$	
A_1	1	1	1	z
A_2	1	1	-1	R_z
E	2	-1	0	$(x,y),(R_x,R_y)$

注：$i=\sqrt{-1}$，ε^*为ε中i换为$-i$的共轭复数。

1. 低对称性

C_1	E
A	1

C_s	E	σ_h		
A'	1	1	x,y,R_z	x^2,y^2,z^2,xy
A''	1	-1	z,R_x,R_y	yz,xz

C_i	E	i		
A_g	1	1	R_x,R_y,R_z	x^2,y^2,z^2,xy,xz,yz
A_u	1	-1	x,y,z	

2. C_n、C_{nv}和C_{nh}群

C_n群

C_2	E	C_2		
A	1	1	z,R_z	x^2,y^2,z^2,xy
B	1	-1	x,y,R_x,R_y	yz,xz

C_3	E	C_3	C_3^2		
A	1	1	1	z, R_z	x^2+y^2, z^2
E	$\begin{cases} 1 \\ 1 \end{cases}$	$\begin{matrix} \varepsilon \\ \varepsilon^* \end{matrix}$	$\begin{matrix} \varepsilon^* \\ \varepsilon \end{matrix}\Big\}$	$(x,y),(R_x,R_y)$	$(x^2-y^2, xy),(yz, xz)$

$\varepsilon = \mathrm{e}^{(2\pi i)/3}$

C_4	E	C_4	C_2	C_4^3		
A	1	1	1	1	z, R_z	x^2+y^2, z^2
B	1	-1	1	-1		x^2-y^2, xy
E	$\begin{cases} 1 \\ 1 \end{cases}$	$\begin{matrix} i \\ -i \end{matrix}$	$\begin{matrix} -1 \\ -1 \end{matrix}$	$\begin{matrix} -i \\ i \end{matrix}\Big\}$	$(x,y),(R_x,R_y)$	(yz, xz)

C_5	E	C_5	C_5^2	C_5^3	C_5^4		
A	1	1	1	1	1	z, R_z	x^2+y^2, z^2
E_1	$\begin{cases} 1 \\ 1 \end{cases}$	$\begin{matrix} \varepsilon \\ \varepsilon^* \end{matrix}$	$\begin{matrix} \varepsilon^2 \\ \varepsilon^{2*} \end{matrix}$	$\begin{matrix} \varepsilon^{2*} \\ \varepsilon^2 \end{matrix}$	$\begin{matrix} \varepsilon^* \\ \varepsilon \end{matrix}\Big\}$	$(x,y),(R_x,R_y)$	(yz, xz)
E_2	$\begin{cases} 1 \\ 1 \end{cases}$	$\begin{matrix} \varepsilon^2 \\ \varepsilon^{2*} \end{matrix}$	$\begin{matrix} \varepsilon^* \\ \varepsilon \end{matrix}$	$\begin{matrix} \varepsilon \\ \varepsilon^* \end{matrix}$	$\begin{matrix} \varepsilon^{2*} \\ \varepsilon^2 \end{matrix}\Big\}$		(x^2-y^2, xy)

$\varepsilon = \mathrm{e}^{(2\pi i)/5}$

C_6	E	C_6	C_3	C_2	C_3^2	C_6^5		
A	1	1	1	1	1	1	z, R_z	x^2+y^2, z^2
B	1	-1	1	-1	1	-1		
E_1	$\begin{cases} 1 \\ 1 \end{cases}$	$\begin{matrix} \varepsilon \\ \varepsilon^* \end{matrix}$	$\begin{matrix} -\varepsilon^* \\ -\varepsilon \end{matrix}$	$\begin{matrix} -1 \\ -1 \end{matrix}$	$\begin{matrix} -\varepsilon \\ -\varepsilon^* \end{matrix}$	$\begin{matrix} \varepsilon^* \\ \varepsilon \end{matrix}\Big\}$	$(x,y),(R_x,R_y)$	(yz, xz)
E_2	$\begin{cases} 1 \\ 1 \end{cases}$	$\begin{matrix} -\varepsilon^* \\ -\varepsilon \end{matrix}$	$\begin{matrix} -\varepsilon \\ -\varepsilon^* \end{matrix}$	$\begin{matrix} 1 \\ 1 \end{matrix}$	$\begin{matrix} -\varepsilon^* \\ -\varepsilon \end{matrix}$	$\begin{matrix} -\varepsilon \\ -\varepsilon^* \end{matrix}\Big\}$		(x^2-y^2, xy)

$\varepsilon = \mathrm{e}^{(\pi i)/3}$

C_7	E	C_7	C_7^2	C_7^3	C_7^4	C_7^5	C_7^6		
A	1	1	1	1	1	1	1	z, R_z	x^2+y^2, z^2
E_1	$\begin{cases} 1 \\ 1 \end{cases}$	$\begin{matrix} \varepsilon \\ \varepsilon^* \end{matrix}$	$\begin{matrix} \varepsilon^2 \\ \varepsilon^{2*} \end{matrix}$	$\begin{matrix} \varepsilon^3 \\ \varepsilon^{3*} \end{matrix}$	$\begin{matrix} \varepsilon^{3*} \\ \varepsilon^3 \end{matrix}$	$\begin{matrix} \varepsilon^{2*} \\ \varepsilon^2 \end{matrix}$	$\begin{matrix} \varepsilon^* \\ \varepsilon \end{matrix}\Big\}$	$(x,y),(R_x,R_y)$	(yz, xz)
E_2	$\begin{cases} 1 \\ 1 \end{cases}$	$\begin{matrix} \varepsilon^2 \\ \varepsilon^{2*} \end{matrix}$	$\begin{matrix} \varepsilon^{3*} \\ \varepsilon^3 \end{matrix}$	$\begin{matrix} \varepsilon^* \\ \varepsilon \end{matrix}$	$\begin{matrix} \varepsilon \\ \varepsilon^* \end{matrix}$	$\begin{matrix} \varepsilon^3 \\ \varepsilon^{3*} \end{matrix}$	$\begin{matrix} \varepsilon^{2*} \\ \varepsilon^2 \end{matrix}\Big\}$		(x^2-y^2, xy)
E_3	$\begin{cases} 1 \\ 1 \end{cases}$	$\begin{matrix} \varepsilon^3 \\ \varepsilon^{3*} \end{matrix}$	$\begin{matrix} \varepsilon^* \\ \varepsilon \end{matrix}$	$\begin{matrix} \varepsilon^2 \\ \varepsilon^{2*} \end{matrix}$	$\begin{matrix} \varepsilon^{2*} \\ \varepsilon^2 \end{matrix}$	$\begin{matrix} \varepsilon \\ \varepsilon^* \end{matrix}$	$\begin{matrix} \varepsilon^{3*} \\ \varepsilon^3 \end{matrix}\Big\}$		

$\varepsilon = \mathrm{e}^{(2\pi i)/7}$

C_8	E	C_8	C_4	C_2	C_4^3	C_8^3	C_8^5	C_8^7		
A	1	1	1	1	1	1	1	1	z, R_z	x^2+y^2, z^2
B	1	-1	1	1	1	-1	-1	-1		
E_1	$\begin{cases} 1 \\ 1 \end{cases}$	$\begin{matrix} \varepsilon \\ \varepsilon^* \end{matrix}$	$\begin{matrix} i \\ -i \end{matrix}$	$\begin{matrix} -1 \\ -1 \end{matrix}$	$\begin{matrix} -i \\ i \end{matrix}$	$\begin{matrix} -\varepsilon^* \\ -\varepsilon \end{matrix}$	$\begin{matrix} -\varepsilon \\ -\varepsilon^* \end{matrix}$	$\left.\begin{matrix} \varepsilon^* \\ \varepsilon \end{matrix}\right\}$	$(x,y),(R_x,R_y)$	(yz, xz)
E_2	$\begin{cases} 1 \\ 1 \end{cases}$	$\begin{matrix} i \\ -i \end{matrix}$	$\begin{matrix} -1 \\ -1 \end{matrix}$	$\begin{matrix} 1 \\ 1 \end{matrix}$	$\begin{matrix} -1 \\ -1 \end{matrix}$	$\begin{matrix} -i \\ i \end{matrix}$	$\begin{matrix} i \\ -i \end{matrix}$	$\left.\begin{matrix} -i \\ i \end{matrix}\right\}$		(x^2-y^2, xy)
E_3	$\begin{cases} 1 \\ 1 \end{cases}$	$\begin{matrix} -\varepsilon \\ -\varepsilon^* \end{matrix}$	$\begin{matrix} i \\ -i \end{matrix}$	$\begin{matrix} -1 \\ -1 \end{matrix}$	$\begin{matrix} -i \\ i \end{matrix}$	$\begin{matrix} \varepsilon^* \\ \varepsilon \end{matrix}$	$\begin{matrix} \varepsilon \\ \varepsilon^* \end{matrix}$	$\left.\begin{matrix} -\varepsilon^* \\ -\varepsilon \end{matrix}\right\}$		

$\varepsilon = e^{(\pi i)/4}$

C_{nv} 群

C_{2v}	E	C_2	$\sigma_v(xz)$	$\sigma_v'(yz)$		
A_1	1	1	1	1	z	x^2, y^2, z^2
A_2	1	1	-1	-1	R_z	xy
B_1	1	-1	1	-1	x, R_y	xz
B_2	1	-1	-1	1	y, R_x	yz

C_{3v}	E	$2C_3$	$3\sigma_v$		
A_1	1	1	1	z	x^2+y^2, z^2
A_2	1	1	-1	R_z	
E	2	-1	0	$(x,y),(R_x,R_y)$	$(x^2-y^2, xy),(xz, yz)$

C_{4v}	E	$2C_4$	C_2	$2\sigma_v$	$2\sigma_d$		
A_1	1	1	1	1	1	z	x^2+y^2, z^2
A_2	1	1	1	-1	-1	R_z	
B_1	1	-1	1	1	-1		x^2-y^2
B_2	1	-1	1	-1	1		xy
E	2	0	-2	0	0	$(x,y),(R_x,R_y)$	(xz, yz)

C_{5v}	E	$2C_5$	$2C_5^2$	$5\sigma_v$		
A_1	1	1	1	1	z	x^2+y^2, z^2
A_2	1	1	1	-1	R_z	
E_1	2	$2\cos 72°$	$2\cos 144°$	0	$(x,y),(R_x,R_y)$	(xz, yz)
E_2	2	$2\cos 144°$	$2\cos 72°$	0		(x^2-y^2, xy)

C_{6v}	E	$2C_6$	$2C_3$	C_2	$3\sigma_v$	$3\sigma_d$		
A_1	1	1	1	1	1	1	z	x^2+y^2, z^2
A_2	1	1	1	1	-1	-1	R_z	
B_1	1	-1	1	-1	1	-1		
B_2	1	-1	1	-1	-1	1		
E_1	2	1	-1	-2	0	0	$(x,y),(R_x,R_y)$	(xz,yz)
E_2	2	-1	-1	2	0	0		(x^2-y^2,xy)

C_{nh} 群

C_{2h}	E	C_2	i	σ_h		
A_g	1	1	1	1	R_z	x^2,y^2,z^2,xy
B_g	1	-1	1	-1	R_x,R_y	xz,yz
A_u	1	1	-1	-1	z	
B_u	1	-1	-1	1	x,y	

C_{3h}	E	C_3	C_3^2	σ_h	S_3	S_3^5		
A'	1	1	1	1	1	1	R_z	x^2+y^2, z^2
E'	$\left\{\begin{matrix}1 \\ 1\end{matrix}\right.$	$\begin{matrix}\varepsilon \\ \varepsilon^*\end{matrix}$	$\begin{matrix}\varepsilon^* \\ \varepsilon\end{matrix}$	$\begin{matrix}1 \\ 1\end{matrix}$	$\begin{matrix}\varepsilon \\ \varepsilon^*\end{matrix}$	$\left.\begin{matrix}\varepsilon^* \\ \varepsilon\end{matrix}\right\}$	(x,y)	(x^2-y^2,xy)
A''	1	1	1	-1	-1	-1	z	
E''	$\left\{\begin{matrix}1 \\ 1\end{matrix}\right.$	$\begin{matrix}\varepsilon \\ \varepsilon^*\end{matrix}$	$\begin{matrix}\varepsilon^* \\ \varepsilon\end{matrix}$	$\begin{matrix}-1 \\ -1\end{matrix}$	$\begin{matrix}-\varepsilon \\ -\varepsilon^*\end{matrix}$	$\left.\begin{matrix}-\varepsilon^* \\ -\varepsilon\end{matrix}\right\}$	(R_x,R_y)	(xz,yz)

$\varepsilon = e^{(2\pi i)/3}$

C_{4h}	E	C_4	C_2	C_4^3	i	S_4^3	σ_h	S_4		
A_g	1	1	1	1	1	1	1	1	R_z	x^2+y^2, z^2
B_g	1	-1	1	-1	1	-1	1	-1		x^2-y^2,xy
E_g	$\left\{\begin{matrix}1 \\ 1\end{matrix}\right.$	$\begin{matrix}i \\ -i\end{matrix}$	$\begin{matrix}-1 \\ -1\end{matrix}$	$\begin{matrix}-i \\ i\end{matrix}$	$\begin{matrix}1 \\ 1\end{matrix}$	$\begin{matrix}i \\ -i\end{matrix}$	$\begin{matrix}-1 \\ -1\end{matrix}$	$\left.\begin{matrix}-i \\ i\end{matrix}\right\}$	(R_x,R_y)	(xz,yz)
A_u	1	1	1	1	-1	-1	-1	-1	z	
B_u	1	-1	1	-1	-1	1	-1	1		
E_u	$\left\{\begin{matrix}1 \\ 1\end{matrix}\right.$	$\begin{matrix}i \\ -i\end{matrix}$	$\begin{matrix}-1 \\ -1\end{matrix}$	$\begin{matrix}-i \\ i\end{matrix}$	$\begin{matrix}-1 \\ -1\end{matrix}$	$\begin{matrix}-i \\ i\end{matrix}$	$\begin{matrix}1 \\ 1\end{matrix}$	$\left.\begin{matrix}i \\ -i\end{matrix}\right\}$	(x,y)	

C_{5h}	E	C_5	C_5^2	C_5^3	C_5^4	σ_h	S_5	S_5^7	S_5^3	S_5^9		
A'	1	1	1	1	1	1	1	1	1	1	R_z	x^2+y^2, z^2
E_1'	$\left\{\begin{matrix}1\\1\end{matrix}\right.$	$\begin{matrix}\varepsilon\\\varepsilon^*\end{matrix}$	$\begin{matrix}\varepsilon^2\\\varepsilon^{2*}\end{matrix}$	$\begin{matrix}\varepsilon^{2*}\\\varepsilon^2\end{matrix}$	$\begin{matrix}\varepsilon^*\\\varepsilon\end{matrix}$	$\begin{matrix}1\\1\end{matrix}$	$\begin{matrix}\varepsilon\\\varepsilon^*\end{matrix}$	$\begin{matrix}\varepsilon^2\\\varepsilon^{2*}\end{matrix}$	$\begin{matrix}\varepsilon^{2*}\\\varepsilon^2\end{matrix}$	$\left.\begin{matrix}\varepsilon^*\\\varepsilon\end{matrix}\right\}$	(x,y)	
E_2'	$\left\{\begin{matrix}1\\1\end{matrix}\right.$	$\begin{matrix}\varepsilon^2\\\varepsilon^{2*}\end{matrix}$	$\begin{matrix}\varepsilon^*\\\varepsilon\end{matrix}$	$\begin{matrix}\varepsilon\\\varepsilon^*\end{matrix}$	$\begin{matrix}\varepsilon^{2*}\\\varepsilon^2\end{matrix}$	$\begin{matrix}1\\1\end{matrix}$	$\begin{matrix}\varepsilon^2\\\varepsilon^{2*}\end{matrix}$	$\begin{matrix}\varepsilon^*\\\varepsilon\end{matrix}$	$\begin{matrix}\varepsilon\\\varepsilon^*\end{matrix}$	$\left.\begin{matrix}\varepsilon^{2*}\\\varepsilon^2\end{matrix}\right\}$		(x^2-y^2, xy)
A''	1	1	1	1	1	-1	-1	-1	-1	-1	z	
E_1''	$\left\{\begin{matrix}1\\1\end{matrix}\right.$	$\begin{matrix}\varepsilon\\\varepsilon^*\end{matrix}$	$\begin{matrix}\varepsilon^2\\\varepsilon^{2*}\end{matrix}$	$\begin{matrix}\varepsilon^{2*}\\\varepsilon^2\end{matrix}$	$\begin{matrix}\varepsilon^*\\\varepsilon\end{matrix}$	$\begin{matrix}-1\\-1\end{matrix}$	$\begin{matrix}-\varepsilon\\-\varepsilon^*\end{matrix}$	$\begin{matrix}-\varepsilon^2\\-\varepsilon^{2*}\end{matrix}$	$\begin{matrix}-\varepsilon^{2*}\\-\varepsilon^2\end{matrix}$	$\left.\begin{matrix}-\varepsilon^*\\-\varepsilon\end{matrix}\right\}$	(R_x,R_y)	(xz, yz)
E_2''	$\left\{\begin{matrix}1\\1\end{matrix}\right.$	$\begin{matrix}\varepsilon^2\\\varepsilon^{2*}\end{matrix}$	$\begin{matrix}\varepsilon^*\\\varepsilon\end{matrix}$	$\begin{matrix}\varepsilon\\\varepsilon^*\end{matrix}$	$\begin{matrix}\varepsilon^{2*}\\\varepsilon^2\end{matrix}$	$\begin{matrix}-1\\-1\end{matrix}$	$\begin{matrix}-\varepsilon^2\\-\varepsilon^{2*}\end{matrix}$	$\begin{matrix}-\varepsilon^*\\-\varepsilon\end{matrix}$	$\begin{matrix}-\varepsilon\\-\varepsilon^*\end{matrix}$	$\left.\begin{matrix}-\varepsilon^{2*}\\-\varepsilon^2\end{matrix}\right\}$		

$\varepsilon = e^{(2\pi i)/5}$

C_{6h}	E	C_6	C_3	C_2	C_3^2	C_6^5	i	S_3^5	S_6^5	σ_h	S_6	S_3		
A_g	1	1	1	1	1	1	1	1	1	1	1	1	R_z	x^2+y^2, z^2
B_g	1	-1	1	-1	1	-1	1	-1	1	-1	1	-1		
E_{1g}	$\left\{\begin{matrix}1\\1\end{matrix}\right.$	$\begin{matrix}\varepsilon\\\varepsilon^*\end{matrix}$	$\begin{matrix}-\varepsilon^*\\-\varepsilon\end{matrix}$	$\begin{matrix}-1\\-1\end{matrix}$	$\begin{matrix}-\varepsilon\\-\varepsilon^*\end{matrix}$	$\begin{matrix}\varepsilon^*\\\varepsilon\end{matrix}$	$\begin{matrix}1\\1\end{matrix}$	$\begin{matrix}\varepsilon\\\varepsilon^*\end{matrix}$	$\begin{matrix}-\varepsilon^*\\-\varepsilon\end{matrix}$	$\begin{matrix}-1\\-1\end{matrix}$	$\begin{matrix}-\varepsilon\\-\varepsilon^*\end{matrix}$	$\left.\begin{matrix}\varepsilon^*\\\varepsilon\end{matrix}\right\}$	(R_x,R_y)	(xz, yz)
E_{2g}	$\left\{\begin{matrix}1\\1\end{matrix}\right.$	$\begin{matrix}-\varepsilon^*\\-\varepsilon\end{matrix}$	$\begin{matrix}-\varepsilon\\-\varepsilon^*\end{matrix}$	$\begin{matrix}1\\1\end{matrix}$	$\begin{matrix}-\varepsilon^*\\-\varepsilon\end{matrix}$	$\begin{matrix}-\varepsilon\\-\varepsilon^*\end{matrix}$	$\begin{matrix}1\\1\end{matrix}$	$\begin{matrix}-\varepsilon^*\\-\varepsilon\end{matrix}$	$\begin{matrix}-\varepsilon\\-\varepsilon^*\end{matrix}$	$\begin{matrix}1\\1\end{matrix}$	$\begin{matrix}-\varepsilon^*\\-\varepsilon\end{matrix}$	$\left.\begin{matrix}-\varepsilon\\-\varepsilon^*\end{matrix}\right\}$		(x^2-y^2, xy)
A_u	1	1	1	1	1	1	-1	-1	-1	-1	-1	-1	z	
B_u	1	-1	1	-1	1	-1	-1	1	-1	1	-1	1		
E_{1u}	$\left\{\begin{matrix}1\\1\end{matrix}\right.$	$\begin{matrix}\varepsilon\\\varepsilon^*\end{matrix}$	$\begin{matrix}-\varepsilon^*\\-\varepsilon\end{matrix}$	$\begin{matrix}-1\\-1\end{matrix}$	$\begin{matrix}-\varepsilon\\-\varepsilon^*\end{matrix}$	$\begin{matrix}\varepsilon^*\\\varepsilon\end{matrix}$	$\begin{matrix}-1\\-1\end{matrix}$	$\begin{matrix}-\varepsilon\\-\varepsilon^*\end{matrix}$	$\begin{matrix}\varepsilon^*\\\varepsilon\end{matrix}$	$\begin{matrix}1\\1\end{matrix}$	$\begin{matrix}\varepsilon\\\varepsilon^*\end{matrix}$	$\left.\begin{matrix}-\varepsilon^*\\-\varepsilon\end{matrix}\right\}$	(x,y)	
E_{2u}	$\left\{\begin{matrix}1\\1\end{matrix}\right.$	$\begin{matrix}-\varepsilon^*\\-\varepsilon\end{matrix}$	$\begin{matrix}-\varepsilon\\-\varepsilon^*\end{matrix}$	$\begin{matrix}1\\1\end{matrix}$	$\begin{matrix}-\varepsilon^*\\-\varepsilon\end{matrix}$	$\begin{matrix}-\varepsilon\\-\varepsilon^*\end{matrix}$	$\begin{matrix}-1\\-1\end{matrix}$	$\begin{matrix}\varepsilon^*\\\varepsilon\end{matrix}$	$\begin{matrix}\varepsilon\\\varepsilon^*\end{matrix}$	$\begin{matrix}-1\\-1\end{matrix}$	$\begin{matrix}\varepsilon^*\\\varepsilon\end{matrix}$	$\left.\begin{matrix}\varepsilon\\\varepsilon^*\end{matrix}\right\}$		

$\varepsilon = e^{(\pi i)/3}$

3. D_n、D_{nd} 和 D_{nh} 群

D_n 群

D_2	E	$C_2(z)$	$C_2(y)$	$C_2(x)$		
A	1	1	1	1		x^2, y^2, z^2
B_1	1	1	-1	-1	z, R_z	xy
B_2	1	-1	1	-1	y, R_y	xz
B_3	1	-1	-1	1	x, R_x	yz

D_3	E	$2C_3$	$3C_2$		
A_1	1	1	1		x^2+y^2,z^2
A_2	1	1	−1	z,R_z	
E	2	−1	0	$(x,y),(R_x,R_y)$	$(x^2-y^2,xy),(xz,yz)$

D_4	E	$2C_4$	$C_2(=C_4^2)$	$2C_2'$	$2C_2''$		
A_1	1	1	1	1	1		x^2+y^2,z^2
A_2	1	1	1	−1	−1	z,R_z	
B_1	1	−1	1	1	−1		x^2-y^2
B_2	1	−1	1	−1	1		xy
E	2	0	−2	0	0	$(x,y),(R_x,R_y)$	(xz,yz)

D_5	E	$2C_5$	$2C_5^2$	$5C_2$		
A_1	1	1	1	1		x^2+y^2,z^2
A_2	1	1	1	−1	z,R_z	
E_1	2	$2\cos 72°$	$2\cos 144°$	0	$(x,y),(R_x,R_y)$	(xz,yz)
E_2	2	$2\cos 144°$	$2\cos 72°$	0		(x^2-y^2,xy)

D_6	E	$2C_6$	$2C_3$	C_2	$3C_2'$	$3C_2''$		
A_1	1	1	1	1	1	1		x^2+y^2,z^2
A_2	1	1	1	1	−1	−1	z,R_z	
B_1	1	−1	1	−1	1	−1		
B_2	1	−1	1	−1	−1	1		
E_1	2	1	−1	−2	0	0	$(x,y),(R_x,R_y)$	(xz,yz)
E_2	2	−1	−1	2	0	0		(x^2-y^2,xy)

$D_{n\mathrm{d}}$ 群

$D_{2\mathrm{d}}$	E	$2S_4$	C_2	$2C_2'$	$2\sigma_\mathrm{d}$		
A_1	1	1	1	1	1		x^2+y^2,z^2
A_2	1	1	1	−1	−1	R_z	
B_1	1	−1	1	1	−1		x^2-y^2
B_2	1	−1	1	−1	1	z	xy
E	2	0	−2	0	0	$(x,y),(R_x,R_y)$	(xz,yz)

D_{3d}	E	$2C_3$	$3C_2$	i	$2S_6$	$3\sigma_d$		
A_{1g}	1	1	1	1	1	1		x^2+y^2, z^2
A_{2g}	1	1	-1	1	1	-1	R_z	
E_g	2	-1	0	2	-1	0	(R_x, R_y)	$(x^2-y^2, xy)(xz, yz)$
A_{1u}	1	1	1	-1	-1	-1		
A_{2u}	1	1	-1	-1	-1	1	z	
E_u	2	-1	0	-2	1	0	(x, y)	

D_{4d}	E	$2S_8$	$2C_4$	$2S_8^3$	C_2	$4C_2'$	$4\sigma_d$		
A_1	1	1	1	1	1	1	1		x^2+y^2, z^2
A_2	1	1	1	1	1	-1	-1	R_z	
B_1	1	-1	1	-1	1	1	-1		
B_2	1	-1	1	-1	1	-1	1	z	
E_1	2	$\sqrt{2}$	0	$-\sqrt{2}$	-2	0	0	(x, y)	
E_2	2	0	-2	0	2	0	0		(x^2-y^2, xy)
E_3	2	$-\sqrt{2}$	0	$\sqrt{2}$	-2	0	0	(R_x, R_y)	(xz, yz)

D_{5d}	E	$2C_5$	$2C_5^2$	$5C_2$	i	$2S_{10}^3$	$2S_{10}$	$5\sigma_d$		
A_{1g}	1	1	1	1	1	1	1	1		x^2+y^2, z^2
A_{2g}	1	1	1	-1	1	1	1	-1	R_z	
E_{1g}	2	$2\cos 72°$	$2\cos 144°$	0	2	$2\cos 72°$	$2\cos 144°$	0	(R_x, R_y)	(xz, yz)
E_{2g}	2	$2\cos 144°$	$2\cos 72°$	0	2	$2\cos 144°$	$2\cos 72°$	0		(x^2-y^2, xy)
A_{1u}	1	1	1	1	-1	-1	-1	-1		
A_{2u}	1	1	1	-1	-1	-1	-1	1	z	
E_{1u}	2	$2\cos 72°$	$2\cos 144°$	0	-2	$-2\cos 72°$	$-2\cos 144°$	0	(x, y)	
E_{2u}	2	$2\cos 144°$	$2\cos 72°$	0	-2	$-2\cos 144°$	$-2\cos 72°$	0		

D_{6d}	E	$2S_{12}$	$2C_6$	$2S_4$	$2C_3$	$2S_{12}^5$	C_2	$6C_2'$	$6\sigma_d$		
A_1	1	1	1	1	1	1	1	1	1		x^2+y^2, z^2
A_2	1	1	1	1	1	1	1	-1	-1	R_z	
B_1	1	-1	1	-1	1	-1	1	1	-1		
B_2	1	-1	1	-1	1	-1	1	-1	1	z	

D_{6d}	E	$2S_{12}$	$2C_6$	$2S_4$	$2C_3$	$2S_{12}^5$	C_2	$6C_2'$	$6\sigma_d$		
E_1	2	$\sqrt{3}$	1	0	-1	$-\sqrt{3}$	-2	0	0	(x,y)	
E_2	2	1	-1	-2	-1	1	2	0	0		(x^2-y^2,xy)
E_3	2	0	-2	0	2	0	-2	0	0		
E_4	2	-1	-1	2	-1	-1	2	0	0		
E_5	2	$-\sqrt{3}$	1	0	-1	$\sqrt{3}$	-2	0	0	(R_x,R_y)	(xz,yz)

D_{nh} 群

D_{2h}	E	$C_2(z)$	$C_2(y)$	$C_2(x)$	i	$\sigma(xy)$	$\sigma(xz)$	$\sigma(yz)$		
A_g	1	1	1	1	1	1	1	1		x^2,y^2,z^2
B_{1g}	1	1	-1	-1	1	1	-1	-1	R_z	xy
B_{2g}	1	-1	1	-1	1	-1	1	-1	R_y	xz
B_{3g}	1	-1	-1	1	1	-1	-1	1	R_x	yz
A_u	1	1	1	1	-1	-1	-1	-1		
B_{1u}	1	1	-1	-1	-1	-1	1	1	z	
B_{2u}	1	-1	1	-1	-1	1	-1	1	y	
B_{3u}	1	-1	-1	1	-1	1	1	-1	x	

D_{3h}	E	$2C_3$	$3C_2$	σ_h	$2S_3$	$3\sigma_v$		
A_1'	1	1	1	1	1	1		x^2+y^2,z^2
A_2'	1	1	-1	1	1	-1	R_z	
E'	2	-1	0	2	-1	0	(x,y)	(x^2-y^2,xy)
A_1''	1	1	1	-1	-1	-1		
A_2''	1	1	-1	-1	-1	1	z	
E''	2	-1	0	-2	1	0	(R_x,R_y)	(xz,yz)

D_{4h}	E	$2C_4$	C_2	$2C_2'$	$2C_2''$	i	$2S_4$	σ_h	$2\sigma_v$	$2\sigma_d$		
A_{1g}	1	1	1	1	1	1	1	1	1	1		x^2+y^2,z^2
A_{2g}	1	1	1	-1	-1	1	1	1	-1	-1	R_z	
B_{1g}	1	-1	1	1	-1	1	-1	1	1	-1		x^2-y^2

续表

D_{4h}	E	$2C_4$	C_2	$2C_2'$	$2C_2''$	i	$2S_4$	σ_h	$2\sigma_v$	$2\sigma_d$		
B_{2g}	1	−1	1	−1	1	1	−1	1	−1	1		xy
E_g	2	0	−2	0	0	2	0	−2	0	0	(R_x,R_y)	(xz,yz)
A_{1u}	1	1	1	1	1	−1	−1	−1	−1	−1		
A_{2u}	1	1	1	−1	−1	−1	−1	−1	1	1	z	
B_{1u}	1	−1	1	1	−1	−1	1	−1	−1	1		
B_{2u}	1	−1	1	−1	1	−1	1	−1	1	−1		
E_u	2	0	−2	0	0	−2	0	2	0	0	(x,y)	

D_{5h}	E	$2C_5$	$2C_5^2$	$5C_2$	σ_h	$2S_5$	$2S_5^3$	$5\sigma_v$		
A_1'	1	1	1	1	1	1	1	1		x^2+y^2,z^2
A_2'	1	1	1	−1	1	1	1	−1	R_z	
E_1'	2	$2\cos 72°$	$2\cos 144°$	0	2	$2\cos 72°$	$2\cos 144°$	0	(x,y)	
E_2'	2	$2\cos 144°$	$2\cos 72°$	0	2	$2\cos 144°$	$2\cos 72°$	0		(x^2-y^2,xy)
A_1''	1	1	1	1	−1	−1	−1	−1		
A_2''	1	1	1	−1	−1	−1	−1	1	z	
E_1''	2	$2\cos 72°$	$2\cos 144°$	0	−2	$-2\cos 72°$	$-2\cos 144°$	0	(R_x,R_y)	(xz,yz)
E_2''	2	$2\cos 144°$	$2\cos 72°$	0	−2	$-2\cos 144°$	$-2\cos 72°$	0		

D_{6h}	E	$2C_6$	$2C_3$	C_2	$3C_2'$	$3C_2''$	i	$2S_3$	$2S_6$	σ_h	$3\sigma_d$	$3\sigma_v$		
A_{1g}	1	1	1	1	1	1	1	1	1	1	1	1		x^2+y^2,z^2
A_{2g}	1	1	1	1	−1	−1	1	1	1	1	−1	−1	R_z	
B_{1g}	1	−1	1	−1	1	−1	1	−1	1	−1	1	−1		
B_{2g}	1	−1	1	−1	−1	1	1	−1	1	−1	−1	1		
E_{1g}	2	1	−1	−2	0	0	2	1	−1	−2	0	0	(R_x,R_y)	(xz,yz)
E_{2g}	2	−1	−1	2	0	0	2	−1	−1	2	0	0		(x^2-y^2,xy)
A_{1u}	1	1	1	1	1	1	−1	−1	−1	−1	−1	−1		
A_{2u}	1	1	1	1	−1	−1	−1	−1	−1	−1	1	1	z	
B_{1u}	1	−1	1	−1	1	−1	−1	1	−1	1	−1	1		
B_{2u}	1	−1	1	−1	−1	1	−1	1	−1	1	1	−1		
E_{1u}	2	1	−1	−2	0	0	−2	−1	1	2	0	0	(x,y)	
E_{2u}	2	−1	−1	2	0	0	−2	1	1	−2	0	0		

D_{8h}	E	$2C_8$	$2C_8^3$	$2C_4$	C_2	$4C_2'$	$4C_2''$	i	$2S_8$	$2S_8^3$	$2S_4$	σ_h	$4\sigma_d$	$4\sigma_v$		
A_{1g}	1	1	1	1	1	1	1	1	1	1	1	1	1	1		x^2+y^2, z^2
A_{2g}	1	1	1	1	1	-1	-1	1	1	1	1	1	-1	-1	R_z	
B_{1g}	1	-1	-1	1	1	1	-1	1	-1	-1	1	1	1	-1		
B_{2g}	1	-1	-1	1	1	-1	1	1	-1	-1	1	1	-1	1		
E_{1g}	2	$\sqrt{2}$	$-\sqrt{2}$	0	-2	0	0	2	$\sqrt{2}$	$-\sqrt{2}$	0	-2	0	0	(R_x, R_y)	(xz, yz)
E_{2g}	2	0	0	-2	2	0	0	2	0	0	-2	2	0	0		(x^2-y^2, xy)
E_{3g}	2	$-\sqrt{2}$	$\sqrt{2}$	0	-2	0	0	2	$-\sqrt{2}$	$\sqrt{2}$	0	-2	0	0		
A_{1u}	1	1	1	1	1	1	1	-1	-1	-1	-1	-1	-1	-1		
A_{2u}	1	1	1	1	1	-1	-1	-1	-1	-1	-1	-1	1	1	z	
B_{1u}	1	-1	-1	1	1	1	-1	-1	1	1	-1	-1	-1	1		
B_{2u}	1	-1	-1	1	1	-1	1	-1	1	1	-1	-1	1	-1		
E_{1u}	2	$\sqrt{2}$	$-\sqrt{2}$	0	-2	0	0	-2	$-\sqrt{2}$	$\sqrt{2}$	0	2	0	0	(x, y)	
E_{2u}	2	0	0	-2	2	0	0	-2	0	0	2	-2	0	0		
E_{3u}	2	$-\sqrt{2}$	$\sqrt{2}$	0	-2	0	0	-2	$\sqrt{2}$	$-\sqrt{2}$	0	2	0	0		

4. 线型群

$C_{\infty v}$	E	$2C_\infty^\phi$	$\cdots$	$\infty\sigma_v$		
$A_1 \equiv \Sigma^+$	1	1	$\cdots$	1	z	x^2+y^2, z^2
$A_2 \equiv \Sigma^-$	1	1	$\cdots$	-1	R_z	
$E_1 \equiv \Pi$	2	$2\cos\phi$	$\cdots$	0	$(x, y), (R_x, R_y)$	(xz, yz)
$E_2 \equiv \Delta$	2	$2\cos 2\phi$	$\cdots$	0		(x^2-y^2, xy)
$E_3 \equiv \Phi$	2	$2\cos 3\phi$	$\cdots$	0		
$\cdots$	$\cdots$	$\cdots$	$\cdots$	$\cdots$		

$D_{\infty h}$	E	$2C_\infty^\phi$	$\cdots$	$\infty\sigma_v$	i	$2S_\infty^\phi$	$\cdots$	∞C_2		
$A_{1g} \equiv \Sigma_g^+$	1	1	$\cdots$	1	1	1	$\cdots$	1		x^2+y^2, z^2
$A_{2g} \equiv \Sigma_g^-$	1	1	$\cdots$	-1	1	1	$\cdots$	-1	R_z	
$E_{1g} \equiv \Pi_g$	2	$2\cos\phi$	$\cdots$	0	2	$-2\cos\phi$	$\cdots$	0	(R_x, R_y)	(xz, yz)
$E_{2g} \equiv \Delta_g$	2	$2\cos 2\phi$	$\cdots$	0	2	$2\cos 2\phi$	$\cdots$	0		(x^2-y^2, xy)
$\cdots$	$\cdots$	$\cdots$	$\cdots$	$\cdots$	$\cdots$	$\cdots$	$\cdots$	$\cdots$		

$D_{\infty h}$	E	$2C_\infty^\phi$	$\cdots$	$\infty\sigma_v$	i	$2S_\infty^\phi$	$\cdots$	∞C_2		
$A_{1u} \equiv \Sigma_u^+$	1	1	$\cdots$	1	-1	-1	$\cdots$	-1	z	
$A_{2u} \equiv \Sigma_u^-$	1	1	$\cdots$	-1	-1	-1	$\cdots$	1		
$E_{1u} \equiv \Pi_u$	2	$2\cos\phi$	$\cdots$	0	-2	$2\cos\phi$	$\cdots$	0	(x,y)	
$E_{2u} \equiv \Delta_u$	2	$2\cos 2\phi$	$\cdots$	0	-2	$-2\cos 2\phi$	$\cdots$	0		
$\cdots$	$\cdots$	$\cdots$		$\cdots$	$\cdots$	$\cdots$	$\cdots$	$\cdots$		

5. S_{2n} 群

S_4	E	S_4	C_2	S_4^3		
A	1	1	1	1	R_z	x^2+y^2, z^2
B	1	-1	1	-1	z	x^2-y^2, xy
E	$\begin{cases}1\\1\end{cases}$	$\begin{matrix}i\\-i\end{matrix}$	$\begin{matrix}-1\\-1\end{matrix}$	$\begin{matrix}-i\\i\end{matrix}$	$(x,y),(R_x,R_y)$	(xz,yz)

S_6	E	C_3	C_3^2	i	S_6^5	S_6		
A_g	1	1	1	1	1	1	R_z	x^2+y^2, z^2
E_g	$\begin{cases}1\\1\end{cases}$	$\begin{matrix}\varepsilon\\\varepsilon^*\end{matrix}$	$\begin{matrix}\varepsilon^*\\\varepsilon\end{matrix}$	$\begin{matrix}1\\1\end{matrix}$	$\begin{matrix}\varepsilon\\\varepsilon^*\end{matrix}$	$\begin{matrix}\varepsilon^*\\\varepsilon\end{matrix}$	(R_x,R_y)	(x^2-y^2, xy) (xz,yz)
A_u	1	1	1	-1	-1	-1	z	
E_u	$\begin{cases}1\\1\end{cases}$	$\begin{matrix}\varepsilon\\\varepsilon^*\end{matrix}$	$\begin{matrix}\varepsilon^*\\\varepsilon\end{matrix}$	$\begin{matrix}-1\\-1\end{matrix}$	$\begin{matrix}-\varepsilon\\-\varepsilon^*\end{matrix}$	$\begin{matrix}-\varepsilon^*\\-\varepsilon\end{matrix}$	(x,y)	

$\varepsilon = \mathrm{e}^{(2\pi i)/3}$

S_8	E	S_8	C_4	S_8^3	C_2	S_8^5	C_4^3	S_8^7		
A	1	1	1	1	1	1	1	1	R_z	x^2+y^2, z^2
B	1	-1	1	-1	1	-1	1	-1	z	
E_1	$\begin{cases}1\\1\end{cases}$	$\begin{matrix}\varepsilon\\\varepsilon^*\end{matrix}$	$\begin{matrix}i\\-i\end{matrix}$	$\begin{matrix}-\varepsilon^*\\-\varepsilon\end{matrix}$	$\begin{matrix}-1\\-1\end{matrix}$	$\begin{matrix}-\varepsilon\\-\varepsilon^*\end{matrix}$	$\begin{matrix}-i\\i\end{matrix}$	$\begin{matrix}\varepsilon^*\\\varepsilon\end{matrix}$	$(x,y),(R_x,R_y)$	
E_2	$\begin{cases}1\\1\end{cases}$	$\begin{matrix}i\\-i\end{matrix}$	$\begin{matrix}-1\\-1\end{matrix}$	$\begin{matrix}-i\\i\end{matrix}$	$\begin{matrix}1\\1\end{matrix}$	$\begin{matrix}i\\-i\end{matrix}$	$\begin{matrix}-1\\-1\end{matrix}$	$\begin{matrix}-i\\i\end{matrix}$		(x^2-y^2, xy)
E_3	$\begin{cases}1\\1\end{cases}$	$\begin{matrix}-\varepsilon^*\\-\varepsilon\end{matrix}$	$\begin{matrix}-i\\i\end{matrix}$	$\begin{matrix}\varepsilon\\\varepsilon^*\end{matrix}$	$\begin{matrix}-1\\-1\end{matrix}$	$\begin{matrix}\varepsilon^*\\\varepsilon\end{matrix}$	$\begin{matrix}i\\-i\end{matrix}$	$\begin{matrix}-\varepsilon\\-\varepsilon^*\end{matrix}$		(xz,yz)

$\varepsilon = \mathrm{e}^{(\pi i)/4}$

6. 四面体、八面体和二十面体群

T	E	$4C_3$	$4C_3^2$	$3C_2$		
A	1	1	1	1		$x^2+y^2+z^2$
E	$\begin{cases}1\\1\end{cases}$	$\begin{matrix}\varepsilon\\\varepsilon^*\end{matrix}$	$\begin{matrix}\varepsilon^*\\\varepsilon\end{matrix}$	$\begin{matrix}1\\1\end{matrix}\Big\}$		$(2z^2-x^2-y^2,x^2-y^2)$
T	3	0	0	-1	$(R_x,R_y,R_z),(x,y,z)$	(xy,xz,yz)

$\varepsilon=\mathrm{e}^{(2\pi i)/3}$

T_d	E	$8C_3$	$3C_2$	$6S_4$	$6\sigma_d$		
A_1	1	1	1	1	1		$x^2+y^2+z^2$
A_2	1	1	1	-1	-1		
E	2	-1	2	0	0		$(2z^2-x^2-y^2,x^2-y^2)$
T_1	3	0	-1	1	-1	(R_x,R_y,R_z)	
T_2	3	0	-1	-1	1	(x,y,z)	(xy,xz,yz)

T_h	E	$4C_3$	$4C_3^2$	$3C_2$	i	$4S_6$	$4S_6^5$	$3\sigma_h$		
A_g	1	1	1	1	1	1	1	1		$x^2+y^2+z^2$
A_u	1	1	1	1	-1	-1	-1	-1		
E_g	$\begin{cases}1\\1\end{cases}$	$\begin{matrix}\varepsilon\\\varepsilon^*\end{matrix}$	$\begin{matrix}\varepsilon^*\\\varepsilon\end{matrix}$	$\begin{matrix}1\\1\end{matrix}$	$\begin{matrix}1\\1\end{matrix}$	$\begin{matrix}\varepsilon\\\varepsilon^*\end{matrix}$	$\begin{matrix}\varepsilon^*\\\varepsilon\end{matrix}$	$\begin{matrix}1\\1\end{matrix}\Big\}$		$(2z^2-x^2-y^2,x^2-y^2)$
E_u	$\begin{cases}1\\1\end{cases}$	$\begin{matrix}\varepsilon\\\varepsilon^*\end{matrix}$	$\begin{matrix}\varepsilon^*\\\varepsilon\end{matrix}$	$\begin{matrix}1\\1\end{matrix}$	$\begin{matrix}-1\\-1\end{matrix}$	$\begin{matrix}-\varepsilon\\-\varepsilon^*\end{matrix}$	$\begin{matrix}-\varepsilon^*\\-\varepsilon\end{matrix}$	$\begin{matrix}-1\\-1\end{matrix}\Big\}$		
T_g	3	0	0	-1	3	0	0	-1	(R_x,R_y,R_z)	(xy,xz,yz)
T_u	3	0	0	-1	-3	0	0	1	(x,y,z)	

$\varepsilon=\mathrm{e}^{(2\pi i)/3}$

O	E	$6C_4$	$3C_2(=C_4^2)$	$8C_3$	$6C_2$		
A_1	1	1	1	1	1		$x^2+y^2+z^2$
A_2	1	-1	1	1	-1		
E	2	0	2	-1	0		$(2z^2-x^2-y^2,x^2-y^2)$
T_1	3	1	-1	0	-1	$(R_x,R_y,R_z),(x,y,z)$	
T_2	3	-1	-1	0	1		(xy,xz,yz)

O_h	E	$8C_3$	$6C_2$	$6C_4$	$3C_2(=C_4^2)$	i	$6S_4$	$8S_6$	$3\sigma_h$	$6\sigma_d$		
A_{1g}	1	1	1	1	1	1	1	1	1	1		$x^2+y^2+z^2$
A_{2g}	1	1	−1	−1	1	1	−1	1	1	−1		
E_g	2	−1	0	0	2	2	0	−1	2	0		$(2z^2-x^2-y^2, x^2-y^2)$
T_{1g}	3	0	−1	1	−1	3	1	0	−1	−1	(R_x,R_y,R_z)	
T_{2g}	3	0	1	−1	−1	3	−1	0	−1	1		(xy,xz,yz)
A_{1u}	1	1	1	1	1	−1	−1	−1	−1	−1		
A_{2u}	1	1	−1	−1	1	−1	1	−1	−1	1		
E_u	2	−1	0	0	2	−2	0	1	−2	0		
T_{1u}	3	0	−1	1	−1	−3	−1	0	1	1	(x,y,z)	
T_{2u}	3	0	1	−1	−1	−3	1	0	1	−1		

I	E	$12C_5$	$12C_5^2$	$20C_3$	$15C_2$		
A	1	1	1	1	1		$x^2+y^2+z^2$
T_1	3	$\frac{1}{2}(1+\sqrt{5})$	$\frac{1}{2}(1-\sqrt{5})$	0	−1	$(x,y,z),(R_x,R_y,R_z)$	
T_2	3	$\frac{1}{2}(1-\sqrt{5})$	$\frac{1}{2}(1+\sqrt{5})$	0	−1		
G	4	−1	−1	1	0		
H	5	0	0	−1	1		$(xy,xz,yz,x^2-y^2,2z^2-x^2-y^2)$

I_h	E	$12C_5$	$12C_5^2$	$20C_3$	$15C_2$	i	$12S_{10}$	$12S_{10}^3$	$20S_6$	15σ		
A_g	1	1	1	1	1	1	1	1	1	1		$x^2+y^2+z^2$
T_{1g}	3	$\frac{1}{2}(1+\sqrt{5})$	$\frac{1}{2}(1-\sqrt{5})$	0	−1	3	$\frac{1}{2}(1-\sqrt{5})$	$\frac{1}{2}(1+\sqrt{5})$	0	−1	(R_x,R_y,R_z)	
T_{2g}	3	$\frac{1}{2}(1-\sqrt{5})$	$\frac{1}{2}(1+\sqrt{5})$	0	−1	3	$\frac{1}{2}(1+\sqrt{5})$	$\frac{1}{2}(1-\sqrt{5})$	0	−1		
G_g	4	−1	−1	1	0	4	−1	−1	1	0		
H_g	5	0	0	−1	1	5	0	0	−1	1		$(2z^2-x^2-y^2,x^2-y^2,xy,xz,yz)$
A_u	1	1	1	1	1	−1	−1	−1	−1	−1		
T_{1u}	3	$\frac{1}{2}(1+\sqrt{5})$	$\frac{1}{2}(1-\sqrt{5})$	0	−1	−3	$-\frac{1}{2}(1-\sqrt{5})$	$-\frac{1}{2}(1+\sqrt{5})$	0	1	(x,y,z)	
T_{2u}	3	$\frac{1}{2}(1-\sqrt{5})$	$\frac{1}{2}(1+\sqrt{5})$	0	−1	−3	$-\frac{1}{2}(1+\sqrt{5})$	$-\frac{1}{2}(1-\sqrt{5})$	0	1		
G_u	4	−1	−1	1	0	−4	1	1	−1	0		
H_u	5	0	0	−1	1	−5	0	0	1	−1		

Pearson 进阶化学系列丛书

当今世界对于创新、适应性与发现的需求引人注目，达到了以往所不能及的程度。在全球范围内，我们都期望那些"思想领袖"们取得进步，而他们中许多人过去、现在或将来都是理科学生。无论这些学生是受到书籍、师长还是技术的启发，Pearson Education 都希望尽自己的力量来支持他们的学习。新版《进阶化学系列丛书》通过资深作者提供的前沿内容和创新的多媒体以支持高阶课程的相关工作。我们意识到化学领域的学习可能会有困难，我们想要尽我们所能，不仅鼓励完成相关课程工作，也为了支持卓越的学术和专业成就奠定基础。Pearson Education 很荣幸能与化学执教者和未来的 STEM*专业人士合作。如需了解有关 Pearson《进阶化学系列丛书》的更多信息，浏览其他书籍或获取与本书相关的其他系列丛书，请访问 www.pearsonhighered.com/advchemistry。

本系列现有书籍包括：

分析化学与定量分析（Analytical Chemistry and Quantitative Analysis）

David S. Hage *University of Nebraska Lincoln*

James R. Carr *University of Nebraska Lincoln*

法医化学（Forensic Chemistry）

Suzanne Bell West Virginia University

无机化学（Inorganic Chemistry）

Gary Miessler St. Olaf College

Paul Fischer Macalester College

Donald Tarr St. Olaf College

药物化学：现代药物发现过程（Medicinal Chemistry：The Modern Drug Discovery Process）

Erland Stevens Davidson College

物理化学：量子化学与分子相互作用（Physical Chemistry：Quantum Chemistry and Molecular Interactions）

Andrew Cooksy University of California San Diego

---

* Science, Technology, Engineering, Mathematics 的缩写，即科学、技术、工程、数学的合称（译者注）。

物理化学：热力学、统计力学和动力学（**Physical Chemistry：Thermodynamics, Statistical Mechanics, and Kinetics**）

Andrew Cooksy University of California San Diego

物理化学（**Physical Chemistry**）

Thomas Engel University of Washington

Philip Reid University of Washington

物理化学：生物学原理与应用（**Physical Chemistry：Principles and Applications in Biological Sciences**）

Ignacio Tinoco Jr. University of California Berkeley

Kenneth Sauer University of California Berkeley

James C. Wang Harvard University

Joseph D. Puglisi Stanford University

Gerard Harbison University of Nebraska Lincoln

David Rovnyak Bucknell University

量子化学（**Quantum Chemistry**）

Ira N. Levine Brooklyn College，City College of New York

元素周期表

1 1A	2 2A	3 3B	4 4B	5 5B	6 6B	7 7B	8 8B	9 8B	10	11 1B	12 2B	13 3A	14 4A	15 5A	16 6A	17 7A	18 8A
1 H 1.00794																	2 He 4.00260
3 Li 6.941	4 Be 9.01218											5 B 10.81	6 C 12.011	7 N 14.0067	8 O 15.9994	9 F 18.998403	10 Ne 20.1797
11 Na 22.98977	12 Mg 24.305											13 Al 26.98154	14 Si 28.0855	15 P 30.97376	16 S 32.065	17 Cl 35.453	18 Ar 39.948
19 K 39.0983	20 Ca 40.078	21 Sc 44.9559	22 Ti 47.867	23 V 50.9415	24 Cr 51.996	25 Mn 54.9380	26 Fe 55.845	27 Co 58.9332	28 Ni 58.6934	29 Cu 63.546	30 Zn 65.38	31 Ga 69.723	32 Ge 72.64	33 As 74.9216	34 Se 78.96	35 Br 79.904	36 Kr 83.798
37 Rb 85.4678	38 Sr 87.62	39 Y 88.9059	40 Zr 91.224	41 Nb 92.9064	42 Mo 95.96	43 Tc (98)	44 Ru 101.07	45 Rh 102.9055	46 Pd 106.42	47 Ag 107.8682	48 Cd 112.41	49 In 114.82	50 Sn 118.710	51 Sb 121.760	52 Te 127.60	53 I 126.9045	54 Xe 131.29
55 Cs 132.9055	56 Ba 137.33	57 *La 138.9055	72 Hf 178.49	73 Ta 180.9479	74 W 183.84	75 Re 186.207	76 Os 190.23	77 Ir 192.23	78 Pt 195.08	79 Au 196.9666	80 Hg 200.59	81 Tl 204.3833	82 Pb 207.2	83 Bi 208.9804	84 Po (209)	85 At (210)	86 Rn (222)
87 Fr (223)	88 Ra 226.0254	89 +Ac 227.0278	104 Rf (267)	105 Db (268)	106 Sg (271)	107 Bh (272)	108 Hs (270)	109 Mt (276)	110 Ds (281)	111 Rg (280)	112 Cn (285)	113 Uut (284)	114 Fl (289)	115 Uup (288)	116 Lv (293)	117 Uus (294)	118 Uuo (294)

主族 — 过渡金属 — 主族

*镧系	58 Ce 140.116	59 Pr 140.9077	60 Nd 144.242	61 Pm (145)	62 Sm 150.36	63 Eu 151.964	64 Gd 157.25	65 Tb 158.9254	66 Dy 162.500	67 Ho 164.9303	68 Er 167.259	69 Tm 168.9342	70 Yb 173.05	71 Lu 174.9668
+锕系	90 Th 232.0381	91 Pa 231.0359	92 U 238.0289	93 Np 237.048	94 Pu (244)	95 Am (243)	96 Cm (247)	97 Bk (247)	98 Cf (251)	99 Es (252)	100 Fm (257)	101 Md (258)	102 No (259)	103 Lr (262)

来源：数据来自 Atomic Weights of the Elements 2009，IUPAC。参见 iupac.org/publications/pac/83/2/0359/。
括号内的值是该元素寿命最长的已知同位素的质量数。

希腊字母表

A	α	alpha	N	ν	nu
B	β	beta	Ξ	ξ	xi
Γ	γ	gamma	O	o	omicron
Δ	δ	delta	Π	π	pi
E	ε	epsilon	P	ρ	rho
Z	ζ	zeta	Σ	σ	sigma
H	η	eta	T	τ	tau
Θ	θ	theta	Υ	υ	upsilon
I	ι	iota	Φ	ϕ	phi
K	κ	kappa	X	χ	chi
Λ	λ	lambda	Ψ	ψ	psi
M	μ	mu	Ω	ω	omega

元素的名称与符号

Z	符号	名称	Z	符号	名称	Z	符号	名称
1	H	Hydrogen	23	V	Vanadium	45	Rh	Rhodium
2	He	Helium	24	Cr	Chromium	46	Pd	Palladium
3	Li	Lithium	25	Mn	Manganese	47	Ag	Silver（Argentum）
4	Be	Beryllium	26	Fe	Iron（Ferrum）	48	Cd	Cadmium
5	B	Boron	27	Co	Cobalt	49	In	Indium
6	C	Carbon	28	Ni	Nickel	50	Sn	Tin（Stannum）
7	N	Nitrogen	29	Cu	Copper（Cuprum）	51	Sb	Antimony（Stibium）
8	O	Oxygen	30	Zn	Zinc	52	Te	Tellurium
9	F	Fluorine	31	Ga	Gallium	53	I	Iodine
10	Ne	Neon	32	Ge	Germanium	54	Xe	Xenon
11	Na	Sodium（Natrium）	33	As	Arsenic	55	Cs	Cesium
12	Mg	Magnesium	34	Se	Selenium	56	Ba	Barium
13	Al	Aluminum	35	Br	Bromine	57	La	Lanthanum
14	Si	Silicon	36	Kr	Krypton	58	Ce	Cerium
15	P	Phosphorus	37	Rb	Rubidium	59	Pr	Praseodymium
16	S	Sulfur	38	Sr	Strontium	60	Nd	Neodymium
17	Cl	Chlorine	39	Y	Yttrium	61	Pm	Promethium
18	Ar	Argon	40	Zr	Zirconium	62	Sm	Samarium
19	K	Potassium（Kalium）	41	Nb	Niobium	63	Eu	Europium
20	Ca	Calcium	42	Mo	Molybdenum	64	Gd	Gadolinium
21	Sc	Scandium	43	Tc	Technetium	65	Tb	Terbium
22	Ti	Titanium	44	Ru	Ruthenium	66	Dy	Dysprosium

Z	符号	名称	Z	符号	名称	Z	符号	名称
67	Ho	Holmium	85	At	Astatine	103	Lr	Lawrencium
68	Er	Erbium	86	Rn	Radon	104	Rf	Rutherfordium
69	Tm	Thulium	87	Fr	Francium	105	Db	Dubnium
70	Yb	Ytterbium	88	Ra	Radium	106	Sg	Seaborgium
71	Lu	Lutetium	89	Ac	Actinium	107	Bh	Bohrium
72	Hf	Hafnium	90	Th	Thorium	108	Hs	Hassium
73	Ta	Tantalum	91	Pa	Protactinium	109	Mt	Meitnerium
74	W	Tungsten（Wolfram）	92	U	Uranium	110	Ds	Darmstadtium
75	Re	Rhenium	93	Np	Neptunium	111	Rg	Roentgenium
76	Os	Osmium	94	Pu	Plutonium	112	Cn	Copernicium
77	Ir	Iridium	95	Am	Americium	113	Uut	Ununtrium
78	Pt	Platinum	96	Cm	Curium	114	Fl	Flerovium
79	Au	Gold（Aurum）	97	Bk	Berkelium	115	Uup	Ununpentium
80	Hg	Mercury（Hydrargyrum）	98	Cf	Californium	116	Lv	Livermorium
81	Tl	Thallium	99	Es	Einsteinium	117	Uus	Ununseptium
82	Pb	Lead（Plumbum）	100	Fm	Fermium	118	Uuo	Ununoctium
83	Bi	Bismuth	101	Md	Mendelevium			
84	Po	Polonium	102	No	Nobelium			

　　括号内的名称是元素符号的来源，但通常不被用来称呼该元素。铁、铜、银、锡、金和铅（有时还包括锑）的阴离子则使用括号括起来。例如，六氰合铁酸根（Ⅲ）离子写为$[Fe(CN)_6]^{3-}$。

元素的电子组态

元素	Z	组态	元素	Z	组态
H	1	$1s^1$	Zn	30	$[Ar]4s^2 3d^{10}$
He	2	$1s^2$	Ga	31	$[Ar]4s^2 3d^{10} 4p^1$
Li	3	$[He]2s^1$	Ge	32	$[Ar]4s^2 3d^{10} 4p^2$
Be	4	$[He]2s^2$	As	33	$[Ar]4s^2 3d^{10} 4p^3$
B	5	$[He]2s^2 2p^1$	Se	34	$[Ar]4s^2 3d^{10} 4p^4$
C	6	$[He]2s^2 2p^2$	Br	35	$[Ar]4s^2 3d^{10} 4p^5$
N	7	$[He]2s^2 2p^3$	Kr	36	$[Ar]4s^2 3d^{10} 4p^6$
O	8	$[He]2s^2 2p^4$			
F	9	$[He]2s^2 2p^5$	Rb	37	$[Kr]5s^1$
Ne	10	$[He]2s^2 2p^6$	Sr	38	$[Kr]5s^2$
			Y	39	$[Kr]5s^2 4d^1$
Na	11	$[Ne]3s^1$	Zr	40	$[Kr]5s^2 4d^2$
Mg	12	$[Ne]3s^2$	Nb	41	* $[Kr]5s^1 4d^4$
Al	13	$[Ne]3s^2 3p^1$	Mo	42	* $[Kr]5s^1 4d^5$
Si	14	$[Ne]3s^2 3p^2$	Tc	43	$[Kr]5s^2 4d^5$
P	15	$[Ne]3s^2 3p^3$	Ru	44	* $[Kr]5s^1 4d^7$
S	16	$[Ne]3s^2 3p^4$	Rh	45	* $[Kr]5s^1 4d^8$
Cl	17	$[Ne]3s^2 3p^5$	Pd	46	* $[Kr]4d^{10}$
Ar	18	$[Ne]3s^2 3p^6$	Ag	47	* $[Kr]5s^1 4d^{10}$
			Cd	48	$[Kr]5s^2 4d^{10}$
K	19	$[Ar]4s^1$	In	49	$[Kr]5s^2 4d^{10} 5p^1$
Ca	20	$[Ar]4s^2$	Sn	50	$[Kr]5s^2 4d^{10} 5p^2$
Sc	21	$[Ar]4s^2 3d^1$	Sb	51	$[Kr]5s^2 4d^{10} 5p^3$
Ti	22	$[Ar]4s^2 3d^2$	Te	52	$[Kr]5s^2 4d^{10} 5p^4$
V	23	$[Ar]4s^2 3d^3$	I	53	$[Kr]5s^2 4d^{10} 5p^5$
Cr	24	* $[Ar]4s^1 3d^5$	Xe	54	$[Kr]5s^2 4d^{10} 5p^6$
Mn	25	$[Ar]4s^2 3d^5$			
Fe	26	$[Ar]4s^2 3d^6$	Cs	55	$[Xe]6s^1$
Co	27	$[Ar]4s^2 3d^7$	Ba	56	$[Xe]6s^2$
Ni	28	$[Ar]4s^2 3d^8$	La	57	* $[Xe]6s^2 5d^1$
Cu	29	* $[Ar]4s^1 3d^{10}$	Ce	58	* $[Xe]6s^2 4f^1 5d^1$

续表

元素	Z	组态	元素	Z	组态
Pr	59	$[Xe]6s^2 4f^3$	Fr	87	$[Rn]7s^1$
Nd	60	$[Xe]6s^2 4f^4$	Ra	88	$[Rn]7s^2$
Pm	61	$[Xe]6s^2 4f^5$	Ac	89	*$[Rn]7s^2 6d^1$
Sm	62	$[Xe]6s^2 4f^6$	Th	90	*$[Rn]7s^2 6d^2$
Eu	63	$[Xe]6s^2 4f^7$	Pa	91	*$[Rn]7s^2 5f^2 6d^1$
Gd	64	*$[Xe]6s^2 4f^7 5d^1$	U	92	*$[Rn]7s^2 5f^3 6d^1$
Tb	65	$[Xe]6s^2 4f^9$	Np	93	*$[Rn]7s^2 5f^4 6d^1$
Dy	66	$[Xe]6s^2 4f^{10}$	Pu	94	$[Rn]7s^2 5f^6$
Ho	67	$[Xe]6s^2 4f^{11}$	Am	95	$[Rn]7s^2 5f^7$
Er	68	$[Xe]6s^2 4f^{12}$	Cm	96	*$[Rn]7s^2 5f^7 6d^1$
Tm	69	$[Xe]6s^2 4f^{13}$	Bk	97	$[Rn]7s^2 5f^9$
Yb	70	$[Xe]6s^2 4f^{14}$	Cf	98	$[Rn]7s^2 5f^{10}$
Lu	71	$[Xe]6s^2 4f^{14} 5d^1$	Es	99	$[Rn]7s^2 5f^{11}$
Hf	72	$[Xe]6s^2 4f^{14} 5d^2$	Fm	100	$[Rn]7s^2 5f^{12}$
Ta	73	$[Xe]6s^2 4f^{14} 5d^3$	Md	101	$[Rn]7s^2 5f^{13}$
W	74	$[Xe]6s^2 4f^{14} 5d^4$	No	102	$[Rn]7s^2 5f^{14}$
Re	75	$[Xe]6s^2 4f^{14} 5d^5$	Lr	103	*$[Rn]7s^2 5f^{14} 7p^1$
Os	76	$[Xe]6s^2 4f^{14} 5d^6$	Rf	104	$[Rn]7s^2 5f^{14} 6d^2$
Ir	77	$[Xe]6s^2 4f^{14} 5d^7$	Db	105	$[Rn]7s^2 5f^{14} 6d^3$
Pt	78	*$[Xe]6s^1 4f^{14} 5d^9$	Sg	106	$[Rn]7s^2 5f^{14} 6d^4$
Au	79	*$[Xe]6s^1 4f^{14} 5d^{10}$	Bh	107	$[Rn]7s^2 5f^{14} 6d^5$
Hg	80	$[Xe]6s^2 4f^{14} 5d^{10}$	Hs	108	$[Rn]7s^2 5f^{14} 6d^6$
Tl	81	$[Xe]6s^2 4f^{14} 5d^{10} 6p^1$	Mt	109	$[Rn]7s^2 5f^{14} 6d^7$
Pb	82	$[Xe]6s^2 4f^{14} 5d^{10} 6p^2$	Ds	110	*$[Rn]7s^1 5f^{14} 6d^9$
Bi	83	$[Xe]6s^2 4f^{14} 5d^{10} 6p^3$	Rg	111	*$[Rn]7s^1 5f^{14} 6d^{10}$
Po	84	$[Xe]6s^2 4f^{14} 5d^{10} 6p^4$	Cn	112	$[Rn]7s^2 5f^{14} 6d^{10}$
At	85	$[Xe]6s^2 4f^{14} 5d^{10} 6p^5$	Fl	114	$[Rn]7s^2 5f^{14} 6d^{10} 7p^2$
Rn	86	$[Xe]6s^2 4f^{14} 5d^{10} 6p^6$	Lv	116	$[Rn]7s^2 5f^{14} 6d^{10} 7p^4$

*该元素的电子组态不遵循简单的轨道顺序填充规则。

原子序数 113、115、117 和 118 的元素已有报道，但是尚未得到 IUPAC 的认证（译者注：这四种元素在 2015 年末已得到 IUPAC 的认证，并于 2016 年给出正式命名）。103～118 号元素的电子组态为预测，非实验结果。

来源：自锕系元素起的电子组态数据来自 J. J. Katz, G. T. Seaborg, and L. R. Morss, *The Chemistry of the Actinide Elements*, 2nd ed., Chapman and Hall, New York and London, 1986.

物 理 常 量

真空中光速	c_0	2.99792458×10^8 m/s
真空介电常数	ε_0	$8.854187817 \times 10^{-12}$ F/m
	$4\pi\varepsilon_0$	$1.112650056 \times 10^{-10}$ F/m
普朗克常量	h	$6.62606957 (29) \times 10^{-34}$ J·s
元电荷	e	$1.602176565 (35) \times 10^{-19}$ C
阿伏伽德罗（Avogadro）常量	N_A	$6.02214129 (27) \times 10^{23}$ mol^{-1}
玻尔兹曼（Boltzmann）常量	k	$1.3806488 (13) \times 10^{-23}$ J/K
气体常数	R	$8.3144621 (75)$ J/(K·mol)
玻尔（Bohr）半径	a_0	$5.2917721092 (17) \times 10^{-11}$ m
里德伯（Rydberg）常量	R_∞	$1.0973731568539 (55) \times 10^7$ m^{-1}
（核质量无限大）		$2.179872171 (96) \times 10^{-18}$ J
里德伯（Rydberg）常量	R_H	$1.0967877174307 (10) \times 10^7$ m^{-1}
（氢核质量）		$2.178709227 (95) \times 10^{-18}$ J
玻尔（Bohr）磁子	m_B	$9.27400968 (20) \times 10^{-24}$ J/T
	π	3.14159265359
法拉第（Faraday）常量	F	$9.64853365 (21) \times 10^4$ C/mol
原子质量	m_u	$1.660538921 (73) \times 10^{-27}$ kg
电子质量	m_e	$9.10938291 (40) \times 10^{-31}$ kg
		或 $5.4857990946 (22) \times 10^{-4}$ m_u
质子质量	m_p	$1.007276466812 (90)$ m_u
中子质量	m_n	$1.00866491600 (43)$ m_u
氘核质量	m_d	$2.013553212712 (77)$ m_u
α 粒子质量	m_α	$4.001506179125 (62)$ m_u

来源：http://physics.nist.gov/cuu/Constants/index.html（National Institute for Standards and Technology）。

转 换 因 子

为将第一列中的单位转换为 2～4 列中的单位，需乘以给定的系数。例如，1 eV = 96.4853 kJ/mol。

	cm^{-1}	eV	kJ/mol	kcal/mol
cm^{-1}	1	0.0001239842	0.00196266	0.00285914
eV	8065.54	1	96.4853	23.0605
kJ/mol	83.5935	0.01036427	1	0.239006
kcal/mol	349.755	0.04336411	4.184*	1

* 精确转换。

来源：数据来自 International Union of Pure and Applied Chemistry, I. Mills. ed., *Quantities, Units, and Symbols in Physical Chemistry*, Blackwell Scientific Publications, Boston, 1988, pp. 81-82, 85, inside back cover.

索 引